陕西出版资金精品项目·高等学校教材

现代飞机结构综合设计

主　编　陶梅贞

副主编　孙　秦

编　者　陶梅贞　孙　秦

　　　　艾剑良　赵美英

西北工业大学出版社

【内容简介】 本书内容包括绪论、飞机载荷与设计规范、结构分析工程方法、飞机结构设计基础、现代飞机金属与复合材料结构综合设计、起落架和现代飞行操纵系统设计概论、现代飞机结构先进设计技术发展等十章。

本书以综合设计技术为主。介绍现代飞机金属材料和复合材料结构的设计方法和疲劳、损伤容限、耐久性等先进设计原理;结合最新国内外飞机实例详细阐述了结构完整性、材料、工艺维修和全寿命周期费用等的综合设计思路;并介绍了多目标优化设计、隐身结构一体化设计技术、计算机辅助设计及智能结构等先进设计技术的发展。

本书为高等院校航空工程类专业的教材,也可供从事飞机和其他航空飞行器的设计及研究人员参考。

图书在版编目(CIP)数据

现代飞机结构综合设计/陶梅贞主编.—2版.—西安:西北工业大学出版社,2014.8(2025.7重印)

ISBN 978-7-5612-4064-9

Ⅰ.①现… Ⅱ.①陶… Ⅲ.①飞机—结构设计 Ⅳ.①V221

中国版本图书馆CIP数据核字(2014)第182103号

出版发行: 西北工业大学出版社
通信地址: 西安市友谊西路127号 **邮编:** 710072
电　　话: (029)88493844 88491757
网　　址: www.nwpup.com
印 刷 者: 兴平市博闻印务有限公司
开　　本: 787 mm×1 092 mm 1/16
印　　张: 30
字　　数: 733千字
版　　次: 2014年9月第2版 2025年7月第7次印刷
定　　价: 75.00元

前　言

本书是为高等院校航空工程类专业编写的专业教材。1984—1997 年期间，我们曾编写了《飞机结构设计》《飞机结构分析与先进设计原理》和《现代飞机结构设计》三本教材，相继由国防工业出版社和西北工业大学出版社出版，得到了众多院校和飞机制造厂、飞机设计所的使用并获得好评。由于航空科技的飞速发展，飞机结构的设计技术已发生了很大变化。为了培养学生从事现代航空飞行器结构设计以及适应新技术发展的能力，我们又编写了本教材。本书在内容和体系上相对于前三本教材作了很多更新。编写中对飞机结构设计的原理、传力分析等基础性内容力求系统、概念清晰；对具体设计内容和方法的介绍力求使先进性、综合性和实用性三者统一；此外还选编了一部分用于学生自学的延伸内容。

本书主要阐明飞机金属材料和复合材料结构的设计。第一章叙述飞机设计的一般规律及其发展，重点介绍了飞机结构综合设计技术、新的结构设计方法和系统工程的研制设计模式：并行工程方法的基本概念。由于教学改革课程体系的变动，增写了第四章——现代飞机结构设计基础。第五～八章介绍飞机结构的设计，着重阐明结构设计的基本概念、设计原理、准则与方法，结合军用飞机和民用飞机的实例，较详细地阐明了如何以综合设计的思想对各种因素进行权衡考虑，较深入地对结构方案的合理性及其优劣进行定性分析。鉴于复合材料作为优异的新型材料在航空、航天领域已具有相当重要的地位，而其材料性能的可设计性和各向异性使复合材料结构设计与金属结构有很多不同，因此在第七章中作了较为充分的介绍。第九、十章中介绍了现代飞机结构和飞行控制、操纵系统方面的先进技术发展及其展望。

本书第一、五、六、七、八章由陶梅贞编写，孙秦编写了第三、四章和第十章的大部分内容，艾剑良编写了第九章，第二章和 10.4 节由赵美英编写。本书由陶梅贞任主编、孙秦任副主编。

承蒙空军工程大学张恒喜教授审阅了全稿，并提出了宝贵意见，在此表示衷心感谢。

对于书中的缺点和错误，敬请读者不吝指正，以便再版时修正。

编　者

常用符号表

符号	含义
A	截面面积
$\underset{\sim}{A}$	模糊集合
$\boldsymbol{A},\boldsymbol{B},\boldsymbol{D}$	复合材料层压板刚度矩阵
a	矩形板的长边,加速度,半裂纹长度
B	翼箱宽度,结构件的横向宽度,轮距
b	弦长
C	常数,系数
$\bar{c}$	相对厚度
E	拉伸弹性模量,能量
F	力,累积分布函数
f	安全系数,油孔面积,概率密度函数
G	重力,全机重量,剪切模量,能量释放率
H	机翼翼盒高度
I	剖面惯性矩
K	结构刚度,系数
L	长度
M	弯矩,力矩
Ma	马赫数
m	质量
N	轴向力,惯性力,疲劳载荷循环数
$\mathbf{N}$	形状形变函数矩阵
n	传动比,过载系数,元件总数
P	载荷
Q	剪力
Q_{ij}	复合材料铺层的模量分量
q	速压,分布载荷,剪流
R	强度比,支反力,循环比
S	机翼面积,行程,载荷
S_{ij}	复合材料柔度分量
T	温度,发动机推力
X	阻力
Y	升力
α	迎角,角加速度
β	可靠度指标
γ	指数,比重
δ	厚度,位移,舵偏角
η	剩余强度系数,根梢比
λ	展弦比
ρ	材料密度
σ	正应力
τ	剪应力
μ	均值
φ	传递系数,减缩系数
ω	角速度
ε	应变

目 录

第一章　绪　　论
——飞机结构设计的一般规律及其发展

1.1　飞机分类和飞机研制过程

飞机是高度综合的现代科学技术的体现物。100 多年来，飞机作为航空技术的重要代表，随着科学技术的进步而取得了很大的发展，而航空技术不断提出的新要求也同时对科学技术的发展起了促进、推动的作用。在现代飞机上，综合运用了一系列基础科学、应用科学和工程技术的最新成就，包括力学、材料学，电子技术、计算机技术、喷气推进技术、自动控制理论和技术以及制造工艺等各个方面的成果，实际上现代飞机已成为一个先进而又复杂的工程系统。正因为如此，也促使了飞机的设计工作、设计方法随之不断发生着变化和革新，并逐步向系统工程的设计方法发展。

一、飞机的分类和对飞机的要求

飞机按其功用可分为军用飞机和民用飞机两大类。军用飞机的功用主要是完成空中拦击、侦察、轰炸、攻击、预警、反潜、电子干扰以及军事运输、空降等任务。民用飞机是指非军事用途的飞机，包括商业用的旅客机、货机等运输机，它们已成为一种快速、方便、舒适、安全的交通运输工具；还有一些通用航空中使用的飞机，如用于农业作业、护林造林、救灾、医疗救护、空中勘测和体育运动等。

为了完成各种不同的任务，对不同的飞机就有不同的技术要求。对于军用飞机称为战术技术要求；对于民用飞机称为使用技术要求。它除了飞机最大速度、升限、航程、起飞着陆滑跑距离、载重量、机动性（对战斗机）等指标外，还有如能否全天候飞行，对机场以及对飞机本身的维修性、保障性等方面的要求。

从发展看军用飞机和现代大型旅客机的飞行速度、升限和航程都不断增加。现代战斗机的最大飞行速度通常为声速的两倍多，即 $Ma>2$；飞行升限在 20 000 m 以上。如图 5.1 的苏-30MK 和图 5.4 的阵风式战斗机均为第三代（也有称之为三代半的）高机动性超声速战斗机。苏-30MK 设计中采用翼-身融合技术，其 Ma_{max} 为 2.49，升限为 18.5 km，转场航程可到 3 700 km；且机动性能很好，使用载荷系数（也称使用过载系数）可高达 9，能完成著名的“眼镜蛇”机动，是其他飞机不易做到的。随着航空电子技术的迅猛发展，未来的战场环境变得更加恶劣而复杂，各种新型雷达、先进探测器以及精确制导武器的问世，对军用飞机构成了极为严重的威胁。为了提高军用飞机的生存力和战斗力，各国正努力发展低可见度的隐身技术，图 1.1 所示 F-117A 是美国使用早期隐形技术的第一代亚声速隐身飞机，其外形由许多取向不

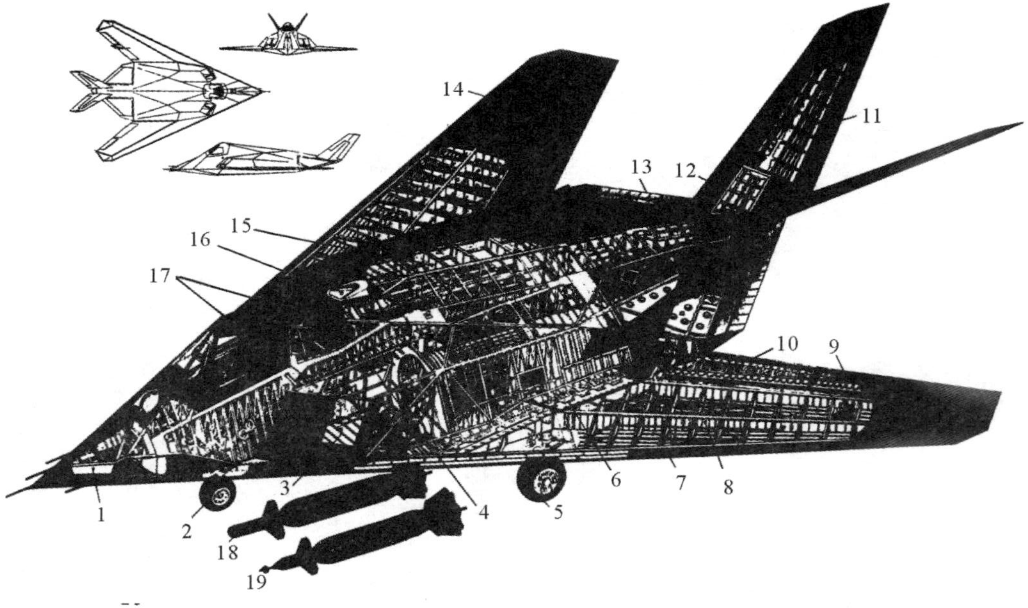

图 1.1　F-117A隐身战斗 / 攻击机

1—机头电子设备舱；2—前起落架；3—武器舱门(打开)；4—左侧武器舱；5—主起落架；6—多螺栓翼根连接点；
7—复合材料前缘；8—三梁抗扭翼盒结构，机翼整体油箱；9—内、外侧升降副翼；10—复合材料后缘；
11—方向/升降舵(采用大量复合材料)；12—V形尾翼下部固定段；13—扁宽的发动机排气道；
14—涂有吸波材料(RAM)的蒙皮；15—机背油箱；16—上仰的空中加油插孔；17—左、右侧进气道；
18—采用BLU-109穿透弹头的GBU-27炸弹；19—GBU型2 000磅激光制导炸弹。
(机内武器舱内也可携带各种战术战斗机常用的武器，在空战中有自卫能力)

同的小平面拼接而成。而目前正在发展中的第四代战斗机(俄罗斯称之为第五代战斗机)更着重强调同时具备隐身技术、超声速巡航、过失速机动和推力矢量控制、短距起落和良好的维修性等性能。美国的 F－22 是其第一个代表机种(见图 1.2)。F－22 的外形与 F－117A 明显不同,采用了连续曲率造型,结构上使用了很多新材料,飞机的性能全面提高。目前,随着空战武器和一体化防空系统的飞速发展,靠有人驾驶飞机进行空中格斗或对地(舰)轰炸,其攻击时风险更大,战争损耗与代价更高。为此世界主要军事强国已经使用无人机进行大量空中侦察,并正在进一步研究各种类型的无人作战飞机。现代军用运输机和一些大型远程旅客机的航程和载重量越来越大,有的航程可达 10 000 km 以上。军用运输机如 C－5A 载重量将近 100 t,可运载 350 名士兵或一辆坦克加上两架小型直升机;俄罗斯的安－225 载重量则高达 225 t。大型旅客机载客可达 500 名;且有的客机 Ma 可达到 2 以上(如"协和"号)。目前有些国家还在研制可载客 600～800 名的超大型旅客机。图 1.3 为旅客机 L－1011 的分解图。从图 1.1～图 1.3,图 5.1,图 5.4 可见,由于各种飞机的用途和设计要求不同,会带来飞机气动布局和结构设计上的差别。但是飞机设计的基本概念、设计原理和设计方法是一致的,因此本书在对典型结构型式进行分析的基础上,将主要介绍飞机设计的基本概念、设计原理和方法。

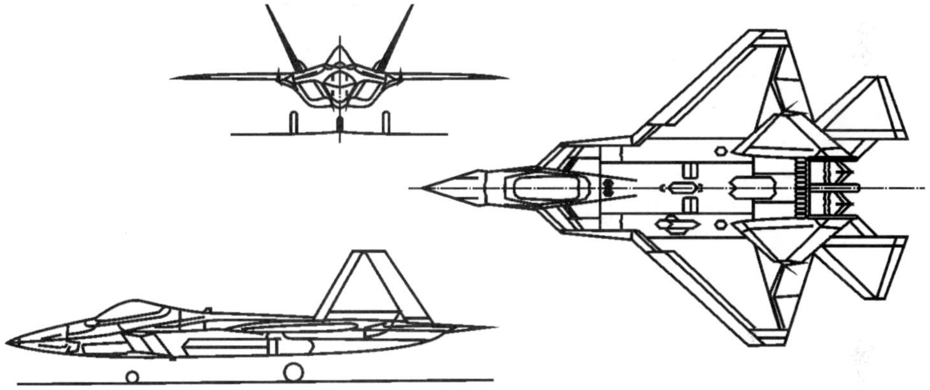

图 1.2　F－22 空中优势战斗机

二、飞机的研制过程

一种新飞机从提出到投入使用,须经过下述四个阶段。

1. 拟订技术要求

通常可由飞机设计单位和订货单位协商后共同拟订出新飞机的战术技术要求或使用技术要求。技术要求确定了飞机的主要性能指标、主要使用条件和机载设备等。设计单位必须保证新飞机能达到这些技术要求,订货单位则根据这些要求来验收新飞机。因此,飞机的技术要求是飞机设计的基本依据。

2. 飞机设计过程

飞机设计单位根据拟订好的飞机技术要求进行飞机设计。飞机设计一般分为两大部分:总体设计和结构设计。

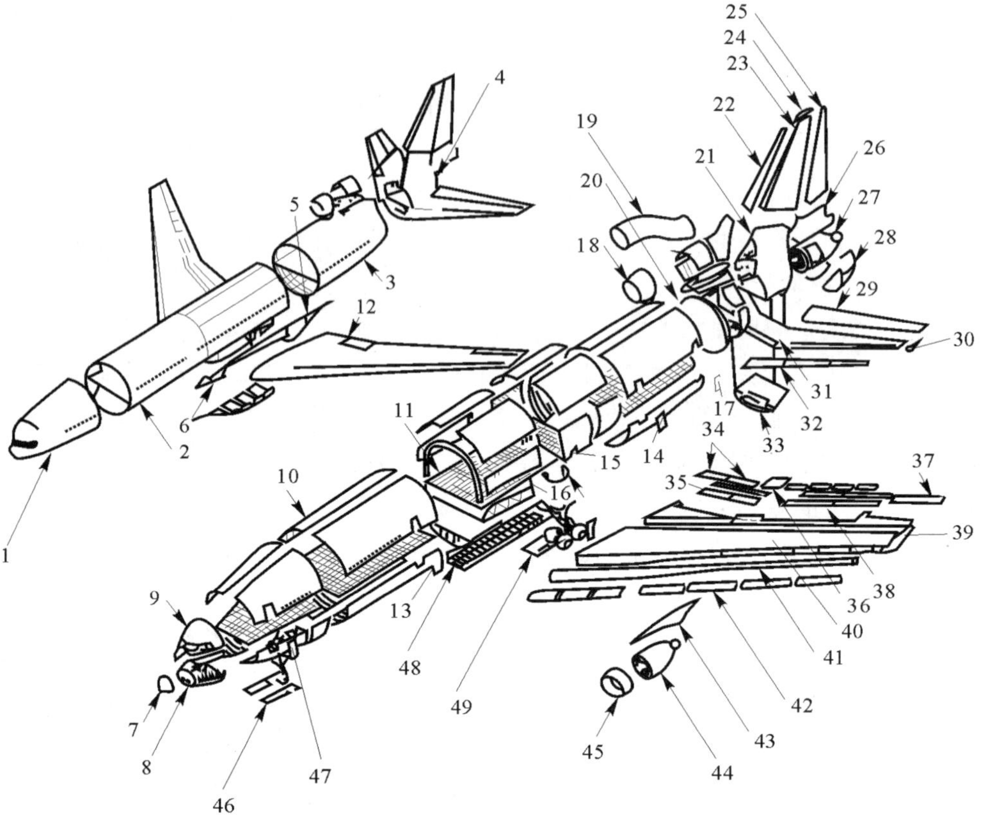

图 1.3　L－1011 旅客机结构分解图

1—前机身；2—中机身；3—后机身；4—尾段；5—整流罩；6—整流罩；7—雷达天线罩；8—乘员舱下部组件；9—乘员舱上部组件；10—机身壁板；11—断面；12—机翼；13—客舱舱门(2)；14—客舱舱门(3)；15—中货舱舱门(2)；16—机翼中央翼盒；17—应急出口舱门(5)；18—发动机进气口；19—S 型进气道；20—气密框；21—机身尾段结构；22—垂直安定面前缘；23—垂直安定面翼盒；24—垂直安定面翼尖；25—方向舵；26—中发动机(即 2 号发动机)支持结构；27—2 号发动机；28—2 号发动机整流罩；29—升降舵；30—水平安定面翼尖；31—水平安定面翼盒；32—水平安定面前缘；33—辅助动力装置舱门；34—机翼扰流板(<6 块)；35—双缝襟翼；36—内副翼；37—外副翼；38—双缝襟翼；39—机翼翼尖；40—机翼受力翼盒；41— 机翼前缘；42—前缘缝翼(7 块)；43—1 号发动机吊架；44—1 号发动机；45—1 号发动机整流罩；46—前起落架舱门；47—客舱舱门(4)；48—机身龙骨梁组件；49—主起落架舱门

总体设计：主要工作是确定全机主要参数，即全机重量 G，发动机推力 P 和翼载 G/S(S 为机翼面积)；确定飞机的基本外形，如机翼和尾翼的平面形状、大致尺寸和气动布局；选择发动机；然后进行飞行性能的初步估算。如满足要求，则画出飞机的三面图；进行飞机的部位安排；确定结构型式和主要受力构件布置，并给出飞机各部件的重量控制指标。

结构设计：在总体设计基础上，进行飞机各部件结构的初步设计(或称结构打样设计)；对全机结构进行强度计算；完成零构件的详细设计和细节设计，完成结构的全部零构件图纸和部件、组件安装图。

3. 飞机制造过程

飞机制造工厂根据飞机设计单位提供的设计图纸和技术资料进行试制。试制完成后装上全部设备、系统和发动机，由飞机工厂首批(一般称“0”批，生产 2～4 架)试制出来的新飞机即可投入全机强度、疲劳和损伤容限的验证试验和试飞。

目前，随着计算机技术的迅猛发展，设计单位中大部分设计工作借助计算机辅助设计系统(CAD)来完成，包括分析、计算、构形设计，并可直接用计算机绘图、发图。有的已发展到 CAD/CAM 一体化，可采用无图设计，只需在制造时把已储存在计算机里的全部数据传递给计算机辅助制造系统(CAM)，使整个飞机的设计和制造过程达到高度的集成化。

4. 飞机的试飞、定型过程

在通过全机静强度试验、某些必要的疲劳、损伤容限的早期验证试验、起落架试验和全机各系统试验后进行试飞。通过试飞全面检验飞机能否确保安全，性能是否满足技术要求。把设计、制造中和试飞中出现的各种问题，通过更改设计或改进制造方法等全部排除。最后将飞机定型投入小批量生产。

在新飞机的研制过程中，往往须进行相当数量的科学研究和试验。比如为选择满意的外形须做大量的风洞试验；对用新材料(如复合材料)制作的结构性能进行某些专题研究和试验(详见 6.7 节)；对某些关键的结构件或结构设计方案进行必要的疲劳或损伤容限的设计研制试验，为详细设计提供数据或进行早期验证等。新飞机的研制工作还要与使用密切结合。这包括在设计过程中要充分利用以往的使用经验；还要在新飞机的使用过程中收集各方面的反馈信息，不断改进设计。

1.2　飞机结构设计的原始条件和设计过程简介

一、“结构”与“结构设计”的含义

飞机结构设计是飞机设计的主要阶段。

“结构”是一个工程上常用的术语，但它的含义有时却有所不同。我们这里所指，也是其常用的含义，是指“能承受和传递载荷的系统”——即“受力结构”。它通常可由几个到几千个零件结合在一起构成，相互之间没有相对运动，同时能承受指定的外载，满足一定的强度、刚度、寿命、可靠性等要求。只用以维持外形或仅供装饰用的元件不包括在结构内。譬如低速飞机上的机翼蒙布，只受少量局部气动力而不参与机翼的整体受力，故不作为结构元件；旅客舱内的装饰板、飞机表面上(如机翼根部)的整流包皮等也不作为结构元件。

一架飞机的整个结构，包含机翼、尾翼、机身、发动机短舱、起落架、操纵系统(指机械操纵系统部分)及其他系统的受力结构等部件结构或组件结构。

机翼、机身这样的大结构，通常称为部件结构。机翼、机身又可沿翼展方向或机身纵向分成几个大段，这样的一大段结构常称为组件结构。组件结构还可以分为小组件、构件等结构。零件为不需做装配的基本单位。构件由很少几个零件装配而成。当零件与构件(常统称为零构件)在飞机结构中作为有一定功用的基本单元时常称为元件，如翼肋、梁、框等，它可以是一个构件，也可以是零件。图 1.2 为 L-1011 旅客机的结构分解图。

“结构设计”是指根据结构设计的原始条件，按照结构设计的基本要求，提出合理的设计方

案以及进行具体的部件和零构件设计，进行强度计算和必要的试验，最后绘制出结构图纸，完成相应的技术文件，以使生产单位能根据这些图纸和技术文件进行生产。

二、结构设计的原始条件

在进行结构设计之前，必须先把结构设计的原始条件分析清楚。它主要包括以下各点。

1. 结构的外载以及对结构受力特性的要求

飞机结构必须保证在所受外载下有足够的强度、刚度、寿命和高可靠性，因此首先必须确定结构的外载。飞机各部件所受的外载，由飞机的机种、总重、外形尺寸、使用要求等条件根据飞机强度规范算出。

根据外载就能对结构提出受力特性的要求，例如是静载还是动载，是否需要考虑疲劳寿命或经济寿命以及热应力、热刚度和振动等。结构特性还包括对某些结构，如机翼、尾翼等，要求有足够的总体刚度和局部刚度；有时还须考虑气动弹性问题。

2. 飞机结构的协调关系

飞机结构的形状通常并不可以任意选定。在总体设计阶段，一般已确定了各部件的外形、相对位置以及相互间连接交点的位置。在进行部件结构打样设计时应尽量保持它们的协调关系。对于飞机零构件，则须明确本零件或构件与其他构件在连接尺寸上的协调关系，以及各构件间或各构件与内部装载之间的形状协调。如加强框结构的外侧边界应与飞机的理论外形相协调；其内侧边界则有时可能须与某个内部装载，如发动机进行空间协调（见图 1.4）。

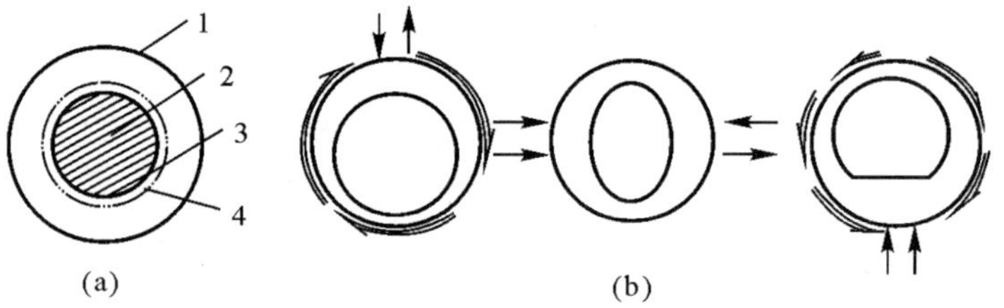

图 1.4　机身加强框的内外侧尺寸协调

(a)内外侧尺寸限制：1—蒙皮内形即加强框外形；2—发动机；3—最小间隙；4—加强框内侧尺寸限；　(b)几种可能的加强框结构布置

3. 结构的使用条件

飞机结构的使用条件分下述几个方面。

(1) 环境条件。环境条件是指飞机在飞行或停机时的气象条件或周围介质条件。气象条件是指大气温度和湿度变化范围。飞机若能在夜间或恶劣气象（雷雨、冰雹等）条件下飞行。则为全天候飞机。周围介质条件是指结构所处环境周围介质状态，如海水腐蚀等。

(2) 起飞着陆场所条件。飞机可以分为只在地面机场起飞着陆的陆上飞机和在水面上起飞降落的水上飞机两大类。机场又可分为水泥跑道、土跑道，水泥跑道又可分为一级跑道或二级跑道。着陆场所、条件的不同会使结构受载和对起落装置的要求不同。

(3) 维修条件和使用条件。飞机结构在使用时的维修条件，包括维修周期与次数、维修能力、维修速度要求，以及对维修场所如在外场维修，还是到场站或基地维修等。不同类型的飞机、同一类型但性能不同的飞机，其使用条件和维修条件均会有所不同，在结构设计前应明确。

4.结构的生产条件

结构的生产条件主要指飞机的产量和工厂的加工能力与装配能力。产量不同在选择结构的设计和工艺方案时会有所不同。例如只生产几件零、构件时，一般不宜采用模锻件和精密铸造件；当大量生产时，就可以考虑采用模锻、精密铸造等适合于大量生产的工艺方案。加工能力是指飞机制造工厂所具有的设备，工艺员和工人的技术水平与加工经验，以及采用新材料新工艺的可能性。飞机结构的设计人员应对生产厂的情况很熟悉，这样才能设计出具有良好工艺性的结构。

三、结构设计过程简介

飞机结构设计主要指机翼、尾翼、机身、发动机舱和起落架等机体结构设计和操纵系统设计。飞机结构设计过程大致有以下各个典型阶段：

(1) 了解结构的使用条件、生产条件，以及总体设计已基本确定的结构外形尺寸、主要部件初步确定的结构型式和各种协调关系。

(2) 通过计算和试验，确定外载荷的大小、分布、性质。

(3) 进行部件的打样设计。确定结构布局的可能方案(包括结构型式和受力构件布置)进行比较，选定后初步确定内部协调与装配关系。

(4) 进行初步估算，或结合经验，或参考原准机，或根据以上的综合，初步定出各结构的基本尺寸；然后进行结构优化设计和结构方案的进一步比较，最后确定结构的基本尺寸。

(5) 画出结构详细打样图，并进行细节设计。

(6) 对结构进行强度计算，对关键件进行初步的疲劳、耐久性和损伤容限分析。在计算分析过程中，若有必要须进行有关的设计研制试验(详见6.7节)。若分析结果不能满足设计要求，则修改设计。

(7) 进行零构件的详细设计，绘制全套生产图纸和编制相应的技术文件。

(8) 根据设计之初所选定的结构设计准则，进行全机疲劳寿命和损伤容限分析；或者进行损伤容限、耐久性分析，并确定全机的经济寿命。进行可靠性分析，给出结构使用寿命和检查周期。

(9) 根据全机静力、疲劳(或耐久性)和损伤容限试验及试制、试飞中发现的问题对设计作必要的修改。

关于上述(3)，(7)中打样设计和详细设计的具体内容将在第五章中详述。

1.3　飞机结构设计的基本要求和综合设计思想

一、飞机结构设计的基本要求

飞机结构设计时，须使所设计的结构满足飞机性能指标对结构提出的各项基本要求。

1.空气动力要求和设计一体化的要求

当结构与气动外形有关时，结构设计应保证构造外形满足总体设计规定的外形准确度；不容许机翼、尾翼与机身结构有过大变形，以保证飞机具有良好的气动升力和阻力特性，以及具有良好的稳定性和操纵性。随着飞机设计向综合性和一体化发展，对结构设计提出了新的要求。如图 1.1 所示 F－117A 因隐形要求，其机翼下表面与机身上表面均为许多小平面构成的三棱锥面，并采用了不设任何外挂架的埋入式布局，提出了隐身-结构一体化的要求。图 5.1 苏-30MK 所采取的翼-身融合技术，要求机翼、机身圆滑过渡融合为一体，并要求机身沿轴向的形状符合面积律规律。大大改善了飞机的气动性能，但增加了结构的复杂性。飞机-发动机一体化设计，对既是机体结构一部分，又是推进系统组成部分的进气道、喷管，强调其形状、结构与发动机的匹配设计，用以优化控制飞机与发动机之间气动性能的相互影响。还有飞控-火控-结构一体化设计等发展趋势使飞机结构设计在满足气动和飞机性能等要求方面增加了新的内容和难度。

2. 结构完整性及最小重量要求

所谓结构完整性是指关系到飞机安全使用、使用费用和功能的机体结构的强度、刚度、损伤容限及耐久性(或疲劳安全寿命)等飞机所要求的结构特性的总称。

对于不要求按损伤容限、耐久性设计的飞机可简化为强度(与刚度)及重量要求。但现代军机和旅客机的新机设计，规范规定都必须按损伤容限/耐久性或按损伤容限/疲劳安全寿命设计。

具体而言，本要求就是指结构设计应保证结构在承受各种规定的载荷和环境条件下，具有足够的强度，不产生不能容许的残余变形；具有足够的刚度，或采取其他措施以避免出现不能容许的气动弹性问题与振动问题；具有足够的寿命和损伤容限，以及高的可靠性。在保证上述条件得到满足的前提下，使结构的重量尽可能轻，因此也可简称为最小重量要求。

3. 使用维修要求

飞机的各部分(包括主要结构和装在飞机内的电子设备、燃油系统等各个重要设备、系统)，须分别按规定的周期进行检查、维护和修理。良好的维修性可以提高飞机在使用中的安全可靠性和保障性，并可以有效地降低保障、使用成本。对军用飞机，尽量缩短飞机每飞行小时的维修时间和再次出动的准备时间，还可保证飞机及时处于临战状态，提高战备完好性。

为了使飞机有良好的维修性，在结构上需要布置合理的分离面与各种舱口，在结构内部安排必要的检查、维修通道，增加结构的开敞性和可达性。

4. 工艺要求

飞机结构要求有良好的工艺性，便于加工、装配。这些须结合产品的产量、机种、需要的迫切性与加工条件等综合考虑。对于复合材料等新材料，还应对材料、结构的制作和结构修理的工艺性予以重视。

5. 经济性要求

过去，主要是指生产和使用成本。近年来提出了全寿命周期费用(LCC)概念(也称全寿命成本)；全寿命周期费用主要是指飞机的概念设计、方案论证、全面研制、生产、使用与保障五个阶段直到退役或报废期间所付出的一切费用之和。其中生产费用与使用、保障费用约占全寿命周期费用的 85%左右(见图 1.11)。而减少生产费用最根本的是结构设计的合理性；影响使用和保障费用的关键则是可靠性和可维护性，也与结构设计直接有关。

二、飞机结构设计思想的演变

为了使读者更好地理解上述的结构完整性-重量要求，有必要将飞机结构设计为保证飞机安全性而遵循的设计思想的发展变化作一些介绍。飞机的设计思想来源于飞机的使用实践。

对飞机设计不断提出的更高、更新的要求促使飞机设计思想不断地发展和演变，这是飞机发展史上的一大特点。这种演变，对军用机而言，主要取决于飞机的作战性能、生存力、生产成本和使用消耗等全寿命成本的要求；对民机而言，特别重要的是安全性和经济性。就其发展过程看，大致可划分为五个阶段。

1. 静强度设计阶段

从20世纪前期起，飞机结构都按静强度设计。设计中通常采用设计载荷法，设计载荷为使用载荷乘以安全系数。静强度设计准则为结构材料的极限载荷（或称极限承载能力）大于、等于结构的设计载荷，即认为结构安全。该设计准则的表达式如下：

$$P_d = f P_e \tag{1.1}$$

$$P_u \geqslant P_d \tag{1.2}$$

式中 P_d —— 设计载荷；

P_e —— 使用载荷；

f —— 安全系数；

P_u —— 极限载荷。

也有用元件极限应力大于、等于设计应力作设计准则的，其表达式如下：

$$[\sigma] \geqslant \sigma_d \tag{1.3}$$

式中 $[\sigma]$ —— 元件极限应力，当元件受拉时即为材料抗拉极限应力（或称材料抗拉强度 σ_b），当元件受压时为抗压临界应力；

σ_d —— 由设计载荷引起的元件应力。

2. 静强度和刚度设计阶段

随着飞机飞行速度和战术技术性能要求的提高，要求采用阻力系数较小的薄翼型，使气动弹性问题变得突出起来。因此要求结构不仅要具有足够的静强度，而且还应有足够的刚度，以避免结构处于结构共振点附近，也不能出现过大结构变形以至影响飞机的性能，并能满足设计中对颤振临界速度（动气动弹性问题）和静气动弹性问题提出的刚度要求。其表达式：

$$V_d = V_{cr} \tag{1.4}$$

$$V_{cr} = \max(f_f V_f, f_s V_s, f_a V_a) \tag{1.5}$$

式中 V_d —— 设计速度；

V_{cr} —— 气动弹性临界速度；

V_f, V_s, V_a —— 颤振速度、机翼发散速度与副翼失效速度；

f_f, f_s, f_a —— 相应的安全系数。

设计准则为最大飞行速度小于、等于上述气动弹性设计速度，也即

$$V_{\max} \leqslant V_d \tag{1.6}$$

3. 强度、刚度、疲劳安全寿命设计阶段

在第二次世界大战以后的10年中，世界各国的军用和民用飞机相继出现因疲劳破坏而造成的灾难性事故，尤以1945年英国彗星Ⅰ号客机连续两次坠入大海而引人注目。之后大量的分析和研究表明，只按静强度、刚度设计的飞机并不安全。随着飞机使用寿命的提高（这40余年来，飞机的使用寿命，战斗机由1 500飞行小时提高到了5 000～8 000飞行小时；运输机由2 000飞行小时提高到30 000～60 000飞行小时），加之高强度材料的应用（一般疲劳性能较差）和使用应力水平的提高均增加了结构疲劳破坏的可能性。因此飞机设计在静强度、刚

度基础上，又引入了抗疲劳的安全寿命设计思想。安全寿命设计思想从 20 世纪 50 年代起延续至今，积累了丰富的经验。其设计准则如下：

$$N_e \leqslant N_{sa} = N_{ex}/n_f \tag{1.7}$$

式中 N_{sa} —— 安全寿命；

N_e —— 使用寿命；

N_{ex}—— 试验寿命；

n_f —— 分散系数。分散系数 n_f 一般取 4。

4. 强度、刚度、损伤容限和耐久性(经济寿命)设计阶段

从 20 世纪 60 年代末期起的几年当中，原按疲劳安全寿命设计的多种美国空军飞机出现了某些断裂事故，见表 1.1。

表 1.1 断裂事故对照表

年 份	飞 机	破 坏 情 况	疲劳试验验证/h	使用到破坏/h
1969	F-111	机翼枢轴接头板断裂	>40 000	~100
1970	F-5A	机翼中部切面断裂	~16 000	~1 000
1972	KC-135	机翼蒙皮壁板断裂	—	—
1973	F-4	机翼、机身接合处的机翼下耳片断裂	>11 800	1 200

由表列事实看出，按安全寿命设计并不能确保飞机的安全，因为它没有考虑到实际上结构在使用之前，由于材料、生产制造和装配过程中已存在有不可避免的漏检的初始缺陷和损伤；加之当时使用的高强度或超高强度合金的断裂韧性降低等原因，这些缺陷、损伤于使用过程中在重复载荷作用下将不断扩展，直至扩展失控造成结构破坏和灾难性事故。因此美国空军于 1971 年的军用规范中提出的以安全寿命/破损安全设计思想作为过渡性措施，曾得到广泛应用。1974—1975 年美国颁布了第一部损伤容限设计规范。

损伤容限设计概念承认结构在使用前就带有初始缺陷，但必须把这些缺陷或损伤在规定的未修使用期内的增长控制在一定的范围内，在此期间，受损结构应满足规定的剩余强度要求，以保证飞机结构的安全性和可靠性，同时不致使飞机结构过重。它有两种结构类型，一为破损安全结构类型，另一为缓慢裂纹扩展结构类型。设计准则表达式分别为：

(1)破损安全结构。

$$\eta_{fa} \geqslant \eta_e = \eta_d / f \qquad (f = 1.5) \tag{1.8}$$

式中 η —— 剩余强度系数，脚注 fa 表示破损安全。

$$N_{ex,fa}/4 \geqslant H \tag{1.9}$$

式中 H—— 检查间隔期限。

所谓破损安全即指有某个结构元件破损后，其残余结构尚能承受一定的载荷，并在下一次检查前不会出现结构破坏；检查出此破损后，当然应加以维修甚至更换。

(2) 缓慢裂纹扩展结构。

$$N_{a0 \to a,\mathrm{cr}} \geqslant N_e \tag{1.10}$$

式中脚注 $a0$ 代表初始裂纹长度；a，cr 即 a_{cr}，代表临界裂纹长度。

缓慢裂纹扩展结构通常适用于不可检测处的结构，此时要求在整个使用寿命期内，裂纹应缓慢发展，以使其不会达到临界裂纹长度。

最后通过损伤容限试验加以验证。

到 80 年代末美国逐步放弃了安全寿命概念，而用按耐久性考虑的经济寿命取代安全寿命。其设计准则用经济寿命 N_{ec} 取代按疲劳设计的安全寿命 N_{sa}。

$$N_{ec} = N_e = N_{ex,en}/n \tag{1.11}$$

式中，脚注 ec 代表经济，en 代表耐久性；n 为分散系数，一般取 2。此时结构须通过耐久性试验和损伤容限试验验证。所谓经济寿命是指出现某种损伤使进行修复反而是不经济的时限。

我国的新机设计也经历了以上演变过程。目前在结构设计中也遵循以上各准则，并制订了相应的规范性文件。目前耐久性设计概念仍是一种较新的方法，还有待于在今后的实践中进一步发展和完善。根据我国具体情况，新机设计可有两种典型配套方案 —— 安全寿命（疲劳）/ 损伤容限设计；损伤容限 / 经济寿命（耐久性）设计。从而形成了包括结构强度（静、动强度）、刚度、损伤容限、安全寿命（疲劳）或经济寿命（耐久性）的结构完整性设计要求。上述两套方案，就具体型号与订货方商定后确定。

5. 结构可靠性设计试用阶段

结构可靠性设计运用可靠性原理，把上述的各种定量设计准则变换成随机变量设计准则，现属于试用发展阶段。目前一般按结构完整性要求设计后，对某些重点结构进行可靠性分析和评估。其设计准则为：

$$R_{si} \geqslant R_{si}^* \tag{1.12}$$

式中　R_s —— 结构体系的可靠度；

　　　i —— 分别对应于静强度、动强度、损伤容限、寿命等情况，角标 * 代表对应的可靠性要求值（或称可靠性指标）。

三、飞机的综合设计思想

分析飞机结构设计的各项要求，其中气动要求和使用要求对结构设计而言通常是“前提性”要求，基本上必须予以满足。而工艺要求往往要结合产品的数量和工厂条件。就结构设计而言，一般讲重量要求是主要要求，因为结构重量密切关系到飞机的各项性能和经济性。由于现代飞机使用寿命长（运输机一般为 60 000 飞行小时或服役 20 ～ 25 年），若减轻重量用以增加有效载重（如商载），则增加的经济效益将十分可观；而战斗机则可用于增加油量或机载设备、武器等。因而减轻重量是结构设计的主要目标，往往以一个飞机结构重量占全机重量的比值来衡量该飞机结构设计的先进性。

从“一”中各项要求不难看出，这些要求之间是互相联系、互相制约的，在具体进行结构设计时有的还是互相矛盾的。如，按良好的维修性和按损伤容限设计准则设计的飞机，要求有大量的开口和检修通道（包括飞机表面和某些内部结构上）以提高结构的可达性和开敞性，但这必定会增加结构重量。而结构完整性与重量本身就是一组矛盾。例如高寿命要求结构设计要考虑疲劳问题，而金属材料的疲劳极限远小于其静抗拉极限应力 σ_b，有时只有 30%σ_b 左右；按损伤容限设计的结构要控制应力水平，有时可能只有(1/4)σ_b，甚至更小。以上这些要求显然与减轻结构重量之间存在着矛盾，因此在设计结构时，必须分析各结构设计要求之间，以及结构设计要求与飞机的（战术或使用）技术要求之间的相互关系，结合具体情况，分清主次，综合考虑。

目前，对飞机性能和寿命的要求越来越高。高科技飞速发展，飞机越来越复杂，机载设备不断更新，新材料、新工艺、新结构不断出现，交叉学科、边缘学科的发展以及新技术的大量涌现，都使飞机设计的综合设计思想愈显重要。这种综合性已渗透到现代飞机设计和飞机结构设计的各个层次和顶层设计、平台设计、具体技术设计等各个设计阶段中。以隐身飞机为例，隐身技术是一项跨学科的综合技术，它涉及到电磁原理、新材料、能量转化、信息处理及大量高难度动态测试等多种专业，设计时必须运用系统工程方法，综合应用飞机、动力装置和电子对抗等技术。而正在发展中的21世纪第四代战斗机，还需同时兼有隐身、超声速巡航、高机动性和综合程度更高的航空电子系统等多项高性能，则更需统筹协调有关专业之间的关系，谋求飞机性能的最优化。又如在1999年科索沃战争之后，美国空军在未来攻击机计划下制订今后30年战略轰炸机新的概念设计，提出将配备具有隐身能力和广泛应用新技术的新型的亚声速、超声速($Ma=2\sim5$)、高超声速($Ma>5$)三者配套的高性能轰炸机，有可能是有人驾驶的，也可能是无人驾驶的。实践表明，要设计出各种高性能的飞机绝不是靠某几项单项技术突破就可以实现的，而必须是多项技术的综合效果。这种综合效果得到的总体综合性能超过了简单堆砌的局部性能之和，这正是系统工程和综合设计的意义和重要性所在。也只有以综合设计的思想和应用与之相适应的新研制模式——并行工程的方法(见1.5节)——进行结构设计，方能设计出满意的、先进的飞机结构。

1.4 飞机结构设计方法概述

一、引言

在20世纪50年代前后，飞机结构设计一般根据所设计对象的具体要求、条件，根据经验或参考原准机，结合设计原理、知识进行定性分析，选出结构方案；然后进行初步的设计计算(初定量计算)，以确定结构主要元件的截面尺寸(对杆元即为杆的横截面尺寸，对板元即为板的厚度)；最后进行强度、刚度校核，以验算截面尺寸能否保证安全。如果满足强度要求，即认为设计完毕；当强度不够，或设计人员认为剩余强度太大时则修改设计。再估算、修改主要截面尺寸，然后再进行强度校核，一般可能重复1～2次。计算分析均以工程梁理论为基础，并对结构中受力特性不符合工程梁基本假设的结构进行修正计算。这种计算分析方法对于大展弦比直机翼与小尺寸机身等，尚有一定的精确度，与试验结果基本符合。但由于当时计算方法和计算工具的限制，计算中作了许多简化处理，总的说计算结果的精度不高。需要说明的是，现代飞机广义的结构强度不仅仅指强度，还包括了刚度和稳定性。而目前的设计分析中对飞机结构完整性的评定则包含了更多的内容。

随着科学技术的发展，飞机结构设计方法也在不断进步。20世纪60年代以后，由于电子计算机的出现，极大地提高了计算能力，成功地发展了适用于复杂结构的应力分析有限元方法和结构优化设计方法，使飞机结构设计从定性和初定量设计向比较精确的定量设计和优化设计跨进了一大步。并且出现了结构设计与总体、气动、工艺等设计紧密配合、互相协调的计算机辅助一体化设计方法。以下将目前采用的这些方法作一概要介绍。

二、结构有限元分析以及在飞机结构设计中的应用

结构设计中应力和变形分析十分重要，它是分析和评估结构承载能力、使用寿命、可靠性

和进行优化设计的基础，又是修改设计和制定试验方案的依据。特别对按疲劳、损伤容限设计的关键件，其应力和变形的分析精度要求更高，需要有合适的模型和计算方法才能满足要求。计算模型关系到分析结果的准确性，而计算方法则影响到分析结果的精确度。20 世纪 60 年代以来，随着大容量、高速度计算机的出现和有限元法的发展成熟，极大地提高了计算能力，为结构分析采用更为合理的计算模型和比较精确的计算方法提供了物质基础，成功地发展了适用于飞机复杂结构的有限元分析方法和结构优化设计方法，使飞机结构设计从定性和初定量设计逐步发展到比较精确的定量设计和优化设计。

1. 有限元法的基本概念

有限元法是求解复杂工程问题的一种近似数值分析方法，其基本概念是将一个形状复杂的连续体（如整个结构）的求解区域离散化，分解为有限个形状简单的子区域（单元），即将一个连续体简化为由若干个单元组成的等效组合体。然后求得位移、应力、应变的近似数值解。解的近似程度取决于所采用的单元模型、数量以及对单元的插值函数。

将实际结构的力学问题合理地转化为一种能用有限元法求解的力学模型是有限元法的关键。建立模型主要有三个方面：①抓住结构的力学特征给以模型化，选取合适的单元；②载荷模拟；③支承模拟，它在计算中反映为边界条件，是求解的重要基础。合理的模型须在结构传力分析等基本概念指导下，对结构的布局、支承条件和受力特点，特别对连接部位和受力复杂区仔细分析；此外还应利用以往的成功经验，经过反复论证和必要的试算和试验才能产生。解题的典型步骤大致如下：①将结构划分为单元；②单元分析，建立单元的刚度矩阵（如板元、杆元的刚度矩阵）；③结构整体分析，形成整个结构的总刚度矩阵；④数值求解。根据边界条件解出各节点位移；最后利用单元分析得到的关系，即可求出各单元内的应力和应变。上述程序大致可用框图 1.5 表示。

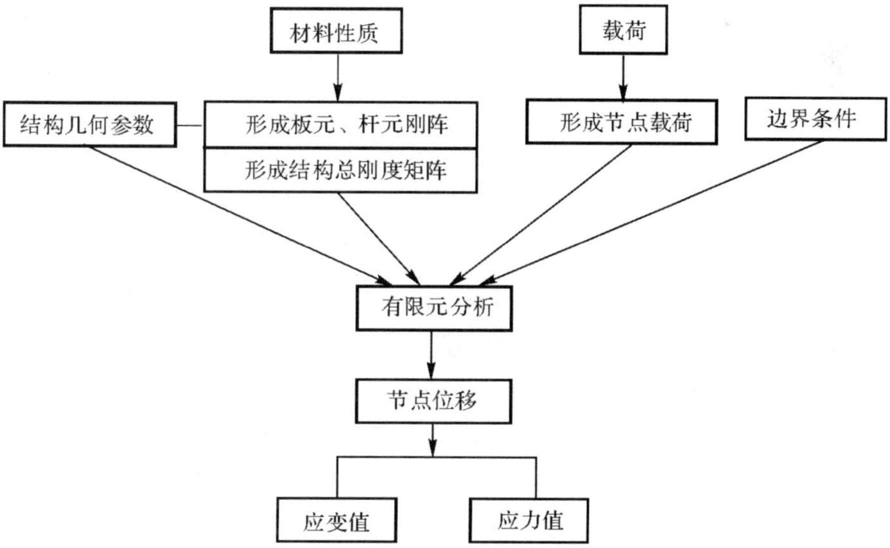

图 1.5　有限元分析过程

2. 有限元法在飞机结构设计中的应用

利用有限元法可以对飞机结构进行整体解(例如取整个机翼或机翼-机身组合)。一般可把全机分成几个子结构(如 DC-10 飞机共分成 77 个子结构);每个子结构又离散化成若干个单元。单元的类型应符合结构的受力特点,如把机翼、机身的蒙皮以及梁、框、肋的腹板离散为受剪板或平面应力板;而长桁、梁与肋的缘条离散为杆元等。对于应力变化较大的区域(如集中载荷作用点和结构不连续区附近)网格要相应密一些;而在应力变化较小或应力水平较低的区域,网格可相应疏一些。图 1.6 为某机全机有限元模型图。

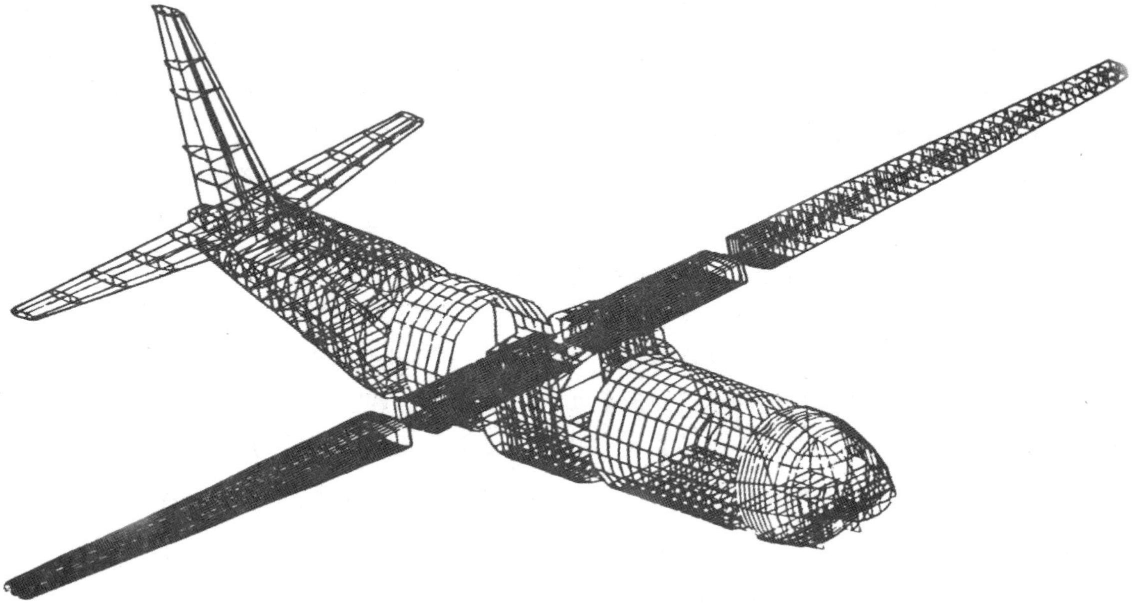

图 1.6 全机有限元方法计算模型例图

有限元法进行应力分析是在已有各构件尺寸的条件下进行的,因此一般应根据经验、原准机或初定量计算定出初步尺寸。当在结构设计中需对某些结构作出局部更改时,只要更改相应子结构的原始数据,即可进行全机应力再分析。有的飞机公司建立了两套程序:一套用于初步设计,离散化模型用粗网格,所用单元也作了较粗糙的简化,如轴力杆和受剪板,这样可减少修改设计时的计算工作量;另一套用于详细设计,离散化模型取细网格,所用的杆元、板元也根据实际情况,可采用考虑弯曲影响的较为精确的模型。

图 1.7 和图 1.8 是某歼击机机翼-机身联合求解时的计算模型。由于主要是求结构的总体变形和应力,故不需要每个翼肋处都建立一个计算站。该模型在机翼上共取了 14 个计算站。计算时,因机翼蒙皮较厚,取为成对三角形板元(由两对三角形板元素组成任意四边形板元素),翼梁腹板和翼肋腹板均取为受剪板元素,其承受正应力能力折算到相应的缘条上去。襟、副翼未参加计算,而是将载荷等效地加到机翼相应的节点上去,从最后计算结果与实测值的比较看,计算结果是比较令人满意的。

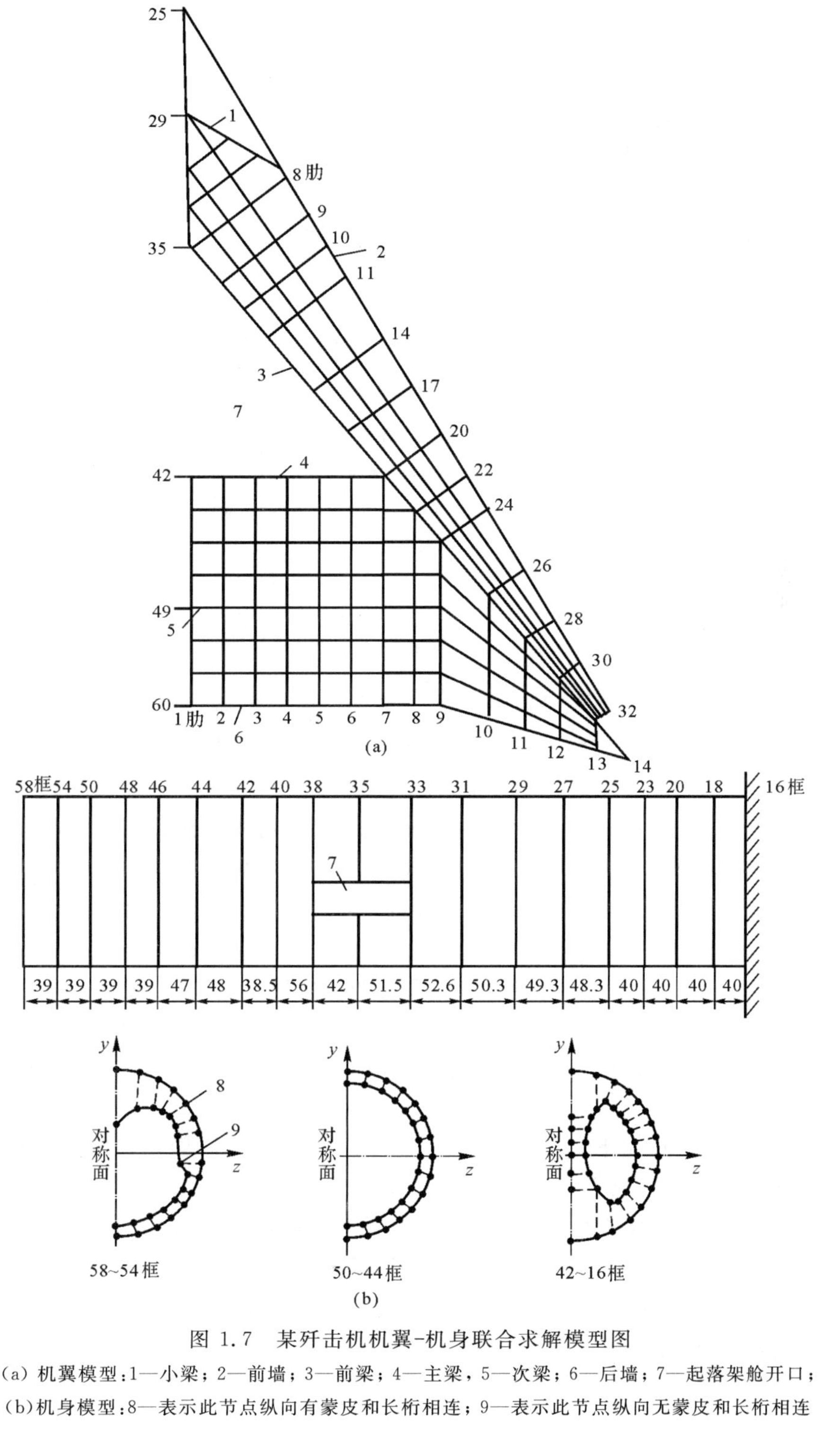

图 1.7 某歼击机机翼-机身联合求解模型图

(a) 机翼模型:1—小梁；2—前墙；3—前梁；4—主梁，5—次梁；6—后墙；7—起落架舱开口；

(b)机身模型:8—表示此节点纵向有蒙皮和长桁相连；9—表示此节点纵向无蒙皮和长桁相连

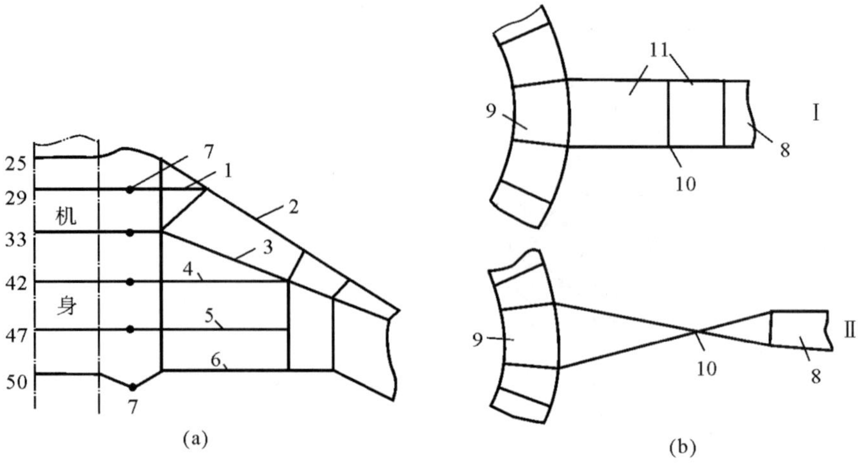

图 1.8　机翼-机身交接区简化图

(a)机翼-机身连接平面示意图；　(b)Ⅰ—机翼-机身连接区的传弯接头；Ⅱ—机翼-机身连接区的传剪接头

1—梁；2—前墙；3—前梁；4—主梁；5—次梁；6—后墙；

7—交点；8—机翼；9—机身框板；10—交接站；11—受剪板

三、结构优化设计方法

1. 优化设计方法概述

飞机结构设计最主要的要求是所设计的结构在规定的载荷作用下，既能满足结构完整性要求，并有足够的可靠性和寿命，又要具有尽可能小的结构重量或低的成本，但这两方面的要求通常是矛盾的。有限元法虽然大大提高了应力、应变分析的精度，但面对得到的大量计算结果。在需要对结构参数进行调整、修改时，往往由设计人员凭直观判断、调整，"人为"的因素很大，与设计人员本人的设计经验和设计水平关系很大，很难取得满意的结果。而且由于设计过程周期长，效率低，要得到一个真正的优化方案几乎是不可能的。而优化设计方法可在一定程度上解决这个问题。

结构优化设计方法通常从任意一组设计变量的初始值开始，按一定的规律，逐步趋向优化解。为此

(1) 将要调整确定的结构参数，如杆元截面积、板的厚度等尺寸，作为设计变量，它可以有 i 个。

(2) 将结构在外力作用下必须满足的一系列条件，如变形协调方程以及对强度、刚度、寿命的限制作为约束条件。

(3) 将反映结构最重要性能的指标，如重量最小或成本最低，作为目标函数。优化设计即是在所要求的约束条件下，确定出能满足目标函数的设计变量值。例如最常见的结构优化问题，即在应力、位移和最小尺寸限约束下的结构最小重量设计，就可用以下数学公式表达：

目标函数：$\min W = \sum \gamma_i A_i l_i$

约束条件：$\sigma_i / [\sigma_i] \leqslant 1$

$\delta_i / [\delta_i] \leqslant 1$

$A_i \geqslant A_{i\min}$

式中　γ_i —— 密度；

l_i —— 杆长或板面积；

A_i —— 设计变量，指杆截面积或板厚；

σ_i, δ_i —— 实际应力，实际位移；

$[\sigma_i], [\delta_i]$ —— 许可应力，许可位移。

从数学形式看，上述式子构成了一个求解有约束的优化问题，也可称为条件极值问题，即要找到一组最有利的各元件尺寸值，以使整个结构重量达到最小值。

解这样的优化问题主要有两大类方法。

(1) 数学规划法。第一种方法可用解析法直接求解，但由于结构设计问题的复杂性，一般不可能用解析方法处理。第二种是用数值解，或称迭代解，即根据当前设计方案提供的信息，按照某些规定的步骤进行搜索，一步一步逼近优化点。

(2) 优化准则法。其要点是对规定的某类设计条件建立起相应的准则和使这些准则能够得到满足的一组迭代式，按这组迭代式修改设计，直到收敛。目前已导出了应力、位移、失稳、屈曲等约束条件下的结构优化准则，满应力设计准则是解决应力约束优化问题用得较多的一种最直观的优化准则。即认为所有元件的设计变量若满足强度约束条件 $\sigma_i = [\sigma_i]$ 时，则重量为最轻。

需要说明的是，这两种方法一般只能找到局部最优解，而不一定是真正的最优方案。若从几个不同的初始设计值出发，得到的优化结果相同，那么它可能是“全局”最优解。另外从目前看，上述优化方法应用于确定构件的截面尺寸等比较成熟，但对于布局方案优化尚不很成熟。

2. 优化设计方法的发展

现在正在发展的优化方法还有遗传算法和神经网络法。从理论上讲遗传算法依概率 1 收敛于全局最优解。神经网络法可考虑多种类型的设计变量，通过网络自身的学习，得到给定设计条件下的优化设计方案。这两种方法很适合于结构布局优化问题，有广阔的应用前景，但目前在飞机结构设计中的应用尚不够成熟，尚待进一步发展研究。

其他还有多目标优化设计，结构模糊优化设计，基于可靠性的结构优化设计等，均在不断发展之中，详见第十章内容。

四、计算机辅助设计

1. CAD 系统

计算机辅助设计(CAD)是指利用计算机及其外围设备和图形输入、输出设备解决设计问题的一种先进方法。前面介绍的结构有限元分析、结构优化设计就是 CAD 的一个方面。随着计算机技术的快速发展，计算机在设计中的辅助作用已扩展到设计过程的各个专业、各个阶段中，例如飞机的总体设计、气动设计、结构设计、工艺设计等各个专业，以及综合、开发、分析、优化设计、修改、评估、绘图等各个设计环节，并将结构设计从 CAD 的大系统中割裂开来了。

CAD 系统由完成设计功能的软/硬件组成。硬件包括计算机及其外围设备和图形输入、输出设备等。软件有各专业领域自行开发的**应用软件**，如总体设计、几何外形设计、气动分析、结构设计、结构分析、疲劳断裂计算、飞行控制等软件；**通用支撑软件**包括绘图、实体造型、运动机构造型、数据管理和技术文件生成等软件；**系统软件**用于计算机的管理、维护、控制等。因此，建立了一个 CAD 系统也就建立了一种新的设计和生产管理体制。

2. CAD/CAM 集成系统

CAM 是指利用计算机对制造过程进行规划、管理和控制，与 CAD 结合在一起就构成 CAD/CAM 的集成系统。目前 CAD/CAM 技术日趋成熟，已取得了显著的效益，并在深化发展中。波音公司由于成功地在波音-727，波音-737，波音-767 等型号上推广应用 CAD/CAM，使其新型客机能在较短的时间内投入市场。我国于 20 世纪 60 年代开始应用 CAD，自 20 世纪 80 年代初开始，应用集成技术把各个单独的应用程序、软件包、图形软件等按照飞机设计要求集成起来，形成多功能、自动化程序流程的飞机设计集成系统(CAADMM)。之后又开发了包含计算机辅助设计、计算机辅助工程、制造和支持系统在内的集成系统。目前正在开发集成化程度更高、更为先进的交互式飞机研制集成系统(如 CIMS)，并已在型号开发中得到应用。有关计算机辅助设计将在第十章中作详细介绍。

1.5 并行工程方法简介

一、引言

现代飞机为了达到各项高性能要求，除了使飞机机体具有很好的气动特性和结构性能外，还必须配备与机体相匹配的高效推进系统、先进的各类控制系统和操纵系统、为飞机完成任务提供所需各种信息的先进通信手段和信息系统、武器系统等。因此现代飞机实际上是由一些高水平的子系统组成的复杂的高级工程系统。

目前，虽然现代飞机具有很大的独立性，但为了它自身的正常操作运行，不能没有保障系统和各种信息环节。在当今高度信息化的时代，先进的信息搜索工具除了机载设备外，还包含空间轨道中的卫星、航空资源、无人驾驶传感器和相应的地面系统。因此形成了一个功能上相互紧密关联的组合体——航空综合体，它的各个子系统要在大量随机因素条件下做到集中控制，以完成统一的任务。图 1.9 的框图表示了航空综合体中各环节的相互关系。在航空综合体中可以把飞机看作为基本的执行环节，这样一个综合体较之飞机本身，是一个更为复杂的高技术的工程系统。

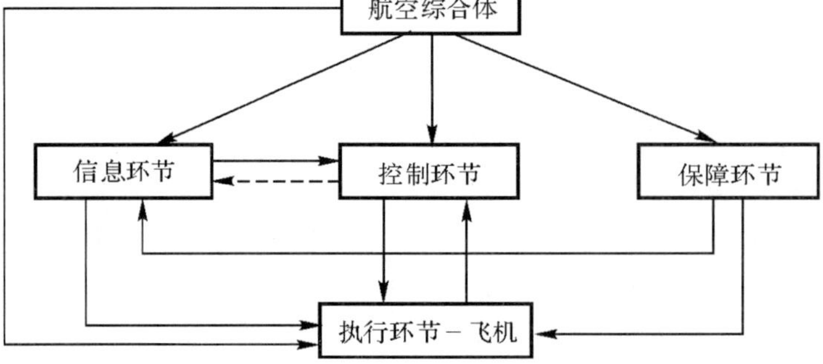

图 1.9 航空综合体示意框图

可以预见在21世纪，空军仍将是主要的军事力量。由于对飞机的性能要求还在不断提高，加上配备各种尖端的先进设备，使军用飞机的效能和全寿命周期费用之间产生了新的不平衡。整个飞机从研制到使用，消耗的费用巨大，因此，一架飞机设计得成功与否，应以是否达到效能-费用比最优来评判。

此处的效能包括很多方面，主要为可用性、可信性、性能三部分。而前两项又分别为反映飞机的可靠性、维修性、保障性和任务可靠性、生存性的综合参数(见图1.10)，就军机而言效能是飞机实战能力的全面的最终的体现。全寿命周期费用(也称全寿命成本)已在1.3节中作了介绍。要达到效能-费用比最优，只能运用不断涌现的新技术、综合设计的思想和系统工程的设计方法才能得以解决。并行工程就是适合于系统工程的一种方法。并行工程方法强调综合设计，强调各专业技术人员的协同合作。这种方法实际上早在20世纪60年代之前已提出并加以应用，但在计算机技术、信息集成化程度和信息交流高度发展的今天，它有了全新的内容和含义，并发挥出新的活力和巨大潜力。在飞机结构设计中，并行工程方法并不是指对某个专业内容的具体设计方法，比如前述的结构优化设计方法、计算机辅助设计方法等；它也不能随意去掉一个完整设计过程中的任何一个必要的阶段。并行工程方法是指应用系统工程的原理和管理方法，并利用集成的计算机环境而建立起来的一种新发展的系统工程的研制模式和工作模式——并行运行方式。它在产品的研制、开发和设计过程中引入了一种新的理念和机制，即在上述的全过程中全面加强人与人之间的合作，充分利用高度发展的计算机辅助工具和技术集成以及信息集成系统，做到信息共享、信息交流，使开发和设计人员能大量采用集成技术，及时地完成产品及其过程(如生产、维护过程等)的设计和评价，可显著地改善产品的设计质量和缩短研制周期。

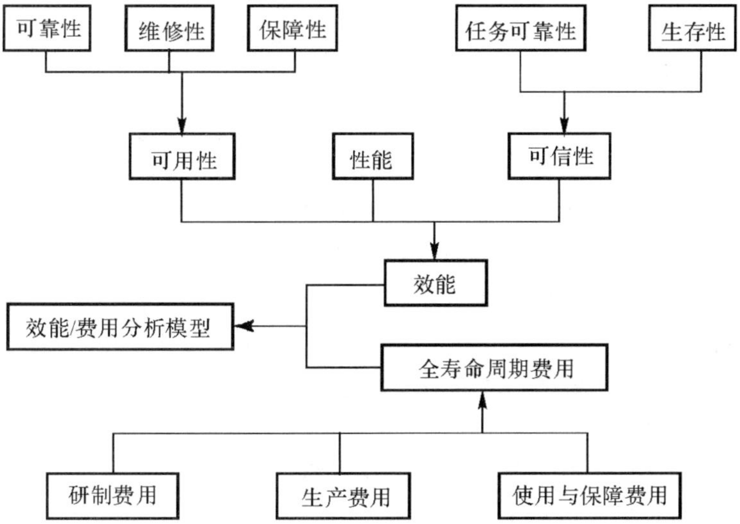

图1.10　效能-费用的关系

二、并行工程方法简介

1.并行工程的基本原理

美国防御分析研究所将并行工程定义为如下的一种系统方法：

并行工程是集成地、并行地设计产品及其相关各过程(包括制造和保障过程)的系统工程方法。这种方法要求开发人员在设计一开始就考虑产品在全寿命周期中从概念形成到产品报废期间的所有因素,包括质量、成本、进度计划和用户要求等。

实践证明,全寿命周期费用的95%在设计阶段已经决定。更为重要的是,花费仅占全寿命周期费用的7%的早期设计阶段(即概念设计和方案验证阶段)已经决定了全寿命周期实际费用的85%(见图1.11)。而在总费用中,生产费用和使用、保障费用比例最高,因此减少这两项费用就可有效地提高效能-费用比。为此在飞机研制的并行工程中要做到以下三点:

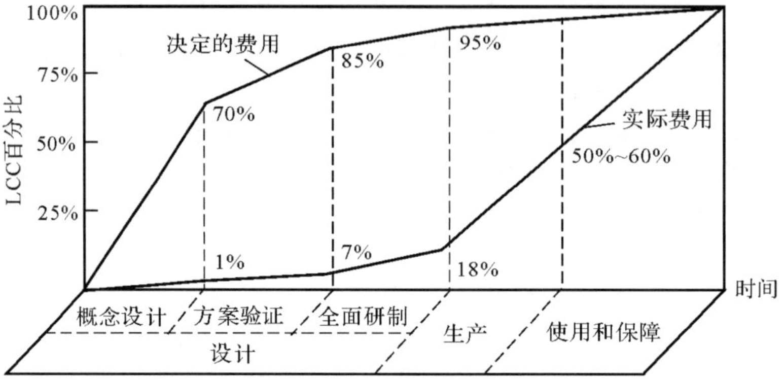

图 1.11　全寿命周期费用(LCC)分布

(1)综合设计。即在初步设计阶段(方案论证阶段)就对全寿命周期中的“设计、生产、使用和保障”等各阶段的要素进行全面、综合的权衡考虑。

(2)全过程有关人员的协同研究。从研制开始起就要求全寿命周期过程中各个时期的专家、参与者协同工作。包括设计(焦点)、应力分析、生产制造、材料、工艺、维护、用户在内的各有关人员在整个过程中保持联系,建立多学科、跨专业的联合工作集体,多个工作过程协同进行,以便对产品及其过程实行集成的并行设计。通过在开发、设计过程中,根据各方意见,其中特别要重视满足用户的需求,持续地改进产品形成的一系列过程(不是待设计基本完成后才交给工艺、维修等后续部门进行审查),以求最终改善产品质量。

(3)并行研制设计。就并行工程中的多个方面平行地开展工作。例如,当飞机主控几何参数确定后即可平行地开始飞机的内部布置、部件设计、厂房规划、飞机支援研究等各项任务。这并不是指要同时或交错地进行设计和生产,而是指所有的设计工作,包括生产设计、使用维护设计等应在生产开始前完成,这样可以缩短开发周期。

2.并行工程的核心内容

从以上介绍可知,并行工程的核心内容有以下四个方面:

(1)产品开发队伍重构。将传统设计中的部门制或专业组变成以产品(飞机)为主线的多功能联合产品开发团队(IPT),它被赋予相应的职责权利,对所开发的产品对象负责。这样可打破功能部门制造成的信息流动不畅,特别是后续过程对前行过程的信息反馈太迟等问题,减少设计方案的修改和返工。

(2)过程重构。从传统的分阶段串行的产品开发流程转变成集成的、并行的产品开发过程。使后续过程在早期便参与设计过程,使在早期设计阶段就考虑后续各个过程的需求,并依靠有关专家的协同工作，把在生产以及使用、保障中可能出现的问题在设计过程中就及早解决；同时也可使过程精简，大大缩短研制周期，提高了设计的质量，得以达到较高的效能-费用比。

(3)数字化产品定义。包括两方面内容：即数字化产品模型和全寿命周期数据管理(PDM)；数字化工具定义和信息集成，如 DFA，CAD/CAE/CAM 等。

(4)协同工作环境。用于支持 IPT 协同工作的网络与计算机平台，以使联合集体的成员能克服不同地理位置、不同专业领域、不同部门之间的信息交流障碍，形成一个集成的信息管理环境和决策支持环境(见 10.3 节)。

波音公司在对新一代波音-737-700，波音-737-800 等飞机的设计制造上就使用了这种新的研制模式。这种研制模式，包括了 IPT/CPD(IPT——联合产品工作队，CPD——集成产品定义)等十个主要的研制模式块(见图 1.12)。它们又由数十个工作程序支持。这些工作程序涉及工程、制造、材料、用户支援和其他部门的共同工作。其工作方式是采用以整体产品为目标的 IPT/CPD 方式(在美国宇航企业中称为产品开发队(PDT))，这两者是整个研制模式的核心。该研制模式集中体现了并行工程系统工程(CE/SE)的原理和团队工作精神——当代飞机设计制造的新潮流，并首次在波音-737-700 飞机的研制项目上取得很大成功。

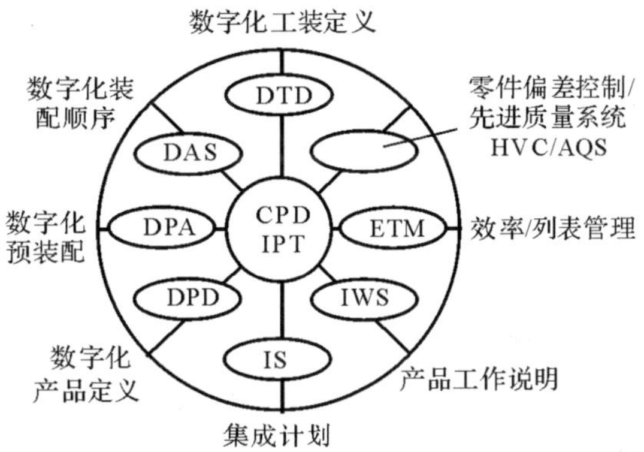

图 1.12 新一代波音-737 飞机研制模式示意图

3.并行工程的实施

就目前看，并行工程的实施还没有固定的模式，它的体系、关键技术和理论还有待于进一步发展。美国、欧洲各飞机公司实施并行工程的主要方法和技术也不尽相同。但总的来说有以下几个方面。

(1)必须建立起适合于并行工程的管理体制、机构和科学的管理方法，甚至可能涉及较深层的体制改革。

(2)适用于多专业人员协同工作的环境和工作方法。

(3)不断发展相关的支撑技术。

只有这几方面的结合才能使并行工程取得更大的效益。

4.应用并行工程所取得的效益

美国的波音公司和洛克希德公司都已在波音-777 和 F-22 等飞机的开发研制中实际应用了并行工程，曾建立了上百个联合产品工作队(IPT)，并取得了显著效益。欧洲的空中客车公司也已制定了在飞机研制中实施并行工程的大纲和标准。波音-777 飞机的整个计划和相应的工程活动创造出了 100%并行工程的环境，也是世界上第一个用 CAD 设计并完成了整架飞机的数字化预装配的飞机，大大降低了零、部件的偏差和返工率，比波音-767 的返工率降低了 50%。F-22 应用并行工程使后期的设计更改工作量减少了 50%。复合材料由于其材料特点，其材料、设计、工艺、制造、测试和使用、维修等方面的技术之间密切相关、相互交融，因而美国在复合材料用于军机(如F-22)的研制中采用并行工程方法，提高了产品的质量和研制速度。

美国防御分析研究所的研究表明，并行工程的效益如下：①提高设计质量，使早期生产中的修改减少50%以上；②因设计与相关过程并行进行，开发周期缩短40%～60%；③降低全寿命周期费用，多专业协同开发，仅生产费用就可降低30%～40%；④优化开发过程，使产品报废和工作的返工减少75%。

总之，飞机设计方法是不断发展的，相信今后还将不断有新的发展和进一步的完善。飞机结构设计技术肯定会日益提高，达到新的水平。

思考题

1. 飞机结构设计思想演变的过程及其原因何在？
2. 为何现代飞机结构设计必须应用综合设计技术？
3. 并行工程方法的原理和实施要点是什么？

第二章　飞机的外载荷与设计规范

飞机的外载荷是指飞机在起飞、飞行、着陆和地面滑行等使用过程中，作用在机体各部分上的气动力、重力和地面反力等外力的总称。外载荷的大小取决于飞机的重量、飞行性能、外形的气动力特性、起落架的减振特性以及使用情况等诸多因素。在飞机结构设计中，选定各结构件的剖面尺寸时，必须先确定它所承受的载荷，而结构件载荷要由设计情况的飞机外载荷来决定。因此，飞机的外载荷及强度规范是结构设计和强度计算的重要依据。

飞机的外载荷按使用情况不同，分为两类。

(1)飞行时的外载荷。

(2)起飞、着陆时的外载荷。

飞机的设计规范包括飞机强度、刚度和适航性规范等，它们是飞机结构设计、制造、试验、验收、使用和维修的通用性指令性文件。

本章的主要内容是介绍现代飞机结构设计中的载荷类型\载荷系数概念及其意义，并简要介绍有关飞机设计规范中的部分内容。

2.1　飞机结构的主要载荷

飞机在飞行过程中，外界作用于飞机的载荷主要有：升力 Y、阻力 X、发动机推力 T 及飞机重力 G。飞机在起飞、着陆及在地面运动时，除飞机重力 G 外，还有地面作用在前、主起落架上的地面支反力 P_n，P_m 和摩擦力 P_f(见图 2.1)。

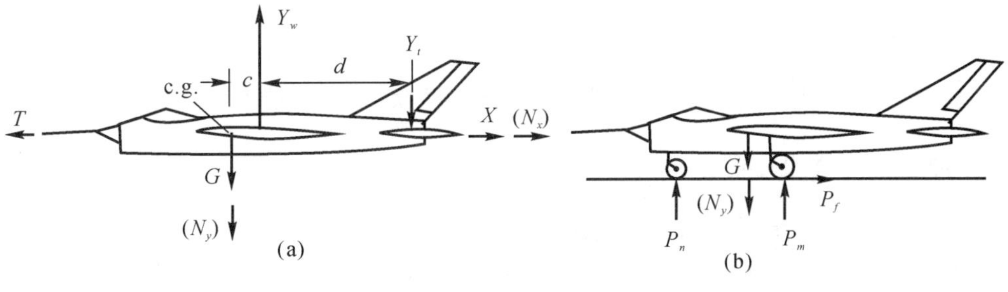

图 2.1　飞机的基本载荷

(a) 空中飞行情况；(b) 地面运动情况

通常，将质量乘以加速度的负值称为惯性力。即惯性力在数值上等于质量乘以加速度，方向与加速度方向相反。在图 2.1 中加上惯性力 N_x，N_y 是具有加速度飞机的动平衡表达形式，故在本章图中，惯性力一律加括号表示，以示与飞机上真实载荷的区别。

飞机重力 $G(mg)$ 和惯性力 $N(-ma)$ 均与飞机本身质量 m 有关，故统称之为质量力。

飞机在空中飞行时的受载情况可简化成图 2.1(a)。此时飞机既有平移运动,还可能有旋转运动,由牛顿第二定理可知

$$T - X = ma_x \tag{2.1}$$

$$Y_m - Y_t - G = ma_y \tag{2.2}$$

$$-Y_w c + Y_t(d + c) = I_z a_z \tag{2.3}$$

式中 Y_w—— 机翼升力;

Y_t—— 尾翼升力;

a_x, a_y——x, y 方向的加速度;

I_z—— 飞机绕 z 轴的质量惯性矩;

a_z—— 飞机绕 z 轴的角加速度。

这里的坐标轴方向是按右手直角机体坐标系规定的,即原点 O 在飞机重心,纵轴 Ox 平行于机身轴线,指向前;竖轴 Oy 在飞机对称平面内,垂直于 Ox 轴,指向上(当飞机处于正常平飞姿态时);横轴 Oz 垂直于飞机对称平面,由右手系规定(见图 2.4)。

在把飞机简化成一个质点研究飞机运动规律时,可将飞机的各种外载移至重心处(即坐标原点)进行分析,至于角加速度的影响,将在后面加以讨论。

飞机在使用过程中究竟受哪些力?下面我们取几种典型情况来讨论。

一、等速直线平飞时的受载情况

飞机作水平等速直线飞行时,它所受的力有:升力 Y、重力 G、阻力 X 和发动机推力 T(见图 2.2)。此时:

$$Y = G, \quad T = X \tag{2.4}$$

飞机在这种飞行情况下,所受载荷处于静平衡状态,因此飞机无任何方向的加速度。人坐在飞机里,如不看窗外景物的相对运动,就感觉不出在飞行。这种情况的外载特点是:作用在飞机上的升力等于飞机的重力($Y/G=1$),推力等于阻力($T = X$)。飞机上的各种装载、设备作用在它们连接接头处的力与飞机静止时的情况相同。

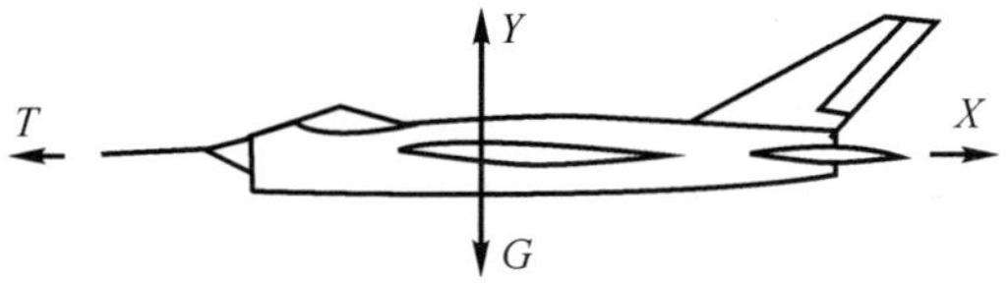

图 2.2 平直飞行时的受载情况

二、俯冲后拉起时的受载情况

这是一种常见的在垂直平面内作曲线机动飞行的情况(见图 2.3)。此时,作用在飞机上的外载荷有 Y,T,X,G,此外由于有曲线运动的向心加速度作用,产生了离心惯性力。

设飞机的速度为 v,航迹的曲率半径为 r,则法向(y 向)加速度为

$$a_y = \frac{v^2}{r}$$

离心惯性力为

$$N_y = -ma_y = -\frac{G}{g}\frac{v^2}{r} \tag{2.5}$$

将这些力投影到机体的 y 坐标方向,可得到方程式

$$Y - G\cos\theta = \frac{G}{g}\frac{v^2}{r}$$

于是

$$\frac{Y}{G} = \cos\theta + \frac{v^2}{gr} \tag{2.6}$$

当飞机在弧形航迹的最低点时，此时 $\theta=0$，$\cos\theta=1$，则

$$\frac{Y}{G} = 1 + \frac{v^2}{gr} \tag{2.7}$$

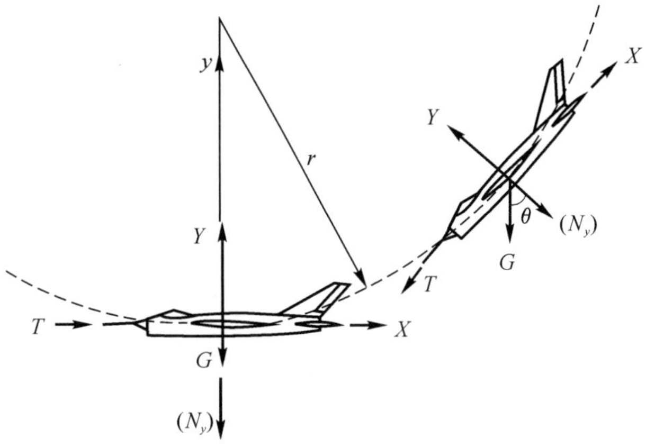

图 2.3　俯冲后拉起时的受载动平衡情况

由此可见，在俯冲拉起过程中，飞机所需的升力不等于重力，而是等于重力乘以一个系数，这个系数就是该升力与重力之比（它与飞机的飞行状态参数有关），称之为载荷系数（即过载系数，或简称过载）。飞行中，升力经常在变化着，在俯冲拉起时，升力可能大大超过飞机的重力。飞机的机动动作越剧烈，升力大于重力必定越多，飞机受力越严重。

2.2　典型飞行姿态和载荷系数

一、载荷系数（过载系数）的概念

1. 载荷系数的定义

从俯冲后拉起飞行姿态的简单情况，我们可以给载荷系数一个恰当的定义，即：除重力外，作用在飞机上的某方向上所有外力之合力与当时飞机重力之比值，叫载荷系数。由上面定义可以看出，载荷系数是一个矢量，用符号 $\boldsymbol{n}$ 表示。它在机体坐标轴系三个主轴方向的分量为 n_x，n_y，n_z（见图 2.4）。除重力以外的总外力在 y 方向上的分量（可近似认为就是升力 Y）与飞机重力 G 之比就是 y 向的载荷系数 n_y，它可能为正，也可能为负，这取决于该外力的方向。当升力 Y 与 y 坐标轴正方向一致时取正，反之取负。

例如，在平直飞行情况下，飞机的升力只要求与重力相等，即 $Y=G$，此时 $n_y=Y/G=1$。若飞机作等速平直倒飞，则 $n_y=-1$（因此升力方向与 y 轴的正方向相反）。但在曲线飞行时，如俯冲拉起情况下，升力大于飞机重力的径向分力 $G\cos\theta$，这两个力之差使飞机产生向心加速度，飞行轨迹便向上弯曲。此时，$n_y=Y/G=\cos\theta+v^2/gr$，当以大速度小半径猛烈拉起时，将会产生很大的正 n_y。n_y 越大，表示升力比飞机重力大得越多，飞机受力越严重。

当然，在飞机的 x 方向上，也会出现与切线加速度相关的惯性力 N_x，即

$$a_x = \frac{\mathrm{d}v}{\mathrm{d}t},\quad N_x = -ma_x = -\frac{G}{g}\frac{\mathrm{d}v}{\mathrm{d}t} \tag{2.8}$$

按照定义，在俯冲、拉起等各种飞行情况下，x 方向的载荷系数应为：除去重力外的 x 方向的所有外力（沿 x 方向分量）与重力之比，即

$$n_x = (T - X)/G \tag{2.9}$$

由图 2.3 可得

$$T + G\sin\theta - X = ma_x \tag{2.10}$$

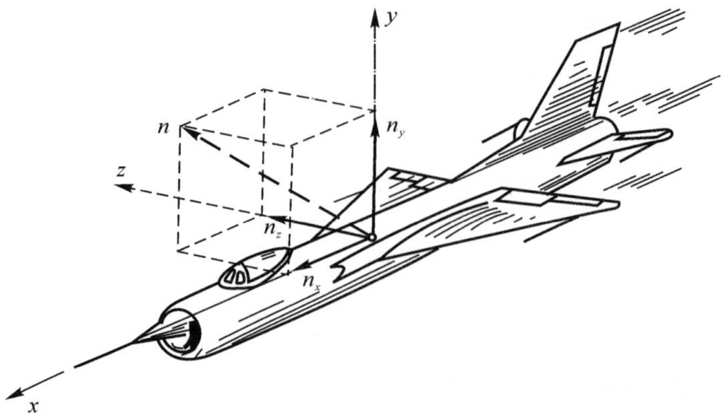

图 2.4　过载系数在机体坐标系下的分量

将式(2.9) 代入式(2.8)，得

$$n_x = \frac{1}{g}a_x - \sin\theta$$

由于 a_x 一般较小(式(2.8) 对应俯冲拉起飞行中又有加力的情况)，而飞机结构在 x 方向的强度、刚度较好，故除特殊情况(如着陆刹车、前方撞击等) 外，n_x 常不予考虑。平直等速飞行时，$T = X$，$n_x = 0$。另外，z 向的过载一般也较小，因而我们重点讨论 y 向过载。

例 2.1　如图 2.3 所示，飞机俯冲后沿圆弧线拉起。求：(1) 当已知 $v = 1\ 000$ km/h，$r = 1\ 000$ m，$\theta = 45°, 30°, 0°$ 时的 n_y 各为多少；(2) 若限制 $n_{y\max} < 8$，在同样的拉起速度下，允许的拉起圆弧半径 r 为多大。

解　(1) 由式(2.6) 得

$$n_y = \frac{Y}{G} = \cos\theta + \frac{v^2}{gr} = \cos\theta + 7.87$$

$$\theta = 45°,\quad \cos\theta = 0.707,\quad n_y = 8.577$$

$$\theta = 30°,\quad \cos\theta = 0.866,\quad n_y = 8.736$$

$$\theta = 0°,\quad \cos\theta = 1,\quad n_y = 8.87 = n_{y\max}$$

(2) 由式(2.7) 得

$$n_y = 1 + \frac{v^2}{gr} \leqslant 8 = n_{y\max}$$

于是

$$r \geqslant \frac{v^2}{7g} = 1\ 123.64 \text{ m}$$

2. 载荷系数的物理意义

载荷系数表示了实际作用于飞机重心处(坐标原点) 除重力外的外力与飞机重力的关系。它是用比值的概念来表示的，为一相对值。就 y 方向而言，n_y 表示飞机升力是重力 G(也即是平直飞行时的升力) 的多少倍。

$$\frac{Y}{G} = n_y$$

另一方面，载荷系数又表示了飞机质量力与重力的比率。就 y 方向来说，y 向实际的质量力($G\cos\theta + N_y$) 是飞机重力 G(即等速平飞时的质量力) 的多少倍，这个倍数即为 n_y，即

$$\frac{G\cos\theta + N}{G} = n_y$$

须注意的是，在动平衡体系中，飞机的总质量力与除重力外的外力是大小相等、方向相反的平衡力系。因此，也可用质量力来计算载荷系数，但如以质量力来决定过载的方向，就应该是与飞机坐标轴正方向相反的为正，反之为负。

3. 载荷系数的实用意义

由上述分析可以看出，飞机的载荷系数是飞机设计时重要的原始参数之一，它有两方面的实际意义。

(1) 载荷系数确定了，则飞机上的载荷大小也就确定了。如果我们知道了飞机重心处的载荷系数，那么结合对应载荷系数的其他飞行参数(如高度、重量、速度、气动力分布等) 就能求得飞机结构各部分所受的实际载荷大小，以及它的作用方向，这就便于我们对飞机结构的强度、刚度等指标进行设计校验；结构设计时要保证飞机能承受 n 所确定的载荷。在使用时，不能超过所规定的 n 值，否则飞机就不安全。

(2) 载荷系数还表明飞机机动性的好坏。载荷系数也是各种飞行姿态受载情况与平直飞行情况相比较下的相对值，通过载荷系数可以了解到飞机的机动性能，因此，载荷系数又是飞机机动性的重要指标。现代战斗机特别强调机动性能，要求有较大的飞机载荷系数，一般 n_{max} 约等于 8。设计时，如能正确选取载荷系数的极限值，则既能使飞机满足战术技术要求，又能使飞机满足结构的重量要求。

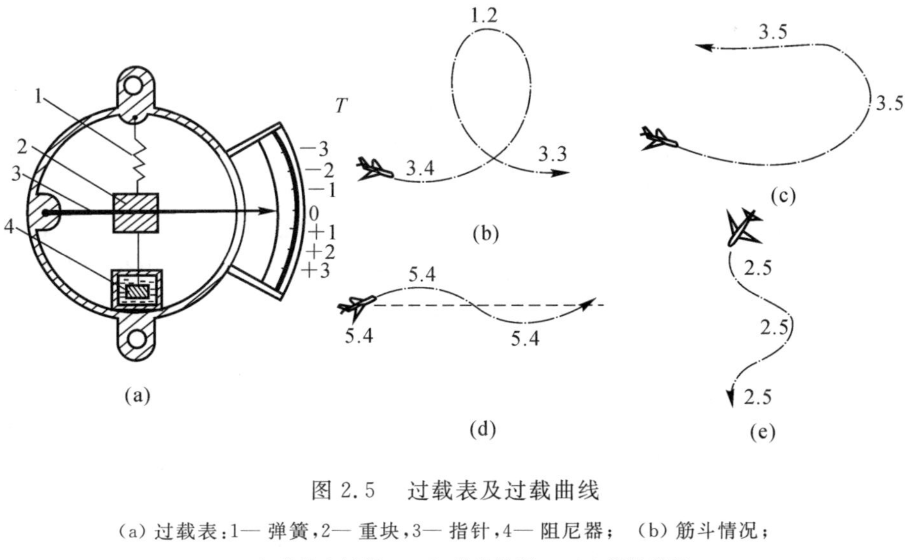

图 2.5 过载表及过载曲线

(a) 过载表：1— 弹簧，2— 重块，3— 指针，4— 阻尼器； (b) 筋斗情况；
(c) 上升转弯情况； (d) 横滚情况； (e) 螺旋情况

载荷系数可用过载表(见图 2.5(a)) 等仪器测定。在平直飞行时，无加速度，则载荷系数 $n_y = 1$。此时，过载表内的弹簧与重块的重力平衡，表的指针静止地指着“1”。当机动飞行出

现加速度 a_y 时，表内弹簧由于重块本身质量力增大而伸长，并带动指针指出 n_y 的大小。当载荷系数为负时，重块的质量力反向，弹簧受压缩短，带动指针反向转动指出负载荷系数值。重块浸于油液中以增加阻尼，减小振动，使指针稳定。

如需测飞机某处的载荷系数，就将过载表装在该处；如果测全机的载荷系数，就将表装在飞机的重心处；还可用自动记录装置把整个飞行运动过程的载荷系数情况记录下来，绘成曲线，以作为飞机设计、研究、改进的依据。

二、其他飞行姿态的载荷系数计算

1. 进入俯冲情况（见图 2.6）

飞机在此情况下：

$$Y = G\cos\theta - \frac{G}{g}\frac{v^2}{r} \tag{2.11}$$

$$n_y = \frac{Y}{G} = \cos\theta - \frac{v^2}{gr} \tag{2.12}$$

视 v 与 r 的不同情况，n_y 可能为正，也可能为负，还可能为零。

例 2.2 如图 2.6 所示，飞机进行俯冲，已知此时 $\theta = 45°$，$r = 1\ 000$ m，测得飞机的 $n_y = 0$，求此时飞机的飞行速度。

解

$$n_y = \cos\theta - \frac{v^2}{gr} = \cos 45° - \frac{v^2}{9.81 \times 1\ 000} = 0$$

得

$$v = 83.28\ \text{m/s} = 299.81\ \text{km/h}$$

2. 垂直俯冲情况（见图 2.7）

飞机在此情况下

$$Y = 0, \quad n_y = 0 \tag{2.13}$$

但须注意，此时可能有 x 方向的载荷系数

$$n_x = \frac{T - X}{G} = \frac{N_x - G}{G} \tag{2.14}$$

若飞机在发动机推力为零的状态下进行垂直俯冲，并略去空气阻力（$X = 0$），此时，$n_x = 0$，即飞机在垂直向下的 x 方向上的重力与惯性力大小相等、方向相反，机内各装载物均没有垂直方向（x 方向）的力作用于结构上，这意味着自由坠落失重的情况。

3. 等速水平盘旋情况（见图 2.8）

这是飞机机动性能的主要指标之一，此时

$$Y_1 = G, \quad Y = \frac{G}{\cos\beta}, \quad n_y = \frac{Y}{G} = \frac{1}{\cos\beta} \tag{2.15}$$

盘旋倾斜角 β 越大，n_y 越大。当大坡度盘旋 $\beta = 75° \sim 80°$ 时，$n_y = 4 \sim 6$。

在水平方向上，向心力 Y_2 与离心惯性力 N_h 平衡。当 $\beta = 75° \sim 80°$ 时，$n_h = 3.7 \sim 5.7$。

当飞行速度增大时，如仍须作小半径盘旋，则需要采用大迎角飞行以产生大的升力；同时，需要增大推力以克服升力增大所引起的阻力增大；还需要大的倾斜角，以产生作此盘旋所需的升力的水平分量（向心力）。很明显，此时将产生相当大的载荷系数。

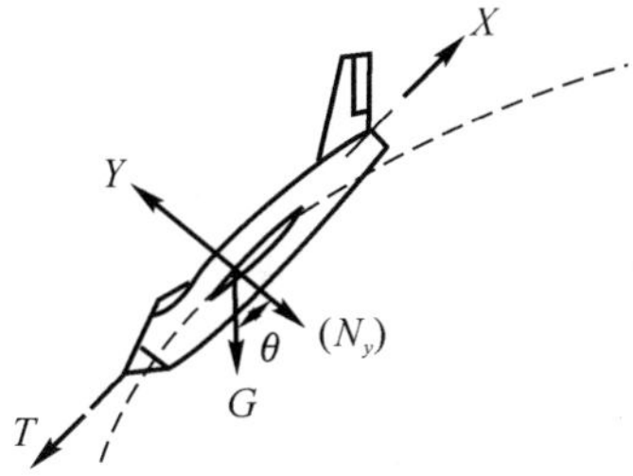

图 2.6　进入俯冲情况

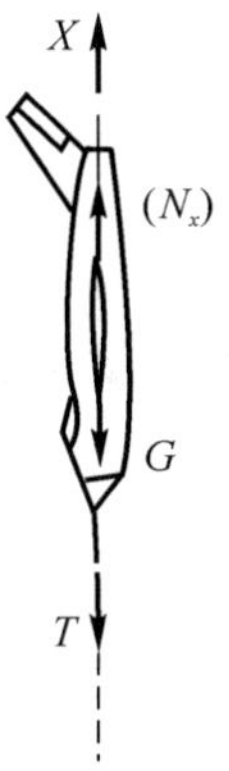

图 2.7　垂直俯冲情况

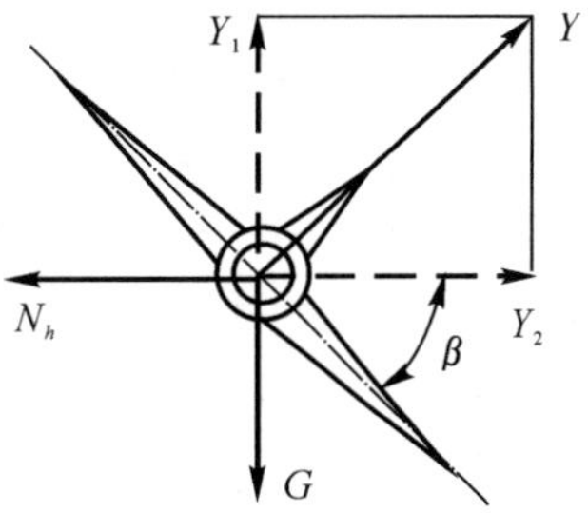

图 2.8　等速水平盘旋情况

4. 垂直突风情况(见图 2.9)

垂直突风是各种方向突风中最严重的情况。此时机翼上的升力增量为:

$$\Delta Y = K\Delta C_y Sq \quad \text{(运动坐标系)} \tag{2.16}$$

因为

$$\Delta C_y = C_y^\alpha \Delta\alpha, \quad \Delta\alpha = \frac{u}{v_0}, \quad q = \frac{1}{2}\rho_H v_0^2$$

故

$$\Delta Y = KC_y^\alpha \frac{u}{v_0} S \frac{1}{2}\rho_H v_0^2 = KC_y^\alpha \frac{\rho_H u v_0}{2} S \tag{2.17}$$

于是

$$n_y = \frac{Y_0 \pm \Delta Y}{G} = 1 \pm KC_y^\alpha \frac{\rho_H u v_0}{2p} \quad \text{(运动坐标系)} \tag{2.18}$$

式中　ΔC_y—— 升力系数增量;

$\Delta\alpha$—— 迎角增量;

v_0—— 飞机原平飞速度;

Y_0—— 飞机原平飞升力;

u—— 垂直突风速度;

C_y^α—— 升力线斜率;

ρ_H—— 飞行高度 H 上的空气密度;

$p = \dfrac{G}{S}$—— 翼载荷;

K—— 垂直突风衰减系数,当垂直突风来得愈突然(扰动气流影响区 L 愈小),v_0 越大,K 值就愈接近于“1”。

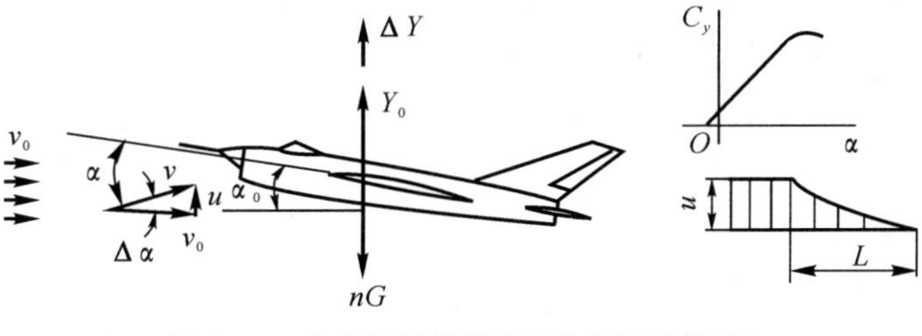

图 2.9　垂直突风情况(运动坐标系描述)

在暴风雨中飞行时,u 可达 40 m/s,将产生较大的载荷系数。此外,突风载荷还会引起飞机的动态波动，即附加振动过载；特别当周期性突风作用时，还将引起附加的波动载荷疲劳。还应注意，突风未必都垂直于附加的平飞速度，对于非垂直作用的突风，平行于飞行方向的突风分量 u_x 将与速度 v_0 叠加，即式(2.18) 中用 $u=u_y, v_0=v_0+u_x$ 代换即可。

不作特技飞行的运输机等，机动载荷系数不大，突风载荷系数一般是其危险情况。波音-707 客机在气动布局和结构设计上采取措施，选择了适当的机翼刚度参数，使其大展弦比的后掠机翼具有良好的柔性，从而为机翼提供了较好的突风缓和特性，即 K 值较小，降低了突风引起的动载荷应力。这样就使飞机在同样的 n_y 条件下能以较高的速度通过强突风区，或在速度相同的条件下通过突风区而 n_y 减小，提高飞行安全性和乘客舒适感。

三、考虑飞机转动时的载荷系数(见图 2.10)

1. 飞机转动时的载荷系数

飞机在空中飞行时通常既有平移运动，又有旋转运动。在直线飞行时，平尾上只产生平衡载荷，此时整个飞机无旋转，前面讨论的就是这种情况。当平尾产生使飞机作机动飞行的载荷时，此载荷将产生使飞机绕重心旋转的力矩，并与旋转而产生的惯性力矩相平衡，这个机动载荷又会使飞机产生 y 向加速度。因此在机动飞行时，飞机的 y 向载荷系数为

$$n_{yt}=\frac{Y}{G}=\frac{Y_w}{G}\pm\frac{Y_{te}}{G}\pm\frac{Y_{tm}}{G} \qquad (2.19)$$

式中 Y_w—— 机翼升力；

Y_{te}—— 平尾的平衡载荷；

Y_{tm}—— 平尾的机动载荷。

这种载荷系数在飞机各处均相同。

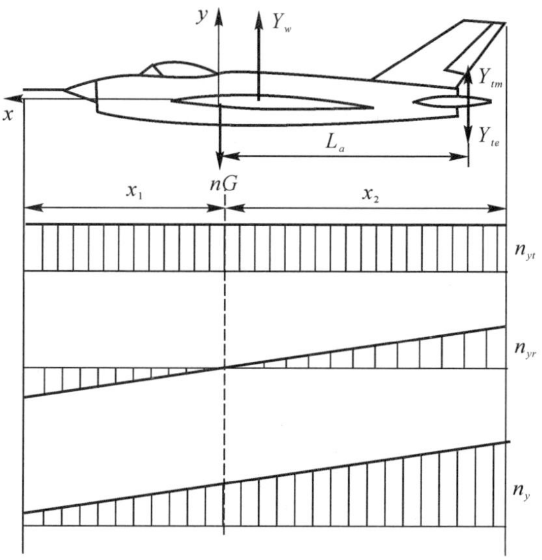

图 2.10 考虑飞机转动时的过载情况

飞机绕重心旋转的载荷系数为

$$n_{yr}=\frac{N_{iy}}{G_i}=\frac{m_i a_i}{G_i}=\frac{m_i \alpha_z x_i}{G_i}=-\frac{1}{g}\frac{Y_{tm}L_a}{I_z}x_i \qquad (2.20)$$

式中 N_{iy}—— 任意点 i 处因飞机旋转而承受的 y 向惯性力；

G_i, m_i—— 坐标为任意 x_i 处的重力和质量；

x_i——i 点距飞机重心的距离(有正、有负，以重心为坐标原点来计算)；

L_a—— 平尾机动载荷合力作用点到飞机重心的距离。

可以看出，n_{yr} 随飞机各处 x_i 的不同而不同，在重心处为零，沿两端线性变化到最大值。还必须注意，由于力矩有一定的方向，x_i 也有正有负，因而旋转惯性力及其附加的旋转载荷系数也有正有负，应正确判明。

飞机任何处的总载荷系数则应为

$$n_y=n_{yt}+n_{yr} \qquad (2.21)$$

由于飞机重心处的旋转载荷系数为零，故在计算靠近重心处物体(如机翼结构及其上的装载设备等) 的质量力时，可近似不考虑旋转载荷系数的影响。

例 2.3 飞机在平衡飞行中作跃升机动。已知 $x_1=4\ \text{m}$，$x_2=-6\ \text{m}$，$L_a=5\ \text{m}$，$a_z=3\ \text{rad/s}^2$，$I_z=10\ 000\ \text{N}\cdot\text{m}\cdot\text{s}^2$，求 n_{yr} 及 Y_{tm}。

解

$$n_{yr}=\frac{m_i\alpha_z x_i}{G_i}=\frac{1}{g}a_x x_i=\frac{3}{9.81}x_i=0.306x_i$$

$$n_{yr1}=0.306\times 4=1.224$$

$$n_{yr2}=0.306\times(-6)=-1.836$$

又因

$$-\frac{Y_{tm}L_a}{I_z}=a_z$$

故得

$$Y_{tm}=-\frac{I_z\alpha_z}{L_a}=-\frac{10\ 000\times 3}{5}=-6\ 000\ \text{N}$$

2. 装载或设备作用在飞机结构上的质量力

知道了飞机在某一飞行状态下的载荷系数，就可以知道该状态下飞机各装载固定点承受的装载物质量力(重力和惯性力的合力)。例如，当飞机在俯冲拉起时，由于装载物随飞机一起作圆周运动，此时装载物的质量力比装载物本身的重力大，就像装载物“变重”了一样。当飞机没有绕重心的角加速度时，装载物的载荷系数与飞机重心处的载荷系数相同。所以只要将飞机的载荷系数乘上某一装载物的重力，就是该装载物固定点在这一飞行状态下所受的载荷。

飞机的质量力当然应是飞机各部分质量力之和。出现载荷系数后，总的质量力增大为

$$nG=n(G_1+G_2+\cdots+G_n) \tag{2.22}$$

这样，飞机里重力为 G_i 的装载或设备，作用在结构上的质量力(见图 2.11)则应为

$$P_i=nG_i\quad(i=1,2,3,\cdots,n) \tag{2.23}$$

若讨论 y 向质量力，则应为

$$P_{iy}=n_yG_i \tag{2.24}$$

当飞机有绕重心的角加速度时，则总载荷系数应考虑旋转载荷系数。即按式(2.21)求出装载物所在处的总载荷系数，将装载物所在处的总载荷系数乘以装载物重力，就是该装载物固定点在这一飞行状态下所受的载荷。

还必须注意，对于飞机上较长的装载物，如发动机、油箱、导弹等，则不能简单地把它当做一个质点来考虑，这样会带来较大的误差。此时，它绕飞机重心的质量惯性力矩应按下式计算，即

$$I_{zG_i}=\frac{G_i}{g}x_i^2+I_{x_0G_i}\alpha_z \tag{2.25}$$

$I_{x_0G_i}$ 是某个长装载物绕自身重心转动的质量惯性矩。因此，在它本身的重心处将会出现一个集中的惯性力矩 $\Delta M_{z_0G_i}$，在计算支持结构的内力时应当计入，即

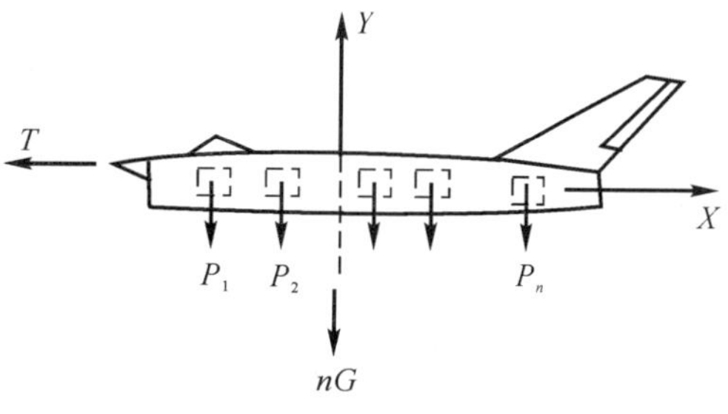

图 2.11 装载、设备的质量力情况

$$\Delta M_{z_0G_i}=I_{z_0G_i}\alpha_z \tag{2.26}$$

四、着陆时的载荷系数(见图 2.12)

飞机降落着陆时，由于飞机的垂直下降速度在较短的时间内降为零，出现了很大的减速

度，产生了着陆撞击，引起了着陆载荷系数。

着陆载荷系数的定义是起落架的实际着陆载荷 P_{lg} 与飞机停放地面时起落架的停机载荷 P_{olg} 之比，即

$$n_y = \frac{P_{lg}}{P_{olg}} = \frac{G + N_y - Y_l}{G} \tag{2.27}$$

式中 N_y—— 着陆时飞机的 y 向惯性力；

Y_l—— 着陆时飞机的升力。

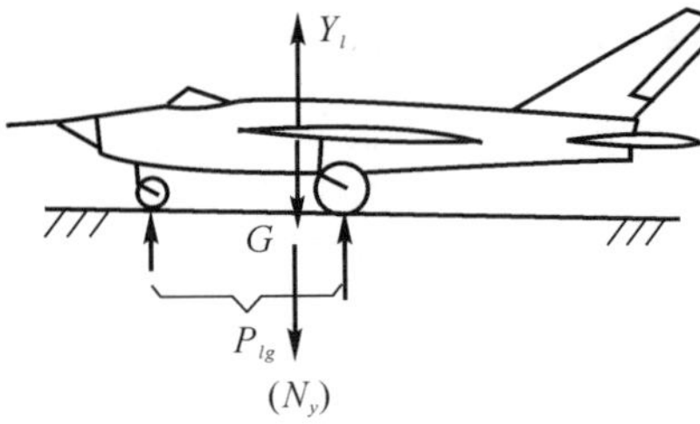

图 2.12　着地的载荷

战斗机的起落架着陆时最大的载荷系数 n_y 可达 3 ～ 4，但旅客机一般不超过 2。飞机在地面运动情况多种多样，因而不但有 n_y，也还会出现 n_x（如前方撞击、刹车时）以及 n_z（如侧滑着陆时）。

五、飞机设计时最大载荷系数的选取

飞机载荷系数的大小与飞机的飞行战术、技术性能，飞机结构的受力，设备的正常工作以及人员的生理机能等均有很大关系。最大载荷系数选得越大，飞机的机动性就越强，可急剧俯冲拉起，急跃升，大坡度盘旋，以实施突击或快速有效地二次攻击。但是载荷系数大了导致结构受力增大，必然要增加飞机的结构重量以及设备重量（如要产生一定数值的载荷系数，必须有相当大的剩余推力，动力装置因此重量增加）；各种设备也要在很大的惯性力下工作，对设备的要求也要提高，这有可能影响飞机的其他性能。载荷系数小则机动性差，但结构重量轻，飞机的其他性能却有可能提高。因此，在飞机设计时必须恰当地处理这些矛盾。一般由设计者和订货方按照实际需要选用。

确定载荷系数的另一个因素是驾驶员生理上的抗负荷能力。人是有质量的，载荷系数使人的各部分重量好像起了变化，重了、轻了，甚至失重。各内脏器官、血液等会相对于人体下压或上涌，形成生理病态。试验表明，人体承受载荷系数的大小不仅与时间长短有关，而且还与方向有密切的关系。人忍受正载荷系数的能力较大，但能承受的负载荷系数就小得多（见图 2.13）。在很短时间内，人能忍受的 $n_{max} = 8$，$n_{min} = -4$。

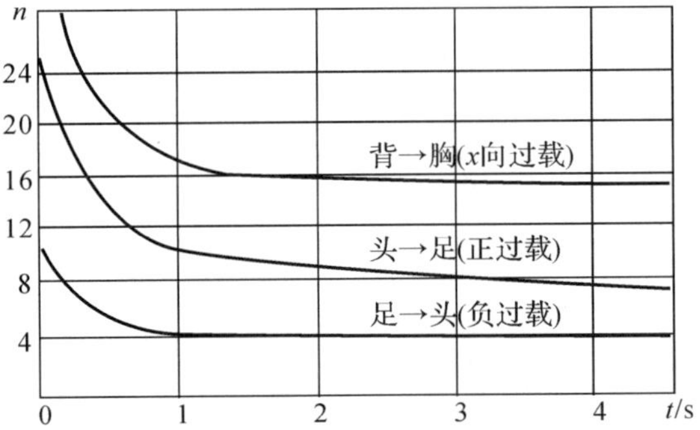

图 2.13　人员所能承受的过载值

为了提高机上人员承受过载的能力，出现了抗过载服与高过载座舱。抗过载服（见图 2.14）的工作原理是这样的，当出现大的载荷系数时，由发动机引来的压缩气体通过气滤和调压器进入抗过载服，并鼓起气囊，紧压驾驶员的腹部和腿部，阻止血液远离心脏而向下半身惯性流动，以减缓大的正载荷系数时生理病态的发生。高过载座舱（见图 2.15）主要是驾驶员座椅可根据飞行载荷系数的大小而自动倾斜不同的角度，以提高驾驶员承受过载的能力。当然这种座椅内部的布置，操纵系统的安排等也必须与一般的不同，应根据驾驶员的姿态和变化情况合理布局。

在飞机设计时，载荷系数的大小应根据飞机的类型、用途来适当确定，不是越大越好。在

设计规范中，对不同类型的飞机所应选取的载荷系数值都有明确规定。规范中一般给定重心处载荷系数的数据手册，可供选用。但近年来，规范越来越倾向于指导性，由设计方和订货方灵活选择。

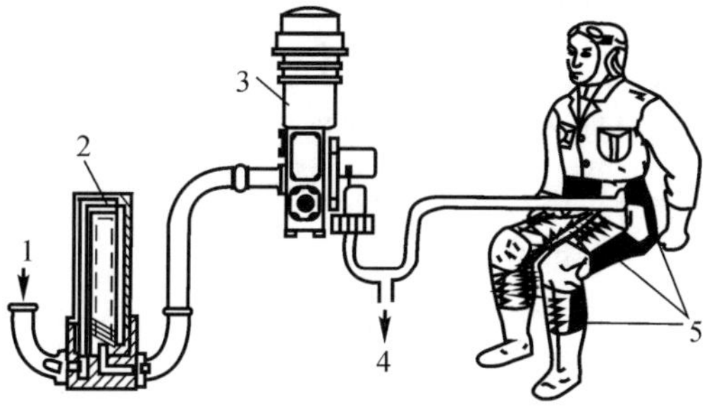

图 2.14　抗过载服系统

1—发动机引来的压缩空气；　2—气滤；　3—调压器；　4—通信号灯；　5—胶囊

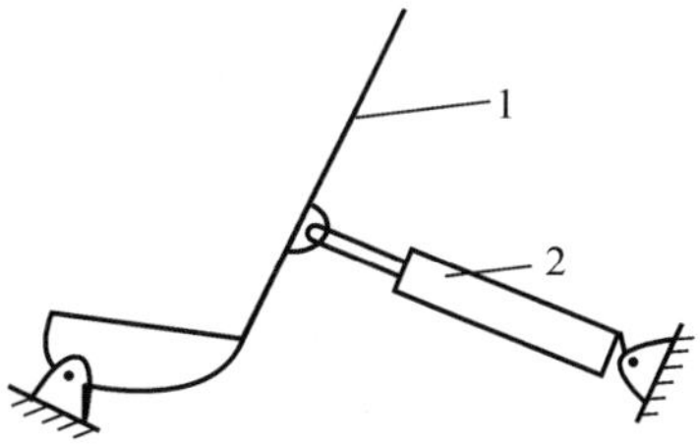

图 2.15　高过载座舱内的座椅

1—可倾斜座椅；　2—后撑弹簧筒

2.3　复杂载荷情况

一架飞机从滑跑起飞，在空中作各种机动飞行或巡航飞行，到返回机场着陆等使用过程中，会遇到各种载荷情况。表 2.1 列出了飞机承受的主要载荷类型。民用和军用规范规定这些类型载荷在设计中必须予以考虑。

表 2.1　飞机的载荷

气动载荷	起飞、滑行载荷	着陆载荷
机动	弹射	着陆撞击
突风	中断起飞	回弹
操纵面偏转	颠簸	侧偏运动
部件干扰	转弯	单轮着地
动力装置载荷	惯性载荷	其他载荷
推力	加速	牵引
扭矩	滚转	顶起
陀螺力矩	振动	增压
振动	颤振	鸟撞
进气道压力		坠撞

这些类型的载荷可以是静载荷、动载荷、疲劳载荷或温度载荷。它们均须在设计中予以考虑。

一、疲劳载荷

飞机是一种长期使用的结构体系，根据飞机的类型不同，使用期从几千小时到几万小时不等。因此，飞机受到的载荷是多次重复的，这样就形成了疲劳载荷。前面所讲述的各种载荷系数仅用来确定飞机结构的静态极限强度和刚度。在满足静强度、刚度条件下，飞机要反复承受各种机动载荷和着陆时的撞击载荷，这些反复载荷会引起飞机结构的疲劳破坏，而且疲劳破坏在远小于材料的原有静强度情况下就可能发生，因而更具有危险性。

飞机结构所遇到的疲劳载荷是多种多样的，如在飞行中可能会多次遇到垂直突风（见图2.16）；又如作用在尾翼上的机翼尾流，由于存在着周期性的旋涡，因此形成周期性的载荷；还有动力装置传来的周期性振动；机关炮多次击发时的重复冲击；副翼、舵面等受到的反复载荷；起落架在多次起飞、着陆时受到的冲击、振动载荷；座舱的重复增压；等等。

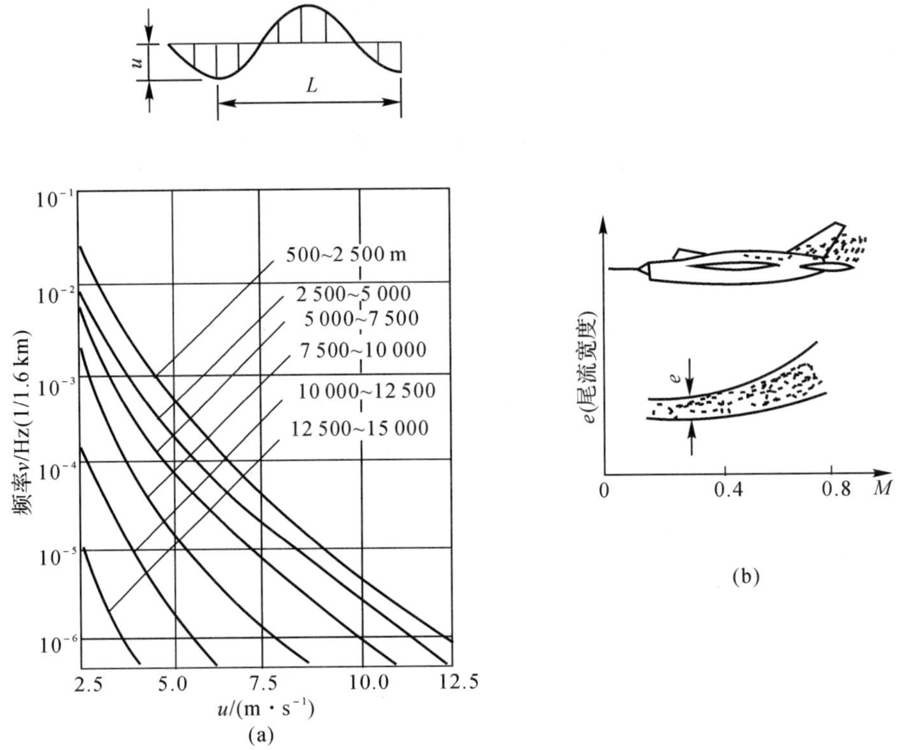

图 2.16　飞机的一些疲劳载荷

(a)各种飞行高度下垂直突风情况；　(b)尾流情况

疲劳载荷引起的破坏是一个长期积累的过程。由局部的疲劳损伤逐渐发展成裂纹（见图2.17(a)），当裂纹扩展到某一临界值时，会快速扩展，导致结构的突然断裂破坏。图2.17(b)还给出了材料的破坏应力幅 S_a 与破坏时的循环次数 N 的关系（见第四章的详细介绍）。

由于疲劳破坏是由反复变化的载荷经历一定的时间和交变次数引起损伤累积的结果，因此疲劳分析关心飞机在整个寿命使用期内结构承受载荷随时间变化的历程——载荷谱。使用载荷谱的编制中应包括所有重要的重复载荷源。主要有机动载荷、阵风载荷、着陆撞击载荷、地面载荷（滑行、刹车、刹车松开、打地转、转弯、牵引载荷等）、增压载荷及可动结构的重复操作引起的载荷。疲劳载荷谱的详细介绍见第四章。

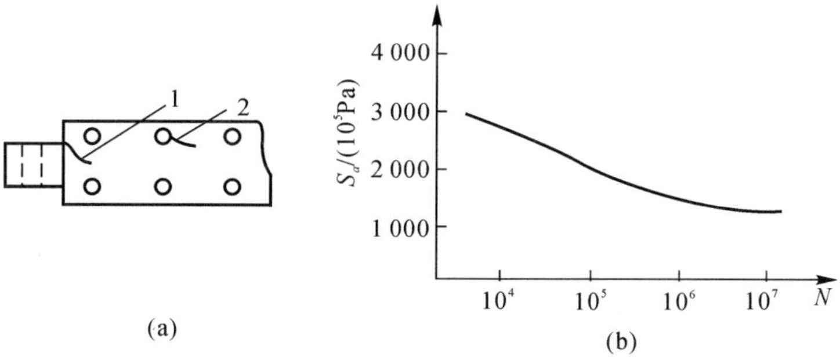

图 2.17 疲劳裂纹

(a)翼梁缘条上的疲劳裂纹:1—角边裂纹,1—孔拉裂纹; (b)某种铝合金材料的 S_a-N 曲线

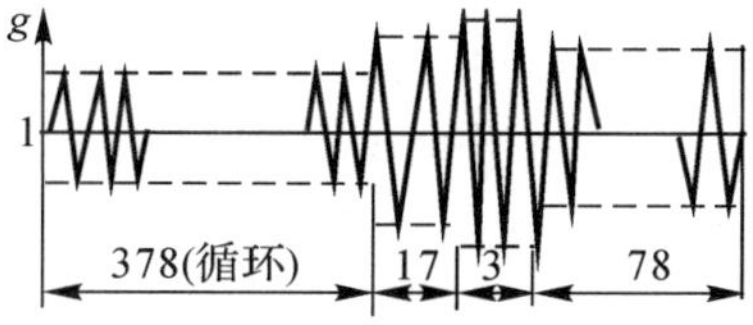

图 2.18 某飞机试验载荷谱

疲劳载荷还将引起设备工作不正常,并导致破坏,使机上人员感到难受。因此必须研究结构减振、隔振、抗疲劳及破损安全的措施。在设计中,一般采用安全寿命设计、损伤容限设计和耐久性设计的设计原则(包括合理选择材料和结构形式及细节设计等),进行疲劳的安全寿命计算,并进行结构零、构件和全机的疲劳试验及损伤容限试验。表 2.2 和图 2.18 给出了某飞机使用时的载荷谱和试验谱概况。

表 2.2 某飞机使用载荷谱

垂直突风次数	机动载荷次数	地空循环次数	n_y	总计次数
365	13	0	1±0.486	378
66	4	8	1±0.648	78
13	2	2	1±0.809	17
3	0	0	1±0.972	3

二、其他特殊情况的载荷

1. 非正常状态的载荷

非正常状态的载荷(见图 2.19)主要有:多发动机飞机的一个或几个发动机停车,尾旋,单轮着陆,打地转,机头碰地,飞机翻倒以及因故障强迫着陆等情况的载荷。一般要求遇到这些情况时,在空中应能维持飞机继续飞行,便于改正飞行路线或安全返回。在地面应尽量减少对人员的伤害,尽量减少对飞机出口通道的阻塞。因而对人员的座椅和通道口附近的一些结构的设计载荷系数应适当增大(一般要比全机的最大设计载荷系数大好几倍),以确保安全。

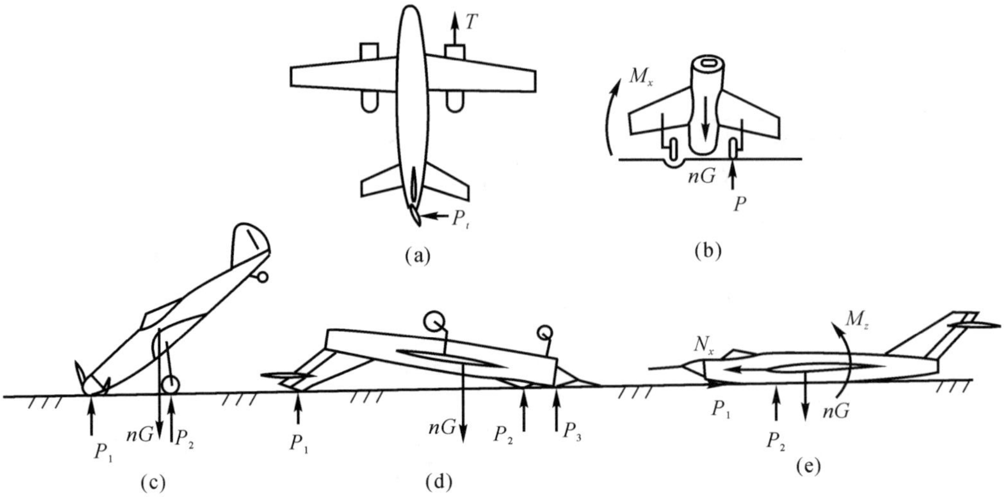

图 2.19　一些非正常载荷情况

(a)一侧发动机停车；（b)单轮着陆；（c)机头碰地；（d)飞机翻倒；（e)强迫着陆

2. 鸟撞载荷

飞鸟撞击飞机，由于相对速度大，鸟又有一定的质量，因而会把结构(主要是驾驶员座舱罩风挡玻璃)撞出一个大洞；飞鸟还可能经进气道被吸入发动机内。这些情况均将造成严重危害，并可能伤及人员，导致严重事故。鸟撞对复合材料结构会造成低能量冲击，引起层合结构分层，强度、刚度剧烈下降的严重后果，必须予以考虑。现在的设计规范均普遍规定鸟撞载荷的设计要求。如有的规范规定飞机在 2 000 m 以下最大设计飞行速度飞行时，飞机风挡及其支撑结构应能承受 1.8 kg 的飞鸟撞击而不致穿透，并要尽量防止撞坏的碎片伤害人员。对发动机进气道的鸟撞载荷指标也作了规定，总之不得影响到飞机的安全飞行。

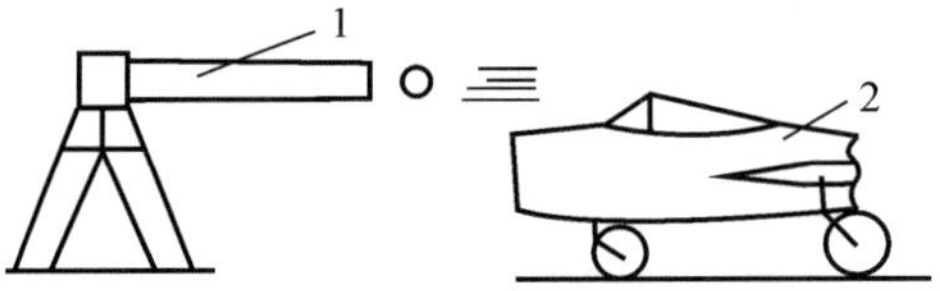

图 2.20　鸟撞试验情况

1—鸟炮；　2—试验机

另一方面，还要尽量研究鸟的活动规律。消除机场附近鸟类群集的条件，有的还在发动机进气道口安装金属丝网，以防止鸟撞入。还应采用抗撞击性能好的座舱玻璃材料，以保证人员安全，并用鸟炮作相应的鸟撞试验(见图 2.20)。

3. 冰雹载荷

飞机在高空冷空气中飞行时，机体的一些部位(如机翼、尾翼的前缘，风挡玻璃等处)会出现结冰现象。它破坏了气动外形，增加了阻力，影响了性能，故在易结冰处应采取防冰(如加热或喷洒酒精)、破冰(如安装可胀、缩的橡皮囊)措施。还要考虑到可能下冰雹，它可分布在十几公里的范围内，冰雹最大直径一般可达 10 cm 左右。要求冰雹不得严重损伤飞机，以免发生危险，发动机不能有危险的破坏和大的性能损失，另外还要考虑冰雹的密度、直径、速度和一块冰雹的多次撞击影响等。

4. 噪声(声振)载荷

噪声主要有动力装置噪声(包括螺旋桨、转子、涡轮风扇、压气机、喷气等所产生的噪声)、空气动力噪声(包括附面层压力波动、尾流噪声、激波振荡噪声等)以及机炮、火箭、导弹发射时产生的噪声等。这种载荷产生声压,并导致声疲劳。因而必须进行声压场测量(见图 2.21),预测声载荷的大小、分布、声载作用的时间等,对承受声振载荷的结构进行疲劳分析、设计及声载试验,以保证结构件在使用寿命期内不会由于声载荷而导致破坏。

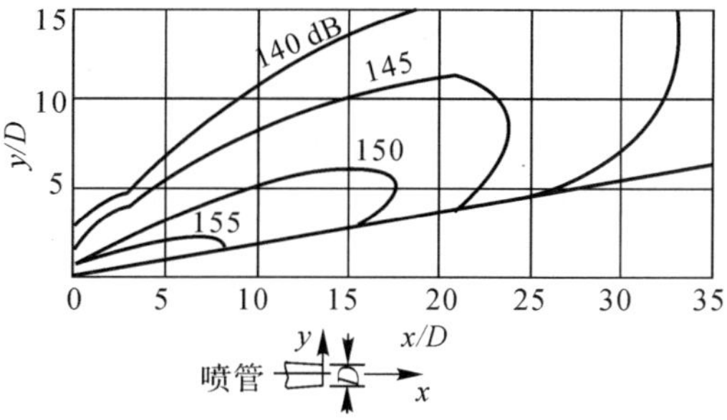

图 2.21　某发动机喷口附近的声压情况

5. 瞬时响应载荷

如核武器爆炸、起飞助推、外挂物的投放、弹射等对飞机结构作用的载荷。

三、环境谱的编制

飞机结构在实际使用中除经受重复载荷外,还会遭受化学、湿热和气候环境的侵袭。这些使用环境会严重降低工程材料的疲劳性能,减少飞机结构的使用寿命。然而,以往的飞机设计往往忽视了这些重要的环境因素,导致不少飞机结构在使用中发生腐蚀疲劳破坏。因此飞机设计,特别是飞机抗疲劳、断裂设计应考虑重复载荷和使用环境联合作用时对飞机结构疲劳破坏的影响——即耐久性设计。

我们用环境谱来描述飞机所遭受的化学、湿热和气候环境。前面提到的载荷谱为载荷大小随时间的变化,即载荷-时间历程。环境谱则为环境强度随时间的变化,即环境-时间历程。

一架飞机的使用寿命,民机为 30 000～60 000 飞行小时,军机目前为 3 000～8 000 飞行小时,特殊用途飞机达 8 000 飞行小时,飞机的日历寿命一般为 20～25 年(即军机和民机有相当长时间是在地面消耗掉的)。飞机使用环境谱中,地面停放的影响必须计入。飞机使用环境谱的编制步骤为:

(1)确定飞机使用环境种类。飞机使用中将会受到各种环境因素的影响,如温度、湿度、盐雾、雷电、砂石、冰雹、雨雪、阳光辐射及大气污染物等总体环境因素,以及燃油、滑油、清洁剂、厨房及厕所等构成的局部环境的影响。在诸多的影响因素中,就某一类型的特定飞行而言,可能只是其中一种或少数几种环境在起主导作用。因此需要根据飞机的特定用途和使用方法考虑,并确定飞机可能经受的一种或几种主要环境,而把一些次要的环境因素忽略掉。例如,波音公司对其商用飞机只考虑了这样几种环境:温度、湿度、蒸馏水、盐水、油箱存积水和喷气燃油。

(2)根据飞机的战术、技术要求或使用要求,确定飞机在不同地域内服役的时间。由于我国地域辽阔,各地的气候、大气中各种介质的含量及其对飞机结构的影响程度相差很大,因此有必要对飞机使用环境进行分类,选择具有代表性的典型环境来研究其对飞机结构的影响。

根据我国环境数据(主要是温度、湿度、雨水、空气中有害介质的含量、风速及太阳光辐射量等),可以把我国飞机服役环境划分为五个典型环境区,即干冷区、温和环境区、内陆湿热区、温和沿海区及湿热沿海区。

(3)根据使用任务剖面或其他资料，确定各种类型任务不同任务段的时间比例及地面停放时间比例。飞机使用环境谱既要考虑空中飞行，又要考虑地面停放。空中飞行使用方法由任务剖面确定，每种任务剖面规定了任务类型、有效负载、飞行时间和该任务的使用百分比。

当飞机高速飞行时(一般 $Ma > 2$)，应考虑气动加热影响。此时由于气流与飞机表面剧烈摩擦，产生高温并传给飞机各部分，因而产生了热载荷。

设飞机表面上驻点的绝对温度为 T(K)，则

$$T = T_H(1 + 0.2Ma^2) \tag{2.28}$$

式中 T_H—— 飞行高度 H 上的大气绝对温度(K)；

Ma—— 飞机的飞行马赫数。

由图 2.22 可看出，随着 Ma 的增大，T 将急剧增高。

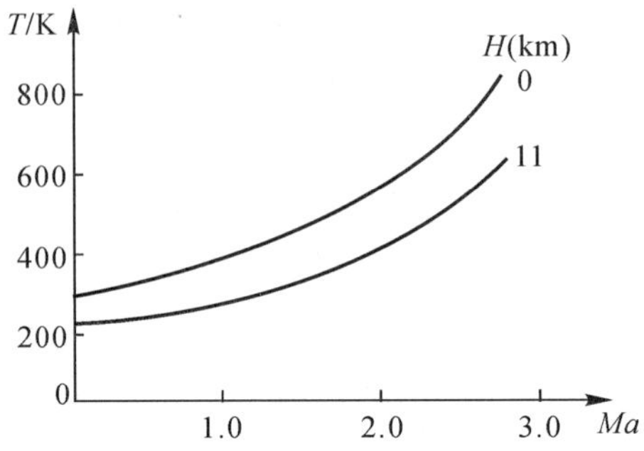

图 2.22 驻点温度 $T-Ma$ 曲线

(4)获取环境数据。获取环境数据是编制飞行使用环境谱最重要的环节之一。可通过三种方法得到：①规范、标准和其他有关资料；②调研和统计分析；③飞行实测和其他试验。

(5)编制各类环境谱。当确定了环境种类、飞机典型任务剖面和环境区，以及各种环境的使用数据后，就可以根据实际的需要编制各种不同的环境谱。

2.4 飞机的设计规范和民用航空条例的适航标准

第一章 1.3 节所讲的飞机设计要求，是开展飞机设计工作的前提和最根本的依据。除此之外，飞机设计工作还必须严格遵守有关的飞机设计规范和适航性条例的各种规定。

一、规范的形成与演变

飞机设计规范和适航性条例是在飞机设计实践过程中逐步形成的。最初并没有什么规范和条例，飞机设计工作具有一定的盲目性，设计出来的飞机时有毁坏，不得不在飞机强度方面做出某些限制和规定，于是首先出现了强度计算手册、强度设计指南和强度规范等指令性文件，使飞机结构不致毁坏。但是，仅有强度规范还不能保证不发生飞行事故，于是需要更全面地考虑如何保证所设计飞机的飞行使用过程中的安全性。经多年努力，规范随着飞机设计思想的不断发展而演变成目前对飞机设计和研制给出全面要求的指令性技术文件，这种技术文件通常是由国家最权威的部门制定和颁发的。由于目前设计机种的用途和设计要求的多样化，一些规范较多地属于指导性文件。

军用飞机设计经历了静强度设计、刚度设计、疲劳设计、安全寿命加损伤容限设计以及耐久性加损伤容限设计这样几个发展阶段。与这些设计思想相对应，美国军用飞机强度规范产生了近 10 个版本。这些规范版本的发布时间、制订部门以及相应的设计思想等如表 2.3 所示。

我国在积累了多年飞机设计和飞行使用的经验及许多科学试验的基础上，已经由有关部门陆续拟定出了一些这方面的技术文件，可供飞机设计使用。例如，由原航空工业部颁发出版的《军用飞机强度规范》《军用飞机疲劳、损伤容限、耐久性设计手册》《飞机设计员手册》《航空

气动力手册》以及民航总局颁发的《民用飞机适航性条例》等。当然，我国在这方面的工作还不够完善。但随着航空技术的不断发展，以及飞机设计和飞行使用实践经验的不断丰富，飞机的设计规范和适航性条例也在随之变化和发展。

表 2.3　美国军用飞机强度规范的演变

规范版本	制订部门	发布时间	是否批准	相应的设计思想
R－1803 系列	空军	1947.8.1	是	静强度
MIL－S－5700 系列 有人驾驶飞机的结构准则	空军	1954.12.14	是	静强度
MIL－A－8860 系列 飞机强度和刚度	海军	1960.5.18	是	静强度、动强度、疲劳强度
MIL－A－008860A 系列 飞机强度和刚度	空军	1971.3.31	否	静强度、动强度、安全寿命加损伤容限
MIL－A－83444 飞机损伤容限要求	空军	1974.7.2	是	损伤容限
MIL－A－008866B 飞机强度和刚度、可靠性要求、重复载荷和疲劳	空军	1975.8.22	否	耐久性
MIL－STD－1530A 飞机结构完整性大纲飞机要求	空军	1975.12	是	(静)强度、刚度、耐久性、损伤容限
MIL－A－87221 飞机结构通用规范	空军	1985.2.28	是	强调耐久性和损伤容限的结构完整性
MIL－A－8860B 系列 飞机强度和刚度	海军	1987.5.20	是	静强度、动强度、疲劳加损伤容限

二、飞机设计规范介绍

下面简略地介绍一下飞机设计规范的基本内容。

飞机设计规范和适航性条例，是指导飞机设计工作的通用性技术文件，对各类飞机做了许多指令性规定，包括设计情况、安全系数、载荷系数、重量极限、重心位置、重量分配、操纵性、稳定性、配平、飞行载荷、飞行包线、突风载荷、着陆与起飞、强度和变形、结构试验、飞行试验、飞行品质、使用极限、起落装置、动力装置、飞机设备、操纵系统、安全预防措施等等，在进行飞机设计时，必须遵守这些有关的规定，才能保证飞机设计的成功。

1. 设计情况

飞机全部使用过程经历许多不同情况。各种情况下所受载荷种类不同，性质不同。不同状态下，每种载荷的大小、方向、分布又不相同，对结构不同部位造成的受力严重程度不同。为了确保人员安全，结构可靠，就需正确求得全部使用情况下的外载荷，并研究它们对结构强度的影响，这就要求在结构设计之前进行大量的气动力、强度等有关试验和计算，并做出全面细致的分析。这样势必延长设计周期，而且有时并不具备完善的试验条件。为此，应从各种可能出现的使用情况中，总结归纳出一些具有代表性的最严重的情况。这些最严重的情况称之为设计情况。在设计时，只需对这些设计情况进行计算和试验，如果在这些情况下结构强度足够，那么在正常使用中所出现的其他情况下，结构强度也将是足够的。这样就使设计工作大为简化了。

全机的设计情况如何规定，怎样保证飞机结构设计的质量、加快设计进度、简化设计工作，这是设计规范的主要内容之一。

凡是使飞机结构易遭到破坏，人员易受到损伤的载荷情况，都应选为设计情况。一般它包括最大的正向和反向载荷情况；对主要结构件将产生危险损坏的载荷情况；对飞行战术技术性能将产生严重影响以及对人员将产生损伤的载荷情况等。有时总载荷虽不是最大，但由于载荷作用的具体情况特殊，影响严重，也应作为设计情况来考虑。

设计规范不但要明确规定哪些是设计情况，并且还要指明与该情况相应的具体载荷(如飞行姿态、载荷分布、载荷系数及安全系数等)，以指导结构设计、计算校验和试验分析。

2.规定了飞机的分类

各国规范都根据本国的实际情况，对飞机进行分类，并对不同类型的飞机提出不同的要求。一般依据飞机的任务和战术技术要求，或使用技术要求而定，并规定了它们的使用载荷系数极限。它是飞机结构分析和设计的基本出发点。

我国军机规范是按飞机用途分类的，如：

歼击机(J)；

强击机(Q)；

歼击教练机(JJ)；

多用途机(DY)；

教练机(JL)；

轻型轰炸机(H_{I})；

轰炸机(H_{II})；

轻型运输机(Y_{I})；

大型运输机(Y_{II})。

并规定了相应的载荷系数极限值。

其他国家也有按不同用途飞机对机动性要求的不同分为下列三类：

(1) 机动飞机。如歼击机、强击机、歼击轰炸机及其相应的战术侦察机、战斗教练机等，其使用载荷系数极限参考值 $n_y = -3 \sim 8$。

(2) 部分机动飞机。如战术轰炸机、远程侦察机、多用途飞机等，其使用载荷系数极限参考值 $n_y = -2 \sim 4$。

(3) 非机动飞机。如战略轰炸机、运输机、战斗保证飞机(预警机、加油机、无线电干扰机、空中指挥机) 等，其使用载荷系数极限参考值 $n_y = -1 \sim 3$。

3.规定了设计重量的取法

由关系式 $Y = nG$ 可见，飞机重量对飞机的载荷将产生影响。最大的飞机重量是起飞重量，即飞机进入起飞线开始滑跑时的重量。飞行中，消耗性载重(燃料、弹药等) 及投放性载重(伞兵、物资等) 使 G 不断减小，用最大的飞机重量来计算飞机作机动飞行时的外载荷强度，不仅会使结构重量增大，而且毫无意义。因为飞机起飞爬升阶段不可能作剧烈的机动动作，所以不能用起飞重量来确定机动飞行时的外载荷，以免使设计出来的飞机结构重量增大。这样就产生强度计算所用设计飞行重量的取法问题。规范中按不同类型飞机对受载情况所采用的重量作了规定，设计重量适用于结构在各受载情况下按照规定的重量分布可能达到的所有装载方案。规范中对最小飞行重量、最大设计重量、基本飞行设计重量及着陆设计重量等的取法作了规定。

(1) 最小飞行重量：飞机空重加机内有用及无用燃油重量的 5%，加与此燃油相应的滑油重量和最少乘员重量；

(2) 最大设计重量：飞机携带最大机内和机外装载时的重量；

(3) 基本飞行设计重量：对于歼击机、强击机、歼击教练机，应根据空机重量、乘员、滑油、氧气重量、按战术技术要求携带的基本武器重量以及 50% 的机内燃油重量之和确定，或根据战术技术要求确定；

(4) 着陆设计重量：对于歼击机、强击机、歼击教练机和运输机为最大设计重量减去所有机外燃油和机内燃油重量的 50%。

4. 规定了飞行包线

在分析研究了飞机的全部飞行使用情况后，规范中给出了飞机的飞行包线图($n_y \sim v_{dl}$)，n_y 即飞机的载荷系数；v_{dl} 即当量速度。

飞行包线用当量速度 v_{dl} 作参考，是因为载荷大小不能单纯依靠 v 来判断，还应考虑高度 H 的影响。由 $Y=C_y\ \dfrac{1}{2}\rho v^2 S$ 可知，高空 ρ 小，以较大 v 飞行时，气动载荷可能反而小于低空(ρ 大)以较小 v 飞行时的载荷。只有用速压 $q=\dfrac{1}{2}\rho v^2$ 才能衡量气动载荷的大小，它综合了 v 和 H 两个因素的影响。

不同高度以不同速度飞行的两种情况，如果速压相同，则这两种情况对于载荷来说并无区别。强度计算中，通常将各高度上的飞行速度 v 按速压相等原则折算成海平面的飞行速度，并称之为当量速度 v_{dl}。

所以

$$v_{dl}=v\sqrt{\frac{\rho_H}{\rho_0}} \tag{2.29}$$

式中 v—— 真空速，即飞机相对于周围没有扰动的大气速度；

ρ_H—— 高度 H 处的空气密度；

ρ_0—— 海平面空气密度。

可见，用 v_{dl} 来分析气动载荷，与 q 一样，反映了 v 和 H 两个因素的影响。

为了保证结构所受载荷不超过规定值，必须对 q 实行限制。有了当量速度的概念之后，只需对当量速度实行限制即可。驾驶员可直接根据空速表“指示速度”(即表速)来限制飞行速度，使之不超过限制值 v_{dl}。可见，引用 v_{dl} 对于载荷和强度计算，以及实际操作都很方便。

飞机只限于在飞行包线范围内飞行，超出飞行包线范围则发生危险，甚至造成事故。图 2.23 为某一高度上对称机动飞行的包线图。

飞行包线是根据飞机的飞行性能、操纵性、稳定性、战术技术要求、结构强度要求来确定的。设计飞行包线准则的目标是为在包线内和包线上的任一飞行状态提供一个可接受的强度水平。

下面结合图 2.23，简单介绍飞行包线的设计意义。

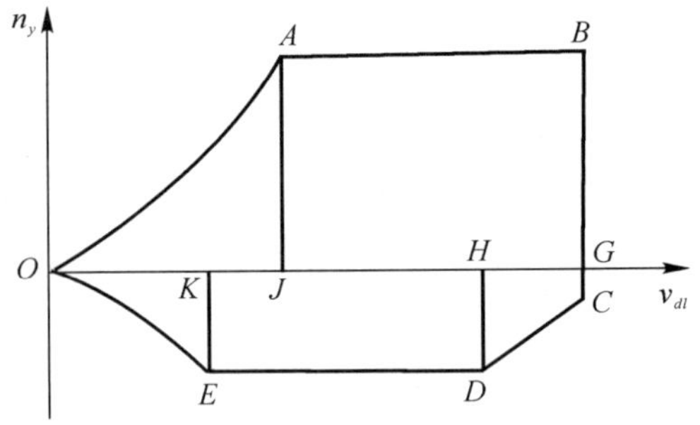

图 2.23　对称机动飞行包线

飞机在机动飞行时，虽然有各种各样的状态，但仔细分析后，可以知道飞行状态还是有限的。

首先，由于机动性、强度及人体条件的限制，飞机设计一开始就规定了 n_{max} 和 n_{min}，因此机动飞行时的载荷系数被限制在 n_{max}（水平线 AB）和 n_{min}（水平线 ED）之间。

第二，飞行速压 q 也是受限制的，例如俯冲时最大速压不能超过最大允许速压 $q_{max,max}$（飞机的最大速压 q_{max} 对应于飞机设计要求中所给定的某一高度上的最大平飞速度 v_{max}，飞机在从某一高度大速度平飞转入下滑俯冲或其他飞行过程中时，很可能突破 q_{max} 值，$q_{max,max}$ 就是对这些飞行情况的限制值）。因为 $q_{max,max}$ 的值过大会使结构过重，影响飞机性能，与 $q_{max,max}$ 对应的速度即 $v_{max,max}$，所以直线 BC 段即表示设计规定的极限速度。

第三，飞机升力系数 C_y 限制在 $C_{y\,max}$ 和 $C_{y\,min}$ 之间，所以

曲线 OA：
$$n_y = K\frac{\rho_0 v_{dl}^2}{2G/S}C_{y\,max} \tag{2.30}$$

曲线 OE：
$$n_y = K\frac{\rho_0 v_{dl}^2}{2G/S}C_{y\,min} \tag{2.31}$$

上两式中，$C_{y\,max}$，$C_{y\,min}$，S，G 在设计论证阶段和外形选定后，就已确定下来，K 也是经过风洞实验所确定的参数。自然，飞机的载荷系数受到上式的限制，但不能超过正、负载系数界限线。飞行包线图也可用其他参数作为坐标画出，如图 2.24 所示，图中还示出了与飞行包线所对应的飞行状态。

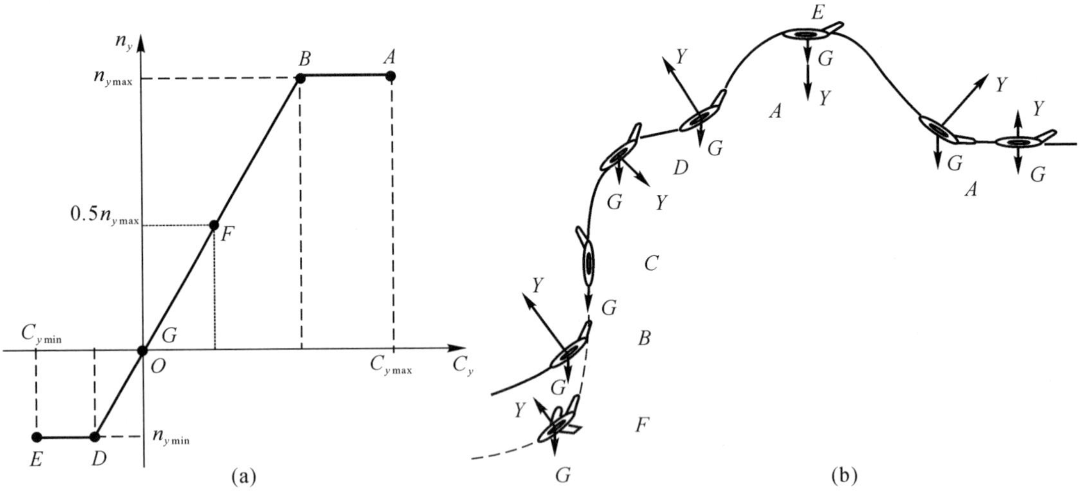

图 2.24　某飞机典型包线图及相应飞行状态

图 2.24 中的 A，B 点虽均属 $n_{y\,max}$ 情况，总载荷最大，且数值相同的情况。但因 v_{dl} 不同，后者速度高，C_y 小，所以两者的气动力分布不同（见图 2.25），各结构元件具体的承载情况也就不同。E，D 两点情况类似，仅为负过载而已。

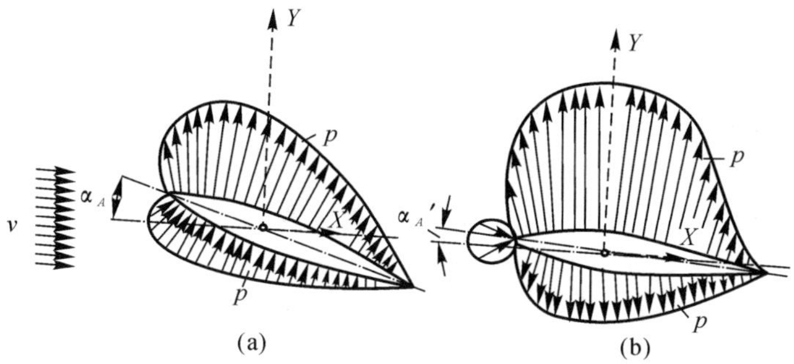

图 2.25　机翼剖面上的气动力分布

(a)A 点情况；(b)B 点情况

在飞机设计规范中，除规定了对称机动飞行情况的使用载荷系数（按不同的飞机类型给出）之外，还规定了许多补充的设计情况（如急剧俯仰机动、襟翼放下拉起状态）；非对称设计情况（如滚转和滚转改出的机动）；起飞、着陆设计情况（如对称着陆、偏航着陆、单个主起着陆等）。我国及前苏联规范中无单独的突风包线，英美规范除机动飞行包线外，还规定了突风包线，其内容见规范，这里不再列举了。在具体设计时，规范中规定了几种典型的飞行情况，根据这些典型飞行姿态的气动布局，可以获得结构上的载荷分布，按飞机整体各部件同时受载情况进行载荷计算和刚度、强度、稳定性等校验。这种设计方法物理概念比较明确，需要的原始参数较多，计算方法也较复杂，但随着近年来大型分析软件系统的开发，这种设计方法已没有太大的技术难度。

5. 使用载荷（也称限制载荷）、设计载荷（也称极限载荷）与安全系数。

飞机使用中实际可能遇到的最大载荷称为**使用载荷**或称为**限制载荷**，结构必须能够承受限制载荷而无有害的永久变形。在直到限制载荷的任何载荷作用下，变形不得妨碍安全运行。

为了保证一定的安全裕度，飞机结构通常按能承受高于限制载荷的载荷进行设计，设计的结构所能承受而不破坏的最大载荷称为**设计载荷或极限载荷**。

设计载荷等于使用载荷乘一个系数 f，即

$$P_d = P_e f = n_e G f = n_d G \tag{2.32}$$

$$f = \frac{n_d}{n_e} = \frac{P_d}{P_e} \tag{2.33}$$

式中　n_e—— 使用载荷系数；

n_d—— 设计载荷系数；

f—— 安全系数。

飞机设计中，为了使结构既安全又较轻，若能做到使所设计的结构，在各种设计情况中最严重的使用载荷 P_e 作用下，各元件的应力临近比例极限强度 σ_p，但仍未出现永久变形，则较为理想。在飞机设计中，我们对静强度问题是采用设计载荷 P_d 来设计的。因此若能做到所设计的结构，在最严重的 P_d 作用下刚好临界破坏，则较理想。

安全系数定义为设计载荷与使用载荷之比，也就是设计载荷系数与使用载荷系数之比。其物理意义就是实际使用载荷要增大到多少倍结构才破坏，这个倍数就是安全系数。

用设计载荷进行飞机设计，其目的除了在实际飞行中不致发生破坏以保证安全外，还因为

飞机是个复杂的、超静定的、多传力通道的受力结构，使用的又多是铝合金等弹塑性材料。当某一结构元件在使用载荷下达到比例极限(σ_p)或在设计载荷下某元件达到破坏强度(σ_{des})时，它本身不能承受继续增加的载荷了(将产生大的变形甚至破坏)，但如果还有其他许多元件能继续承担着增大的载荷，则变形虽继续增大，整个结构仍能保持一段时间不坏，只是各结构元件间所承担的载荷重新分配而已(见图 2.26)。只有当最主要的受力构件破坏时，整个结构才会破坏。因此，按结构的破坏载荷(而不用单个元件的强度极限值)来进行设计，可充分反映超静定结构的受力特点，充分发挥结构的承载能力，这样就可使结构设计得较轻。

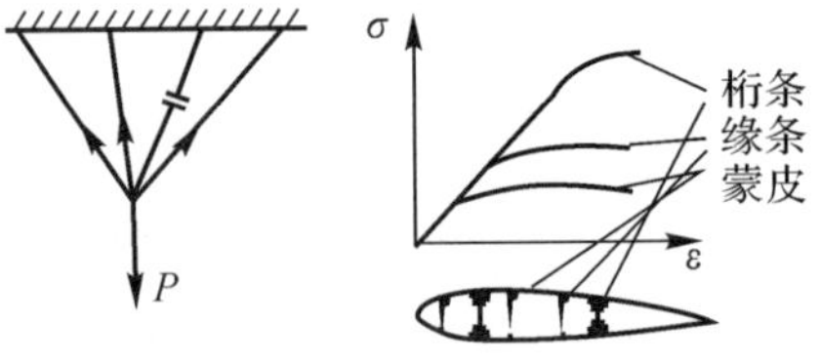

图 2.26　超静定结构的受力特点

(a) 杆件情况；(b) 薄壁结构情况

另外，用试验来验证结构的强度时，结构是否出现了永久变形很难测准，而结构是否破坏(不能承受继续增大的载荷)则较易准确测得。因而用破坏载荷(而不用使用载荷)作为设计载荷便于理论与实际结合，进行最后的破坏试验验证(见图 2.27)，以达到符合实际使用要求、安全可靠的目的。

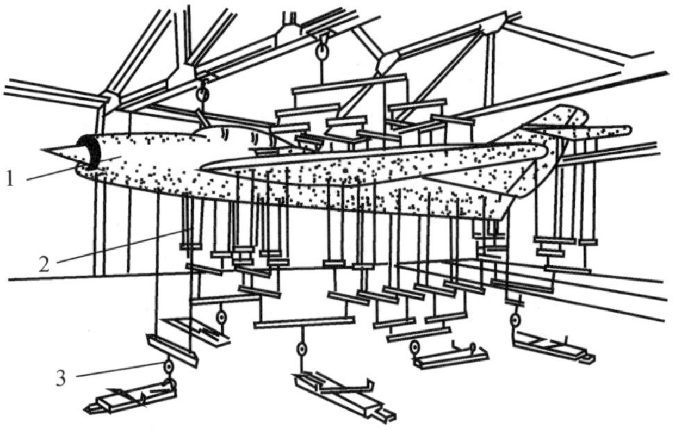

图 2.27　飞机进行强度较核试验情况

1—作试验的飞机；2—加力杠杆系统；3—测力计

当然，f 取得愈大，结构受力后愈安全，愈不易破坏，可是结构就会愈重，因而正确选取安全系数 f 的大小是很重要的。f 值的大小取决于很多因素，除了前述使结构在使用载荷下没有永久变形之外，还有如结构材料性能的分散性，缺陷情况，制造工艺水平，载荷的具体作用情况，设计、计算和试验的误差情况等影响因素。即把一些不定影响因素用一个确定的系数加以概括，使工作简化，这是工程设计中常用的方法。安全系数的正确确定是一个很重要又是一个较困难的问题，通常都是根据许多理论分析和试验研究，以及大量的使用经验的统计、归纳，最后以规范的形式明确定出各设计情况的 f 值来。

根据目前情况和今后发展，外载荷计算和结构应力分析逐步精确，材料的工艺过程逐步完善，在使用中的重复载荷和温度影响都单独计算和分析的情况下，通常安全系数可取为 1.5。对于载荷计算不准、要增大安全性和刚度、保证质量及有磨损或其他原因时，安全系数可适当增大。对某些特殊情况，如应急情况或一次使用等，可适当减小安全系数。

6. 规定了刚度指标

飞机结构应有足够的刚度，以保持飞机的空气动力外形、稳定性、操纵性及抗振要求。设计规范规定了各操纵面的有效性指标、各种翼面的许可挠度值和扭角值。总之，在使用载荷作用下引起的弹性变形、永久变形及热变形的总和以及实际存在的机械间隙等不得妨碍飞机操纵系统的运动或降低飞机操纵必要的灵敏度，不能影响飞机飞行性能品质要求，不能引起颤振等气动弹性及空气热弹性的不稳定，不应发生抖振或共振等。

7. 规定了应进行的各种试验及其要求

设计规范一般都明确要求飞机要进行静力、动力和热试验，耐久性和疲劳寿命试验(见第六章6.7节)，地面操作试验，动力装置试验，各系统、设备试验，武器使用、空中加油、弹射救生、应急迫降等特殊试验及空中格斗试验等。

规范规定了各种试验所应记录的数据，应分析的项目，应提供的报告及提供的日期期限等。

规范还规定了损伤容限、使用寿命、可靠性要求、结构完整性要求等。

总之，飞机设计所需要的一切基本主要依据均在规范中作了明确规定，它是飞机设计的主要法定文件，而规范的好坏将直接影响飞机的设计质量。现在世界各国甚至各大设计集团、各飞机公司等均有自己的一套飞机设计规范，并根据实际使用和发展情况不断增改，使其更加完善适用。

在设计飞机时就是根据所要设计的飞机类型，按规范规定计算各设计情况的设计载荷，并用此载荷进行强度和刚度设计、校核和试验。

三、民用航空条例的适航标准

1. 适航管理条例

飞机在进行运输及其他航空作业时，须适应各种气象、地形、距离、载荷、飞行高度、空中交通规则程序等项要求，才能安全、及时和经济地运送旅客、货邮或完成其他飞行作业。为了保证飞行安全，飞机首先要具备相应的适航性能，为此世界各国民航当局对飞机的设计、生产、使用和维修等都制定了适航标准，规定或审定发证以及实施检查监督。中国自1987年6月1日实施国务院发布的《中华人民共和国民用航空器适航管理条例》以来，也逐渐开展了航空器适航管理。

具体地讲，适航管理工作的主要内容有：

(1)制定各类适航标准和审定监督规则。即针对各类民用航空器制定相应的技术性适航标准，制定相应的管理性审定监督规则。

(2)民用航空器设计的型号合格审定。适航部门要根据反映最低安全水平的适航标准，按严格详细的审定程序对民用航空器设计过程和有关的试验或试飞进行逐项审查和监督。只有取得了型号合格证的民用航空器，才具有投入生产和使用的资格。

(3)民用航空器制造的生产许可审定。适航部门必须对制造厂的质量保证系统和技术管理系统进行全面详细的审定，实施制造符合检查。

(4)民用航空器的适航检查。航空器及其各种装置、设备均须处于适航状态，各类技术文件合格、齐全，并取得适航部门颁发的航空器适航证书，方可投入使用。

(5)民用航空器的持续适航管理。适航部门对民用航空器的使用者提出明确的要求和使用限制，并对其进行监督检查。适航部门还须对民用航空器的维修单位进行审查，对维修人员进行考核发给执照。

2. 适航标准

适航标准是一类特殊的技术标准。它是为保证实现民用航空器的适航性而制定的最低安全标准。适航标准与其他标准不同，它是国家法规的一部分，必须严格执行。

适航标准是通过长期的科学研究和工作经验的积累，吸取了历次飞行事故的教训，经过必要的验证或论证及公开征求公众意见不断修订而成的。目前,各国适航标准中较有影响的是美国的FAR、英国的BCAR、欧洲联合航空局的JARH和前苏联的HЛFC。我国主要参考国际上应用最广泛的美国适航标准,结合国情而制定,并作为《中国民用航空条例》(CCAR)的组成部分。我国的适航标准有:《正常类、实用类、特技类和通勤类飞机适航标准》(CCAR-23),《运输类飞机适航标准》(CCAR-25),《一般类旋翼航空器适航标准》(CCAR-27),《民用航空材料、零部件和机载设备技术标准规定》(CCAR-37)等。

适航标准对航空器的飞行性能、操稳特性、飞行载荷、地面载荷、操纵系统载荷、应急着陆情况等都作了详细规定;对飞机结构、操纵面、操纵系统、起落架及各种设施(载人和装货设施、应急设施、通风和加温、增压设施、防火设施等)的设计与构造提出要求;对动力装置的燃油系统、滑油系统、冷却系统、进气系统、排气系统、动力装置的防火等提出了具体指标及要求;对设备,包括仪表安装、电气系统和设备、警告装置、安全设备给出具体规定,并提出使用限制要求。

所设计制造的飞机只有满足适航标准所规定的这些要求后,才能被认为适合航行而被批准放飞、载客营业。

思 考 题

1. 载荷系数的定义是什么?它在空气动力学中反映什么物理意义?

2. 当把飞机作为质点研究时,是什么因素引起飞机过载?$1 > n_y > 0$,表示该飞机有什么样的加速度?

3. 如果飞机已达到纵向力矩平衡 $\sum M_x = 0$,是否意味着 $n_y = 1$?

4. 载荷系数在飞机结构设计中有什么实用意义和物理意义?

5. 若机身下方悬挂有一副油箱(长物体),其重心与飞机重心重合,用两个接头悬挂于机身结构上。那么

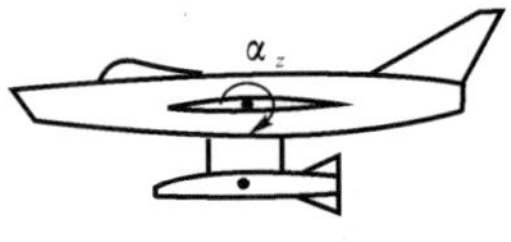

题图 2.1

(1) 当 $n_y = 1$,$n_y > 1$,$n_y < 0$ 时,副油箱上分别作用有哪些载荷(大小、方向)?

(2) 副油箱通过与机身的连接接头传给机身结构的载荷如何(大小、方向)?

(3) 若此时飞机还以角加速度 α_z 绕重心旋转(见题图 2.1),那么机身上的载荷将有何变化?这些载荷在机身力图上如何反映?

(4) 如果副油箱重心与全机重心不重合,则机身受力情况有何变化?

6. 安全系数 f 的物理意义是什么?它的表达式是怎样的?

7. 飞行包线的物理意义是什么?

8. 飞机结构的强度校核与一般机械工程结构的强度校核有何不同?

习　题

1. 飞机在铅垂面内作对称机动飞行，航迹切线与水平线夹角 $\theta=60^\circ$，航迹曲率半径 $r=2\ 000$ m，根据该机飞行包线已知，其最大允许载荷系数 $n_{y\max}=+6.5$，最小载荷系数 $n_{y\min}=-3.0$。试求在题图 2.2 所示两种飞机姿态情况下，飞行速度 v 最大可为多少？

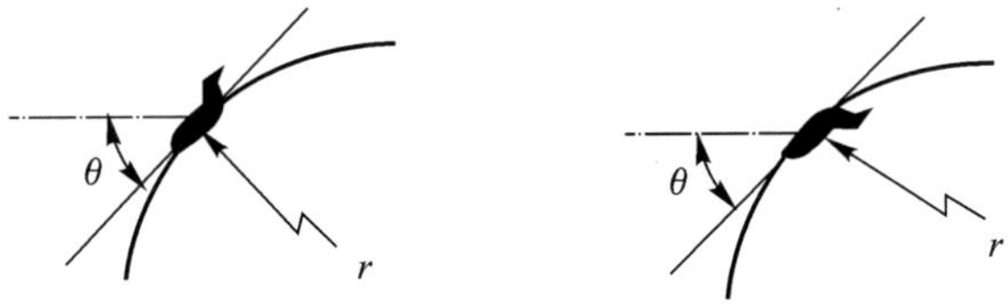

题图　2.2

2. 飞机由垂直俯冲状态退出，沿半径为 r 的圆弧进入水平飞行。若开始退出俯冲的高度 $H_1=2\ 000$ m，开始转入水平飞行的高度 $H_2=1\ 000$ m，此时飞行速度 $v=720$ km/h（见题图 2.3），求

（1）飞机在 2 点转入水平飞行时的载荷系数 n_y；

（2）如果最大允许载荷系数为 $n_{y\max}=8$，则为保证攻击的突然性，可采用何种量级的大速度或大机动飞行状态（即若 r 不变，$v_{\max}$ 可达多少？如果 v 不变，$r_{\min}$ 可为多大？）？

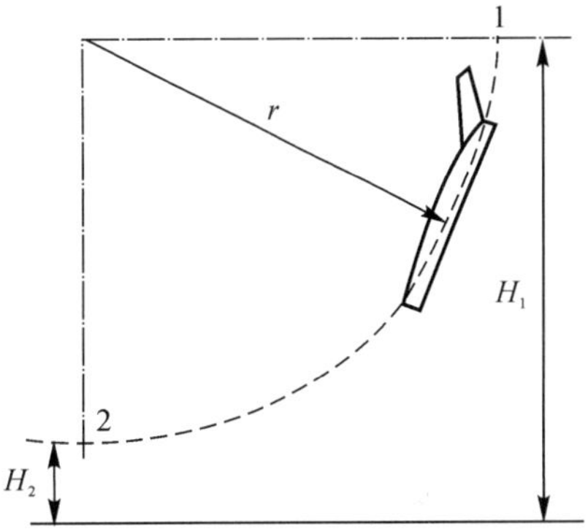

题图　2.3

3. 某飞机的战术、技术要求中规定：该机应能在高度 $H=1\ 000$ m 处，以速度 $v=520$ km/h 和 $v'=625$ km/h（加力状态）作盘旋半径不小于 $R=690$ m 和 $R'=680$ m（加力状态）的正规盘旋（见题图 2.4）。求

（1）该机的最大盘旋角和盘旋载荷系数 n_y；

（2）此时机身下方全机重心处挂有炸弹，重力 $G_b=3\ 000$ N，求此时作用在炸弹钩上的载荷大小及方向。

4. 某运输机重力 $G=39.2$ kN，在高度 $H=3\ 050$ m 以巡航速度 $v=145$ m/s 等速平飞，忽遇垂直向上突风，其速度为 $u=20$ m/s（见题图 2.5），已知该机的 $C_y^\alpha=5.22$，机翼的面积 $S=111.6\ \text{m}^2$，平均气动弦长 $b=4$ m，求此时的 n_y。已知离散阵风减缓因子 K_ω 是飞机质量参数 μ_g 的函数，亚声速时

$$K_\omega=\frac{0.88\mu_g}{5.3+\mu_g};\quad \mu_g=\frac{2G/S}{gC_y^\alpha \rho_H b}$$

此高度上的空气密度 $\rho_H=0.092\ \text{kg/m}^3$。

5. 飞机在低空以飞行速度 $v=900$ km/h，盘旋角 $\beta=60^\circ$ 作正确盘旋，突然遇到来自腹部的水平突风，风速为 $w_x=20$ m/s，若飞机的翼载荷 $p=2\ 940\ \text{N/m}^2$，机翼的 $C_y^\alpha=4$，此处空气密度 $\rho=0.122\ 5\ \text{kg/m}^3$，求此时的 n_y 值（见题图 2.6）。

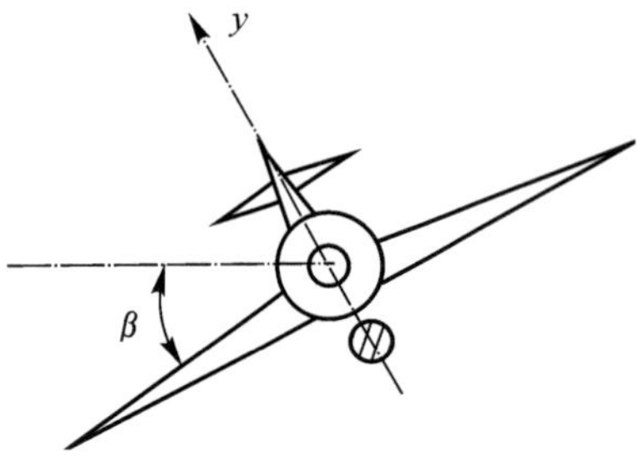

题图　2.4

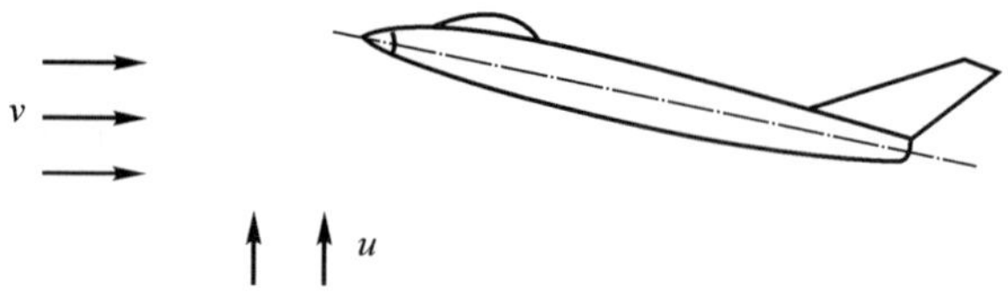

题图　2.5

6. 飞机处于俯冲状态，当它降到 $H=2\ 000$ m 时（$\rho_H=0.103\ 5\ \mathrm{kg/m^3}$）遇到上升气流的作用（见题图 2.7），求此时飞机的 n_y。已知飞机重力 $G=50$ kN，机翼面积 $S=20\ \mathrm{m^2}$，$C_y^\alpha=4.5$。此时的飞行速度 $v=540$ km/h，航迹半径 $r=800$ m，y 轴与铅垂线夹角 $\varphi=60°$，上升气流速度 $u=10$ m/s，突风缓和因子 $K=0.88$。

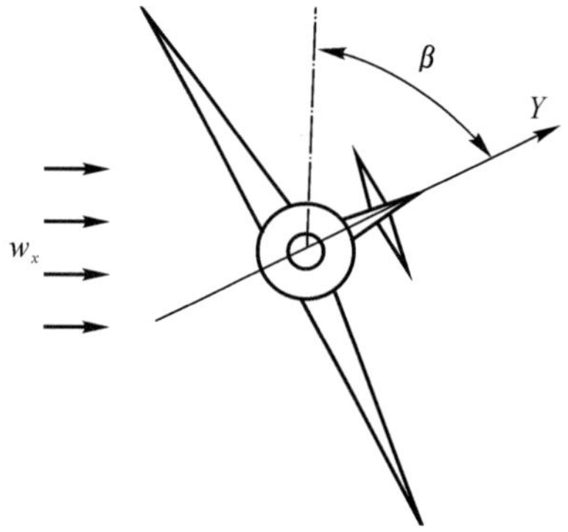

题图　2.6

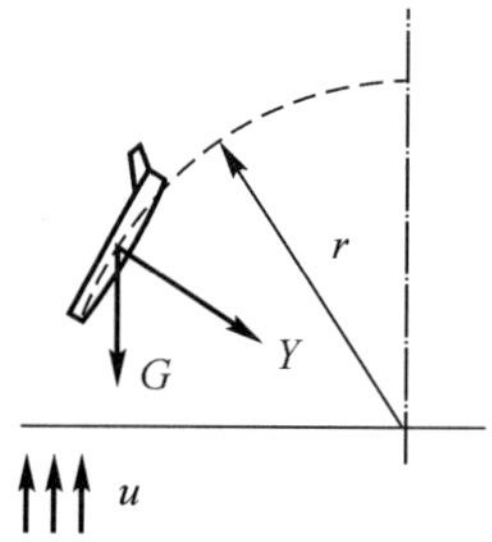

题图　2.7

7. 飞机以过载 $n_y=-3$ 作曲线飞行，同时绕飞机重心以角加速度 $\alpha_z=3.92\ \mathrm{rad/s^2}$ 转动，转动方向如题图 2.8 所示。若发动机重力 $G_E=10$ kN，发动机重心到全机重心距离 $l=3$ m，发动机绕本身重心的质量惯性矩 $I_{z0}=1\ 200\ \mathrm{N\cdot m\cdot s^2}$，求

(1) 发动机重心处载荷系数 n_{yE}；

(2) 若发动机悬挂在两个接头上，前（主）接头位于发动机重心处，后接头距发动机重心为 0.8 m，求此时发动机作用于机身结构接头上的质量载荷（大小、方向）。

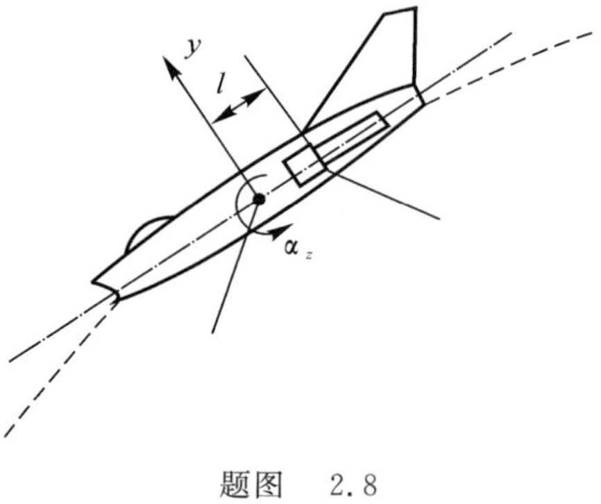

题图　2.8

8. 已知飞机重力 $G=80$ kN，转动惯量 $I_z=79\ 750\ \mathrm{N\cdot m\cdot s^2}$。机翼全翼展长 $L=9.7$ m，其最大使用升力 $Y_w=643$ kN。半机翼的升力合力假设在展向作用于 $z=0.5\left(\frac{L}{2}\right)$ 处；半机翼的结构重力 $\frac{1}{2}G_w=7.7$ kN，结构重心在 z 轴上近似认为与升力作用点重合；此外机翼上 $z=0.6\left(\frac{L}{2}\right)$ 处，挂有 $G_b=1$ kN 的炸弹。设机翼结构重

心、炸弹重心在 x 轴上的位置与全机重心重合。现飞机作机动飞行，平尾的使用平衡载荷 $Y_{te}=147\ \mathrm{kN}$，平尾上同时有向下机动载荷 $Y_{tm}=78.4\ \mathrm{kN}$。已知平尾压力中心到全机重心的距离 $L_a=5.677\ \mathrm{m}$，安全系数 $f=1.5$，求

(1) 机翼根部 $z=0.1\left(\dfrac{L}{2}\right)$ 处的设计弯矩 M_d 为多大？

(2) 驾驶员重力 $G_1=900\ \mathrm{N}$，其重心距全机重心距离 $x_1=3.826\ \mathrm{m}$。问此时驾驶员作用于座椅上的力 P_{1d}？

(3) 若 Y_{tm} 向上作用时，则上述 M_d 和 P_{1d} 各为多大(见题图 2.9)。

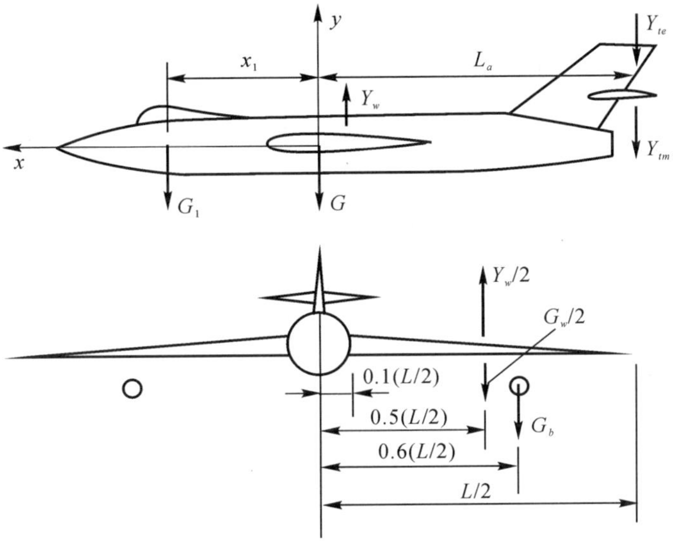

题图 2.9

附注：目前，结构的强度、刚度分析多采用有限元技术。在有限元计算中，须将结构上的分布载荷合理地分配到有限元节点上，形成节点载荷。下面简要介绍工程上常用的力和力矩等效载荷计算方法。如题图 2.10 所示纵向线为长桁布置线，横向线为肋布置线，我们的目的就是把分布的升力分配到这些布置线的交点上。

设将结构单元四边形 $ijhm$ 划分成若干个小气动单元。如其中某小单元形心 C 点作用有一集中升力 $P_c=\dfrac{1}{2}\overline{p}_c\rho v^2\Delta S$，其中 $\overline{p}_c$ 为压力分布系数，ΔS 为小单元面积。现通过点 C 作四边形 $ijhm$ 的等百分线，将四边形 $ijhm$ 分为四个小四边形，每个四边形的面积记为 S_i,S_j,S_h,S_m，四边形 $ijhm$ 的面积记为 S。则 P_c 力分配到四个角点的集中力计算公式为

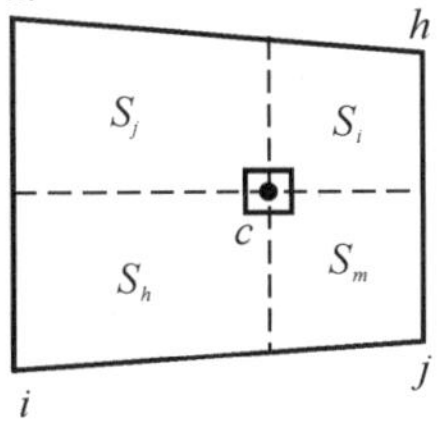

题图 2.10

$$P_i=\frac{S_i}{S}P_C \quad (i=i,j,h,m)$$

将四边形 i,j,h,m 内各气动小单元的集中气动力按以上公式分配到角点上，然后将分配到每一角点上的力叠加即为等效节点。作为等效节点载荷计算的练习，可通过下面习题采用编程计算或手算，以便掌握等效节点载荷计算方法。

*9. 已知一直机翼，半翼展长 $l/2=10\ \mathrm{m}$，翼根弦长 $b_2=4\ \mathrm{m}$，翼尖弦长 $b_{10}=2\ \mathrm{m}$。机翼上

各点的气动压力 p 可写成 $p=\bar{p}\ \frac{1}{2}\rho v^2$，$\bar{p}$ 为压力分布系数。现已知：空气密度 $\rho=0.098\ \mathrm{kg/m^3}$，飞行速度 $v=1\ 080\ \mathrm{km/h}$，安全系数 $f=1.5$。该机翼各剖面处的压力分布系数 $\bar{p}_i$ 沿弦向为三角形分布，其最大值为 $(\bar{p}_{\max})_i$，而 $(\bar{p}_{\max})_i$ 沿展向为椭圆曲线分布，在根部为最大，并已知 $(\bar{p}_{\max})_0=2$。故

$$\frac{(\bar{p}_{\max})_i}{2^2}+\frac{z^2}{10^2}=1$$

现在半翼展上取 11 个剖面，每个间隔 $\Delta l=1$ m(见题图 2.11)。

求:9 剖面上沿弦向 0～6 节点的节点设计载荷。

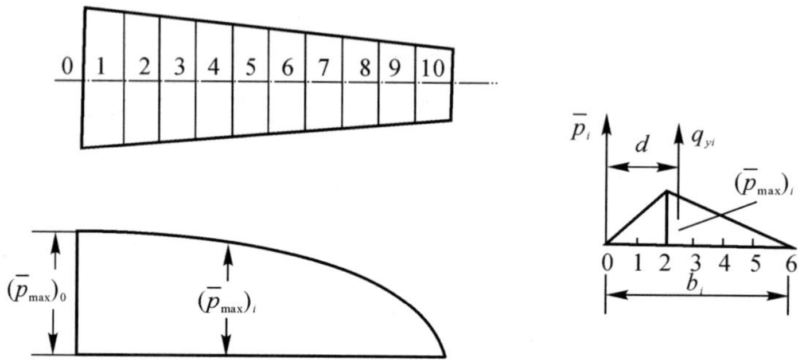

题图 2.11

第三章　翼面结构和机身结构分析

本章主要讲述两方面内容：一是介绍机翼、尾翼和机身的典型结构型式；二是对这些典型结构的受力型式进行传力分析。后者是本章的重点。

一般意义上的结构分析是指对已有的结构或某设计，根据其工作特征、设计要求而展开的综合性分析评估工作，其特点是定量且精确程度要求较高。例如机翼、机身乃至飞机整个结构的静动强度、刚度、安全寿命、损伤容限以及耐久性等完整性分析，除用有限元等分析软件完成计算分析工作，还要进行全尺寸结构试验工作。本章所要讲述的结构传力分析则是一种定性的或粗定量的结构传力途径特性分析，其目的在于了解和把握结构中主要受力构件的内力特征，以便指导设计工作，依据构件的受力特性合理布置结构元件，最终获得受力特性好、结构重量轻的满意设计方案。因此，它是结构设计思维过程中的有力工具，在结构设计分析中占有十分重要且基础的地位，目前尚不能用软件程序来代替。

"传力分析"的具体含义指：当支承在某"基础"上的一个结构受有某种外载时，分析这些外载如何通过结构中的各个构件传递给支承它的"基础"。以机翼结构为例，作用于其上的有分布气动载荷和挂点接头的集中载荷（发动机短舱、导弹等挂点的集中质量力），这些外载通过机翼中相互连接的各受力构件相继受载产生内力来传递，最终在机翼机身对接处，由支承机翼的机身提供支反力与之相平衡。然而，力在结构中的传递并不是一个简单过程，传力中各元件的作用也十分复杂。因此，为了设计出符合最小重量等要求的满意结构，必须深入理解结构中各元件的受力原理和作用，必须弄清楚各种结构中载荷的传递规律。同时通过分析已有（或某设计）结构的受力合理性，可更好地掌握结构设计的一般原理，为合理选择结构型式、合理布置和设计结构元件、选择连接形式等积累知识，为合理进行结构设计打下基础。

3.1　机翼与尾翼的功用、设计要求和外载特点

一、机翼的功用与结构设计要求

1. 机翼的功用

机翼是飞机的一个重要部件，其主要功用是产生升力。当它具有上反角时，可为飞机提供一定的横侧安定性。除后缘布置有横向操纵用的副翼、扰流片等附翼外，目前在机翼的前、后缘越来越多地装有各种型式的襟翼、缝翼等增升装置，以提高飞机的起降或机动性能。

机翼上常安装有起落架、发动机等其他部件。现代歼击机和歼击轰炸机往往在机翼下布置多种外挂，如副油箱和导弹、炸弹等军械设备。机翼的内部空间常用来收藏主起落架或其部分结构和贮存燃油。特别是旅客机，为了保证旅客安全，很多飞机不在机身内贮存燃油，而全部贮存在机翼内。为了最大限度地利用机翼容积，同时减轻重量，现代飞机的机翼油箱大多采

用利用机翼结构构成的整体油箱。此外机翼内常安装有操纵系统和一些小型设备和附件(见图 3.1)。

2. 机翼结构设计要求

机翼结构设计要求与飞机结构设计的基本要求是一致的,只是各种部件因功用不同,而侧重点有所不同。

(1)机翼主要用于产生升力,因此满足空气动力方面的要求是首要的。机翼除保证升力外,还要求阻力尽量小(少数特殊机动情况除外)。机翼的气动特性主要取决于其外形参数(如展弦比 λ、相对厚度 $\bar{c}$、后掠角 χ、翼型等),这些参数在总体设计时确定;结构设计则应从强度、刚度、表面光滑度等各方面来保证机翼气动外形要求的实现。

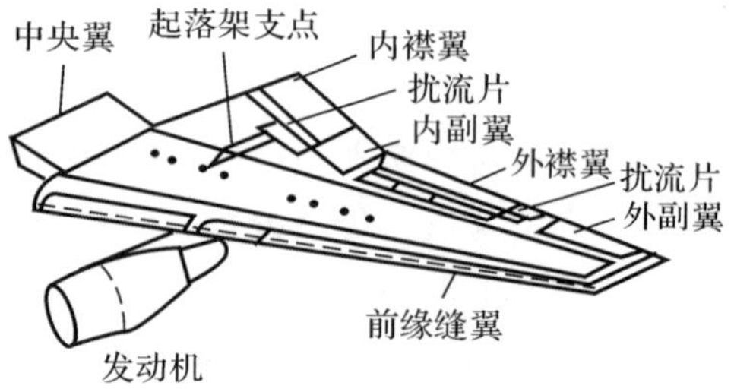

图 3.1　机翼布置

(2)在外形、装载和连接情况已定的条件下,重量要求是机翼结构设计的主要要求,具体地说就是在保证结构完整性的前提下,设计出尽可能轻的结构。结构完整性包含了强度、刚度、耐久性和损伤容限等多方面内容。

值得注意的是:随着飞行速度的提高,机翼所受载荷增大,特别对于高机动性能歼击机,由于减小阻力等空气动力的需要,机翼的相对厚度越来越小,再加上后掠角的影响,致使机翼结构的扭转刚度、弯曲刚度将越来越难保证,这些均将引起机翼在飞行中的变形增加。飞机在高速飞行时,很小的变形就可能严重恶化机翼的空气动力性能;刚度不足还会引起颤振和操纵面(如副翼)反效等严重问题。因此,对高速飞机,为满足机翼的气动要求,刚度问题必须给予足够重视。然而也正由于上述原因,此时要解决好机翼的最小重量要求与强度、刚度要求之间的矛盾将更为困难。这种矛盾促进了机翼结构的受力型式不断发展,在以后的设计分析中我们将更清楚地看到这一点。

(3)使用、维修要求。飞机应该使用方便,便于检查、维护和修理。当机翼结构作为整体油箱舱使用时,必须保证燃油系统工作的高度可靠性,包括油箱的密封。当与结构重量轻的要求相矛盾时,应首先保证燃油系统的可靠性,因为它涉及到飞行的安全性。

(4)工艺性和经济性要求。与一般飞机结构相同,此处不再重复。

二、尾翼的功用与结构设计要求

1. 尾翼的主要功用

尾翼用于保证飞机的纵向和航向的平衡与安定性,以及实施对飞机的纵向(俯仰)和航向的操纵。一般飞机的尾翼由水平尾翼(简称平尾)和垂直尾翼(简称垂尾)两部分组成。正常式平尾包括水平安定面和升降舵。为了改善跨声速和超声速飞机在高速飞行中的纵向操纵性,在这类飞机上,大多采用全动水平尾翼。垂尾一般由垂直安定面和方向舵组成。

2. 尾翼结构设计要求

尾翼的功用是通过它所产生的升力来实现的,所以从本质上说尾翼的直接功用就是产生升力,它也是一个升力面,因而尾翼的设计要求和构造与机翼十分类似。对尾翼的主要要求也是保证它所承担的空气动力任务的完成;应具有足够的强度、刚度、损伤容限、寿命,而重量尽可能轻。

三、机翼的外载特点

机翼的外载有以下三类。

1. 空气动力载荷

空气动力载荷 q_a 是分布载荷，单位为 Pa。它可以是吸力或压力，直接作用在机翼表面上，形成机翼的升力和阻力，其中升力是机翼最主要的外载荷。正如第二章所述，机翼的气动载荷在各种设计情况下，数值和分布情况是不同的，因此其合力的大小、方向、作用点也不相同，并将影响机翼的受力情况。

2. 其他部件、装载传来的集中载荷

机翼上连接有其他部件（如起落架、发动机）、副翼、襟翼等各类附翼和布置在机翼内、外的各种装载（如油箱、炸弹）。由于这些部件、装载一般都是以有限的连接点与机翼主体结构相连的，因此，不论是起落架传来的地面撞击力或副翼等翼面上的气动载荷以及机翼上各部件、装载本身的质量力（包括重力和惯性力），都是通过接头，以集中载荷的形式传给机翼（见图3.2）。机翼整体油箱的燃油载荷（包括燃油的质量力和油箱增压载荷等）则为分布载荷。

3. 机翼结构的质量力

机翼本身结构的质量力为分布载荷 q_c，其大小与分布情况取决于机翼结构质量的大小和分布规律。它的数值比气动载荷要小得多。在工程计算中，它的分布规律可近似认为与弦长成正比。

上述 2，3 中提及的各种质量力的大小和方向还与飞机载荷系数有关。其方向与升力相反，对机翼有卸载作用。

综上所述，若以载荷形式分，机翼的外载有两种类型。一种是分布载荷，以气动载荷为主，还包括机翼本身结构的质量力，这是机翼的主要载荷形式；另一种是由各接头传来的集中载荷（力或力矩）。

4. 机翼的总体受力

在以上各种载荷作用下，机翼的总体受力如下。

机翼的各种外载，总的在机翼、机身连接处，由机身提供支持来平衡。因此在上述载荷作用下，可把机翼看做固定在机身上的一个“梁”。当机翼分成两半，与机身在其左右两侧相连时，可把每半个机翼看作支持在机身上的悬臂梁；若左右机翼连成一个整体时，则可把它看做支持在机身上的双支点外伸梁。这两种情况虽然在支持形式上有所不同，但对外翼结构来说，都可以看做悬臂梁。必须指出，在把机翼看做一个“工程梁”时，它与“材料力学”课程中介绍的一般工程梁相比，有以下特殊性。

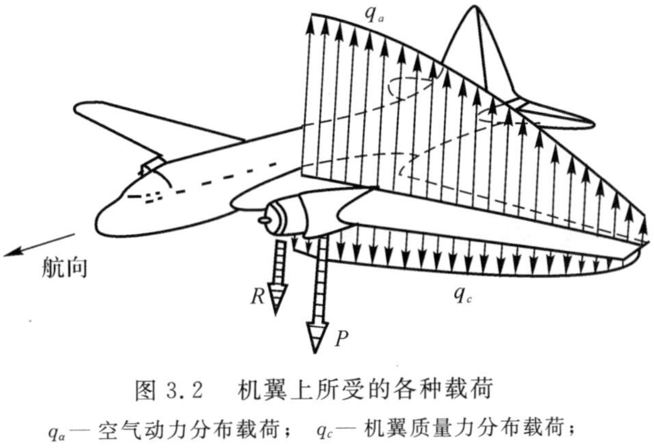

图 3.2　机翼上所受的各种载荷

q_a— 空气动力分布载荷；　q_c— 机翼质量力分布载荷；
P— 发动机或其他部件传来的集中载荷；　R— 机身支反力

(1) 机翼高度（厚度）小，但其弦向尺寸（相当于梁宽）大多与翼展有相同量级（尤其如三角机翼)。而一般工程梁是指高度和宽度均比长度要小得多的单尺度梁,这类梁仅注重沿长度方向分布的载荷。而对于机翼,弦向分布的载荷也很重要。

(2) 一般工程梁支承简单,计算简化也容易,而机翼在机身上的固定形式要复杂得多。此外考虑到结构支承的弹性效应,在精确计算中,应认为机身是一弹性支承。

前述各种外载在机翼结构中将引起相应的内力:剪力 Q、弯矩 M 和扭矩 M_t。现取翼展方向为 z 轴,与 z 轴垂直的翼弦方向为 x 轴,与 $x-z$ 平面垂直的方向为 y 轴,则剪力 Q_n 和 Q_h 分别表示沿 y 轴和 x 轴的分量。外载引起的弯矩分别为 M_n 和 M_h。此外由于外载合力作用点一般与机翼结构各剖面的刚心不重合,因而还会引起相对于机翼刚心轴的扭矩(见图 3.3),这些统称为机翼的总体内力。机翼的升力很大,且作用在机翼刚度最小的方向上;而阻力相对于升力要小得多,且作用在机翼刚度最大的 $x-z$ 之平面内。因此在进行结构受力分析时,常着重考虑气动载荷沿垂直于 $x-z$ 平面的分量——升力引起的内力 Q_n,M_n 等。此时,机翼上剪力、弯矩和扭矩的分布如图 3.4 所示。为简便起见略去下标 n,则

$$Q=\int_{\frac{l}{2}}^{z} q\mathrm{d}z=\sum P_i,\quad M=\int_{\frac{l}{2}}^{z} Q\mathrm{d}z \tag{3.1}$$

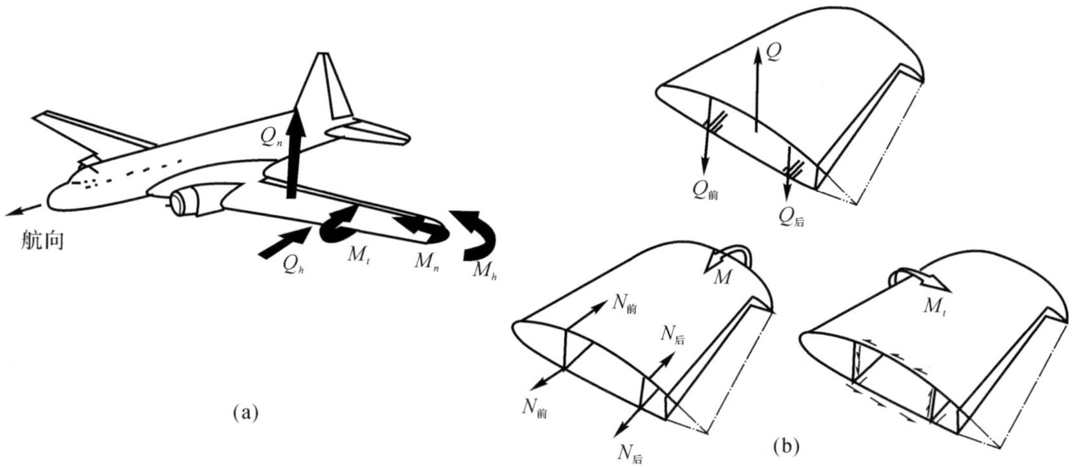

图 3.3 机翼上所受的力矩和剪力

(a) 机翼的总体内力; (b) 与外载相平衡的总体内力

M_n— 由 Q_n 引起的作用在垂直面内的弯矩; M_h— 由 Q_h 引起的作用在 $x-z$ 平面内的弯矩; M_t— 扭矩

四、尾翼的外载特点

在全动水平尾翼与舵面上,作用有分布的气动载荷和自身的质量力。安定面上除作用有这类载荷外,还有舵面悬挂接头传来的集中力。由于舵面与安定面、全动平尾与机身的连接情况和机翼与机身的连接情况有所不同,因而此时安定面或机身各自提供的支持力的形式也不同。从图 3.5 可知,安定面的受力情况与机翼相似。

尾翼上的气动力外载以它的作用区分,有以下三类。

(1) 平衡载荷。用以保证飞机纵向气动力矩平衡的平尾上的载荷。此时水平安定面上的载荷往往与升降舵的载荷方向相反,所以平尾受较大扭矩。

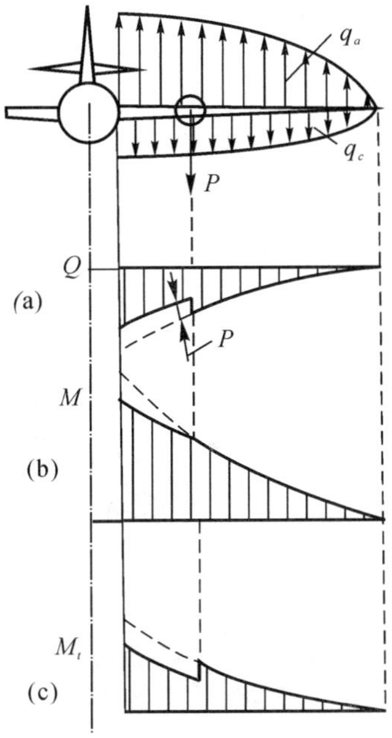

图 3.4　机翼的内力 Q,M,M_t 分布图

(a) 机翼的剪力图；(b) 机翼的弯矩图；(c) 机翼的扭矩图

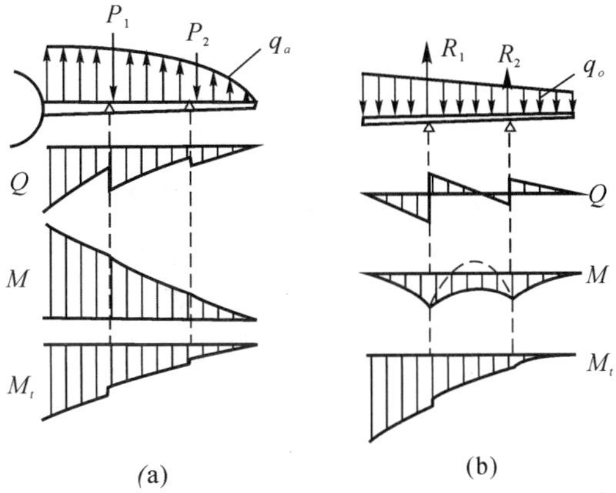

图 3.5　水平尾翼的剪力、弯矩、扭矩图

(a) 水平安定面的内力图；(b) 升降舵的内力图

q_a,P_1,P_2— 外载；R_1,R_2— 支反力

(2) 机动载荷。在不平静气流或机动飞行时偏转升降舵或方向舵产生的载荷，这是尾翼的主要受力情况。

(3) 不对称载荷。对平尾来说由侧滑或横滚引起的载荷是不对称载荷，它们一般比机动载荷小得多。但此不对称载荷引起的 M_x 却较大，所以对机身结构有影响。垂尾除上述横滚影响外，不对称的发动机推力也会引起垂尾上的载荷(见图 3.6)。

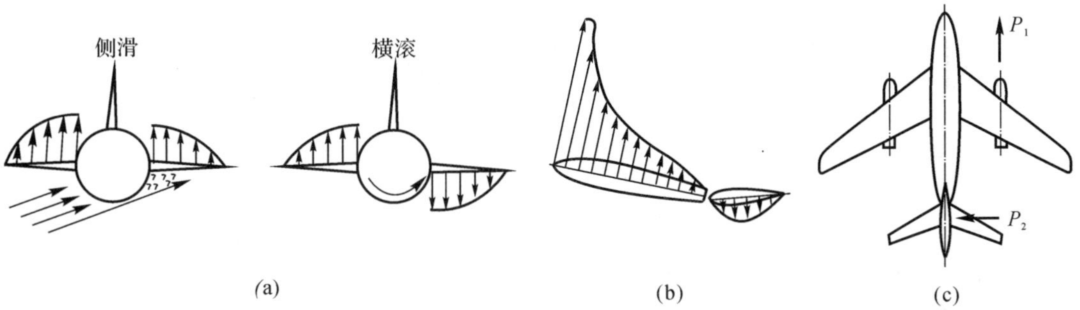

图 3.6　尾翼的外载荷

(a) 水平尾翼在飞机侧滑和横滚时的不对称载荷；(b) 平衡载荷沿水平尾翼弦向分布的特点；

(c) 发动机推力不对称时的载荷：P_1— 一个发动机的推力；P_2— 因 P_1 引起的垂尾上的平衡载荷

3.2 翼面结构的典型构件及其受力特性

一、翼面结构的典型构件

从构造上看，机翼、尾翼结构及其构件的组成是完全一致的，故通称为翼面结构。因翼面结构属薄壁型结构型式，构造上主要分蒙皮和骨架结构(见图 3.7)。骨架结构中，纵向构件有翼梁、长桁、墙(腹板)；横向构件有翼肋(普通肋和加强肋)。

1.蒙皮

蒙皮的直接功用是形成流线形的机翼外表面。为了使机翼的阻力尽量小，蒙皮应力求光滑，减小它在飞行中的凹、凸变形。从受力看，气动载荷直接作用在蒙皮上，因此蒙皮受有垂直于其表面的局部气动载荷。此外蒙皮还参与机翼的总体受力——它和翼梁或翼墙的腹板组合在一起，形成封闭的盒式薄壁结构承受机翼的扭矩；当蒙皮较厚时，它与长桁一起组成壁板，承受机翼弯矩引起的轴力。壁板有组合式或整体式(见图 3.8)。某些结构型式(如多腹板式机翼)的蒙皮很厚，可从几毫米到十几毫米，常做成整体壁板型式，此时蒙皮将成为最主要的，甚至是唯一的承受弯矩的受力元件。

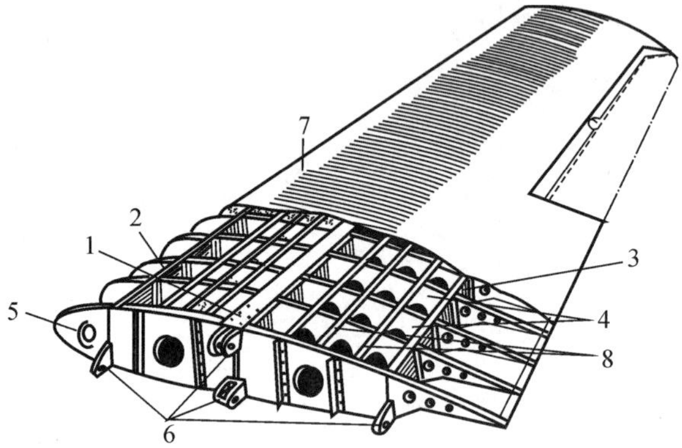

图 3.7 机翼的典型结构构件

1—翼梁； 2—前纵墙； 3—后纵墙； 4—普通翼肋； 5—加强翼肋； 6—对接接头； 7—硬铝蒙皮； 8—长桁

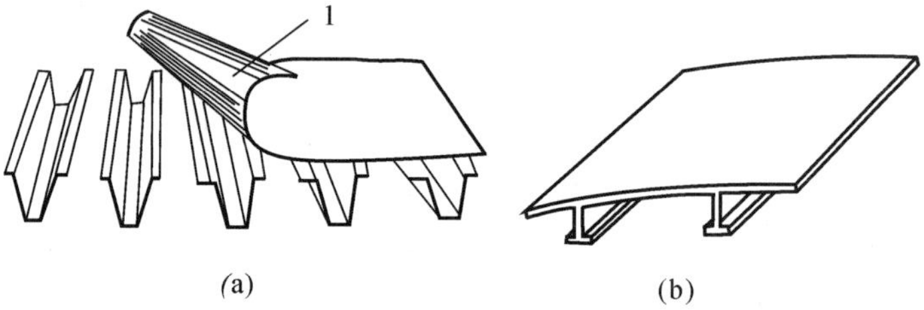

图 3.8 蒙皮

(a)组合蒙皮； (b)整体蒙皮(整体壁板)

2.长桁

长桁(也称桁条)是与蒙皮和翼肋相连的构件。长桁上作用有气动载荷。在现代机翼中它一般都参与机翼的总体受力——承受机翼弯矩引起的部分轴向力，是纵向骨架中的重要受力构件之一。除上述承力作用外，长桁和翼肋一起对蒙皮起一定的支持作用。各种长桁如图3.9所示。

3.翼肋

普通翼肋(见图 3.10)构造上的功用是维持机翼剖面所需的形状。一般它与蒙皮、长桁相连，机翼受气动载荷时，它以自身平面内的刚度向蒙皮、长桁提供垂直方向的支持。同时翼肋又沿周边支持在蒙皮和梁(或墙)的腹板上,在翼肋受载时,由蒙皮、腹板向翼肋提供各自平面内的支承剪流。

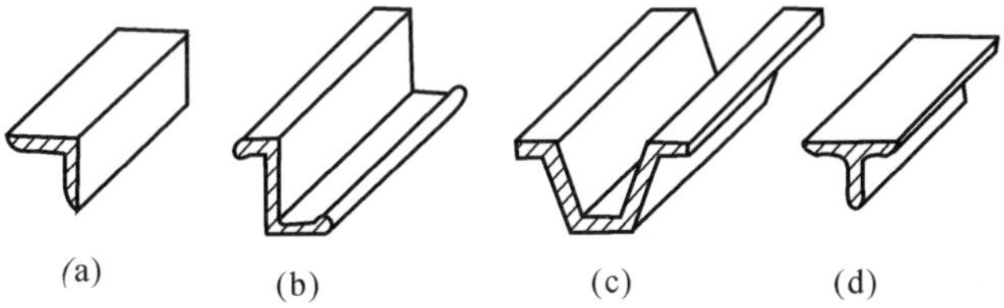

图 3.9 各种长桁

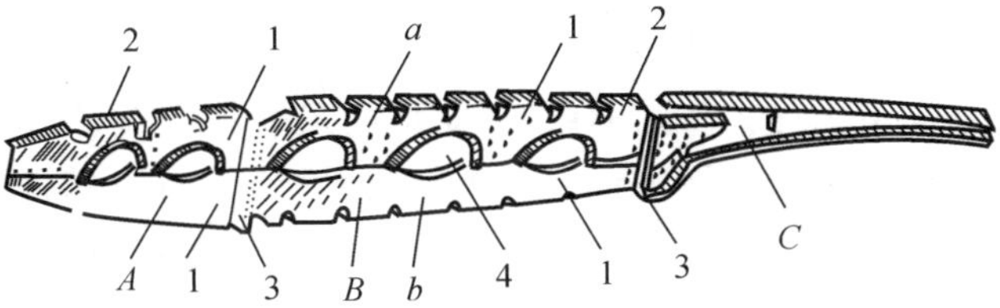

图 3.10 腹板式翼肋

1—腹板; 2—周缘弯边; 3—与腹板连接的弯边; 4—减轻孔

A—前段; B—中段; C—后段; a—上部分; b—下部分

加强翼肋虽也有上述作用,但其主要是用于承受并传递自身平面内的较大的集中载荷或由于结构不连续(如大开口处)引起的附加载荷。

4. 翼梁

翼梁由梁的腹板和缘条(或称凸缘)组成(见图 3.11)。翼梁是单纯的受力件,主要承受剪力 Q 和弯矩 M。在有的结构型式中,它是机翼主要的纵向受力件,承受机翼的全部或大部分弯矩。翼梁大多在根部与机身固接。

5. 纵墙

纵墙(包括腹板)的缘条比梁缘条弱得多,一般与长桁相近,纵墙与机身的连接为铰接。腹板即没有缘条。墙和腹板一般都不能承受弯矩,但与蒙皮组成封闭盒段以承受机翼的扭矩。后墙则还有封闭机翼内部容积的作用(见图 3.12)。

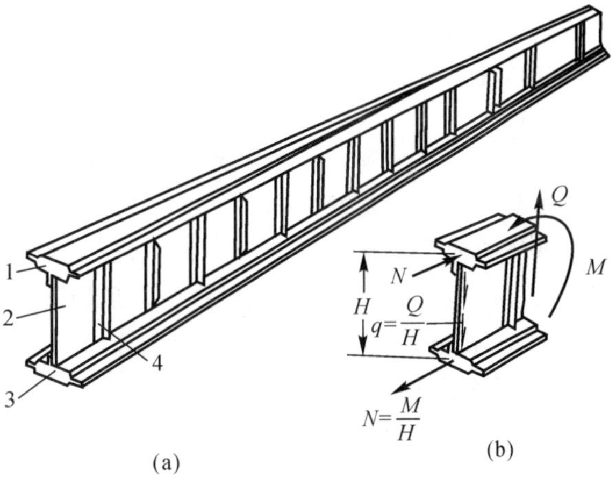

图 3.11 翼梁

1—上缘条; 2—腹板; 3—下缘条; 4—支柱

机翼的特点是薄壁结构,因此以上各构件之间的连接大多采用分散连接,如铆钉连接、螺栓连接、点焊、胶接或它们的混合型式——如胶铆等。连接缝间的作用力可视为分布剪流型式。

除以上构成机翼结构的基本构件外,还有机翼-机身连接接头,它是重要受力件。接头的型式视机翼结构的受力型式而定。连接接头至少要保证机翼静定地固定于机身上,即能提供六个自由度的约束。实际上一般该连接是静不定的。

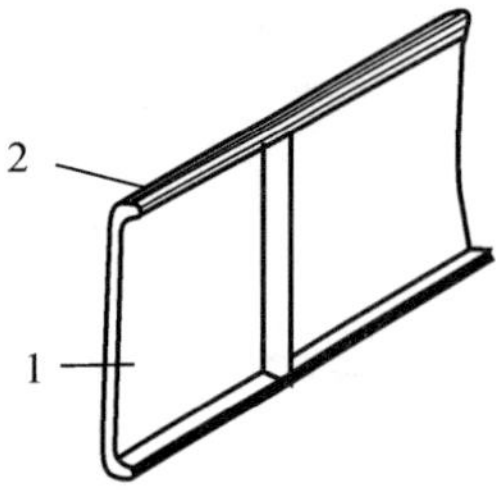

图 3.12　纵墙

1—腹板；　2—墙缘条

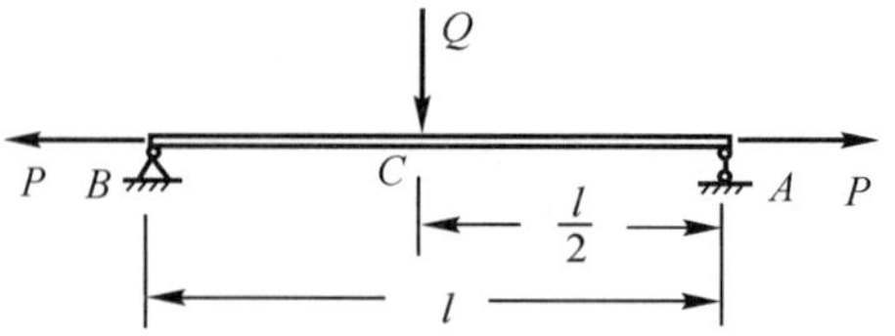

图 3.13　双支点圆杆受载

二、典型构件的受力特性

飞机机体结构及其典型构件大多是薄壁结构，即由最基本的板、杆元件连接组合而成。设计中应根据薄壁构件的最佳受力特性进行恰当组合，使它们各自分担最符合自身受力特性的载荷，才能使设计的结构重量轻、刚度大。这也是传力路线分析的基本依据。构件的受力特性是指它在各方向（平面）上的承载及变形能力，最佳受力特性则指在它刚度最大的方向（平面）上的承载特性。显然，在构件最佳受载特性的方向上作用载荷，构件产生的变形小，内力也小，效率就高。以一圆截面两端铰支的杆为例（见图 3.13），已知剖面面积 $F=40\ \text{mm}^2$，$l=80\ \text{mm}$，$P=16\ 000\ \text{N}$，$E=72\ 000\ \text{MPa}$，$\sigma_b=420\ \text{MPa}$。在 P 力作用下可求得杆向应力 $\sigma=P/F=400\ \text{MPa}$，$\sigma_{\max}<\sigma_b$，强度足够。现若在杆中点 C 处单独作用一横向集中力 Q，并取 $\sigma_{\max}<\sigma_b$，则可求出此杆所能承受的最大横向力仅为 750 N。

下面分析飞机机体结构中典型构件的主要受力特性。

（1）杆。只能承受（或传递）沿杆轴向的分布力或集中力。机翼中的长桁、翼梁缘条就属此类元件。

（2）板。一块薄平板适宜承受在板平面内的分布载荷，包括剪流和拉压应力（见图 3.14(a)和(b)）。在薄板受压和受剪时，必须考虑稳定性问题。一般来说，当薄板没有加强件加强时，承压的能力比承拉的能力小得多，故粗略分析时常将它略去，同时要注意薄板不适宜受集中力。由于板的厚度较薄，很易撕裂，所以要传递板平面内的集中力就必须附加一构件，将集中力扩散成分布剪流，否则板不能直接承受此集中力（见图 3.14(c)）。机翼中的墙、翼梁和翼肋的腹板常简化成薄板。厚板则能直接受一定的集中力，同时既可受剪，也可受拉、压，而且在剖面横向也有较好的弯曲刚度。

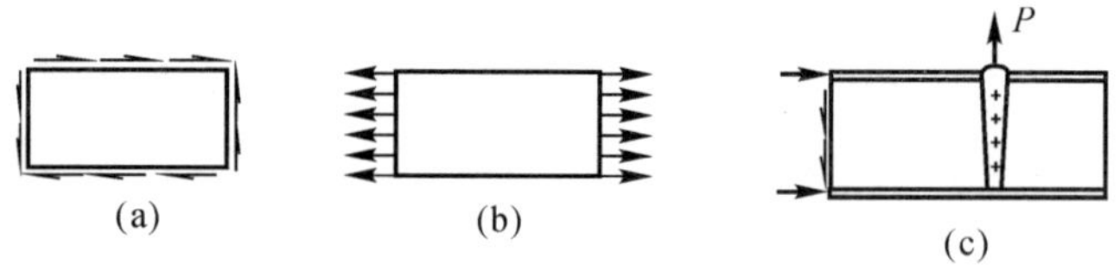

图 3.14　薄板受载情况

(a)薄板受剪；　(b)薄板受拉；　(c)薄板受集中力（应附加构件）

（3）平面板杆结构。它由位于同一平面内的板、杆元件组成，适宜受作用在该平面内的载荷。因杆宜于受轴向力，因此可沿板杆结构中的任何杆件加以沿杆轴方向的力。如果某一节点为两根不同方向的杆的交点时，则可在此节点上加以在该平面内任意方向上的集中力。

当由薄板与杆构成结构时，杆、板之间只能相互传递剪流（见图 3.15(a)）。因为若板将拉伸应力传递于杆时，从图 3.15(b)可知，必定会使杆受到一横向载荷而引起弯矩，这将与杆不能受弯的假设相矛盾。由此还可推知，当板杆结构为三角形时，由于不应有横向载荷给杆，则三角形薄板周边上将只可能承受纯剪流；但根据板的平衡又知，此时对板的任一顶点取力矩均不能平衡，可见三角形薄板不能受剪（见图3.16）。但若为可受正应力的三角形厚板，板边又有合适的支持时，还是能受剪的。飞机结构中最常见的平面板杆结构是由长桁加强的蒙皮壁板结构（见图 3.17），这种结构能受拉伸、压缩和剪切载荷。为了计算方便，根据蒙皮的厚度不同可简化成不同的模型。常用的一种模型是将板（蒙皮）承受拉压的能力合并到杆（长桁）中去，即仍简化为受剪板和受轴力杆。

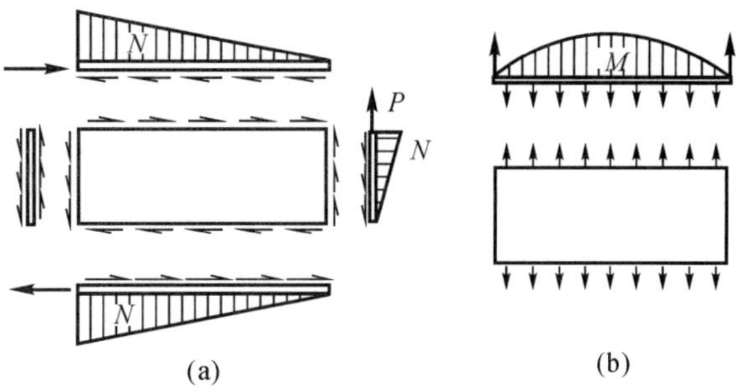

图 3.15　平面板杆结构的受载情况

(a)板、杆间只传递剪流，则杆只受轴向力；

(b)板、杆间传递法向载荷，则杆将受弯矩

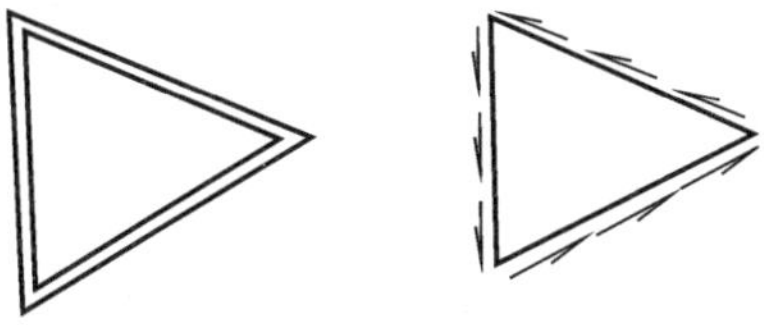

图 3.16　三角形板杆结构板不能受剪

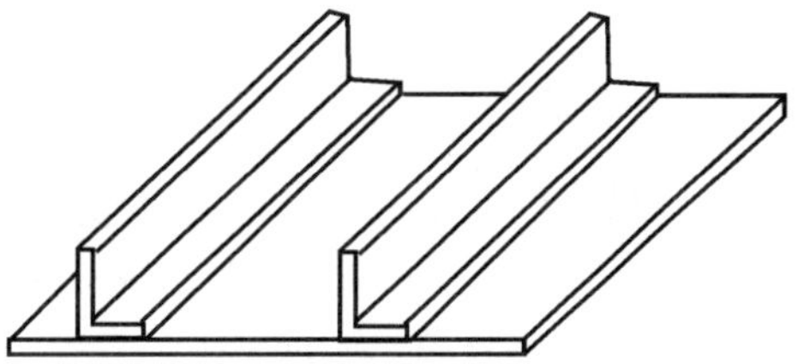

图 3.17　蒙皮、长桁组成的壁板结构

(4)平面梁。平面梁可以是薄壁结构组合梁，也可以是整体梁，它适于受梁平面内的载荷。图 3.18 为一由腹板和上、下缘条组成的薄壁翼梁。在传力分析中可以近似认为腹板只受分布剪流形式的剪力。而缘条作为杆元受轴向力，上、下两缘条分别受拉和受压，即可承受梁平面内的弯矩。

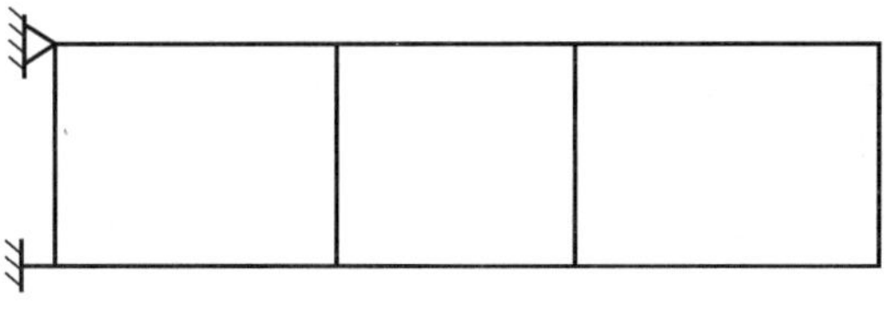

图 3.18　平面翼梁

(5)空间薄壁盒式梁。这类结构可看成是平面板杆结构在空间上的组合（见图 3.19(a)），翼面结构都可简化成薄壁盒式梁结构。经合理设计可承受空间任意方向力，构件或元件以最有利承载特性受载（见(1)～(4)的描述）。盒式梁还可分成单闭室或多闭室结构型式，多闭室为静不定结构（见图 3.19(b)）。

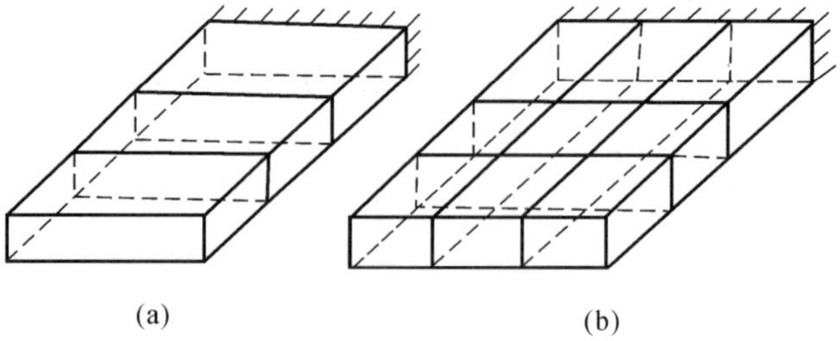

图 3.19　空间薄壁盒式梁结构

(a)单闭室盒式梁；(b)多闭室盒式梁

了解了各种构件的受力特性后，我们在结构设计时就应尽量使构件按各自的受力特性来受载，“扬其所长，避其所短”，才能充分发挥材料的潜力，使结构设计得更轻。而在传力分析时，就可按各自的受力特性合理简化各构件、元件(如对梁的缘条可简化为杆元处理，忽略其承弯能力)，这样既可使分析工作大大简化，又不致引起太大的误差。

3.3　翼面典型结构型式及其传力分析

一、传力分析方法

实际机翼结构一般都是高度静不定的复杂结构，从受力的角度看有主要部分(如主要受力翼盒)和主要元件、构件(如翼梁、翼助、长桁、蒙皮、接头等)，以及次要部分(如机翼后缘)和次要元件(如连接角片、垫片等)两大类。在结构分析、设计计算或强度校核时均需进行必要的简化，只是各阶段工作对计算值的精确度要求不同，所取的简化模型和简化程度有所不同。传力分析主要是以工程梁理论为基础，对结构的传力规律进行以定性分析为主的分析工作。虽然工程梁理论的基本假设(如细长梁假设)在有些结构情况下不尽满足，但只要简化模型取得合理，能抓住主要矛盾，同时对某些局部区域进行必要的理论修正后，分析结果仍有相当的可靠性，而且物理概念清晰，尤其是对中、大展弦比等机翼，有时还可作为粗定量分析之用。通过传力分析可以较好地研究机翼的传力规律和参加承受机翼总体力的主要结构的受力特点。

1. 传力分析中的结构简化原则

(1)略去次要构件和次要结构部分。如图 3.26 所示的双梁式直机翼前、后缘闭室的抗扭能力较小，若仅占整个盒段扭转刚度的 10%以下，即可略去。使结构简化为只有两根梁之间的单闭室翼盒结构来承受机翼的总体内力，这样，既降低了结构的静不定数，又抓住了结构传力的主要部分。

(2)略去构件的次要受力特性。如图 3.13 的双支点杆承受横向载荷的能力很差，$Q=4.7\%P$。因此认为它只是承受轴向力，而忽略其承弯能力。但这不是绝对的，当 Q 很小，以致 $\sigma_{\max}<\sigma_b$，那么它还是能承受由力 P 引起的弯矩。

(3)简化集中连接为铰支或固支，简化分散的铆连接为连续连接。这种简化使得传力分析在一个理想的结构模型中进行，使分析结果理性化。但在安全寿命、损伤容限等分析工作中，这种简化是不合理的，它忽略了构件连接的细节效应，而这种效应往往是导致结构失效的危险因素。

上述简化一般应以偏安全为宜。

2.结构或构件能够承载的条件

(1)一个构件能否传递这种或那种载荷,就要看该构件在此种载荷下能否满足强度要求(不发生破坏)或在通常结构效率下(构件的重量不应过大)构件的形变是否超过了允许值。如不能满足这其中条件之一,就认为它不能承受并传递该载荷。

(2)除了解结构中各构件能否承受某种载荷或是否适宜承受某种载荷外,还必须考察结构中各构件的连接能否传递该种作用载荷,即某个力能否传到某构件上(传入);又是否能从该构件传到另外一些构件上(传出);最后能否传到支承该结构的基础上(传至基础)。三个条件缺一不可。

图 3.20　梁一端若铰支,则不能承弯矩

例如,一个薄壁梁要通过某接头承受弯矩,那么该接头必须能使弯矩传入。可使接头在梁平面内与其上、下缘条相连,以便保证构成弯矩的一对轴力传入。而若该弯矩直接以集中力的形式加到腹板上,则因不符合薄板受力特性,无法传入。又如讨论某一孤立的平面梁,虽然它本身能承受作用于自身平面内的弯矩,但如果根部与基础是铰接,那么弯矩就不能从根部传出去(见图 3.20),这样实际上此梁就不能受此弯矩。因此构件的支承情况应与构件的受力特性相适应才能使构件传一定的力。

3.静不定结构受力时的刚度分配原则

一般结构分为静定结构和静不定结构。在静定结构中,力在各元件中的分配是确定的。它们只和各元件(或支座)及作用力的相对几何位置有关,根据静力平衡条件即可确定各元件的内力。而静不定结构,除去静力平衡方程外,还必须同时根据变形协调条件才能求出各元件所受的力,即力的分配还和各元件本身的刚度和支承条件有关。在一定条件下(如机翼变形符合平剖面假设),结构中各个元件可直接按照本身刚度的大小比例来分配它们共同承担的载荷。这种正比关系我们称之为“刚度分配原则”。在定性分析中我们往往应用刚度分配法来研究力在静不定结构中的传递规律。

刚度是指材料和结构抵抗变形的能力。这里所说的刚度是指元件(构件)的结构刚度,它的度量是指元件在载荷作用下抵抗变形的能力,即元件产生单位变形所需的外载值。一个结构有各种变形,如伸长、转角或扭角等,则对应的就有拉伸刚度、弯曲刚度和扭转刚度。

用刚度分配法分配载荷的具体办法如下:在图 3.21(a) 中,有两杆并排在一起受拉,若两杆受拉后的拉伸变形量相同,即 $\Delta l_1 = \Delta l_2$,据此可得

$$\frac{P_1 l_1}{E_1 F_1} = \frac{P_2 l_2}{E_2 F_2} \tag{3.2}$$

根据定义,杆的拉伸刚度 $K = EF/l$,则式(3.2) 可改写为

$$\frac{P_1}{P_2} = \frac{K_1}{K_2} \tag{3.3}$$

故有

$$P_1 = \frac{K_1}{(K_1 + K_2)}P, \quad P_2 = \frac{K_2}{(K_1 + K_2)}P \tag{3.4}$$

上式表示两杆分担的拉力可直接按其拉伸刚度比分配。与此类同,根据机翼构造情况,一般可以认为对于中等以上展弦比的机翼,除机翼根部、开口区以及集中力作用处等局部区域外,平剖面假设基本成立。因此,当机翼中有几根梁同时受弯时(见图 3.21(b),(c)),各梁剖面转角 θ 一致;当机翼为双闭室盒式梁受扭时(见图 3.21(d)),可认为两闭室的扭角 φ 一致,现

若取 P 为广义力，则在各种受载形式下，静不定结构中各元件分担的载荷均可按下式计算：

$$P_i = \left(\frac{K_i}{\sum K_i} \right) P \tag{3.5}$$

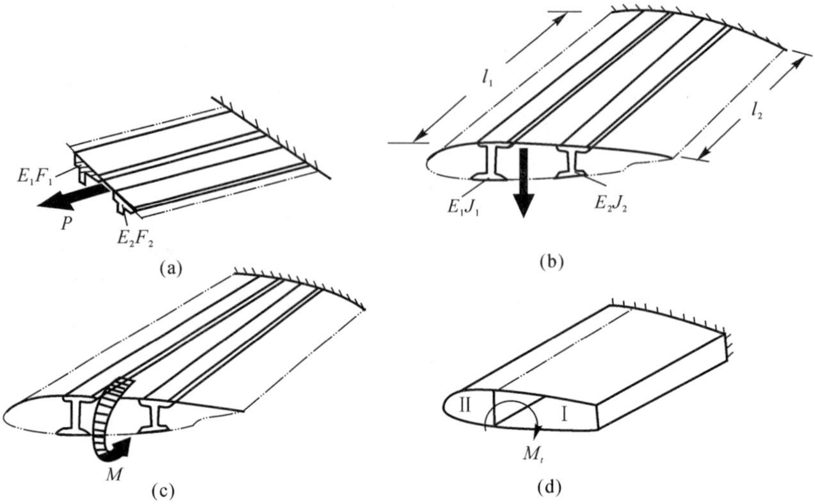

图 3.21　不同受载情况下的刚度分配

(a) 两杆同时受拉；(b)(c) 两梁同时受弯；(d) 两闭室同时受扭

式中的 K 是与广义力 P 相对应的刚度，可分别按下式计算：

情况(b)
$$K = \frac{EI}{l} \tag{3.6}$$

情况(c)
$$K = \frac{2EI}{l^2} \tag{3.7}$$

情况(d)
$$K = \frac{GJ_P}{l} \tag{3.8}$$

式中　I—— 剖面惯性矩；

J_P—— 扭转剖面系数，$J_P = \Omega^2 / \oint \frac{\mathrm{d}s}{\delta}$。$\Omega$ 为 2 倍闭室面积，δ 为闭室的壁厚。

前面我们已经提到，对静不定结构并不能在任何情况下都能用刚度分配原则得到比较正确的结果。恰恰相反，它是有条件限制的，例如必须满足工程梁理论的假设条件，同时它往往只是依据结构受某种载荷作用(如图 3.21(c) 中横向力 P)时，只取其某种变形(例如转角 θ)的变形量相同得出的。在不满足这些条件时，所得结果就可能和实际不一致，甚至有可能相距甚远。

4. *传力分析方法*

从结构的外载荷作用处开始，依次取出各个构件部分或元件为分离体，按它们各自的受力特性合理简化成典型的受力构件——如盒式梁、平面梁、板、杆等，并根据与该部分结构相连的其他构件的受力特性及它们相互间的连接，由静力平衡条件，确定出各级分离体上的“外载”(作用力)和支承力，并画出各构件的内力图。这样，通过各级分离体图既可了解力在结构中的传递过程，又可知道各构件的传力功用和大致的内力分布。

二、翼面结构的典型受力型式

所谓翼面结构的受力型式是指结构中起主要作用的受力构件的组成型式。各种不同的受力型式表征了翼面结构不同的总体受力特点。受力型式比相应的真实翼面结构简单得多。对于组成某受力型式的各主要受力构件(如翼肋、翼梁等),我们并不注意它们本身的具体构造,而是着重分析它们各自的受力作用。

翼面结构的典型受力型式有:薄蒙皮梁式、多梁单块式、多墙(多梁)式和混合式等,其中有一些为厚壁结构(如整体壁板式)。下面列举几种典型受力型式翼面结构的构造特点。

(1)薄蒙皮梁式。主要的构造特点是蒙皮很薄,常用轻质铝合金制作,纵向翼梁很强(有单梁、双梁或多梁等布置);纵向长桁较少且弱,梁缘条的剖面与长桁相比要大得多,当布置有一根纵梁时同时还要布置有一根以上的纵墙(见图 3.7)。该型式的机翼通常不作为一个整体,而是分成左、右两个机翼,用几个梁、墙根部传集中载荷的对接接头与机身连接。薄蒙皮梁式翼面结构常用于早期的低速飞机或现代农用飞机、运动飞机中,这些飞机的翼面结构高度较大,梁作为唯一传递总体弯矩的构件,在截面高度较大处布置较强的梁,从效率上看还是适宜的。

(2)多梁单块式。从构造上看,蒙皮较厚,与长桁、翼梁缘条组成可受轴力的壁板承受总体弯矩;纵向长桁布置较密,长桁截面积与梁的横截面比较接近或略小;梁或墙与壁板形成封闭的盒段,增强了翼面结构的抗扭刚度。为充分发挥多梁单块式机翼的受力特性,左、右机翼最好连成整体贯穿机身。有时为使用、维修的方便,可在展向布置有设计分离面,分离面处采用沿翼盒周缘分散连接的型式将全机翼连成一体(见图 3.22),然后整个机翼另通过几个接头与机身相连。

(3)多墙厚蒙皮式(有时称多梁厚蒙皮式,以下简称为多墙式)。这类机翼布置了较多的纵墙(一般多于 5 个),蒙皮厚(可从几毫米到十几毫米),无长桁,有少肋、多肋两种,但结合受集中力的需要,至少每侧机翼上要布置 3～5 个加强翼肋(见图 3.23)。当左、右机翼连成整体时,与机身的连接与多梁单块式类似。但有的与薄蒙皮梁式类似,分成左、右机翼,在机身侧边与之相连。此时往往由多墙式过渡到多梁式,用少于墙数量的几个梁的根部集中对接接头在根部与机身相连(见图 3.33)。

在“飞机总体设计”课程中,我们已知道,机翼有各种不同的平面形状,大致可分为直机翼、后掠翼、三角机翼和小展弦比直机翼四种。它们分别用于不同速度、不同类型的飞机上。例如直机翼主要用于低速飞机上。后掠翼主要用于高亚声速和超声速飞机上。国外还有变后掠机翼的飞机,后掠角可在 20°～70°之间变化,以适应飞机低空低速、高空高速、低空高速的性能变化要求。三角翼和小展弦比直机翼用于超声速飞机上。不同类型平面形状的机翼,往往采用不同型式的机翼结构。即使是同一种类型的平面形状,其结构型式也由于各飞机的具体设计要求之不同而各异。

从现代飞机的翼面结构来看,薄蒙皮梁式结构已很少采用;大型高亚声速的现代运输机和有些超声速战斗机采用多梁单块式翼面结构;而 Ma 较大的超声速战斗机,很多采用多墙(或多梁)式机翼结构(见图 5.4),间或采用混合式结构型式。

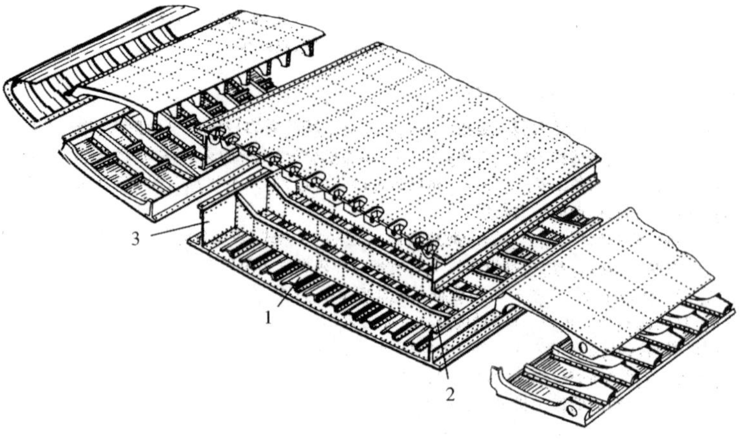

图 3.22　多梁单块式机翼

1—长桁；　2—翼肋；　3—墙或梁的腹板

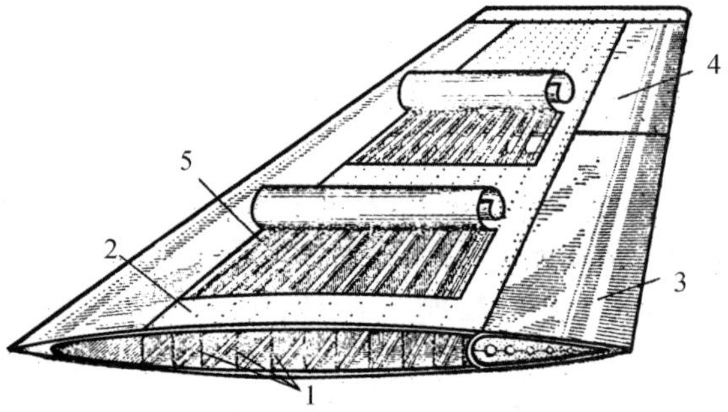

图 3.23　多墙式机翼

1—纵墙；　2—蒙皮；　3—襟翼；　4—副翼；　5—纵墙的缘条

三、典型翼面结构型式的传力分析

本小节里，读者应注重对四方面概念的掌握：构件在传递局部外载与总体内力时的不同受力特性；不同结构型式中，构件传递总体内力的功用及区别；不同结构型式传递总体内力的基本特征；最后还应当注意构件在外力作用下的内力分布特征。

1. 作用在机翼上的气动载荷的传递

(1)蒙皮的初始受载。蒙皮把气动载荷分别传给长桁和翼肋。

气动载荷直接作用在机翼蒙皮上。现取出相邻的两长桁、两普通翼肋之间的一小块蒙皮作为分离体分析。蒙皮一般通过铆钉以分散连接型式和长桁、翼肋相连，因此可把这块蒙皮看成四边支承在长桁和翼肋上的矩形薄板。支承可根据是由单排还是多排铆钉连接，相应地简化为简支(铰支)或固支。实际上此处大多为单排铆钉，故可简化为四边简支板。

当蒙皮受到气动力作用时，若气动力为吸力，则长桁和翼肋将通过铆钉受拉对蒙皮提供支反力，使蒙皮处于平衡状态；若气动力为压力，蒙皮将直接压在翼肋和长桁上。根据作用力与反作用力大小相等、方向相反、分别作用于两相关物体上的原理，蒙皮也就把外载传给了翼肋和长桁（见图 3.24(a)）。气动力的分配可认为近似如图 3.24(b)所示，当该蒙皮单元体长宽不很悬殊时，可按对角线划分。长桁 $a—c$ 直接受相邻两个蒙皮单元体上传来的阴影面积 $abcd$ 上的气动载荷[①]。

蒙皮本身的受力情况：当蒙皮很薄，且曲率较大时（如前缘蒙皮），它主要以软板形式受力，即蒙皮主要受链应力（沿蒙皮厚度均匀分布的正应力）。但当蒙皮曲度不大（如中段主翼盒区）、蒙皮较厚时，则蒙皮内主要为垂直于蒙皮的横向力引起的弯曲应力。

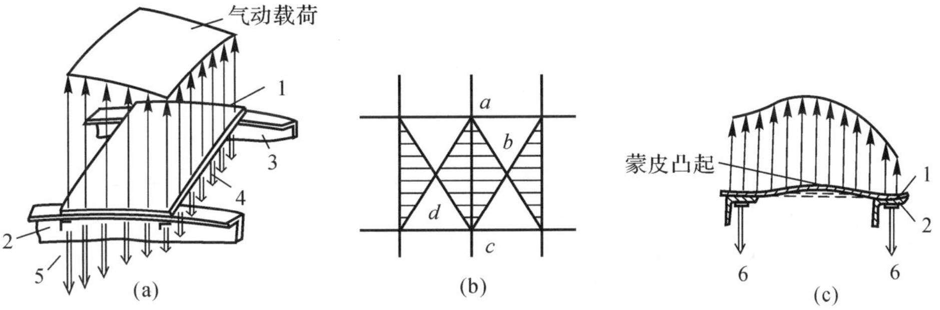

图 3.24　机翼蒙皮受气动载荷

1—蒙皮；　2—长桁；　3—翼肋；　4—长桁支反力；　5—翼肋反力；　6—铆钉的支反力

(2)长桁的初始受载。长桁把自身承担的气动载荷传给翼肋。

长桁与翼肋直接用角片（或间接地通过蒙皮）相连（见图 3.25）。由于气动载荷方向垂直于长桁轴线，且处于翼肋平面内，在此种载荷下，翼肋的刚度比长桁大得多，因此翼肋向长桁提供支持。此时长桁可看做支持在一排翼肋上的多支点连续梁。这样长桁也就把作用在它上面的气动载荷传给了翼肋。至此，作用在蒙皮上的气动载荷直接或由长桁间接地全部传给了翼肋。

在上述情况下，蒙皮和长桁作为薄板和杆元，按它们的受力特性，似乎不宜承受这类使板和杆受弯曲应力的横向载荷。需要指出的是，实际上所谓构件的受力特性是相对而言的，是指它最适宜承受某种载荷，而不是绝对不能受其他载荷。因为一般情况下，这些局部气动载荷对于这些构件来说都属小载荷，因而此时它们能承受此类载荷。

(3)翼肋的受载。翼肋把自身及收集到的气动载荷传递给由蒙皮壁板、翼梁（墙）腹板组成的翼盒。

翼肋分普通肋与加强肋。加强肋除与普通肋相同的作用外，更主要用于传递集中载荷（见下文 2）。

翼肋的外载有蒙皮直接传来的部分初始气动载荷 q_a（分布载荷）和由长桁传来的气动载

---

① 注：在分离体的平衡图中，我们以单线箭头→表示外载（作用力、主动力），以双线箭头⇒表示支反力（支承力）

荷 p_a（小集中力），它们的合力 ΔQ 即作用在该翼剖面的压力中心上，并近似认为它垂直于翼弦线（见图 3.26）。

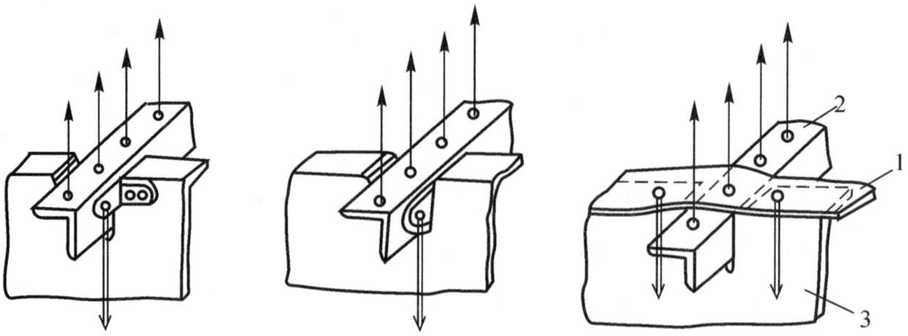

图 3.25　长桁与翼肋的连接形式

1—蒙皮；　2—长桁；　3—翼肋

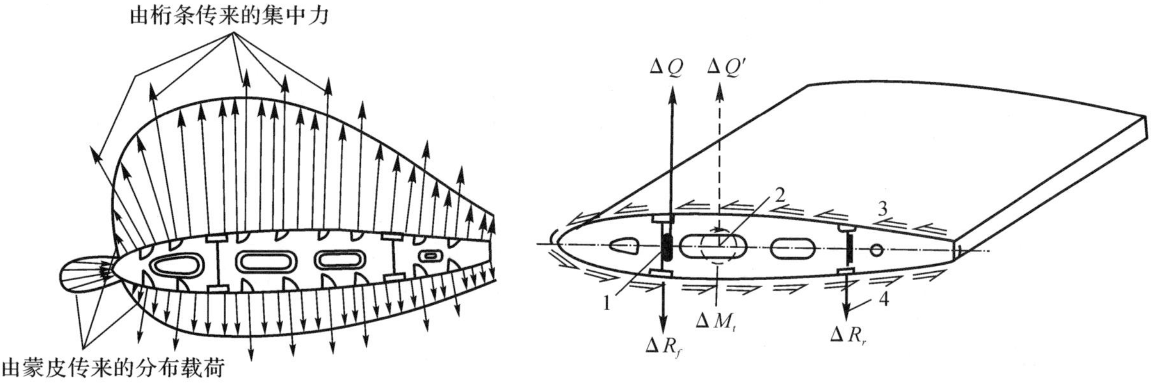

(a)　　　　(b)

图 3.26　翼肋的承载

(a)翼肋的外载；（b)翼肋合力的平移

从实际构造看，蒙皮、长桁、梁缘及梁（墙）腹板与翼肋相连接，故翼肋是被支持在一个由这些元件组成的多闭室盒式梁上，这些元件提供了翼肋承载的支反力，但翼肋的载荷如何传给支持它的翼盒，要视结构型式而定。

为分析方便，我们将肋平面上的气动载荷合力 ΔQ 平移至翼盘在该肋剖面处的刚心上（原在压心处），使原 ΔQ 的作用等效为作用在刚心处大小相等的力 $\Delta Q'$ 和一个绕刚心的力矩 ΔM_t。$\Delta Q'$ 有使翼肋作上、下平移的趋势，从而使翼盒产生弯曲变形，而力矩 ΔM_t 将使翼肋有绕刚心转动的趋势，并使翼盒产生扭转变形。这样，我们将用 $\Delta Q'$ 和 ΔM_t 来取代原作用在翼肋上的分布气动力，并分析在不同结构型式中 $\Delta Q'$ 和 ΔM_t 的传递。

$\Delta Q'$ 作为剪力作用在盒式翼梁的肋平面上对薄壁梁产生了剪切和弯曲内力效应。哪些元件来传递剪切内力呢？这就需要看薄壁结构中哪些元件对剪切具有最佳受力特性。梁（墙）腹板平面内刚度特性最好，恰与 $\Delta Q'$ 平行，故提供的支持刚度最大（蒙皮、长桁等对 $\Delta Q'$ 方向是最不利的承弯状态）。因此，$\Delta Q'$ 将由梁（墙）的腹板来传递。盒式梁中的梁（墙）数量随结构型式而变，一般为静不定情形，故可认为 $\Delta Q'$ 在这些腹板中按刚度分配（以各梁墙的挠度相同为假设条件），即

$$
\left.\begin{aligned}
\Delta Q' &= \sum_{i=1}^{m} \Delta R_i \\
\Delta R &= \frac{K_i}{\sum_{i=1}^{m} K_i} \Delta Q'
\end{aligned}\right\} \quad (m\ 为梁(墙)数量) \tag{3.9}
$$

$$
K_i = \frac{2EI_i}{l_i^2} \quad (l_i\ 为梁(墙)长、I_i\ 为其端面惯矩) \tag{3.10}
$$

图 3.26(b) 中忽略了后缘墙的抗弯能力,故仅有 ΔR_f 与 ΔR_r。

$\Delta Q'$ 产生的弯曲内力又由哪些元件来传递呢?依据薄壁结构的受力特性,这将在翼盒的上下两翼面的有关构件中产生大小相等、方向相反的轴向应力(组成平衡支反力矩,见图 3.27(a),(b))。能够提供轴向刚度的元件则要视不同的结构型式而定。

薄蒙皮梁式翼盒中,蒙皮很薄,能提供轴向刚度的能力较差,最佳受力特性是面内的剪切刚度较大。薄蒙皮梁式结构中的长桁也非常弱,相对翼梁缘条的轴向刚度要差得多,故可以为在薄蒙皮梁式结构中,翼梁缘条主要承担了传递轴向力的任务(见图 3.27(a))。

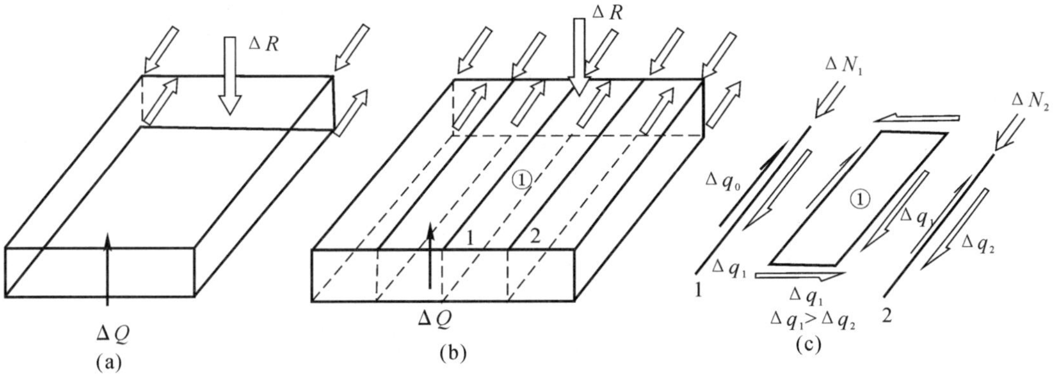

图 3.27 翼盒中的弯曲内力平衡

(a) 双梁式; (b) 单块式; (c) 单块式中蒙皮剪流

多梁单块式翼盒中,蒙皮、长桁的轴向刚度已大大加强,故由蒙皮、长桁以及梁缘条共同组成的壁板来提供轴向力的传递。在工程分析中,为粗分析上的方便,常将蒙皮提供正应力的能力折算到长桁和梁缘条上,仅保留其面内剪切能力。故传力分析时,仍认为蒙皮仅能提供面内剪切刚度。这样,与薄蒙皮梁式结构相比,能传递轴向力的元件表面上看只多了长桁(见图 3.27(b))。

多墙式翼盒只是蒙皮厚度更大,提供轴向应力的能力更强。

由上述分析可见,在多梁单块式及多墙式翼盒结构中,由上下壁板(蒙皮、桁条及梁缘条共同组成)提供了由 $\Delta Q'$ 引起的弯曲正应力。与此同时,$\Delta Q'$ 还会在蒙皮上引起剪流(称为弯曲剪流)。以多梁单块式翼盒为例进行说明。图 3.27(c) 描述从上壁板中间部分取出的两根桁条(1,2) 的平衡情况。壁板上的轴力要通过蒙皮受剪逐次传递给各长桁。设轴力由长桁 1 处向长桁 2 处传递,长桁 1 除根部提供支反轴力外,另有支反剪流 Δq_1 使其受力平衡。Δq_1 传到蒙皮 ① 上。蒙皮 ① 的其他边则要提供支反剪流采平衡。这样蒙皮右侧边上剪流 Δq_1 又传到长桁 2 的内侧,该作用剪流由长桁 2 的轴向支反力 ΔN_2 和支反剪流 Δq_2 提供平衡,故 $\Delta q_1 >$

Δq_2。作用在蒙皮①端边上的平衡剪流 Δq_1，实际是翼肋提供的支反剪流，因此，该剪流反过来也作用到了翼肋上。这样，取出翼肋作为分离体，平衡 $\Delta Q'$ 的内力实际上是由蒙皮提供的支反剪流和梁腹板提供的支反剪力所构成（如图 3.28(b) 所示的内圈剪流）。

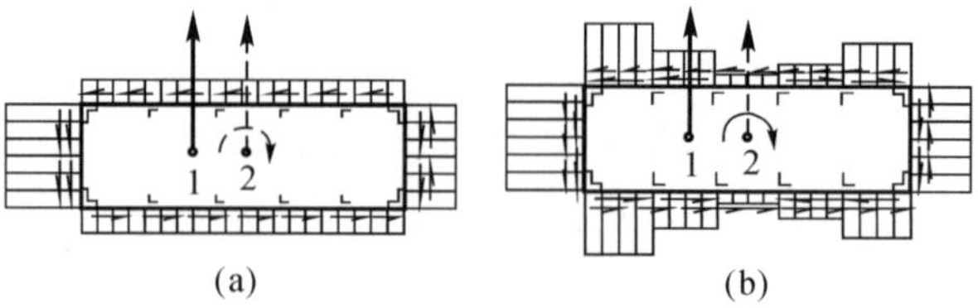

图 3.28　翼肋力平衡图

(a) 双梁式翼肋的剪流分布规律；(b) 单块式翼肋上的剪流分布规律

在薄蒙皮双梁式结构中，$\Delta Q'$ 引起的弯曲内力仅是梁缘条提供的轴力，不会引起蒙皮上的剪流（读者可自行分析其原因）。

作用在压心上的 ΔQ 的等效力系除 $\Delta Q'$ 外还有一个绕刚心的扭矩 ΔM_t。作用在翼肋上 ΔM_t 又如何传递呢？由薄壁结构力学知识，封闭盒段能够提供最大的抗扭刚度。于是在薄蒙皮双梁式或双梁单块式翼盒中，由蒙皮及梁腹板组成的单闭室以一圈剪流的方式提供对 ΔM_t 的平衡（见图 3.28(a)，(b)），且该平衡剪流（称扭矩剪流）的大小为：

$$q_t = \frac{\Delta M_t}{\Omega} \quad (\Omega \text{ 为闭室面积的 2 倍}) \tag{3.11}$$

在多墙式翼盒中，封闭的闭室增多，构成了按刚度分配的静不定问题，即各闭室上一圈扭矩剪流的大小由闭室的各自扭转刚度来确定。

最后应当指出，翼肋在分布气动载荷作用下，由腹板提供支反剪力，由蒙皮提供支反剪流，该力系共同作用使翼肋受力平衡，并且翼肋内产生剪切与弯曲内力。图 3.29 给出薄蒙皮双梁式翼盒上普通肋的力平衡图及剪力图与弯矩图。可以看出，普通肋的受载与一般材料力学中梁的受载有很大区别，读者应仔细分析它们的各自特征。

(4) 翼梁的受载。翼梁将翼肋传来的剪力及轴力传入“基础”。

在(3)中已详细论述到一个普通肋如何把收集到的气动载荷传递到翼盒上，其中一部分传给了翼梁，即以剪流形式传给腹板剪力，以轴向力形式传给梁上下缘条一对大小相等、方向相反的轴力。由于梁腹板的抗弯能力极差，可略去不计，故腹板以平板受剪形式平衡，由此将肋传来的剪力传往翼根。由于腹板和很多翼肋相连，从翼尖到翼根，一个个剪力加到梁腹板上，最终由翼根上的连接接头提供 y 向支反力 R_2 来平衡（见图 3.30）。

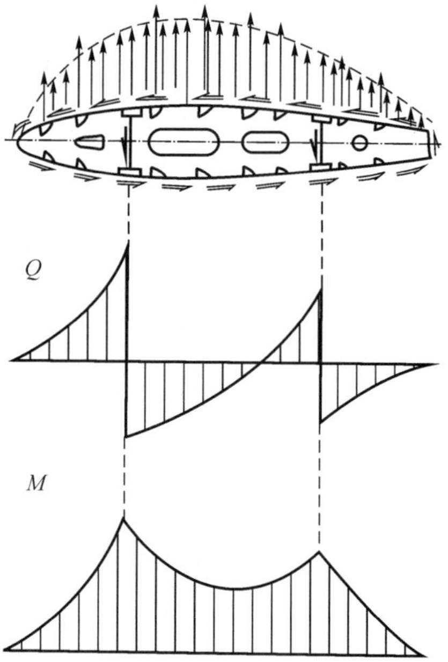

图 3.29　双梁式翼盒上普通肋的平衡图及内力图

腹板上沿展向(梁轴方向)的支反剪流由梁的上下缘条提供,反过来该剪流又作用到梁缘条上,使梁缘条以杆的形式受载并向根部传递,最后由根部提供一对水平(z 向)支反力 R_1 来平衡(见图 3.30)。但应注意到,在薄蒙皮梁式机翼中,梁缘条上的作用剪流即是如此;在多梁单块式或多墙式机翼中,梁缘条上的作用剪流还要有蒙皮传给的部分(见图 3.27(c))。

略去机翼的锥度,近似认为腹板是矩形的,并且不计梁本身直接承受的气动载荷,则翼梁上的剪力 Q 沿展向向根部呈阶梯形增加(即每增加一个翼肋,Q 值有一定突变);而弯矩 M(缘条上的一对轴力)则呈斜折线规律分布,其斜率从翼尖到翼根阶段性增加。

2.机翼上集中力的传递

机翼除气动载荷外,还承受各连接接头传来的集中载荷。然而,机翼是一种薄壁结构,这类结构的特点是适宜于承受分布载荷,承受集中力的能力极差。因此在承受集中力时,必须在力的作用点处布置相应的构件扩散集中力。例如当传递展向集中力时,可布置辅助梁等纵向构件;而在传递位于翼肋平面内的集中力时(可以是弦向的,或位于垂直面内的),可布置一加强肋,用以扩散集中力,使之转化成分布剪流,以适应薄壁结构的受力特性,然后传到机翼的主要构件——翼梁和蒙皮上去。从图 3.31 所示的加强肋的平衡可知,该肋在集中力 P 作用下也有垂直向上和绕剖面刚心转动两种运动趋势,因此加强肋上的载荷传递完全与前面普通肋上受气动载荷时相同。所不同的是集中力作用处,加强肋本身的某些内力将有突变,整个机翼的剪力、扭矩在集中力所在剖面也会有突变,并对机翼总体弯矩有影响(见图 3.4)。从图 3.31 还可看出,这类翼肋的内力——弯矩和剪力往往都比较大,因此肋的腹板和缘条都比较强。它与翼梁、蒙皮的连接也比较强。

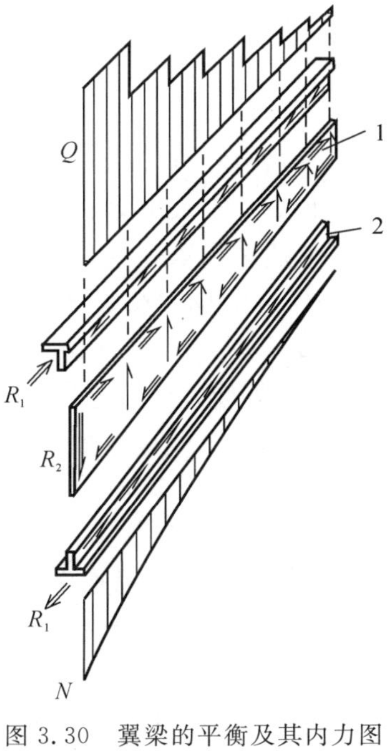

图 3.30 翼梁的平衡及其内力图

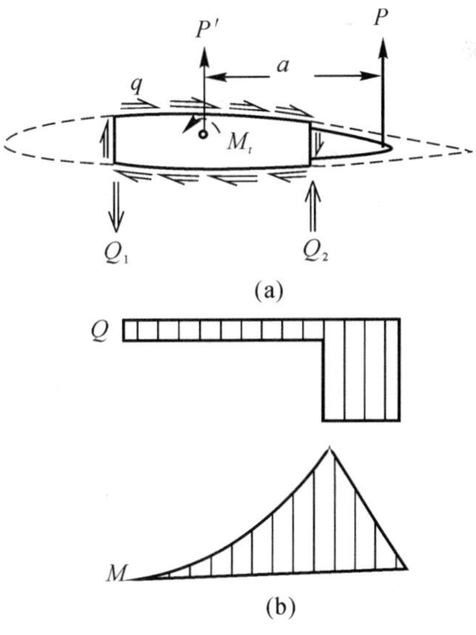

图 3.31 加强肋的受载

(a)加强肋受集中力 P 时的平衡图;

(b)加强肋的内力图

3. 总体力在典型结构型式中的传递特性

从前面两个小节的学习内容里，我们可以总结出：无论对分布的气动外载还是连接接头传来的集中载荷，经过承载元件的转换，变成了对翼面结构作用的内力。这些内力一般称为总体力，分为三种不同的型式，即：①剪力；②弯矩；③扭矩。在不同结构型式里，总体力的传递特征有所不同，最终传到翼根连接处，进而传给机身结构。

现代大型或高亚声速、超声速飞机中，翼面结构中已不再使用薄蒙皮梁式结构。故本小节仅对多梁单块式和多墙式机翼结构的总体力传力特征做总结分析。

(1)多梁单块式机翼的总体力传力特征。

多梁单块式机翼的构造一般布置 2～3 根梁或墙，以中间闭室翼盒（去除前、后缘盒段）作为主要传力盒段，长桁多且较强，蒙皮较厚。主要结构特征是梁缘条、长桁和蒙皮组成的上、下壁板具有很强的面内拉、压及剪切刚度。

总体剪力通过过各肋与梁腹板的连接以剪流形式作用到梁腹板上，由梁缘条提供展向支反剪流，机翼根部侧边加强肋提供根部端边剪流来平衡，最终通过根部加强肋与机身的连接传入机身结构。

总体弯矩由上、下壁板提供的一对大小相等、力向相反的轴向力（在蒙皮上是分布正应力，在梁缘条及长桁上是集中轴力）来平衡（见图 3.32(c)）。传至机翼根部时，依据机身上有无中央翼盒的对接情况，传入机身结构的方式有所不同（见 3.4 节）。

总体扭矩通过各肋与蒙皮、腹板的连接，以一圈圈剪流的型式作用到由蒙皮、腹板组成的闭室上，传至根部侧边加强肋，由加强肋与机身的连接提供一对支反力平衡，从而传入机身结构图（见图 3.32(a)，(b)）。

应当注意，在传递总体扭矩时，普通肋是不起作用的，也就是说，翼梢传来的闭室扭矩不会作用到后继翼肋上，只会通过闭室向翼根侧边加强肋上传递。

(2)多墙式机翼的总体力传力特征。

如前述及，多墙机翼较多应用于小展弦比高速薄翼飞机上，在超声速后掠机翼的薄翼中也常应用。由于小展弦比机翼相对厚度也小，故翼面结构高度很小。若选用薄蒙皮梁式结构，一方面薄蒙皮难以满足高速飞行的外形刚度要求，另一方面翼梁的结构效率很低，即承受同样的弯矩，由于结构高度小，梁缘轴力就大，势必结构重量就要增大。为此，对高速飞机的薄机翼往往采用厚蒙皮，并配以多墙或多梁的形式。多墙式结构的构造特征为：厚蒙皮，无长桁，有较多墙，翼肋有时较多，也可很少。以美国歼击机 F－104 机翼为例，如除去其开口附近、翼尖段以及根部过渡段，则此段机翼共由 13 根墙，5 个加强肋和上、下两块厚蒙皮组成，没有普通肋。蒙皮为变截面，外侧厚为 3.2 mm，内侧厚为 6.33 mm。最后在机翼根部由 13 根墙逐渐过渡成 5 根梁，有 5 个集中接头与机身相连（见图 3.33）。

多墙式的传力特点如下：若中间没有普通翼肋，则分布气动载荷直接由蒙皮传给墙腹板。每块腹板上将承受沿展向一长条蒙皮上的气动载荷（该条蒙皮以此腹板为轴线、前后各取半个腹板间距为其宽度）。腹板上、下与蒙皮相连，根部与侧边肋相连，因此当腹板受此气动载荷后，由此引起的轴向剪流全部传给蒙皮，使上、下蒙皮分别承受轴向拉伸和压缩（机翼的弯矩）。每块腹板上的剪力 ΔQ_i 则传给侧边加强肋，然后由侧边翼肋通过机翼与机身的几个对接接头传给机身加强框（见图 3.34）。

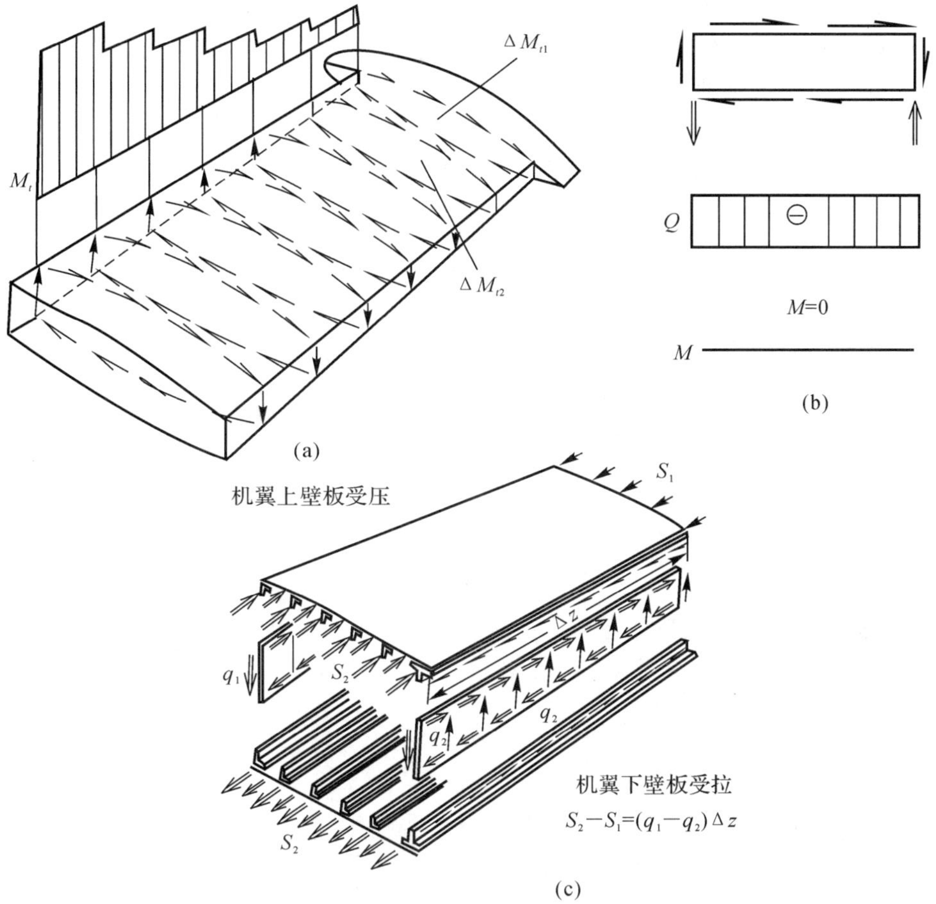

图 3.32　梁单块式机翼总体力传力特征

(a)机翼扭矩图；（b)机翼根部翼肋的力平衡图和内力图；（c)机翼壁板承受总体弯矩

总体弯矩的传递：如果机翼左、右贯通，则当载荷对称时，蒙皮上的轴力在中央翼的厚蒙皮上自身平衡（见图 3.35）。如果像 F-104 那样，机翼分成两半在机身侧边与机身对接，并最后由 13 块墙过渡成 5 根梁，由 5 个集中接头与机身连接，则蒙皮在根部将出现参与段。最后由 5 根梁把作用在机翼上的全部弯矩（即作用在上、下蒙皮上的轴力）集中起来传给机身。

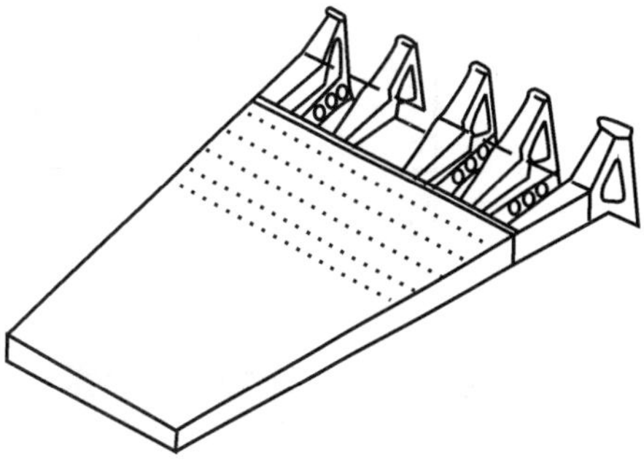

图 3.33　F-104 机翼根部构造

我们还可以进一步分析如下：如果取出一根墙腹板和它所带的一条厚蒙皮为一个单元组合体，该单元体就类似一根梁（见图 3.36）。显然每个单元体承受载荷的能力是不同的，这与它们本身的结构刚度（受剖面尺寸、材料及长度等因素影响）以及支持刚度等有关。假设各单元体上的气动载荷相同时，由于各单元体的刚度不同，受载后其弯曲变形也将不同，有的挠度大，有的挠度小，这样实际上整个机翼将发生翘曲变形，蒙皮将会因此受附加的剪切。我们也可以从传力观点来分析，为讨论问题简便起见，假设蒙皮厚度不变，且支承情况完全相同，由于靠近翼剖面中间部分的单元组合体的结构高度高，结构效率必定也高。现取出靠近前、后缘的一个单元来看，当它承载后，除了由内侧(根部)的蒙皮提供支反力外，相邻结构高度较大处、刚度较大的单元体的蒙皮也会向它提供轴向支反剪流。因而可以认为对于有的单元体，除了直接加在上面的分布气动载荷外，还将附加作用有其他单元体传来的轴向剪流(见图 3.36)。也就是说通过蒙皮受剪，蒙皮上的附加剪流将对某些单元体起加载或卸载的作用。

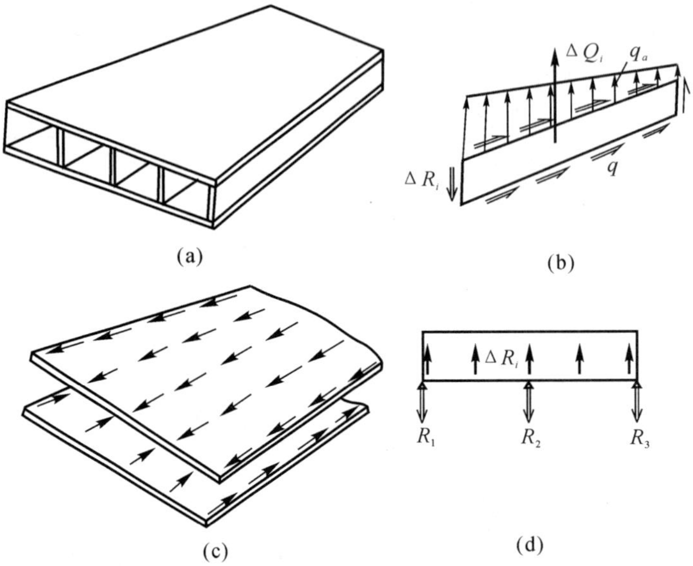

图 3.34　多墙式机翼受载

(a)简化模型；(b)腹板受载后平衡；

(c)上、下蒙皮上的载荷；(d)侧边翼肋受载后的平衡

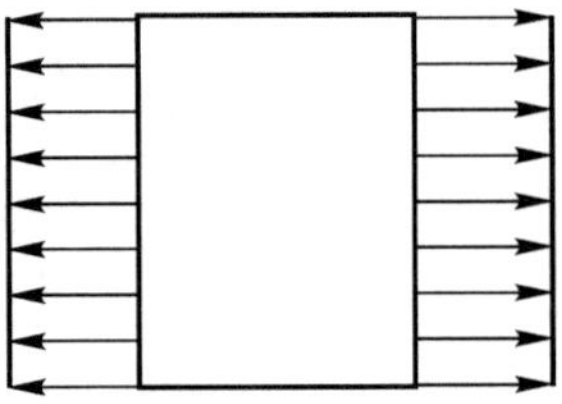

图 3.35　多腹板式机翼的中翼在对称弯矩作用下自身平衡

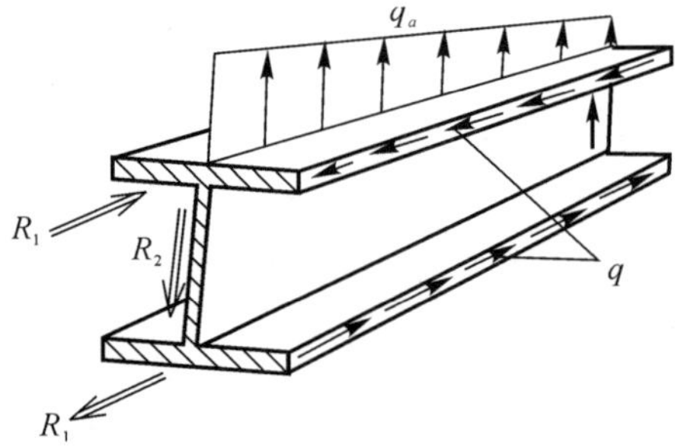

图 3.36　单元体的受力平衡

q_a—气动载荷；q—其他腹板通过蒙皮传来的载荷；

R_1，R_2—机身的支反力

综上所述，多墙式机翼中蒙皮是主要受力元件，它除了承受扭矩引起剪切外，还承受绝大部分弯矩引起的正应力(一般占总弯矩的 80%～90%，连接蒙皮与墙腹板的加筋条约承受 10%)，因此它处于复杂应力状态。而腹板主要受剪，同时还向蒙皮提供垂直方向的支持。

四、翼面典型结构传力分析要点

1. 典型元件的受力功用

(1)蒙皮。蒙皮起承受气动载荷和维持机翼外形的作用。在总体受力时,它主要是用来承受扭矩引起的剪流。在现代高速飞机中由于蒙皮较厚,因此它还不同程度地以受轴力的型式参与承受机翼的弯矩,此时蒙皮将在其自身平面内同时受有较大的正应力和剪应力,处于复杂应力状态。上翼面蒙皮设计要防止压、剪应力联合作用下的失稳破坏,下翼面蒙皮的主要破坏形式是拉伸时的拉坏和铆钉连接处疲劳裂纹的产生与发展。

(2)翼肋。普通肋不参加机翼的总体受力,它的主要功能是承受局部气动载荷和维持剖面形状。翼肋作为长桁的支点还承受长桁传来的局部气动载荷,还为防止长桁以及蒙皮受压总体失稳提供横向支持。

除此之外,加强肋还有以下两个功用:一是用来承受其他部件传来的集中载荷,将它扩散成分布剪流传到由梁和蒙皮组成的翼盒上;二是可以将某种形式的分布剪流转换成另一种形式的分布剪流(如大开口处的端肋、梁式机翼的根肋就属此类)。它一般有较强的腹板和缘条,应根据其受载后翼肋的内力(弯矩、剪力)的大小,对腹板和缘条的尺寸做出合理的设计。

从前面分析可知,在机翼传力中翼肋通常是个很关键的元件,它经常能用来转换载荷形式、方向,使之成为适宜翼盒主要受力元件(蒙皮、梁、墙)受力特性的载荷,然后通过这些元件把载荷传往机身。

(3)翼梁和墙。翼梁的主要外载是由各肋传来的剪力 ΔQ_i。翼梁固支在机身上,由机身提供支反力和支反弯矩(如果梁左、右贯通,则当机翼处于对称载荷状态时,弯矩在梁上自身平衡。不传到机身上)。所以翼梁的主要功用是承受(或叫传递)机翼的剪力 Q 和弯矩 M。梁的缘条(凸缘)承受弯矩引起的轴力,腹板承受剪力 Q。翼梁缘条受轴向压力时,由于在蒙皮平面内有蒙皮支持,在翼梁平面内有腹板支持,因此一般不会产生总体失稳,但须考虑其局部失稳问题。

纵墙和翼梁腹板的作用类似,因墙本身不能承受弯矩,而只能以受剪板形式受载,所以在梁式机翼中(又假设蒙皮不受正应力),它和翼梁腹板、蒙皮一起,作为翼盒的一部分,只能用以承受扭矩引起的剪流。但在多腹板式机翼中因蒙皮能承受正应力,可直接向腹板(墙)提供轴向支反剪流,此时腹板将承受由蒙皮直接传来的气动载荷(其合力为 ΔQ_i)。

(4)长桁。长桁承受局部气动载荷,并对蒙皮起支持作用。在现代机翼中,长桁一般都参加总体受力,此时它的主要功用是承受机翼弯矩引起的轴向力。长桁作为杆元,受压后可能产生总体失稳和局部失稳现象,在考虑总体失稳时,由蒙皮和翼肋分别在各自平面内对长桁提供支持。

2. 各典型型式受力特点的比较

不同的受力型式,其结构元件的受力功用有所不同。正如过去曾提到的,机翼结构受力型式的发展主要与飞行速度的增长有关。速度的增加促使了机翼外形改变并提高了对结构强度、刚度、外形(气动外形和表面质量)的要求。比较梁式、单块式和多墙式的受力特点可以发现,单纯的梁式、薄蒙皮和弱长桁均不参加机翼总体弯矩的传递,只有梁的缘条承受弯矩引起的轴力。对高速飞机,由于气动载荷增大,而相对厚度减小又导致了机翼结构高度变小,只靠梁来承弯将使承弯构件的有效高度减小;加之对蒙皮局部刚度和机翼扭转刚度要求的提高,促使蒙皮增厚,长桁增多、增强。因此,在单块式、多墙式机翼中,蒙皮、长桁,乃至主要是蒙皮发展成为主要的承弯构件。由于蒙皮、长桁等受轴力的面积较之梁缘条更为分散、更靠近外表面，故承弯构件有效高度较大。厚蒙皮翼盒不仅承扭能力较强，且抗弯特性也较好。因此，此种机翼结构一般来说材料利用率较高。在承受总体力中的剪力和扭矩时，几种形式中各元件的作用基本相同。

3.4 机翼、机身连接区和结构布置变化区的传力分析

一、机翼、机身对接接头处的传力分析

正如 3.1 节中所述，机翼上的总体内力——弯、剪、扭将由机身提供支反力来平衡。应该指出：机翼在其主要载荷——左、右机翼对称气动力作用下，不论何种结构形式，左、右机翼上最主要的总体内力——弯矩总是对称的(大小相等、两侧机翼均向上弯、或均向下弯)。因此，应当力求使机翼有中央翼将左、右机翼连成一体，以保持机翼结构的完整性。中央翼是指位于机身内的机翼中段，对单块式机翼为中央翼段受力翼箱，对梁式机翼主要是翼梁。这样对称弯矩就可在机翼结构上完全或大部分(对后掠翼)自身平衡而不传到机身上去，这对飞机结构(包括机身和机翼)重量的减轻将十分有利。至于机翼上能自身平衡的载荷以及当机翼不带中央翼时的对称弯矩，则将由机翼-机身对接接头传给机身。

1. 翼根集中对接接头的构造形式与传力分析

薄蒙皮梁式机翼常常由于总体布置上的原因不能做成整机翼贯通机身，此时应尽可能使中翼翼梁穿过机身，例如可以把它们做成加强框的一个组成部分。若不可能时，则机翼只能在机身侧边与加强框相连，这时框的受力比较大，薄蒙皮梁式机翼或机翼根部段为梁式结构时，一般只需少数几个机翼-机身对接接头，称之为集中连接形式。如图 3.37 所示为两种典型的耳片接头连接形式。

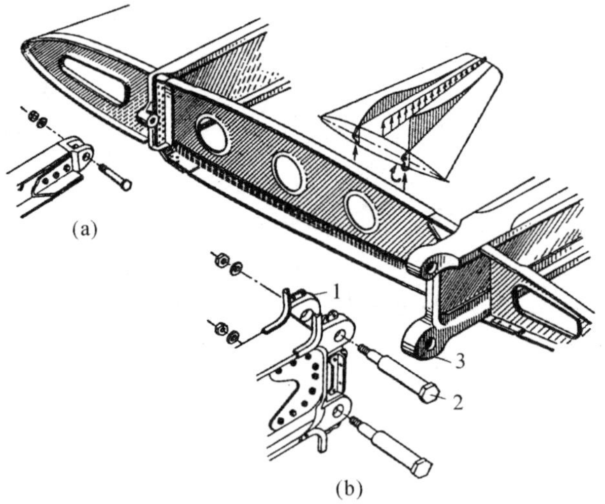

图 3.37 耳片接头

(a)铰接接头； (b)固接接头

1—双耳片(叉形)； 2—螺栓； 3—单耳片

后梁接头由上、下两组耳片和梁的上、下缘条分别连接，此时接头可传递梁平面内的弯矩和力，可简化为固接。而前墙腹板与机身只有一组耳片连接，该接头在墙平面内可简化为铰接，可传 y 向剪力和沿墙轴线方向作用的 z 向力。为了保证机翼上所有的弯、剪、扭都能传到机身上，最少需要一个固接接头和一个铰接接头(如图 3.37 所示的薄蒙皮单梁式机翼)。

弯矩以缘条上轴力的形式直接从耳片接头传给机身，连接螺栓受剪。薄蒙皮单梁式机翼弯矩由固接接头传递。薄蒙皮双梁式机翼则可由前、后梁的固接接头共同传递。

因梁腹板一般与机身无直接连接，所以为传递集中在腹板根部的机翼剪力(y 向)，应在梁腹板的根部布置一加强构件(如加强垫板、加强支柱或角盒等构件)与耳片接头相连，以便把全部剪力集中到耳片接头上再传给机身。

扭矩是由组成翼盒的蒙皮、腹板受剪向根部传递的，必须在机翼根部布置一加强翼肋，它把沿盒段周缘作用的闭合剪流转换成由两个垂直剪力组成的力偶，这时剪力由对接接头传给机身(见图 3.32(c))。

2. 带中央翼时与机身对接处的传力分析

双梁单块式机翼有时分成几段，然后通过分离面连接接头连成整机翼。机翼一般在中央翼与机身侧边交接处通过接头与机身对接，机翼上的剪力 Q、扭矩 M_t 和反对称弯矩就由这些接头传给机身。一般来说这类对接主要是靠四个(也可多于四个)铰接接头即可实现力的传递，但实际上一般总还有其他辅助连接。这些铰接接头可以是空心销(如运-10 飞机，见图 3.38)、对接螺栓或是角盒(见图 6.40(b))。

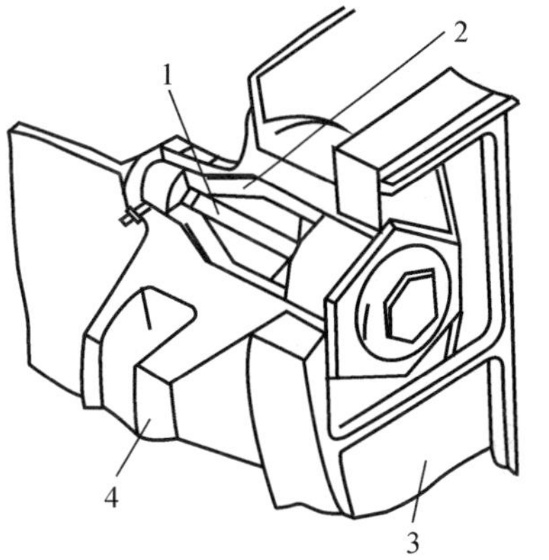

图 3.38 双梁单块式机翼与机身的铰接接头形式之一

机翼-机身对接大空心销(运-10)

1—定位螺栓； 2—空心销； 3—机身对接框； 4—机翼后梁接头(模锻件)

对接区传力分析(参考图 3.39(a))：

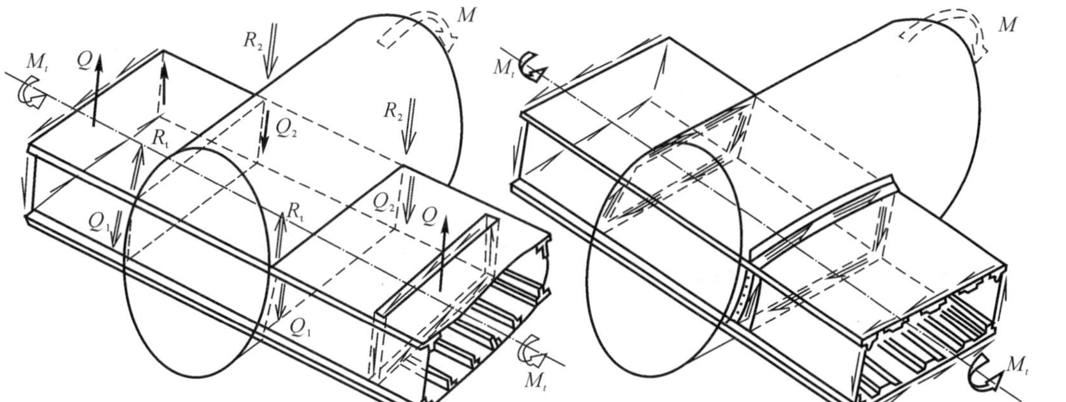

图 3.39 单块式平直机翼在机身上的受力平衡

(a)用四个铰接接头传递机翼的剪力和扭矩；

(b)用周边对接角条将扭矩传给机身

(1)剪力。剪力由前、后梁腹板传到对接接头处，通过接头传给机身加强框。

(2)弯矩。双梁单块式机翼弯矩由上、下壁板承受。

1)对称弯矩：左、右机翼壁板上的轴力将进入中央翼壁板，在中央翼段自身平衡。

2)反对称弯矩：现若假设某中央翼除长桁外还有前、后梁。则反对称弯矩引起的轴力将先由蒙皮受剪，集中到梁的缘条上；进而由梁的腹板受剪(图 3.40 中“8”)，将展向剪流转换成两个垂直剪流，加到侧边加强肋上，通过侧肋传给对接接头，最后传给机身(见图 3.40)。

为了避免中央翼的长桁受压总体失稳，一般在中央翼内须要布置翼肋，对长桁提供支持。

3)扭矩。对称扭矩沿翼箱闭室传到机身侧边后，由侧肋将一圈剪流转换成一对大小相等、方向相反的剪力，并就在机翼-机身对接接头处传给机身，对中央翼结构受力无影响。但若为反对称扭矩，则将进入中央翼箱，在中央翼内自身平衡。

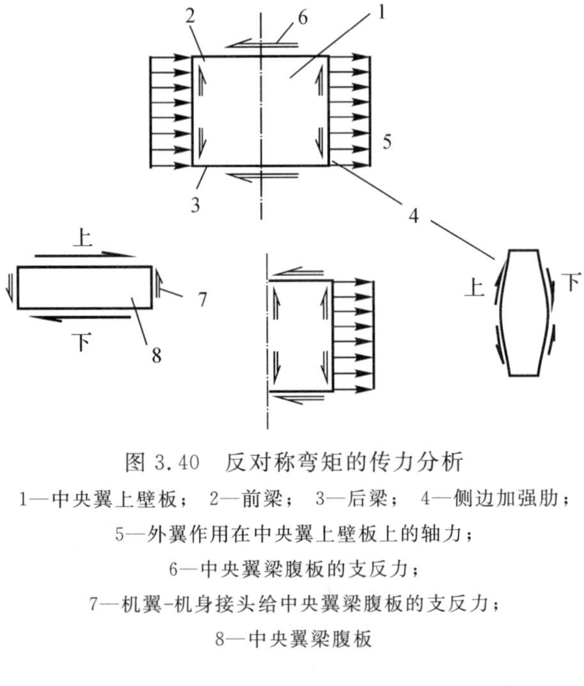

图 3.40　反对称弯矩的传力分析

1—中央翼上壁板；　2—前梁；　3—后梁；　4—侧边加强肋；
5—外翼作用在中央翼上壁板上的轴力；
6—中央翼梁腹板的支反力；
7—机翼-机身接头给中央翼梁腹板的支反力；
8—中央翼梁腹板

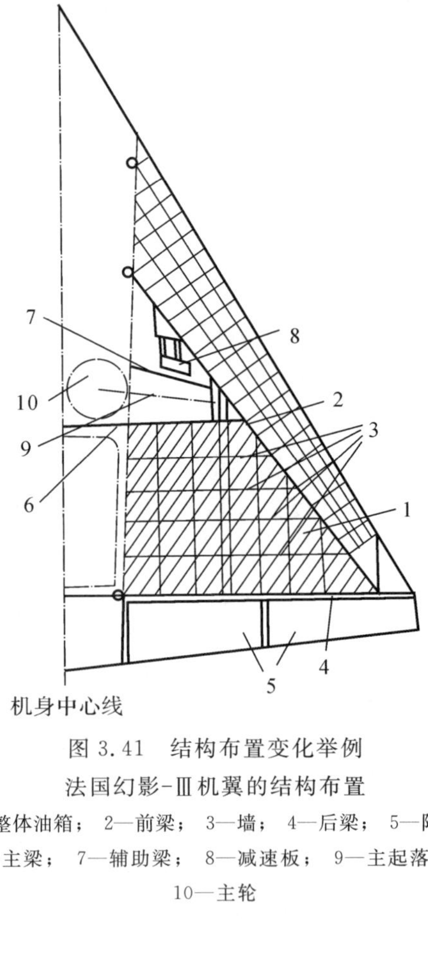

图 3.41　结构布置变化举例

法国幻影-Ⅲ机翼的结构布置

1—整体油箱；　2—前梁；　3—墙；　4—后梁；　5—附翼；
6—主梁；　7—辅助梁；　8—减速板；　9—主起落架；
10—主轮

二、根部连接和结构布置变化对机翼受力的影响

前面所述直机翼的传力分析都是以平剖面假设为基础的，即是在工程梁理论基础上进行的。但实际上，由于种种原因，在机翼根部区的真实情况往往与平剖面假设不符，此时按工程梁理论分析的结果将与实际情况有明显差异(如下面提到的限制扭转问题，还有后掠机翼的根

部后掠效应等问题)，必须进行修正。

此外，在某些机翼根部，因结构的受力特点与支持情况不完全一致，或由于结构布置的变化，例如幻影-Ⅲ根部由多墙式转成梁式(见图 3.41)；又如全动平尾由单块式在根部转成单梁(即转轴)式受力(见第五章)，此时在机翼的根部区域或变化区存在结构参与问题。下面我们将从物理概念出发，对这些问题做定性分析。详细的数值计算应该用有限元素法进行，考虑到后掠机翼和三角机翼的受力有一些特点，在现代机翼中又用得较多，因此对它们的传力将在 3.5 节进行分析。

1. 机翼根部的限制扭转

有一矩形的盒段，在它的两端面上施加了扭矩 M_t(见图 3.42)。

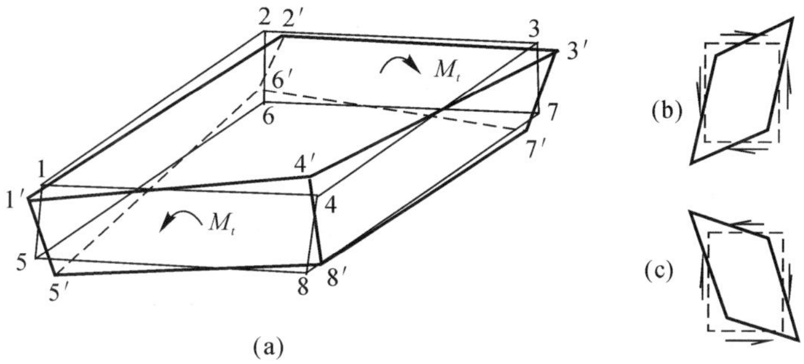

图 3.42 盒段的自由扭转

(a)盒段； (b)上板件； (c)下板件

由于上、下、左、右各板的剪切变形会引起不同的纵向位移，致使端面发生翘曲。机翼在扭矩作用下与此情况类似，若机翼为自由扭转，其两端面也会产生翘曲。但实际上在机翼-机身对接处，由于机身隔框(或中央翼)在机翼展向刚度大，故对机翼根部剖面由翘曲引起的展向变形有所限制。因此机身(或中翼)必然对外翼附加了一组力，它将使翘曲变形减小。这组力必定是自身平衡的，属一种附加的次应力，它改变了机翼按工程梁理论求得的自由扭转情况下的应力分布。机翼的实际应力应等于自由扭转时的基本应力和限制扭转附加的次应力之和、对于双梁单块式机翼和薄蒙皮双梁式机翼，该限制扭转引起的次正应力分布如图 3.43(a)，(b)所示。相应的还存在有次剪流，但其影响远比次正应力要小。

次应力的分布规律可应用圣维南原理说明。由于限制扭转时的正应力是一组自身平衡力系，必定会在一定范围内产生影响。但次应力沿展向很快衰减，呈双曲函数分布，影响区长度约为(1～1.5)B(B 为翼箱宽度)。在一次近似中可看做直线变化(见图 3.43)。

需要指出的是，机翼的扭矩一般传到机翼-机身对接接头处(通常在机身侧边)就全部传给机身，因而不会作用到处于机身内部的中央翼盒段上。但由固定端的限制扭转产生的附加次应力却会作用到中央翼盒段上，应力分布情况与外翼类同。此外，实际上机翼根部的固定端，即中央翼盒段或机身结构并非绝对刚硬，而是弹性支承，因而它对机翼根部剖面翘曲的限制将有所减弱，次应力的数值也相应地有所减小。

薄蒙皮单梁直机翼在根部与机身为三点连接(铰接接头有一组耳片，固接接头为上、下两组耳片，共三组)，因三点不可能提供一组自身平衡力系，所以单梁式直机翼不存在固定端的限制扭转作用，机翼盒段处于自由扭转状态。

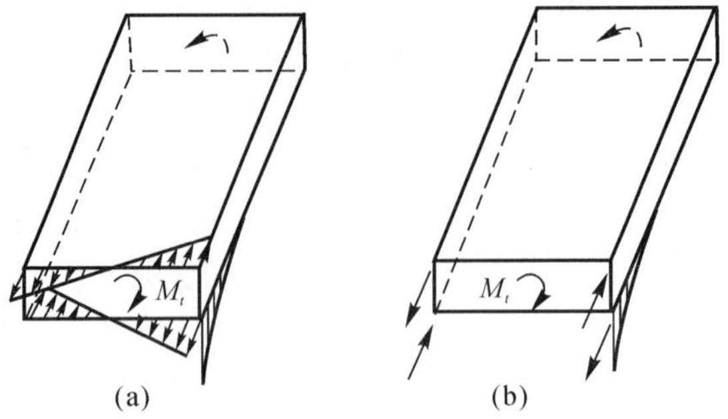

图 3.43　限制扭转的次正应力分布
(a)单块式机翼；(b)薄蒙皮双梁式机翼

2. 多梁单块式和多墙式机翼的根部只有几个集中连接接头与机身侧边相连时的结构参与问题

多梁单块式机翼或多墙式机翼的结构特点是：弯矩引起的轴力是由整个翼盒的壁板或厚蒙皮承受的。若带中央翼时，对称弯矩引起的轴力将在中央壁板上自身平衡。但有些情况下，总体布置不允许布置中央翼，而只能通过几个集中接头传给机身，此时就存在如何将沿壁板宽度上分布的轴力集中到与集中接头相连的纵向构件（如梁的缘条）上的问题。

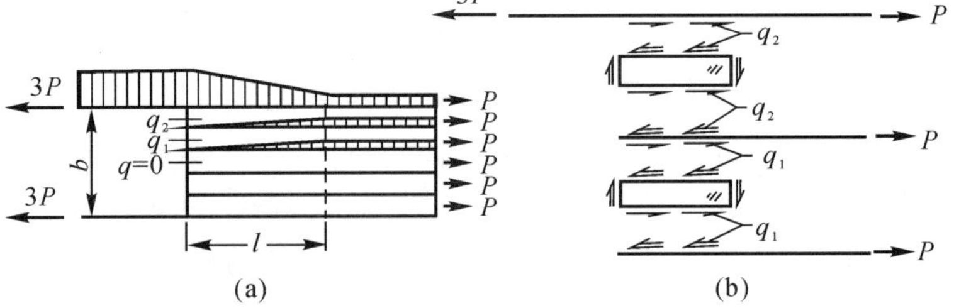

图 3.44　单块式机翼到根部转为双梁式（图示为下壁板）
(a)结构布置及轴向力分布图；(b)元件分离体图

图 3.44 所示为双梁单块式机翼的一块壁板。该机翼在根部实际上已过渡到双梁对接。此时壁板上轴力的转移过程是通过自根部向外的一段长度为 L 的蒙皮逐渐完成的。通过蒙皮受剪，长桁和蒙皮才在参与段内逐渐退出承受正应力，转由梁缘条承受。蒙皮上的附加剪流的大小在整个翼箱宽度上是变化的。实际上由理论精确解可知，沿翼箱宽度上各长桁参与段的长度是有所不同的。愈靠近梁缘条的纵向元件，其参与段愈短，详细分析将在 3.8 节中介绍。如果把壁板上的参与区用阴影表示出来，将如图 3.45 所示。图 3.45 是歼-7 飞机三角翼上的根部参与区情况。该机翼由外侧的单块式，到根部过渡为多梁式。其中前、后盒段根部均由一个固接接头和一个铰接接头与机身连接，因此参与区接近于三角形。图 3.45(a)中盒段则通过前、后两个固接接头与机身相连，其参与区形状如图 3.45(b)所示。

还应指出，当单块式或多墙式机翼在某剖面以内要转成梁式（例如，由于有大开口），那么在它们的分界处附近，也会出现类似上述的结构参与问题。关于开口问题，下面我们还将作为一个重点详细讨论。

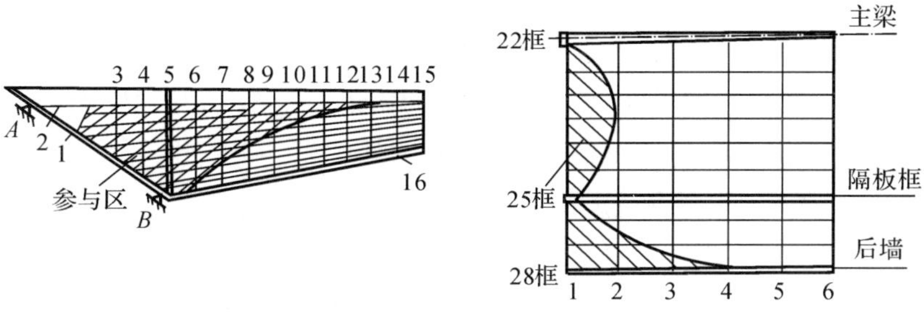

(a)　　(b)

图 3.45　歼-7 机翼根部参与区情况

(a)歼-7 机翼根部前盒段；(b)歼-7 机翼根部中、后盒段

3.5　后掠机翼和三角机翼的受力特点

一、后掠机翼的传力分析

1. 后掠机翼的结构特点和受力特点

随着飞机飞行速度的提高，出现了后掠机翼，它可以有效地改善飞机在跨声速飞行时的气动特性。但在结构设计方面，与直机翼相比，由于后掠的影响，出现了一些新的问题。

(1)刚度特点。当后掠机翼的展长以及顺气流剖面的弦长与直机翼相同时(此时机翼面积、展弦比、梯形比等参数均保持相同)，后掠翼真正的结构长度增加了(可近似认为机翼外伸段的长度由直机翼的 l 曾加到 $l/\cos\chi$)，而垂直于构造轴线的剖面的弦长减小了(见图 3.46(a))。此外，高速飞机为了减小波阻，往往采取薄翼型。所以后掠机翼比相应的直机翼将更为细、长、薄，致使它的弯曲刚度、扭转刚度都比直机翼差。为了达到同样的刚度要求，机翼结构重量一般将增大。

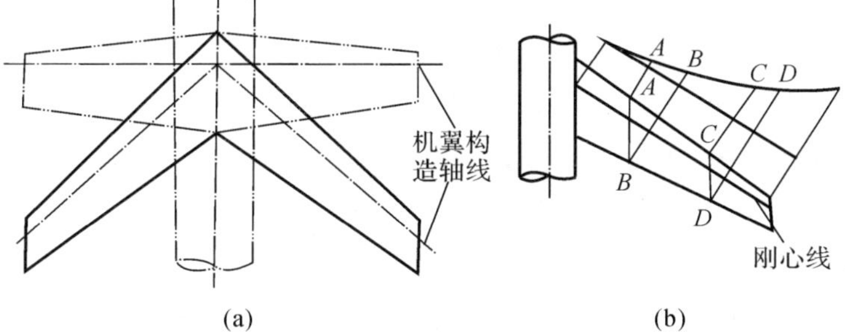

(a)　　(b)

图 3.46　后掠机翼的刚度与变形特点

(a)直机翼与后掠机翼平面形状比较；(b)后掠机翼的挠曲线

(2)变形特点和副翼反效。由图 3.46(b)可知后掠机翼的刚心线是后掠的。这样当后掠翼受到向上作用的载荷，产生向上的弯曲变形时，顺气流剖面 AB 上，后缘点 B 的挠度比前缘

点 A 的挠度大，即各顺气流剖面将因弯曲而产生附加的低头扭转变形；反之当载荷向下作用，机翼产生向下的弯曲变形时，则将产生附加的抬头的扭转变形。其二，我们知道，当为了使一侧机翼升力增大而向下偏转副翼时，将产生向上的附加升力 ΔY。因其作用点位于翼剖面的刚心之后，由于 ΔY 的作用引起机翼扭转，使迎角减小。这一迎角变化必然产生附加气动力 $\Delta Y'$，$\Delta Y'$ 与 ΔY 方向相反，使副翼效能降低（见图 4.9）。对后掠翼来说，剖面的迎角不仅因机翼的扭转变形而改变，还要因为弯曲变形而改变，加剧了上述问题的严重性，将使副翼的效率明显降低，到一定的飞行速度时，可能会完全抵消副翼操纵的作用（若 $\Delta Y'=\Delta Y$ 时），甚至出现相反的效果（若 $\Delta Y'>Y$），此即“副翼反效”现象，这种现象在飞行中是不允许出现的。

此外机翼后掠后，由于半翼面的压力中心显然比直机翼后移，在根部剖面刚心位置变化不大的情况下会对根部剖面处的载荷（主要是扭矩）有较大的增加。

上述这些问题均随着后掠角的增大而更趋严重。为此在结构设计中，对后掠翼的刚度提出了更高的要求。然而实际情况是后掠翼的弯曲、扭转刚度（尤其是扭转刚度）比直机翼要小。所以对后掠翼来说，保证强度、刚度的要求与减轻重量要求之间的矛盾更为突出。从这点考虑，回忆 3.3 节中各种受力型式的受力特点，可知后掠机翼较适宜采用单块式或多墙式形式。可是结构型式的选择不可能仅由结构受力要求来确定，由于需要开口或其他原因，有些部位不能采用上述型式，因此在后掠翼上，有不少就采用了混合式结构。如，歼－5，歼－6 飞机的外段单块式、根部梁架式结构；RF－101 采用的大部分为多腹板式、近根部为多梁式的结构，等等。

（3）后掠机翼的受力特点——后掠效应。后掠机翼可看作由直机翼向后转动一个角度而得。它左、右两侧的机翼不是彼此连续的直梁，而是一个有转折的梁。其外段实质上就是一个直机翼，关于直机翼的受力分析仍可沿用。其主要特点反映在根部三角区内。为了分析该三角区的存在对后掠翼根部受力的影响，现以一双梁单块式后掠机翼为例（见图 3.47），取出一段机翼来进行分析。

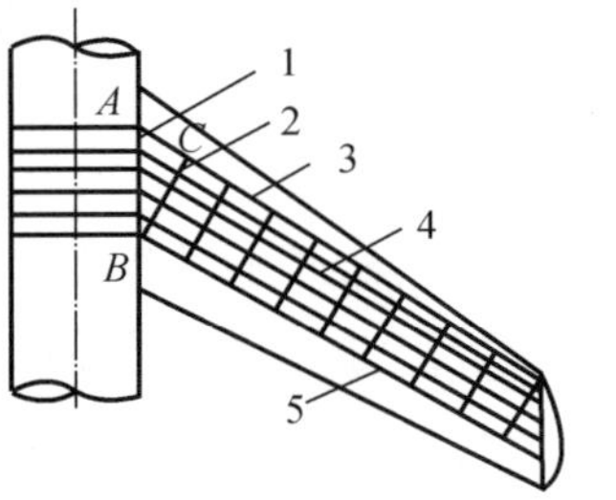

图 3.47　单块式后掠机翼

1—侧边加强肋；　2—根部加强肋；

3—前梁；　4—长桁；　5—后梁

当机翼受垂直气动载荷作用时，上、下壁板上的各纵向构件（长桁、梁的缘条等）均受轴向拉、压。现先假定根肋外的机翼是绝对刚硬的，则根部剖面 1—3（见图 3.48）在弯矩 M 作用下将绕剖面的中性轴旋转一个角度。而该剖面是支持在根部剖面内侧的纵向构件上，因此内侧各纵向构件应产生相同的位移 Δl。然而，由于根部三角区各纵向构件的长度不同，靠近前缘的长，靠近后缘的短，因此它们的轴向拉、压刚度不同（拉、压刚度 $K=EF/l$）。在满足变形（Δl）一致条件下，各纵向元件所承担的轴力将按它们的刚度分配。前梁附近的纵向构件刚度小，分配到的载荷小，应力较低；后梁附近的纵向构件刚度大，分配到的载荷较大，应力就较高。这种应力向后缘集中的现象，通常称之为后掠效应。后掠角愈大，后掠效应愈严重。

理论研究证明，根部剖面 1—3 处此时的应力 σ_g 沿剖面的 x 轴呈双曲线分布。需要指出的是：上面这一分析是在假设机翼外段是绝对刚硬、根部剖面变形后仍然是平面的条件下得出的。实际上，机翼外段是弹性的，因此外段机翼在附加应力 $\Delta\sigma$ 作用下要发生变形，剖面在变形后也不是一个平面，要产生翘曲（见图 3.49），因此外段弹性的影响会使应力向后缘集中的现象有所缓和，但后掠效应仍是存在的。

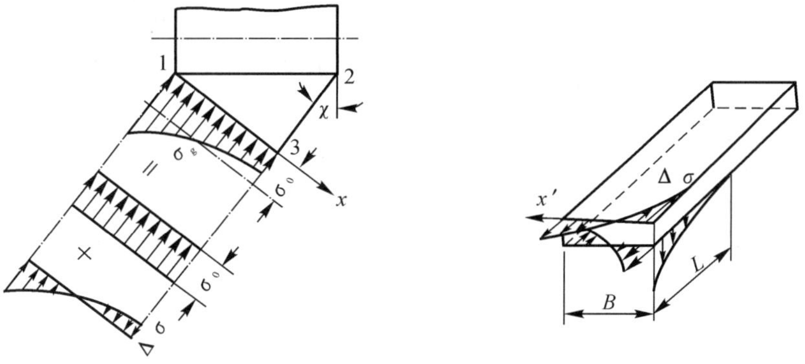

(a)　　　　　　(b)

图 3.48　后掠翼受弯矩作用下的应力

(a)后掠机翼根部的应力分布；

(b)作用在根部加强肋外段机翼上的附加应力

如以 σ_0 表示基本应力，$\sigma_0=M/HBt$，它等于机翼不后掠时该剖面处的应力（H 为机翼有效高度，B 为翼箱宽度，t 为壁板厚度）。另有一组附加应力为 $\Delta\sigma$，则根部的实际应力 $\sigma_g=\sigma_0+\Delta\sigma$。附加应力 $\Delta\sigma$ 应是一组自身平衡的应力，称之为“次应力”，这组次应力的作用使前梁卸载、后梁加载，其数值可达基本应力的 30%～40%。

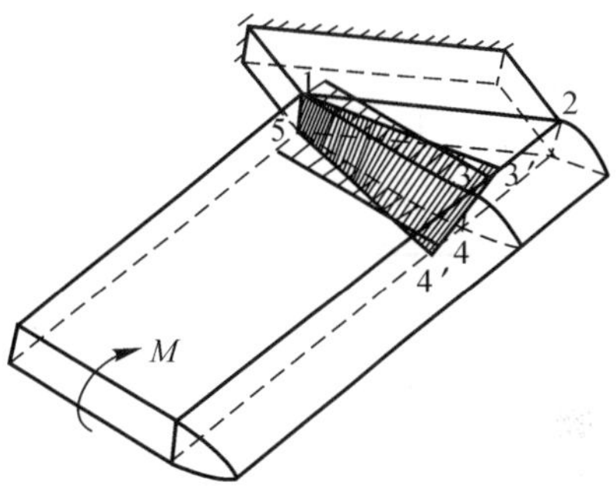

图 3.49　根部剖面 1—3 发生翘曲

由弹性力学的圣维南原理可导出如下结论：如果在一个弹性体的任一部分 A 上作用一自身平衡力系，那么该自身平衡力系在此物体内所引起的应力，随着离开部分 A 的距离加大而很快地减小，这个影响区大致和载荷作用区域的大小相当。因此当根部剖面上作用一自身平衡力系 $\Delta\sigma$ 后，根据上述结论可知，该次应力的作用还将延伸到三角区外侧的直机翼段上。但它沿展向很快衰减，衰减区的长度 L 近似等于翼箱宽度（1～1.5）B，因此在距根部剖面 L 以外的机翼外段，基本上可以不必考虑次应力 $\Delta\sigma$ 的影响。

2. 后掠机翼的传力分析

后掠机翼也有各种结构型式，如多梁单块式、多墙式以及根部梁架式等。本节仅以一两种典型情况进行分析，主要目的是掌握后掠机翼根部结构的受力特点以及分析方法，为读者自行分析其他型式的受力打下基础，起到举一反三的作用。

双梁单块式后掠机翼的传力。单块式后掠机翼的具体结构情况有很多种，现仅以纵向构件在机身侧边转折的双梁单块式后掠翼为例进行讨论（见图 3.50）（L－1011 即类似这种情况）。

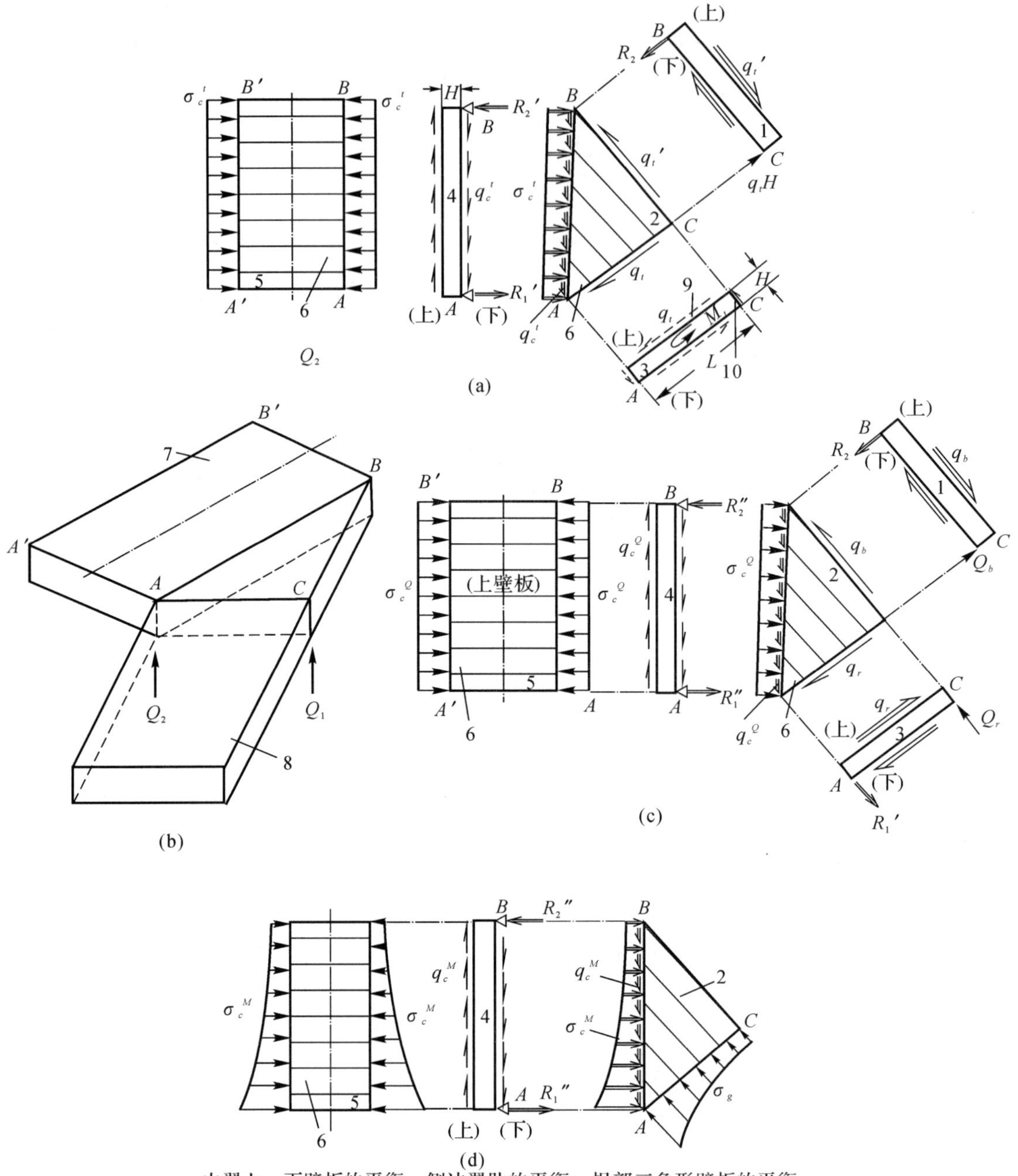

图 3.50　扭矩、弯矩、剪力的传递

(a)扭矩的传递；（b)剪力的分配；（c)剪力的传递；（d)弯矩的传递

1—前梁；2—三角形上壁板；3—根肋；4—侧边加强肋；5—中翼上壁板；6—长桁；7—中翼盒段；8—外翼

这种机翼的外段和双梁单块式直机翼相似，其根部由以下主要受力构件组成：上、下壁板 $A-B-C$（由梁缘条、长桁、蒙皮组成或为整体加筋板，宜受沿长桁方向的正应力）、侧边加强肋 AB、根部加强肋 AC、前梁 BC。

为研究方便起见，将根部三角区以外的机翼切除，并在根部剖面上加上剪力 Q、弯矩 M、扭矩 M_t 来代替机翼外段对根部的作用。

扭矩 M_t 在根部剖面处继续由三角形上、下壁板和前梁腹板向中翼和机身传递，后梁上的剪流直接由对接接头传给机身。其各分离体平衡图如图 3.50(a)所示。

剪力 Q 分为两部分。作用在后梁与机身对接点处的剪力 Q_2 直接传给机身。作用在前梁与根肋交点上的剪力 Q_1 分两路传递：一路 Q_b 由前梁传给机身；另一路 Q_r 由根肋向 A 点传递，在 A 点传给机身。此时各构件的分离体平衡图如图 3.50(b)，(c)所示。

在剪力 Q、扭矩 M_t 的传递过程中，三角形壁板和侧边翼肋均需受载。此时侧肋的平衡如图 3.50 所示。

弯矩 M 以壁板上的轴向力形式作用到根部剖面 AC 上。如图 3.50(d)所示"A"点为例，由于在机身侧边处，长桁发生转折，中央翼长桁只能提供垂直于机身轴线的支反力。因而如要 A 点处于平衡，因长桁转折产生的轴力分量必须有另一构件提供支反力，为此机翼机身接合处要求布置一侧边加强肋。

由以上分析可知，对于双梁单块后掠机翼，若纵向构件在机身侧边转折，则侧边加强肋在受力上成为必不可少的受力构件，它在传递弯矩、剪力、扭矩时都起重要作用。在传力时，侧边肋上、下缘条上的剪流（外载荷）的方向总是相反的，这一对剪流形成一个力矩，并由前、后梁的腹板提供一对大小相等、方向相反的垂直方向剪流来平衡。因此侧边翼肋基本上是受剪，弯矩很小，缘条不需十分强。但腹板要强，而且为了提高侧边腹板的剪切稳定性，腹板上一般铆有较密的加强型材。

梁架式后掠机翼根部的传力分析。有些后掠机翼为了解决受力和布置之间的矛盾，在根部采用梁架式结构。如某强击机在 14 肋以外为单块式结构，在根部为收藏主起落架而在下翼面布置了大开口（见图 3.51 的 ABC 区），破坏了单块式结构的传力路线；又由于机身中无法通过中央翼；此外还考虑到双梁式后掠机翼上出现的后掠效应将使后梁受载严重，为减轻后梁载荷，故在 14 肋以内的根部采用了增加一根主梁的梁架式结构。

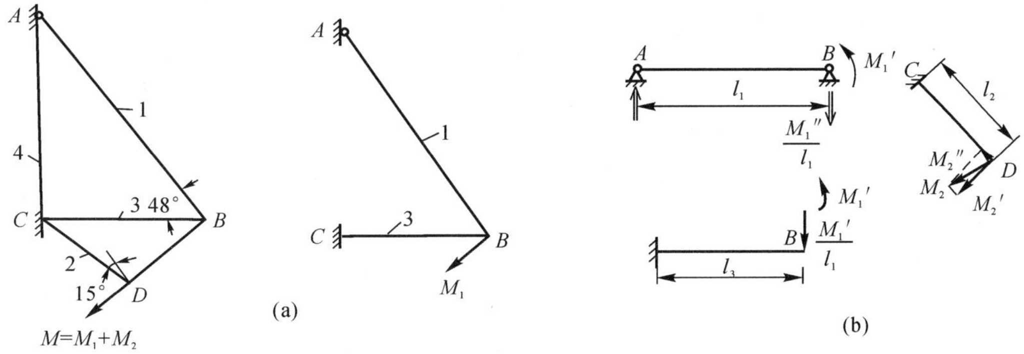

图 3.51　弯矩 M 的传递

(a)前、主梁三角架结构弯矩传递；　(b)后梁弯矩传递

1—前梁；　2—后梁；　3—主梁；　4—侧肋；　BD—根肋

梁架式结构一般是指由主梁(也称内撑梁)、前梁、后梁等若干个翼梁和根部加强肋(即14肋)、侧边加强肋等组成一个受力构架,即谓之“梁架”。14肋以外的情况类同一般单块式直机翼;到“根”部(指到14肋剖面处)要转成梁架式受力。因此在14肋外将通过结构参与把弯矩集中到前、后梁上;到14肋以内将由梁架结构来承受并向机身传递外侧机翼传来的弯矩、剪力和扭矩。实际上,根部所受载荷除外段传来的 M,Q,M_t 外,还有根部区内的局部气动载荷、质量力以及起落架传来的载荷等。下面我们只讨论外段传来的弯矩、剪力和扭矩向梁架结构传递的情况,对于其他载荷,读者可自行分析。

根部结构的简化假设:

(1)认为全部载荷均由根部梁架来承受。除侧边肋(1肋)和根肋(14肋)之外的其他翼肋均不参加总体传力。

(2)因为前梁与主梁间下翼面为大开口,且机翼与机身只有两个集中接头相连接,因而上翼面壁板自根部向外是逐渐参加承受正应力的,故近似假设 ABC 区的上壁板蒙皮仅受剪切,整个三角形区的下翼面不受力。

(3)根肋(14肋)在外翼传来的载荷作用下,其变形近似符合平剖面假设。

(4)各构件的支持情况简化如下:

前梁1:两端铰支梁,分别支持在机身17框和主梁端头 B 点上。

主梁3:固支在机身24框和侧肋上的悬臂梁。

后梁2:固支在主梁和侧肋上的悬壁梁根肋 BD 可看作为一双支点梁。它的一端与后梁铰接,另一端与前梁和主梁的交点B相连。因为有加强蒙皮把前梁、主梁和根肋的缘条间接连接在一起,且腹板也相连,所以前支点可看做弱固支,在传递扭矩时,起固支作用。

侧肋4:接受由前、主、后梁传来的分弯矩,并认为它最后铰支前、主梁接头处,以双支点梁形式受弯,然后把弯矩转成剪力的形式传给两个接头。

2号前肋固支在前梁上。

经简化后的梁架布置见图3.51。

根部梁架式传力分析:

1)剪力 Q:Q 根据刚度分配分别加在前梁 B 点和后梁 D 点上为 Q_1,Q_2。因前梁与机身铰接,因而 Q_1 全部改由主梁承受并一直传到机身接头上。Q_2 则由后梁传往根部,加到主梁的 C 点上。

2)弯矩 M:这里是指外段传来的前、后梁弯矩。它按刚度分配由主、前梁承担 M_1,后梁仅承担 M_2',另有 M_2'' 作用在 BD 肋平面内。前梁以双支点梁形式受弯,然后把一个力传给机身,另一个力加到主梁端点 B 上,M_2' 沿后梁向根部传递,但因后梁与机身不直接相连,且在根部与主梁有一夹角,所以 M_2' 传到根部 C 点后,一个分量传给主梁,另一个分量由侧肋承受。由于主梁与机身轴线不垂直,主梁上的所有弯矩在根部接头处,分成两个分量,分别给24框和侧肋。

3)扭矩 M_t:M_t 包含了外段传来的扭矩以及 D 点的弯矩分量 M_2''。到14肋处按扭转刚度分配给前缘闭室和中闭室,分别为 M_{t1},M_{t2}。M_{t1} 传到根部2号前肋处,因与机身无周缘连接,因此将通过2号前肋将 M_{t1} 化成 E 点的两个集中力矩,M_{t1}^A 传给前梁,M_{t1}' 传给侧肋,再分别传到机身。M_{t2} 以闭合剪流形式传到14肋处,由14肋转成两种形式的力矩往根部传。其中 M_{t2}' 以主、后梁腹板各受一个垂直剪力形式传往根部;M_{t2}'' 则由前、主梁及侧肋构成的构架共同对14肋的 B 点提供固支点,然后以前、主梁共同承弯的形式来传递扭矩 M_{t2}''(见图3.52)。

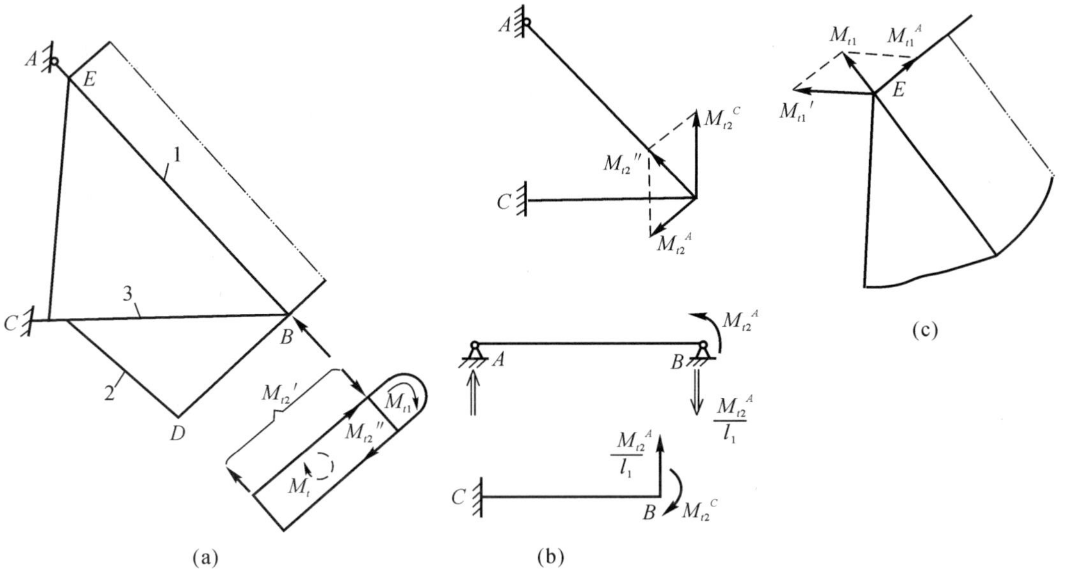

图 3.52　扭矩 M_t 的传递

(a)后掠机翼根部扭矩；（b)根部三角架传扭；（c)前缘扭矩在 E 点处的矢量分解

1—前梁；　2—后梁；　3—主梁

$M_{t2}^A-M_{t2}''$ 传给前梁的力矩分量；　$M_{t2}^C-M_{t2}''$ 传给主梁的力矩分量

二、三角机翼的特点和传力分析

随着飞机速度的提高，机翼后掠角增大，当 χ 大于 55°之后，对机翼的强度、刚度的要求与后掠翼在结构上实际的可能性之间的矛盾愈来愈尖锐。因此在飞行 Ma 大于 1.5 以上的飞机，很多采用了各种形式的三角机翼。它保持了后掠翼气动方面的优越性，然而由于它后掠角大（χ=55°～75°）、根梢比 η 大（可达十几），且展弦比 λ 小（1.5～2.5），因此机翼大部分面积靠近根部，故压力中心内移，使根部弯矩减少了；而且压力中心相对于根部剖面刚心的力臂也减小，扭矩也就相应减小。三角机翼的根弦很长，在相对厚度 $\bar{c}$ 相等的条件下可得到比后掠翼大得多的结构高度，因而其根部结构的弯曲刚度和扭转刚度都有可能较大，大大改善了机翼的强度、刚度特性。但根弦很长和其他某些因素给三角翼的结构设计带来了另一些新问题。

图 3.53　三角翼翼肋的变形

首先，很长的翼肋在载荷作用下容易产生横向弯曲，机翼垂直于翼弦的刚度较差（见图3.53(a))。

其次，当机翼为中单翼时，不易做到使整个机翼贯通机身（特别是在机身容积利用紧张的情况下），此时应注意合理设计机翼与机身的连接接头。为此，从现有的一些飞机看，三角机翼通常采用多梁式结构，一方面可提高翼肋的承弯能力（因肋的支点增多了，见图 3.53(b)），同时也解决了与机身的连接问题。

再者，三角机翼由于根梢比 η 大，以致翼尖比较薄，前后缘一般也很薄。然而对三角机翼，这些部位的气动载荷都比较大，因此要注意提高这些局部区域的刚度。例如可在翼尖部分采用刚度较大的多梁单块式结构或与前、后缘一起采用蜂窝结构、整体结构等。鉴于以上情况，三角机翼大多采用多梁、多肋加壁板或把墙的数量增多，形成多腹板式结构，其厚蒙皮常为带加强筋的整体壁板。根部则多由几个集中接头与机身相连。一般三角机翼与机身的连接点比后掠翼与机身的连接点要多。但连接点也不宜布置太多，不然机身就要相应地布置很多加强框，给机身的结构设计带来困难。然而若交点太少，梁之间的宽度增大，则当机翼壁板参加受弯时，壁板在根部的参与区($L\approx(1\sim1.5)B$)将占机翼相当大的一部分面积(见图3.54(a))，势必降低结构的材料利用率，使结构重量增加。

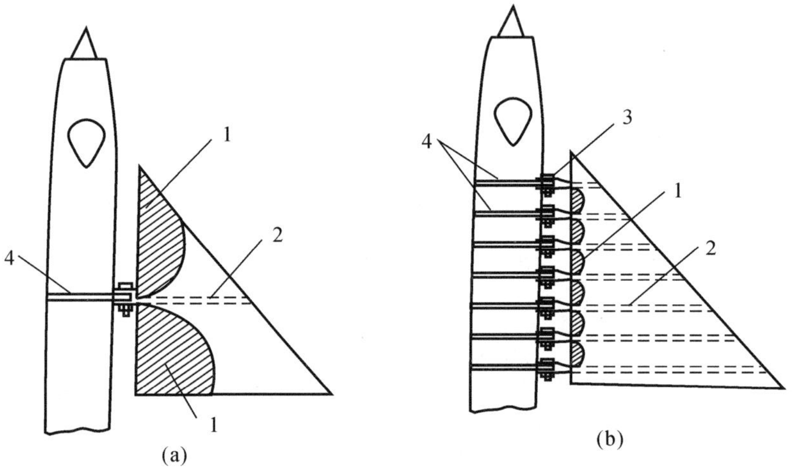

图3.54　单梁和多梁式三角翼蒙皮受力的比较

(a)单梁式；(b)多梁式

1—壁板参与区；2—翼梁；3—与机身固接接头；4—机身框

多梁式三角翼按其梁的布置形式有正交梁(指翼梁与机身轴线垂直)形式、汇交梁形式和混合式等(见图3.55)。

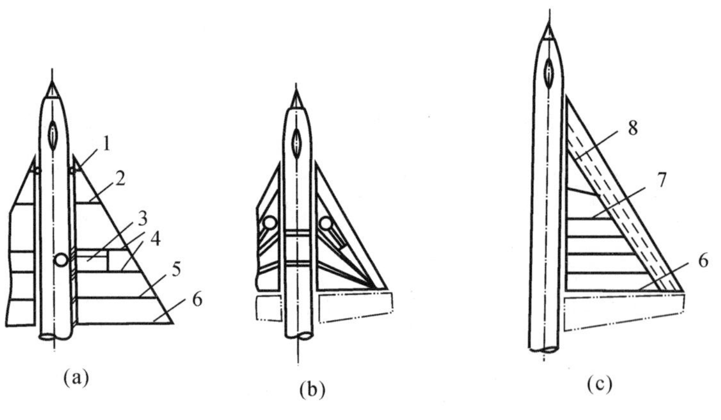

图3.55　多梁式三角翼的布置形式

(a)正交梁；(b)汇交梁；(c)混合式

1—墙；2—前梁；3—起落架开口；4—加强梁；5—后梁；6—辅助梁；7—主梁；8—斜梁

多梁式结构是一个多次静不定结构。以正交梁形式为例，当机翼受载后，假设各梁独立工作，那么在同一切面处靠后面的那些梁因其外段的气动载荷引起的弯矩比较大，在其他条件相同的情况下，它们的挠度比较大，在同一切面处各梁的挠度将不同(见图 3.56)。然而实际上机翼是个整体，因盒段蒙皮有一定的刚度，当梁和梁之间因上述因素产生相对转动时，蒙皮内会有剪流产生，并对各梁的变形有所影响，我们可把机翼近似简化成由几个阶梯形盒段组成的系统，上述蒙皮内的剪流将使各盒段的长梁卸载、短梁加载。各梁的弯矩近似分布如图3.57所示。

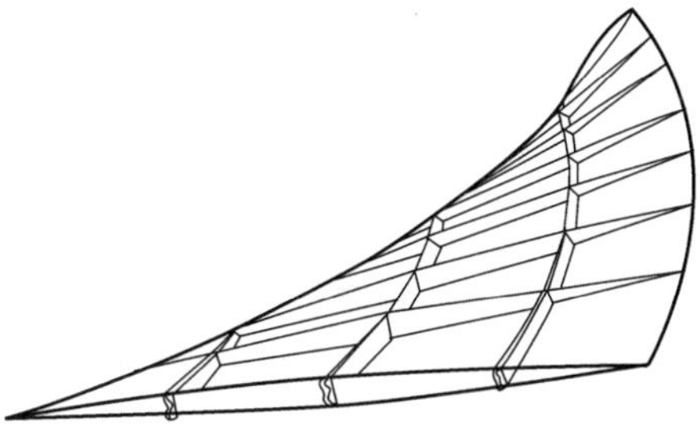

图 3.56　三角机翼略去蒙皮作用时各梁的变形

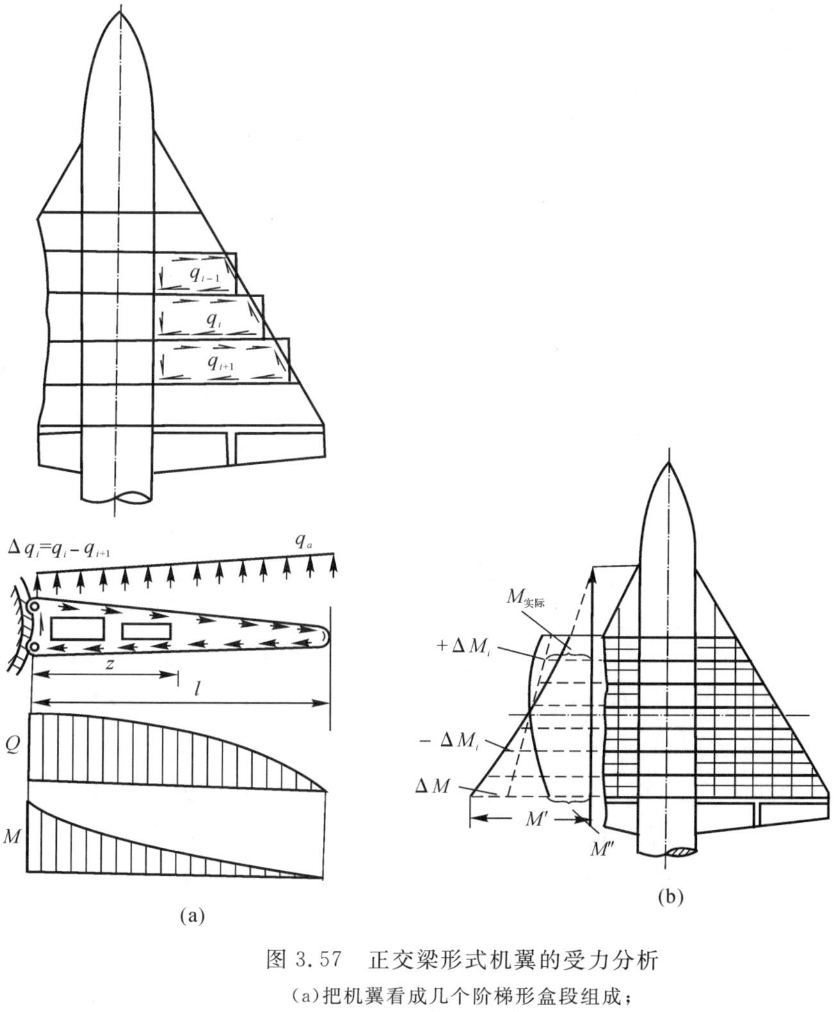

图 3.57　正交梁形式机翼的受力分析

(a)把机翼看成几个阶梯形盒段组成；

(b)考虑蒙皮上剪流对长梁卸载、短梁加载后，各梁的弯矩值(虚线表示各梁的实际弯矩值)

M'—相当于蒙皮无刚度；　M''—相当于蒙皮绝对刚硬；　$M_{实际}$—实际情况下的弯矩

三角机翼这类静不定结构因展长比弦长小，平剖面假设在机翼大部分部位不能满足，故三角机翼基本上不能用工程梁理论进行应力分析，而须用有限元素法进行数值计算。但在某些特殊情况下，利用机翼本身构造特点，经合理简化后，有时也可利用工程梁理论进行定性分析。

三、小结

前面几个小节我们对典型直机翼、后掠翼和三角翼的传力特征进行了细致分析。然而实际结构型式千变万化，世界各国的各类机种其结构很少完全相同，但它们往往有共同点，因此在学习有关结构的具体传力分析时，更重要的是要学会分析方法和掌握一些规律性的东西。例如：

(1)对机翼结构进行简化时必须既使得分析易于进行，又能抓住本质和主流。其中包括形状简化，结构简化，构件受力特性简化以及构件间连接关系简化等。

此时要特别注意当机翼是由纵、横构件相互连接的复杂的静不定结构时，它们之间的支持关系(例如两根梁连在一起时，由哪根梁作为另一梁的支持)，简化成何种类型呢？从 3.5 节我们知道应注意以下几点：

1)一个构件要能承受并传递某种载荷，它本身应具备相应的受力特性。

2)载荷要由另一构件传进来，必须要有相应的连接关系。例如，对薄壁梁，其腹板和缘条是各有分工的，因此要把一个剪力传进来，须腹板相连；而要把弯矩传来，则两者的缘条必须连接起来。因此两梁仅腹板相连时，只能作为铰接；而缘条、腹板均相连时，就能算作固接。

3)载荷要传得出去，也必须要有相应的连接关系。例如一平面梁在向根部传弯时突然轴线转折，这样必须在转折点安排另一构件承担一部分分量，否则转折点处力矩就不平衡，就不能传递弯矩，则此转折点处就不能简化成固支。

(2)通过薄蒙皮双梁式直机翼的传力分析，着重掌握机翼中各种结构元件的作用和受力原理，这具有一定的普遍意义，也有助于对其他结构型式的分析。当结构型式、布置变化时，一般载荷要重新分配；此时还应注意当多梁单块式、多墙式转变成梁式时有结构参与问题，反之亦然。当机翼-机身的连接与结构型式不完全协调时(例如单块式机翼只用两个集中接头在机身侧边与机身对接，而不带中央翼)，在机翼根部区域亦存在结构参与问题。

(3)当结构为静不定时，它有多条传力路线。载荷从哪些路线走，各传力路线分担多少，取决于多种因素，包括构件的布置情况、构件本身的受力特性、各构件本身的结构刚度和支持刚度的相对比值以及各构件间的连接关系等。一旦上述因素有所变化，传力情况势必发生变化。如本节图 3.51 所示的后掠机翼梁架根部结构中，前、主梁交点 B 上分配的弯矩 M_1 为 $0.557\ M$，由前、主梁共同承受，以主梁受载最大，后梁为 $0.443\ M$。如果去掉主梁，并把前梁与机身固接，则前梁也将以悬臂梁型式受载。此时即使前、后梁的弯曲刚度不变，但前梁在 B 点分担的 M_1 将变为 $0.322\ M$；而后梁弯矩将因后掠效应增加到 $0.678\ M$，后梁应大大加强。可是后梁由于结构高度所限，加强比较困难，可能付出较大的重量代价。而且随着后梁加强后刚度变大，载荷就更向后集中，更增加后梁设计的困难。因此该机翼采用了加主梁，同时又减弱后梁，并只与机身弱固。此外因主梁比前梁传力路线短，所以将前梁也设计得较弱些，并与机身铰接，从而使主梁承受主要载荷，如仅从静强度观点看，这是合理的。

由上可知，传力分析时必须仔细观察清楚结构情况，结合实际，具体情况具体分析，这样才能正确地简化和进行全面分析。

3.6 机身结构的设计要求和受载特点

一、机身的功用

机身是飞机的一个重要部件，它的主要功用为：

(1)安置空勤组人员、旅客，装载燃油、武器、设备和货物等。

(2)把机翼、尾翼、起落架及发动机连接在一起，形成一架完整的飞机。这些部件通过固定在机身上的接头，把作用在各部件上的载荷都传到机身上，和机身上的其他载荷一起达到全机受力平衡。因此可以说机身是整架飞机的受力基础。

二、结构设计要求

飞机结构设计的一般要求都适用于机身结构，只是机身的功用与机翼、尾翼有所不同而有不同的侧重点。

(1)如前所述，机身结构必须满足各种装载。根据本身的特殊需要提出的众多的使用要求，并应与机翼、尾翼等相连接部件的主要受力构件的布置、连接点位置进行总体协调，这与减轻飞机总重量有关。

(2)在保证机身结构完整性的前提下，结构重量尽可能小。完整性包括强度、刚度、损伤容限等各项要求，强度是最基本的要求，机身的总体刚度则将影响尾翼的颤振特性和尾翼效率。对于气密座舱、重要的连接接头以及大、中开口附近等处的结构均应考虑损伤容限设计要求。

(3)机身应有足够的开敞性以便于维修。开敞性直接影响飞机的维修性，而维修性的好坏与飞机利用率、保障性与运营成本等均有关。相对于机翼、尾翼，由于机身内装载多，本身结构复杂，因而这一要求对机身结构更为突出。

(4)有良好的工艺性，生产成本要低。

(5)机身基本不产生升力，所以机身气动力要求主要是阻力小。为此机身一般做成细长的流线体，并希望外形光滑，突出物尽量少等。

应该指出，根据机身的功用，在上述各项要求中首先要考虑使用要求。比如为了满足驾驶员的视界要求，座舱盖常凸出于机身外形，引起阻力增大，但为了满足使用要求，只好在气动要求上做出让步。又如机身上的各种大、小开口影响了结构的完整和连续，必要的补强又必定会增加重量，但为了满足使用或维修要求，不得不在重量上做出某些牺牲。这些相互矛盾的要求在飞机结构设计中经常遇到，这就须要善于分析矛盾，抓住主要矛盾，权衡处理，使设计较为合理。

三、外载特点

机身主要用于装载和连接各部件，因此其主要外载如下。

1.装载加给机身的力

各装载及机身结构本身都会产生质量力，其中尤以各装载的质量力影响更大。质量力的大小与载荷系数成正比，而沿机身轴线各点的载荷系数的大小与方向不一定相同，故也会影响到质量力的大小与方向。它们有的为集中力形式(如装载通过集中接头连到机身结构上时)，有的为分布力形式(如客舱、货舱内载重的质量力)。

2. 其他部件传来的力

这里主要指在飞行或起飞、着陆滑跑中由机翼、尾翼或起落架上传来的力。若发动机安装在机身上,则还有发动机推力和陀螺效应产生的集中力。

3. 增压载荷

它在机身增压舱部分基本自身平衡,对机身的总体内力影响很小,但它会在机身增压舱结构内产生轴向正应力和机身横截面内的环向正应力,对气密舱的前、后端框产生侧压力。对于旅客机的气密舱而言,这是一个重要的疲劳载荷。

由于机身基本上为对称流线体,故机身上除局部地区(如机身头部和座舱盖等曲度较大的突出部位)局部气动载荷较大外,分布气动力对机身的总体内力基本没有影响。

由以上可见,机身载荷除增压舱的增压载荷外,主要是由各装载以及与机身相连的其他部件通过接头传来的力,载荷形式以集中力或由一对集中力构成的集中力矩形式居多。

四、机身的总体受力特点

机身上的全部载荷在与机翼连接处得到平衡,因此可把机身看成是支持在机翼上的双支点或多支点外伸梁,支点数以及支点提供的支反力性质视机身-机翼的连接接头的具体情况而定。当机身受到各种设计情况下的载荷时,机身结构会产生在垂直对称面内和水平面内的弯曲以及绕机身轴线的扭转。相应地,在机身结构中会引起两个平面内的剪力、弯矩和绕 x 轴的扭矩等总体内力(见图 3.58)。

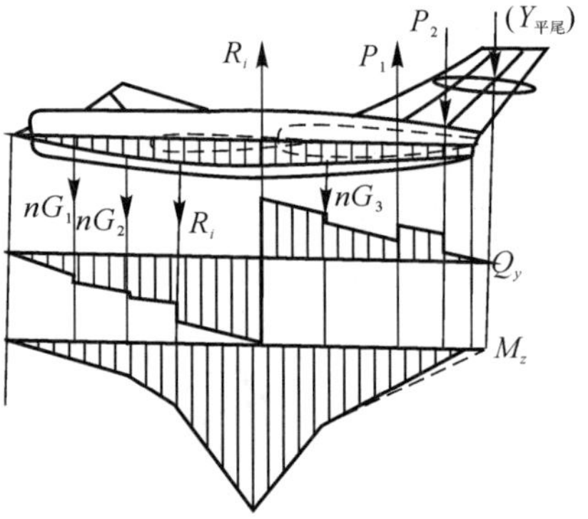

图 3.58 机身在垂直面内外载及内力图

综上所述,可见机身结构的受力一般说与机翼很相似。但对机翼来说,水平载荷较其垂直载荷(如升力)小得多;而机翼结构在水平方向的尺度较垂直方向大,所以在结构分析时常略去水平载荷。对于机身,垂直方向和水平方向的载荷基本上为同一数量级,且机身结构在这两个方向上的尺度又差不多,因此在机身结构分析时,两个方向上的载荷都要考虑。

3.7 机身典型结构型式的传力分析

一、机身结构的组成元件及其功用

现代飞机的机身结构是由纵向元件(沿机身纵轴方向)——长桁、桁梁和垂直于机身纵轴的横向元件——隔框以及蒙皮组合而成。机身结构各元件的功用相应地与机翼结构中的长桁、翼肋、蒙皮的功用基本一样。

1. 隔框

隔框分为普通框与加强框两大类。普通框用来维持机身的截面形状,一般沿机身周边空气压力为对称分布,此时空气动力在框上自身平衡,不再传到机身别的结构去。普通框都设计成环形框(见图 3.59),当机身为圆截面时,普通框的内力为环向拉应力;当机身截面有局部接近平直段时，则普通框内就会产生弯曲内力。此外，普通框还受到因机身弯曲变形引起的分布压力 p_1（见图 3.60(2),(3)），p_1 是自身平衡的力系。普通框还对蒙皮和长桁起支持作用。隔框间距影响长桁的总体稳定性。

加强框除上述作用外，其主要功用是将装载的质量力和其他部件上的载荷经接头传到机身结构上的集中力加以扩散，然后以剪流的形式传给蒙皮。

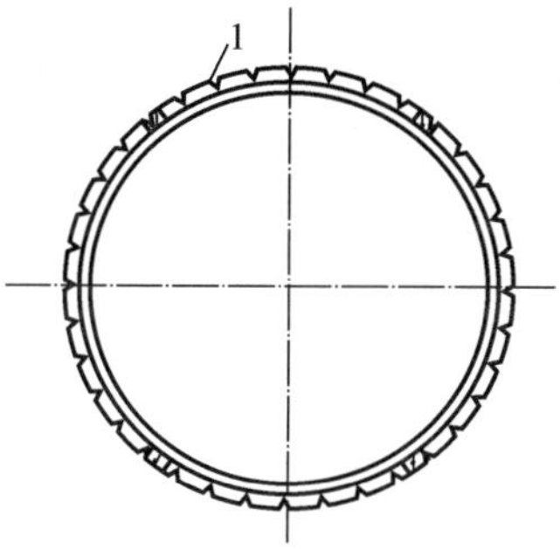

图 3.59　普通框构造

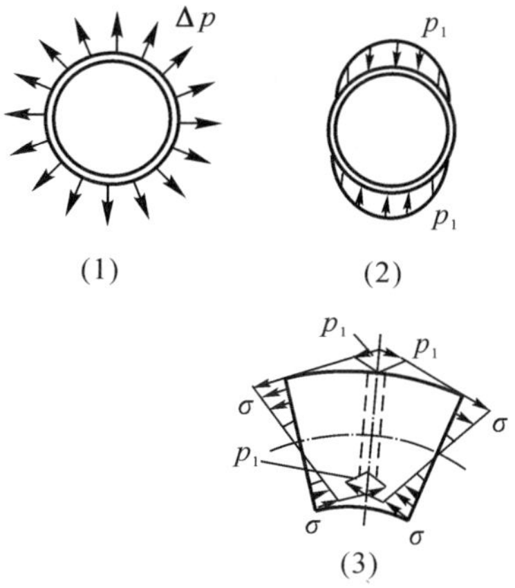

图 3.60　普通框的载荷与构造

(1)空气动力载荷；(2)压力 p_1 在框上的分布；(3)机身弯曲变形引起的压力 p_1

2. 长桁与桁梁

长桁作为机身结构的纵向构件，在桁条式机身中主要用以承受机身弯曲时产生的轴力。另外长桁对蒙皮有支持作用，它提高了蒙皮的受压、受剪失稳临界应力；它承受部分作用在蒙皮上的气动力并传给隔框，与机翼的长桁相似。桁梁的作用与长桁相似，只是截面积比长桁大。

3. 蒙皮

机身蒙皮在构造上的功用是构成机身的气动外形，并保持表面光滑，所以它承受局部空气动力。蒙皮在机身总体受载中起很重要的作用，它承受 xoy，xoz 两个平面内的剪力 Q_y，Q_z 和扭矩 M_t（绕 x 轴）；同时和长桁等一起组成壁板，承受两个平面内弯矩引起的轴力，只是随构造型式的不同，机身承弯时它的作用大小不同。

二、机身结构的典型受力型式

1. 桁梁式

桁梁式机身结构特点是有几根（如四根）桁梁，桁梁的截面面积很大。在这类机身结构上长桁的数量较少而且较弱，甚至长桁可以不连续，蒙皮较薄。这种结构的机身，由弯曲引起的轴向力主要由桁梁承受，蒙皮和长桁只承受很小部分的轴力。剪力则全部由蒙皮承受。从它的受力特点可以看出，在桁梁之间布置大开口不会显著降低机身的抗弯强度和刚度。虽然因大开口会减小结构的抗剪强度与刚度而必须补强，但相对桁条式和硬壳式来说，同样的开口，桁梁式补强引起的重量增加较少（见图 3.61(b)）。

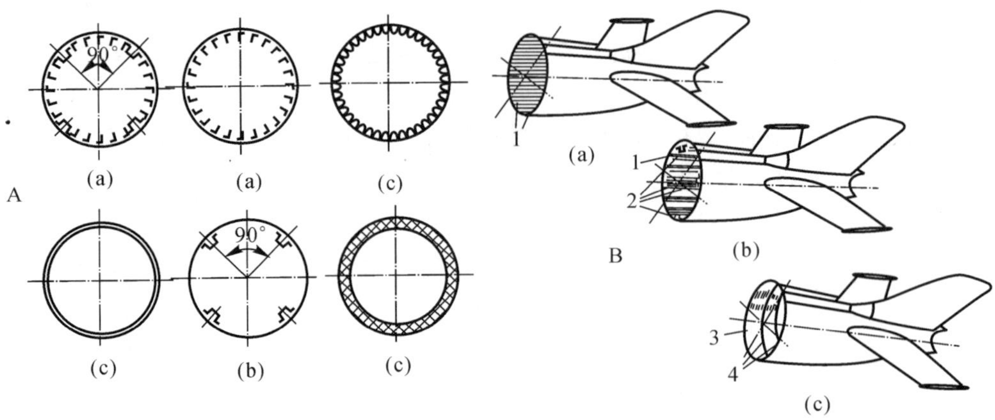

图 3.61 机身结构典型受力型式

(a)桁条式； (b)桁梁式； (c)硬壳式

1—长桁； 2—桁梁； 3—蒙皮； 4—隔框

2. 桁条式

这种型式机身的特点是长桁较密、较强，蒙皮较厚。此时弯曲引起的轴向力将由许多桁条与较厚的蒙皮组成的壁板来承受；剪力仍全部由蒙皮承受。从其受力特点可以看出，蒙皮上不宜开大口。但与桁梁式相比，它的弯、扭刚度（尤其是扭转刚度）比桁梁式大。由于蒙皮较厚，在空气动力作用下，蒙皮的局部变形也小，有利于改善气动性能。

桁条式和桁梁式亦统称为半硬壳式机身。现代飞机绝大部分采用半硬壳式结构，而且由于桁条式的优点，只要没有很大的开口，多数采用桁条式结构（见图 3.61(a)）。

3. 硬壳式

硬壳式机身结构是由蒙皮与少数隔框组成的。其特点是没有纵向构件，蒙皮厚。由厚蒙皮承受机身总体弯、剪、扭引起的全部轴力和剪力。隔框用于维持机身截面形状，支持蒙皮和承受、扩散框平面内的集中力。这种型式的机身实际上用得很少，其根本原因是机身的相对载荷较小，而且机身不可避免要大开口，会使蒙皮材料的利用率不高，开口补强增重较大。所以只在机身结构中某些气动载荷较大、要求蒙皮局部刚度较大的部位，如头部、机头罩、尾锥等处有采用。具体构造也有用夹层结构或整体旋压件等型式。

三、机身结构的受力分析

机身结构的受力分析与机翼类似，只是根据机身结构的受载特点，重点讨论集中力或力矩外载的传递以及有开口时的传力。本节将以作用在机身后段上的一个垂直集中力 P_y（例如由平尾安定面接头传来）来分析对不同的结构受力型式，载荷是如何传给机身结构的，又是如何在机身结构中传递的。本节还将分析运输机的地板结构是怎样将有效载重的质量力传到机身结构上的。

1. 集中载荷在机身中的传递

图 3.62 表示桁条式机身的一个加强隔框，它和水平尾翼某接头相连接，受到由接头传来的 P_y。该框受到力 P_y 后，要有向上移动的趋势，桁条对此起不了直接的限制作用，而由蒙皮通过沿框缘的连接铆钉给隔框以支反剪流 q。q 的分布与机身的受力型式，更明确地说，是和

该框平面处机身壳体上受正应力的集中面积的分布有关。对桁条式机身，假设只有桁条承受正应力，而蒙皮只受剪切时(蒙皮受正应力的能力可折算到桁条上)，剪流沿周缘按阶梯形分布(见图 3.62(a))。若蒙皮也受正应力，则在两桁条间的剪流值将不是等值，而呈曲线分布。又因为蒙皮与桁条连接，蒙皮因剪流 q 受剪时将由桁条提供轴向支反剪流平衡，也即蒙皮上的剪流 q 将引起桁条上产生拉、压的轴向力，如图 3.62(b)所示。由图 3.62(b)可知蒙皮“2”的剪流比蒙皮“1”上的剪流小，所以使蒙皮“1”，“2”间的桁条受压。同理蒙皮“1”，“2′”之间的桁条则受拉。最后可得：力 P_y 在机身结构中传递时，沿某一剖面上各长桁上的轴力分布如图 3.62(c)所示。图 3.62(b)，(c)表示一个空间薄壁盒式梁在受到一个集中力后，“梁”内的剪力及由弯矩引起的轴向力的分布。

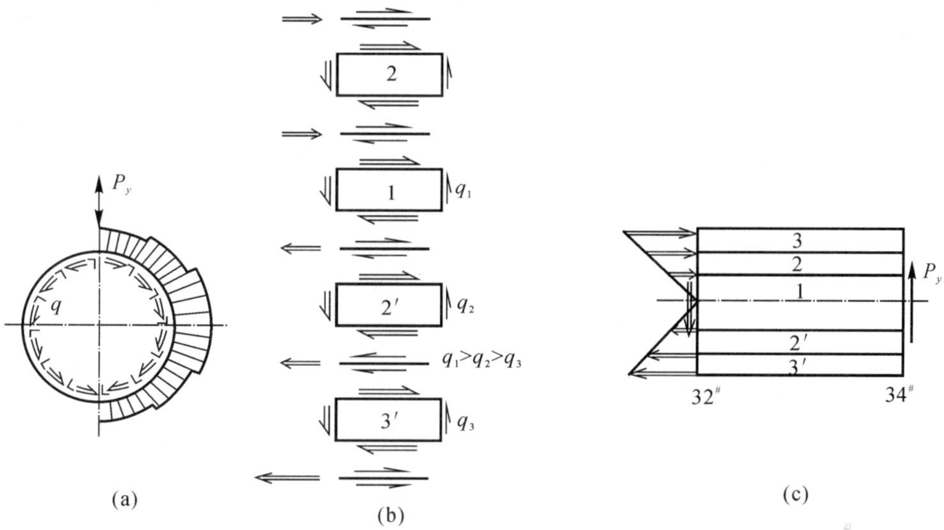

图 3.62　桁条式机身在框平面内受 P_y 力时的传力分析

(a)支反剪流分布图；(b)蒙皮和长桁的平衡；(c)轴力分布图

由上面的分析可知：在框平面内作用有集中力时，①由加强框承受该集中载荷；②框将集中力扩散，以剪流形式传给蒙皮；③剪流在蒙皮中向机身支承处(此处是向前)传递时，其剪力内力 Q 通过蒙皮连续向前传递；而弯矩内力 M 则以桁条的轴向拉、压力形式向前传递，距 34 框越远(x 向)，该轴力将越大，沿 x 向近似为直线分布。Q 和 M 即属机身的总体内力。

如果机身是桁梁式，则蒙皮上的剪流分布将如图 3.63 所示，而构成弯矩的轴力只由桁梁来承受。所以必须注意，框平面内受有集中力时，支反剪流的分布、大小只与机身壳体的形式——“受正应力的元件的分布”有关，即与是由桁条还是桁梁，或是蒙皮受正应力有关，而和加强框本身的构造形式无关。由桁梁式机身的分析可见，桁梁与机翼中的梁不同。桁梁只相当于翼梁的一根缘条，而机身的蒙皮相当于翼梁的腹板。

若有一多闭室机身，由于蒙皮受正应力，则力 P_y 作用下框的支反剪流分布将如图 3.64(a)所示。如果是在外载 M_t 的作用下，则剪流分布将如图 3.64(b)所示。

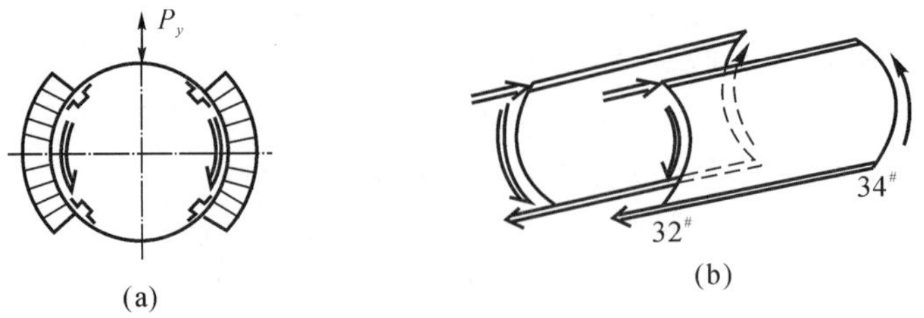

图 3.63　桁梁式机身受框平面内力 P_y 作用时的传力分析

(a)支反剪流分布图；（b)蒙皮和桁梁的平衡

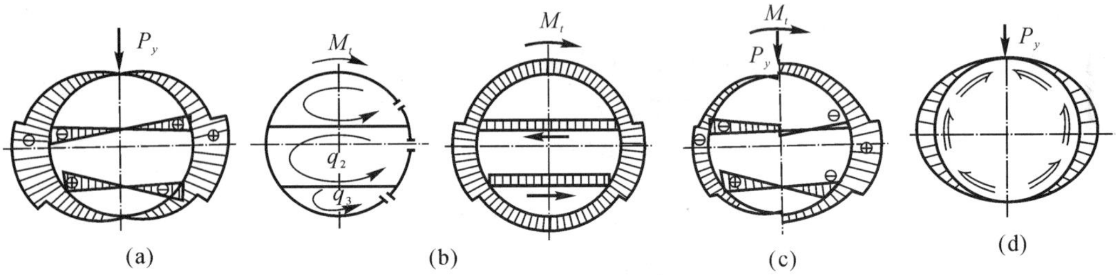

图 3.64　多闭室硬壳式机身的受力分析

(a)受 P_y 力；（b)受扭矩 M_t；（c)合成后的支反剪流分布情况；（d)单闭室受 P_y

需要说明的是：

(1)扭矩引起的蒙皮中的剪流与机身结构受正应力的元件无关。作用在机身上的扭矩，通过加强框传给蒙皮后，以蒙皮受剪形式在蒙皮中向支承处传递，不会引起桁条（或桁梁）内的轴力。

(2)如果有垂直于框平面的集中力作用在机身结构上，那就须要布置相应的纵向构件，力扩散后再在结构中传递，这将在 3.9 节机身结构传力分析实例中讨论。

2.运输机有效载重引起的地板载荷的传力分析

运输机（包括旅客机、货机）上的载荷常常是移动的，因而有效载重的质量力作用点是不固定的。在规范中一般规定用分布的地板载荷来表示。在机身结构中则相应地设计成由地板结构来承受该地板载荷。图 3.65 为一旅客机地板结构的组成元件，以及它们和机身其他结构元件之间的连接关系。

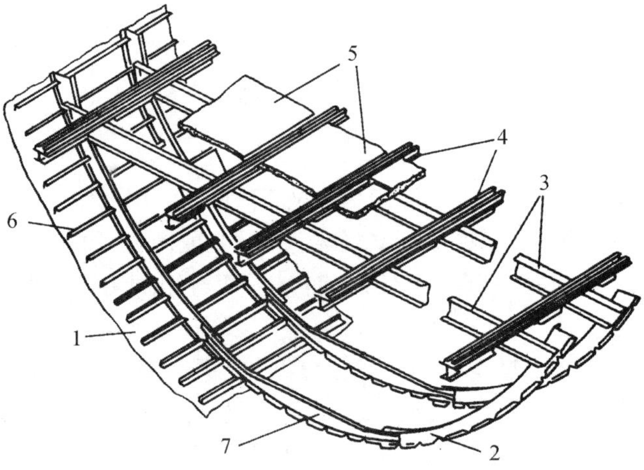

图 3.65　旅客机地板结构

1—机身蒙皮；　2—隔框；　3—横梁；　4—纵梁及滑轨；

5—地板块；　6—长桁；　7—货舱地板下隔框加强段

地板结构由横梁、纵梁、地板块组成。横梁的两端连接在框上，每一个隔框对应一根横梁，横梁都设计成槽形或工字形。纵梁连接在横梁上，或搭接在横梁上(见图3.66)，或通过角片直接与横梁的腹板相连。纵梁的数目与座椅滑轨相对应(滑轨和纵梁往往做成一个构件)。地板块一般做成夹层板结构，镶嵌在两根纵梁之间，它们之间根据使用要求可以是可拆卸连接，也可以是不可拆卸连接。就客舱整个地板来说，它由若干块这样的地板块拼成。

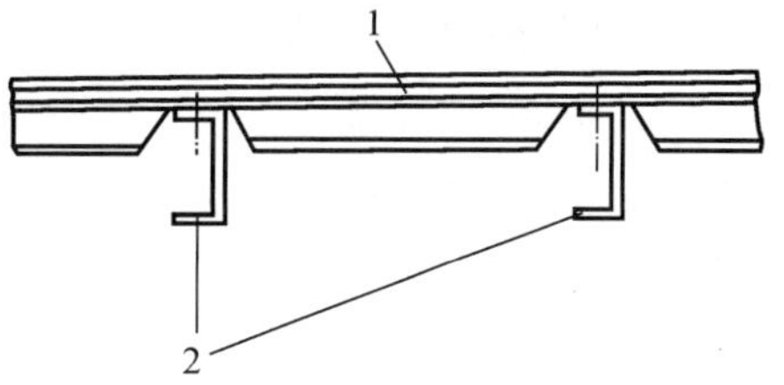

图 3.66　纵梁与横梁的连接

1—滑轨与纵梁；　2—横梁

地板上作用有垂直载荷时，地板块受弯曲，并将地板上的分布压力传到支持它的纵梁和横梁上。因为纵梁是由横梁支持的，所以纵梁上的载荷最后也传给了横梁。横梁受弯，将载荷传到机身隔框上。隔框由机身蒙皮提供支反剪流，与横梁传来的力平衡。纵梁下缘条可以做成断开的，此时纵梁的受力特点可看成是一段段的双支点梁连接起来。

地板上的有效载重引起的载荷除垂直分布力(主要载荷)外，还有沿 x 方向的力 P_x 和沿 z 向的力 P_z，它们也是有效载重的质量力。P_x，P_z 都是通过系留装置传到地板上。P_x 由纵梁承受，一种设计方案是纵梁沿机身轴向互相连接，使各段纵梁之间可以传递轴向力，只要每一个纵梁的一端固定在一个适宜承受纵向载荷的结构上，则纵梁上的 P_x 就能得到平衡。如波音-707的部分地板纵梁固定在中央翼的上翼面，力 P_z 则由纵梁直接传给横梁，横梁再以集中力形式作用到隔框上。

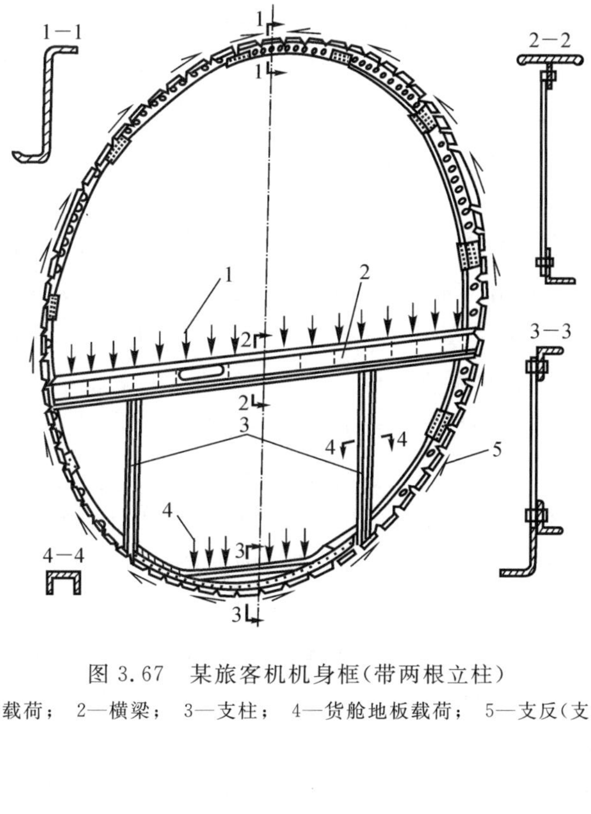

图 3.67　某旅客机机身框(带两根立柱)

1—地板载荷；　2—横梁；　3—支柱；　4—货舱地板载荷；　5—支反(支承)剪流

一般大型客机的客舱地板下面是行李(货)舱,行李舱内的有效载重的载荷是通过货舱地板、纵梁加到隔框上去的,再由隔框分散到机身蒙皮上。有些旅客机,在横梁与下部隔框之间设置了两根立柱(见图 3.67)。立柱将下半框与横梁连成一个整体,这样货舱的载荷可直接传给横梁,由横梁传到隔框上。垂直载荷由横梁传给框时基本上与机身周缘相切,因此从框的受力看将比较有利,但这将使行李舱的容积和利用率受到一定的损失。近年来有资料介绍,当飞机坠毁时这类立柱可能会危及客舱内的旅客安全,有所不利。

通过前述介绍的机身结构几种典型受力型式的传力分析,我们知道,机身承受弯、剪、扭总体内力的是由蒙皮、桁条或桁梁组成的空间薄壁结构式的壳体,因此各种集中力和作用于机身内部空间的分布力(如地板载荷)都要由相应的构件来承受。yoz 平面内的载荷由加强框承受;x 方向的载荷由局部纵向加强件(或地板)承受,若由此产生偏心力矩 M_z,将由两个框承受。总之要把各种载荷扩散成剪流传到蒙皮、长桁组成的机身盒段结构上,由它向机身支承点(即机身-机翼接头)传递。普通框与机翼中的普通肋一样,不参加机身结构的总体受力,但它作为蒙皮、长桁、桁梁的一个支持,可提高它们在参与总体受力时的失稳临界应力。

3.8 飞机结构开口区受力分析

一个机翼或机身结构,若整个结构连续而且无开口,则其重量将比有开口者要轻。因此单纯从结构的重量要求来看,应以无开口的整体连续结构为最好。但实际上在机翼或机身部件部位安排时,为了满足使用和维护的要求,在这些部件上通常布置有各种开口。例如各种舱门处的开口以及各种检查、维修用开口等。因此设计人员必须掌握开口区的受力分析。

一、开口与口盖的分类

1. 开口的分类

开口通常按开口尺寸大小分为大开口、中开口与小开口。这里说的开口大小,是指它与开口所在处部件的基准尺寸相比而言。譬如机身上开口的某一边的长度尺寸,就应与机身直径相比来判别其大小,即是相对大小而不是绝对大小。用相对大小来比较才符合受力概念。若只讲绝对大小,则小飞机上的大开口与大飞机上的小开口就混淆不清了。

在与飞机外形有关的结构上开口,为了提供整体外形,在开口处必须有口盖或舱门。

2. 口盖的分类

(1)口盖按使用特性分类。口盖按使用特性可分为快卸口盖与一般口盖。

快卸口盖通常只需简单地按一下,或旋一下,即能使整个口盖打开或关上。因此使用和维护很方便(见图 3.68)。

一般口盖与基体结构的连接点较多,连接处较强(见图 3.69),口盖可传递部分或全部载荷。这类口盖的拆卸与安装较慢,但其重量特性较好。这里说的重量不是单指口盖,还包含开口周围结构因开口而加强所引起的重量增加。

(2)口盖按受力特性分类。口盖的受力特性及开口周围的加强与基体结构的受力特性有关。开口的基体结构是指开口附近的原结构。基体结构的受力情况可分下述三类：若基体结构不参与整体受力(如蒙布机翼上的蒙布、机身头部处蒙皮等)，则称为不受力基体结构；若基体结构虽参与整体受力，但只承受剪流而不承受轴向力，例如薄蒙皮强梁结构、薄蒙皮强长桁结构的蒙皮(此时蒙皮内可能有少量正应力，只是对于整个结构来说，轴向力主要部分不由它承受)，则称为受剪基体结构；若基体结构参与整体受力，且它不但承受剪流，还承受轴向力，则称为受轴向力的基体结构，此时如有开口，将切断其长桁或厚蒙皮。

口盖按受力特性可分为不受力口盖、受剪口盖与受轴向力口盖。

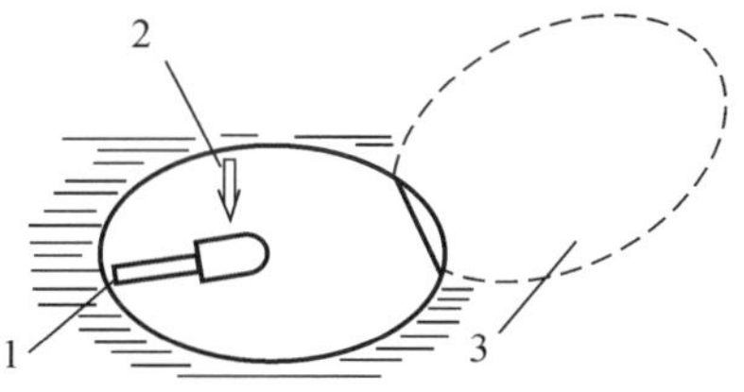

图 3.68　快卸口盖

1—锁扣处；　2—按此处口盖打开；

3—口盖打开位置

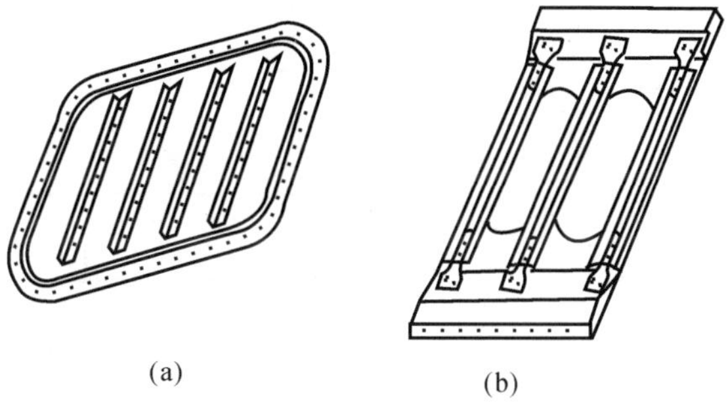

图 3.69　一般口盖

(a)受剪口盖；　(b)传轴向力口盖

不受力口盖不参与整体受力而只受口盖上的局部气动载荷，并把此载荷传给基体结构。通常，若需要快速拆卸时，一般都做成快卸口盖，快卸口盖都为不受力口盖。不受力口盖布置于不受力基体结构上时，开口附近不需加强(仅连接点处须能传递局部外载引起的力)。不受力口盖布置于受剪基体结构上时，开口附近结构(下面简称开口区)须要适当加强，以使加强后的开口区能传递原开口部分的剪流——这叫做传剪加强。不受力口盖布置于受轴向力基体结构上时，则除了考虑传剪加强外，还应考虑加强到能传递原开口部分的轴力，即除了传剪加强外，还需传轴向力加强。

受剪口盖能传递原开口处所需传递的剪流。因此受剪口盖本身须能受剪，且在连接处应能把剪力扩散为剪流。受剪口盖布置于受剪基体结构上时，开口区不需加强(连接处应能把剪力扩散成剪流)。受剪口盖布置于受轴向力基体结构上时，开口区须做传轴向力加强。

受轴向力口盖除了能传递原开口处剪流外，还能传递原开口处轴向力。受轴向力口盖本身除能传剪外应能承受轴向力，且连接点处应保证能传递这些轴向力。受轴向力口盖都布置在受轴向力基体上。

利用口盖本身传力的重量特性比口盖不受力、开口区加强的重量特性好。但此时由于连接点增多、增强，不能采用快速装卸口盖，故在经常需要维修内部处不宜采用本身能传力的口盖。

飞机结构上的典型开口布置与口盖受力特性如图 3.70 所示。

二、基体结构受剪时的开口区受力分析

当基体结构受剪，口盖不受力时，在开口周围需要加强，以传递原开口处所需传递的剪力。此时随开口大小的不同可用下述三种加强方式传力。

1. 口框式加强的传力分析

对于小开口,此时通常采用口框加强。这里所说的口框是指绕开口周围布置一圈截面具有抗弯能力的加强结构,类似刚框。

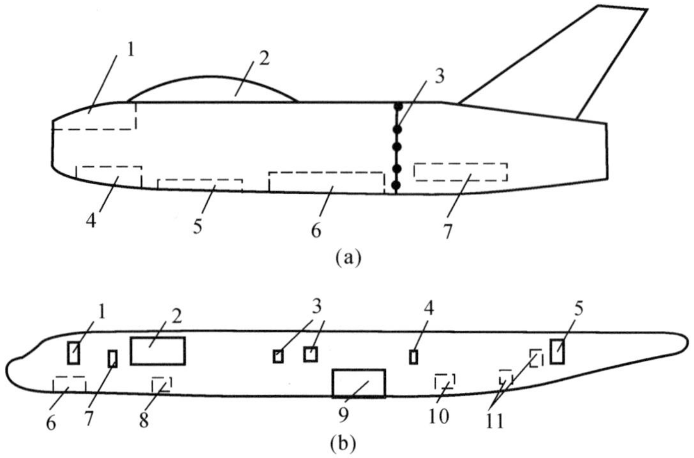

图 3.70　典型的开口与口盖

(a)歼击机机身的开口与口盖受力;

1—前设备舱不受力口盖; 2—座舱开口,座舱盖不参与机身整体受力; 3—前后机身分离面,接点能传轴向力;

4—前轮舱不受力舱门; 5—传轴向力炮架口盖; 6—传轴向力油箱舱口盖; 7—检修发动机附件用的不受力口盖;

(b)旅客机机身的开口(所示均为舱门或出入门,为不受力口盖)

1—前旅客门; 2—主货舱门; 3—应急窗; 4—应急门; 5—后旅客门; 6—前轮舱;

7—前服务门; 8—前货舱门; 9—主轮舱; 10—后货舱门; 11—后服务门

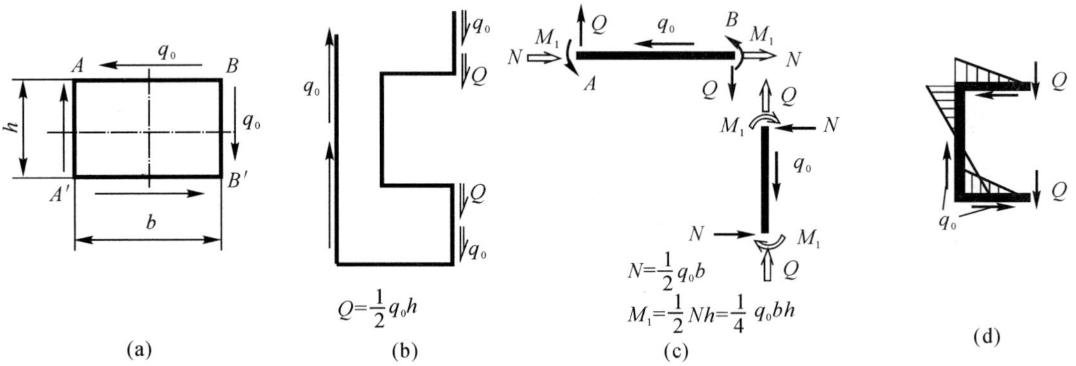

图 3.71　口框传剪的例图

(a)长方形口框及其所受外力; (b)开口处及开口区内剖面上,垂直方向内力的分布;

(c)把口框分成 4 段,画出其力平衡图; (d)把口框分成对称的两半,弯矩引起的内力分布

口框加强形式的受力情况如下:在开口区,被开掉处结构的剪流转化成口框截面上的集中剪力(见图 3.71(b)),此时可近似认为口框外的基体结构受力与未开口前相同。口框本身受有自身平衡的外力系(相当于没有开口时的剪流作用在上面)。口框的内力图可用两种方法

画出。一是把口框分成四段，分别画出各段的力平衡图（见图 3.71(c)），即可据此画出内力图。二是可在口框的对称轴处切开，分成左、右两个分离体，画出力平衡图，并据此画出内力分布。口框的内力有 M,Q,N 三种，对这类刚架，弯矩通常为其主要内力。图 3.71(d)示出了口框弯矩内力的分布。

2. 中开口围框式加强的传力分析

当开口尺寸增大，由图 3.71(c)中公式可知，口框的内力 M,N 等均要增大，口框将随之加重，此时常采用组合围框式加强方式（见图 3.72）。围框常利用开口附近原已有的受轴力构件——周边杆和蒙皮，加上在开口四周加一圈井字形布置的受轴力杆组成。其受力原理类似于把原来口框的梁式截面改成由内、外侧两根受轴力杆和中间蒙皮组成的薄壁梁式受力截面。由于围框的截面高度比口框的大，故在受到同样大小的弯矩时，围框中的加强杆的应力将比较小。当开口尺寸和原剪流较大时（则弯矩内力较大），采用这种加强在重量上将较口框有利。

在进行传力分析时，可认为周边杆的外侧仍近似作用有类似于没有开口时的原剪流 q_0，在开口邻近区，由于有开口，故开口两侧的蒙皮受到较大的剪流 q。若开口及其加强杆布置都假设为对称的，取一半结构为分离体，由图 3.72(b)可得

$$q(l-b)=q_0 l \tag{3.11}$$

即

$$q=q_0\frac{l}{l-b}$$

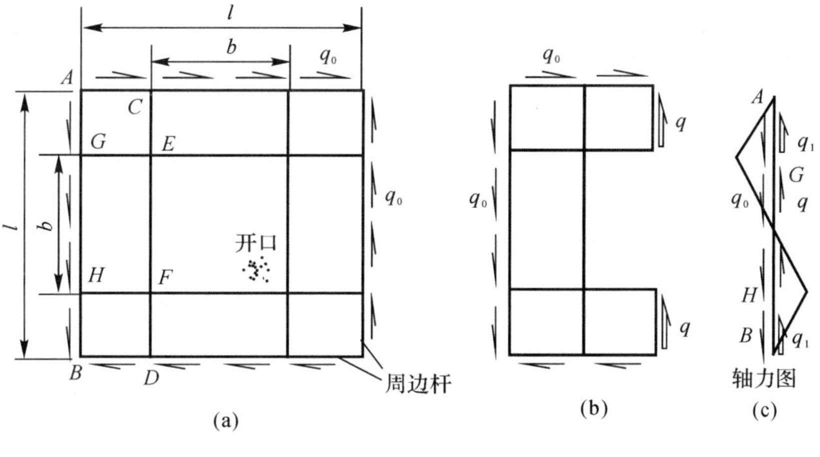

图 3.72　配置轴向力杆件作为传剪加强

(a) 开口区结构布置及开口区结构的外载；(b) 取一半结构作为分离体；(c) $AGHB$ 杆分离体图

令四角上的剪流为 q_1，由杆 $AGHB$ 的平衡，可得

$$q_1(l-b)+qb=q_0 l$$

故得

$$q_1=q_0\frac{l}{l-b}\frac{l-2b}{l-b},\quad 故\ q_1<q_0 \tag{3.12}$$

有了 q 与 q_1，即可画出全部加强杆的轴向力图。但对不同的 b/l 及 $l-2b$，q_1 可以为正，也可以

为负。

3. 双梁参差弯曲传扭——受剪基体的大开口加强

若开口尺寸较大，且开口周围原基体结构有一对强受力构件(譬如双梁式机翼上的双梁)，则可结合这种条件布置开口区加强，而不再采用围框加强。

双梁式机翼有下开口时，机翼扭矩在开口区的传递如下：从图 3.73 可知，当开口位于机翼翼根处时，由于下蒙皮被开掉，开口区不再能以翼盒闭室的一圈剪流传扭，而是以双梁的参差弯曲受扭，即一个翼梁由于附加剪力而向上弯，另一个翼梁由于附加剪力向下弯。这一对作用在开口区端头、大小相等而方向相反的剪力，是通过开口区加强端肋把形式为一圈剪流的扭矩转化而来的。由于两根梁在整个开口区内都可承受这对附加剪力，故能由两梁传扭。此时，每个梁在开口区两端的剪力大小相等而方向相反，必须还要有力矩与之平衡。

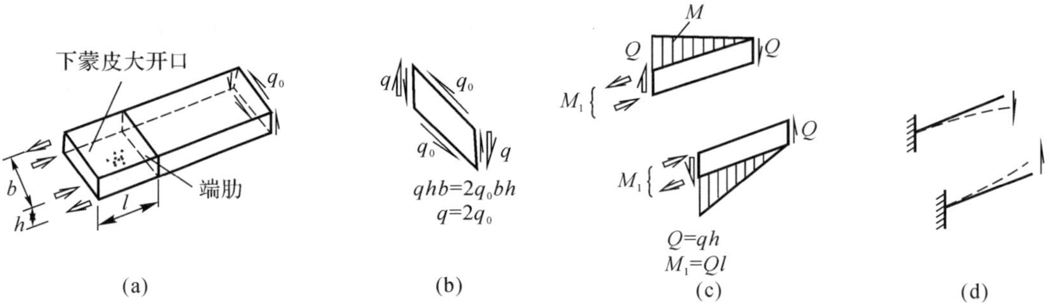

图 3.73　双梁机翼根部大开口的传扭

(a)根部布置图；(b)开口端肋的分离体图；(c)开口区的双梁参差受弯分离体图；(d)双梁参差弯曲引起的附加变形的示意图

由于两梁上的附加剪力大小相等、方向相反，所以这两根梁在开口区端头的同一截面上作用的力矩，也是大小相等、力向相反，构成自身平衡力矩系，其合力矩等于零。这里说的力矩，对梁来说都是弯矩。

自身平衡力矩在开口两端有一个如何分配的问题。通常，可近似认为与开口左右段的刚度有关。若开口位于机翼根部，则由于翼根处支承刚度大，可近似认为全部附加自身平衡力矩(实际上是大部分)都位于根部一侧。若开口位于机翼半翼展中间附近位置，则可近似认为附加自身平衡力矩在开口两端，一边占一半(见图 3.74)。且由圣维南原理可知，这些附加力矩在开口两端之外的结构中，都有一影响区，其长度为 l_1，$l_1\approx1.5B$。附加力矩引起的次正应力在影响区内很快衰减到零(见图 3.74(c))。

当机身中段有大开口时，其传力原理基本相同。如图 3.75 为一桁条式机身，中段下腹部有大开口，则传扭时与机翼的区别仅在于开口段以及参与区内附加力矩引起的次正应力是由左、右侧壁承受，该正应力沿侧壁上、下是变化的，变化规律如图 3.75 所示。

双梁机翼根部有大开口时的阻力传递如图 3.76 所示。若下蒙皮开口，则原下蒙皮所传的阻力通过端肋转至上壁板，但同时产生一对附加的大小相等而方向相反的剪力，因此也引起双梁的参差弯曲。这里须注意下述两点：一是这里所用的阻力这个词是借用的，实际为气动合力在弦平面内的分力；二是这个弦向分力通常远小于法向分力(有时也称为升力)。

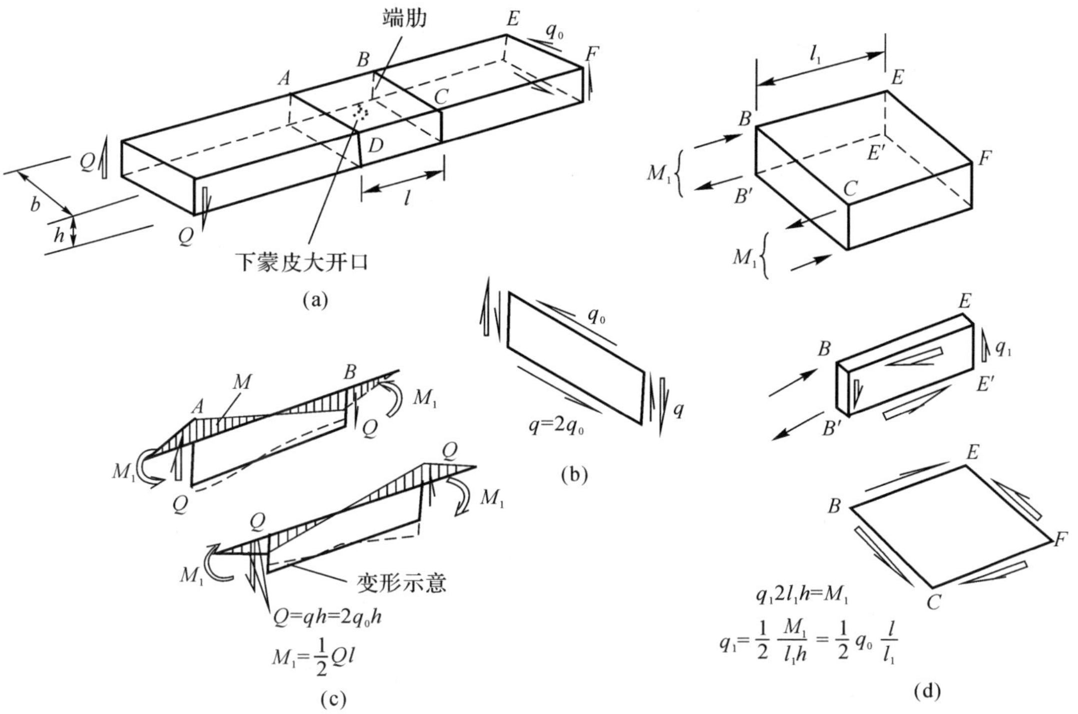

图 3.74　双梁机翼中部大开口的传扭

(a)中部大开口布置图；(b)端肋的分离体图；

(c)开口区双梁参差受弯分离体及其变形示意图；

(d)开口附近区受自身平衡附加力矩系时的分离体图

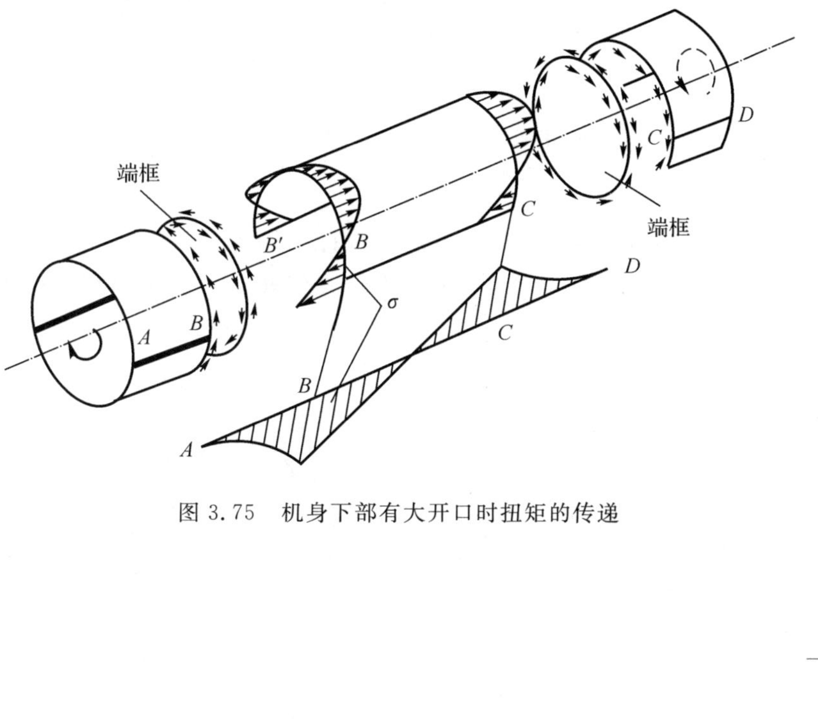

图 3.75　机身下部有大开口时扭矩的传递

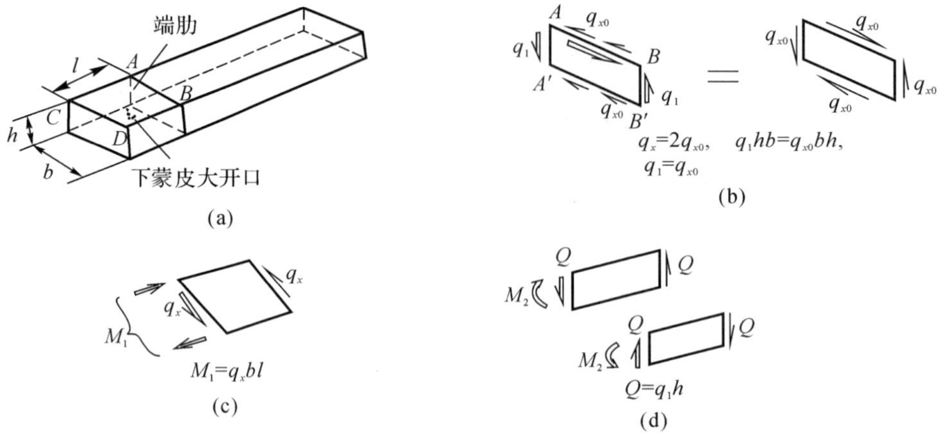

图 3.76 双梁机翼根部大开口的阻力传递

(a)根部大开口布置图； (b)端肋分离体图； (c)上壁板传阻力； (d)双梁参差弯曲

三、基体结构受轴向力时开口区受力分析

一般来说，结构常既受剪力又受轴力，这里只讨论传轴向力时开口对结构的影响，实际情况将是受剪和受轴向力两种影响的叠加，受剪基体的开口问题已在“二”中叙述。开口结构的受轴力实质上也是一个力的参与问题，与分散力的集中是同一种性质的问题(见图 3.77)。

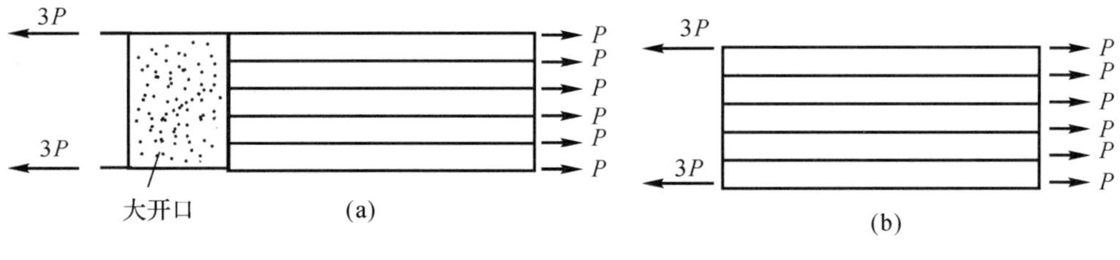

图 3.77 开口结构受力相当于分散轴力集中(或集中力扩散)

(a)大开口传力； (b)分散力集中(或集中力扩散)

以一个简单的开口切断传轴向力杆件的六杆板杆结构为例，在 3.4 节“二”中有类似的传力分析。为将因开口而切断的长桁(杆)上的轴力转移到开口两侧未切断的杆上，需要一个参与段，通过参与段内的板受剪来实现(见图 3.40)。但在 3.4 节的分析中假设参与区内各板内的剪流为常数，对所有切断杆参与区长度相同。此处则以应变能最小原理，利用变分法求其精确解。

因为是精确解，所以不再采用传力分析时所采用的两个假设。现取杆的轴向力为函数变量，即它与各点沿杆长方向的位置 z 有关。由于结构对称且已知总轴向力，因而只有内侧杆轴向力 N_1 与中间杆轴向力 N_2 两个变量，外侧杆轴向力为 $3P-N_1-N_2$。由于对称，中间板剪流

为零，由单元体分离体图知内侧板与外侧板剪流分别为

$$q_1=\frac{\mathrm{d}N_1}{\mathrm{d}z};\quad q_2=\frac{\mathrm{d}N_1}{\mathrm{d}z}+\frac{\mathrm{d}N_2}{\mathrm{d}z} \tag{3.13}$$

以上分析见图 3.78(b)。

整个板杆结构的变形能为

$$U=\int_0^L\left[\frac{N_1^2}{EA}+\frac{N_2^2}{EA}+\frac{(3P-N_1-N_2)^2}{EA}+\frac{\left(\frac{\mathrm{d}N_1}{\mathrm{d}z}\right)^2}{Gt}B+\frac{\left(\frac{\mathrm{d}N_1}{\mathrm{d}z}+\frac{\mathrm{d}N_2}{\mathrm{d}z}\right)^2}{Gt}B\right]\mathrm{d}z \tag{3.14}$$

式中　A—— 各杆截面面积(取相同值，沿杆长不变)；

t—— 各板厚度(取相同值)；

E—— 杆的拉伸弹性模量；

G—— 板的剪切弹性模量。

为了简化，采用下述符号：

$$u^2=\frac{3}{\frac{E}{G}A\frac{B}{t}} \tag{3.15}$$

此时，利用变分原理，可得

$$N_1=P\left[1-\frac{1}{2}\frac{\sinh uL}{\cosh uL}\cosh uz+\frac{1}{2}\cosh uz+\frac{3}{2}\frac{\sinh\frac{uL}{\sqrt{3}}}{\cosh\frac{uL}{\sqrt{3}}}\sinh\frac{uz}{\sqrt{3}}-\frac{3}{2}\cosh\frac{uz}{\sqrt{3}}\right];\quad q_1=\frac{\mathrm{d}N_1}{\mathrm{d}z} \tag{3.16}$$

$$N_2=P\left[1+\frac{\sinh uL}{\cosh uL}\sinh uz-\cosh uz\right];\quad q_2=\frac{\mathrm{d}N_2}{\mathrm{d}z}+\frac{\mathrm{d}N_1}{\mathrm{d}z} \tag{3.17}$$

轴向力分布见图 3.78(c)。

由图 3.78(c) 可知，当无因次参量 u^2L^2 增大，一根杆上的集中力 $3P$ 很快通过板的剪切传至三根杆上去，使各杆均匀受力 P。u^2L^2 代表剪切刚度与拉伸刚度之比，因此剪切刚度愈大，即可使集中力愈快扩散。当剪切刚度为无限大时，理论上即不需过渡区(或称参与段) 而能直接使力扩散；但由于实际结构的剪切刚度不可能为无穷大，故总需要参与段，通过板受剪切使集中力逐步扩散(或分散力逐步集中)，因此力的参与问题也称作“剪滞” 问题。

精确解与传力分析解的比较：

在求传力分析解时是假设过渡区内剪流为常数，这个数值通常要比精确的最大剪流小。精确解的轴向力是比直线更“丰满” 的曲线，故当两者过渡区相同时，精确解的轴力要略大一些。但过渡区长短是与结构刚度特性有关的，而且各杆参与受力的快慢程度也不一样，如上述 6 杆参与问题中，内侧杆就较中间杆后参与受力。因此有的参考书上常附有与图 3.79(a) 类似的图，并指出在扇形阴影区内，各杆只有小轴向力，以致可近似认为不受力。但须注意，不要因此引起下述错误概念，即认为既然这一地区为小受力，何不把此区域内的杆取掉？实际上，若取消这一区域内的杆元，则新的过渡区仍然有新的小受力区存在，不过是从有杆的曲边界开始而已(见图 3.79(b))。

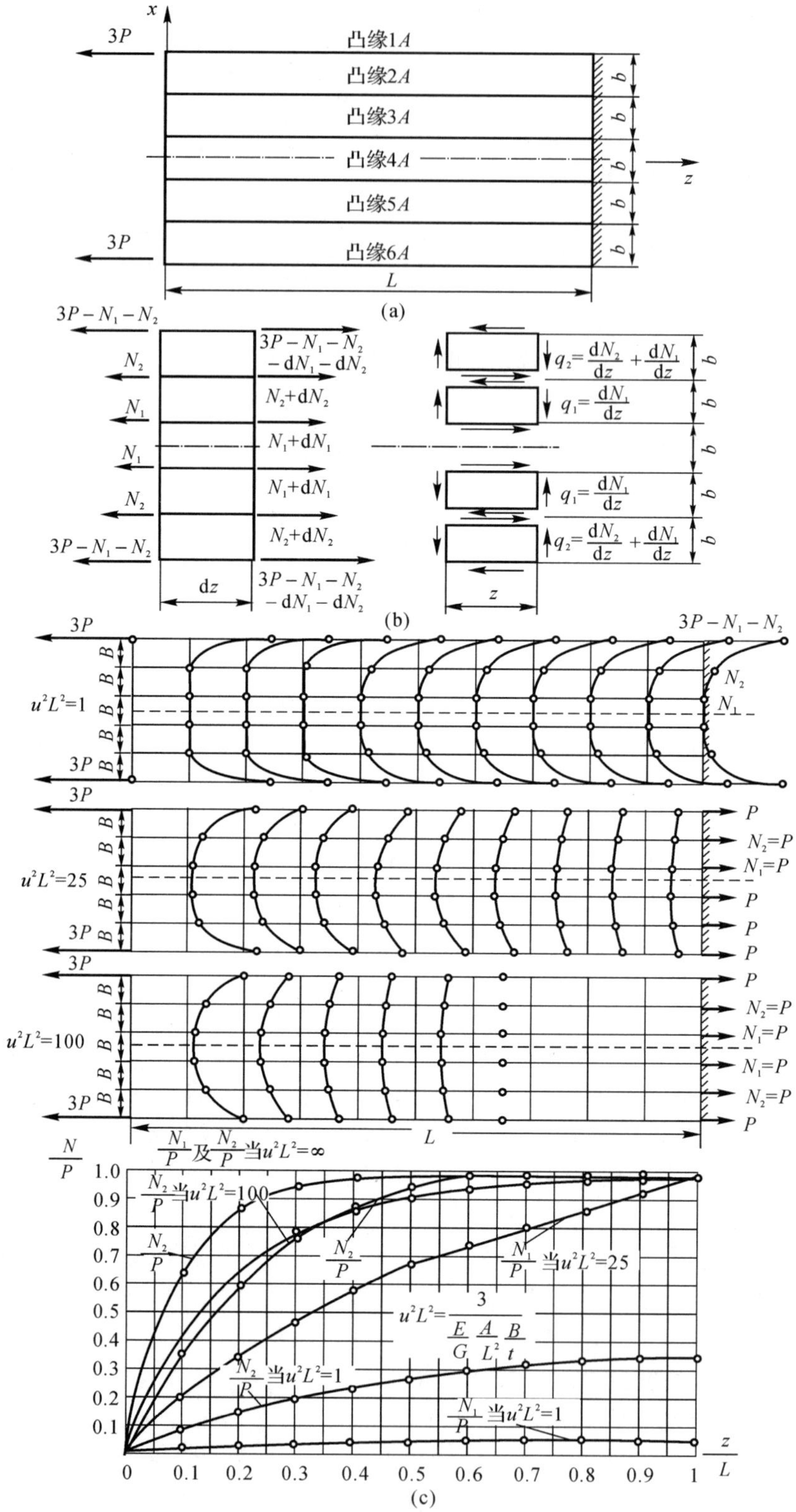

图 3.78　6 杆板杆结构参与图

(a) 结构图；（b）分离体图；（c）轴向分布图

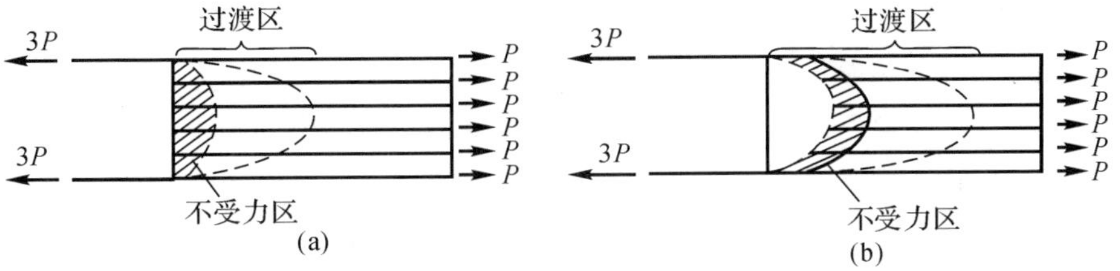

图 3.79 参与问题恒需要过渡区

(a) 各杆贯通时的过渡区与不受力区；(b) 各杆留一扇形区无杆时的过渡区与不受力区

3.9 复杂飞机结构传力分析实例

对于歼击机一类的小型飞机，其前机身因内部布置的需要，常设计成上、下都有大开口的桁梁式结构。如图 3.80(a) 所示，该前机身从进气道唇口起到驾驶员座舱后端框(11 框) 为止是一种受力型式，驾驶员舱的前端框为 6 框，显然 6 框与 11 框都应是加强框。在 6 框之前，上为设备舱，下为前起落架收置舱，中间用水平底板隔开。6 框到 11 框之间，上为驾驶员座舱，下为电瓶舱，中间为座舱地板。设备舱、电瓶舱因维修需要，均须布置不受力口盖，因此前机身的整个上、下表面均为大开口，呈 H 形剖面。左右两侧为进气道。根据上述情况，前机身采用桁梁式结构，四根桁梁沿进气道内蒙皮和外蒙皮的四根交线处布置。桁梁延伸到 11 框后，通过机身蒙皮参与受力逐步过渡为桁条式结构。6 框与进气道内蒙皮相连。进气道外蒙皮同时又是机身蒙皮，它用 5.5 mm 铝板化学铣切制成，既无横向加强筋(即相当于无隔框)，又无纵向桁条。为了综合利用加强件，前起落架安装在 6 框的下部。

前起落架是通过固定在 6 号加强框上的左右转轴轴承座 11 与机身相连接，轴承座具有除绕转轴的转动外的全部约束，即它能承受除 M_z 以外的所有的力和力矩，挡块 12 则能提供 x 方向向后的约束。之所以采用这样的连接是为了使起落架既能做收放运动，又能在放下位置时承受任意方向的力和力矩。我们分别讨论前起落架所受的力 P_y，P_z，P_x 是如何传到机身结构上的，又布置了哪些构件将这些力向后传到中机身上去。

前起落架上作用有力 P_y 时，此力将通过左右轴承座作用到加强框上。因为加强框只与进气道内蒙皮相连，加强框受到力 P_y 时只能由进气道内蒙皮提供支反剪流。这是因为外蒙皮没有横向加强筋与加强框连接，所以外蒙皮是不能提供剪流的(见图 3.80(b))。

前起落架作用有力 P_z 时，力 P_z 通过转轴轴承座的端面受压传到6号加强框上。对这种上下都开口的结构来说，能提供侧向剪流给加强框的构件主要是座舱地板，所以轴承座处的力 P_z 是通过加强框腹板受剪切的形式与座舱地板上的支反剪流相平衡的。因为力 P_z 从前起落架机轮上向上传递，当传到转轴轴承座时，就有力矩 $M_x = P_z h$ 形成，它以力偶的方式作用在左右轴承座上，另外，轴承座上的力 P_z 还会引起力矩 M_x^1。力矩 M_x 与力矩 M_x^1 的总和就构成了力 P_z 对前机身的扭矩，平衡这个扭矩的剪流将由进气道的内蒙皮提供(见图 3.80(c))。须要说明的是，在进气道内蒙皮上的剪流最后是由扭矩和作用在开剖面刚轴上的 P_y 引起的剪流的总和。

再看起落架上作用有力 P_x 时的情况(见图 3.80(d)，(e)，(f))。作用在机轮上的力 P_x 是由轴承座和挡块提供的反作用力 R_{ex}，R_{dx} 来平衡的(见图 3.80(d))。因加强框不宜承受垂直框平面的集中力，所以在座舱地板下面设计了一个挡块(见图 3.80(e))。它的两边与地板下的纵向构件连接在一起，这样力 R_{ex} 就通过挡块传给纵向构件，由纵向构件转换成分散剪流传给座舱地板，图 3.80(e) 中的 q_{ex} 由地板下纵向构件提供。力 R_{dx} 用通过与轴承座做在一起的纵向加强件扩散给机身蒙皮，即 q_{dx}，因为轴承中心与机身蒙皮之间有一定距离，力 R_{dx} 与 q_{dx} 的合力形成附加力矩。为了平衡此附加力矩，纵向加强件 11 前后两端固定在框上，由框提供剪流 q_{dy} 来平衡附加力矩，见图 3.80(f)。下面进一步分析 q_{dx} 与 q_{ex} 传向哪些构件。从图 3.80(a) 可看到与纵向加强件 11 连在一起的机身蒙皮是固定在下桁梁上的，所以 q_{dx} 传给了左、右下桁梁。因为座舱地板是和进气道内蒙皮固定在一起的，而内蒙皮与桁梁相连，所以由与挡块连在一起的纵向构件把力 R_{ex} 以剪流的形式传给地板，再由地板传给进气道内蒙皮，最后由桁梁提供的轴向支反力平衡。

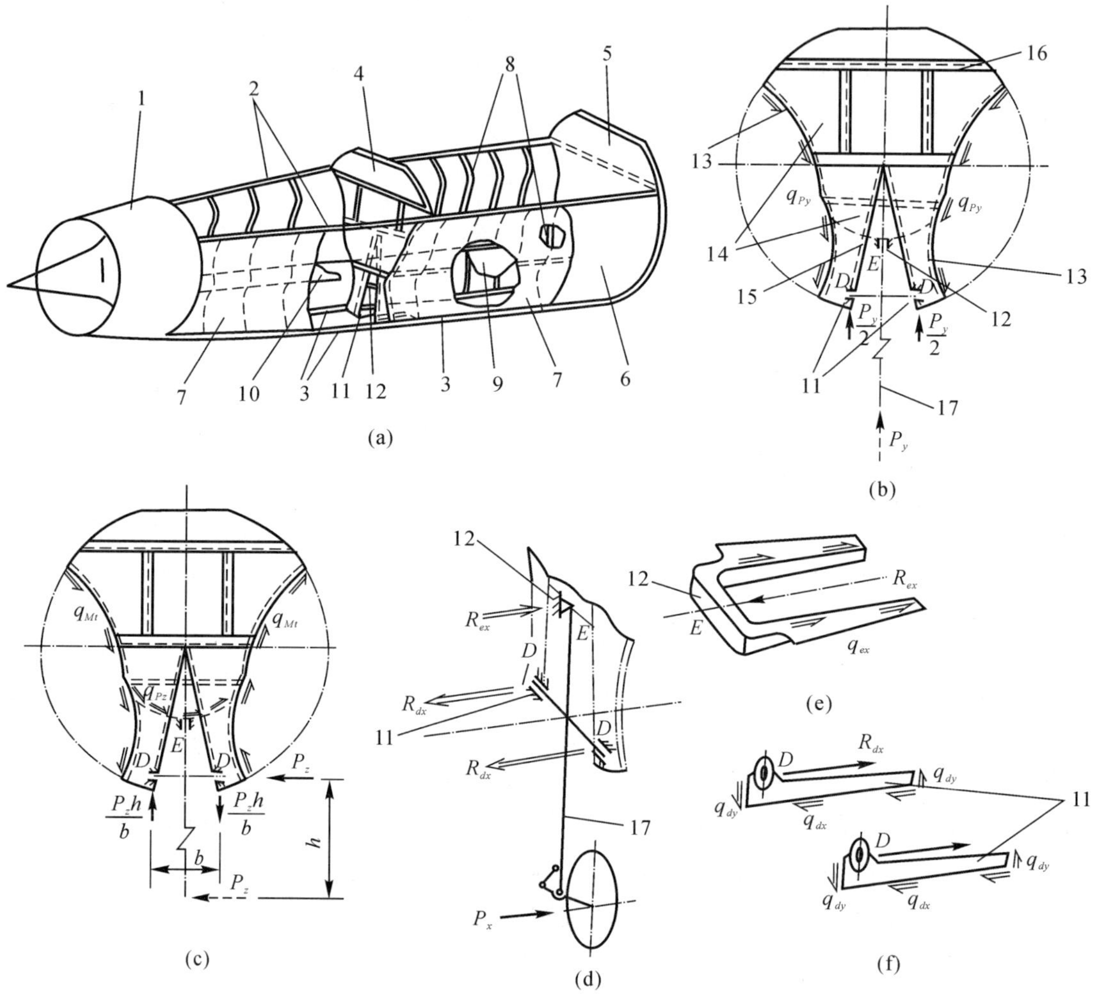

图 3.80　某歼击机前机身主要受力结构与传力

(a) 前机身主要受力结构；(b) 力 P_y 作用下加强框的平衡；(c) 力 P_z 作用下加强框的平衡；
(d) 力 P_x 的传递过程；(e) 力 R_{ex} 作用下挡块沿 x 向的平衡；
(f) 力 R_{dx} 作用下轴承座及纵向加强件的平衡

1— 进气道唇口；2— 上桁梁；3— 下桁梁；4—6 号加强框；5—11 号加强框；6— 进气道外蒙皮；
7— 进气道内蒙皮；8— 进气道内蒙皮加强筋；9— 座舱地板；10— 设备舱底板；11— 转轴轴承座及纵向加强件；
12— 挡块；13— 框缘条；14— 框腹板；15— 竖型材；16— 横向型材；17— 前起落架轴线

由以上分析可以看出，前起落架上的力 P_y，P_z，P_x，通过 6 号加强框以剪流的形式作用到与加强框相连的 H 形开剖面薄壁结构上。这个开剖面薄壁结构的后面即为中机身。所以，开剖面薄壁结构上的剪流 q_{P_y} 和 q_{P_z} 都将传到中机身上，于是形成垂直平面和水平平面内的弯矩，这些弯矩由四根桁梁的轴力平衡。在图 3.81 中左图上表示了力 P_y 的传力过程，右图表示了力 P_z 的传力过程。图中的 N_{P_y} 表示垂直平面弯矩的平衡反力，N_{P_z} 表示水平平面弯矩的平衡反力，N_{M_t} 表示由开剖面参差弯曲平衡扭矩引起的平衡反力。因为机身蒙皮（即进气道外蒙皮）较厚，所以平衡弯矩的轴向力中应包括桁梁附近蒙皮提供的轴向力。

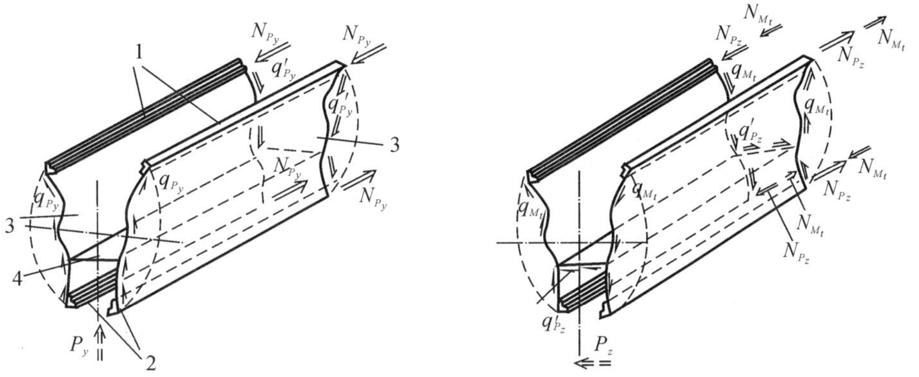

图 3.81　力 P_y、P_z 作用下，图 3.80 所示的桁梁式机身上总体力的传递

1— 上桁梁；　2— 下桁梁；　3— 进气道内蒙皮；　4— 座舱地板

在分析图 3.80(a) 所示的前机身传力过程时，我们略去了进气道外蒙皮（机身蒙皮）承受剪力的能力，只是在传弯矩时考虑了它承受轴向力的能力。这种假设对这个具体的结构是可以的，因为该前机身结构的特点，外蒙皮上没有横向加强筋，而其他的前机身结构就不一定能忽略，像米格-19 的前机身就不能这样略去外蒙皮承受剪力的能力。

从以上分析可知，由于机身承受弯、剪、扭总体内力的是由蒙皮、桁条或桁梁组成的空间薄壁结构式的壳体，因此各种集中力和作用于机身内部空间的分布力（如地板载荷）都要由相应的构件来承受。yoz 平面内的载荷由加强框承受；x 方向的载荷由局部纵向加强件（或地板）承受，若由此产生偏心力矩 M_z，将由两个框承受。总之要把各种载荷扩散成剪流传到蒙皮、长桁组成的机身盒段结构上，由它向机身支承点（即机身-机翼接头）传递。普通框与机翼中的普通肋一样，不参加机身结构的总体受力，但它作为蒙皮、长桁、桁梁的一个支持，可提高它们在参与总体受力时的失稳临界应力。

在本章最后还想指出一点，实际上要对一个机翼、机身结构进行比较全面、深入的分析并评价其好坏，只了解几种典型的“受力型式”的传力分析是不够的。因为每一种典型的“受力型式”都必须有赖于具体构造来实现。而实际结构的具体构造比“受力型式”要复杂得多。同时，结构的布置，各种结构型式和连接型式的选择等还与其他很多因素有关，如全机的部位安排、其他部件的情况和协调关系、使用维修的要求、工艺的方便、疲劳强度和结构可靠性的考虑以及新工艺、新材料的使用，等等。有些结构布置或结构型式如仅从受力来看，似乎并非最佳，并可能使结构重量增加，然而由于满足其他要求，只能在重量上做出牺牲。从全局出发，做出这种让步是必须的。因此我们不论是对已有结构进行分析，还是要根据一定要求进行结构设计，都应综合受力、全机的总体布置、使用、维修、材料的选取、工艺等各个方面一起来考虑。当然，要使结构能满足重量最轻的要求，最重要的是要使结构受力合理。因此掌握好各种结构的传力分析，对结构设计人员来说，仍然是最基本的，也是最重要的。

思　考　题

1. 静定结构和静不定结构在传力上有什么基本区别？静不定结构的传力与哪些条件有关？这些条件是如何影响传力的？

2. 机翼上作用着几种载荷？哪些载荷是主要的？机翼的剪力、弯矩、扭矩图大致如何分布？

3. 机翼结构的典型元件是哪些？它们有什么功用？它们在各种典型机翼受力型式中所承受的载荷有何不同？

4. 对于升降舵或方向舵而言，它的支持情况与机翼有何区别？它们的内力 M,Q,M_t 与机翼的情况有何不同？

5. 单块式机翼在气动载荷作用下，它的普通肋的支反剪流与梁式机翼（单梁、双梁或多梁式）有何不同？为什么？请画出它们的内力图。

6. 如果机翼-机身为四点（两个固接头）连接、或由多个接头连接，那么连接接头上的载荷大小将受哪些因素影响，为什么？双梁式机翼根部为四“点”连接（即用两个固接接头）时，和到根部改为三“点”，连接（即一固、一铰连接）时，受力情况有何变化？

7. 机翼-机身的对接形式有几种？各有什么优缺点？

8. 双梁单块式机翼在受到对称和反对称弯矩、扭矩时，中央盒段的各元件受什么载荷？画出它们的力平衡图和内力图。

9. 什么叫“后掠效应”？它为什么会产生？是否可减轻后掠机翼的“后掠效应”？

10. 请比较单梁、双梁、单块式、根部梁架式后掠机翼的受力特点，根部三角区的受载情况有何异同？什么情况下采用何种型式比较有利？为什么？

11. 题图 3.1 所示为三个根部梁架式后掠翼，它们与机身的连接接头的形式、位置均相同，但内部受力构件布置不同，则三种机翼接头上的载荷以及机翼内各构件的受力情况是否相同？

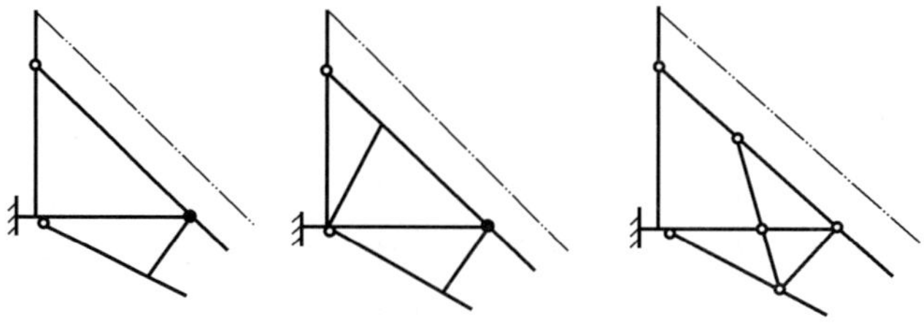

题图　3.1

12. 单块式后掠翼有哪几种常见的形式？它们在传力上各有什么特点？

13. 三角机翼的气动载荷分布有什么特点？它常采用怎样的受力形式？它们的受载特点是什么？

14. 限制扭转引起次应力的现象是否只在机翼根部才会出现？是否在任何机翼根部都必

定会出现？

15. 当机身蒙皮上的大开口分别位于机身头部、尾部和中段三种不同位置时，因传递扭矩引起的附加载荷有何不同？

16. 当机翼壁板受轴向力而又有大开口时，请比较近似解和精确解的结果有哪些不同？精确解在哪些方面更为准确地反映了结构的受载情况？

17. 机身的一般工作情况可如何简化？机身上主要受有哪些载荷？

18. 比较机身、机翼的典型受力元件在功用和受载上有何异同？不同的机身典型受力型式中，各元件的受载有何不同？若一框受有集中力 P_y 时，画出桁梁式、桁条式与硬壳式三种机身型式框的支反剪流分布规律。

19. 几种典型的受力型式一般在何种情况下采用？一个机身上如果有几段不同结构型式的情况，则各不同结构型式之间如何过渡？

习　　题

1. 一双梁机翼，外翼传到 2[#] 肋剖面处的总体内力分别为剪力 $Q=100$ kN(作用在刚心上)，弯矩 $M=5\times10^3$ kN·m，扭矩 $M_t=30$ kN·m。已知前、后梁的平均剖面抗弯刚度为 $EI_{前}=10^{10}$ kN·mm^2，$EI_{后}=2\times10^{10}$ kN·mm^2；前、后闭室平均剖面抗扭刚度为 $K_{t前}=5\times10^8$ kN·mm^2，$K_{t后}=10^9$ kN·mm^2。求：

(1) 当 $L_{前}=L_{后}=1\ 500$ mm 时，Q,M,M_t 在 2[#] 肋剖面如何分配(见题图 3.2(a))？

(2) 当 $L_{前}=3\ 000$ mm，$L_{后}=1\ 500$ mm 时，Q,M,M_t 在此剖面又如何分配(见题图 3.2(b))？(计算扭矩分配时，假设不考虑前、后闭室之间和 1[#] 肋对前闭室的的影响)。

(3) 从上面计算中能得出什么结论？

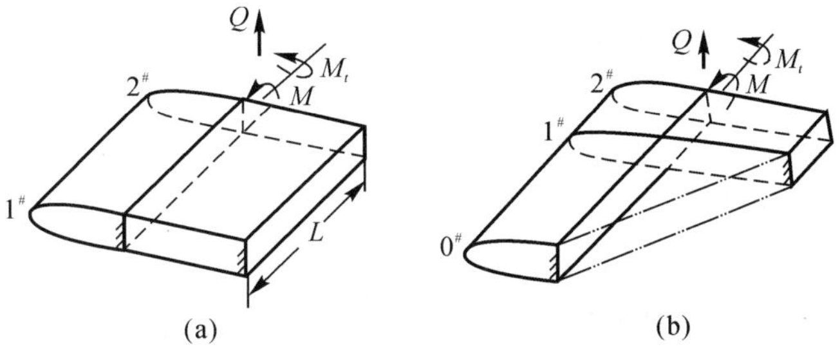

题图　3.2

2. 题图 3.3 所示两机翼，(a) 为双梁单块式，且双梁通过机身，而长桁在机身侧边切断；(b) 为单块式，整个受力翼箱通过机身。请画出两种情况下 $a-a$，$b-b$ 段长桁的内力图，并简要说明为何如此分布？

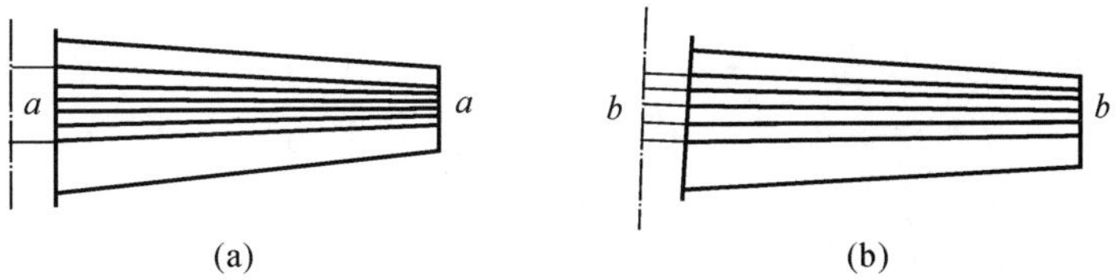

题图　3.3

3.请画出以下各指定翼肋的力平衡图和内力图(见题图 3.4)。

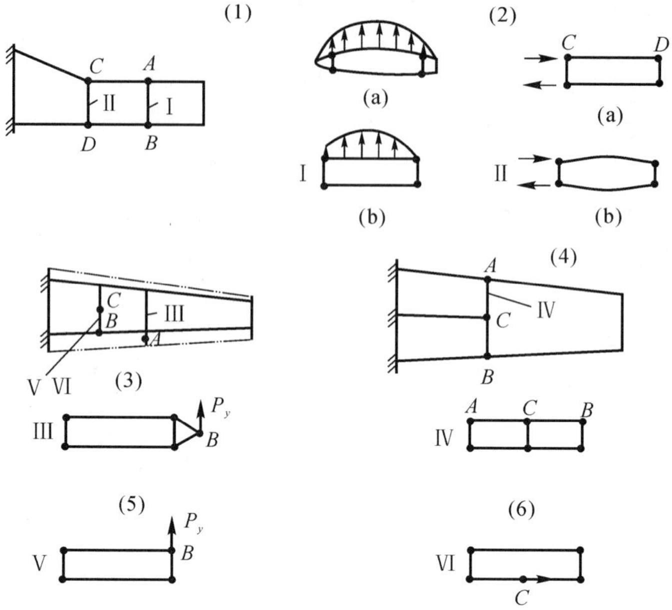

题图 3.4

(1) 薄蒙皮双梁式机翼,Ⅰ 肋在气动载荷作用下:(a) 前、后缘未略去;(b) 若略去前、后缘气动载荷和结构。

(2) 该机翼前梁转折处的 Ⅱ 肋在传递总体弯矩 M 时所受的载荷,画出其力平衡图和内力图:(a) 剖面简化为矩形;(b) 剖面上、下为曲线。

(3) 薄蒙皮双梁式机翼,Ⅲ 肋后缘受有 Y 向集中力 P_y。

(4) 机翼外段为双梁式,内侧为三梁式,Ⅳ 肋位于结构布置变化处,画出传总体力时,该肋的力平衡图和内力图。

(5) 薄蒙皮双梁式机翼 Ⅴ 肋的梁上作用有集中力 P_y,求该肋受 P_y 时的平衡图和内力图(假设前、后梁弯曲刚度相等)。

(6) 薄蒙皮双梁式机翼 Ⅵ 肋上 C 点处受集中 P_x 时的力平衡图和内力图。

4.请画出题图 3.5 所示各机翼结构中所指定肋的力平衡图和内力图。

(1) 长桁在机身对称轴处对接的双梁单块式后掠翼,Ⅰ 肋在传递总体内力——弯矩 M 的过程中所受的载荷,并画出力平衡图和内力图。

(2)(a) 请画出 Ⅱ 肋在局部气动载荷下的力平衡图和内力图;(b) 请画出中央翼在作用有反对称总体弯矩时,Ⅲ 肋和 Ⅳ 肋的力平衡图和内力图。设左、右机翼通过中央翼连成整体,并在 A,B,C,D 四点与机身铰接,接头在机翼前、后墙腹板上。

(3) 机翼外段为双梁单块式,内侧改为双梁式,画出结构型式变换处的 Ⅴ 肋在传递总体力 M,Q,M_t 时的力平衡图和内力图。

(4) 多墙式机翼在根部用两个固接接头与机身相连,请画出侧肋 Ⅵ 在传递总体内力的剪力 Q 时,其力平衡图和内力图。

(5) 画出图示三梁式后掠翼侧肋 Ⅶ 在传递总体内力的弯矩 M 时,其力平衡图和内力图。

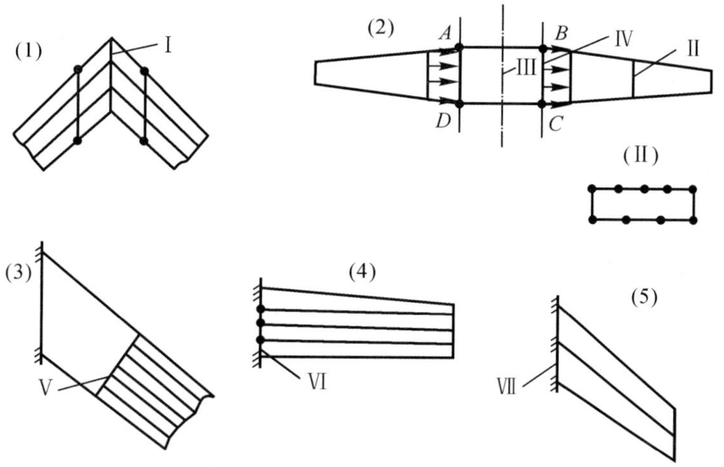

题图　3.5

5. 下列各机翼结构蒙皮上均有开口，请画出所指定翼肋在传递总体内力时所受的载荷及它们的力平衡图和内力图（见题图 3.6）。

（1）单梁单墙式机翼的 Ⅰ 肋。

（2）双梁单墙式后掠机翼，其中后梁在 Ⅱ 肋处有转折，请画出 Ⅱ 肋的力平衡图和内力图。

（3）双梁单墙式机翼中 Ⅲ 肋在传扭时的力平衡图和内力图。

（4）单梁双墙式机翼中 Ⅳ 肋在传扭时的力平衡图和内力图。

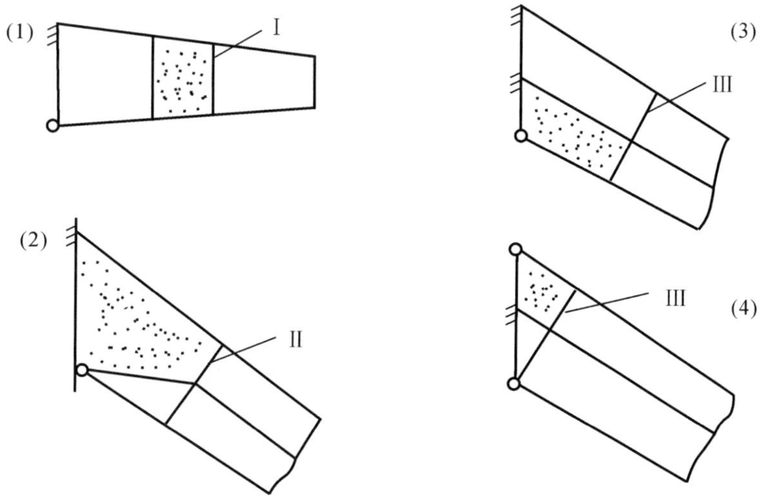

题图　3.6

6. 现有一桁条式机身，平尾固定在垂尾上，垂尾与机身的连接如图 3.7 所示，接头 A 在 yoz 平面内为固接，接头 B 为铰接。尺寸 $a=0.667$ m，$b=2$ m，$c=4$ m。平尾上受有不对称力 P_y，力作用点距 y 轴为 1 m，$P_{y1}=100$ kN，$P_{y2}=50$ kN。求：

（1）此时机身后段的弯矩图 M_z，剪力图 Q_y 和扭矩图 M_t。

（2）画出框 B 的力平衡图，并用图表示出支反剪流的大小分布规律。桁条布置见题图3.7。

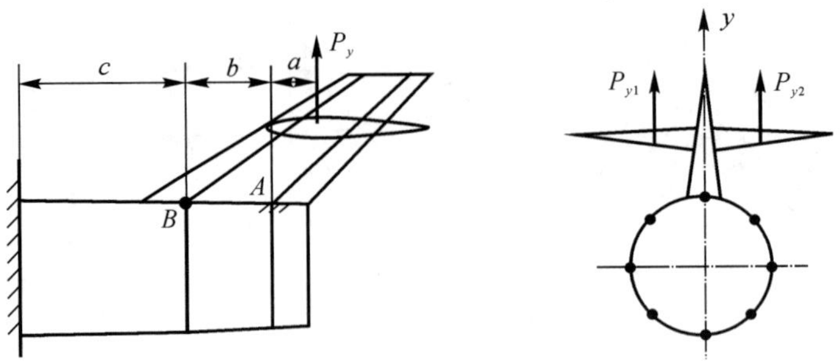

题图　3.7

7. 某垂尾为单梁单墙结构，后梁与机身固接，前墙与机身铰接。在机身-垂尾连接处的加强框有两种布置方案：

(1) 两接头连接处均布置有垂直放置的加强框；

(2) 沿后梁轴线方向布置一斜框，前墙处布置一垂直框(见题图 3.8)。请分析当垂尾上受有侧向力 P_z 作用时，在两种方案情况下机身结构分别有哪些构件受载(包含加强框和其他构件)？分别画出他们的力平衡图。假设机身后段为桁条式。

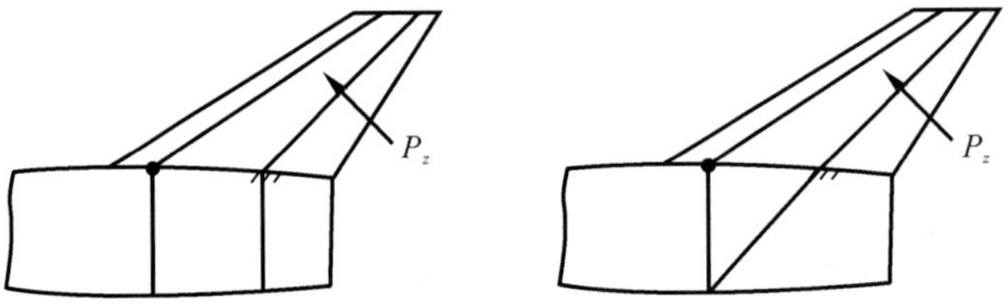

题图　3.8

第四章　现代飞机结构设计基础

飞机结构的综合设计技术来源于飞机的使用要求与实践，通过不断的实践经验总结，对飞机设计技术提出更高、更新以及越来越趋于综合设计的技术要求。长寿命、高可靠性、低生产成本、良好的技战术性能、良好的经济性与维修性等技术要求成为飞机结构设计过程中极其重要且又必须满足的技术指标。另一方面，通过长期的飞机设计实践，人们总结出许多宝贵的设计理论与经验，并逐步形成了设计准则与规范，使得这一大规模的设计活动规范化、标准化。为了深入学习飞机结构的综合设计技术，本章将概括介绍飞机结构设计中常用的设计规范、方法及原理，其中包括静强度、稳定性设计要求，气动弹性及刚度设计要求，安全寿命设计方法以及损伤容限、耐久性设计方法等。

4.1　静强度、稳定性设计

静强度、稳定性设计同属结构的静力学设计问题，即主要关心工程上结构元件材料本身的最大承载能力(或称抗力、强度)及结构元件内力平衡形态发生变化时引起的结构承载能力下降，即出现屈曲变形形态的问题。前者考虑结构元件上局部点的工作应力是否有大于其强度极限的危险，问题的分析相对简单一些；而后者则需要关心结构的材质、构型、约束以及载荷形式等，这些因素的综合将引起结构元件的失稳破坏。本节从设计角度分别叙述其原理及准则。

一、静强度设计

静强度设计方法及准则是飞机结构设计中最基本的设计原则，也是最早发展成熟的设计规范之一。它是飞机结构设计活动中首先考虑的基本要求，即结构必须能够承受飞机使用过程中所遇到的各种载荷而不破坏，也不至于产生影响到飞机功能的永久变形。

飞机结构的静强度问题，实际是指飞机结构在使用当中承受各种载荷工况下最大使用载荷的能力。不同的载荷工况将导致结构元件的受力状态不同，因此，必须全面考察飞机飞行中所遇到的各种载荷状态(工况)，而同一载荷工况下，静强度仅考虑最大载荷值即可。通常飞机结构静强度设计采用设计载荷法，即取安全系数乘以使用载荷即为设计载荷。一般安全系数取 1.5，有时视情况还须乘以附加安全系数。静强度设计准则为结构的极限载荷(或极限应力)大于、等于结构的设计载荷(或设计应力)，其表达式见式(1.1)～式(1.3)。

极限应力包含两部分内容。当元件受拉时即为材料抗拉极限应力(或称材料抗拉强度 σ_b)，当元件受压时为抗压临界应力。

静强度设计工作步骤为：获取结构上作用的载荷数据；进行细致的结构内力分析计算；做出强度判断。作用于飞机结构上的载荷主要有气动力载荷、质量力以及连接节点上的集中力。这些载荷主要由气动和强度组专业技术人员提供。在早先的结构内力分析计算上，由于缺少大型的计算机硬件系统和分析软件，强度计算仅针对结构的局部部件甚至分成构件，采用材料力学或结构力学的模型简化方法，逐个进行分析计算，如一个复杂的机翼盒段可简化成一个规则的由受剪板和匀变力杆组成的简单盒段。现代计算机技术的蓬勃发展，特别是结合现代计算技术研究发展起来的结构数值分析理论和软件系统，为大规模结构计算提供了强有力的工具。不仅结构元件的细节可细致模型化，而且像一个整体机翼、机身甚至全机那样多的结构元件也可纳入到一个大规模的结构模型中进行分析。这样，可大大提高分析精度，特别对元件或构件间的连接关系予以了充分考虑，使得一些关键部位的分析更加准确。

二、稳定性设计

结构的稳定性是针对一些结构构件（在飞机结构中如桁条等型材、梁缘条、腹板、蒙皮等），在一定载荷方式下（如压载荷或剪切载荷作用），所发生的一类结构内力平衡形态跳跃变化的现象。结构内力平衡形态的变化可导致结构构件承载形式的变化、承载能力的下降，严重者甚至导致结构的失稳破坏。因此，结构的稳定性设计问题要复杂得多，它涉及构件的构型、尺寸、边界约束、材质特性以及施加载荷等因素。为叙述方便，以下按典型构件形式分类，介绍基本原理与设计方法。

1. 桁条、缘条类构件的稳定性设计

飞机结构中，与蒙皮连接的桁条（长桁），与梁腹板连接的缘条以及梁或肋腹板上的支柱等在结构力学概念上同属杆件类的承载元件，尽管它们的构造与连接形式有所不同，但内力平衡形态是一致的，故在这些元件上发生的失稳现象也大致相同。因此，在以下叙述中统称它们为型材。

型材失稳可能有多种形式，当型材有蒙皮或腹板支持时，其主要失稳形式为两类：一为在垂直于蒙皮或腹板平面内轴线发生弯曲的总体失稳；二为型材上局部发生的皱折或压屈失稳（见图 4.1）。任何一种形式的失稳都会使型材失效，因此设计计算时选择总体失稳临界应力 σ_E 和局部失稳临界就力 σ_l 中的较小者作为结构稳定性的临界应力 σ_{cr} 值。设计上当然希望通过合理的构型设计使 σ_E 与 σ_l 值尽可能接近，一般说这可能提高材料利用率，达到减轻重量的目的。

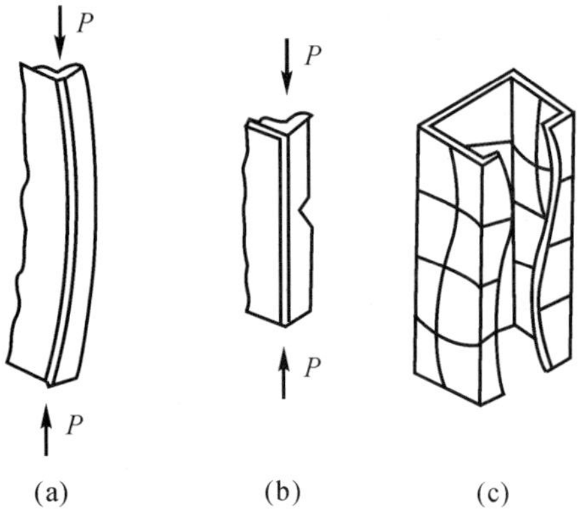

图 4.1 型材失稳形式

(a)总体失稳；(b)局部皱折；(c)有一段出现压屈变形

(1) 总体失稳临界应力 σ_E 在设计上一般按欧拉杆形式计算，在弹性范围内欧拉杆的失稳临界载荷值 P_{cr} 为

$$P_{cr}=\frac{C\pi^2 EI}{l^2} \tag{4.1}$$

式中 C—— 支持系数；

l—— 杆件长度；

I—— 杆件剖面惯性矩；

E—— 杆件材料的弹性模量。

因此，总体临界失稳应力 σ_E 的设计值应为

$$\sigma_E \leqslant \frac{P_{cr}}{A_{st}} \tag{4.2}$$

A_{st} 为杆件截面积。由上式可以看出，提高型材剖面惯性矩，改变杆件的支持条件以及减小两端的距离都将有助于提高杆件的临界失稳载荷，但需要考虑改变设计后引起的结构增重，应取其结构重量较轻者为合理设计。

(2) 局部失稳临界应力 σ_l 一般用来设计校核薄壁型材。从力学上讲，薄壁型材由几块相互支持的板件组成，为受到压载荷时通常会在低于 σ_b 的某一个应力值(即 σ_l)，某块或某几块甚至全部板件开始发生皱折或压屈(见图 4.1(b)，(c))，此即局部失稳。

对一块板件而言，其局部失稳临界应力为

$$\sigma_{li} = \left[\frac{0.9KE}{(b/\delta)^2}\right]_i \tag{4.3}$$

式中　K—— 板件的皱损系数，与板件的边界支持情况和板件的长宽比相关；

b—— 板件的受载边宽度；

δ—— 板件厚度。

当整个板件发生局部失稳时的临界应力可按工程设计法，平均取为

$$\sigma_{l平均} = \frac{b_1 t_1 \sigma_{l1} + b_2 t_2 \sigma_{l2} + \cdots + b_n t_n \sigma_{ln}}{b_1 t_1 + b_2 t_2 + \cdots + b_n t_n} = \frac{\sum b_i t_i \sigma_{li}}{\sum b_i t_i} \tag{4.4}$$

由上述公式可知，剖面形状参数对 σ_l 有很大影响。如 Z 型材中的垂直板件的皱损系数 K 为带一侧自由边的板件(如 Z 型材的上、下板和直角型材中的垂直板) 的 K 值的 9.6 倍，而 σ_{li} 值也肯定要大些。设计时，整个型材的局部失稳临界应力可按最先一块失稳板件的 σ_l 取值，此时偏于保守；也可按式(4.4) 取所有板件失稳后的平均应力值。

2. 蒙皮、腹板类构件的稳定性设计

蒙皮或腹板同属薄板构件，在压载荷或剪切载荷作用下常发生皱折型失稳现象。由于它们在飞机结构中的不同部位使用，设计上对它们的使用要求也不相同。针对这两类薄板常见的稳定性设计方法，以下分别做一简单介绍。

(1) 蒙皮与长桁、翼梁缘条连接在一起，构成了加劲式薄壁结构，通常称为加劲壁板，同时在机翼上翼肋向加劲壁板提供了横向支持。这类加劲壁板在稳定性设计中是复杂的，不仅要考虑蒙皮的失稳，而且同时又要考虑加劲桁条的失稳临界载荷；更重要的是这两类构件组合在一起，特别当元件的设计尺寸不同时，失稳现象是多种多样的，相互间有着复杂的耦合作用。当蒙皮较薄、桁条断面尺寸较大时，失稳现象较易确定，这类壁板通常称为经典型加劲壁板。当压载荷逐渐增大时，两桁条间中间位置的蒙皮先发生失稳，并逐步向桁条位置延续，最后使得桁条与蒙皮全部发生失稳，因此会发生如图 4.2 所示的内应力曲线。设计上不能保守地取蒙皮的初始失稳的应力作为设计应力，而要取一定宽度(有效宽度) 的板的临界应力作为设计应力值。故壁板有效宽度内的失稳临界应力为

$$\sigma'_{cr,sk} = kE\left(\frac{\delta}{b_e}\right)^2 \tag{4.5}$$

$$b_e = 2c = b\sqrt{\frac{\sigma_{cr,sk}}{\sigma_{cr,st}}} = \delta\sqrt{\frac{kE}{\sigma_{cr,st}}}$$

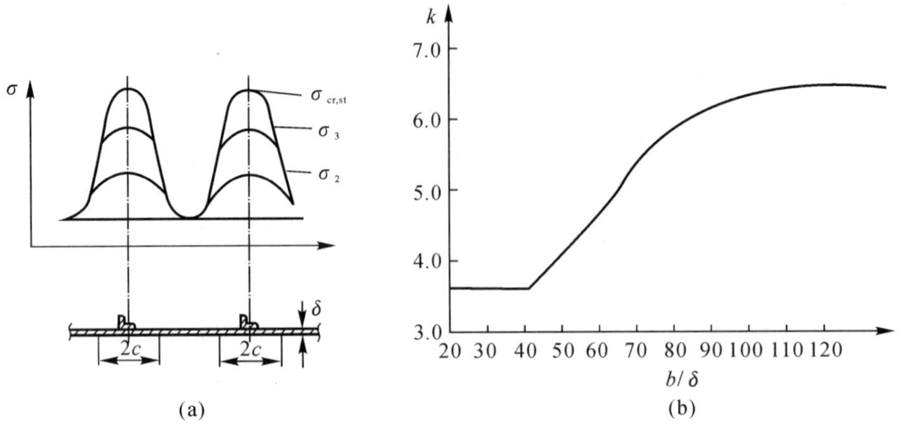

图 4.2 经典加劲壁板

(a) 桁条间蒙皮上的应力分布； (b)$k-b/\delta$ 关系曲线

式中 k—— 板件的支持系数；

δ—— 蒙皮厚度；

b—— 长桁间距；下标 sk 表示蒙皮，st 表示长桁。

当蒙皮较厚，即蒙皮占总壁板面积的比例较大时，蒙皮和长桁的失稳临界应力接近，其典型形式如图 4.3 所示，这类壁板有多种破坏形式：

(1) 两个长桁之间的蒙皮失稳，同时引起长桁变形，使结构扭曲并产生严重的局部变形(见图 4.3(a))。

(2) 个别长桁在两个翼肋之间出现局部失稳。

(3) 个别长桁在两个翼肋之间出现总体失稳。但对带Z形剖面长桁的壁板，一般说长桁不会产生单纯的弯曲不稳定，而可能带有一定程度的扭转屈曲(见图 4.3(b))。

(4) 长桁和蒙皮一起出现总体失稳，也称宽柱失稳(见图 4.3(c))。

(5) 两个铆钉间的长桁或蒙皮失稳(见图 4.3(d)，(c))。

这类壁板因要考虑许多方面的参数和各种不同的失稳形式，故确定壁板的极限应力和最有效地确定其结构尺寸比较困难。设计时实际上不能只依靠理论来解决，经常使用的还是试验数据和由此定出的设计图表。对这类壁板只有当整个结构破坏时才认为是临界设计状态，故若在达到设计载荷之前出现蒙皮失稳现象是正常的。若长桁出现失稳，则一般作为临界设计状态处理。宽柱失稳的临界应力一般与长桁失稳应力相等或略高，通常可不必另作计算。

3. 梁腹板的稳定性设计

梁的腹板一般是一个四边受剪的平板，由于在结构内部使用，一般设计上可分为抗剪型(不允许剪切失稳) 和张力场型(一种后屈曲形态)。张力场型又分为完全张力场型和不完全张力场型。

(1) 抗剪型腹板设计。对此类腹板应考虑两种破坏形式，即剪切破坏和剪切失稳。

剪切破坏是静强度问题，即由材料的剪切强度 τ_b、腹板高度 h 来确定腹板厚度 δ_1，即

$$\delta_1 \geqslant \frac{Q}{h\tau_b} \tag{4.6}$$

剪切失稳是当梁腹板完全不允许屈曲时，应由其剪切失稳临界应力 τ_{cr} 来确定厚度 δ_2，即

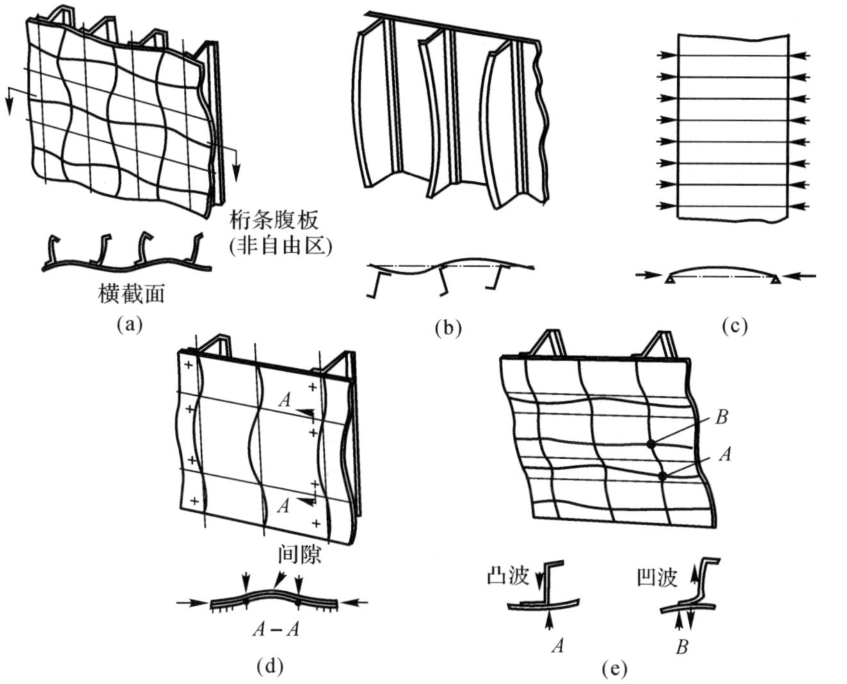

图 4.3　承力蒙皮式壁板的典型破坏形式

(a) 壁板屈曲变形；(b) 长桁扭转屈曲；(c) 宽柱失稳；(d) 蒙皮起皱；(e) 长桁失稳

$$\tau_{cr}=\frac{kE\delta_2^2}{b^2} \tag{4.7}$$

式中，k 为四边受剪板的支持系数，可据腹板的短边 b 与长边 a 的比值查手册获得。

若已知外载荷 q(剪流)，又以 $\tau=\tau_{cr}$ 作为设计点，则由式(4.7) 可算得

$$\delta_2=\sqrt[3]{\frac{qb^2}{kE}} \tag{4.8}$$

一般说，τ_{cr} 小于 τ_b，故 $\delta_2>\delta_1$，此时应取 δ_2 作为腹板的设计厚度。通常为提高腹板的抗剪失稳能力，可在腹板上添加支柱，以提高 τ_{cr}。

(2) 张力场梁(腹板以张力场形式承剪)。当腹板在外载作用下 $\tau>\tau_{cr}$ 时，板便失稳，出现了大致互相平行的波纹线。但只要梁的缘条和腹板上的支柱不破坏，仍能对腹板提供支持，腹板就能继续受载。但它将以斜波纹条受拉、压的形式承剪。由于允许腹板失稳，因此可以做得薄些，结构重量也比较轻。腹板起皱后沿波纹条可以继续承担进一步增加的拉应力。当拉应力很大时，压应力与之相比可以忽略，此时可近似认为腹板完全处于受张力状态，即称完全张力场梁(见图 4.4)。当腹板处于纯剪和完全张力场之间的状态工作时，即为不完全张力场梁。图 5.30 所示为不完全张力场梁的腹板结构特性。这两种张力场梁的初步设计可参考以下分析和图示。

1) 完全张力场梁。

腹板。当板内的拉应力(即张力) 达到很大时(但 $\sigma<\sigma_b$)，压应力与此拉应力相比可以忽略，这时可近似认为腹板完全处于受张力状态，若把梁切成很多斜条带，条带与纵轴夹角为 α，它承受均布拉应力 σ。此时腹板切面上的总内力即为 $\sigma\delta h\cos\alpha$。它的 y 向分量应与外载

Q 平衡。

$$Q = \sigma\delta h\cos\alpha\sin\alpha$$

$$\sigma = \frac{2Q}{\delta h\sin 2\alpha} = \frac{2\tau}{\sin 2\alpha} \tag{4.9}$$

缘条。此时，缘条上除有机翼弯矩引起的轴力$\frac{M}{h}$外，还要附加上由腹板张力 σ 引起的轴向压力 N_σ（见图 4.4(b)），它由上、下缘条各分担一半，所以

$$N_\sigma = \frac{1}{2}(\sigma\delta h\cos\alpha)\cos\alpha = \frac{1}{2}\left(\frac{Q}{\sin\alpha}\right)\cos\alpha \tag{4.10}$$

$$N_\sigma = \frac{1}{2}Q\cot\alpha \tag{4.11}$$

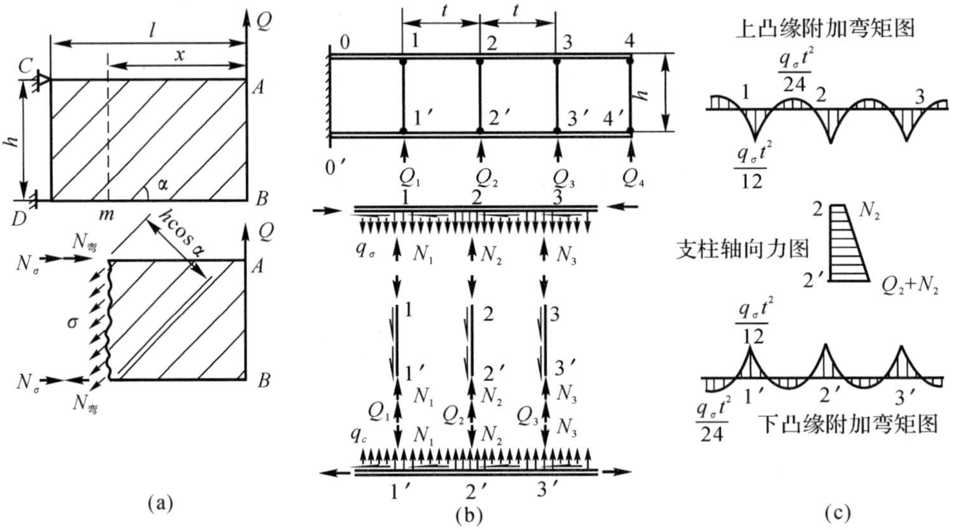

图 4.4　梁腹板以完全张力场梁形式受载

(a) 腹板失稳起皱后的平衡；(b) 腹板受有张力 σ 后，缘条和柱的平衡情况（支柱上未示出侧向力）；
(c) 由腹板张力 σ 在凸缘上引起的附加弯矩及支柱总轴力图

实际上，作用在缘条上的腹板张力 σ 是分布轴向剪流和分布的垂直方向分力 q_σ。若取 q 表示作用在单位长度缘条上的张力值，则其垂直分力 q_σ 为

$$q_\sigma = q\sin\alpha = (1\times\sigma\delta\sin\alpha)\sin\alpha = \frac{Q}{h\cos\alpha}\sin\alpha$$

$$q_\sigma = \frac{Q}{h}\tan\alpha \tag{4.12}$$

由 q_σ 引起的最大附加弯矩 M_{max}（见图 4.4(c)）为

$$M_{max} = \frac{1}{2}q_\sigma t^2 = \frac{Q}{12h}t^2\tan\alpha \tag{4.13}$$

支柱。支柱也将受到由腹板张力引起的附加轴向应力 N_s，即

$$N_s = q_\sigma t = \frac{Q}{h}t\tan\alpha \tag{4.14}$$

实际上，由于腹板已失稳起皱，对支柱还有侧向力作用，故支柱处于梁柱受力状态。

2）不完全张力场梁。

完全张力场梁实际上是一种理想的极端情况，一般不可能出现。实际情况是腹板处在纯剪与完全张力场之间的状态下工作。此时外载 Q（剪力）一部分仍由腹板以受剪的形式承受；另一部分则以斜条带受拉的形式承受，此时即为不完全张力场梁。对于不完全张力场梁的设计计算大多是配以试验修正系数的半经验公式。为了使结构重量最轻，使梁具有最大的结构效率，应力求使梁的腹板和支柱同时破坏，即设计为等强度梁。

4.2 气动弹性及刚度设计

气动弹性问题是指飞机结构中的翼面部件由于结构刚度不足或刚度分配不合理而导致气动力与结构变形相互耦合作用，从而产生复杂效应，甚至导致结构破坏的一类问题。因此，结构的气动弹性性质与结构的刚度设计密不可分，并且复杂得多，广泛得多。为深入浅出起见，先从飞机结构的刚度要求与设计讲起。

一、飞机结构的刚度要求与设计

对于不同的飞机结构构件或部件，其主要设计要求有所不同。各类舱门，如起落架舱门、旅客出入舱门、货舱门、炸弹舱门等部件一般都应按刚度设计，若变形过大，则可能发生舱门锁死的危险工作状态；而其他一些结构件则可能先以静强度为基本要求进行设计，再校核结构刚度是否符合要求，如不符，再修改设计进行调整。

1. 结构的刚度要求

（1）在使用载荷条件下，飞机结构的刚度一般用许可变形程度来表示，即

$$\delta_i \leqslant [\delta_i] \tag{4.15}$$

式中　δ_i—— 结构 i 位置点或剖面处的变形位移，也可以是角位移；

$[\delta_i]$—— 结构在 i 位置的容许位移。

（2）在某些情况下（如为防止机翼发生颤振），对结构的刚度分布以及翼剖面刚心位置提出一定要求。

2. 刚度要求的提出根据

（1）为了保证飞机各部件具有设计时所预期的气动性能（如升力特性、阻力特性、力矩特性），这就要求机翼、尾翼、机身等具有足够的总体刚度。例如离翼根一定距离处（如在约 90% 翼展处）的翼剖面的扭转变形不允许超过某限制角度，机翼翼尖挠度不应超过某允许值等。其次还有局部刚度要求，特别对于高速飞机，机翼表面的凹凸变形将会严重影响气动特性。

（2）在高亚声速飞行时，如果机翼的刚度不足或者刚心位置不当，会引起结构出现气动弹性问题（详见本节“二”）。

（3）振动问题。如操纵系统出现共振，或某些结构（如活动面）出现抖振等问题，与结构的固有频率有关，即与结构的刚度特性有关。

（4）对于某些附件或操纵面的支撑结构和操纵系统本身均应有一定刚度要求，以免操纵面卡死或造成操纵滞后，甚至不到位，应保证飞机对操纵的跟随性。

(5) 必须注意，提出刚度要求并不意味着在任何情况下都是刚度愈大愈好，有时恰恰相反，需要减小结构刚度才能满足某些要求。例如有些附件须应用柔性支座作为隔振措施，以吸收能量来改善附件的受载情况。波音-707 飞机机翼结构设计时，并不追求很高的刚度，而是选择了适度的机翼刚度参数，使机翼具有良好的可挠性，用以降低突风引起的载荷，取得了满意的效果。

3. 结构的刚度设计

结构刚度的具体指标可查阅有关的规范、手册、适航性条例等各种技术文件，或参照同类型飞机指标，在结构设计中将其作为约束条件之一，按多约束优化设计方法设计结构；也可先以强度为基础，设计出结构尺寸，进行颤振和刚度校核，必要时还应进行某些试验验证。

二、气动弹性设计概述

由空气动力和结构弹性力相互作用（气动弹性还包含结构质量力）而引起飞机部件可能破坏或失效的各种典型问题，统称为气动弹性问题，更广泛意义上讲，称为流固耦合问题。顾名思义该问题涉及流体和结构两类介质及其耦合作用，加之动态效应使问题变得十分复杂。本书仅能就气动弹性的一些典型问题的设计分析做原理性介绍，使读者对其成因和设计原理有一初步了解，更详细的内容与分析计算方法可查阅有关专著和资料。

气动弹性问题包括机翼的扭转扩大，副翼（或舵面）的操纵反效（或失效），机翼、尾翼、机身的颤振等。

扭转扩大是指机翼的扭转变形由小到大地单调增加，导致结构破坏。操纵反效是由于副翼或舵面在操纵时所产生的气动力，导致与它相连的结构（机翼或安定面的翼盒）有较大的变形，引起操纵失效或反效。以上两者统属于静气动弹性问题。至于颤振，其结构变形是振动扩大的。此时除空气动力和结构弹性之外，还与振动加速度和由此产生的结构惯性力有关，属于动气动弹性问题，下面分别进行讨论。

1. 机翼的扭转扩大

(1) 扭转扩大的基本概念。取机翼的一个典型剖面。此剖面上有三个重要的点，即剖面的气动力焦点、重心与刚心（扭转时绕该刚心转动）。由于是静气动弹性问题（即加速度很小，惯性力可以略去），故只讨论气动力与弹性力。亚声速飞行时，焦点在剖面弦长的 25% ～ 28% 处，刚心一般在弦长的 38% ～ 40% 处，也即焦点在刚心前（见图 4.5）。假设机翼以迎角 σ_0 使飞机处于稳定平飞中，若突然有一扰动上升气流 v_y（所谓扰动指瞬间有一上升气流，过后即消失）导致迎角 $\alpha = \alpha_0 + \Delta\alpha$，引起附加升力 ΔY。由于此 ΔY 作用于焦点而非作用于刚心上，故使该剖面瞬间引起了扭转变形 $\Delta\theta$。当此扰动消失后，研究扭转变形的发展趋势为：此时有两种可能性，一为即使 v_y 消失，此附加扭转变形仍愈来愈增大，导致结构破坏，此即为扭转扩大；一为在 v_y 消失后，此附加扭转愈来愈小，以致消失。现在具体分析一个发展过程（见图 4.6）。由 $\Delta\theta$ 引起该机翼剖面的迎角增加 $\Delta\alpha$，因此气动力升力有一个增量 ΔY，此力作用在焦点上，对刚心产生一个使扭转变形进一步增大的气动力矩 $M_a = \Delta Y d_a$，由 $\Delta\theta$ 引起的弹性恢复力矩 M_k 将使附加扭转变形

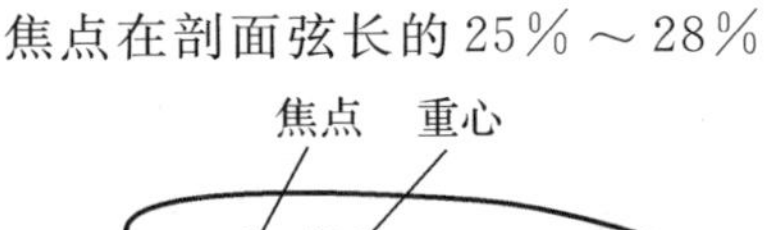

图 4.5　机翼三心位置图

减小。若 $M_a > M_k$，则扭转变形愈来愈大，形成扭转扩大；若 $M_a < M_k$，则附加扭转变形愈来愈小，以致消失。由于气动力矩与飞行速度的二次方成正比，而弹性恢复力矩则与飞行速度无关，故有一个临界速度。

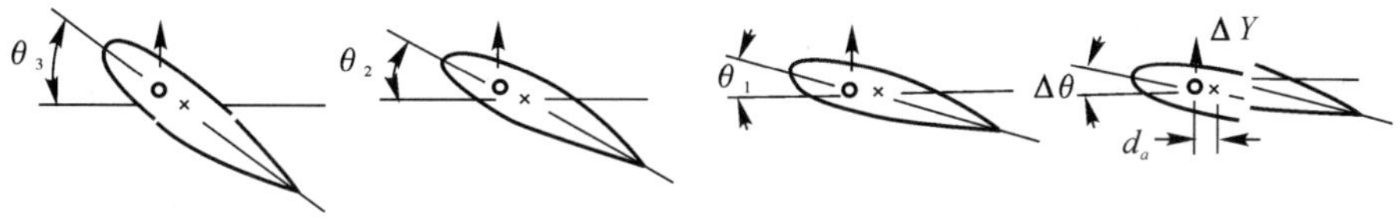

图 4.6　机翼扭转扩大示意图

超声速飞行一般不会出现扭转扩大，因为此时焦点已显著后移。

从图 4.7 可知，后掠机翼对防止扭转扩大有利，前掠机翼则相反。故后掠机翼一般主要考虑防止副翼反效，而不需要考虑防止扭转扩大。对亚声速飞机的大展弦比直机翼，则两方面都需要考虑。亚声速前掠机翼一般不需考虑副翼反效，而着重考虑防止扭转扩大。

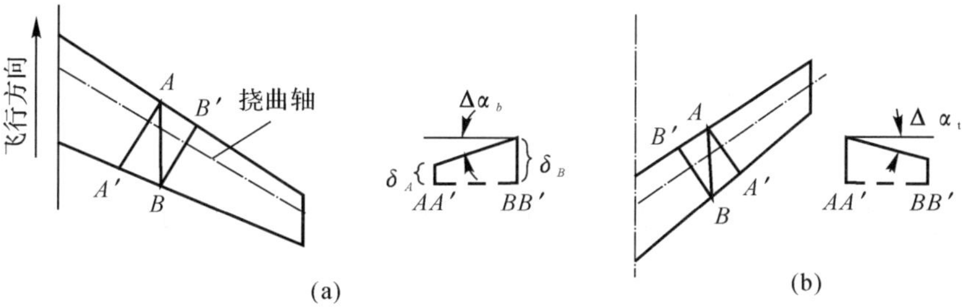

图 4.7　对前、后掠机翼，弯曲引起顺气流剖面向不同方向偏转

(a) 由于后掠引起的附加负迎角 $\Delta\alpha_b$；(b) 由于前掠引起的附加正迎角 $\Delta\alpha_f$

(2) 防止扭转扩大的措施可以将刚心前移，也可以提高机翼的刚度。由于弹性恢复力矩与机翼扭转刚度成正比，故提高机翼扭转刚度对防止扭转扩大是有好处的。对于直机翼，只需提高扭转刚度；对于前掠机翼，则增加弯曲刚度对防止扭转扩大也有好处，因为此时机翼挠曲轴的弯曲变形将引起顺气流翼剖面有不利的附加扭角。Tu-2 飞机为了防止机翼扭转扩大，采取了一个较特殊的措施（见图 4.8），机翼主抗扭匣前移，使剖面刚心前移，因此就不容易发生扭转扩大。

2. 副翼反效

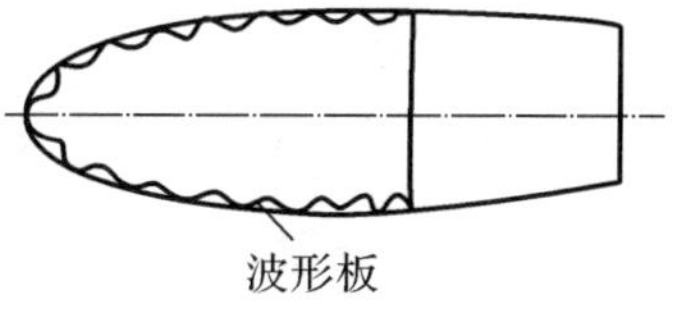

图 4.8　刚心前移的 Tu-2 机翼

副翼和舵面都有操纵反效的问题。现举副翼为例加以阐明。当为了使某侧机翼产生附加升力而使副翼下偏 δ 角时，若机翼为绝对刚硬，则由于副翼下偏所影响的单位宽度机翼翼段将增加升力 ΔY_a。但实际上机翼仅有有限的刚度，机翼刚心又远在 ΔY_a 合力作用点之前，故由 ΔY_a 引起的力矩 $M_a = \Delta Y_a d'_a$，将使该翼段产生前缘向下的扭转变形。这相当于减少翼段迎角，将使升力减少 ΔY_k。若 $\Delta Y_k > \Delta Y_a$，则操纵副翼下偏时，反而引起向下的负升力，即操纵反效了（见图 4.9）。实际飞机当然不但不应操纵反效，而应保持有一定效率的正常操纵。由于

我们可近似认为所需的操纵力不随飞行速度而变，而 ΔY_k 却大致与飞行速度的二次方成正比，因此有一副翼反效的临界飞行速度。

副翼反效在大展弦比后掠机翼上较严重。这是因为展弦比愈大，对刚度愈不利；而后掠机翼弯曲引起顺气流翼剖面的附加扭角，也产生不利于操纵的附加气动力。此时可在高速时改用内副翼或扰流片；也可增加机翼的扭转刚度和弯曲刚度，当然主要还是扭转刚度。三角机翼由于翼尖部分机翼剖面尺寸特别小，故需特别注意翼尖部分的扭转刚度。因此三角机翼在翼尖处都是截头的，即翼尖并非真正尖的，而是截去一块；副翼也不一直伸到翼尖，而是往内移一些(见图 4.10)。

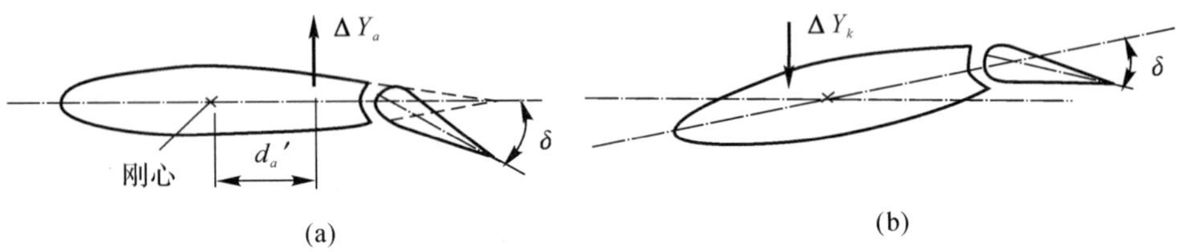

图 4.9　副翼反效示意图

(a) 先假设机翼为绝对刚硬；(b) 再考虑机翼的扭转变形

3. 颤振

颤振是气动翼面的一种自激振动。由有关部件的气动力、惯性力和弹性特性的综合作用所引起。当飞机速度 $v < v_{cr}$(颤振临界速度)时，振动受到阻尼；当 $v = v_{cr}$ 时，振动以等幅特征进行；当 $v > v_{cr}$ 时，大多数情况下，振动将发散，并导致结构快速出现损伤或破坏。

由于颤振须考虑振动变形引起的加速度及结构相应的惯性力(作用在结构重心上)，因此结构各剖面的重心位置在颤振中有很大影响。

颤振基本上分两种类型，一为机翼的弯扭颤振，即由机翼的弯曲变形与扭转变形交感而产生振动发散；二为副翼的弯曲颤振，即由副翼的偏转与机翼的弯曲变形交感而产生振动发散。由此可见，舵面等也可发生颤振。

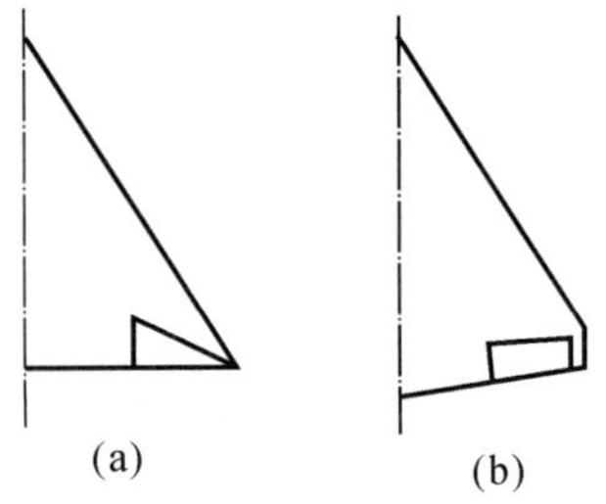

图 4.10　三角机翼的副翼布置

(a) 不利的布置；(b) 有利的布置

(1) 机翼弯扭颤振。下面先阐明机翼弯扭颤的基本概念。取一个典型翼剖面，剖面上的三个点通常这样排列：焦点(亚声速飞行时)最前，刚心则位于重心前不远处。通常焦点在弦长的 28% 处，刚心在弦长的 38% ～ 40% 处，重心在弦长的 42% ～ 45% 处。可用图 4.11 说明弯扭颤振的物理概念。先看图 4.11(a)，翼剖面没有受到扰动前的位置为 2(但剖面应没有扭转)。假设该剖面受到一扰动，使其位置从 2 位移至 0 位。现分析将此扰动去掉后，翼剖面在弹性力、惯性力、气动力作用下的运动情况。当瞬间扰动一取消，由于机翼弯曲引起的弹性力将使该剖面向上运动。弹性力是始终向着原始平衡位置方向的；且偏离距离愈大，弹性力愈大。从 0 位到 2 位，弹性力从最大到零，故向上加速度也由最大到零。在这一段运动中，由于加速度向上，故作用在重心上的惯性力 F_i 向下，因此相对于刚心产生了抬头力矩。此惯性力矩使剖面产生增加迎角的扭转变形，由于迎角增加引起附加气动力 ΔY_a，此 ΔY_a 对刚心形成的气动力矩，使翼剖面进一步抬头。到位置 2 时，由于不断加速的缘故，其向上速度达到最大。从位置 2 再向上移动时，弹性力方向改为向下，加速度方向也向下，向上的速度逐渐减少。至位置 4 时，向上速度为零。在从 2 位到 4 位时，惯性力向上，惯性力矩使翼剖面低头，附加的向上气动力则逐渐减少。在 4 位时，翼剖面又无扭转变形，此时速度为零，但向下弹性力最大，向下运动状况见图 4.11(b)。图 4.11(c) 则将飞行距离结合进来，看起来就更形象化。颤振的临界状态，即机翼的弯曲（或扭转）变形既不振动发散，也不振动衰减，而是保持为常振幅振动，此时飞行速度为颤振临界速度。阻尼力和阻尼力矩恒与运动方向相反，是阻抗振动的。由惯性力矩导致的扭转变形所引起的附加气动力是激振力，它与速度的二次方成正比；而气动阻尼力一般与速度的一次方成正比，故存在着颤振临界速度。

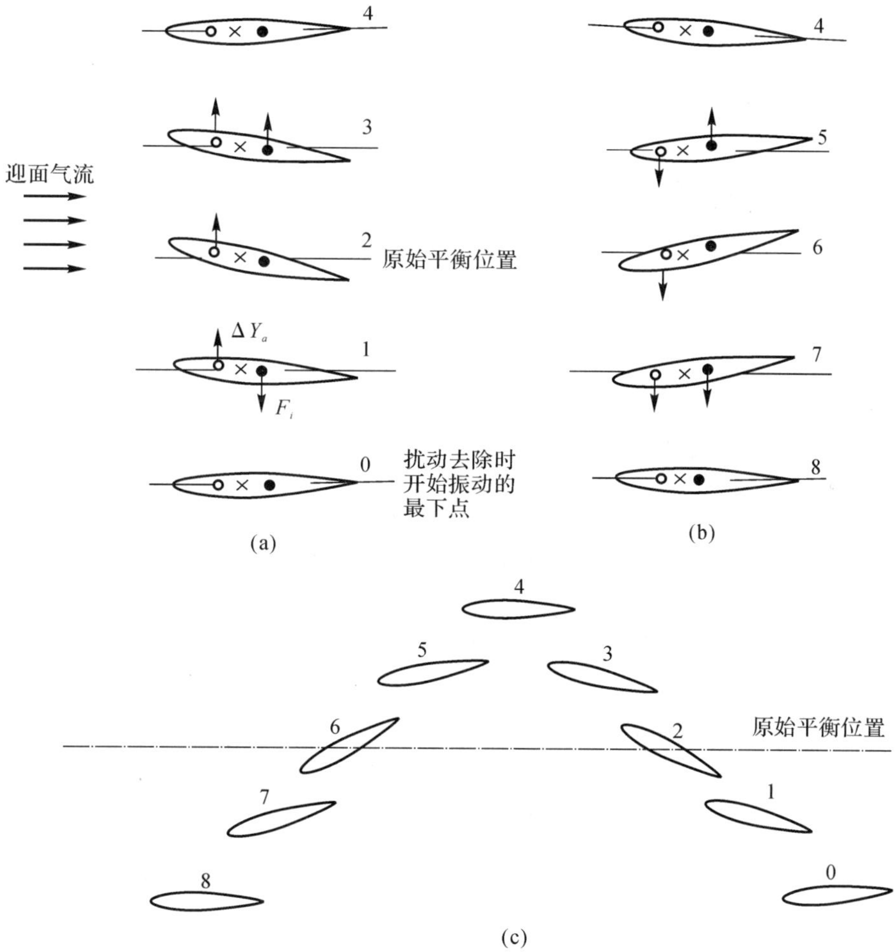

图 4.11　机翼弯扭颤振示意图

(a) 向上运动；(b) 向下运动；(c) 结合飞行距离示出

提高机翼(或全动尾翼)弯扭颤振临界速度的有效措施是尽量使重心前移,可加适当的配重。配重宜放前端或翼尖,且必须有很好的连接刚度。将配重放于翼尖处,是由于翼尖处弯曲挠度最大,因此其加速度最大,故配重的效率高。提高扭转刚度能减少不利的扭转变形,也是有好处的。现代飞机上则经常采用人工阻尼器;更为先进的,则采用颤振主动控制技术。

(2) 副翼弯曲颤振。此处在分析副翼弯曲颤振时,只考虑副翼绕转轴偏转的自由度,而略去副翼本身的结构变形;机翼只考虑弯曲变形而略去扭转变形。图 4.12 示出副翼弯曲颤振的临界状态。此时对副翼剖面来讲,涉及两个特征点的位置,一为副翼的转轴位置,一为副翼剖面的重心位置。图示情况为重心位于转轴后,因此副翼惯性力 F 使副翼偏转引起的附加气动力 ΔY_a 是激振力。

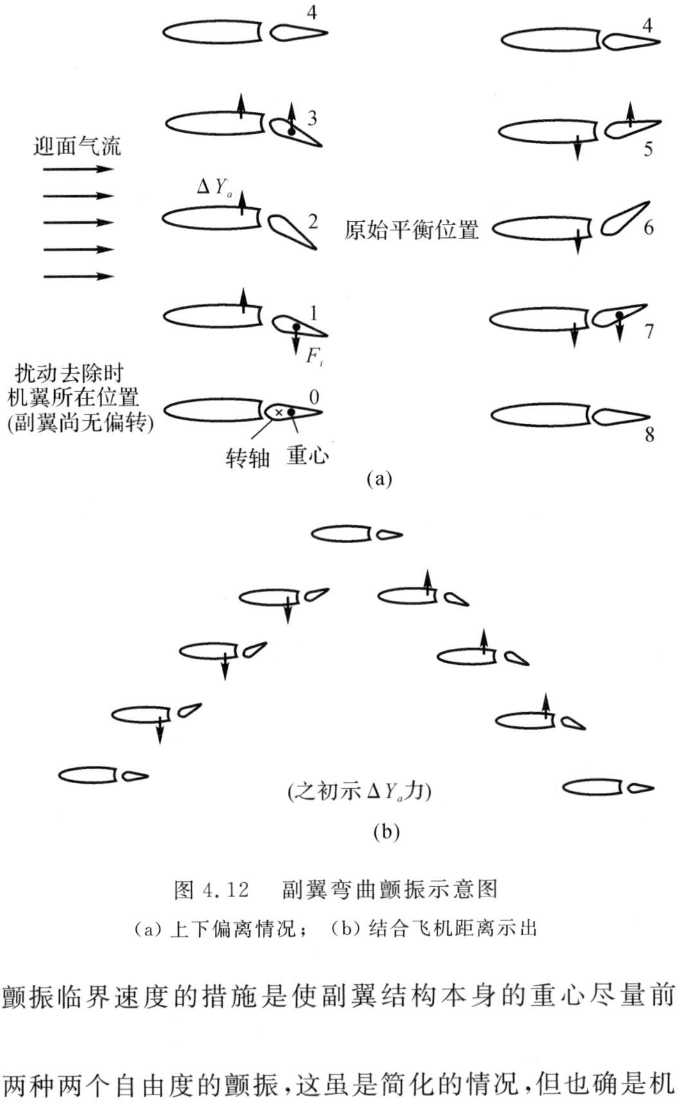

图 4.12 副翼弯曲颤振示意图

(a) 上下偏离情况; (b) 结合飞机距离示出

提高副翼弯曲颤振临界速度的措施是使副翼结构本身的重心尽量前移,并加以适当的配重。

以上只讨论了两种两个自由度的颤振,这虽是简化的情况,但也确是机翼的主要情况。对于全动尾翼、安定面和舵面,还必须考虑机身自由度;机身有两个方向的弯曲变形及一个扭转变形的自由度。

必须指出，对颤振的控制随着自动控制技术的发展有了新的进展。20世纪70年代出现的一种新设计技术——随控布局技术，它充分发挥了自动控制的作用和潜力，在设计之初的总体设计中，就按四个要素：空气动力、结构、推进系统、自动控制进行协调和综合设计。其中包括颤振的主动抑制，这也是随控布局飞机设计中难度最大的一个问题，所谓颤振主动抑制是指飞机能主动地检测出飞机的颤振模态，然后通过自控系统使所检测到的颤振得到衰减和稳定。相信以后还会对此技术进行不断地发展和完善。

4.3 安全寿命设计方法

从20世纪50年代起，高强度合金钢等新材料的研制成功并在飞机主要承力构件中的广泛应用，确实提高了飞机静强度、刚度设计水平，但同时也越来越暴露出静强度设计的弱点。只按静强度和刚度要求设计的飞机并不能很好地保证飞机的使用安全，而必须考虑飞机在长期复杂载荷历程、复杂环境条件下的结构逐渐破坏问题，即工程上所说的疲劳破坏。这方面的代价是沉重的，历史上曾多次发生过飞机（包括旅客机与战斗机）因疲劳破坏而导致机毁人亡的悲惨事件。可以说，是这些沉痛的教训激励了飞机设计师们多年来努力工作，逐步形成了一套完整的安全寿命设计方法与规范，大大提高了飞机的飞行安全特性。但也应该看到，作为安全寿命设计方法本身的缺陷以及飞机结构更深入的综合设计要求，要解决好飞机结构的综合设计技术尚需更多更深入的研究工作。本节就安全寿命设计方法做一概念性介绍。

一、疲劳破坏的形成机理与特征

1. 疲劳破坏的一般特征

结构构件在循环或交变载荷作用下，即使载荷的应力水平低于材料的极限强度，经过若干次载荷循环后，也会发生断裂，此即疲劳破坏现象。究其原因可以发现，随着循环载荷的作用，构件局部形成了微裂纹源（裂纹萌生），并逐渐增长直到发生失稳断裂。疲劳破坏与传统的静力破坏有着本质的区别，其典型的一般特征表现为以下几个方面。

（1）疲劳破坏不像静力破坏那样在一次最大载荷作用下发生断裂，而一般要经历一定的甚至是很长的时间。破坏过程实际是裂纹形成、扩展以致最后断裂的过程。

（2）构件中的循环或交变应力在远小于材料的静强度极限情况下，破坏仍可能发生。

（3）不管是脆性材料还是塑性材料，疲劳破坏在宏观上均表现为无明显塑性变形的突然断裂，故疲劳断裂表现为低应力脆性断裂，这一特征使疲劳破坏具有更大的危险性（不易觉察）。

（4）静力破坏的抗力，主要取决于材料自身的强度；疲劳破坏则对于材料特性、构件的形状尺寸、表面状态、使用条件及外界环境等都十分敏感。

（5）疲劳破坏常具有局部性，而并不牵涉到整个结构的所有构件，因而改变局部细节设计或工艺措施，即可明显地增加疲劳寿命。如在发现裂纹后，更换损伤构件或制止裂纹扩展，结构还可继续使用。

（6）疲劳破坏是一个损伤的长期积累过程，其断口在宏观上和微观上均有其特征，与静强度破坏断口明显不同（见后续说明）。

2. 疲劳断裂机理

借助于电子显微镜，人们获得了许多关于裂纹形成与扩展的微观过程认识，并对疲劳破坏机理提出了诸多的解释和简化模型。这是一个复杂的材料科学研究领域，涉及错综复杂的微观组织结构、微观缺陷与外加应力场的交互作用。特别是新型结构材料的研制与发展，为疲劳破坏的机理研究提出了更加深入、广泛的课题。下面仅简单介绍其中比较公认又较为直观的一种模型。

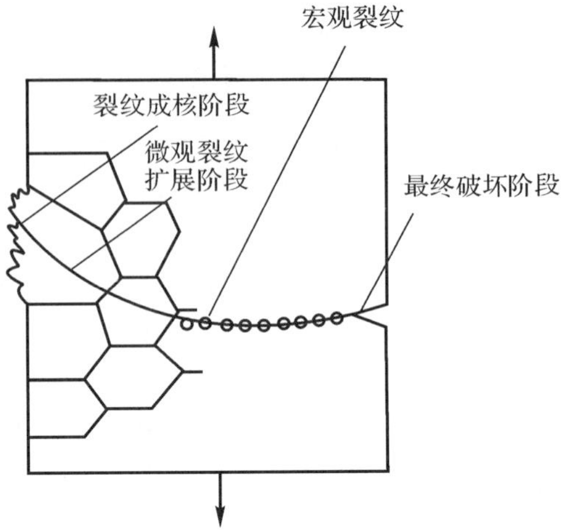

图 4.13　疲劳断裂过程示意图

疲劳断裂的过程如图 4.13 所示，大致分为裂纹成核阶段、裂纹微观扩展阶段、裂纹宏观扩展阶段和最终破坏阶段。

(1) 裂纹成核阶段(裂纹萌生)。裂纹成核是指疲劳裂纹的起始。通常裂纹起始于构件表面或有夹杂的缺陷处、机械缺口等应力集中部位。

先讨论没有应力集中源的情况：在疲劳载荷作用下，在材料的表面上，金属晶粒沿最有利于滑移方向反复滑移，从而产生微观裂纹。材料的表面处于平面应力状态，与主应力成 45° 角的方位上存在着最大剪应力。当构件被加载时，由于最大剪应力作用，在材料局部比较薄弱的地方产生了滑移，形成了新的自由表面。载荷反向后，应该沿反方向滑移，但由于前一次滑移的塑性变形产生了应变硬化，而且新产生的自由表面也被氧化，因此反方向的滑移不可能沿着原平面进行，而改在平行该面的另一个方向滑移，这样就造成了材料表面的挤出和凹入，同时在挤出凹入处又产生应力集中。在疲劳载荷作用下，多次的凹入、挤出就形成了滑移带，滑移带的逐渐加宽就使凹入地区变成了微裂纹，造成更大的应力集中点，裂纹就这样萌生了(见图 4.14)。

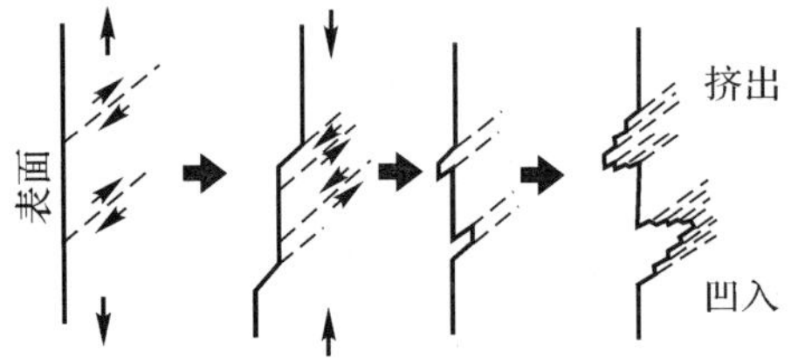

图 4.14　疲劳裂纹萌生模型

若材料中存在各种缺陷 —— 如气孔、夹杂、加工刀痕等，因它们本来就是应力集中点，在疲劳载荷作用下就常从这些部位开始滑移，裂纹的起始与上面所述大致相同。

在裂纹萌生过程中，应力集中起着重要的作用，虽然滑移处存在应变硬化，但滑移仍集中在这个区域而不转移，这主要就是因为这个区域中应力集中的影响，此处的应力比周围基体的应力要高得多，所以滑移仍在此区域进行，从而造成更大的应力集中而使裂纹萌生。

(2) 裂纹微观扩展阶段。利用滑移模型，也不难解释疲劳裂纹扩展的机理，图 4.15 表明了疲劳裂纹的扩展过程。在拉伸应力场中，裂纹尖端引起了应力集中(见图 4.15(1)，(2))，裂纹面上部材料在尖端很容易沿最大剪应力方向滑移。由于这一滑移，裂纹张开并向前扩展了一段距离。然后，滑移沿另一平面发生(见图 4.15(3))。载荷继续上升，由于应变硬化和滑移面的氧化膜钝化，原来方向不再滑移，而改在其他方向滑移，最后使裂尖形状完全钝化（见图4.15(4)），裂纹也完成了一个 $\Delta\alpha$ 的扩展。

裂纹尖端的塑性区是在弹性材料的包围之中，当载荷下降时，四周的弹性材料将收缩而对塑性区施加压缩应力。最后压应力又超过了屈服应力，至少在裂纹尖端附近是如此，从而发生反向的塑性变形，使裂纹尖端闭合并重新尖锐，如图 4.15(5) 所示。

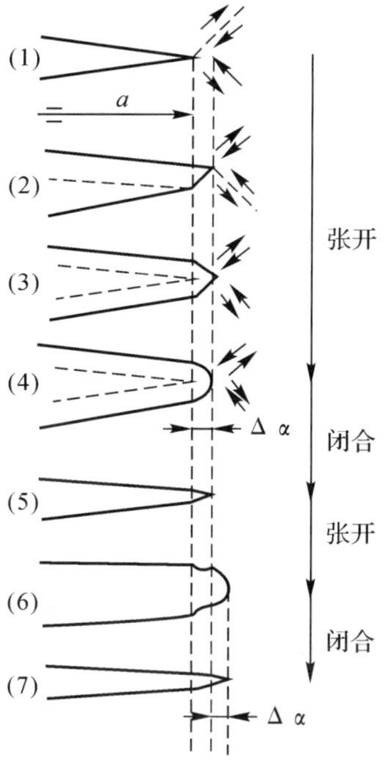

图 4.15　疲劳裂纹扩展的滑移-钝化

裂纹周期性地张开、闭合形成了波纹模样，每一个新循环增加一个新的波纹。用电子显微镜观察断裂表面时，可清楚地看到这些波纹，称之为疲劳条纹。疲劳条纹是裂纹钝化再尖锐的结果，它代表裂纹扩展时裂纹前缘的各个位置。

总的说来，这一阶段的裂纹扩展非常复杂，裂纹沿着与应力轴 45° 角的方向扩展，但其中的有些微裂纹很快就停止了，只有部分微裂纹汇集成一主导微裂纹，这一主导微裂纹扩展几个晶粒尺寸(约 100 μm) 后，就逐步改变了扩展方向，即过渡到宏观扩展的阶段，裂纹离开原滑移面，不再与外力成 45° 角，而是沿着垂直外力的方向扩展。因此，第一阶段的微裂纹萌生与扩展是具有一定晶体学取向的扩展，同时，裂纹扩展速率极为缓慢，量级大致在 $10^{-7}\sim10^{-6}$ mm/ 周。

(3) 裂纹宏观扩展阶段。宏观裂纹扩展阶段是从可见裂纹开始的裂纹扩展阶段，它是从微裂纹扩展阶段逐渐过渡来的。这一阶段的特点是裂纹扩展速度加快，一般在 $10^{-6}\sim10^{-3}$ mm/ 周，裂纹扩展方向与应力轴垂直，疲劳条纹比较明显。

微观裂纹扩展阶段和宏观裂纹扩展阶段统称为裂纹稳定扩展阶段。微观与宏观裂纹的分界线不是十分明确，一般在 0.01 ~ 0.05 mm 范围，甚至可达 1 mm，这依据材料的不同而不同。通常认为从宏观裂纹扩展开始(即出现可见裂纹时开始) 属于断裂力学研究范围。对于裂纹生成及微裂纹扩展这两个阶段，断裂力学不能处理，需要用工程疲劳的分析方法来解决。

(4) 裂纹的非稳定扩展阶段(断裂阶段)。当裂纹扩展到较大的尺寸(a_{cr}) 时，扩展速率急剧上升，在很短时间内，构件发生断裂。

典型延性金属材料的裂纹扩展速率如图 4.16 所示。以上所描述的裂纹扩展过程一般与延性较好的金属材料相吻合。对于高强度材料，由于屈服强度高、对缺口敏感性大、内部结构复杂等原因，往往直接在宏观的应力集中部位裂纹成核，随即开始宏观裂纹稳定扩展阶段，而不发生倾斜的微观裂纹扩展阶段。

3. 疲劳断口及特征

典型的疲劳破坏断口按照疲劳裂纹的发展过程可大致分为三个区域(见图 4.17)：

(1) 疲劳裂纹源区。这是疲劳裂纹的起点，常发生在结构的表面，特别是应力集中严重的部位，如果构件材料内部存在缺陷（如夹杂物、空洞、化学成分偏析等）也可以在亚表面或内部发生。一般用肉眼或低倍放大镜就能大致确定疲劳裂纹源的位置。疲劳源在整个疲劳断口截面上所占比例很小，呈半圆形或半椭圆形，非常光滑、亮泽、细洁，贝壳状波纹线不明显，这是由于疲劳裂纹在该区扩展速度很慢、裂纹面反复张开与闭合而使断面磨光的缘故。

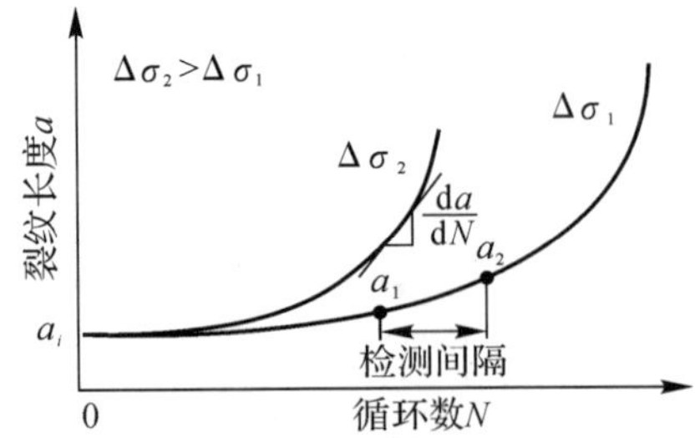

图 4.16　恒定疲劳载荷幅下的典型裂纹扩展行为，$\Delta\sigma$ 表示循环应力

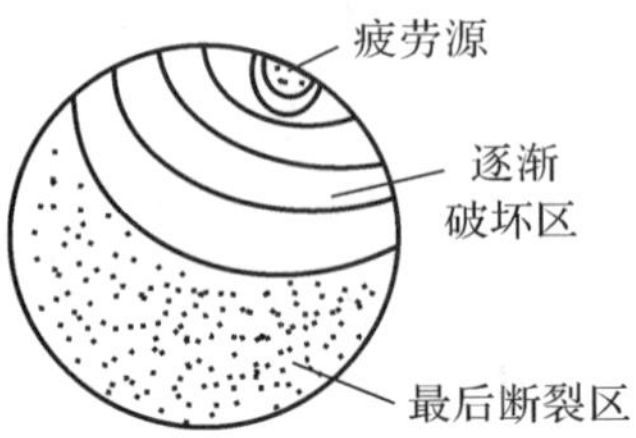

图 4.17　疲劳断口

（2）疲劳裂纹扩展区。疲劳裂纹扩展区是疲劳断口最重要的区域，常呈贝壳状或海滩波纹状。这些波纹常称为疲劳条带，一般从疲劳源开始呈弧形线条向四周推进，垂直于裂纹扩展方向。拉应力使裂纹扩展，压应力使裂纹闭合，裂纹两侧表面反复张开闭合就形成了这些条纹，条纹与作用的反复载荷有较好的对应关系，是断口量化分析的重要依据。裂纹扩展区一般较光亮，且愈接近疲劳源区愈亮。在裂纹扩展后期，由于有效截面不断减少，构件的实际应力不断增加，裂纹扩展速率提高，于是疲劳裂纹加速扩展区的断口较粗糙且不规则，并可能伴有因材料撕裂而造成的台阶、小丘或弧形条带（较宽），扩展也往往是不连续的。但对于高强度钢或高应力疲劳的情况，一般观察不到贝壳状波纹线，读者可自行分析其原因。

（3）快速断裂区。快速断裂区也称瞬时断裂区，是疲劳裂纹长度扩展到临界尺寸后发生的快速破断。快速断裂区的大小与材料特性、应力集中严重程度和应力水平有关。一般来说，材料较脆，应力水平较高，应力集中严重时，快速断裂区面积较大。快速断裂区的形状特征与静力破坏基本相同，较粗糙且分为平断部分和斜断部分。平断部分属拉断型，斜断部分属剪断型。

疲劳断口特征可以帮助我们分析构件的破坏是否属于疲劳破坏。但它也与材料、载荷等因素相关，有时光滑区很小，这会给分析判断带来一定困难，这时可能需要借助于电子显微镜观察微观断口，这里就不再赘述了。

二、金属材料的疲劳特性

1. 恒幅疲劳载荷

金属材料的疲劳破坏取决于内、外两方面因素。外在因素指作用于材料上的外加疲劳载荷；内在因素指材料的抗疲劳断裂能力。恒幅疲劳载荷是最基本的疲劳载荷形式，可利用标准试验机产生此反复载荷。而实际飞机经历的疲劳载荷却要复杂得多。这里，仅说明基本疲劳载荷的描述参数等，而复杂疲劳载荷历程放在以后介绍。

由于通常的疲劳破坏属静力学范围，故对反复的疲劳载荷循环历程仅关心其大小而不关心载荷的波形及频率。恒幅疲劳载荷的描述参数有 5 个，分别为 $P_{\max}$，$P_{\min}$，P_m，P_a 和 R，如图

4.18 所示。P_{max} 代表恒幅疲劳载荷中的最大值，又称峰值；P_{min} 代表其最小值又称谷值；P_m 称为其平均值，即

$$P_m = \frac{P_{max} + P_{min}}{2} \tag{4.16}$$

两个峰谷值之间的差值称作载荷变程或载荷反复，也可称为载荷范围，用 P_r 表示，P_r 的一半称为载荷幅值 P_a，即

$$P_a = \frac{P_{max} - P_{min}}{2} = \frac{P_r}{2} \tag{4.17}$$

疲劳载荷的谷值与峰值之比称为载荷比 R，即

$$R = \frac{P_{min}}{P_{max}} \tag{4.18}$$

它是表征恒幅疲劳循环载荷的一个特征量，当 $R = -1$ 时，称为对称循环；当 $R=0$ 时称为脉动载荷；当 R 为任意值时就称为非对称循环（见图 4.18(a)，(b)，(c)）。

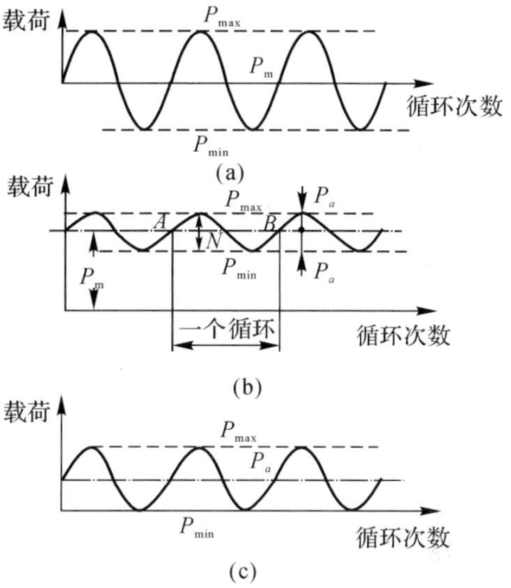

图 4.18　恒幅疲劳载荷图

(a)$R=-1$；(b)$R>0$；(c)$R=0$

描述疲劳载荷系列可选用这 5 个参数中的任意两个（这 5 个参数仅有 2 个是独立的）来表征。如前所述，对一个疲劳载荷系列（历程）影响结构疲劳性能的主要因素是峰值、谷值的大小及其顺序、数量，而与这些载荷的变化快慢无关。因此一个疲劳载荷系列只要说明其峰、谷值大小及作用次数即可。

2. *S*-*N* 曲线和疲劳极限

为了估算结构危险部位的安全寿命，需要利用构件或材料的疲劳寿命曲线，它由试验得到。根据寿命估算方法的不同，获取疲劳寿命曲线的试验安排及试件的类型也不同。对于应力水平较低的材料疲劳试验（称高周应力疲劳），用标准的光滑试件获得 $S-N$ 曲线。S 代表循环应力的幅值 S_a 或最大值 S_{max}，N 代表到断裂时的循环周数。通常在一定频率、振幅和一定的应力比下进行试验，获得断裂时的疲劳总循环周数。

对构件的疲劳试验，一般采用带孔构件或缺口构件（有各种应力集中系数）进行疲劳试验。图 4.19 所示即为金属材料的典型 $S-N$ 曲线；图 4.20 所示即为飞机结构典型铝合金带孔板材的 $S-N$ 曲线。

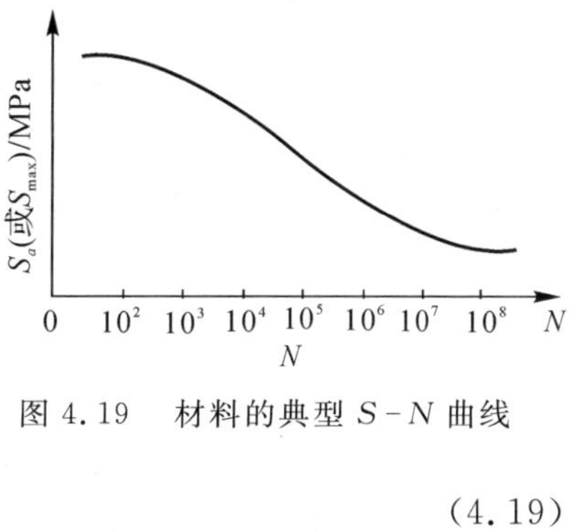

图 4.19　材料的典型 $S-N$ 曲线

工程上常以 $\lg N$ 为横坐标的半对数坐标系来描绘这些曲线，这些曲线是通过对试验数据的经验拟合而获得的，在中等寿命段（$10^2 < N < 10^6$），工程上常采用幂指函数关系来量化描述这些曲线，如：

指数函数 $$Na^s = C \tag{4.19}$$

幂函数 $$S^\alpha N = C \tag{4.20}$$

公式中的参数 a，α 和 C 都可通过线性回归的统计方法来获取。对上述公式的变形（取常用对数）可以发现，$S-N$ 曲线在半对数或双对数坐标系中近似于一条直线。

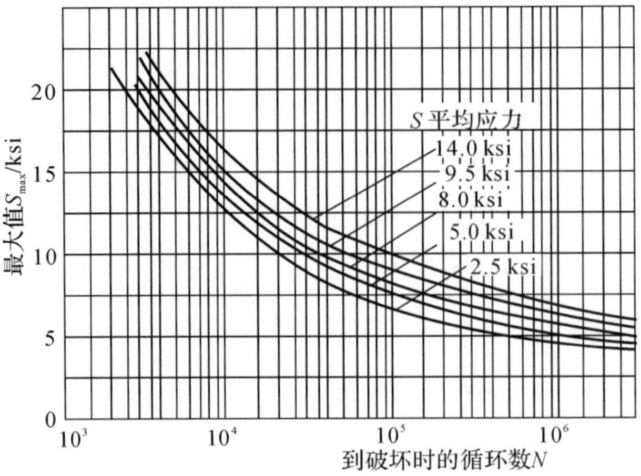

图 4.20　2024-T3 铝合金带孔板 $k=4.0$ 时的 $S-N$ 曲线

（$1\ \text{ksi} \approx 6.895\ \text{MPa}$）

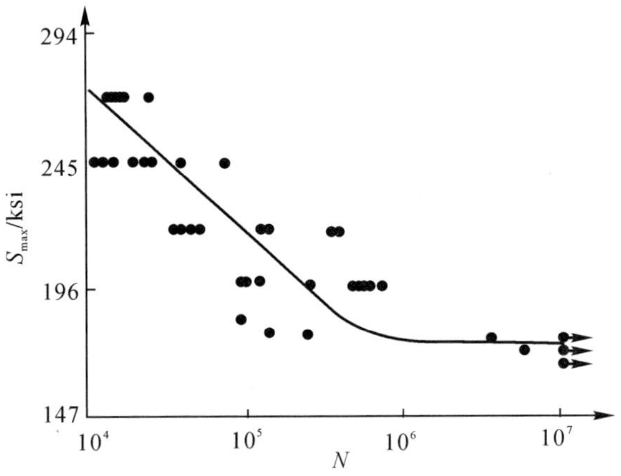

图 4.21　GC-4 钢材（棒料）光滑试件的 $S-N$ 曲线

材料：GC-4 钢 $\phi42$ 棒材，$\sigma_b = 1\ 893$ MPa；　应力集中系数：$K_t = 1$；

试验条件：轴向加载 $R=-1$，$f=900$ r/min，130 Hz（$N=10^7$）

从图 4.19 或 4.20 中都可以看出，疲劳循环的周数 N 随 S 的下降而迅速增加（呈幂指关系），但当 S 下降到某一量值时，周数 N 似乎有无限寿命，这个应力水平 S 一般称为疲劳极限，当 $R=-1$ 时，此疲劳极限用符号 σ_{-1} 表示。铝合金等没有明显的疲劳极限，此时一般以 $N=10^7$ 或 10^7 以上对应的 S 值作为其条件疲劳极限或称为疲劳强度。疲劳极限与材料的静强度值大致有以下关系：普通钢材 $\sigma^{-1} \approx (0.35 \sim 0.6)\sigma_b$，高强度铝合金 $\sigma^{-1} \approx (0.3 \sim 0.4)\sigma_b$，其他铝合金 $\sigma_{-1} \approx (0.4 \sim 0.6)\sigma_b$。

图 4.21 给出了高强度钢 GC-4 光滑试件的 $S-N$ 曲线，图中的黑点表示试验数据，黑点加箭头表示试验数据大于对应的循环周数。从图中可以看出，同一应力水平 S 下，实际的试件疲劳破坏周数有较大的分散性，而且随应力水平的降低，分散性更大。对中等寿命段，工程上常用对数正态分布来描述某一应力水平 S 下的分散性，即概率密度函数为

$$f(n)=\frac{1}{\sqrt{2\pi}\,\sigma n}\exp\left\{-\frac{\lg n-\mu}{2\sigma^{2}}\right\} \tag{4.21}$$

式中　μ—— 位置参数；

　　　σ—— 尺度参数。

为获得不同应力水平下疲劳破坏的分散性，试验标准中规定在中等寿命段采用 3 ～ 5 个应力水平，每一应力水平下取大于 5 个的试样数进行疲劳试验，再通过获得的试验数据进行分布参数估计，即可获得其分散性的经验规律；通过线性回归即可获得 $S-N$ 曲线。应当注意的是：通常线性回归方法获得的 $S-N$ 曲线是中值寿命曲线，其概率意义是指 50% 的存活率曲线，即曲线上的一个点代表着对应该应力水平下，试样的断裂数为 50%。这样的 $S-N$ 曲线在工程上使用是危险的。因此，工程应用中常采用高存活率 P 的 $S-N$ 曲线，如存活率 $P=90\%$，95%，99% 等。这样的 $S-N$ 曲线通常称为 $P-S-N$ 曲线。有了试验数据，获得 $P-S-N$ 曲线是非常容易的，有兴趣的读者可参阅有关资料中介绍的统计处理方法。

3. 疲劳性能的若干影响因素

(1) 疲劳载荷特征的影响。对于一定的平均应力水平 S_m，振幅 S_a 越大，寿命 N 就越短，这是一条 $S-N$ 曲线描述的基本事实。振幅大即意味着材料经受的高应力值多，因此，更容易疲劳破坏。当振幅 S_a 一定时，循环比 R 的变化即意味着平均应力水平 S_m 的变化，当 R 增大时，寿命 N 越短，其原因与前者相同。给定不同的 S_a 值，变化循环比 R(或 S_m)，我们可获得一族 $S-N$ 曲线(见图 4.20)。当 S_{max} 值一定时，R 值变化意味着振幅 S_a 和 S_m 的变化，R 值增大即 S_a 减小、S_m 增大，显然 R 值越小，寿命 N 越短。

(2) 应力集中的影响。在实际结构中，由于构造上的需要，许多零构件不可避免地存在截面的突变，如沟槽、孔以及轴肩等。在外力作用下，这些截面突变的局部区域应力会急剧增加，离开这个区域稍远处，应力就大大降低。这种应力局部增大的现象，称为应力集中。图 4.22 表明了带孔板的应力集中现象。

应力集中对疲劳性能有着重要的影响，会使构件的疲劳强度大大降低，大量的试验研究和许多疲劳破坏事故的调查都表明，疲劳源总是出现在孔边等应力集中的地方。实际上，在影响疲劳性能的诸因素中，应力集中是一个最直接的主导因素，即使是光滑的材料试样，由于材料内部组织的不均匀性或亚微观缺陷(气孔、夹杂等)的存在，也会导致微观上的应力集中，此时即使是光滑的材料试样，也会在内部产生疲劳裂纹。实践证明，为避免或减缓应力集中对疲劳性能的影响，必须充分重视受力构件的细节设计与加工制作。

应力集中对疲劳性能有显著影响，但其影响程度并不直接由理论应力集中系数所决定，而是由所谓的“有效应力集中系数”K_f 来决定。K_f 的定义为：

$$K_f=\frac{\text{光滑试件的疲劳强度}}{\text{缺口试样的疲劳强度}}$$

决定 K_f 的最直接方法是进行疲劳试验，显然 K_f 是大于 1 的系数，与试件尺寸、缺口小半径、材料的晶粒度等相关。不同材料对缺口的敏感性不同，塑性较好的材料 $K_f<K_t$；而塑性较差的高强度钢则 K_f 就比较接近 K_t。这是因为对于塑性材料，当局部应力达到屈服极限时，

这些局部区域将产生塑性变形，从而减轻了应力集中的危险性。

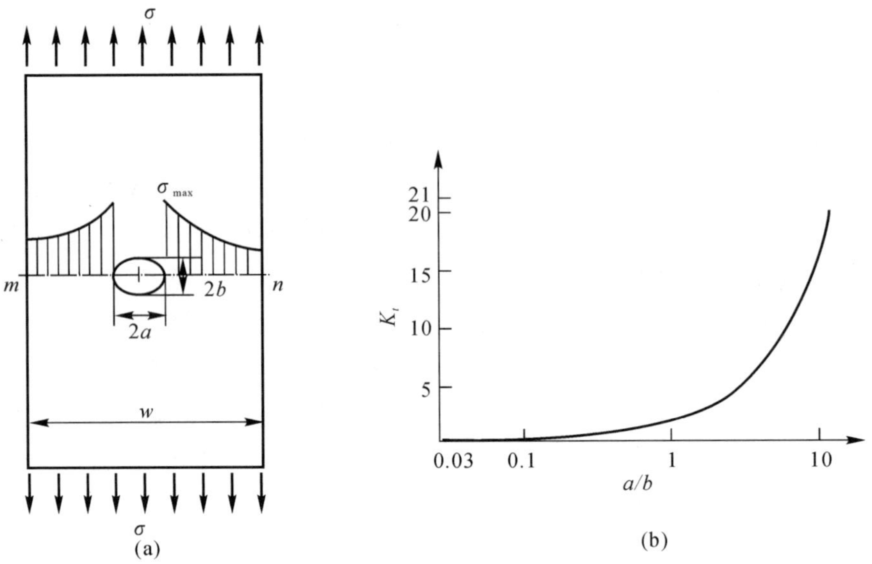

图 4.22　应力集中现象

（3）尺寸效应。零件的尺寸对疲劳性能也有较大影响。一般地说，零件的疲劳性能随其尺寸的增大而降低，这种现象称为尺寸效应。材料的疲劳强度总是用小试件通过试验得到的，其疲劳强度值比实际使用大构件的疲劳强度值高。因此，用小试件的疲劳强度值进行大构件的设计时，必须考虑尺寸效应。

产生尺寸效应的因素可以从以下几方面考虑：

1）尺寸不同，在相同的承力形式下，零件的应力梯度不同（如果最大应力值相同）。大尺寸零件的高应力区域大，从统计概率看，产生疲劳裂纹的概率就大。

2）大尺寸零件中包含了更多可能产生疲劳裂纹的不利因素，例如材料不均匀性、内部缺陷、各向异性等。

3）加工零件时，表面会有一些硬化。大多数情况下，硬化可提高疲劳极限，对小试件这种影响更为显著。

（4）表面加工的影响。在循环载荷作用下，疲劳裂纹常发生在零构件的表面，这是因为在弯曲或扭转载荷下表面层的应力最高，而且在表面层的缺陷也往往最多。因此，表面的加工质量对疲劳性能有很大的影响。一般来说，表面粗糙度对疲劳性能的影响随表面粗糙度的降低而降低，即疲劳强度提高；反之，表面加工越粗糙，疲劳强度的降低就越严重。

（5）其他影响因素。温度是影响疲劳性能的另一重要因素。当材料在低于蠕变温度（例如，铝合金的蠕变温度为 205℃）的高温下工作时，其高温对长寿命的影响是降低疲劳强度，并使材料的 $S-N$ 曲线不再存在水平的直线段了，即不再存在疲劳极限。这时要评价构件的疲劳性能就需要采用高温条件下的疲劳曲线了。

冷作硬化和残余应力对疲劳强度有相当大的影响。一般来说，零构件表面有一层均匀的残余压应力对疲劳强度是有利的。如果零构件表面的残余应力是拉应力，则会降低疲劳强度。

金属材料的热处理方法及工艺过程对材料的静强度及其他机械性能有明显影响，同样对材料的疲劳强度也会有明显影响。但是，究竟怎样的热处理方法对具体材料、具体形状和尺寸的构件更合适些，需要通过实践不断总结经验。

飞机结构在生产装配过程中，很多工艺因素会影响到结构的疲劳性能。例如，过度的强迫装配会影响到结构的疲劳性能，这一点应引起足够的重视。疲劳设计中常利用干涉配合、钉孔挤压强化等特殊工艺来提高结构的疲劳性能。

疲劳载荷的作用顺序对结构的寿命有较大的影响，特别是间断出现的少数大载荷对疲劳寿命有非常大的影响。大的拉伸载荷可以大大提高结构的疲劳强度，这是因为大的拉伸载荷可以在应力集中处产生残余的压应力，对此后的载荷循环系列在应力集中区域大大降低平均应力，从而提高结构的疲劳寿命。有时这种影响可以成倍地提高寿命。

噪声环境对结构的疲劳性能也有影响，喷气发动机以及气动噪声等将引起飞机结构的高频振动，这种噪声激励的疲劳载荷可能强度量级较小但作用次数极多，同样会产生结构的疲劳破坏，此即通常称谓的"声疲劳"问题。工程设计中的抗"声疲劳"措施，一是减少噪声源，二是增加结构的阻尼(如采用蜂窝夹层结构等)以控制循环交变应力在安全的幅值以内。

腐蚀环境对结构的疲劳性能也将产生重要的影响，循环交变载荷和腐蚀介质联合作用要比其中一个单独因素的作用更加有害，产生一个相互催化的作用，即腐蚀环境下会促进疲劳裂纹的产生与发展，而疲劳载荷也会有利于结构材料的腐蚀。严格说来，除了在真空和惰性介质中工作的构件外，所有的疲劳破坏都是腐蚀疲劳破坏，特别对铝合金，潮湿空气就是一种严重的腐蚀环境。

随着飞机结构寿命的延长，特别是和平时期，战斗机的停飞比大于 90% 以上，要保持飞机的日历年限寿命(一般大于 25 年)就必须研究腐蚀环境对结构的破坏作用，解决好防腐设计问题。在实际工作环境下，飞机结构的腐蚀问题非常复杂，这一方面由于环境介质的复杂性，另一方面静力腐蚀(称应力腐蚀，飞机停歇时静应力与环境交互作用的腐蚀破坏问题)、腐蚀疲劳及其两者的复杂作用问题等，都是十分严峻的研究课题。特别是腐蚀环境下的加速实验问题尚未得到很好解决，腐蚀破坏的实验研究要花费很大的人力、财力和物力。腐蚀环境对受力结构(无论静力或疲劳载荷)的破坏作用涉及材料微、细观物理机制与电化学机制等。

三、安全寿命估算方法

1. 设计使用载荷谱

疲劳破坏是一个损伤累积的结果，因此疲劳分析必须关心在整个使用过程中结构承受载荷随时间变化的历程 —— 载荷谱。设计部门应根据使用方规定的设计使用寿命和设计使用方法，编制设计使用载荷谱来进行安全寿命设计。在初步设计阶段，设计使用的载荷谱主要借鉴类似机种的实测数据进行编制；在没有可利用的实测数据时，可按规范给出的相关数据或利用飞行模拟器测试结果进行编制。

我们先从飞机使用当中遇到的可能的疲劳载荷谈起。飞机使用过程中所遇到的各种重复载荷都应是飞机的疲劳载荷，一般主要有以下几种。

(1) 突风载荷(阵风载荷)。是由于飞机在飞行中遇到垂直方向突风引起攻角改变,升力发生变化,从而结构上引起的重复载荷。这是运输机类飞机的主要疲劳载荷。

(2) 机动载荷。飞机作各种机动飞行,特别是高过载的机动操作时,会引起飞机承受的气动、惯性载荷发生频繁、剧烈的变化。这种重要且非规则的载荷变化称为机动载荷,是歼击/攻击型飞机最重要的疲劳载荷。

(3) 地-空-地载荷。这是指从代数值最小的载荷(一般发生在地面)上升到最大代数值载荷(空中)再回到最小载荷时的重复载荷。这种载荷在一次起落中仅作用一次,是作用次数少但幅值较大的载荷。

(4) 着陆撞击载荷。起落架着陆撞击地面,导致结构的动力响应,形成动态反复载荷。

(5) 地面滑行载荷。由于地面跑道的粗糙不平,飞机滑行时将由颠簸引起重复载荷。它还包括刹车、转弯、打地转、牵引和地面其他操纵所引起的载荷。

(6) 其他载荷。气密座舱增压和整体油箱增压载荷;尾翼抖振、操纵面运动、发动机噪声等也会产生疲劳载荷。

各种疲劳载荷对各部分结构影响不同。如对气密座舱,主要考虑增压、突风和地-空-地载荷;而(4),(5)等地面载荷主要对起落架及与其连接的结构有很大影响。一般来说,对战斗机主要考虑机动载荷和地-空-地载荷;对民用运输机,主要考虑突风载荷、增压载荷和地-空-地载荷。

根据大量实测的疲劳载荷及其时间历程,再经过统计分析和简化即得疲劳载荷谱,这个谱一般用飞机的重心载荷系数与作用次数来表征。对于个别飞机的某次飞行,载荷历程是随机的,具有不确定性,但大量同类型飞机载荷历程的统计结果就带有规律性。因此,疲劳载荷谱可以作为一种规范用到同类型飞机的设计和试验中去,设计中使用的疲劳载荷谱即称为设计使用载荷谱。图4.23给出了疲劳载荷谱的大致示意图;表4.1给出了某歼击机在100飞行小时内的机动载荷谱。

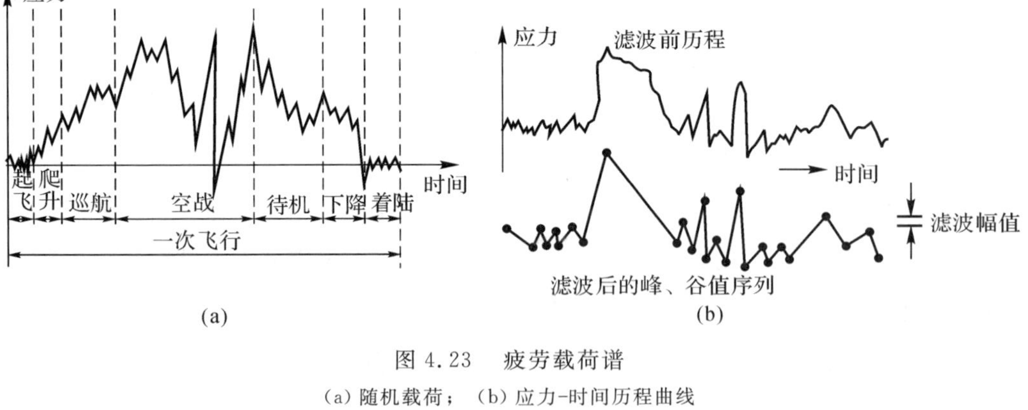

图4.23 疲劳载荷谱

(a) 随机载荷; (b) 应力-时间历程曲线

表 4.1　某歼击机 100 飞行小时的机动载荷谱

级　别	最大载荷系数(n_{max})	最小载荷系数(n_{min})	出现次数
1	2.5	0.8	1 370
2	3.5	0.6	1 040
3	4.5	0.25	304
4	6.0	−0.4	20
5	7.0	−1.0	2
6	8.0	−1.5	0.2

飞机的疲劳载荷谱按复杂程度一般用 3 种简化排列的形式表示(也称为载荷谱的谱型)：等幅谱、程序块谱和飞-续-飞谱。以下简单说明。

等幅谱是所有载荷峰值 P_{max} 和载荷谷值 P_{min} 各为一个常数值，峰、谷值之间载荷变化的幅度是恒定的，如图 4.24(a) 所示。等幅谱一般用于测定材料的基本疲劳和断裂性能参数。

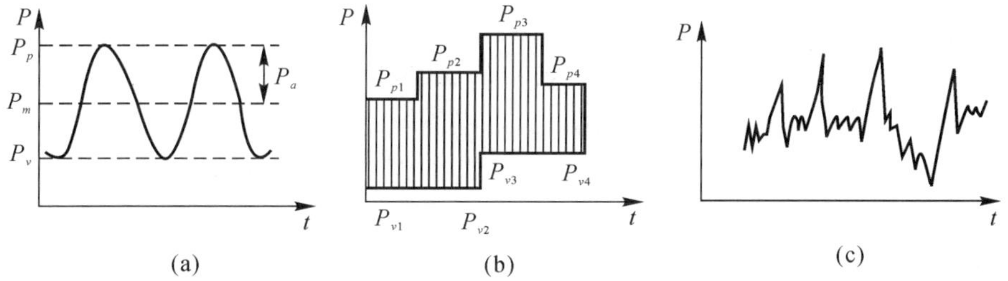

图 4.24　载荷谱的谱型示意

(a) 等幅谱；(b) 程序块谱；(c) 飞-续-飞谱

程序块谱是在一定时间内，将载荷峰值和谷值都相同的等幅谱集中为一小块，然后将不同的小块等幅谱按照其峰值为低-高-低的序列连接起来，构成图 4.24(b) 所示的程序块谱。该程序块谱多次重复构成整个寿命期内的载荷谱。程序块谱目前仅用于设备条件受到限制的疲劳试验或分析计算中。

飞-续-飞随机载荷谱是一次飞行接一次飞行地排列飞机所经历的载荷-时间历程(见图 4.24(c))。每次飞行代表飞机一种特定的典型使用任务。该谱一般以一定的时间作为循环周期，例如 100 ～ 500 飞行小时。在一个循环周期内，各次飞行之间的载荷时间历程有差别，但它们的总和代表飞机所有典型使用任务。这种载荷谱较实际地反映了载荷顺序对疲劳损伤、裂纹扩展速率的影响，也是当前寿命估算的主要谱型。

由于飞机在每次飞行中所经历的载荷及其顺序的随机性很大，现有多种排列每次飞行中载荷顺序的方法。一种方法是在每次飞行中按低-高-低的顺序排列所有的载荷循环。另一种方法是在每次飞行中，首先按实际情况排列一些可预计的载荷因素、顺序或条件，然后用随机抽样的办法排列那些不可预测的载荷因素、顺序和条件，这就能较好地反映载荷谱的随机特性。目前国内外许多机种都采用了这种方法。

2. 应力谱

飞机结构设计或试验使用的疲劳载荷谱一般是重心载荷系数及作用次数的序列，而结构的疲劳破坏往往是发生在零构件的局部危险部位。要进行零构件局部位置的疲劳寿命估算，就需要局部危险部位的应力谱。由载荷谱转换为局部应力谱需要一个复杂的计算过程。首先我们要知道对应不同载荷系数在飞机结构上的分布载荷，是由气动力载荷计算的专业人员提供的。有了飞机结构的载荷分布则可以应用有限元计算方法获得零构件的作用载荷，再通过细致的工程方法计算或有限元分析，才能获得构件局部细节部位的应力。如果载荷谱中最大一级载荷使零构件的局部区域处于弹性范围内，那么对其他载荷级只要乘以一个相应的比例系数即可得到这个危险部位的应力谱；如果不在弹性范围内(零构件的孔边部位往往进入弹塑性范围)，则需要更复杂的细节应力分析方法(工程修正方法或弹塑性有限元方法)对载荷谱中的各级载荷水平跟踪计算，以获得局部应力谱。显然，获得零构件局部危险部位的应力谱是估算安全寿命的首要步骤。

在用应力谱估算疲劳寿命时，还要考虑以下两方面问题：一是应力作用顺序问题，二是高低应力幅截除问题，这两个问题对疲劳寿命估算都有较大的影响。对于作用顺序问题同样采用对载荷谱的排序方法，即程序块谱编排与随机抽样的随机编排方法。程序块谱采用低-高-低的编排顺序，尽管与实际载荷作用的随机性相去甚远，但很多疲劳试验表明，这种编排顺序的寿命统计结果与随机载荷谱的寿命统计结果相近。采用程序谱方法的意义在于用试验对分析结果验证较为容易。关于高低应力幅的截除问题是指在随机载荷序列中，很小的应力幅值对疲劳损伤和疲劳裂纹扩展速率都无影响，故在谱简化时应予以删除；很大的应力幅值对疲劳损伤及裂纹扩展有强烈的迟滞作用，使后续较小范围内的应力幅对疲劳没有影响，故在计算和试验中予以删除，可使寿命估算结果偏于安全。

3. 疲劳寿命估算方法

疲劳寿命分析方法很多，应根据飞机结构构件受循环载荷的应力水平高低和所掌握的材料疲劳性能数据、曲线来适当选择分析方法。

由于实际结构所承受的循环载荷通常是变幅的，因此在选取了适当的疲劳分析方法后，寿命估算大体需要三个计算步骤：

(1) 由工程方法或数值分析方法计算构件危险部位的应力应变范围(变幅)。

(2) 由应力应变范围根据材料疲劳性能数据、曲线获得对应的疲劳寿命。

(3) 应用累积损伤理论，计算整个载荷谱的疲劳损伤，进而获得构件的安全寿命。

以下主要介绍应力疲劳分析方法及线性损伤累积理论。

(1) 应力严重系数法。应力严重系数法是目前应用较广泛的应力疲劳分析方法，常用于结构连接寿命估算。它通过细节应力分析，得到紧固件钉孔处的旁路载荷、钉传载荷。进而求出孔边的应力严重系数(即当量应力集中系数)，再利用简单缺口试件的 $S-N$ 曲线来估算结构连接寿命。它属于名义应力法范畴，原则上也适用于缺口元件。

图 4.25 说明了紧固件钉孔处的应力分布情况。可以看出，钉孔的应力集中主要由空孔引起的应力集中和钉的非均匀挤压引起的应力集中叠加而成。两部分引起的孔边最大应力为

$$\sigma_{\max}=\sigma_1+\sigma_2=K_t\frac{P_p}{Wt}+K_{jy}\frac{R}{dt}\theta \tag{4.22}$$

式中 K_t—— 孔应力集中系数；

P_p—— 板的旁路载荷；

W—— 板宽；

t—— 板厚；

K_{jy}—— 挤压应力集中系数；

R—— 钉传载荷；

θ—— 挤压应力分布系数；

d—— 紧固件直径。

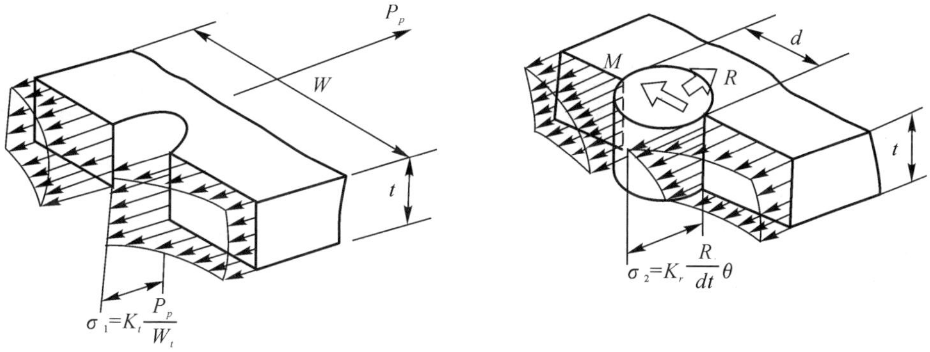

图 4.25　钉孔应力集中图

总的应力集中系数为最大应力与参考应力之比，即

$$K_{tx}=\frac{\sigma_{\max}}{\sigma_{ck}},\quad \sigma_{ck}=\frac{P_p+R}{(W-d)t} \tag{4.23}$$

仅用总的应力集中系数还不能很好地反映连接件的疲劳特性，尚需考虑孔表面状态和紧固件的充填作用。为此，引入两个系数 α 和 β。把这个既反映孔边应力集中程度，又反映孔的疲劳特征的系数称为应力严重系数，其定义为

$$SSF=\alpha\beta K_{tx} \tag{4.24}$$

式中　α—— 孔表面状态系数；

β—— 孔充填系数。

应力严重系数是一个反映结构连接件孔的疲劳品质的无量纲参数。应力严重系数与参考应力乘积达到最大的部位一般就是结构中的薄弱环节。在弹性状态下，应力严重系数同外载无关，仅为与结构几何特征有关的常数。在寿命计算时，把应力严重系数作为当量的应力集中系数，用相应 K_t 的构件 $S-N$ 曲线，来查取某名义应力水平下的寿命。

(2) 疲劳损伤的线性累积原理。结构的疲劳损伤在没有形成明显的宏观可见裂纹前是一个复杂的微观几何形态，包括微裂纹成核、生长、汇聚等过程，这种过程的发展随外加疲劳载荷的作用也不呈线性关系，特别在随机载荷作用下更是如此。为了能够量化描述疲劳损伤，工程上将某个变幅疲劳载荷中第 i 个载荷循环引起的疲劳损伤 d_i 定义为

$$d_i=\frac{1}{N_{fi}} \tag{4.25}$$

式中，N_{fi} 表示由第 i 个循环载荷水平恒幅作用下的疲劳断裂寿命(循环周次)。

显然，上述定义已将恒幅循环载荷的疲劳损伤线性量化了。同样对于变幅随机载荷谱，虽其疲劳损伤是一个复杂的非线性增长过程，工程上也采用线性损伤累积的原理，即认为载荷谱

中各级交变应力或应变引起的疲劳损伤可以独立计算，损伤可以线性累加，即式(4.26)，这样的线性累积法则通常称为Miner法则。那么一个随机载荷谱造成结构的总疲劳损伤即可写为

$$D=\sum_{i=1}^{m}d_i=\sum_{i=1}^{m}\frac{n_i}{N_{fi}} \tag{4.26}$$

式中 m—— 载荷谱中的载荷级别总数目；

n_i—— 第 i 级载荷的作用次数；

D—— 一块随机载荷谱引起的结构总损伤量。工程上定义当 $D=1$ 时，就认为结构发生了疲劳破坏，而 $1/D$ 则表示疲劳破坏前作用的载荷谱块数。

还应当指出，尽管结构的疲劳损伤是一个复杂的非线性物理过程，但非线性描述参数的获取十分不易，往往被许多的随机因素湮灭，寿命估算精度并不比工程上常采用的线性累积法则高。线性累积法则使用简单，且估算精度尚好，因而工程上被广泛采用。当然，疲劳损伤也还是一个复杂的随机过程，D 也就是随机变量了，我们将在可靠性设计一节中加以说明。

(3) 安全寿命估算。

安全寿命估算是在疲劳寿命的确定性算法基础上对疲劳分散性加以考虑。当用一个疲劳载荷谱块估算寿命时，可用下式计算其安全寿命。

$$N_{js}=\frac{L_B}{D_{B1}f_{js}} \tag{4.27}$$

式中 N_{js}—— 用飞行小时(或飞行次数) 表示的计算安全寿命；

L_B—— 一个载荷谱块代表的飞行时数(或飞行次数)；

D_{B1}—— 一个载荷谱块造成的累积损伤(用式(4.26) 计算)；

f_{js}—— 计算取用的疲劳分散系数。

对于更普遍的情况，特别对严重机动的战斗机，为了考虑第一个谱块加载结束时的残余应力对第二个谱块的影响，规范上推荐采用两个谱块的累积损伤进行寿命估算。在假定第二谱块和它后继的谱块引起的损伤相同的条件下，可以得到的安全寿命为

$$N_{aq}=\frac{L_B(1-D_{B1})}{D_{B2}f_{js}}+\frac{L_B}{f_{js}} \tag{4.28}$$

式中 D_{B2}—— 由第二谱块引起的累积损伤。

最后，还应当说明安全寿命估算涉及许多不确定性因素，例如，材料、热处理、表面处理、应力集中系数、加载方式等因素不同时，$S-N$ 曲线或 $\varepsilon-N$ 曲线均不同。因此，为了估算寿命，应建立对应于设计应力谱的疲劳寿命曲线及疲劳性能数据库。

四、结构细节抗疲劳设计

飞机机体结构在使用和疲劳试验中出现的结构损伤表明：机体结构的疲劳破坏，几乎都起源于不合理的结构细节处。为保证飞机具有预期的设计使用寿命，必须对结构细节实施抗疲劳设计，以改善和提高结构细节抗疲劳开裂和扩展的固有品质。

要改善结构抗疲劳的固有品质，就必须仔细控制结构细节处的实际工作应力和初始质量。设计时，特别要注意消除或减少促使结构细节疲劳开裂的各种因素，选用抗疲劳抗腐蚀性能好的材料，并且采用恰当的加工制造工艺、热处理方法、表面处理和抗疲劳强化措施等。通过长期的工程设计实践，设计人员总结出许多可提高结构细节疲劳强度的设计准则，并已作为规范确定下来。在后面的各章内容中，可以看到这些设计准则的广泛应用。

五、安全寿命的综合设计与控制

综上所述，安全寿命设计的主要概念是要求飞机结构在使用寿命期内不应出现宏观可检裂纹，实际上是指要保证飞机从开始使用，到形成一定尺寸裂纹（通常称工程可检裂纹）的使用时间内的结构安全。因此，安全寿命设计贯穿于飞机研制的全过程，必须在设计、生产和使用各阶段进行综合有效控制，才能使结构真正具有较强的抗疲劳能力，才能保证结构的使用安全。表 4.2 列出了在设计、生产与使用各阶段安全寿命设计的主要内容。

表 4.2　飞机安全寿命设计内容

阶　段	工 作 内 容
设计阶段 ① 可行性研究与方案设计阶段	提供设计资料 确定设计用途，制定型号设计规范 制定设计准则 制定疲劳控制计划 材料、工艺选择 总体布局中连接形式的选择
② 结构初步设计（打样）阶段	确定设计使用载荷谱 准备材料性能数据 新材料、新工艺、新技术的研制性试验（材料疲劳性能的定性试验） 总体应力分析（应力严重部位的改进设计）
③ 结构详细设计（发图）阶段	结构抗疲劳细节设计 设计使用应力谱 细节应力分析（确定结构的疲劳薄弱部位） 关键件、重要件的确定（依据各部位的重要性和危险程度综合考虑） 估算疲劳寿命 设计研制试验（还包括一些零、组件的疲劳寿命试验）
生产制造阶段	生产质量控制 部件及全尺寸飞机疲劳试验 结构更改（对不能满足寿命要求的疲劳薄弱部位做改进设计） 拟定机队结构维护计划（对选定的重要结构细节规定详细的检查、维护要求）
投入使用阶段	实测使用载荷谱 单机跟踪监控飞机的寿命损耗 修正机队维护计划投入使用的数据采集

从表 4.2 可以看出，设计阶段的安全寿命设计任务是确定合理的安全寿命设计准则和疲劳破坏判据，应用现有的分析方法（包括数理统计方法、应力分析方法、抗疲劳细节设计方法等）以及试验手段来保证飞机的安全寿命。在制造阶段，应合理地确定加工与装配工艺方法及路线，甚至包括孔边的特殊处理工艺等，严格控制加工质量，做好质量评估工作。在使用阶段，应用先进的无损探伤手段，跟踪监测飞机结构的寿命损耗，并能将实测载荷谱及结构设计的薄弱部位及时反馈给设计部门，为后批飞机的设计制造提供改进依据。有了全方位的抗疲劳综合设计，才能保证在安全寿命期内发生结构疲劳破坏的概率达到最小。

然而，安全寿命设计有其自身的缺陷和不完全的一面。主要有三方面的问题：其一是用 $S-N$ 曲线（或 $\varepsilon-N$ 曲线）的疲劳试验估算疲劳寿命混淆了裂纹萌生和裂纹扩展阶段，以至于难以搞清楚两个阶段在总寿命中各占的百分比。这个比例在不同情况下是十分不同的，而工程上对此问题是十分关心和感兴趣的。如果把裂纹萌生和微观扩展阶段对应的寿命称为无裂纹（宏观不可见）寿命 N_i，则在结构不存在缺陷的假设条件下，重复循环应力越小，N_i 占总寿命的比例就越大；材料金相组织细密，屈服极限高，N_i 的比例也高。其二是安全寿命设计为了"安全"，一味地加大分散系数的考虑，致使结构设计重量提高；另一方面，对飞机结构部位的损伤发展无力予以评估，导致不经济的维修，从经济观点看也是不利的。其三是对一般工程结构来说，实际上缺陷（如材料疵点、划痕和焊裂等）的存在是不可避免的，因此即使以工作应力小于疲劳极限来设计，也不能保证寿命是无限的，即疲劳设计实际上并不能确保 100% 安全。在存在缺陷、漏检损伤等情况下，无裂纹寿命即使有，所占比例也要小得多。断裂力学感兴趣的裂纹宏观扩展阶段，对实际工程结构来说，这一阶段在总寿命中占有相当的比例。因此在我国规范中规定，"对危及飞机机体安全的主要结构，应采用损伤容限设计"，这将比安全寿命设计更为可靠；同时还提出"飞机结构的使用寿命通常由裂纹形成和裂纹扩展寿命两部分组成"，"按损伤容限设计和试验所给出的裂纹扩展寿命（即宏观裂纹扩展寿命）也可适当考虑作为飞机使用寿命的一部分，但具体型号如何考虑由订货和承包方商定"。随着我国航空工业技术的发展，损伤容限设计和耐久性设计技术正在趋于规范化、系统化。自 1989 年我国颁布了第一个损伤容限设计标准以来，理论研究与设计实践都取得了可喜的进步和丰硕的成果。

4.4 损伤容限设计方法

一、损伤容限设计思想

1. 基本概念

损伤容限是指结构在规定的未修使用周期内，抵抗由缺陷、裂纹或其他损伤而导致破坏的能力。简单地说，就是指飞机结构中初始缺陷及飞机在使用中缺陷发展的允许程度。因此，损伤容限设计概念是承认结构在使用前就带有初始缺陷，但必须通过设计的方法把这些缺陷或损伤在规定的未修使用期内的增长控制在一定的范围内。在此期间，结构应满足规定的剩余强度要求（含缺陷或含裂纹结构的承载能力），以保证飞机结构的安全性和可靠性。因此，损伤容限设计思想研究的对象，是那些影响飞行安全的结构部件在使用寿命期内的安全裕度问题。

从损伤容限设计的基本内容上看，就是通过设计、分析和试验验证，对可检结构给出检修周期，对不可检结构提出严格的剩余强度要求和裂纹增长限制，以保证结构在给定的使用寿命期内，不致因未被发现的初始缺陷扩展失控而造成飞机的灾难性事故。故此损伤容限设计所追求的目标就是通过设计、分析、试验与监测维修的各种手段，保证飞机在使用寿命期内其剩余结构(带损伤结构)仍然能够承受使用载荷的作用，不发生结构的破坏或过分变形，并提供保证安全性所要求的检查水平。

图4.26说明了结构损伤容限设计的基本概念。下面，对损伤容限设计、分析、试验以及使用维修四大方面的技术内容做一简单罗列：

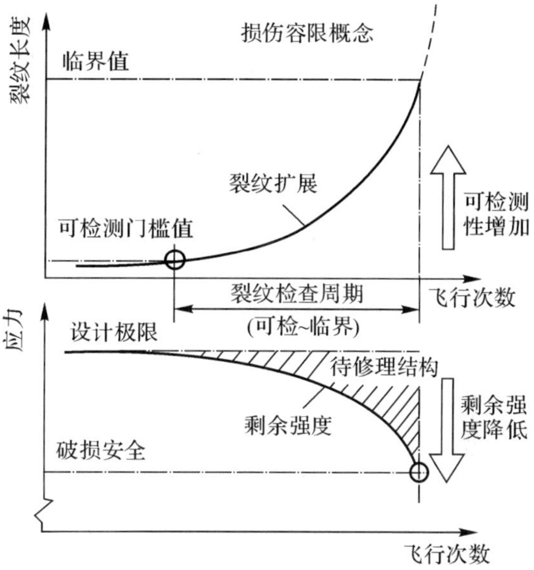

图4.26　结构损伤容限设计概念

(1)设计：

1)制定设计规范与设计要求；

2)结构分类划分及其设计选择原则；

3)结构材料的选择；

4)结构布局、结构细节设计；

5)制造装配中的质量控制设计。

(2)分析：

1)危险部位的选择与分析；

2)载荷和应力谱的分析；

3)初始损伤品质的评定；

4)裂纹扩展分析；

5)剩余强度分析。

(3)试验：

重要结构、部件与全机损伤容限试验。

(4)使用与维修：

1)结构损伤的无损检测；

2)检查能力评估与检查间隔制定。

2.与安全寿命设计方法的区别

总结4.3节的安全寿命设计思想可以看出，安全寿命设计概念在于认为飞机在使用前结构是完好无损的，在使用寿命期内也不应出现可检裂纹，一旦在疲劳关键部位出现宏观可检裂纹就认为结构已经破坏。这就是说安全寿命设计只考虑裂纹形成寿命，不考虑裂纹扩展寿命，并规定安全寿命的给出必须通过全尺寸疲劳试验进行验证，对疲劳破坏固有的分散性及一些不确定的因素用分散系数来考虑。

安全寿命设计的目标是通过对疲劳关键部位进行合理的选材，开展抗疲劳结构细节设计，适当控制应力水平，改善结构细节的抗疲劳品质，注意降低几何、材料和载荷不连续造成的应力集中，以及在生产过程中进行良好的质量控制，使飞机结构在载荷谱作用下，保证飞机在安全使用寿命期内疲劳破坏概率最小。通过设计、分析和试验所给出的安全寿命应满足订货方提出的设计使用寿命要求。

对比前面所讲的损伤容限设计思想，我们可知这两种不同的设计原理在对结构初始缺陷状态的认识出发点上存在着差异，这样，在结构设计方法、分析评估体系以及试验验证的关注焦点等诸方面也就存在着差异。因此，安全寿命设计与损伤容限设计在概念、内容、方法等方面有着实质的不同。但应当说是在不同意义上解决结构的使用寿命设计及飞机安全问题，总的目标是一致的，而且在结构件抗疲劳细节设计的原理上仍有许多共同之处。

图 4.27 以工程上直观的形式给出了这两种设计所关心的裂纹或损伤不同阶段的示意曲线。图中所列的几个特征性损伤尺寸意义如下：

a_i—— 对应疲劳启裂点(对应主导裂纹的形成点)；

a_1—— 对应安全寿命(又称疲劳寿命)终结点的宏观可检裂纹；

a_2—— 对应外场使用中用检测仪器手段所能测定的裂纹尺寸；

a_0—— 对应损伤容限设计起点的按规范规定的初始裂纹尺寸；

a_{cr}—— 对应裂纹不稳定扩展的临界裂纹尺寸。

由图 4.27 可见，由疲劳源引发的疲劳裂纹总寿命应是由裂纹形成寿命 N_1 和裂纹扩展寿命 N_2 两部分组成。即

$$N_\Sigma = N_1 + N_2 \tag{4.29}$$

在按损伤容限设计的寿命估算中，因首先承认存在初始缺陷以 a_0，故 $N_1 = 0$，裂纹扩展寿命即为总寿命，即

$$N_\Sigma = N_2 \tag{4.30}$$

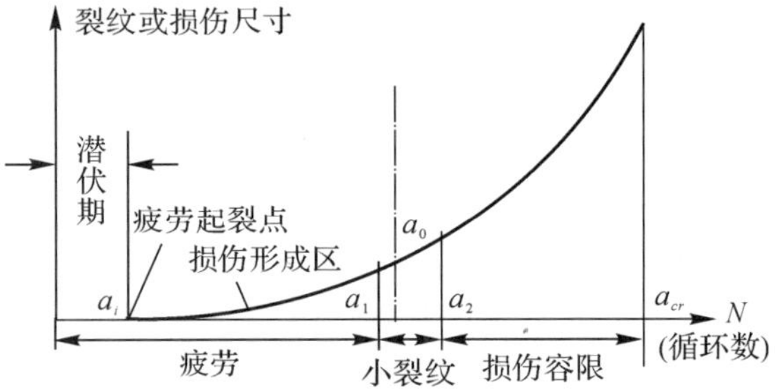

图 4.27　损伤尺寸与载荷循环数的关系

要注意疲劳诱发裂纹 a_i 和损伤容限设计中的初始缺陷(裂纹)是两个不同的概念，不能把它们混同起来。a_0 的确定在规范中另有规定，目前在工程上，经常是根据无损检测能力来确定 a_0，通过试验按 90% 的觉察概率和 95% 的置信水平要求确定。还应当指出，作为损伤容限设计在确定结构的初始缺陷 a_0 上仍是一个难点，往往掩盖了结构件的裂纹形成寿命段。

事实上，在实践中形成了一种安全寿命 / 损伤容限设计思想，即用抗疲劳设计方法确定飞机的安全寿命，用损伤容限设计确定结构损伤的检查间隔，以进一步保证飞机的飞行安全。目前已较多采用了这种组合设计方案。

3. 与断裂力学的关系

结构中存在的缺陷、损伤或裂纹实际上都是指结构内部的受损状态，只不过是这些术语所描述的受损几何形态不同而已。损伤容限设计方法中对这些受损的几何形态都等效成简单几何形态的裂纹来处理，这是因为断裂力学在含裂体方面的众多研究成果为损伤容限的设计分析方法提供了强有力的理论基础。可以说，损伤容限设计的分析评估体系完全有赖于断裂力学的研究与发展。

图 4.28 描述了一个含裂纹结构随循环交变载荷作用或由于载荷和环境侵蚀的联合作用下裂纹随时间扩展、剩余强度随裂纹长度增加而逐渐降低的情况。经过一段时间，剩余强度就会低到无法承受工作中可能出现的意外高载荷。如果不出现意外高载荷，那么裂纹将继续扩展，剩余强度将继续降低，最后在正常工作载荷下就会断裂。当预先存在缺陷或有应力集中时就更是如此。为了使结构在整个工作寿命期间，破坏的可能性维持在可以接受的低的程度以保证安全，损伤容限设计对以下问题十分关心。

(1) 剩余强度与裂纹尺寸的关系如何？

(2) 在预期的工作载荷下，能够容许多大的裂纹？即临界裂纹尺寸是多少？

(3) 裂纹从一定长度的初始尺寸，扩展到临界尺寸需要多长时间？

(4) 在结构工作寿命开始时，允许存在多大的初始缺陷？

(5) 应该每隔多长时间对结构进行一次裂纹检查（即裂纹检查周期的确定）？

对上述问题，断裂力学都可给出满意或十分有价值的回答。因此，要深入理解损伤容限设计体系，必须从断裂力学的理论基础谈起。

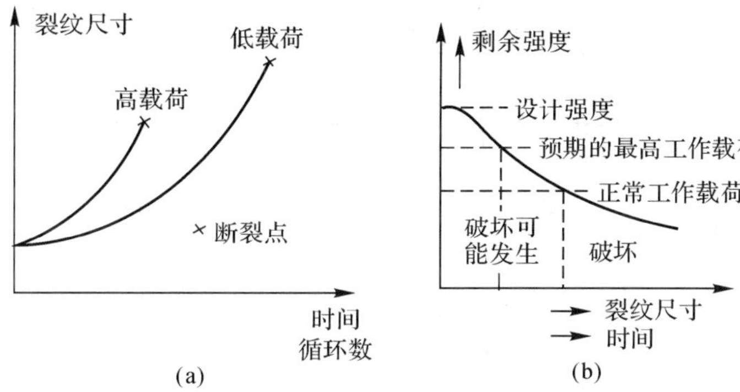

图 4.28　含裂纹结构的裂纹及剩余强度的演变

(a) 裂纹扩展曲线；(b) 剩余强度曲线

二、线弹性断裂力学基础

自 20 世纪 50 年代中期以来，断裂力学发展很快，在 20 世纪 70 年代达到了发展的高潮时期，并在工程方面，已广泛应用于航天、航空、机械等许多领域。在第二次世界大战后，为了减轻构件重量，在工程中高强度材料的使用大幅度增加。然而在应用中发现，高强度材料的抗断裂性能很差，当有裂纹存在时，其剩余强度很低，其破坏是脆性的。高强度材料出现的低应力破断导致了断裂力学的发展。

断裂力学是从构件中存在宏观裂纹这一基本点出发，利用线弹性断裂力学或弹塑性断裂力学的分析方法，对构件中裂纹问题进行理论分析和实验研究的一门学科。通过分析，把构件内部的裂纹大小和构件工作应力以及材料抵抗断裂的能力（如断裂韧性）定量地联系起来。

1. 断裂的分类与特征

断裂的分类可基于不同观点进行，有微观的、宏观的以及以断口形貌分类等几种观点，表 4.3 对断裂分类做一简单归纳与说明。

工程断裂力学主要对宏观裂纹进行定量研究，对脆性和延性材料分别采用不同的理论进行分析，前者利用线弹性断裂力学，而后者应借助于弹塑性断裂力学。

线弹性断裂力学是基于以下条件提出的：构件或结构物的脆性断裂是由于其中存在的裂纹在一定的应力水平下扩展而导致的。在发生脆性断裂前，除了裂纹端部附近很小的范围外，材料均处于弹性范围内，因此可按线弹性理论来分析其应力和变形，故称之为“线弹性断裂力学”。它适用于高强度，低、中韧性的材料，如，铝合金 LY12，LC4；钛合金 TC1，TC3，TC4；合金钢 30CrMnSiNi2A，GC4 等。根据飞机结构选用材料（主要为高强度合金）和飞机使用受载情况（在屈服应力以下），在断裂力学设计中（损伤容限设计），线弹性断裂力学成为基本分析系统，弹塑性断裂系统则作为局部性的辅助手段。因此我们将着重介绍一下线弹性断裂力学中一些有关的基本原理。

表 4.3　断裂的分类与特征

	类　型	图　示	特　征
微 观	(a) 解理 (b) 滑移(含滑开)	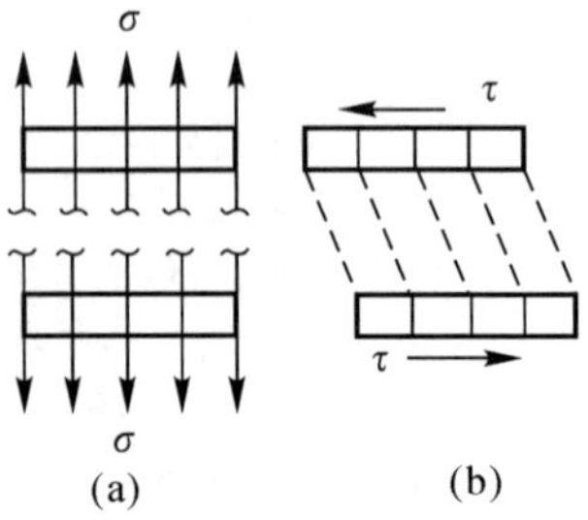	(a) 原子键被正应力 σ 拉断。变位所需能量大，成为解理断裂，亦呈脆性断裂 (b) 原子键在剪力 τ 作用下先滑移而后滑开。塑性变位大，所需能量大，成为滑移断裂，亦呈韧性断裂
	(a) 张开 (b) 滑开 (c) 撕开	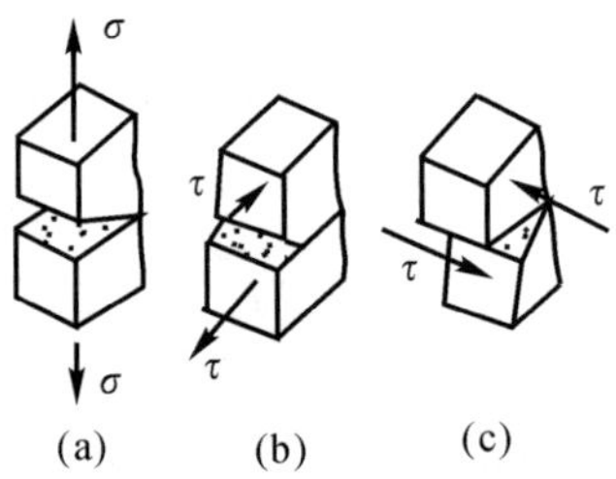	(a) 平面内张开 (b) 平面内错开 (c) 平面外错开
	(a) 穿透 (b) 表面 (c) 深埋	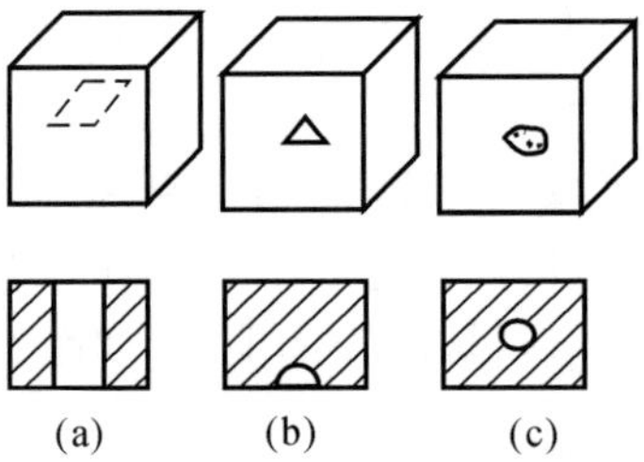	(a) 裂纹贯穿构件厚度 (b) 裂纹位于构件表面或边角处呈半椭圆或 1/4 椭圆形 (c) 裂纹位于构件内部，常简化为椭圆片状或圆片状
断 口	(a) 脆性 (b) 半脆性 (c) 延(韧)性	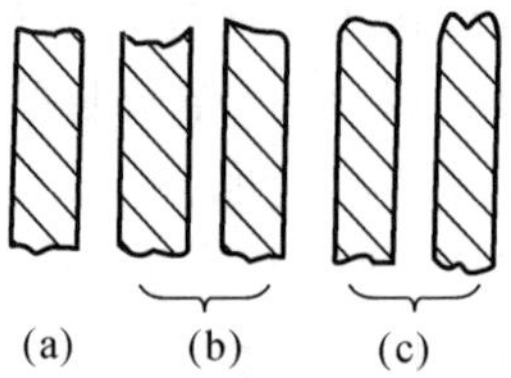	(a) 平断口，断面无(或很小)收缩 (b) 混合断口，表面倾斜，内部齐平 (c) 斜断口或 V 型断口，断面有收缩

2. 线弹性断裂力学有关基本原理

对于含裂纹的受力构件，必须先找到一个能表征裂纹端点区应力应变场强度的参量。因为断裂的发生绝大多数都是由裂纹引起的，而断裂，尤其是脆性断裂，一般就是裂纹的失稳扩展。裂纹的失稳扩展，通常由裂纹端点开始。因此，发生断裂的时机必然与裂端区应力应变场的强度有关，当某裂端表征应力应变场强度的参量达到临界值时，就要发生断裂。这个发生断裂的临界值很可能是某个材料特征常数，它既可表征材料抵抗断裂的性能，亦可用来衡量材料质量的优劣。另外从图 4.28 我们可以看到，在工作载荷较高时，裂纹较短时就有可能断裂；而工作载荷较低时，比较长的裂纹才会带来危险。这表明表征裂端区应力应变场强度的参量与载荷大小和裂纹长短有关，甚至可能与构件的几何形状有关，下面我们来介绍有关的几个基本问题。

(1) 裂纹尖端附近的应力场和裂纹尖端应力奇异性。正如在概论中提到的，工程问题中有三种基本裂纹形式：Ⅰ 型(张开型)、Ⅱ 型(滑开型)、Ⅲ 型(撕开型)。最一般的裂纹情况则可用这三种型式的叠加来描述。其中 Ⅰ 型在工程中最重要，因此我们着重讨论 Ⅰ 型裂纹的情况(见图 4.29)。

考虑在无限大平板中，有一条长度为 $2a$ 的中心(位于板的中心) 穿透裂纹，受拉应力 σ 的作用。当板很薄时，是平面应力问题；当板很厚时，一般是平面应变问题。裂纹尖端存在应力集中，利用弹性力学方法可解出裂纹尖端附近的应力场。x 方向是裂纹正前方，y 方向是裂纹面的法线方向，z 方向则是离开纸面的方向。考虑距裂端为 r，与裂纹面夹角为 θ 处，有一面元 $\mathrm{d}x\mathrm{d}y$，则它的应力如下

$$\left.\begin{aligned}
&\sigma_x=\sigma\sqrt{\frac{a}{2r}}\cos\frac{\theta}{2}\left[1-\sin\frac{\theta}{2}\sin\frac{3\theta}{2}\right](=\sigma_{xx})\\
&\sigma_y=\sigma\sqrt{\frac{a}{2r}}\cos\frac{\theta}{2}\left[1+\sin\frac{\theta}{2}\sin\frac{3\theta}{2}\right](=\sigma_{yy})\\
&\tau_{xy}=\sigma\sqrt{\frac{a}{2r}}\sin\frac{\theta}{2}\cos\frac{\theta}{2}\cos\frac{3\theta}{2}(=\sigma_{xy})\\
&\sigma_z=0\quad(\text{平面应力状态})\\
&\sigma_z=\nu(\sigma_x+\sigma_y)\quad(\varepsilon_z=0,\text{平面应变状态})
\end{aligned}\right\}\tag{4.31}$$

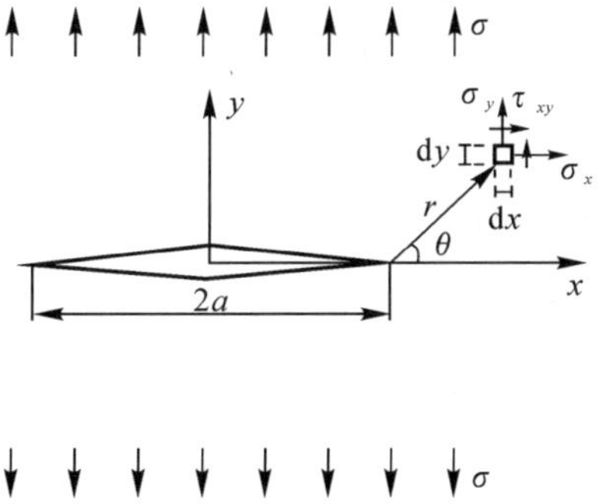

图 4.29　无限大板中的一条裂纹

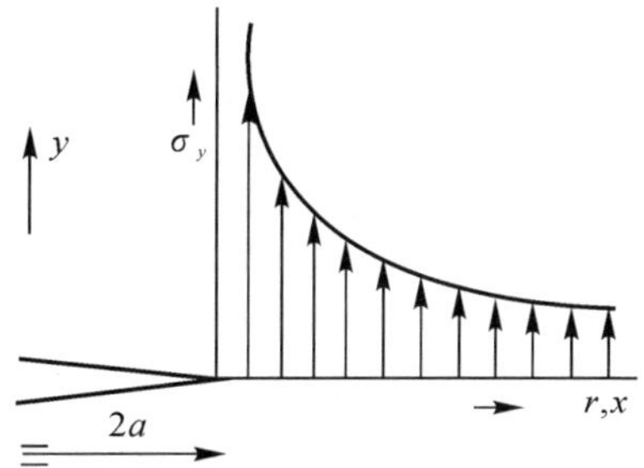

图 4.30　裂纹尖端附近的弹性应力 $\sigma_y(\theta=0^\circ)$

从式(4.31) 可见，各应力均与外加应力 σ 成正比，并随半裂纹长度的尺寸 a 的平方根而变。在裂端附近，即 r 很小处，各应力趋于无穷大。在 $\theta=0^\circ$ 时，应力 σ_y 的分布与 r 的函数关系

如图 4.30 所示。$r \to 0$ 时，应力分量趋于无限大，这种特征称为裂纹尖端的应力奇异性，这是在线弹性假设下得出的。

由上得出，r 很大时应力 σ_y 趋近于 0，然而实际上应当为 σ，由此显见式(4.31) 仅在裂纹尖端附近一个有限的区域内有效。这是因为实际上式(4.31) 略去了一些高次项，这样简化在裂尖附近有足够的准确，而在距裂尖很远处，就应考虑更多的项。

式(4.31) 可以改写为更一般形式，即

$$\sigma_{ij} = \frac{K_{\mathrm{I}}}{\sqrt{2\pi r}} f_{ij}(\theta) \quad (i,j = x,y), \quad K_{\mathrm{I}} = \sigma\sqrt{\pi\alpha} \tag{4.32}$$

式中 K_{I} —— Ⅰ 型裂纹应力强度因子；

$f_{ij}(\theta)$ —— 应力的角分布函数。

同样可得到 Ⅱ 型裂纹尖端附近的应力 $\sigma_x, \sigma_y, \tau_{xy}$ 的表达式，并也可写成简单的形式为

$$\sigma_{ij} = K_{\mathrm{II}}\left(\frac{g_{ij}(\theta)}{\sqrt{2\pi r}}\right) \quad (i,j = x,y) \tag{4.33}$$

$$K_{\mathrm{II}} = \tau\sqrt{\pi a} \quad (\tau \text{ 为 } yz \text{ 平面内剪应力})$$

而 Ⅲ 型裂纹的应力 τ_{xz}, τ_{yz} 的表达式为

$$\tau_{ij} = K_{\mathrm{III}}\left(\frac{h_{ij}(\theta)}{\sqrt{2\pi r}}\right) \quad (i = x,y; j = z) \tag{4.34}$$

$$K_{\mathrm{III}} = \tau\sqrt{\pi R} \quad (\tau \text{ 为 } yz \text{ 平面内剪应力})$$

$K_{\mathrm{II}}, K_{\mathrm{III}}$ —— Ⅱ 型、Ⅲ 型裂纹的应力强度因子。

可以看出，$K_{\mathrm{I}}, K_{\mathrm{II}}, K_{\mathrm{III}}$ 取决于裂纹体的几何形状与尺寸、裂纹形态与分布、受载条件和裂纹尺寸 a，其量纲是力 ×（长度）$^{-3/2}$，在国际单位制下为 $\mathrm{MPa} \cdot \sqrt{\mathrm{m}}$。

(2) 应力强度因子。应力强度因子概念首先是欧文(Irwan) 提出的。它是表征裂纹尖端应力奇异性强度的力学量。

从式(4.32) ～(4.34) 三组式子可以看出，三种基本型裂纹裂端区的应力场(还有应变场、位移场等) 表达形式是恒定的，而其强度完全由应力强度因子 $K_{\mathrm{I}}, K_{\mathrm{II}}, K_{\mathrm{III}}$ 等决定。由于这一特点，应力强度因子可以作为表征裂端应力应变场强度的参量。上面三组式子表述的是无限大板的 K 值，实际上应力强度因子的值不仅由载荷和裂纹长度决定，还要由裂纹数目、位置以及物体的几何形状等来共同决定。如对于 Ⅰ 型裂纹，无限大板的 $K_{\mathrm{I}} = \sigma\sqrt{\pi a}$，而对有限尺寸平板，则应引进修正系数，即

$$K_{\mathrm{I}} = \sigma\sqrt{\pi a}\, a_1 = \sigma\sqrt{\pi a}\, f\left(\frac{a}{W}\right) \tag{4.35}$$

$$f\left(\frac{a}{W}\right) = \sqrt{\sec\frac{\pi a}{W}} \quad (\text{修正系数})$$

当 $\frac{a}{W}$ 的值很小时，$f\left(\frac{a}{W}\right)$ 接近于 1。

由于应力强度因子表征裂纹尖端这一局部的应力奇异性的强度，因此它是计算带裂纹结构剩余强度和裂纹扩展寿命的必不可少的参量。

(3) 裂纹尖端塑性区影响的修正。前面曾提到根据弹性解，在裂纹尖端处应力趋于无穷大，而实际上这是不可能的。事实上，当应力超过屈服应力时，必然在裂纹尖端邻近区域产生

塑性变形，从而使裂纹尖端区的应力松弛，不可能达到无限大。应该说，材料一旦屈服，就不遵从弹性规律，故线弹性断裂力学不适用于屈服区。但如果屈服区很小(高强度、低中韧性材料即如此)，则其周围的广大区域仍是弹性区，经过必要的修正后，线弹性断裂力学分析仍然有效。

那么如何就塑性区影响进行修正呢？

裂纹尖端附近塑性区的存在，自然要引起周围弹性应力分布的改变。在工程应用中，常引进一个被视为圆形区域的塑性范围，如图 4.31 所示。欧文为了避免弹塑性分析，建议将包含塑性区范围在内的有效半裂纹长度以 a_{eff} 作为假想裂纹，仍采用线弹性分析，并认为这一塑性修正对应力场而言是等效的。此时

$$a_{\mathrm{eff}} = a + R'_y \tag{4.36}$$

R'_y为沿裂纹区扩展方向塑性区的中心点长度(图 4.31)。它可由假设裂尖前r等于R_y处y向的等效应力σ_y刚好等于屈服应力来计算。屈服范围对于平面应力状态和平面应变状态(由 Mises 屈服准则求得)是不同的。欧文建议可近似按下式取。

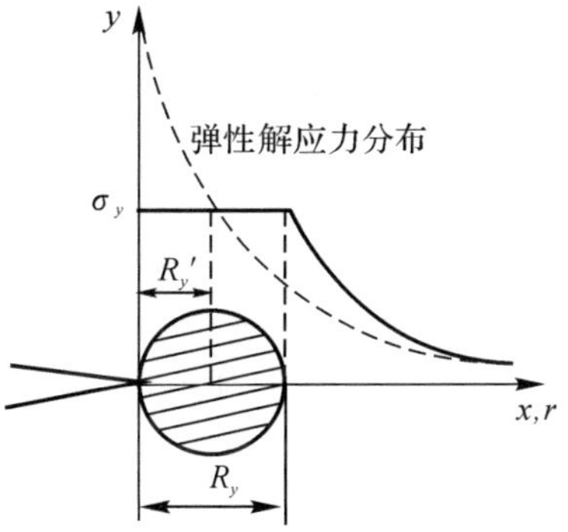

图 4.31　塑性区尺寸的近似估计

$$R_y \approx \left(\frac{K_{\mathrm{I}}}{\sigma_s}\right)^2 \frac{1}{\pi} \quad (\text{平面应力状态})$$
$$R_y \approx \left(\frac{K_{\mathrm{I}}}{\sigma_s}\right)^2 \frac{1}{2\sqrt{2}\,\pi} \quad (\text{平面应变状态}) \tag{4.37}$$

式中　σ_s—— 单向拉伸的屈服强度。

此时应力强度因子亦需做相应的修正。对无限大板而言

$$K'_{\mathrm{I}} = \sigma\sqrt{\pi a_{\mathrm{eff}}} = \sigma\sqrt{\pi(a+R'_y)} = \sigma\sqrt{\pi a + c(K_{\mathrm{I}}/\sigma_s)^2} \tag{4.38}$$

$$K'_{\mathrm{I}} = K_{\mathrm{I}}\sqrt{1 + c\left(\frac{\sigma}{\sigma_s}\right)^2} \tag{4.39}$$

式中　$c = \dfrac{1}{2}$(平面应力状态)；

$c = \dfrac{1}{4\sqrt{2}}$(平面应变状态)。

从式(4.39)可见，修正后，K'_{I} 略有增大，结构承载能力略有降低。而平面应变状态下的塑性区尺寸之所以比平面应力状态的小，是因为它的裂纹尖端受三轴拉伸的作用($\sigma_z \neq 0$)，使材料塑性变形小，故塑性区尺寸要小得多。

如果塑性区尺寸已不是小范围屈服(如低、中强度、高韧性材料 —— 如各种软钢)则上述修正不适用，线弹性断裂力学的分析也不适合。

(4) 应力强度因子、断裂韧度和能量释放率。

1) 应力强度因子和断裂韧度。在"(2)"中我们已阐述了有关应力强度因子K的概念。由式(4.32)还可知，应力强度因子 K 随外应力σ的增大而增大。试验表明，对一定材料，当应力强度因子 K 达到某一临界值 K_c 时，裂纹失稳扩展，断裂随即发生。以 Ⅰ 型为例，此时的 K_{I} 称之临界应力强度因子 $K_{\mathrm{I}C}$。试验证明 $K_{\mathrm{I}C}$ 是材料的固有性能，它是衡量材料抵抗裂纹失稳

扩展能力的度量，故称之为断裂韧性 K_{IC}。

要注意的是 K_{I} 与 K_{IC} 两者的计算公式相同，为

$$K_{\mathrm{IC}} = \sigma_c \sqrt{\pi a} \tag{4.40}$$

但它们的物理意义却完全不同。K_{I} 是裂纹前端应力场强度的度量，它和裂纹的大小、形状以及外加应力都有关。K_{I} 更为一般的形式可用下式表示

$$K_{\mathrm{I}} = Y\sigma\sqrt{a} \tag{4.41}$$

式中 Y 是和裂纹形状、加载方式及试样类型有关的量，如对无限大板中心穿透裂纹，$Y=\sqrt{\pi}$。而断裂韧度（或叫断裂韧性）却是材料阻止宏观裂纹失稳扩展能力的度量，它和裂纹本身的大小、形状无关，和外加应力 σ 也无关。K_{IC} 是材料特性，它只和材料的成分，热处理及加工工艺（锻件、铸件、挤压件，等等）有关。K_{IC} 由试验测得。试验表明，只有试样足够厚时，K_{IC} 才是一个材料常数而和试样厚度无关（此时叫做平面应变断裂韧性）。

K_{I} 和 K_{IC} 的单位均为百万牛顿·米$^{-3/2}$（$\mathrm{MN\cdot m^{-3/2}}$）或 $\mathrm{MPa}\cdot\sqrt{\mathrm{m}}$。

由式(4.40)，可导出裂纹失稳扩展的临界应力为

$$\sigma_c = \frac{K_{\mathrm{IC}}}{\sqrt{\pi a}} \quad \text{（对无限大板）} \tag{4.42}$$

若经塑性修正，则

$$\sigma_c' = \frac{K_{\mathrm{IC}}}{\sqrt{\pi a + c(K_{\mathrm{IC}}/\sigma_s)^2}} \tag{4.43}$$

对有限尺寸板，则还应引入修正系数 a_1

$$\sigma_c' = \frac{K_{\mathrm{IC}}}{\sqrt{\pi a_1^2 + c(K_{\mathrm{IC}}/\sigma_s)^2}} \tag{4.44}$$

2）能量释放率 G 与应力强度因子 K。裂纹扩展过程中要消耗能量。如裂纹扩展，裂纹表面积就会增加，设裂纹表面能为 Γ，裂纹扩展形成上、下两个新表面，故裂纹扩展单位面积所需克服的表面能为 2Γ。对金属材料，裂纹扩展前都要产生塑性变形，这就需要消耗更多的能量。设裂纹扩展单位面积塑性变形所消耗的能量为 U_p，则总起来，裂纹扩展单位面积所需要消耗的能量用 R 表示。即可表示为

$$R = 2\Gamma + U_p \tag{4.45}$$

R 就是裂纹扩展的阻力。

要使裂纹扩展，必须提供动力，令 G_{I} 为裂纹扩展单位面积系统提供的动力，显然，裂纹扩展时必定 $G_{\mathrm{I}} \gg R$。

G_{I} 称为裂纹顶端的“弹性能释放率”，又称做裂纹驱动力，其量纲是裂纹扩展单位长度单位板厚的能量，也即是裂纹扩展单位长度所需的力。

在裂纹失稳扩展时的 G_{I} 称为临界裂纹扩展能量改变率，用 G_{IC} 表示。G_{IC} 越大，就表示裂纹失稳扩展需要更大的能量，它与 K_{IC} 之间存在着某种关系。用线性弹性理论可以证明。

$$G_{\mathrm{IC}} = \frac{K_{\mathrm{IC}}^2}{E} \quad \text{（平面应力）} \tag{4.46}$$

$$G_{\mathrm{IC}} = \frac{1-\nu^2}{E} K_{\mathrm{IC}}^2 \quad \text{（平面应变）} \tag{4.47}$$

对于 Ⅱ 型、Ⅲ 型裂纹，同样存在着相应的类似关系。

(5) 断裂判据。断裂判据有很多种，如断裂韧度判据（K 判据）、能量释放判据（G 判据）、裂纹增长抗力判据（K_R 判据）等，读者可参考各有关文献。这里我们介绍两种。

1) 断裂韧度判据。对于单一型的裂纹，可有断裂判据

$$K \geqslant K_{cr} \tag{4.47}$$

即当 $K \geqslant K_{cr}$ 时，裂纹将失稳扩展，随即断裂。Ⅰ型裂纹是最常见的裂纹型，其失稳断裂的临界点 K_{cr} 通常与试件的厚薄、大小有关。当试件厚度和大小增加，达到某一程度，脆性材料的 K_{cr} 值达到极小值；以后尺寸、厚度再增加，K_{cr} 仍维持此极小值，此极小值用符号 $K_{\text{I}C}$ 代表。因此Ⅰ型裂纹保守的判据为

$$K_{\text{I}} \geqslant K_{\text{I}C} \tag{4.48}$$

它比较符合平面应变情况。实验证实式(4.48)的判据对相当脆的材料或截面积相当大的构件是很适合的，许多高强度钢、硬铝和高强度铝合金制成的构件，都可使用式(4.48)判据。

在已有 $K_{\text{I}C}$ 测试数据时由判据(4.48)和式(4.40)可以解决下列两个问题：① 当知道工作载荷时，可以计算出断裂时的临界裂纹尺寸 a_{cr}；② 当知道裂纹尺寸和位置时，可计算出可能引起断裂的应力和载荷。

2) 裂纹增长抗力判据。飞机组合结构中薄板平面应力状态的断裂韧性 K_c 与多种因素有关（如初始裂纹长度、板厚、板宽等）。R 曲线概念是确定平面应力状态下断裂韧性的一种有效办法。

现来研究平面应力状态下的断裂特性。在平面应力情况下，实验表明裂纹扩展阻力 R 随裂纹扩展而变化。如图 4.32，设一平板中初始裂纹为 $2a_i$。当 $\sigma < \sigma_i$ 时，裂纹开始扩展，但此时裂纹的扩展是稳定的，并不发生断裂。倘若应力 σ_i 保持恒定，那么裂纹只扩展一个很小的距离就停止了。欲使裂纹继续扩展必须增加应力，即虽然裂纹更长了，但它却能承受更高的应力，这种裂纹扩展叫稳定扩展或亚临界扩展。直到 $\sigma = \sigma_c$ 时，裂纹达到了临界尺寸 $2a_c$，失稳断裂发生。此时裂纹迅速扩展，$a > a_c$，而应力不会再增大，这种裂纹扩展称为失稳断裂扩展。

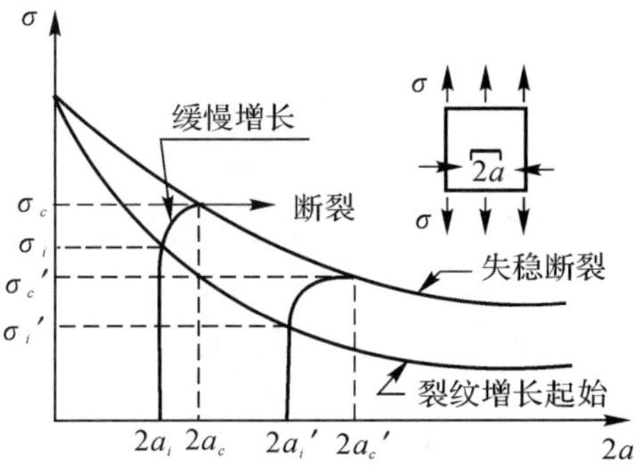

图 4.32　平面应力状态断裂特性

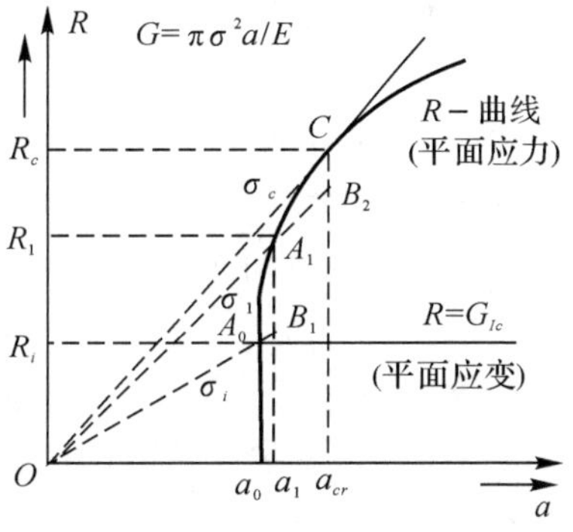

图 4.33　R_1G_1-a 曲线

-------- G 曲线　——— R 曲线

显然，若初始裂纹值很大，为 $2a'_i$ 时，则相应的初始扩展应力 σ'_i 和 σ'_c 值都要下降（见图 4.33）。

上述亚临界裂纹缓慢稳定扩展现象是平面应力状态的重要特性。现进一步从阻力 R、动力 G_{I} 的关系曲线来分析此现象。$R-a$（半裂长）曲线由实验测得；$G_{\text{I}} = (1/E')Y^2\sigma^2 a$，对固定的 σ_0，G_{I} 仅为 a 的函数（见图 4.33）。当 $\sigma = \sigma_0$ 时，动力曲线即 OA_0B_1 直线。在动力曲线和阻力曲线交点处，$G_{\text{I}} = R$。当裂纹扩展到 a_1 时，在 σ_0 下的动力 $G'_{\text{I}} = B_1a_1$，比 a_1 下的裂纹扩展阻力 $R_1 = A_1a_1$ 要小，即增量 $\Delta G < \Delta R$。也即随着裂纹的扩展，动力增长率小于阻力增长率

$\partial R/\partial a$，故在 σ_0 作用下，裂纹不会自动由 a_0 扩展到 a_1，而必须使外加应力由 σ_0 增大到 σ_1（即动力曲线变为 OA_1B_2）。也即该阶段处于稳定扩展状态。只有当 $G_{\mathrm{I}}=R$，同时 $\partial G/\partial a=\partial R/\partial a$ 时，也即动力曲线与阻力曲线相切时，裂纹才自动扩展，由此可知裂纹失稳扩展的临界条件就是

$$G_{\mathrm{I}}=R$$

$$\frac{\partial G_{\mathrm{I}}}{\partial a}\geqslant\frac{\partial R}{\partial a} \tag{4.49}$$

切点就是临界点，切点处的裂纹长度 a_2 就是临界裂纹长度 a_{cr}。若 $G_{\mathrm{I}}>R$，则在静载下就将发生断裂。这就是说，一般情况下不能用裂纹启裂点作为临界点，而应当用动力曲线和阻力曲线的切点作为裂纹失稳扩展的临界点。此时对应的 K_{I} 值称之为 K_R 值，则断裂判据为

$$K_{\mathrm{I}}\geqslant K_R \tag{4.50}$$

当式(4.50)满足时，裂纹将失稳扩展而导致断裂。

(6) 含裂纹结构的剩余强度与裂纹扩展寿命。

1) 带损伤（含缺陷或裂纹）结构同无损结构比较，承载能力显然要降低。带损伤结构的实际承载能力称之为剩余强度。在断裂力学中，剩余强度的变化与损伤尺寸增长和应力循环数有关，其典型变化见图 4.34。

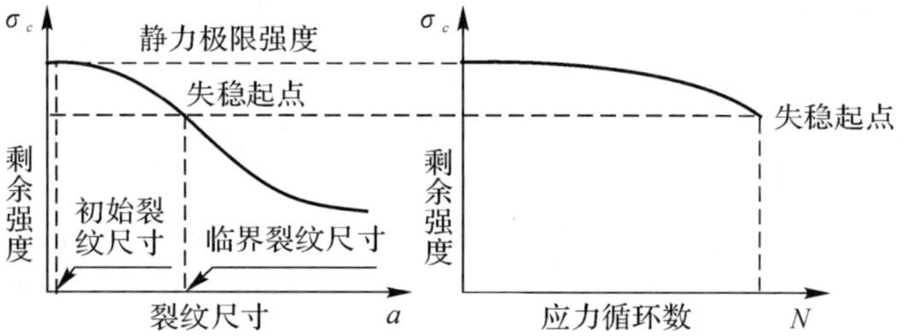

图 4.34　剩余强度的定义

实验表明，除去处于平面应变状态的高强度材料外，含裂纹 a_0 的构件在起裂以后，一般裂纹有一稳定扩展阶段，当裂纹增加到某临界值 a_{cr} 时，裂纹就迅速失稳扩展，当 $a\to a_{\mathrm{cr}}$ 时，对应的载荷就是含裂纹结构在临界状态下的承载能力，与之相应的载荷一般称之为临界载荷或剩余强度(σ_c)。

2) 裂纹扩展速率和寿命。裂纹扩展问题有四类：静载下的裂纹扩展；动载下的裂纹扩展；高温持续载荷下的蠕变裂纹扩展；重复载荷下的疲劳裂纹扩展。这里我们介绍一下带裂纹结构的疲劳裂纹扩展问题，这对零构件的安全和寿命估算是不可少的。

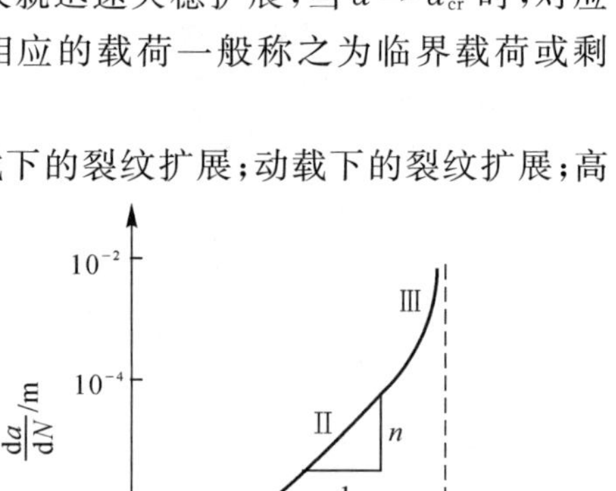

图 4.35　$\frac{\mathrm{d}a}{\mathrm{d}N}-\Delta K$ 关系曲线

断裂力学应用于高强度合金，提出裂尖应力强度因子为裂纹扩展驱动力。因为是疲劳载荷，则自然以 ΔK 或 $K_{\max}$ 为变数。描述疲劳载荷需两个参数，一般用 ΔK 和 R 或 $K_{\max}$ 和 R。此处

$$\Delta K=Y\Delta\sigma\sqrt{\pi a}=K_{\max}-K_{\min}$$

$$R=\frac{K_{\min}}{K_{\max}}=\frac{\sigma_{\min}}{\sigma_{\max}} \tag{4.51}$$

Y 为几何因子或形状因子。

典型的$\frac{da}{dN}-\Delta K$ 关系如图 4.35 所示。可以看到，对于 ΔK 存在一个门槛值，在 $\Delta K \ll \Delta K_{th}$（门槛值）时，裂纹不会扩展。裂纹扩展的整个过程大致分三个阶段，第一个阶段在 ΔK_{th} 附近，裂纹扩展缓慢（约 10^{-7} mm/周）；第二阶段为一斜直线，是工程上最重要的裂纹扩展区段；第三阶段很短，经历的载荷循环数很少，$\frac{da}{dN}-\Delta K$ 曲线呈“S”形变化。工程上一般用第二阶段的 da/dN 来估算寿命。此时的 da/dN 有多种表达式，如 Paris 建议第二阶段的 da/dN 可表示如下

$$\frac{da}{dN}=c(\Delta K)^n \tag{4.52}$$

同时，还发现，在相同的 ΔK 下，载荷比 R 不同或 K_{max} 不同，则 da/dN 也不同。因此不管具体如何表达，可用一个通用表达式为

$$\frac{da}{dN}=f(\Delta K,R) \quad (\text{或}=f_2(\Delta K,K_{max})) \tag{4.53}$$

所以，疲劳裂纹扩展寿命可按下式计算：

$$N_f=\int_a^{a_{cr}}\frac{da}{f(\Delta K,R)} \tag{4.54}$$

三、损伤容限设计方法

1. 基本要素与工作内容

飞机结构的损伤容限设计方法是在总结以往飞机设计、使用经验并在断裂力学理论的发展基础上，以设计规范形式确定下来的一种设计准则。这一设计方法是对安全寿命、破损安全等设计方法的补充和发展，既能较好地保证飞机结构的安全性和可靠性，又是较经济、合理的设计方法。损伤容限设计的基本出发点就是承认结构中存在着一定程度的未被发现的初始缺陷、裂纹和其他损伤，然后通过损伤容限特性分析与试验，对可检结构给出检修周期，对不可检结构给出最大允许初始损伤。以保证结构在给定的使用寿命期限内，不至于因未被发现的初始缺陷、裂纹或其他损伤扩展而出现灾难性事故。由此，组成损伤容限结构的特性具有以下三个同等重要的因素：

(1) 临界裂纹尺寸或剩余强度。它表明在剩余强度要求的载荷作用下，该结构允许存在的最大损伤；或在某一规定的损伤情况下，结构剩余强度能力应大于对该结构的剩余强度要求值（即损伤容限载荷）。

(2) 裂纹扩展。在该结构部位的载荷谱和环境谱作用下，裂纹长度从可检裂纹尺寸（初始裂纹尺寸）至临界裂纹尺寸值之间的裂纹扩展期。

(3) 损伤检查。各种检查方法及检查周期的选择。

以上三要素可以单独作用亦可组合作用，使飞机结构的安全性及可靠性达到一个规定的水平。

实践表明，无论从材料、设计、工艺和维修诸方面采取何种措施，要完全避免各种损伤是不可能的。在飞机结构中常见的损伤或缺陷主要来自材料、加工和装配工艺；在航线服役中，又遭受疲劳载荷、各种腐蚀环境和离散源载荷造成的损伤。把结构设计成能承受定量损伤，并实

施计划检查的损伤容限结构，是提高机队安全水平的有效途径。因此，损伤容限设计方法是在应用断裂力学的基本原理基础上，从设计、制造、分析评估、试验及维护诸方面全方位地实施结构控制，最终完成损伤容限设计的要求和目标。由此，从损伤容限设计工作内容上看，可大致包括以下诸方面：

(1) 对结构材料的精心选择、使用和控制。

(2) 选择结构设计类型并进行相应的结构布局(如多路传力结构、多重元件，或止裂构件的布置)，以及高度开敞并可检的损伤容限结构的设计与使用，零构件的精心细节设计等断裂设计概念的应用。

(3) 合理地使用应力水平控制。

(4) 制造和工艺的控制。

(5) 采用精细的检验程序(根据结构不同的类型和不同的可检度，分类提出损伤检查的详细要求和检查间隔、检查手段和灵敏度要求等)。

损伤容限设计分析工作的步骤大致为：

(1) 确定设计使用载荷谱，根据疲劳损伤的统计分析理论，把实际使用中的复杂载荷简化成能在设计和试验中使用的计算谱和试验谱。然后根据使用载荷谱算出危险部位的应力谱及其相应的应力强度因子。

(2) 选取关键件。根据设计、使用经验和结构的应力分析，确定结构关键件及关键件的危险部位，进行损伤容限的裂纹扩展和剩余强度分析，从而有效地实施断裂控制。

(3) 合理地选材。兼顾静强度、刚度和疲劳，选择抗断裂性能好的材料；并依据重量、可加工性、成本、抗腐蚀等多种因素综合考虑研究后加以确定。

(4) 进行结构分类。根据裂纹可检度要求对结构进行分类，再按结构分属的类型设计成相应的飞行安全结构。

(5) 进行结构细节设计。除按照我们4.3节所讲的一般抗疲劳细节设计要求外，还应根据结构分类开展结构细节设计，对可检结构应尽可能地提高裂纹可检性。

(6) 确定初始缺陷尺寸。按飞机损伤容限要求的规范规定，对不同的关键部位、不同的结构设计类型确定初始缺陷的尺寸、位置和方向。

(7) 损伤容限分析。对根据结构材料的断裂特性、结构型式、可检度和受载情况确定的危险部位，用断裂力学基本原理和方法进行分析，确定这些危险部位的临界裂纹尺寸、剩余强度、裂纹扩展速率和裂纹扩展寿命(不同设计阶段，可用计算精度不同的方法)，并进行必需的试验验证，反复改进设计直到满足设计要求。

(8) 损伤容限试验。损伤容限试验的目的是验证机体结构是否满足损伤容限规范规定的设计要求。可以采用设计研制试验件或全尺寸的试验件。

(9) 给出使用维护大纲。根据分析与试验结果给出检查方法、检修周期和允许的最大初始损伤尺寸等。

2. 损伤容限结构分类与选择

我国现行规范规定：为了使因漏检缺陷或损伤所引起的结构破坏概率减至最小，对危及飞机机体安全的主要结构，应采用损伤容限设计。损伤容限设计的结构应该是破损安全结构或缓慢裂纹扩展结构，或者这两种类型的组合。为了评定结构的裂纹扩展特性和剩余强度特性，应进行损伤容限试验和损伤容限分析。从损伤容限设计的可检性要求上看，结构的可检查度由结构所处的部位、可达性、可检性、损伤发生发展的性质与程度以及检查经验来确定。因此，依据结构的可检性采取不同的设计方法是损伤容限设计的重要概念，也是首先考虑的问题，即依据结构布局、几何构型及所处的部位进行结构类型的划分，制定合理的分类选择及设计的原则是损伤容限设计工作的首要步骤。

(1) 结构按可检查度分类。

结构的可检查度与检查时的方法、设备有关，与被检查结构部位的可达性有关，也与检查地点(外场或场站) 有关。通常，按可检查度可把飞机结构分为以下几类：

1) 飞行中明显可检结构。如果飞行中发生损伤的性质和程度使飞行人员能立即而无误地觉察已发生重大损伤，而不应再继续执行任务，这种结构为飞行中明显可检。

2) 地面明显可检结构。检查损伤的性质和程度无需地勤人员对结构进行特殊的检查就可迅速、无误、明显察觉时，则结构为地面明显可检结构。

3) 目视可检结构。如果损伤的性质和程度不会被进行结构目检的人员漏检，则结构为目视可检结构。这种检查一般是从地面对结构外部目视检查，不需要拆下检查口盖或窗口，也不需要特殊的检查工具。

4) 特殊目视可检结构。如果损伤的性质和程度不会被为寻找损伤结构而对飞机进行详细目检的人员所漏检，则结构为特殊目视可检结构。这种检查包括拆下检查口盖和窗口，并允许用简单助视器如反光镜和放大镜。但是，需除油漆和密封等，并需采用渗透法、X 射线等无损探伤检测技术进行检测的可检结构，不属于特殊目视可检结构。

5) 翻修级或基地级可检结构。如果损伤的性质和程度需用一种或多种选定的无损检测方法才能发觉，则结构为翻修级或基地级水平可检结构。检查方法可包括如渗透、X 射线、超声波等无损检验方法。检查时的可达性包括拆卸为此而设计的部件。

6) 使用中不可检结构。如果损伤尺寸通过前述的一项或多项检查不能检测到，则结构为使用中不可检结构。

(2) 结构设计类型。

按损伤容限设计规范的要求，结构的设计类型由设计概念和结构的可检查度两项来决定。正如规范提出，损伤容限结构可归纳为两种结构类型，即缓慢裂纹扩展结构和破损安全结构。缓慢裂纹扩展结构又称为安全裂纹扩展结构；破损安全结构又分为破损安全止裂结构和破损安全多路传力结构。以下我们从设计概念和可检度两项原则出发，简单分析这些结构类型。

1) 缓慢裂纹扩展结构。从设计概念而言，这类结构多属于单传力途径结构或静定结构以及整体结构，一些多路传力结构也可设计为缓慢裂纹扩展结构，这主要是出于减少分析工作的复杂性来考虑的。从可检度方面而言，只有场站或基地级可检与使用中不可检的结构适用于缓慢裂纹扩展结构。这类结构被设计成初始损伤将以稳定、缓慢的速度扩展，以保证在规定的检修周期内，在使用载荷 / 环境作用下，结构内的初始缺陷、裂纹或其他损伤不至扩展到临界裂纹尺寸。飞行的安全是靠裂纹的缓慢扩展率以及结构的剩余强度来保证的。这种方法使用起来简单可靠，分析工作量少，一般安全储备较大。这类结构主要要求结构材料的裂纹扩展速率 da/dN 较低，而且应设计成其初始缺陷扩展到临界裂纹尺寸的寿命(包括分散系数 2) 大于规定的飞机检修期。

应通过断裂试验和分析来确定在规定的检修期内可能扩展到临界裂纹尺寸 a_{cr} 的最小初

始缺陷尺寸 a_0。一旦规定了 a_0 值，就要制定质量控制程序，采用小于含有这种初始缺陷尺寸的构件。如果所确定的 a_0 小于质量控制检查能力，那么应该或者改变材料，或者改变应力水平，或者同时改变这两个因素，以便容许较大的初始缺陷尺寸 a_0。总之，当结构被确定为缓慢裂纹扩展类型时，应特别注意设计应力水平和材料因素的控制。

2) 破损安全结构。一个破损安全结构当其某个传力途径破坏(对破损安全多路传力结构)或一个正在扩展的裂纹止裂后(对破损安全止裂结构)并不会危及结构的飞行安全，而且这种大的损伤很容易被某种目视检查及时、准确地发现，且不易被漏检。从设计角度看，这类结构应满足：① 剩余结构能经受最大预计载荷和使用载荷两者中较大者(也有的资料介绍，取为 80% 的设计载荷)；② 可以在设计速度范围内操纵飞机；③ 剩余结构在重复载荷作用下到下次检查损伤前不会发生灾难性破坏。

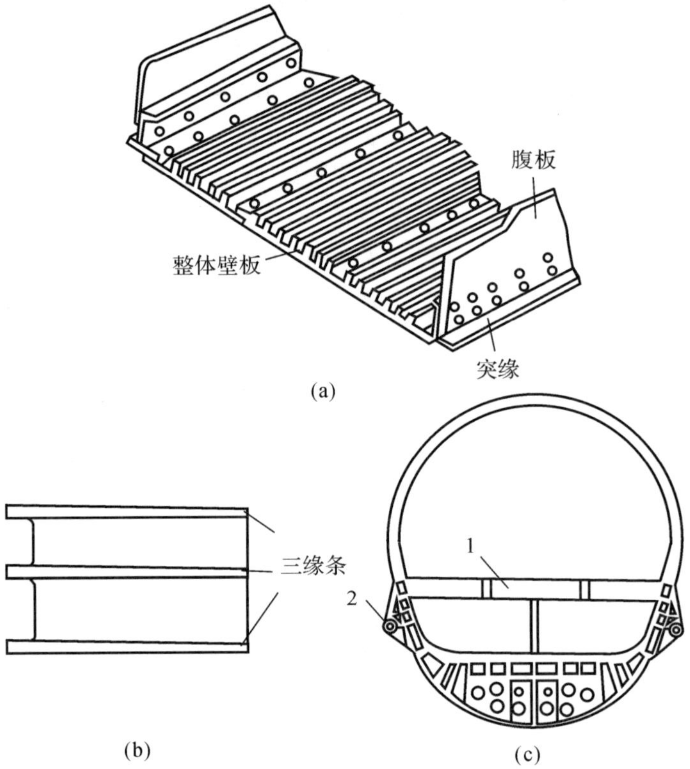

图 4.36　多路传力结构实例

(a) 分块壁板结构；(b) 三缘条平尾梁；(c) 翼-身连接加强框

1— 地板梁；2— 机翼连接接头

对这类结构应该通过主要构件上的裂纹从初始缺陷扩展到损坏的时间来验证剩余结构重复承受载荷的能力，从而保证剩余结构的寿命(包括分散系数 6.0 ～ 4.0) 等于或大于所规定的到下次检查的时间间隔(即剩余强度要求)。下面分两种结构情况分别介绍：

1) 破损安全多路传力结构。这类结构具有多个传力途径，甚至把本来可以设计成一体的结构也人为地分成若干部分，其作用是把损伤控制在局部范围内，以防止在规定的检修周期内，结构在载荷 / 环境谱的作用下完全破坏。这类结构的安全性是通过剩余结构到后续检查以前的缓慢裂纹增长来实现的。现代飞机结构上采用破损安全多路传力结构的实例相当众多。这类结构的情况之一是用两条或两条以上的传力路线来传递载荷，当其中的一条传力途径上的元件毁坏后，其他传力途径仍能传递破损安全载荷。如机翼、尾翼设计中采用的多梁、多腹板或多桁条结构，都可以看成是一种分散传力结构布局的多路传力结构。如图 4.36 中的三个结构实例，如图 4.36(a) 所示为一块由三块整体壁板通过钢铆钉连接组成的下翼面，使用中任一块壁板破损后，载荷即可通过展向铆钉传到相邻的壁板上去。当然在设计时要求铆钉的连接有足够的强度，除了负担正常载荷外，还能负担破损构件卸载传来的载荷。如图 4.36(b) 所示为波音-707 飞机平尾的三缘条结构形式，当下侧缘条断裂时，余下的两根仍能承受破损安全载荷；如图 4.36(c) 所示为波音-707 机翼-机身连接加强框，也属此类结构。

这类结构的第二种情况是用多重元件来传力，即一个构件由几个元件组成。如图 4.37 所示是多重元件结构设计实例。这类多重受力构件当其中一元件破损后，其他元件仍能继续工作，而且由于整个结构件由多元件构成，其中一个元件发生疲劳裂纹后一般也不会立即扩展到其他元件中去，从而保证了构件具有继续承载的能力。如图 4.37(c) 所示为机身蒙皮与框缘的连接，中间加了钛合金垫板，当框缘断裂以后，垫板可以代替框缘参与承载。

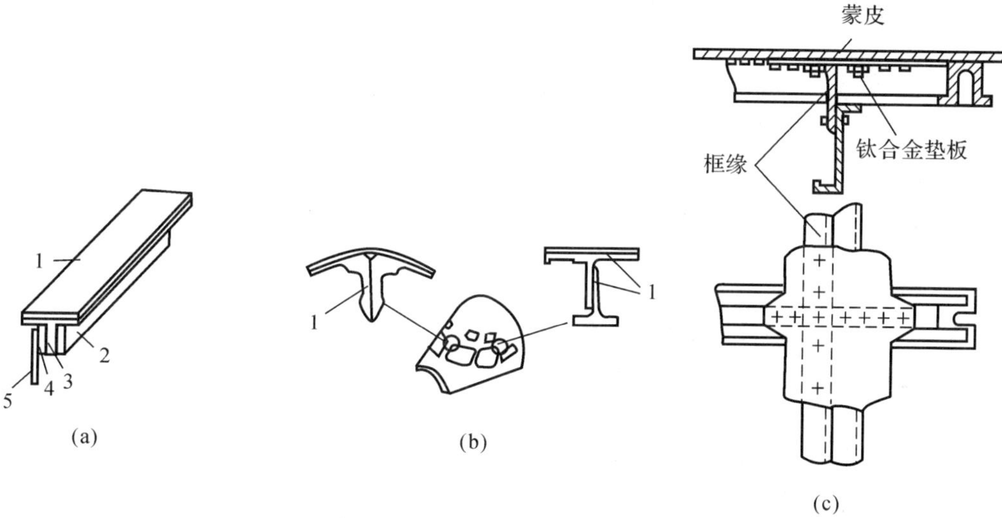

图 4.37　多重元件的构件实例

(a) 机翼梁缘条；(b) 驾驶舱双重框架；(c) 机身与框缘加垫板连接

(a)1— 蒙皮；2— 铝条带；3— 缘条；4— 钢条带；5— 腹板；(b)1— 窗框架

这类结构的破损安全过程可用图 4.38 描述：例如有一个由 n 个元件组成的结构，当结构工作一段时间(对应 c 点) 后，一个元件开始断裂破坏，但其他元件还保持完好，可以共同分担那个破坏了的元件的载荷。于是载荷重新分配，剩下元件上的载荷提高，结构剩余强度降低。假如这时遇到额外的载荷使其中又一个元件在较短时间内(CD 段) 破坏，剩余强度就会降到破损安全载荷以下，使残余结构不能承受全部载荷，结构遂之破坏。但如果在 CD 段能及时发现和更换破坏了的元件，就可保证结构安全。如果 CD 段可以更长一些，对检查发现裂纹将更有利。多路传力结构保证破损安全比较可靠，许多重要结构和构件，如机翼大梁缘条、加强框等往往采用它。但由于工艺复杂、成本高、重量增加等缺点，使这种方法的使用有一定限制，不是所有受力构件都适合采用。

2) 破损安全止裂结构。这类结构在设计时，采取了各种止裂措施，如筋条、止裂带等。在规定的检修周期内，在使用载荷 / 环境谱作用下，当结构的裂纹扩展到使结构完全破坏之前，用止裂措施使不稳定快速扩展的裂纹停止在事先设计的止裂区内，例如停止在止裂带处(见图 4.39(a)，(b))。因此，它的安全在后续检查之前，由剩余结构的裂纹缓慢扩展来保证，而且在未修使用期内不允许剩余结构强度下降到规定水平以下。

这类结构的止裂设计和布局形式是从狭义上加以安全保证的。有两种主要设计手段：一为结构分块，这样裂纹只能在一个子结构上发展，不会跨越至相邻块上(见图 4.39(c))。止裂缝也可作为结构分块的一种特殊情况(见图 4.39(d))。其二为加止裂件(见图 4.39(a)，(b))。它的止裂性与止裂件相对于基体结构的刚度有关。DC－9 机翼壁板就是桁条作为蒙皮的止裂件，桁条间的间距为 254 mm。止裂设计从更广意义上保证，则可通过降低应力水平、合理选择材料等手段得到。

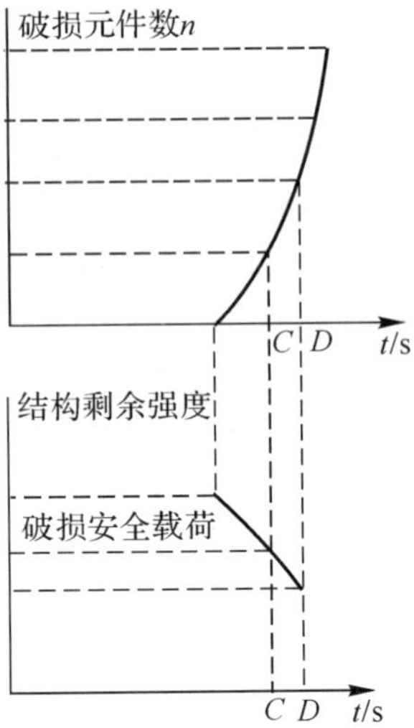

图 4.38　多路传力结构破损安全过程示意图

这类结构在使用中应注意裂纹扩展并导致元件连续破坏的情况，即应当计及其他元件破坏对主元件裂纹扩展的加速作用，也就是说，要考虑每一元件破坏在剩余结构中引起的内力再分配。这种设计概念对于较长较大的构件常考虑采用。

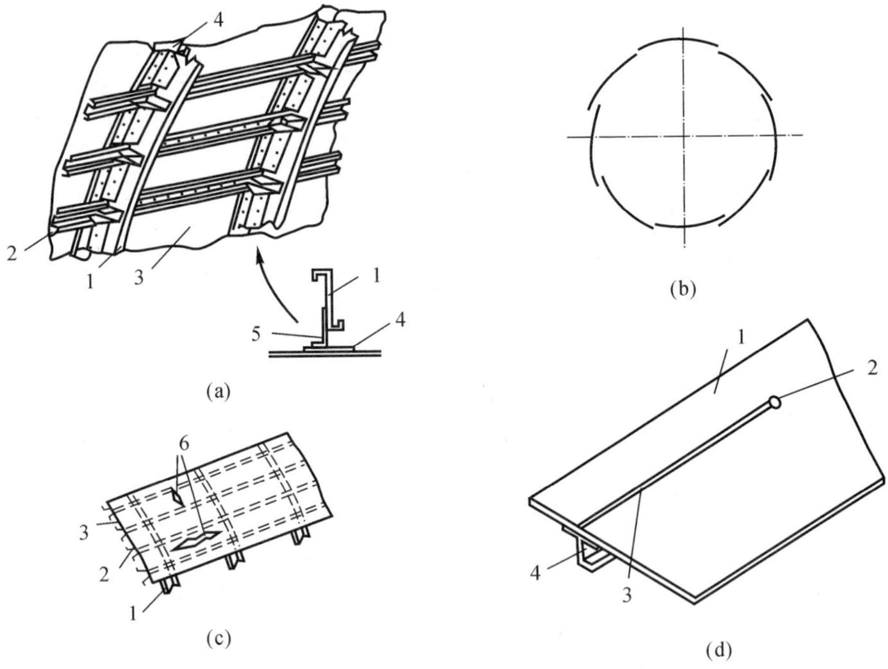

图 4.39　破损安全止裂结构实例

(a)，(c)止裂带止裂；(b)蒙皮分块；(d)止裂缝

(a)，(c)：1—隔框；2—长桁；3—蒙皮；4—止裂带；5—补偿连接片；6—裂纹

(d)：1—蒙皮；2—止裂孔；3—止裂缝

图 4.40 所示是损伤容限设计结构类型的壁板结构实例。

(3)结构类型的选用原则。在损伤容限结构设计中,结构类型的选择与结构的可检程度、表面结构还是内部结构、结构的可更换性、静定结构还是静不定结构以及应力水平、所用材料有关。通常按如下原则选择结构类型:

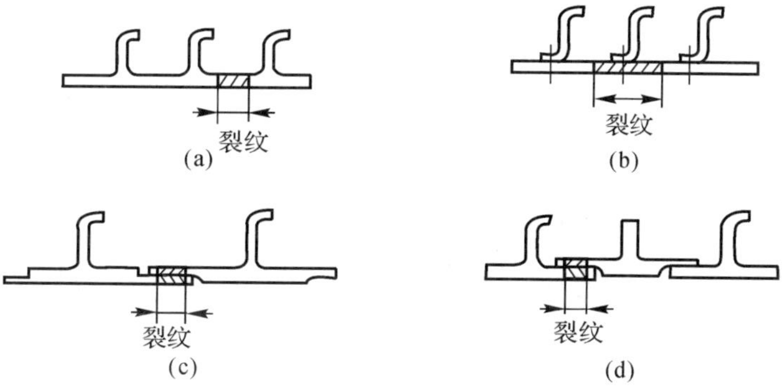

图 4.40　损伤容限设计结构类型实例

(a)缓慢裂纹扩展结构;　(b)破损安全止裂结构;　(c),(d)破损安全多传力途径结构

1)场站级或基地级不可检结构和使用中不可检结构应设计成缓慢裂纹扩展结构。

2)飞行明显可检结构、地面明显可检结构、目视可检结构、特殊目视可检结构和翻修级或基地级可检结构原则上设计成破损安全止裂结构或破损安全多传力途径结构。

3)表面结构一般为可检结构,可考虑设计成破损安全结构。内部结构当为不可检结构时,应设计成缓慢裂纹扩展结构。

4)易更换的结构容易实现破损安全设计;不易更换的结构以采取缓慢裂纹扩展结构为宜。

5)静定结构是单传力途径结构,例如起落架支柱等不能实现多传力途径,它是单传力途径结构;又如大展弦比直机翼双梁式结构(其根部接头为一固接和一铰接时)属于静定结构。这些布局和传力形式的结构必须设计成缓慢裂纹扩展结构。静不定结构增加了结构的安全度,是实现多传力途径的基础,应当尽可能设计成破损安全多传力途径或破损安全止裂结构。

6)当选用的设计类型为缓慢裂纹扩展结构时,应该特别注意应力水平和材料因素的控制。

7)当破损安全的要求有一部分不能满足,或者进行缓慢裂纹扩展分析不复杂时,可以把多传力途径的结构看做是缓慢裂纹扩展结构。例如图 4.41 所示的接头,有三个耳片,当一个耳片(例如 A)损坏时,载荷将在其他两个耳片上重新分配,继续传力。但该接头不能看做多传力途径结构,因为如果在部位 B 处发生损伤,并且损伤扩展的话,将导致结构不能继续工作。保证该接头安全的唯一办法是把它看做缓慢裂纹扩展型。

8)对于一些特殊的结构件,例如,气密座舱、整体油箱,其设计类型的选择应做特殊考虑。这类构件不允许采用破损安全设计类型,而应采用缓慢裂纹扩展设计并有适当止裂措施。

一个结构或构件应选择何种结构类型,还必须视情况具体分析。如图 4.42 所示单块式翼盒结构,上、下翼面是整块蒙皮和长桁组成的壁板,每根长桁假设和一个接头相连接。此结构有两种设计方法:一种情况可把它看成是破损安全多路传力结构;另一种情况,假如蒙皮是主要承拉构件,相当大的设计应力造成相对短的临界裂纹长度,那么实际上对破损安全的要求不能很好满足,那么这类蒙皮-长桁结构,只能看做是缓慢裂纹扩展结构。

3. 损伤容限结构材料的设计选择

根据损伤容限设计原则进行飞机结构设计时，对结构材料的要求是多方面的，几乎不可能找到一种全面优异性能的材料来全面满足损伤容限设计的各种要求，有时又是不必要的。结构设计人员需要根据不同的结构类型、不同的使用部位和工作条件权衡利弊、综合处理好性能/成本等各方面关系，以求做出结构用材的合理选择。以下依据损伤容限结构的设计特点，谈谈结构材料选择中的若干关系。

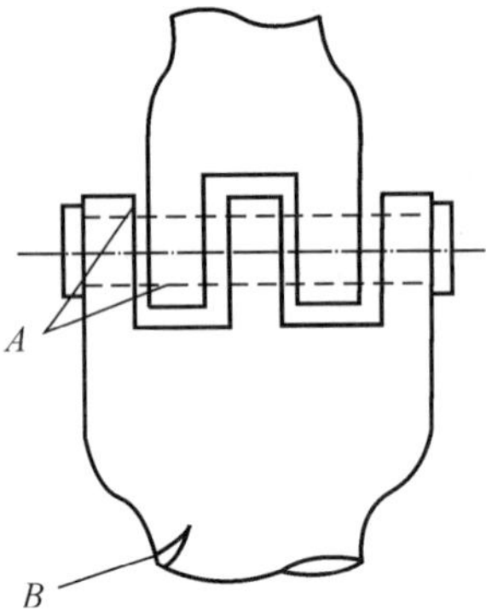

图 4.41 接头

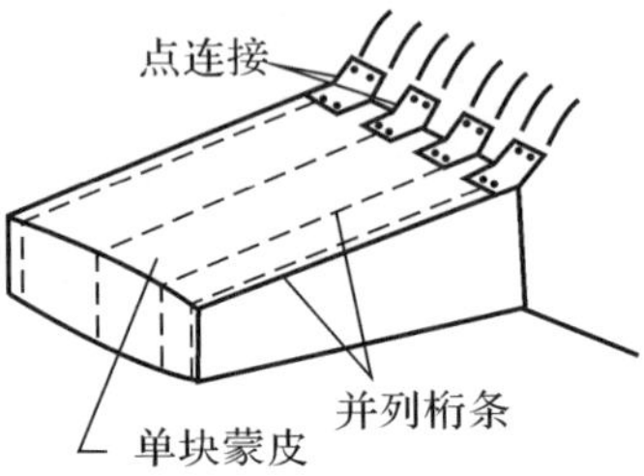

图 4.42 机翼翼盒实例

(1)材料强度和韧度的关系。按静强度观点设计结构，往往追求材料的静强度指标以求减轻结构重量。但从断裂力学观点看这是不充分的。因为静强度高的材料往往断裂韧度偏低，抗疲劳性能较差。一旦材料有某种缺陷或裂纹，便易于导致构件的低应力脆性断裂。因此，对一些承受拉伸或弯曲作用的损伤容限设计的关键构件，在选择材料时宁肯牺牲一些静强度指标，也要选取裂纹扩展速率低、断裂韧度高的材料，以期提高材料的抗疲劳能力，改善结构的损伤容限特性。

材料的抗断裂性能包括以下几方面内容：① 材料本身的初始裂纹和初始缺陷尺寸 a_0 必须足够小；② 比断裂韧度 K_{IC}/ρ 大；③ 裂纹扩展速率 $\mathrm{d}a/\mathrm{d}N$ 小；④ 临界裂纹尺寸较长；⑤ 在应力腐蚀条件下的抗断裂性能好。由于上述某些性能，如 K_{IC}，$\mathrm{d}a/\mathrm{d}N$ 等与材料的加工方法、热处理、使用环境等均有关，因此对零件要选择合适的加工方法、热处理和表面处理方法。并应注意尽可能选用断裂性能和强度等综合性能为最佳的材料。一般来说，对于现有国产材料，如机翼下蒙皮、下壁板、机身气密舱蒙皮可选用 LY12 之类的铝合金，而不宜采用 LC4 这类高强度铝合金。

现以 F-111 飞机机翼枢轴的断裂为例来进行分析。该枢轴由于受力大选用了高强度合金钢 D6ac。对枢轴断裂事故的调查发现，它在粗锻加工时产生了裂纹并在检验中漏检了。以后在使用中裂纹很快达到临界尺寸导致断裂，这与 D6ac 材料的性能有关(见表 4.4)。

由表中可见 D6ac 的 K_{IC} 不算最低，但它对淬火热处理的敏感性会使 K_{IC} 之间的差异达一倍以上。对飞机结构来说，许多构件的设计使用应力 σ 取为 $0.6\sigma_{ys}$，所以临界裂纹 a_{cr} 为

$$a_{cr}=\frac{1}{\pi}\left(\frac{K_{\mathrm{IC}}}{0.6\sigma_{ys}}\right)^2\approx\left(\frac{K_{\mathrm{IC}}}{\delta_{ys}}\right)^2 \tag{4.55}$$

也就是说，当 K_{IC} 减小一半时，a_{cr} 就减少为 1/4。

此外 D6ac 的裂纹扩展速率较高，所以虽然它的 K_{IC} 比 4340 钢高，但由于它的稳定裂纹扩

展快，裂纹扩展寿命反而比 4340 钢还短。

表 4.4 材料断裂性能比较表

材料	σ_{ys}/MPa	$K_{\mathrm{I}C}$/(N·mm$^{-3/2}$)	$2a_c$/mm	N (σ=690 MPa 的飞行次数)
D6ac	1 640	2 310	14.7	3 850
4340	1 830	1 880	9.9	5 400
300 M	1 900	2 450	15.4	6 300

由于这两方面原因，F－111 机翼枢轴上的裂纹很快就在尚未穿透厚度的情况下(即不易被人发现的情况下)达到临界尺寸而断裂。如果选用高韧性材料，其临界裂纹较长，可穿透构件厚度。可大大提高发现概率。在某种情况下这将引起油、气的渗漏，从而向检查人员发出警告，及时修理，以避免灾难性事故。在压力容器设计中“先漏后断”是一个重要的设计原则。反之，低韧性材料也常常因临界裂纹尺寸极小，无损检测能力有限而被禁用。

(2)材料的裂纹扩展速率特性。希望能在选材时选择短裂纹和长裂纹两个阶段的扩展速率都低的材料。前者是为了满足耐久性要求，而后者是为了满足损伤容限要求。但是，不同材料表现不同的裂纹扩展特性。很难找到一种在短裂纹阶段和长裂纹阶段扩展速率都低的材料。例如，7475T－7351 在短裂纹阶段裂纹扩展速度较低，但当扩展到长裂纹阶段，它就不是最低的了；7075T－7351 在短裂纹阶段的扩展速率较快，在长裂纹阶段的扩展速率却较其他材料慢。所以，同样按裂纹扩展寿命要求选择材料，要分清楚最关心的是哪个裂纹范围内的寿命。如果设计对耐久性要求的矛盾更突出，应该选择短裂纹范围内裂纹扩展速率低的材料；如果损伤容限要求的矛盾更突出，则应选择长裂纹范围内裂纹扩展速率低的材料。

另外，材料的裂纹扩展速率和断裂韧性还与厚度以及材料的轧制方向相关(见图 4.43，图 4.44)，这也是对裂纹扩展速率要求时的一个重要因素。表 4.5 列出了几种常用的铝合金和合金钢(美国牌号)的断裂韧性(Ⅰ型)$K_{\mathrm{I}C}$值，以及它们与厚度的关系，供读者学习时参考。

表 4.5 $K_{\mathrm{I}C}$值

材　料		厚度范围/mm	$K_{\mathrm{I}C}$/(10N·mm$^{-3/2}$)		
			LT	TL	SL
2024－T351	板	12～50	111.4	104.2	79.0
7075－T7451		12～50	118.5	100.6	90.0
7075－T6	挤压成形	12～19	104.2	75.4	68.2
－T651	板	12～50	93.4	79.0	64.7
－T7651	板	12～50	97.0	82.6	68.2
7178－T651	板	12～25	86.2	71.8	53.8
－T7651	板	12～25	100.5	86.2	60.1
300 M(1 620 MPa)	板	12	168.8	—	—
H－11(516 MPa)	板	12	122.1	115.0	—
17－4pH(206 MPa)	板	12	150.9	136.5	—
D6ac(1 448 MPa)	板	12～25	129.3	—	—

(3)材料与载荷/环境谱的关系。

一种材料在给定温度和介质下表现出的损伤容限特性可能优于其他材料;但是在另一种环境下可能会出现相反的结果(见图 4.45)。

一种材料在等幅加载时可能表现出较好的特性;但在谱载下可能另外一种材料显示出较好的断裂特性。因此,不能仅考虑等幅加载下的 da/dN 特性,还应考虑迟滞效应、应力比 R 及环境等影响因素。

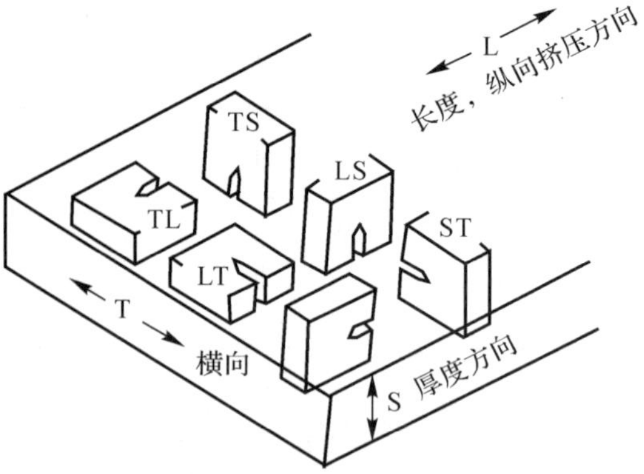

图 4.43　轧制方向

另外,若零、构件为有相对运动的运动幅时(如轴和轴套),则选用合适的不同材料组合(使运动幅两种材料有低的相容性与适当的硬度比),可防止构件间相对运动时的粘连磨损,如钢-铜组合效果较好。

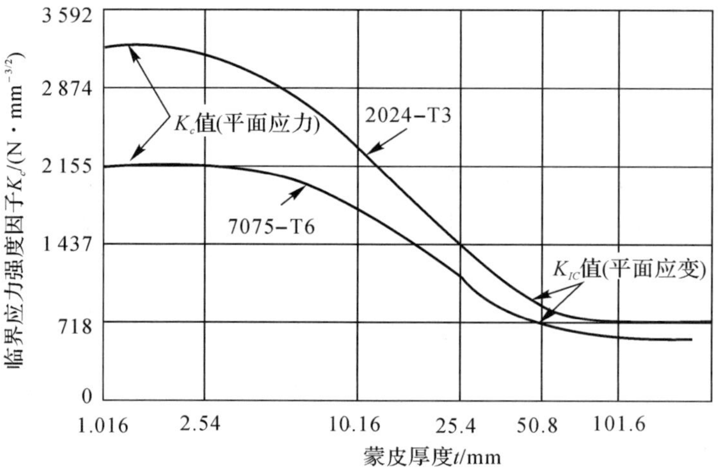

图 4.44　K_c 与厚度的关系

为了延长零、构件的裂纹形成寿命,并得到好的抗腐蚀、抗应力腐蚀断裂、抗氢脆的性能,以提高材料的耐久性,除合理选材外,还应选择合适的热处理和表面处理方法。

由此可见,精心选材是一个综合权衡的复杂过程,考虑因素很多,不仅要做计算分析,还要进行试验验证。同时对材料的采购、加工等一系列过程实施有效控制,才能达到损伤容限结构用材的完整性要求。

4.损伤容限结构细节设计

飞机结构使用中的破坏统计表明,由于疲劳断裂而引起的破坏概率很高。为了提高结构的抗疲劳断裂能力,保证飞机在整个设计使用寿命期间,不致因裂纹扩展而导致结构断裂破坏,对损伤容限设计的结构同样要在设计中对应力水平、结构布置、表面质量、结构几何形状等细节设计提出一系列要求。这些要求与安全寿命设计中抗疲劳细节设计原则是一致的,只有把注意力放在提高结构细节设计水平上,通过认真而精细的构形,改善结构细节的应力分布,控制应力集中因素，才能有效提高结构细节自身的抗疲劳能力和改善损伤容限特性。

正如“2”指出的那样，对损伤容限结构还应当注意按不同的结构类型进行细节设计。对不易更换或不可检等缓慢裂纹扩展结构类型，其细节设计应注意材料的合理选择，细节应力水平、应力集中控制以及加工制造、装配过程的工艺质量控制。除此之外，利用装配衬套改善零构件上孔的维修性，利用开口设计提高结构的开敞性与可达性，都是有效的损伤容限设计方法。对破损安全结构类型，其损伤容限设计更应注意结构布局、传力途径与多重元件的布置、元件刚度的合理搭配等。在此基础上，开展元件合理的细节设计以及加工质量的合理控制。

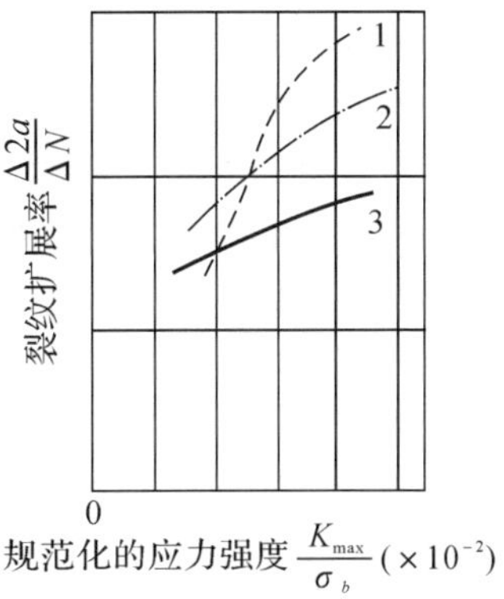

图 4.45　环境对铝合金裂纹扩展速度的影响

1—蒸馏水；　2—3.5%NaCl；　3—空气

5.检修周期与检验程序的合理确定

飞行安全结构的损伤检验与修复是损伤容限设计的最重要环节之一，而损伤检验又与结构类型、结构的开敞性与可达性以及可检度等密切相关。所以，损伤容限设计中检验程序就是根据不同类型的结构(缓慢裂纹扩展结构及破损安全结构)和不同的可检度(飞行明显可检等6种可检度)来分类提出损伤检查的详细要求、检查间隔、检查手段以及检查设备的灵敏度要求等。同时，配合结构损伤容限特性分析和全尺寸试验结果，对使用可检结构给出检修周期；对使用不可检结构给出允许的最大初始损伤，以防止在给定的寿命期限内由于未被发现的缺陷、裂纹或其他损伤的扩展而导致灾难性的疲劳破坏事故。

(1)检验程序的确定。飞机结构的主要检查手段是肉眼检查。已知损伤位置的注意检查和未知损伤位置进行的一般检查，情况大不一样。目视检查时要有100%发现率的最小尺寸约为1 mm。在场站或基地中利用各种无损探伤技术，如超声波、着色渗透、磁粉探伤等的100%发现能力也在0.6～0.8 mm的量级。若不知道损伤位置进行普查，则发现能力要大为降低，此时可发现的最小损伤尺寸为5～8 mm X射线可探测内部裂纹，但发现能力稍差。涡电流探伤可用于表面裂纹的检查。图4.46表示了几种无损检测手段的灵敏度。

检查周期是指飞机结构两次检查之间的时间间隔。从原则上讲，应该在裂纹扩展到临界尺寸以前检查发现它，即图4.47中AB段。但是，损伤容限设计概念要求裂纹在达到危险的临界尺寸前，有把握把它检查出来，即要有100%的可靠性，因此，必须考虑一次或几次漏检的可能性，并由此来确定检查周期(见图4.48)。这样，检查周期的长短将由裂纹扩展速率和允许的漏检次数来确定。检查周期短，允许漏检的次数多，则安全性较好。可是检查过于频繁则工作量大，经济性不好，也妨碍飞机的正常使用；而检查周期太长又不能确保安全。一般检查周期取二分之一的裂纹扩展寿命。

另外检查间隔还应考虑到不同的可检度来定。如地面明显可检的检查间隔为一次飞行，巡回可检为十次飞行等等。

(2)检修周期的确定。检修周期又称未修使用的最小周期，在这个周期内假定适当水平的损伤(初始的或使用中的),保持未修并让它在结构内增长,应不会危及飞行安全和降低飞机性能。根据下式确定使用中可检结构的检修周期。

$$裂纹扩展寿命 \geqslant 检修周期 = n \times 检查间隔 \tag{4.56}$$

式中的检查间隔和系数 n 按结构可检度给出,如表 4.6 所示。这里给出的结构修周期计算式不但适用于裂纹缓慢增长结构也适用于破损安全止裂结构。

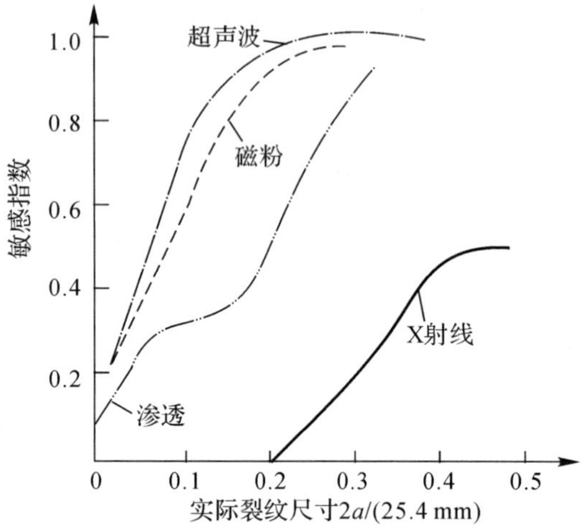

图 4.46　几种检测手段的灵敏度

(敏感指数=察觉裂纹/存在裂纹)

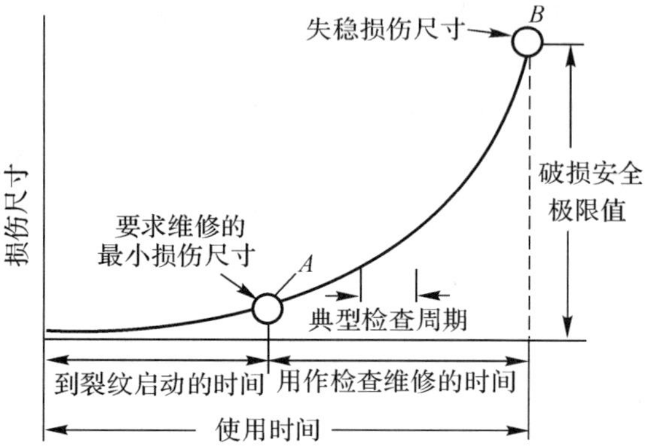

图 4.47　典型的裂纹扩展-时间关系曲线

对于各类可检结构,全尺寸结构的裂纹扩展试验寿命应大于或至少等于检修周期。但这个试验寿命必须是满足结构剩余强度要求前提下的试验寿命。这样才能保证:

1)在检修周期中,当含裂结构遇到偶然高载时结构不会发生断裂破坏,而这个高载必须不会超过预定的损伤容限载荷。

2)含有规定的初始裂纹尺寸的结构,在载荷谱作用下在结构的检修周期中,初始裂纹不会增长至裂纹容限并导致结构出现灾难性疲劳破坏。

必须指出,也可以依据结构的裂纹扩展试验寿命确定检修周期,再依据检修周期确定检查间隔。但这时检修周期与检查间隔的关系必须符合表 4.6 中的规定。

结构的损伤在检查周期中被检查出来,经过修理和加强,则又恢复了结构的完整性。检修可以这样重复地进行,使飞机的寿命一直延续下去(见图 4.48)。而当损伤大范围出现以后,再进行修理就不经济时,飞机就达到了它的经济寿命,可以退役了。

表 4.6　关于结构的检修周期

结构的可检查度	典型检查间隔	未修使用的最小周期
飞行中明显可检	1 次飞行	飞回基地
地面明显可检	1 次飞行	1 次飞行
巡回可检	10 次飞行	5×检查间隔
特殊目视可检	1 年	2×检查间隔
场地级或基地可检	1/4 设计使用寿命	2×检查间隔

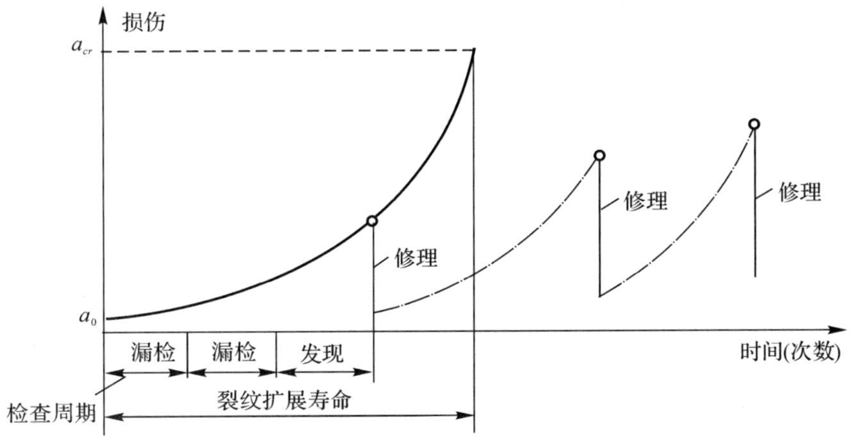

图 4.48 检查周期和维修间隔

四、损伤容限设计的综合评估

损伤容限结构的综合评估是损伤容限设计工作的重要步骤，其目的是确定飞行安全结构的裂纹扩展规律和剩余强度特性，以便提供具有足够安全性所要求的检查水平，为制定合理的检修周期和检查方式提供科学依据。为达到上述损伤容限评估的目的，一般遵循下列工作步骤：

(1)确定进行损伤容限评估的结构部位。

(2)确定构件的初始裂纹长度。

(3)确定构件的应力谱。

(4)确定受损结构的剩余强度。

(5)确定构件的裂纹扩展寿命。

(6)进行结构损伤容限试验。

以下按所列工作内容分别介绍。

1.损伤容限危险部位的确定

飞机结构的破坏往往是由危险部位(薄弱环节)的破坏而引起。所以，危险部位的选择是飞机损伤容限设计评估工作中的最重要环节。危险部位的确定主要与下列因素有关。

(1)损伤容限设计的主要对象是飞行安全结构(即其破坏会直接导致飞机失事，或破坏持续未被查出而造成飞机失事的结构)，故首先应判断结构是否属于飞行安全结构。凡属于飞行安全结构，必须确定为断裂关键件，也即是损伤容限危险构件，必须进行损伤容限分析，进行断裂控制。

(2)其次考虑破坏的后果和危险程度。例如当该部位的损伤将严重影响飞机的使用功能、飞行性能，危及飞机及人员的安全或导致主要系统失效时，应选为危险部位。

(3)结构形式、受力情况和强度储备。一般对整体结构和所有单传力途径结构(特别是不可检结构部位)，拉或剪应力水平高，并且由于开口、孔、偏心、结构突变以及断开等原因引起的严重应力集中的部位，刚度不足振动较强的部位，应选为危险部位。

(4)材料的理化、机械、工艺等特性。如采用对疲劳和缺口比较敏感的材料制成的结构件。

(5)零构件所处的环境条件。如振动、腐蚀、高温、高压等,其中对经常承受高温和腐蚀介质的部位应重点考虑为危险部位。

(6)可检查度及维护、更换的可能性。对不可检结构应考虑选为危险部位。

(7)强度计算、试验中发现的薄弱环节,试飞中发生过故障,以及根据以往经验可判断为易出故障的结构部位,均应选为危险部位。

(8)对施工困难,工艺质量、表面质量不易保证,费用大、生产周期长的部位也应作为着重考虑的部位。

我们举两个实例为看:

如 F-111 飞机一些关键的钢构件,通过分析、试验等被选为损伤容限设计的危险构件,如图 4.49 所示。

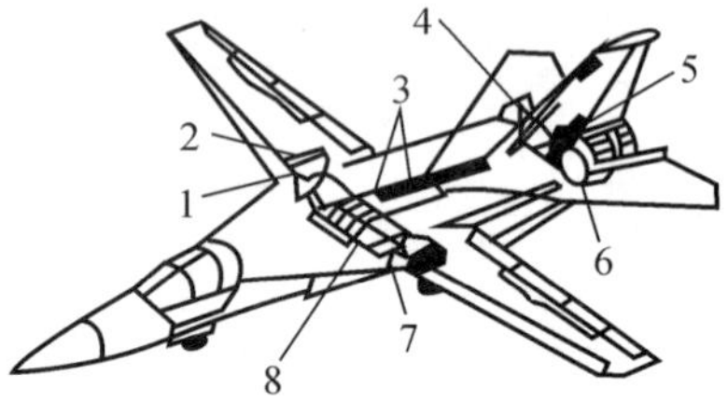

图 4.49　F-111 的关键钢构件实例

1—机翼枢轴销;　2—机翼枢轴接头;
3—机身上大梁;　4—平尾操纵加强肋;
5—方向舵扭力管;　6—707 隔框;
7—发动机短舱架;　8—机翼承载盒

又如美国空军对 F-4 飞机进行损伤容限和耐久性评定中,在鉴别危险区域时,首先考虑了破坏的后果、结构形式和危险程度。先对 100 多个不同危险程度的区域进行筛选,然后详细研究了 50 个区域,最后其中 39 个区域被确定危险区。一般来说,根据损伤容限分析,每架战斗机可取 20～200 个严重部位。

2.初始裂纹长度 a_0 的确定

假定装配后飞机结构所存在的缺陷尺寸刚刚小于无损检验的最大不可检尺寸,我们把存在的这种缺陷尺寸规定为初始缺陷尺寸或称初始裂纹长度 a_0。初始裂纹尺寸的长短对计算剩余寿命影响很大,这是因为在短裂纹阶段裂纹扩展较慢,较小的初始裂纹尺寸差别将引起裂纹扩展寿命的较大变化。因此,对飞行安全结构进行损伤容限评估时,合理地确定初始裂纹长度是一件十分重要的工作。

为了确保飞行安全,在规范中规定“应假设组成主要结构的每一元件均存在有未被发现的初始缺陷或损伤”。这种初始缺陷有两种不同类型的裂纹尺寸,一种是用各种无损检测(包括目视检查)能力确定的最小可检裂纹尺寸;另一种是用显微断口反推技术等方法确定的当量裂纹尺寸(0.125 mm 孔边角裂纹)。前者主要用作计算未修使用期和进行裂纹扩展寿命分析的起点,以实现损伤容限设计的一个主要方面——检查保障安全;后者可作为对紧固件分析的基础,并构成连续损伤、剩余结构损伤假设组成的部分,其用意代表材料、加工工艺实际可能产生的最差质量。

用无损检测决定的裂纹尺寸与结构类型和可检查度有关。无论对材料还是对结构件,只有对裂纹检出概率和相应的置信水平有明确定义,最大不可检裂纹尺寸才有确定意义。规范中要求对缓慢裂纹扩展和破损安全(主结构)类型,检出概率和置信水平分别为 90%和 95%。选择 90%和 95%是因为它是航空结构金属材料和元件质量检查的基础,也是较经济的。

对于损伤容限所允许的最大初始裂纹长度则可依据两倍使用寿命期内不应扩展到裂纹容限的要求,反推出允许的最大初始裂纹长度。但它应不小于损伤容限要求规定的初始裂纹尺寸,或按 90%检出概率和 95%置信度要求由无损探伤测试确定的初始裂纹尺寸。

3.应力谱的制定

在飞行安全结构的裂纹扩展分析中,直接使用的是飞-续-飞随机应力谱。只有采用这种随机应力谱才能较好地刻画结构件各危险部位裂纹扩展的真实过程(裂纹扩展过程中的高载迟滞以及小载加速作用,较疲劳微裂纹形成过程的同样作用要明显得多)。关于由飞机重心过载谱转换成相应与各危险部位的随机应力谱方法已在 4.3 节做了简单介绍,可基本掌握其计算原理。

有了结构危险部位的随机应力谱进行裂纹扩展寿命的估算,可利用 4.3 节第 2 点介绍的计算方法,选择恰当的裂纹扩展速率公式由数值积分即可获得,最后将所获得的由初始长度扩展到裂纹容限所经过的载荷反复次数,按随机应力谱的飞行小时的定义转换成为飞行小时数或起落次数。

4. 剩余强度和裂纹扩展限制的确定

剩余强度定义为:带有损伤的结构在连续使用期内任一时刻的有效强度值,或简单地说,受损结构的承载能力就是该结构的剩余强度,也就是受损结构在检测周期内所能承受的不危及飞行安全或降低飞行性能的载荷。所谓危及飞行安全或降低飞行性能是指结构丧失强度、丧失刚度、过度永久变形、丧失控制以及颤振速度降到临界以下等。结构剩余强度通常随着损伤尺寸的增加而下降。当裂纹扩展到临界尺寸时,对应的载荷就是临界载荷,实际上即是最小剩余强度,若该值小于损伤容限载荷,结构就会发生断裂。

损伤容限载荷代表在两次检查间隔内飞机可能遇到的最大载荷。一般来说,对所有完整结构不管是裂纹扩展类型或破损安全类型,要求损伤容限载荷至少是使用载荷。对于不同的规范有不同的规定。如有的定为设计载荷的 80%;有的根据检查周期的长短来定:检查周期短,裂纹扩展有限,该值可取低些,反之亦然。例如每次飞行都检查的结构,可取 67%;50 次飞行(约一个月)才检查一次的结构可取为极限载荷的 87%;大修(飞行 250 h)时才检查的结构,则取为极限载荷(即设计载荷)的 100%。而有的规范,则由可检度类别来定。

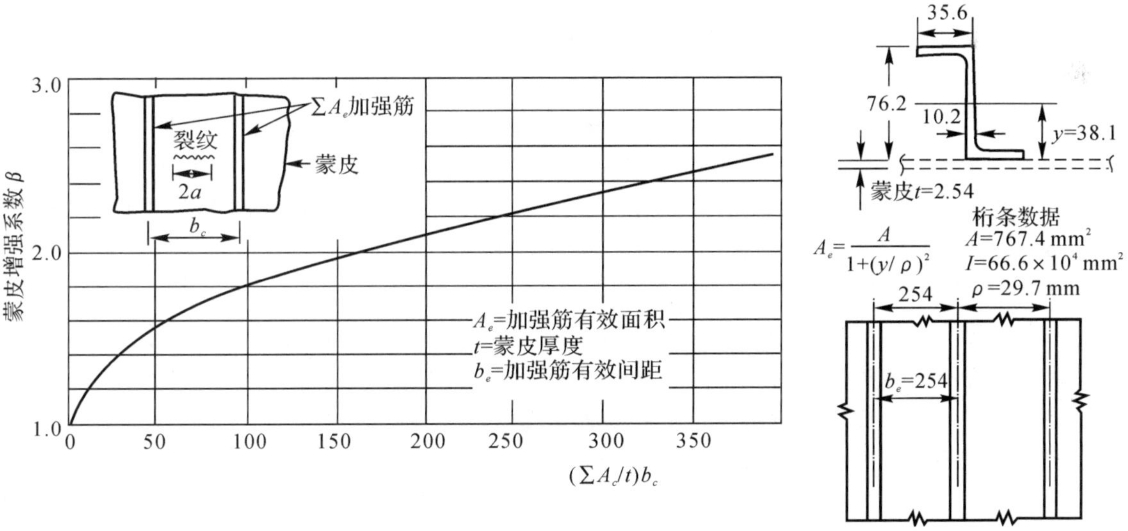

图 4.50　增强系数 β 的确定

至于上述的相应于裂纹达到临界尺寸的临界载荷值可由下式确定:

$$\sigma_{cr} = \frac{K_{\mathrm{IC}}}{\sqrt{\pi\alpha}\,Y} \tag{4.57}$$

如果构件不是一块有限平板，而是一带加强筋的平板（如蒙皮-长桁结构），则上式中还应乘上蒙皮增强系数 β（由图 4.50(a) 中可查得），即

$$\sigma_{cr} = \frac{\beta K_{\mathrm{IC}}}{\sqrt{\pi\alpha}\,Y} \tag{4.58}$$

图中横坐标中的 A_e 值由下式算得

$$A_e = \frac{A}{1+(y/\rho)^2} \tag{4.59}$$

各几何参数的定义如图 4.50(b) 所示，β 是大于 1.0 的数值。

对于裂纹扩展限制主要根据结构的类型和可检查度来制定。规范中推荐对于缓慢裂纹扩展在场站或基地级可检时的检查间隔为 1/4 寿命；使用中不可检，当然意味着在 1 个设计寿命期末为 1 倍检查间隔。对于破损安全结构必须设计成在某主要传力途径破坏后，在规定的检查间隔内具有要求的剩余强度。为了确保在检查间隔内查出任何主要元件的提前破坏，必须确定初始检查间隔和后续检查间隔。

5. 损伤容限试验

通常损伤容限试验是采用全尺寸结构进行试验。全尺寸结构是指真实结构，可以是构件、部件和全机。全尺寸结构损伤容限特性试验可分为两种情况：一是对主要结构单独取样进行考核，二是用飞机部件或全机试验来考核主要结构。后一种情况结合疲劳试验和耐久性试验完成，即用同一个试件来完成疲劳试验（或耐久性试验）和损伤容限试验。前一种视具体情况而定。

(1)损伤容限试验的目的与要求。全尺寸结构损伤容限试验的主要目的为：

1)最终考查所研究结构的裂纹扩展寿命和剩余强度，为确定检修周期或允许的最大初始损伤提供依据。

2)用以发现和排除结构可能存在的局部高应力集中区，以实现裂纹缓慢扩展。

为了确保实现可靠的断裂控制，必须对所有关系到飞机结构完整性和飞机安全的主要结构的损伤容限特性进行试验验证。不论采用安全寿命设计还是采用耐久性设计研制的飞机结构，均必须通过损伤容限设计与试验，以进行断裂控制。

全尺寸结构损伤容限试验的要求：

1)除了应用飞机部件或全机试验来考核主要结构损伤容限特性外，对无法用飞机部件或全机试验进行考核的主要结构还要单独取样考核。

2)当用同一个试件来完成耐久性（或疲劳）试验和损伤容限试验时，首先必须保证耐久性（或疲劳）试验任务的完成，给出结构经济寿命或形成疲劳裂纹的试验寿命，在完成耐久性（或疲劳）试验后，如果要考核的主要结构已损坏（包括出现远大于初始裂纹的损伤），则此试件就不能再做损伤容限试验用。如果要求考核的主要结构未损坏，但试件的其他部分损坏，则允许修复后接着供损伤容限试验用。对于前一种情况，可以通过重新对此主要结构单独取样进行试验来弥补。

3)可预期在耐久性（或疲劳）试验过程中在最关键元件的应力集中部位能自动形成初始裂纹。如果未能形成，则通过人工切口来模拟可能存在的漏检缺陷、裂纹或其他损伤，经疲劳预

裂出规定的初始裂纹。

(2)全尺寸结构损伤容限试验的结构项目。对一架新研制的飞机，通常全尺寸损伤容限试验的结构项目包括(不限于如下项目)：①机身气密舱；②机身与机翼的结合部；③发动机架或接头；④前缘襟翼；⑤后缘襟翼与副翼；⑥机体结构的大型锻件；⑦前起落架部件；⑧主起落架部件；⑨全机，或带一段机身的机翼，或带一段机翼和一段尾翼的机身。

(3)裂纹扩展寿命试验。全尺寸结构损伤容限试验包括裂纹扩展寿命试验和剩余强度试验。

裂纹扩展寿命系由初始裂纹扩展到裂纹容限的寿命来描述的，但必须是满足剩余强度要求前提下的裂纹扩展寿命。因此，在试验开始之前，应通过结构剩余强度分析和主要结构元件试验给出预测的裂纹容限。在所有主要结构的元件中都应该假设存在着裂纹。在规定的设计使用载荷谱和规定的使用期间内，初始裂纹不能扩展到容限裂纹尺寸。要满足此要求必须对裂纹扩展速率进行测定，并用以判断可能的裂纹扩展寿命。

需要给出裂纹扩展寿命的结构范围仅限于场站级或基地级可检结构和使用中不可检结构，而且应该是关系到飞机结构完整性和飞行安全的主要结构，即仅对需要进行断裂控制的结构定寿。可按图 4.51 所示原则选择需要进行断裂控制的结构。

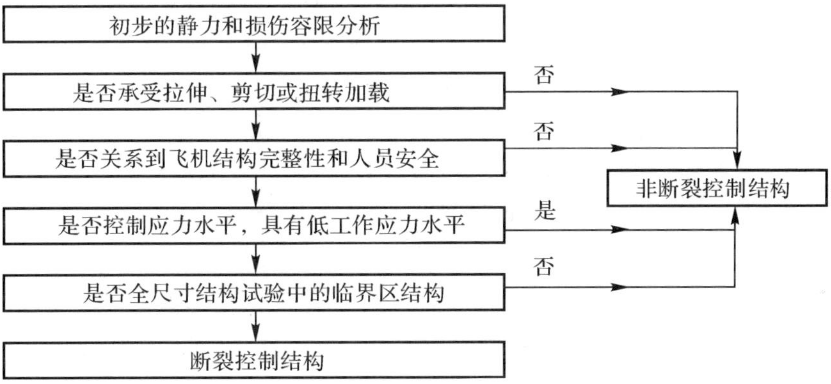

图 4.51　选择断裂控制结构的原则

(4)剩余强度试验。全尺寸结构剩余强度试验是一种静力破坏试验，用以检查含裂纹结构中当裂纹扩展至裂纹容限时，是否具有承受 100%损伤容限载荷的能力。同样，进行剩余强度试验的结构也是场站级或基地级可检结构，而且是关系到飞机完整性和飞行安全的主要结构。剩余强度试验应在裂纹扩展寿命试验完成后进行，即裂纹扩展至接近但小于依据分析和主结构元件试验所预测的裂纹容限时，终止裂纹扩展试验改为进行剩余强度试验。

在飞机结构损伤容限试验规范中对结构剩余强度试验验证做了如下规定：

1)通过疲劳裂纹扩展寿命试验使裂纹扩展到裂纹容限，也可用人工开切口预制出容限裂纹来模拟，可以认为仅结构关键部位存在有由规定尺寸的初始裂纹扩展成的裂纹容限。

2)试验时，结构关键部位所有主要设计情况均需加载至 100%损伤容限载荷，然后选取最主要情况加载至破坏。若加载至 125%损伤容限载荷，结构尚未破坏，允许终止试验。

3)结构必须能承受 100%损伤容限载荷。加载至 100%损伤容限载荷再卸载到零，允许结构有残余变形，但所产生的残余变形应不妨碍结构正常工作。

4.5 耐久性设计方法

一、耐久性设计思想

1. 基本含义

飞机结构的耐久性是指飞机结构在规定的经济寿命期间内，抵抗疲劳开裂、腐蚀、热退化、剥离、磨损和外来物偶然损伤作用的一种固有能力。经济寿命是由执行耐久性试验计划的结果所表示的工作寿命，当被试验的结构出现遍布损伤时，要修理又不经济（维修成本大幅度提高），不修理则又影响结构使用功能时，则认为结构已达到经济寿命。

耐久性设计概念认为飞机结构在使用前就存在许多微小的初始缺陷，结构在载荷/环境作用下逐渐形成了一定长度和一定数量的裂纹与损伤群，继续扩展下去将会造成结构功能性损伤或维修费用剧增，影响到飞机的备用性，此时结构必须进行修理（称为经济修理）。这种修理可以进行若干次，直到满足使用寿命要求。

由此可以看出，耐久性设计概念是针对飞机研制成本和生产成本以及使用维修费用的急剧增加而提出的。如何提高单机的出勤率，降低生产成本，特别是降低维修费用，需要设计者们在确定飞机寿命时应从经济的观点予以量化，这就是耐久性设计的出发点。

按耐久性设计飞机结构的一个基本要求就是其经济寿命必须超过一倍的设计使用寿命，如图 4.52 所示。从图中可以看出，在经济寿命期内，结构不能出现过度或昂贵的维修以及发生诸如渗漏、操纵效率降低、气密座舱降压等功能性损伤问题。

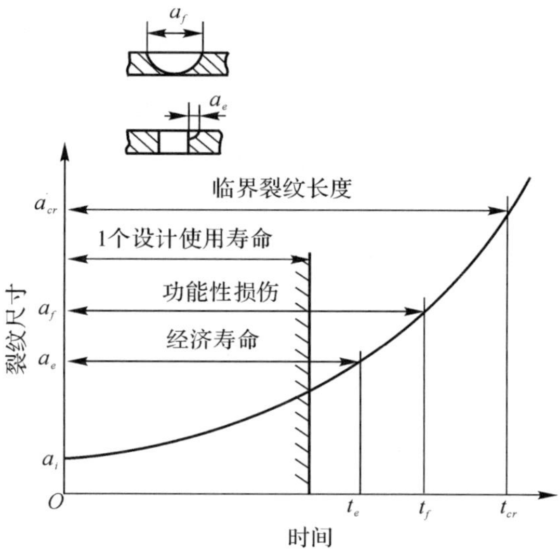

图 4.52 耐久性基本要求

飞机结构的经济寿命必须通过综合分析评估并经耐久性试验验证。经济寿命指标则应根据特定的飞机要求以及用户对飞机性能和维修费用的可接受程度来确定。

2. 设计特点

飞机结构耐久性设计的主要目的是提高结构设计分析的精确性、降低寿命的分散性，以提高结构在服役期内的安全性和可靠性。为此，在耐久性设计中采取了一系列措施，研究发展了一些专用的新技术和新方法，形成了一套具有鲜明特色的耐久性设计体系。这个体系，概括起来说有以下主要特点：

（1）量化控制。量化控制是耐久性设计的重要特点。在耐久性设计的各个环节中，尽可能地用量化的指标作为对比或控制目标。例如，为了能够定量地评估和控制飞机结构的材料和生产工艺等复杂因素，提出了描述结构原始疲劳质量的当量初始缺陷尺寸（EIFS）分布，并以 EIFS 分布的形状和尺寸参数作为量化控制指标，用于控制设计和监督生产制造。

经济寿命是耐久性设计的总控制指标。利用经过验证的耐久性分析作为为结构细节耐久性设计提供的控制应力水平、应力集中和材料、工艺选择准则，在耐久性分析与试验中有确切的初始缺陷尺寸和损害功能的裂纹尺寸，通过检测和断口定量显微分析较准确地确定这些尺寸。由使用期裂纹扩展控制曲线确定裂纹超过指定尺寸的细节数，定量地表示出结构的损伤度。它也是经济修理控制指标之一。

通过耐久性设计各个环节的量化控制，提高结构设计、制造、分析、试验和使用维修的精确性和可靠性，降低寿命的分散性，达到飞机结构长寿命、高可靠性、高出勤率和低维修成本的综合要求。

(2)多样性。结构耐久性设计要综合保证结构的强度、刚度、功能可靠性和维修经济性，因而有广泛的含义。可概括为如下几个方面。

广泛的适应范围。耐久性设计适用于飞机的所有主要结构和次要结构，以及所有的材料体系。飞机承力结构的功能就是承受或传递各种载荷，它们都是耐久性设计的重要对象。在设计中，也应当考虑次要的维形蒙皮、骨架等的耐久性问题。

多样的结构功能。耐久性设计涉及的结构的功能包括强度、刚度、维形、保压、运动可靠性、操纵效率等。

多样的功能失效模型。导致结构功能失效的原因是多种多样的，包括疲劳开裂(包括应力腐蚀和氢脆引起的开裂)、腐蚀、热退化、磨损和外来物损伤等。

多样的损害功能的裂纹尺寸和数量。导致结构功能失效的疲劳裂纹可以是单条裂纹，也可以是许多裂纹的共同效果，如渗漏等。损害功能的裂纹尺寸一般小于 1 mm，但也可能超过 1 mm，甚至到临界裂纹尺寸。

(3)较小裂纹。耐久性设计主要研究对象是结构的疲劳裂纹萌生和较小裂纹扩展，它们的尺寸一般都在 1 mm 以下，并且是统计学上的泛指和代表，没有具体的位置。因此，耐久性分析和试验中，无论采用哪一种方法，都必须直接或间接地与较小裂纹群及其尺寸的统计分布联系起来。

(4)可靠性要求。在耐久性分析、试验、生产质量控制、检测和断口分析中都必须有较高的可靠性要求。可靠性要求同所研究的裂纹尺寸有关，较长裂纹的扩展分散性相对较小，也容易检测，但可能直接影响飞行安全或降低飞机性能，因而必须有很高的可靠性要求。在裂纹较小尺寸(小于 1 mm)范围内，疲劳裂纹的萌生和扩展本身具有很大的分散性，也很难观测(特别在实际结构中)，过高的可靠性要求是不现实的。另一方面，较小裂纹一般不会立即影响飞行安全或降低飞机的性能，因此，在较小裂纹尺寸范围内，一般选用的可靠度为 95%。

(5)维修性要求。在耐久性设计中，可将经济修理后的寿命计入总寿命，并在经济范围内可多次修理。

由此看来，飞机结构耐久性设计的目标就是通过合理地选择材料、工艺、控制应力水平、设计细节、检查与防护等设计与分析措施，来提高结构细节的抗疲劳断裂和腐蚀断裂，减缓材料退化和磨损等，以防止结构的功能性损伤和不经济的维修，提高飞机的备用性、经济性以及结构寿命的可靠性，乃至整个飞机的安全性。

二、耐久性设计的基本工作内容

耐久性设计的目的是要在整个使用寿命期内使飞机的维护费用减至最少且保障飞机有良好的出勤状态。从设计要求而言，应把造成不希望的疲劳开裂/损伤问题的概率减至最小。从工作内容看，耐久性设计可分为设计、分析和试验三大步骤。

耐久性设计是要在飞机设计和制造中合理地设计结构细节，这包括：选择恰当的耐久性材料、制造方法和加工工艺等，并尽可能消除有害残余应力；控制耐久性设计结构的应力水平和应力集中；进行结构细节耐久性优化设计及抗疲劳优化设计及工艺；选择腐蚀防护和热防护措施，制定耐久性质量控制与管理计划与方法。

耐久性分析包括：编制耐久性设计的飞-续-飞载荷/环境谱，适当考虑载荷谱和环境谱的叠加方法；耐久性关键件的选择，一般是昂贵的或更换不经济的、又是可能影响飞机功能和出勤状态的零、部件，对这些关键件应进行重点的分析、试验、生产质量控制和维修；初始缺陷尺寸评估，依据功能性和维修性确定允许的裂纹尺寸以及耐久性分析方法的恰当运用；抗疲劳工艺的考虑，这不仅要对寿命增益应有初步的估计并应通过试验验证，而且要考虑工艺措施失效和环境的影响；依据飞机的经济寿命和经济修理时间，规定飞机的预定检查时间。

耐久性试验的目的是预示或验证机体结构的薄弱环节和危险部位，作为确定经济寿命的基础。因此，耐久性的试验内容包括研制性试验和验证性试验。研制试验的目的是对关键件的耐久性早期验证提供充足的研制试验数据，以论证在耐久性分析中所使用的准则和假设，并评估、分析对这些假设的敏感性；验证性试验是在尽可能与将要实际生产的服役飞机机体结构相同的条件下，对全尺寸结构进行耐久性试验，以确定耐久性设计指标与经济寿命。

可以采用同一全尺寸结构件或全机结构进行耐久性试验和损伤容限试验。但应先做耐久性试验，以确定经济寿命。

耐久性试验实际上是一种在使用载荷/环境谱作用下的裂纹形成与裂纹缓慢扩展寿命试验。但是耐久性试验不允许裂纹扩展至接近裂纹容限。依据下列判据之一来确定飞机结构的经济寿命。

(1)超过经济裂纹尺寸的裂纹数量迅速增加，若不修理将会产生功能上的问题而影响使用。

(2)包括检查、修理的维修费用迅速增加，若要修理则不经济。

三、耐久性设计与其他设计的联系和区别

首先应指出，在飞机结构设计中，在确保飞机结构满足静强度与刚度要求的同时，还要要求飞机结构满足抗疲劳设计、损伤容限设计以及耐久性设计，使其具有高寿命、高可靠性和低的维修费用。

耐久性设计可以取代安全寿命设计，它们的基本目标都是研究典型生产结构中疲劳裂纹的自然萌生问题。但耐久性设计还要研究其他许多功能损伤问题，设计的精确性也有较大的提高。

在飞机结构完整性大纲中，损伤容限设计要求与耐久性(或安全寿命)设计要求是并列的。虽然它们之间在技术方法上有紧密的联系，但有各自不同的设计对象和目标。耐久性设计研究典型生产结构必然具有的初始缺陷的扩展，确定达到损害功能的时间(经济寿命)。损伤容限设计研究由于各种意外因素在结构中造成的缺陷或损伤扩展时不至于危害飞行安全，其任务是确定保证安全的检修周期。

耐久性设计与损伤容限设计是相容与互补的。实践证明，缺乏耐久性的损伤容限结构并不能达到足够的安全性和可靠性，因为寿命后期(特别在飞机进入老龄阶段)裂纹将会普遍发生。这将意味着多传力途径的破损安全设计将可能发生多路径的破坏，难以保证真正的破损

安全，这说明破损安全原则只适用于有限的寿命期间。此外，腐蚀、老化甚至意外损伤等因素也将会使结构中各传力路线几乎同步削弱，破损安全的作用也就变弱。所以，在目前的飞机结构设计中，把损伤容限设计和耐久性设计科学地结合起来，从而形成了耐久性加损伤容限的设计思想。它的总目标一是提高飞机的安全可靠性，二是提高飞机的经济寿命。

应当说，损伤容限与耐久性相结合的设计思想并不新颖，在20世纪五六十年代就有破损安全与安全寿命设计原则相结合的设计思想。因此，可以说飞机结构设计技术总是在实践中不断总结、不断综合、不断提高的基础上发展和演变起来的。最后，表4.7给出了现代飞机结构中耐久性设计与安全寿命设计、损伤容限设计的综合比较，以便学习者参考。

表4.7 耐久性设计与安全寿命设计、损伤容限设计的比较

序号	对比项目	耐久性设计	安全寿命设计	损伤容限设计
1	任务	确定功能可靠(含安全性)、低维修成本的经济寿命	确定安全使用寿命	确定保证安全的检修周期
2	适用范围	飞机的所有主要和次要结构和所有材料	影响飞行安全的结构	影响飞行安全的结构
3	对象（每次分析）	一个或几个构件、组件、整个部件、整机或机队	一个零、部件，整机	一个零、部件
4	裂纹尺寸	较小裂纹，主要在1 mm以下	无	裂纹较长，一般在1 mm以上
5	裂纹数目	单条至裂纹群，区域内泛指	无	一条或几条最大的裂纹
6	初始缺陷	0～0.3mm	无	一般在1 mm以上
7	最终裂纹尺寸	0.8 mm～临界	疲劳破坏	临界裂纹尺寸
8	载荷谱	飞-续-飞载荷/环境谱	可用程序块谱	飞-续-飞载荷/环境谱
9	分析方法	(1)概率断裂力学 (2)确定性裂纹扩展法 (3)裂纹萌生方法	(1)应力疲劳法 (2)局部应力应变法	(1)确定性裂纹扩展方法 (2)概率断裂力学
10	抗疲劳工艺	显著影响	显著影响	影响较小
11	试件	批生产典型工艺。不允许预制裂纹	不允许预制裂纹	允许预制裂纹
12	全尺寸结构试验时间	至少2倍设计使用寿命	根据使用规范的不同，在2～4倍设计使用寿命以上	可少于或等于1倍设计使用寿命
13	维修	经济维修	定期修理、更换	安全性检查、视情况维修

从以上各节的内容介绍我们可以看出，耐久性设计是运用量化指标的形式对结构的强度、刚度以及功能性损害予以评定、分析和设计。在方法上注重设计分析结论的概率特征。并从经济寿命观点，通过合理选择材料、工艺、控制应力水平、设计细节、检查及防护、试验验证等设计分析手段，来达到满足经济修理要求和降低使用维护费用，达到提高飞机的备用性，提高寿命和可靠性的目标。

耐久性设计方法还涉及结构初始质量的评估，使用中损伤发展分析和检修维护以及经济性评价等许多内容。受篇幅限制，不再一一介绍。总之，耐久性设计方法是正在逐步发展完善的一种新的飞机结构设计准则，在理论分析、试验研究、数据积累、工程应用等诸多方面仍有待进一步地系统、深入工作。

4.6 可靠性设计的基本概念与方法

一、结构可靠性设计的概念

1. 可靠性的含义

可靠性是指一个产品在规定条件下和规定时间内完成规定功能的能力。而一个工业产品（包括像飞机这样的航空飞行器产品）由于内部元件中固有的不确定因素以及产品构成的复杂程度，使得对所执行规定功能的完成情况及其产品的失效时间（寿命）往往具有很大的随机性，因此，可靠性的度量就具有明显的随机特征。一个产品在规定条件下和规定时间内完成规定功能的概率就称为该产品的可靠度。

作为飞机结构的可靠度问题，从定义上讲可以理解为："结构在规定的使用载荷/环境作用下及规定的时间内，为防止各种失效或有碍正常工作功能的损伤，应保持其必要的强刚度、抗疲劳断裂以及耐久性能力。"可靠度则应是这种能力的概率度量，当然具体的内容是相当广泛的。例如，结构元件或结构系统的静强度可靠度是指结构元件或结构系统的强度大于工作应力的概率；结构安全寿命的可靠度是指结构的裂纹形成寿命小于使用寿命的概率；结构的损伤容限可靠度则一方面指结构剩余强度大于工作应力的概率，另一方面指结构在规定的未修使用期间内，裂纹扩展小于裂纹容限的概率。

可靠性的概率度量除可靠度外，还可有其他的度量方法或指标，如结构的失效概率 $F(t)$，指结构在 t 时刻之前破坏的概率；失效率 $\lambda(t)$，指在 t 时刻以前未发生破坏的条件下，在 t 时刻的条件破坏概率密度；平均无故障时间 MTTF(Mean Time To Failure)，指从开始使用到发生故障的工作时间的期望值。除此而外，还有可靠性指标、可靠寿命、中位寿命，对可修复结构还有维修度与有效度等许多可靠性度量方法。

2. 结构可靠性设计的基本过程与特点

使一个产品具有规定可靠性水平的设计工作，其内容是相当丰富的，应当贯穿于产品的预研、分析、设计、制造、装配试验、使用和管理等整个过程和各个方面。从研究及学科划分上可大致分为三个方面。

(1)可靠性数学。主要研究可靠性的定量描述方法。概率论、数理统计、随机过程等是可靠性数学。

(2)可靠性物理。研究元件、系统失效的机理，物理成因和物理模型。不同研究对象的失效机理不同，因此不同学科领域内可靠性物理研究的方法和理论基础也不同。

(3)可靠性工程。它包含了产品的可靠性分析、可靠性预测与评估、可靠性设计、可靠性管理、可靠性生产、可靠性维修、可靠性试验、可靠性数据的收集处理和交换等。从产品设计到产品退役的整个过程，每一步骤都可包含于可靠性工程之中。

由此我们可以看出，结构可靠性设计仅是可靠性工程的其中一个环节，当然也是重要的环节。从内容上讲，它包括了结构可靠性分析、结构可靠性设计和结构可靠性试验三大部分。

结构可靠性分析的过程大致分为三个阶段。一是搜集与结构有关的随机变量的观测或试验资料，并对这些资料用概率统计的方法进行分析，确定其分布概率及有关统计量，以作为可靠度和失效概率计算的依据。二是用结构力学的方法计算构件的载荷效应，通过试验和统计获得结构的能力，从而建立结构的失效准则。三是计算评价结构可靠性的各种指标。当构件或结构系统的失效准则建立以后，便可根据这些准则，计算评价构件或结构系统的各种可靠性指标，如可靠度、失效概率等。

结构可靠性设计技术的发展目前还不尽完善。这是因为可靠性设计必须掌握各类设计因素的真实概率特性，因而需要有原始资料的积累，以及大量的数据资源，而它的获取必须来自于大量的可靠性试验。这一工作尚属起步阶段，未形成统一标准的设计规范，但可靠性设计作为一种设计思想在现阶段的结构设计中已有所体现，如：可靠性设计准则的建立、系统可靠度的分配方法等。目前的可靠性设计工作多是通过静强刚度设计、安全寿命设计、损伤容限和耐久性设计等规范获得结构设计结果，再利用可靠性分析方法来评价其可靠性程度，因此掌握结构可靠性分析评价技术与方法就显得十分重要了，而真正建立起完整的结构可靠性设计体系尚有待今后工作的积累与发展。但可以预料，任何一种新的设计思想应当是对旧的设计体系的完善与扬弃，因此由结构可靠性设计思想而产生的各种设计准则、方法在很大程度上与其他旧设计体系的内容在原则上应是一致的，如：多路传力和多重元件设计不仅是损伤容限设计的准则之一，这样的结构体系必然可靠度就高，也会成为结构可靠性的设计原则之一；再例如结构静强度优化设计中的等应力工程准则，在可靠性设计中则表现为系统中各元件的可靠性指标也应大致相近等。

结构可靠性试验是为了分析、验证与定量评价结构可靠性指标而进行的各种试验的总称。结构可靠性试验的目的是为了获得结构在各种环境下工作时的真实的可靠性指标，为结构的设计、制造和使用提供资料；同时通过试验可发现结构的薄弱环节，改进设计参数、制造工艺和使用方法，以提高结构的可靠度。

二、结构可靠性分析方法概述

1. 安全余量方程

进行结构元件可靠性分析评估时，需要建立起元件设计变量与元件能力表征量间的分析关系，这类似于确定性分析设计中的工程破坏判据，但可靠性分析是建立在随机变量的分析基础之上。这个概率型的联系设计变量与结构元件固有性能表征量间的“破坏判据”，通常称为元件的安全余量方程或破坏面方程。以下结合结构元件的工程设计问题，举例说明各种形式的安全余量方程。

讨论结构元件的静强度可靠性时，可初步认为只有两个随机变量，即元件的强度 R 和元件的内力 S。元件的强度由于材料的强度特性、元件尺寸等不确定因素呈随机性；而元件所承受

的内力，由于作用载荷的随机性以及元件尺寸与元件在结构系统中所处的位置等不确定因素显然是随机变量。如果元件能够承载，则

$$M=R-S>0 \tag{4.60a}$$

表示了元件的安全余量，故称为安全余量方程。

可靠度定义为元件能可靠承载的概率，故可表示为

$$R_e=P\{R-S>0\} \tag{4.60b}$$

元件不能承载，即

$$M=R-S<0 \tag{4.60c}$$

则元件的失效概率可表示为

$$P_f=P\{R-S<0\}=1-R_e \tag{4.60d}$$

上述的安全余量(边界)方程是线性的(见图 4.53(a))，但要求解安全余量方程的概率(可靠性概率或失效概率)则需要依据方程中各变量的概率分布函数以及变量间概率分布的干涉特征来确定(见图 4.53(b))。当变量的概率密度函数形式简单且具有可加性时，我们可直接通过变量的概率分布获得安全余量的概率分布，此时可靠性概率的计算就比较容易了。

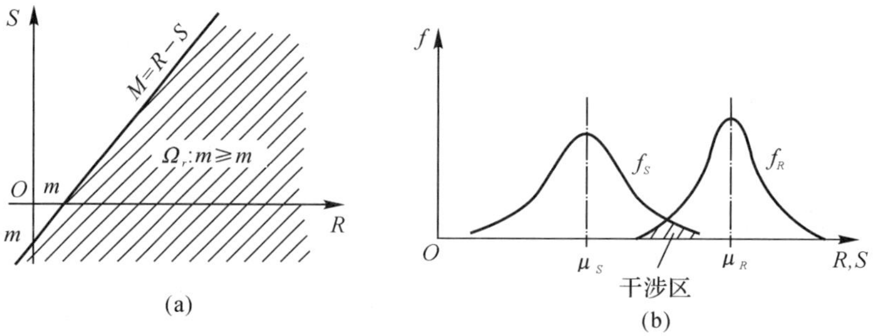

图 4.53

(a) 安全边界与安全区域； (b) 强度与内力的概率密度函数分布

结构元件的疲劳强度可靠性同样可表示为式(4.60)的安全余量形式，只是 R 应理解为元件的疲劳强度；S 应理解为循环交变载荷。当然，这里 R 与 S 的物理随机性质与载荷概率特性与静强度问题的差别就大相径庭了。

结构元件中疲劳损伤累积的安全余量方程可表示为

$$M=D_i-D_c \tag{4.61}$$

式中，$D_i=\sum_{k=1}^{i}\frac{n_u}{N_{fk}}$(参见 4.3 节)，$D_c$ 则为材料的临界损伤阈值，与材料冷、热加工中众多不确定因素相关。故是随机变量。

表示结构元件在一定载荷谱下不发生疲劳破坏的可靠性概率为

$$R_e=P\{D_i-D_c<0\} \tag{4.62}$$

含 Ⅰ 型裂纹结构元件剩余强度的安全余量可表示为

$$M=K_{\mathrm{I}}-K_{\mathrm{I}C} \tag{4.63}$$

式中，K_{I} 为应力强度因子，与元件的几何构形、裂纹形态与长度、外加载荷的作用形式及位置等诸多随机因素有关；$K_{\mathrm{I}C}$ 即为平面应变断裂韧性，是材料条件常数，与元件几何、材料基本性能、载荷作用条件等随机因素有关。

由剩余强度表征的含裂结构元件损伤容限安全余量的可靠性为

$$R_e = P\{K_{\mathrm{I}} - K_{\mathrm{I}C} < 0\} \tag{4.64}$$

仔细分析上述三类问题的安全余量方程可以发现，如果能够直接获取这些变量的概率分布特征，安全余量的可靠性并不难计算。但这些变量的概率分布特征需要大量的资料、数据统计而来，而且许多变量并不是直接可测的，需要直接测量的转换。这样我们就需要把影响这些变量的诸多因素显式地表达出来。另一方面，上述三类问题中的安全余量函数不显含设计变量，致使这类问题的可靠性设计意义降低。因此，我们需要寻找更复杂的安全余量表达式，能够包括更多需要考虑的设计变量，这就导致了更为一般的非线性安全余量函数。

2. 应力-强度干涉模型

应力-强度干涉模型是可靠性分析的重要数学基础，给出了两个独立概率变量在任意已知概率分布下的可靠性概率计算理论式。当然，实际应用上并不局限于应力与强度这两类随机变量。

将图 4.53(b) 的干涉区域放大，即图 4.54。由概率论知识，我们可以获得结构元件强度大于应力的可靠性概率为

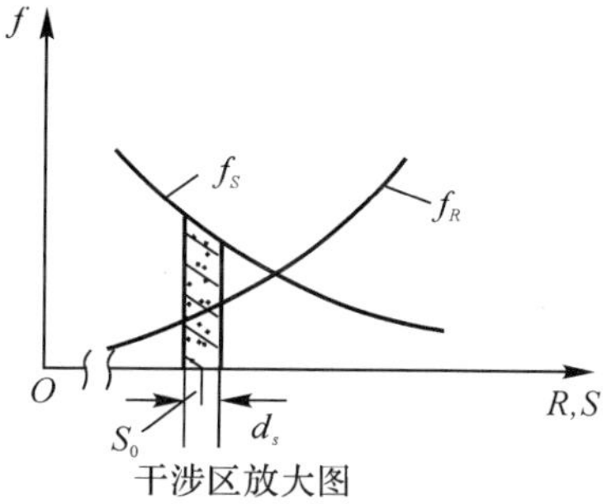

图 4.54　f_R 与 f_s 分布的干涉区放大图

$$R_e = 1 - P_f = 1 - \int_{-\infty}^{\infty} f_S(s)\left[\int_{-\infty}^{S} f_R(r)\,\mathrm{d}r\right]\mathrm{d}s \tag{4.65}$$

应当指出应力-强度干涉模型揭示了概率设计的本质。从干涉模型可以看到，就统计数学观点而言，任何一个设计通常都存在着失效概率，即可靠度小于 1，而我们设计能够做到的仅是将失效概率限制在一个可以接受的限度之内，该观点在常规设计的安全系数法中是不明确的。可靠性设计的这一重要特征客观地反映了产品设计和运行的真实情况，同时还定量地给出了产品在使用中的失效概率或可靠度，因而受到重视与发展。

3. 可靠性指标 β

在研究应力-强度两类变量均为独立正态分布情况下的可靠性概率计算问题中运用变量代换，可使可靠性概率转化为一个对标准正态分布即 $N(0,1)$ 的积分，即

$$R_e = \int_{-\infty}^{\frac{\mu_m}{\sigma_m}} \frac{1}{\sqrt{2\pi}} \exp\left(-\frac{t^2}{2}\right)\mathrm{d}t = \Phi(\beta) \tag{4.66}$$

不少文献将上式的积分上限定义为可靠性指标 β，即

$$\beta = \frac{\mu_m}{\sigma_m} = \frac{\mu_R - \mu_S}{\sqrt{\sigma_R^2 + \sigma_S^2}} \tag{4.67}$$

式中 $\mu_R, \mu_S, \sigma_R^2, \sigma_S^2$ 分别为强度、应力两随机变量的均值与方差。失效概率此时可表示为

$$P_f = 1 - R_e = \Phi(-\beta) \tag{4.68}$$

由此可以看出，在分析线性安全余量方程且变量间服从正态分布的可靠性概率时，可靠性指标 β 与可靠度失效概率一样，可表征可靠性程度。对于非线性安全余量、变量不服从正态分布的情况，可将非线性安全余量在设计验算点近似展开呈线性关系，并可将非正态分布变量转换成正态分布变量。因此，可靠性指标 β 在可靠性分析中的实用意义很大。表 4.8 列举了一些典型数据，以便对 β 与 P_f, R_e 的关系有一个量级的概念。

表 4.8 β 与 P_f,R_e 关系的典型值

β	0	0.5	1.0	1.5	2.0	2.5	3.0	4.0	5.0
P_f	0.5	0.308 5	0.158 7	0.066 8	0.022 8	0.006 2	0.001 4	0.0^4327	0.0^63
R_e	0.5	0.691 5	0.841 3	0.977 2	0.977 2	0.993 8	0.998 6	0.9^4673	0.9^67

表中,$0.0^4327 = 0.000\ 032\ 7$,$0.9^4673 = 0.999\ 967\ 3$,其余类推。

4.可靠度与安全系数

传统意义上的静强度设计安全系数法从概率观点上可理解为概率变量(强度与应力)的均值化设计。那么,它所获得的可靠性效益如何呢?我们先看一算例。设一拉杆的设计安全系数 $f=1.5$,原设计为满应力设计,且假定强度和应力服从正态分布,其变异系数分别为 $V_R=\dfrac{\sigma_R}{\mu_R}=0.1$,$V_S=\dfrac{\sigma_S}{\mu_S}=0.15$,需求拉杆的强度可靠度 R_e。由题义知

$$\beta=\frac{\mu_R-\mu_S}{\sqrt{\sigma_R^2+\sigma_S^2}}=\frac{f\mu_S-\mu_S}{\sqrt{f^2V_R^2\mu_S^2+V_S^2\mu_S^2}}=\frac{f-1}{\sqrt{f^2V_R^2+V_S^2}}=2.357 \tag{4.69}$$

故 $R_e=\Phi(\beta)=0.990\ 788 \quad P_f=\Phi(-\beta)=0.009\ 212$

若安全系数 $f=1$,则 $\beta=0$,$R_e=0.5$;$f=0.8$,则 $\beta=-1.176\ 5$,$R_e=0.119\ 8$。由此可见:

(1) 在 $f=1$ 时,只有 50% 的可靠性,且与 R 和 S 的分散程度无关。

(2) $f>1$ 时,并不能保证元件 100% 安全。

(3) $f<1$ 时,并不能肯定元件 100% 破坏。

从计算式中还可看出:提高 f,减小变异系数 V_R 及 V_S,均可提高元件的可靠度。

经常我们对上例计算中的反问题感兴趣,希望知道如果给定结构元件的可靠性指标,传统的安全系数应取多大合适。由式(4.69),可反解出

$$f=\frac{1+\beta\sqrt{V_R^2+V_S^2-\beta^2V_R^2V_S^2}}{1-\beta^2V_R^2} \tag{4.70}$$

5.复杂问题的可靠性分析方法概述

当我们研究多个随机因素集合的可靠性分析问题时,复杂程度就大大增加了。一般来说,多随机变量的可靠性分析的复杂性涉及两个方面,其一由多个随机变量构成的安全余量方程一般是非线性的;其二多个随机变量的各自概率分布函数并不总是正态分布的,而且变量间又往往具有强烈的相关特性。对于一个复杂可靠性分析总是从数学上可描述为一个 n 重积分,即

$$R_e=P(M>0)=\int_{M>0}\!\!\int f(x_1,x_2,\cdots,x_n)\,\mathrm{d}x_1\cdots\mathrm{d}x_n \tag{4.71}$$

式中,n 重积分的积分域即由安全余量方程

$$M=g(x_1,x_2,\cdots,x_n)>0 \tag{4.72}$$

所定义的区域。$f(x_1,x_2,\cdots,x_n)$ 为 n 个随机变量的联合概率密度函数。

复杂问题的可靠性分析方法正是围绕计算式(4.72)积分式而展开的,研究成果颇多,限于篇幅不再做深入介绍,有兴趣的读者可参考有关的专著或技术文献。

6.结构系统的可靠性分析方法

前面介绍的仅是结构元件的可靠性分析基本要领与方法,都是针对一个极限状态函数定

义的单个失效模式的情况。但实际工程结构体系却非常复杂，由诸多构件组成，复杂构件又有许多不同的截面，因此结构体系中同时存在着可能导致系统失效的彼此相联系的多个失效模式。此外，对于大型复杂结构体系，每个失效模式中又都存在着若干失效元件。显然简单应用前面所介绍的分析方程尚无法解决结构体系的可靠性评价。严格地说，一个结构体系才是一个完整的产品，因此研究结构体系的可靠性评价问题是非常重要的。

进行结构体系的可靠性分析，首先要了解结构体系的自身特点以及失效破坏过程的特征，如：① 工程结构体系多为高度静不定系统，静不定系统的承载能力与结构的破坏模式有关，而大型结构体系的破坏模式众多，要分析其可靠度必须枚举出所有的主要破坏模式；② 尽管单个破坏模式相应的破坏概率比较容易求出，且各个破坏模式之间可视作串联关系，但各破坏模式是相关的，在计算结构体系可靠度 R_S 时必须考虑各破坏模式之间的相关性；③ 组成结构体系的元件的材料通常是弹塑性的，这造成了在加载过程中结构体系内各元件之间内力分配在变化，计算结构体系的强度可靠性时必须考虑弹塑性效应等。大型复杂结构的可靠性分析主要包括下述三项内容：① 枚举结构体系的主要失效模式；② 列出各主要失效模式的安全余量方程，并计算其相应的失效概率；③ 由各主要失效模式的失效概率，综合计算结构体系的失效概率 P_f 和可靠度 R_S。

三、结构可靠性设计概述

1. 结构元件的可靠性设计

结构元件的每一个常规的强度、刚度等要求均可转换为对应的可靠性要求。故可靠性设计可表示为

$$R_e \geqslant R_e^* \tag{4.73}$$

式中　R_e^* —— 元件的可靠性要求；

　　R_e —— 所设计元件的可靠度，由设计后经分析或试验得到。

结构元件可靠性设计在某种意义上是元件可靠度计算的逆问题。以应力、强度问题的可靠性指标设计准则为例可知

$$\beta = \frac{\mu_R - \mu_S}{\sqrt{\sigma_R^2 + \sigma_S^2}} \geqslant \beta^* \tag{4.74}$$

式中　β^* —— 可靠性设计的可靠度要求所对应的可靠性指标。

我们能够建立起应力均值 μ_S 及应力方差 σ_S^2 与设计变量均值（设为 μ_D）的关系，即

$$\beta = f(\mu_D) \geqslant \beta^* \tag{4.75}$$

求解该非线性方程，可得出相应设计变量的均值取值范围，设计变量的均值就是通常工程设计上的名义值。

至于安全寿命、损伤容限等其他可靠性设计问题在原理上是一致的，只是一般难以获得解析解，但就一般工程设计而言，只要有一定精度的数值解也就足够了，不必有精确的解析解。

2. 结构体系可靠性设计的原则方法

电子系统和一般的系统工程的可靠性设计通常采用的是可靠性指标分配法，但是结构体系的可靠性设计一般不宜采用这千方法，这是因为：

（1）结构体系中的元件通常不能简单地简化为串联和并联结构，而可靠性指标分配法则是在串联、并联逐级组合而成的系统上建立与发展起来的，所以对复杂结构采用这一方法是不

适宜的。

(2) 每当结构体系内有一个元件达到临界状态后，体系内各元件的内力通常将发生变化，如若不考虑因元件失效而带来的内力重新分配对结构可靠度的影响，则此可靠性分析的结果必将精度很低，通常已没有意义。

(3) 在计算结构体系的可靠度时，必须考虑结构元件之间的相关性以及各失效模式之间的相关性，如若略去这种相关性，则计算精度很低。

(4) 结构体系的破坏是由任意一个失效模式的出现而引起的，各失效模式通常可以认为是串联的，但任何一个失效模式的发生所涉及的若干个临界元件则并不存在简单的并联关系，必须考虑失效历程各阶段的内力变化。

因此结构体系的可靠性设计必须是以结构整体来考虑的，而不只是以结构体系中的某个元件或某个局部来考虑，结构体系的可靠性设计准则同样可表述为

$$R_S \geqslant R_S^* \tag{4.76}$$

式中，R_S 是结构体系的可靠度，可以通过对结构体系的分析、试验等方法得到；R_S^* 是结构体系的可靠度要求。这一准则同样可应用于强度、刚度、疲劳、断裂等。由此可见，以结构整体为对象的可靠性设计可利用结构可靠性优化设计方法来解决。

对于飞机结构，通常以结构重量最小作为目标函数，则其可靠性优化问题的基本方程可表示为

$$\left.\begin{array}{ll}\text{设计变量：} & x=\{x_1,x_2,\cdots,x_n\} \\ \text{目标函数：} & \min W=\sum\limits_{i=1}^{n}\omega_i \\ \text{约　　束：} & R_S \geqslant W^* \\ & g(x) \leqslant 0 \\ & h(x)=0\end{array}\right\} \tag{4.77}$$

式(4.77)可用优化设计的一般方法求解。

3. 结构体系的可靠性设计评估

在结构设计的方案设计阶段，精确计算各遴选方案的结构体系的可靠度是十分困难和费时的，实际上也是不必要的。通常情况下，只需知道各方案的结构体系的可靠性等级，以作为比较不同设计方案优劣的标准之一。下面主要介绍结构体系余度概念在结构体系可靠性评估中的使用。

目前对结构体系余度尚无公认的统一定义，其基本含义是指结构体系能够承受体系内元件失效能力的一种度量。

结构体系的破坏可归结为两大类：① 由于出现了超过设计载荷的非预期的过大载荷而导致结构体系的整体破坏，如大地震、特大暴风雪等，这一类破坏实际上是不可避免的；② 由于意外事件引起的结构体系内一部分元件的失效而导致的整个结构体系的破坏，如疲劳、断裂、腐蚀、颤振等。

对第一类问题，通常以加一个统一的安全系数来处理。对第二类问题，人们认识到合理的解决途径是使结构具有一定的余度。一些学者把结构体系的余度分为三个等级：

0 级结构余度——结构体系内任意一个元件的失效就会导致整个结构体系的破坏。显然静定结构即为其典型之例。

1 级结构余度 —— 结构体系内的一些次要元件失效后，残余结构仍具有承受大部分原设计载荷的能力(例如 2/3 或 2/3 以上的设计载荷)。

2 级结构余度 —— 结构体系内的一个主要元件失效后，残余结构仍具有承受大部分原设计载荷的能力。

实践经验和历史事实表明，采用只具有 0 级结构余度的结构体系是不适当的，因为此结构体系没有抵抗任何意外事件发生的能力；而对大部分结构，采用 2 级结构余度又是不经济的；所以实际的工程结构通常都采用 1 级结构余度。

由上可知，非 0 级结构余度的结构体系必定为静不定的多路传力结构。结构余度等级在方案设计阶段是十分容易确定的。

由结构体系的可靠性设计评估思想我们不难总结出以下两个按可靠性设计思想得出的设计原则：

(1) 结构要有适当的余度。为了保证结构有足够的可靠度，特别是具有抵御由于结构中部分元件失效而导致整个结构破坏的能力，结构应具有一定量的静不定度以及具有合理的静不定度分配，多路传力和多重元件就是很好的方式。这一点与损伤容限设计和耐久性设计的一些准则是十分一致的。

(2) 各元件的可靠性指标 β 值应大致接近。为了使结构体系在具有较高可靠性的同时又具有较好的重量特性，应使结构体系中各元件的可靠性指标 β 值大致接近；但视具体情况，重量大的元件的 β 值可略小些，重量小的元件的 β 值可略大些，关键性元件的 β 值应略大些，而次要元件与辅助元件的 β 值应略小些。

思　考　题

1. 归纳飞机结构设计思想与设计规范的演变发展。

2. 举例说明飞机结构中哪些部件主要考虑刚度设计？哪些部件主要考虑强度设计？

3. 张力场梁是以什么形式承受外载(如梁平面内的垂直剪力 P_y)的？它在设计上有什么特点？主要优缺点是什么？

4. 改善结构气动弹性性能的主要设计方法有哪些？什么是颤振主动抑制？

5. 从保证飞机结构完整性方面而言，疲劳设计和损伤容限设计的出发点有何区别？这两种设计准则的基本理论是什么？它们的设计目标和设计方法有什么区别？

6. 飞机结构最主要的疲劳载荷有哪些？对结构的影响作用有何不同？

7. 提高结构疲劳强度的主要措施有哪些？

8. 损伤容限设计的主要设计要素是什么？应从哪些方面来实施结构断裂控制？

9. 在飞机金属结构损伤容限设计中为何要分成两种结构类型？它们在进行断裂控制时各自的侧重点是哪些？

10. 疲劳设计和损伤容限设计的危险部位各自按什么原则来确定？

11. 耐久性设计的主要目标是什么？在工程设计中怎样与损伤容限设计互补应用？

12. 总结可靠性设计的主要思想方法，如何建立一个含裂构件的可靠性分析模型？

习　题

1. 某加强肋中段承受发动机架传来的集中载荷 $P=80$ kN，作用点距前梁为 $A=300$ mm。假设：该双梁式机翼的蒙皮、长桁不承受正应力。前梁的上、下缘条面积均为 $F_1=20\ \text{cm}^2$；后梁的上、下缘条面积均为 $F_2=15\ \text{cm}^2$。两梁上、下缘条的形心间距分别为 $H_1=250$ mm，$H_2=200$ mm。前、后梁的腹板间距 $B=800$ mm（见题图 4.1）。

(1) 试作出该加强肋中段的弯矩图和剪力图，并确定该加强肋的缘条面积和腹板厚度（肋的腹板不允许出现剪切失稳）。

(2) 试确定该肋所在剖面处前、后梁的腹板厚度。若梁腹板不致失稳，其支柱间隔应为多大？

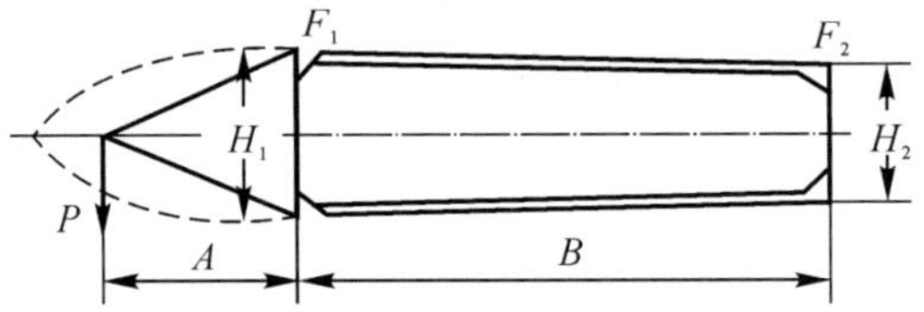

题图　4.1

设肋和梁腹板材料选用 LY12：$E=7\times10^4$ MPa（$1\ \text{MPa}=10^6\ \text{Pa}=10^6\ \text{N/m}^2$），$\sigma_b=420$ MPa，受拉区缘条要考虑削弱系数 $K=0.9$，受压失稳临界应力先假设其近似等于比例极限 $\sigma_e=280$ MPa。

（注：该剖面处的刚心可按近似方法计算。）

2. 飞机上一块 2024－T4 铝合金薄板。由于振动而受应力幅 S_a 为 200 MPa 的对称循环载荷。如果振动频率为 200 周 /min，试根据题图 4.2 估计这块薄板可能的平均使用寿命。

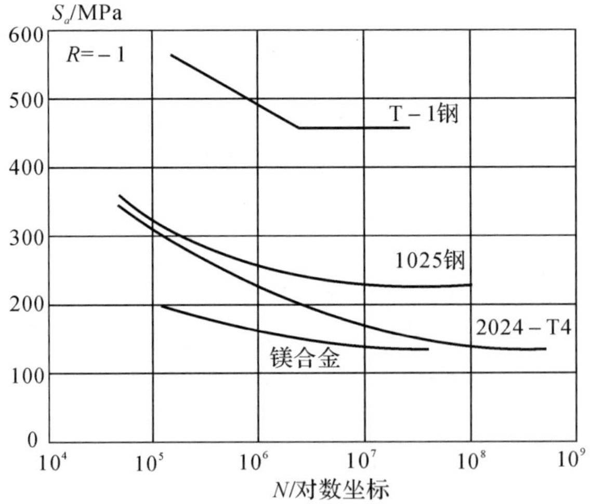

题图　4.2

3. 已知某军械中一种以 T－1 钢制成的零件，其计算寿命为 600 000 循环。用题图 4.2 确定当安全系数为 1.25 时该零件的合适的工作应力。

4. 1025 钢制零件，要求安全寿命为 500 000 循环，如果这个构件承受 100 MPa 的对称循环交变应力，试用题图 4.2 中曲线确定可能达到的安全系数。

5. 在 1 000 次飞行中，某飞机起落架上一耳片接头承受的应力谱如下表所示：

序　号	1	2	3	4	5	6
σ_{max}/MPa	39.6	82.2	127.8	173.4	222.1	276.9
σ_{min}/MPa	0	0	0	0	0	0
作用次数	72	116	104	62	31.2	10.4
破坏循环数	2.4×10^7	6×10^5	178 000	70 790	31 620	17 780
序　号	7	8	9	10	11	12
σ_{max}/MPa	328.6	380.3	453.4	553.8	358.0	159.3
σ_{min}/MPa	0	0	0	0	0	0
作用次数	3.2	0.6	0.4	0.2	2 000	5 000
破坏循环数	11 220	57 540	3 311	1 413	7 943	79 430

试根据线性累积损伤理论估算该耳片的平均疲劳寿命（以飞行次数计）。

注：取分散系数 $L=4.0$。

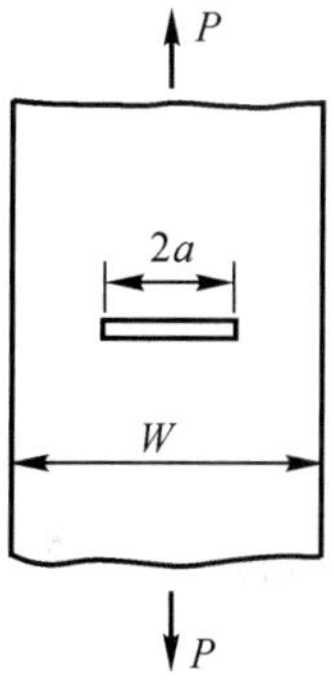

题图　4.3

6. 一试件如题图 4.3 所示。已知板宽 $W=150$ mm，板厚 $t=2$ mm，中心裂纹 $2a=15$ mm，受力 $P=10\ 000$ N，求考虑宽度修正后，裂纹尖端 Ⅰ 型应力强度因子 K_{I}。若板为无限大板，则 K_{I} 值为多大？

7. 如题图 4.4(a) 所示一气瓶，内径 $D=508$ mm，壁厚 $t=10$ mm。气瓶上有一表面纵向裂纹，经探伤得知其深度 $a=1.5$ mm，长度 $2c=12$ mm。若已知材料的断裂韧性 $K_{\mathrm{IC}}=109\ \mathrm{MPa}\cdot\sqrt{\mathrm{mm}}$。

(1) 计算 A 点的应力强度因子和爆破压强 p_c；

(2) 若裂纹长度为现在的 3 倍，则爆破压强（内表面充压的大小）为多大？

(3) 若裂纹深度为现在的 3 倍，则爆破压强为多大？

提示：对于有限体半椭圆形表面裂纹，最深点 A 点的应力强度因子如下：

$$K_{\mathrm{I}}=M_1M_2\frac{\sigma\sqrt{\pi a}}{\Phi_0}$$

式中　M_1—— 前自由表面修正系数，$M_1=1+0.12\left(1-\dfrac{a}{2c}\right)^2$；

M_2—— 后自由表面修正系数，$M_2=\left(\dfrac{2t}{\pi a}\tan\dfrac{\pi a}{2t}\right)^{\frac{1}{2}}$；

若 $a\ll t$ 时，$M_1\to1$；

Φ_0—— 第二类椭圆积分，当 a/c 值已知时，Φ_0 可由下表查出，或用插值法算出；

a—— 表面裂纹深度；

$2c$—— 表面裂纹长度；

t—— 板件厚度。

a/c	Φ_0	a/c	Φ_0
0	1.000 0	0.6	1.276 4
0.1	1.014 8	0.7	1.345 6
0.2	1.050 5	0.8	1.418 1
0.3	1.096 5	0.9	1.493 5
0.4	1.150 7	1.0	1.570 8
0.5	1.211 1		

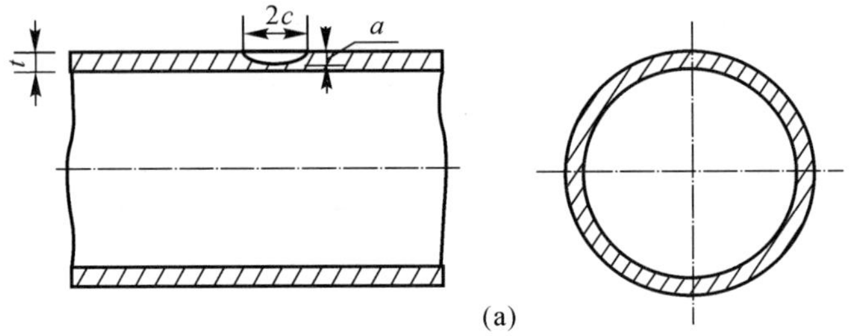

(a)

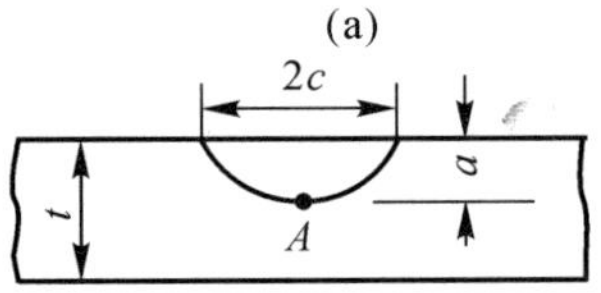

(b)

题图 4.4

8. 含中心穿透裂纹的长板条两端受均布拉伸应力作用。板宽 $W=200$ mm，板厚 $t=10$ mm，板端总拉力 $P=1.29\times10^6$ N，裂纹长度 $2a=20$ mm，试件材料的屈服极限 $\sigma_s=1\ 117.2$ MPa。求裂纹尖端应力强度因子 K_{I}。若考虑裂纹尖端塑性区的影响，K_{I} 值将增为多大？

设 $\left[\dfrac{t}{\left(\dfrac{K_{\mathrm{I}}}{\sigma_s}\right)^2}\right]=a$。当 $a=0.1\sim0.2$ 时为平面应力状态；$a\geqslant2.5$ 时为平面应变状态；$a=0.2\sim2.5$ 为过渡状态。

9. 某种合金钢在不同回火温度下的机械性能如下：275℃ 回火时，$\sigma_s=1\ 780$ MPa，$K_{\mathrm{IC}}=52$ MPa·$\sqrt{\mathrm{m}}$；600℃ 回火时，$\sigma_s=1\ 500$ MPa，$K_{\mathrm{IC}}=100$ MPa·$\sqrt{\mathrm{m}}$。如应用公式 $K_{\mathrm{I}}=1.1\sigma\sqrt{\pi a}$，且工作应力均取 $\sigma=0.5\sigma_s$。试求这两种情况下，临界裂纹长度 $2a_c$ 各为多少？

10. 由铝合金制成的圆柱筒压力容器内径 $D=500$ mm，厚度 $t=15$ mm，内压 $p=2$ MPa，材料的屈服极限 $\sigma_s=450$ MPa，断裂韧度 $K_{\mathrm{IC}}=34$ MPa·$\sqrt{\mathrm{m}}$，并已知材料的裂纹扩展速率公式为

$$\frac{\mathrm{d}a}{\mathrm{d}N}=2\times10^{-11}(\Delta K)^4$$

经探伤检查发现容器的表面裂纹尺寸 $a=2$ mm，$2c=8$ mm。若把容器的一次充压与卸载看作是完成一个脉动循环，求此容器的使用寿命 N。假设裂纹在扩展过程中的形状比不变。

提示：取 $\Delta K=\dfrac{M_1 M_2}{\varphi_0}\Delta\sigma\sqrt{\pi\alpha}=Y\Delta\sigma\sqrt{\pi\alpha}$

已知 $\dfrac{\mathrm{d}a}{\mathrm{d}N}=c(\Delta K)^n$ 时，使用寿命计算公式如下：

$$N=\int_{a_0}^{a_c}\frac{\mathrm{d}a}{c(\Delta K)^n},\quad N=\frac{2}{(2-n)c(Y\Delta\sigma\sqrt{\pi})^n}\left(a_c^{\frac{2-n}{2}}-a_0^{\frac{2-n}{2}}\right),\quad (n\neq 2)$$

第五章　现代飞机结构综合设计(一)
——机翼、尾翼设计

第五、第六两章将阐述现代飞机金属机体结构设计的基本知识、结构综合设计的基本原理和设计考虑。它们同时适用于机翼、尾翼、各种活动面和机身、起落架等各类结构。其中有些原则也适用于飞机上使用已越来越多的复合材料结构，但鉴于复合材料与金属材料在力学性能、疲劳-损伤性能、工艺成形等方面具有完全不同的特点，因此复合材料结构有显著不同的设计内容、设计特点和设计方法，对此将在第七章中做详细介绍。

5.1　飞机结构设计方法简介

一、结构综合设计的基本概念

在第一章中已阐述了一个好的飞机设计，不论是军用飞机还是民用飞机，对影响飞机总体效能与全寿命周期费用比的众多因素的综合考虑和权衡是十分重要的。飞机的高效能-费用比只能运用不断涌现的新技术、新思维，用综合设计的思想和系统工程的设计方法，才能得以解决。同时综合设计方法还表现出与信息化、智能化、一体化协调发展的趋势。例如随控布局飞机，即是将飞行控制系统、空气动力、飞机结构以及航空电子等诸方面有机地结合起来。其功能中难度最大的一项——颤振主动抑制，即把过去主要用控制结构刚度、质量分布、加配重等结构设计措施以及限制颤振临界速度等方法，改为充分发挥自动控制系统的作用，用按一定的反馈控制律偏转几个操作面的方法，产生有利的气动力去抑制颤振。隐身飞机除外形、布局与结构设计有关外，还采用了很多新材料，必须应用与之相适应的结构设计方法。苏-30MK战斗机(见图5.1)采用了翼-身融合技术致使结构趋于复杂。其中机翼(也即中机身)内部为整体油箱；机身的前、后部、外翼、进气道、主起落架、减速板等都连接在中机身上，这显然增加了结构设计难度。此外，自适应结构、智能结构等新结构的出现，也对飞机设计方法带来革新。上述一些高科技的应用虽然主要对总体设计带来了革新，但对结构设计也产生了很大影响。正因如此，就结构设计而言，综合性特点变得越来越显著，并已渗透到顶层设计、平台设计和技术设计等各个层次。

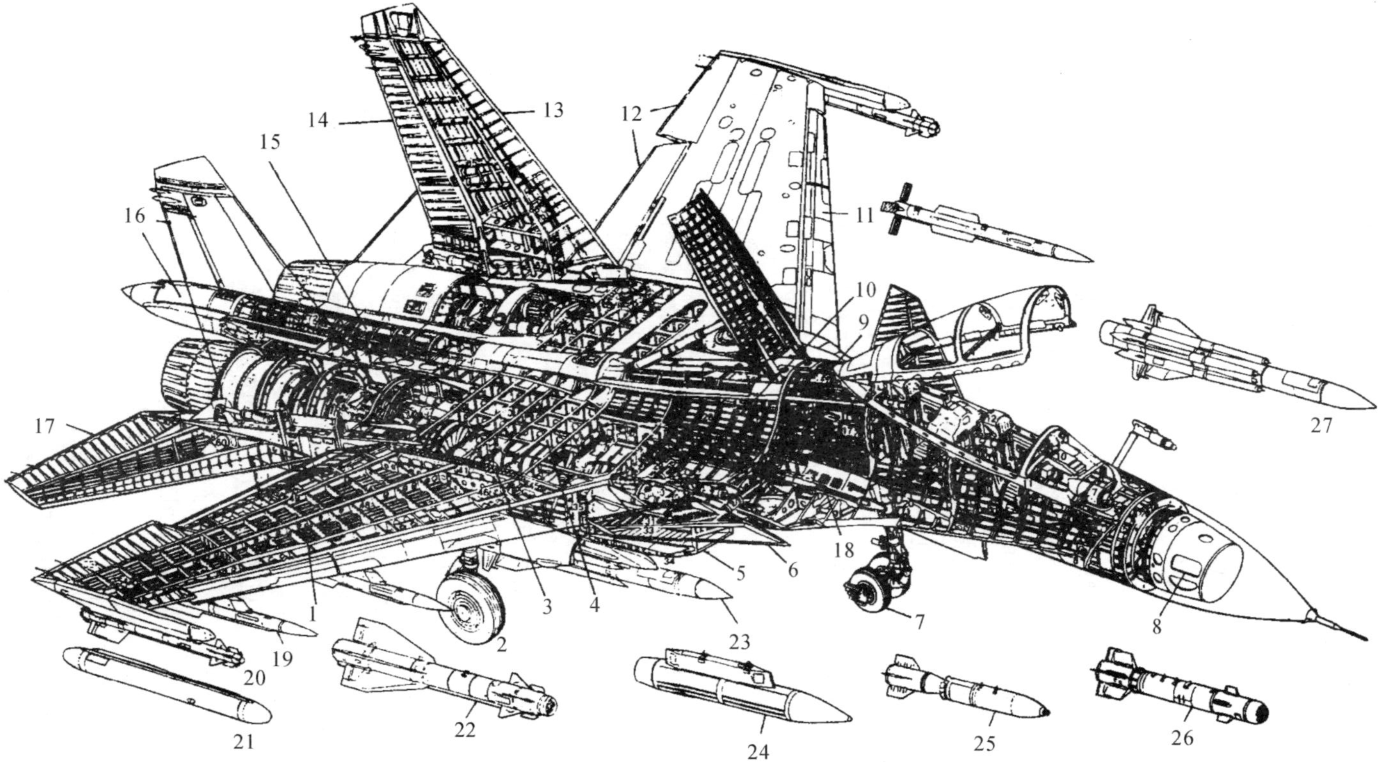

图 5.1 苏-30MK 战斗 / 攻击机

1—机翼整体油箱；2—主起落架；3—外翼与中央翼段连接处；4—中央翼段结构(油箱)；
5—进气道；6—前置鸭翼；7—前起落架；8—装有多功能雷达的头锥；9—设备舱；10—前燃料箱；
11—前缘襟翼；12—后缘襟副翼；13—垂直安定面；14—方向舵；15—尾部燃料箱；16—减速伞舱；
17—全动平尾；18—ПЦ-301机炮；19—PBB-AE空空导弹；20—P-73空空导弹；
21—电子对抗吊舱；22—X-29T(“发射后不管”)空对地导弹；23—X-31П反雷达导弹；
24—ПK-9吊舱；25—航空混凝土穿破炸弹；26—KAB-50KP电视制导炸弹；
27—X-31A反舰导弹(机体结构广泛采用了钛合金)

以国内外目前已经或正在研制发展的第四代战斗机为例，其飞机的设计概念与第三代战斗机有明显不同，它着重强调飞机须同时具备隐身技术、超声速巡航、超机动性（也有的称之为过失速机动性）、短距起落等优异性能。那么就结构方面而言，在顶层设计中，在进行产品（飞机）的概念设计时应确定采用哪些尖端技术？在制定相应的设计规范、设计原则时，则应对上述的性能指标与机体的结构特性、可实现性以及全寿命周期费用之间进行权衡分析和最佳方案论证。在平台设计阶段可能要进行飞机机体-发动机一体化、隐身-结构一体化设计以及飞控/火控/动力综合控制与结构的综合设计等。在具体技术设计阶段——结构的打样设计和详细设计中，则有结构-环境-材料-工艺的综合设计考虑；结构设计准则要求按强度、刚度、疲劳（或耐久性）、损伤、寿命等多目标优化综合设计等。在第五～七章中将就如何在结构设计中对结构的性能（包括结构完整性、重量特性、生存性、可靠性、维修性、保障性）和飞机技术要求以及全寿命周期费用之间的权衡折中，结合实例，做初步分析。在实际设计中一般应对几种方案进行对比论证，以求取得最满意的设计。

自 20 世纪 80 年代中期发展起来的并行工程方法可更好地实现综合设计的最佳效果。理想的并行工程体制需要一个广泛的计算机环境，以形成一个集成的信息管理环境和决策支持环境，但这并不妨碍在尚未具备十分完善的客观条件的情况下，利用已广泛应用的不同程度的计算机辅助设计系统，用并行工程的基本原理进行设计。正如第一章所介绍的，并行工程方法强调综合和联合工作。这体现在从研制一开始就综合考虑全寿命周期中的所有因素，建立多学科、跨专业的联合工作集体，协同工作。对结构设计，强调以下各个环节：设计（焦点）、材料与工艺、生产制造、工艺装备、可维护性、可修理性以及应力分析等环节的各方面有关人员，包括飞机的用户，从设计初期起乃至设计的各个阶段均共同介入，不断进行协同工作和审查，以便将生产、使用和保障阶段可能出现的问题消灭在设计阶段，以避免过多地反复修改，从而可在较短周期内获得高性能、低成本的产品。

二、飞机结构设计的原始依据和设计内容

在第五、六两章中将主要介绍机翼、尾翼与机身结构设计以及结构设计中的某些共同性问题。

结构设计之初一般已有以下原始依据：

飞机的类型、性能和全机主要参数，如翼载 $p=G/S$（G 为起飞重力，S 为机翼面积）、设计载荷系数 n_y）等；

由总体设计确定的外形参数，如机翼展长 l、展弦比 λ、后掠角 χ、翼型相对厚度 $\bar{c}$、机身的长度与高度等；

机翼与机身的相对位置——上单翼、中单翼还是下单翼；机翼能否以某种形式贯穿机身，或是分两半在机身侧边与机身连接；

机翼、机身的内部装载，与发动机、起落架和武器外挂的连接协调关系；

通过计算给出的所设计结构的载荷数据。

结构设计基本上分打样设计和详细设计（也称工作设计）两个阶段。并行工程原理所要求的对“一”中提及的各因素的权衡分析应贯穿在整个设计工作中。只是对强度、刚度、损伤容限、耐久性（后两项可视不同型号飞机的具体要求改用损伤容限、疲劳配套方案）等设计准则的综合考虑，在两个阶段中侧重点和深度、细化程度有所不同。

1. 打样设计

主要工作内容如下：根据使用要求和协调关系进行机翼、机身中各项装载的内部安排；选择部件的结构型式，布置主要受力构件；选择分离面，确定对接方式和接点位置；然后初步确定主要结构元件的剖面尺寸和蒙皮分块；还应确定维护检查口盖的位置、大小。上述的结构布局工作主要以强度和损伤容限准则为基础，之后进行耐久性打样设计。打样设计阶段损伤容限、耐久性设计主要从材料、应力水平控制、结构布局（结构型式选择和主要受力构件布置）和细节设计四个因素考虑。然后确定关键件和重要细节部位，对它们，特别是重要承力构件的连接区做初步分析，必要时还须配以一定的试验研究。除上述各结构设计准则外，设计中还必须综合考虑结构的工艺性以及满足内部装载和管道、电缆、附件等系统的位置协调和使用维护要求。最后绘出打样图，并根据梁、长桁、肋（或框）的布置结果，绘出机翼（或机身）的结构理论图。

须指出的是，上述有些工作是和飞机总体设计工作同时进行的。如美国的F-4战斗机曾论证了75种机翼平面形状以及机翼与机身的相对位置和连接关系。每一种方案均论证了它们在结构上实施的可能性和优缺点，最后确定最终方案。

2. 详细设计（工作设计）

进行机翼、机身结构元件，包括壁板（蒙皮和长桁）、梁、肋、框的结构设计。选择各构件的构造形式、材料，确定其几何尺寸和构件间的连接。其间应对损伤容限、耐久性打样设计结果进一步深化和细化，除对关键件的总体尺寸和局部细节尺寸精确确定外，还要对公差、表面粗糙度、表面处理及特殊加工工艺和检测方法等进行精确控制。同时结构分析人员做结构强度、刚度和颤振的校核计算，并进行更为细致深入的损伤容限、耐久性分析；完成必要的试验，给出检查周期和经济寿命。

最后设计若已满足各方面的设计要求，即可发出全部生产图纸。

5.2 机翼结构型式选择

一、机翼内部布置

机翼的内部布置是机翼结构布局时必须考虑的因素之一，同时为了使读者对机翼全貌有一了解，现结合实例对此做简单介绍。

现代军用飞机和旅客机机翼的重要特点是机翼前缘、后缘基本上都为活动面，固定的受力盒段结构内基本上均作放置燃油的油箱舱和收藏主起落架之用。

(1)如图1.1，图5.1，图5.4所示的几种外国设计制造的战斗机，机翼盒段结构的大部分空间均为结构整体油箱，我国的歼-7、歼-8在机翼根部结构高度较大处也均在每侧布置了两个整体油箱。现代一些大、中型旅客机则全部燃油都放置在机翼中，如图5.2，图5.3所示，波音-707和我国的运-10沿整个外翼翼展每侧为四个整体油箱，中央翼内则安排了7个或6个用尼龙绳吊装的薄壁橡胶油箱。为此在油箱区的下壁和较高的翼肋腹板上布置有维修口盖和供维修人员出入的维修孔。燃油可对机翼起卸载作用，合理设计时可减轻机翼的结构重量，对旅客机则还增加了旅客的安全。

(2)大部分飞机的主起落架固定在机翼上以取得较大的横向轮距，改善起落时的横向性能。收起时把主起落架的全部或一部分（如支柱）收入机翼盒段内。

(3)战斗机的翼根部位一般安装有机关炮(见图 5.1,图 5.4)。

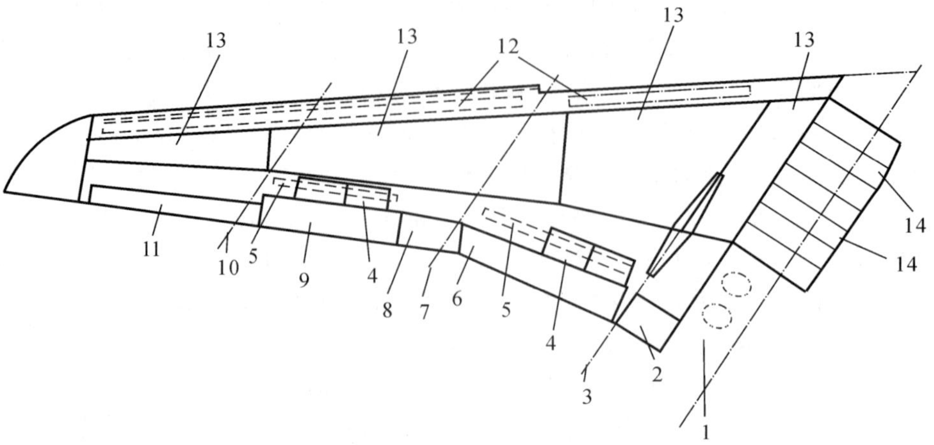

图 5.2　波音-707-320C 机翼布置

1—主起落架机轮；2—填角襟翼；3—主起落架收放转轴轴线；4—扰流板；5—折流板；6—内襟翼；7—内发吊舱轴线；8—内副翼；9—外襟翼；10—外发吊舱轴线；11—外副翼；12—前缘襟翼；13—整体油箱；14—中央翼内软油箱舱

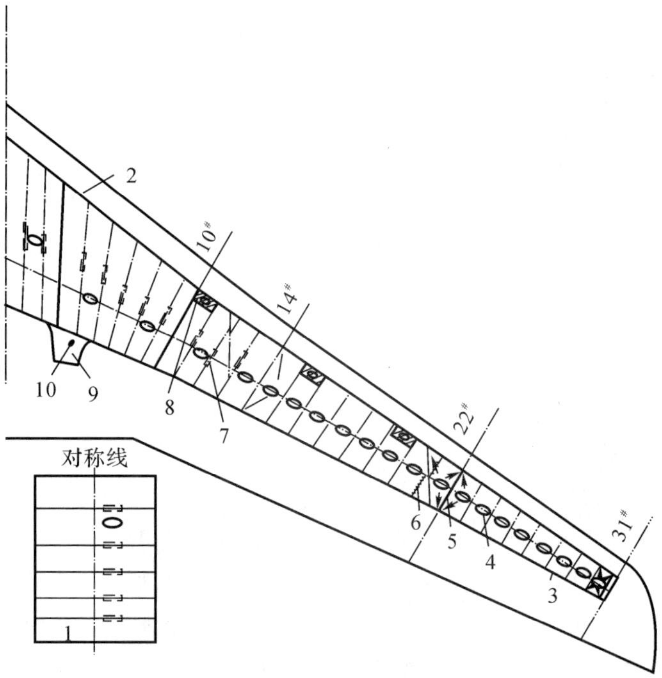

图 5.3　运-10 机翼口盖布置

1—中央翼；2—前梁；3—后梁；4—下壁板椭圆形检查孔；5—密封肋；6—可卸半肋；7—翼肋上检查孔；8—干燥箱；9—扭力盒；10—检查口盖

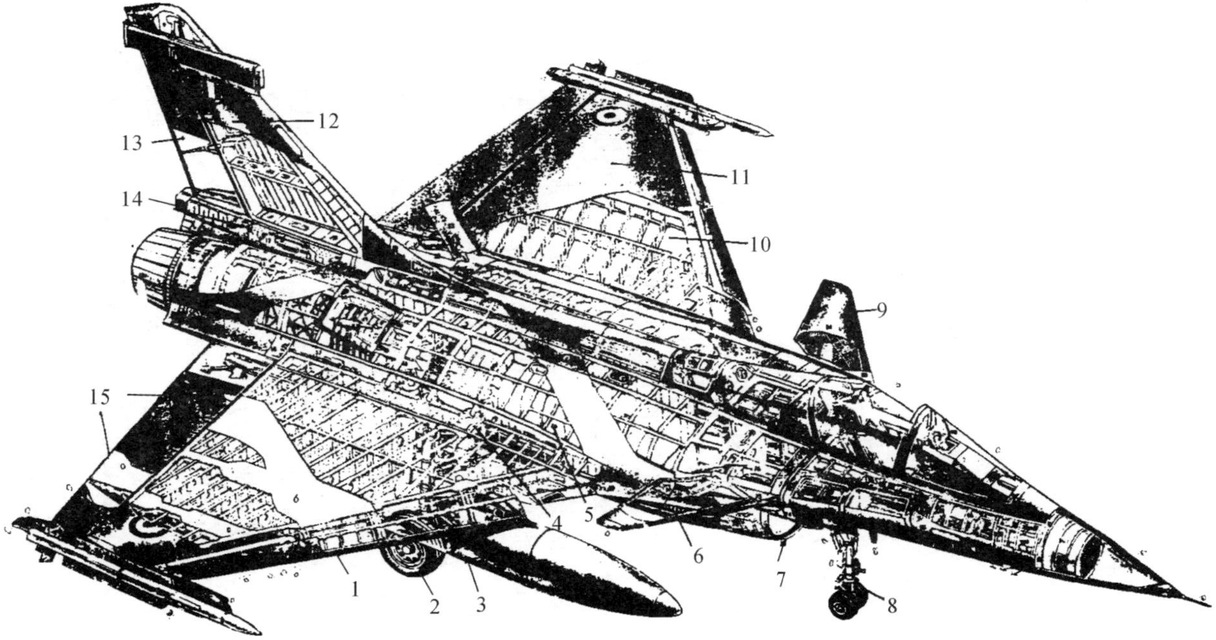

图5.4　法国“阵风”单座战斗机

1—前缘缝翼；2—主起落架；3—副油箱；4—铝-锂翼身连接板；5—翼-身连接主骨架；6—机炮；7—右侧进气口；8—前起落架；9—前鸭翼(复合材料胶接结构)；10—机翼多梁结构，整体油箱；11—机翼碳纤维复合材料蒙皮；12—垂直安定面碳纤维蒙板；13—方向舵复合材料结构；14—垂直安定面铝-锂附件接头；15—内、外侧升降副翼(蜂窝芯子结构)

（4）机翼内部还安置有防冰系统（前缘处）和其他的燃油、操纵、液压等各种系统的管道、附件、设备。

（5）机翼前、后缘一般为各类襟翼、缝翼、副翼（或升降副翼）、扰流片、折流板等作为增升装置或操纵面的活动附翼。

（6）现代旅客机很多在机翼下悬挂发动机，而战斗机、攻击机常设有各种挂架，用以悬挂副油箱和导弹、炸弹、电子对抗舱等武器设备。如图 1.1 所示，F－117A 因隐身要求外形光洁，不设任何外挂架，武器收入机身内，因此导弹须用弹射发射方式。

二、机翼结构型式的选择

机翼结构的典型受力型式有薄蒙皮梁式、单块式、多墙式（或多梁式）以及它们的混合式。

机翼结构型式的选择与多方面因素有关，必须结合每一架具体飞机综合考虑，然后在几种可行方案中经综合分析，选出一种既能满足各项设计要求而结构重量最轻的一种。

影响结构型式选择的有以下各主要因素。

1. 不同结构型式的受力特性及其与机翼几何参数的关系

现代飞机除某些轻型、超轻型飞机外，多数飞机速度较大，此时采用单块式、多墙（或多梁）式比较有利。与薄蒙皮梁式相比，它们用以承受机翼主要内力——弯矩 M 的壁板或厚蒙皮的面积更为分散，故翼盒的有效高度 H_{eff} 大，结构效率较高，且弯、扭刚度大。后掠机翼刚度特性较直机翼差，一般当相对厚度 $\bar{c}$ 较大时，选用弯-扭刚度较好、受正应力元件的面积较分散、使 H_{eff} 较大的单块式结构比较合适。速度更大的超声速战斗机 $\bar{c}$ 很小，则选用受正应力元件面积更为分散、H_{eff} 相对更大的厚蒙皮多墙（或多梁）式结构更好些。但并不是任何情况下受正应力元件愈分散愈好。为此可以提出两个与设计原始依据——机翼外载和几何形状有关的参数：M/HB 和 $\overline{H}_{eff}$（$\overline{H}_{eff}=H_{eff}/H_{max}$）作参考，对结构型式的选择做初定量分析。

相对载荷 M/HB 代表单位宽度翼盒壁板上的轴力，其中 M 为最大弯矩，H 和 B 分别为翼盒的平均高度和宽度，$\overline{H}_{eff}$ 为有效高度比。若略去 χ 和 η 的影响，则可假设：

$$M/HB=\frac{1}{2}n\cdot\frac{G}{S}\cdot S\cdot\frac{\frac{l}{4}}{[(0.8\,\bar{c}\,b)(0.6b)]}\approx 0.26n\frac{G}{S}\lambda\frac{l}{\bar{c}} \tag{5.1}$$

若 M/HB 大、H_{eff} 小，则采用承弯能力相对较高的单块式或多墙式显然较合理。但对低速飞机，$\bar{c}$ 大、M/HB 较小，则单块式可能导致壁板上为数很多的长桁面积过小，以致在受拉区强度足够的情况下，在受压区却因失稳临界应力 σ_{cr} 过低而不得不加大长桁面积。此时采用薄蒙皮梁式可使轴力集中于少数几根梁缘条上，其面积和 σ_{cr} 不致太小，反而可能使结构重量更轻。

三角机翼一般用于速度很大的超声速飞机上，$\bar{c}$ 小；但展弦比 λ 也小，且根梢比 η 大；根弦长，故梁根部高度的绝对值较大，梁的结构效率尚较好；且三角机翼的刚度特性比大后掠角的机翼好，故此时可选用多梁式结构，这样也便于与机身连接。但在气动载荷较大、结构高度很小的三角翼翼尖和前缘部位，仍宜采用单块式或整体结构（见图 5.4，图 5.9）。

2. 不同结构型式损伤容限特性比较

按损伤容限要求，传力路线不宜过于集中。长桁-蒙皮加筋板单块式结构和厚蒙皮多墙式结构都可看成是分散传力结构布局。此时若壁板上长桁强一些，对提高壁板的止裂能力，并从而提高壁板的剩余强度，延长裂纹扩展寿命均更为有利。

3. 机翼-机身对接形式的影响

机翼-机身相对位置及机身的内部布置会影响到机翼-机身的对接形式，并进而影响到机翼的结构型式（主要在翼根部分）。梁式机翼只需通过少量的集中接头连接，简单、方便。而单块式和多墙式机翼从对传力有利来看，最好能将左、右机翼做成整体贯穿机身，将中央翼与机身固定。这对于大多数采用上单翼或下单翼布局的运输机比较容易实现。但大多数战斗机为中单翼布局，由于机身内部布置的限制，机翼往往难以贯通机身；此外像 F－104，F－16 等多墙式结构的外翼有十几根墙，若在机身侧边与机身连接则要布置十几个接头和相应的对接框，一般说对于全机结构重量不利，对机身内部布置也可能造成困难。因而，F－104 在根部由 13 根墙转成多梁式结构(5 根梁)；有的单块式机翼到根部也转成多梁式(如歼－7)或梁架式(如米格－15、歼－6)(见图 5.5)，这样只需几个接头与机身相连。但机翼-机身的对合交点数也不宜太少，因为交点多，传力路线就多，较容易实现破损安全结构特征。如图 5.6 所示，F－16 外翼的 11 根墙到根部转成多梁式，有 4 个传弯接头与机身连接。如果某一接头失效，其余 3 个接头还有一定承载能力。反之如米格－17、歼－6等机翼根部转成梁架式结构，且根部只有主梁接头能传弯，同时又采用了断裂韧性差的 30CrMnSiNi2A 高强度合金钢，裂纹扩展速率高，一旦断裂，此种单传力途径结构就可能造成灾难性事故，不利于保证损伤容限要求。

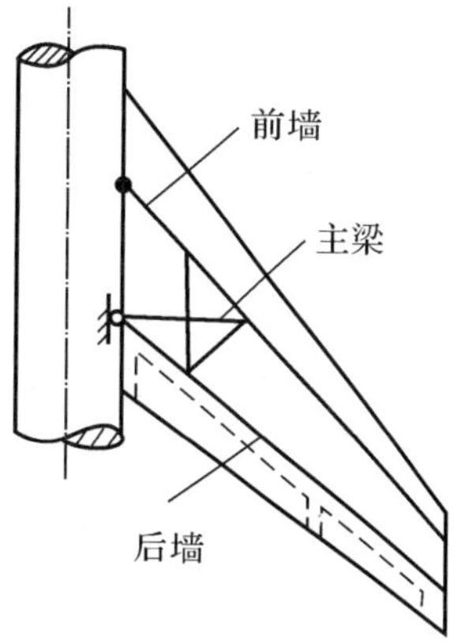

图 5.5　集中传力的单梁式(根部)机翼结构布局

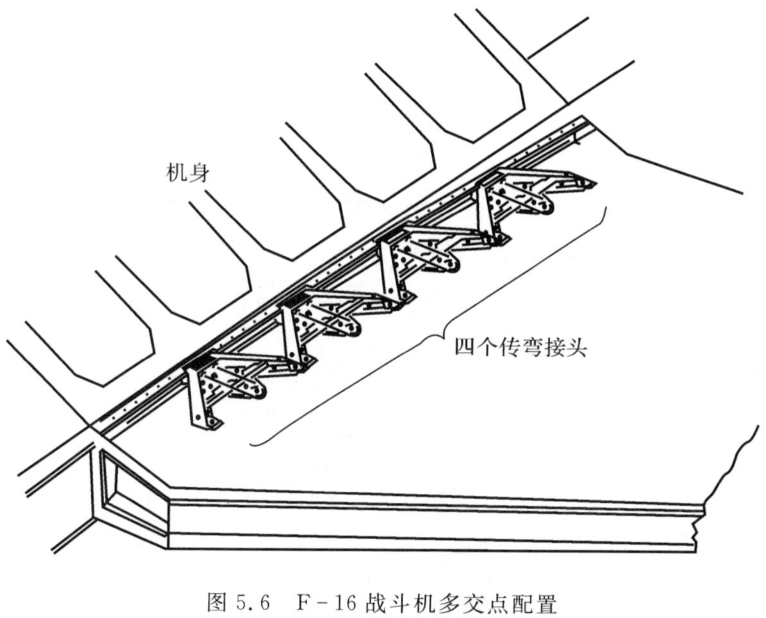

图 5.6　F－16 战斗机多交点配置

应注意到上述情况下由于结构型式的转换，势必会使过渡区的部分承弯构件（壁板或厚蒙皮）处于参与区而不能被充分利用，使机翼结构重量可能有所增加，但有时这是不可避免的，从全局观点看可能是更合理的结构布局。

4. 机翼内部布置及大开口的影响

当主起落架收入翼盒内时必然影响到起落架舱附近的结构型式，局部选择梁式结构将便于大开口用于布置起落架舱（见图 5.5）。

5. 变后掠机翼的布局特点

美国的 F－14，F－111，B－1 和俄罗斯的米格－23 均采用可变几何形状机翼（见图 5.7）。F－14 的可动外翼处于平直位置时$\lambda=7$；高速飞行时后收，$\chi=65°$，$\lambda=2.6$。因此变后掠翼飞机能在一个较宽的速度范围内飞行，它的结构型式也就应兼顾到各种速度和平面形状下的气动载荷和结构受力特点。它们的相对厚度比速度相当的一般超声速飞机大。可动部分可采用多墙式或单块式结构（如 F－14），F－14 的中央翼则为钛合金焊成的等截面盒形梁，宜承受各种载荷。变后掠翼从结构强度和损伤容限观点看有其不足之处，特别是单传力途径的机翼转动枢轴，必须采取一系列措施保证飞机的安全性，因此增加了设计难度，且导致结构重量较大。

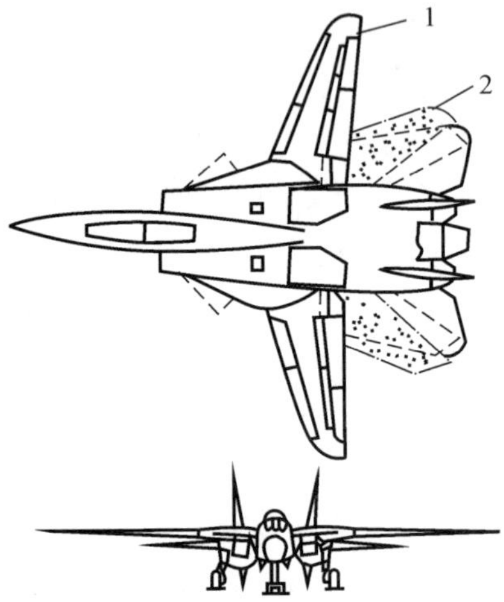

图 5.7　变后掠机翼外形

1—机翼前转，后掠角减小；　2—机翼后转，后掠角增大

表 5.1 介绍了几种飞机采用的结构型式和有关的几个参数，供读者参考。

5.3　机翼主要受力构件布置

机翼主要受力构件布置是指确定机翼翼面壁板中的蒙皮-长桁（或整体壁板中的筋条）、梁、墙、加强翼肋、普通翼肋以及机翼-机身连接接头等的数量和位置。影响受力构件布置的因素很多，包括机翼的载荷情况、平面形状、内部布置、使用维护和工艺性要求等。构件布置首先要保证受力合理。最主要的是以下两点：

（1）确保气动载荷引起的弯、剪、扭能顺利传到机身。为此要特别注意结构不连续处的构件布置，如开口处、结构型式变化处、梁和长桁的轴线转折处等。

（2）在集中力、集中力矩作用处布置相应构件，必要时加辅助短梁或加强肋。其作用是将集中载荷扩散，并将扩散后的分布力传给机翼受力盒段的相应元件，传往机身。

在承受和传递所有载荷时除使结构受力合理，还应有利于提高整个机翼结构的损伤容限特性，在构件间的连接设计中注意损伤容限、耐久性细节设计。

对同样的设计要求和设计原始数据，往往可提出多个可行的布置方案，应由有关各方综合权衡协调，从中选出结构效率佳、重量轻、又能较好满足各方面要求的一种方案。

表 5.1 机翼结构型式比较表

飞机型号	最大速度	平面形状	$\bar{c}$	λ	结构类型	桁条或整体壁板凸缘形状	翼梁数目
运输机							
波音-707	966 km/h	后掠	12%	7.0	单块式	加筋板 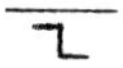	双梁
A-300B	917 km/h	后掠	10.5%	7.71	单块式	加筋板 	三梁
C-5A	871 km/h	后掠		7.75	单块式	整体壁板 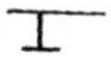	三梁
波音-747	935 km/h（巡航）	后掠	8%（尖），13.44%（根）	7.0	单块式	加筋板 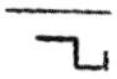	三梁
VC-10	936 km/h	后掠	9.75%（尖），13%（根）	7.92	单块式	整体壁板 	四梁
协和	$Ma=2.2$	三角形	2.51%（尖），3%（根）	1.7	多墙式	整体壁板 	12 根墙多肋
战斗机							
米格-15	1 076 km/h	后掠	10.3%（平均）	4.85	单块式	加筋板 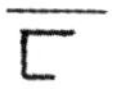	根部为梁架式（单向撑梁）
米格-19	$Ma=1.36$	后掠	8.24%	3.24	单块式	加筋板  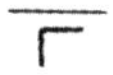	根部为梁架式（单内撑梁）
米格-21	$Ma=2.05$	三角形	5%（平均）	2.25	单块式	整体壁板	三梁二墙，根部为多梁式
苏-27	$Ma=2.35$	后掠翼加前边条翼	6%（根）3%～4%	3.486	单块式	钛合金整体壁板	四梁（钛合金）
歼-8	$Ma=2.2$	三角形	4.5%～4%	2.07	单块式	整体壁板	四梁二墙，根部为多梁式
F-86D	985 km/h	后掠	11.5%	4.80	单块式	蒙皮为波纹板芯夹层壁板	双梁
F-15	$Ma=2.3$	切尖三角形	3%（尖），6%（根）	3.0	单块式	厚整体壁板	四梁
F-16	$Ma=2.0$	切尖三角形	～4%	～2.78	多墙式	厚整体壁板	11 根墙，根部转成多梁
F-104	$Ma=2.15$	梯形	3.36%	2.45	多墙式	厚整体壁板	13 根墙，根部转成 5 梁
A-7	1 080 km/h	后掠	7%	4	多梁式	整体壁板	6 梁
F-14	$Ma=2.34$	变后掠	（可动段）；（中翼）		单块式；钛合金零件焊成的盒形梁	机加长桁，钛合金整体蒙皮；中翼外蒙皮为蜂窝壁板	双梁
教练机							
L-29	655 km/h	梯形	17%	5.36	单梁式	薄蒙皮	（带两墙）

一、飞机机翼翼盒受力构件布置

1. 翼面壁板结构

现代飞机的大多数机翼为单块式、多墙(或多梁)式厚蒙皮结构,翼面结构可能占到整个机翼结构重量的50%～70%左右,设计时应尽可能使它具有最大的承载效能。由于各类飞机的正过载系数均大于负过载系数,所以上翼面结构主要受压,设计重点主要是防止屈曲;而下翼面结构主要是受拉,设计以疲劳和损伤容限要求为重点。因此,下壁板一般选用静强度较低,而疲劳和断裂性能较好的材料,同时要控制应力水平,其容许的拉应力往往低于上翼面的最大压应力,故一般下翼面较重。

壁板有长桁-蒙皮铆接组合式和整体壁板两种。在整体油箱区大多采用机械加工的整体蒙皮或整体壁板,较便于密封。

(1)铆接组合式壁板。

确定长桁数量以及蒙皮与长桁的面积比:长桁的数量与长桁间距有关,还与长桁的总剖面面积和蒙皮的总剖面面积比有关。该面积比视飞机的速度、机翼的相对厚度和载荷等因素而定。一般高亚声速λ较大的运输机,$\bar{c}$较大,壁板采用以长桁面积为主的强长桁-弱蒙皮配置形式较多,如波音-707;而在高速、$\bar{c}$较小的飞机中一般希望受正应力面积的分散度更高些,则蒙皮所占比例更大些。对按损伤容限设计的飞机,该面积比还与两桁条间蒙皮出现裂纹并被止裂后所要求的剩余强度有关,应通盘考虑。

长桁间距与蒙皮失稳临界应力直接相关。当取长桁和蒙皮的局部皱折失稳临界应力相等,或取长桁总体失稳力和蒙皮失稳的临界应力相等时,面积比可参考文献[12]、[13]中的统计数据和计算结果。有时可用增厚蒙皮、同时减少长桁数(也即长桁间距增大)的办法减小重量。文献[12]中介绍,某机翼用此方法减少了40 000个紧固件、1 000个桁条-翼肋连接角片和大量油箱密封材料,最终使机翼质量减少约180 kg。此外还能降低制造成本,同时与相应的蒙皮较薄、长桁较多的壁板相比,由于蒙皮增厚,不但使扭转刚度增大,而且降低了应力,使疲劳寿命延长。由此可知长桁数量的确定实际上与多方面因素相互关联,必须视具体情况具体分析,综合权衡。

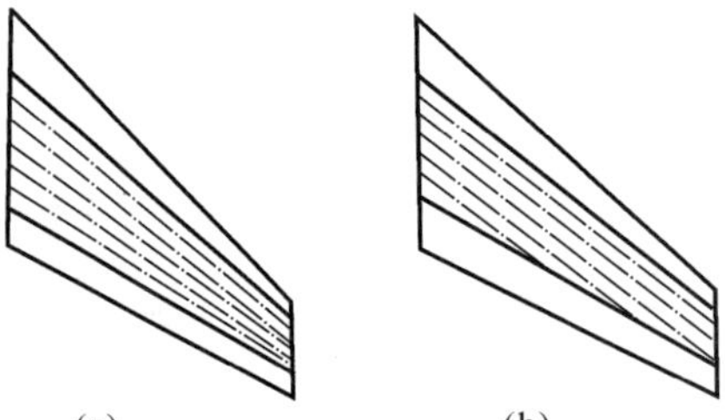

图5.8　长桁布置形式

(a)聚交式；(b)长桁平行于梁

长桁走向:一般说长桁布置有两种类型。一是按等百比线布置(聚交式布置),此时桁条本身无扭曲,制造方便。二是平行于前梁或后梁布置(见图5.8),会使长桁扭曲,影响装配,但当机翼蒙皮较厚时影响不严重。为了尽量满足等强度设计,长桁可沿展向采用改变规格或经机械加工修削剖面面积的办法;也可以用改变展向各剖面处长桁数量的办法来达到。平行于梁布置会自动切断某些长桁，但长桁终止处要精心进行细节设计，以免在与梁相邻处产生疲劳裂纹。

(2)整体壁板。整体壁板的蒙皮与筋条(相当于长桁)是一个整体，大大减少了铆钉，有利于整体油箱密封，且机翼表面更光滑。它可由机械加工成不同厚度，较易实现等强度。总的来说是重量轻、强度高的结构形式。

(3)蒙皮厚度与分块。蒙皮一般要分块，因为在不同部位根据应力大小需要不同厚度的蒙皮；或因加工条件限制，只能加工出一定长、宽的蒙皮。实际上每一个蒙皮展向接缝处还相当于一个“撕裂抑制器”，蒙皮上的弦向裂纹在弯矩引起的拉应力作用下扩展时，可利用蒙皮分块的自然边界以及对接缝处的加强桁条止裂，以保证结构的剩余强度。

很多现代旅客机，如波音-737，L-1011，DC-10，A-300等，采用由厚板经机械加工的整体加强板蒙皮和机械加工的长桁铆接组合而成的壁板。蒙皮借此获得不同部位的所需厚度，例如，向翼尖渐薄；在开口周围或某些连接部位加厚等，此时可省去铆接局部衬垫或加强板。实践表明这种壁板是减轻结构重量的很有效的结构。

2.梁与墙的布置

梁承受机翼的弯、剪，是机翼的主要受力构件，即使在单块式结构中也是如此。现代飞机的机翼至少应有两根梁，有的为3梁或4梁(见表5.1，图1.1，图5.1～5.4，图5.11)。一些小展弦比三角翼常有3根以上的梁(见图5.4，图5.9)。梁和壁板(有时还有墙)构成单闭室或多闭室抗扭翼盒，翼盒密封后常用作整体结构油箱。采用多根梁不仅可使结构中载荷分配比较均衡，且有助于提高机翼结构的破损安全特性，特别对于无中央翼、在机身侧边与机身相连接的机翼更是如此。

有些机翼布置有墙，它的结构特点是缘条比梁弱，且根部一般与机身铰接，它可与梁、壁板一起构成闭室，在厚蒙皮-多墙式结构中它承受机翼的剪力。除这种型式的结构外，对采用薄蒙皮的单梁式小型低速飞机机翼，墙则是构成闭室不可缺少的构件(如图5.13所示的英国“喷气校长”式飞机)。

梁应尽可能布置在剖面高度较大的部位，同时轴线尽量不要转折，以使传力直接、连续，这样对结构的强度、刚度有利，可减轻结构重量。一旦有转折，必须布置另一构件(如另一梁或加强肋)来承受由此引起的弯矩分量。其次梁沿展向最好按弦长的等百分比线布置，否则缘条表面可能为双曲面，给工艺带来困难。但实际情况是，梁的布置很大程度上受机翼的平面布局和内部装载的影响。如前、后梁(墙)一般应照顾前、后缘的襟翼、缝翼、副翼等增升装置、操纵面的位置。另由于内部空间的需要，例如为了安置主起落架，为扩大翼盒空间以增大整体油箱容积或增大扭转刚度，一般难以将梁布置在翼剖面的最大高度处，有时还可能须向前、向后转折(如图5.2中波音-707的机翼后梁)。

以图5.9所示歼-7机翼为例。其前梁和主梁位置很大程度上取决于起落架转轴的位置，在前、主梁之间为收藏起落架还留出一个三角形空间，它的下翼面为开口(带不受力舱门)。前梁前面和主梁后面各设置了整体油箱。后墙主要用以与副翼、襟翼连接。在后墙之前另安排了油箱隔板梁，两者之间留出空间供安排襟翼作动筒和液压管道之用，同时这也有利于减小后盒段因单块式转为多梁式时根部壁板的参与区。为了加强前盒段并承受三角翼前缘较大的气动载荷，布置了一根纵贯整个前盒的前墙，它也作为前油箱的隔板。由此例可见，实际上梁、墙的布置与很多因素有关，是综合平衡各种因素影响后的结果。

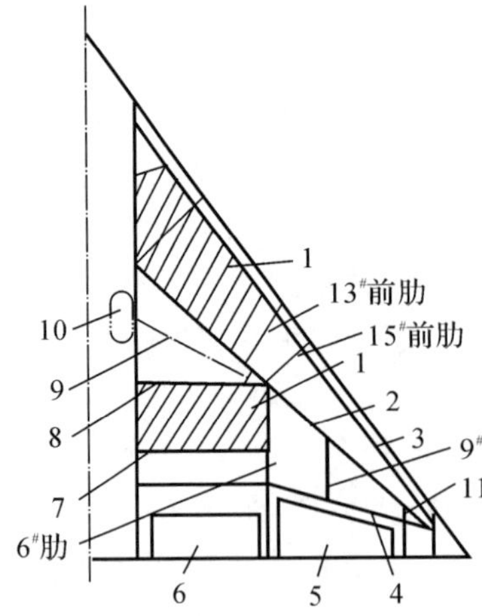

图 5.9　歼-7 机翼的构件布置

1—整体油箱；　2—前梁；　3—前墙；　4—后梁；　5—副翼；　6—襟翼；　7—隔板梁；　8—主梁；　9—主起落架支柱；　10—主起落架机轮

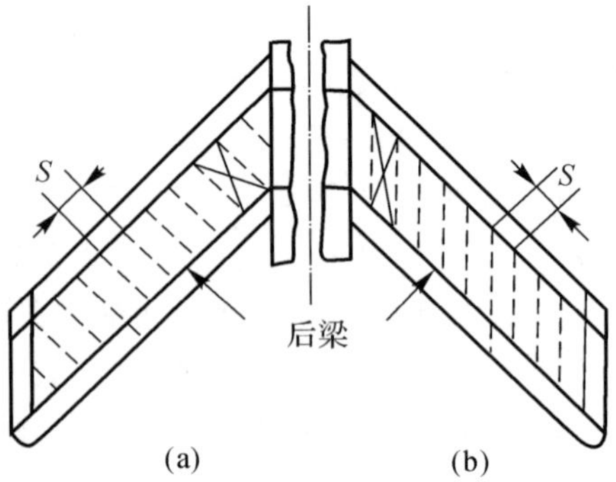

图 5.10　翼肋布置比较

(a)翼肋长度=100%b

(b)翼肋长度=128%b

3. 翼肋布置

翼肋包括普通翼肋和加强翼肋。后掠机翼上翼肋有顺气流布置和正交(指垂直于某一梁)布置两种形式(见图 5.10)。顺气流翼肋对维持机翼剖面形状较好，为传递根部扭矩只需一个加强肋，在肋距相同时，顺气流肋比正交肋数量要少。但翼肋作为长桁和蒙皮的支持主要与距离 S(见图 5.10)有关，在 S 相同的情况下，顺气流肋的总长度将增加 28%左右(具体值与后掠角大小有关)，结构重量会有所增加。此外此种肋的弯边角度沿弦向变化，肋与长桁、梁不垂直相交，制造和装配成本将有所提高；蒙皮被分成平行四边形格子后对角线较长，蒙皮受剪稳定性较差。正交肋的优、缺点恰好与顺气流肋相反，在现代飞机上采用较多，如图 1.1 所示的 F-117A、图 5.1 所示的苏-30MK 和图 5.11 所示的波音-747 等。顺气流肋则一般用于平直翼、三角翼(如图 5.4 所示的"阵风"战斗机)以及机翼蒙皮较厚、翼肋对蒙皮支持作用较小的多墙式机翼、或机翼的局部区域，如波音-707 和 A-300 机翼到根部逐渐由正交肋转为顺气流肋(见图 5.3，图 5.11)。

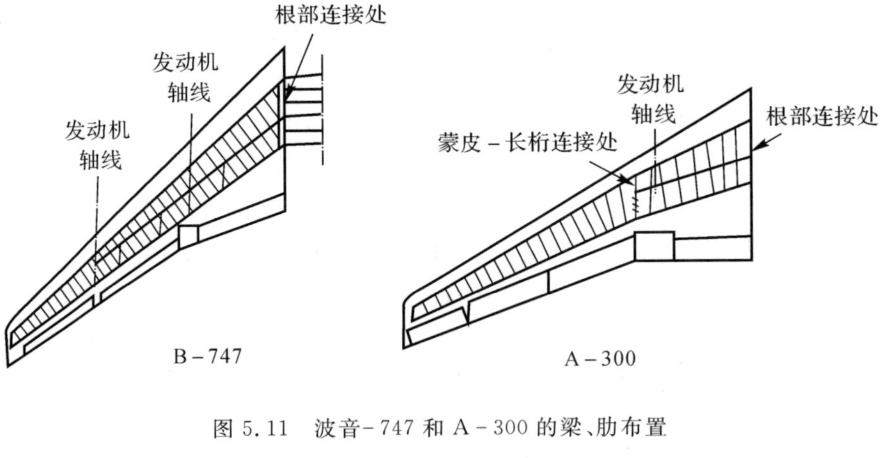

图 5.11　波音-747 和 A-300 的梁、肋布置

肋距与蒙皮、壁板的失稳临界应力有关。肋距小可使临界应力提高，壁板重量会有所降低；但肋的总重量将会有所增加。最佳肋距应是翼肋、壁板重量之和最小时的值。图5.12表示了某机翼的重量与肋距的关系曲线。

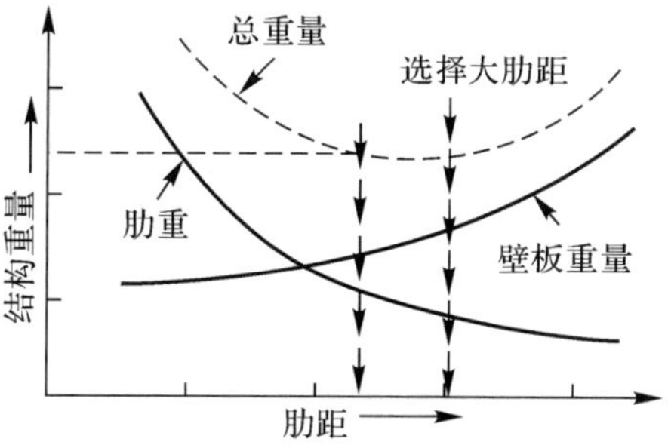

图 5.12　结构重量与肋距的关系曲线

加强翼肋的布置十分重要，这些翼肋所受载荷比普通肋要大得多，一般布置在集中力作用处和结构不连续区，还应注意加强件的综合利用。如歼-7机翼的6，9，11肋上固定有襟翼或副翼的悬挂接头；13前肋上连有特设挂架，同时它还承受位于13，14前肋之间主起落架转轴支座传来的载荷。结构不连续处包括开口、结构型式改变、受力构件布置变化处（如梁有增、减；梁、长桁轴线转折等），歼-7的15前肋、6肋就属于因结构变化而布置的载荷再分配肋。

4.机翼-机身连接形式的确定

机翼-机身连接设计是飞机结构设计中最重要的环节之一，连接接头是损伤容限和耐久性设计最重要的关键件之一。机翼-机身连接大多为固定连接；变后掠机翼则通过枢轴与中央翼相连，为可动连接。

当有中央翼穿过机身时，机翼一般主要用几个铰接接头（如销子或角盒）与机身相连，并配合有其他一些辅助连接。大多数战斗机为中单翼，往往因空间限制不能布置中央翼，此时机翼通过几个集中接头与机身在其侧边相连。连接至少要有一个固接接头和一个铰接接头，这样虽然可以把机翼载荷传给机身，但传弯为单传力途径，于破损安全不利，因此交点数不宜太少。交点多，传力路线多，有利于实现破损安全设计。但如果不适当地增多，则将会给结构协调、结构重量和装配工艺带来不利。连接的具体设计将在第六章详述。

二、集中载荷作用处加强构件的布置

下面将以几个实际例子，分析当机翼上作用有各种方向的集中力 P_x，P_y，P_z 以及由此引起的各种力矩时应如何布置。总的说肋平面内的载荷须布置加强肋来承受；yoz 平面内的 z 向载荷由原有的梁、墙或另布置辅助梁承受；主受力盒段外的集中载荷布置必要的构件传给主受力盒段。

1.“喷气校长”式教练机机翼结构布置

该机机翼为单梁式平直翼（见图5.13），主梁布置在30%弦长的翼剖面最大高度处。主起落架沿展向向内收藏，连接点在主梁之后。为此在连接处布置了加强肋 AD，它可承受 P_y，P_x 力。在(70～75)%弦长处布置了一后辅助梁，因它与机身铰接，因此由 AD 肋加到它上面的垂直载荷所引起的弯矩只能向机翼外侧倒传，通过有一定长度的 $ABCD$ 盒段受扭传给主梁，因此该盒段要适当加强（见图5.13(a)）。

起落架支承处还受有侧向力 P_z 和由它引起的 M_x 的作用。为此沿展向布置一辅助短梁，同时由于内侧要收藏起落架，只得往 AD 肋外侧布置（见图5.13(b)），由 $ABCD$ 盒段的蒙皮传到两个梁上。

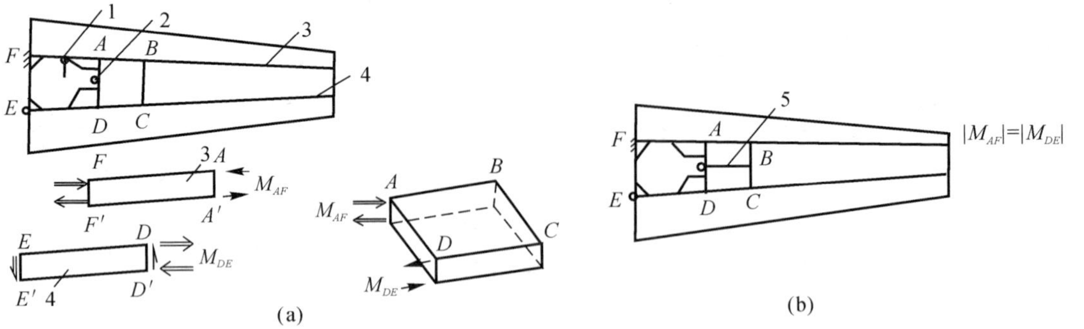

图 5.13 “喷气校长”式飞机机翼

(a)后辅助梁上垂直载荷的传递； (b)侧向加强件的布置

1—起落架侧向杆连接点； 2—起落架主接点； 3—主梁； 4—后辅助梁； 5—展向加强件

2. 波音-707 飞机主起落架附近构件布置(见图 5.14)

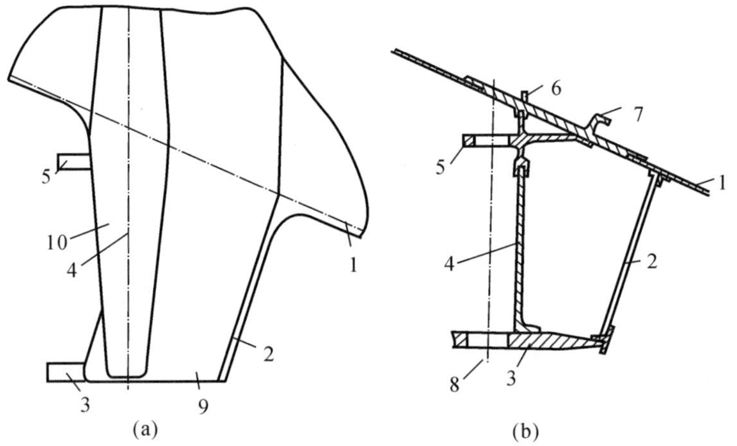

图 5.14 波音-707 飞机主起落架抗扭盒

(a)抗扭盒在机翼上的部位； (b)构成抗扭盒的各构件

1—后梁腹板；2—5 号肋延伸段；3—带后轴承的模锻件；4—4 号肋延伸段；5—带前轴承的模锻件；

6—4 号肋；7—后梁腹板模锻件；8—起落架支柱转轴轴线；9—壁板；10—海狸尾加强板

该机翼为双梁单块式结构。主起落架的转轴支座在受力盒段之后，因此，此处受力构件布置的要点是要将起落架载荷向前传到主受力盒段上。为此布置了一个由图 5.14 中的构件 1～5和 9 组成的抗扭盒，并沿构件 4 向前在壁板上加海狸尾加强板 10，在后梁 1 的腹板上加角形剖面的加强支柱 7。

当转轴上受有起落架传来的力 P_y 时，分别传给前、后模锻件。前模锻件因与上、下蒙皮不连，故受 P_{y1} 后以双支点外伸梁形式由构件 4 和后梁(于“7”所在处)提供支反力。后模锻件上的 P_{y2} 向构件 4 传递，其偏心距由后模锻件传给抗扭盒，再向前传给主盒段。力 P_x，P_z 的传递读者可自行分析。

3. 变后掠机翼转轴附近区域的构件布置

如图 5.15 所示为其原理图。转轴处中央翼盒有上、下两组耳片接头，可传递可动段传来的 Q_x，Q_y，弯矩 M_x 和扭矩 M_t。阻力引起的水平面内弯矩 M_y 必须由转轴和操纵作动筒(机翼不动时它处于锁住状态，可受轴力）一起承受。机翼结构布置的特点是，必须在可动外翼根部把载荷通过转轴（传 M_y 还需作动筒）传给中央翼。因此首先在根部必须布置加强肋，同时应将与转轴直接相连的纵向构件在根部加强；在根部壁板上可再布置一手掌形加强板，把弯矩引起的轴力通过参与，集中到与转轴连接的纵向构件上，然后通过转轴传给中央翼。

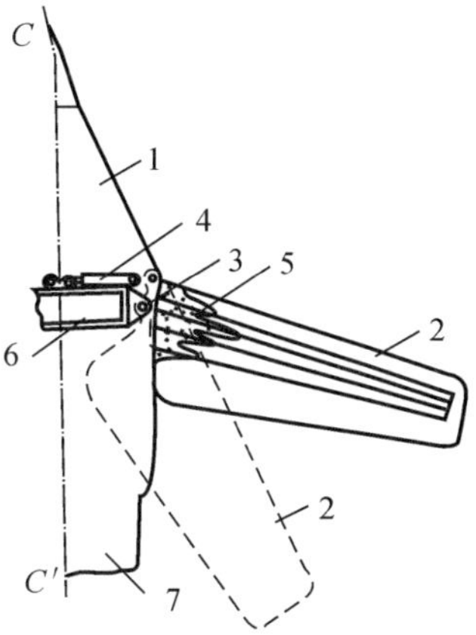

图 5.15　单铰点轴承式变后掠机翼

1— 固定内翼；　2— 可转动外翼；　3— 转轴；

4— 操纵作动筒；　5— 加强板；

6— 中翼翼盒；　7— 机身

三、受力构件布置的若干原则

综上所述，受力构件布置作为设计工作中的一环也必须处处以综合设计的思想权衡各方面的影响。对内部布置以及与机翼连接的其他部件 —— 如机身、起落架以及发动机和其他外挂的协调和使用要求；强度、刚度、损伤容限-最小结构重量要求；工艺性要求等做统盘考虑。为此往往要修改、调整构件布置情况，甚至改变局部区域的结构型式。以下归纳几点具有普遍意义的原则作为综合设计时受力构件布置考虑的重点。

1. 受力、传力合理

构件布置、构件构造和构件间的连接设计合理，能保证机翼上的载荷顺利、可靠地传给机身。

2. 在保证强度、刚度的前提下结构重量最轻

这可以从以下几方面考虑。

(1) 加强件综合利用。承受、传递气动载荷和集中力以及不同集中力所需的构件尽量综合利用。因为有些载荷不是在同一状态中同时出现的（如起落架载荷主要在着陆时出现，而机动襟翼只有在机动飞行中才有载荷）；即使是同时出现的载荷，在一个构件上引起的重量增加也往往比用两个构件分别承载增加的重量一般要少。

(2) 一般说传力路线越短、越直接，结构重量越轻。利用静不定结构中载荷按刚度分配的规律，精心调整各构件的刚度比、支持刚度和连接关系，使结构中的载荷分配更为合理，让传力路线最短的构件传递更多的载荷，从而减轻结构重量。

以图 5.16 中静不定结构为例。当三杆剖面刚度（EF）相等，各杆夹角为 60° 时，可解得三杆的内力如下：$N_1 = N_2 = (1/5)P$，$N_3 = (4/5)P$。可见大多数载荷分配给传力路线最直接的杆 3。此时若加大杆 3 的刚度，则必然会使载荷更多地分配给长度最短的杆 3，显然可减轻重量，这点已由优化设计的分析所证实。

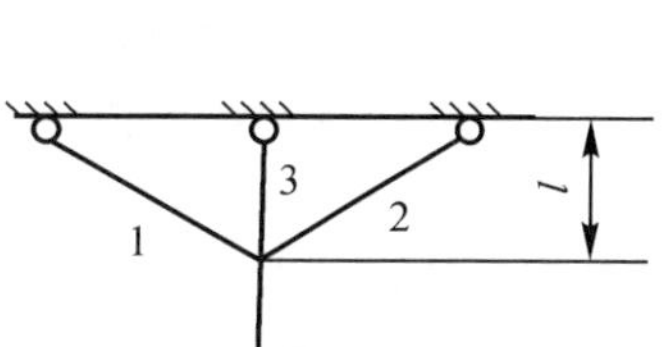

图 5.16　连于一点的三杆受 P 力

此外，载荷在各构件中的分配还和它们的支持刚度有关。机翼中梁的支持刚度主要是与它对接的加强框的结构刚度。表 5.2 列出了歼-7 三角机翼在现有框刚度下和如果改变某些框的结构刚度后，对各梁支反力、支反弯矩数值的影响。现以框受单位弯矩后的转角 $\theta^{M=1}$ 来表示各对接框的柔度。

表 5.2

接头载荷分配（A' 情况）	原计算数值 $\theta_{16框}^{M=1}=7\times10^{-7}$ rad $\theta_{22框}^{M=1}=3.3\times10^{-7}$ rad		增大前盒支持刚度 $\theta_{16框}^{M=1}=3.09\times10^{-7}$ rad		增大后盒支持刚度 $\theta_{22框}^{M=1}=2.06\times10^{-7}$ rad		减小后盒支持刚度 $\theta_{22框}^{M=1}=4.12\times10^{-7}$ rad	
	不计框弹性	计入框弹性	计入框弹性		计入框弹性		计入框弹性	
R_{13}/N	6 777	4 737	3 609	减	2 442	减	3 030	减
R_{16}/N	18 663	23 566	28 411	增	14 112	减	26 979	增
M_{16}/N·m	65 903	68 453	73 553	增	65 393	减	73 199	增
R_{22}/N	102 699	98 972	94 951	减	106 896	增	96 609	减
M_{22}/N·m	269 791	263 416	261 455	减	269 771	增	262 004	减
R_{25}/N	88 037	88 822	92 362	增	89 195	增	89 469	增
R_{28}/N	21 056	21 134	20 742	减	24 871	增	22 409	增

比较表 5.2 中的数值可知，如果改变各框的刚度比，各接头上载荷值之和不变，但将改变载荷的分配情况。当增大前盒主要支持点 16 框的刚度，或减小后盒主要支持点 22 框的刚度，则 16 框处的支反剪力 R_{16} 和弯矩 M_{16} 将增大，而后盒上的支反力和弯矩将减小。若增大后盒主要对接框刚度时效果相反。支反力和支反弯矩的改变意味着各梁（尤其是根部）的载荷分配也有改变。必须指出，上述特点对小展弦比的多梁式三角翼有时会产生明显的影响，但对其他几何形状，尤其是大展弦比的机翼，影响并非都如此显著。

3. 布置受力构件时要有全局观点

布置机翼的受力构件时要同时考虑由其引起机身重量特性的变化，还有如长桁间距和蒙皮厚度，壁板承载能力和肋距之间的有机联系等。上述因素必须通盘考虑，使机翼、机身的总结构重量最轻。

4. 损伤容限设计

受力构件布置可从以下几方面采取损伤容限设计措施：多传力途径；蒙皮分块和布置长桁时结合止裂考虑；增加结构的可检查度。

增加可检度的措施之一，是在关键构件上或其附近布置必要的检查、维修口盖，这对改善结构的使用、维护也是必要的。口盖附近的结构设计将在第六章中详述。措施之二是在设计构件的连接时提高裂纹的可检度。如图 5.17 中所示为梁与蒙皮的连接，(a)所示结构一旦梁缘条上出现裂纹，由于完全被蒙皮盖住，裂纹很难被检查出来；若将其改为(b)的结构形式，那么裂纹就容易被检查出来。因此只要其他方面条件许可，在蒙皮分块时就应做相应考虑。

5. 改善结构工艺性

构件布置除尽量有利于构件本身的制造外，还应有良好的工艺通路，便于装配。

6. 注意结构的现实性和先进性，应注意采用新结构、新材料（见第七章）、新工艺

这些原则对尾翼和机身等结构一般也适用。

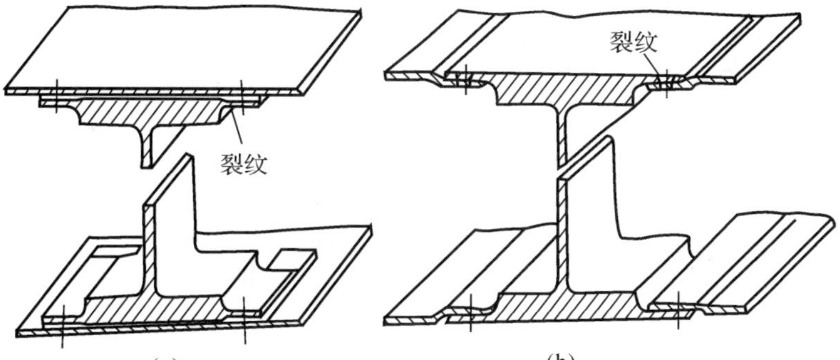

图 5.17　提高裂纹可检度的设计

5.4　机翼结构元件设计

一般先通过机翼剖面的初步设计计算确定出典型元件初步的主要尺寸，如梁、长桁的截面尺寸、蒙皮厚度等。它可以以统计数据、经验或粗略的估算值为基础，根据所确定的结构型式和受力构件布置情况，取较为简单的简化模型，以静强度作为基本要求通过有限元计算得出（这部分内容本书不做介绍），继而进行构件的详细设计。

详细设计首先要合理选材，材料应选择比强度 σ_b/ρ 高的材料。但对一些承受拉伸或弯曲作用的关键构件，宁肯牺牲一些静强度指标，也要选取裂纹扩展速率低、断裂韧性高的材料，以改善结构的损伤容限特性。详细设计还包括选择最佳的构造形式和剖面形状，通过设计计算确定全部尺寸并完成其内部的构造设计，包括构件间的连接设计（如梁的缘条与其腹板、蒙皮的连接；梁、肋与副翼、襟翼的连接设计等），确定构件毛坯的制造和零件的加工要求等。其时，既要使构件承载效率高，还要使关键件有良好的损伤容限特性，应精心完成良好的细节设计。总之应从受力合理，结构安全可靠，结构重量轻，有良好的工艺性和使用性，便于维护修理以及全寿命周期成本低等各个方面，根据各个飞机的具体条件综合考虑。

以图 5.18 的波音- 737 和波音- 737 - 700 的前/后梁设计为例，两梁之间为整体油箱。图 5.18(a)所示的波音- 737 的设计受力好，且因梁缘条在腹板的外侧，当缘条上出现裂纹时可检性好、易修理；但加强支柱要打下陷，中间要嵌以锥形填充物，成本升高。而图 5.18(b)所示的波音- 737 - 700 的设计虽然因油液侧压会使缘条与腹板的连接铆钉受拉，缘条的垂直边可检性较差，但经试验证明受力和疲劳均满足要求。该方案工艺性好，支柱无需下陷，特别是可最后装腹板，提供了良好的翼盒装配通路，既降低了成本，又保证了质量。由此例可见，构件设计也必须本着综合设计的原则考虑，才能得到满意的设计。此外，构件有的按强度设计，有的按刚度设计。后者针对刚度要求较高（各类舱门）的构件或其刚度与振动、气动弹性问题有关的构件；也有的是因为按强度设计只需很小的剖面尺寸，以致会造成加工、装配时的困难。

以下将主要介绍各种典型元件的构造型式和设计原则。

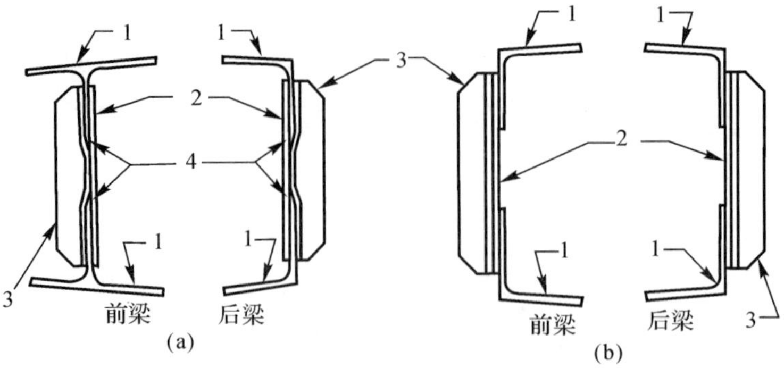

图 5.18　波音-737 与波音-737-700 前/后梁设计比较

1—梁缘条； 2—腹板； 3—加强支柱； 4—填充物

一、长桁设计

长桁承受蒙皮的局部气动力传给翼肋，并对蒙皮提供支持，提高蒙皮的失稳临界应力。单块式机翼中长桁是承受机翼总体弯矩引起的轴力的主要元件，其重量约占到机翼结构重量的25%～40%。在以梁主要承弯而长桁不受轴力的薄蒙皮梁式机翼中则可能只占4%～8%。受总体轴力的长桁沿轴向应连续，尽量不间断，要保证其强度。为减轻重量可按等强度设计，使翼剖面上长桁总面积(或长桁数量)由翼根向翼尖逐渐减小。

长桁受拉时截面积由极限强度 σ_b 定，但须乘以钉孔削弱影响系数 $K\approx 0.9$。在受压区则由失稳临界应力定。长桁有总体失稳和局部失稳两种形式，任何一种失稳都会使长桁失效，因此确定截面积时应取总体失稳临界应力 σ_E 和局部失稳临界应力 σ_l 中的较小者作为 σ_{cr} 值。一般说，通过合理设计使 σ_E 和 σ_l 值尽量接近(即同时到限)，有利于减轻重量。

由总体失稳临界力

$$P_{cr}=\frac{C\pi^2 EI}{l^2};\quad \sigma_E=\frac{P_{cr}}{A_{st}} \tag{5.2}$$

可知，提高长桁垂直于其轴线的剖面惯性矩 I、支持系数 C 以及减小肋距均可提高 σ_E，但需考虑肋数量增多后引起的重量增加，应取其结构总重量较轻者为合理设计。

长桁为薄壁杆件，一般由几块薄板组成。每块板的局部失稳临界应力设计为 σ_{li}

$$\sigma_{li}=\left[\frac{0.9KE}{(b/\delta)^2}\right]_i \tag{5.3}$$

为提高 σ_{li}，应减小 (b/δ) 和提高支持系数。如图 4.1(c) 所示的中间板因有两端板的支持，比图 4.1(b) 中角型材中的垂直板的支持系数要大得多，约为它的 9.6 倍。

由以上可知，长桁剖面形状与失稳临界应力有很大关系。图 5.24 中为常用的典型剖面。其中(f)～(h) 长桁用薄铝板弯制而成，用于受力不大的结构。现广泛应用的是硬铝挤压型材。现代运输机采用Z形或J形的长桁加筋板较多，这种长桁的惯性矩 I 和局部失稳临界应力均较大，且铆接较为方便。长桁端板带圆头时也对提高长桁的 σ_E，σ_l 有利。但要注意，如果长桁剖面高会使翼盒的有效高度 H_{eff} 有所降低(见图 5.19)。帽型材和Y形剖面与蒙皮铆接后会形成封闭剖面，此时扭转刚度好，但在使用中易积水，且很难排出，易引起腐蚀，一般说很少采用。但在某些特殊情况下，如波音-707 整体油箱壁板上就铆有帽形型材兼作通气管路用（见图 5.20）。

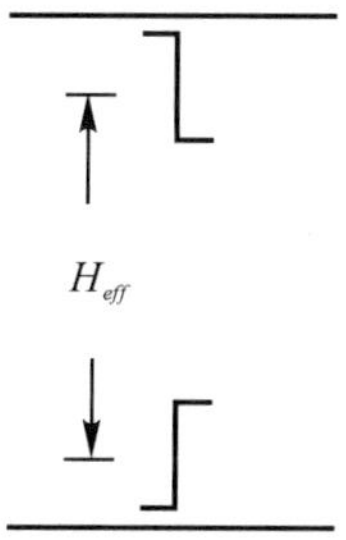

图 5.19　剖面的有效高度

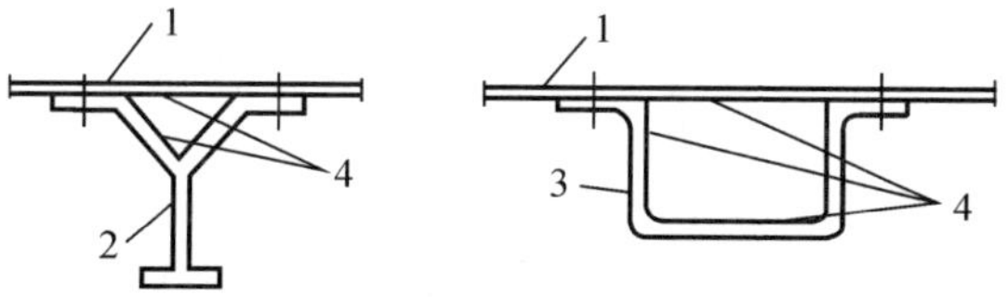

图 5.20　Y 形和帽形长桁剖面的腐蚀问题

1—蒙皮；　2,3—长桁；　4—无法检查到的封闭区

处于疲劳和损伤容限敏感区的受拉长桁材料应选择 2024，LY 12 等疲劳性能和断裂韧性好的铝合金。长桁的终止端应斜削以使壁板剖面面积和刚度和缓减小，这可防止长桁末端仍存在较高应力而导致在紧固件处引发蒙皮的疲劳裂纹（见图 5.21，图 5.22）。

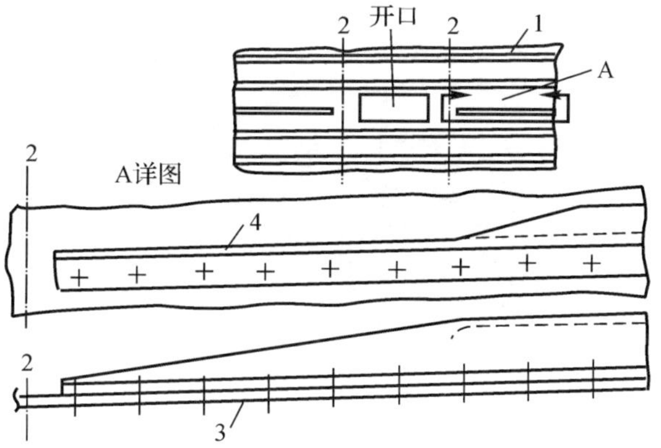

图 5.21　长桁在小开口处终止

1—长桁；　2—肋；　3—蒙皮；　4—终止长桁

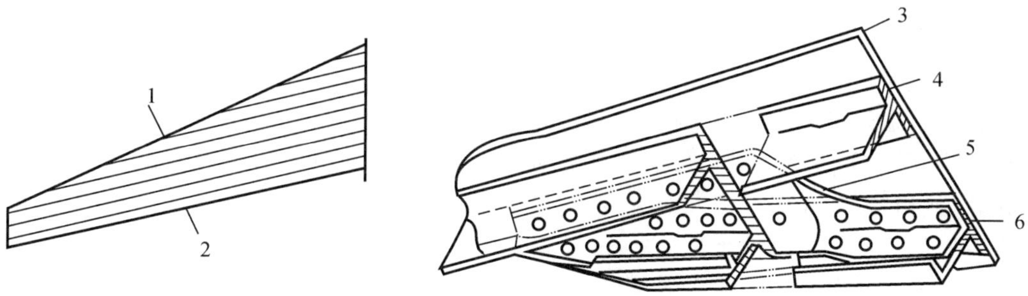

图 5.22　翼盒长桁终止于前梁附近的典型设计

1—前梁；　2—后梁；　3—蒙皮；　4—翼梁凸缘；　5—槽形接头；　6—终止长桁

二、机翼蒙皮与加筋板(壁板)设计

蒙皮形成机翼外形并承受空气动力，现代飞机机翼蒙皮较厚，一般都参与承受机翼扭矩引起的剪流和弯矩引起的轴向拉压。在单块式机翼上蒙皮重量约占机翼重量的25%～40%。目前常见的蒙皮有金属蒙皮、复合材料层压蒙皮、夹层蒙皮（见图5.23）和整体壁板（见图5.25）等。现代飞机广泛使用硬铝（下表面蒙皮）、超硬铝；在$Ma\approx2.5$的高超声速飞机上有用钛合金；$Ma\approx3$的飞机有用不锈钢蒙皮。夹层蒙皮由上、下两块面板和中间芯材组成，芯材有蜂窝夹芯、泡沫塑料、波纹板等。对于有些主要按刚度设计、本身结构高度较薄的舵面、调整片等操纵面及翼尖，还常采用全高度蜂窝的夹层结构。复合材料蒙皮（或壁板）由于其特殊的优异性能，被广泛地用于第四代战斗机和近些年设计的飞机的翼面结构上，详见第七章。

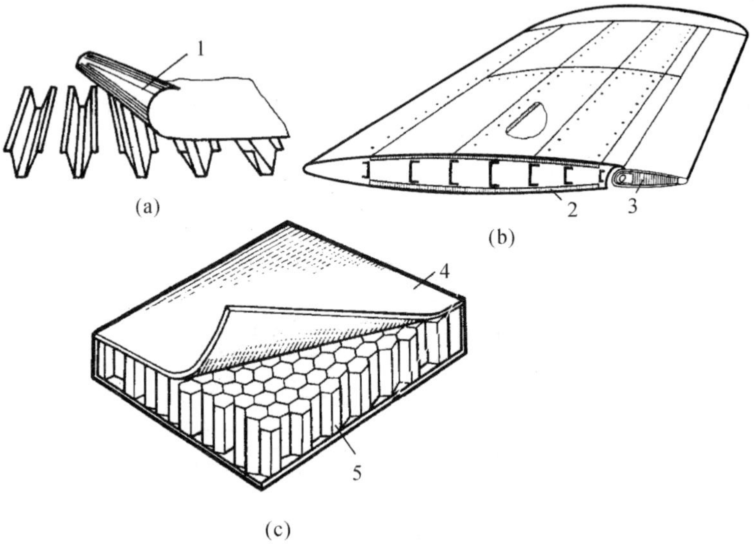

图5.23　机翼的蒙皮

(a)型材支持的金属蒙皮；(b)夹层结构机翼；(c)蜂窝夹层壁板

1—金属蒙皮；2—夹层机翼壁板；3—全高度夹层结构操纵面；4—面板；5—蜂窝芯子

蒙皮与长桁、翼梁缘条连接在一起，组合成壁板（也称加筋板）。翼肋和梁、墙的腹板向壁板提供横向支持。壁板有以下几种典型形式：薄板式壁板、承力蒙皮壁板和整体壁板。

1.*薄板式壁板*

薄板式壁板是指蒙皮较薄，可视为薄板。当薄蒙皮受轴向压力时将先发生失稳现象，但因有长桁支持，壁板并不破坏而仍可继续加大载荷，直到长桁的应力达到其失稳临界应力为止。设计计算时可把蒙皮在两长桁间的宽度b折合成有效宽度，加到每根长桁的面积中去，该有效宽度内蒙皮的正应力取其等于长桁的临界应力$\sigma_{cr,st}$（见第四章图4.2）。

2.*承力蒙皮与长桁铆接组合式壁板*

这种壁板中的蒙皮较厚，蒙皮截面积占总壁板截面面积的比例较大，蒙皮和长桁的受压失稳临界应力接近。其典型形式如图5.24所示。

这类壁板有多种破坏形式（见图4.3），可能发生蒙皮失稳；或长桁失稳（局部失稳或总体失稳）；也可能是长桁与蒙皮共同出现总体失稳（即宽柱失稳）等形式（详见4.1节）。

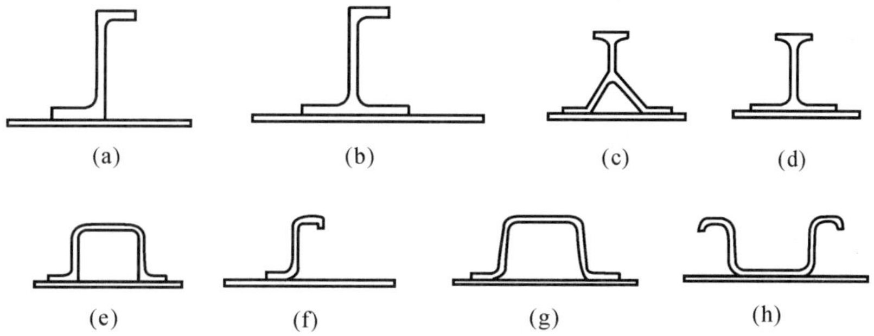

图 5.24　典型的承力蒙皮壁板

(a),(b),(c),(d),(e)挤压桁条；　(f),(g),(h)板弯桁条

这类壁板因要考虑许多方面的参数和各种不同的失稳形式,故确定壁板最合理的结构尺寸比较困难。设计时实际上不能只依靠理论计算,而经常要使用试验数据和据此定出的设计图表或进行优化设计来确定。这类壁板只有当整个结构破坏时才认为是临界设计状态,故为减轻结构重量,有时允许在达到设计载荷之前蒙皮出现失稳,只是根据刚度要求和设计经验,对于不同结构元件须规定出在设计载荷的不同百分比(例如 40%～60%)以上才容许出现不导致破坏的失稳。但若有个别长桁出现失稳,那么只有在有充分依据说明其不会诱发结构破坏的情况下,才可认为是非临界设计状态,否则一般作为临界设计状态处理。

应该注意到,如果蒙皮很薄,受载失稳后出现较大的皱纹时将扰动翼型面上的气流,并产生较大阻力,这对高速飞机尤应避免;此外薄板的反复屈曲会导致意想不到的早期疲劳破坏。所以现代高速飞机机翼蒙皮一般均较厚,有时宁可减小桁距,以避免上述问题的发生。

3. 整体壁板

这是一种重量轻、强度高的构件。蒙皮和加强筋由整块材料加工而成,常见的剖面形状如图 5.25 所示。对承受大载荷的长度大的整体壁板最普遍采用的是挤压成型或机械加工的整体构件,此外也可用化学铣切、精密铸造等方法制作。

当飞机飞行速度进一步提高时,机翼上载荷增大,机翼厚度更趋变薄。此时若仍采用蒙皮-长桁结构有以下两种增强办法,但研究表明:若加厚蒙皮则增重多;而增多长桁将增加工艺困难,且因铆接导致的表面质量问题会使阻力增大。因此出现了整体壁板,它在现代高速薄翼飞机上,特别是机翼结构整体油箱区,得到广泛应用(见表 5.1)。它与蒙皮-长桁组合式壁板相比有以下优点。

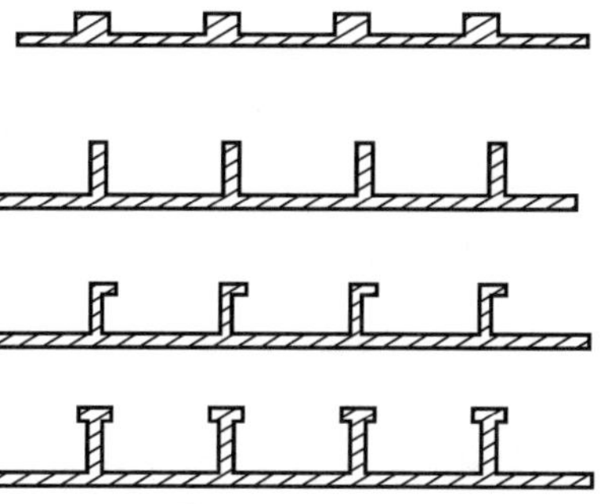

图 5.25　整体壁板的典型剖面

结构上便于按等强度合理分布材料,通过加工使壁板沿展向取得最佳的变厚度分布。结构的总体和局部刚度好,蒙皮不易失稳,改善了气弹特性。同时由于减少了铆钉数量,机翼表面更加光滑,提高了气动外形准确度;减少了装配工作量、钉孔的应力集中以及它对壁板截面积的削弱。这样既减轻了紧固件的重量,又可改善疲劳性能,并减少了密封材料的用量,对整体油箱设计提供了有利因素。采用整体壁板一般可使机翼壁板的重量降低 10%～15%,有资料介绍对薄机翼甚至可达 20%。其缺点是装配中可能会引起拉伸或由其他一些原因产生的残余应力,易引起应力腐

蚀;设计不当时对裂纹扩展比较敏感。

4. 设计壁板应注意的问题

(1)对相对厚度较大的机翼宜采用承力蒙皮-长桁组合壁板,现代运输机上大量采用的机加蒙皮和机加长桁的铆接组合壁板(加筋板)已经证明是很有效的结构;而对超声速的薄机翼宜采用整体壁板。

(2)壁板失稳与肋距有一定关系,应经优化设计选出最佳配置值(见图 5.12)。相对厚度较小的机翼其最轻结构一般是肋距较大的整体壁板。

(3)蒙皮与长桁必须连接以形成完整结构用于承受轴力;但蒙皮与肋有时可以不连接,以减少蒙皮因钉孔引起的应力集中,也有利于整体油箱密封(见图 5.26)。

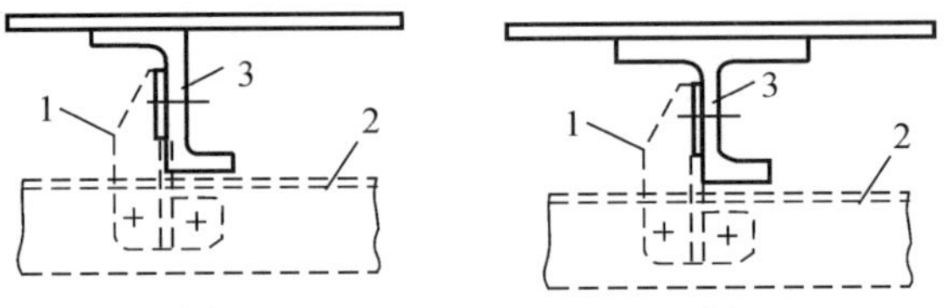

图 5.26 肋与长桁连接,与蒙皮不连(广泛采用)

(a)Z 形剖面; (b)J 形剖面

1—连接片; 2—肋缘条; 3—长桁

(4)对受拉区壁板应按损伤容限设计要求精心设计:

1)材料应选择比强度高,且断裂韧性、疲劳性能好的材料(如宜用 LY12 而不宜用 LC4);

2)控制应力水平,有的飞机(如波音-707)限制其轴向正应力为 90～100 MPa;

3)采用某些止裂措施:如蒙皮分块,或在蒙皮上加止裂缝、止裂孔、止裂件等;

4)采用先进的连接件和装配技术;

5)壁板上有不少连接设计,如翼盒蒙皮与前、后缘结构的连接,整体壁板的对接等应精心设计。一般薄蒙皮可沿弦向搭接,但厚蒙皮和整体壁板须用对接。铆接缝宜布置在梁缘条或加强长桁上,宜采用四排铆钉,避免采用图 5.27(a)所示的连接方法,而建议采用图 5.27(b)所示连接。

其他如小开口处等的局部细节设计详见第六章。

三、梁的设计

梁是机翼中的主要受力构件,承受机翼的总体剪力和弯矩。薄蒙皮梁式机翼中弯矩基本上由梁承受,此时其重量约占整个机翼重量的 20%～50%,在单块式机翼中约占 7%～11%。因此梁的设计在保证安全可靠的前提下提高结构效率上尤显重要。

1. 梁的构造形式和常用的剖面形状

梁常用的剖面形状如图 5.28 所示。翼梁的结构形式可分为腹板式和构架式。现代飞机机翼普遍应用腹板式梁,它构造简单,受力特性好,同时可作为整体油箱的一块隔板。构架式梁则零件多,制造复杂,没有或只有很少的超静定度,安全性低,又不能构成整体油箱,现已很少采用(见图 5.29)。

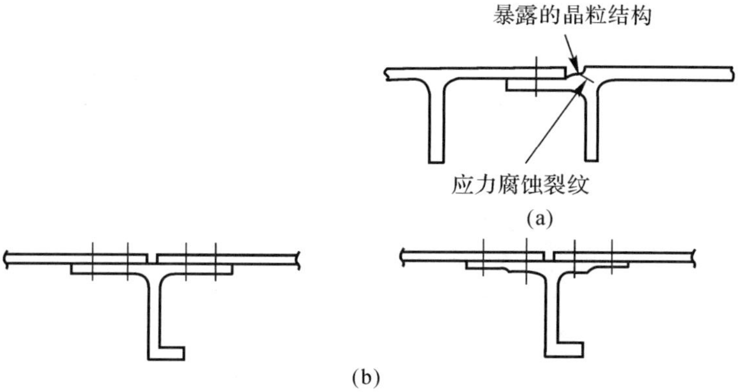

图 5.27　整体壁板连接

(a)应避免连接方式；(b)可采用连接方式

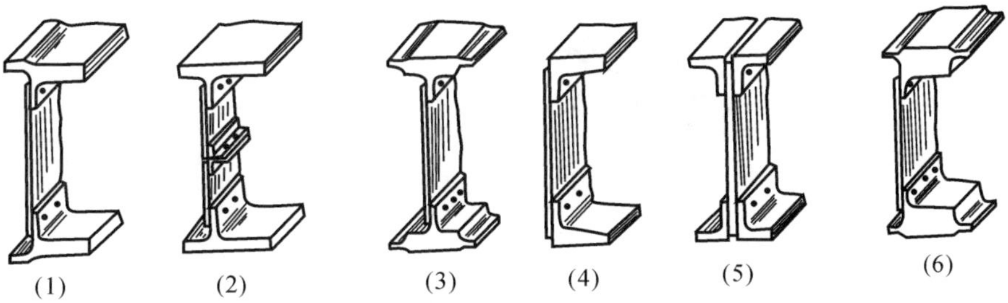

图 5.28　梁的典型剖面

腹板式梁又分铆接组合式和整体式两种。它们共同的特点是缘条作为杆元，用来承受弯矩引起的一对轴力；腹板承受机翼的剪力 Q。组合式腹板梁的缘条一般用铝合金或钛合金等金属制成，其截面面积和剖面形状的确定可参考长桁设计。由于梁的大部分重量是缘条重量，因此为减轻重量更应注意增大上、下缘条的形心间距。例如可把缘条适当做得宽、薄一些(见图 5.28(2))。受拉区为了减少铆钉孔对缘条面积的削弱，可在缘条两侧伸出两个薄翅，在保证强度的条件下，将铆钉连接部分的缘条减薄(见图 5.28(3)，(6))。受压时，梁缘条因同时有腹板和蒙皮在两个平面内提供支持，一般不会出现总体失稳，只需考虑局部失稳问题。

梁根据其是否允许腹板失稳可分为抗剪型梁(不允许腹板剪切失稳)和张力场梁两种。梁的腹板厚度远比缘条厚度要小，主要用以承受梁上的剪切载荷 Q。

抗剪型梁的腹板有两种失效形式：剪切破坏和剪切失稳。一般 τ_{cr} 小于 τ_b，故抗剪梁的腹板按 τ_{cr} 设计。通常，为了提高 τ_{cr} 值，在腹板上须加支柱。当支柱数量足够时，有可能使支柱间距 t 小于高度 h，从而提高 τ_{cr} 值。此外支柱也用于连接翼肋。必须注意，增加支柱虽有可能使腹板减轻重量，但却增加了支柱重量。根据试验可知，一般当相对载荷值 Q/h 较大时，用较多、较强的支柱加强腹板则总重量相对较轻。

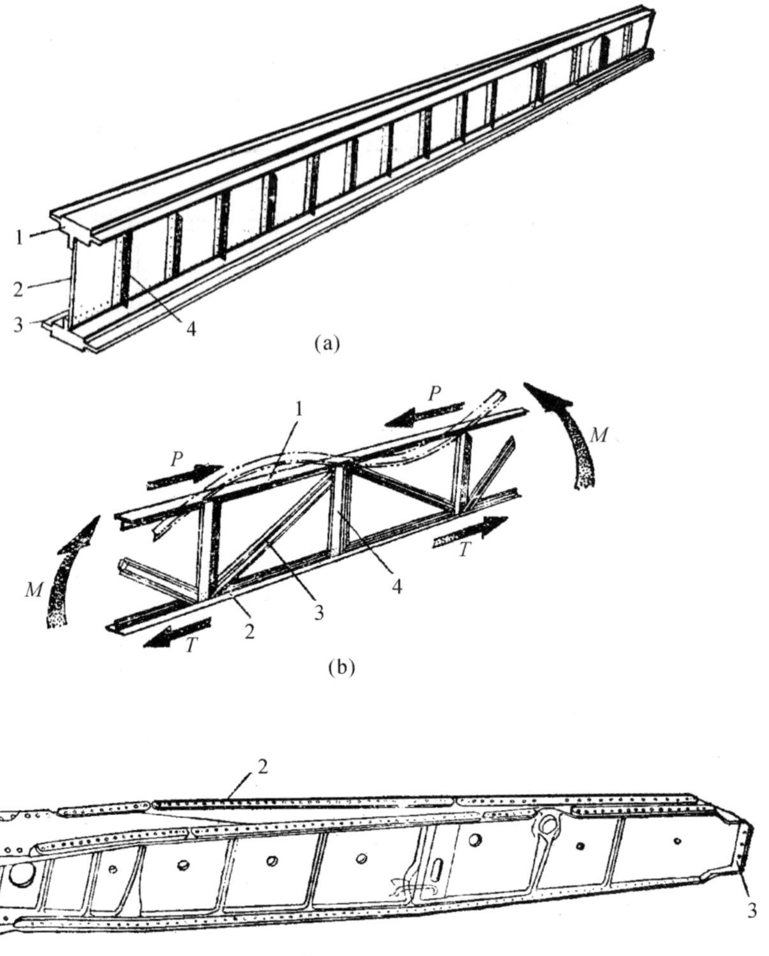

(c)

图 5.29　梁的构造形式

(a)腹板(组合)式翼梁:1—上缘条；　2—腹板；　3—下缘条；　4—支柱

(b)构架式翼梁:1—上缘条；　2—下缘条；　3—斜支柱；　4—直支柱

(c)整体翼梁:1—机翼与机身接头的耳片；　2—锉修垫板；　3—固定座

张力场梁的腹板可以失稳,失稳后腹板产生斜向波纹条,腹板以斜线方向受张力的形式承受更大的剪切载荷。张力场梁的承载条件是周边框架——上、下缘条和垂直支柱具有抗弯能力。张力场梁应按张力场原理进行设计。完全张力场梁虽然重量轻,但在缘条和腹板的铆接处常会出现疲劳问题。还应注意到若腹板太薄,可能屈曲后会出现永久变形;或在连续受力后,由屈曲引起的损伤在小载荷下积累起来,当达到某一程度时就会出现裂纹或损坏。因此在疲劳限制下,完全张力场梁一般不能被采用,而常采用不完全张力场梁(见图 5.30)。这类梁的腹板处于纯剪与完全张力场之间的状态下工作。此时剪力 Q 的一部分以腹板受剪形式受载,一部分以斜条带受张力的形式承剪,其设计计算大多利用配以试验修正系数的半经验公式。

在超声速战斗机的薄翼上的梁常由铝合金、钛合金或高纯度合金钢整体锻造后经机械加工而成。由于它较便于做到等强度,并可减少很多紧固件,故重量较轻,且刚度大。但整体梁受热加工工艺限制,腹板厚度不能太小,因此相对载荷较小时不宜采用,以免因工艺需要增大腹板厚度而增重。其次它的破损安全特性比组合梁要差,特别当用高强度合金钢制造时,因此要考虑补救办法。例如 A-300 机翼就在靠近机翼下表面处翼梁腹板上用一根钛金属带胶接于梁上来减慢或阻止裂纹的扩展。

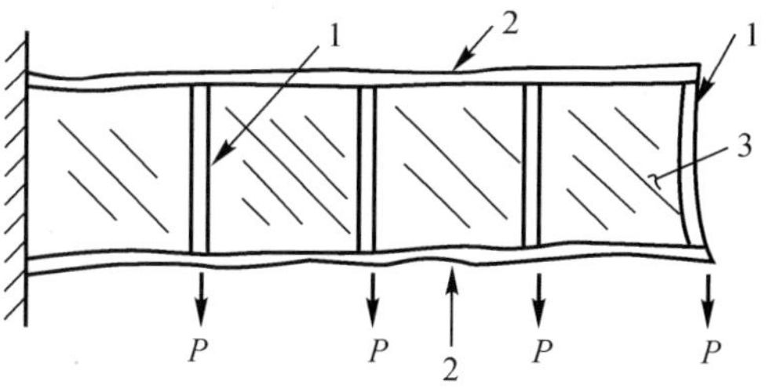

图 5.30 梁腹板以不完全张力场梁形式受载

1—垂直加强条; 2—翼梁凸缘; 3—腹板

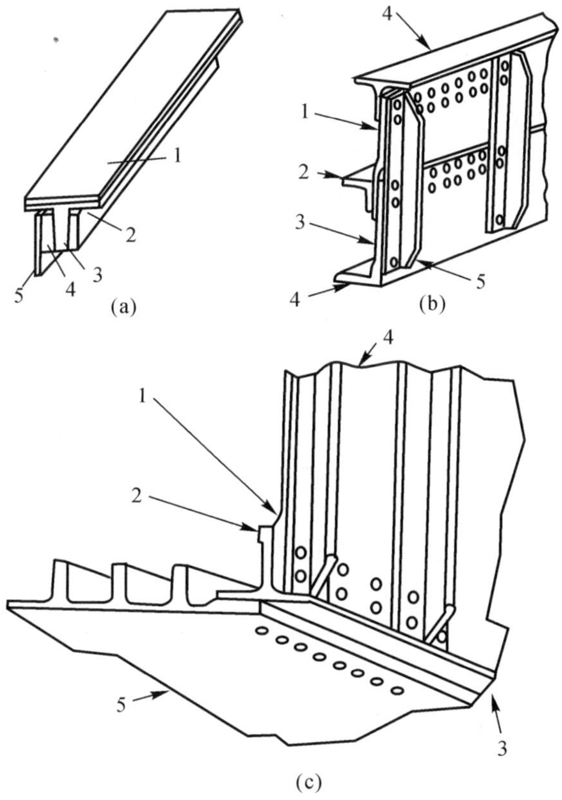

图 5.31 考虑破损安全的梁的设计

(a)缘条为多重受力元件:

1—蒙皮; 2—铝条带; 3—缘条; 4—钢条带; 5—腹板

(b)翼梁腹板用止裂锁挡的破损安全设计:

1—上腹板; 2—止裂锁挡; 3—下腹板; 4—翼梁凸缘; 5—垂直加强支柱

(c)翼梁腹板与下表面凸缘连接处局部加厚的破损安全设计:

1—局部加厚腹板; 2—附加凸缘; 3—翼梁凸缘; 4—梁腹板; 5—蒙皮

以上所述的设计考虑主要以强度、刚度和重量特性为主,实际上梁的设计如同图 5.18 所示的波音-737翼梁的设计一样，还必须兼顾到损伤容限、工艺性、使用、维修以及成本等各方面因素，权衡分析，综合设计。图5.31所示是可以采取的一些损伤容限措施。图5.31(b)所示是加一止裂锁挡，它一方面可止裂，另外一旦下部梁有裂纹甚至断裂，则上缘条和止裂锁挡(起“下”缘条作用)连同上部腹板一起继续受载，但这种方法将增加重量和零件数量，需要增加展向连接。而图5.31(c)所示的方案是将腹板在与缘条连接处局部加厚，并采用高强度钢制紧固件。若梁缘条断裂，其载荷将由局部加厚的腹板和邻近的机翼表面结构来传递。图5.31(a)所示则是利用多重受力元件来保证梁的破损安全，图示的波音-707发动机吊挂大梁的缘条由三个元件组成，当其中一个出现裂纹后不致危及其他元件，整个梁仍有相当的承载能力。不同的机翼翼梁可结合各自的具体条件进行综合设计。

四、翼肋设计

翼肋分普通肋和加强肋，其构造形式可分为腹板式、构架式、围框式和整体肋等几种(见图5.32)。普通肋承受局部气动载荷并维持外形，较多采用腹板肋。为减轻重量，多在腹板上开许多减轻孔，孔边带有弯边，腹板上常压有一些凹槽，其作用类似于弱支柱，这些均可起到增加腹板稳定性和侧向刚度的作用。为了便于和翼梁腹板连接，翼肋常分成前、中、后三段(见图5.32(a))。有的翼肋分成上、下两半，以蒙皮为基准进行装配，既易于保证机翼气动外形的准确度，又改善了工艺性。围框式翼肋(见图5.32(d))也属此类型，它还便于各种系统的管子、操纵拉杆和钢索、电缆通过；但因其分成上、下两个高度较小(小于半肋高)的“梁”各自独立受载，故结构重量较重。构架式翼肋因不便于受集中力(除非有专门安排)和固定接头，现一般很少采用，但在有的大飞机厚翼上，为便于内部管子、钢索等通过，以及为了减少高大腹板的重量，局部部位有采用此种形式。

加强肋一般由缘条、腹板组成。由第三章分析可知，有些加强肋的内力主要是剪力，而弯矩很小，此时肋应设计成有强腹板，并在腹板上布置较多支柱以提高腹板的剪切稳定性。有些加强肋其内力既有弯矩，又有剪力(如肋受集中载荷时)，则除有较强的腹板外，还必须布置较强的缘条。

五、机翼连接

机翼的连接是飞机结构设计最重要的环节之一，通常都要花费很大的精力，要研究多种构造。由于连接接头及接头附近结构上的载荷、应力集中程度及工艺因素等难以凭计算得到可靠的答案，在研制阶段常对被认为可采用的构造还须做局部构件试验，以尽量减少设计修改的可能性。

机翼连接包括两方面内容：一是机翼与机身的连接，将于第六章中详述；二是机翼设计分离面处两部分机翼的连接。由于连接增加了结构的复杂性，并且影响到结构强度，尤其是疲劳强度，同时使机翼重量增大，制造成本增加，因此现代飞机(包括大型运输机)已很少如过去那样设置几个机翼设计分离面。但由于机翼的后掠、上反角和制造上的限制，使一些带中央翼的飞机，如旅客机波音-747，L-1011以及战斗机苏-27、苏-30等，在机身侧边的外翼根部与中央翼的连接成为必要。本节只介绍机翼本身分离面处的连接。

机翼设计分离面处的连接接头多为可拆的。从传力需要必须将壁板和梁的缘条、腹板以及根肋沿翼盒周缘连接起来。其壁板的连接主要有三类。

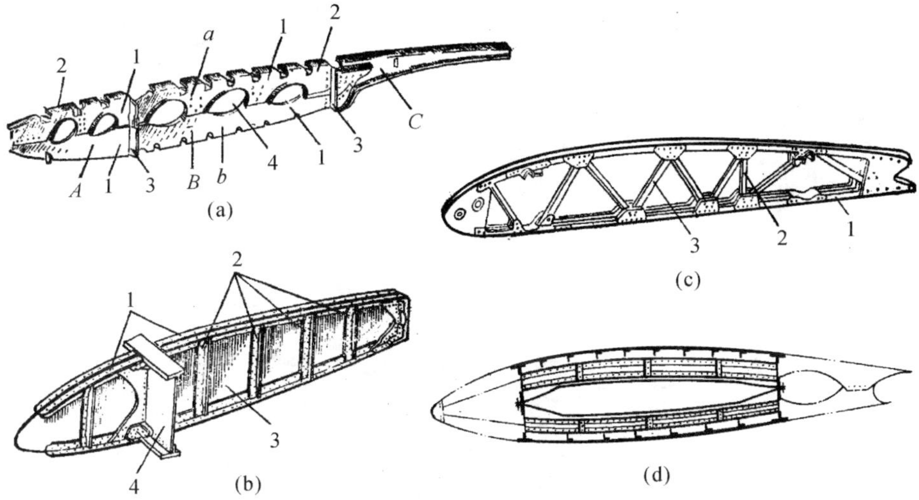

图 5.32 翼肋构造形式

(a)腹板式翼肋:1—腹板; 2—周缘弯边; 3—与翼梁腹板连接的部分; 4—减轻孔;
A—前段; *B*—中段; *C*—后段; *a*—上部分; *b*—下部分

(b)带支柱的腹板式加强肋:1—缘条; 2—支柱; 3—腹板; 4—翼梁

(c)构架式加强肋:1—缘条; 2—直支柱; 3—斜支柱;

(d)围框式翼肋

1.分散的受拉螺栓接头

对接螺栓沿展向水平放置,传弯时螺栓受拉,传扭时螺栓受剪。图 5.33(a)所示为安-124 的中、外翼对接,在对接处壁板上有梳状件,螺栓置于其槽中。苏-30MK 的中、外翼对接与此类似(见图 5.1);苏-27 一侧的对接面上就有 100 多个螺栓。图 5.33(b)所示为协和号超声速运输机的对孔式接头。这类接头一般都将螺栓安装在蒙皮内表面,再在外表面加装盖板。由于螺栓主要受拉,因此制造精确度要求不高,装卸方便,对薄翼型的战斗机比较经济,缺点是重量较大。

2.对接板式接头(见图 5.34)

靠对接板沿对接面周缘用大量螺栓将上、下壁板和腹板连接起来。现代不少大型运输机的机翼都采用这种方法连接。其特点是无论传弯、扭、剪,连接螺栓均受剪。优点是重量轻、可靠性高,有固有的破损安全特性;但成本和制造精确度的要求高。

3.对接板和抗拉螺栓的组合(见图 5.35)

其优点是可靠,有破损安全特性,制造精确度要求不高;缺点是重量大。

须注意设计时结构连接处应尽可能避免或减小偏心距。如图 5.35 所示,其蒙皮和桁条的组合中性轴正好落在连接板的中性轴上,这对接头本身及相邻结构都不致产生偏心力矩引起的附加应力,并能改善接头的疲劳特性。

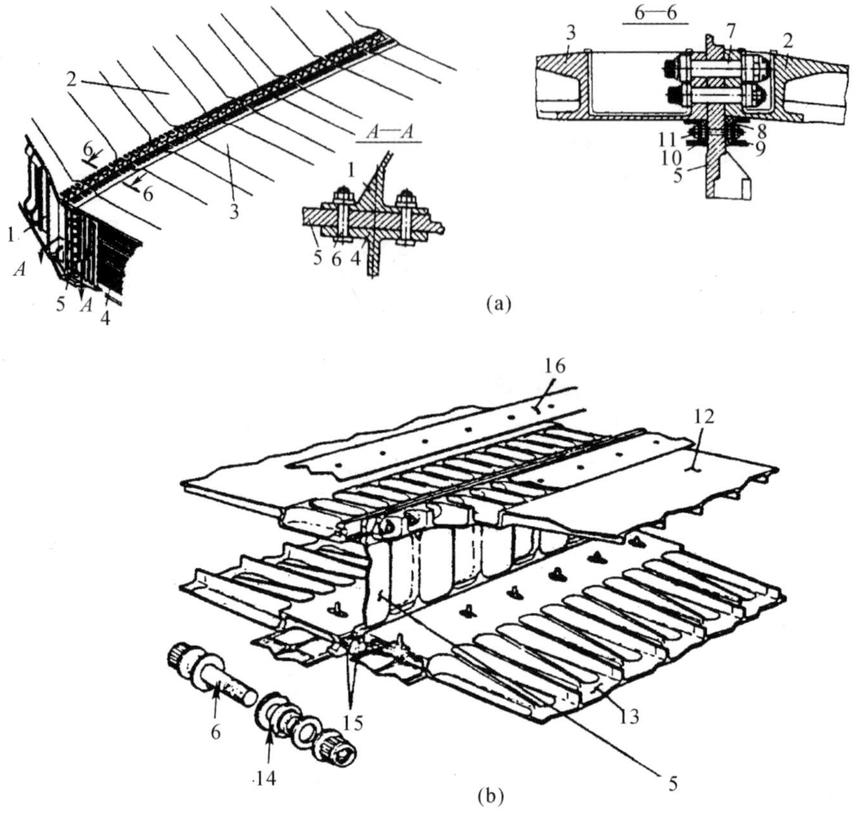

图 5.33 机翼根部连接——受拉螺栓

(a)安-124； (b)协和号

1—外翼梁； 2,3—外翼、中央翼的上壁板； 4—中央翼梁；

5—根肋； 6,7—螺栓； 8—密封胶；

9—压紧物； 10—型材； 11—双头螺栓；

12,13—机械加工的上、下壁板； 14—测力弹簧垫圈；

15—密封连接； 16—槽盖板

六、结构受集中载荷处的局部设计

集中载荷作用处的设计在飞机结构设计中常会遇到，是一个必须引起重视的问题。集中载荷作用部位的构件布置有以下几条准则。

(1)集中力作用于板杆结构上时，必须有适当的杆来扩散、传递此力。

飞机结构基本上是由一些平面结构组成的空间受力结构，当平面结构为由薄板和受轴力杆组成的板杆结构时，鉴于薄板不宜受集中力以防撕裂，当在一构件(如加强肋、辅助短梁的腹板)上作用有集中力时，必须在其板上布置杆将集中力扩散成分布剪流，再由该构件传到支承结构(如机翼或机身的受力盒段)上去。

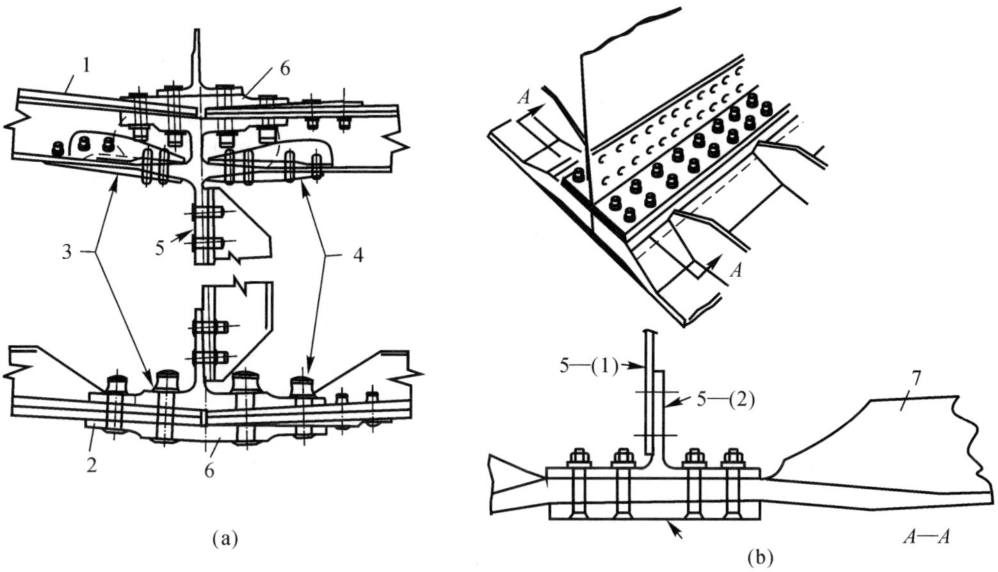

图 5.34　机翼根部连接——对接板式

(a)L－1101；(b)C－141

1—上部连接；2—下部连接；3—外翼；4—中翼；

5—根肋，5—(1)腹板，5—(2)缘条；

6—对接板；7—整体加筋壁板

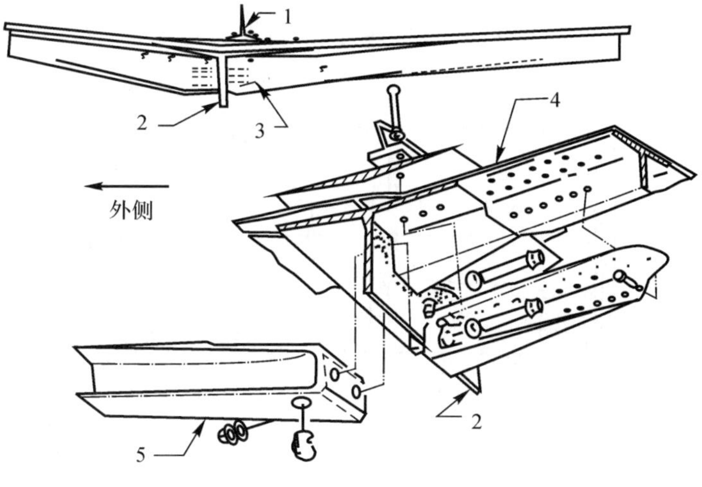

图 5.35　DC－10 机翼根部连接

1—连接机翼与机身蒙皮的 T 形条；2—根肋缘条；3—预加载抗拉螺栓；

4—内侧长桁；5—外侧长桁

例 5.1 基本结构为上、下杆和端头的 CC' 杆，加一块板，左端为固接(见图 5.36)。

1)E 点作用一法向集中力时应沿力方向布置杆 DE。DE 可直接通到支承处；也可如图 5.36(a) 所示布置一段长度(该长度可根据板能承受的最大剪流决定)，但此时应在 D 处再布置杆 BB' 结构才能受载。各杆相应的内力(轴力) 如图所示。

2)E 点作用一切向集中力，则利用原基本结构即可(见图 5.36(b))。

3)E 点作用一斜向力。此时可把斜向力分解成法向力、切向力，相当于上述两种情况叠加(见图 5.36(c))。

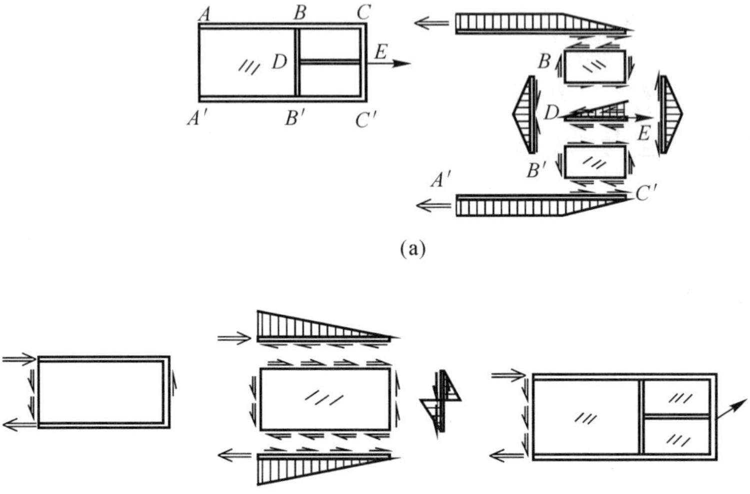

(a)

(b) (c)

图 5.36 根部固支平面板杆结构受集中力

(a) 受法向力； (b) 受切向力； (c) 受斜向力

例 5.2 某点作用有斜向力时也可直接沿作用力方向布置一斜杆(见图 5.37)。

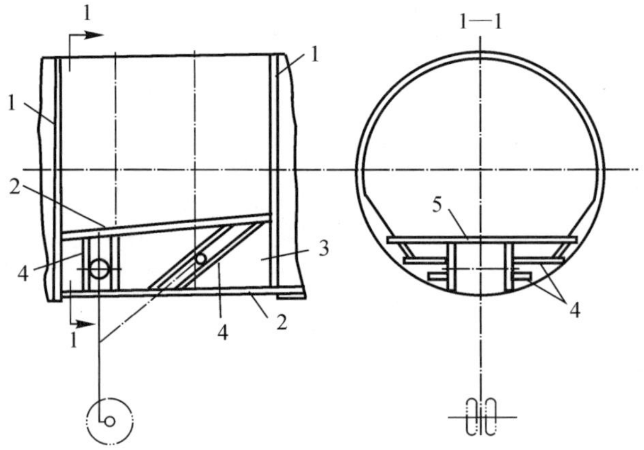

图 5.37 大型飞机前起落架与机身连接处机身的结构布置

1— 加强框； 2— 短梁缘条； 3— 短梁腹板； 4— 加强型材； 5— 座舱地板

(2) 集中力矩作用于板杆结构上，例如集中力与支承构件有力臂而引起力矩时，可把此力矩用接头等构件转换成一组大小相等、方向相反的力，再用适当的构件传走。

例 5.3 梁后面支架上作用有垂直力 P，为传递力 P 引起的力矩 $M=Pc$，可在支架前方布置两加强肋 3，并通过接头 2 将肋与梁、支架相连，传递 M 引起的一对轴力 N。接头宜采用Ⅱ形剖面角盒(见图 5.38(a))。但因两肋间的梁腹板受弯，受力不尽合理。图 5.38(b) 所示方案相对而言比较合理。它在支架前只安排一个加强肋，然后在肋的左、右两侧对称地布置两个接头 2，肋高度较小时接头 2 可将上、下做成一个整体，翼肋缘条采用 T 形剖面以便于连接。该布置也可用于承受、传递 x 向力 T。

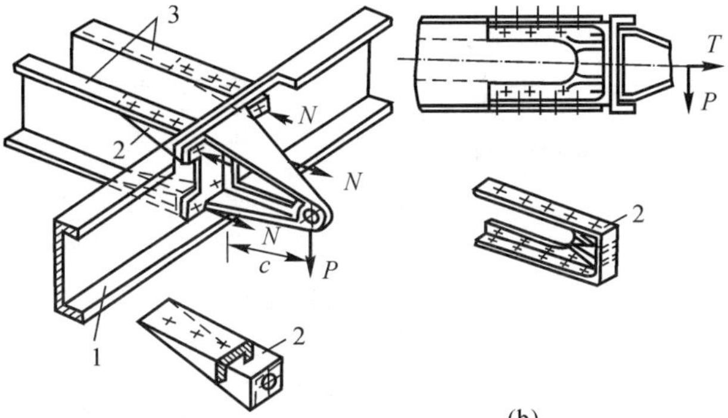

图 5.38 支架上作用有垂直面内 y 向力 P 和 x 向力 T 时的结构布置

1— 梁； 2— 接头； 3— 加强肋

例 5.4 翼梁下方作用 z 向力 P(见图 5.39)。力 P 由支臂传到梁上，而偏心力矩 $M=Pc$ 通过接头转换成一对垂直力 N 传给梁腹板(见图 5.39(a))；或用一角盒式接头以梁形式受载，并将 M 转成一对水平力传给上、下缘条。

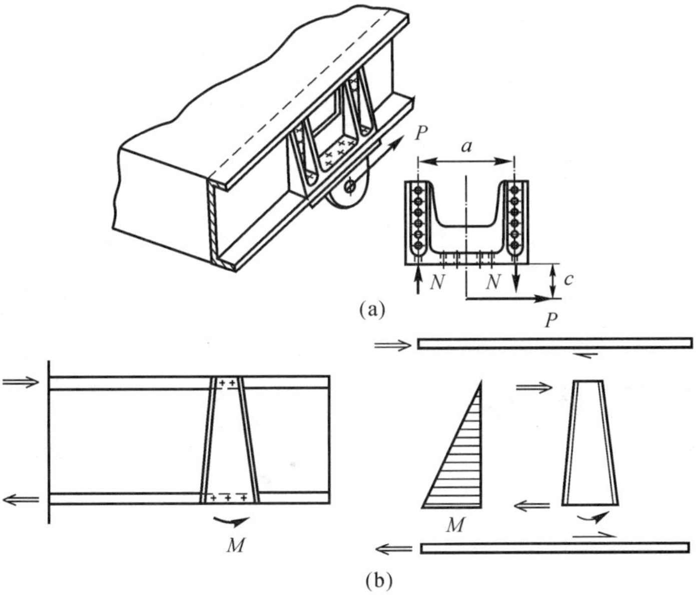

图 5.39 翼梁下方受 z 向力 P 的结构布置

(3) 尽量避免、减小附加的偏心力矩。采取的措施可以用"使三个集中力交于一点"，或另附加构件将偏心力矩转换成平面内的一对力等措施。偏心力矩很小时，也可加强接头使其有能力受此力矩即可。

例 5.5 A 点作用有集中力，如按图 5.40(a) 所示加短杆，则会出现偏心矩。若按图 5.40(b) 所示，力通过三杆交点，就不会出现偏心力矩。图 5.40(c) 是波音-707 发动机吊挂与机翼的连接。后撑杆上的力通过下接头（它位于加强肋的下缘条与该肋上的十字形接头的交点）与机翼的连接螺栓组的刚心，从而避免了附加弯矩，减轻了结构重量。

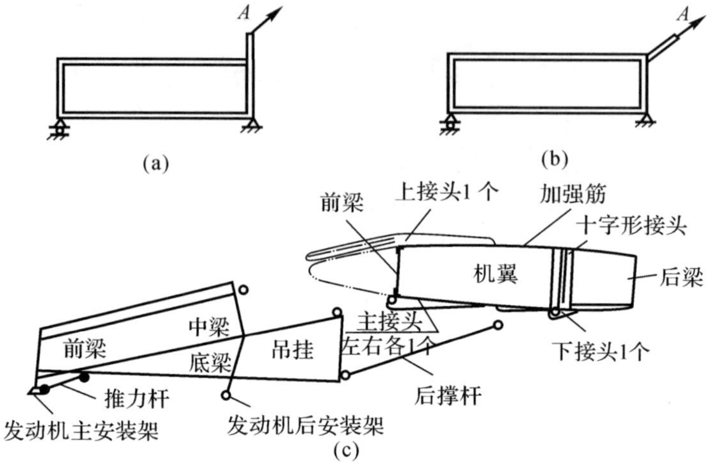

图 5.40　力作用于三杆交点的结构布置

(a) 不合理；(b) 合理；(c) 波音-707 发动机吊挂后撑杆上力的传递

例 5.6 z 向的 P 力作用在垂直于肋的平面内，但不在梁上。可在两肋（对机身即为两框）之间布置一构件（见图 5.41(a)），偏心力矩由它转成一对力 N 传给两肋。若偏心力矩很小，则可直接用一个三角形角盒受力、传力（见图 5.41(b)）。

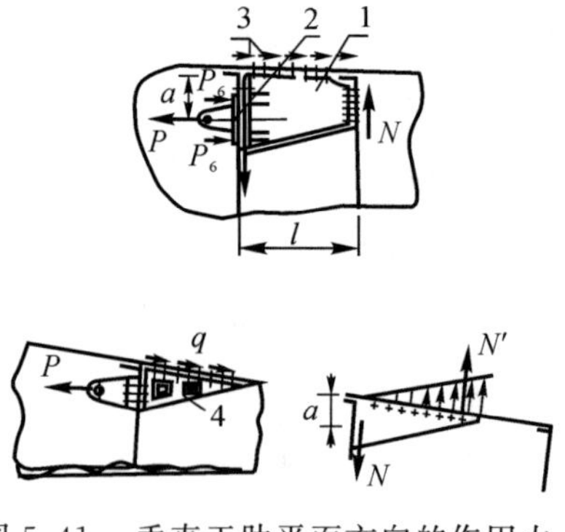

图 5.41　垂直于肋平面方向的作用力 P

1— 附加构件；2— 支臂；3— 肋；4— 角盒接头

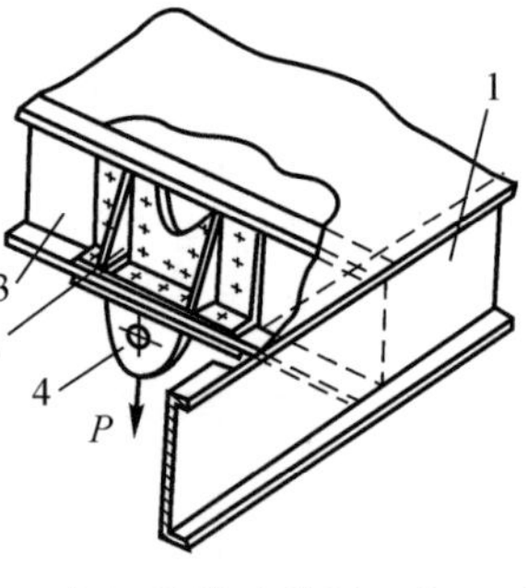

图 5.42　在加强肋或横梁上加 y 向力 P

1— 梁；2— 接头；3— 加强肋（或横梁）；4— 支臂

例 5.7 如图 5.42 所示，在加强肋上受 y 向力 P，此时可在肋下缘条的上、下方分别布置接头 2 和支臂 4，并由肋将力 P 传给翼盒。若外载 P 与加强肋腹板还有偏心距时将产生偏心力矩。此时可如图 5.42 所示在接头上加筋条，并适当加强翼肋的缘条。若该力矩较大时，为防止肋本身扭坏，应在肋的另一侧布置一垂直于肋平面的构件来承受、传递该偏心力矩。

(4) 受轴力杆当轴线不连续时要附加其他杆，必要时要局部加强参与区内的受剪板。

例 5.8 梁缘条、长桁轴线有转折时，必须在转折点处布置第三受轴力杆(如另一梁或肋的缘条)承受 N_l 的分量 S。如图 5.43(a) 所示在上面还用变厚度的加强盖板把它们相互连接起来。为减重，梁缘条可反向减薄，也可直接用角盒接头置于各梁缘条内侧以保证彼此间的连接(见图 5.43(b))。

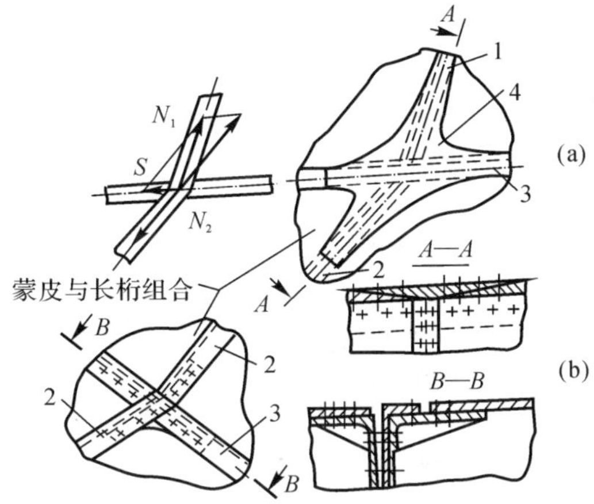

图 5.43　受轴力长桁或缘条轴线转折时的布置

1,2,3— 受轴力长桁或梁缘条；　4— 对接板

例 5.9 当两受轴力杆平行但错位时，为将一杆上的轴力传到另一杆上，必须布置参与段(见图 5.44)，由板受剪传递轴力 P。

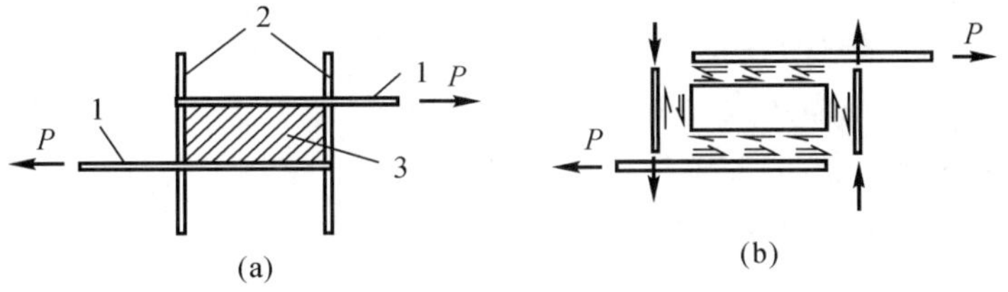

图 5.44　受轴力杆错位时参与段工作原理

(a) 参与段结构示意图；　(b) P 的传递过程

1— 受轴力杆；　2— 垂直杆；　3— 加强蒙皮(或板)

(5) 一般说应不让板受垂直于板平面内的力，以防止出现平板受弯的不合理设计，此时可采取如图 5.45 所示方法处置。当构件为厚板构件时，也可以受不大的垂直于板的力，但须注意将力分布得广些，且尽量避免出现附加弯矩(见图 5.46)。

以上准则不仅适用于机翼，也适用于机身等其他结构，它们的设计原理是一样的。

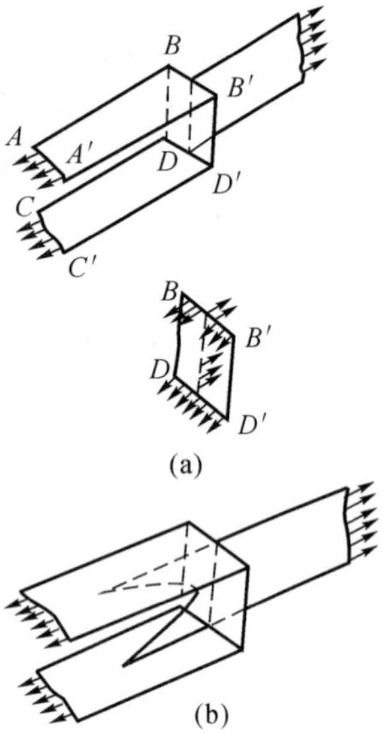

图 5.45　传递不同位置板平面内的力的不同方式

(a)不好的方式；　(b),(c)两种较好的方式

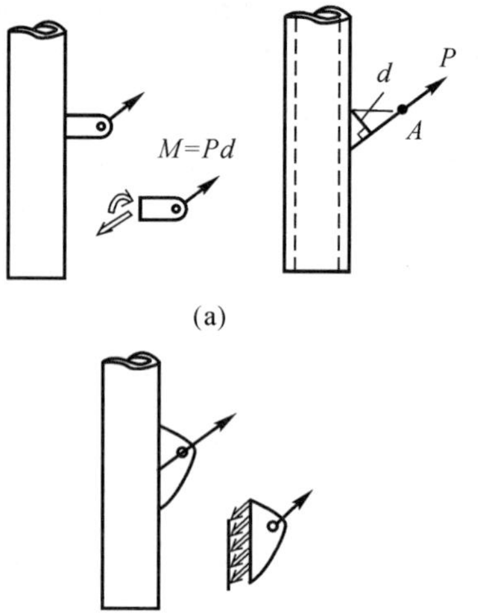

图 5.46　集中力传到厚壁筒上的情况

(a)不好的连接接头形式；

(b)较好的连接接头形式

5.5　机翼整体油箱的结构设计

飞机整体油箱是将机翼或机身承力结构的一部分设计成可储存燃油的结构油箱。现代飞机的机翼上普遍设置有整体油箱，如图 1.1，图 5.1，图 5.4 所示的 F－117A，21 世纪始用的苏－30MK和“阵风 C”战斗机；有些旅客机甚至把全部燃油都储存在机翼内。采用机翼整体油箱不仅可以充分利用机翼内的容积多装燃油，增加飞机的航程和续航时间；还可使机翼卸载，有利于减轻其结构重量；油箱远离客舱还可使旅客更为安全。由于燃油系统工作的可靠性将直接影响到飞机的飞行安全，因此整体油箱设计时除满足结构的各项设计要求外，还必须满足为保证燃油系统工作可靠性而提出的一些要求，应综合考虑。

一、对整体油箱结构设计的要求

除对飞机结构的一般要求外还有以下各点须予以考虑。

1. 首先必须保证整体油箱的密封性

为保证飞机使用的安全可靠，油箱的密封至关重要，须采取各种密封措施，确保各构件接缝处、紧固件结合处等在结构受载状态下不渗漏；并从油箱结构形式的选择、油箱区的构件布置以及各构件间的连接等考虑密封问题。

2. 强度要求

强度规范和民用航空条例规定“整体油箱应能承受工作中可能有的各种振动、惯性、油液和结构的载荷而不破坏”。整体油箱的结构往往也是机翼的主要受力结构，因此油箱区的结构元件除承受气动力等引起的总体载荷外，还要承受油箱增压（油箱大多采用压力供油）和油液静压引起的局部载荷，比一般情况要设计得更强些，不仅要保证足够的静强度和局部强度，同时要有良好的抗疲劳和损伤容限特性，采用损伤容限特性好的结构形式。

3. 刚度要求

油箱密封试验结果表明，除密封措施外，结构的刚度也直接影响整体油箱的密封性、安全可靠性。

4. 便于检查、维修、拆装和清洗

整体油箱由于载荷和环境（燃油、湿/热）的作用，会使密封剂老化，密封剂层脱粘和发生裂纹，燃料的腐蚀以及外力造成偶然损伤等，都可能导致密封失效或金属构件的腐蚀。因此结构设计时应保证所有的油箱壁都能从内、外表面触及到，以便做定期的检查、清洗和修理。

二、整体油箱结构设计特点

1. 整体油箱的构造形式

现代飞机一般直接应用机翼原有的主要受力结构件作为油箱的隔板，这样便于加强件综合利用，不另加构件，减轻结构重量。但主要受力构件的受载和变形相对较大，须认真解决好油箱密封，使整体油箱尽可能在主装配前成为完整的密封结构，对工艺性和密封都十分有利。在某些情况下，受力最大的主要构件（如梁）变形很大时，也可另设油箱隔板，这样易密封，但结构重量较大。

2. 减少油箱表面的连接缝长度和结合孔数量

为此，在歼-8，F-16，苏-27等战斗机和协和号运输机等的整体油箱段均采用了加筋整体壁板。图-144运输机的机翼整体油箱用整体铣切的铝合金壁板与翼肋、大梁焊接在一起。F-111变后掠机翼的中翼整体油箱，则由33个Ti-6Al-4V机械加工零件用电子束焊接而成。

有的飞机采用了少肋、无长桁、多腹板的结构型式（如幻影Ⅲ）；有的飞机虽采用多肋、多长桁的铆接结构，但它多数普通肋只和长桁连接（见图5.26），只有少数翼肋还与蒙皮相连，上述这些措施减少了连接件数量和重量，也减少了漏油的可能性。

3. 构件间的连接和布置

当机翼在展向布置有几个独立的整体油箱时，往往将受轴力的长桁在油箱端肋处切断，另通过接头从左、右两侧对接起来。这样虽会增加些重量，但可使油箱端部翼肋处密封更为可靠。每个油箱的箱角处尽量使梁、肋、壁板（或蒙皮）互成90°，用角盒将它们连接、封堵。如果各构件的交角小于90°，则会增加油箱的清洁、密封和修理密封的困难，从而降低了密封的可靠性。

4. 采用刚性较好的结构

整体油箱一般均采用刚度较好的整体加强件，构成较强且刚度较好的骨架构成密封油箱舱。如苏-27战斗机上共有五个机翼、机身整体油箱，由于其结构形式合理，广泛采用钛台金，结构刚度很大，不易变形，又采用了新型密封材料，比较成功地解决了漏油问题。有时长桁通过翼肋时翼肋弯边不切断而制成圆弧拱形，以提高翼肋的刚性。应尽可能避免油箱壁上有大的集中载荷，如不可避免时须局部加强，以减少局部变形。油箱舱部分的蒙皮和梁、肋的腹板等薄板，厚度不得小于1.27 mm。

5.采用便于维护、修理的结构措施

大型飞机的机翼整体油箱在保证壁板不失稳的条件下适当使肋距大些，并在高度较大的肋上布置人员通过孔；在壁板上开维修口盖，以形成维修通道。虽然从疲劳设计看，在主要受拉应力的下翼面开口不利，但为了使用维护方便，有的飞机把维修口疬开在下翼面(如图 5.2 所示的波音-707，图 5.3 所示的运-10)，此时对开口位置、排列、形状及结构的加强须做精心设计(详见第六章)。有些小型飞机为便于维修，将较大面积的整体油箱上表面设计成可打开的。密封后的油箱应能通过检查口很容易地向内部观察、检查，并能触及到油箱内的各个部位。

油箱内各隔板间应设通油孔和通气孔，能使全部燃油聚集到特定的放油口，必要时(如应急迫降时)将全部燃油放出。要设计有效的排水系统，定期地从放水口排放积水。

6.保证整体油箱使用安全性的其他措施

现代运输机上经常在机翼整体油箱下方吊挂有发动机短舱，为安全起见，可利用吊舱上部的水平隔板和支座隔框(用钢或钛制)作为防火墙。此外机翼整个外围应形成连续导电接触，以防油箱雷击起火。

为了保证机翼整体油箱在应急着陆受到碰撞的情况下不致裂开和泄漏燃料，可采用应急断离设计。如图 5.47 所示是装有剪切安全销的断离设计。这类销子的容许剪应力易于计算，当发动机短舱一旦受到撞击，安全销即被剪断，短舱从机翼上断离而不致造成严重后果。实际上受力盒段上一些大的集中载荷作用点，常有应急断离设计(如某些起落架支架处)。

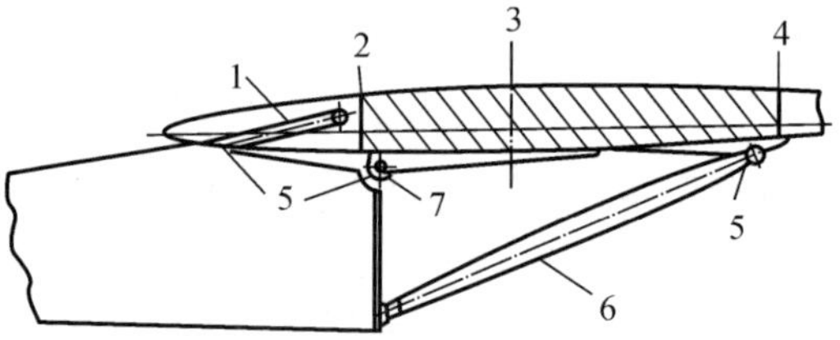

图 5.47　发动机短舱支架的应急断离设计

1—上连杆；　2—前梁；　3—中梁；　4—后梁；　5—剪切安全销；　6—下连杆；　7—发动机短舱接头

三、整体油箱的密封形式

密封系统的设计是整体油箱设计极其重要的部分。密封方法与所采用的密封材料性能、工艺技术水平和整体油箱的结构情况有关。目前常有以下几种。

1.紧固件连接处的密封

(1)密封铆钉。这种铆钉主要靠镦头附近的钉杆膨胀，使之与孔壁处于干涉配合的状态起密封作用。密封铆钉工艺简单，不增加工作量，不用密封胶，故不致引起增重，经济性好，大量用于上、下蒙皮与长桁的铆接上(见图 5.48(a))。

(2)钉头密封的紧固件。对一些受载较大的胡克铆钉、高抗剪铆钉和螺栓等非密封的紧固件，在钉头上套以涂有密封胶的软铝密封罩，并在罩外和接缝上涂以密封胶(见图 5.48(b))在波音-707 上这是采用得最多的形式，大量用于蒙皮与长桁以及梁的缘条与腹板的连接，占到其油箱连接缝长度的 40%。

(3)螺钉的密封。在螺钉头上带密封胶圈、O 型胶圈或金属封严物等。O 型胶圈是利用其压缩变形来密封的(见图 5.48(g))。

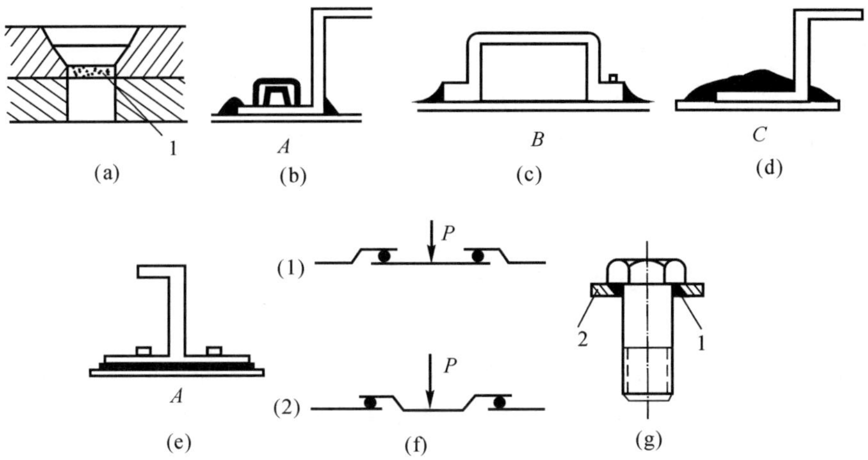

图 5.48　油箱密封形式

(a)密封铆钉；(b)缝外密封形式 A；(c)缝外密封形式 B；(d)缝外密封形式 C；
(e)缝内密封形式 A；(f)口盖密封；(g)密封连接件
1—O 型胶圈；2—平铝垫圈

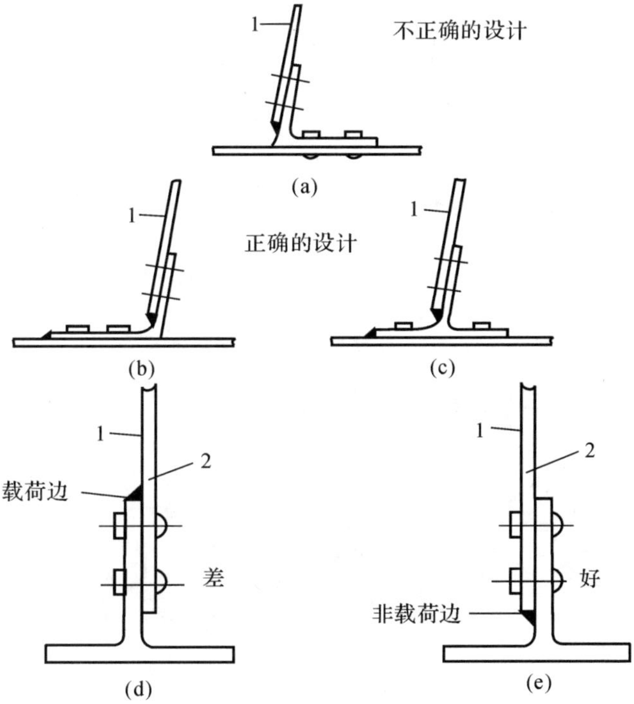

图 5.49　整体油箱的缝外密封

(a),(b),(c)梁缘条与蒙皮间的密封；(d),(e)梁缘条与腹板间的密封
1—油液载荷；2—梁腹板

2. 缝外密封

在长桁与蒙皮贴合处的接缝处涂以密封胶(见图 5.48(c))。图 5.49 所示形式是高度较大的运输机机翼整体油箱中常用的密封形式。密封条应尽可能位于无载荷的边缘上(见图 5.49(e));若位于载荷边上(见图 5.49(d))则密封条易损坏。在梁缘条与蒙皮的嵌角处,应按图 5.49(b),(e)所示的方式密封,如按图 5.49(a)所示的形式密封,很易因油液的作用使嵌角处梁缘条与蒙皮分开,密封损坏而漏油。

有时在钉头与接缝处涂以连续的密封胶层(见图 5.48(d)),或在整个油箱内壁涂敷密封胶。这种方法虽工艺简单,但密封材料用量大,结构重量增加,经济性也不好。

3. 缝内密封

高速战斗机通常为薄翼,因结构和内部空间的限制及机翼表面尽量不设计口盖等要求,沟槽压力注射密封几乎是最常用的密封方法。在较厚的油箱骨架上用垂直沟槽和水平沟槽构成互连的连续网状系统,完全包围油箱的所有周边。沟槽最好设置在紧固件排列线上,或两排紧固件的中间(见图 5.50)。用压力注射向沟槽中充填不硫化的密封剂(见图 5.51)。若沟槽处于螺栓内侧(或外侧),可能会因蒙皮在高压作用下产生较大变形,使密封剂沿间隙挤出。此外若螺栓未进行必要的密封则会出现漏油,以上情况均应尽量避免。

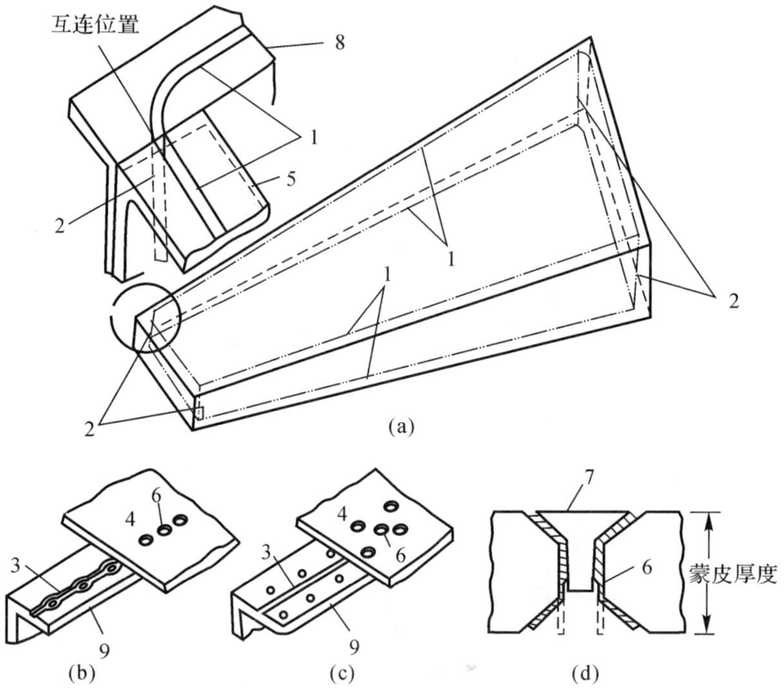

图 5.50 战斗机薄翼整体油箱密封形式

(a)翼盒沟槽密封系统; (b)沟槽沿紧固件排列线; (c)沟槽在两排紧固件间; (d)插入装置

1—水平沟槽; 2—垂直沟槽; 3—沟槽; 4—蒙皮; 5—密封肋; 6—入口;

7—插入螺杆; 8—梁; 9—次结构件

对于厚度较薄的构件，可在装配前在相互接触的结合面上涂密封胶或夹上干胶膜(见图5.49(c))，但由于夹缝内有胶，会增加铆接困难，质量也不易保证。

4. 口盖密封

口盖密封主要靠四周胶条保证。由于口盖受内外压差的作用，故图5.48(f)中的形式(2)比形式(1)密封性更好。口盖用带密封圈的螺栓固定。

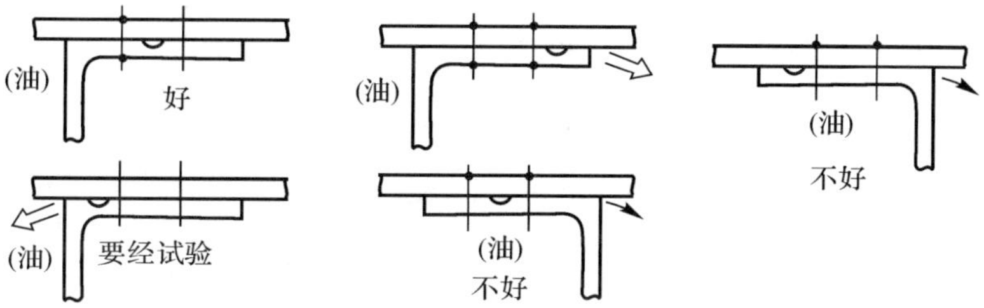

图5.51　整体油箱沟槽的设计

✦ 螺栓带有阻漏的密封垫圈和O形圈处；

→ 油泄漏；　⇒ 由于密封剂压力，密封剂可能分离而被挤出

5.6　机翼前、后缘可动部分和尾翼、操纵面结构设计

一、机翼前、后缘活动面简介

现代飞机上机翼的前、后缘，有时沿整个展长，布置了大量活动面。除后缘的部分展长布置了横向操纵用的副翼和扰流片之外，其余部分则用来布置各类增升装置，用以延迟机翼在大迎角飞行时失速的发生，改善起飞、着陆特性，提高各种飞行状态下飞机的机动性。须注意的是，现代飞机发展的一个显著特点，是把机翼的可动部分愈来愈多地相互联系起来，组合在一个多功能的系统内，并和飞机的自动操纵系统联系在一起。自适应机翼即是其中之一。

1. 机翼前、后缘增升装置简介

增升装置的形式很多，有各类襟翼、缝翼或可动部分(见图5.52)。

前缘增升装置一般布置在弦线最前面的10%～15%弦长区域内。有固定式前缘缝翼、可操纵前伸缝翼、克洛克襟翼、下垂前缘和局部弯曲等形式。后缘增升装置一般在65%～75%弦长之后的25%～35%弦长范围内。有简单式、后退式、开裂式、开缝(单缝、双缝或多缝)式和喷气襟翼等多种形式的襟翼。以波音-727-200为例(见图5.53)，其前缘为三块内侧克洛克襟翼(26.5%(l/2)长)；外侧的2/3展长为四块铝合金前缘缝翼。后缘的三缝襟翼为铝合金和铝合金蜂窝结构，其中内侧三块(占25.4%(l/2))在地面时使用，外侧四块(占30.2%(l/2))在飞行中使用。其余部分则安排内侧的高速副翼和外侧的副翼以及与它们连动的扰流片做横向操纵用。左、右扰流片也可对称打开做减速板用。它们都有双套的液压助力操纵系统和应急手操纵系统。

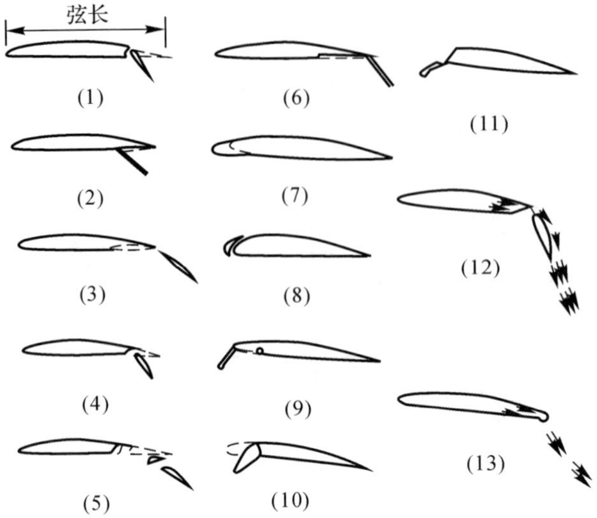

图 5.52 各类前、后缘增升装置

(1)—简单式襟翼；(2)—开裂式襟翼；(3)—富勒式襟翼；
(4)—开缝襟翼；(5)—双缝襟翼；(6)—后退襟翼；
(7)—前缘局部弯曲；(8)—固定式缝翼；(9)—克洛克襟翼；
(10)—下垂前缘；(11)—可操纵前伸缝翼；(12)—吹气襟翼；(13)—喷气“襟翼”

如图 5.54 所示为某旅客机的前、后缘增升装置和副翼的典型构造。增升装置的收放机构设计是一项独特而又复杂的工作，目前已有一些专利设计可供参考，

2. 自适应机翼

飞机总是不断地要求提高飞行性能，特别是战斗机。如第四代战斗机的基本标准之一就是超机动性——要求飞机在很宽的速度、高度范围内工作时都具有很好的机动性，还有短距起落性能等。这是传统的增升装置难以满足的，因为传统增升装置通常不是全机翼的，偏转时会破坏机翼表面的连续性，不能快速地起作用；每一个增升装置作用有限，互不相关；还要求有各自的操纵系统、动力源等。正由于此，现代飞机的各类活动面正逐步发展使之具有多功能。例如襟副翼，它既作为副翼横向操纵用，又可作为襟翼在起飞、着陆时增加升力，或在着陆滑行时急剧减小升力用。扰流板用于横向操纵，而当两侧对称打开时又可在刹车时作为阻力板用。另一个重要的发展趋势是机翼的活动面或可动部分愈来愈趋向于联动，并与自动操纵系统联系在一起，形成多功能系统。如襟翼-前缘缝翼系统，可用于提高飞机的机动能力，其中翼尖前缘缝翼还能提高飞机在大仰角下的横向安定性和操纵性。自适应机翼也属此类，如图 5.55 所示是其中一个例子。

图 5.55 所示的自适应机翼是指机翼的外形及弯度可根据任务需要而改变的一种柔性机翼。

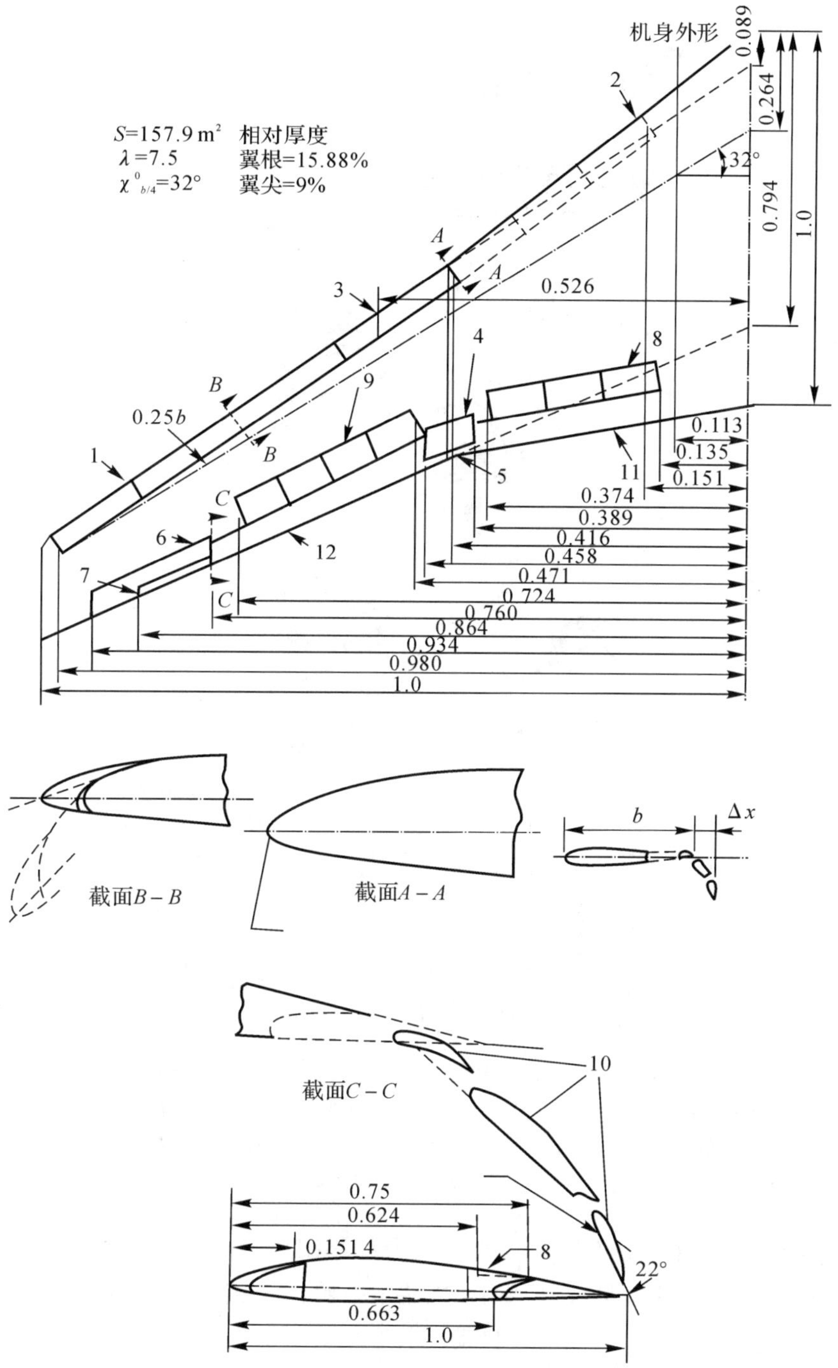

图 5.53　波音-727-200 增升装置布置图

1—前缘缝翼；　2—克洛克襟翼；　3—前缘襟翼；　4—内侧副翼；
5—可操纵调整片；　6—外侧副翼；　7—平衡调整片；　8—扰流片(地面用)；
9—扰流片(飞行时用)；　10—后缘襟翼；　11,12—内、外襟翼

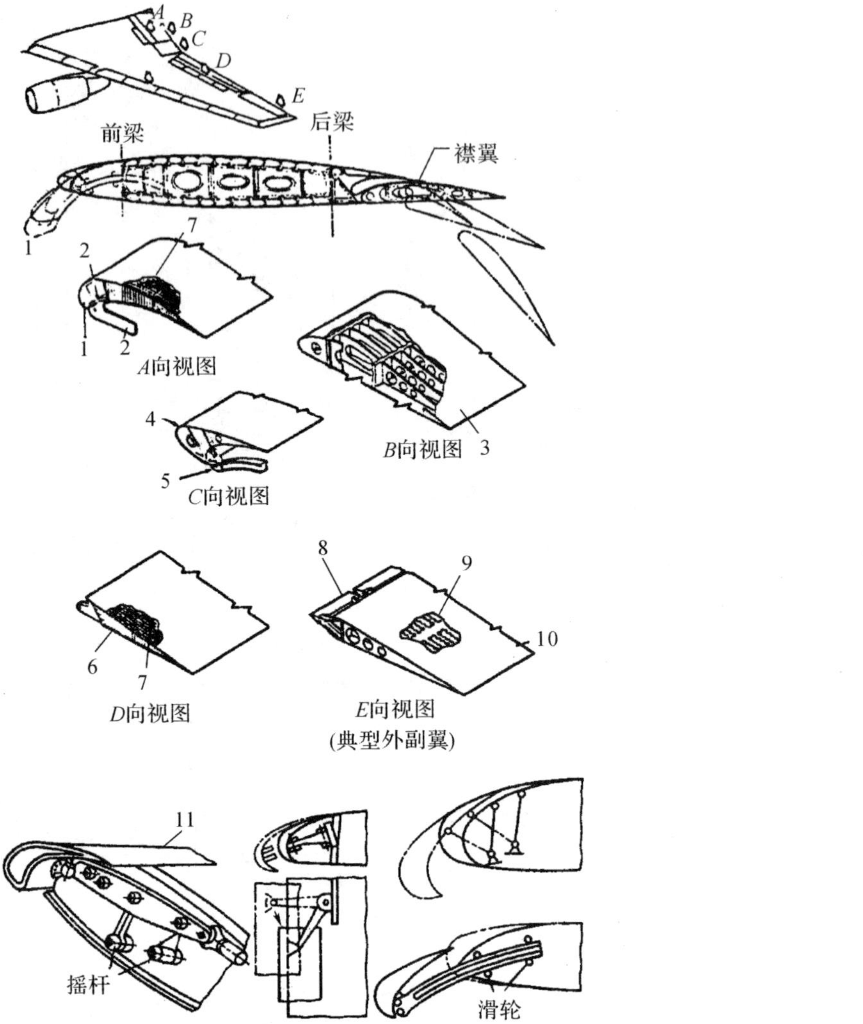

图 5.54　增升装置和副翼的典型构造及操纵机构

1—前缘襟翼；　2—襟翼滑轨支臂；　3—内襟翼和内副翼；　4—前缘缝翼；
5—缝翼滑轨；　6—扰流片；　7—蜂窝结构；　8—配重；　9—双层蒙皮；
10—外副翼；　11—机械机构

它有很强的翼盒，蒙皮用玻璃纤维增强复合材料制成，有一段可偏转的前缘和一段可偏转的后缘。举例而言，如图 5.55(a)所示，当翼尖的后缘向上偏，同时翼根的后缘向下偏转时，就可使压力中心内移($a'<a$)，从而可在机动飞行中增大过载而不致引起翼根弯矩过大；左、右不对称偏转时又可实现横向操纵。苏-27 也采用了前期的自适应技术，其机翼由基本机翼和全翼展布置的前缘机动襟翼、后缘的机动襟副翼组合在一起，可自动随任务改变机翼的外形和弯度，以获得最佳的气动特性，可在很宽的速度和仰角范围内作机动飞行，包括著名的以极小的瞬时表速、飞机处于垂直状态的过失速机动——“眼镜蛇”动作。

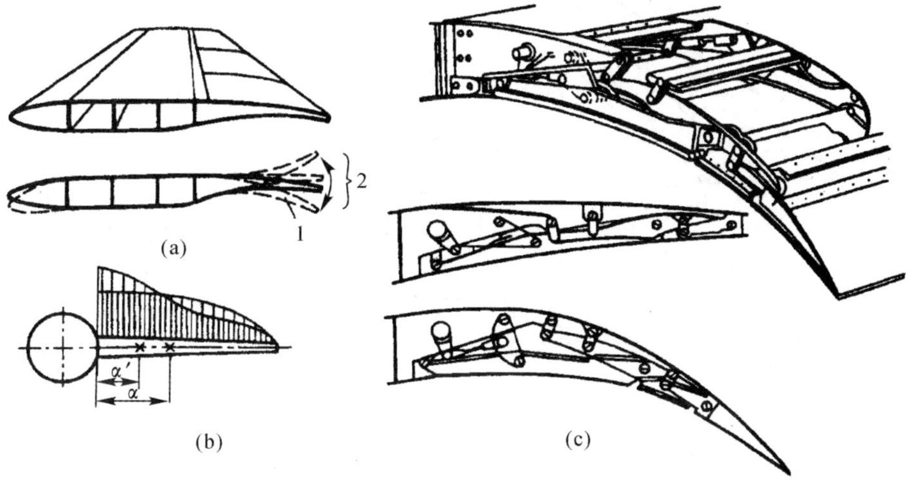

图 5.55　自适应机翼和后缘构造

自适应结构涉及许多方面的基础技术研究，是一项跨学科的研究。即便是前期技术，也必须解决一系列新的技术难题。近些年来自适应结构、智能结构等都正向更高的阶段发展，详见第十章介绍。

二、尾翼和副翼结构设计

尾翼和副翼的设计除强度要求外，还有与刚度和重量平衡有关的防颤振问题必须予以充分重视。由于操纵面的载荷具有显著的重复载荷性质，更应注意损伤容限和耐久性设计考虑。尤其是对飞机性能和安全有重要作用的平尾。

亚声速飞机的水平尾翼由水平安定面和升降舵组成，超声速则普遍采用全动平尾。垂直尾翼一般都由垂直安定面和方向舵组成。现代不少超声速战斗机，为增加垂尾面积以加强方向静安定性，采用双垂尾布置，如苏-27，米格-25，F-15，F-18等。还有一些飞机采用无平尾或前置鸭翼、V形尾翼等，关于尾翼的布置请参见飞机总体设计有关著作。

1. 安定面的结构布局

安定面的结构和机翼基本相同。现代速度较高的飞机一般采用双梁(或多梁)、壁板、多肋的单块式结构。使用多梁的目的是增大结构刚度，提高防颤振特性，波音-747、波音-767的水平安定面和垂直安定面都是双梁加一辅助前梁(前墙)的双闭室结构。现代的高速运输机还有采用由数根梁、密排翼肋和变厚度蒙皮组成的结构，其翼面不用桁条，这种形式的制造成本低、抗扭刚度高，尤其对防颤振有较好的效果，这种设计已用于波音-707、波音-727的水平安定面上。舵面一般悬挂于后梁上，因此安定面通常将后梁设计成主梁，且在悬挂接头处布置有加强肋(见图5.56)。

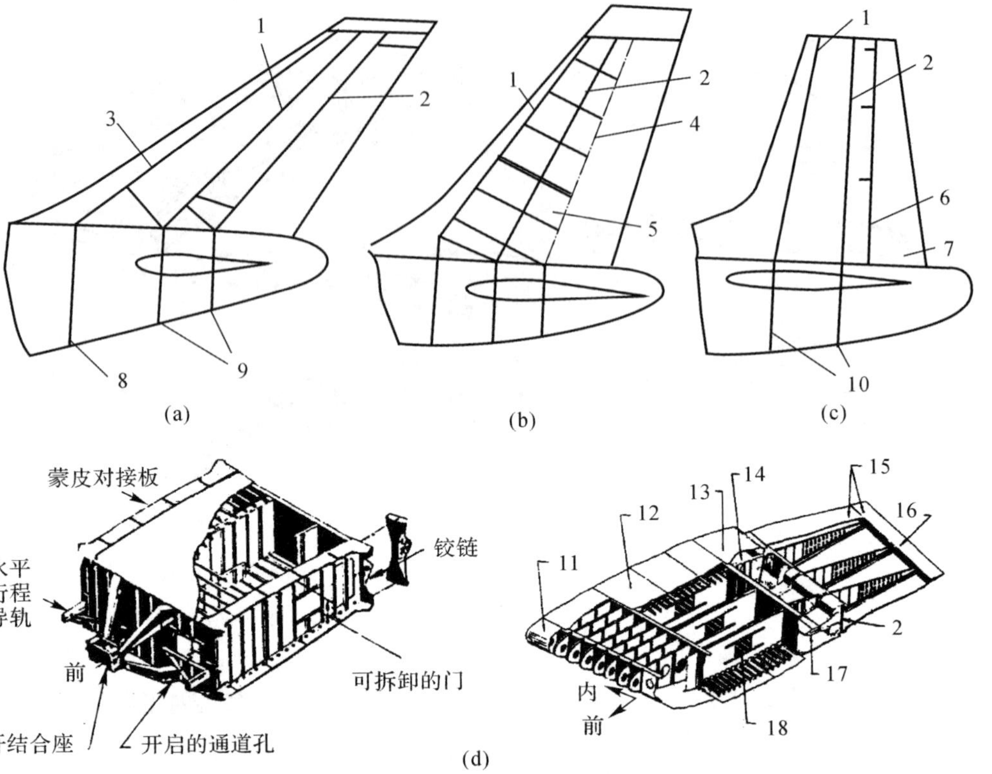

图 5.56　安定面的结构布置与对接加强框的布置

(a)波音-747 尾翼；(b)波音-707 尾翼；(c)C-133 尾翼；

(d)波音-747 平尾及其中央翼部分结构

1—安定面前梁；2—安定面后梁；3—墙；4—方向舵铰链线；5—方向舵平衡板；6—舵面梁；7—方向舵；8—次强框；9—强框；10—加强框；11—可拆前缘；12—壁板；13—铝蜂窝；14—铰链肋；15—玻纤蜂窝；16—可更换的后缘；17—配重；18—检查口

安定面与机身一般为固定连接，在一些高亚声速运输机上，为提高平尾的配平效率，水平安定面的安装角可调。此时支撑安定面翼盒的枢轴一般位于其后梁上（机身两侧各一个），同时有的在中央翼盒前梁的相应位置上安装操纵杆，如 DC-10，L-1011 飞机，这种设计使水平安定面有具有破损安全特性的四个支撑点。也有的飞机是在前梁的正中间单独装有一个螺旋操纵机构，此时应将连接接头本身设计成具有损伤容限特性（见图 5.56(d)）。

2. 操纵面的构造

操纵面可看做在气动载荷作用下支持在悬挂接头上的多支点连续梁，其弯矩 M、剪力 Q 通过悬挂接头传给安定面，扭矩由接头和操纵摇臂上的操纵力共同平衡。

根据防颤振的要求应使铰链轴后的结构重量尽量轻；同时因操纵面位于翼面后部，高度特别小，一般都在靠近前缘处布置单梁，以充分利用结构高度。扭矩由梁和蒙皮构成的闭室承受，当后部三角形闭室较小，铆接质量不易保证时，后闭室的抗扭能力可不予考虑。薄翼有时也采用全高度蜂窝无肋结构。舵面和副翼的典型构造见图 5.57，图 5.58。

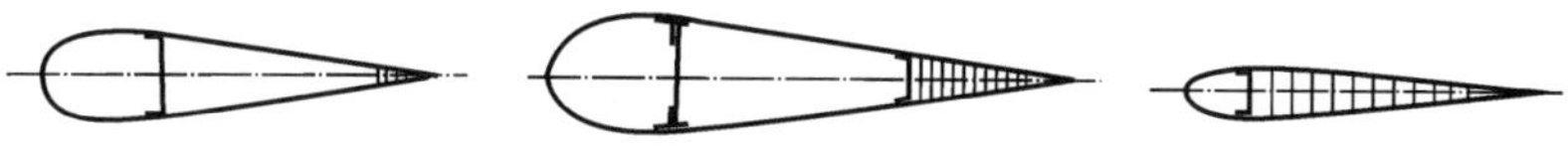

(a)　　(b)　　(c)

图 5.57　舵面典型剖面

(a)小型飞机；(b)大型飞机；(c)薄翼

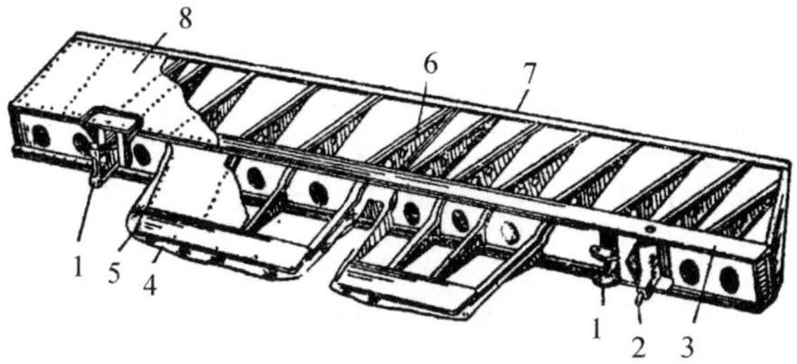

图 5.58　副翼的构造

1—悬挂接头；2—操纵摇臂；3—梁；4—内补偿气密薄膜；5—配重；6—肋；7—后缘型材；8—蒙皮

现代飞机的尾翼和各种操纵面为了减轻重量，提高结构效率，很多采用了新材料——纤维增强复合材料，如 F-18，波音-737，波音-767，波音-777，A-310，A-320，我国的歼-7，运-7 等飞机。它们的结构形式多样，有关复合材料结构的设计见第七章。

3. 操纵面悬挂点的确定

悬挂点的数量与位置根据以下确定：保证使用可靠；转动灵活；操纵面梁的受力特性好。增加悬挂点的数量可减小操纵面受载后的变形，使之不易与安定面相碰，可减小最大弯矩，有利于减轻结构重量，并具有破损安全特性，提高生存力，故一般应采用多于两个的悬挂点。有的大型飞机，如波音-707 的升降舵有 7 个悬挂点。但悬挂点多，使用中易卡死并增加装配困难。为了保证互换性和便于安装，悬挂接头一般有设计补偿。除一个接头必须设计成完全固定，以消除操纵面的展向自由度外，其余接头均做成可调节形式。例如可采用过渡接头（见图 5.59）；也可在铰链轴上带自位轴承，以保证各接头的同心度。

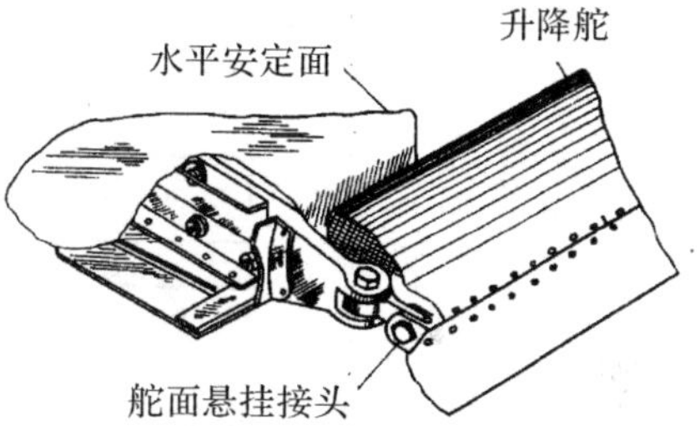

图 5.59　操纵面的过渡接头

4. 操纵面前缘缺口的补强

通常操纵面的前缘闭室承受其大部分扭矩。然而悬挂接头处前缘必须开缺口，因此需对缺口进行传扭补强。补强的典型形式见图 5.60。

(1)加一对斜加强肋，与梁构成三角架。扭矩由斜肋和梁受弯传递（见图 5.60(a)）。

(2)加一短墙，与缺口段壁板和端肋构成局部闭室，扭矩在缺口段由该闭室传递（见图 5.60(b)）。

(3)在缺口段用剖面为实心或空心的盒式连接件传扭，歼-7 副翼中接头即用此型式。

(4)一些小型低速飞机载荷很小时，可直接将梁局部加强，由梁本身承受、传递扭矩（见图 5.60(c)）。

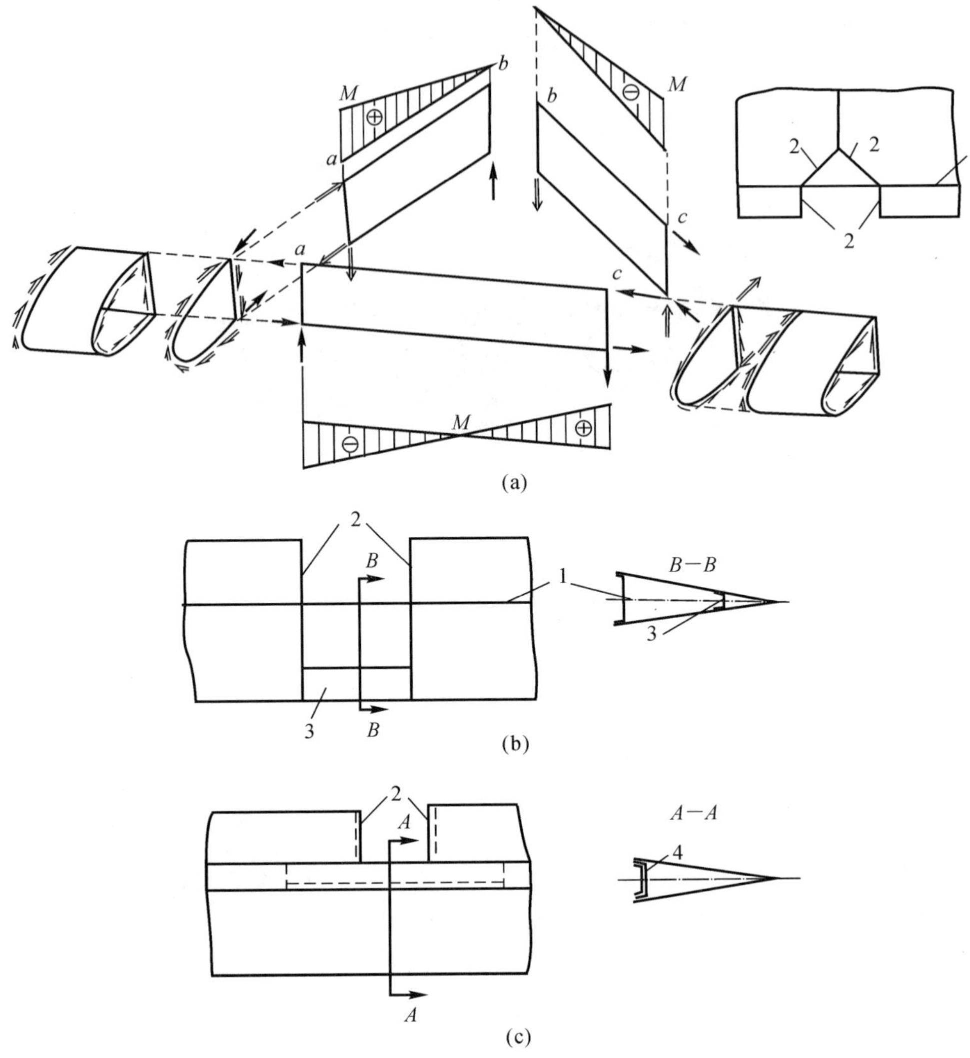

图 5.60　前缘缺口的补强

1—梁； 2—加强肋； 3—短墙； 4—加强梁

5.操纵面的气动补偿和气动平衡

(1)气动补偿是为了减小操纵面的铰链力矩，从而减小驾驶杆力，常用的补偿方法有以下几种。

轴式补偿。将操纵面转轴略靠后布置，利用转轴前面的气动力产生相反方向的力矩，以抵消部分铰链力矩，起补偿作用(见图 5.61(a))。轴式补偿构造简单，但应避免补偿过大，以免舵面偏转时前缘过分突出引起气流分离，甚至出现不符合操纵习惯的“过补偿”现象。

内补偿。它的补偿面位于机翼或安定面后缘的空腔内，空腔由气密胶布隔成上、下两部分，互不通气。当操纵面偏转时，翼面的上下压力差作用在补偿板上起补偿作用。内补偿效率高、阻力小，而且可在补偿板前端加配重。但操纵面的偏角会受到机翼或安定面后缘结构高度的限制(见图 5.61(b)，图 5.58)。

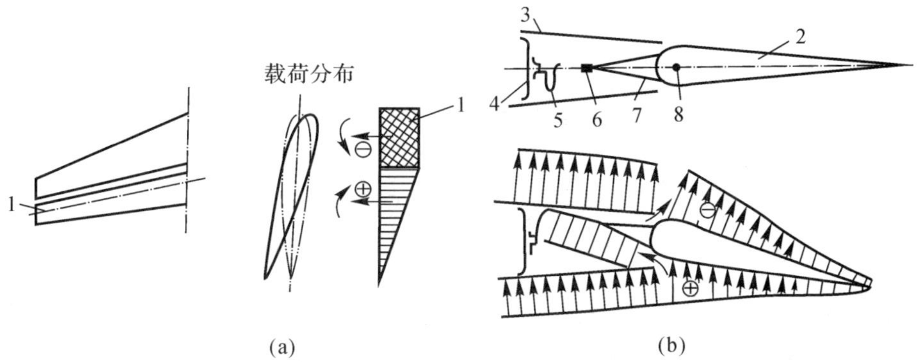

图 5.61　气动补偿的几种形式

(a)轴式补偿；（b)内补偿

1—气动补偿部分；2—副翼；3—机翼；4—梁；5—气密胶布；

6—配重；7—补偿板；8—转轴

浮动式内补偿。它是对上述内补偿的改进。当操纵面偏转时，用一四连杆机构使补偿板做上、下平行移动而非转动，可减小对操纵面偏角的限制。

对于采用无回力液压助力装置的操纵系统的飞机，一般较少采用气动补偿。

(2)气动平衡。有些情况下要求长时间偏转操纵面使全机获得平衡，如飞机长时间定态飞行、某一发动机停车等。此时为消除驾驶杆或脚蹬上的力以解除驾驶员的疲劳，需设置气动平衡装置。最常见的为各类调整片，它位于操纵面后缘，与操纵面反向偏转，以抵消操纵面的铰链力矩。制造误差引起的不平衡则用修正片在试飞时扳动修正，使用中不得随意扳动。

6.尾翼的防颤振设计

尾翼和机翼、副翼类似有弯-扭颤振和弯曲-舵面偏转颤振（见 4.2 节）。然而由于机身尾段受载后两个平面内的弯曲变形和扭转变形对尾翼的颤振会产生影响，因此尾翼的颤振形式更为复杂多样。实践表明，因舵面重量不平衡所引起的颤振是最危险的一种形式，消除此类颤振的办法是使舵面重心位于转轴之前（过平衡）或位于转轴上（完全平衡）。这从结构本身较难做到，除尽量减轻后部重量（如后缘采用轻质材料、蜂窝结构）外，一般须加配重。

配重有两种形式。集中配重一般放在舵面前方或放在副翼等的内补偿板的前缘，尽量加大配重与转轴的力臂，使同样重量的配重发挥更大的效率（见图 5.62，图 5.58）。全动平尾常将配重置于翼尖，由于翼尖处弯曲挠度和上、下振动时加速度最大，故配重效率高（见图5.65）。但集中配重必须有很好的连接刚度和局部强度。分散配重沿舵面前缘均匀分布或基本均匀分布，现代高速飞机广泛采用分散式配重。配重与操纵面结构的连接形式见图 5.62。另外，提高有关结构的刚度并满足一定的刚度分布要求，提高操纵系统刚度也对防颤振有利。

必须指出，对颤振的控制随着自动控制技术的应用有新的发展。随控布局飞机就能通过自控系统所检测到的数据，利用自动控制系统，使颤振得到主动抑制，而不需附加配重（见第九章）。

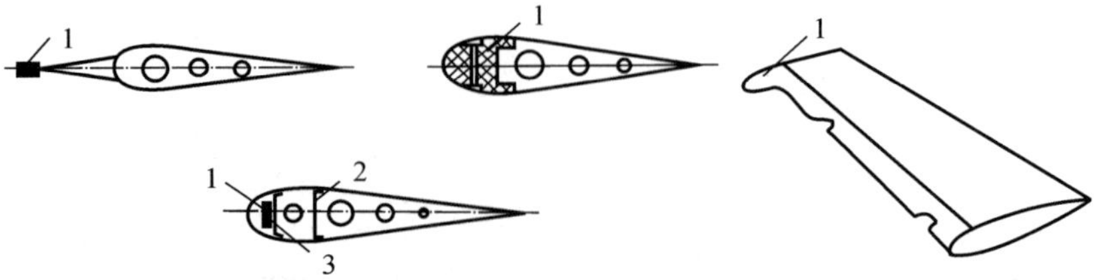

图 5.62　配重与舵面结构连接的几种形式

1—配重；　2—梁；　3—小梁

7. 全动平尾的设计特点

飞机超声速飞行时，因激波后的扰动不能前传，舵面偏转后不能像亚声速流中那样同时改变安定面的压力分布，共同提供操纵力或平衡力，因此尾翼效能下降；然而飞机的纵向稳定性却因机翼压力中心后移而大大增加，二者之间产生了矛盾。为了提高尾翼的效能采用了全动平尾。全动平尾是将整个平尾作为操纵面绕某一轴转动。它有以下一些设计特点。

（1）转轴布置和形式。全动平尾有**斜轴**、**直轴**两种形式，当尾翼后掠角较大时，一般应布置成斜轴；当平尾后掠角较小或后缘较平直时，宜采用直轴（见图 5.63）。这样可使轴尽量利用平尾结构高度以增大轴径，改善受力，减轻重量。

转轴位置。尾翼的亚声速焦点约在（28～30）％b_{cp}处，超声速焦点约在 50％b_{cp}左右。为了减小操纵力矩，通常把轴线布置在两个焦点的中间位置，约 40％b_{cp}处，此处结构高度也较高（见图 5.63）。

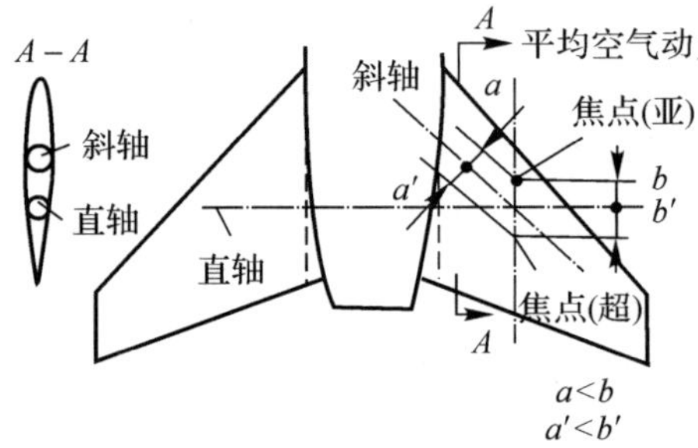

图 5.63　全动平尾的直轴与斜轴以及转轴前后位置的确定

转轴式和定轴式。转轴式平尾的轴与尾翼连接在一起，用固定在转轴上的摇臂操纵转轴，平尾与转轴一起偏转。定轴式的轴不动，固定在机体上，尾翼套在轴上绕轴转动，操纵接头则布置在尾翼根部的加强肋上。与转轴式相比，由于定轴式的操纵点和轴之间的力臂有时可设计得比转轴式长，可使操纵力相对较小，尾翼受力较好。缺点是在尾翼结构高度内要安放轴和轴承，限制了轴径，对轴受力不利；此外须在机体上开弧形槽，对机体有所削弱。转轴式的优、缺点与之相反（见图5.64）。

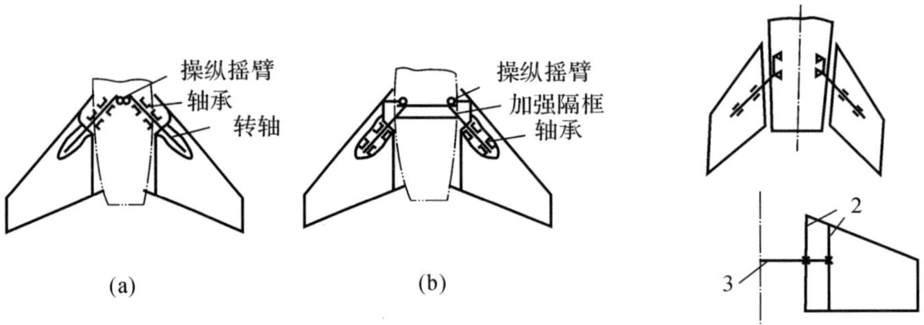

图 5.64　转轴式和定轴式全动平尾示意图

（a）转轴式；　（b）定轴式

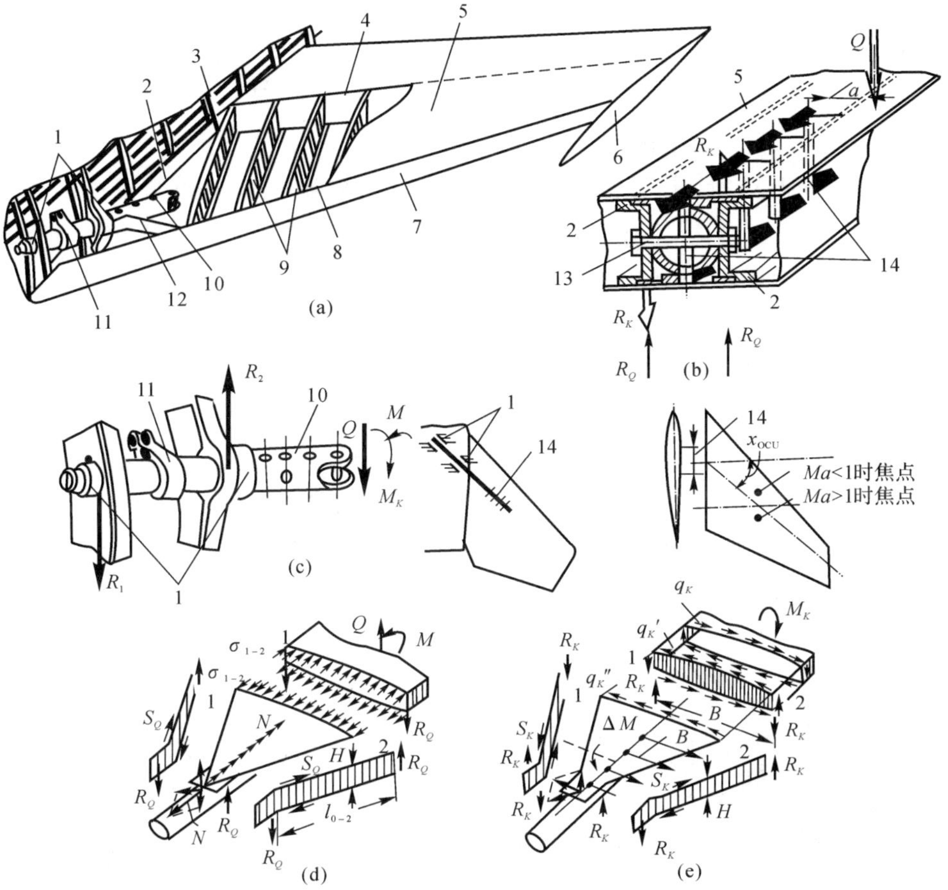

图 5.65　斜转轴式全动平尾

(a)全动平尾构造；（b)转轴与尾翼壁板、侧肋、斜肋的连接；（c)转轴受力分析；

(d)剪力、弯矩的传递；（e)扭矩的传递

(a)～(c):1—轴承；2—侧肋；3—根肋；4—后纵墙；5—整体壁板(或蒙皮-长桁壁板)；

6—翼尖配重；7—前缘；8—前纵墙；9—翼肋；10—转轴；

11—摇臂；12—斜肋；13—水平螺栓；14—垂直螺栓

(2)转轴式全动平尾的结构布局和传力分析。如图 5.65 所示为一典型的斜转轴式平尾。转轴式全动平尾的受力特点是尾翼上弯矩、剪力、扭矩都要集中到转轴上。转轴插入机身由两个框支持，剪力、弯矩由框提供支反力平衡，扭矩由操纵力和框的支反力形成的力矩平衡(见图 5.65(c))。平尾的结构见图 5.65(a),(b)，其前缘和后缘一般布置不参加总体受弯的轻结构件。中间部分的外段采用刚度较好、结构效率较高的单块式。在根部所有载荷要向转轴过渡，所以根部有一过渡区。它由斜肋、侧肋、根肋和加强壁板(整体加强壁板或加强板加上加强蒙皮)组成。加强壁板通过四个垂直螺栓与转轴连接，斜肋和侧肋的腹板通过一个水平螺栓与转轴相连(见图 5.65(b))。图 5.65(d),(e)分别表示了全动平尾的弯矩、剪力、扭矩传给转轴的过程。**剪力**由前、后纵墙在 1,2 两点上通过侧肋和斜肋，由水平螺栓传给转轴。外侧机翼壁板上由**弯矩**引起的分散轴力，由加强壁板通过结构参与逐步集中到与转轴连接部位，由四个垂直螺栓传给转轴使之受弯。**扭矩**通过上、下壁板和侧肋、斜肋分别由垂直、水平螺栓传给转轴，使之受扭。

(3)定轴式全动平尾的结构布局和传力分析。图 5.66 为两种定轴式全动平尾。定轴式平尾可以是直轴或斜轴，它们的受力特点如下：轴仅承受和传递平尾的剪力和弯矩，扭矩则由根肋上的支点反力与操纵力形成力矩予以平衡，轴本身不受扭。图 5.66(a)所示为超声速战斗机，如 F-14，F-15，F-16 等飞机所采用的小展弦比的直定轴式全动平尾，平尾分左、右两部分。如图 5.66(a)所示结构，其前、后缘通常采用全高度蜂窝结构，受力盒段可以为单块式结构、蜂窝结构或复合材料结构，上述三种飞机的平尾蒙皮和某些普通肋即采用了碳/环氧或硼/环氧复合材料(见第七章)。为了在根部把壁板上的轴力集中起来，须布置两个纵向短梁，并通过它们把轴力构成的弯矩转换成由两对垂直力组成的力矩，之后分别把垂直力加到根肋 2 和另一加强肋 4 上，与前、后墙上传来的总体剪力一起，由肋传到轴上。图 5.66(b)所示为 RF-101 的定轴式全动平尾。左、右两半由中央翼盒连成整体，固定在垂尾上。该平尾为厚蒙皮、少肋、多墙式结构(三梁、六墙)。平尾的操纵点约在根肋弦长 30%处，而轴相当靠后，约为 60%弦长处，两者距离与中央翼盒宽度相当，平尾受力特性好。此外后部采用轻质结构，中梁后填充泡沫塑料，后梁之后为蜂窝结构。因此该平尾重心靠前，而铰链轴靠后，此结构布置较成功地解决了尾翼的重量平衡要求，所以没有另加防颤振用的配重。

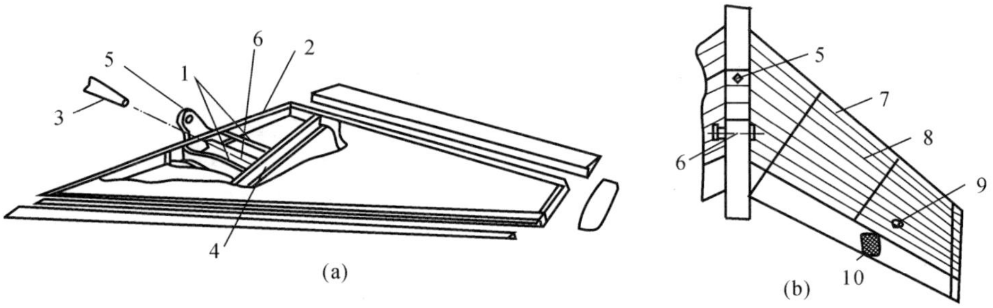

图 5.66 定轴式全动平尾

1—短纵梁； 2—根肋； 3—定轴； 4—加强肋； 5—操纵点； 6—枢轴线； 7—墙； 8—梁；
9—泡沫塑料； 10—蜂窝夹层结构

全动平尾的构造型式除图 5.65 所示的单块式外，还有多梁式(见图 5.67(a))、双梁式(见图5.67(b))构造，其前、后缘则采用全高度蜂窝或组合式蜂窝结构，F-14，F-15，F-16 全动平尾的蒙皮均采用了复合材料。

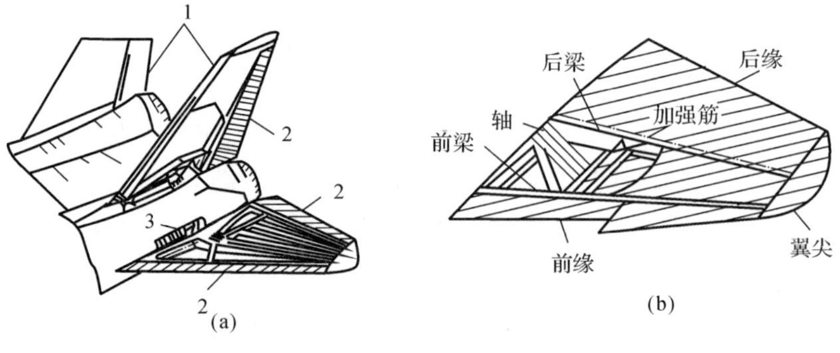

图 5.67 全动平尾部分典型构造

(a)F-14 全动平尾； (b)F-15 全动平尾(全高度蜂窝)

1—垂直尾翼； 2—全高度蜂窝； 3—致动器

思　考　题

1. 为什么现代飞机设计要强调综合设计的概念？综合设计要求在研制体制和设计方法上进行哪些重要革新？

2. 机翼结构受力型式的确定主要取决于哪些因素？它们是如何影响的？结合1～2个实例进行综合分析。

3. 梁式机翼中梁的位置的确定主要从哪些方面考虑？

4. 机翼一般在什么部位需布置加强肋？它们起什么作用？请画出几种典型情况下的加强肋内力图，以及合理的设计方案。

5. 变后掠机翼的根部(见图5.15)及歼-6全动平尾根部均布置有手掌形加强垫板，请分析该加强垫板为何采用这样的形状？

6. 举1～2个例子说明加强件综合利用有什么好处？

7. 观察某飞机机翼的内部布置和机身的内部布置等情况，分析该机翼的受力构件布置与之有什么关系？除内部布置因素外，其他还可能考虑了哪些因素？

8. 张力场梁是以什么形式承受外载的(如梁平面内的垂直剪力 P_y)，它在设计上有什么特点？是否任何情况下都可把机翼中的梁或肋的腹板和蒙皮设计成张力场梁形式？

9. 在机翼元件设计中有哪些措施可以有利于改善机翼结构的损伤容限特性？

10. 观察多种机翼结构实物，自行总结一下，当机翼结构上受有 x,y,z 方向的集中力或集中力矩时，集中力是如何扩散的？扩散到什么构件上？连接应如何设计较为合理？

11. 现代飞机的前、后缘一般布置哪些活动面？为什么？

12. 什么是自适应机翼？现代飞机上各类活动面的用途有什么新的发展和变化？

13. 安定面一般采用什么结构型式？在操纵面悬挂接头固定处，安定面和操纵面的构造一般如何设计？为什么？

14. 为达到重量平衡，采用集中配重和分散配重各有什么优、缺点？RF-101的全动平尾为何没有布置配重？

15. 转轴式和定轴式两种全动平尾各有什么优、缺点？设计上各有什么特点？

习　　题

1. 一战斗机，其机翼为梯形翼布局，其1/4弦线后掠角 $\chi=24°$，展弦比 $\lambda=3.91$，机翼相对厚度 $\bar{c}=4.8\%$，机翼面积 $S=17.3\ m^2$。飞机总重量 $G=7\ 141\ kg$，使用过载 $n_y=7.33$，安全系数 $f=1.5$。机翼内需留出部分空间作收藏主起落架之用，此处下表面需开口；同时机翼结构又用作整体油箱。机翼有前、后缘襟翼。外侧有副翼，其展长为外露部分机翼展长的一半，弦长为0.25 b。此外，外翼的半翼展处左右各有一副油箱挂架(见题图5.1)。试为其选择结构的受力型式，作出结构布置图，并简要阐明理由。

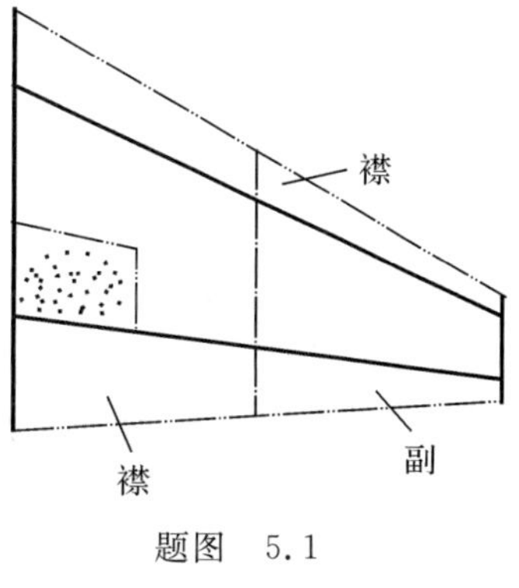

题图　5.1

2. 观察歼－7 机翼主起落架转轴支座附近的构造，试分析为把该支座上受到的起落架转轴上的载荷 x,y,z 向力和由它们引起的力矩传到机翼根部的机翼－机身对接接头处。

(1) 必须在机翼上布置哪些加强构件？

(2) 在传力过程中，共有哪些构件将承载？请依次用分离体力平衡图表示这些构件的受力情况？

(3) 画出歼－7 机翼 6 号肋的力平衡图，并阐明该肋的设计方案。

3. 双梁式机翼两梁之间为腹板式翼肋，其上作用有分布气动载荷从 7 000 N/m 到 10 000 N/m。肋高 $H=200$ mm，$B=800$ mm（见题图 5.2）。该肋所在剖面的机翼结构的刚心距前梁 $x_r=267$ mm。

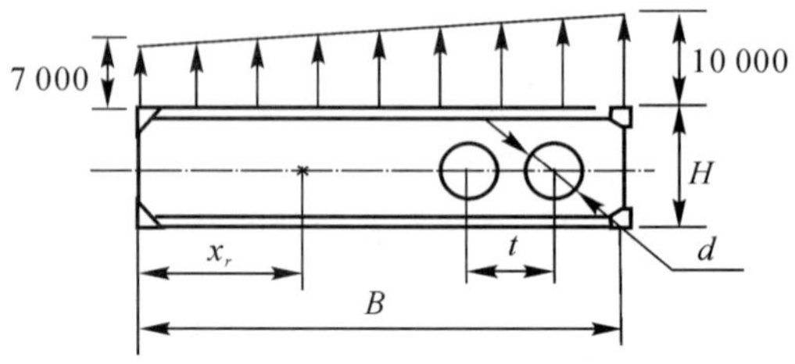

题图 5.2

(1) 求该肋的 M,Q 内力图。

(2) 该肋要求设计有减轻孔。已知带减轻孔的腹板式翼肋受剪切载荷时，剖面处所能承受的最大允许剪应力（按无孔时计算得出）和减轻孔、肋的几何尺寸之间的关系如题图 5.3 所示。请合理选择肋的腹板厚度和减轻孔的个数和 d,t 值。

（注：通常 d/h，d/t 在 0.4～0.6 之间，厚度 $\delta\sim1$ mm。材料可选用 LY 12，$\tau_b=252$ MPa）。

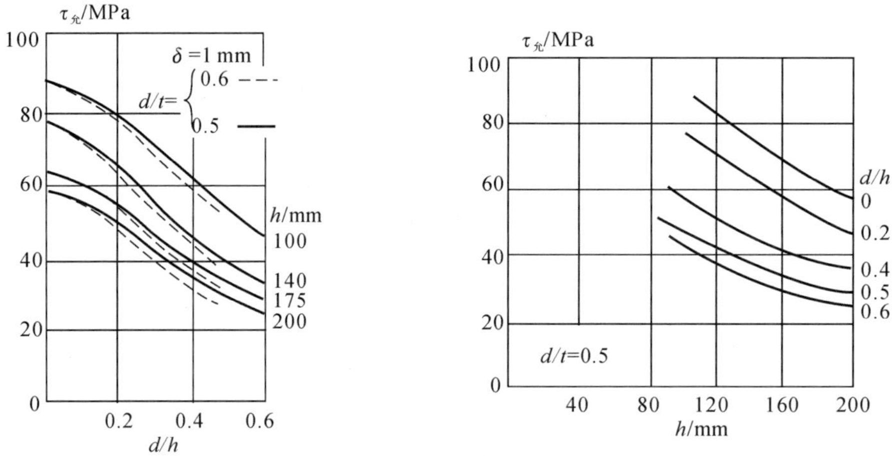

题图 5.3

4. 请自行收集、查阅 1～2 种飞机有关机翼结构布局的资料或观察实物，并以综合设计观点分析其结构布局的合理性。

5. 题图 5.4 所示为一歼击机机身中段。已知机翼与机身用前、主两接头相连，主接头在后，即位于框 A 上。现已知 A,B 框之间的机身下方布置有纵向短梁，发动机推力接头 C 即位于短梁后上方（B 框处）。

(1) 问为将推力 P 传给机身结构，除短梁外，机身上还应布置哪些加强构件？画出各有关构件（包括短梁）的力平衡图。

(2) 在 B 框附近 D 点上，还作用有机身减速板传来的力 T。若为了能综合利用上述已布置的加强构件将此力传给机身结构，应如何完善 D 点附近结构的局部设计（例如：需要布置些什么形式的连接接头，需布置哪些集中力扩散件等)，请在图上表示清楚。

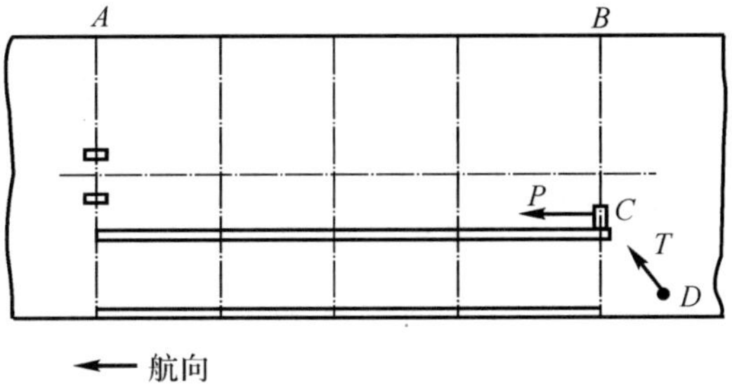

题图　5.4

6. 取题图 5.5 所示后掠翼梁架式根部结构，试用计算程序分析，当前梁和后梁根部分别为铰接或固接时，各梁的受力有何不同？如果改变各梁的刚度(I)相对比值时又会有何不同？可得出什么结论？

已知：在此截面处，$Q=208$ kN，$M=387$ kN·m，$M_t=-105$ kN·m(相对于前缘的低头力矩)或 $M_t=-105+208\times0.31=-40.5$ kN·m(相对于前梁轴线)。

前梁：$l_1=3\ 026$ cm，$I_1=5\ 862.9$ cm^4

后梁：$l_2=1\ 220$ cm，$I_2=4\ 908.4$ cm^4

主梁：$l_3=1\ 804$ cm，$I_3=7\ 799.4$ cm^4

扭转刚度：$K_t=G\cdot J_P=8.9\times10^6$ kN·cm^2

材料自选，并设 D 点为铰接，B 点为固接。

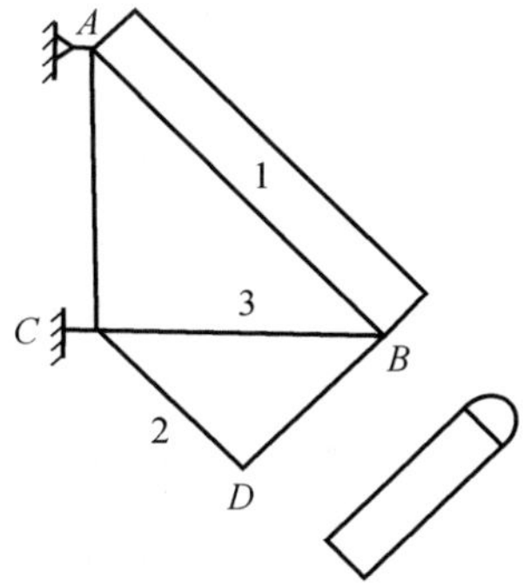

题图　5.5

第六章　现代飞机结构综合设计(二)
——机身及开口区结构设计

本章主要阐述飞机机身的结构设计，此外还将介绍关于开口区设计和损伤容限、耐久性细节设计等飞机机体结构设计中具有共同性的一些设计内容。

机身的结构设计，尤其是受力构件布置，受内部装载以及机身与其他部件的协调关系影响很大。因此机身结构设计不能仅从其本身考虑，而必须从全局观点综合考虑。有时不得不为此增加机身结构设计的困难，例如因使用要求、维修要求机身上开口多；又如因翼-身融合体以及机体-发动机一体化设计等使部分机身的形状和结构变得较为复杂(如图 5.1 所示，苏-30MK 的中机身和图 6.1 所示 L－1011 后机身)等等，并且为此付出一定的重量代价，但这对提高整个飞机的效能/全寿命周期费用比可能十分重要，甚至是必须的。

6.1　机身的内部布置与结构型式选择

一、机身的内部布置

机身内部布置是指将各种有效载重、燃油等合理地布置在机身内，同时协调机身与机翼、尾翼、起落架等部件的受力构件布置，保证它们之间的相对位置。在这些前提下使机身的剖面形状与尺寸沿纵轴的分布符合气动布局，并尽量实现良好的结构特性。以图 1.1 所示的 F－117A 飞机为例，因隐身要求，该飞机的外形特殊；此外为使外形简洁，它与一般战斗机不同，不设外挂，所有装载，包括导弹等武器都收入机体内。机身上各种有效载重的布置应使它们的位置适合本身的技术和使用要求。如雷达天线须安排在机身的最前端，机头的雷达罩结构材料应满足所需的电磁性能要求。为了保证驾驶员有良好的视界，驾驶员座舱均布置在机身前部的上方，战斗机驾驶舱通常还突出机身表面，苏－27 为此将机头下倾了 7°31′。机身内储藏的燃油和炸弹尽可能置于重心附近，以期不致因燃油的消耗和炸弹的投放而使飞机重心的变化超出规定范围。战斗机的喷气发动机多数都安排在后机身内，这样既满足发动机的喷流要求，又使机身截面较小。运输机也有不少是将发动机装在机身上的，如 L－1011 的尾部装有发动机(其进气口在后机身上方)，波音－727、图－154 除尾部发动机外，在后机身两侧还吊装有发动机。为满足使用、维护、修理等方面的要求，机身上布置有很多开口。有空勤人员出入的座舱口盖或舱门。旅客机上除正常出入的旅客用舱门外还必须有应急舱门，以供出现紧急情况时让旅客及时脱离飞机(我国民用航空条例中规定在多于 44 座的飞机上必须在 90 秒钟内将人员全部撤离)，此外还须布置大量的旅客瞭望窗(见图 6.2)。轰炸机的炸弹舱门和运输机上的货舱们都属大开口。电子设备、各类系统和发动机及其附件都要经常检测、维修，其中有些是每一个起落都要检查的，须能方便地接近它们。在大型飞机上大部分可从机舱内部接近；战斗机上则必须在机体表面布置大小不一的口盖。为了缩短维修和着陆后再次出击的时间，有的战斗机 60％以上机体表面都为可打开的检查口盖。苏－27 上共有 400 多个口盖，几乎遍及机体，并且为提高维修可达性，其机头雷达罩可抬起上翻。上述的各种舱门、窗口显然对机身的结构布置有很大影响，而且对这些开口区结构必须精心进行损伤容限设计和细节设计。

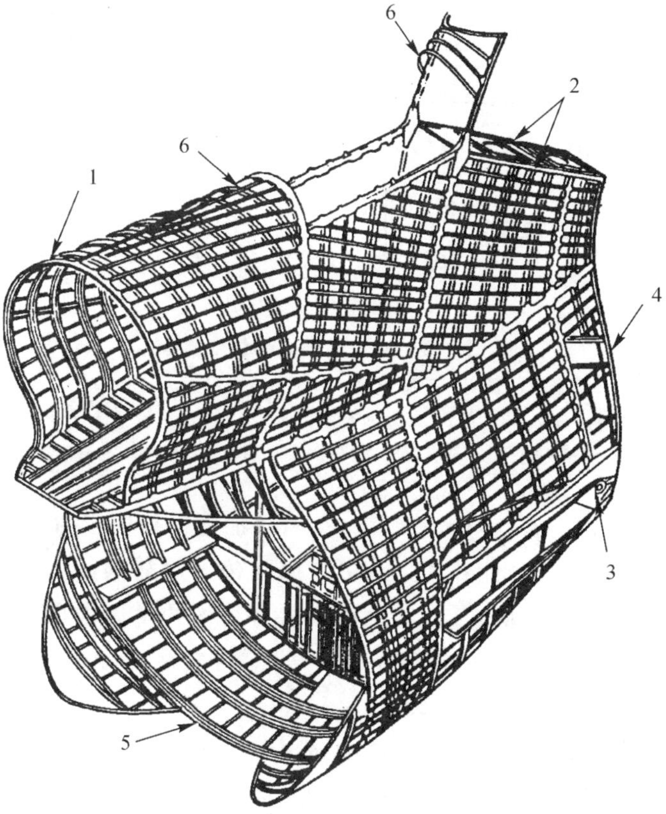

图 6.1　L－1011 后机身结构

1—尾部发动机进气道；　2—垂直安定面连接处；　3—水平安定面连接处；
4—尾部发动机固定处；　5—球面框的固定框架；　6—框架

二、机身结构型式的选择

机身的结构型式有半硬壳式（包括桁条式和桁梁式）、硬壳式（厚蒙皮）和构架式，它们的构造和受力特点已在第三章中进行了介绍。桁条式、硬壳式机身的受力特性相应地与单块式、厚蒙皮多墙式机翼较相似。不同的是在超声速飞机薄机翼上大多采用多墙式（或多梁式）；但机身结构，不论是亚声速或超声速飞机基本上多采用半硬壳式。其主要原因是机身剖面尺寸（特别是高度）远比机翼大，且多接近于对称的剖面形状，弯曲和扭转刚度都比较好。半硬壳式机身通过适当的布置能承受各种载荷，而且结构效率高。而硬壳式机身反而会因机身上的开口多，而大大影响厚蒙皮的利用率，开口补强的增重也将增大，进而影响机身的结构效率。因此硬壳式往往只在某些局部部位采用，如头部、尾锥部等。

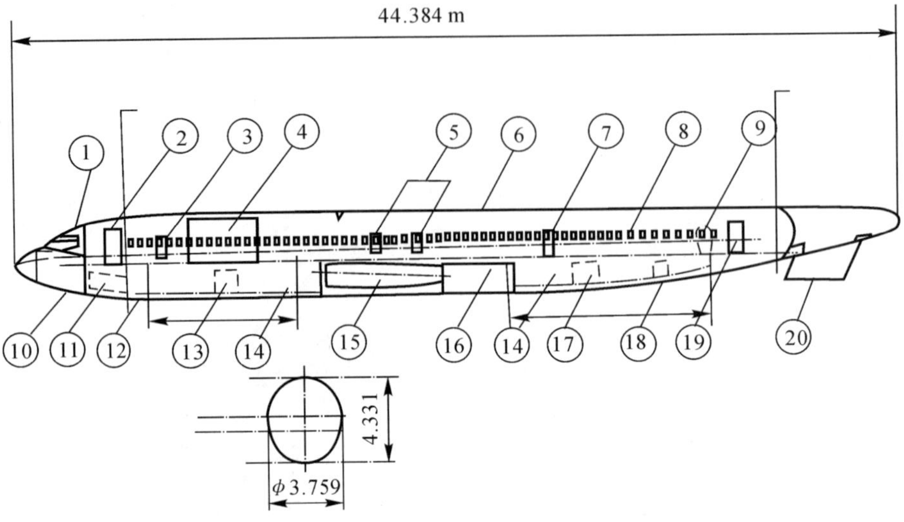

图 6.2　某旅客机的部位安排图

1—空勤组人员舱；　2—前登机门；　3—前服务门；　4—主货舱门；　5—应急窗；　6—客舱；　7—应急门；　8—观察窗；　9—后服务门；　10—雷达舱；　11—前起落架舱；　12—电气设备舱；　13—前货舱门；　14—货舱；　15—中央翼；　16—主起落架舱；　17—后货舱前门；　18—后货舱后门；　19—后登机门；　20—设备舱门

就半硬壳式机身结构而言，实践证明，蒙皮-桁条加强壁板构成的盒段结构具有重量轻、强度高、易制造和好维修的优点。此外桁条式机身属多传力途径的结构型式，损伤容限特性好，能通过载荷再分配经受住局部破坏，而不致造成机身结构的总体破坏，因此是现代战斗机(见图 5.1，图 5.3)和运输机(见图 6.1)应用最多的结构型式。桁梁式机身适合于相对载荷较小，或有大开口的机身或机身的某段结构采用。

须注意的是，机身的结构布置受开口影响较大，特别在战斗机上，各种开口的布置不大可能连续，因此在实际结构中这些部位的结构型式不一定十分典型，可能是几种结构型式的组合或过渡。例如桁条式机身上的受力长桁因开口而切断或无法连续布置的区域，就有采用以桁梁或局部纵梁或厚蒙皮受轴力的形式。

6.2　机身结构元件的设计与布置

本节主要介绍半硬壳机身结构元件的布置与设计。半硬壳式机身尺寸最大、受力也最严重的结构件是由蒙皮和桁条(或桁梁)组成的壁板构成的加筋筒状盒段结构。它承受几乎所有的总体内力——垂直平面和水平面内的弯矩、剪力以及机身的扭矩、轴力(如发动机推力)；还有外部气动压力、内部增压座舱压力等所引起的一切载荷。盒段内以一定的间隔配置机身隔框，以防机身压屈并维持其剖面形状。除蒙皮或桁条(或桁梁)破坏外，这类加筋筒状盒段结构还有三种可能的失稳失效形式：

(1)**蒙皮失稳**。薄蒙皮在较低的压应力和剪应力下就会出现屈曲。如果设计要求规定蒙皮在受载时不能屈曲，那么蒙皮必须较厚，或布置较密的桁条，这有可能导致结构效率降低。机身的舱内增压能使蒙皮失稳问题有一定的改善。考虑到蒙皮屈曲后仍能以张力场形式承受、传递剪切载荷（此时机身结构内的应力会重新分配），因此在某些情况下设计规范规定，低于百分之几十的限制载荷（即使用载荷）或极限载荷（即设计载荷）下才不允许出现屈曲。但应注意到蒙皮以张力场梁受剪时，桁条和框缘条会有附加的轴向载荷和弯曲载荷。

(2)**壁板失稳**。这是指两框之间的一段壁板（蒙皮和桁条组成的加筋板）失稳。该段壁板的长度即框距。

(3)**总体失稳**。它所造成的破坏超出两个或两个以上隔框间距。一般半硬壳式机身不允许出现总体失稳。当壁板出现失稳时，各隔框的刚度可以支持住长桁；但当框的刚度不足时，就会发生总体失稳破坏。此时增加桁条效果不大，而增加框的刚度却可产生较大影响。

以下对机身的典型结构元件设计做一介绍，对于桁条和桁梁剖面形状的确定等与机翼相似，不再赘述。

一、机身蒙皮设计

机身蒙皮是机身盒段结构中的重要受力元件，其重量约占机身结构重量的25%～30%。它承受并传递机身中的剪力 Q_y，Q_z 和扭矩 M_x 的剪流。在桁条式机身中，蒙皮较厚时它还承受一部分弯矩引起的轴向力。旅客机气密增压座舱部位的蒙皮还承受内外压力差造成的周向（环向）和轴向的张应力。因此，机身蒙皮上的载荷一般是多种应力的组合。但由于机身剖面尺寸大，所以相对载荷较小，其厚度一般比机翼蒙皮薄。

机身蒙皮的设计和布置包括以下内容：确定材料、厚度、合理的分块和厚度分布以及损伤容限设计措施。

机身蒙皮材料一般采用铝合金。对损伤容限设计的关键件、危险部位应采用断裂、疲劳性能好的材料，如LY12，2024-T4等。对于 $Ma>3$ 的飞机，在受热影响较大的部位采用钛合金或不锈钢板材。在某些情况下，也有用厚铝板经化学铣切等方法直接加工成带纵、横筋条的整体壁板，如歼-8飞机的中机身上壁板（又是受力口盖）。

蒙皮厚度首先要考虑载荷的大小。由于一般机身中部受力大，两端受力小，故中部的蒙皮比两端的厚。但设计时必须同时考虑工艺制造、供货来源、生产成本等因素，通常不可能完全按载荷分布做成任意厚度或分成很多小块。小块蒙皮不但会增加连接工艺上的困难和工作量，还会增加连接接头而使重量增加。由于板材厚度都有一定规格，同一厚度蒙皮其尺寸大小还受所供应的板材和蒙皮成型设备大小的限制；但考虑到有时机身蒙皮厚度差一级就可能会使重量差几十甚至上百公斤，因此设计时必须综合考虑各方面因素后合理布置蒙皮的厚度和分块，在合理的情况下面积尽可能大，以减少接头。分块蒙皮连接时其纵向对接缝在亚声速飞机（如大型运输机）上可通过长桁单搭接，这种连接简便，又不会在气动力方面造成严重损失；也可另用对接板连接。垂直于气流方向的周向连接缝则采用齐平的对接接头，用对接加强板实现，以避免明显增加气动阻力。根据统计，一般当机身弯矩由纵向构件桁条、桁梁承受，而蒙皮仅受剪应力时，蒙皮厚度可取0.8～1 mm；当蒙皮同时受正应力时约为1.0～2.0 mm，在歼-7，歼-8飞机的中机身上有取到2.5～3.5 mm。表6.1，表6.2分别列出了国内外战斗机、运输机的蒙皮厚度和材料。图6.3为某亚声速轰炸机机身蒙皮厚度的分布图。

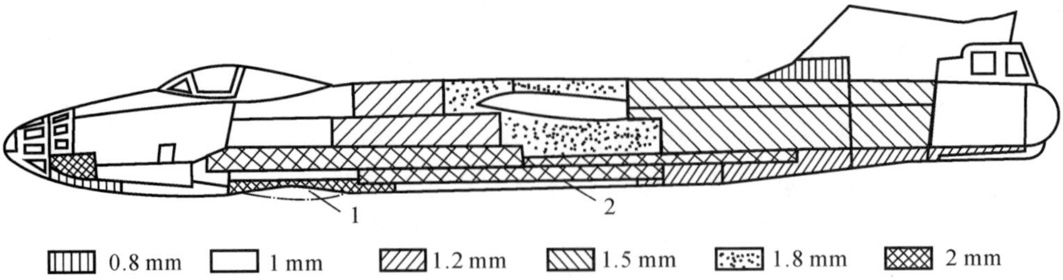

图 6.3　某轰炸机机身蒙皮厚度分布图

1—天线罩；　2—炸弹舱门

表 6.1　一些战斗机机身蒙皮比较

机　型	机身蒙皮材料	蒙皮厚度/mm
F-4	7178-T76	—
F-14	2024-T6 或 T8;Ti-6Al-6V-2Sn(退火)	—
F-15	2024-T62 或 T81,7075-T6 或 T76	—
米格-21	Д16,B95	1.5～2.5
米格-17	Д1,Д16	0.8～1.2
歼-8	LY12,LC4	1.2～3.5

表 6.2　运输机机身蒙皮、止裂带和环向张应力的比较

飞机类型	蒙皮最小厚度/mm	止裂带厚度(材料)/mm	环向张应力/MPa
L-1011	1.905	0.508(钛)	96.53
波音-707	1.016	1.6(铝)	87.56
波音-747	1.803	1.8(铝 2024-T3)	111.70
DC-8	1.27	0.635(钛)	88.9
康维尔-880	1.70	—	58.6
DC-10	1.803	(钛)	98.94
C-5	1.143	0.508(钛)	124.11
C-141	1.196	0.508(钛)	96.53

增压座舱的内外压力差在蒙皮中引起的双向张应力是在每一次地-空-地循环中反复出现的疲劳载荷，因此旅客机的增压座舱应按损伤容限或疲劳设计，目前一般按损伤容限设计。设计时多采用缓慢裂纹扩展结构类型，此时应从合理选择材料、控制应力水平、局部高应力或应力集中区增加蒙皮厚度以保证所要求的剩余强度、细节设计等方面采取一系列措施。例如，蒙

皮中的应力水平一般很低，在(70～110)MPa之间(LY12 的 σ_b＝400 MPa，2024 的 σ_b＝(430～470) MPa)(见表 6.2)。其次在开口周围，特别是在有大量瞭望窗的增压座舱的侧壁处都采用厚蒙皮，如 L－1011 窗框处蒙皮厚2.28 mm，此外还胶有同样厚度的加强板。鉴于增压座舱对旅客安全至关重要，还须使其具有一定的破损安全特性，使蒙皮上的损伤能在被发现和修复前一直维持或限制住，并仍具有足够的剩余强度，而不致造成灾难性的破坏。在旅客机机身上常采用的方法是利用止裂带或起限制作用的加强带板将损伤限制在一定范围内。图 6.4 所示为一种典型的蒙皮、止裂带、桁条、框的连接。止裂带用铆接、点焊或胶接的方法连接在蒙皮上，其尺寸应保证使蒙皮的裂缝在达到止裂带时能终止；此外止裂带还应当能够承受已撕裂蒙皮所传递的载荷。止裂带置于隔框处(如波音－707，DC－10，C－5)或两框之间(如 L－1011)，沿横剖面的周向布置。在实际使用中曾发现有 300 mm 长的裂缝仍未导致事故发生。而试验表明，有时止裂带能承受住 500 mm 长的纵向裂纹(裂纹垂直于蒙皮中较大的周向张应力)，而没有造成灾难性破坏。图 6.5 是在蒙皮上胶接了加强带板。波音－737 机身上的格栅形加强板，既局部增加了蒙皮厚度，又有止裂作用。

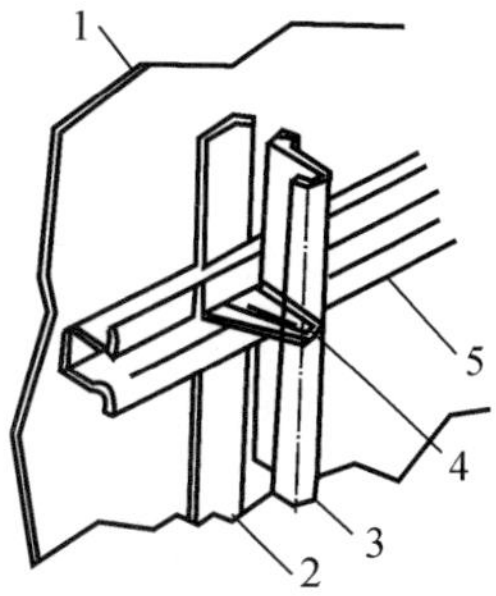

图 6.4　止裂带与蒙皮、长桁、框的典型连接方法之一

1—蒙皮；　2—止裂带；　3—隔框；　4—长桁固定角片；　5—长桁

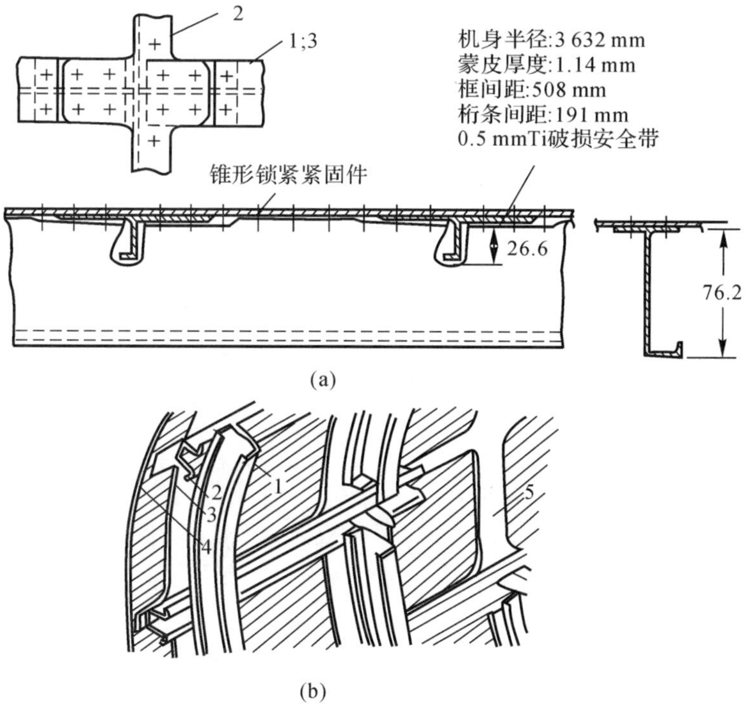

图 6.5　蒙皮上胶接加强带板

(a)C－5 机身上用加强带止裂；　(b)波音－737 飞机机身的蒙皮、长桁和加强带板

1—框；　2—长桁；　3—加强带板；　4—蒙皮；　5—双层加强带

表 6.2 列出了国外一些旅客机上的蒙皮厚度、止裂带或加强带的厚度和相应的材料，以及增压座舱的周向(即环向)张应力值。

二、机身纵向构件的设计和布置

1. 长桁(桁条)

长桁是桁条式机身中承受和传递机身弯矩所引起轴力的主要元件，它与蒙皮组成承力壁板，在桁条式机身中长桁约占 12%～20%的机身结构重量。与机翼中的长桁相似，其剖面形状、分布规律等系从受力合理、结构效率高、工艺性好等多方面因素综合考虑的结果。各长桁沿机身周边基本为均匀分布，现代战斗机其间距一般为 80～150 mm，轰炸机、运输机等大型飞机一般为 50～250 mm。长桁沿机身纵向尽量按等角辐射布置，这样长桁为单曲度、无扭曲，便于制造和装配。

2. 桁梁

鉴于机身在两个平面内受弯，且基本属同一量级这一特点，桁梁一般布置在机身剖面的四个象限的中间，即±45°角附近。但若在机身上有大开口处，则桁梁的位置须与大开口的大小和位置协调。如图 6.6(a)所示歼-7 前机身的上、下均有大开口(驾驶员座舱盖、前起落架舱门以及上、下设备舱盖)，因而采用桁梁式结构。桁梁的位置即是协调了进气道的内、外蒙皮交线以及上、下大开口边框，并尽量使之发挥较大的结构效率的综合设计结构，该桁梁采用 W 形剖面，以便于与机身蒙皮和进气道蒙皮连接。

必须指出，参与承受机身弯矩的桁条和桁梁都应尽可能保持连续，并避免急剧转折，以使传力直接。若桁梁或桁条必须断开并错位时，则在中断处之前布置参与段，以蒙皮受剪将中断桁梁上的轴力传到错位的桁梁上去(见图 5.44)。若梁必须转折，则须在转折处布置隔框承受转折引起的轴力分量。当然这些均会使重量有不同程度的增加，因此应尽量避免。

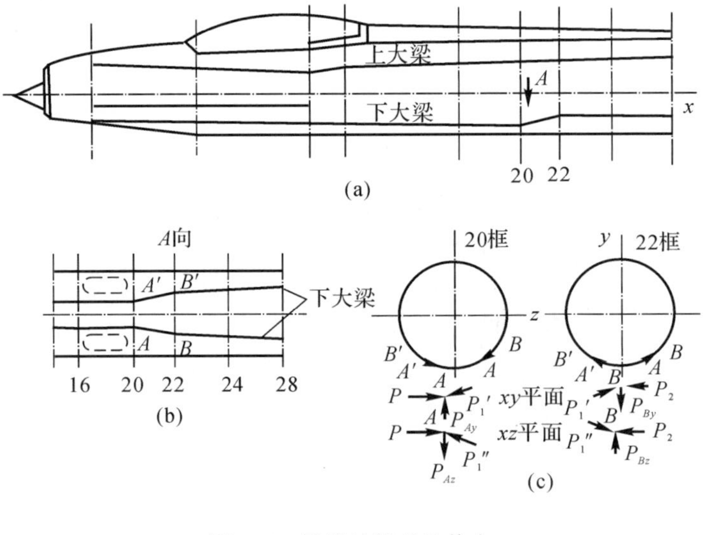

图 6.6 桁梁转折时的传力

(a)，(b)某机机身桁梁的布置及转折情况； (c)桁梁转折处受力情况

3. 加强桁条和纵向短梁

加强桁条是为了承受和扩散作用于机身壳体上 x 向集中力 P_x 而布置的一段较强的桁条，例如机身上承受机翼阻力 X 的接头处就布置有加强长桁，所以加强长桁的长度主要视集中力扩散需要而定。根据加强件综合利用的原则，应尽量将集中力 P_x 协调到已有的桁梁或长桁上去，若有需要再做适当加强，如此设计有利于减轻重量。

当有些部件，如前起落架(见图 5.37)或发动机传来的纵向集中力离机身壳体有一段距离时，还得在相应位置上加一薄壁短梁。在图 6.7 中位于 29 框(见图 6.8)之前的一段机身下部布置的两发动机推力短梁也属此列。此时由短梁的内缘条承受推力，并通过其腹板受剪传到相应的与蒙皮相连的外缘条(相当于一加强长桁)上，由此产生的力矩，通过支持短梁腹板的两个端框提供一对支反力平衡。

三、机身加强框和普通框的设计与布置

1. 框的布置

机身隔框有多种作用，它使机身截面保持一定形状，限定长桁、蒙皮的计算长度；较强的框缘条还可作为周向(环向)止裂带，提供一定的破损安全特性。从原则上讲，框不参与总体受力，机身结构上的各种内力都可由长桁-蒙皮组成的壳体(盒段)承受和传递。但为了防止壳体各种形式的失稳，框作为它们的横向支撑构件是必不可少的。

由于机身主要用于装载，因此必须布置很多加强框，用于承受各种装载以及与机身相连的各部件(如机翼、尾翼、起落架)通过接头传来的框平面内的载荷，将它们扩散成剪流之后传递到壳体上。此外在机身的大开口两端也需布置加强框，以便在结构不连续处实现机身盒段受载形式的转换和重新分配。

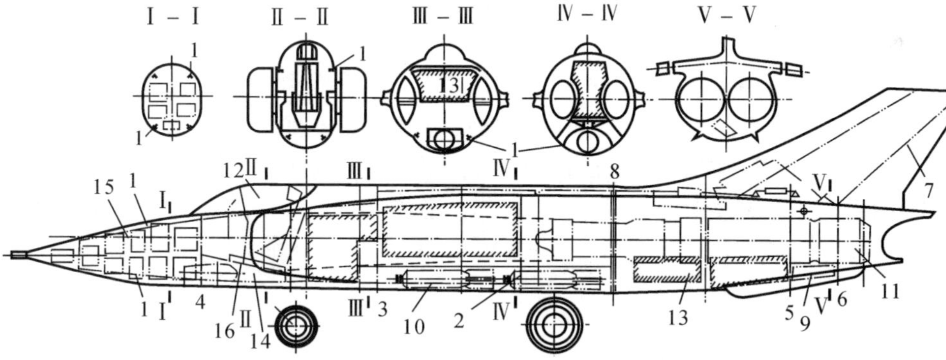

图 6.7 强-5 飞机机身内部布置与主要受力构件布置

1—前机身桁梁； 2—与机翼主梁对接加强框(24 框)； 3—与机翼前梁对接的 17 号加强框； 4—其他加强框(8,12,13,16,20,25,29,30)； 5—与全动平尾转轴连接的 41 号加强框； 6—与平尾、垂尾安定面相连接的 44 号加强框； 7—垂尾安定面后梁轴线； 8—机身设计分离面； 9—减速伞舱； 10—炸弹舱； 11—发动机； 12—驾驶员座舱； 13—油箱舱(前后共四个)； 14—前起落架舱； 15—设备舱； 16—座舱地板

图 6.7 所示为强-5 飞机的结构布置图。该机共有 12 个加强框，其中 8,13,16 分别为驾驶员座舱、设备舱(上、下为大开口)以及油箱舱的端框；29,30 为前、后机身对接框；其余分别

为前起落架、机翼、尾翼、发动机及炸弹挂梁等与机身有接头相连的框，承受、传递它们的载荷。由于加强框承受的载荷大，因此其结构一般较强，重量较大，如强-5飞机机翼-机身主接头对接框约为115 kg重，可见加强框的设计好坏对机身结构的重量有很大影响。为此，在布置加强框时须很好地运用加强件综合利用的原则。以图6.8所示强-5的29框为例，它既是前、后机身的对接框；其上又固定有四个发动机吊挂拉杆的接头，两个发动机推力接头，炸弹挂梁和推力短梁的后端也支持在该框上；此外还有减速板作动筒、炸弹舱门操纵机构等传来的较小的集中力也作用在此框上，是一个综合利用较好的例子。

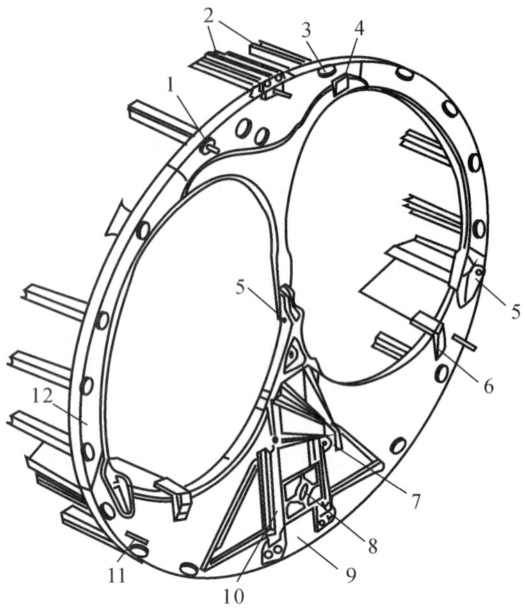

图6.8　29框结构

1—对接螺栓；　2—对接接头；　3—垫块；　4—上框板；
5—发动机侧撑杆接头；　6—发动机推力接头；
7—减速板作动筒接头；　8—炸弹舱门操纵机构支座；
9—下框板；　10—加强型材；　11—对接销；　12—侧框板

普通框一般在加强框布置好后再行布置。根据统计，歼击机的框距一般在300 mm左右，大型运输机大多在300～500 mm范围内。文献7中建议，半硬壳式机身中的框距$a \approx 0.11D_f$（D_f为机身直径）。

机身中框的总重量约占机身结构重量的20%～27%。

2.框的构造形式

框的构造形式有三种：环形刚框、腹板框和构架式框（见图6.9）。为了充分利用机身空间，机身隔框多数为环形刚框。普通框为减轻重量以及满足内部装载的需要，通常都采用环形框形式。加强框视具体情况一般采用环形刚框或腹板框。他们都可用于承受框平面内的载荷，但在需用框与壳体一起构成封闭舱段，如气密增压座舱、油箱舱（这两种情况下腹板框还受初垂直于框平面的侧向分布压力）、设备舱、起落架舱等舱段时，以及在大开口区两端处，则必须采用腹板框作为它们的端框。构架式框现很少采用，读者可自行参阅有关资料，此处不做介绍。

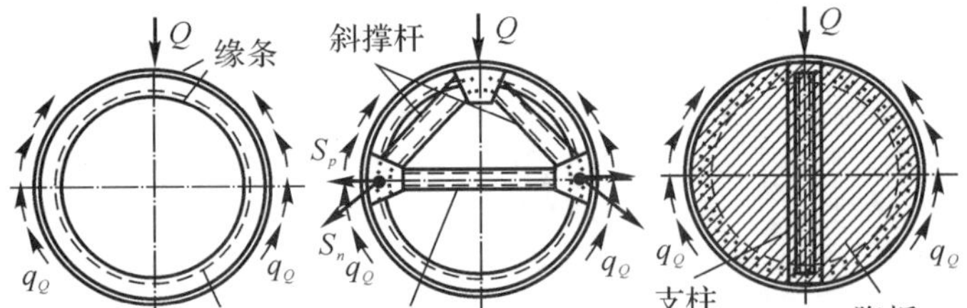

图6.9　框的构造形式

(a)环形刚框；　(b)构架式框；　(c)腹板框

3.加强框设计

加强框的结构形式和设计与机身外形、内部布置、集中载荷的大小与性质，以及支持它们的机身盒段结构特点、有无大开口等多种因素有关。因加强框受载较严重，一框多用时上面的连接接头不止一个，框上常有多种结合孔群；尤其是与其他部件（如机翼、尾翼）的对接框，其作用十分重要，因此加强框常作为损伤容限设计的关键件之一，对框上的危险部位应进行精心的损伤容限和耐久性（或疲劳）细节设计。以下介绍刚框式加强框和腹板框的设计。

（1）刚框式（环形）加强框。环形刚框相当于一个封闭的环形曲梁，受载后有弯矩、剪力和轴力三种内力，其中以弯矩的影响为最大。其弯矩的大小与外载的形式有很大关系。为便于说明，我们以硬壳式机身的等剖面环形刚框为例分析其弯矩内力。图 6.10(b)为受外载 M_w 时的内力 M 的分布图：$M=k \cdot M_w$，$k_{\max}=0.5$。在力 P，T 作用下 M 的分布图见图 6.11。由此大致可得出以下结论。

1)在法向集中力（指垂直于框缘周边的力）和集中力矩作用处，框缘的弯矩值最大。

2)法向集中力 P 和切向集中力 T 相比，前者的最大弯矩值约为 $PR/4$，而切向集中力引起的 M 约为 $TR/16$。当 $P=T$ 时，后者只有前者的 1/4。这个结论提醒我们，当有集中力作用到框上时，应使其尽可能接近切向，这将有利于减轻框的重量。

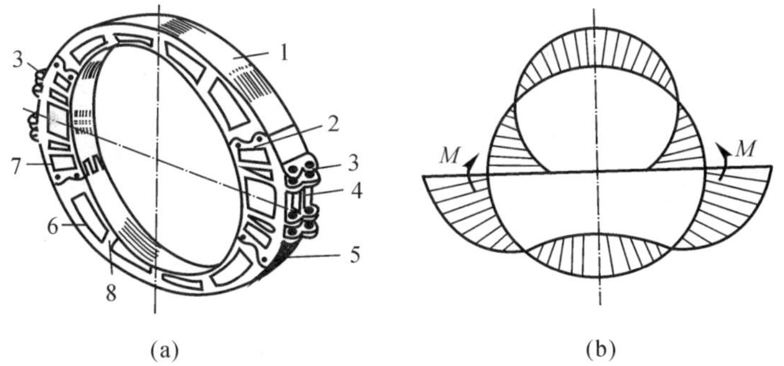

图 6.10 整体刚框式加强框

(a)构造图；(b)作用外载 M_w 时的 M 分布图

1,6—上、下框段；2—框缘连接接头；3,4—机翼-机身对接耳片接头及其加强筋；5,7—两侧的框段；8—小支柱

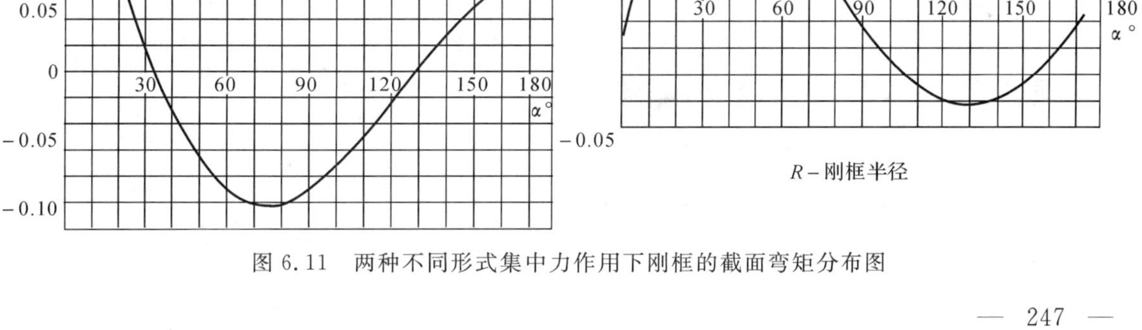

图 6.11 两种不同形式集中力作用下刚框的截面弯矩分布图

环形刚框由内、外缘条、框缘腹板和腹板上的一些小支柱构成。可采用整体框(模锻毛坯或厚板经机械加工而成(见图 6.10(a)),也可用型材、薄板经铆接组合而成(见图 6.12)。框的弯矩和轴力由内、外缘条以一对轴力形式承受,并由此确定缘条面积和框缘剖面形状(一般为工字形)。剪力由腹板承受,并由它决定腹板厚度。为提高框缘承弯的结构效率,框缘高度可取大些(但这往往受到机身内外形尺寸的限制)。由于弯矩值沿周边是变化的,所以若能按弯矩分布规律,用改变框缘的高度、缘条面积(宽度、厚度)(如图 6.10(a)所示);或者在弯矩最大处在缘条上附加加强板、采用高性能材料等措施,使其符合等强度设计规律,一般能减轻框的重量。图 6.10(a)所示框其上、下两段采用铝合金;而在两侧弯矩最大的框段则采用合金钢制成即是一例。

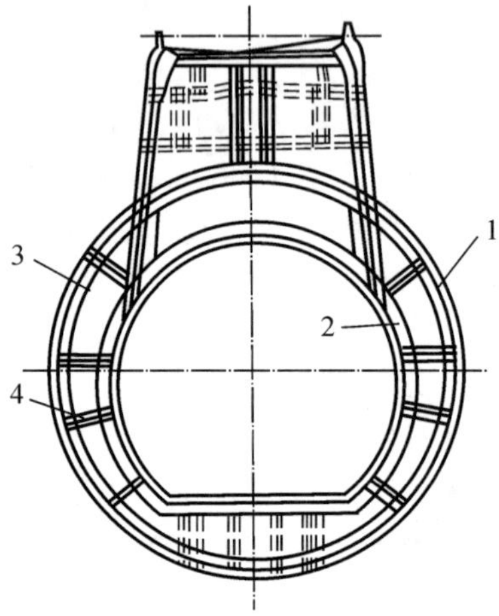

图 6.12 组合式刚框图

1—外缘条; 2—内缘条; 3—腹板; 4—支柱

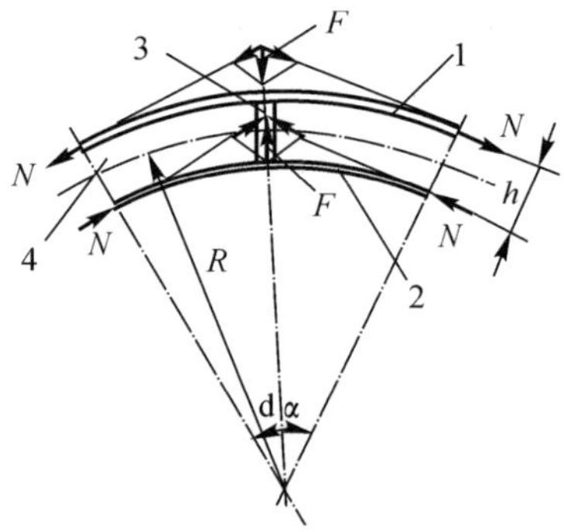

图 6.13 刚框式隔框弯曲变形引起的径向压力与支柱的作用

1—外缘条; 2—内缘条; 3—支柱; 4—腹板

必须指出,凡是法向集中力作用部位,必须布置小支柱以便将集中力扩散成腹板上的剪流,这对腹板较薄的组合式框尤为重要。其次当框缘受正弯矩时(外缘条受拉、内缘条受压)会对腹板产生分布压力(见图 6.13)。这时腹板单位周长上的压力和压应力分别为

$$p = N\mathrm{d}\alpha / R\mathrm{d}\alpha = M/hR$$

$$\sigma = p/t = M/hRt$$

式中 R—— 隔框曲率半径;

h—— 框缘截面高度;

t—— 框缘腹板厚度;

M—— 计算部位的弯矩。

由此,为了提高腹板的受剪、受压失稳临界应力,可在腹板上设置一些支柱。假如两支柱间的压力全部由支柱以受压形式承受,那么支柱上的总压力 F 为

$$F = pl = Ml/hR$$

式中 l—— 两支柱间距离。

(2)整体刚框的分段。整体刚框在以下情况下可能分段。

由于生产条件所限,或需采用不同材料(见图 6.10(a))而将框分段制造,再连接成整体。

此时连接时应将缘条、腹板一一牢固连接，形成固接接头，且连接处选在弯矩小的地方，可减轻接头重量。

有时分段后改用铰接，这样可使接头处弯矩为零，甚至改变整个框缘的弯矩，使设计更为合理(见图 6.14)。

(3)整体框的损伤容限设计。整体框如同其他整体结构件一样有其固有的优缺点，须注意按损伤容限设计原则进行设计，此处举几个实例以加深理解。

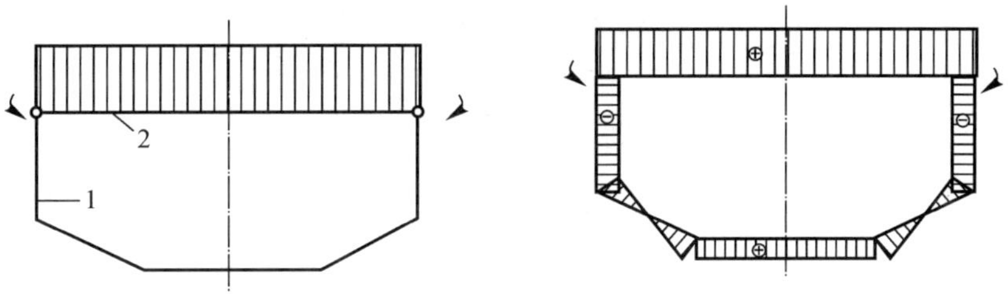

图 6.14　某机身框简化模型的内力分布

(a)下半框与横梁铰接时的内力分布；(b)下半框与横梁固接时的内力分布

1—下半框；2—横梁

1)正确确定危险部位，进行精心的细节设计和质量控制。

刚框式加强框的缘条受轴力，由于缘条通常通过铆钉或螺栓与蒙皮连接，因此在拉伸应力水平较高、钉传载荷较大的孔边是框出现裂纹的危险部位。此外处于高拉伸应力区的缘条缺口、下陷以及结构突变等应力集中部位也是应考虑的危险部位。以上部位均应注意细节设计。

现以歼-8 机翼-机身对接框为例。其左右横梁部分为 30CrMnSiNi2A 的模锻件，其上部用两个直径为 Φ22 mm的螺栓与上半框连接，下部各用一个 Φ22 mm，Φ28 mm 的螺栓与下半框连接；横梁腹板上有两排 Φ3.5mm的铆钉与侧油箱底板角材连接；内、外缘条用铆钉与内、外蒙皮连接。横梁本身承受机翼主梁接头传来的弯矩和剪力。其下耳片螺栓孔以及与下耳片相邻的筋条和外缘条都为高拉伸应力区，为危险部位。其中筋条下方靠外的腹板上第一个铆钉孔处的拉伸应力最高。疲劳试验正是在该孔沿垂直于其拉伸应力的方向发生孔边裂纹，并扩展至破坏(见图 6.15)。

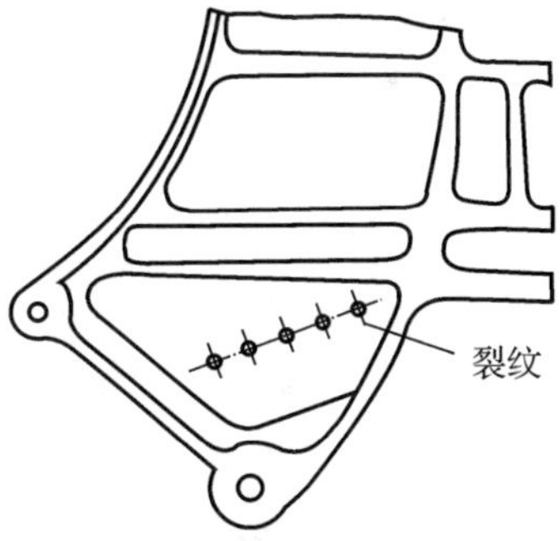

图 6.15　横梁结构下半部示意图

2)合理选择毛坯以及预应力控制。图 6.16 所示为某运输机的主承力框，整体结构，材料为 7451 铝合金。

这种大型构件若仅从强度考虑，往往选用机械性能较高的锻件毛坯经机械加工制成。但由于锻件内存在较大的内应力，机械加工后应力释放，造成超出框平面的变形达数十毫米，极难校平，若强迫装配又会造成使损伤容限特性变坏的初始应力。热轧板毛坯也有相同问题。此时宁愿牺牲一点静强度指标，选用加工后变形小的预拉伸板做毛坯更为合理。

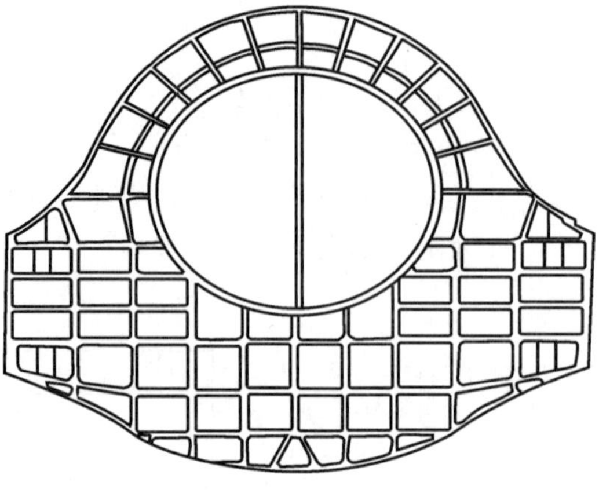

图 6.16　某机主承力框

3)设计框时,有时其支撑结构或相连结构的变形或失稳所产生的附加载荷不容忽视。图 6.17 所示为美国 A－6A 飞机上的某加强框。

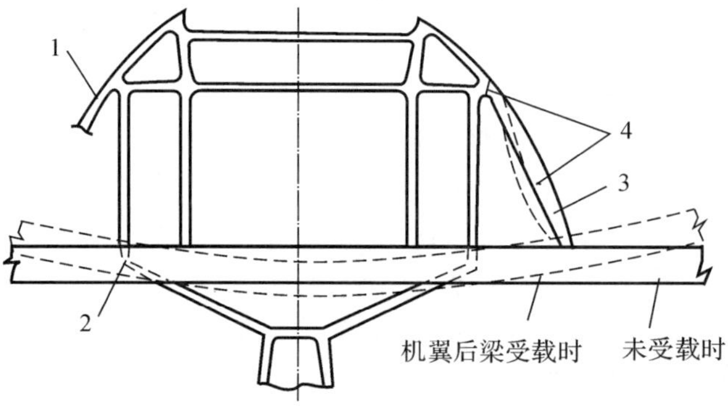

图 6.17　A－6A 飞机上某加强框

1—机身加强隔框；　2—机翼支撑点；　3—整体隔框的侧柱；　4—疲劳裂纹

该框原为整体机械加工件。框的两侧柱与机翼翼梁牢固连接。当机翼向上弯曲时,使两侧柱受轴向压缩载荷而压屈,并产生转动。试验过程中发现该处应力较设计数值大得多,因而使侧柱的根部产生裂纹。后经改进,将此侧柱换成一个薄钢板,此钢板具有足够的强度,能承受传来的载荷;但它又具有足够的柔性,可减少机翼弯曲所产生的不良影响。

(4)腹板式加强框和带部分腹板的加强框。

1)腹板框的受力特点。腹板框相当于平面板杆结构,受集中力时设置加强型材用以承受并将其扩散成剪流传给腹板,腹板受剪。纵、横型材用来提高腹板的剪切稳定性。当腹板框受侧压时(如图 6.18 中受有油箱传来的侧压力),它们与腹板一起承弯。无侧压时纵、横型材,包括周缘上的型材均只受轴力。

2)腹板框设计。图 6.18 所示为某轰炸机连接前起落架的加强框,受有前起落架传来的集中力 P_y,同时又为油箱舱端框。设计时受集中力处均需布置受力支柱,此时支柱中的轴力是变化的,因此其截面大小应与轴力分布规律相符(见图 6.18 的 $A—A$ 剖面),且尽量保持连续。

受侧压时截面形状取具有抗弯能力的槽型、Z字形等。

辅助型材主要用以提高腹板的剪切稳定性，若允许腹板以张力场形式受剪时，则这些型材还将承受由此加给它们的附加载荷。

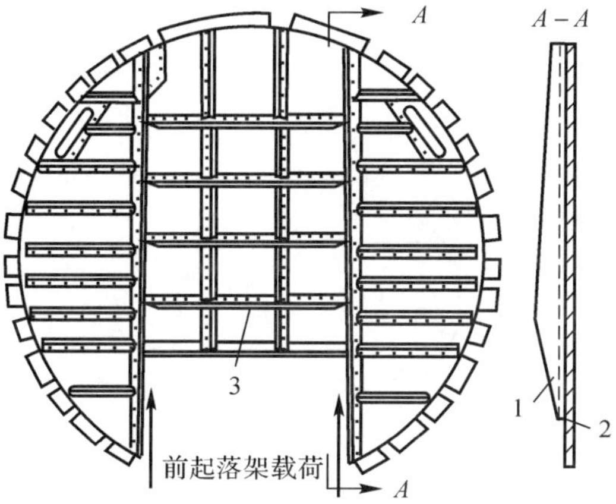

图 6.18　某轰炸机前起落架连接框兼作油箱舱端框

1—竖加强型材；　2—腹板；　3—横加强型材

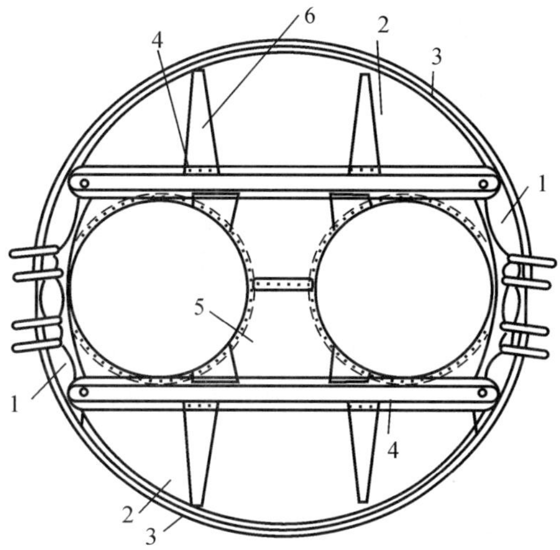

图 6.19　歼-6飞机机翼-机身连接加强框

1—横梁；　2—上、下腹板；　3—框外缘条；　4—缘条(桶形件)；　5—中腹板；　6—集中力扩散件

腹板厚度对腹板式加强框的重量有很大影响，尤其是大飞机的全腹板框。为了减轻重量，如果没有其他要求，一般在设计载荷下允许腹板处于张力场状态。但若厚度小于0.8 mm，可能铆接时会有太大的变形。

3)带部分腹板的框或混合式框。图6.19所示为歼-6飞机机翼-机身主对接框，该框受有很大的弯矩和剪力外载荷。该框前面为油箱舱，因此除进气道外都有腹板。左、右两侧内力最大的地方因内部进气道和外形的限制，只留下很小的空间供构件使用，因此不得不采用高强度钢制作的整体模锻件，类似一段环形刚框。从结构上它是由左、右横梁和上、下腹板“梁”用四个大螺栓铰接起来，又带上一块中间腹板的混合式框。对这类框在分析清楚其各组成部分的受力后，即可按受力情况合理设计。该框的受力分析见图6.20。这类四铰框在对称弯矩和对称剪力 Q_y 作用时，中腹板不受力。但在不对称载荷作用下，中腹板受剪，并且是必不可少的部分。

四、框、长桁、蒙皮之间的连接

框与长桁在连接时必定有纵、横构件交叉问题，一般是弱的让强的。首先，在桁条式机身中长桁总是与蒙皮贴合，连接组合成受力壁板，应该尽量连续。因此长桁遇普通框时，可在普通框上开缺口，或用角片、框缘切口处的小弯片连接；也可将框架在长桁内侧(见图6.21)，这样工艺方便，框缘削弱少，框刚度好。

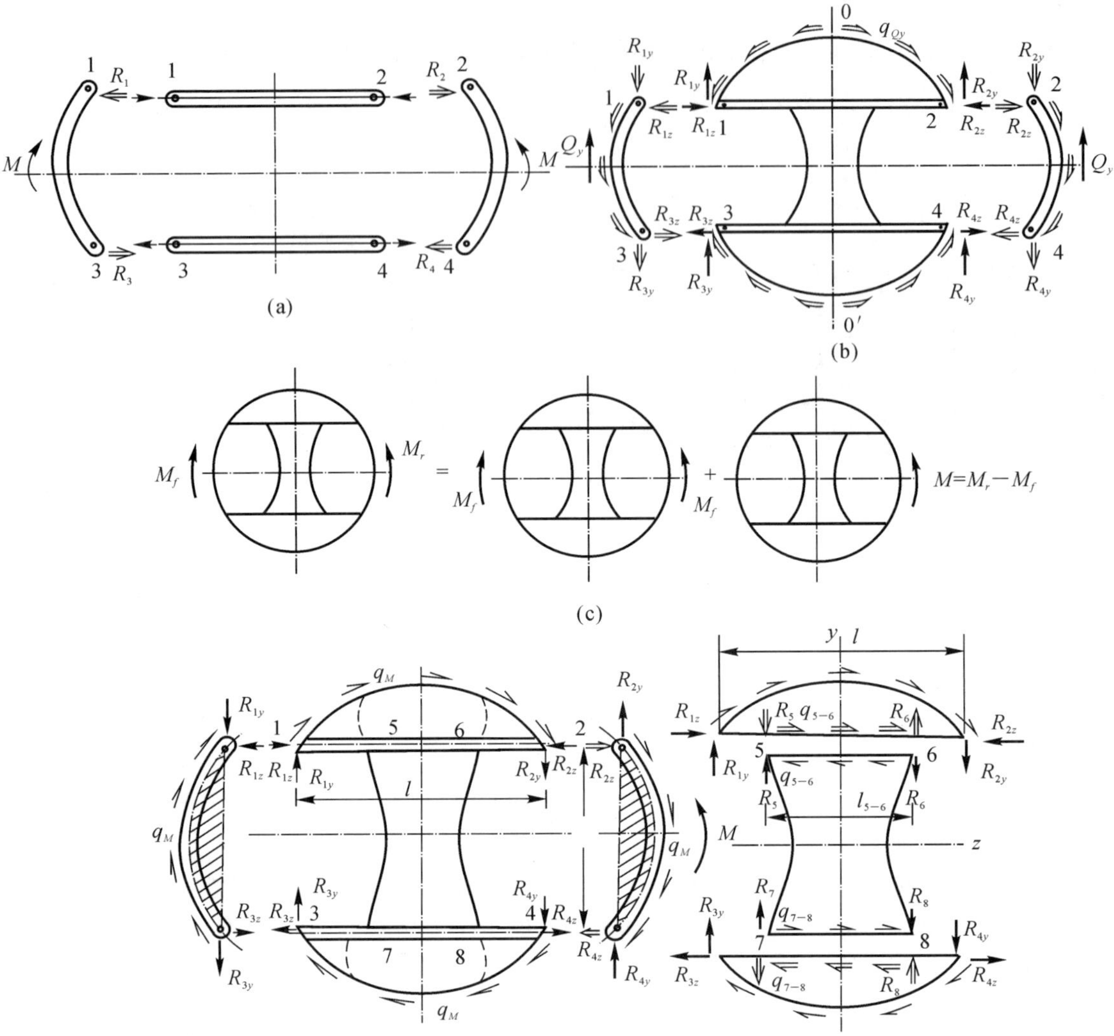

图 6.20　带中腹板框的受力分析

(a)对称弯矩作用下；（b)对称剪力作用下；（c)不对称力矩作用下

当加强框与长桁相遇时，则加强框框缘应连续。长桁可以断开，通过外框缘对接，或另用接头连接，也可长桁与加强框缘均不断开(见图 6.22)。

五、地板结构

这里主要指大型旅客机中的座舱地板结构，它是气密增压座舱的一个组成部分，在总体受力上它还把机身结构分隔成双闭室盒段。原则上地板结构由地板纵梁、地板横梁、地板壁板，有时还有下部支柱组成。纵梁往往也是座椅导轨梁，可使座椅能承受 $9g$ 的紧急着陆时向前的碰撞载荷。图 6.23 所示 DC-8 的机身按破损安全设计。DC-8 是双圆形剖面机身，在两圆交线的侧面布置有一较强的纵梁，它一为承受增压载荷在蒙皮中引起的张力分量所需(见图 6.30)；另外万一某个地板横梁受到损坏，它所分担的载荷就可通过该侧边的纵梁传递给相邻的地板横梁，成为一附加的传力路线。

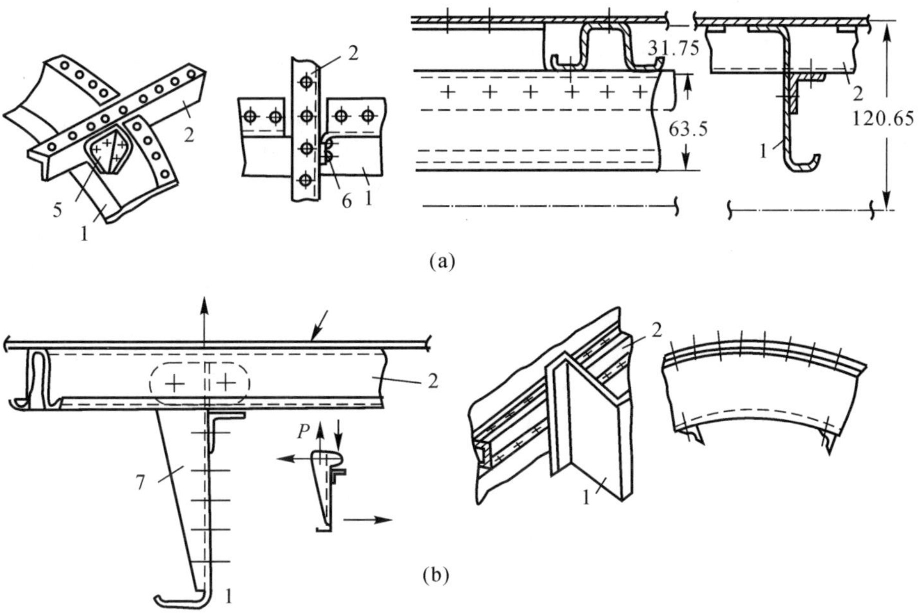

图 6.21 普通框、条桁、蒙皮间的连接

(a)框用角片或框的小弯片与桁条连接； (b)用角撑将框和桁条相连(框与蒙皮不连)； (c)框与桁条直接相连

1—框； 2—长桁； 4—蒙皮； 5—角片； 6—小弯片； 7—角撑

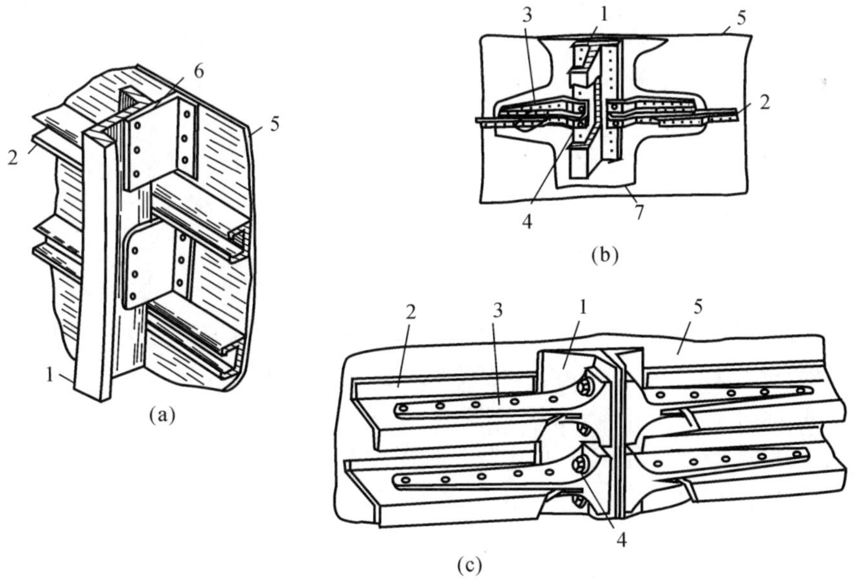

图 6.22 加强框与长桁相交处的连接形式

(a)长桁与加强框均不断开； (b)长桁断开，又用框外缘连接； (c)长桁断开，用接头连接

1—加强框； 2—长桁； 3—长桁对接角盒接头； 4—连接螺栓； 5—蒙皮； 6—补偿连接片； 7—加强盖板

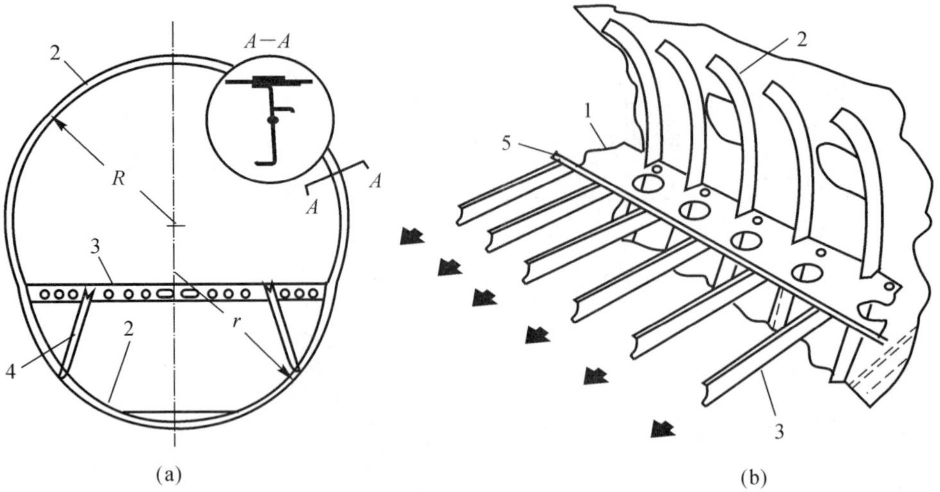

图 6.23　DC－8 机身的设计

(a)典型机身横截面；(b)机身框和地板梁的交合情况

1—纵梁；2—隔框；3—地板横梁；4—支柱；5—座椅导轨

6.3　增压座舱的结构设计

高空飞行的飞机机身内均有增压座舱，如各类飞机的空勤人员座舱、运输机的旅客座舱、有的运输机还包括货舱等。增压舱内的空气压力与周围大气的空气压力之差称为增压载荷。由于增压载荷是重复性循环载荷，对增压舱机身结构的寿命和损伤容限特性有很大影响，必须按损伤容限(也有按疲劳加破损安全)设计准则设计。此外，增压舱结构也是机身受力结构的一部分，所以它既有增压载荷引起的应力，又参与机身的总体受力，这部分结构的总应力应是这两种载荷产生的应力的叠加。本节只讨论增压载荷下机身结构的设计特点。

一、座舱的增压载荷

现代飞机一般安装有涡轮喷气、涡轮风扇或涡轮螺旋桨发动机，通常这类飞机在高空飞行才能获得最好的技术性能和经济性。但是大气压力与温度随着高度的增大而下降(见图 6.24 曲线 1)。当飞行高度超过 2 500 m 时，将使人无法正常工作；若飞行高度继续增大，甚至会使人不能生存。目前，广泛应用座舱增压、加温的办法来解决。即将座舱做成密封结构(所以亦称气密增压座舱)，从发动机的压气机引出一股压缩空气，经过一系列装置使进入座舱的空气压力和温度、湿度适中。其中空气压力由自动调节装置控制，使舱内压力按预定的规律变化。图 6.24 上的曲线 2，3 表示了两种变化规律。以曲线 2 为例，当高度小于 2 000～3 000 m 时，舱内压力与外界大气压力相同，即图中的 AB 段。高度增加后的 BC 段，舱内的压力基本上不随高度增大而减小，此时舱内压力大于外界空气压力。C 点之后，舱内的压力随高度的继续增大而减小，其规律是保持增压舱的内外压力差不变，即 Δp 为常数。一般 Δp 在 $(4\sim6)\times10^4$ Pa的范围内，如果压力差太大会使增压舱的结构重量增大。设计时还须考虑外界压力大于舱内压力的情况，这种情况可能发生在飞行高度急剧下降，而压力调节装置调节滞后的时候。我们把这种内低外高的压力差称为负压差，正常情况下内高外低的压力差称为正压差。

增压座舱受正压差时类似于一个受内压的密闭容器，其压力是自身平衡的，但其蒙皮和端框会有内力。此时增压舱最有利的形状为球形，或两端为半球面的圆筒形。但实际上由于机身的外形和内部布置的限制不可能完全做到这一点。增压舱的形状和在机身上的部位随飞机类别的不同而不同(见图 6.25)。下面我们对旅客机和战斗机两类飞机的增压舱的结构设计进行讨论。

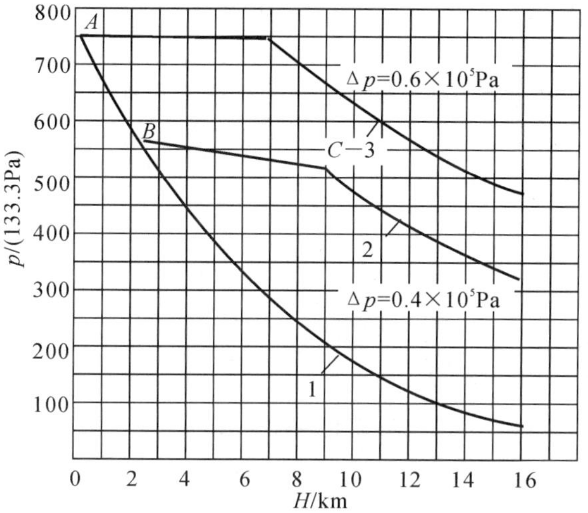

图 6.24　增压座舱的压力调节曲线

1—无增压；

2—增压为 $\Delta p=0.4\times10^5$ Pa；

3—增压为 $\Delta p=0.6\times10^5$ Pa

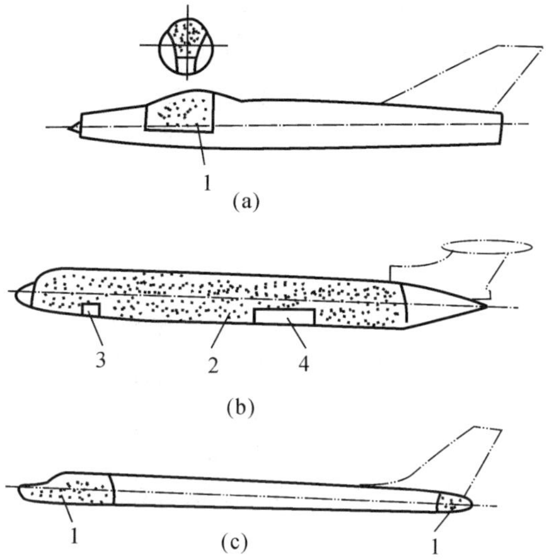

图 6.25　各类飞机增压座舱分布与形状

(a)两侧进气歼击机增压座舱；(b)旅客机增压座舱；

(c)轰炸机空勤组增压座舱

1—空勤人员增压座舱；2—旅客及空勤人员增压座舱；

3—前起落架舱(不气密)；4—中央翼及主起落架舱(不气密)

二、旅客机增压舱的结构设计

旅客机增压舱一般为圆筒形，或接近圆筒形。其后端常为球面腹板框，前端则因内部布置的限制常为平面腹板框。为便于说明，先假设其截面为圆形进行讨论。

1. *机身蒙皮的受力和设计*

在正增压载荷作用下，机身的蒙皮受双向张应力(即蒙皮厚度内均匀的拉应力)。由静力平衡方程即可得出蒙皮的周向张应力 σ_T 和纵向(轴向)张应力 σ_x 分别如下：

$$\sigma_T=\Delta p\cdot R/t$$

$$\sigma_x=\Delta p\cdot R/2t$$

式中　R—— 机身半径；

t—— 蒙皮厚度；

Δp—— 压力差。

比较 σ_T 和 σ_x，可知 σ_T 是 σ_x 的两倍。由此可见增压舱部分的蒙皮上，沿 x 轴方向的纵向裂纹比周向走向的裂纹更为危险。

增压舱的蒙皮设计已在 6.2 节“一”中做了详细阐述。应从材料、应力水平控制和采用止裂带等方面采取一系列损伤容限设计措施，此处不再重复。

2. 球面框

(1) 从材料力学可知，若取球壳作为高压容器，整个球面厚度上均为张应力，其大小为 σ_0，即

$$\sigma_0 = \Delta p \cdot R_s / 2t$$

可知用球面框作端框比平面框以承弯的形式承受侧压要有利得多。从受力有利看，球面框最好做成半球，即球面半径 R_s，与机身半径 R 一致。此时，框板上时拉应力正好全部、直接地传给机身盒段的蒙皮；但球面前、后都较难充分用来安放有效载重，机身容积利用率低，且工艺上制作也较复杂。综合考虑到以上诸因素，所以实际上在大飞机上一般常采用球面的一部分——球亏面作框，此时 $R_s > R$。在文献[4]中介绍，α 角为 60° 时，可由计算证明比较经济（α 角定义见图 6.26）。

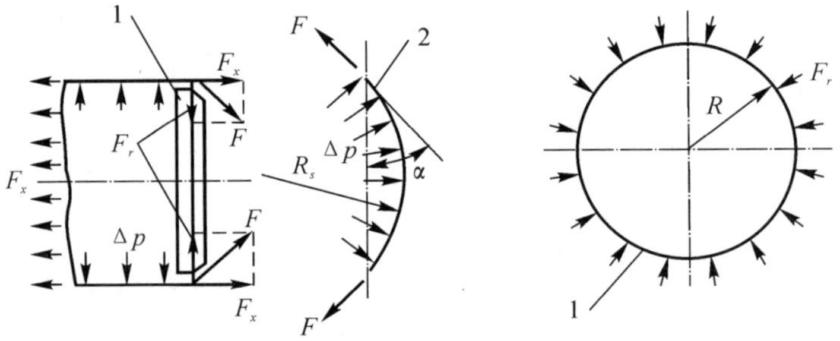

图 6.26 球面框与机身结构之间的传力

1— 加强环； 2— 球面框腹板

(2) 当 $R_s > R$ 时机身结构的受力和设计。此时球面周缘的单位宽度上的总拉力为 F，它随 R_s 的增大而增大。

$$F = \Delta p R_s / 2$$

一般情况 R_s 为机身半径的 2～2.5 倍。此时力 F 与机身纵轴方向有一夹角。将力 F 分解成纵向分量 F_x 和径向分量 F_r。F_x 传给机身蒙皮；径向载荷 F_r 与机身筒壁受舱压后在该剖面处向外的径向载荷抵消一部分，抵消后的净载荷将由布罩在此处的加强环（环形框架）来承受（见图 6.26）。加强环此时相当于一个受到自身平衡的均布径向压力的圆环，其内力为切向压应力。

(3) 球面框的构造以及与机身壁板的连接。球面框是腹板框的一种。图 6.27 所示为 L-1011 增压舱后端的球面框，相应的后段机身结构见图 6.1。该框由铝合金制成，由逐渐展宽的三角形板在边缘处以搭接的形式胶粘成整体，并在搭接处铆有 12 根型材加强。顶部有顶环，用一帽盖盖上。框板表面粘贴有径向和圆周方向的破损安全条带起止裂作用。球面框通过加强环与机身壁板连接，该框的加强环剖面形状接近于工字形。机身的长桁在球面框两侧用两角盒接头对接。蒙皮则在加强环处附加一对接垫板对接。球面框与机身结构之间的连接以及球面框的构造有很多种，图 6.28 所示是另外一些设计实例。

球面框不宜受 yoz 平面内的集中力，以免曲板受弯。此时一般须在相应位置另布置一平面框或局部平面框来承受 yoz 平面内的集中力。

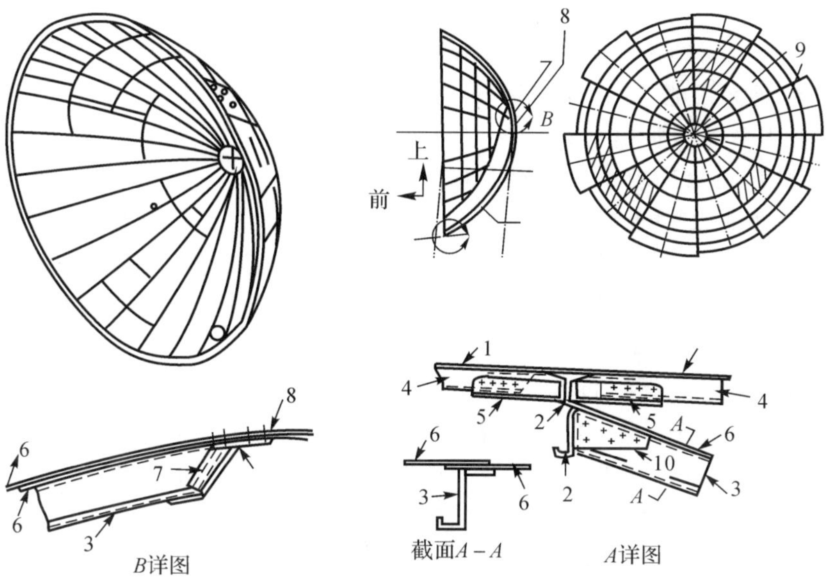

图 6.27　球面框构造

1— 蒙皮； 2— 框； 3— 加强板； 4— 桁条； 5— 拉伸接头； 6— 三角形板；
7— 角撑； 8— 盖板； 9— 破损安全带； 10— 角盒

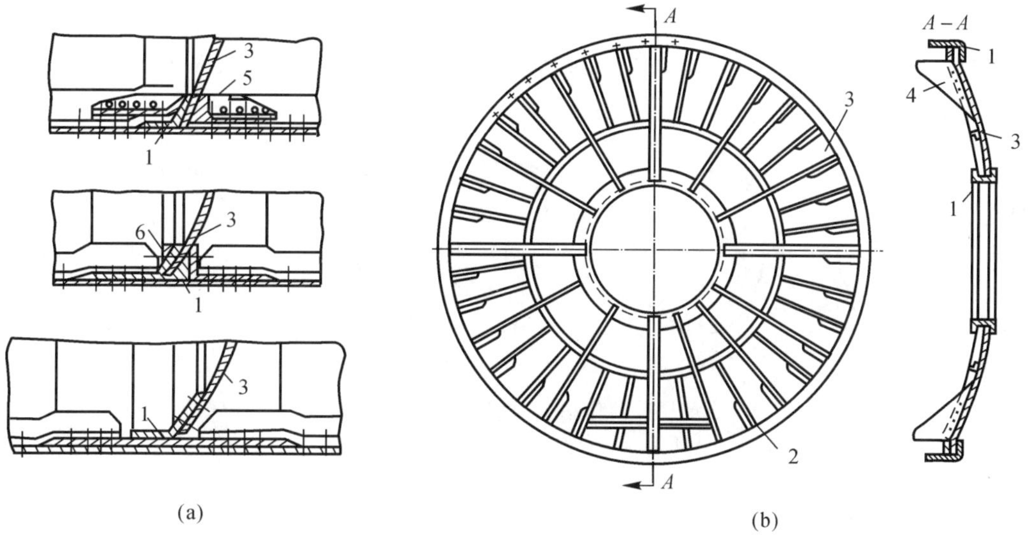

图 6.28　球面框与机身结构及机身长桁之间的连接

1— 对接环(加强环)； 2— 加强型材； 3— 框板； 4— 连接角片； 5— 长桁对接接头； 6— 对接弯接头

由于球面框和机身结构的壁板沿周缘连接在一起，结构应是连续的，并保证变形协调。如果出现图 6.29 所示的情况，球面框边缘处的径向变形为 δ_1，机身壳体结构的变形为 δ_2，则变形协调会使加强框处产生剪力 Q 和力矩 M。如果两者的刚度比较匹配，这些附加载荷可能比较小；如果刚度不匹配，这些附加载荷也可能比较大。此时加强框、机身壁板、球面框之间的连接以及这些构件本身在交接处都应有相应的强度，设计时要考虑这些附加载荷。

3. 平面腹板框

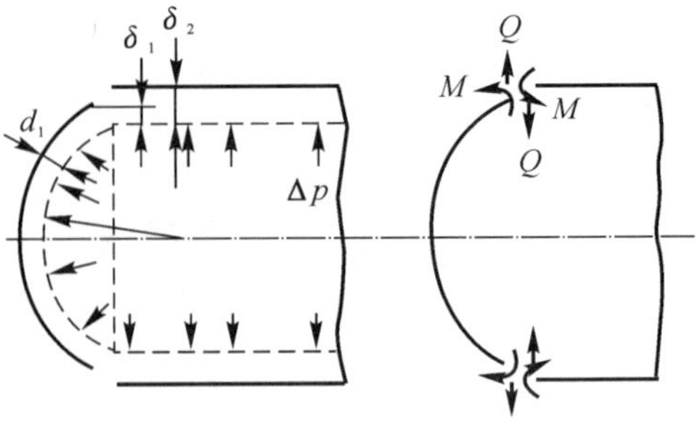

图 6.29　球面框与机身结构变形协调的内力

旅客机增压舱的前端一般采用平面腹板框。由于机身前端各种无线电、雷达设备密集，为提高空间利用率，采用平面腹板框容易满足内部布置的要求。战斗机驾驶舱比较小，安排紧凑，故前、后隔框均采用平面框。平面端框均采用横、竖方向型材、腹板及框缘角型材铆接而成(见图 6.18)。周缘型材与机身蒙皮连接，其他型材两端固定在机身的纵向构件上。增压载荷均布作用在腹板上，腹板受弯，同时将增压载荷传到横、竖型材上。增压载荷的合力最终传到机身纵向构件上，与后端球面框传给它的轴向拉力 F_x 相平衡。平面框的设计见 6.2 节的三之"3"。当该框还用作承受某些集中力，例如安装雷达天线的支架时，型材布置应首先考虑扩散集中力的需要，然后再按增压舱要求补充布置一些横、竖型材。

4. 当机身截面为非圆形时增压舱段机身的结构特点

当机身为圆截面时，增压舱蒙皮的变形情况如图 6.30(a)所示。当机身截面为椭圆形时，增压载荷有使截面趋于圆形的趋势(见图 6.30(b))，因隔框会限制其变形，因而在框内会产生弯曲内力。在(c)，(d)两种情况下，上、下不同半径的圆弧交会处，蒙皮因增压载荷引起的拉应力不在同一方向上，将会产生分力 F_n，此力只能在机身地板上平衡。比如可在剖面外形转折处，沿机身轴向，在机身左、右两侧各布置一根纵梁(见图 6.23)。纵梁两端与框的腹板连接，靠蒙皮的一边与蒙皮铆在一起。力 F_n 通过纵梁传给框腹板，进而传到地板横梁上。左、右两个力 F_n 在横梁上互相平衡。

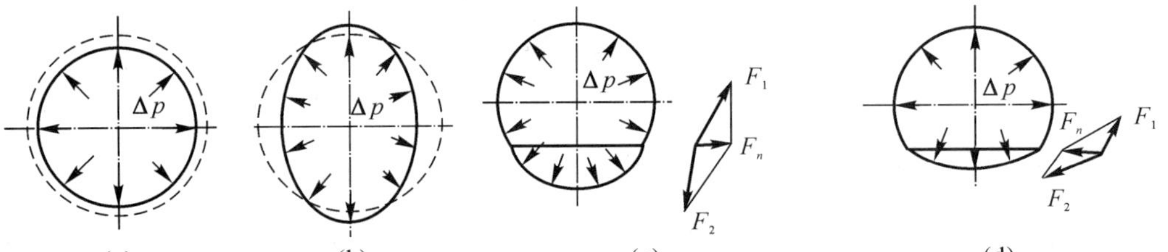

图 6.30　在增压载荷作用下，机身截面形状与结构内力的关系

(a)圆截面机身；(b)椭圆截面机身；(c)，(d)双圆截面机身

5. 舱门与窗口

旅客机的舱门一般设计成介于"受力口盖"和"非受力口盖"之间。由增压载荷引起的周向张应力可由舱门承受；但由于要求舱门能迅速打开，机身结构上的其他载荷、内力由舱门周围的加强结构，包括门框来承受。窗口则多为不受力"口盖"(即窗玻璃)式小开口，此处设计详见 6.5 节。

三、战斗机增压座舱的设计特点

战斗机驾驶员增压座舱一般空间小、形状复杂，尤其是两侧为进气道的飞机，座舱形状更为复杂(见图 6.31(a))。增压舱的侧壁可能受到由座舱自里向外的正压差作用，也可能因进气道内空气压力的影响受到由外向里的负压差的作用。

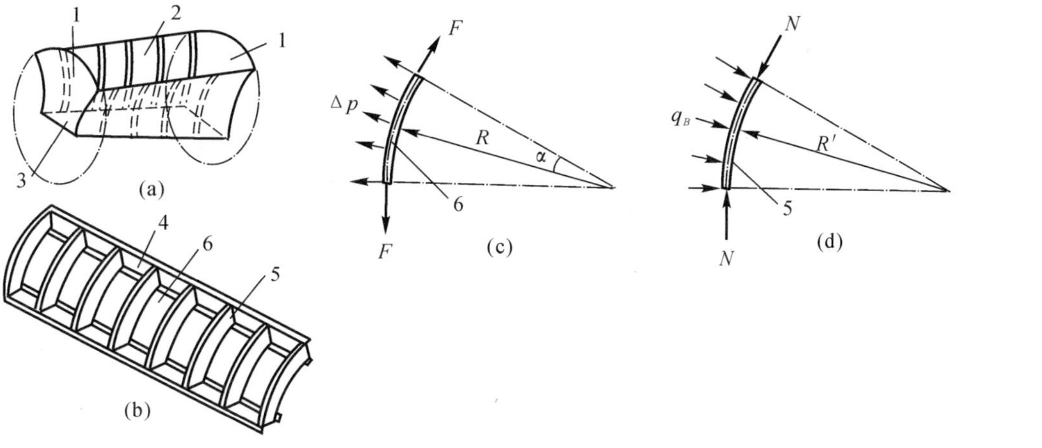

图 6.31　机头进气喷气式歼击机增压座舱与侧壁的受力

(a)增压座舱结构示意图；(b)增压座舱侧壁结构；(c)负压差作用下内蒙皮的受力；(d)正压差作用下加强筋的受力

1—平面壁板端框；2—侧壁；3—座舱地板；4—桁梁；5—加强筋；6—内蒙皮

这类增压座舱由活动舱盖，左、右曲面侧壁，前、后平面腹板端框以及下部地板组成。舱盖上增压载荷的合力通过可随时打开的锁钩，以集中力的形式传到边框上。这部分结构的受力此处不做讨论。

增压舱的侧壁由蒙皮、周向布置的加强筋和桁梁组成(见图 6.31(b))。当座舱侧壁受负压差时(见图 6.31(c))，侧壁的受力状态相当于把进气道看作一个受内压的容器，所以侧壁是以蒙皮内的张力平衡负压力的。蒙皮的周向张力传给上、下桁梁。桁梁两端固定在前、后机身上，所以桁梁相当于受分布载荷的双支点梁。作用在单位宽度蒙皮上的周向拉力为

$$F=\Delta pR$$

式中　R—— 侧壁的曲率半径。

当座舱受正压差时(见图 6.31(d))，蒙皮把压力传给加强筋。加强筋上的压力以集中力 N 的形式传给上、下桁梁，桁梁承弯。加强筋的受力则类似于拱，其单位长度上的压力为

$$q_B=\Delta p\cdot a$$

式中　a—— 加强筋间距。

以上我们讨论了增压舱的结构设计。至于其密封措施等请自行参考文献[11]，[12]以及其他有关资料。

6.4　机身与其他部件以及发动机的连接设计

机身结构把机翼、尾翼、起落架，有时还有发动机，通过各种连接接头连成一个整体。这些连接设计，其中尤其是机翼-机身连接设计是飞机结构设计中最重要的设计环节之一。这一方面固然是由于这些连接的重要性；同时还因为在机翼-机身对接区这些部件的对接构件可能与其他多个构件还有连接关系，受载情况复杂，有多重传力路线，不易得到正确的分析结果，且构件的连接部位和连接元件(如大模锻件接头、耳片接头、连接螺栓等等)往往对疲劳开裂敏感。

因此，设计时要做到受力合理；制造、装配的工艺性好；易进行检测、维护；修理更换方便；除保证强度外，关键件的损伤容限和耐久性设计还应达到用户提出的损伤容限和耐久性的具体指标；同时应使结构重量尽量轻，具有最好的经济性。为此，在设计过程中必须充分运用综合设计体制，与设计的各有关方面随时进行充分协商，以获得最满意的设计。

连接设计的内容包括以下内容：接头的布置位置（一般在结构布局时已确定）、接头的构造形式、工艺成形方法、接头的配合间隙与容差等。各种设计方案必须经过准确、充分的强度计算，对关键件要做损伤容限、耐久性分析比较，以及必要的可靠性分析，最后完成有关的试验。有关计算分析的内容不属本书范围，读者可参阅有关专著。

一、机翼-机身的对接设计

1. 机翼-机身的对接型式

如图 6.32 所示，机翼-机身的对接可分为机翼通过机身以及左右机翼连于机身两侧两种型式。机翼通过机身又可分为整个中央翼翼盒通过或只有几根翼梁通过两种。

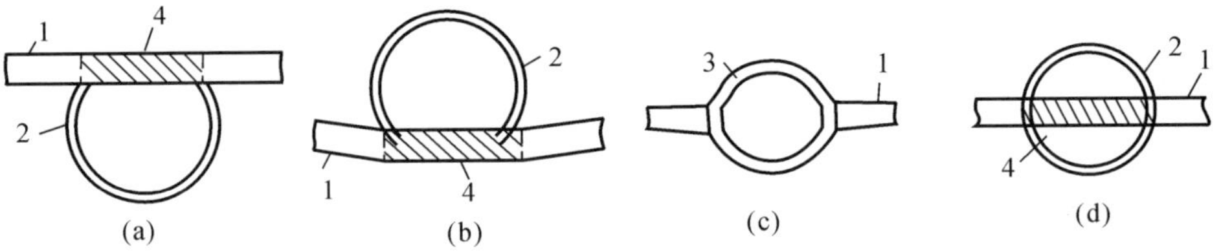

图 6.32　有中央翼贯通与无中央翼贯通的对接

(a)上单翼；(b)下单翼；(c),(d)中单翼

1—机翼；2—翼、身对接框；3—锻件；4—贯通部分

当机翼为单块式时，让中央翼翼盒贯通机身才符合经济原则。此时若机翼为上单翼或下单翼布置时（运输机通常采用的机翼位置），与机身部位安排的矛盾不大，可以让翼盒通过。战斗机一般采用中单翼布局，由于机身内部空间紧张，通常不可能让中央翼通过，此时只能在机身两侧用几个集中接头与之连接，但应尽量将翼梁（或其缘条）穿过机身，或作为框的一部分通过。

根据机翼与机身连接框的多少，可分为双框式与多框式。有中央翼通过的运输机，不少采用双框式。但现代飞机从破损安全考虑大多采用多框式。例如波音-747 就有前、中、后三根翼梁分别与三个加强框对接。协和号超声速旅客机为狭长三角形机翼，根弦很长，机翼薄，采用多墙式结构型式，该机翼的中央翼翼盒就有 12 根翼梁与框装配成一体。图 6.33 所示的歼-7机翼也有 5 个接头与机身相连。当在机身侧边对接时，通常结合翼根处较强的梁和墙的数量来安排接头和加强框的数量。

2. 机翼-机身在机身侧边对接时机身的结构设计和对接接头型式

(1)接头数量。在机身侧边对接时至少要有一个固接接头和一个铰接接头才能传递机翼的全部载荷（见第三章分析）。对于现代超声速战斗机很少这样连接，因为这种单传力途径的静定连接方式不具有破损安全特性，一旦固接接头破坏，后果将是毁灭性的。因此现代战斗机均采用多接头连接。如F－16由11根墙在根部过渡成6根梁与机身连接。图5.4所示的“阵风”战斗机也为多墙式结构，到根部采用几个铝锂翼-身对接板与相应的各个加强框连接。图5.1所示苏－30战斗机采用了翼-身融合体设计，它的中机身也就是中央翼。其外翼不是通过集中接头，而是沿翼盒周缘用100多个螺栓与中机身(也即中央翼)牢固连接。

图6.33所示为歼－7机翼与机身通过5个接头连接，前梁、主梁、油箱隔板梁分别与16，22，25框固接；前墙、后墙分别与13框和1肋后段(再间接与机身28框)铰接。除接点V采用齿板式传剪接头外，其他均为耳片-螺栓连接接头。对于多交点连接，如何解决连接装配的协调很重要。该机翼为三角形布局，根弦长，交点之间的距离比较大；尤其是前墙，它又处于最前端的三角形区内，容易变形。为保证装配协调，除工艺上采取措施外(例如对结合孔最后进行精加工等)，还必须考虑接头的设计补偿。补偿的形式很多，该机翼主要采用留较大配合间隙的办法。22框处主梁接头配合间隙要求最高，以它为基准。13框处接头配合间隙为0～1 mm；16框处为0～3 mm；25框处为2～2.5 mm；28框螺栓轴线允许偏心3 mm，因此采用了可少量调整上下位置的齿板接头。除该接头外，其余接头的所有结合螺栓孔均在装配时在精加工台上将机翼、机身上的相应耳片对齐后铰至装配精度。

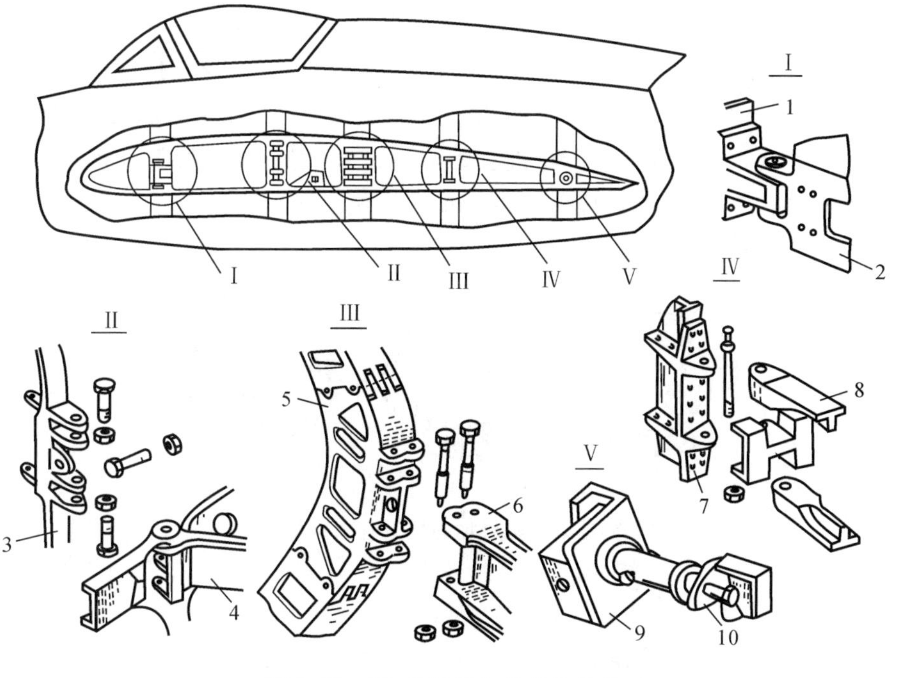

图6.33　歼－7机翼与机身的连接

Ⅰ—在机身13框处；　Ⅱ—在16框处；　Ⅲ—在22框处；　Ⅳ—在25框处；　Ⅴ—在28框处

1—机身13框；　2—前墙接头；　3—16框；　4—前梁接头；　5—22框；　6—主梁接头；　7—25框；　8—隔板梁接头；　9—28框；　10—襟翼滑轨接头

为传递力X一般可安排一个接头传递给机身，并须在该接点处的机身结构上布置纵向加强构件，如加强桁条。

梁后掠布置时，梁在根部的弯矩分成两部分，一部分(M_x)传给框，另一分量M_z通常由侧边翼肋转成接头上的力传给机身。如果如歼-6机翼那样，该侧肋受内部布置影响，肋上有大开口，不宜承受这一较大的载荷，此时可在机身的侧面布置侧加强板 $ABCD$ 来实现这一转化，将分弯矩最后转成 AD，BC 框的一对垂直力传到机身上（见图6.34）。

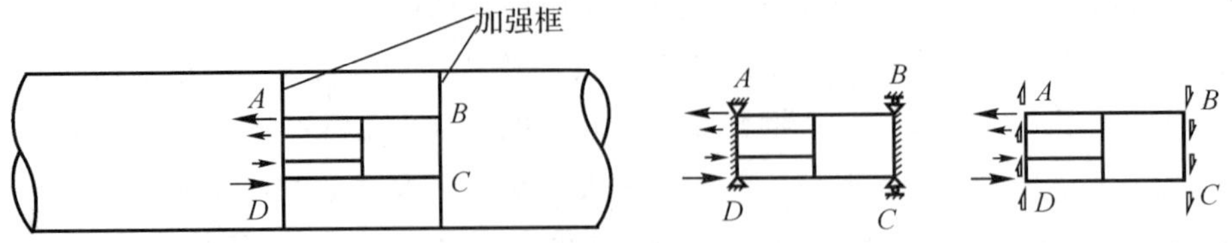

图6.34 后掠翼梁的连接

(2)对接框设计。机身的对接框用于承受机翼传来的剪力和弯矩，包括扭矩或分弯矩通过侧肋转换后传给框的力。图6.35和图6.19所示为几个带有固接接头的加强框。由6.2节可知，这类环形框受切向力是最有利的，但传弯时实际上均以一对水平力以基本上垂直于框周边的法向力形式将机翼弯矩传给加强框。现代超声速战斗机的相对厚度约为4%，若直接将结构高度很小的翼梁连到机身框上对框受力不利，特别像F-104这样的小展弦比直机翼梁高度很小。若在总体设计时结合气动布局、部位安排的要求，使接头的上、下耳片间距增大，则对框的受力是有利的。以图6.36中两架飞机为例，F-104在机翼-机身连接区为两侧进气道的延伸段，使该框在对接处的高度可增大（见图6.37(d)）。F-16战斗机为翼-身融合体设计，它在进气道周围有一圈整体油箱，由于机翼-机身要圆滑过渡，因而使对接框在连接处的高度可大于机翼腹板的原有高度，故这些对接框可设计得相对比较轻。

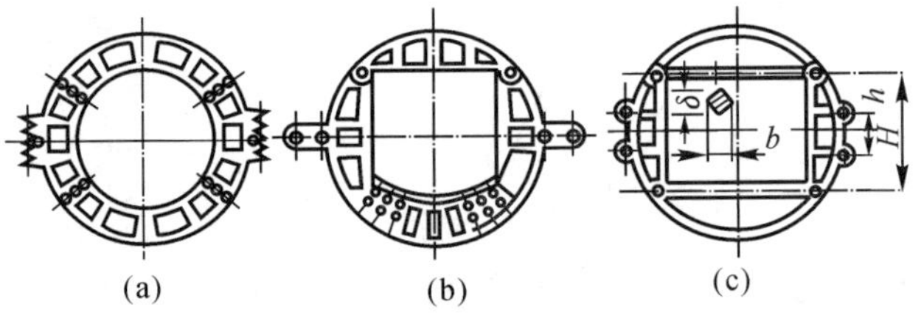

图6.35 机身加强框上有固接接头

图6.36 薄翼与机身对接的两个实例

(a)F-104的对接； (b)F-16的对接

1—加强框； 2—主起落架收藏处；

3—进气口后面的延伸段； 4—进气道

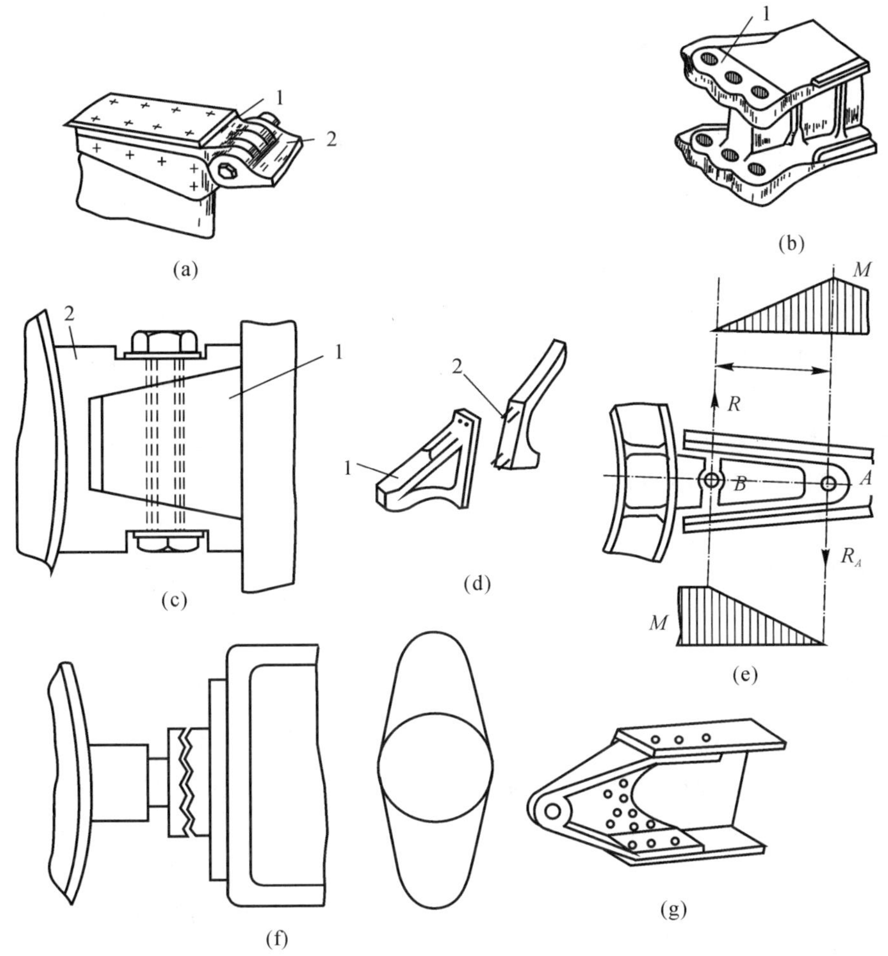

图 6.37　连接接头的几种型式

(a)垂直耳片叉耳连接；（b)水平耳片叉耳连接；（c)楔形耳片连接；（d)螺桩式连接接头；
(e)展向连接接头；（f)齿垫式接头；（g)垂直耳片铰接接头；（a)～(e)均为固接接头
1—机翼接头；2—机身框接头

(3)机翼在机身侧边连接时的接头型式。图 6.37 所示为机翼在机身侧边连接时的几种接头形式。其中图 6.37(b)所示为水平耳片连接，螺栓垂直放置。传弯时螺栓受剪，传剪时螺栓不受力，靠机翼、机身上的耳片相互挤压传递。其优点是接头开敞性好，便于对接孔的精加工以及使用、维护中的装拆。现代高速战斗机一般翼梁的相对载荷较大，为提高梁的有效高度，缘条多数做成扁平宽缘条，水平耳片便于过渡，同时对较薄的高速飞机机翼，为避免传递载荷较大时螺栓直径过大、耳片加厚(将减小上、下耳片的有效间距)，可用增加螺栓的数量来增大剪切面和挤压面，故它比较适用于较薄又载荷较大的机翼，在歼-6、歼-7、歼-8 以及国外的一些飞机上均有使用，广泛使用如图 6.37(b)所示型式接头。图 6.37(a)所示的耳片垂直、螺栓水平放置的接头在传剪力、弯矩时螺栓均为受剪，对提高连接件的疲劳强度有利，在很多低速、小飞机上常采用这种形式。但在传递大载荷时，为满足剪切强度须把耳片分成几片，为满足挤压强度则螺栓要设计得很粗，从而影响上、下耳片的有效间距，故不宜在高速薄机翼上采用。

在图 6.33 中的接头Ⅱ是上述耳片接头图 6.37(b),(g)的综合,传弯、剪时螺栓均受剪,且因传剪时耳片不需受局部弯曲可做得较薄,增大接头有效间距;但精加工和装配时比较困难。图 6.37(c)中的接头,耳片带斜度,可设计成等强度,并便于工艺补偿,但须要多加一偏心垫片。

图 6.37(d)中的螺桩式连接是 F－104 的机翼-机身对接接头,在对接框上伸出 4 个水平螺栓,插入机翼上的对接孔内。这种连接不需要额外的连接段。

当梁的结构高度很小、梁缘条又不宽时,可采用沿展向布置两个连接螺栓传递弯矩(图 6.37(e)),它在一些带翼导弹上用。

图 6.37(f),(g)均为传递剪力的铰接接头。其中齿垫式可在垂直方向做微量调节,属一种带设计补偿的接头形式(如图 6.33 所示的歼-7 的接头Ⅴ)。接头可单独制造,制作方便,易装配,但所传剪力不大。

设计接头时应注意使传递载荷时的偏心距尽量减至最低限度。不可避免时,要在设计接头以及与接头连接的相邻构件时,计入因偏心引起的影响,这一点对大接头尤为重要。

3.有中央翼通过时机翼-机身的对接设计

(1)机翼和机身框各自独立时的对接。从原则上说带中央翼的机翼靠四个铰接接头就能将机翼的剪力、扭矩和反对称弯矩传给机身。图 6.38,图 6.40 均为机翼和机身各自独立的连接。图 6.38 为波音-707 的翼-身对接,机翼以嵌入形式插到前、后两个对接框之间,通过四个空心销将机翼前、后梁与框对揍。这种销是典型的铰接接头,既简单,又易于安装(见图6.39)。这种设计允许翼梁与框各自独立变形,因此自由转动的机翼在弯曲时对框的影响与作用在框上的增压载荷和地板梁的挠曲对框-地板梁接头而言,其载荷是相加的。x 方向的载荷,如机翼阻力、发动机推力主要通过机身下方的机身龙骨梁传给机身,龙骨梁上的柔性板能在机翼弯曲时承受弯曲引起的力,该龙骨梁也作为机身下部开口处的重要受力构件。此外中央翼盒上方的地板纵梁以及侧肋的上缘条与机身侧壁的连接也是 x 向力的辅助传力路线。

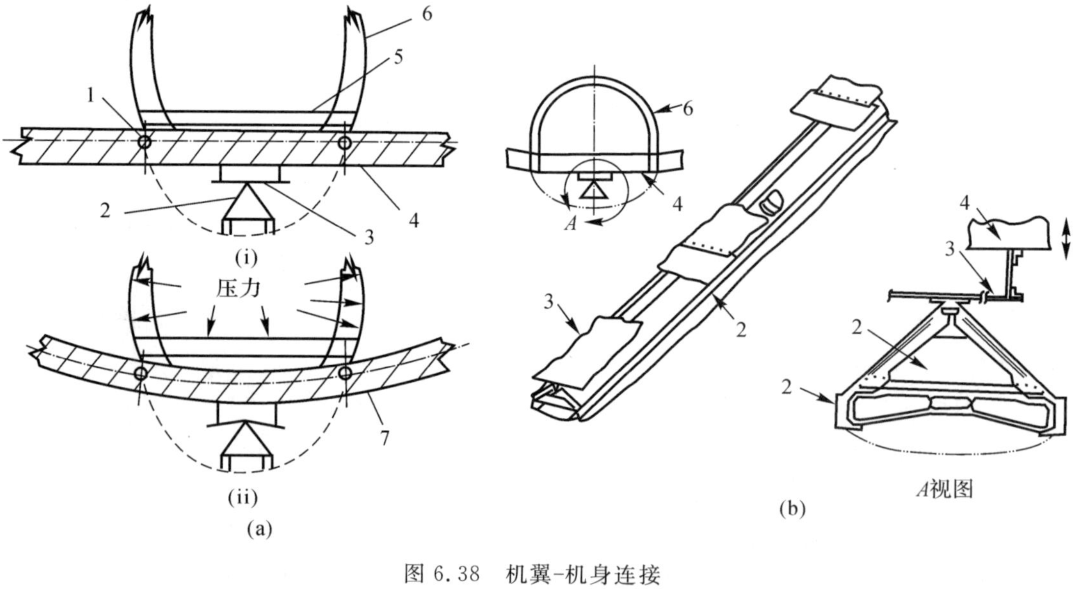

图 6.38　机翼-机身连接

(a)波音-707 机翼-机身的连接；(b)龙骨梁,机身下部有大开口时的加强

(i)自然状态；(ii)在飞行中；1—空心销；2—龙骨梁；3—柔性板；4—机翼；5—地板梁；6—机身框；7—飞行时机翼所产生的挠曲

图6.40(a)所示为HS125飞机的翼-身对接,主要通过高强度钢的连杆与上表面带下凹形的中央翼对接,在中央翼肋和后梁交会处用一固定插销"4"承受所有水平面内的力(如阻力);加上前梁左侧的水平连杆,共同承受中央翼与机身之间的水平面内扭转力矩。图6.40(b)则通过四个角盒与框连,接头"6"传阻力。图6.40中与框连接的接头(连杆或角盘)只能传递框平面内的力,因此基本上也属铰接接头。

(2)中央翼梁与机身对接框为整体结构(见图6.41)。这种形式是将机翼梁做成框的一部分。做成整体结构主要是为减轻重量。

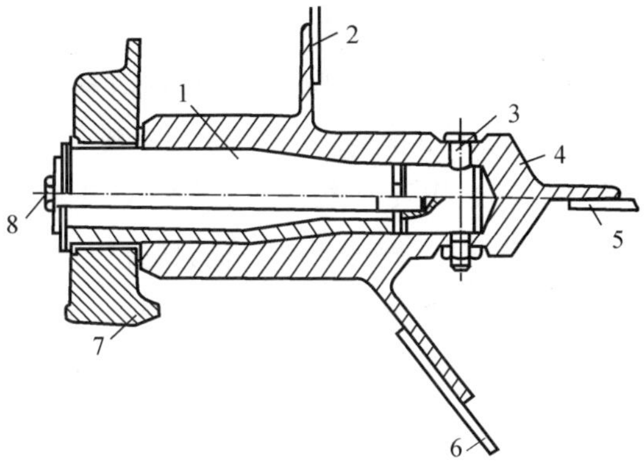

图6.39　空心销结构及其连接示意图

1—空心销；2—中央翼梁腹板；3—定位螺栓；4—前梁大锻件；5—侧肋腹板；6—中外翼梁腹板；7—机身框大锻件；8—塞子

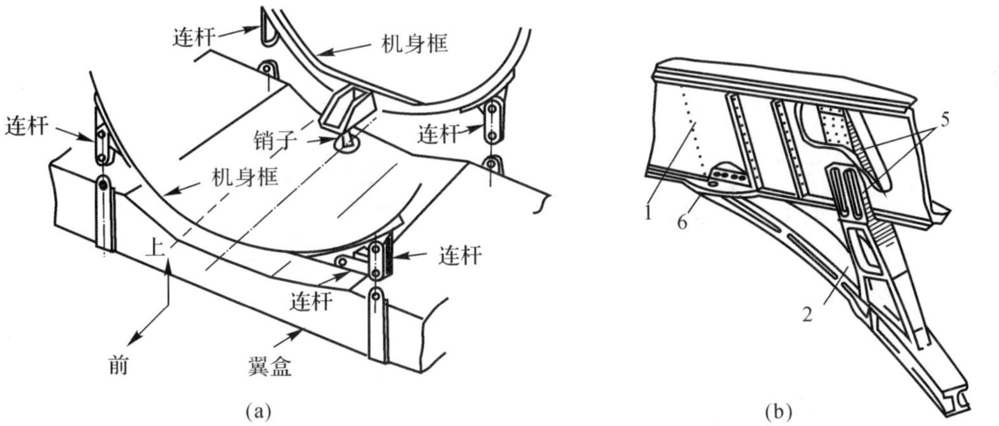

图6.40　机翼-机身的对接

(a)下单翼；(b)上单翼

1—机翼；2—机身对接框；3—连杆；4—插销；5—角盒接头；6—传x向力的接头

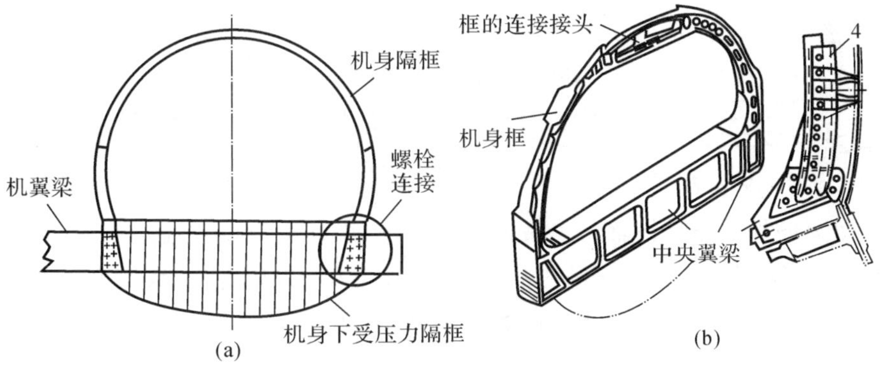

图6.41　翼梁和框做成整体

图 6.41(a)所示为波音-737,波音-747 的对接框设计。其上半部是框的主要部分,它把机翼的剪力传到机身壳体上。框的下半部击中央翼梁及其向下延伸部分组成,延伸部分是次要结构。上、下两部分用螺栓连成整体。由于机翼挠曲和地板梁(位于地板与机翼上表面之间的纵向布置的构件)的影响,有可能使框变形过大(见图 6.42),并使中央翼梁与框的连接部位出现疲劳裂纹。如果设计得当,则能减小翼梁引起的旋转变形,而不致使框出现疲劳问题。设计时必须利用相关部件的弹性特性,经过复杂的分析,找到最有利的传力路线的分布。这种连接形式近年来已为飞机设计人员广泛采用,图 6.41(b)所示为另一种中央翼梁-机身的整体结构。

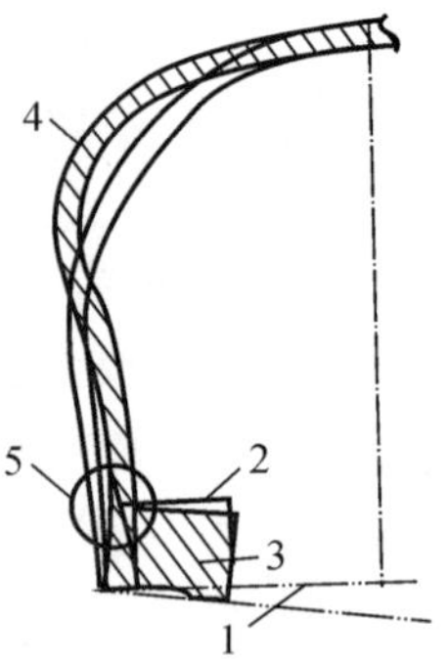

图 6.42 波音-737 飞机机翼与机身隔框的连接方法

1—机翼上表面; 2—地板表面; 3—地板梁; 4—变形的框; 5—疲劳敏感区

机翼-机身的对接型式很多,图 6.43 还提供了几种例子供读者参考。

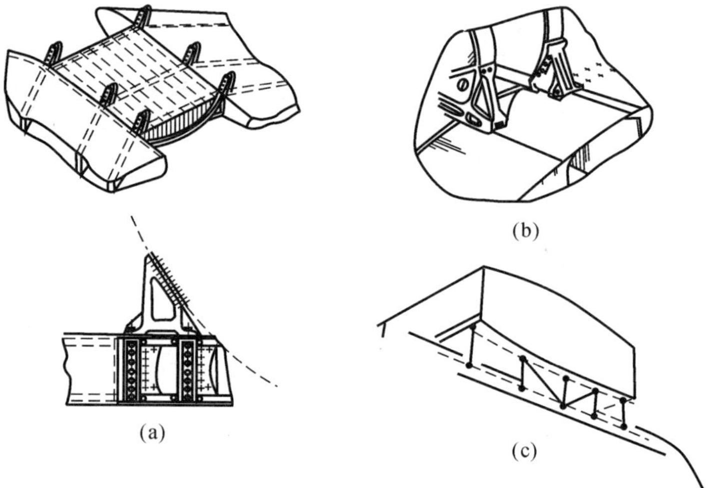

图 6.43 中央翼-机身对接的几种型式

(a),(b)为下单翼; (c)为 C-160 飞机的上单翼-机身用连杆对接

4. 变后掠机翼-机身对接

变后掠机翼的外翼通过枢轴与中央翼盒连接,中央翼盒与机身连接。图 6.44 所示为翼-身融合体设计,中央翼也即是机身结构的一部分(如 B-1 轰炸机)。枢轴可用单剪切销子,此时需用全高度的垂直销子来平衡从外翼突耳上传来的机翼弯矩(见图 6.44(b))。也可采用双剪切销子,分成上、下两组传递弯矩,采用上、下两个短销子的型式。

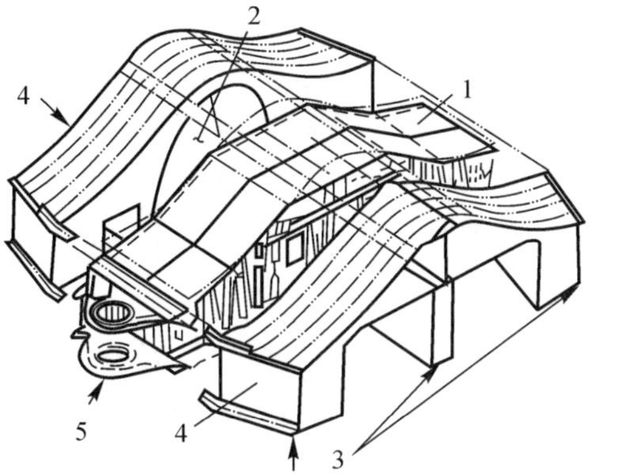

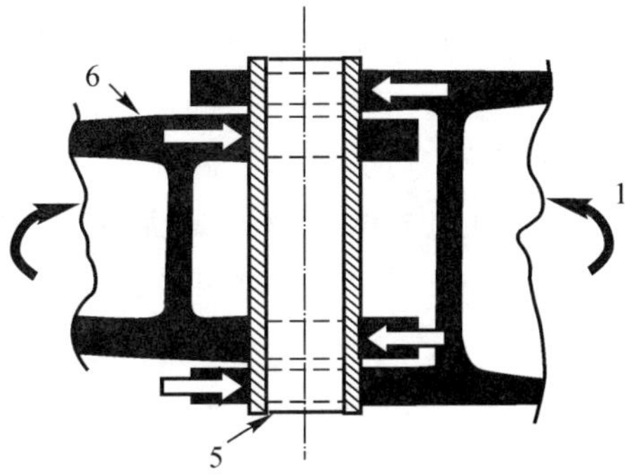

图 6.44 变后掠机翼-机身连接

(a)翼-身融合体设计； (b)单剪切垂直销子机翼枢轴

1—中央翼(中机身)； 2—隔舱； 3—大梁； 4—机身； 5—机翼枢轴； 6—可活动外翼

二、尾翼与机身的对接

1. 平尾与机身的连接

正常式平尾由水平安定面与机身连接。水平安定面大多左、右连成整体，可通过耳片接头与机身连接。当水平安定面可调整安装角时，它一般通过枢轴连于后面对接框上，前面则通过操纵装置与前对接框相连(见图 5.56(d)波音-747 平尾的中央部分)。此时机身的侧面要设置开口(见图 6.1)，以使水平安定面通过并能绕枢轴转动。

全动式平尾，若为定轴式，轴固定在机身上或垂尾上(平尾固定在垂尾上时，例如 RF-101)。若为转轴式，则将转轴通过轴承固定于两个框上。其中一个支点应配置有止动轴承以承受平尾传来的阻力，并在接头处的机身结构上布置纵向加强构件，，如纵向辅助短梁或加强长桁。

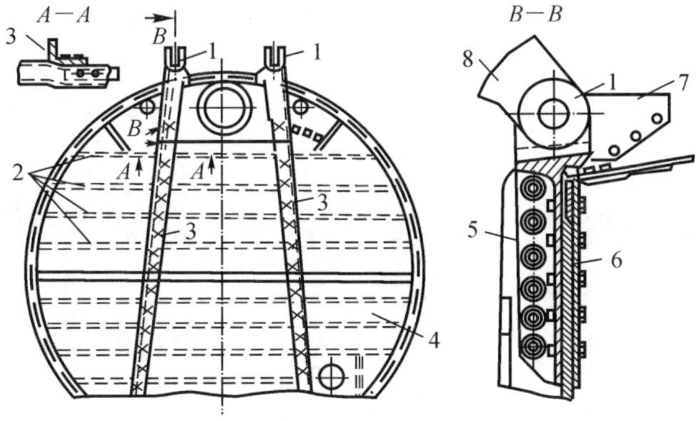

图 6.45 垂尾-机身对接框

1—垂尾对接接头； 2—型材； 3—受力支柱； 4—腹板； 5—接头； 6—盖板；
7—与水平构件连接处； 8—垂尾梁

2. 垂直尾翼与机身的连接

一般情况下垂直安定面可通过其梁、墙根部的耳片接头与框连接(为可拆连接)，如图6.45

所示;也可与框用螺栓组连接,或将垂尾梁插入机身内成为框的一部分(此时为不可拆连接)。当力 P 传到机身侧边时会在梁平面内形成弯矩 M。由于现代飞机垂尾的梁大多为后掠布置,此时框只受 M 的一个分量 M_x,另一分量 M_y 可在垂直尾翼前方的机身上壁板处布置水平加强板。该加强板位于两框之间,两侧各有一加强型材。M_y 由接头以一对 x 向力组成的力偶矩传给加强型材,由其扩散成剪流,然后由加强板以一对 z 向力的形式转传给前、后对接框(见图 6.46)。这两根型材同时承受垂尾接头传来的垂直尾翼阻力(例如通过图 6.45 中的“7”)。

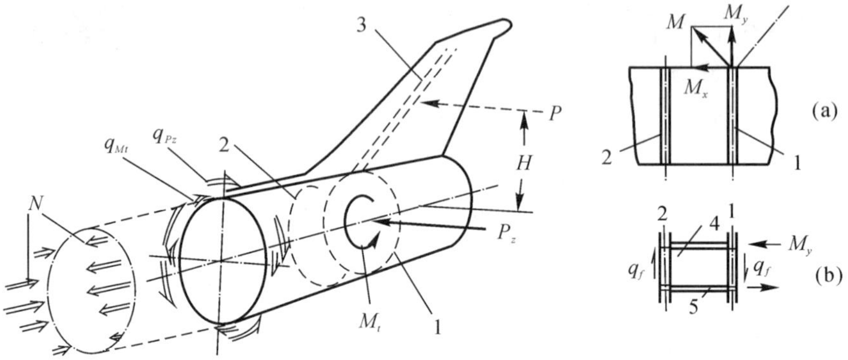

图 6.46　垂直尾翼梁(根部接头可传弯)上力 P_z 的传递

(a)垂直尾翼翼梁根部弯矩的分解; (b)水平加强板的作用原理

1,2—加强框; 3—垂直尾翼翼梁; 4—水平加强板或适当加厚的蒙皮; 5—加强型材

三、起落架与机身的连接

各种飞机的前起落架(前三点式布置时)均连接在机身上,具体可参见 3.9 节前机身受力分析和图 5.37(运输机的前起落架)。主起落架一般布置在机翼上居多(如图 5.1,图 5.4 的战斗机和图 5.14 所示运输机波音-707 主起落架的布置)。但也有一些飞机的主起落架连接在机身上,如 F-104。图 6.47 所示是俄罗斯的重型运输机的构造情况,在其中央翼后面部位的机身下方有 6 个连接主起落架支柱用的很强的支臂位于相应的加强框上。

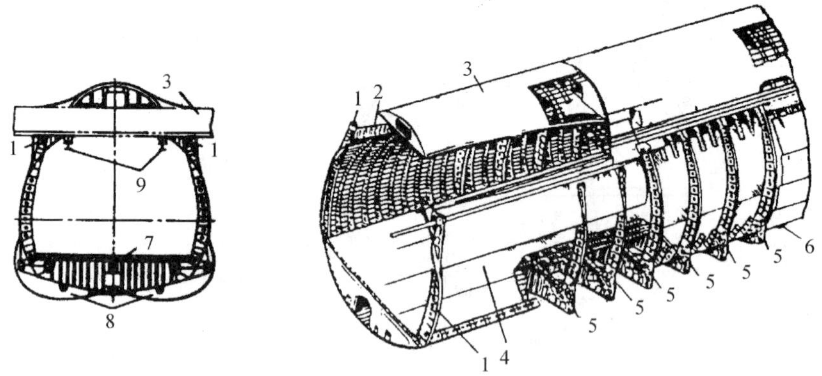

图 6.47　安-124 重型运输机

1—中央翼与机身的对接框; 2—中央翼下的大梁; 3—中央翼; 4—货舱地板;

5—很强的支臂(连接主起落架支柱); 6—斜撑杆接头; 7—货舱地板横梁;

8—主起落架整流罩; 9—装卸货物用吊车轨道

四、机身设计分离面处的对接

有些飞机(如歼-6,歼-8等)为使用、维护方便,在机身上布置有可拆卸的设计分离面把机身分成前、后两段,可把后机身拆卸后拉开,以便于对发动机及其附件进行检查、维修。对接接头应保证能把后机身的载荷传到前面的机身上去。目前采用较多的是沿对接框四周均匀布置一定数量的对接螺栓(见图6.8,图6.48)。后机身上剪力和扭矩引起的剪流通过后对接框框缘与对接螺栓的挤压,将剪流集中成小集中力,由螺栓传到前对接框上。然后以相同的方式重新转化为分布剪流加到前机身蒙皮上。对于后机身上没有对接螺栓处的长桁轴力,通过蒙皮受剪参与,集中到与对接螺栓有直接连接关系的长桁上。传到前段机身后,重新通过参与,分散到整个壁板上。图6.49中的阴影区即为不承受正应力的参与区。

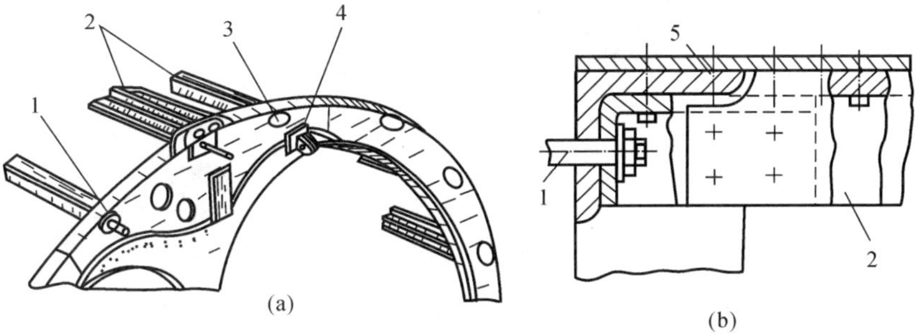

图6.48 分离面处的连接形式

(a)对接框框板上加垫块; (b)用厚框板并沿轴向有较宽延伸段

1—对接螺栓; 2—对接型材(长桁); 3—垫块; 4—框板; 5—蒙皮

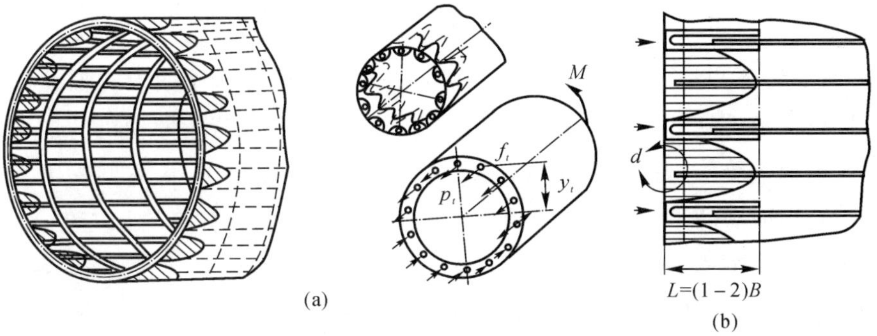

图6.49 机身设计分离面处正应力的传递

连接区的具体构造形式有:图6.48(a)所示是在对接螺栓处布置有角盒接头,框板上铆有垫块,它起工艺补偿作用,只需对垫块部分保证加工精度就可保证前、后对接框的配合协调,可减少加工工作量。图6.48(b)所示则是直接用带宽弯边的,框板较厚的框连接。分离面处框需适当加强,接头附近的蒙皮以及它与桁条、框的连接也应有足够的强度。

五、发动机在机身上的安装

1.机身内发动机的安装

现代战斗机的发动机一般都装在机身内的机身后段。发动机的连接设计应要求安装方便必须避免由于机身受力变形而把载荷传到发动机上的不良后果，并且要允许发动机有轴向和径向的热膨胀。

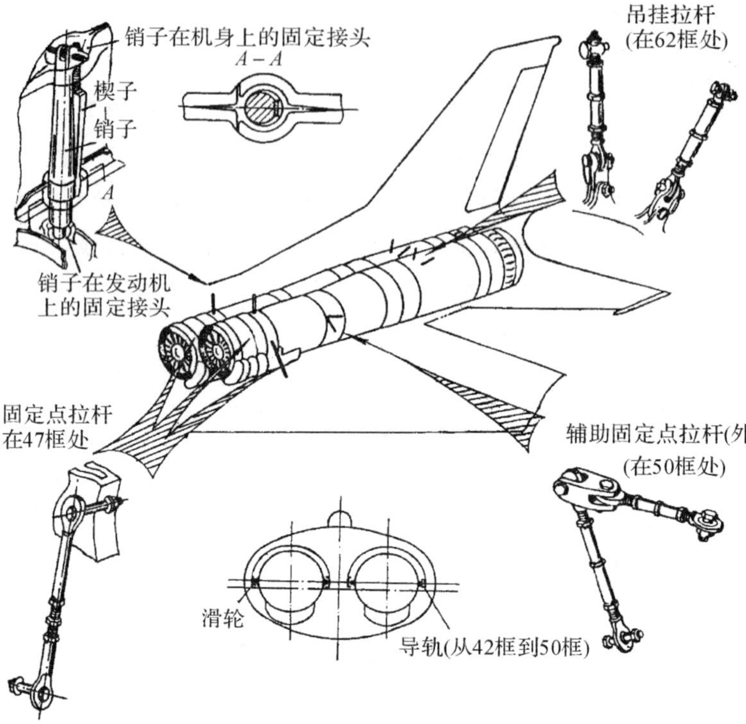

图 6.50　歼－8 发动机及加力燃烧室在机身上的固定

图 6.50 所示为歼－8 发动机在机身上的固定。它通过两个框平面内的辅助拉杆和一个框平面内的吊挂拉杆承受发动机加到机身上的垂直方向和侧向载荷。发动机的推力全部由上部的推力销通过推力短梁传给机身壳体，该短梁两端固定在两个框上，由它们提供发动机传递推力时引起的偏心矩所需的平衡支反力。该推力销与 47 框上的斜拉杆均靠近发动机重心，构成发动机的主固定点。该连接形式安装比较简单，只需要很少量的连接件。推力销的上部用耳片接头固定在推力梁的上缘条处；中部靠楔块固定在该梁的下缘条处；下端的圆柱部分插在发动机上的球形环圈内。这种构造形式使发动机在安装调整或受热膨胀时能沿垂直方向自由移动和相对于球面转动。图 6.51 所示为另一种典型的发动机安装形式，F－104，F－16 战斗机的发动机安装即与此类似。此时垂直载荷的主要部分和推力加在靠近发动机重心的两枢轴上；侧向载荷只加在一边的枢轴支座上；前支点是一个万向接头，可允许发动机做微量移动，该接头只能承受垂直方向载荷。

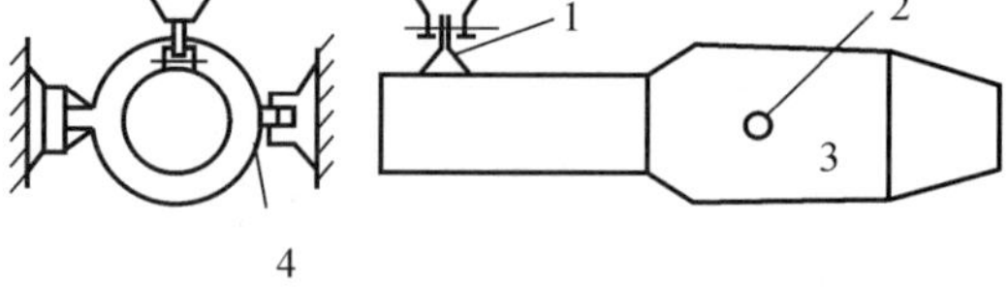

图 6.51　另一种典型的机身内部发动机的安装
1—前支点；　2—枢轴；　3—发动机；　4—可胀接头

2. 机身外挂发动机的安装

有部分现代运输机将全部或其中一个发动机装在机身的侧边或尾部的上方、侧面，如波音-727，图-154，L-101，DC-10 等。装在尾部上方时大多采用发动机短舱。安装在机身两侧时可用拱形梁(如 VC-10)或悬臂梁固定。图 6.52 所示为 F-28 的发动机吊舱的安装设计。

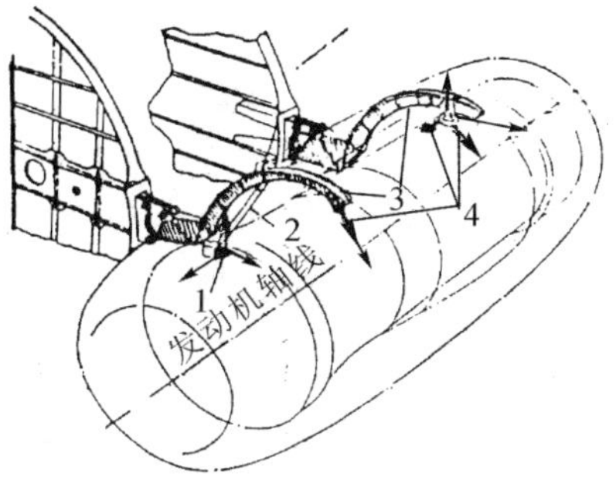

图 6.52 F-28 的后机身吊舱设计

1—侧向推力轴承； 2—推力杆； 3—悬臂梁； 4—连杆

6.5 开口区的结构设计

由于使用维护的要求，机体上必须设置各种大小不一的开口，如起落架舱门、各类检查维修用舱口。旅客机则有很多瞭望窗，各种供旅客、空勤人员出入的舱门；货机必须有很大的货舱门，还有轰炸机上的炸弹舱门等。在一些构件上，如梁、肋、框的腹板上可能需要开有操纵系统或其他系统的管道、电缆的通过孔。上述这些开口处大多装有需要随时打开的舱门或不受力口盖，或者不装口盖(内部构件上)，因此开口部位的结构必须补强。开口区补强后，和不开口的相应结构相比，其结构重量肯定要增加，而并不是把新加上去的加强构件材料等于去掉的那部分材料就可保证安全。如 DC-10 的大型舱门壁板，经各种设计方案研究表明，增加的材料与去掉的材料的平均比值大约为 3∶1(不包括舱门和操纵机构)也就是要增加 2 倍。其原因是开口不论大小，均不同程度地破坏了结构的完整性，引起了传力路线的局部不连续，所有尺寸的开口都会破坏蒙皮传剪的连续性；中等大小的开口还会打断若干长桁，使长桁一端无承受轴向载荷的能力(见图 5.21(a))，此时要通过参与改由其他构件传力，结构效率会有所降低。当有大开口时，如机身上的大炸弹舱门，则将有相当数量的长桁被切断，框也被切掉一部分。因机身上载荷复杂，加强措施更应慎重考虑。例如原来比较合理的闭室受扭可能要改用受力不很合理的开剖面结构参差弯曲形式受扭，如果补强不够，就可能会在开口处产生过度的翘曲或损坏，甚至影响使用的安全可靠。还必须注意到开口处通常会出现应力集中或高应力，在疲劳载荷作用下(如增压舱的增压载荷等等)就成为疲劳危险区，并进而影响到结构的损伤容限特性，因此更应精心设计。

布置开口，首先必须根据全机布局和使用、维护、修理的要求来考虑。应使重量增加尽量少，这就要使开口区的构件布置及补强措施受力比较有利，为此希望开口的位置尽量处于结构受力较小的部位，开口尽量少，尺寸尽量小，开口的形状引起的应力集中系数尽量小些，最好放在外形比较平直的部位以利于减小补强附加的增重和便于结构的协调，同时补强措施应力求使制造和装配增加的工作量尽量少。总之只有进行综合设计才能得到效率高、较为经济的满意设计，由于开口大小对结构的影响及补强的措施有所不同，以下将按小、中、大开口三种情况分别阐述开口区的结构设计。

一、小开口结构补强设计

1. 小开口去掉受剪板时的补强设计

这些情况如在梁、框腹板上开通过孔，或在薄蒙皮上开小检查口等。此时应尽量设计成圆形，以使应力集中系数较低。正如第三章中所述，这类小开口一般在孔边用口框加强(见图6.53(a))。口框可用法兰盘式加强环(见图6.54(c))；也可采用组合式，用环形型材和四周的型材共同形成一个框架(见图6.54(d))。在弯矩最大的四个角上布置斜支撑筋条，以防蒙皮受压屈曲(见第三章分析)，框架区内的蒙皮也要适当加厚。

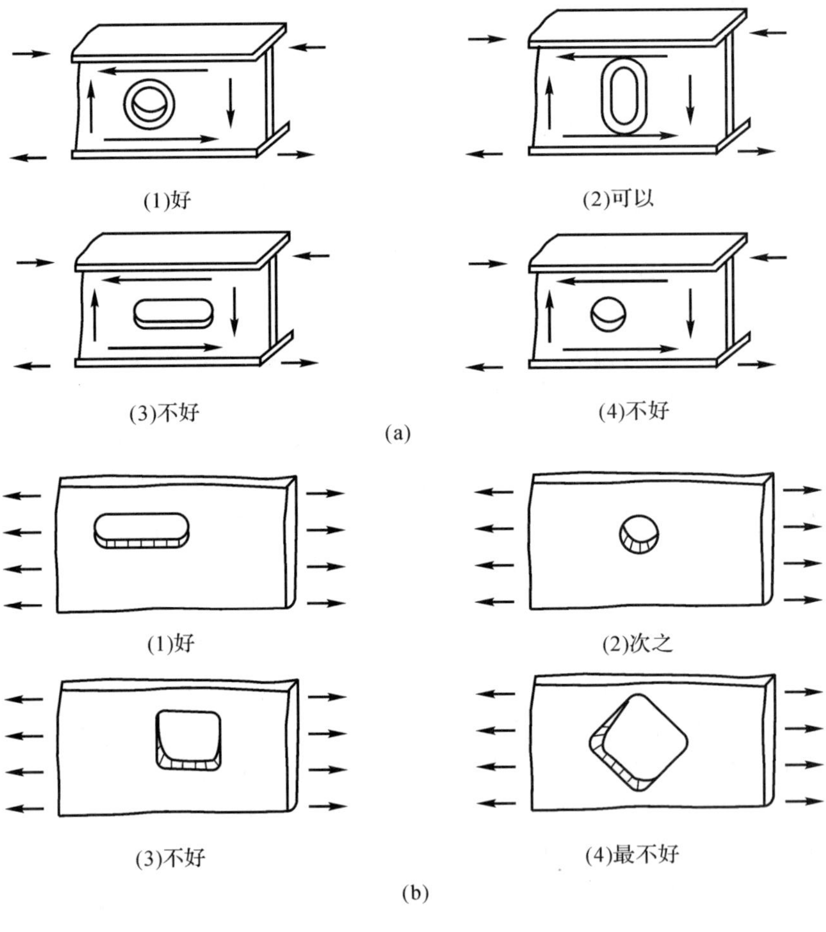

图 6.53 开孔(小开口)的比较

(a)梁、肋腹板(受剪板)上小开口设计比较；(b)蒙皮受正应力时小开口形状选择

(a)：(1)，(2)—有孔边加强；(3)，(4)—无孔边加强

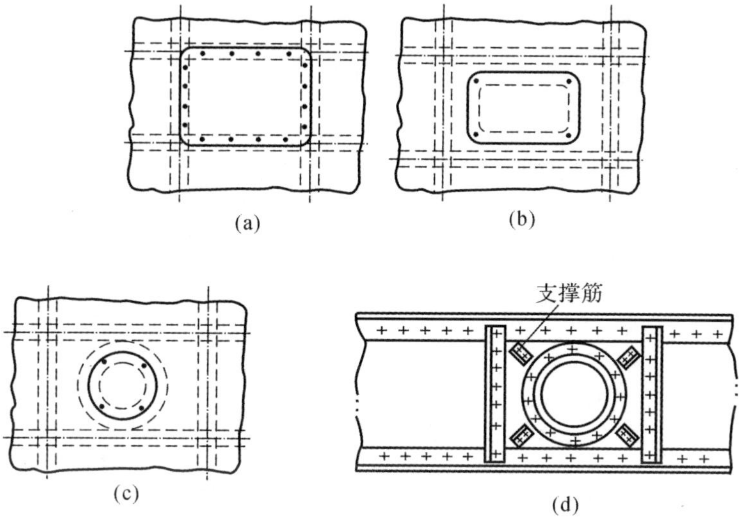

图 6.54　小开口处口框的构造

2. 蒙皮同时承受剪应力和正应力时的小开口设计

首先应合理选择开口形状和相对于正应力作用方向的位置，如图 6.53(b)所示。它们的应力集中系数 K 以长轴沿正应力方向的椭圆最小(约为 1.5～2.3)；其他依次为圆形(2.5～3.0)、矩形(3.6～4.4)。其次当有很多小开口时尽量把他们排在同一轴线上，这样便于加强，如运-10 机翼下翼面的检查口盖(见图 5.3(b))，或增压舱窗口。在 VC-10，三叉戟等飞机上采用了长轴垂直的椭圆形窗口；图-104，图-114，安-24 上采用了圆形窗口；也有的飞机，如波音-707，DC-8 等，为便于旅客观景而采用带圆角的矩形(高＞宽)，此时在重量上可能需付出一些代价。

在同时受剪流和正应力的情况下仍可采用口框加强。图 6.55 所示是在文献[13]上介绍的两种形状的开口，从图可知口框的截面参数和开口形状，包括矩形开口的圆角半径 r 这一细节设计均对应力集中系数 K 影响很大(见图 6.55)。

当载荷较大时，除在孔边加强外，还在正应力方向于开口两侧布置加强型材(见图 6.56)。如果正应力(例如增压舱蒙皮上的周向应力 σ_T)垂直于机体结构的受轴力纵向构件——长桁，那么必须在 σ_T 方向上的开口两侧加上垂直短杆，开口上、下两端的局部蒙皮(阴影部分)也加厚增强，图 6.57(a)所示即是综合考虑了受剪和受正应力的补强后，形成了在开口周围井字形布置的和沿四周布置的共八根型材，以及加厚开口上、下、左、右四块蒙皮的补强模式。图 6.57(b)为具体构造形式的一种，是波音-707 上采用的窗口锻件。安装时每个锻件连接在一起就构成了上、下两个纵向型材和两侧的垂直型材。从结构、制造和经济观点看，这是一个很好的设计；且当出现裂纹时，可以限制裂纹只在一个窗框内扩展。协和号飞机上则将几个窗口的加强板连成一块整体加强板，然后再安装在带窗口的蒙皮上补强。

必须注意，开口周缘的加强不要超过原来的蒙皮，以免形成“硬点”(刚度大)而将周围载荷引向该处。

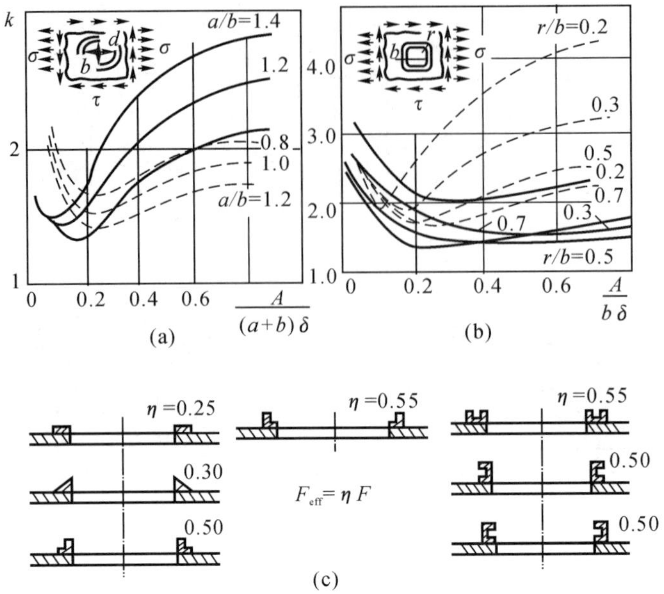

图 6.55 小开口为椭圆形和矩形的参数影响

(a)椭圆形开口；(b)矩形开口；(c)开口加强件的各种剖面形状；

—— τ；······ σ；A—口框的截面积

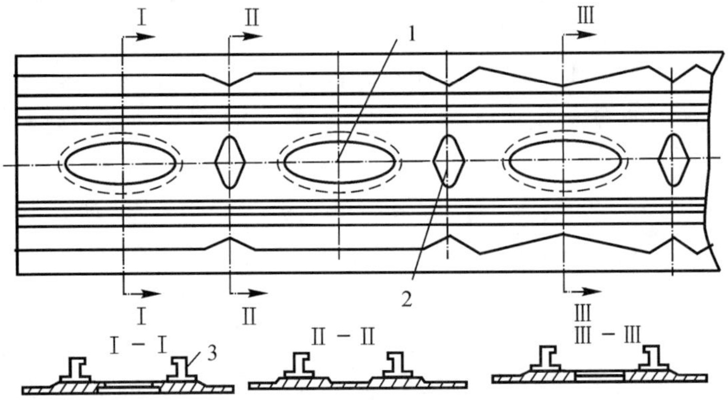

图 6.56 连续开孔壁板的加强

1—检查孔；2—加强槽；3—孔边加强型材

二、中开口加强设计

中开口除蒙皮外，一般还切断机体结构中若干根用以承受正应力的长桁。例如旅客登机门就是一个典型情况。此时开口周围应布置井字形排列的纵、横型材(含很强的口框)，和外侧的纵、横型材(尽量利用原布置的长桁和框缘条，只需作适当加强)组成一圈围框(见图6.58)。为使被切断长桁上的轴力在开口右侧集中(或在左侧重新又分散)，开口上、下的两根加强型材应适当外伸出去一段参与段。图 6.59 所示是这种设计方案的构造形式。

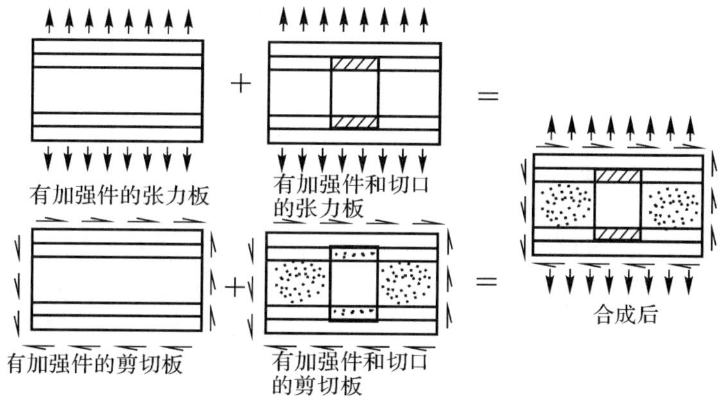

(a)

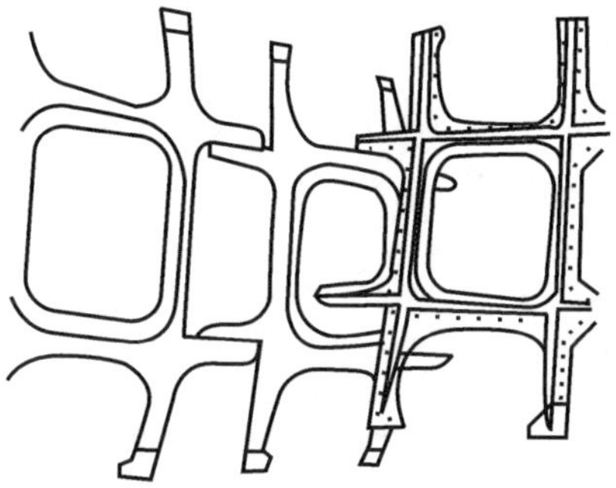

(b)

图 6.57　在窗口周围所需加强构件和窗框锻件构造图

(a)一般原理；（b)波音-707 窗框锻件

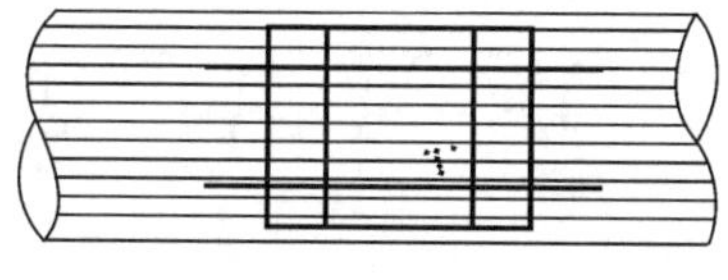

图 6.58　中等开口的围框式加强

（原有纵横构件配合以井字形加强条方案)

图 6.60 所示则是另一种可采取的舱口加强措施。它在开口周围布置了一块加强垫板，与周缘的框缘条和长桁共同形成围框。被切断长桁上的轴力通过蒙皮和垫板的受剪参与，集中到开口上、下加强型材上。垫板可用厚板加工而得，它可同时作为受剪和受轴力的开口部分的补强措施。

三、大开口区的设计

机身结构上常需布置一些大开口，它们的长度较长，宽度相对于机身直径也较大，从而造成机身结构有较大一段的不连续区。此时的加强方案必须结合具体结构具体分析，才能从几种可行的方案中找到最有效、使结构重量增加最少的设计方案。以下为几种典型例子。

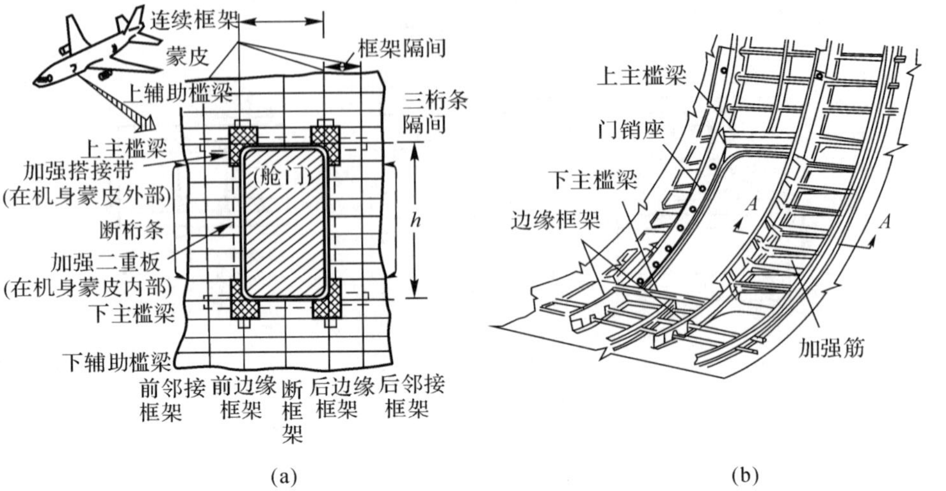

图 6.59 机身舱门开口周围的结构布置

(a)搭接带为考虑破损安全而布置； (b)L－1011 飞机的垂直滑动开启式门周围的结构

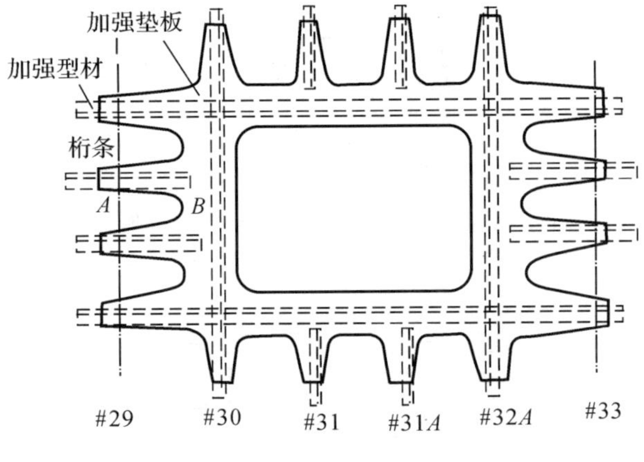

图 6.60 开口周围的加强垫板和加强型材

1.单闭室盒段上有大开口

图 6.61 所示为桁条式轰炸机机身，在受力最严重的中机身下部有炸弹舱门(见图 6.61)。

机身受扭补强方案，首先在开口两端布置加强框，将原来以单闭室盒段受扭时的周缘一圈剪流，通过端框转成一对剪力，以左、右侧壁的剩余部分参差弯曲的形式受扭(见图 3.73)。前、后机身封闭段结构要有足够刚度，故加强框应该用全腹板框，以防开口段机身有过大的翘曲变形。参差弯曲产生的附加正应力作用在侧壁上，因此开口段内的长桁和开口两侧的加强桁梁均应加强。加强桁梁必须延伸到整个参与段，并随着附加轴力的逐渐变小将桁梁的附加截面积逐步减小到零。

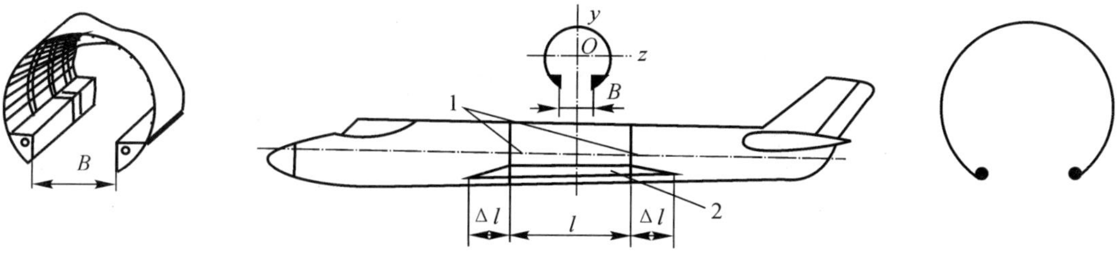

图 6.61　大开口处的典型剖面形状及大开口区加强方案

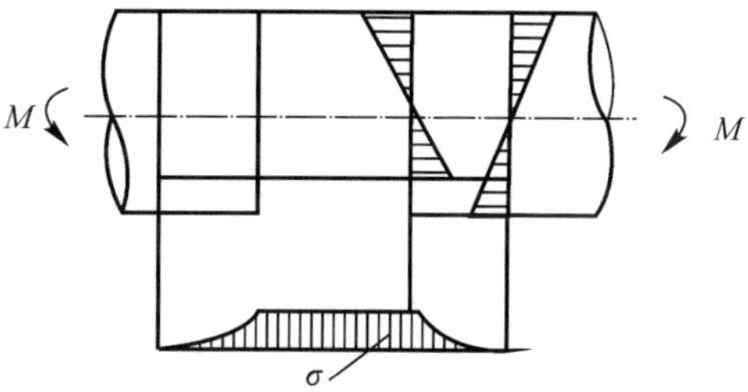

图 6.62　机身下方有大开口时，承受垂直面内弯矩时的情况

承受垂直面内弯矩时的结构布局，由于下方大开口切断了相当部分的长桁，较大地削弱了其承弯能力，因此必须布置很强的加强桁梁，但承弯的方式没有变(与传递扭矩时不同)。加强桁梁的长度也需要延伸到参与段内(见图 6.62)。如果可能，该桁梁可做成小的闭剖面薄壁梁(见图 6.61 左图)，这样可增加一些机身结构刚度。

2. 双闭室盒段机身上有大开口

运输机一般中间有地板将机身分隔成上、下两个闭室(见图 6.2)。当下部有中央翼通过和布置主起落架舱时，会使下部结构的完整性受到破坏。

传扭补强：两端布置加强框，以便将双闭室盒段受扭转换成单闭室盒段受扭，使剪流重新分布。此时只需适当加强上部闭室的蒙皮、地板。这种补强方案较之用参差弯曲受扭要轻。为了补偿受弯构件的损失，一般在机身下方布置一根很强的龙骨梁，这根龙骨梁最好做成盒形(见图 6.38)。它不仅可提高整个机身开口段的 I 值，也提高了机身下部、乃至整个机身的总体刚度，盒式龙骨梁还增加了一定的扭转刚度，若在应急情况下以机腹迫降时，龙骨梁还可起滑撬的作用，保护机身和机翼结构，提高抗坠毁能力。

3. 歼击机前机身大开口加强

图 3.78 所示歼-7 前机身的上、下均为大开口，上部为驾驶员座舱和设备舱，下部为前起落架舱(均带不受力口盖)。由于上、下都为开口，因此当框的下部受到起落架的侧向力 P_z 时，只能由座舱地板承受。由 P_z 引起的机身扭矩只能由进气道的两个内侧壁(其他飞机可能为外侧壁)以参差弯曲形式受扭。由于此段机身采用了适宜于开口的桁梁式机身，桁梁靠近上、下开口两侧，没有被打断，因此传弯通道未受影响。

现代机翼上一般均布置整体油箱，较少有大开口。在低速飞机上为收藏起落架常带有大开口，其设计方案的思路与机身大开口相同。其加强方案的实例可参考 5.3 节二中的“1”。在高速战斗机上为了减少起落架舱在机翼上所占的空间，有时只将支柱收入机翼，轮子则收入机身(如图 5.9 所示歼-7 机翼布置)。因为现代机翼一般为单块式或厚蒙皮多墙式，若这类机翼的下壁板上有大开口，那么为了从壁板受轴力转为由梁缘条受轴力，在开口区除梁缘条应加强外，开口区外的壁板上会有参与区，参与区的蒙皮应适当加强，加强的梁缘条也应外伸一段长度——参与段($(1\sim1.5)B$，B 为翼盒宽度)(见图 6.63)。

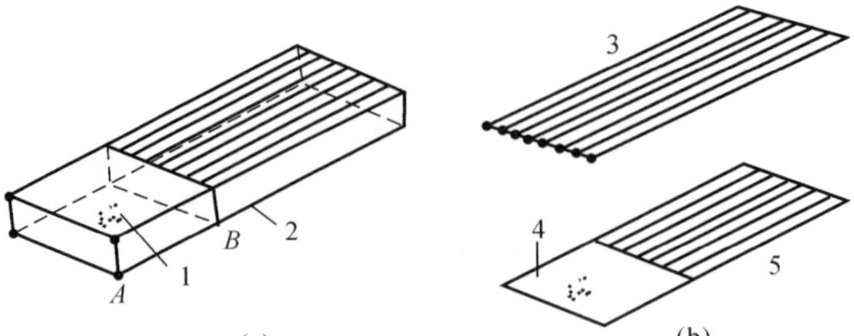

图 6.63　单块式机翼开口区设计

(a)根部转成以双梁受力为主；（b)根部下壁板转成两根缘条

1—下蒙皮大开口；　2—梁缘条加强；　3—上壁板；　4—大开口；　5—下壁板

6.6　结构的细节设计

结构细节是指飞机结构中对疲劳开裂最敏感的局部区域或元件(如紧固孔、圆角、几何不连续处、耳片等)。在这些区域或元件内一般都有较高的应力水平和较严重的应力集中。结构细节设计是飞机研制、设计中重要的一环，它将直接关系到飞机结构的寿命、安全性、可靠性和经济性。

从第四章我们知道，疲劳、损伤容限、耐久性设计三者的设计原理、设计方法和目标有实质性的不同，但它们三者又互有联系。就提高结构细节的抗疲劳能力而言，三者的要求基本上是一致的。这是因为飞机的使用统计和研究表明，因疲劳开裂而引起结构破坏的概率很高。为了保证飞机在使用寿命期间不致因疲劳裂纹扩展导致结构破坏，提高结构细节的抗疲劳能力仍是损伤容限设计的基本要求之一，而且有些防疲劳开裂的措施(如控制应力水平、冷孔挤压的工艺措施等)对延缓裂纹扩展同样有利。只是损伤容限设计还应根据结构分类开展细节设计(见 4.4 节)，并对可检结构应尽可能提高裂纹的可检度(有关实例可见图 5.17)。耐久性细节设计则除抗疲劳开裂外，还需考虑环境影响下的抗腐蚀开裂，减缓材料的退化、磨损和提高维修的经济性等内容。因此对有关的结构细节还须相应地进行防护设计(防湿热、防盐雾等)，进行适当的表面保护(根据环境需要进行阳极化、镀铬等表面处理或涂漆)；采取必要的密封措施以防在口盖、连接缝和接头处渗水，可涂密封胶或用其他措施；设计有效的排水系统和放水口等。但对耐久性设计而言，抗疲劳开裂仍然是最主要的。因此以下我们将就结构细节的抗疲劳设计做简要介绍。

正如前述，一架飞机结构寿命的长短主要取决于重要结构细节的抗疲劳开裂能力。这种能力依赖于结构细节的几何形状、连接方法、材料和加工工艺。它们是由设计和生产确定的固有品质，因此必须对重要的结构细节做仔细的设计，并控制生产制造，才能使所设计的飞机结构达到用户提出的结构完整性和经济性要求。

1. 合理地、有区别地选择有关结构材料

高强度材料的应用减轻了结构重量，但它们的疲劳性能、断裂性能和耐腐蚀性能并未同步提高，而且材料的工艺性和经济性又千差万别，因此选材时应综合权衡。一般应遵循以下三原则：①对材料性能、载荷、环境条件和结构重量、经济性做综合权衡；②根据设计要求、按静强度、疲劳、损伤容限等要求既区别又协调的选材；③考虑材料的使用经验和继承性。如高强度合金钢切口敏感性往往较高，对疲劳强度不利。又如高强度的铝锌合金（如我国的 LC4、美国的 7075、俄罗斯的 B95）的静强度比铝铜合金（我国的 LY12、美国的 2024、俄罗斯的 Д16）约高 20%左右，但前者的疲劳性能较差。因此在增压舱蒙皮及机翼下壁板等对疲劳较敏感的受拉区常采用铝铜合金或改进了疲劳特性的高强度铝合金。而在受压的机翼上壁板就可选用高强度铝合金以减轻结构重量。

2. 结构布局和传力路线的恰当设计

应尽量避免主要传力构件、结构的传力路线不连续，减少或避免因传力路线拐折、转移而引起的附加载荷，以免某些结构细节的实际工作应力过高。

3. 消除因偏心传载和强迫装配引起的附加应力

(1)尽量采用对称结构。如图 6.64(a)所示的长桁连接接头若将螺栓布置改变一下就可避免附加弯矩。在结构不对称或无法避免偏心的地方，则应注意局部弯曲引起的应力，采取必要的措施。

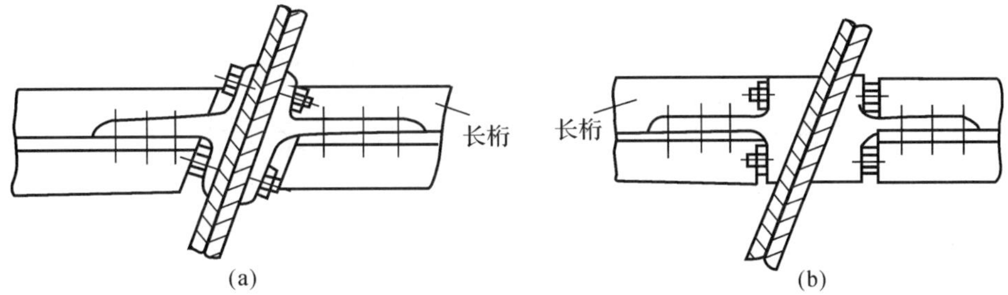

图 6.64　长桁连接接头

(a)由于螺栓布置不好引起附加弯矩；　(b)无附加弯矩

(2)采用恰当的补偿件，减小连接部位的强迫装配应力。零件贴合面之间，尤其是钣金零件，存在因基准选择和容差分配而形成的设计间隙，和零件因制造或装配变形而造成的工艺间隙。当强迫装配以消除间隙时，零件和紧固件均将承受附加的强迫装配应力，此时可用垫片作为补偿件消除间隙。当间隙较大时可采用参加零件传力的结构垫片（见图 6.65(a)），国外采用一种可剥垫片能较好满足要求，当设计间隙较小时一般采用不参与传力的非结构垫片。在结构中还广泛采用角片或角材作为过渡件来作为消除间隙的工艺补偿件（见图 6.65(b)）。

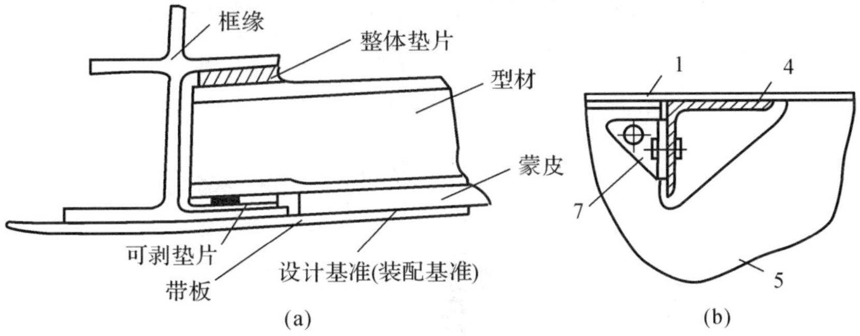

图 6.65　补偿件形式

(a)垫片补偿；　(b)角片补偿

4. 降低应力集中

单靠增大构件尺寸来降低工作应力水平，有时既不经济，效果也不显著。应强调采用精心设计减少应力集中、降低局部应力的办法，它可显著提高寿命，甚至高达 10～100 倍。

(1)避免或减缓构件形状或刚度的突变。构件截面大小、形状变化缓和可使其力流线的拐折得到缓和，因而使应力集中系数降低。图 6.66 所示为某接头改用大圆弧过渡后，试验寿命增加到 23 100 h。轴类零件截面变化区和壁板厚度改变处应有足够的过渡区，过渡圆角半径 $R\geqslant 10a$；若过渡圆角区经喷丸强化，允许 $R\geqslant 5a$(见图 6.67)。

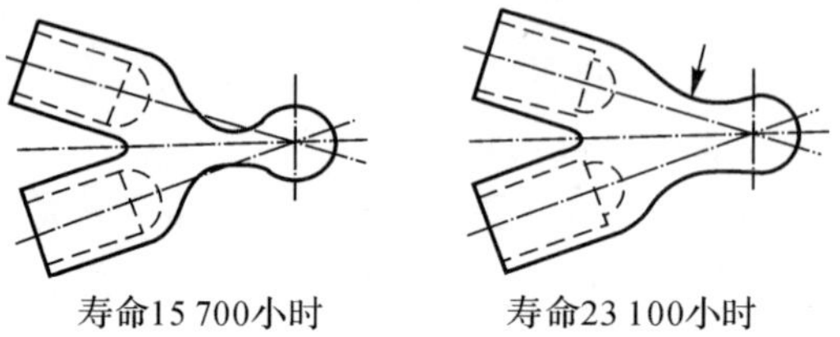

图 6.66 YS-11 飞机的接头设计更改

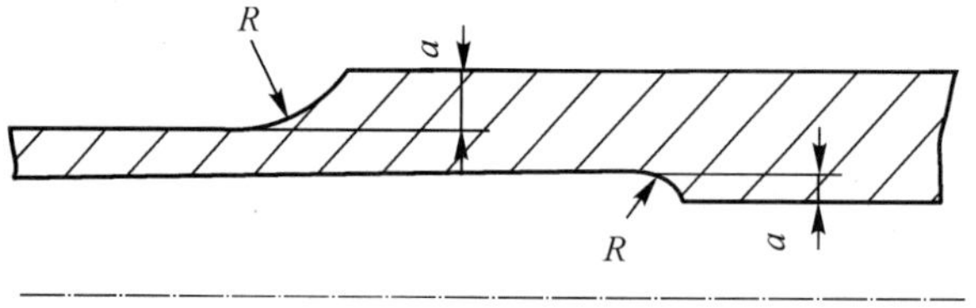

图 6.67 过渡圆角半径

(2)从改进疲劳特性看，结构应尽量少开口，小开口，开口位置尽可能选在低应力区，受拉表面最好不开口(详见 6.5 节)。

(3)铆钉孔、螺栓孔及焊缝等都是产生应力集中的部位，在这些部位采取局部补强的方法(如适当加大厚度)以减小局部应力。图 6.68 所示为某飞机机翼壁板，在连接处由 2.0 mm 加厚到 3.96 mm 后寿命增加 1.3 倍。空孔比带铆钉的孔和旋得很紧的螺栓孔更可能成为疲劳源，故装配后应填塞工艺孔。

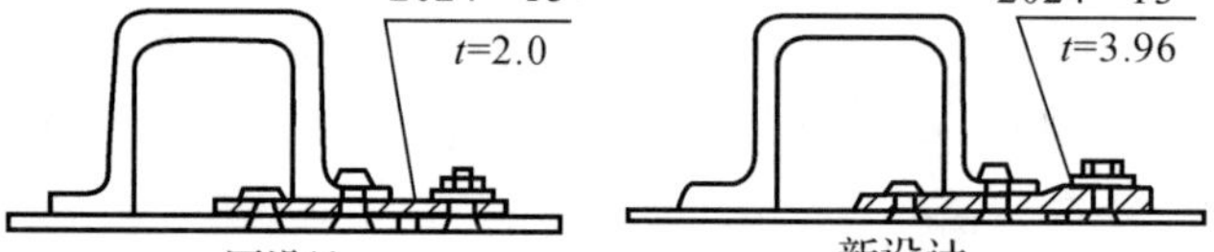

图 6.68 某飞机机翼结构连接处更改

(4)减小构件上因多个应力集中系数相互影响可能引起的复合应力集中，应使这些细节相隔一定距离，并处于恰当的位置，以降低其相互影响(见图 6.69)。

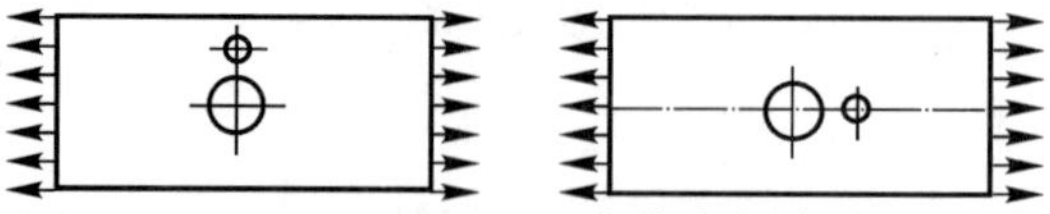

图 6.69 避免复合应力集中

5. 连接接头和连接结构的抗疲劳设计

飞机结构的疲劳损伤 90%发生在接头和结构连接细节处，所以连接件的抗疲劳设计是一个重要设计环节。这方面已积累了丰富、具体的经验，在此列举几点。

(1)实践证明，受拉螺栓是经常发生疲劳损坏的部位。从疲劳观点出发，连接螺栓最好采取剪切形式受力。对于受力大的接头可用拉、剪分工的形式，即在较细的螺杆上套一个较强的套筒，由套筒受剪，而螺栓只承受锁紧力。

(2)接头尽量避免偏心。图 6.70 中有四种连接形式，它们的疲劳寿命见表 6.3。由疲劳试验可知：双剪接头比单剪好；而斜面又比梯形接头好，所以其中鱼尾形接头最好。这是因为在弹性范围内，各连接螺栓的载荷分配是不均匀的，靠两端头处的螺栓承载最大(见图 6.71)，疲劳源一般在此首先产生。因此削减端部的连接刚度(如用斜面、鱼尾形)可使螺栓受载比较均匀，从而提高疲劳寿命。

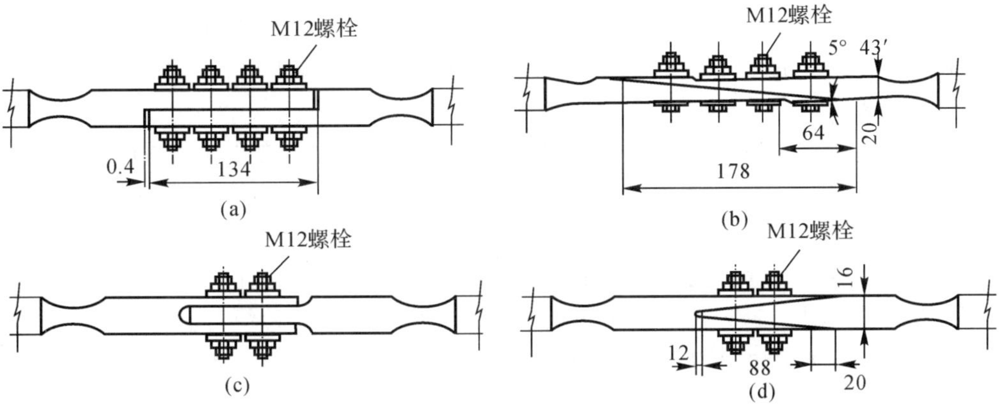

图 6.70　几种连接实例

(a)单剪连接试件；(b)双剪连接试件；(c)单嵌接试件；(d)双嵌接(鱼尾形)试件

表　6.3

连接形式	疲劳寿命	
	载荷 72 500±24 100 N	载荷 72 500±48 500 N
梯形单剪(a)	42 000	
梯形双剪(c)	3 427 000	
斜面单剪(b)	210 000	55 000
鱼尾形双剪(d)	>26 000 000	>418 000

(3)传剪连接件可在螺栓上加预紧力，通过被压紧的两零件贴合表面间的摩擦力传递载荷。这是提高传剪接头疲劳强度的有效措施，但要保证在外载作用下连接件之间不发生相对滑动，以免压紧的表面被擦伤而加速疲劳破坏。另外螺栓间距要小些，要足以使整个接触面都被压紧。

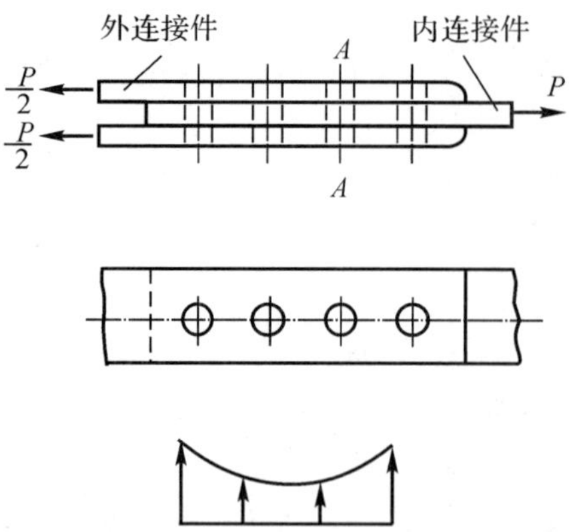

图 6.71　接头方案

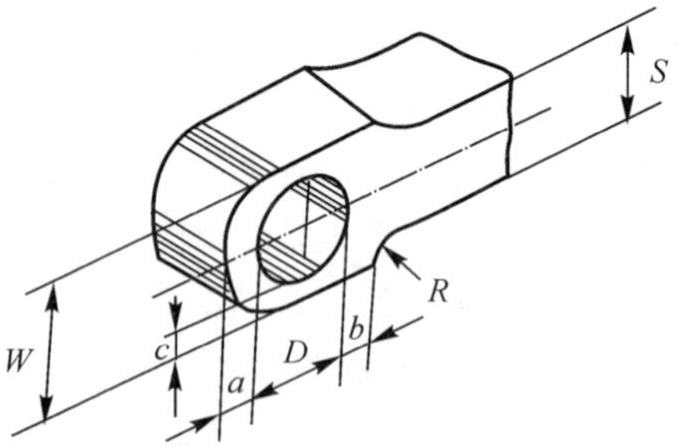

图 6.72　耳片几何参数设计

(4)紧固件应有适当的边距、间距。一般边距应不小于 2 倍的紧固件直径 d,较重要的连接应不小于 $2.5d$。间距≈$(3\sim4)d$,过小可能使孔边的应力集中叠加;过大则紧固件数量减少,影响传载能力。

(5)耳片的应力集中程度受耳片宽度、厚度、几何形状参数和销轴直径、销孔衬套干涉量以及载荷方向等诸多因素的影响。应适当加大耳片端部边距 a、根部尺寸 b,并尽可能按较大的 S/W 确定耳片根部宽度 S(如图 6.72 所示)。

(6)铆钉连接尽量采用对接,避免搭接引起的偏心。对接时宜采用薄刚性垫片(如 $\delta<0.5$ mm的钛合金垫片),这样疲劳强度可提高 2～3 倍。铆钉布置尽可能采用双排或三排铆钉整齐排列的形式,这种形式较单排和交错排列要好(见图 6.73)。

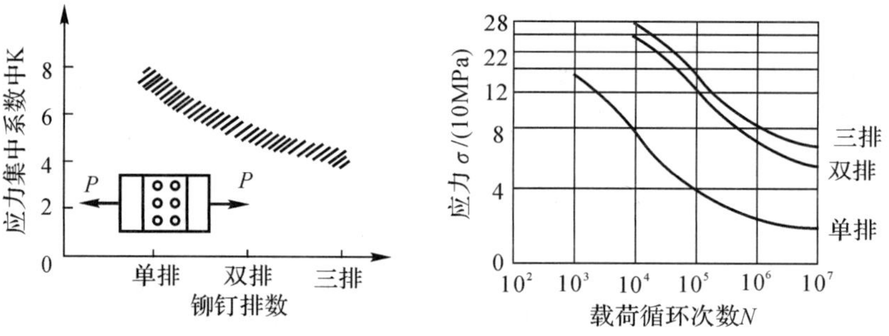

图 6.73　合理选择铆钉排列

(7)螺栓的预紧力和铆钉的干涉配合可以降低循环载荷的 S_{max},故可提高连接接头的疲劳强度。

6. 对结构进行变形和刚度控制

避免或减小构件受载时因刚度突变、变形过大或变形不协调而产生的附加应力。

(1)在某些外载条件下(如空气动力波动载荷),增加结构的刚度对疲劳强度有利。如波音-707发动机吊舱的侧壁蒙皮使用中曾出现裂纹,这是因为蒙皮受气动吸力后在与骨架连接处有较大的局部弯曲应力。后更改设计,将原来的一层 1.8 mm 厚的蒙皮(2024 铝合金)改成由两层蒙皮胶接而成,增加了与骨架连接处的刚度,改善了疲劳性能。北美航空公司规定:凡承受空气动力波动载荷的板,不管静强度是否需要都应该加强它们的刚度。

(2)在某些情况下减小刚度会减小外载，因而提高抗疲劳特性。图 6.74 所示为一安装在水平安定面上的支架，承受连接件传来的载荷。疲劳试验中经 3 523 次加载后破坏。更改设计减小了支架刚度后，使之与耳片根部抗弯刚度协调，疲劳寿命大大提高，试验到 10 500 次尚未破坏。有时如附件等还可利用柔性连接使其支座卸载。

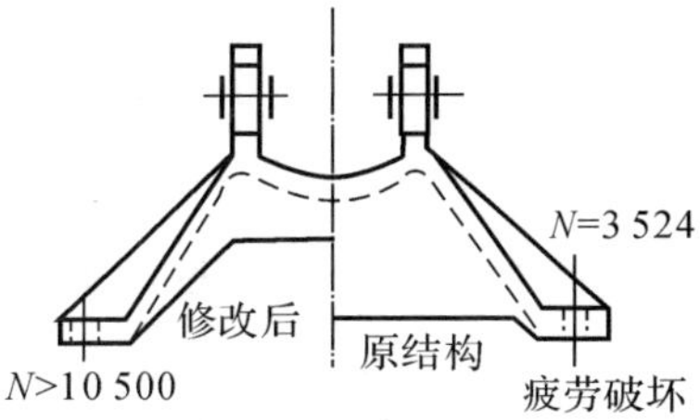

图 6.74　抗弯刚度匹配

总之在结构设计时应注意刚度匹配；同时要避免结构局部加强时导致刚度分布变化后引起相关部位变形过大，或因变形协调产生过大的附加载荷。

7. 工艺方法的选择

工艺方法选择适当与否不仅关系到零构件能否经济且方便地制造，还会明显地影响它们的疲劳、断裂性能。对于疲劳或损伤容限设计的关键件，必须在生产图纸上注明零件及其关键部位应采用的工艺方法(制造、装配、热处理、表面处理、腐蚀防护和检验级别、方法等)及相应的工艺参数。例如合理制定精加工的切削速度和切削量，可有效地控制加工缺陷和有害的残余应力。采用冷挤压的制孔工艺会在孔壁表面形成有利的残余压应力，因而较钻、铰孔方法的疲劳寿命提高一倍以上。选择合理的装配顺序和恰当的工艺补偿，用以消除或减小强迫装配应力。不同的热处理工艺能使同一材料获得不同的疲劳、断裂和耐腐蚀性能，应注意恰当选择。改善零构件表面质量，或是改变零构件的表面状态(组织状态和应力状态)使零构件表面强化，从而使抗疲劳开裂、抗腐蚀、抗应力腐蚀开裂和抗断裂能力得以提高。在疲劳设计中经常采用的表面强化工艺有喷丸、辗压、滚压、挤压和表面硬化(渗碳、渗氮、氰化和表面高频淬火)等等。构件之间紧贴的表面间不允许相互滑移，无法避免时可加垫铝箔、塑料膜带或通过加涂层的方法来防止擦伤。

对于在特定的载荷环境中工作的机体结构，由于载荷、腐蚀介质、湿度和温度的联合或交替作用，会导致构件提前发生疲劳损伤并加速损伤扩展，因此在进行抗疲劳开裂设计的同时，还必须采取有效的防腐和腐蚀控制措施，才能满足结构完整性设计要求。

通过长期的工程设计实践，已总结出许多可提高结构细节抗疲劳开裂和延缓裂纹扩展的经验，作为设计准则写入了设计手册，各位读者可自行查阅。

6.7　飞机结构试验简介

一、飞机试验的作用和内容

理论分析和试验研究对科学技术都是必不可少的。工程实践错综复杂，影响事物的因素很多，因此在进行理论分析时常舍弃一些次要因素使实际事物模型化。飞机总体设计、结构设计乃至整个研制工作也是如此。然而模型化需要有对事物的先验知识，而这种知识大多源于实践。除了前期的使用、设计等经验之外，试验则是一种很有效的特殊的实践方法。这种实践方法的优点之一是它可受人们的控制，在一定条件下使某种现象重复产生，也可控制次要因素以揭示影响事物的主要因素及其变化规律。由于同样的原因，飞机设计从研制开始到飞机的最后完成要进行一系列的试验。这些试验一是作为理论分析和设计是否合理、正确的检验手段；其次，更重要的是通过试验发现未知的规律或设计与理论分析中存在的一些问题；甚至可以从而促进新的理论的建立或已有理论的补充和修正，例如疲劳理论的提出，断裂力学的发展就是如此。特别是对新的设计理论和设计原理（如耐久性设计、损伤容限设计）和新结构、新材料（如复合材料）更须通过试验提供设计资料和依据；对新的制造方法也必须通过试验予以证实其可行性和优点。

一架新飞机的研制要进行一系列试验，在飞机设计规范和民用航空条例适航性标准中都做了明确规定。例如要进行结构试验，包括静力试验、动力试验、热强度试验、耐久性或疲劳试验、损伤容限试验等，对增压舱或整体油箱等还应进行功能性试验，此外还有空中试飞和地面操作试验、动力装置试验、各系统和设备的试验、武器使用试验、军机的弹射救生、民机的应急迫降、应急撤离等特殊试验，等等。试验内容繁多，但只有当规范中或条例中所规定的各项试验均表明已满足设计要求时，研制工作才算完成。以下我们将对结构试验有关内容做一简单介绍。

二、按结构完整性要求进行的结构试验

正如前述，飞机结构试验包括很多内容，在此不一一介绍。按军机结构完整性大纲要求，概括来说试验分为两大类，一类是设计研制试验；一类是全尺寸结构验证试验。试验目的为：设计研制试验的目的是提供结构设计、分析所需的强度、刚度和疲劳、损伤容限、耐久性特性的基础数据和早期评估；全尺寸结构验证试验的目的是验证机体结构是否满足强度规范和设计目标寿命要求，确定机体结构设计（包括理论分析）的合理性和所需更改的内容，为生产定型飞机的制造、部队结构维修计划和单机使用跟踪大纲的编制提供依据。关于这两个阶段的试验内容和步骤分别见图 6.75(a)，(b)。民用运输机的结构完整性试验大纲基本相同。

1. 设计研制试验

设计研制试验用于确定材料和接头的许用值；验证使用的设计分析方法，以及获得容许应力水平、选材、紧固件系统和化学、湿/热环境的影响等的早期评估；评定设计概念和设计细节；获得关键部件与组合件的静强度、疲劳、损伤容限和耐久性特性的早期设计验证，这些试验也是整个结构验证试验的一部分，并为全尺寸结构试验提供重要参考数据。

通常设计研制试验在飞机详细设计阶段前期进行。试验项目一般包括以下各项。

(1)材料试样和元件试验。试验内容包括材料性能（包括 $S-N$ 曲线、裂纹扩展速率、断裂韧性等疲劳、断裂性能），环境影响，连接许用值和工艺评定等。

(2)结构选型试验。如各类接头，典型壁板（包括含损伤壁板），设计复杂、难于分析的结构区域，制造方法评定，失效模式和破坏应变以及环境对它们的影响。

(3)结构件研制试验。这类试件为真实或接近真实结构状态，因此试验结果比较真实。主要目的是在设计发图前对关键部位的耐久性/损伤容限等做早期验证。

2. 全尺寸部件验证试验

这类试验的目的是对飞机机体结构完整性进行全面验证，因此试验内容应涉及所有的结构完整性要求，包括静强度、刚度、疲劳（或耐久性）和损伤容限要求的验证，其中刚度要求通常与静强度要求同时考核，由于试件为实际结构，因此可对设计、分析及工艺质量等各个方面做出总的综合性检验。

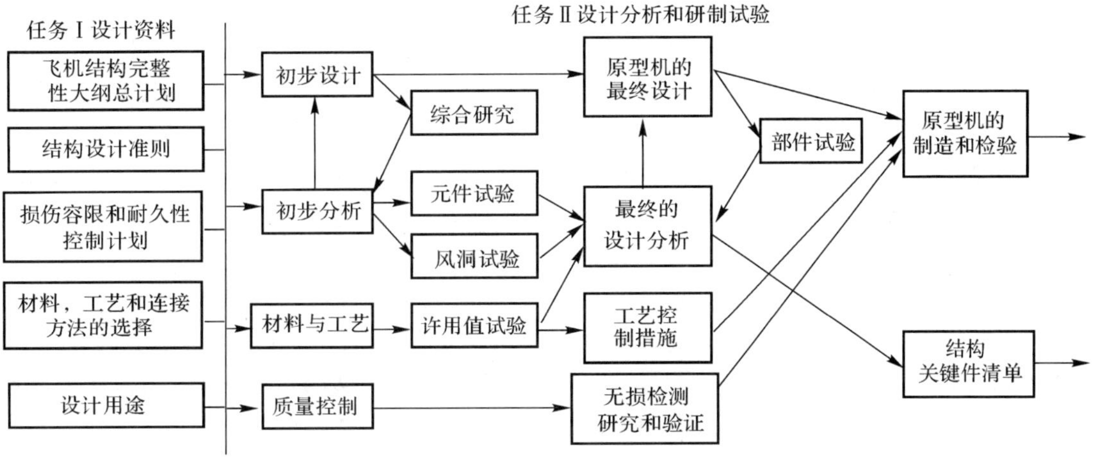

(a)

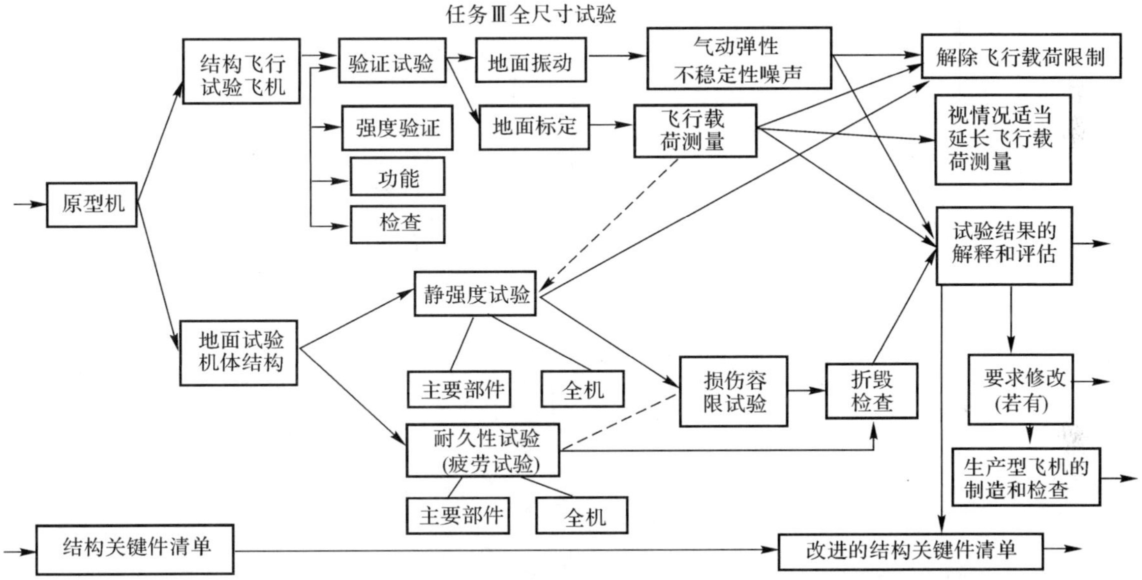

(b)

图 6.75 军用飞机结构完整性大纲(Ⅱ，Ⅲ：试验部分)

(1)静强度验证试验。目的为验证结构的最大承载能力大于设计载荷，同时得到全尺寸结构的静强度破坏模式和结构设计薄弱部位，验证结构的分析结果。

(2)全尺寸疲劳(或耐久性)验证试验。新机的全尺寸结构疲劳试验一般应在静强度试验之后进行，在生产定型前完成，研制试验和静强度试验做出的结构更改应反映在该试验飞机上。试验应持续进行到影响飞行安全的主要承力结构发生疲劳破坏，或试验到能验证所预期的试验寿命。一般说耐久性试验除疲劳载荷谱外还应加上环境的影响。但对于复合材料结构，其疲劳性能很优异，而环境对材料的影响比金属显著，特别是主要由其基体决定的性能(见第七章)，因此一般应进行耐久性特性的全尺寸验证试验。

(3)全尺寸结构损伤容限验证试验。此试验包括损伤扩展试验以及剩余强度试验两部分。

通过试验给出主要结构的检修周期和允许的最大初始损伤。(2),(3)两项常用一个试件完成。此时首先进行疲劳试验,试验中关键结构出现裂纹时应适时转入损伤容限试验。若在完成疲劳试验后关键件未坏,而其他部分有损坏,则允许修复后继续试验。当进入损伤容限试验阶段关键结构仍未发生疲劳裂纹,则应制造人工裂纹。

通常全尺寸结构验证试验需要两架试验飞机来完成:一架用于静强度验证;另一架用于疲劳(或耐久性)和损伤容限验证。

3. 复合材料结构完整性的积木式设计验证试验方法

飞机上常用的复合材料是一种与金属完全不同的、可设计的各向异性层状材料,由于其优异性能目前在飞机结构上正愈来愈多地得到应用。复合材料结构的两大类试验内容与金属结构基本相同,但由于复合材料结构缺乏成熟的分析方法和足够的设计、使用经验和设计数据。因此为保证其结构完整性,与金属结构相比在更大程度上要依赖于“试样、元件、细节件、结构件、全尺寸部件”的多层次积木式试验(见图 6.76)。

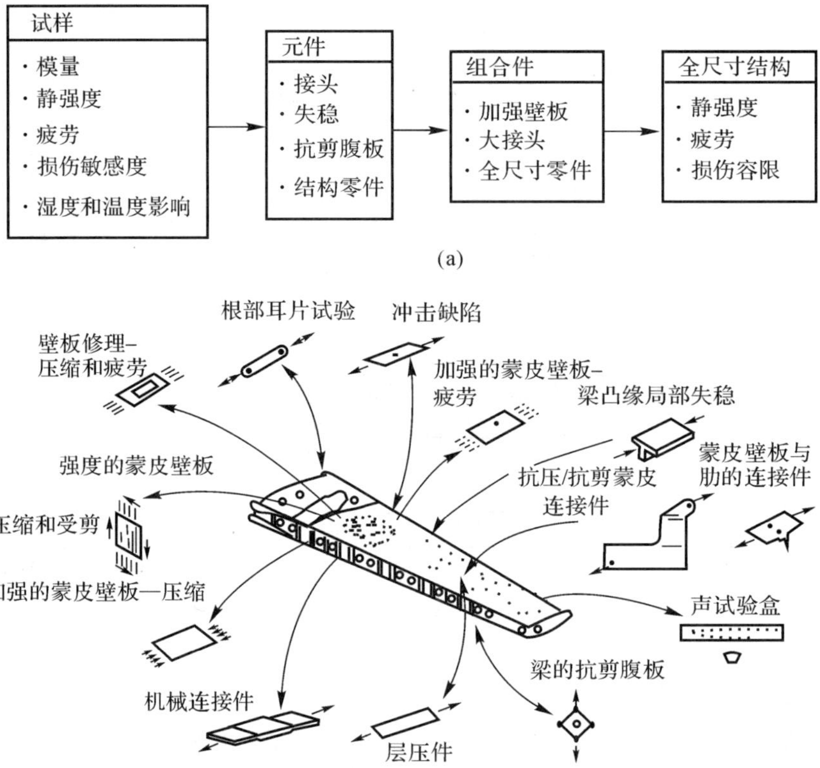

图 6.76 “积木式”试验方法

这种方法可使缺乏经验、难以处理的结构技术难点和复杂的环境效应在较低的层次上通过试验得到解决和分阶段验证,既有利于确保费用昂贵的复合材料全尺寸验证试验顺利通过,又可尽可能少地付出重量和成本代价,目前国内、外普遍采用这种方法。

在五、六两章中介绍了现代飞机金属机体结构综合设计的基本原理、设计方法和设计考虑,第七章将阐述复合材料飞机机体结构的综合设计方法。

思考题

1. 影响机身结构型式和主要受力构件布置的主要因素有哪些？结合1～2个实例进行综合分析。

2. 机身壁板的综合设计应从哪些方面考虑？壁板的损伤容限设计一般采取哪些措施？

3. 随着飞机飞行速度的增大，机翼较多用厚蒙皮多腹板式机翼，但与之相类似的硬壳式机身并没相应地增多使用，为什么？

4. 比较腹板框、环形刚框和球面框各自的结构形式、主要用途、受载特点和组成框的各零构件的受力特点。初步掌握各类框设计时应考虑的一些原则。

5. 为什么在实际机身结构中有不少是采用组合式框？请举1～2个例子说明其原因。

6. 总结一下如果要对一环形刚框实现等强度设计时，可采用些什么办法？

7. 增压座舱一般属何种损伤容限设计结构类型？为什么？一般采取哪些损伤容限设计措施？

8. 增压座舱的球面框与机身壳体结构之间是否必须用一很强的加强环将它们连接起来？为什么？连接处以及加强环的剖面形状如何设计较为合理？

9. 如果前起落架上除 P_y 外还同时有较大力 P_x 时，为承受、传递该 x 向载荷，须布置纵向受力构件，该构件是往前向机头方向布置？还是向后往机身中段方向布置？为什么？

10. 比较歼-6，歼-7，U-2，运-10，轰-5以及图5.2，图5.4所示的苏-30，“阵风”战斗机和图6.41所示的波音-747等各飞机实物或结构图所示的机翼-机身对接形式有何不同？试分析这样设计的原因和优、缺点。

11. 运-10和轰-5飞机机身中段下方均有大开口，它们的补强方法有何异同？为什么？（运-10机身为双闭室盒段，轰-5机身为单闭室盒段）

12. 小开口的结构设计原理和常采用的实际结构如何？波音-707在机翼下壁板受拉区布置一系列小开口，从疲劳观点看是否合理？该飞机这样布置的原因何在？如何加强？

13. 为什么疲劳、损伤容限、耐久性设计都十分重视结构细节设计？其具体内容是否相同？

14. 新飞机的研制须进行哪些试验？它们的主要内容是什么？

习题

1. 某旅客机前起落架与机身两侧壁相连（见题图6.1）。侧壁上方与下方通过某加强型材分别与地板、蒙皮相连；侧壁的前后与加强框相连；地板到加强框 II# 后，即不再向后布置。求：

(1)合理确定侧壁本身及它与机身其他结构连接关系的简化模型。

(2)现在 A 点作用一垂直力 P，在 B 点作用有力 T，$\alpha=45°$。求侧壁上垂直支柱和斜支柱的受力平衡图和内力分布图。

已知 $DE=H$，$EG=L$，$EC=CG=L/2$，A，B 点在 y 向均位于侧壁的 $H/2$ 高度上。A 点距 DE 框为 $L/6$。

(3)试说明侧壁上各元件（板和杆）起什么作用。

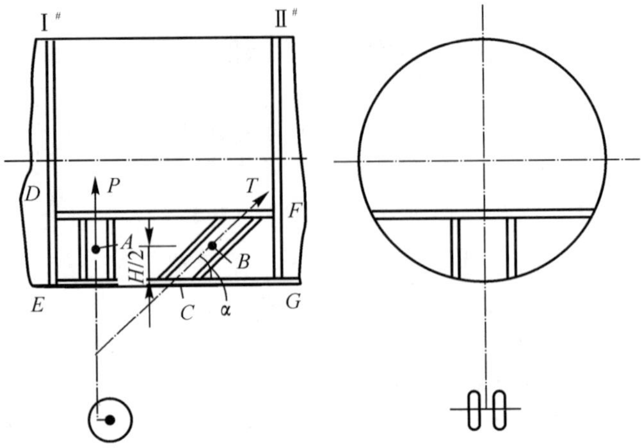

题图 6.1

2.某战斗机的机翼与机身的连接如下：前梁在Ⅰ框处与机身铰接；主梁在Ⅱ框与机身固接；后梁铰接于主梁上，而与机身无直接连接(见题图6.2)。现因主梁后掠20°，因此为了传递由此引起的主梁的分弯矩M_z，在机身侧边需布置侧加强板。

(1)试分析把侧加强板布置在Ⅰ，Ⅱ框之间(即主梁接头之前)或主梁接头之后的Ⅱ，Ⅲ框之间的两种情况下，Ⅰ，Ⅱ框或Ⅱ，Ⅲ框因M_z而受的载荷有何不同？画出侧加强板和有关框的力平衡图。

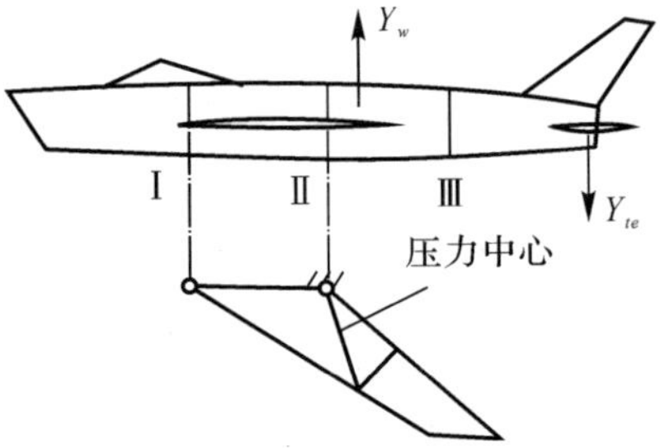

题图 6.2

(2)现假设飞机作正过载平直飞行，机翼升力Y_w向上，压力中心位于主梁接头之后(在x轴方向)，平尾的平衡升力Y_{te}向下。试结合机身总体受载情况分析，两种方案下，机身盒段受力情况有何不同？你认为哪种更有利？为什么？

3.观察运-10机身登机门和右下货舱门的开口附近结构，用图表示出此处的开口附近结构采用什么方法加强？若机身上有M_z和M_x两种力矩作用，请画出开口区各有关构件的分离体力平衡图。

4.设某强击机机身中段下方挂有炸弹，炸弹悬挂于挂弹梁上。为投弹需要，在机身腹部开有两炸弹舱门。炸弹舱上方为发动机舱。现已知因垂尾上侧向载荷P_z的作用，该段机身上有总体内力为：弯矩M_y、剪Q_z和扭矩$M_t(M_x)$，那么在此开口处，机身结构应如何加强？该段机身结构为桁条式(见题图6.3)。

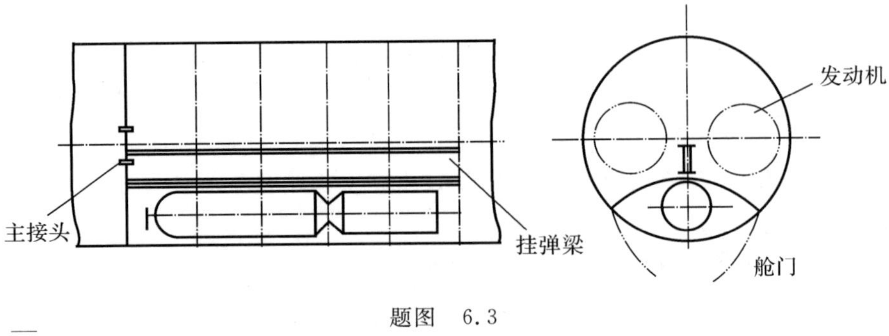

题图 6.3

5. 题图 6.4 所示的后掠翼，外段为双梁单块式，根部段为双梁式，下壁板有开口。问：

(1) 当机翼的总体力 M, Q, M_t 往根部机翼、机身传递时，$A—A$ 肋起什么作用？请画出它的力平衡图和内力图，该肋应如何加强？

(2) 画出此时前梁 1—2 的内力分布图，应如何合理选择其缘条面积沿展向的分布规律。

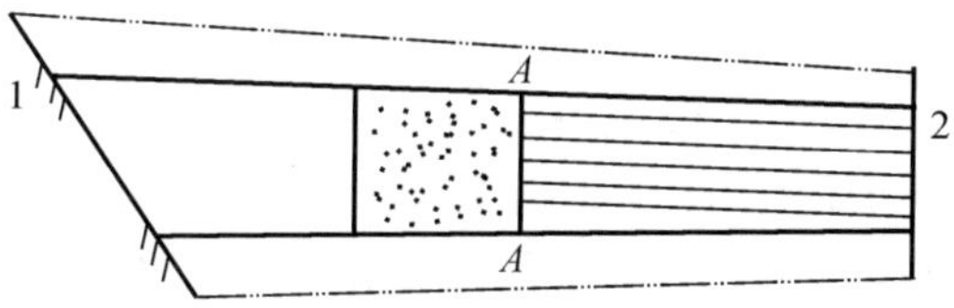

题图 6.4

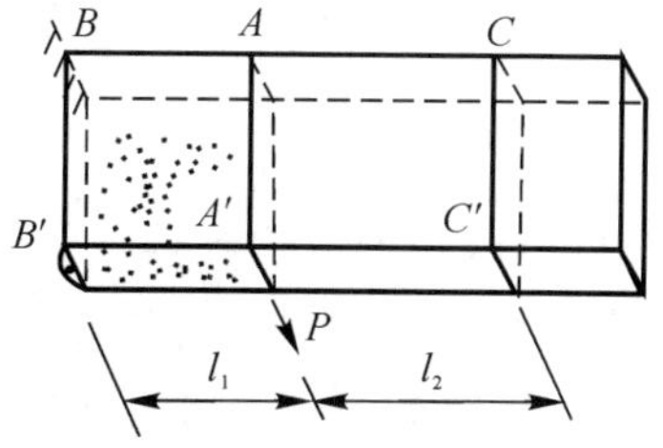

题图 6.5

6. 题图 6.5 所示为前梁、后梁的根部结构(后梁根部为铰接)，在 $AA'B'B$ 区域下蒙皮为大开口。现当 A' 点下方作用一集中力时，应如何对机翼结构补强才能将力传到机身支承接头上？

7. 题图 6.6 所示为桁条式机身中段，12 根长桁均匀分布，受外载扭矩 $M_x = 100$ kN·m，机身直径 $D_F = 0.8$ m，现机身下部有一开口，长为 2 m，宽为 AB。

已知：长桁截面积为 5 mm²，普通框缘条截面积为 8 mm²，蒙皮厚度 1.5 mm，材料的 E = 72 GPa，并假设开口端框缘条面积为 20 mm²，开口侧边桁梁截面可取为 40 mm²，试应用有限元程序计算分析：

(1) 因大开口影响，开口区附近结构的附加正应力和相应变形。

(2) 若改变开口尺寸，分析变形和应力的变化。

(3) 若改变加强框和加强桁梁截面积，分析变形和应力的变化。

由以上分析可得出什么结论。

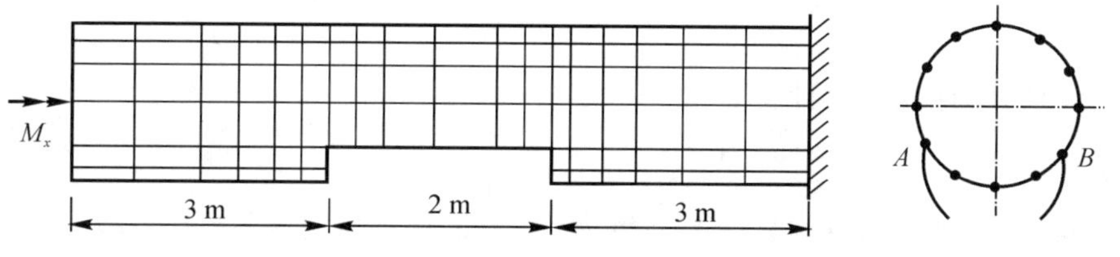

题图 6.6

第七章　飞机复合材料结构综合设计

复合材料由两种或多种性质不同的材料组成，主要组分是增强材料与基体材料，即由细丝、纱线或绒纤形式的增强纤维裹埋于树脂、金属或陶瓷基体中构成。复合材料不仅保持了纤维、基体两大组分材料本身原有的特点，而且通过组分材料性能间的相互补充和彼此关联等复合效应，可获得原组分材料所不具备的新的优异性能。此外，还可以通过选择不同的纤维增强方式，按需要对材料的性能（如强度、刚度等）进行设计，因此它与一般材料的简单组合有本质区别。在 20 世纪 40 年代开发研制的玻璃纤维-聚酯复合材料，逐步用于民用工业中。20 世纪 60 年代初，硼纤维的出现开创了新一代的复合材料。目前飞机结构上应用的由碳、芳纶和硼等增强纤维与树脂类基体制成的复合材料具有高的比强度和比模量，其性能可达到或优于铝合金水平，被称之为先进复合材料。对于飞机和宇航飞行器等对重量要求极为严格的结构，复合材料无疑是一种理想的结构材料，正得到日益广泛的应用，并因其独特的性能被认为是最有发展前途的新材料。

纤维增强复合材料有多种类型。用连续长纤维增强的复合材料有层合结构和编织、缝编三维构型的结构。层合结构有单向层合板和多向层合结构。筒形容器常用的缠绕结构，可看作是层合结构的一种型式。此外，还有短切纤维增强制作的模压件。根据目前飞机结构中的应用情况，本章主要介绍由高性能连续纤维和树脂基体构成的层合结构。

7.1　复合材料的特点以及在飞机结构上的应用

一、复合材料的性能和设计特点

1. 比强度、比模量高

飞机结构上使用的复合材料以碳/环氧为代表，它具有高的比强度（σ_b/ρ）和比模量（E/ρ），可使飞机的结构重量大幅度减小。表 7.1 列出了几种单向复合材料与常用金属材料性能的比较。更为先进的碳纤 T800/改性环氧的比强度可高出铝合金 10 倍，比模量高出 4 倍。

2. 各向异性

复合材料是用基体将增强纤维（直径仅为 6～10 μm）粘接在一起而成（见图 7.1）。其中高强度、高弹性模量的纤维提供纤维方向（纵向）的拉伸强度和拉伸模量，并在树脂的支持下提供轴向的压缩强度和压缩模量。树脂除了起支持和保护纤维、固定纤维分布、维持构件一定形状的作用外，还提供垂直于纤维轴向（横向）的拉压强度和模量以及剪切强度和模量。由于目前可供选用的树脂其性能远低于增强纤维，因此单向复合材料的性能表现出很强的各向异性，即具有很高的纵向强度、弹性模量和很低的横向剪切强度、弹性模量（见表 7.5），各向异性显然使复合材料结构的计算分析工作较各向同性材料复杂。

表 7.1 几种结构材料性能比较

材料＼性能	拉伸强度 MPa	拉伸模量 GPa	比强度 MPa/(kg/m³)	比模量 GPa/(kg/m³)	密度 kg/m³
铝合金	393	72.0	141.3	25.9	2.78
钢(结构用)	413	206.0	52.6	26.3	7.85
钛合金	712	116.7	157.5	25.8	4.52
玻璃纤维/聚酯复合材料	1 245	48.2	623.0	24.1	2.0
高强度碳纤维/环氧复合材料	1 471	137.3	1 014.0	94.7	1.45
高模量碳纤维/环氧复合材料	1 049	235.0	656.0	146.9	1.60
芳纶纤维/环氧复合材料	1 373	78.4	981.0	56.0	1.40

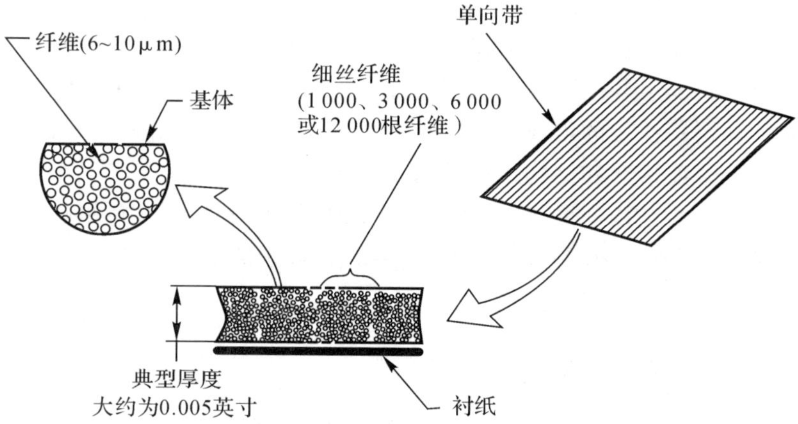

图 7.1 复合材料的组成

0.005 in=0.127 mm

3. *材料的可设计性*

复合材料可选用不同的增强纤维、基体材料、纤维含量以及通过层合板的剪裁设计和应用不同的工艺方法等获得性能不同的复合材料。其中层合板的剪裁设计极为重要。层压复合材料结构一般由若干层铺设角不同或相同的单层(称之为铺层,是层合板中的最基本单元)叠压加热加压固化而成。设计人员可以选择层板中各铺层的不同铺设角、层数比(层板中具有相同铺设角的铺层数占总层数的比例)和铺叠顺序的组合,设计出具有不同的面内刚度和弯、扭刚度、强度要求的层合板,增加了设计的自由度。

4. *层间强度低,对冲击损伤敏感*

就复合材料层合板及其他层压结构而言,其弱点是层间强度低。层与层之间仅靠层间界面承载,层间一旦破坏即导致分层,复合材料可能随即提前失效。

由于层间强度低，复合材料结构对冲击损伤敏感。在装配和使用过程中若受到冲击，有时表面可能并没有显示，不易发现，但内部已出现分层，并因此影响构件强度，尤其对压缩强度有严重影响。

5. 良好的抗疲劳性能

复合材料中存在着不同的相与界面。这些不同的相与界面能减缓和阻止裂纹进一步扩展，从而推迟疲劳破坏的发生。若发生疲劳破坏，事先也会有明显的预兆，不像金属材料那样是突发的。

6. 对湿/热环境较敏感

复合材料吸湿状态下的高温性能，尤其是树脂基体控制的压缩性能和剪切性能下降明显。目前湿/热环境下复合材料的压缩性能已成为筛选树脂基体的重要依据之一。

7. 复合材料构件的制造特点

与金属零构件的制造工艺不同，复合材料构件是通过树脂基体以及树脂与纤维之间的界面在构件的成形模具内经加热、加压，发生物理、化学变化，固化而成。制成复合材料的同时也即成形为所需形状、尺寸的构件。

总的来说，复合材料的成形工艺性好，可容易地成形出任意型面的构件和用共固化工艺制成整体式结构，可减少零件和紧固件的数量。

由于以上各点，因此复合材料结构在设计时应注意以下两点：

(1)设计人员必须以与各向同性金属材料完全不同的概念出发，很好地认识复合材料的各向异性特性，充分利用其性能的可设计性。学会使用与纤维方向相关的特性，扬长避短，通过适当的剪裁设计，按载荷情况和结构性能要求更好地进行优化设计，提高结构效率。

(2)由于材料形成与结构件成形同时进行和完成，因此在复合材料结构设计时，更加强调材料性能、结构设计与分析以及制造工艺三个主要方面的综合协调，以获得最佳的选材、设计方案和零构件的制造方法，并尽量降低成本。

二、复合材料在飞机结构中的应用

由于先进复合材料具有显著的减重效益，并可改善结构性能，不少发达国家的飞机公司和航空研究机构都投入了大量的人力、物力进行了理论和试验研究及其在飞机结构上的应用研究。美国于20世纪60年代开始了复合材料的发展阶段，70年代初首先在军机上开发应用。就其发展看大致分为三个阶段。第一阶段应用于受载不大的构件，如各类操纵面、舵面、扰流片、副翼等，还有口盖、阻力板、起落架舱门、发动机罩和其他的次结构[①]上；第二阶段应用于承力大的结构和主结构上，相继开发应用于安定面、全动平尾和主受力结构[②]机翼上；第三阶段则进一步应用于复杂受力结构，如机身、中央翼盒等。据统计，采用复合材料的飞机一般可减重20%～30%；目前西方的一些战斗机上复合材料使用量已达结构重量的25%左右，占到机体表面积的80%。如美国最先进的第四代隐身战斗机F-22，复合材料占结构材料总重量的26%；欧洲的21世纪用战斗机EF2000，该比例为30%（见表7.2）；俄罗斯的新一代多功能歼

---

① 如果部件的灾难性破坏可引起飞机失事，那么这种飞机部件就被认为是主结构，次结构部件的破坏不会导致飞机失事。

② 主受力结构指飞机机体中承力最大的那些结构，如机翼盒段、机身主要受载段。

击机在机翼、前鸭翼和机身的结构中，也广泛地采用了复合材料。此外由于复合材料的独特性能，可通过气动弹性剪裁设计使结构出现耦合效应，从而研制出用各向同性的金属材料无法实现的前掠翼飞机，如X－29。

复合材料还有一个好处是可大幅度降低飞机的雷达截面及其红外线、声学信号特征。碳、硼、硅复合材料都是很好的吸收雷达能量的材料。有资料介绍美国的F－117A战斗机金属材料只占机体结构重量的10％，而B－2隐身轰炸机几乎可认为是全复合材料结构的飞机。除碳纤维增强复合材料外，F－117A在机体结构中主要采用了一种特殊的复合材料“Fibaloy”。它是在塑料中掺入玻璃纤维制成，采用多层结构，各层间充满气泡和按特定方向、间隔排列的极细的纤维。碳/碳复合材料则用于发动机附近的蒙皮、机翼前缘等高温部位，有良好的红外辐射耗散和雷达能量吸收性能。

表7.2　国外战斗机结构材料重量百分比(％)和复合材料应用情况

机种	首飞时间	复合材料	铝合金	钛合金	钢	其他	复合材料组分及应用部位
F－14	1969	1	39	24	17	19	硼/环氧　面板铝蜂窝平尾
F－15	1972	1.2	37.3	25.8	5.5	30.2	硼/环氧　面板铝蜂窝平尾、垂直安定面、方向舵(其梁肋为碳/环氧)
F－16	1976	2	64	3	3	28	碳/环氧(AS4/3502)　面板铝蜂窝平尾、垂尾、方向舵
F/A－18	1978	12.1	50	9.3	12.6	16	碳/环氧　机翼蒙皮、垂尾、平尾、机身隔框、副翼、襟翼
AV－8B	1982	26.3	49	9	15	1	碳/环氧　机翼、前机身、襟翼、副翼、水平尾翼
JAS39	1988	30					碳/增韧环氧(AS4/8552)　机翼、垂尾、前鸭翼
X－31A	1990	17	51	5	5	22	碳/环氧(IM6/6376)　机翼、机身蒙皮
Rafale(法)	1991	24					碳/增韧双马(IM6/5245C)　机翼、垂尾、副翼、前鸭翼
YF－22	1991	23	35	24	5	13	碳/增韧双马(IM7/5250－2)　机翼、中机身隔框和蒙皮，尾翼
EF2000(欧洲)	1994	30					碳/增韧双马(T800/5245)　机翼、前、中机身和尾翼蒙皮
F－22	1996	26	14	30			碳/增韧双马(IM7/5250－4)　机翼、中机身隔框和蒙皮、尾翼
F/A－18E	1998	23					碳/增韧环氧(IM7/977－3)　机翼结构、右外翼壁板等

从安全性和经济性考虑，复合材料在民用飞机上的应用十分慎重。因为飞机的安全性是民用飞机设计准则的基础，而市场竞争使飞机公司更为注重飞机的全寿命成本和性能效益（费效比）。在20世纪70年代初民机开始用复合材料取代金属做调整片、口盖等。1975年起，从舵面类次结构件发展到尾翼主结构（见图7.2）。图7.2所示为复合材料在波音-777等飞机上的应用情况，代表了当今在民机结构上复合材料技术发展的成熟程度和应用水平（见表7.3）。可以预见，随着军用飞机应用复合材料结构件的经验不断积累和成熟以及成本的降低，在下一代民机上肯定会进一步增加复合材料的应用。

我国航空界于1978年在强-5型飞机上的进气道侧壁部位首次试用碳纤-玻璃纤维混杂复合材料层压结构，取得了初步成功。从20世纪80年代初期开始即大力开展了复合材料的基础研究和在飞机结构中的应用研究。先后成功研制了多种型号军用机的碳/环氧先进复合材料的垂直安定面、舵面及全动平尾和机翼受力盒段壁板等主结构件，有的已投入使用，并在新设计的飞机中首次直接采用复合材料设计结构。在民机上也在应用研究上取得了一定的成果。

表7.3　复合材料在民机上的应用实例

机　型	首　飞	部　件	材　料	减重/(%)
DC-10	1976 1987	方向舵 垂直安定面	碳/环氧 T300/5208	26.8 20.2
波音-727	1980	升降舵	碳/环氧 T300/5208	25.6
波音-737	1984	平尾、垂尾	碳/环氧 T300/5208	27.1,24.0
波音-747SP		外侧副翼、地板 进气道外整流罩	碳/环氧	26.0,32.0,38.0
L-1011	1982 1984	副翼 垂直安定面	碳/环氧 T300/E715 碳/环氧 T300/5208	26.3 27.9
A-320	1985	垂直安定面、平尾、襟翼	碳/环氧 T300/913C	22.0
波音-777		尾翼 副翼、扰流片、发动机舱等	碳/韧性环氧 T800H/3900-2	
A-300/A-340	1989	外翼 平尾、垂尾、襟翼、副翼	碳/韧性环氧 HTA/6376	

图7.2所示是在一些先进商用运输机和战斗机的结构上使用复合材料的情况。可以肯定，飞机结构中复合材料的广泛应用已经并且将会进一步促使飞机设计技术、强度分析方法以及制造工艺发生重大变化。

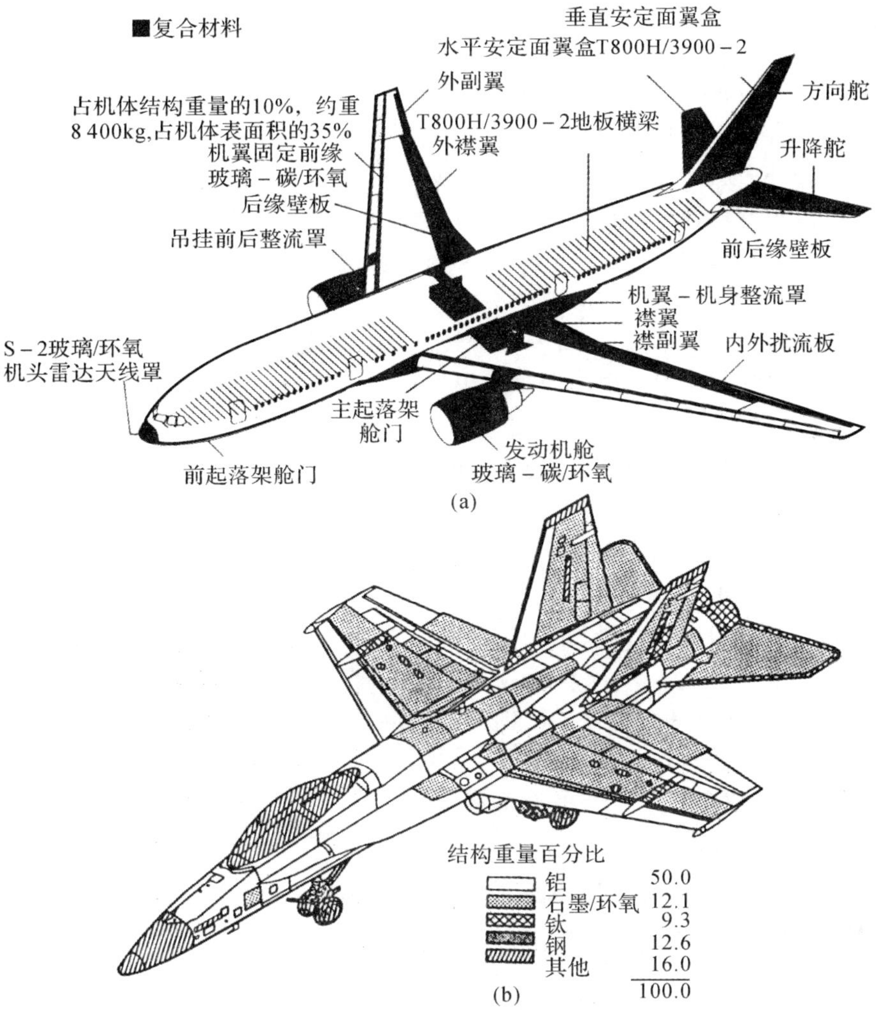

图 7.2　复合材料在波音－777 和 F－18 上的应用

(a)波音－777；（b)F－18

7.2　复合材料力学有关基础知识

树脂基连续纤维增强复合材料层合板的力学性能、应力-应变分析以及失效判据等已在前期课程“复合材料力学”课中作了详细介绍。为了便于读者理解和掌握复合材料结构的设计原理和设计方法，现将复合材料力学中有关的基础知识在本节中做一概述。

一、名词术语与层合板表示方法

1. 名词术语

(1)各向同性：材料性能与方向无关的一种特性。

(2)各向异性：材料性能因方向不同而改变的一种特性。

(3)正交各向异性：材料具有三个互相垂直的弹性对称平面的特性，这些平面的法线方向称为材料主方向。

(4)横向各向同性：具有正交各向异性特性的材料，若有一个各向同性平面时，称之为横向各向同性。单向复合材料即具有此种特性。

(5)耦合：一种外力引起与其不对应的基本变形的效应称为耦合。

(6)拉剪耦合、拉弯耦合、弯扭耦合：分别指由正应力引起剪应变的耦合；由正应力引起弯曲应变的耦合；由弯矩引起扭转应变的耦合。三者均为各向异性材料所特有。

(7)正轴：与材料主方向重合的参考坐标轴。

(8)偏轴：与材料主方向不重合，有一个偏转角 θ 的参考坐标轴。

(9)铺层：复合材料制件中一层单向带或织物称为一个铺层，是复合材料制件中一个最基本单元。

(10)层合板：由单向或多向铺层压制而成的复合材料板。

(11)铺向角(铺层角)：每一铺层的纤维方向与制件参考坐标 x 轴之间的夹角，由 x 轴到纤维方向逆时针旋转为正(见图 7.3)。

(12)铺层组：一组具有相同铺层角的连续铺层。

(13)铺层顺序：铺贴中具有各种不同铺向角的铺层的排列次序。

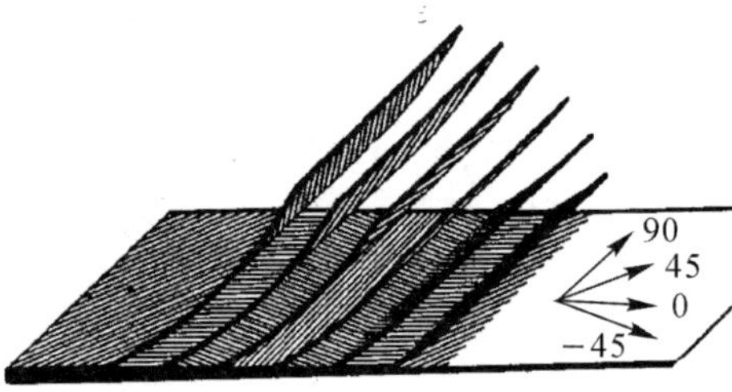

图 7.3　铺层的铺向角取向

(14)子层合板：在层合板内一个多次重复的多向铺层组合。

(15)对称层合板：全部铺层及其各种特性和参数相对于板的几何中面对称的层合板。

(16)均衡层合板：铺层的各种特性和参数相同，铺向角为 $+\theta$ 和 $-\theta$ 的铺层数相等的层合板。如$[60_3/-60_3]$，$[0/+45_2/90/-45_2]$。

(17)均衡对称层合板：即均衡又对称的层合板。如$[60_2/-60_2]_s$。

(18)正交层合板：只有 0°和 90°铺层的双向层合板。如$[0/90]_s$，$[0_2/90]_s$。

(19)斜交层合板：只含有 $+\theta$ 角与 $-\theta$ 角铺层的双向层合板。如$[30/-30]_s$。

(20)准各向同性板：面内各个方向的弹性常数相同的对称层合板。如$[30/60/-30/-60]_s$。

(21)$\pi/4$ 层合板：具有四个铺层方向，彼此相隔 45°(即 $\pi/4$)，且各铺层组可具有任意厚度的对称层合板。如$[0_2/45/90/-45/0]_s$。

(22)一般层合板：主要是指非对称层合板，还可以包括有不同层板组成的组合式层合板，或有不同铺层材料组成的混合式层合板。如$[0/+45/-45/+45/90/0]_T$。

(23)层间应力：除层板的三个面内应力分量外，沿两个铺层之间的界面上产生的、与厚度方向有关的三个应力分量 τ_{zx}，τ_{zy}，σ_z。其中两个剪切分量称层间剪应力，也称横向剪应力。

(24)失效准则：复杂应力-应变状态下，材料失效的判据。

(25)许用值：计算中允许采用的材料性能值。由一定的试验数据确定。

(26)强度比：材料的强度极限与结构所受对应应力之比。

2. 层合板的表示法

(1)一般层合板：每一铺层的方向用纤维与 x 轴的夹角示出，彼此用"/"分开，全部用[ ]括上，并按由下而上或贴膜面向外的顺序写出，如[0/45/30/−45/90]。

(2)对称层合板：只写出一半，括号外加下标 s。若为奇数层，对称中面铺层上加顶标"—"。如$[0/90]_s$，或$[0/\pm45/\overline{90}]_s$。

(3)具有连续重复铺层时，连续铺层的层数用数字下标示出，如$[0_2/\pm45/90]_s$。

(4)由多个子层板构成时，子层板重复数用数字下标示出，如$[0/90]_3$。

(5)由织物铺成的层合板：织物的经纬方向用："( )"示出，如$[(\pm45)/(0,90)]_s$。

(6)混杂复合材料层合板：分别用下标表示。C：碳纤维；K：芳纶纤维；G：玻璃纤维。如$[0_C/\pm45_G]_s$。

(7)夹层板：用C表示夹芯，下标数字表示夹芯厚度的毫米数，面板铺层表示法同前，如$[0/90/C_2]_s$。

二、单向层合板和铺层的刚度与强度

复合材料的基本单元是铺层。它的刚度与强度分析是层合板刚度与强度分析的基础。铺层很薄，因此可认为它处于平面应力状态。而层合板由于其厚度相对于板的其他尺寸较小，因此在复合材料力学经典理论中将它与铺层一样处理，按平面应力状态进行分析。即认为

$$\sigma_z=\tau_{yz}=\tau_{zx}=0 \tag{7.1}$$

只考虑 $\sigma_x,\sigma_y,\tau_{xy}$ 等面内应力分量。

以下分析均是在线弹性、小变形假设情况下进行。铺层的正轴刚度与各基本强度通常用单向层合板测试而得。

1. 单向层合板的正轴应力-应变关系式

当板的参考坐标系 xyz 正好与单向层合板的主方向 1,2,3 一致时称为正轴（一般约定 1 轴为刚度较大的主方向，3 轴为垂直于层合板平面的轴向（见图 7.4））。

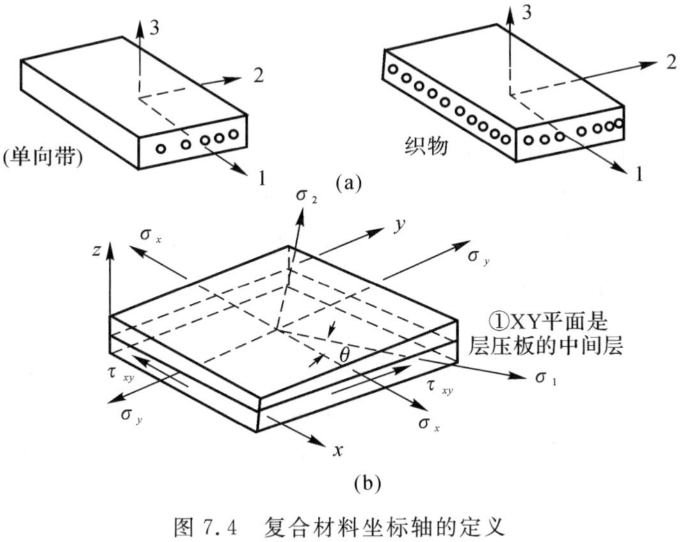

图 7.4 复合材料坐标轴的定义

(a)单向带和织物的板材或材料的坐标轴； (b)层板及层合板的坐标和应力

因单向复合材料既为正交各向异性，又为横向各向同性，由弹性力学可得其应力-应变关系式如下

$$\begin{Bmatrix}\sigma_1\\ \sigma_2\\ \tau_{12}\end{Bmatrix}=\begin{bmatrix}Q_{11} & Q_{12} & 0\\ Q_{21} & Q_{22} & 0\\ 0 & 0 & Q_{66}\end{bmatrix}\begin{Bmatrix}\varepsilon_1\\ \varepsilon_2\\ \gamma_{12}\end{Bmatrix} \tag{7.2}$$

Q_{ij} 为正轴状态下的平面应力模量分量，$(i,j=1,2,6)$。

当用柔度分量表示时，上式可改写为

$$\begin{Bmatrix}\varepsilon_1\\ \varepsilon_2\\ \gamma_{12}\end{Bmatrix}=\begin{bmatrix}S_{11} & S_{12} & 0\\ S_{21} & S_{22} & 0\\ 0 & 0 & S_{66}\end{bmatrix}\begin{Bmatrix}\sigma_1\\ \sigma_2\\ \tau_{12}\end{Bmatrix} \tag{7.3}$$

且式中 $Q_{12}=Q_{21}$，$S_{12}=S_{21}$。

2. 单向层合板的正轴刚度

Q_{ij} 与 S_{ij} 表述了单向层合板在平面应力状态下的正轴刚度。此外也可用正轴工程弹性常数来表述正轴刚度。正轴工程弹性常数有以下几项：纵向弹性模量 E_1、横向弹性模量 E_2、纵向泊松比 ν_1、横向泊松比 ν_2、纵横剪切弹性模量 G_{12}，其中 $E_1/E_2=\nu_1/\nu_2$，它们均由试验测得。模量或柔度分量与工程弹性常数的关系如下

$$\left.\begin{aligned}&E_1=Q_{11}/m=1/S_{11}\\ &E_2=Q_{22}/m=1/S_{22}\\ &\nu_1=Q_{21}/Q_{22}=-S_{21}/S_{11}\\ &\nu_2=Q_{12}/Q_{11}=-S_{12}/S_{22}\\ &G_{12}=Q_{66}=1/S_{66}\\ &m=(1-\nu_1\nu_2)^{-1}\end{aligned}\right\} \tag{7.4}$$

3. 单向层合板的偏轴应力-应变关系式和刚度

当单向层合板处于偏轴状态时，不再呈现正交各向异性，其应力-应变关系式如下

$$\begin{Bmatrix}\sigma_x\\ \sigma_y\\ \tau_{xy}\end{Bmatrix}=\begin{bmatrix}\bar{Q}_{11} & \bar{Q}_{12} & \bar{Q}_{16}\\ \bar{Q}_{21} & \bar{Q}_{22} & \bar{Q}_{26}\\ \bar{Q}_{61} & \bar{Q}_{62} & \bar{Q}_{66}\end{bmatrix}\begin{Bmatrix}\varepsilon_x\\ \varepsilon_y\\ \gamma_{xy}\end{Bmatrix} \tag{7.5}$$

$\bar{Q}_{ij}$ 与 Q_{ij} 及铺向角 θ 有关，具体关系式如下：

$$\left.\begin{aligned}&\bar{Q}_{11}=Q_{11}\cos^4\theta+2(Q_{12}+2Q_{66})\sin^2\theta\cos^2\theta+Q_{22}\sin^4\theta\\ &\bar{Q}_{22}=Q_{11}\sin^4\theta+2(Q_{12}+2Q_{66})\sin^2\theta\cos^2\theta+Q_{22}\cos^4\theta\\ &\bar{Q}_{12}=\bar{Q}_{21}=(Q_{11}+Q_{22}-4Q_{66})\sin^2\theta\cos^2\theta+Q_{12}(\sin^2\theta+\cos^2\theta)\\ &\bar{Q}_{66}=(Q_{11}+Q_{22}-2Q_{12}-2Q_{66})\sin^2\theta\cos^2\theta+Q_{66}(\sin^4\theta+\cos^4\theta)\\ &\bar{Q}_{16}=\bar{Q}_{61}=(Q_{11}-Q_{12}-2Q_{66})\sin\theta\cos^3\theta+(Q_{12}-Q_{22}+2Q_{66})\sin^3\theta\cos\theta\\ &\bar{Q}_{26}=\bar{Q}_{62}=(Q_{11}-Q_{12}-2Q_{66})\sin^3\theta\cos\theta+(Q_{12}-Q_{22}+2Q_{66})\sin\theta\cos^3\theta\end{aligned}\right\} \tag{7.6}$$

当用柔度分量表示时

$$\begin{Bmatrix}\varepsilon_x\\ \varepsilon_y\\ \gamma_{xy}\end{Bmatrix}=\begin{bmatrix}\bar{S}_{11} & \bar{S}_{12} & \bar{S}_{16}\\ \bar{S}_{21} & \bar{S}_{22} & \bar{S}_{26}\\ \bar{S}_{61} & \bar{S}_{62} & \bar{S}_{66}\end{bmatrix}\begin{bmatrix}\sigma_x\\ \sigma_y\\ \tau_{xy}\end{bmatrix} \tag{7.7}$$

并可得到偏轴的工程弹性常数，除了相应的 $E_x, E_y, G_{xy}, \nu_{yx}, \nu_{xy}$ 外，还有拉剪耦合系数 $\eta_{xy,x}=\bar{S}_{61}/\bar{S}_{11}=\gamma_{xy}^{(x)}/\varepsilon_x^{(x)}$（沿 x 轴单轴拉、压时）和 $\eta_{xy,y}=\bar{S}_{62}/\bar{S}_{22}=\gamma_{xy}^{(y)}/\varepsilon_y^{(y)}$（沿 y 轴单轴拉、压时）。

4. 单向层合板的基本强度

单向板的基本强度也就是铺层的基本强度，是复合材料在面内正轴向的单轴正应力或纯剪力作用下的极限应力，是复合材料强度计算中必不可少的基本性能数据，共有五项。其中 X_t, X_c 是相应于单向板纤维方向的纵向拉、压强度；Y_t 和 Y_c 是相应于单向板刚度较小的主方向（见图 7.4 中的 2 向）作用单轴拉、压应力时的极限应力值（横向拉、压强度）；S 为单向板在材料主方向作用有面内剪应力时的极限剪应力值（面内剪切强度）。单向层合板在复杂应力作用下，其失效准则可用多种判据用以判别铺层是否失效。例如最大应力失效准则、最大应变失效准则、蔡-希尔准则、诺里斯准则、霍夫曼准则和蔡-胡准则等。读者可参考复合材料力学的有关部分。其中工程上常用的蔡-胡准则表达式如下：

$$F_{11}\sigma_1^2+2F_{12}\sigma_1\sigma_2+F_{22}\sigma_2^2+F_{66}\sigma_6^2+F_1\sigma_1+F_2\sigma_2=1 \tag{7.8}$$

式中 $F_{11}=\dfrac{1}{X_tX_c},\quad F_{22}=\dfrac{1}{Y_tY_c},\quad F_{66}=\dfrac{1}{S^2},\quad F_1=\dfrac{1}{X_t}-\dfrac{1}{X_c},\quad F_2=\dfrac{1}{Y_t}-\dfrac{1}{Y_c},$

$$\sigma_6=\tau_{12}\qquad F_{12}^*=F_{12}/\sqrt{F_{11}F_{22}}$$

F_{12}^* 由试验定，一般 $-1<F_{12}^*<1$。

当式(7.8) 满足时该铺层即失效，小于 1 时则不失效。

三、层合板的刚度和强度

1. 层合板的本构方程

层合板刚度是基于经典层合板理论给出的，即假设层合板的各铺层是紧密粘接的，变形符合直法线假设，各铺层按平面应力状态计算，并忽略 ε_z，由此给出层合板的刚度特性。通常在复合材料设计中这样处理是合适的。

层合板的内力有面内力和弯矩（包括扭矩）（见图 7.5(a)），层合板中层的标记（见图7.5(b)）。

层合板的内力-应变关系式（即本构方程）如式(7.9)。

$$\begin{Bmatrix}N_x\\N_y\\N_{xy}\\M_x\\M_y\\M_{xy}\end{Bmatrix}=\begin{bmatrix}A_{11}&A_{12}&A_{16}\\A_{21}&A_{22}&A_{26}\\A_{61}&A_{62}&A_{66}\\B_{11}&B_{12}&B_{16}\\B_{21}&B_{22}&B_{26}\\B_{61}&B_{62}&B_{66}\end{bmatrix}\begin{Bmatrix}\varepsilon_x^0\\\varepsilon_y^0\\\gamma_{xy}^0\end{Bmatrix}+\begin{bmatrix}B_{11}&B_{12}&B_{16}\\B_{21}&B_{22}&B_{26}\\B_{61}&B_{62}&B_{66}\\D_{11}&D_{12}&D_{16}\\D_{21}&D_{22}&D_{26}\\D_{61}&D_{62}&D_{66}\end{bmatrix}\begin{Bmatrix}K_x\\K_y\\K_{xy}\end{Bmatrix} \tag{7.9}$$

该式也可写成如下式

$$\begin{bmatrix}\boldsymbol{N}\\\boldsymbol{M}\end{bmatrix}=\begin{bmatrix}\boldsymbol{A}&\boldsymbol{B}\\\boldsymbol{B}&\boldsymbol{D}\end{bmatrix}\begin{bmatrix}\boldsymbol{\varepsilon}^0\\\boldsymbol{K}\end{bmatrix} \tag{7.10}$$

式中，$\boldsymbol{\varepsilon}^0$ 和 $\boldsymbol{K}$ 指的是层合板中面应变和中面曲率（包括扭率），层合板中任意一点的应变由中面应变右 $\boldsymbol{\varepsilon}^0$ 和中面曲率 $\boldsymbol{K}$ 来表达。

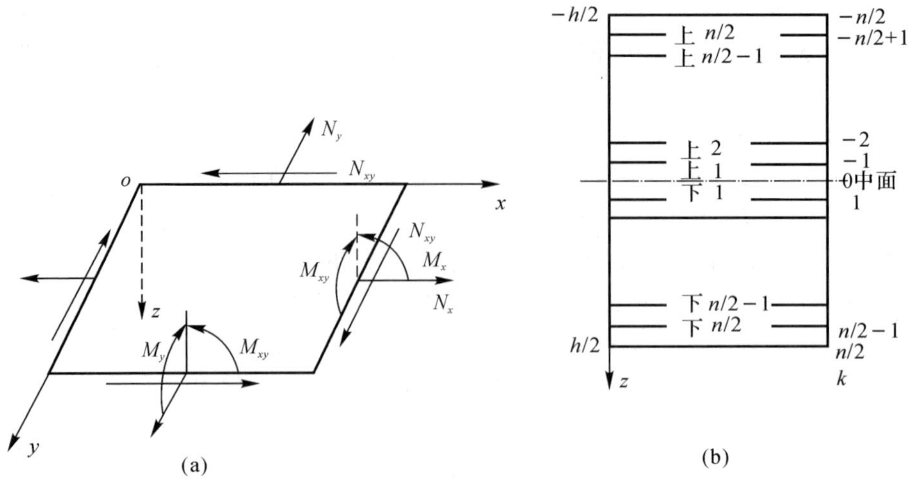

图 7.5　层合板的内力及层的标记

(a) 层合板内力(图示内力均为正)；(b) 层合板的铺层序号是 k

式(7.10) 中的矩阵 $\boldsymbol{A}$,$\boldsymbol{B}$,$\boldsymbol{D}$ 定义如下：

A—— 面内刚度矩阵

$$A_{ij} = \int_{-\frac{h}{2}}^{\frac{h}{2}} Q_{ij}^{(k)} \mathrm{d}z = \sum_{k=1}^{n} Q_{ij}^{(k)} (h_k - h_{k-1}) \tag{7.11}$$

B—— 耦合刚度矩阵

$$B_{ij} = \int_{-\frac{h}{2}}^{\frac{h}{2}} Q_{ij}^{(k)} z \, \mathrm{d}z = \sum_{k=1}^{n} Q_{ij}^{(k)} (h_k^2 - h_{k-1}^2)/2 \tag{7.12}$$

D—— 弯曲刚度矩阵

$$D_{ij} = \int_{-\frac{h}{2}}^{\frac{h}{2}} Q_{ij}^{(k)} z^2 \, \mathrm{d}z = \sum_{k=1}^{n} Q_{ij}^{(k)} (h_k^3 - h_{k-1}^3)/3 \tag{7.13}$$

由式(7.10) 可知 $\boldsymbol{B}$ 矩阵的存在使层合板出现了面内载荷 $\boldsymbol{N}$(如轴力) 会因耦合产生曲率 $\boldsymbol{K}$,而载荷 $\boldsymbol{M}$(如弯矩) 会因耦合产生线应变 $\boldsymbol{\varepsilon}^0$ 的现象。

式(7.10) 也可改写成以下的应变-内力关系式

$$\begin{bmatrix} \boldsymbol{\varepsilon}^0 \\ \boldsymbol{K} \end{bmatrix} = \begin{bmatrix} \boldsymbol{\alpha} & \boldsymbol{\beta} \\ \boldsymbol{\beta}^{\mathrm{T}} & \boldsymbol{\delta} \end{bmatrix} \begin{bmatrix} \boldsymbol{N} \\ \boldsymbol{M} \end{bmatrix}, \quad \begin{bmatrix} \boldsymbol{\alpha} & \boldsymbol{\beta} \\ \boldsymbol{\beta}^{\mathrm{T}} & \boldsymbol{\delta} \end{bmatrix} = \begin{bmatrix} \boldsymbol{A} & \boldsymbol{B} \\ \boldsymbol{B} & \boldsymbol{D} \end{bmatrix}^{-1} \tag{7.14}$$

由层合板的刚度系数或柔度系数可求得层合板的工程弹性常数,对于一般层合板,它有 36 个刚度系数,但其工程弹性常数为 18 个。

2. 几种典型层合板的刚度特性

现将各刚度系数 A_{ij} 等正则化处理,即将其规范化成与模量 Q_{ij} 量纲相同,并以角标 * 表示。此时有以下关系式

$$A_{ij}^* = \frac{1}{h} A_{ij}, \quad B_{ij}^* = \frac{2}{h^2} B_{ij}, \quad D_{ij}^* = \frac{12}{h^3} D_{ij} \tag{7.15}$$

对几种典型层合板可由式(7.15) 计算得到它们的刚度特性如下。

(1) 对称层合板:$B_{ij}^* = 0$,也即无拉-弯、拉-扭、剪-弯、剪-扭等耦合效应。

(2) 对称正交层合板：除 $B_{ij}^{*}=0$ 之外，$A_{16}^{*}=A_{26}^{*}=0$，$D_{16}^{*}=D_{26}^{*}=0$。

(3) 均衡对称斜交层合板：$B_{ij}^{*}=0$；$A_{16}^{*}=A_{26}^{*}=0$。当层组数 $m\to\infty$ 时，则 $D_{ij}^{*}=A_{ij}^{*}$。

(4) 准各向同性板：$B_{ij}^{*}=0$，$A_{16}^{*}=A_{26}^{*}=0$。且面内各方向的刚度一样，即 $A_{11}^{*}=A_{22}^{*}$，$A_{66}^{*}=\dfrac{(A_{11}^{*}-A_{12}^{*})}{2}$。

(5) π/4 层合板：$B_{ij}^{*}=0$，且 $A_{16}^{*}=A_{26}^{*}$。

(6) 对称的各向异性板：如$[0/+45]_s$，$[-45/0/\overline{90}]_s$，有拉-剪耦合和弯-扭耦合。

(7) 一般层合板：如正$[0/90/+45]$，$[0/+45/-45/90/0]$，则拉、剪、弯、扭之间都有耦合效应。

一般说工程上常用的层合板均为均衡对称层合板，因此具有正交各向异性。在少数情况下，为了得到某种特殊的刚度特性，希望复合材料构件具有某些特定的耦合效应，就可能把它设计成非正交各向异性的多向层合板。如美国的 X－29A 试验机的前掠翼蒙皮就是这样。

3. 层合板的强度

层合板的强度有最先一层失效强度和极限强度两种。

确定层合板最先一层失效的强度必须首先作层合板的各单一铺层的应力分析，然后计算层合板中各个铺层的强度比，强度比最小的铺层最先失效，其对应的层合板正则化内力即为所求的最先一层失效强度。而导致层合板中各铺层全部失效时的层合板正则化内力为层合板的极限强度。正则化内力 $N^{*}=\dfrac{1}{h}N$，$M^{*}=\dfrac{6}{h^{2}}M$。

四、层合板的层间应力

按经典层合板理论，一般多向层合板中各铺层均按平面应力状态计算，不考虑层间应力，这在复合材料设计的许多情况下是合适的。然而，在不少情况下层间应力是不能忽视的。由于复合材料层合板抵抗层间应力的能力与基体强度为同一量级，故层间应力的存在很容易导致层间的分层破坏，此时层合板不再以一个整体受载，因而层间分层将会严重降低层合板的刚度与强度。所以，层间应力与层间强度问题是复合材料结构设计中必须考虑的重要问题。

1. 层间应力产生的原因

(1) 在横向载荷(垂直于梁或层压板平面)的作用下，有横向剪切内力的存在。

以层压梁为例，它与各向同性梁一样，会在梁的横截面(xoz 平面)内产生剪应力 τ_{xz}。按照剪应力互等定律，也必存在有大小相等的层间剪应力，计算式为

$$\tau_{xz}^{(k)}=\frac{Q\sum_{i=k}^{n}E_{x}^{(i)}S_{i}}{\overline{EI}b} \tag{7.16}$$

式中 $\tau_{xz}^{(k)}$ —— 第 k 层与第$(k+1)$层结合面处的层间剪应力；

Q —— 作用在横截面上的剪力；

$E_{x}^{(i)}$ —— 第 i 层在 x 方向(梁轴方向)的弹性模量；

S_{i} —— 自 z_k 至 z_n(自由表面处)间的各层横截面面积对中性轴 y 的静矩；

$\overline{EI}$—— 抗弯刚度，$\overline{EI}=\int_A E_x^{(i)} z^2 \mathrm{d}A$。

(2) 复合材料层合板所特有的自由边界效应引起的层间应力。在靠近自由边界的地方(板的自由边、孔的周边等)存在着层间应力集中现象，即在边界处有数值较大的层间应力，向里很快衰减，逐渐转化为层内应力。这是由于各铺层的泊松耦合系数或拉剪耦合系数不相同，而在自由边界形成一个三维应力状态的边界层区，在这一边界层区域存在层间应力。铺层之间的应力传递是通过层间应力的作用来完成的，从而达到变形协调。以图 7.6 所示受单向拉伸载荷的层合板为例来定性分析层间应力是如何产生的。在层合板顶层取一单元体(1)，当层合板承受单向拉伸时，各层内将产生平面应力，如单元体(1) 两侧边作用有层内剪应力 τ_{xy}。但在 $y=\pm b$ 处的另两侧自由边界上不存在 τ_{xy}。因此，为了使该单元体满足力矩平衡条件，必定要产生层间剪应力 τ_{xz}(下面相邻层对顶层的作用应力)来形成力矩与 τ_{xy} 形成的力矩平衡。同样，对于顶层的另一单元体(2)，其一边有 σ_y 作用，但与它对应的另一侧为自由边，不可能有 σ_y，而只能在自由边附近产生层间剪应力 τ_{yz}(下面相邻层对该层的作用应力) 来与 σ_y 相平衡；而 σ_y 对 A 点的矩将由层间法向应力 σ_z 来平衡。但这只是一种定性解释，不能用来确定层间应力的大小。经证明，自由边层间应力所在边界层区域的宽度约等于板的厚度。σ_z，τ_{yz}，τ_{zx} 的定量计算请查阅参考文献[16]。

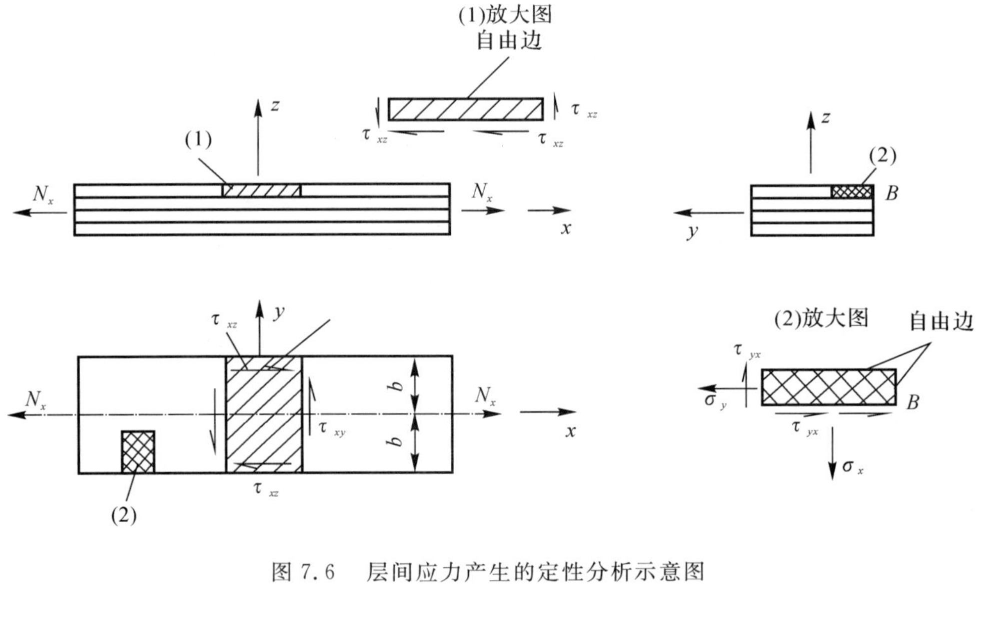

图 7.6　层间应力产生的定性分析示意图

2. 自由边界层间应力的分布规律

由其产生的原因可知，当改变各单层的铺向角和铺层顺序时将出现不同的变形协调要求，因而也就会产生不同的层间应力。图 7.7(a) 反映了层合板叠压顺序对层间法向应力 σ_z 的影响；图 7.7(b) 反映了 σ_z 相对于 y 坐标的应力分布；图 7.9(c)，(d) 则反映了 $\pm45°$ 层合板的面内应力和层间应力的分布规律以及层间剪力随铺向角 θ 的变化。

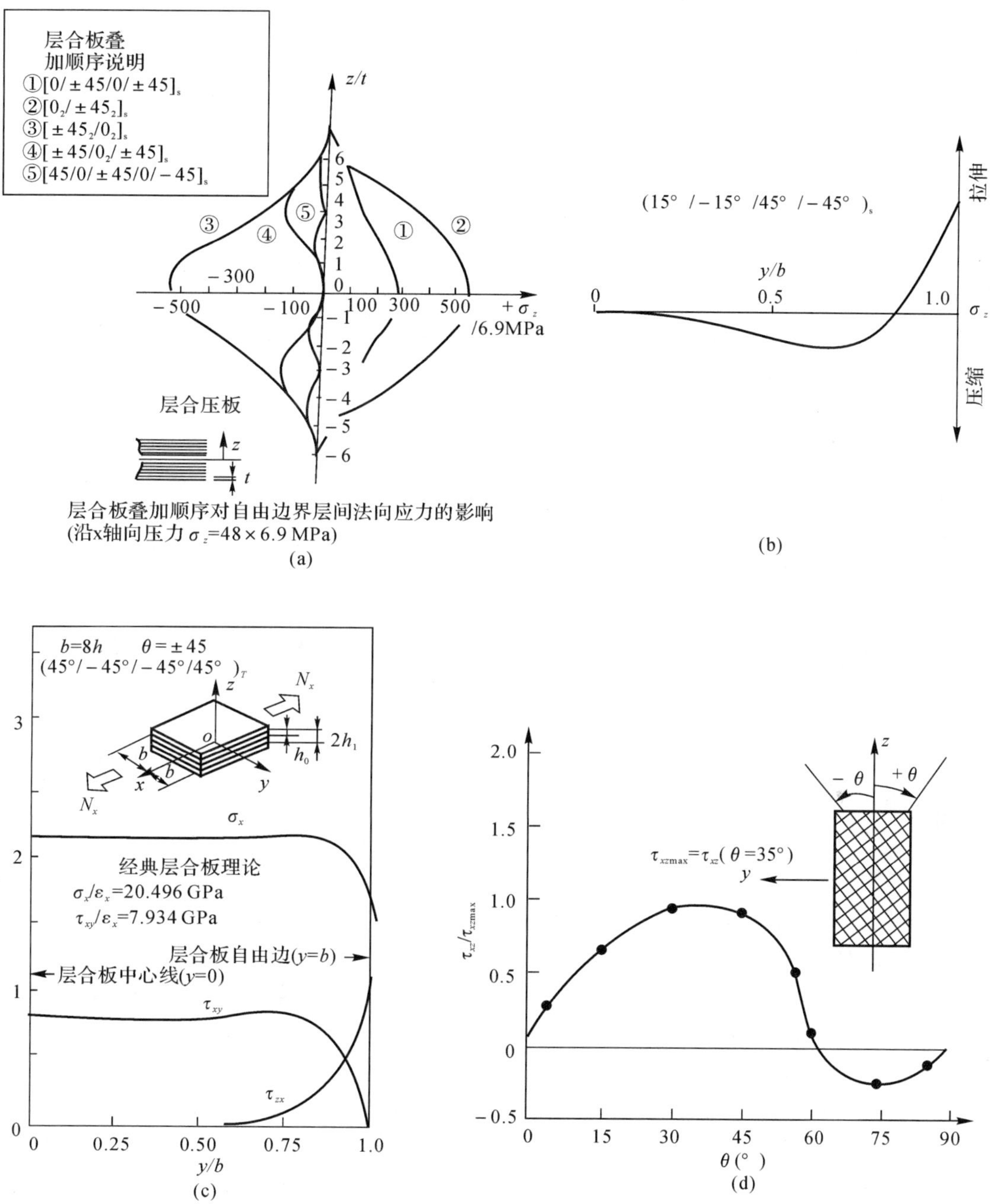

图 7.7 自由边界层的层间法向应力 σ_z 和层间剪应力 τ_{xz} 的分布规律

(a) 铺层顺序对 σ_z 的影响；(b) 相对于 y 的层间正应力 σ_z 的分布；

(c) 某斜交层合板的面内应力和自由边层间剪应力的分布规律；

(d) 层间剪应力与铺层角 θ 的关系。(各层板铺层见图注)。

7.3 复合材料结构设计选材和层合板设计

如7.1节所述，复合材料具有可设计性。所谓的材料设计是指设计人员可选用几种组分材料，将其设计成具有所要求性能的结构材料。就复合材料层合板而言，构成它的基本单元是由纤维和基体构成的复合材料单向层(下文称之为铺层)，而复合材料层压结构件，其基本单元是按各种不同铺层设计要素组成的层合板。所以材料设计首先涉及到对构成复合材料的组分材料——纤维、基体进行合理选择，以得到能满足要求的铺层(单向层)性能，而层合板则既可将其本身看作是结构件(例如作为机翼、尾翼的蒙皮时)，也可看作是复合材料结构件的最基本单元，是构成该结构件的"材料"。对一个结构件而言，它的各部分"材料"一般是不同的，应根据要求进行设计。所以层合板设计成为复合材料结构设计特有的工作内容，也是复合材料结构设计中最关键的设计工作之一，在很大程度上影响复合材料结构设计的成败。本节将就这两方面问题进行阐述。

一、设计选材

1. 选材原则

(1)选用比强度、比模量高的材料，增加减重效益。

(2)材料应满足结构的使用环境，具有良好的耐环境性。复合材料允许的使用温度应大于结构的最高工作温度，并要考虑在高温以及湿/热叠加的严重情况下引起的性能退化。在长期工作温度下性能应稳定。此外在耐燃油(根据需要)、耐介质、耐自然老化和砂蚀、雨蚀方面性能良好。

(3)复合材料对冲击损伤敏感。选材中应考虑材料的韧性和冲击损伤对性能的影响，主要反映在冲击后的压缩强度(CAI)。

(4)具有良好的工艺性。包括铺敷性、固化工艺(固化温度、固化时间等)、机械加工与装配的工艺性和可修补性等多方面要求。

(5)成本低。包括原材料、制造及使用、维修在内的全寿命成本。这点对商用民机尤为重要。目前复合材料构件的成本比常用金属的贵。

(6)能满足结构的特殊要求。如复合材料雷达罩应具有透波性；一些隐身飞机对材料的吸波或透波性要求；民机客舱内部结构中所用的复合材料必须满足适航性标准对阻燃、毒性、烟雾指标等有关要求。

实际上在选择纤维和基体，以及在进行层合板设计时，上述的各方面要求一般不可能同时得到最大程度的满足，有时甚至有所矛盾。因此，选材和进行层合板设计时必须权衡考虑而定。

2. 纤维的选择

目前常用的增强纤维有碳(石墨)纤维(如T300，HMS，AS4，IM7，T800)、玻璃纤维(S玻璃、E玻璃)、芳纶(Kevlar-49等)和硼纤维。

表7.4列举了上述几种纤维的增强复合材料的特点以供选择纤维类别时参考。

由表7.4所示，若根据结构要求来选择纤维类别：

(1)对于兼有强度、刚度要求的结构，应选用碳纤维或硼纤维。若要求高刚度，可选用高模量碳纤维。硼纤维由于价格贵，比重较大，直径粗，应用范围受到很大限制，目前在飞机结构上很少应用。

(2)结构要求有高的抗冲击性能和断裂韧性时可选用玻璃纤维或 Kevlar 纤维。若同时还要求高的比强度、比模量时，可在碳纤维复合材料中加入少量玻璃纤维或 Kevlar 纤维，构成混杂复合材料。

混杂复合材料既可以由两种或两种以上纤维混合铺敷在同一铺层中，也可以由不同纤维的铺层间隔铺叠而成。其作用往往是以一种纤维的优点来弥补另一种纤维的缺点。

(3)雷达罩结构要求有良好的透波性，应选用玻璃纤维或 Kevlar 纤维。不能用不透电波、具有半导体性质的碳纤维。

纤维供应形式有无纬布(预浸带)和织物。一般玻纤或 Kevlar 采用织物形式较多，而碳纤维采用无纬布形式较多。形状复杂的零件或结构采用织物较易成形，且操作亦较简单，织物构成的复杂表面不易出现崩落和分层。用无纬布制成的复合材料结构则较织物制成的比强度、比刚度大，表面平整光滑。

表 7.4　复合材料纤维的比较

<table>
<tr><th rowspan="2">纤维选择概况</th><th colspan="4">纤维比较</th></tr>
<tr><th>玻璃</th><th>碳</th><th>芳纶</th><th></th></tr>
<tr><td rowspan="8">· 石墨纤维
最广泛地使用在主要结构中，相对来说性能好，成本低，综合平衡好及纤维类型和规格多。
· 有机纤维(Kevlar-49)芳纶
因抗压强度低和对树脂粘接性差而限制了使用。与石墨相比其重量轻，成本低，具有良好的耐冲击性，但加工性和耐湿差。
· 硼纤维
成本非常高，加工困难。限制其仅用于要求高强度和高刚度部件。
· 玻璃纤维
刚度很低，只使用于次要结构，但有良好的抗损伤特性。透波性好。成本低。</td><td>○</td><td>·</td><td>·</td><td>抗拉强度</td></tr>
<tr><td>○</td><td>·</td><td>ϕ</td><td>抗拉模量</td></tr>
<tr><td>ϕ</td><td>·</td><td>○</td><td>抗压强度</td></tr>
<tr><td>○</td><td>·</td><td>ϕ</td><td>抗压模量</td></tr>
<tr><td>ϕ</td><td>○</td><td>·</td><td>冲击强度</td></tr>
<tr><td>·</td><td>·</td><td>ϕ</td><td>层间剪切强度</td></tr>
<tr><td>○</td><td>ϕ</td><td>·</td><td>密度</td></tr>
<tr><td>○</td><td>·</td><td>ϕ</td><td>拉伸疲劳</td></tr>
</table>

注：· 最好，ϕ 一般，○最差。

3. 基体的选择

应根据结构的最高工作温度选择基体。此外基体对复合材料的湿/热条件下的性能、抗冲击性能(CAI)和层间强度影响较大，应给以重点考虑。

目前环氧树脂体系是先进复合材料应用最广泛的基体体系，它适用于碳(石墨)、Kevlar、玻璃、硼等纤维，也适用于混杂复合材料。通常它的长期使用温度在 93℃以下，有的系列其短期使用温度可达－53℃～130℃。当须耐高温时可采用聚酰亚胺树脂。双马来酰亚胺专用体系的工作温度可达 230℃。为了改善双马机体的脆性，可采用改性双马基体，如我国的 5405，QY-8911 等。以上均为热固性树脂。热塑性树脂具有较高的使用温度，如聚醚醚酮可达到 250℃，同时有较好的层间断裂韧性和冲击后剩余压缩强度(CAI)，但其成型温度高，到目前为止加工方法尚未得到充分的发展。

二、铺层性能

当进行层合板设计时，需要用到铺层（即单向层）的 11 个性能数据，包括四个刚度数据 E_1,E_2,G_{12},ν_{12} 和五个强度数据 X_t,X_c,Y_t,Y_c,S，以及两个热膨胀系数 α_1,α_2。其中 X,Y,S 分别代表纵向、横向和剪切强度。下标 t 表示拉，c 表示压。这些性能数据采用标准试样和标准的试验方法直接测定。

表 7.5 提供了几种复合材料单向层合板的主要性能数据，可供结构设计时比较、参考。

表 7.5　几种复合材料单向层板主要性能

	X_t/MPa	X_c/MPa	Y_t/MPa	Y_c/MPa	S/GPa	E_1/GPa	E_2/GPa	G_{12}/GPa	ν
T300/4211	1 396	1 029	33.9	166.6	65.5	126	8.0	3.7	0.33
T300/5222	1 490	1 210	40.7	197.0	92.3	135	9.4	5.0	0.30
T300/QY8911	1 548	1 226	55.5	218.0	89.9	135	8.8	4.5	0.33
硼/环氧	1 323	2 432	72.0	276.0	100.0	207	19.0	4.8	0.21
Kev-49/环氧	1 379	276	29.6	137.9	43.4	79	5.5	2.1	0.34

表 7.6 介绍了几种国外战斗机使用的复合材料性能。

表 7.6　战斗机使用的复合材料性能

复合材料	AS4/3501	AS4/8552	T800/5245C	IM7/5250-2	IM7/5250-4
树脂体系	环氧	改性环氧	改性双马	韧性双马	韧性双马
使用温度/℃	130	140	170	200	220
X_t/MPa	1 165	2 100	2 40		2 550
X_c/MPa	1 060	1 650	1 500		1 310
E_{1t}/GPa	128	140	154		165
E_{1c}/GPa	128		152		159
G_{12}/GPa	6				6
CAI/MPa		155		179	210
边缘分层强度/MPa				178	261
应用机种（年代）	F-18，AV-8B	JAS-39	EF2000 (1981)	YF-22 (1986)	F-22 (1991)

三、层合板设计

层合板设计的主要任务就是根据层合板所受的外载和已选用的组分材料的铺层性能来确定层合板的三个铺层要素，即各铺层的铺层角（铺向角）、铺层顺序和各定向铺层的层数或各定向铺层数相对于层合板总层数的百分比（层数比）。层合板设计通常又称之为铺层设计。

1. *铺层要素的确定*

(1)各铺层的铺向角确定。大多数情况下层合板主要承受平面载荷。为了最大限度地利用纤维轴向的高性能,应该用 0°层承受轴向载荷;±45°层用来承受剪切载荷,即将剪切载荷分解为拉、压分量来布置纤维承载;90°铺层用来承受横向载荷,并控制层合板的泊松比。根据需要确定应布置哪几种铺向角。

若需设计成准各向同性板,也可采用 0°,30°,60°铺层构成的层合板。

(2)各铺层铺叠顺序的确定。

1)除特殊需要外,应采用呈正交各向异性的均衡对称层合板,以避免耦合引起翘曲。

2)同一铺向角的铺层沿层合板方向应尽量均匀分布,不宜过于集中,若超过 4 层易在两种定向铺层组的层间出现分层。

关于层压结构中铺层设计的原则将在复合材料结构设计中进一步加以说明。

3)层合板的面内刚度只与层数比和铺向角 θ 有关,与铺叠顺序无关。但若层压结构的性能还与弯曲刚度有关时(例如层压结构梁),则弯曲刚度与铺叠顺序有关。

(3)各定向铺层层数的确定。各定向铺层的层数应通过计算或计算图表确定。一般先求出层数比;再根据所需总层数求得各种铺向角层组的层数。下面将介绍几种常用的方法。

2. *层合板设计方法*

层合板设计方法主要是指当层合板中的铺向角组合已大致选定后,如何确定各定向层的层数比和层数的方法。设计时应根据结构件的受载情况和所要求的设计精度求得。可按照不同的设计要求——如按刚度设计、按强度设计、按稳定性设计、按某些特殊要求:如零热膨胀系数、负泊松比等设计层合板,也可能为同时满足多项设计要求的多目标设计。就具体使用的方法而言,可采用较简单的近似设计方法,如等代设计法和准网络设计法;有的情况下可用解析法直接求解;优化设计方法则通过迭代计算,按优化准则得到最合理的结果;在初步设计中还常利用层合板排序法或毯式曲线图的图表法来进行设计。以下我们做一简单介绍。

(1)等代设计法(等强度、等刚度设计)。此方法一般在将复合材料构件装于老型号飞机上试用时采用。最简单的办法就是采用准各向同性的复合材料的层合板代替原来的各向同性的金属板。由于复合材料的比强度、比刚度很高,故仍能取得一定的减重效益,约为 5%~10%。通常此法可应用于受力小或形状复杂的非受力构件。受力大的构件有时不可行,即使可行,也由于其减重效益较小而让位于其他更好的设计方法。

(2)准网络设计法(也称应力比设计法)。设计时只考虑复合材料中纤维的承载能力,忽略基体的刚度和强度,直接按主应力的大小和方向来分配纤维的数量和铺设方向,由此确定各定向铺层组的层数比。具体步骤如下。

1) 计算应力。首先按准各向同层合板的性能计算出层合板的应力 σ_x,σ_y,τ_{xy},得出应力比为 $\sigma_x : \sigma_y : \tau_{xy} = 1 : a : b$。

2) 确定定向层的层数比。由应力方向限定铺层角为 0°,90°,±45°。将 σ_x,σ_y,τ_{xy} 分别对应于 0°,90°,±45° 向铺层,并使铺层数符合以下比例:$n_0 : n_{90} : n_{\pm 45} = 1 : a : 2b$,或得出各定向铺层的层数比(或体积比)为

$$V_0 : V_{90} : V_{\pm 45} = \frac{1}{1+a+2b} : \frac{a}{1+a+2b} : \frac{2b}{1+a+2b}$$

3) 重新计算应力。对以上确定的层合板重新进行应力分析,得到对应的层合板应力 σ'_x,

σ'_y,τ'_{xy}。

4）判别应力比误差。将 $\sigma'_x:\sigma'_y:\tau'_{xy}$ 与原应力比 $1:a:b$ 相比较。若其比值误差在允许范围内（一般航空结构取 5%）则所得结果可用；否则，按新的应力比重新确定新的层数比，直到满足误差要求范围为止。

5）确定各铺向角层组的层数。由所受外载和设计所得层合板的许用应力求出层合板的总厚度 h。当层合板由一种复合材料构成时，则各层组的相应厚度 $h_0,h_{90},h_{\pm45}$ 之比应亦为 $1:a:2b$。由 $h=h_0+h_{90}+h_{\pm45}$ 可分别求出 $h_0,h_{90},h_{\pm45}$ 之值；再除以单层厚度 t_0 即得各层组的 $n_0,n_{90},n_{\pm45}$ 之值。对计算出的层数取整即得设计的层数值。

6）构成层合板。根据各定向铺层组的层数，按镜面对称的方式，参照铺叠顺序的原则构成所需层合板。为保证均衡对称，$\pm45°$ 层的层数应为 4 的倍数。

（3）解析法。解析法一般根据复合材料力学或复合材料结构力学建立起来的基本关系式求解。下面我们介绍一种用解析法按刚度设计层合板的方法。层合板的刚度设计常以结构要求的总体刚度指标为依据。例如翼盒因气动弹性特性的要求提出的弯曲刚度、扭转刚度指标，之后进一步对每块壁板、蒙皮又提出的需要满足拉压刚度和剪切刚度的要求。刚度要求的重要性不亚于对强度的要求。

已知条件

1）已选定的复合材料的模量分量 $Q_{ij}(i,j=1,2,6)$，以及由其算出的各铺层相对于参考轴的模量分量 $Q_{ij}(i,j=x,y,s)$（见复合材料力学）。

2）该复合材料一个铺层的厚度为 t_0。

3）设计条件：对层合板提出的刚度指标。一般是面内刚度指标，如 E_x,E_y,G_{xy}。由复合材料力学可知，层合板的面内刚度与铺叠顺序无关，只与铺层方向及其层数比（或体积比）有关。

基本关系式

若层合板设计所得的等效弹性模量为 E_x^0,E_y^0 和 G_{xy}^0 时，根据设计条件，应满足

$$\boldsymbol{E}^0\geqslant\boldsymbol{E} \tag{7.17}$$

式中 $\boldsymbol{E}^0$—— 设计所得的层压板等效弹性模量列阵；

$\boldsymbol{E}$—— 对层压板提出应满足的面内模量指标列阵。

对于一般对称层合板，$\boldsymbol{E}^0$ 的计算公式为

$$\begin{aligned}E_x^0&=|A^*|/(A_{22}^*A_{66}^*-A_{26}^{*2})\\E_y^0&=|A^*|/(A_{11}^*A_{66}^*-A_{16}^{*2})\\G_{xy}^0&=|A^*|/(A_{11}^*A_{22}^*-A_{12}^{*2})\end{aligned} \tag{7.18}$$

式中

$$|A^*|=(A_{11}^*A_{22}^*-A_{12}^{*2})A_{66}^*+2A_{12}^*A_{26}^*A_{16}^*-A_{11}^*A_{26}^{*2}-A_{22}^*A_{16}^{*2}$$

$A_{ij}^*(i,j=1,2,6)$—— 层合板正则化面内刚度系数，其计算公式见式(7.15)。

要满足关系式(7,17)，须要选用若干种不同铺层要素的层合板，用方程(7.18)作反复计算。整个迭代计算较繁，须用计算机进行，最后可确定出合理的铺层方向和最少的层数。

在实际工程设计中，大多对层合板的特征做出某些限定，如一般均采用均衡对称层合板。对这类层合板，由复合材料力学可知 E^0 的计算公式可简化，并可进一步得到面内等效拉压刚度 E^0t、剪切刚度 G^0t 与各定向层的模量分量 $Q_{ij}(i,j=x,y,s)$ 及铺层数之间的关系式

$$E_x^0 t = \sum_{k=1}^{N} (Q_{xx})_k n_k t_0 - \frac{\left[\sum_{k=1}^{N} (Q_{xy})_k n_k\right]^2 t_0}{\sum_{k=1}^{N} (Q_{yy})_k n_k}$$

$$E_y^0 t = \sum_{k=1}^{N} (Q_{yy})_k n_k t_0 - \frac{\left[\sum_{k=1}^{N} (Q_{xy})_k n_k\right]^2 t_0}{\sum_{k=1}^{N} (Q_{xx})_k n_k} \qquad (7.19)$$

$$G_{xy}^0 t = \sum_{k=1}^{N} (Q_{ss})_k n_k t_0$$

式中　N—— 定向层组个数；

n_k—— 第 k 定向层组的层数；

t_0—— 单层厚度；

t—— 层板总厚度；

下标 k 为层组序号。

设计方法

1）满足两向刚度要求的设计。设计的层合板要求面内刚度同时满足两向刚度要求，此时一般为 x 向和 s 向。因此可建立以下方程组

$$Et = E_x^0 t$$
$$Gt = G_{xy}^0 t \qquad (7.20)$$

按照铺向角确定的原则，此时通常采用两种铺向角 $\alpha = 0°, \beta = 45°$（应理解为 $\pm 45°$）。设 α 铺向角层组的层数为 n_1，β 铺向角层组的层数为 n_2，则式(7.20) 可写成

$$Et = [n_1 Q_{xx}^{\alpha} + n_2 Q_{xx}^{\beta}]t_0 - \frac{[n_1 Q_{xy}^{\alpha} + n_2 Q_{xy}^{\beta}]^2 t_0}{n_1 Q_{yy}^{\alpha} + n_2 Q_{yy}^{\beta}}$$
$$Gt = [n_1 Q_{ss}^{\alpha} + n_2 Q_{ss}^{\beta}]t_0 \qquad (7.21)$$

注意在实际计算时，$n_1 Q_{xx}^{\alpha}$ 应理解为 $\frac{1}{2} n_1 (Q_{xx}^{\alpha} + Q_{xx}^{-\alpha})$，其他项亦如此。

当单向板性能已知、所要求的 Et 和 Gt 值已知时，对应每一组 α，β 值，式(7.21) 中的未知量为 n_1 和 n_2，方程组可解。

当按两向刚度要求进行铺层设计时，第三向刚度是多少算多少。例如，第三向刚度是 $E_y^0 t$，则 α，β 一定时，$E_y^0 t$ 值也一定。若对三个方向的刚度都有特定要求，则应按三向刚度要求来设计。

2）满足三向刚度要求的铺层设计。此时一般用三种铺向角 α，β，γ 和相应的铺层数 n_1，n_2，n_3 来进行铺层设计，于是公式(7.20) 变为

$$(Et)_x = [n_1 Q_{xx}^{\alpha} + n_2 Q_{xx}^{\beta} + n_3 Q_{xx}^{\gamma}]t_0 - \frac{[n_1 Q_{xy}^{\alpha} + n_2 Q_{xy}^{\beta} + n_3 Q_{xy}^{\gamma}]^2 t_0}{n_1 Q_{yy}^{\alpha} + n_2 Q_{yy}^{\beta} + n_3 Q_{yy}^{\gamma}}$$
$$(Et)_y = [n_1 Q_{yy}^{\alpha} + n_2 Q_{yy}^{\beta} + n_3 Q_{yy}^{\gamma}]t_0 - \frac{[n_1 Q_{xy}^{\alpha} + n_2 Q_{xy}^{\beta} + n_3 Q_{xy}^{\gamma}]^2 t_0}{n_1 Q_{xx}^{\alpha} + n_2 Q_{xx}^{\beta} + n_3 Q_{xx}^{\gamma}} \qquad (7.22)$$
$$Gt = [n_1 Q_{ss}^{\alpha} + n_2 Q_{ss}^{\beta} + n_3 Q_{ss}^{\gamma}]t_0$$

上述方法不是任何情况下都有解。一般在满足双向刚度要求时采用两种铺层角；满足三

向刚度时，有三种铺层角（其中 45°层应理解为 ±45°），则即可直接解得层数，无需进行迭代计算的优化设计。

（4）层合板优化设计法。层合板优化设计法是在满足某种（或某些）约束条件下（如强度、刚度、稳定性）使其重量最轻的一种设计方法。目前已提出了各种各样约束条件下的层板优化设计方法。作为一个例子，本节介绍一种按强度设计时的等强优化设计方法。

1）基本原理。本法提出一种按等强度设计的优化准则，即认为当层合板中各定向层组的强度比均相等，且等于 1 时，即为最优设计。图 7.8 表示了此优化准则的原理。图 7.8 中的 R 称为强度比，其定义为

$$R=\frac{\boldsymbol{\sigma}_a}{\boldsymbol{\sigma}}=\frac{\boldsymbol{\varepsilon}_a}{\boldsymbol{\varepsilon}}=\frac{\varepsilon_{ia}}{\boldsymbol{\varepsilon}_i}\quad(i=1,2,6)\tag{7.23}$$

式中 $\boldsymbol{\sigma}_a,\boldsymbol{\varepsilon}_a$——最大的或许用的主轴应力和应变矢量；

$\boldsymbol{\sigma},\boldsymbol{\varepsilon}$——主轴工作应力和应变矢量。

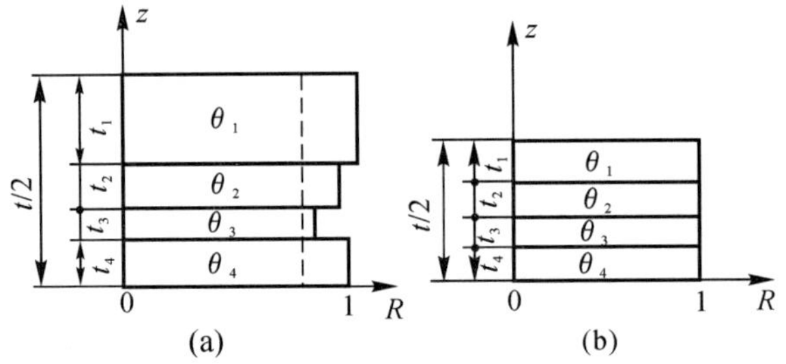

图 7.8 层压板等强优化设计原理示意图

（a）叠层优化前；（b）叠层优化后

限定所设计的层合板为对称均衡层合板。由于考核飞机结构强度的静力试验是采用比例加载的方式，故可应用强度比 R 这个参数来评估层合板中各定向层组的继续承载能力。

由复合材料力学可知，层合板中第 k 定向层组的主轴应变为

$$\begin{Bmatrix}\varepsilon_1\\ \varepsilon_2\\ \varepsilon_6\end{Bmatrix}_k=[T_\varepsilon^+]_k[A_{ij}]^{-1}\begin{Bmatrix}N_x\\ N_y\\ N_{xy}\end{Bmatrix}\tag{7.24}$$

第 k 定向层组的主轴应力为

$$\begin{Bmatrix}\sigma_1\\ \sigma_2\\ \sigma_6\end{Bmatrix}_k=\underset{i,j=1,2,6}{[Q_{ij}]_k}[T_\varepsilon^+]_k\underset{i,j=x,y,s}{[A_{ij}]^{-1}}\begin{Bmatrix}N_x\\ N_y\\ N_{xy}\end{Bmatrix}\tag{7.25}$$

式（7.25）中前二项 $[Q_{ij}]_k$ 和 $[T_\varepsilon^+]_k$ 与设计变量无关，而各面内刚度分量都与设计变量成线性关系，故在优化设计过程中可以采用射线步进行可行性调参。

2）约束条件。采用在应变空间中表达的 Tsai-Wu 强度判据

$$G_1\varepsilon_1+G_2\varepsilon_2+G_{11}\varepsilon_1^2+2G_{12}\varepsilon_1\varepsilon_2+G_{22}\varepsilon_2^2+G_{66}\varepsilon_6^2=1\tag{7.26}$$

式中 G_i,G_{ij}——应变空间中的材料强度参数。

3）等强设计准则。式（7.26）是单向板的破坏判据式，故当式中的工作应变达到许用值时正好等于 1，将 $\varepsilon_{ia}=R\varepsilon_i$ 代入式（7.26）得

$$G_1R\varepsilon_1 + G_2R\varepsilon_2 + G_{11}R^2\varepsilon_1^2 + 2G_{12}R^2\varepsilon_1\varepsilon_2 + G_{22}R^2\varepsilon_2^2 + G_{66}R^2\varepsilon_6^2 - 1 = 0$$

令

$$A = G_{11}\varepsilon_1^2 + 2G_{12}\varepsilon_1\varepsilon_2 + G_{22}\varepsilon_2^2 + G_{66}\varepsilon_6^2$$

$$B = G_1\varepsilon_1 + G_2\varepsilon_2$$

$$C = -1$$

得

$$AR^2 + BR + C = 0$$

$$R = \frac{-B \pm \sqrt{B^2 - 4AC}}{2A}$$

因此可得所设计的层合板在某组平面载荷情况下，第 k 定向层组的强度比为

$$R_k = \frac{-B_k \pm \sqrt{B_k^2 - 4A_kC_k}}{2A_k} \tag{7.27}$$

对于任何一个现行设计点来说，比如对一个用准网络设计法初步确定层组比的层合板，各定向层组的强度比一般是不相等的，可能大于1，也可能小于。所谓等强设计就是通过调整各定向层组的厚度，使在某一组载荷作用下，各定向层组 R 皆为1；当为多组载荷作用时，使每一定向层组的 R 至少在一组载荷作用下等于1。此时，所得到的设计即认为是层合板的优化设计。

若在某组载荷作用下，某定向层组的强度比最大，表示该层组的强度最富余，换言之也即意味着该层组具有最好的承载能力。此时，若增加该层组的厚度，对提高整个层合板的承载能力效果更好，付出的重量代价会更小。同时那些强度比小的定向层组则是一些承载能力差的层组，适当地减小它们的厚度可使材料的利用更趋于合理，使层合板的重量下降。根据以上原理，等强优化设计就是直接利用在该组载荷情况下对各定向层组的强度比进行调整达到优化。在迭代过程中有两个关键的调参步骤：

① 射线步调参：

$$\{t\}^{(i+1)} = \frac{1}{R_{\min}^{(i)}}\{t\}^{(i)} \tag{7.28}$$

其目的是将各层组中 R 最小的那个层组拉倒约束边界上，即令 $R_{\min}^{(i)} \to 1$；其他各层组也按同样比例 $\frac{1}{R_{\min}^{(i)}}$ 增减。此时各层组的对应比值未改变。

② 等强调参：其迭代式为

$$t_k^{(i+1)} = [R^{(i)}]^q t_k^{(i)} \tag{7.29}$$

式中 q 为超松弛因子，一般可取 $q=1.05 \sim 2.5$ 以加快收敛速度。目的是使各定向层组的厚度比更趋于合理。通过迭代使各层组的 $R \to 1$，得到重量最轻的优化结果。

4) 程序计算框图见图7.9。

(5) 按刚度或强度要求的层合板排序法。层合板系列设计法又称排序法。层合板系列设计法是基于某一类(即选定某几种铺向角)，层合板选取不同的定向铺层比所构成的层合板系列，以表格形式列出各个层合板在各组载荷作用下的刚度值、强度值以及所需的铺层数，供设计选择。

列出的刚度值可基于计算层合板的应变不变量给出。

$$\varepsilon = \left(\varepsilon_x^2 + \varepsilon_y^2 + \frac{1}{2}\gamma_{xy}^2\right)^{\frac{1}{2}} \tag{7.30}$$

列出的强度值可基于 Tsai-Wu 失效判据(取 $F_{12}^* = -\frac{1}{2}$) 和最先一层失效强度给出。

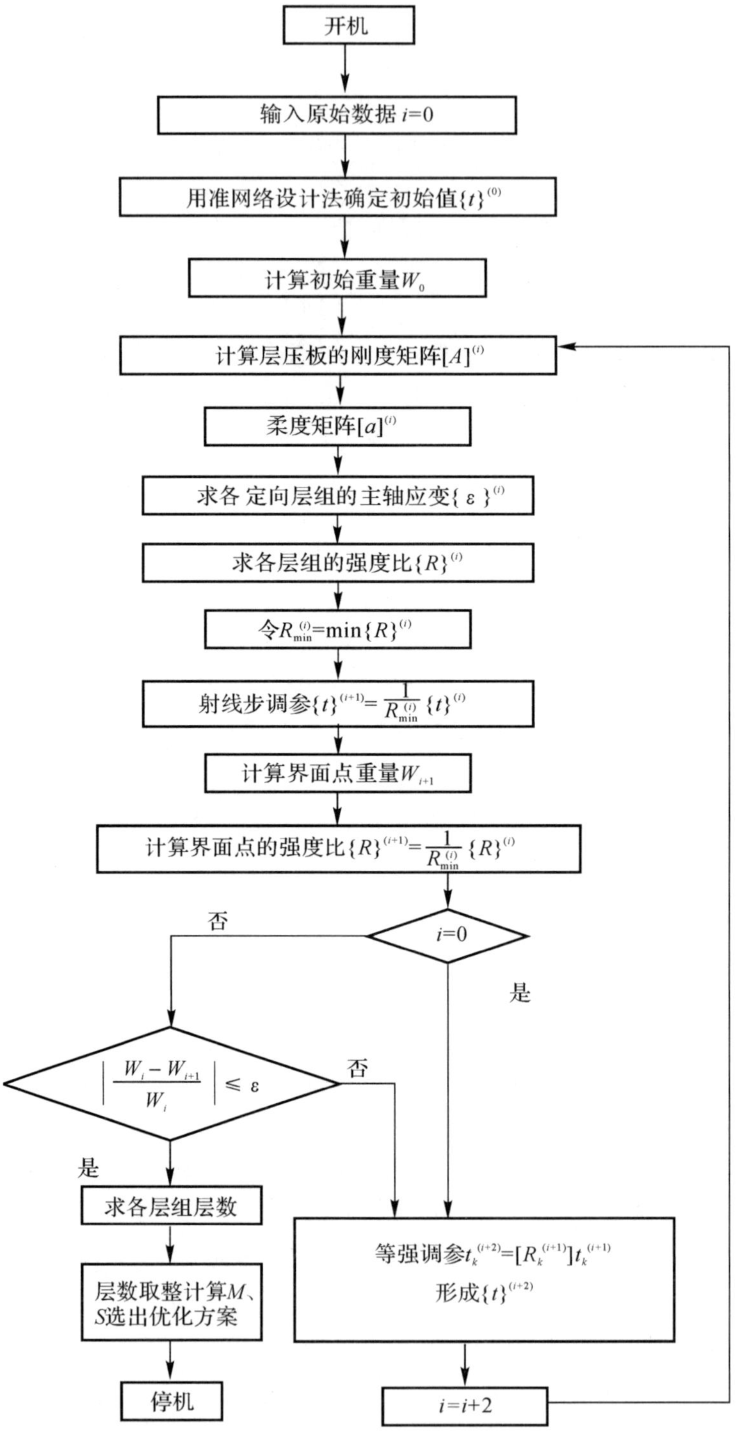
开机
输入原始数据 $i=0$
用准网络设计法确定初始值$\{t\}^{(0)}$
计算初始重量W_0
计算层压板的刚度矩阵$[A]^{(i)}$
柔度矩阵$[a]^{(i)}$
求各定向层组的主轴应变$\{\varepsilon\}^{(i)}$
求各层组的强度比$\{R\}^{(i)}$
令$R_{\min}^{(i)}=\min\{R\}^{(i)}$
射线步调参$\{t\}^{(i+1)}=\frac{1}{R_{\min}^{(i)}}\{t\}^{(i)}$
计算界面点重量W_{i+1}
计算界面点的强度比$\{R\}^{(i+1)}=\frac{1}{R_{\min}^{(i)}}\{R\}^{(i)}$
$i=0$
否
是
$\left|\frac{W_i-W_{i+1}}{W_i}\right|\leqslant\varepsilon$
否
是
求各层组层数
层数取整计算M、S选出优化方案
停机
等强调参$t_k^{(i+2)}=[R_k^{(i+1)}]t_k^{(i+1)}$
形成$\{t\}^{(i+2)}$
$i=i+2$
图 7.9　设计流程框图

由于各向异性层合板的刚度和强度一般要优于用同种复合材料构成的准各向同性板，所以刚度和强度值均可用与准各向同性层合板的相应比值给出，这样在设计选择时较为方便。

层合板系列设计法须给出一系列层合板的计算数据，其设计计算工作量是很大的，一般需用计算机来实施。这种设计法的优点是按复杂应力状态来求得其强度的，摒弃了认为单轴强度可叠加为复杂应力状态下强度的假设。

(6) 层合板的毯式曲线设计法。这种方法经常在复合材料结构的初步设计中采用，用于以 0°，±45°，90° 为铺层角的层合板，是一种用图列来确定层合板中铺层比的近似方法。如果进行几次迭代，也可按某项设计要求（如刚度）确定其铺层比和各层组的层数。该方法首先要根据经典层合板理论，经计算机编程计算，建立起所选用的复合材料（0°，±45°，90°）层合板的模量、强度或其他性能与各铺层角的百分比的关系曲线，即毯式曲线（Carpet 曲线），见图7.10，图 7.11 示例。以下举几个例子。

例 7.1 已知设计要求的弹性模量，选择层合板的 0°，±45°，90° 层的分配比例。例如要求设计的层合板模量 $E_x = 88$ GPa，已知所选复合材料的毯式曲线如图 7.10 所示。可在图 7.10 的(a) 上找到对应的点 A，并得到一种铺层比例的选择：

0°:60%； ±45°:20%； 90°:20%

90° 层的比例可用 100% 减去 0° 层和 ±45° 层的比例求出。

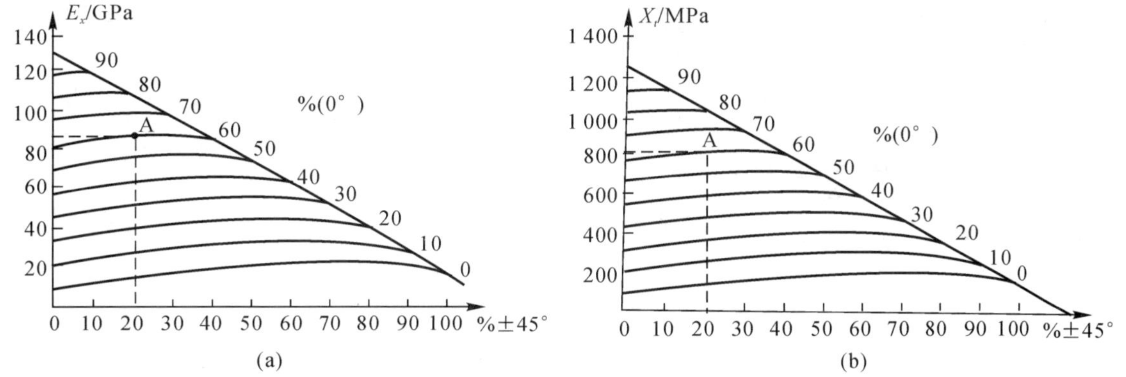

图 7.10 某复合材料的毯式曲线图

(a) 拉压模量 E_x 的毯式曲线； (b) 拉伸强度 X_t 的毯式曲线

一旦选定铺层方式就能用图 7.10(b) 确定该层合板的纵向拉伸许用强度。由图 7.10(b) 上查得与 A 点铺层比例对应的层合板的 X_t 为 832 MPa。若该强度值不符合要求，则重新选择铺层比例。

例 7.2 已知对一壁板的拉伸刚度要求为 $EF = 15\ 223.68 \times 10^4$ N；壁板蒙皮的剪切刚度 $GF = 4\ 860 \times 10^4$ N。现利用 T300/648 复合材料的毯式曲线进行蒙皮的层合板设计。已知一个铺层的厚度为 0.15 mm。

壁板由长桁和蒙皮组成（见图 7.12），在 600 mm 的宽度内，有 4 根复合材料长桁。现将其划分成 4 个计算单元，则每个单元要求的拉伸刚度 $(EF)' = 1/4(EF) = 3\ 805.92 \times 10^4$ N，剪切刚度 $(GF)' = 1/4(GE) = 1\ 215 \times 10^4$ N。

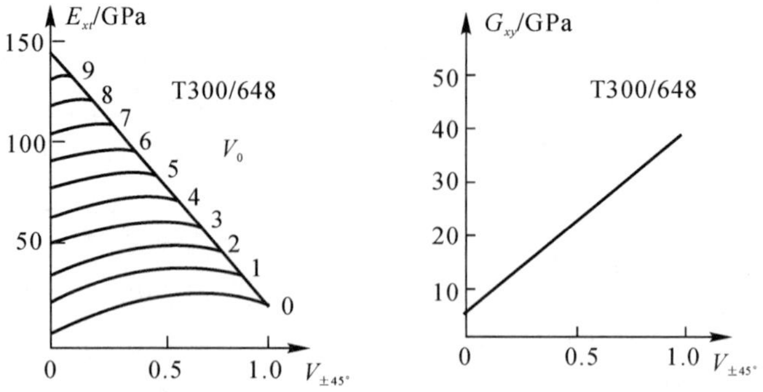

图 7.11　面内工程弹性常数列线图(Carpet 曲线)

为了减少设计变量,在初步设计时通常先按统计确定一部分元件的材料和参数。现已选定长桁的铺层构成如表7.7所示。故根据图7.12(b)中长桁的尺寸和图7.11查得的E值,可算出每根长桁可提供的拉伸刚度$(EF)_{桁} = 693.5 \times 10^4$ N(见表7.8)。长桁不提供剪切刚度。由此确定每个计算单元的蒙皮还需提供拉伸刚度$(EF)_{蒙} = 3\ 112.47$ N,剪切刚度$GF = 1\ 215 \times 10^4$ N。

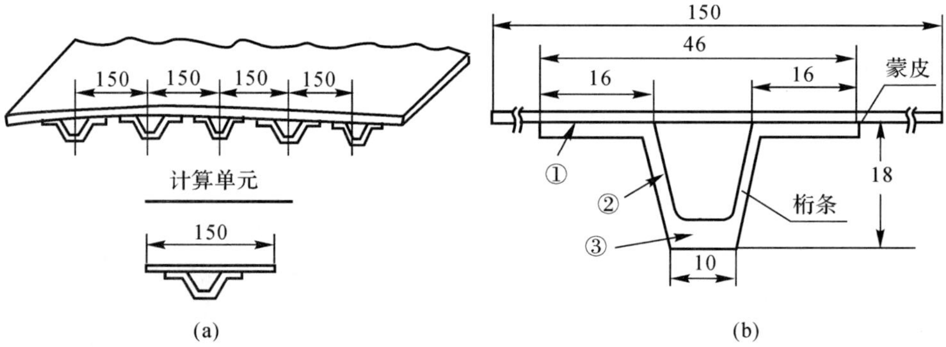

图 7.12　复合材料壁板结构图

(a) 壁板;(b) 长桁形状

设计蒙皮层合板

因蒙皮主要用以受剪,故选以$\pm 45°$层为主的层合板。

1):① 取蒙皮的$V_{\pm45} = 0.7$,$V_0 = 0.3$。由图7.11查得$G = 1.8 \times 10^4$ MPa;

② 算出蒙皮面积F和层数n;

$$F = \frac{GF}{G} = \frac{1\ 215 \times 10^4}{1.8 \times 10^4} = 675\ \text{mm}^2 \quad n = \frac{F}{Bt_o} = \frac{675}{150 \times 0.15} = 30\ 层$$

表 7.7　长桁的铺层设计

叠层序号	层数				$\frac{t}{\text{mm}}$	体积比			$\frac{E}{\text{MPa}}$
	0	45	90	总数		0	45	90	
1	7	8	0	15	2.25	0.47	0.53	0	5.2×10^4
2	0	8	0	8	1.20	0	1	0	1.5×10^4
3	19	8	0	27	4.05	0.7	0.3	0	6.9×10^4

③ 求计算单元中长桁的拉伸刚度(见表 7.8);

表 7.8

叠层序号	剖面积 F / mm²	E / MPa	EF / N
1	$(16+16)\times 2.25=72$	5.2×10^4	374.4×10^4
2	$(11+11)\times 1.20=26.4$	1.5×10^4	39.6×10^4
3	$10\times 4.05=40.5$	6.9×10^4	279.5×10^4
	$\sum 138.9$		$\sum 693.5\times 10^4$

④ 由图 7.11 可查得所选 30 层蒙皮对应的 E 为 3.9×10^4 MPa;

⑤ 计算拉伸刚度 EF。$EF=3.9\times 10^4\times 675=2\ 632.5$ N,与所要求的 3 112.47 N 相差甚远。

该方案不能满足设计要求。

2) 重选时适当提高 0° 层比例,取 $V_{\pm 45}=0.65$,$V_0=0.35$:

① 由图 7.11 查得 $G=1.69\times 10^4$ MPa。

② 算得 $F=718.94$ mm²;$n=32$ 层。

③ 由图 7.11 查得 $E=4.3\times 10^4$ MPa;$EF=3\ 110.4$ N。

④ 判别是否满足要求:$(EF)_{设计}/(EF)_{要求}=99.93\%$,该方案满足要求。

3) 层数取整:

①0° 层:32 层 × 0.35 = 11.2 层,取 12 层。

± 45° 层:32 层 × 0.65 = 20.8 层,取 20 层。

总计为 32 层,且 ± 45° 层为 4 的倍数,符合均衡对称层合板的要求。

② 重算体积比和面积:

$V_0=12/32=0.375$;$V_{\pm 45}=20/32=0.625$

$F=150\times 0.15\times 32=720$ mm²

由此得到最后的 $E=4.3\times 10^4$ MPa,$G=1.66\times 10^4$ MPa,$EF=3\ 096$ N;$GF=1\ 195.2$ N。

③ 判别是否满足要求。

$(EF)_{设计}/(EF)_{要求}=3\ 096/3\ 112.47=99.47\%$

$(GF)_{设计}/(GF)_{要求}=1\ 195.2/1\ 215=98.37\%$

两者分别相差 0.53% 和 1.63%,满足要求。

最后设计所得蒙皮层合板为 32 层,其体积比(层数比)为 $V_{\pm 45}=0.625$,20 层;$V_0=0.375$,12 层。

表 7.9 为该算例蒙皮铺层设计用表。

除了确定铺层方式、模量或强度外,也可用同样的方法确定其他特性,如泊松比和热膨胀系数。

表 7.9 示例中的蒙皮铺层设计用表

蒙皮层数	蒙皮厚度 t / mm	蒙皮剖面积 F / mm^2	所需的 $E_{蒙皮}$ / MPa	所需的 $G_{蒙皮}$ / MPa
30	$30 \times 0.15 = 4.5$	$150 \times 4.5 = 675$	$\frac{3\ 112.47}{675} \times 10^4 = 4.61 \times 10^4$	$\frac{1\ 215}{675} \times 10^3 = 1.80 \times 10^4$
32	$32 \times 0.15 = 4.8$	$150 \times 4.8 = 720$	$\frac{3\ 112.47}{720} \times 10^4 = 4.32 \times 10^4$	$\frac{1\ 215}{720} \times 10^3 = 1.69 \times 10^4$

层数				体积比			铺层	t / mm	F / mm^2	E / MPa	G / MPa
0°	±45°	90°	总数	0°	±45°	90°					
12	20	0	32	0.375	0.625	0	$[\pm 45_2/0_3/\pm 45_2/0_3/\pm 45]_s$	4.8	720	4.3×10^4	1.66×10^4

(7) 气动弹性剪裁法。在前述几种铺层设计方法中，为了减少设计和工艺上的难度，尽量采用均衡对称层合板以避免或减轻各种耦合效应，实际上大多数还都采用了 $\pi/4$ 层合板。而气动弹性剪裁法则是利用复合材料的各向异性及其各种耦合效应进行铺层设计，以获得预期的结构柔度特性或产生某种希望的特定变形规律来提高设计性能和静、动气动弹性特性（如提高机翼的颤振速度；防止前掠翼的扭转扩大并提高其发散临界速度）。

前掠机翼布局虽有其特有的优点，但当采用金属材料时，因无法克服扭转扩大的静气动弹性问题而无法采用。而复合材料前掠翼则可利用气动弹性剪裁设计使之成为可能。如美国早期研制的 X-29A 前掠翼验证机的机翼外侧部位蒙皮的铺层就是通过气动弹性剪裁设计，利用了对称非均衡层合板的拉-剪耦合和弯-扭耦合效应。俄罗斯最新的第五代（相应于西方的第四代）战斗机的前掠翼试验机 S-37 于 1997 年首飞，并于 2000 年 2 月完成了第一阶段 100 多次的试飞，所采用的先进复合材料使该前掠机翼具备了气动弹性适应性能，前掠机翼加鸭翼的气动布局已经验证使 S-37 具有极为优良的飞行、机动性能。

气动弹性剪裁法所要求的设计技术十分复杂，此处不作介绍。由于这种方法有可能获得很大的气动弹性特性和减重上的效益，各先进国家都正在继续研究和发展。

(8)多目标优化设计。现代飞机结构设计中，新的设计概念和设计方法的提出使设计人员经常要面对多个甚至相互有一定矛盾的设计目标。因而怎样对一个设计结果进行合理的评判，在多个目标之间进行折中以求最终找到一个合理的设计结果，无疑是设计人员十分关注的问题。

对于多目标问题，当要求一个设计人员对它们分别给出重视程度时，通常会给出诸如“很重要”、“比较重要”或“不很重要”等一些极为模糊的描述。就此在文献[25]中提出了一套针对多目标问题的模糊折中评价的方法。该文创新之处是它提出了一个**重要度**的概念，并对它进行了模糊性描述。对各目标的**权重系数**的选取不再是一个人为的指定值，而是建立在重要度这个模糊概念之上。在此基础上提出了基于模糊评判的多目标折中策略，建立了计算模型，并与优化设计近年来兴起的遗传算法相结合，提出了一个多目标模糊折中优化计算法。在此基础上最后完成**多目标的模糊综合评判**，将评判值作为解的**适应度**。经过一系列操作，使这个评判值最大。该最大评判值的意义即是在所给定指标的条件下，通过折中所能获得的**最大满意度**所对应的解就是**最优解**。

该文通过同时考虑重量、刚度、静强度、损伤容限（剩余强度）等多设计目标的复合材料层合板优化设计的算例，证实可以得到满意的解。

以上我们介绍了复合材料层合板的几种设计方法，限于篇幅，有的仅作了简介。复合材料结构的设计方法尚在不断发展和完善中，随着复合材料新结构、新工艺的不断发展，还有很多工作要做。

7.4 复合材料结构的设计要求和设计方法

复合材料结构设计与常规的金属结构设计一样，是一项选用不同材料、综合各项设计要求、最后完成所有设计工作（包括层合板铺层设计、结构元件设计、连接设计、细节设计等）的综合设计工作的过程，是应用现有理论和实践经验的创造性工作，是一般要经过多次修正、调整的反复过程，其相应的设计要求、设计方法和设计内容与金属结构有相同之处，本节只对复合材料结构设计中的一些特殊问题加以讨论。

一、设计要求

复合材料飞机结构的设计要求总的来说与金属的飞机结构相同，即应满足保证飞机安全可靠以及飞行性能、使用、维修等各方面所提出的对结构性能的各项要求。在保证结构完整性前提下，还应对结构重量、各项成本、制造工艺、结构质量控制以及使用、维修等各种因素综合分析；并结合以往的设计、使用经验和研究工作的成果权衡考虑。鉴于复合材料的一系列特点（详见 7.1 节），就复合材料结构而言，对上述的各项要求有一些特殊的考虑，必须在设计时予以注意。

（1）设计时对材料性能的要求，必须考虑到环境因素对材料性能的影响。复合材料中的环氧树脂强度低，为有机材料，因此与金属相比，更应考虑以下各因素对复合材料产生老化、侵蚀和降低强度、刚度的影响。如温度（高温、低温）、湿度、雨雪、阳光（紫外线辐射）、冰雹和外来物撞击、雷电、风沙、海洋环境的盐雾和高湿度等。其他还有溶剂和化学品影响以及核暴露的环境影响。尤其是温度和湿度的共同作用影响更大。为满足设计要求必须充分重视和采用各种相应的防护措施。

（2）结构静强度和刚度必须考虑重复载荷和环境引起的结构性能的退化。

（3）复合材料结构的疲劳和损伤评定需要建立不同的缺陷/损伤的评定原则，这是因为复合材料的损伤和疲劳在机理、形成原因、失效形式和敏感区等方面均与金属材料有不同特点（详见 7.6 节）。

（4）防止与复合材料相接触的金属构件的电偶腐蚀问题。

（5）复合材料飞机结构须进行防雷击设计，主要在机翼和尾翼的翼尖、前缘以及机头等易受雷击部位的结构。此外还须进行机翼整体油箱（复合材料机翼）的防静电起火和电子设备舱的防电磁屏蔽的防护设计和验证试验。

（6）在满足工艺性要求时尽可能采用各种低成本和整体成形（如共固化）制造工艺。复合材料的制造工艺与金属构件有很大的差别。对于连续纤维增强复合材料的结构件，往往采用各种预浸料（无纬布）或预制件（如编织物等），应用模具，通过热压罐或其他设备进行热固化成形。复合材料零构件的机械加工以及零构件之间的连接装配亦具有自己的特点。此外制成件在生产和使用过程中可能碰到各种损伤，需要进行必要的修补。所以设计中对复合材料结构的工艺性要求包括了预浸料工艺性、固化成形工艺性、装配工艺性和修补工艺性等各个方面。

二、设计方法

现代飞机结构设计在CAD/CAM和系统工程管理支持之下，形成了综合考虑设计、生产、使用和保障等各阶段要素的并行工程设计方法，其中设计包括初步设计、方案论证、详细设计等。以下主要就设计工作做一简单介绍。

1. 设计步骤

大致分以下三个步骤。

(1)明确设计条件。

1)明确对结构的性能要求(见本节“一”)

2)载荷情况。包括所设计结构承受的静载荷、动载荷。动载荷又分为冲击载荷和交变载荷。冲击是碰撞引起的载荷，但它对复合材料极易造成损伤，尤其是低能量冲击(如冰雹、工具丢落等)易引起不易觉察的严重后果，因此对这类载荷作用部位的结构，设计时要特别注意。

变载荷作用下结构应具有需要的疲劳强度和寿命，但总的来说复合材料的疲劳特性比金属的好。

3)环境条件。根据所设计结构在使用中可能遇到的各种情况来确定结构的环境条件，一般包括力学条件(如载荷、振动、撞击——高能量冲击：如被子弹、弹片击中；低能量冲击：如冰雹、工具、刮起的砂石等)和大气、气象及其他物理、化学环境。

4)工艺条件。由于复合材料层压或编织结构须具有多方面的工艺性，因此工艺条件包括了预浸料制作或预制件(二维、三维编织或缝编预制件)制作、固化成形、机械加工和装配以及修补等几个方面的工艺条件，如工艺设备等。

(2)设计选材和层合板设计。包括组分材料的选用、铺层性能的确定以及层合板设计。

(3)结构设计。包括结构形式的确定、结构元件设计、结构细节设计和连接设计等。这方面内容将在后面几节中详细讨论。

在上述(2)，(3)两项设计工作中都要涉及应力、应变的失效分析，以确保结构满足规定的强度与刚度要求，最后还要进行损伤容限的评定，以保证结构满足完整性要求。

(4)在整个设计过程中应视不同阶段进行相应试验，包括某些工艺试验。其中材料试样、元件(含细节件)、组合件和部件四个层次的积木式方法的验证试验，在保证复合材料结构满足民用航空条例的适航性标准方面占有重要地位(参见6.7节)。

2. 复合材料结构设计方法的特点

复合材料结构在设计中综合设计思想的体现尤为重要，而且要求设计人员对复合材料及其成型工艺有更多的了解，它的设计方法有许多有别于金属材料结构设计的特点。

(1)设计选材必须在考虑其机械性能的同时，综合权衡考虑复合材料的最高、最低使用温度、湿/热引起的性能退化、损伤容限所要求的高的冲击后压缩强度以及材料的工艺性(如：树脂体系的固化温度、固化时间、工艺方法)等因素。

(2)复合材料的重要特点是结构设计与材料设计同时进行。一般来说，金属结构设计是按手册提供的性能数据选择所需材料的牌号和规格，然后进行具体的结构设计。而复合材料结构是材料与结构一次成形、层合板(“材料”)的机械性能也具有可设计性。所以在设计时既要对组成层压构件各部分的层合板参数进行设计，同时要选择构件的构造形式、几何尺寸，还要进行层板构形——即根据构件形状确定各铺层如何走向等。

(3)复合材料层压结构，如层合板，在受载时只要结构未失效，层合板中各铺层的应变应该一致，但每一层的应力大小不同。因此，复合材料结构设计时一般不是取许用应力为设计限制值，而是取某许用应变值作为设计限制值。此外由于复合材料结构的耐久性/损伤容限设计、分析和使用经验等均尚不足，目前采用较多的办法是在确定许用应变时充分考虑耐久性/损伤容限要求，而将许用应变值作适当地降低。

(4)在初步设计阶段就应尽早取得制造、成形工艺可行性的支持，这对复合材料结构而言是能否使结构设计得以成功的关键。还有结构的可维护性、可修理性和维修的费用。由于复合材料是一种新型材料，一切尚在发展中，因此应不断创新出能提高结构性能的新的成形工艺技术、能综合权衡各方面设计要求的新结构形式和相应的分析方法。

(5)就复合材料结构而言，完成积木式方法的验证试验占有重要地位。

3. 复合材料结构设计的流程

大致如图 7.13 所示。

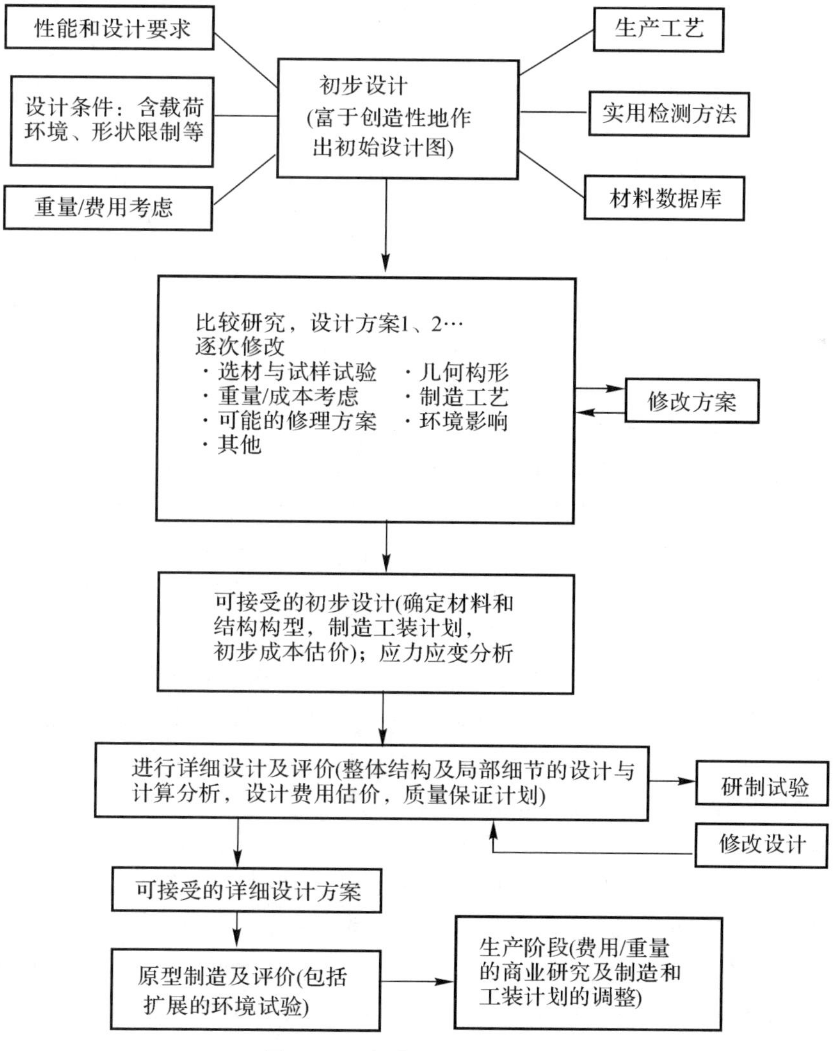

图 7.13　复合材料设计流程

三、复合材料结构的设计许用值的确定

复合材料结构的设计许用值是在设计结构时的设计限制值，用以控制各构件的设计应变/应力水平。复合材料结构的设计许用值与金属结构有以下的不同点：一是对于层压结构，由于在同一应变下不同铺层可能具有不同应力，因此对复合材料结构不是取许用应力，而是取许用应变作为限制值。二是对金属结构而言，“许用应力”这一术语对材料研究人员和设计师是同一概念，而由于复合材料的特殊性，对这两类人员分别关注的“许用值”和“设计许用值”可能有完全不同的实际含义。例如通常层合板的B基准拉伸许用值一般都超过8 000 $\mu\varepsilon$，但用于结构设计时仅为4 000～5 000 $\mu\varepsilon$；压缩许用值一般约为7 000～8 000 $\mu\varepsilon$，而结构设计时仅为3 000～4 000 $\mu\varepsilon$。由于选取设计许用值是以保证结构完整性为前提的，而复合材料结构所取的设计限制值远低于传统观念上的材料许用值，因此合理确定该值对保证结构的安全可靠性和减轻重量具有极重要的意义；又由于复合材料的材料特性和破坏机理比金属复杂得多，加之目前分析和预测理论不够完善，设计和使用经验尚不足，因此其设计限制值的确定比较困难。鉴于以上两点，设计许用值的确定成了复合材料结构设计的关键技术之一。

1.“许用值”和“设计许用值”的定义

我国经过20年左右的研究和应用实践的总结以及参考国外的经验和有关资料，在航标HB7491－97和之后编写的复合材料结构设计手册中对上述术语给出了如下定义。

(1)“许用值”主要用于表征材料性能，其定义为“在一定的载荷与环境条件下，由试样、元件或细节件等试验数据，经统计分析后确定的，具有一定置信度和可靠度的性能表征值。”

(2)“设计许用值”主要用于结构设计，其定义为：在设计载荷(即极限载荷)下，“为保证整个结构的完整性具有高置信度，在许用值的基础上，由设计师规定的设计限制值”。它在确定时既要考虑到各具体结构的结构特征(例如是中厚蒙皮、还是薄蒙皮结构)、载荷特点(拉？压？剪？是否易受冲击？)对结构完整性的主要影响因素。在目前阶段还应充分考虑到设计部门的设计经验，必要时还需对结构件进行验证试验。

2.“设计许用值”的确定原则

考虑到复合材料性能分散性大、湿热环境和冲击损伤影响大，因此对复合材料的结构完整性必须充分考虑这些特殊因素，须进行大量试验，以确定每一种载荷、环境条件(包括冲击损伤环境)下的许用值，然后以此为基础，再根据具体结构不同的使用环境和载荷状态，选取能满足结构完整性(包括强度、刚度、损伤容限、耐久性等)各项要求的最低许用值作为该结构的设计许用值。

一般拉伸设计许用应变以带孔和紧固件的试样的干态试验数据为基础。压缩设计许用应变，尤其是易受冲击部位的结构，一般以含冲击损伤和孔的试样，在湿/热环境下的试验数据为基础。剪切设计许用应变以湿/热环境条件下的试样试验结果为基础。按照具体结构的设计要求，可选用以下两种设计许用值的数值基准。

“A”基准所给出的性能值是一个极限值，该值的确定条件是要求在95％置信度下至少有99％数值群的性能值高于它。“B”基准所给出的性能值也是一个极限值，该值的确定条件是要求在95％置信度下至少有90％数值群的性能值高于它。

金属结构因性能数据分散性小，故常采用A基准值，而复合材料设计许用值根据具体情况可取B基准，或者取A基准。如在文献[18]中曾建议：对不进行结构试验的构件设计或用

于单路传力结构的构件设计用 A 基准，而多路传载和具有破损安全特性的结构设计中，一般可以采用 B 基准。

表 7.10　部分飞机复合材料结构部件所用的设计许用值

部件名称	材　料	拉伸设计许用值/με		压缩设计许用值/με		剪切设计许用值/με
		单向带	织物	单向带	织物	
DC-10 垂直安定面	T300/5208			3 000		
波音-727 平尾	T300/5208			4 000		
L-1011 垂直安定面	T300/5208	4 500	3 900	4 000	4 000	
A-310/A-320 垂直安定面	T300/913C	3 200		3 200		
(BAa 公司)	XAS/914C	4 500	3 530	3 900	2 830	
A-330/A-340 外翼	HTA/6376			5 000		
MD-11 垂直安定面	T300/QY8911	5 300		4 000		
AV-8B,F-18 机翼	AS4/3501	4 000		4 000		
xx 机垂直安定面	T300/QY8911	5 300		4 000		7 200
xx 机机翼	T300/5405	5 300		4 000		8 000
运-7 垂直安定面	T300/913C	3 200		3 200		

表 7.10 列出了部分国内外飞机复合材料部件所用的设计许用应变值。在 20 世纪 70 年代末到 80 年代中期所用的那些复合材料体系一般为 0.3%～0.4%(3 000～4 000 με)，而到 80 年代后期研制的一些高性能纤维和增韧树脂体系的复合材料，由于拉伸强度高，冲击韧性得到改善，其设计许用应变值也得到提高，达 0.45%～0.53%。剪切设计许用应变值可达 0.7%～0.8%。

3. 安全系数

复合材料结构设计的安全系数符合现行飞机设计规范的一般规定，或由型号规范的特殊规定确定。

四、验证试验

试验研究是建立复合材料力学分析的基础，也是获得各种性能数据的手段。结构设计与制造最终也要通过试验进行鉴定、验证。目前虽然可采用高精度的有限元分析来预测结构中的应力/应变，但总的来说复合材料结构的设计与使用经验尚十分有限，要可靠地预测结构的失效模式、剩余强度、寿命等对复合材料结构尤为困难，一些方法正在逐步建立中。因此目前的标准做法仍然主要依赖对包括试样、小元件、组合件、部件及全尺寸结构件等作大量试验的方法来保证结构的安全可靠。这种积木式结构试验方法将长时间地存在下去。

上述的试样通常是指单向或多向层合板的小试样以及接头连接件等。元件则如长桁、受剪板等。组合件应该采用可以提供完整结构全部特征的一段较大的结构，如带 3 根或 5 根长桁的壁板，一段翼梁等等。部件试验是用一个完整的飞机结构部件，如机翼、垂直尾翼等。全尺寸结构试验与金属结构相同。上述的部件试验也属一种全尺寸结构试验。其他还有全机试验，如全机静强度破坏试验、疲劳/损伤容限试验等。对复合材料结构而言，一般要考虑湿/热、冲击损伤等因素的影响。

7.5　复合材料结构设计

一、复合材料结构设计一般原则

本节主要介绍层压结构和由层压面板构成的夹层结构的设计原则。复合材料结构设计的一般原则从总的方面来说与金属结构相似，但其具体内容则有所同，有所不同。相同之处，如传力路线最短等受力构件布置的一些基本原则，又如细节设计中要避免受载偏心，尽量避免开口，开口时注意其形状等一些内容。但由于复合材料与金属材料性质、性能上的不同，在设计原则的具体内容上必然有很多不同之处。以下我们主要就不同的方面作简要介绍。

1.提高结构效率

针对复合材料的特点，除上述与金属相同的原则外，还应从以下几方面着手：

(1)铺层设计中要扬长避短，充分利用复合材料沿纤维方向的优良性能，避免使用其弱的横向性能和剪切性能。

(2)与单纯的层合板不同，对于层压结构要注意选择合理的结构形式和层板构形。对某些敏感区的局部铺层设计：如在连接区、局部冲击区、集中力作用点、开口附近等处的铺层一般应进行局部调整，在结构尺寸和结构外形突变区注意铺层过渡问题。要注意复合材料层压性带来的某些区域易产生分层，从而可能引发的结构承载能力下降或失效的问题，尽可能采取相应措施(详见本节的三)。

(3)提高结构整体性。复合材料比金属更易制造出形状复杂的构件，并具有可采用共固化工艺制造大型整体件的优点。设计中在不增加工装复杂程度的情况下应尽量减少零件数量，设计成整体件，如大块机翼整体壁板。这样可不用紧固件或减少紧固件的数量，减轻结构重量，提高结构效率，并可减少钻孔、装配的工作量和由孔引起的应力集中以及制造成本。

2.要保证结构中各元件之间的载荷传递

复合材料构件与金属构件不同，除具有一定的形状外，还可以具有不同的层板构形。要使各构件之间(如蒙皮和桁条、翼肋、翼梁之间)和各构件的各个部分之间(如梁的缘条和腹板之间)的承载路径尽量连续。连接的形式与方法应与需传递的载荷性质(拉压、剪切)和方向相适应，尽量避免偏心和切口效应。同一构件须拼接时，其纤维取向也应连续。

3.结构要求良好的工艺性

设计必须保证能制作出保证质量和低成本的结构，尽量避免成形和装配时可能出现的各种缺陷。包括以下各点：

(1)避免铺层设计不合理带来的工艺性问题。如铺层、装配不对称或同一铺向角的铺层数集中过多使构件在固化过程中引起弯-拉-扭耦合而产生翘曲变形、树脂裂纹，甚至分层。还应合理地确定构件的某些结构要素。如果构件拐角处的圆角半径过小可能会出现纤维断裂，也可能出现富脂或纤维加桥等缺陷(见图7.14)。

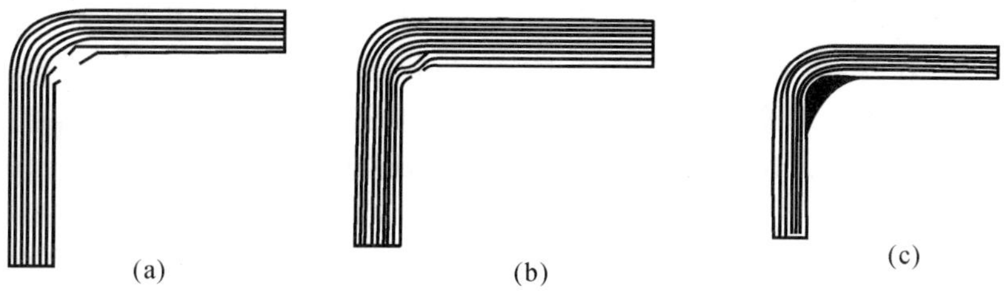

图 7.14　制造缺陷

(a)纤维断裂；　(b)纤维架桥；　(c)富脂

(2)由于树脂基体较脆，所以复合材料结构不能用锤铆的方法装配，不允许敲打和锉修，设计时要考虑工艺补偿措施。例如可在碳纤复合材料构件外表面贴以玻璃布辅助铺层，通过对该辅助层的加工来控制公差要求。

(3)维修方法是应用新材料、新结构的关键之一。与金属结构一样应使结构具有开敞性和可达性。同时对复合材料所允许的缺陷/损伤的类型和水平，适用于复合材料的无损检测技术以及修理材料、修理方法等，都需要建立起相应的标准和规程。

(4)合理的连接设计。鉴于影响复合材料结构和连接强度的因素比金属结构要复杂得多，因此复合材料结构的连接设计与金属结构有不同的内容和特点，必须予以足够的重视。

(5)主结构、关键部位的设计要求。对于主结构及关键部位、细节应考虑损伤容限能力，并按要求进行耐久性损伤容限设计、分析和验证。

(6)所设计结构要具有与环境的相容性。对腐蚀、雷电、静电等进行防护设计。

以上(5)，(6)两点将在 7.7 节中较详细地介绍。以下我们将根据复合材料力学特性的理论、试验研究，以及设计实践和使用经验，对结构设计中的一些问题作进一步介绍。

二、飞机复合材料结构的结构型式

下面将结合复合材料在实际飞机结构上的应用实例介绍复合材料已有的结构型式。需要指出的是复合材料作为一种新兴材料，在飞机结构上的应用从 20 世纪 70 年代开始至今不过 40 多年的历史，正处在不断发展的阶段。所以，复合材料在飞机主结构和次结构上采用的结构型式是与研制当时的设计、材料、制造、检验、维修等各方面的水平密切相关的，是它们的综合体现。因此在理解、分析以下所举的各种结构型式时既要与它们所属的机种、用途、性能结合起来看；更要注意结合复合材料技术的发展情况和当时的水平来看(可参考表 7.2 和表 7.3)。

复合材料最早是用于飞机的次结构件上，如 L－1011 的副翼、舱门等，主要特点是等代设计，之后发展到尾翼等主结构上。材料主要采用 T300 等中模量碳纤维和环氧类脆性树脂(如 5208，3501－6)，预浸料/热压流成形零件，再由机械连接组装成结构，主要是为减轻重量。大多数情况下制造成本比铝合金结构高。20 世纪 80 年代中期开始采用中模量高强度碳纤维(如 T800，IM6，IM7)和韧性树脂体系(6367，3900－2 等)。共固化技术的发展已使有可能做出大尺寸整体结构件。以上可以以直接新设计(而不是取代原金属结构)的波音－777 平尾和 A－330/A－340 的结构件为代表。与此同时，复合材料结构的损伤容限设计和低成本问题日益显得重要。到目前为止，出于安全性和经济性考虑，民机上仍以在尾翼类主结构和其他多种次结构件上应用为主。在战斗机上，由于其高性能的需要，除上述结构外还广泛用于机翼主受力结构上，如 V-22，JAS39，A-6 等；有的还同时在机翼和机身的某段结构上应用，如 AV-8B，EF2000，F-22等(见图 7.2)。以下我们主要以主结构为例介绍它们的结构型式。

1.复合材料受力翼盒类结构的结构型式

这是复合材料在飞机上应用最多的一类结构，包括尾翼和各类活动面(如舵面、襟翼等)，还有机翼(目前仅战斗机上有应用)。其受力型式大多与金属结构中的单块式、多腹板式相似。

(1)由蒙皮/筋条(相当于长桁)和肋、梁共同构成的受力盒段。一般蒙皮较薄，多肋，筋条较强，在尾翼的安定面中双梁居多。其中蒙皮(或夹层蒙皮，如 DC-10 垂尾中的面板)主要受面内载荷，铺层情况由面内载荷决定(参见 7.3 节)，一般采用 $\pi/4$ 层合板。弯矩引起的轴向载荷(机翼、尾翼的主要内力)由筋条、梁缘条和蒙皮组成的壁板承受，因此筋条与缘条以 0°铺层为主。梁腹板可由所受剪力确定±45°铺层数，再由泊松比或屈曲等其他要求确定 90°，0°铺层数。各元件之间早期用二次固化或机械连接，如图 7.15 所示的波音-737 水平安定面翼盒即采用机械连接装配，但目前壁板大多采用共固化的整体结构(如 A-300，A-310 的垂尾)。

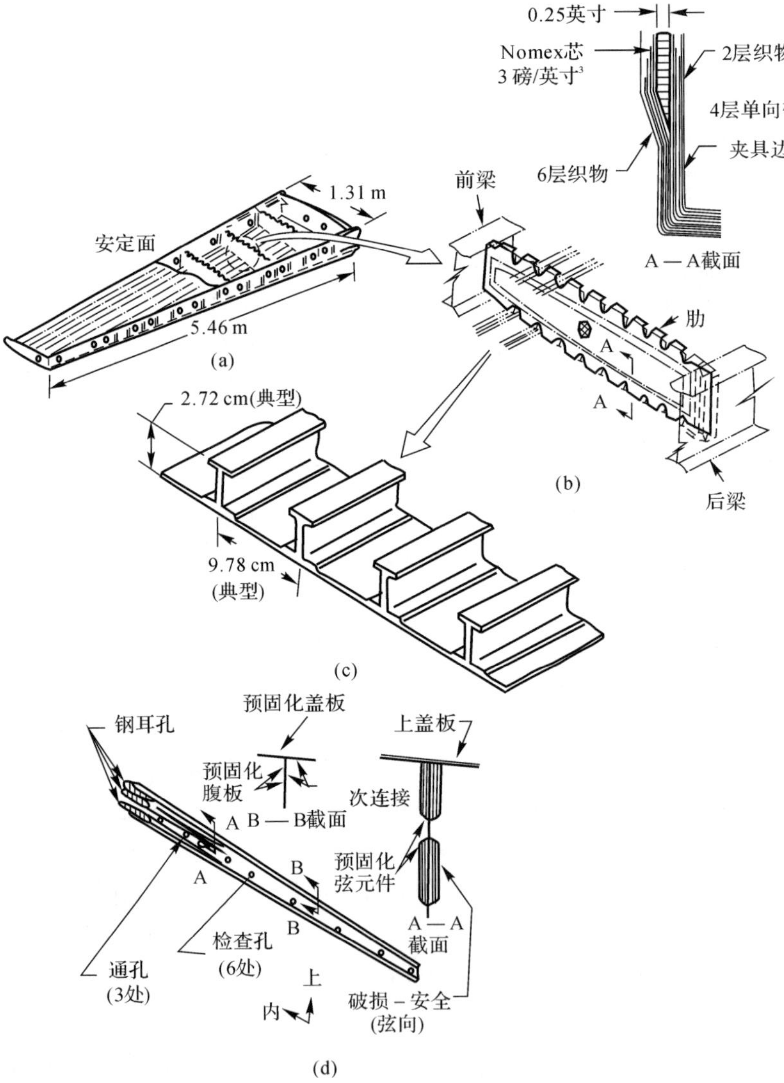

图 7.15 波音-737 复合材料水平安定面

(a)盒段；(b)蜂窝翼肋；(c)带内加筋的壁板；(d)梁详图

(2)多墙(多梁)式结构。在高速战斗机的金属薄翼面结构设计中因这类结构型式能提供上、下蒙皮间较大的形心间距和较大的弯曲、扭转刚度而得到广泛应用。对于高速战斗机的复合材料机翼也因同样的原因而采用这种结构型式。此时一般蒙皮较厚,有多个墙(或梁),如图7.16所示的欧洲战斗机(EFA)有11根复合材料J形梁和前、后两根铝合金梁。复合材料多墙式结构还有一个明显优点,即可将其设计成一侧蒙皮与全高度的复合材料梁(或墙)共固化成整体件,如图7.16所示,再把上蒙皮用高锁紧螺栓将它们装配在一起。

在AV-8B的机翼盒段中则采用了实心层合板蒙皮和由滚压成形的波纹形腹板与附加凸缘组成的正弦波梁,并设计成左右一体的整体式结构,从而消除了受载很大的对接接头(见图7.17)。

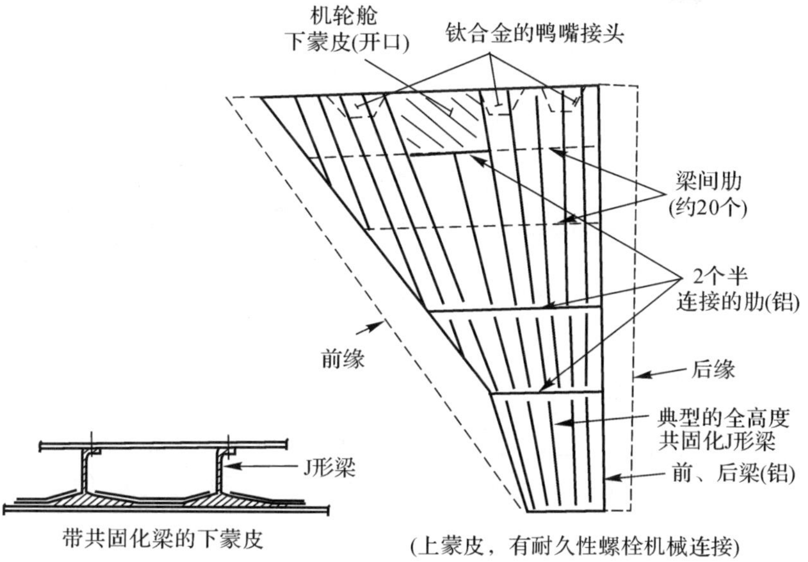

图7.16 欧洲战斗机(EFA)机翼概念

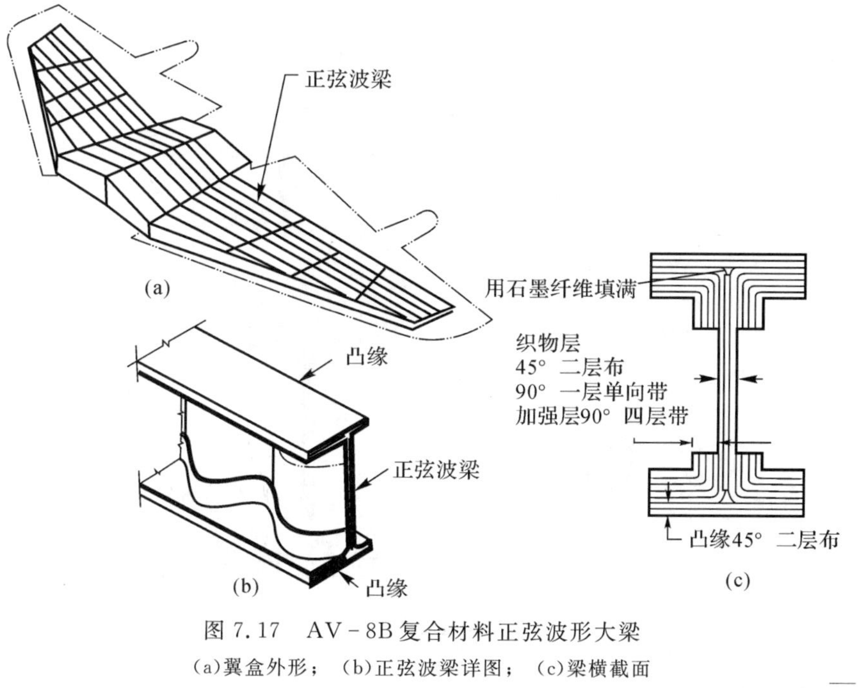

图7.17 AV-8B复合材料正弦波形大梁

(a)翼盒外形; (b)正弦波梁详图; (c)梁横截面

(3)全高度蜂窝夹层结构。对于某些薄翼型或楔形结构，采用全高度复合材料夹层结构是较合适的，因为它可以大大减少层合板上的连接孔和紧固件的数量。一些战斗机的全动平尾，如图 5.67 所示的 F-14，F-15，除其蒙皮全部为硼/环氧复合材料外，其前、后缘均采用了全高度铝蜂窝或 Nomex 纸蜂窝芯。F-16 全动平尾全部采用了碳/环氧蒙皮，但其内部结构在后期设计中用波纹构件(见图 7.18(b))取代全高度铝蜂窝作为夹芯层。特别对某些受载较小的结构件，当采用轻质纸蜂窝夹芯时，在具有很好的刚度特性的同时可使结构有更高的减重效益(见图 7.18(a))。

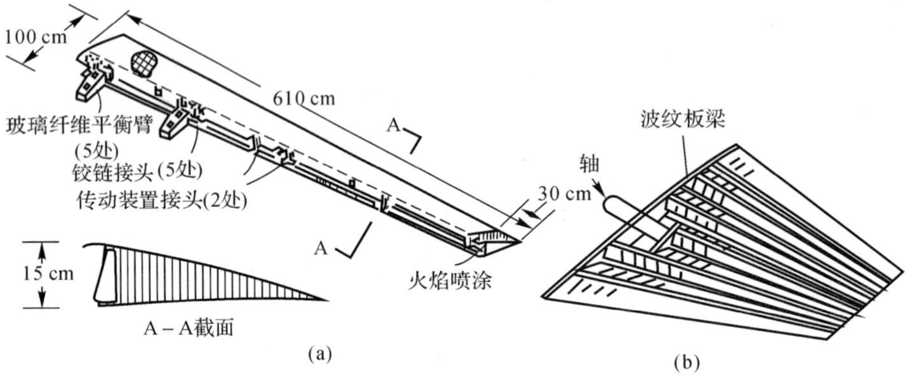

图 7.18

(a)波音-767 复合材料外侧副翼；(b)F-16 全动平尾(C/E 蒙皮)

(4)对某些小型飞机的全复合材料机翼，在采用夹层蒙皮时可以采用只布置梁、肋的梁式结构，没有长桁(或筋条)。如图 7.19 所示的大展弦比远航程无人飞机“航行者”的复合材料机翼就是一个例子。

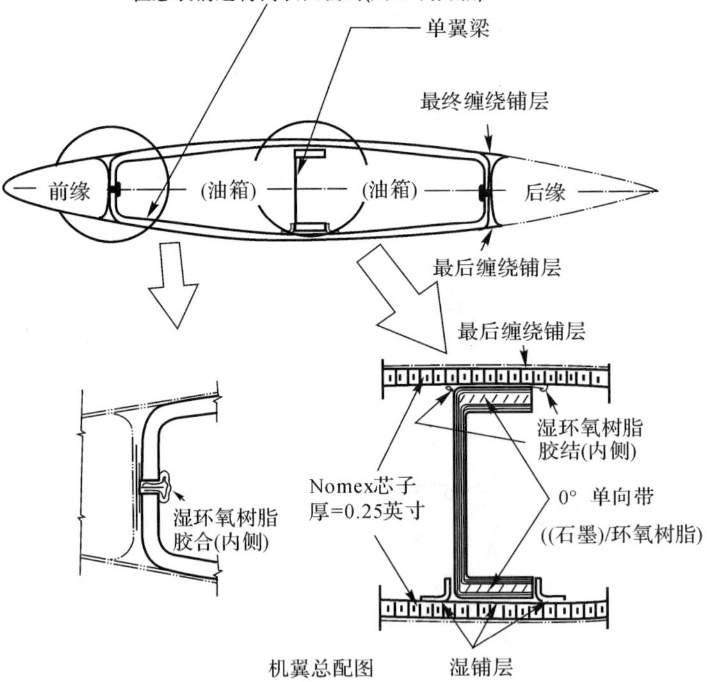

图 7.19 “航行者”复合材料机翼详图

在上述几种翼盒结构中，蒙皮、梁（或墙）、肋等复合材料结构元件可以用实心层压结构，也可采用各种夹层结构。其材料可用预浸料单向带，也可以用布，视具体结构而定。

2. 复合材料机身的结构型式

由于机身的受力情况和形状均较复杂，因此复合材料在机身结构上尚很少应用，但在某些战斗机的一些机身段也有采用（见表 7.2）。已应用于机身的复合材料结构型式也与金属结构类似，大多为半硬壳式结构，且大多采用共固化技术制成整体件。如图 7.20 所示，AV－8B 前机身的侧壁、驾驶舱地板、框板等都是由层合板与加强条共固化模制成形的整体件。加强条和梁使用的是 AS/3501－6，其他均采用 T300/3501－6 碳/环氧复合材料的单向带或布，所有的层合板均至少用 4 层 T300/3501－6 的布，以满足损伤容限和驾驶舱压力作用而考虑的结构完整性要求。由于采用了很多整体件，使原来金属结构的 237 个零件和 6 440 个紧固件减少到只有 88 个零件和 2 450 个紧固件，最后使结构重量减少了 25.3%。图 7.21 所示为 EF2000 的中机身复合材料结构，上、下两块壁板均采用复合材料整体件。其材料为 T800/5245 碳/双马复合材料。上壁板由带有 4 根长桁和 22 个反 J 字形周向加强筋的蒙皮共固化成形而成。长桁（厚度在 5.57～9.5 mm 之间）是在蒙皮（2.75～3.75 mm 之间）的铺层之间插入定向层构成。蒙皮和周向筋条的凸缘部分增加周向铺层以提高承载能力。但内部支持的加强框等则因要承受高的集中载荷和提高生存力，仍采用铝合金。

民机上尚没有将复合材料用于机身主结构上的，但有用作旅客舱地板梁和某些舱门。在有些直升机机身上，为提高抗坠毁能力，可用复合材料制成如图 7.22 所示的梁，置于机身最下方用以吸收撞击能量，它们大多采用夹层结构梁。

3. 硬壳式结构

这类结构可由层合板、夹层板或波纹板构成，也可由纤维缠绕而成，此时一般为筒形件（如小型飞机的机身）、整流罩等。由于波纹板结构的抗屈曲性能好，用于承受轴向压缩载荷或剪切载荷有可能减轻结构重量。我国自行研制的一种卫星结构主承力件即采用碳纤复合材料波纹承力筒结构，筒径 920 mm，有 132 个帽性波纹，用四块波纹结构件组合而成。

总之，高减重效率、高性能和低成本一直是飞机复合材料结构技术追求的主要目标。结构型式的选择与发展均围绕着这一目标考虑。可以肯定，为了达到这个目标，今后将还会不断出现新的结构形式，新的、更好的、低成本的制造技术也将会带来新的结构方案。

三、复合材料结构件的设计

1. 结构件的大致设计过程

（1）梁、墙、肋、壁板等结构件设计时一般先选定结构件的结构型式，如层压构件或夹层结构等。然后选取若干个切面，按各切面的载荷（如弯矩引起的轴力或受剪力）进行铺层设计，确定铺层角（铺向角）和各铺向角的铺层比例。由设计许用应变值求出各铺向角层组的层数。再校核各切面的强度，必要时作局部修改。对有集中力作用处作局部补强设计。

（2）确定层压构件具体的层板构形，如铺层的走向、各切面间的铺层过渡和剔除的位置与方式。

（3）根据连接和泊松比要求对铺层作局部调整。

（4）根据需要对壁板的受压失稳和蒙皮、腹板的剪切失稳问题进行检查。必要时对铺层作局部修改，并优化铺叠顺序（目的主要在提高弯曲刚度和避免分层）。

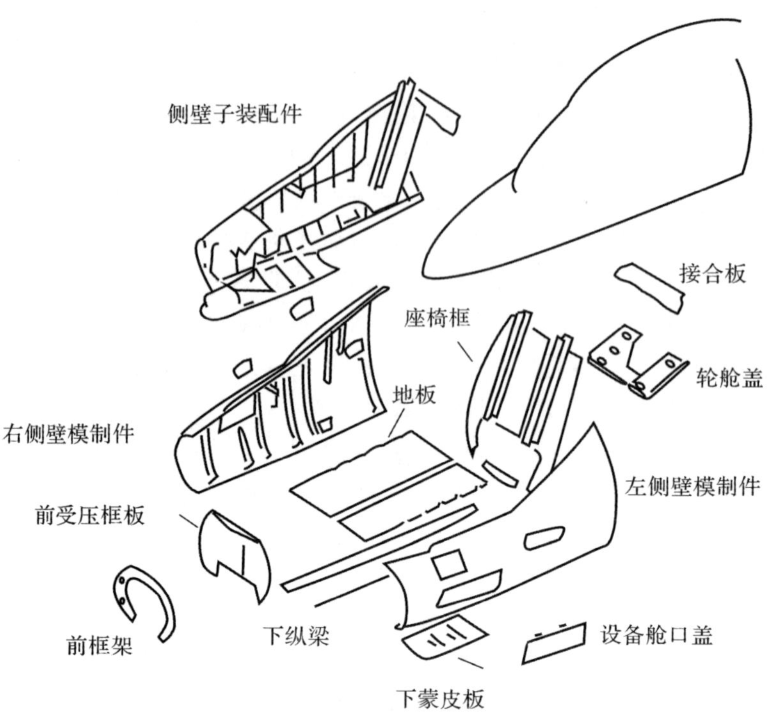

(a)

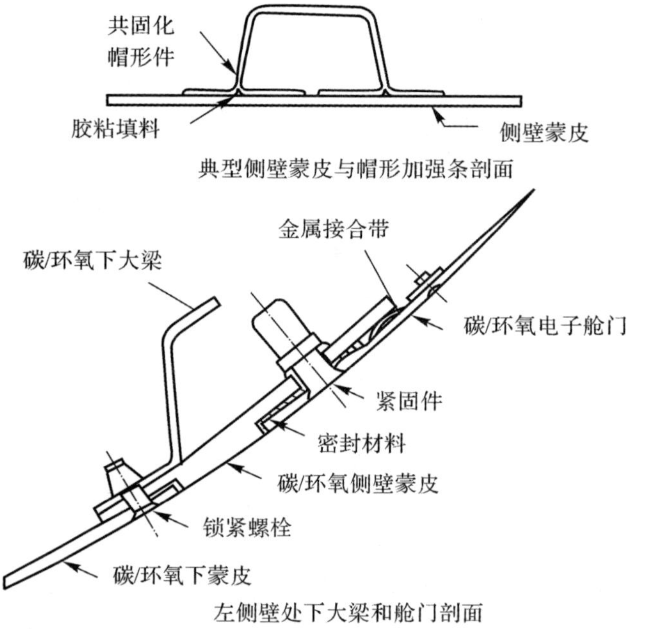

(b)

图 7.20　AV－8B复合材料前机身结构

(a)前机身结构的各个组成部分；(b)AV－8B前机身结构详图

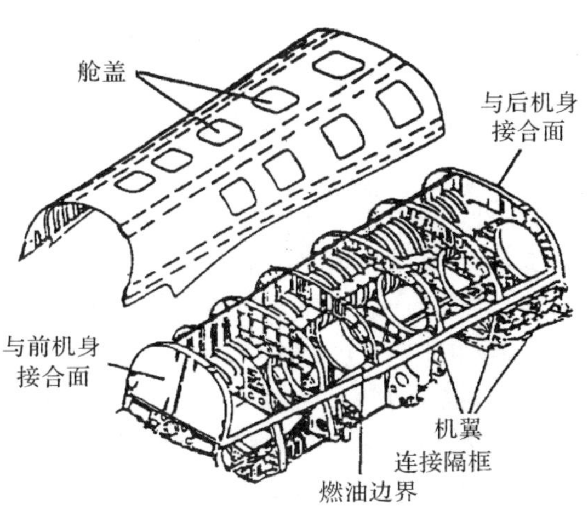

图 7.21　EF2000 中机身结构布置示意图

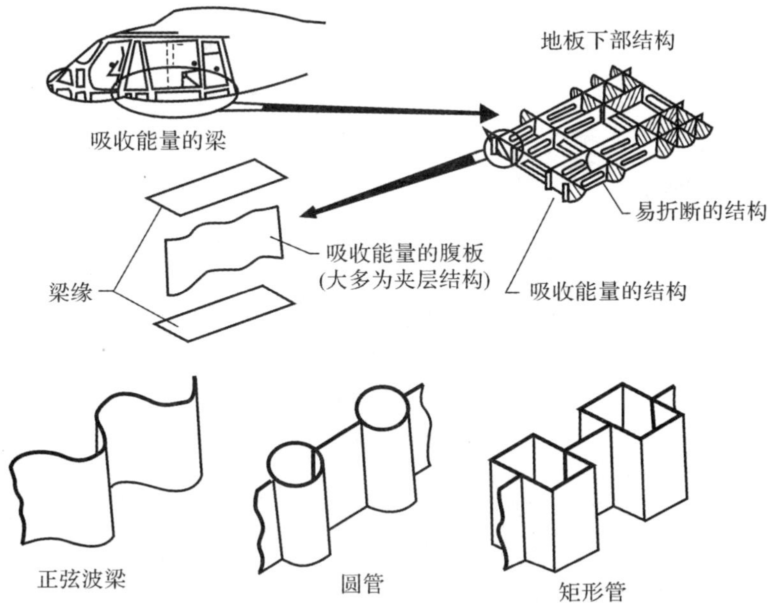

图 7.22　吸收撞击能的直升机梁

2. 层压结构件的设计

(1)飞机复合材料构件，如蒙皮、长桁(筋条)、梁、整体壁板等层压结构件，与金属结构件类似，大多由板件和薄壁杆组成。因此，可以说层合板是层压结构件的一个基本组成部分。而铺层设计是层压结构件设计中最关键的工作之一。在 7.3 节中我们就铺向角和各定向层铺层比例的确定作了介绍，此处我们从使层压构件具有最佳的承载能力和刚度特性，以及尽量避免因铺层不合理引起的制造缺陷等方面考虑，对层压构件的铺层设计原则综述如下。

1)除特殊需要外，结构应采用均衡对称铺层，以避免耦合效应(泊松耦合一般总有)。

2)铺层的纤维轴向应该与所受力的拉压方向一致，以便最大限度地利用纤维在轴向所具有的高的强度和刚度特性。

3)在设计铺叠顺序时,层合板的相邻层夹角应尽量为最小。尽可能使不同铺向角的铺层均匀铺叠,不宜过多集中在一起。根据经验,超过 4 层易出现分层。

4)由 0°,±45°,90°铺层组成的结构,其中任一铺向角的铺层百分比应在 6%～10%之间,甚至更高,以防基体直接受载。

5)为了提高构件的抗屈曲性能,对于受轴压的构件,例如梁、筋条、肋的凸缘部位和需承受轴压的蒙皮,除布置较大比例的 0°铺层外,也需布置一定数量的±45°层,并应将±45°层尽量铺设于表面,这样做还可以改善工艺性。对受剪切载荷的构件,如腹板等,主要布置±45°层,但也应布置少量的 90°层,以提高剪切失稳临界载荷。

6)对承受集中力部位应进行局部加强(见图 7.23);当为集中冲击力时,还应配置一定数量与载荷方向成±45°的铺层,以便将集中载荷扩散。

7)对于可能遭受垂直于层合板平面的低能量冲击的构件,最外层铺设±45°层或加一层玻璃布可以提高抗冲击能力,对防剥离也有利。

对于连接区的铺层将在下面介绍。

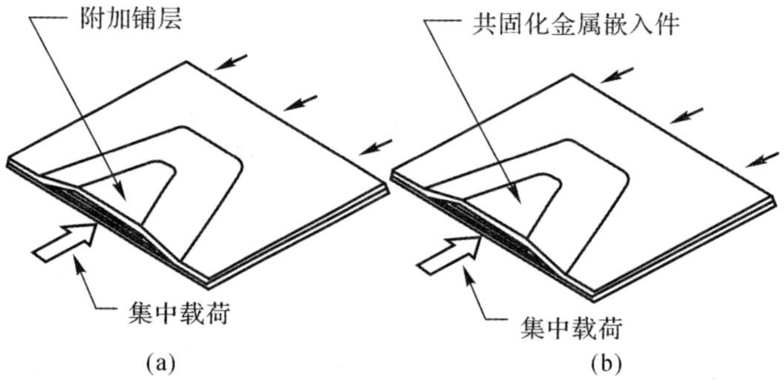

图 7.23 受集中载荷连接区的设计建议

(2)层压构件的层板构形。正如前述层压构件合理的层板构形也十分重要,即确定铺层的走向,要否连续铺设,如何剔除或增加铺层等。例如图 7.17 所示的 AV-8B 机翼的梁,其上缘条中就有一层±45°织物层从凸缘的左右分别转 90°翻下,成为腹板的一部分,再分别转 90°又成为下缘条中的一层。这种连续铺设的层板构形显然有利于梁的缘条和腹板之间载荷的直接传递。又如图 7.24 所示的整体壁板,各加强筋条的上缘条均与蒙皮贴合在一起,筋条的腹板部分则由上缘条延续下来转为垂直走向,形成(a),(b),(c)中的 T 形加强筋,或再转 90°构成筋条的下凸缘((f)中的 J 字形和(g)中的 I 形加强筋)。(d),(e)则为帽形。其中(a),(b),(c)三种均容易与框、肋连接,而(d),(e)均很难连接。但(a)图所示壁板的筋条下端易分层,而(b),(c)图所示壁板的筋条因铺层连续铺设,把下端包起来了,故不易分层,且因加了一束单向纤维增强,其弯曲性能有所改善。其中(c)因筋条腹板的一侧为平面,工装有可能简单些。I 字形和帽形则不同程度地增加了构件的扭转稳定性和提高了屈曲强度,尤其是帽形,从而可允许壁板设计时增加两个筋条之间的蒙皮宽度,对减少零件数量有利。由上可见,层板构形的合理与否,不仅与构件的结构性能好坏有关,与结构的制造、装配工艺性也有联系,应予以重视。

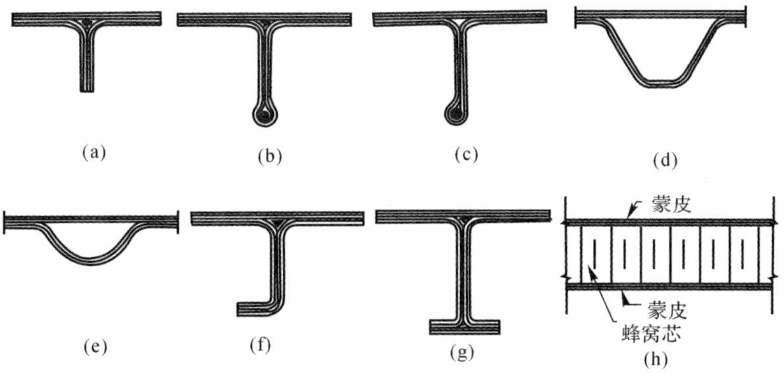

图 7.24 复合材料壁板

(a)T 形筋；(b)对称球头；(c)非对称球头；(d)帽形加强；(e)泡形加强；
(f)J 形加强筋；(g)I 形加强筋；(h)蜂窝

(3)层压整体结构件——一种合理的复合材料结构的结构件型式。所谓整体式结构就是若干个复合材料零构件它们本身的固化与相互间的连接过程同时完成，其中最常用的是各类翼面结构和机身结构的整体加筋壁板(见图 7.24)。整体加筋板由于取消了多个零件组装件、紧固件或胶接连接件，故有可能大大减轻结构重量、降低复合材料构件的成本。如图 7.25 所示的“空中客车”A－310－300 和 A－300－600 的复合材料垂尾安定面的整体壁板，蒙皮上带有整体长桁(即加筋条)和翼肋的缘条，构成格栅结构。该壁板底部宽 7.8 m、高 7.3 m，其零件数由铝合金盒形结构的 2 076 个减为复合材料结构的 95 个，重量比金属结构减轻 22%。图 7.20 所示的 AV－8B 前机身也由于采用了整体式结构，使原来需要 237 个零件和 6 440 个紧固件的金属结构成为只需 88 个零件和 2 450 个紧固件的复合材料结构，结构重量也减轻了 25.2%。由于整体加筋，无敏感界面，可减缓腐蚀；同时由于提供了连续的传力路线，取消了连接件，还能提高结构的效率。考虑到复合材料具有易成形并能共固化的成形优点，因此复合材料整体结构确是一种合理的，并很有发展前途的复合材料构件的结构形式。整体结构件的缺点是尚难以制造过于复杂的构件；工装成本和修理成本高，且对有些部位，如难以接近的整体加筋壁板中筋条腹板部位较难以检测。

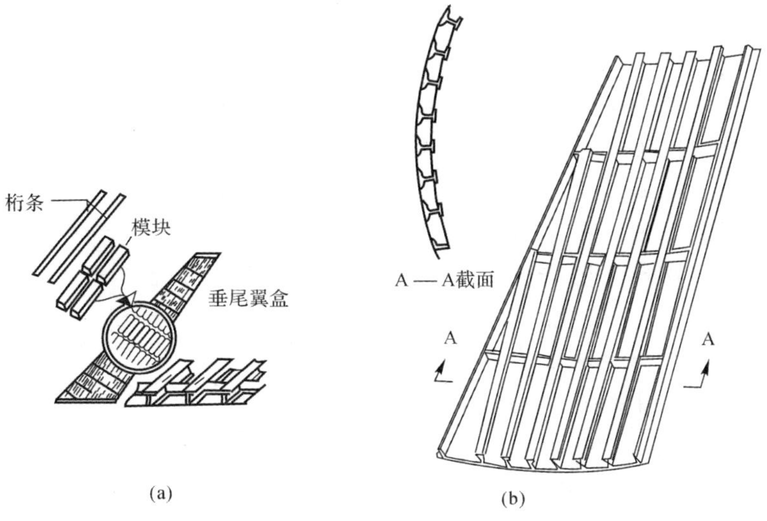

图 7.25 空中客车 A－310－300 和 A－300－600 复合材料垂尾

(蒙皮上带有整体长桁、梁缘及受剪腹板)

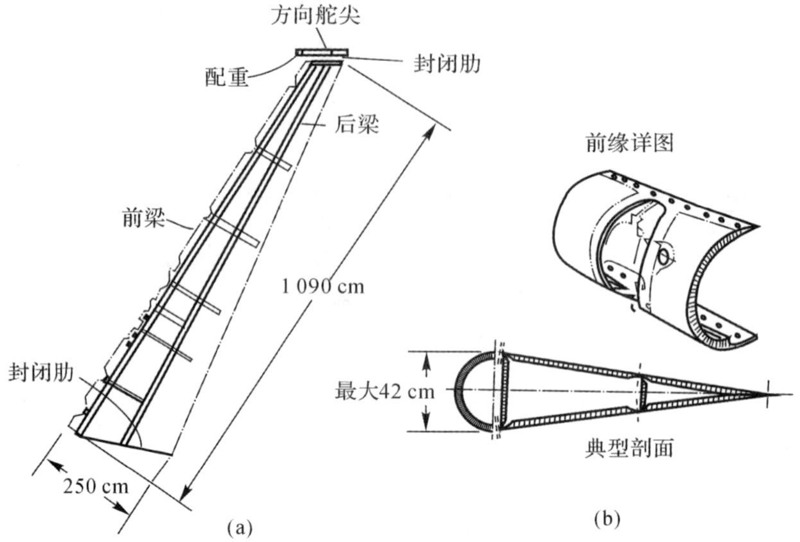

图 7.26 波音-767 复合材料方向舵

(a)总图； (b)方向舵数据和详图

3. 夹层结构

复合材料夹层壁板结构是另一种复合材料的基本结构件型式。夹层结构由面板和芯子组成。面板多为薄的层合板，视其所受面内载荷主要是拉、压轴向载荷或是剪切载荷进行铺层设计。芯子主要为各种材料的蜂窝夹芯，目前，Nomex 纸质蜂窝是常用的轻质蜂窝。设计时对一侧面板可采用不对称铺层，但对整个夹层板，铺层应该对称。在薄翼面结构上有采用全高度蜂窝夹层结构(见图 7.19)，但大多数结构是采用夹层壁板，此时面板承受面内载荷(轴向拉压和面内剪切载荷)，而芯材承受垂直于壁板的剪切和压缩应力。由于有芯子的支撑，夹层结构有较高的抗弯刚度，防止面板屈曲。因此，通常夹层壁板结构能减少按强度、稳定性和刚度设计的结构的重量。

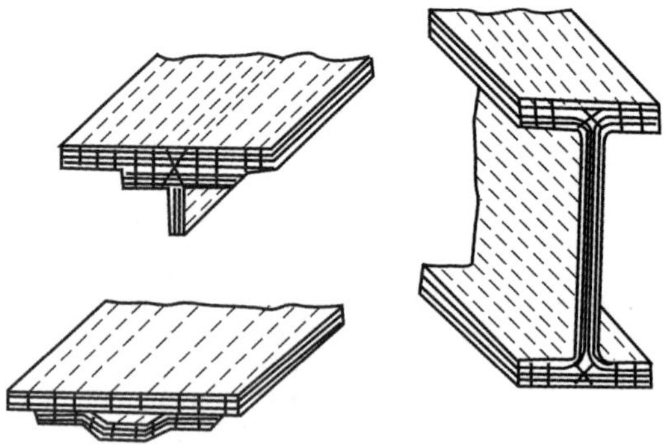

图 7.27 缝制层压结构示例

现代飞机的每个部位包括蒙皮、肋、梁、各类操纵面、前缘、舱门和地板装置等，都有建议采用或已使用了夹层结构(包括金属和复合材料夹层结构)。A－330，A－340 的方向舵和 DC－10 的垂尾都采用了复合材料夹层结构。图 7.26 所示为波音-767 的方向舵，其蒙皮壁板、梁和翼肋均使用了蜂窝夹层结构。波音-360 技术验证直升机的机身因采用复合材料夹层结构，壁板和框距加宽(框距宽达 1.8 m)，与等效的金属半硬壳式机身相比，零件数减少 86%，紧固件数量减少 93%，加工与装配复合材料夹层结构的生产工时只有过去的一半，成本大幅度下降。但目前在机翼整体油箱部位对夹层壁板结构尚很慎用，因如果没有很好的措施，燃油有可能会渗入夹层芯材中。当选用低密度夹芯时还要考虑它往往对低速冲击、面板损伤以及吸湿等恶劣环境敏感。此外夹层构件的现场检测(不把构件从飞机上拆下来)相当困难，检测成本高。

其他还有一些结构型式，如缝纫（见图 7.27）和编织结构，将在下面予以介绍。

四、细节设计

与金属结构一样，细节设计能直接影响结构的耐久性和损伤容限，但复合材料结构有自己的特点。由于它大多是层压而成，因此由于刚度突变、应力集中、传力不连续、偏心、连接区、有面外载荷或制造缺陷等因素影响容易出现分层和局部层间脱胶，以致降低结构的承载能力，尤其是承受压缩载荷和冲击载荷的能力。结构中容易出现分层的部位见图 7.28，图 7.30～图 7.32，图 7.14 等。究其原因，除去制造缺陷之外，从设计看，主要有以下一些原因。

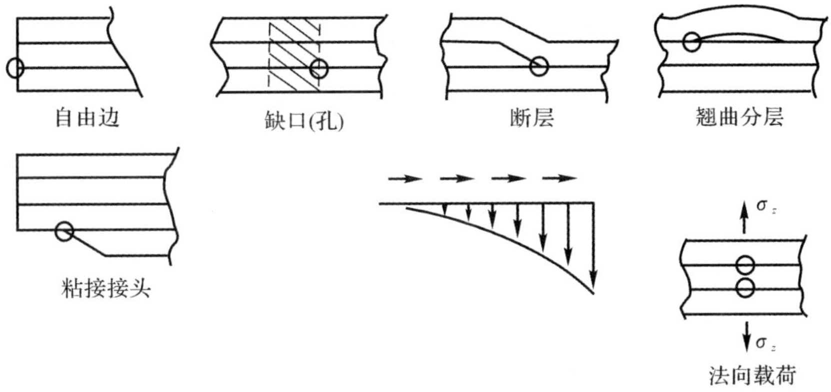

图 7.28　分层起始位置

由于不同铺向角的相邻铺层之间的刚度特性和热膨胀特性差别过大，从而出现过大的层间应力。另外自由边或因冲击出现的层间法向应力均易引起分层。为此应按本节“三”中提到的各原则进行铺层设计，对于构件的自由边和孔边还可以采用包边的方法防止分层；在连接孔处可加垫圈并采用定压力拧紧的办法。此外缝纫（见图 7.27）和三维编织可增加构件中的 Z 向纤维，对避免分层也是十分有效的。

至于开口区和连接区的细节将在本节“五”、“六”中详述。

此外在结构刚度变化较大的部位应精心设计，例如当构件厚度变化过剧或断层处理不当时也会引起分层。此时必须将铺层数按图 7.29 的要求递减或做成小台阶形。在表面铺设一层连续的铺层加以覆盖对于防剥离是很有效的。

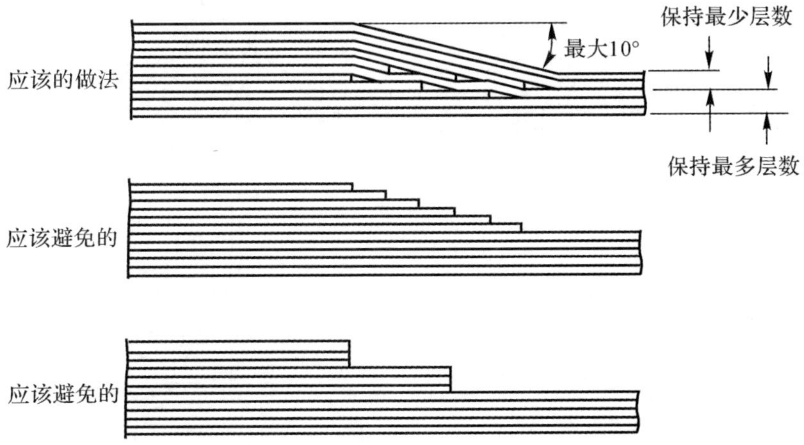

图 7.29　结构变厚度区设计建议（对称均衡层压板）

应防止或减小应力集中,要防止构件上出现过小的弯曲半径(见图 7.14)。在角形长桁和壁板(或蒙皮)的胶接处则应按图 7.30 谨慎选用连接方式。

长桁的端头应斜削(见图 7.31),以免刚度变化太大并导致在胶接面上需传递过高的层间载荷。

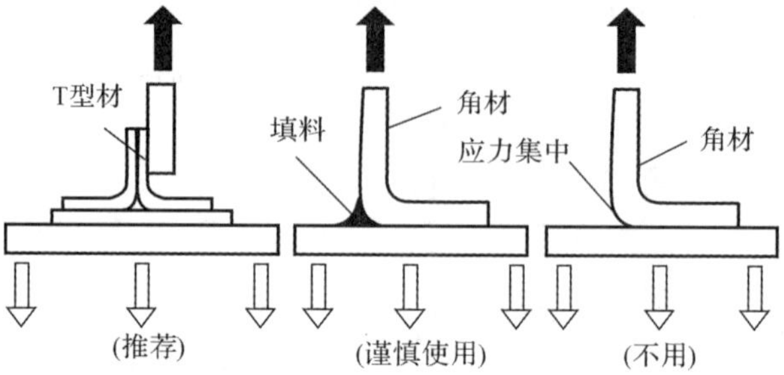

图 7.30 角形加强件与蒙皮的胶接

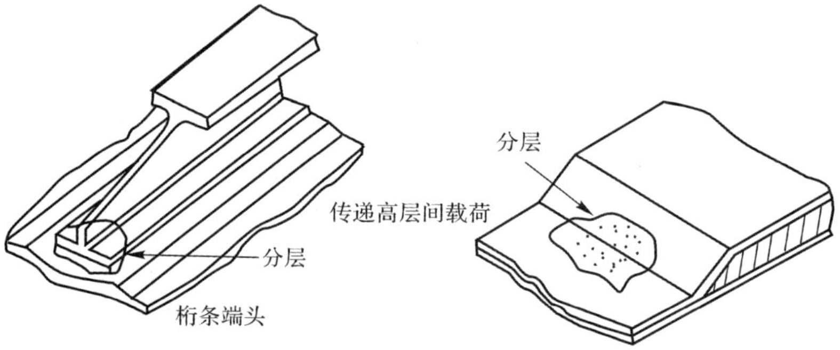

图 7.31 桁条和蜂窝板端头设计

蜂窝夹层结构是一种效率较高的复合材料结构型式,已经并将会得到广泛应用。它与其他构件连接时应用胶接连接较多。但有时易在胶接面处分层(如图 7.31,图 7.32 所示),所以端头处要斜削,另当蜂窝板受侧压力时,其边缘支持处其面板与蒙皮的胶接应考虑侧压力的来向,建议采用图 7.32 所示的型式。

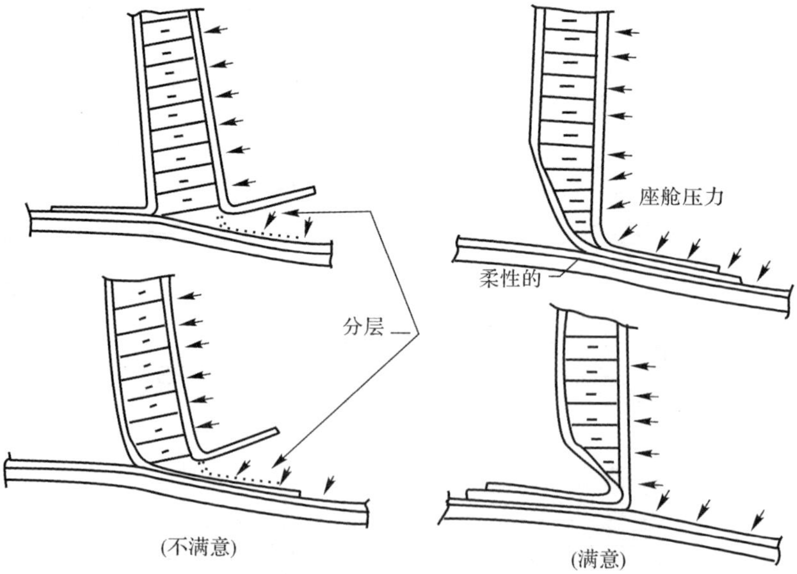

图 7.32 蜂窝板受侧压力时边缘支持的设计建议

五、开口区设计

飞机结构上由于使用和维修的需要，开口通常是不可避免的。与金属结构类同，开口区所在结构可能处于受正应力状态，此时开口区附近须通过蒙皮受剪参与，完成正应力的集中和扩散，也可能处于受剪应力部位，如梁、肋腹板，或者处于两种应力均存在的复杂应力状态下，如壁板上的开口。

复合材料开口区的设计与金属结构相比有以下设计特点。

1. 开口对复合材料结构的影响与金属结构的比较

(1)开口不可避免会切断某些纤维，影响纤维受载的连续性。因此应尽量开小口，开口的形状和位置应尽量少切断纤维(见图 7.33(b))，并采用应力集中系数小的形状(见图 7.33(c))。

(2)复合材料从初始加载直到破坏无明显塑性阶段，一般在有纤维撕裂前不易使应力重新分布，所以开口区的强度削弱比较严重。开口影响区也比金属结构相应的影响区大。

以受剪结构为例，有资料介绍。复合材料的特征衰减长度 λ(即影响区) 与各向同性材料的 λ_i 之比由理论分析可得

$$\lambda/\lambda_i = 0.67(E_x/G_{xy})^{1/2}$$

以碳 / 环氧单向板为例，由于 E_x 比 G_{xy} 大得多，λ/λ_i 可达 3.5 ~ 4.0。该 λ 还与开口大小相对于结构基本尺寸的比值有关。以剪应力为主时圆形开孔为例(材料为 T300/5222，±45° 层占 60% 以上)，当 $d/W = 0.2$ 时，$\lambda \geqslant 2.5$(W 为板宽)；$d/W = 0.4$ 时，$\lambda \geqslant 6.0$；$d/W = 4.8$ 时，$\lambda \gg d$。比值越大，影响区越大。由此可知复合材料开口区的补强范围较金属结构的范围要大。

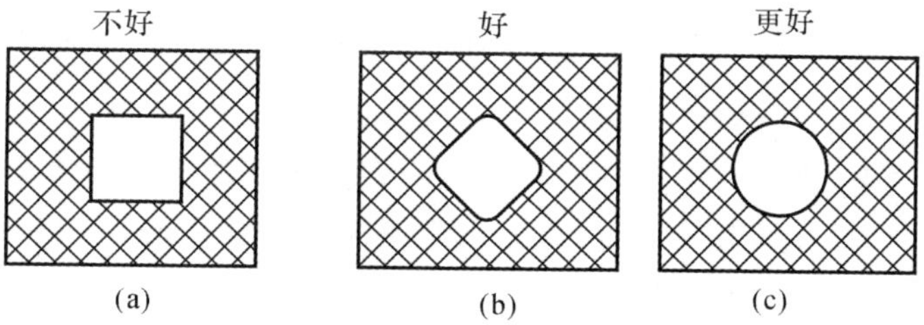

图 7.33　开口区设计建议

(3) 复合材料构件有孔时的应力集中系数与层合板的铺向角有关。碳 / 环氧 0° 层合板(即纤维方向与载荷一致时) 的 K 约为 7，而 ±45° 层合板的 K 则为 2。因此开口区采用较多的 ±45° 铺层一般比较有利。如对受剪构件，±45° 层的比例可等于或大于 60%。

(4) 构件受正应力时，因复合材料层合板的剪切强度低，故开口附近的参与区大。以一个近似的数例作定性说明。现取 T300/4211 的$[0_2/\pm 45/0/\pm 45/0]_s$层合板，其强度值如表 7.11 所示。

表 7.11　层合板强度

材　料	规　格	厚　度	σ_b	τ_b
T300/4211	$[0_2/\pm 45/0/\pm 45/0]_s$	2 mm	798.7 MPa▲	174.7 MPa▲
LY12-CZ	钣材	2 mm	392 MPa	235.2 MPa

表中 ▲ 值为理论估算值。

若有一计算部位，需将轴向力通过剪切方式传递，如图 7.34 所示。

$$2\tau_s = \frac{\sigma_s at}{bt} = \frac{a}{b}\sigma_s$$

$$\tau_s = \frac{a}{2b}\sigma_s$$

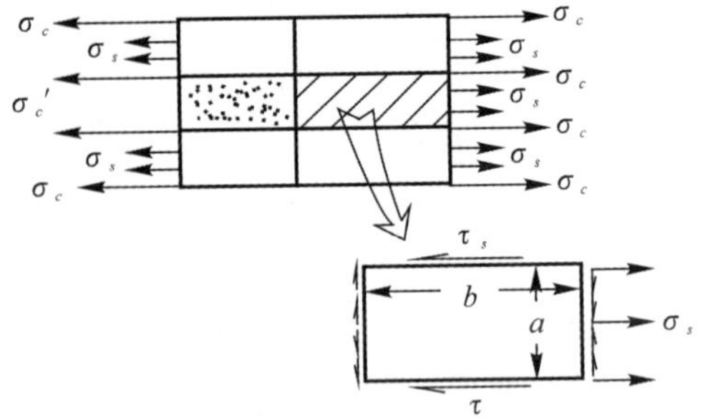

图 7.34 开口部位处载荷的传递

设$\frac{a}{b}=\frac{1}{2}$，则 $\tau_s=\frac{1}{4}\sigma_s$。对铝合金材料，若取 $\sigma_s=\sigma_b$，则 $\tau_s=\frac{1}{4}\sigma_b=98$ MPa，因为 $\tau_s \ll \tau_b$，说明在 $b=2a$ 的板元尺寸下，板元的轴向拉伸限载荷 $P_b=\sigma_b at$ 可以全部转化为剪力形式传递出去。对复合材料，若取 $\sigma_s=\sigma_b$，则 $\tau_s=\frac{1}{4}\sigma_b=199.7$ MPa。因为 $\tau_s>\tau_b$，故改取 $\tau_s=\tau_b$，得 $\sigma_s=4\tau_s=4\tau_b=697.7$ MPa。

$$\frac{\sigma_s}{\sigma_b}=\frac{697.7}{798.7}=0.874=87.4\%$$

这说明在 $b=2a$ 的板元尺寸下，板元的轴向拉伸极限载荷 $P_b=\sigma_s at$ 不能全部转化为剪力形式传递出去，而只能传走其中的 87.4%，也即由于复合材料板的剪切能力低而限制了板的轴向承载能力的充分发挥。

当$\frac{a}{b}=1$时，则 $\tau_s=\frac{1}{2}\sigma_s$。对铝材取 $\sigma_s=\sigma_b$，则 $\tau_s=\frac{1}{2}\sigma_b=196$ MPa $<\tau_b$，说明此时板元的轴向极限载荷仍可全部传递。对复合材料，则$\frac{\sigma_s}{\sigma_b}=0.437=43.7\%$，说明此时所传递的载荷更少了。

上述数例对比说明，复合材料板件有开口时的轴向承载能力的发挥要受到传剪能力的制约，故在结构形式的选择和细节设计时，应力求避免通过层合板的受剪来传递大的轴向载荷；当不能避免时，则须布置比金属结构要大的传力参与区。

参与区的精确计算和设计应通过有限元分析确定。

(5) 复合材料结构的开口边缘存在自由边效应，应采取合理的防分层措施。

六、复合材料结构的连接设计

相对金属结构而言，复合材料虽然具有提高结构整体性的优越条件，但由于设计、工艺和使用维护等方面的需要或限制，还是必须安排一定的设计和工艺分离面、维护口盖等，必须有相应的连接，所以连接设计在复合材料结构设计中是必不可少的关键环节之一。然而复合材料结构与金属结构的连接设计和强度分析具有不完全相同的内容和特点，影响复合材料连接强度的因素要复杂得多，对此要予以特别注意。

复合材料连接可分为胶接、机械连接（包括螺栓连接和铆接）和混合连接三种类型。从连接效率看，复合材料结构应尽量采用共固化或二次胶接，少用机械连接，以免钻孔切断纤维。但由于胶接强度分散性较大、剥离强度低等原因，因而目前对于要传递较高载荷或强调可靠性的部位，一般机械连接仍是最常用的连接方法，而胶接则较适用于传递较小载荷的部位。胶接连接和机械连接这两种连接方法的优缺点比较详见表 7.12。

表 7.12　机械连接和胶接连接的优缺点

	机械连接	胶接连接
优点	(1) 便于质量检测，连接可靠 (2) 能传递大载荷，抗剥离性能好 (3) 允许拆卸再装配 (4) 受环境影响较小 (5) 没有胶接固化时产生的残余应力 (6) 装配前构件表面无须进行专门的清洁处理	(1) 无孔引起的应力集中，不需要连接件，结构轻，连接效率高 (2) 抗疲劳，且破损安全性好 (3) 密封、减振、绝缘性能好 (4) 可用于不同类材料的连接，无电偶腐蚀问题 (5) 能获得光滑的气动外形
缺点	(1) 孔处纤维被切断，导致应力集中，降低连接效率 (2) 孔附近可能须局部补强加厚，增加重量 (3) 采用钢和铝紧固件时，有电偶腐蚀问题 (4) 抗疲劳性能差	(1) 强度分散性大，较难准确检测，不易控制质量 (2) 抗剥离能力差，不能传递大载荷 (3) 胶粘剂存在老化问题，受环境影响大 (4) 不能拆卸，外场修补较复杂

1. 胶接连接设计

(1) 选择合理的接头型式。不同胶接接头形式的连接强度与被胶接件的厚度有较大关系(见图 7.35)，接头型式的选择应尽量使作用载荷主要使胶层受剪应力，避免使其受到法向应力，以防止发生劈裂和剥离破坏。一般说单搭接接头用于薄层板，双搭接接头适用于薄至中等厚度层板，层板厚度相当大时，宜采用斜面搭接或阶梯形搭接。接头形式尽量避免受载偏心。

(2) 尽可能减少应力集中，单搭接接头在板件边缘制斜面或倒角(见图 7.36(a))。单搭接接头在连接处布置横向构件可改善接头的受力状态，降低剥离应力(见图 7.36(b))。

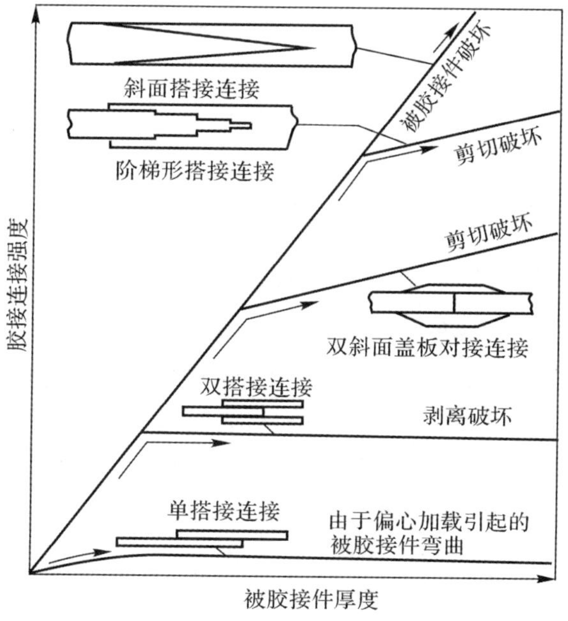

图 7.35　胶接件厚度对接头型式选择的影响

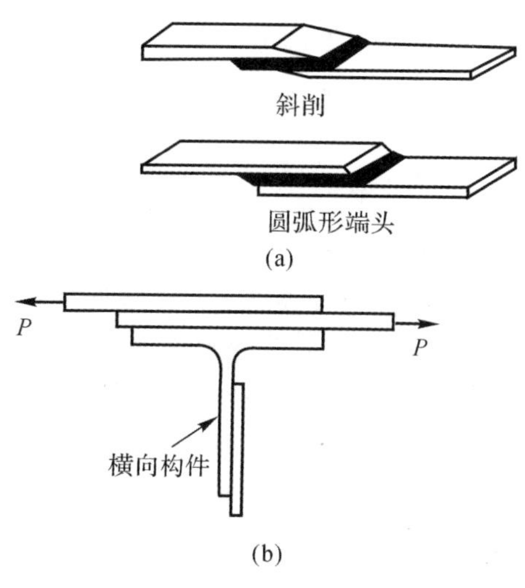

图 7.36　单搭接接头降低剥离应力的措施
(a) 降低应力集中的设计措施；
(b) 有横向支撑的单搭连接

(3) 待胶接表面的纤维方向最好与载荷方向一致(或成 45° 角),不能与载荷方向垂直,以免过早发生胶接处层间剥离破坏。两个相贴合的待胶接件表面泊松比应尽量匹配。

2. 机械连接设计

(1) 推荐使用高锁螺栓以及专门为复合材料设计的胡克铆钉、高锁环槽铆钉等紧固件。紧固件材料应使用钛合金或不锈钢,并采用涂以密封胶的湿装配,以防止电偶腐蚀。对结构整体油箱区的紧固件应采用密封措施,如涂密封胶或加塑料帽套等。

(2) 碳纤维复合材料呈脆性,多钉连接时,脆性使各钉孔的承载严重不均。加之孔引起的应力集中比金属结构严重。故如有可能,尽量采用不多于两排的多钉连接,并建议选用比铝结构更大的端距,构件的铺层中 ±45° 层一般不少于 40%,90° 层至少占 10% 比较合理,也可以在连接区采用碳纤-玻纤混杂构成刚度较小的软化带,它可对连接强度有所改善。

(3) 接头型式与金属结构类似,双剪较单剪接头好,斜削和阶梯形接头可改善多钉连接时钉载分配的不均匀性。

七、层合板的屈曲与设计考虑

层合板的屈曲不仅比金属材料板要复杂而且还有其独特之处,需要结构设计人员予以注意。本章从设计角度进行简要的定性论述,在探讨层合板的屈曲特性时,常将其简化为总体匀质的正交各向异性板。

(1) 沿主向一对边均匀受压的四边简支矩形板(见图 7.37)。

$$(N_{x,cr})_{\min} = \frac{\pi^2 K}{b^2}$$

当 $\frac{a}{b} > 3$ 时

$$K = 2[\sqrt{D_{xx}D_{yy}} + (D_{xy} + 2D_{ss})] \tag{7.31}$$

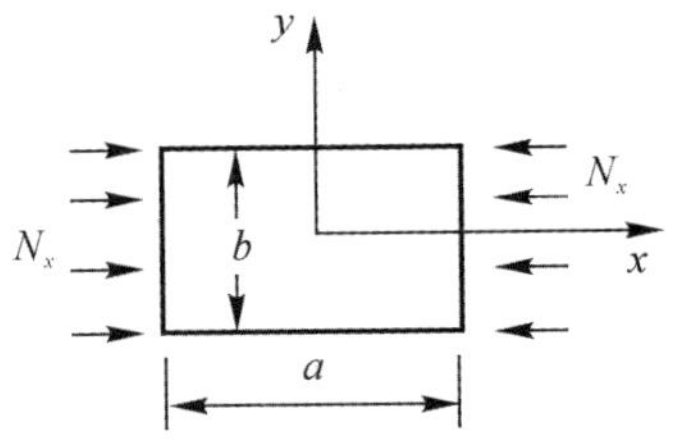

图 7.37 对边受压矩形板

由上式可知,层合板的受压屈曲临界载荷 $N_{x,cr}$ 不仅与受压方向(x 向)的刚度,而且还与 y 向刚度和剪切刚度有关。故当铺层参数改变时所有弯曲刚度系数随之而变,$N_{x,cr}$ 也相应改变。由于复合材料的 E_y,G_{xy} 一般较小,故其 K 值约为铝材的 $\frac{1}{4} \sim \frac{3}{5}$。为了提高 K 值,层板中并非如人们直觉所想的增加 0° 层比例,而是应增加 ±45° 层的比例。对于盒段的受力蒙皮,不论从提高承扭能力和提高受压稳定性都希望增大 ±45° 铺层的百分比,但对于主要承受轴向载荷的长桁和梁缘条来讲,就需在结构铺层设计时妥善处理增大轴向承载能力和提高受压稳定性间的矛盾。以准各向同性层合板为例,其拉压极限强度(T300/4211 的估算值)与 LY12-CZ 的相当,约为 392 MPa,然而其轴压屈曲临界载荷却只有铝材的一半。

(2) 沿两个主向的两边均匀受剪的四边简支矩形板(见图 7.38)。

$$(N_{xy,cr})_{\min} = \pm \frac{\pi^2}{b^2} K$$

$$K = \frac{9}{32}\left[\left(\frac{b}{a}\right)^3 D_{xx} + 2(D_{xy} + 2D_{ss})\frac{b}{a} + D_{yy}\frac{a}{b}\right] \tag{7.32}$$

以$[\pm 45]_{2S}$层压板(T300/648)为例

$$(N_{xy,cr})_C = 29\ 351\ \text{N/m}$$

$$(N_{xy,cr})_{AL} = 56\ 448\ \text{N/m}$$

$$\frac{(N_{xy,cr})_C}{(N_{xy,cr})_{AL}} = \frac{29\ 351}{56\ 448} = 0.52$$

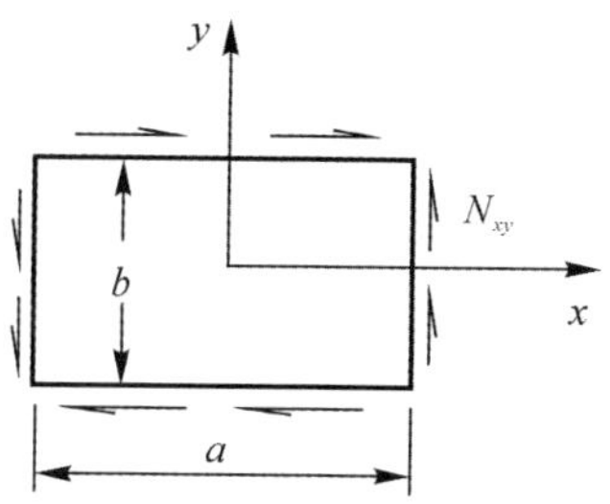

图 7.38　均匀受剪矩形板

当层压板采用100%的$\pm 45°$铺层时，其剪切破坏强度可与LY12-CZ的相当，然而由上例可知其剪切屈曲临界应力仅为铝材的50%左右。这个特点在设计复合材料梁(墙)的腹板时应加以注意。

理论分析还表明，由于$90°$层对D_{yy}的贡献最大，因此当$a/b>1$后，对提高剪切屈曲临界应力增加$90°$层比增加$\pm 45°$层有利；反之，若$a/b<1$，则增加$0°$铺层就最为有利了，这个特点可在结构设计时考虑应用。

7.6　复合材料结构的耐久性/损伤容限设计

美国1975年颁布的军用标准“飞机结构完整性大纲——飞机要求”中尚不包含复合材料结构的内容。当时对复合材料的损伤、断裂、疲劳的研究和认识很不充分，在设计时基本上套用金属结构的方法。从20世纪70年代中期到80年代初的研究和使用经验使设计人员逐步认识到，复合材料的损伤、断裂和疲劳性能与金属有很大差别，金属结构的设计与验证方法往往不能直接用于复合材料结构，并发现冲击损伤和湿热效应等是影响复合材料结构性能的重要因素，必须在耐久性/损伤容限设计中加以考虑。在20世纪80年代美国的一些公司均对有关问题进行了深入的研究，美国空军、海军相继在1985年、1987年、1990年制订或增补了有关复合材料结构的耐久性/损伤容限的设计和验证的有关内容，并于1995年提出统一的规范文本，明确了对复合材料结构的损伤容限要求和低能量冲击的耐久性要求，还明确了冲击损伤的试验标准、湿热环境对冲击损伤的影响，以及新的材料体系引入后这些要求的适用性等。国外民机复合材料结构的耐久性/损伤容限设计也大致经历了这一过程。我国通过十余年的研究和型号研制，对复合材料结构的耐久性/损伤容限设计与验证技术逐渐形成了比较系统的认识，并积累了一定的数据和经验，于1995年编制出版了“复合材料飞机结构耐久性/损伤容限设计指南”。

一、复合材料结构损伤、断裂和疲劳的特点

目前用于飞机结构的主要是纤维增强树脂基复合材料层合板或层压结构，这类复合材料的损伤、断裂和疲劳性能与金属材料(主要指铝合金)有很大差别。这些差别的来源主要是由于复合材料层合板的各向异性、脆性和非均质性，特别是层间性能远低于层内性能等特点。另一方面，复合材料构件的制造目前很多靠人工铺贴和热压成形，加上加工、运输过程中可能受到的外来物冲击，复合材料制件会程度不同地带有各种缺陷/损伤，并在质量以及损伤、断裂和疲劳性能方面与各向同性材料构件相比具有较大的分散性。这些不同点主要反映在以下几方面。

1. 主要的缺陷/损伤类型

裂纹是金属飞机结构的主要损伤形式。复合材料结构的关键缺陷损伤形式是界面脱胶、分层和外来物产生的低能量(特别是低速)冲击损伤。由于复合材料是由纤维、基体组合成铺层，再

由若干铺层叠压而成，所以形成的缺陷和损伤形式繁杂、多样。就其来源看大致有以下几种：

(1)制造缺陷。制造缺陷通常可以分为两类。一类是铺贴和固化过程中产生的，例如空隙率、分层、脱胶、夹杂、贫脂或富脂、树脂固化不完全、纤维方向偏离(或纤维弯曲)、铺层顺序错误等。另一类是在机械加工和装配时产生的，例如刻痕、擦伤、撞击脱胶、钻孔不当、螺栓拧紧力矩过大等。

(2)冲击损伤。冲击损伤按其形态主要为两类。一类是高能量、一般也是高速冲击，例如子弹、非包容发动机碎片、鸟撞等外来物的冲击造成的损伤，它往往是穿透性的，并伴随着一定范围的局部分层。雷击虽不属冲击，但它也可能导致蒙皮被击穿、产生深度分层或严重烧蚀。上述这些损伤均目视易检，可以及时发现，并可很快采用修理措施或更换受损部件。另一类是低能量冲击，多数情况下也是低速冲击。它包括生产或维修用工具的掉落，叉车、卡车和工作平台这一类维护设施的撞击，维修人员无意中的粗暴脚踩，起飞、着陆时从跑道上卷起的碎石的撞击，以及在地面或空中飞行时冰雹的撞击。这类损伤往往从冲击表面很难察觉，目视不可检，但内部可能已产生了大范围的基体开裂和分层，因此会带来更大的威胁(见图 7.39)。

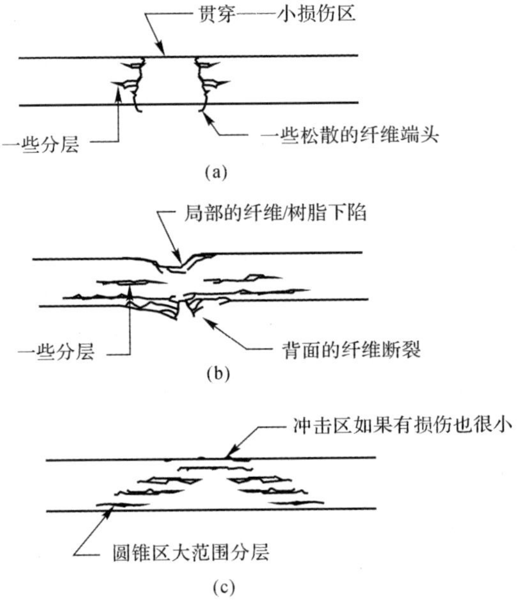

图 7.39　不同能量下的冲击损伤模式

(a)高能量冲击损伤；(b)中等能量冲击损伤；(c)低能量冲击损伤

(3)孔。孔是设计中不可避免的，虽然不属于缺陷和损伤，但它确实引起了结构强度的削弱，是耐久性/损伤容限设计时必须考虑的因素之一。

上述损伤中对于复合材料结构最严重的是冲击损伤。当金属结构受冲击后可能仅仅引起一些凹坑(除非能量很大，以至击穿)，但复合材料层压结构受低能量冲击后一般都会引起内部局部分层，因此冲击后，在压缩、层间剪切载荷和剪切载荷下均显得很脆弱，尤其是在压缩载荷下，分层很易进一步扩展。冲击后的压缩静剩余强度一般只剩有无损强度的 40%，远比金属严重。在载荷环境谱下，损伤进一步扩展(见图 7.40)，还会使结构的强度和刚度有所下降，其压缩强度可能比上述静剩余强度再减少 40%。据此，复合材料结构的耐久性/损伤容限设计的注意力更多地集中于冲击损伤而非疲劳。

2. 疲劳性能

金属对疲劳一般比较敏感，特别是含缺口结构受拉-拉疲劳时，其疲劳强度会急剧下降。但复合材料一般都显示有优良的疲劳性能。在拉-拉疲劳下，它能在最大应力为80%极限拉伸强度的载荷下经受10^6次循环。在拉-压或压-压疲劳下，其疲劳强度略低一些，但均不低于相应静强度的50%。

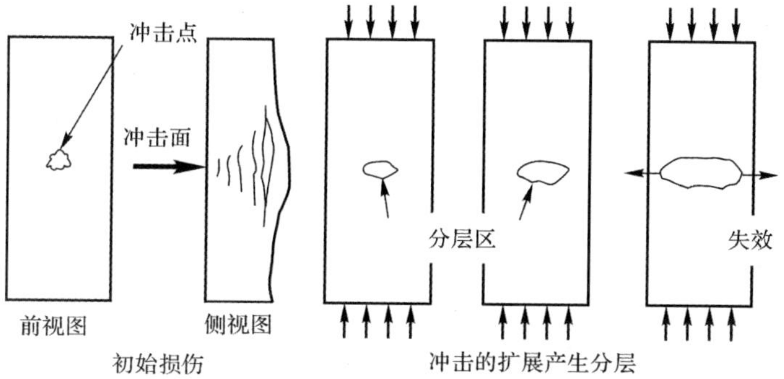

图 7.40　在周期压力载荷作用下冲击分层的扩展

3. 缺口敏感性

正如7.5节中曾提及的，复合材料的静强度缺口敏感性远高于金属，但在疲劳载荷下基本没有缺口的影响，其疲劳缺口系数远小于其静应力集中系数。

4. 损伤扩展性能

复合材料结构主要考虑冲击损伤和分层在疲劳载荷下的扩展性能。试验结果表明，一般很难观察到它们在疲劳下的扩展，即使出现损伤扩展，往往是在寿命后期，并且很难确定其扩展规律。

5. 分散性和环境影响

复合材料静强度和疲劳强度的分散性均高于金属，特别是疲劳强度尤为突出，因此在对复合材料结构进行疲劳验证时，除寿命分散系数外，有时还考虑载荷放大系数。此外复合材料的性能一般均应考虑湿热环境的影响。

表7.13概述了影响复合材料结构与金属结构疲劳和损伤容限的各种因素的比较。

表 7.13　影响疲劳和损伤容限的因素比较

内　容		金　属	复合材料
主要损伤原因		疲劳、腐蚀、应力腐蚀	外来物冲击、制造损伤
关键损伤类型		裂纹	冲击损伤、分层
危险载荷形式		拉伸	压缩
应力-应变行为		有屈服阶段	大多直至破坏均呈线性
缺口敏感性	静强度	不敏感	相当敏感
	疲劳	非常敏感	不敏感
破坏前损伤的可检性		通常目视可检	可能目视不可检
损伤扩展		沿主裂纹扩展，并有规律可循	多种损伤形式扩展，尚无规律可循
环境对性能的影响		不敏感	要考虑湿热反应
静强度和疲劳分散性		小	大

二、复合材料结构的耐久性/损伤容限设计要求

复合材料结构的耐久性/损伤容限设计要求基本与金属结构相同，但针对复合材料结构的特点有一些补充要求或区别。

1. 耐久性对复合材料结构的补充要求

(1)要进行足够的试验来确定疲劳分散性和湿热环境的影响。

(2)设计时必须考虑使用中的冲击损伤对修理、维护和功能可能产生的影响，即不致出现昂贵的维修问题。将结构划分为易受冲击和不易受冲击部位两个区域，分别提出不同的要求。

2. 损伤容限要求

与金属结构类似，要求含缺陷的结构在使用期内应有足够的剩余强度，还应按复合材料结构的损伤容限结构类型提出相应的损伤扩展要求。复合材料结构的缺陷/损伤类型主要包括划伤、分层。此外因低能量冲击损伤可能在使用的任意时刻(包括刚刚投入使用时)出现，而且在整个使用期内很难用常规的目视检测方法检出，因而把它也归入初始缺陷中。

三、复合材料结构耐久性/损伤容限设计方法概述

复合材料飞机结构的耐久性/损伤容限设计和评定主要通过设计选材、限制设计许用值、改善结构细节设计、工艺筛选、质量保证以及采用“积木式”研制和验证试验等措施来实现。复合材料结构的耐久性/损伤容限设计方法与金属结构有较大差别。其基本特点如图 7.41 所示。据此以下对复合材料结构的耐久性/损伤容限设计的一些主要特点作简单介绍。

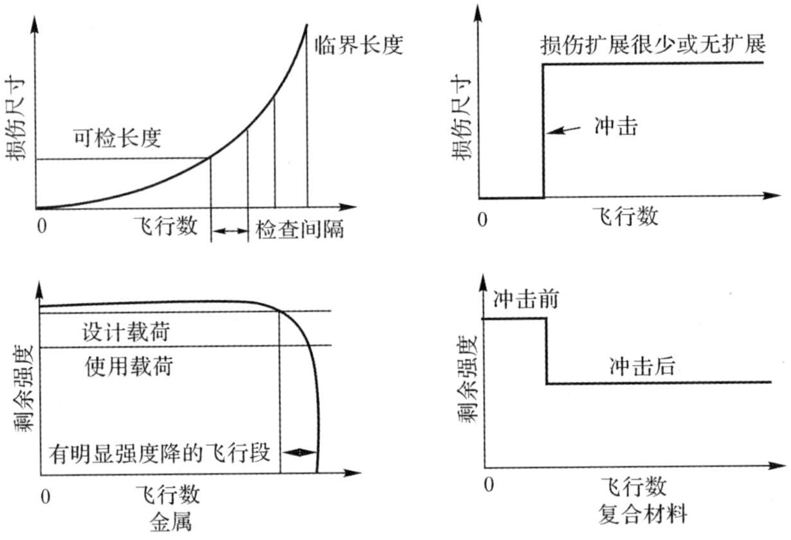

图 7.41　复合材料结构的耐久性/损伤容限设计特点

耐久性/损伤容限的设计方法主要是正确地制定和执行对结构的耐久性/损伤容限控制计划。它包含两项任务，即关键件的选择以及对关键件进行质量控制。它们的原则就复合材料结构和金属结构而言是相同的，只是针对复合材料结构的弱点和特点，有一些问题须特别注意。

1. 关键件的选择

除与金属结构相同的一些考虑因素外，要特别注意以下几点。

(1)易受外来物冲击的部位。

(2)可能承受非层板平面内的载荷(即面外载荷)、受载复杂的承力区的构件和部位。

(3)受高温、湿/热或特殊环境因素长期作用的部位。

(4)加工、装配困难，易产生缺陷的部位。

2. 复合材料结构损伤容限结构类型

通常将复合材料结构归为缓慢“裂纹”扩展结构，对此可采用两种设计概念，即损伤无扩展概念和损伤扩展概念。

(1)损伤无扩展概念。为了满足含冲击损伤时的剩余强度要求，一般设计许用值取得比较低。然而复合材料与金属相比有优异的疲劳性能(包括含冲击损伤后)。此外复合材料结构中的缺陷和损伤往往很难预测，并且在疲劳载荷下的扩展目前还无规律可循，鉴于上述原因，目前设计时通常采用损伤无扩展概念。按此概念设计的结构在规定的检查间隔内若出现明显的缺陷/损伤扩展时，必须重新设计。

(2)损伤扩展概念。采用损伤扩展概念设计的前提条件是：对可能出现的每种缺陷/损伤类型，在使用载荷谱下的扩展特性有可靠的数据和足够可靠的检测方法。

由于损伤无扩展概念的主要设计措施是控制设计使用应变，目前一般取拉、压为4 000～5 000 $\mu\varepsilon$，剪切约为7 000 $\mu\varepsilon$，许用值较低，因此不利于充分发挥复合材料的潜在优势。目前国内外均在进行研究，包括提出一些适合复合材料的新的结构损伤容限设计概念、新的结构形式、新的材料体系以及新的制造工艺等，以期使设计许用应变值有所提高。

设计许用值的具体确定方法以及现有国内外飞机的部分复合材料结构部件所用的设计许用值已在7.4节中作了介绍，此处不再赘述。

3. 复合材料结构耐久性/损伤容限的设计考虑

所谓设计考虑主要是指从设计方面对关键件进行质量控制所采取的一些措施。这些措施和相应的设计原则与金属结构基本相似，如合理地选材，控制应力/应变水平，合理地进行结构布局，精心的细节设计，保证结构的可检性、可修理性和可更换性，尽量降低全寿命周期成本等。但其具体内容有所不同。下面我们主要就结构选材和结构设计方面进行一些讨论。

四、复合材料结构耐久性/损伤容限的设计选材和材料设计

根据结构完整性要求，对所用的材料体系性能的要求应综合考虑。除了材料的基本性能和工艺性外，针对耐久性和损伤容限设计的要求则应主要考虑材料的韧性和最高使用温度等环境因素的影响。重点是抗冲击损伤的性能，包括冲击后剩余压缩强度和冲击后损伤面积，层间断裂韧性 $G_{\mathrm{I}C}$，$G_{\mathrm{II}C}$。此外还有开孔试样的拉伸、压缩性能。

提高层间断裂韧性主要从两方面考虑。

(1)选取韧性好的基体，这是因为层间性能主要取决于基体性能。一般来说基体的韧性高可有效地提高 $G_{\mathrm{I}C}$和 $G_{\mathrm{II}C}$，从而可抑制分层、减少冲击后损伤面积(见表7.14)。热塑性基体能显著地提高抗冲击能力，但其加工方法尚未得到充分的发展，且成本较高。

表 7.14 不同基体和纤维复合材料的断裂韧性值

材料体系	基体	$G_{\mathrm{I}C}/(\mathrm{J\cdot m^{-2}})$	$G_{\mathrm{II}C}/(\mathrm{J\cdot m^{-2}})$
T300/5208	环氧	97	350
T300/QY8911	双马	252	665
T300/5405	双马	267	1 358
T800/5245	双马	352	556
IM7/5250-4	双马	280	620
IM6/APC2	热塑性	1 800	2 200
AS6/2220-3	环氧	252.9	887.2
AS6/5245C	双马	301.6	817.2
AS6/PEEK	热塑性	1 167.5	2 411.7

对复合材料结构整体油箱要防止冲击后漏油，因此选材时除了要使冲击引起的损伤面积小之外，还要同时考虑应该有较高的击穿临界能量值，使之在高能量冲击下不易被击穿。

(2)利用复合材料可设计性提高韧性。

1)采用混杂复合材料。主要是用玻璃纤维或芳纶(Kevlar)纤维与碳纤维混杂。由于玻璃纤维等有高延伸率和高断裂韧性，因此可有效地提高受损结构的剩余拉伸、压缩强度(见图 7.42)。图中的临界应变相应于受拉时裂纹失稳扩展时的应变值。

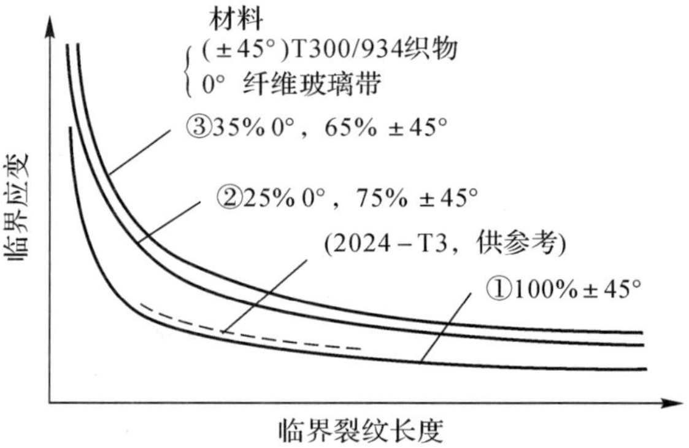

图 7.42 S-玻璃纤维和碳纤维混杂对损伤容限特性的改善

2)利用铺层设计改善损伤容限特性(见图 7.43)。一般来说±45°层压板对冲击损伤和含孔拉伸均相对不敏感，所以受损后强度降要小些。采用不同的纤维(如高应变纤维 AS6)，不同的铺层比，甚至不同的预浸料供应形式(单向带或织物)都可获得不同的效果。

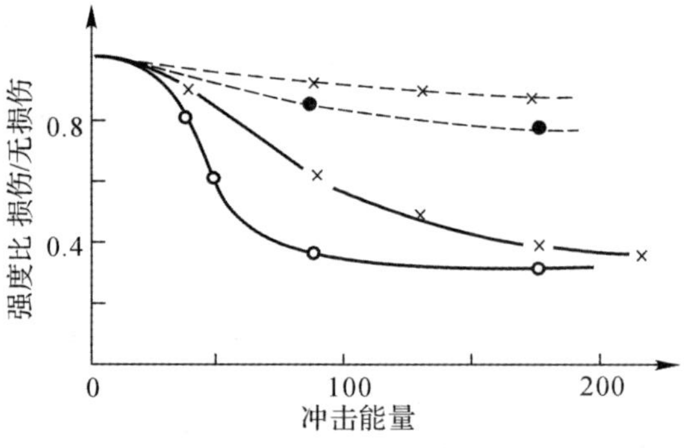

图 7.43 冲击损伤对拉伸、压缩强度的影响

拉伸：×—× 50%0°/±45°；×…× 100%±45°；

压缩：○—○ 50%0°/±45°；●----● 100%±45°

五、具体结构设计中的设计考虑

1. 结构布局

有损伤容限要求的飞机结构，一般应采用多传力途径的结构布局。在 7.5 节中提出的机翼类翼面结构常用的两种结构型式：梁、肋和加筋壁板的结构型式及蒙皮较厚的多墙（梁）式结构型式均属多传力途径结构布局，这种布局可使结构具有一定的破损安全性能。

国外对梁、多肋、加筋壁板类结构型式还提出了一种“软蒙皮”设计概念。它的基本设计思想是把不同铺向角的铺层组分别集中到不同的元件中去，即将蒙皮设计成刚度较低的蒙皮（一般蒙皮较薄），以±45°层为主（可占蒙皮层合板的（70%～80%）左右），如图 7.44 中示例的蒙皮，其 0°/±45°/90°的比例分别为 10/80/10 也有的可在局部区域混杂以一定的玻璃纤维，主要用以承受剪切和整体油箱中的内压，并有利于提高抗冲击损伤能力。加筋条则以 0°层为主，用以承受弯矩引起的拉、压载荷。蒙皮和加筋条通过共固化或机械连接构成机翼壁板。也有的设计方案还在软蒙皮中隔一定间距，嵌入相当的 0°层作为附加的增强件（如图 7.44 中的(b)），起止裂带作用。这类壁板的筋条剖面形状、几何参数、间隔以及筋条与蒙皮结合在一起的制作方法等均对其损伤容限性能有所影响。

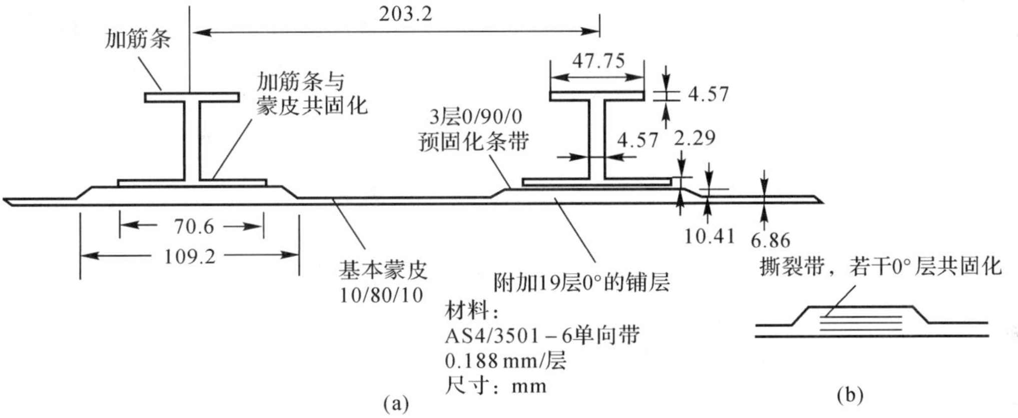

图 7.44　软蒙皮设计举例（机翼壁板典型剖面）

注　加筋条：(0°/±45°/90°)比例 60/30/10

基本蒙皮：(0°/±45°/90°)比例 10/80/10

2. 铺层设计和细节设计

因为复合材料结构耐久性/损伤容限设计考虑的主要损伤是冲击后引起的分层，因此在 7.5 节中介绍的避免或减少分层的铺层设计诸原则，以及有关细节设计中所采取的各项设计措施也是复合材料结构耐久性/损伤容限的设计措施，此处不再重复。

3. 防护设计

耐久性设计的目的在于提供抗腐蚀、抗磨损、抗疲劳/环境引起损伤的能力，同时要以合理的维修价格确保经济寿命。复合材料对此须采取一些特殊的设计措施。

(1)电偶腐蚀的防护设计。碳纤维复合材料具有较高的电位，与金属件接触时常会引起金属件的电偶腐蚀，为此可采取以下设计措施：

1)注意结构密封，防止水气、海水浸入，以免电解溶液积聚。

2)尽量避免小的金属件与大面积复合材料接触,对紧固件应严格防护。必须接触时,可在两者之间采用涂层或绝缘材料(如玻璃布等)制成垫片、套管等予以隔绝。

3)复合材料只能与经过表面处理的钛合金、不锈钢接触,不能与铝合金以及只经镀镉、镀锌的钢直接接触。

(2)雷击防护。雷击是一种自然现象,飞机结构都要考虑防雷击问题。为此金属结构的零构件要适当布置搭铁线,使飞机本身形成一条电气回路。当雷击到达机体端部等位置时机体便成了雷电冲击的导体,有强大电流通过机体,从触及部位向其他部位迅速传导,直至放电刷放电。复合材料或是不导电(玻纤或芳纶纤维复合材料),或导电性能差(如碳纤复合材料),因此对机翼、尾翼的翼尖部、前后缘以及机身前端等易受雷击的部位应采取防护措施,以求有效地防止或减少复合材料结构的雷击损伤(见图 7.45)。对整体油箱区的雷击防护应保证不致烧穿,内部不会发生火花,并使结构受损最小,以防雷击后漏油。

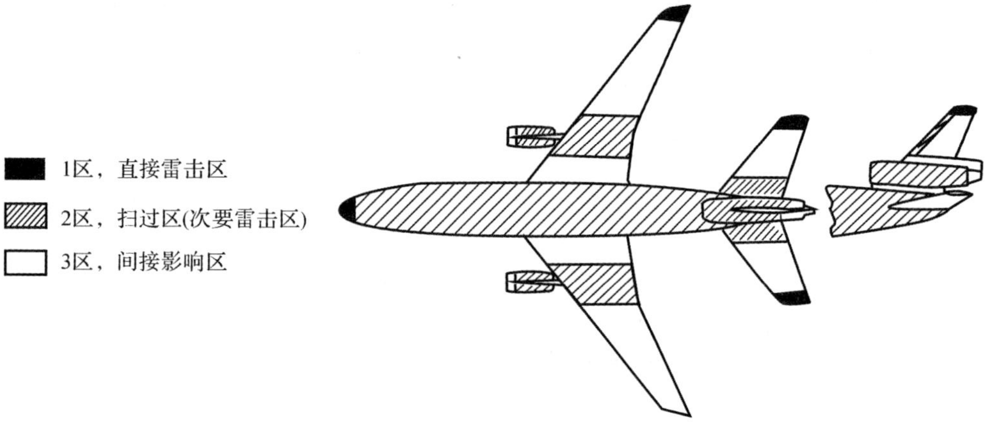

图 7.45 雷击区域(运输机)

复合材料构件常用的防雷击措施列于表 7.15 中。图 7.46 是 A-320 尾翼上采用铝棒分流器的情况。

表 7.15 雷击防护方法

防护方法	使用说明
表面火焰喷涂金属	喷涂厚度不易控制,应保证涂层随构件变形过程中不致产生裂纹。应采用涂有脱模剂的模具进行火焰喷涂
表面等离子喷涂金属	铺叠构件之前对模子进行喷涂。涂层厚度取决于喷枪距喷涂表面的距离
铺铝箔的预浸料	把覆有薄铝箔的预浸料铺设在模子中作为构件的外表面。对双曲度表面构件,要注意铝箔的剪裁
铝丝网	使用铝线网或铝纱网材料。适用于复杂曲面的成型,比铝箔法更易控制,具有质量小的优点。若要求表面光滑,则固化期间应使树脂透过铝丝网或涂漆前进行增填
分流片	在构件上每隔一定距离安置一片平铝片,或在构件四周形成一圈。要注意铝片与金属骨架间的搭接
防雷击导电涂层	在构件外表面涂覆导电涂层,以降低构件表面电阻。可参照有关导电漆的技术标准执行

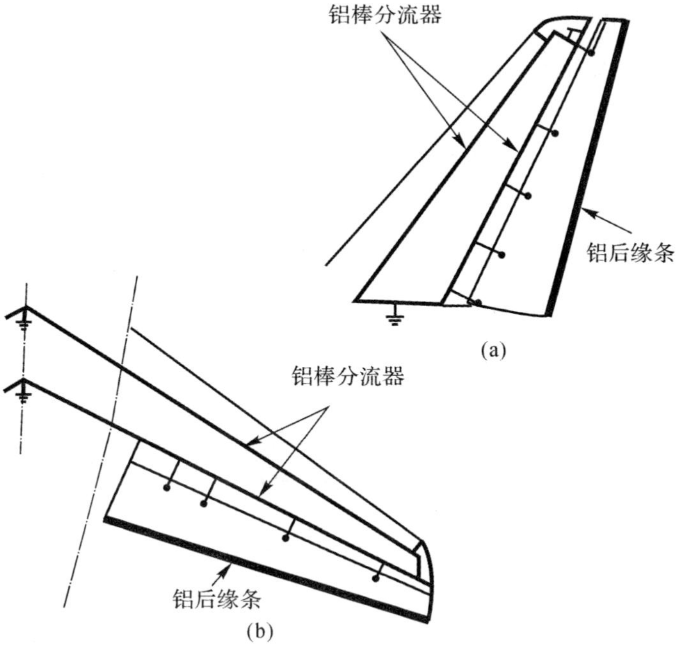

图 7.46 A－320 尾翼上的铝棒分流器

(a)垂直尾翼和方向舵； (b)水平尾翼和升降舵

(3)湿热和某些化学介质的防护设计。湿热对复合材料的基体和胶层的性能影响较大，会大大降低结构的耐久性，为此可采取以下措施：

1)在被胶接构件的接缝处全密封防护。机械连接接头应采取湿装配方法，在紧固件头部、被连接构件的接合处均应涂以密封胶以防水气浸入。

2)整体油箱边界用密封胶密封；内表面涂防渗透涂料，以防冲击后漏油。

3)结构上要设计有效的排水系统和放水口，以便定期排除积水。

六、提高复合材料结构耐久性/损伤容限的特殊设计技术

为了充分发挥复合材料的潜在优势，近年来国内外对提高耐久性/损伤容限的设计技术作了很多研究。除了前面介绍过的有关材料和结构设计上的考虑外，还提出一些如“软蒙皮”设计概念(见“四”)、“软化带”设计技术、止裂带和三维增强等措施。这些方法主要均基于以下的设计思想。

(1)提高结构的抗损伤能力，以抑制损伤的形成，或减小损伤(如受冲击后)范围，抑制和阻止损伤进一步扩展。

(2)提高结构包容损伤的能力，即提高复合材料结构受损后的剩余强度和疲劳强度/疲劳寿命。

以下就其中的几种作一简介。

1."软化带"设计技术

"软化带"用于受拉壁板时有可能对损伤扩展起抑制作用,并提高拉伸剩余强度,也可用于提高机械连接区强度。以后者为例,所谓"软化带"即在构件连接区沿着螺栓排列线取出一定宽度的带区,用模量较低的材料(如玻璃纤维)或铺层(例如原碳/环氧复合材料的±45°层)取代原构件层合板中某些高模量层(如0°层)构成软化带(见图7.47)。软化带区层合板的模量比基本层合板的模量低,可减小孔边的应力集中,使破坏延缓发生。对于多钉连接可使其钉载分配趋于均匀,使钉载最大的螺栓所占载荷比例下降以推迟破坏发生,以上各点可使连接强度有所提高。

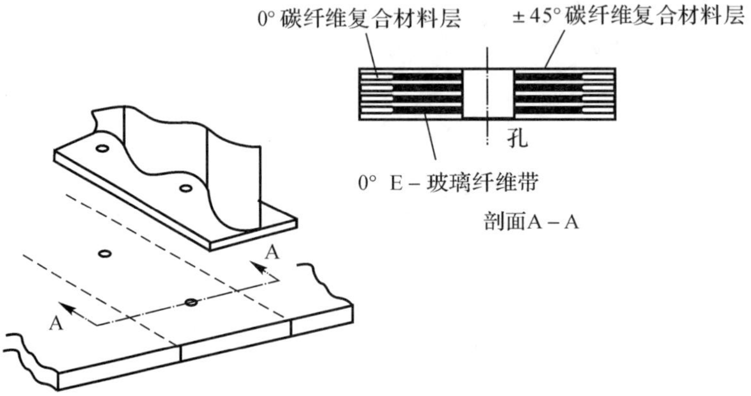

图7.47 连接区软化带设计方案举例

2.三维增强(Z向增强)技术

三维增强包括三维编织(见图7.48)、缝纫(见图7.27)、紧固件机械连接增强等多种方法,主要是为了抑制冲击等引起的分层损伤的扩展,提高结构的损伤容限。其中尤其是三维编织是改善结构抗冲击损伤能力的一种很有潜力的方法。三维编织结构不属于层压结构。由于三维编织时大约有5%的纤维用于垂直于板平面的z向,且编织结构中的纤维互相嵌套,因此不会出现分层。即使有裂纹等损伤,纤维的嵌套和架桥作用也可对其扩展起一定的阻滞作用。

3.胶膜夹层技术

即在碳/环氧铺层之间夹入一些胶膜,可提高结构的断裂韧性。

须要注意的是复合材料的损伤形式众多,其形成和扩展的机理不同,必须针对不同的损伤采取相应的措施。例如主要着眼于改善冲击损伤损伤容限的措施,就不一定适用于含孔或穿透损伤的受损结构,其次提高结构损伤容限的措施,可能会在无损强度、刚度或重量上带来一些不利的影响。因此设计时必须结合具体结构,根据该结构件易出现的损伤形式和受载情况,对结构的强度、刚度、耐久性/损伤容限性能、重量和成本综合考虑,才能求得其最佳的结构效率、低成本以及各种性能之间的平衡。

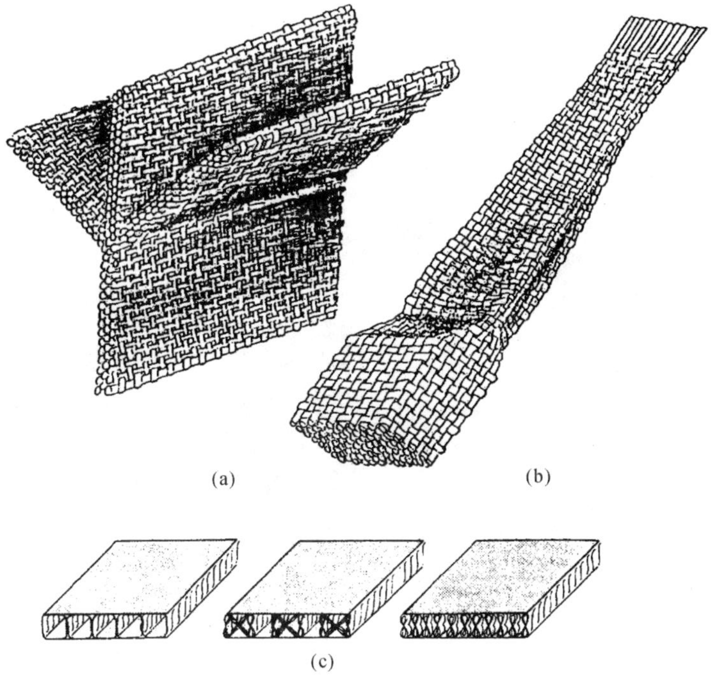

图 7.48　真实的三维编织体的技术示意图

(a)十字形；(b)叶片形；(c)三种常见带波纹芯的构件示意图

7.7　复合材料结构方案的革新和发展

复合材料结构的改进将继续取决于选材、分析、结构方案和工艺等方面的创新。复合材料新的结构方案的应用则取决于飞机性能要求、全寿命成本、费效比以及技术成熟的程度。从目前看，今后一段时间内复合材料结构方案的革新重点是把低成本工艺方法和复合材料可能具有的优点尽量好地结合在一起，制作出高性能、低成本的结构。

一、复合材料结构的革新方案

有前途的复合材料结构的革新方案包括无余量成型技术、整体加筋、革新的蜂窝结构、先进的连接方法——胶接、层压式混杂以及智能材料和结构等。以下我们就其中的几种进行简介。

1. 无余量(或接近无余量)成型技术

这类技术由于减少或去掉了机械加工工序，通过合并组合件，减少了零构件数目，去掉了紧固件或胶接接头，以及可生产出用其他工艺很难制造的结构，因此有可能大大降低成本。无余量成型复合材料工艺包括多向纤维预成型树脂传递模塑技术和树脂膜渗透技术。

(1)树脂传递模塑成型技术(RTM)。RTM 技术是一种闭模成型工艺，它的主要优点是能够制造出高纤维含量的高性能的大型和复杂构形的结构件，且有较高的结构效率，同时由于前述各原因而大大降低成本。它用干态的纤维、纱线或织物制成复杂的柔性的干态三维零构件的预成型件，然后将它置于匹配的模具中，闭合模具，将其抽真空以除去预成型件中残余的空气和水分。将经过加热后减少了黏度的树脂和催化体系在 0.2～0.4 MPa 压力下通过一个注射口射到成型模腔中(见图 7.49)。真空可辅助树脂流动、渗透到预成型件中,然后在高温下固化,不需要热压罐。

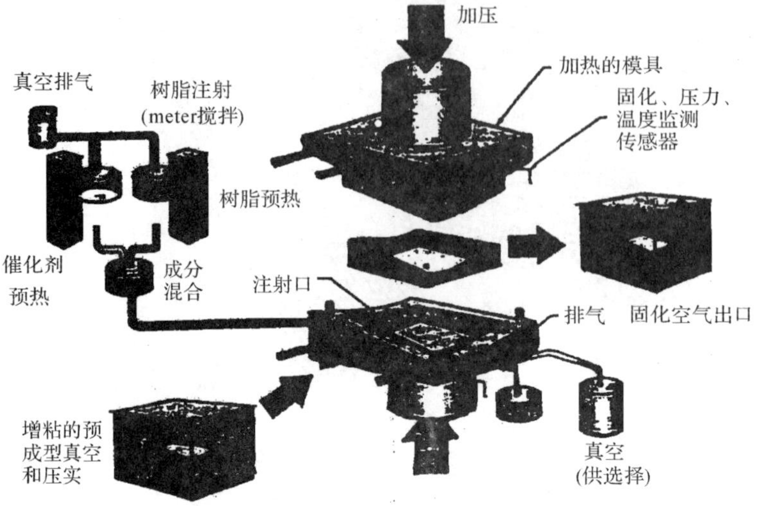

图 7.49 RTM 工艺

目前最常用的预成型技术包括纱线的切断和铺覆(手工铺层)、纺织成型、纤维直接喷射成型和冲模成型等。目前尤其对纺织成型进行了广泛地开发,包括编织、针织、缝合和机织等工艺在内的 RTM 织物预成型工艺已日益普及。

(2)树脂膜渗透成型技术(RFI)。RFI 技术是将干态的纤维预成型件置于带有预制树脂薄膜的模具中,一般在热压罐中控制加热和加压,使树脂膜熔化后渗透到预成型件中。这种工艺能生产出高质量和接近无余量的构件,仅要求对零构件进行清洗和有限的修整。目前 RFI 技术的进展可用于制造壁板,可采用缝合技术制出保持其处理时形状的预成型件(见图 7.50)。

这两种工艺的预成型件均是柔性的。

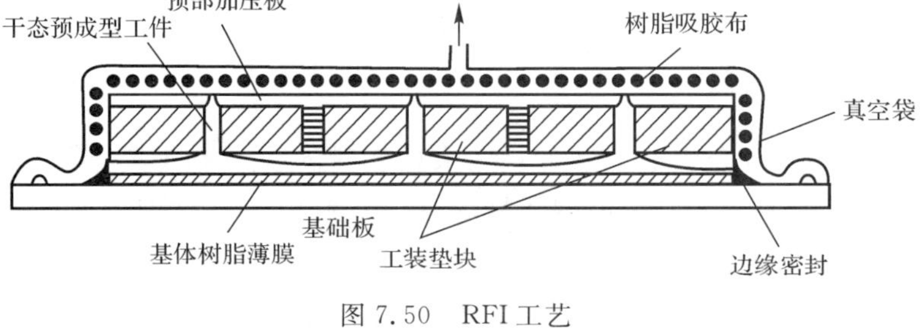

图 7.50 RFI 工艺

2. 整体加筋及均布或正交格栅结构

整体壁板的优缺点已在 7.5 节中予以介绍,现在已用于主结构,如 A－6 机翼的加筋壁板。但目前一般采用的共固化工艺很难制造形状复杂的整体结构件。进一步的革新方案是采用 RTM 或 RFI 这类无余量(或接近无余量)技术来制作,则可发挥更大潜力。

3. 夹层结构的发展

复合材料夹层结构已有广泛应用,但要把它用于关键主结构(如机翼整体油箱)上还有不少革新工作要作：包括密封材料和方法，提高与吸湿有关的抗腐蚀能力，能有效降低成本的制造和装配工艺，耐久性/损伤容限的优化设计和无损评定的方法等。

4. 混杂层压板结构方案

这里指的不是由几种不同纤维制成的混杂复合材料层合板，而是指由薄金属板和纤维增强树脂基复合材料薄层板交替排列组成的混杂层压板。如 2024，7075 铝合金薄板与芳纶或玻璃纤维复合材料层板混杂，钛合金薄板与碳纤维复合材料层板混杂制成的层压板。

混杂层压板有可能用于对重量敏感的疲劳和损伤容限设计的关键部件上。它的疲劳裂纹扩展阻抗比全部用铝和钛合金好得多。此外，它可以使用常规的金属加工工艺进行生产，而且与聚合物基复合材料相比，提高了抗吸湿和抗冲击损伤的能力。混杂层压板在飞机上潜在的应用包括机翼下蒙皮、机身蒙皮、止裂带、尾翼结构以及必须考虑噪声疲劳的结构。

5. 其他

除了上述这些新的结构革新方案外，读者还应注意到，实际上在复合材料结构设计中有一些已知的发挥复合材料性能特点的设计思想在具体设计中还没有得到充分反映。举例来说，我们多次提及纤维方向的性能要合理使用，纤维和它的承载路径应连续，尽量不切断，否则拼接处容易引起结构失效。如图 7.51(a)，(b)，(c)所示某战斗机的翼根就是通过把层压壁板中的部分纤维(有的构件也可能是全部纤维)聚集成几个耳片接头；图 7.51(d)所示"Starship"飞机的前鸭翼，通过把纤维缠绕在一个预先固定的金属衬套上，在鸭翼根部形成耳片部分来集中承载，避免了接头上螺栓孔处的纤维中断。又如图 7.52 所示的由高强度的复合材料和夹层材料组成的隔板则是用缠绕的方法形成直线交叉网格，同时将纤维带(纤维束)的末端缠绕在一起使其在框板的边缘形成网格而不切断任何纤维。由上可知，复合材料的结构设计需要设计师们发挥想象力，进行更多的创造性的工作，使复合材料的潜在优势更好地发挥出来。

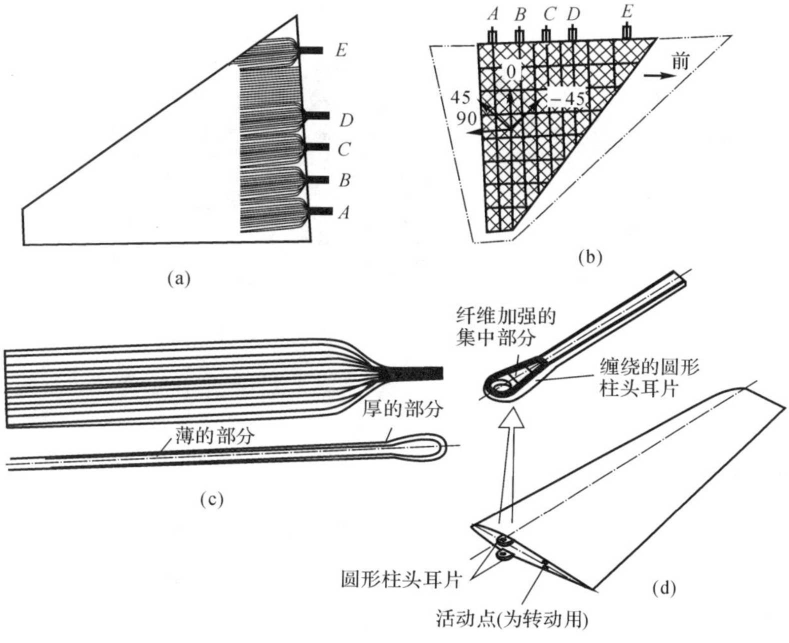

图 7.51

(a)，(b)，(c)为某战斗机翼根耳片；

(d)为"Starship"飞机的前鸭翼翼根耳片

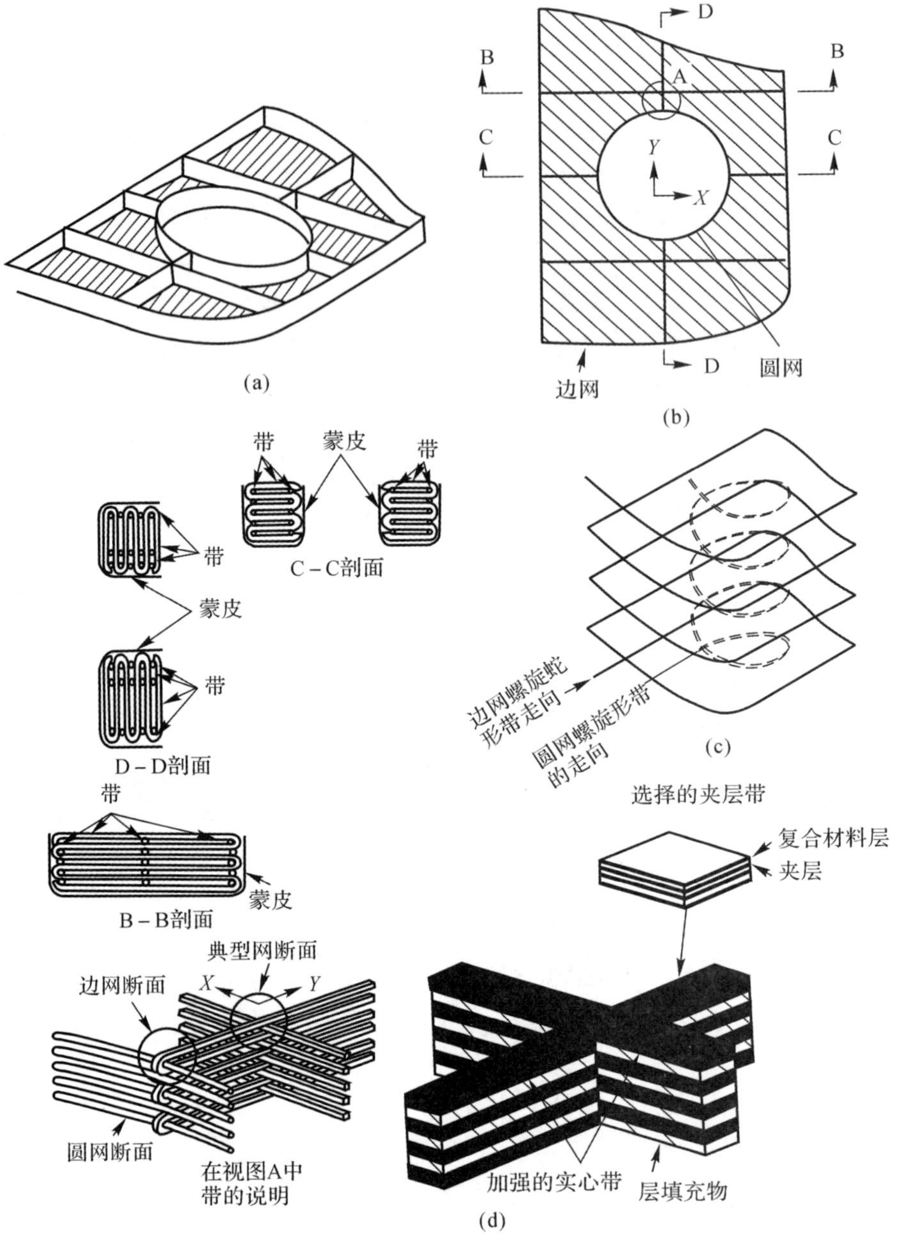

图 7.52　网格壁板

(a)隔板；（b)俯视图；（c)螺旋形带；（d)典型网格断面

二、结构革新方案在飞机部件上可能的应用

根据复合材料在飞机结构上的设计、使用经验，复合材料在主受力结构上的应用首先可能是机翼。军机上已有应用。在民机上的应用则可能须进一步改善工艺技术，如用蒙皮层压结构的自动纤维铺设和树脂传递模塑(RTM)技术，用以成型带肋的韧性蒙皮/长桁整体加筋壁板；或用缝合纤维预成型件，利用树脂膜渗透(RFl)技术生产整体加筋板。但对民机机翼则还

有发动机固定、油箱、电接地等问题尚须解决。

复合材料机身的各个不同部件尚有很多不同的难点要解决，但可以将复合材料应用于某些部位，而将其发展重点放在自动化技术上，像用于制造蒙皮的先进的纤维铺设，用于骨架结构的编织预成型和 RTM 技术，以及组件的共固化和共胶接操作(见图 7.53)。

编制预成型件和 RTM 技术的结合可制出很理想的复合材料结构，它不仅承载能力高，而且克服了复合材料层间强度低、易分层的弱点，并且改善了冲击韧性，有可能会得到广泛的应用。

复合材料另一新的发展领域是作为机敏材料的组成部分制作智能结构，如复合材料智能蒙皮、自适应结构等。有关内容将在第十章中介绍。

本章重点介绍了复合材料包括耐久性/损伤容限设计在内的设计原理、设计方法和某些应用实例。可以看出，复合材料结构的设计与金属结构设计有极大的不同，需要用全新的设计概念去考虑。先进复合材料的出现以及在飞机结构上的应用是在近 30 年中发展起来的，与金属相比，它在设计、分析、制造和使用经验上还很不够，也不完善，还有很多问题需要或正在进行研究，逐步解决。因此学习和了解复合材料飞机结构的设计技术应不断关心新的发展，并积极参与这一创造性的工作。相信今后一定会有更好、更新、更完善的设计、制造方法和设计概念以及各种新的结构方案提出来，使复合材料飞机结构的设计技术不断提高，达到新的水平。

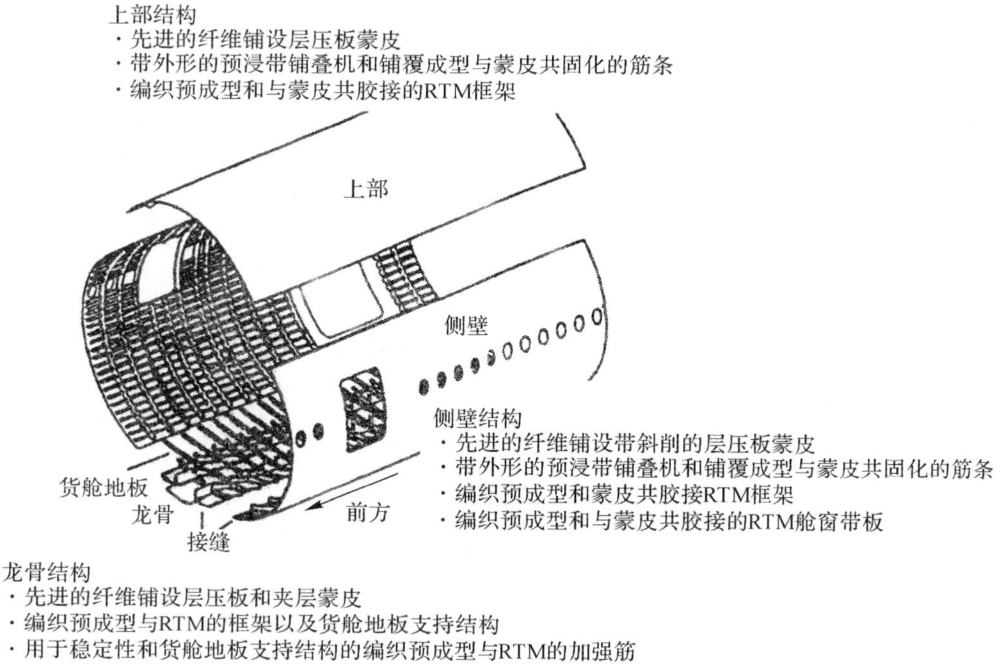

图 7.53　复合材料机身结构的制造技术

思　考　题

1. 复合材料的主要优、缺点有哪些？作为一种结构材料，它在性能上有哪些特点？

2. 采用复合材料作为飞机的结构材料，与金属材料相比，设计时的最大特点是什么？

3. 目前在飞机上应用较多的碳/环氧、玻/环氧、Kevlar/环氧等复合材料在性能上各有什么优、缺点，一般在何种结构上用得较多？

4. 复合材料层压结构的铺层设计包括哪些内容？有哪些设计方法？你认为若在已定型飞机上改用复合材料设计某结构，和在新机设计中采用复合材料设计结构时，各选择何种方法比较合适？

5. 复合材料层压结构最宜受何种载荷？为什么？其他还有什么新的结构类型和新的结构方案？

6. 目前飞机上的升力面（如机翼、尾翼或其他操纵面）采用复合材料作为结构材料时，采用哪些结构型式较多？请分析一下原因。

7. 当复合材料结构处于不同载荷状态时——如拉、压或剪，常用的铺层情况如何？

8. 复合材料结构上有小开口或中开口时，与金属材料相比有些什么特点？若这个结构是受拉结构或是受剪结构，那么应采取哪些设计措施补强？

9. 复合材料结构在哪些部位、哪些情况下比较容易分层？在设计时可采用哪些措施来避免分层和延缓分层的扩展？

10. 复合材料结构有些什么特殊问题要注意解决？

11. 复合材料最危险的损伤型式是哪一种？它对何种强度影响最严重？

12. 复合材料的疲劳特性与金属疲劳特性有何不同？为什么？

13. 复合材料结构耐久性/损伤容限设计从哪些方面考虑？

习　　题

1. 一垂尾的受力盒由前、后梁和壁板组成，盒段平均高度在剖面处 $h=130$ mm（题图 7.1），盒段宽 $B=900$ mm，前、后梁为槽形剖面，梁缘条为角形剖面，壁板上有五个长桁，整个盒段均用复合材料制成。

现已知梁的缘条宽度为 35 mm，为 38 层，其铺层组成为 $[(\pm45)_2/0_3/(\pm45)_2/0_2/(\pm45)_3]_S$；腹板为 28 层，$[(\pm45)_7]_S$。现若略去腹板的承弯能力，缘条作为组成壁板的一部分，试求前、后梁缘条能提供的拉伸刚度为多大？

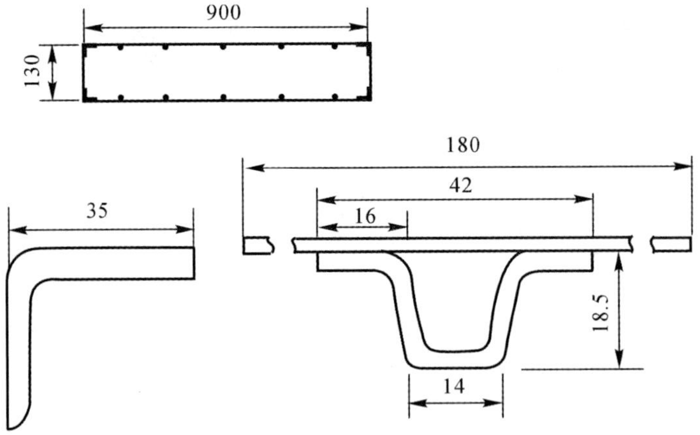

题图　7.1

采用材料为 T300/4211，其单向板性能如下表：

$\frac{X_{1t}}{\text{MPa}}$	$\frac{X_{1C}}{\text{MPa}}$	$\frac{Y_t}{\text{MPa}}$	$\frac{Y_C}{\text{MPa}}$	$\frac{S}{\text{MPa}}$	$\frac{E_{1t}}{\text{GPa}}$	$\frac{E_{1C}}{\text{GPa}}$	$\frac{E_{2t}}{\text{GPa}}$	$\frac{E_{2C}}{\text{GPa}}$	$\frac{G_{12}}{\text{GPa}}$
1 415	1 232	35.0	157	63.9	126	116	8.0	8.34	3.7

为简化计算起见，假设 X_{1t}，X_{1C}和 E_{1t}，E_{1C}取用拉或压中的一个值或取两者的平均值作初步设计之用。该材料的卡彼特曲线如题图 7.2 所示。

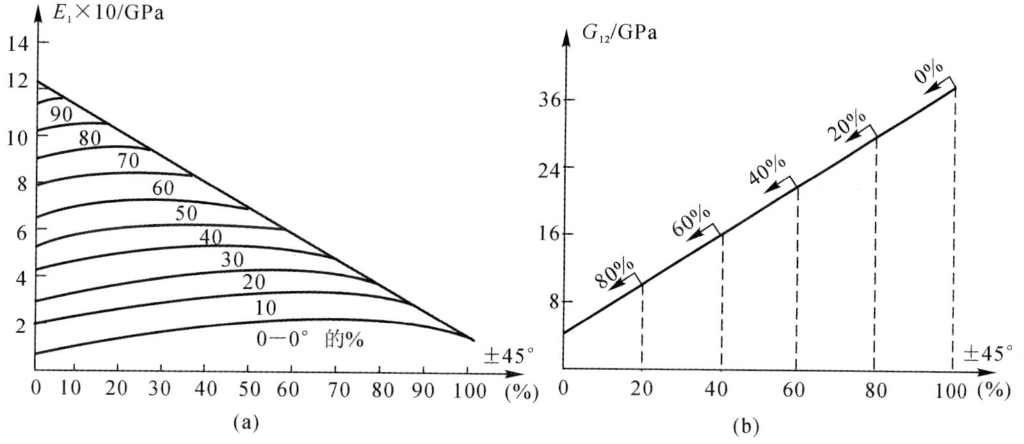

题图 7.2

2. 若前、后梁缘条占壁板总的拉伸刚度的 10%～11%，而长桁占余下的 90%总拉伸刚度中的 20%，即为总拉伸刚度的 18%，蒙皮占总拉伸刚度的 72%，那么长桁和蒙皮各要求的拉伸刚度为多大？

3. 现取一根长桁带一块蒙皮（蒙皮宽度为$\frac{1}{5}B=180$ mm）为一计算单元，并已知要求每个计算单元蒙皮的剪切刚度$(GF)'=(1\ 000\sim1\ 100)10^4$ N。试根据对蒙皮的剪切刚度和拉伸刚度的要求确定蒙皮的铺层组成和层数。

4. 若已定长桁的剖面形状为帽形，组成剖面的各边为等厚度，且铺层组分相同，各边的长度如题图 7.1 所示，请确定长桁的铺层和层数。

（注：每单层厚度 $\delta=0.125$ mm）

5. 已知一π/4 层合板的外载荷为 $\sigma_x:\sigma_y:\tau_{xy}=-10:2:2$；并假设总层数大致取在 24～30 层之间。

（1）试用准网络设计法作为第一次近似，初步确定各定向层铺层的层数化和层数，并由图 7.10 中查出它可承受的最大载荷。

（2）请将该层合板按照铺层设计原则作铺叠顺序设计，然后按规定将此层合板正确地表示出来，并简要说明为何这样设计？

第八章　起落架设计概论

8.1　引　　言

一、飞机起落装置的类型

现代飞机大部分在陆上起飞、着陆，也有的在水上或航空母舰上起飞、降落。在陆上起飞着陆时通常使用带机轮的起落架。当要求飞机在雪地上使用时常采用雪橇。为了使飞机同时也能在无雪的地面上使用(如在异地起飞或降落时)，装雪橇的飞机常同时装有机轮，视需要可将雪橇和机轮中的某一种装置放下，接地使用。

有些飞机也可在陆上(如有些现代无人驾驶飞机)或在航空母舰上(如舰载飞机)弹射起飞。舰载飞机在航空母舰上降落时一般须使用拦阻装置，如拦阻网或拦阻缆等，强制飞机停止运动。

水上飞机有船身式和浮筒式两种。船身式水上飞机没有专门的起落装置，飞机的起飞和降落、漂浮和锚泊均由作为机身的船身承担。浮筒式水上飞机的起落装置则是连接在机身和机翼下方、用胶布制作后充气的浮筒。有关这些起落装置本书不做介绍，以下将只讨论常用的采用机轮的起落架的有关问题。

二、起落架的功用

起落架是供飞机起飞、着陆时在地面上滑跑、滑行、移动和停放用的。它是飞机的主要部件之一，其工作性能的好坏以及可靠性直接影响飞机的使用和安全。飞机上安装起落架要达到两个目的：一是吸收并耗散飞机着陆垂直速度所产生的动能；二是保证飞机能够自如而又稳定地完成在地面上的各种动作。为了能有效地完成其功能，起落架设计面临着结构设计、机构设计、空气动力性能以及由飞机用途决定和维修人员提出的使用、维修等方面一系列存在有一定矛盾的各种要求。举例来说，在多数情况下飞机起落架整个装置的重量约占全机重量的3.7%～5%，占飞机结构重量的10%～15%；而它必须在飞机升空后能收入到对机体结构和飞机阻力影响最小的空间中去。然而，现代飞机速度增大，现代战斗机均要求有近距起落等高性能，一些大型运输机比过去重得多(如波音-747的重量是波音-707-320C的两倍多)，此时就必须采用大的多轮式起落架。同时上述种种原因使起落架的各种装置比过去更为复杂，而使收藏起落架的空间更显紧张。由此可见，设计人员要找到一个能最好地协调各种要求，同时又使结构轻、成本低的设计方案变得越来越困难了。

三、起落架的组成

现代飞机的起落架不单纯只是一个结构，而且是一种相当复杂的机械装置。正如图 8.1，图 8.38 所示，它包括减震系统、受力支柱（有时这两者合二为一）、撑杆、机轮、刹车装置和防滑控制系统、收放机构、电气系统、液压系统和其他一些系统和装置。因此起落架设计比起飞机结构设计的其他部件要包含更多的工程专业，是一门跨学科的综合技术。它包括飞机结构、机构和多种系统的设计、制造技术；包括对机场跑道设计和广泛的材料品种（如铝合金、钢、钛、铍、碳和复合材料）的了解和使用；还包括动态测试和信息化处理技术等。对这些技术必须统筹协调，才能取得设计的最佳综合效果。还须注意到，起落架的设计要求、设计技术和应用的材料都在经常变化和发展中，因此起落架的设计变得日益复杂，但这也促进了与起落架有关的各方面科学技术的迅速发展。设计人员必须跟踪了解这些新技术，不断创新，以确保能按新的要求，使用最新的设计程序、设计原理、设计方法（如系统工程、并行工程的设计方法）和新材料，以求得到满意的设计。本书作为教材，限于篇幅对此无法详述，读者可参考文献[27]，[28]等。本章主要介绍起落架的设计要求、载荷及其构造；阐述减震系统的工作原理及其基本组成；并对某些装置、机构做简要介绍。

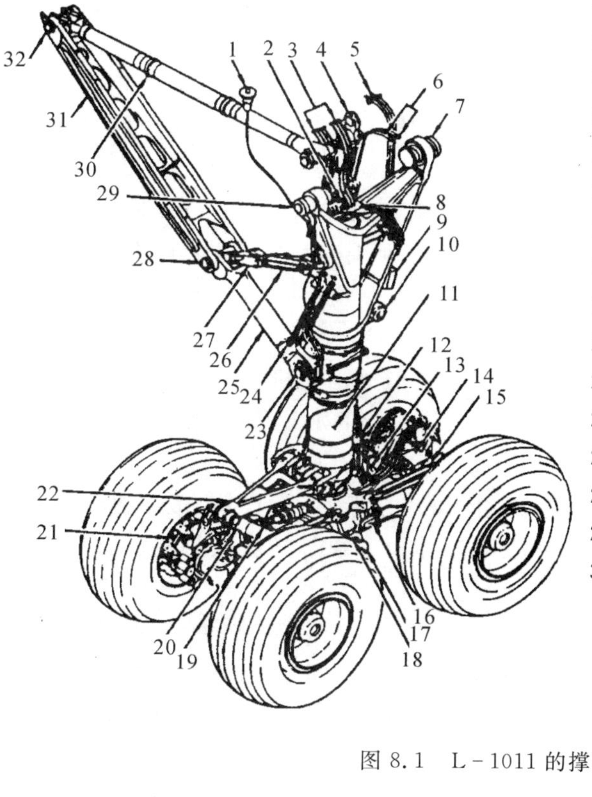

1—机械下位锁指示器　2—充气阀
3，6—至机翼的管路　4—液压收放作动筒
5—至机翼的导线管　7，29—后、前（转轴）轴销
8—管路支架　9—支柱电线接线盒
10—（收放）作动筒柱销　11—减震支柱
12—歧管（集合管）　13—夹紧装置
14—车架横梁接线盒　15—刹车连杆
16—盖板、配重和平衡传感器　17—上位锁减震器
18—车架横梁连接销　19—车架横梁定位器
20，22—下、上扭力臂　21—刹车
23—侧支撑杆螺帽
24—下位锁弹簧（2 个位置）
25，31—下、上侧支撑杆
26，27—上、下副撑杆（锁定用）
28，32—下、上侧支撑杆销钉
30—横向支撑杆

图 8.1　L-1011 的撑杆支柱式主起落架

8.2　起落架的设计要求

起落架与飞机机体结构有同样的结构设计要求：即在保证起落架结构的强度、刚度以及预

期的安全寿命的前提下重量最小；同时要求起落架使用、维护方便；易于更换、修理；还有空气动力和工艺性、经济性等要求。但必须注意，起落架是由结构、机构和各种系统共同组成的复杂部件，在使用中起落架系统范畴出现的问题比较多，而它与飞机的安全又有很大关系，因此起落架应具有很高的可靠性。起落架处于复杂的疲劳载荷作用下，就其设计准则而言与飞机的机体结构有所不同，就目前看它一般按安全寿命（即疲劳寿命）原理设计，而不按损伤容限原理设计。这主要是由于起落架构件因载荷大而多采用高强或超高强材料，其临界裂纹长度小，从裂纹可检出到断裂之间的裂纹扩展寿命短，在有些部位裂纹的检查也比较困难。因此，目前国内外在进行起落架设计时均按安全寿命设计。由于前述诸原因，过去的起落架寿命一般都大大低于飞机机体结构的寿命，需定期更换。但现在国外都要求并已实现了起落架与机体结构同寿，我国目前也已经或基本能达到这一要求。除上述要求之外，起落架还应满足与其本身功能有关的下列各项要求。

(1)起落架应有良好的减震作用，能吸收飞机着陆时一定量的垂直动能、水平动能和正常的撞击载荷，以减小着陆及高速滑跑时所产生的撞击过载。此外应能很快耗散撞击动能，使飞机在撞击后的跳跃可以很快衰减，平稳下来。在不平的场地上滑跑时，起落架应使飞机不产生太大的颠簸，以免乘员感到不适。

(2)起落架应保证飞机在地面运动时有良好的稳定性、操纵性和适应性。具体而言：应装有转弯、定向装置，飞机起飞、着陆方便，滑行转弯灵活，转弯半径小，滑跑中不易偏向、滚翻或侧翻；在侧风着陆和高速滑行时，飞机不应有倾斜或“在地上打转”等不稳定的倾向；不产生不稳定的前轮摆振。这些与起落架在飞机上的总体布置型式、布置参数以及起落架的某些装置有关。

(3)起落架应有良好的刹车性能以减小着陆滑跑距离，缩短所需跑道的长度。同时也要适当考虑在起飞滑跑前加大推力时能先刹住飞机。刹车装置必须有效可靠，最大允许刹车力与跑道表面粗糙度有关，故两者要相匹配。舰载飞机由于在甲板跑道上着舰时有拦截网或拦阻缆强制飞机停止，所以起落架上无须装强有力的刹车装置。

(4)“漂浮性”要求。轮胎的充气压力和起落架的构形应当根据飞机预定使用的机场跑道面的承载能力进行选择。例如机场是很平坦的混凝土，还是松软的泥地等，以便飞机能在预定的机场上顺利通过。

(5)起落架与飞机机体结构的连接应合理、可靠。同时应便于在飞行时收藏于机体内，以减小飞行阻力，提高飞机的性能。因而起落架应有较小的体积和可靠的收放机构、锁定装置、信号装置以及前轮纠偏装置等。

(6)防护要求。这包括两个方面。一是对起落架本身的防护，起落架常常在某些特定环境中使用，如温度、湿度、振动、尘土、盐雾等等。设计起落架时要注意密封以防止污物进入减震器或轮轴的内腔，还应合理布置起落架的附件，以防轮胎抛起的外来物损坏外露的机构、附件、电缆和液压导管等。二是当起落架结构失效时，应防止其破损物穿入乘员区、驾驶舱或造成燃油大量泄漏。

图 8.2 所示 C－5A 飞机的起落架设计实例足以说明为满足起落架的各种设计要求而引起的设计复杂性。

C－5A 是美国的大型远程军用运输机，其最大起飞重量为 330 t，要求能在土质跑道或简易机场上起落。它装有四个主起落架和一个前起落架。前起落架并排装有四个机轮；每个主起落架各有六个(前两、后四)机轮,成对地排列成三角形,共有 28 个机轮。这种布置能将载荷扩散到一个较大的地面面积上,同时尽可能避免轮胎重履前辙,从而增大了飞机在纯土质地面上的漂浮性。它有一个双动式减震器,可提高起落架在粗糙不平的场地上滑行并吸收冲击动能的功能。它还有一个轮胎空中放气系统可使轮胎压力在着陆前降到预定值,以便需要在纯土质地面上着陆时将漂浮性增至最大。因轮子太多不易转弯,所以除前轮外,后面两个主起落架也设计成可以自由旋转,用以防止轮胎与地面摩擦,并使飞机能在 45.7m 长的一段跑道上做 180°的大转弯。侧风定向系统可将机轮的小车架向左或向右转动 20°,使飞机在剧烈的侧风下着陆时不必在最后一分钟去修正飞机的航向。为方便使用,该机的起落架可调节减震支柱内的液压来实现“下蹲”。该下蹲系统可降低机身,使货舱地板降至距地面约 1.8 m 左右;还可使地板处于向下倾斜 0.9°或向上倾斜 1.5°的位置,以便于装卸货物和人员上下。由于异常严格的设计要求,洛克希德公司称曾研究过 700 种不同的设计方案,并对 2 600 多种不同的着陆载荷情况进行了分析,从中确定出最佳方案,使上述的最终设计满足各项结构和功能设计要求。由此可见起落架的设计确是十分复杂的。

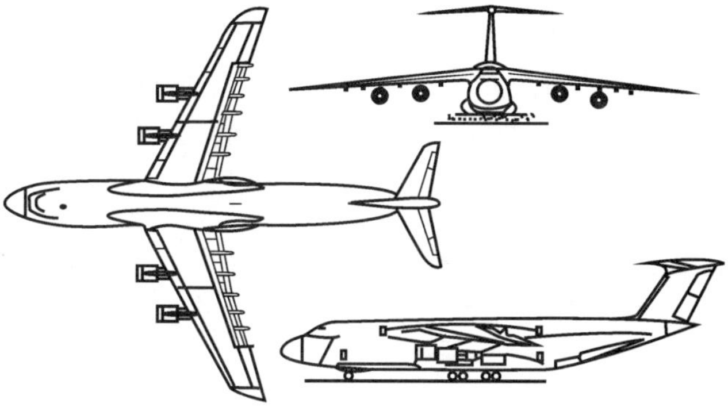

图 8.2　C-5A 的三面图

由以上介绍可知,起落架设计绝不只是一个结构设计问题,起落架是一个相当复杂的机械装置。要获得一个好的设计必须要有合理的结构设计,高效率的减震器和合适的轮胎,各种复杂而又完善、可靠的系统和装置,超高强度和抗应力腐蚀的材料,不断开发的新型刹车材料以及为提高其安全寿命和可靠性的精心设计等等,只有按系统工程进行综合设计,协调平衡各种因素才能得以实现。

8.3　起落架的外载荷

各类强度规范和设计手册中对起落架的载荷有具体的规定,大致有以下几种。

1. 着陆撞击载荷

飞机降落时可能是三点着陆、两点着陆、甚至一点着陆或侧滑着陆。这样,当飞机以一定的下沉速度着陆时会受到不同的撞击载荷,如垂直撞击、前方撞击、侧向撞击载荷和惯性力矩(见图 8.3)。现代飞机一般规定起落架的垂直方向载荷系数(定义见第二章):战斗机为 3～5,小型多用途飞机为 2～3,运输机为 0.7～1.5;在不光滑的跑道上粗暴着陆时,水平方向载荷系数为 1～2;带侧滑接地或在地面急转弯时,侧向载荷系数为 0.3～1.0。

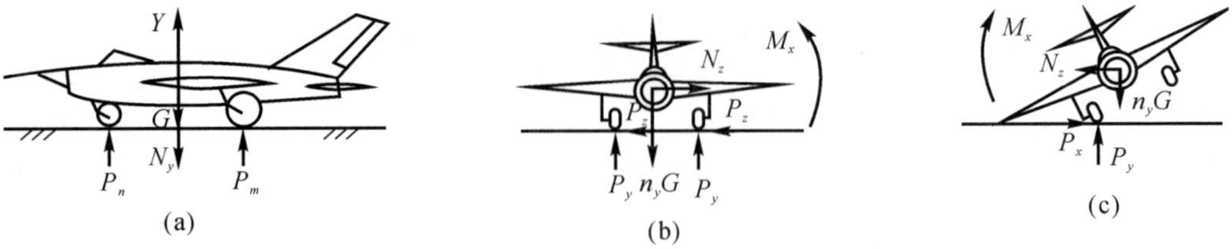

图 8.3　着陆撞击情况

(a)三点着陆；（b)两点侧滑着陆；（c)一点侧滑着陆

2.滑跑冲击载荷

飞机在起飞、着陆的滑跑过程中，道面不平或道面上有杂物都会引起对起落架的冲击载荷(见图 8.4)。在着陆滑跑中还会有由于未被减震装置消散掉的着陆能量引起的振动(逐次衰减)载荷。这些载荷均比着陆撞击载荷小，但由于滑跑距离长，因此滑跑冲击载荷的反复作用次数多。

3.刹车载荷

为了缩短着陆滑跑距离，在滑跑过程中需要刹车。这时有较大的 x 向载荷，即轮胎与地面的摩擦力 P_f，还会有刹车力矩引起的 y 向载荷(见图 8.5)。

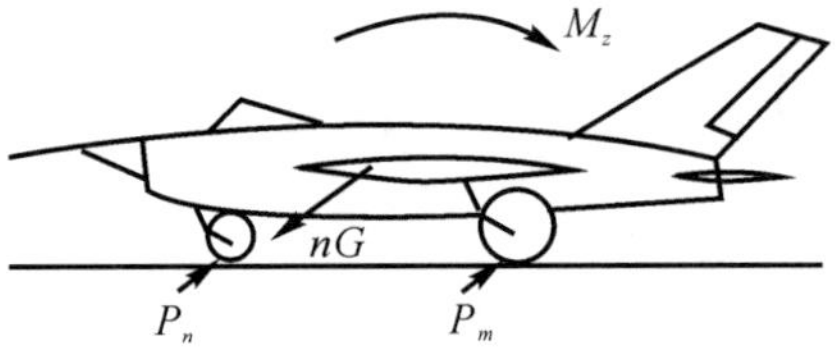

图 8.4　滑跑冲击载荷图

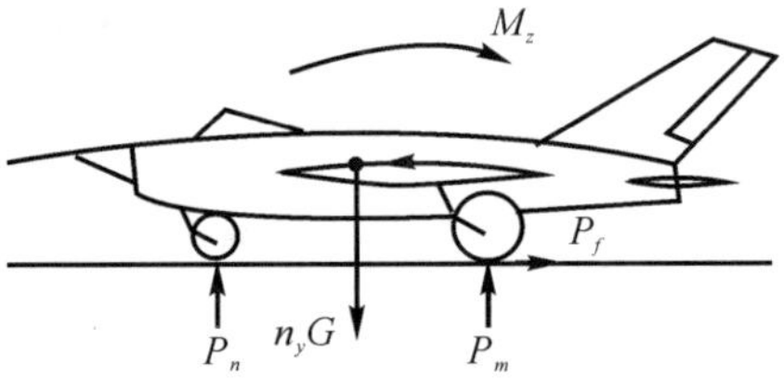

图 8.5　刹车载荷

4.静态操纵载荷和地面停放载荷

飞机在牵引、进入定位时常用牵引架对起落架进行各方向的推、拉、扭、摆，造成静态操纵载荷(见图 8.6)。飞机停放并固定在地面上时，可能受到大风引起的系留载荷，这在沿海地区更应加以考虑。起落架还受有其他一些载荷，如收放过程中收放机构传来的载荷，多轮式起落架由于各轮受载不均而产生的偏心载荷等等。

总之，起落架的载荷多种多样，必须注意的是起落架所受的力大多是动载荷，伴随着减震器的伸缩、机轮的旋转和刹车等，可能出现各种振动，加之多次起落的重复受载(一般现代运输机可能要完成 60 000～70 000 个起落)，因此对起落架因疲劳载荷引起的损伤和破坏应着重加以考虑。表 8.1 给出了某歼击机前起落架的疲劳载荷谱，以供参考。

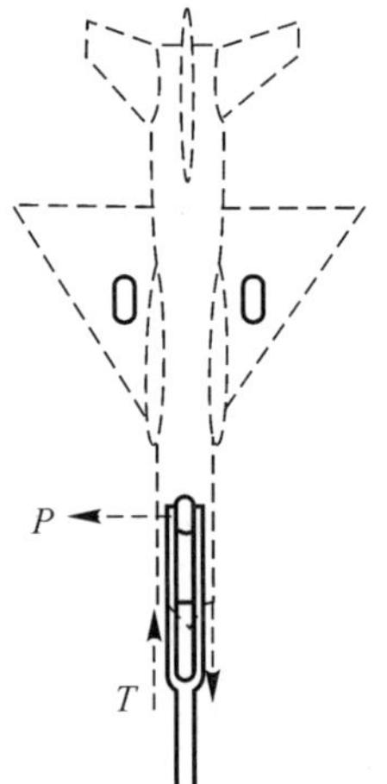

图 8.6　静态纵载荷

表 8.1　某机前起落架的载荷谱

计算情况	载荷/N			次数(每 1 000 次起落)	谱形 P/N	减震器压缩量	载荷作用情况
	P_x	P_y	P_x				
对称着陆撞击	±1 600	2 000	0	180	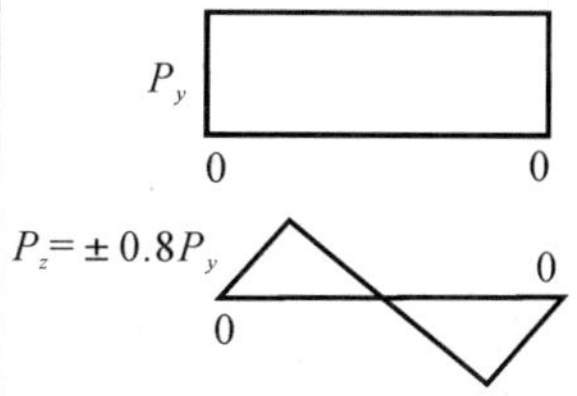	规定为减震器总压缩量的 30%	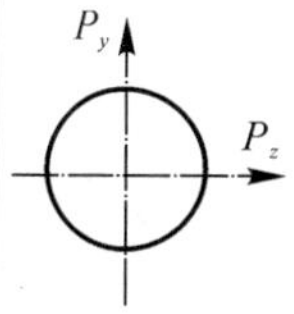
	±3 190	3 990	0	290			
	±4 790	5 990	0	260			
	±6 380	7 980	0	155			
	±7 980	9 980	0	78			
	±9 580	11 980	0	26			
	±11 180	13 970	0	8			
	±12 780	15 970	0	1.5			
	±14 370	17 960	0	1.0			
	±15 970	19 960	0	0.5			
滑跑冲击	0	9 380　10 360	0	3 000 000	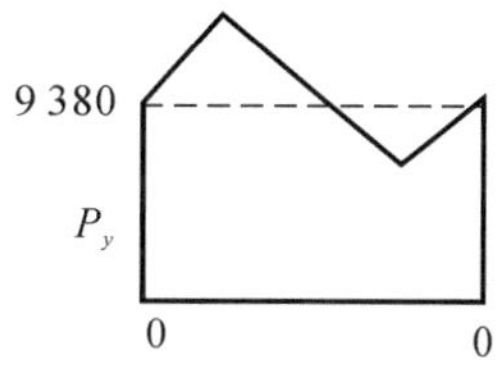	规定为停机压缩量	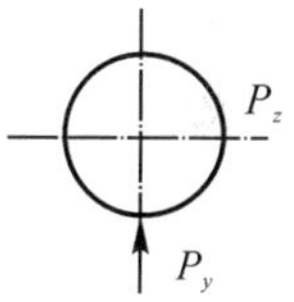
	0	8 390　11 350	0	165 000			
	0	7 400　12 340	0	27 000			
	0	6 420　13 320	0	2 000			
	0	5 430　14 310	0	90			
	0	4 440　15 300	0	4			
	0	3 450　16 290	0	0.15			
	0	2 470　17 270	0	0.05			
最大刹车	5 070	9 870 16 910	0	3 000	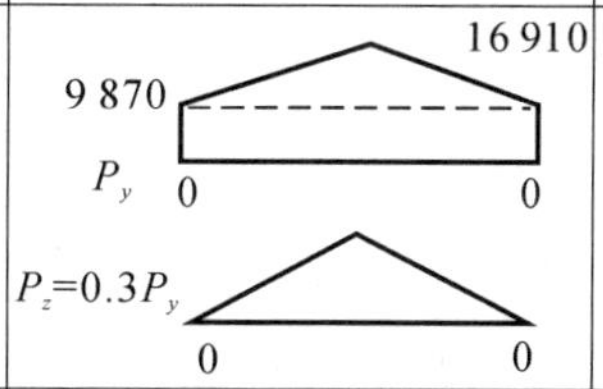	规定为停机压缩量	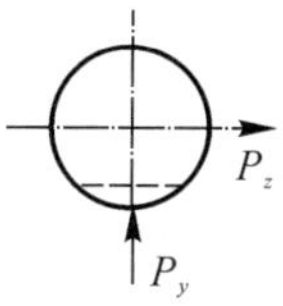
中等刹车	2 540	9 870 13 380	0	5 000	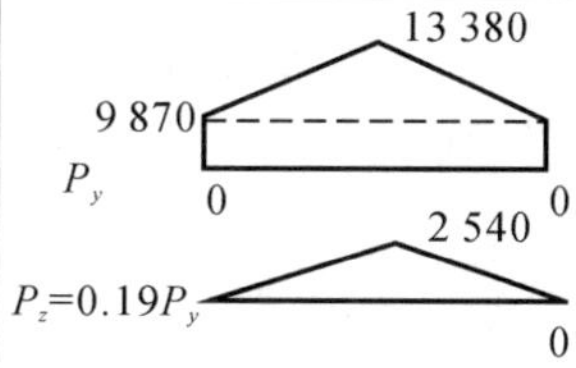	规定为停机压缩量	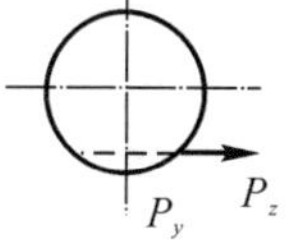
转弯静态操纵	0	9 870	±3 950	7 000	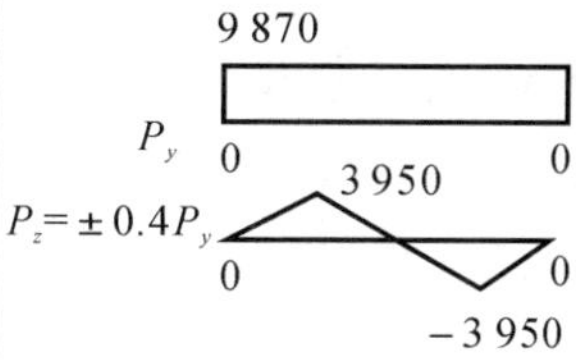	规定为停机压缩量	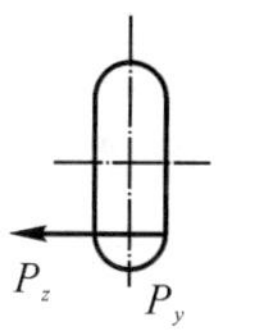
单刹、偏摆	0	9 870 10 140	±4 490	1 000	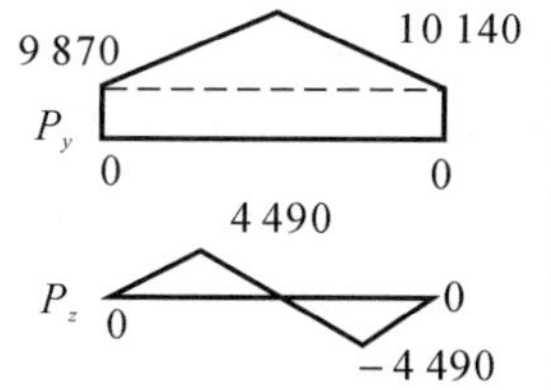	规定为停机压缩量	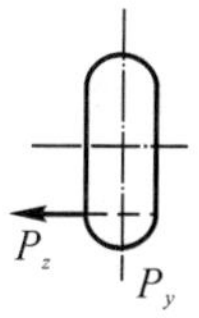

8.4 起落架的布置型式

一、起落架的布置型式

起落架按机轮支点数目和位置来分，一般有以下三种型式。

1. 前三点式(见图 8.7)

前三点式起落架的两组主轮布置在飞机重心的稍后处，另一(或一组)前轮布置在飞机头部。这种型式在现代喷气式和涡轮螺桨式飞机上被广泛采用，主要原因有以下几点。

(1)飞机在地面运动的方向稳定性好。两主轮上的摩擦力合力 P_f 绕飞机重心的力矩将减小偏向，使飞机转回到原来方向滑跑(见图 8.8(a))。

(2)飞机着陆时可猛烈刹车而不致使飞机向前翻倒(见图 8.8(b))，从而可采用高效刹车装置以大大缩短着陆滑跑距离，这对高速飞机很有利，着陆操纵也比较简单。

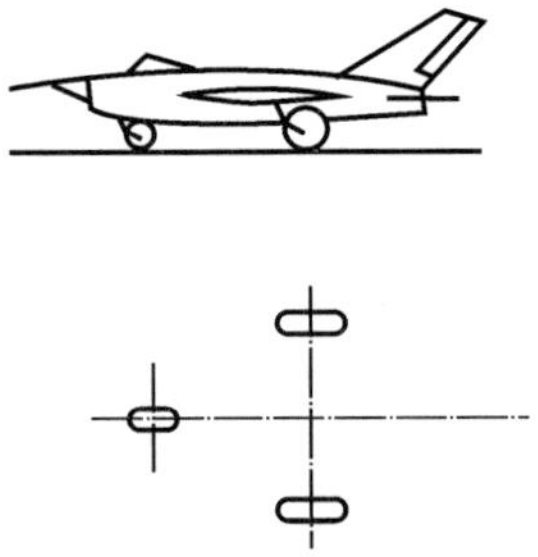

图 8.7 前三点式起落架图

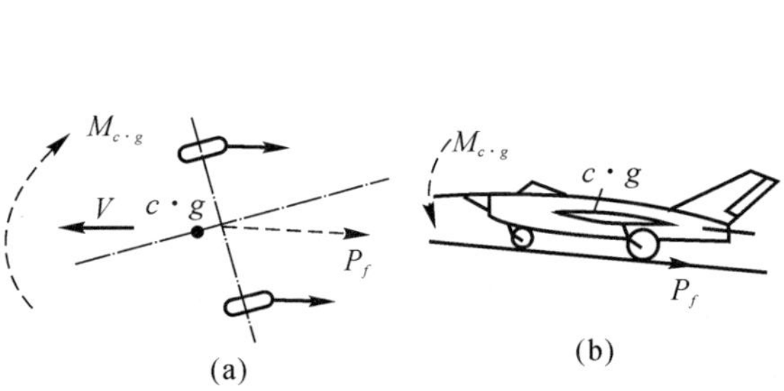

图 8.8 前三点式起落架的飞机在地面运动的稳定性

(a)偏向情况； (b)着陆刹车情况

(3)飞机的纵轴线接近水平位置，因此乘员较舒适，驾驶员的前方视界好；飞机滑跑阻力小，起飞加速快；喷气发动机的喷流对机场的影响也较小。

前三点式起落架的缺点是前起落架比较长，受力大，重量也较大，因而起飞时飞机抬头难一些。有时布置稍困难，在战斗机上飞机头部常装有雷达、电气、无线电设备和武器；当飞机头部装有发动机时，则前起落架的布置和收藏就更困难些。另外，前轮在高速滑跑中还会出现摆振现象，须加装减摆器，使前起落架结构复杂(参见图 8.38，图 8.42)。

现代的大型运输机重量较大，因此起落架一般都采用多轮小车式起落架。一些重量很大的飞机，例如 C-5A(重 330 t)，波音-747(351 t)，为了提高漂浮性，主起落架采用了四组多轮小车式起落架。此时从排列上看，沿机身轴线方向两侧的各两组主起落架比较靠近，因此从总体上说，一般仍作为前三点式布置(见图 8.2)。

2. 后三点式(见图 8.9)

对于小型低速装有活塞式发动机的飞机一般采用后三点式起落架，即将起落架的两个主轮布置在飞机重心的稍前处，另一尾轮布置在飞机尾部。

后三点式起落架安装处的空间容易保证。尾部起落架受载小，重量较轻，又短又小，故容易布置和收藏。但飞机在地面上运动的方向稳定性较差。当有偏向时，两主轮上的摩擦力合力 P_f 绕飞机重心的力矩 $M_{c.g}$ 将使飞机的偏向增大。另外，在着陆过程中猛烈刹车时 P_f 会使飞机有“翻倒”的倾向，不能与高效率的刹车装置配合使用(见图 8.10)。因此，随着飞机速度的增大，为保证着陆安全，现代高速飞机广泛采用前三点式起落架。

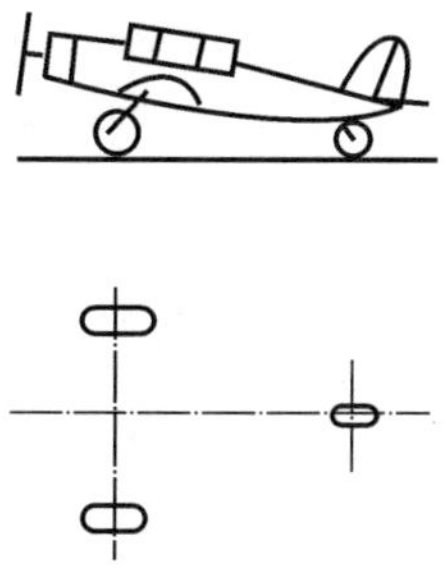

图 8.9　后三点式起落架

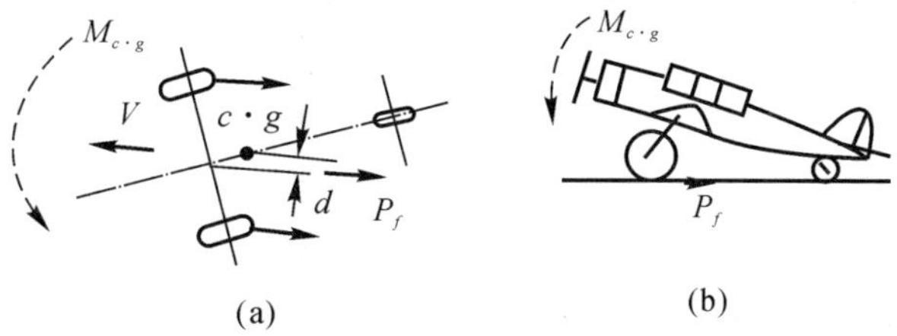

图 8.10　后三点式起落架的飞机在地面运动的不稳定性

(a)偏向情况；(b)着陆刹车情况

3. 自行车式(见图 8.11)

这种飞机的前、主起落架均安装并收藏在机身内。为防止飞机在滑行和停放时倾斜，通常在翼尖处还装有辅助轮。这种形式基本上具备前三点式的优点，但由于前起落架比前三点式更靠近重心，因此要承担约 40% 的总载荷，起飞时抬头困难，有时要安装自动增大起飞迎角的装置。此外，因其不能采用左、右轮刹车力不同的方式来帮助飞机转弯，因此要在前轮上安装转弯机构。为使前、主起落架都收藏在机身内，所需的开口一般会使结构增重较多(与其他型式比)。因而这种型式仅在个别飞机上应用，如英国的垂直-短距起落战斗机“猎兔狗”。

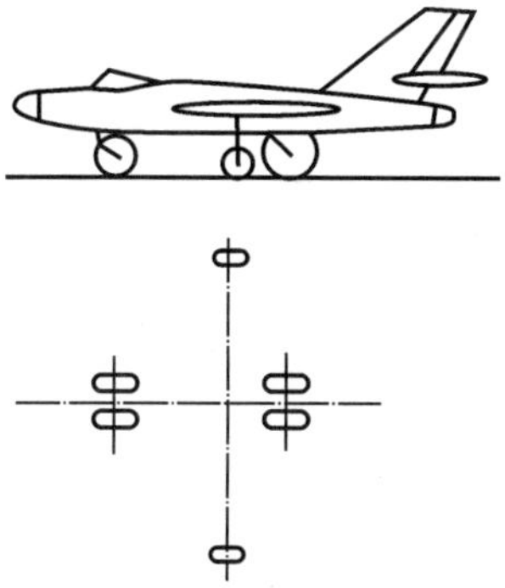

图 8.11　自行车式起落架

二、机轮的布置

美国的空、海军还将起落架按机轮数和布置型式来分类。以 S 表示单轮；T 表示双轮；TT 表示双串列；ST 表示单串列；DTT 表示双双串列等。例如规定某一机场跑道的强度为 T－50/TT－100，即表明这个机场可接受装有双轮起落架，重为 50 000 磅(≈22.7 t)的飞机；或装有双轮串列式起落架，重为 100 000 磅(≈45.4 t)的飞机。

8.5　起落架的结构型式和受力

起落架的结构主要由受力支柱、减震器(当支柱和减震器合成一个构件时则称为减震支柱)、扭力臂或摇臂、机轮和刹车装置等主要构件组成。当起落架放下并锁住时常为静定的空间杆系结构，用以承受和传递机轮上传来的集中力，也便于松开锁后进行收放。下面介绍几种常用的结构型式并进行受力分析。

一、简单支柱式和撑杆支柱式起落架

这两种型式的主要受力构件是减震支柱，它上连机体结构，下连机轮，本身作为梁柱受力(见图 8.12，图 8.13)。

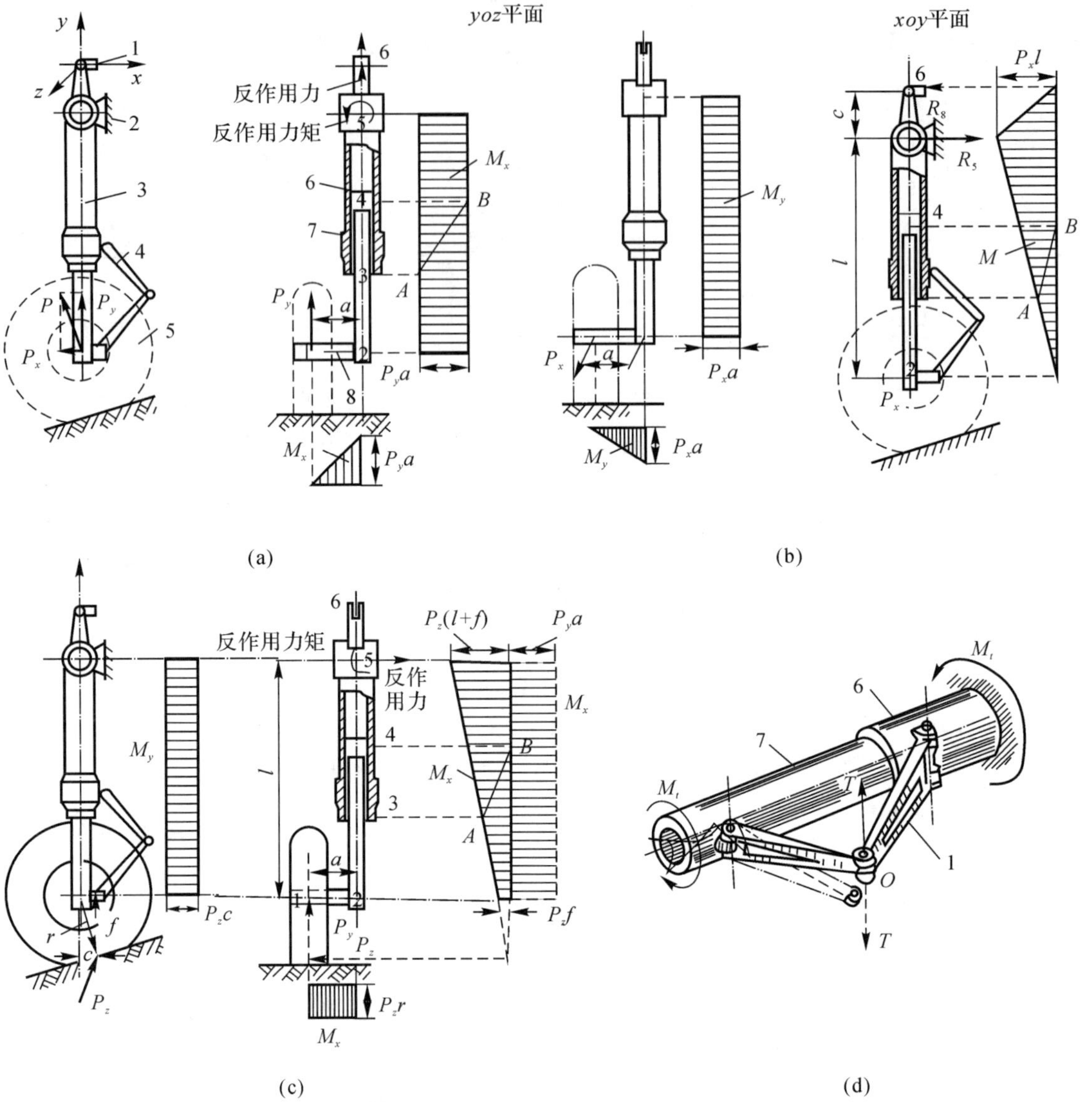

图 8.12 简单支柱式起落架

(a)受 P_y 力情况； (b)受 P_x 力情况； (c)受 P_z 力情况； (d)扭力臂受力情况

1—收放作动筒； 2—转轴； 3—减震支柱； 4—扭力臂；

5—机轮； 6—外筒； 7—活塞内筒； 8—轮轴

这两种结构型式的特点如下：

(1)结构简单紧凑，传力较直接，圆筒形支柱具有较好的抗压、抗弯、抗扭的综合性能，因而重量较轻，收藏容易。

(2)可用不同的轮轴、轮叉形式来调整机轮接地点与机体结构连接点间的相互位置和整个起落架的高度。轮叉一般受两个平面内的弯矩和扭矩、还有剪力等引起的复合应力(见图 8.14)。

(3)简单支柱式由于上端两个支点很靠近，减震支柱接近于一悬臂梁柱，因而上端的根部弯矩大(见图 8.12)。撑杆支柱式则常在支柱中部附近加一撑杆，使减震支柱以双支点外伸梁形式受力，大大减小了支柱上端的弯矩(见图 8.13)。撑杆通常又兼作收放折叠连杆用(见图 8.1)，或直接用收放作动筒锁定于某个位置后作为撑杆(见图 8.13)，这将使起落架结构简化。撑杆支柱式是目前常用的一种型式。

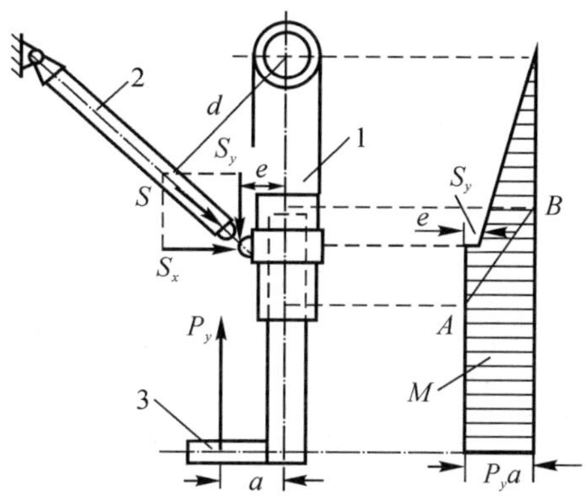

图 8.13　撑杆支柱式的构造及受力

1—减震支柱；　2—撑杆；　3—轮轴

(4)由于机轮通过轮轴(或轮叉)与减震支柱直接相连，因而不能很好吸收前方来的撞击。通常可将支柱向前倾斜一个角度(见图 8.12)即可对前方来的撞击起一定的减震作用，但这会使支柱在受垂直撞击力时受到附加弯矩。

(5)这两种型式的减震支柱本身要受弯，所以它的密封性较差，减震器内部灌充的气体压力将因此受到限制，一般其初压力约为 3 MPa(约 30 个大气压)，最大许可压力约为 10 MPa(约 100 个大气压)。因而减震器行程较大，整个支柱较长，重量增加。

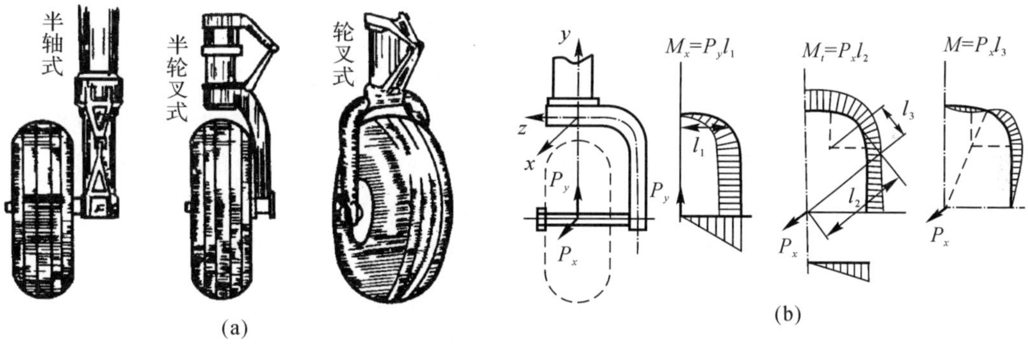

图 8.14　机轮的安装

(a)机轮安装型式；　(b)半叉受力情况

(6)由于减震支柱的活动内杆与外筒(它直接与机体结构连接)之间不可能直接传递机轮载荷引起的扭矩，因此内杆与外筒之间必须用扭力臂连接。扭力臂须保证内杆的伸缩行程。上、下扭力臂相互间用螺栓铰接，另一端分别与内杆和外筒固接。传扭时扭力臂受弯、剪，上、下两固接点之间的那段支柱上也会有附加的弯矩和剪力(见图 8.15)。

以上两种形式常用于起落架较长、使用跑道路面较好、前方撞击较小的飞机上，并更多地在主起落架上采用。

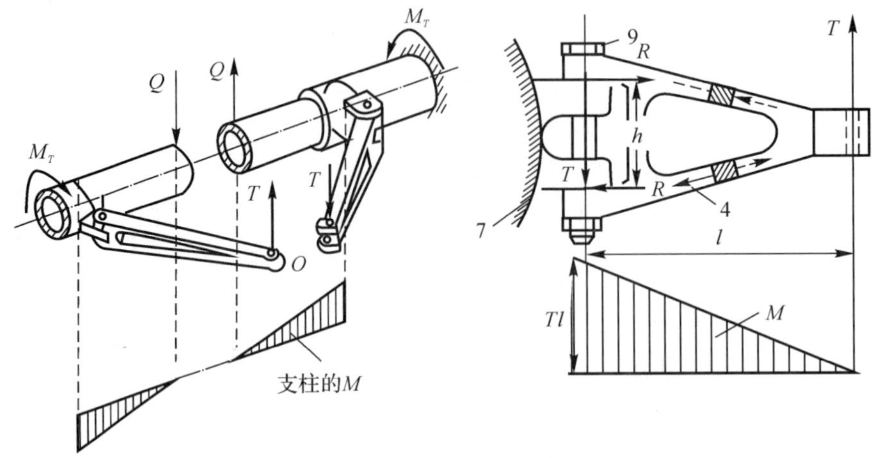

图 8.15　扭力臂的受力分析

4—扭力臂；　7—活塞内杆或外筒；　9—扭力臂根部的连接螺栓

$R=Tl/h$，　$Q=T$

二、摇臂支柱式起落架

摇臂支柱式起落架有两种形式，一是将减震器与受力支柱分开（见图 8.16）；另一种是将减震器和支柱合二为一，在减震器下方用万向铰与摇臂相连，减震支柱的外筒上则固定有旋转臂下部接头（见图 8.17，图 8.38），这种形式宜在前轮上使用，以便于前轮转弯。

摇臂支柱式起落架的基本受力构件比前述的简单支柱式多了一个摇臂，但不再需要扭力臂。摇臂前连支柱，中连减震器活动内杆，后连轮轴、机轮。这种形式的特点如下：

（1）摇臂支柱式不仅对垂直撞击，而且对前方撞击（如在不平的跑道上颠跑）和刹车等均有减震能力。机轮可随摇臂绕前支点上、下移动，提高了在不平道面上的适应性，减小了过载，改善了起落架的受力性能。

（2）由于减震器连接在摇臂中间部位，通过摇臂传给它的力比地面作用在机轮上的力大，因而吸收同样的撞击能量时减震器所需的压缩行程比简单支柱式小，可降低起落架长度。

（3）减震器可设计成只受轴力，不受弯矩，改善了受力性能，因而密封性好，可提高减震器内部的充气压力。一般初压力可达到 10 MPa，最大许可压力可达到 50 MPa 左右。这样减震器吸收同样能量时其行程较小，减震器尺寸可做得比较小，与简单支柱式相比，起落架的整个高度可以减小。

（4）机轮上的外载引起的扭矩由摇臂传给支柱，再传给机体结构。图 8.16 示出了该形式起落架受力 P_y，P_x 时的受力分析，力 P_z 的传递读者可自行分析。

（5）由于摇臂受力大且复杂，交点多，协调关系也多，因此它的构造和工艺均较复杂，一般比较重。起落架前后方向的尺寸也将有所增大。

这种形式适用于起落架高度较小、着陆速度较大、或使用跑道较差的飞机上，尤其是在前起落架上用得较多。

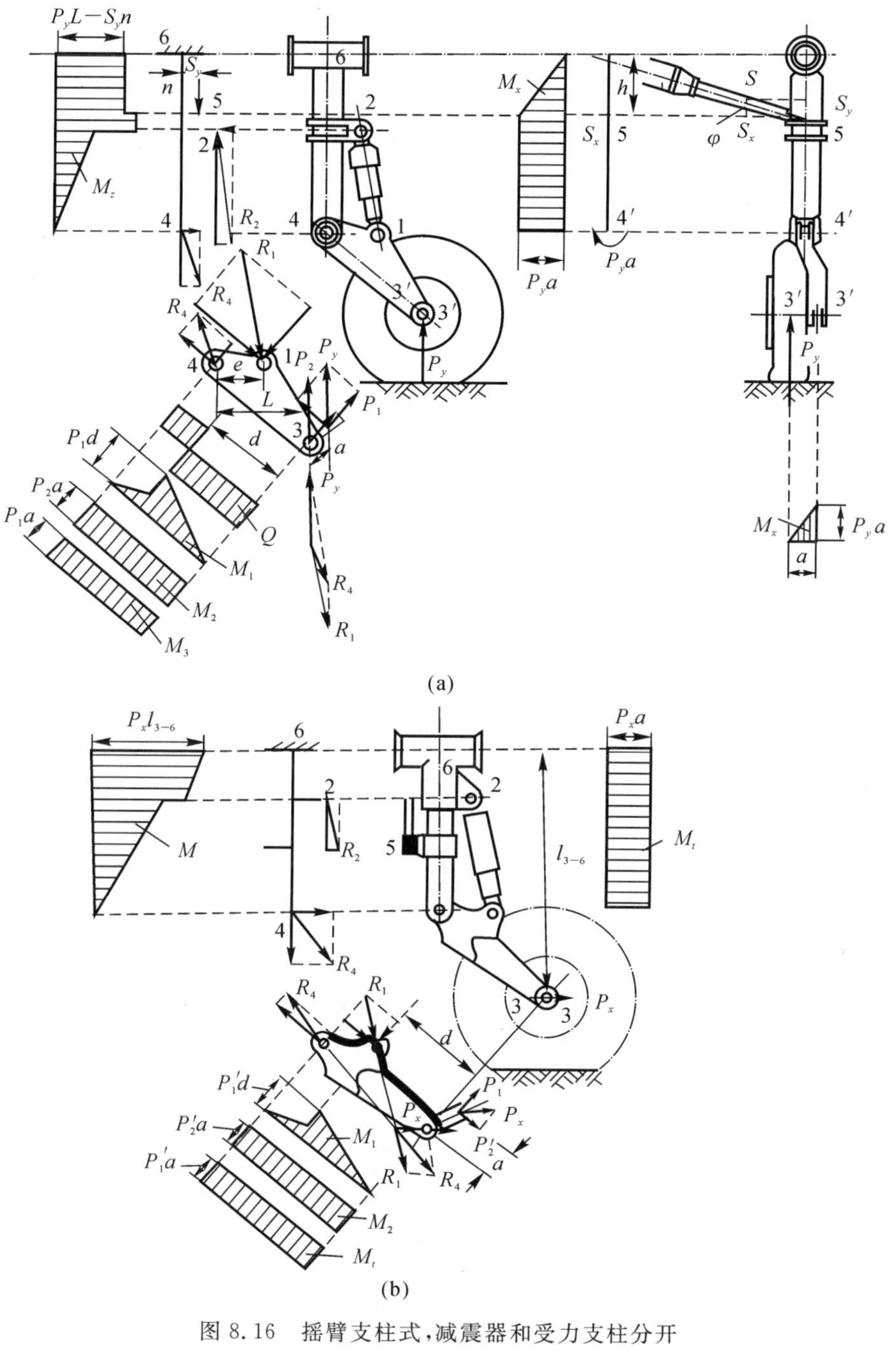

(a)

(b)

图 8.16　摇臂支柱式,减震器和受力支柱分开

(a)受 P_y 力情况；(b)受 P_x 力情况

三、外伸式起落架

这种起落架安装在机身侧面,放下时向侧下方伸出,收起时则收藏于机身内(见图 8.18)。这种形式多用于中单翼或上单翼的战斗机上(如 F－104 和米格－23 等),可避免中、上单翼飞机的主起落架较长、较重、收藏不便等困难,现已有较多的飞机采用了这种形式。它通常由受

力很大的斜撑杆式支柱、减震器、轮轴、机轮和收放机构组成。由于斜撑杆式的支柱受很大弯矩，为保证起落架外伸和收入机身内，收放机构又比较复杂(见图 8.18(b))，因而重量较大。

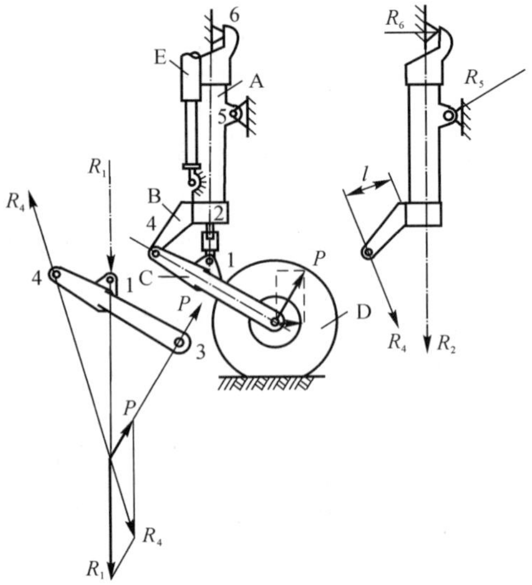

图 8.17 摇臂支柱式起落架，减震器和支柱合二为一

A—支柱； B—旋转臂； C—摇臂； D—机轮；
E—收放作动筒

四、多轮式起落架

大型运输机和重型轰炸机的重量很大，为了减小机轮对地面的压力，提高飞机的漂浮性，同时为避免机轮过大难于收藏等原因，一般都采用多轮式起落架。就整个起落架结构而言，多轮式起落架有用撑杆支柱式，也有用摇臂支柱式。

多轮式起落架的型式有很多种。如多轮小车式起落架，即在一个支柱下方的车轮架上装有前后、左右 4 个或 6 个机轮(见图 8.1，图8.21)。有的则在每个支柱下方的一根轮轴上并排安装 4 个机轮，如大型飞机的前起落架和三叉戟、伊尔-76 的主起落架。当用于主起落架时，为了便于飞机在地面上小转弯要做特殊设计，且收放机构比较复杂(见图 8.19)。而“爵克”式多轮主起落架，其双轮(如图 8.22 布雷盖-941 飞机)或多轮(如 C-160“协同式”和安-22 的主起落架)为前后串列排列。当飞机很重，以致轮子数量很多时，往往采用 4 个主起落架，如 C-5A 的 4 个主起落架各有 6 个机轮，共 24 个；波音-747 则各有 4 个机轮，共 16 个。由于机轮多，各轮的工作情况就可能有所不同。例如在跑道上遇到不平的凸块，前面的机轮受撞击，而整个起落架就可能抬起(见图 8.20(a))，前面的机轮将增加载荷，而后面的机轮可能不受力，大仰角着陆时后轮组又可能受力很大。这些情况对起落架及机轮受力不利。为解决此问题有多种设计方案，以下我们着重介绍使用最多的多轮小车式起落架。

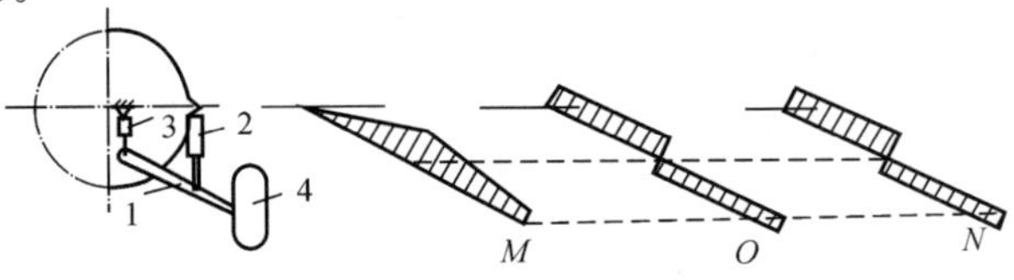

(a)

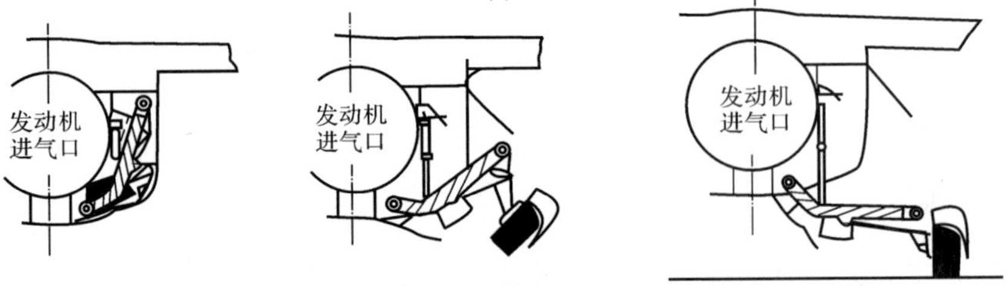

(b)

图 8.18 外伸式起落架

(a)外伸式起落架结构示意图：1—斜撑杆式支柱； 2—减震器； 3—收放作动筒； 4—机轮；

(b)米格-23 外伸式起落架收放示意图

(1)多轮小车式起落架为解决上述问题，将连接前、后轮组的车架做成与支柱铰接，以平衡前、后轮组的载荷。为了避免车架变成可绕铰接轴任意旋转的不稳定的活动机构，须加装一个缓冲器(见图 8.20(b))。它一般是一个油气式减震器，起缓冲、减震、调匀各轮组受力的作用。

着陆刹车时地面摩擦力引起的力矩会使车架绕铰接接头逆时针方向旋转，致使前轮组加载，后轮组卸载。为此，须加装刹车平衡机构。图 8.21 所示为某种刹车平衡机构的受力分析和工作原理。

该刹车平衡机构由平行于车架 2-3 的拉杆 4-5(它与前、后轮组的刹车盘连接)、摇臂 4-6 和上刹车拉杆 6-8(它与支柱及前刹车盘相连)等组成。刹车盘与轮轴通过花键刚性连接，轮轴穿过 2,3 点与车架铰接。当刹车时，摩擦力矩通过后轮刹车机构传到杆 4-5 上，再往前传至摇臂 4-6 和拉杆 6-8 上。对 1,2 点取矩，由图 8.21(b)可得

$$S_{6\text{-}8}b = 4TH \quad S_{6\text{-}8}a = 4Th$$

所以

$$h/a = H/b$$

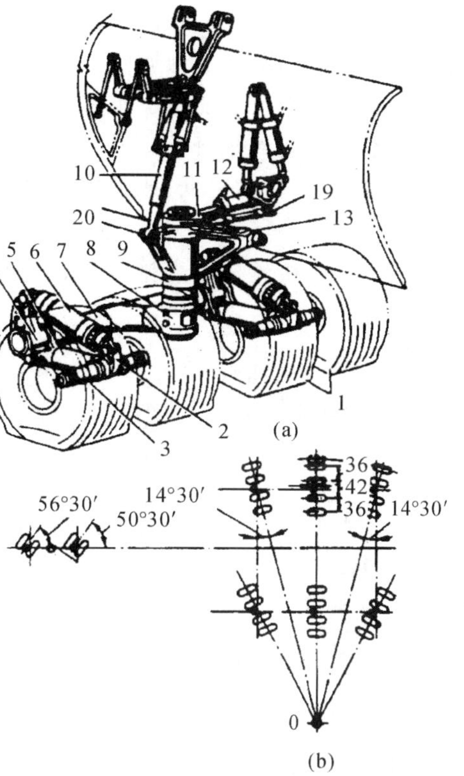

图 8.19 并排布置的多轮式主起落架

1—机轮； 2,4,5,11,20—摇臂； 3—轮轴；6—缓冲器； 7—横梁； 8—支柱； 9—轴；10—斜撑杆； 12—操纵作动筒； 13—支架； 19—拉杆

式中 $S_{6\text{-}8}$ 为 6-8 杆的内力，T 为每个机轮上的地面摩擦力。从图可知，只有当减震支柱下接头点 1 到前轮轴点 2 的连线与拉杆 6-8 轴线的交点刚好落到地面上时，以上关系式满足，则刹车时车架不会旋转，轮载均匀分配。不刹车时，4-5 杆无力作用，它与车架及前、后摇臂组成四连杆机构，不妨碍车架转动。

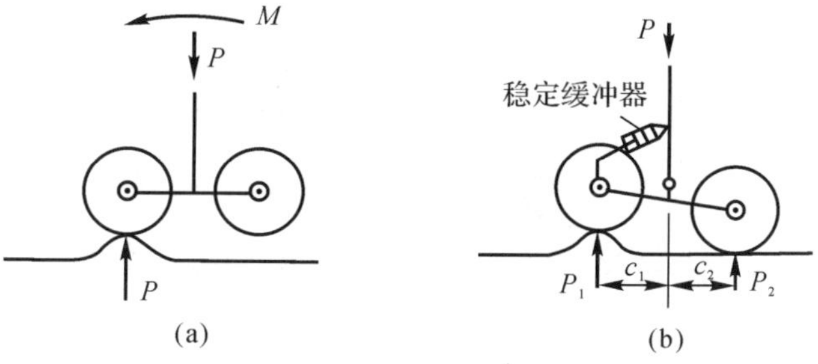

图 8.20 通过不平道面时各轮组受力情况

(2)“爵克”式主起落架是另一种使多轮式起落架平均受力的设计方案，其双轮或多轮为前后串列，它是短距起落运输机起落架的一项重大改进。它的一般原理是把两个轮子单独装在

两个摇臂上，然后串列地铰接在减震支柱的两端，减震支柱水平安装并与机身轴线平行。这种形式很适合于上单翼飞机，它通常由一个减震器和与它弹性连接的两个摇臂组成。它结构简单，能使飞机在凹凸不平的低质跑道、甚至草地上平稳地滑行。滑跑时，串列布置的两个机轮连接在同一个减震器上，能使飞机在凹凸不平的道面上滑跑时所产生的振动力在起落架上被平衡掉，而不致传递到机身上（见图 8.22）。这种形式的另一优点是可使机轮半收缩，致使机身的高度与地面平行地降低，或根据需要向前或向后倾斜以便于装卸货物。它除了用于布雷盖-941 飞机上之外，还用于 C-160“协同”式飞机的主起落架（4 个轮子）和安-22（重 250 t）主起落架上（有 6 个机轮成对直排），此时起落架的具体构造会有所不同。

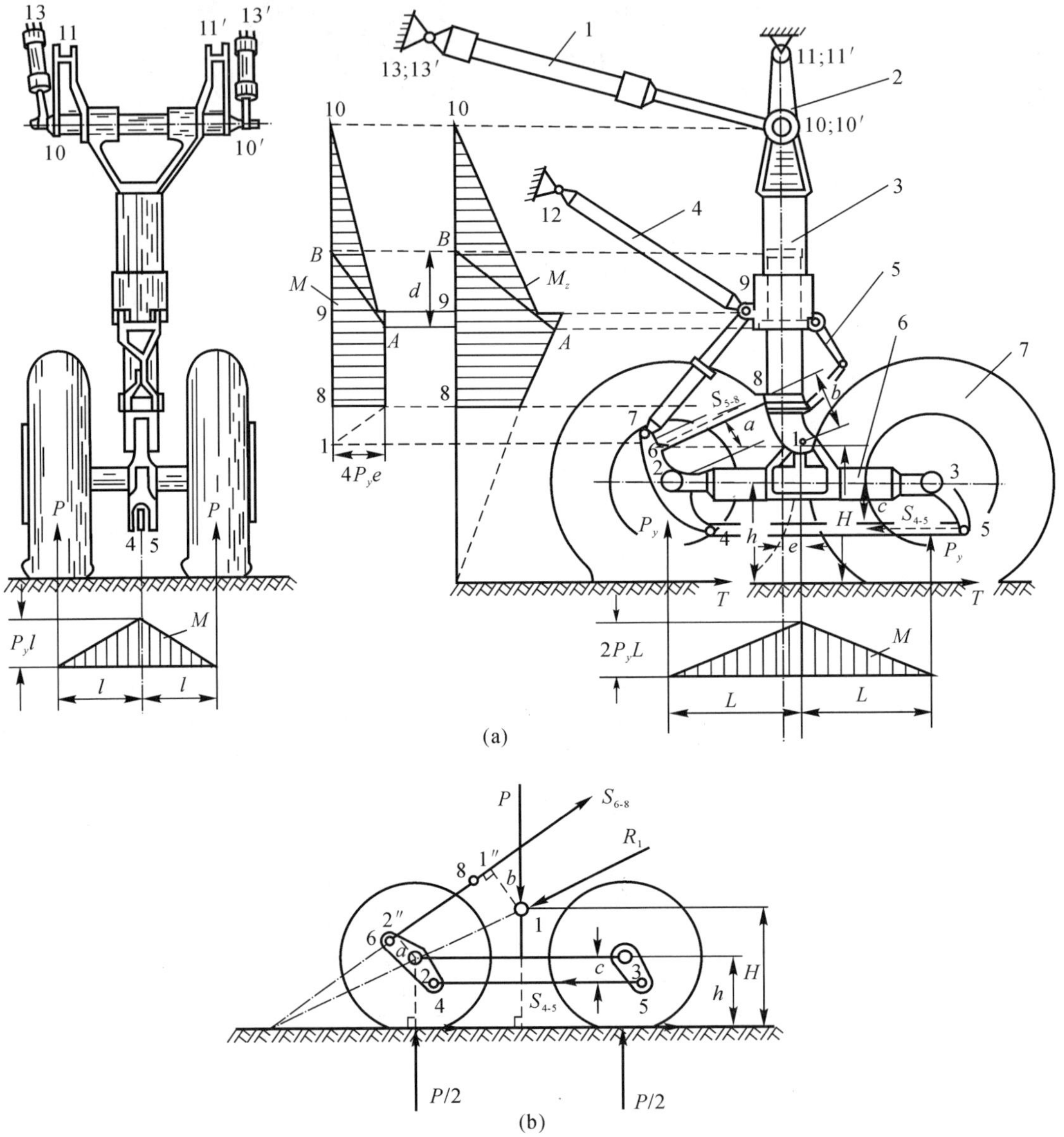

图 8.21　小车式起落架的受力

(a)受 P_y 力和 T 力；（b)刹车平衡机构工作原理

1—收放作动筒；2—上摇臂；3—减震支柱；4—斜撑杆；5—扭力臂；6—车轮架；7—机轮；杆 6-8—上刹车拉杆；杆 4-5—下拉杆

(3)波音-747采用了另一种设计方案。它有4个主起落架，2个在机翼上，靠前；2个在机身上，靠后。每个主起落架上带4个机轮。它先把每个主起落架上的减震器用一条油管连通起来，再把每一侧的两个主起落架的减震器也用一条油管互相连通起来。这样，任何不均衡的载荷便可通过这种装置平衡掉，使每一个起落架和机轮承受同样的载荷。它的工作原理如图8.23所示。

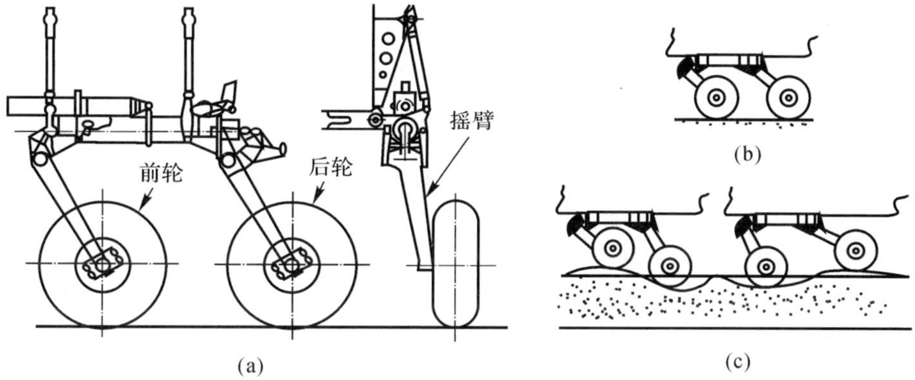

图8.22　布雷盖-941飞机的主起落架布置

图8.23　波音-747主起落架油气式减震器的平衡系统图

(a)平稳着陆；(b)跑道不平；(c)地面倾斜或转弯；(d)大仰角着陆

1—机翼上的主起落架；2—机身上的主起落架

8.6　起落架的减震系统

一、概述

飞机起落架的减震系统由减震器和轮胎组成。其中减震器(也称缓冲器)是所有现代起落架所必须具备的构件，也是最重要的构件。某些起落架可以没有机轮、刹车、收放系统等，但是它们都必须具备某种形式的减震器。而轮胎虽然也能吸收一部分能量，但仅占减震系统总量的10%～15%。当飞机以一定的下沉速度(一般“限制下沉速度”为3 m/s，美国规定某些短距起落或海军用舰载机等可以更大些)着陆时，起落架会受到很大的撞击，并来回振动。减震装置的主要作用就是用来吸收着陆和滑行时的撞击能，以使作用到机体上的载荷减小到可以接受的程度，同时须使振动很快衰减。

由以上功用对减震装置提出如下的设计要求。

(1)在压缩行程(正行程)时，减震装置应能吸收设计规范要求的全部撞击能，而使作用在起落架和机体结构上的载荷尽可能小。在压缩过程中载荷变化应匀滑，功量曲线应充实——

也即减震器应具有较高的效率。

(2)为了减少颠簸或在伸展行程(反行程)中不出现回跳,要求系统在压缩行程中所吸收的能量中的较大部分(一般应有 65%～80%左右)转化为热能消散掉。

(3)为了让起落架能及时承受再次撞击,减震器应有必要的能量和伸展压力使起落架恢复到伸出状态,伸展放能时应柔和,支柱慢慢伸出,这样可消除回跳。减震器完成一个正、反行程的时间应短,一般不能大于 0.8 s。

以上(2),(3)项措施同时也对提高乘员舒适性有利。

(4)着陆滑跑时,根据各种飞机对所预定的使用跑道的通过性(漂浮性)要求,规定在遇到某一高度的凸台和坑洼地时载荷系数不能超过允许值(如某些次等级跑道的路面包含有 76 mm 高的凸台,以及一定波长和波幅的波形表面隆起)。

轮胎的弹性变形和弹性力对吸收能量、减小载荷系数和提高滑行时乘员的舒适性等方面均起一定作用,但是它不能消耗能量。

二、减震器的类型

总的说减震器可分为两大类:一类是由橡胶或钢制的固体“弹簧”式减震器;另一类是使用气体、油液或两者混合(通常称油气式)的流体“弹簧”式减震器。利用橡胶、钢弹簧和气体作为介质的减震器是利用介质变形吸收撞击动能,靠介质内的分子摩擦消耗能量,因此这些减震器的热耗作用很小,只适用于轻型低速飞机以及后三点式起落架的尾轮。

图 8.24 对不同类型减震器的效率 η 和效率/重量比做了比较。$\eta(\%)=A/LS$,其中 A 为减震器在正行程中实际吸收的能量;L 为正行程中受到的最大载荷;S 为正行程中的最大行程。

由图可知油气式减震器是目前效率/重量比最高的减震器类型,其效率实际上可达到 80%～90%之间。图 8.25 所示波音-737 主起落架的试验曲线表明其效率达到了 90%。此外它还具有很好的能量消散能力。因此现代飞机一般多采用油气式减震器。

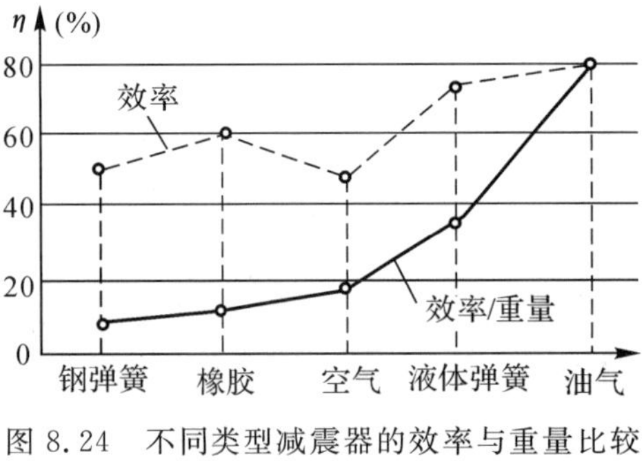

图 8.24　不同类型减震器的效率与重量比较

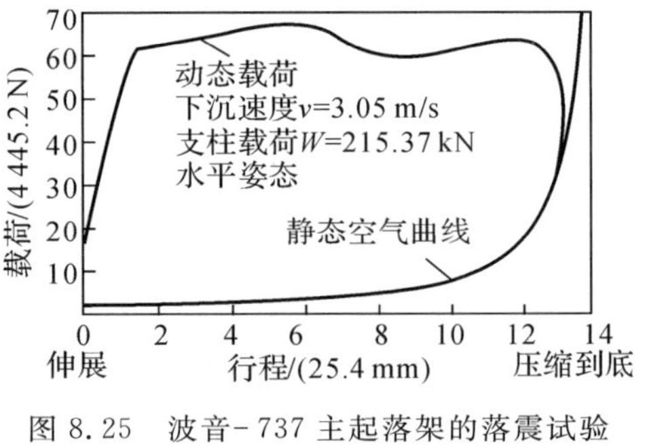

图 8.25　波音-737 主起落架的落震试验

全油液式减震器结构紧凑,尺寸小,效率也可在 75%以上,设计得好可达到 90%。但由于高液压而需要加强减震器的构件,导致减震器重量较大,且密封比较困难,目前在战斗机上有使用。

气体式减震器因效率/重量比小,耗散能量差,可靠性也较差,目前已不再使用。

固体“弹簧”式减震器虽因效率/重量比小,耗散能量少等缺点,一般在速度较高的现代飞机上基本不采用。但仍应对其构造简单,工作可靠性高,维护要求低以及相应的低价格予以应有的认识。对于某些轻型的简易飞机或多用途小飞机，若起落架不收放，此时通过综合考虑和折中平衡也有采用片簧式或橡胶压块式减震器。如加拿大的 DHC-6（“双水獭”）飞机为涡轮螺旋桨发动机短距起落的小型运输机，最大起飞重量为 5.6 t。它的不可收的主起落架就采用了橡胶压块式减震器（见图 8.26），前起落架为油气式减震器。该机于 1969 年改型后的 DHC-6-300 系列有二百余架投入了使用。

由于油气式减震器是目前性能最好、使用最广泛的减震器，下面我们将对它着重讨论。

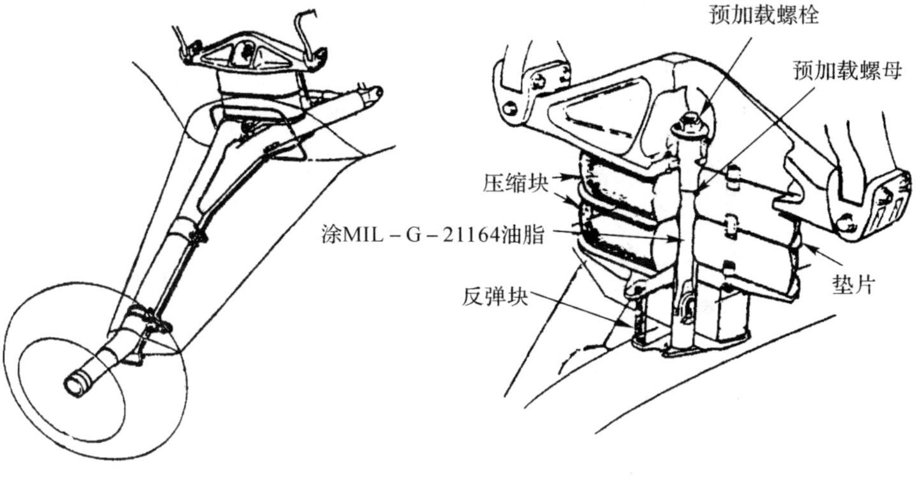

图 8.26　DHC-6 主起落架

三、油气式减震器

油气式减震器通常由外筒、活塞内筒、制动活门（反冲阀）、柱塞（阻尼孔支撑管）组成，有的还带有油针，内充气体（空气或氮气）和油液。它的典型构造见图 8.27。

当起落架受到撞击时，油液被迫通过一个或多个阻尼孔（也称油孔或限流孔）压缩气体，减震器吸收能量。在初始撞击之后，由压缩后的高压气体迫使活塞内筒向外伸出。这一反弹过程由气体压力控制，它迫使油液通过一个或多个反弹阻尼孔流回油液腔。假如油液回流太快，飞机将向上弹跳；如果油液回流太慢，会使支柱不能足够快地回到它的初始位置，将使高频撞击（在滑行时可能出现）不能完全被阻尼。

1. 气体

气体起两个作用，一是减震支柱受载、气体被压缩时气体吸收能量，起缓冲垫和滑跑减震作用；二是撞击过后压力增大的气体将支柱重新顶出。

根据气体力学的知识和活塞杆的受力平衡可知（略去摩擦力影响情况下）

$$\frac{p_0}{p}=\left(\frac{V}{V_0}\right)^n;\quad P_a=pF \tag{8.1}$$

式中　p_0, V_0—— 气体的初气压和初体积；

p, V—— 任意压缩位置时的气压和体积；

F—— 活塞承受气压的有效面积；

P_a—— 气体对活塞的总压力；

n—— 气体压缩过程的多变指数，它随气体在压缩过程中的热交换情况而定：等温过程时为1；绝热过程为1.4；在油气式减震器内有一定程度的热交换，通常取 n 为1.2。

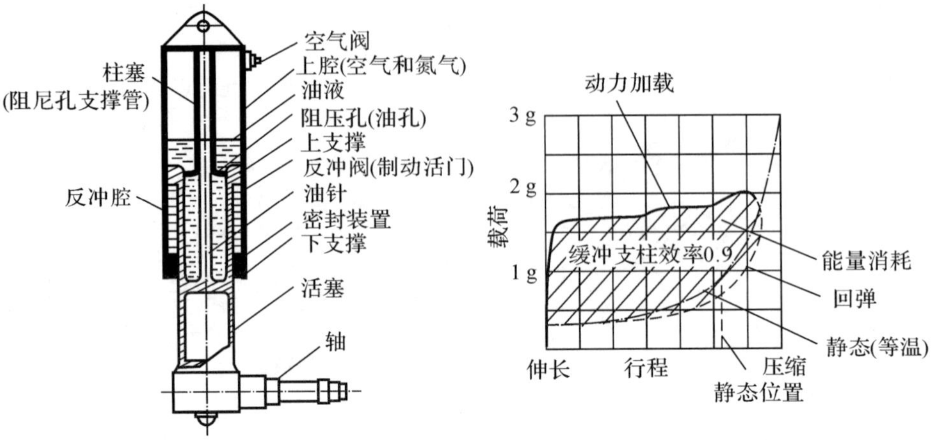

图 8.27　油气式减震器

由式(8.1)得出

$$P_a = p_0 F\left(\frac{V_0}{V}\right) = p_0 F\left(\frac{V_0}{V_0 - FS}\right)^n = P_{a,0}\left[\frac{1}{1-\dfrac{FS}{V_0}}\right]^n \tag{8.2}$$

式中，S 为活塞的压缩行程。

减震器内气体所吸收的能量为

$$A_a = \int_0^S P_a \mathrm{d}S = \int_0^s p_a F \mathrm{d}S = -\int_0^s p_a \mathrm{d}V, \quad (\text{因为 } F\mathrm{d}S = -\mathrm{d}V) \tag{8.3}$$

又因

$$\frac{V}{V_0} = \left(\frac{p_0}{p}\right)^{1/n}; \quad \frac{\mathrm{d}V}{V_0} = -\frac{1}{n}\frac{p_0^{1/n}}{p^{(1/n)+1}}\mathrm{d}p$$

所以

$$A_a = \frac{p_0 V_0}{n-1}\left[\left(\frac{p}{p_0}\right)^{\frac{n-1}{n}} - 1\right] \tag{8.4}$$

A_a 就是 $P_a - S$ 工作曲线下的面积，故 $P_a - S$ 图称功量图。

从图8.28可见，在吸收同样的撞击能 A_a 的情况下，若 p_0 不变，则 V_0 愈大，S 将愈大，减震器愈软；若 V_0 不变，则 p_0 愈小，S 也愈大，减震器也愈软；反之亦然。由此可知，可以用调节 V_0 或 p_0 的方法来调节减震器的行程 S 和软硬程度。

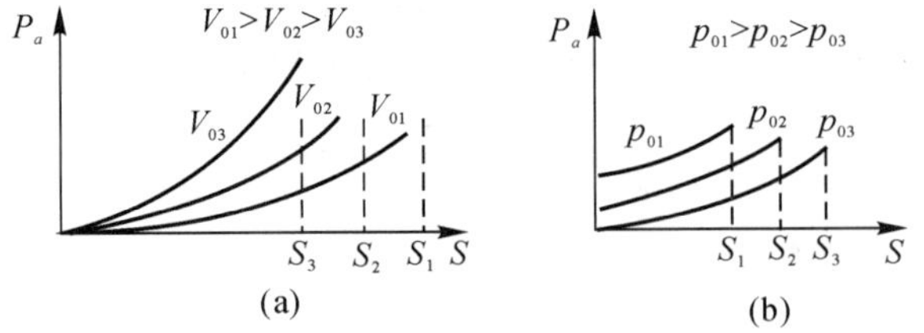

图 8.28　气体参数对其功量图的影响

(a) p_0 不变；(b) V_0 不变

但是若只考虑由气体工作则有以下缺点。

(1) 它只能吸收能量，减小撞击过载，但不能消散能量。就像一般的弹簧一样，来回跳动。这样，对人员、结构、装载、设备等均不利。

(2) 它的功量图中间凹下去，不够充实，吸能的效率低。若需吸收同样的能量，效率低会使行程和末压力增大，从而导致减震器的尺寸和过载的增大。为此，加进了油液和阻尼孔装置。

2. 油液和阻尼孔的作用及对功量图的影响

加进油液和阻尼孔后，在活塞运动的过程中油液就被来回挤过阻尼孔，使减震支柱运动时受到的阻力增大；油液流经阻尼孔摩擦生热，将撞击能变为热能消散掉。

设油液流经阻尼孔时受到的阻力为 P_l，活塞运动时的机械摩擦力为 P_f，减震支柱上的外载为 P_{sa} 那么由力的平衡关系可得到

$$\begin{aligned} &\text{压缩行程时} \qquad P_{sa} = P_a + P_f + P_l \\ &\text{伸展行程时} \qquad P_{sa} = P_a - P_f - P_l \end{aligned} \tag{8.5}$$

图 8.29 为油液流经阻尼孔时的 $P_l - S$ 曲线和加进阻尼孔后的功量图 $P_{sa} - S$ 曲线。

由上图可见，加进油液和阻尼孔的减震器吸收和消散的能量大为增加，从原理上解决了纯气体减震器的缺点。但它尚有以下不足之处。

(1) 在压缩过程中载荷不均匀，有忽高忽低的现象，甚至会在压缩行程初期就出现危险过载，并使飞机反跳。

(2) 在伸展过程中消散的能量少。为了理解这两个现象的起因，分析一下油液流经阻尼孔时的阻力特性。

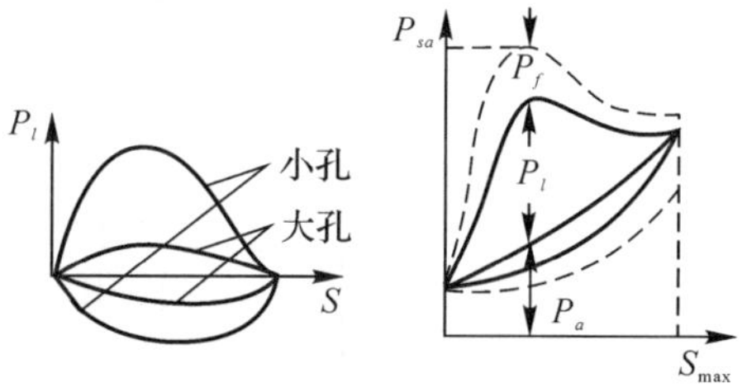

图 8.29　加进油液和阻尼孔后的功量图

根据流体力学知识可知

$$FV_p = \mu f V_l$$

$$p_l = \frac{\gamma}{g}\frac{V_l^2}{2}$$

$$P_l = p_l F = \frac{\gamma}{2g}\frac{F^3}{\mu^2}\left(\frac{V_p}{f}\right)^2 \tag{8.6}$$

式中　V_p—— 活塞的运动速度；

μ—— 流量系数，与阻尼孔的形状、长度、油液黏性有关(试验得出)；

f—— 阻尼孔的面积；

V_l—— 油液流经阻尼孔的速度；

γ—— 油液密度。

由上述公式可知，V_p 越大或 f 越小，则 P_l 就越大。刚着陆时撞击猛烈，活塞向上运动速度快，V_l 大，P_l 也很快增大，功量曲线猛升，形成了大的过载。紧接着由于撞击能被大量吸收，活塞运动遇到很大阻力，因而 V_p 很快小下来，V_l 减小，P_l 也就随着迅速降下来。这时，活塞运动的阻力也大大减小，剩余的能量继续推活塞向上，V_p 又逐渐增大，V_l 及 P_l 也逐渐增高，最后达到终点。这样，就形成了减震器压缩过程中载荷不均，忽高忽低，未到最大行程就出现大的过

载，影响了功量曲线的匀滑和功量图的充实度。

其次，由于此时的伸展行程是一个较慢的反弹过程。V_p 小，V_l，P_l 也小，故消散的功量也就小了。

要改善这些缺点，就是要设法在压缩行程中使 V_l 较均匀地增大而不是猛升猛降。在伸展行程中，则要全面地增 V_l。最简单最有效的办法，就是在减震器工作过程中改变阻尼孔的面积，使它在压缩行程中的初始阶段大，以后逐渐减小，而在伸展行程中则进一步减小，以提高 V_l，P_l。因此，只有阻尼孔还不行，必须加装变阻尼孔面积(变油孔)的装置。

3. 变阻尼孔(变油孔)装置

改变阻尼孔面积最常用，也是最简单的装置就是在活塞上加装一个变截面的油针(见图 8.27)，一般上小下大，但实际上变化规律应通过各具体减震器的落震试验不断修正而得，图 8.27 所示减震器经修正后其效率达到了 90%。图 8.30 所示的减震器是另一种构造形式，其油孔是在活塞内筒的内壁上开有的多个宽窄、长短不一的凹槽形成，油液即从这些凹槽中流过。改变这些凹槽在活塞壁上的分布即改变活塞在运动中的油孔(也称阻尼孔)的大小。

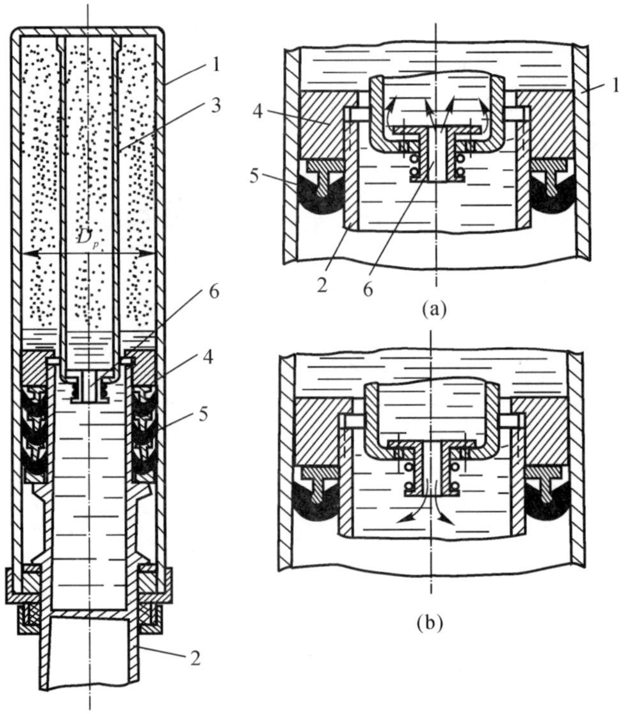

图 8.30　减震器构造

(a)压缩行程；(b)伸展行程

1—上筒；2—活塞内筒；3—柱塞；4—活塞头；5—密封装置；6—制动活门

还有一种变油孔(变阻尼孔)装置在各种构造形式的减震器中都是必不可少的，它的作用是使减震器在伸展行程中油孔阻力增大，从而提高能量的耗散程度，即提高减震器的热耗系数 χ。这种变油孔装置叫制动活门(或称反冲阀)。在图 8.27 中，制动活门装在活塞内筒上；在图 8.30 中装在柱塞"3"的下端，但它们的工作原理是一样的。它在压缩行程中被油液冲开，油液由油孔通过，制动活门不起作用。反行程(伸展行程)时油液被气体压回，将制动活门关闭，使原有总面积较大的油孔被盖住一部分，使部分油必须经制动活门上的小孔流出（见图8.30）；或由反冲阀将上支撑板上原有的大孔盖住，而在反冲阀上仅开有很小的孔（见图 8.27），使总的油孔面积进一步减小，以增大伸展行程中的油孔阻力，从而增加能量的耗散。

有时为了使飞机在地面运动时较为平稳，在初始一段减震器小压缩量的行程中加大油孔面积，使不产生油液阻力，而只是气体做功，这段行程称为自由行程，以 S_0 表示，S_0 反映了跑道路面的不平度（见图 8.31 左图）。

实际减震器的功量图如图 8.31 所示。通常我们用两个系数来表示减震器性能的好坏。

（1）效率系数（或称充实系数）用 η 表示，从功量图上看，它表示了功量曲线的充实度，也即表示该减震器吸能效率的大小。

$$\eta=\frac{\text{实际吸能量}}{\text{理想吸能量}}=\frac{\text{面积 } cdg0}{P_{sa\max}S_{\max}}$$

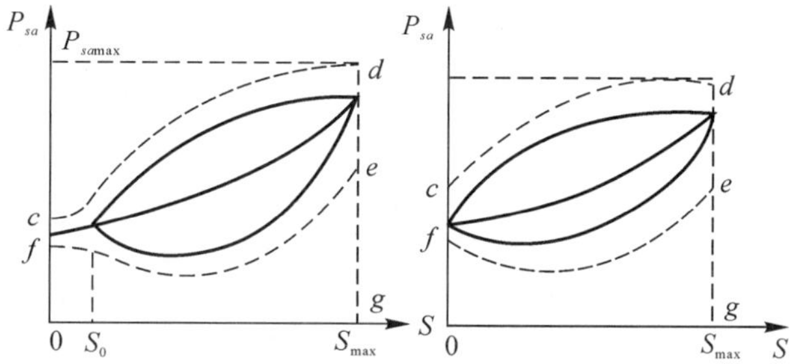

图 8.31　实际减震器的功量图

（2）热耗系数（或称滞后系数）用 χ 表示，从功量图上看，表示了压缩和伸展曲线所围成面积的大小程度，反映了减震器消散能量的能力大小。

$$\chi=\frac{\text{实际耗能量}}{\text{实际吸能量}}=\frac{\text{面积 } cdef}{\text{面积 } cdg0}$$

显然有油孔和变油孔（变阻尼孔）装置的减震器这两个系数都比较大。

4. 双动式（双腔式）油气减震器（见图 8.32）

这是一种具有低伸展压力，滑行舒适，可在高低不平的土质跑道上使用的油气式减震器，在 C－5A 飞机的主起落架和前起落架上均采用这种减震器。

这类减震器有两个气室，其中主气室同于一般减震器的气室；另有一副气室在主活塞内部、浮动副活塞的下面，这个气室内预先充上的气压要超过起落架上所承受的最大静载荷（相应于图 8.32(b)上的 D 点）。当行程和载荷超过与 D 点相应的值时，主、副气室均工作。从 D 点开始，如果继续缓慢加载，副活塞开始工作，减震器的载荷行程将沿曲线 B 变化，B 曲线段内“弹簧”系数接近于常数，且载荷的增量接近于行程的增量。图 8.32(b)中的曲线 AA'，相当于假设副活塞被卡住，只有主气室起作用时的情况，AB 曲线为双动式减震器正常工作的情况；而 C 曲线相当于加长型的单腔减震器的工作曲线。从图上可看出当载荷系数由 1.0 增大到 2.0 时，双动式减震器的行程增量值和能量增量值均大于 AA' 或 C 曲线相应的情况（见表 8.2）。换言之，它在遇到同样的凸台和坑洼地时，相应的载荷增量会较 AA' 和 C 曲线情况要小。总的说双动式减震器的载荷与行程响应较一般的减震器好得多，但由于它的总体效率有所下降，维护程序复杂，价格高且稍重一些，因此对在比较平滑的跑道上使用而不需要在高低不平的土质跑道上使用的飞机，宁肯使用单腔式油气减震器。

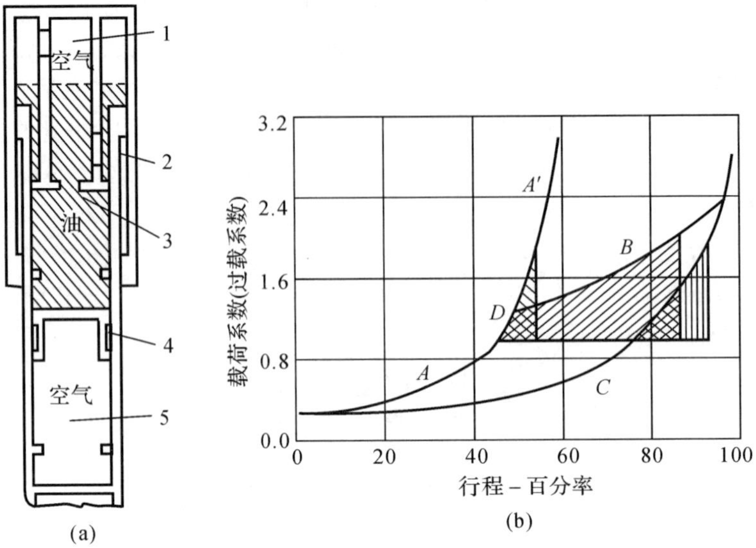

图 8.32 双动式减震器

(a)示意图：1—主气室； 2—主活塞； 3—喷油孔； 4—副活塞； 5—副气室

(b)特性曲线对比：AA'—油气式减震器； AB—双动式减震器；

C—与双动式减震器相同行程的单腔油气式减震器

表 8.2 减震器行程式和能量的比较

减震器类型	常规	双腔式	加长常规式
曲线	AA'	AB	C
行程增加* a/(%)	8.4	41.6	16.0
行程增加比率**	1.0	5.0	1.9
能量增加*	3.8	23.7	7.2
能量增加比率**	1.0	6.2	1.9

* 增加是单位载荷系数从+1.0 增至 2.0 时行程增加的百分率或能量增加值

** 增加比率是与常规情况下的比

三、全油液式减震器

全油液式减震器的构造(见图 8.33)与油气式基本相同，不过没有气体。在全伸展的状态下，筒腔内全部充满液体。减震器工作时，油液被来回挤压流过油孔而起到吸功散能、缓冲减震作用。

着陆撞击时活塞杆上行，油室容积减小，油液被压缩而吸能减震；同时油液被挤过油孔，摩擦生热而消能减震。当压力大过某一定值时，定压活门被冲开，增大了流油孔的面积，减小了流油阻力，从而减小了过载。伸展时油液推活塞杆下行，并关闭了定压活门，减小了流油孔面积，提高了流油阻力。由此，功量图得到了改善，可以设计出高效率的减震器，据资料介绍，曾经有减震器效率达到了 97%。

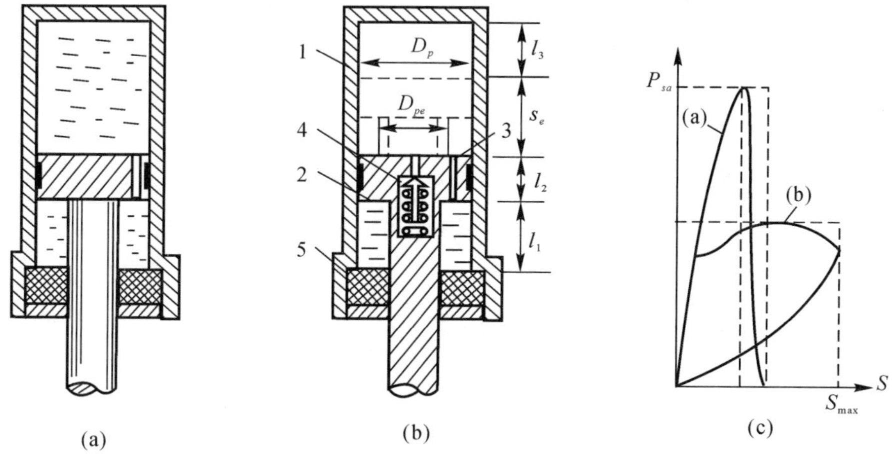

图 8.33　全油液式减震器

(a)无定压活门；(b)有定压活门；(c)其对应的功量图

1—外筒；2—活塞杆；3—限流孔；4—定压活门；5—密封装置

应用表明，全油液减震器几乎适用于所有型式的起落架。由于它的结构紧凑，特别适用于摇臂式起落架，对于机身离地面较近的起落架更有利，已应用于各类飞机。特别在一些战斗机上，由于空间紧凑和限制较多，更适合使用全油液减震器，如米格-23，F-104 和加拿大的 CF-100，其他如 C-120 喷气客机等。但这种减震器的油液压力太高（内压可高达 350 MPa 以上），须要高压密封装置，目前这类密封装置的摩擦因数比较高，维护上不太理想，常会在密封盖处漏油，还要考虑经久耐用，因而重量比较大，且低温时液体溶剂的改变会影响减震器性能，因此限制了它的使用。

四、自适应减震器的研究

现代飞机由于重量增加，起飞和着陆滑跑速度增大，跑道不平度引起的起落架和机身的动响应载荷等已成为影响起落架承力结构寿命的主要因素。因而研究起落架缓冲系统动响应载荷的理论计算方法，控制非线性振动系统中的主要参数，以求得最优动响应，从而提高起落架的寿命是当前起落架缓冲系统研究的一个重要方面。

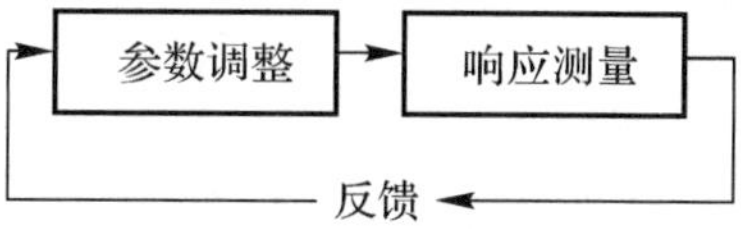

图 8.34　自适应控制

但是着陆撞击与地面滑跑两种工作状态下对于起落架减震器的填充、阻尼系数的要求会有所矛盾。解决的方法是采用自适应技术，国外对此已进行了多年的研究工作。目前这种自适应控制方法基本上是在常规油气式减震器上增加一个或几个额外的油气室。将飞机在着陆和滑跑过程中测得的响应量作为反馈信息，由传感器反馈给控制系统作为系数调整的依据，然后按事先设计的最优规律调整油、气流量，形成一个闭环系统（见图 8.34），从而达到改善减震器性能的目的。

五、轮胎

飞机机轮是由充有压缩空气的轮胎和轮毂等组成。机轮一方面用于飞机的滑跑、滑行；另一方面通过轮胎的压缩变形可吸收一部分着陆撞击能量，所以轮胎也构成起落架减震系统的一部分，但它不能消振。

1. 轮胎的类型和形式

轮胎的类型按充气压力分为以下几种。

(1)低压轮胎。充气初压力 $p_0=0.25\sim0.35$ MPa，外形较厚，轮胎较柔软，压缩量较大，与地面的接触压力小，能在土地或草地上顺利滑跑。但吸收同样能量时其外廓尺寸较大，收藏较困难，大多用在低速或轻型飞机上。

(2)中压轮胎 $p_0=0.35\sim0.65$ MPa，承载能力较大，外形较扁。但地面适应性稍差一些，对机场道面有较高要求。

(3)高压轮胎。$p_0=0.65\sim1$ MPa。

(4)超高压轮胎。$p_0=1$ MPa。

后两种轮胎很扁，外廓尺寸小，承载能力大，较易收藏在机体内。但因充气压力高，比较刚硬，与地面接触面积小，因而对机场道面要求高。并且轮胎本身受力大，使用寿命较短(见图 8.35(a)(b)(c)(d))。

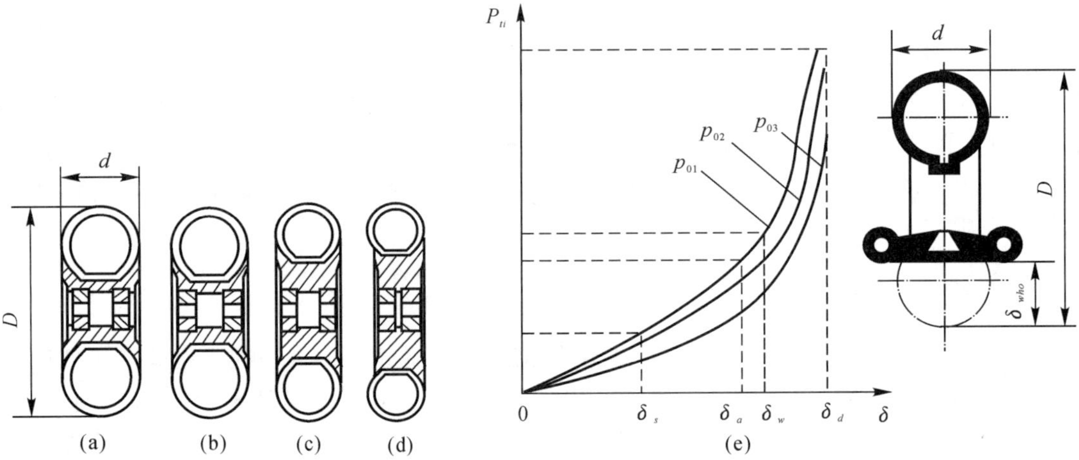

图 8.35　飞机机轮的构造、轮胎类型和工作特性

(a)低压型；(b)中压型；(c)高压型；(d)超高压型；(e)特 $P_{ti}\sim\delta$ 性曲线，δ_w 即 δ_{who}

目前飞机上常用的轮胎如图 8.36 所示。一种为偏斜帘线层轮胎(见图 8.36(a))，其内套由多层橡胶布(纵向编织的尼龙)组成，各层相对于前一层偏斜叠置。在胎圈跟部处向上翻卷帘线层，包住钢丝胎圈。在帘线层的外部再加上胎圈包布带、护胎带和胎面等。另一种径向帘线层轮胎(见图 8.36(b))，其胎体帘线层是径向叠裹的，紧靠着胎面下面装有钢丝保护带。这是一种正在发展中的轮胎，在 A－300 和各种美国空军的战斗机上已使用。它耐用性较好，重量相对较轻，滚动阻力小，漂浮性较高。由于轮胎常在高温、高压下工作，有时会自燃爆破，因此有的轮胎内已改充氮气。

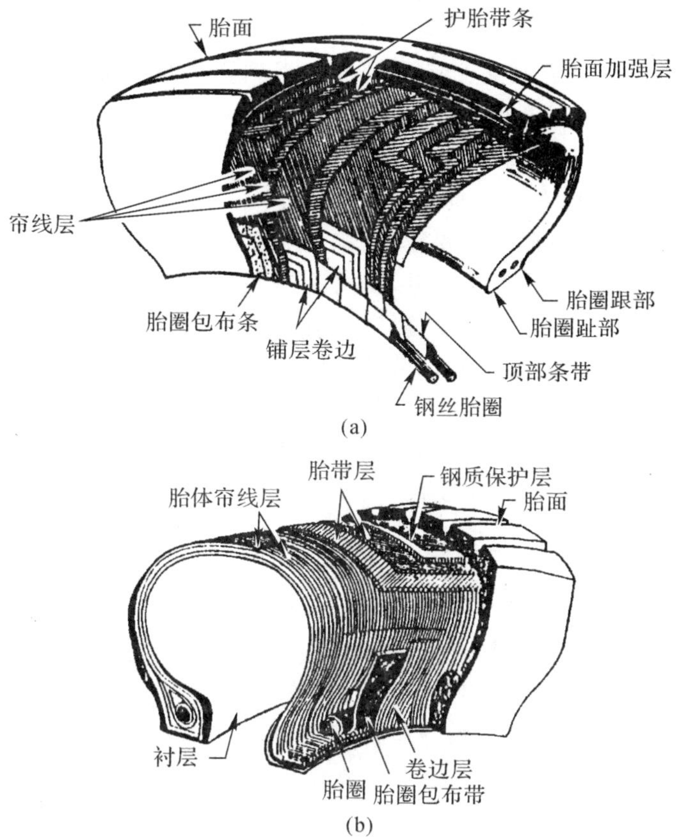

图 8.36　轮胎的基本型式

(a)偏斜帘线层；(b)径向帘线层

2. 轮胎的工作特性及其选用原则

轮胎的工作特性可用轮胎载荷 P_{ti} 与压缩量 δ 的关系曲线表示(见图 8.35(e))。其中 p_0 为充气初压力。在吸收相同能量下，p_0 越高、曲线越陡则压缩量越小，轮胎越刚硬。从使用寿命考虑，轮胎的停机压缩量 δ_s 应有限制，通常为(0.3～0.4)δ_w，δ_w 为轮胎的全压缩量。为安全起见，正常情况下最大允许使用的压缩量 δ_a 一般取(0.9～0.95)δ_w。与 δ_s，δ_a 相应的载荷为 $P_s \approx 0.3P_w$，$P_a = 0.9P_w$。

设计时轮胎的选用应根据飞机的起飞、着陆速度、使用的场地条件、起落架的停机载荷和最大使用载荷(它们应分别稍小于轮胎的 P_s 和 P_a)、机体的收藏条件与空间尺寸以及重量等要求选择。前轮则应按比停机载荷 P_s 大的动力载荷来选取，这是因为起飞时(当飞机刹住，发动机发出最大推力时)及着陆时(滑跑刹车等)它都受到额外的载荷。

8.7　前起落架的设计特点

为了保证飞机在地面运动时有足够的滑跑稳定性，前轮应能绕支柱轴线自由定向旋转，因此在设计时要附加某些装置。

一、前轮的自由定向及偏转操纵装置

由于飞机在地面运动时要求灵活稳定，当飞机受到侧向力(如侧风、单边主轮受撞击等)而使机头偏向时，前轮应能自动转回原方向，并使飞机也能较方便地转回原方向滑跑，而不致越偏越大，这是地面方向稳定性对前轮的要求。即便是方向稳定性好的前三点配置形式，如果将前轮固定死，则前轮处的摩擦力也将产生一定的不稳定力矩，使机头有越偏越大的趋势(见图 8.37)。另外，地面滑行刹车转弯时(如刹住一侧主轮)也需前轮能自由偏转以减小转弯半径。因而现代飞机的前轮都不固定锁死，而有一定的偏转自由度，其最大值 θ_{max} 由所需的最小转弯半径来定，即

$$\theta_{max}=\pm\tan^{-1}\frac{A}{0.5B+R_{min}} \tag{8.7}$$

一般 $\theta_{max}=\pm 50°$。此外，为使前轮能自动转回飞机的前进方向。这就须将前轮放在支柱轴线后一定的距离"t"(称为稳定距)处，这样，万一出现偏向，也会很快复原(参见图 8.39)。稳定距"t"大一些则稳定性好，但对起落架受力不利，一般取 $t=(0.1\sim 0.4)D$(D 为前轮直径)。

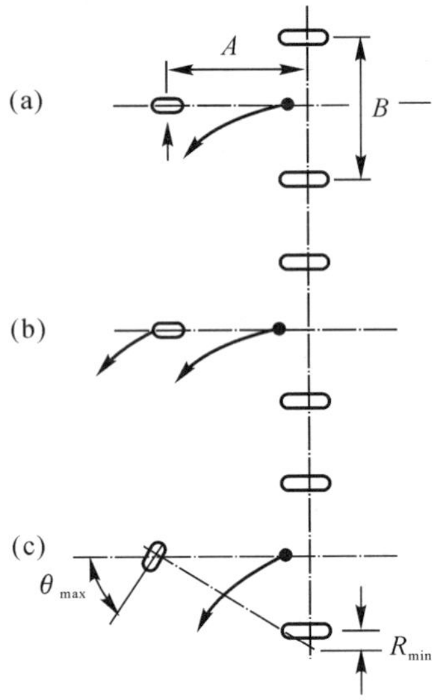

图 8.37 前轮固定情况对地面运动的影响
(a)前轮固定情况； (b)前轮自由情况；
(c)前轮可操纵偏转情况

为了增大飞机地面运动的灵活性以保证最小转弯半径，有的飞机，特别是大型旅客机，还装有使前轮偏转的操纵机构(如图 8.38 所示)。

二、前轮的减摆装置

当前起落架没有采用合适的减摆措施时前轮可能会出现摆振，即飞机在地面滑跑到一定速度时，能自由偏转的机轮和支柱的弹性振动与轮面的转动交织在一起，出现一种剧烈的偏摆振动，它会引起机头强烈摇晃，这种现象称为前轮摆振。振动可能越来越厉害，直至支柱折断，轮胎撕裂，在很短的时间内酿成严重事故。

产生前轮摆振的原因是由于机轮(连带支柱)是一个弹性体。当偶然受到外力干扰时(如跑道不平、侧风、操纵不当等)使机轮偏离前进轴线一个距离 λ(见图 8.39)。这时轮面倾斜，轮胎接地部分的形状变成弯腰形。当飞机继续前进时，机轮将一边偏转 θ 角，同时由于弹性恢复力的作用，一边向前进轴线靠近(减小 λ)。当达到 $\lambda=0$，$\theta=\theta_0$ 时，由于惯性关系，在继续往前滚时又出现了 $-\lambda$，同时就又出现了弹性恢复力，而轮胎接地部分变成反的弯腰形，这样就使得 λ 反向增大，到 $-\lambda_0$ 后又开始减小。与此同时 θ 则从 θ_0 减小到零后，又开始反向偏转。如此反复进行就形成了周期性摆振。在速度较小时，激振的能量小于阻尼能量，摆振将不会产生。但当滑跑速度超过某一速度(称为摆振的临界速度 V_{cr})时，激振能量大于阻尼能量，就将产生摆振，并自己激发成自激振动，越振越烈，λ_{max} 与 θ_{max} 越来越大，直到破坏。摆振临界速度可用下式估算。

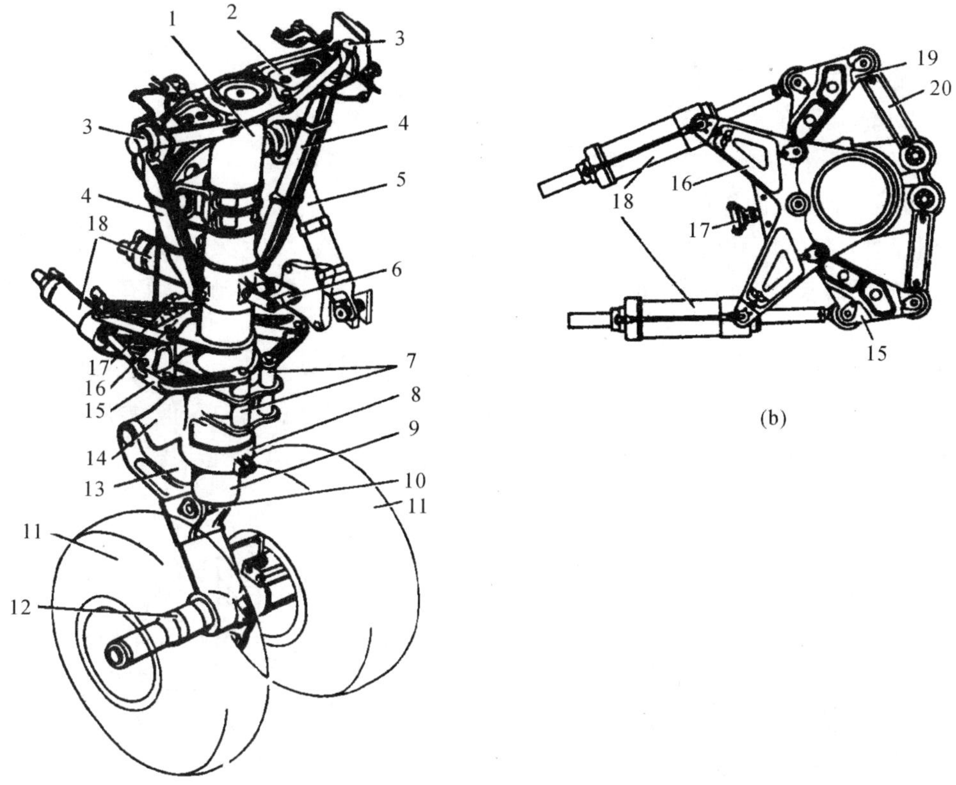

(a) (b)

图 8.38　摇臂支柱式前起落架

1— 减震支柱； 2— 横梁(转轴)； 3— 轴颈端； 4— 侧斜撑杆； 5— 支柱的收放作动筒； 6— 锁的环扣；
7— 限动器； 8— 可转动的轴环； 9— 活动杆(减震支柱的)； 10— 耳片； 11— 轮子； 12— 轮轴；
13— 摇臂； 14— 犬牙状支柱下部接头； 15,16— 上、下曲柄； 17— 收起位置锁的耳环；
18— 操纵轮子转弯的液压作动筒(兼作减摆器)； 19— 摇臂； 20— 拉杆

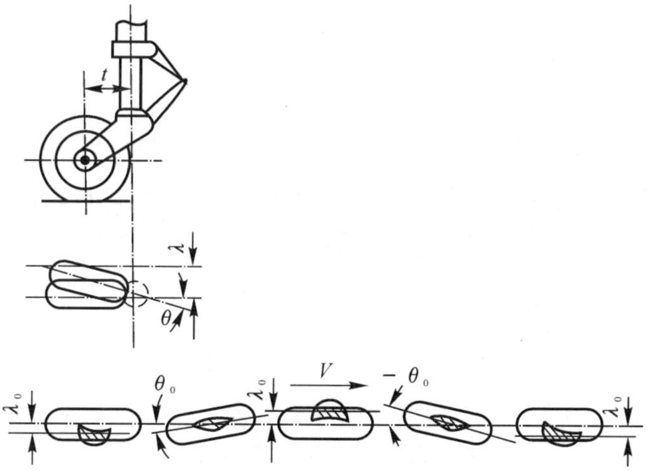

图 8.39　起落架变形与摆振运动情况

$$V_{cr}=\sqrt{\frac{Kt}{rI}} \tag{8.8}$$

式中　t—— 稳定距；

r—— 机轮半径；

I—— 转动部分(机轮、轮叉及其他)绕旋转轴的转动惯量；

K—— 由试验确定的轮胎弯曲和扭转刚度的特性系数。

可以看出，增大稳定距和轮胎刚度将提高摆振的临界速度。对于现代高速飞机，多装有专门增加阻尼的减摆器来消减激振的能量，防止摆振的发生。一般要求振幅应在 3 s 钟内减到初始幅值的 1/3。

常见的减摆器有柱塞式(见图 8.40)和旋板式(见图 8.41)两种。它们的工作原理都是利用油液高速流过小孔产生阻尼来消耗能量，防止摆振。柱塞式较简单轻巧，但减摆能力较小，多用在小型高速飞机上。旋板式较大、较重，但减摆能力强，常装在高速、大型飞机上(见图 8.42)。

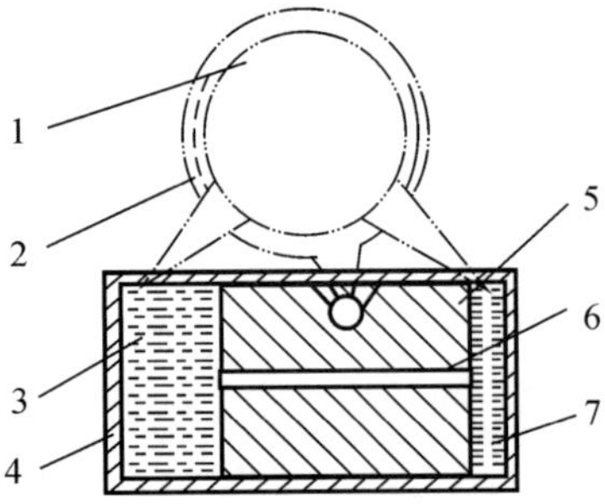

图 8.40　柱塞式减摆器

1—支柱；2—旋转臂；3—左工作油室；4—壳体；5—活塞；6—限流孔；7—右工作油室

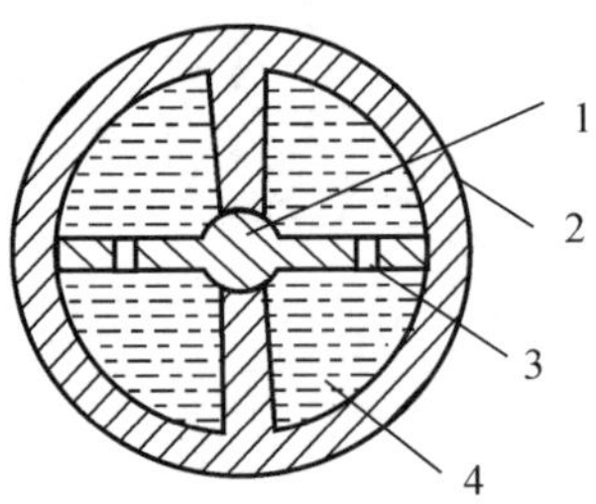

图 8.41　旋板式减摆器

1—旋板；2—壳体；3—限流孔；4—工作油室

有时为提高地面转弯的灵活性而采用可操纵前轮，特别是在一些大型飞机上，为此要增设前轮转弯操纵机构。如图 8.38 所示某旅客机的摇臂式前起落架，它的操纵作动筒是综合利用的，当不操纵时它的两个作动筒就起减摆器的作用。此外，一般说双轮(见图 8.42)或多轮式起落架，由于整个轮胎系统的刚度较大，当机轮偏转摆振时地面给予的摩擦力 F 将构成阻滞摆振的力矩，其 V_{cr} 较高。

三、前轮纠偏装置(中立机构)

由于前轮须在地面滑行时能左右偏转，故它不能定位锁死，因而在离地收藏或着陆放下时很可能偏离中立位置，以致妨碍正常的收起或着陆。为此必须加装中立机构，以保证前轮离地时轮子正对前方不偏斜。常见的纠偏装置有三种形式。

1. 凸轮式内纠偏装置(见图 8.43)

它由装在减震器内部的上、下凸轮组成。下凸轮固定在减震支柱外筒内的底部，它不能左右转动和移动，上凸轮则固定在活塞内筒上。当前轮离地时减震器全部伸展，上凸轮楔入下凸轮内，相互吻合，保持了前轮的中立位置。着陆后内筒向上运动，使上凸轮脱开下凸轮的限制，因而不妨碍前轮在地面偏向转弯。这种形式简单可靠，故得到广泛采用。只是减震支柱内部的构造稍复杂些。另外因凸轮占据了部分长度，减震支柱也可能会较长一些。

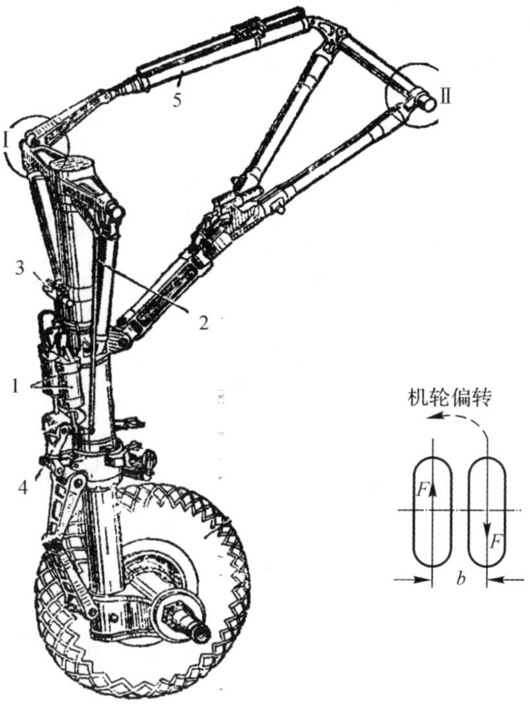

图 8.42　双机轮式前起落架

1—主减摆器；　2—回输杆；　3—节流活门；　4—传动摇臂；　5—收放作动筒

2. 滚棒凸轮式纠偏装置(见图 8.44)

它由连接在旋转臂上的滚棒和固定不动的凸轮等组成。当前轮离地(减震器全伸展)时弹簧张开,拉滚棒落在凸轮的最低凹槽处,使机轮处于中立位置。飞机着陆后在地面转弯时,由于前轮偏转的力量较大,能克服弹簧力而使滚棒在凹槽面上滚,以保证前轮的偏转。

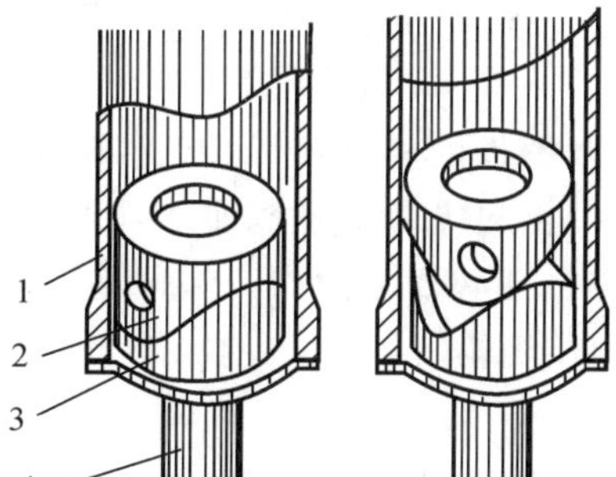

图 8.43　凸轮式中立机构

1—外筒；　2—上凸轮；　3—下凸轮；　4—连杆

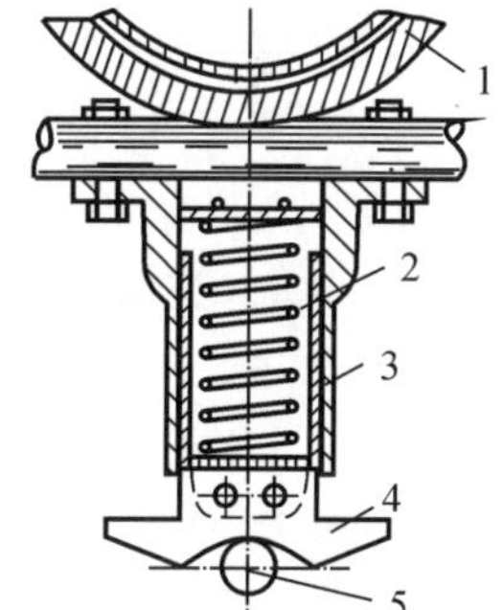

图 8.44　滚棒凸轮式中立机构

1—旋转臂；　2—弹簧；　3—壳体；
4—凸轮装置；　5—滚棒

3. 楔杆式外纠偏装置(见图 8.45)

它由楔锥、连杆和楔槽等组成。起落架收起时,由于带楔锥的连杆与起落架的转轴不同心而产生相对运动,使楔锥逐渐靠近并插入楔槽(它由旋转臂上相互有一定间距的两个斜面构成)，与其中的一个斜面靠上后，逐渐将旋转臂连同轮叉和前轮一起旋转，纠正到中立位置。起落架在放下位置时，楔锥完全退出楔槽，因而不影响前轮偏向转弯。这种装置不够完善，因为有可能在放下着陆前遇侧向力而使前轮偏转，不能完全保证着陆时的中立位置。

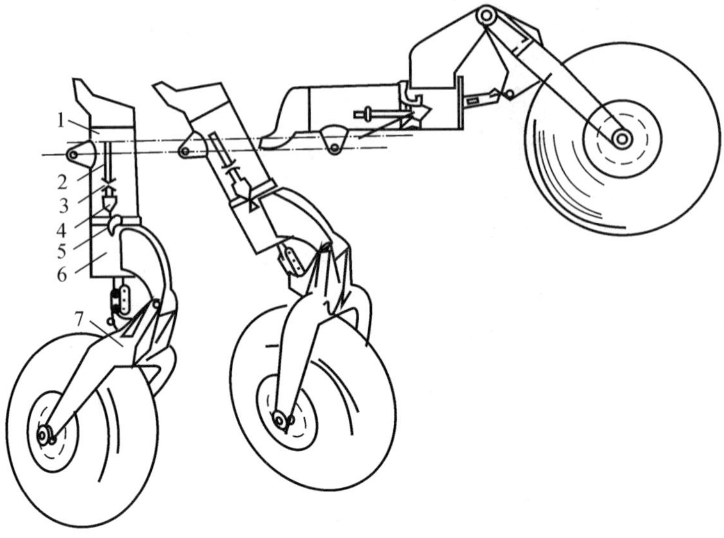

图 8.45　楔杆式中立机构

1—支柱；　2—连杆；　3—导套；　4—楔锥；　5—楔槽；　6—旋转臂；　7—轮叉摇臂

8.8　刹车装置和收放机构

一、刹车装置

现代飞机不仅在主轮，有的甚至在前轮均装有刹车装置。刹车装置的功用是制动机轮，把飞机高速前进的动能大部分变为摩擦热能消失掉，使飞机很快慢下来，以减少滑跑距离和所需跑道长度。另外，主轮单边刹车还可协助飞机滑行转弯，纠正滑行方向。飞机在起飞前开大车或地面试车以及固定停放时均要使用刹车。

刹车装置一般装在机轮的轮毂内，通过静、动摩擦件的相互接触，起刹车制动作用。刹车装置应能满足以下要求：正常着陆时的刹车作用；中止起飞时猛烈刹车不应起火或破坏；能满足多次连续起飞和着陆要求；并在整个使用期内应保证必要的效率。一般还要当发动机在最大状态(或额定状态)工作时，在起飞线上基本能刹住机轮。

1. 刹车装置应吸收的动能

在正常的设计着陆重量下，着陆滑跑的水平动能除气动阻力、减速伞和其他辅助装置吸收一部分外，其余均应由机轮刹车装置吸收。可用下述经验公式进行估算

$$A_b = C G_l v_l^2 \tag{8.9}$$

式中　A_b—— 刹车装置应吸收的动能(J)；

C—— 系数，对前三点和自行车式起落架，可取为 0.003 4；

G_l—— 飞机着陆时的重力(N)；

v_l—— 着陆速度(km/h)。

2. 刹车装置的类型

(1)圆盘式刹车装置(见图 8.46)。目前大多数飞机使用圆盘式刹车装置。它用冷气或液压动力驱使静、动两组刹车盘(也称散热片)挤紧,相互摩擦进行刹车。有时还在转动盘和固定盘的两侧装有摩擦垫片。盘式刹车结构紧凑,工作平稳,刹车力矩大,效率高,径向尺寸小,故获得广泛使用。但其结构重量较大,因摩擦产生的热量不易消散,易引起刹车盘变形,产生裂纹,甚至热熔合。目前正不断研究采用轻质的热稳定性好的摩擦材料来弥补其不足,例如在 C-5A,F-14 等飞机上采用铍做刹车盘,C-5A 用铍代替钢使 24 个刹车装置节约重量 726.4 kg,更近来则采用碳(如 C-5B,波音-757,协和号等)。用碳-碳复合材料制成的刹车片重量约只为钢的一半,且它具有高比热,高温中能保持强度,同时还有抗磨损、抗变形、抗黏结性好等优良性能,正逐渐推广使用。但由碳和铍制作刹车盘的刹车装置体积比较大,有时会引起设计上的困难。

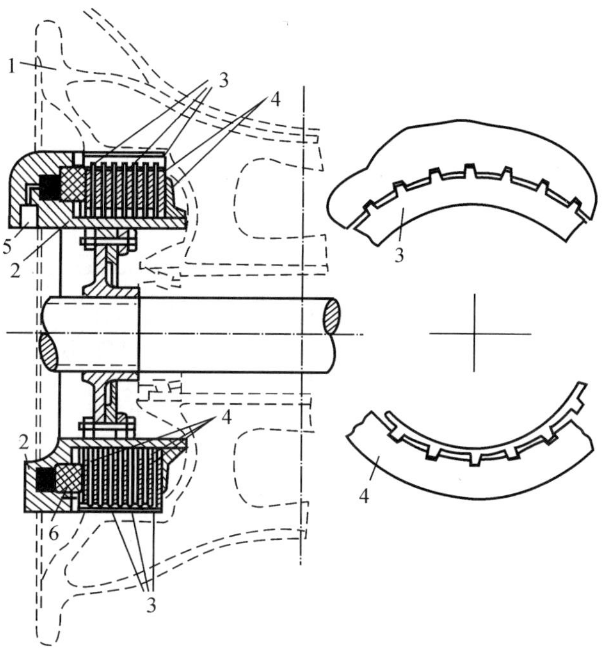

图 8.46 圆盘式刹车装置

1—轮毂; 2—刹车盘; 3—动片组; 4—静片组;
5—油嘴; 6—传压装置

(2)弯块式刹车装置(见图 8.47)。它用冷气或液压动力推刹车弯块向外张,与固定在轮毂上的刹车钢圈相摩擦而进行刹车;松刹时由恢复弹簧将弯块复位。这种形式由于弯块的表面很难与刹车钢圈同心,易使摩擦面压力不匀,因而效率不高。弯块与钢圈间的间隙须仔细检查调整,维护麻烦,但因其结构简单,重量轻,目前仍用于轻型低速飞机上。

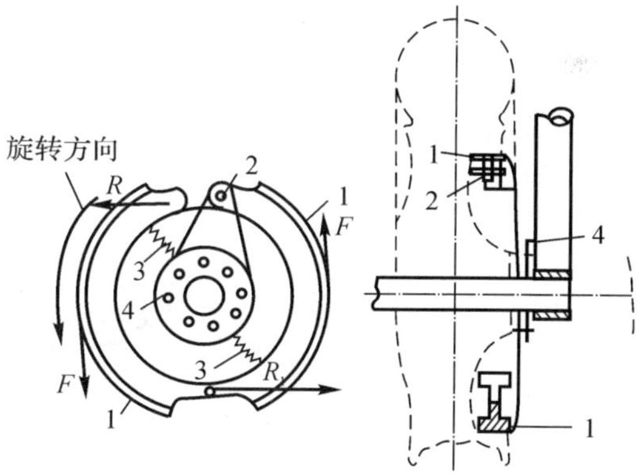

图 8.47 弯块式刹车装置

1—刹车块; 2—传动铰; 3—弹簧; 4—刹车盘

(3)软管式刹车装置(见图 8.48)。它用冷气或液压动力将表面附有刹车块的软管(胶囊)鼓起,使其与刹车钢圈摩擦而进行刹车。由于软管可调节各处的压力,故刹车柔和,摩擦面接触良好,各处摩擦力较均匀,效率较高,重量也较轻。缺点是动作较慢,工作灵敏性稍差,刹车高温易使软管老化变质,软管易漏气漏油。软管式现多用于中、轻型飞机上。

3. 刹车的滑动控制装置和自动刹车系统

为了保证刹车的高效率,同时为避免机轮刹死形成不转的“拖胎”(或称“打滑”)现象发生,现代飞机均装有滑动控制装置。因为打滑时被摩擦的轮胎能在数秒内烧穿许多层,甚至爆裂。此时滑动控制装置就可自动松刹,待打滑现象消除后又继续刹车。使用机械、电气和液压系统相结合的先进防滑控制系统就可达到此目的。目前最先进的以微处理机为基础的数字式防滑控制系统能围绕最佳打滑点自动调节刹车压力,因此也称之为自适应刹车控制系统。它可不断地计算轮胎的打滑度,并对刹车压力做小量调整进行补偿,调整得快又适度,从而减少了停机前的滑跑距离。

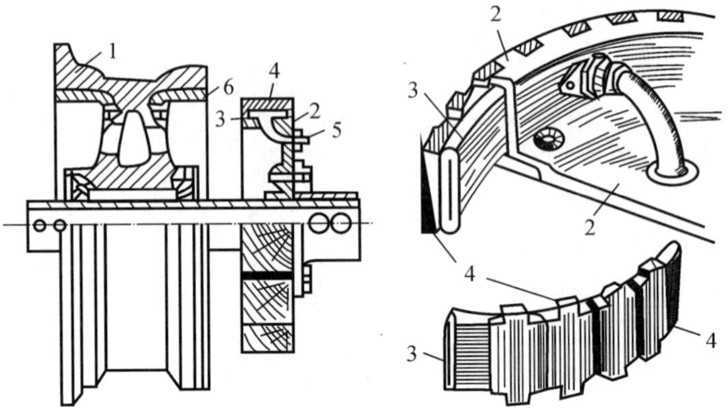

图 8.48　软管式刹车装置

1—轮毂；　2—刹车盘；　3—软管；　4—刹车块；　5—气嘴；　6—刹车钢圈

在波音-757 和波音-767 等一些现代飞机上除装有滑动控制装置外,还装有自动刹车装它由机轮速度传感器传递信号,通过自动刹车控制匣自动刹车。

二、起落架的收放机构

现代飞机一般在 $v_{\max}>250$ km/h 时起落架均是可收放的。不可收起的起落架结构简单,重量较小,但飞行阻力增加很多。收放机构应保证起落架按预定的方式收藏于指定的机体空间或起落架舱内。一般有以下几种型式。

(1)前起落架一般沿机身轴线方向收藏于机身内(见图 8.38,图 8.42)。

(2)主起落架沿展向收入机翼,或将支柱收入机翼,而把尺寸较大的机轮直接、或转一角度后收入机身侧边或下方(见图 8.49)。

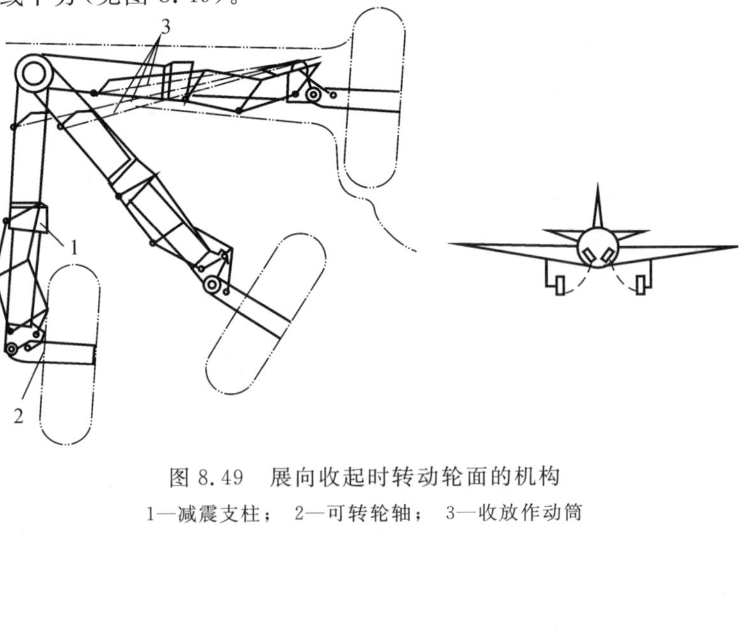

图 8.49　展向收起时转动轮面的机构

1—减震支柱；　2—可转轮轴；　3—收放作动筒

(3)主起落架收入机身或机身上的专用起落架舱内。对安装在机身上的外伸式起落架收放机构比较复杂，一般须折叠后收入机身侧边或下方(见图 8.18(b))。

(4)主起落架沿弦向收入机翼或专用短舱或发动机短舱内(见图 8.50)。但此时要与前起落架配合，减小全机重心沿纵向位置的变化。

图 8.50　弦向收起

总之，收放机构是一个复杂的空间机构，要满足各方面的要求有时是相当困难的。现在由于计算机辅助设计的应用发展，已能较方便地通过计算机计算协调，并直接用三维图像检查收放机构和起落架的运动轨迹及其与机体的协调关系。

起落架上还有其他一些系统和装置，如信号装置、应急系统等，此处不做阐述。

8.9　起落架结构的疲劳设计与起落架的试验

一、起落架结构的疲劳设计

飞机起落架结构目前均按安全寿命设计(其原因见 8.2 节)，只有个别飞机例外(如波音-747 有四个主起落架，任何一个有问题，其他三个仍能承受损伤容限载荷)。目前，歼击机、教练机的寿命约为 4 000～8 000 飞行小时；旅客机的寿命一般为 60 000 飞行小时、75 000 次起落。起落架须经受的疲劳试验寿命应是其本身安全寿命的三倍。目前国外飞机起落架设计普遍能满足其主结构与机体结构同寿，国内也已有飞机可以做到这点，并正争取逐步都能达到这一要求。由此，为了提高起落架的疲劳寿命，大量零构件都必须精心设计。主要从以下几方面采取措施。

1. 材料和加工工艺选择

材料不仅要静强度高，而且要有良好的疲劳性能、断裂韧性和抗冲击性能。由于承载大，高强度钢是制造起落架大多数零件用得最多的材料，国外常用的钢有 4130，4340，300M 等，目前国外还采用了常寿命钢 7024 等新材料。为了获得良好的机械性能和疲劳特性，加工工艺是十分重要的环节，如：钢锻件宜采用真空电弧再熔炼件；起落架构件表面进行表面喷丸强化处理；有的孔则可采用冷挤压方法进行强化处理(如波音-757，波音-767 起落架上的承力孔)；加工表面的粗糙度必须符合有关的要求；尽力减轻应力腐蚀(譬如采用卸载热处理)等。由于起落架构造复杂，过去在支柱上常采用焊接工艺焊有很多接头或直接与其他零件焊接。虽然焊接处进行了回火热处理，并尽量减小对附近区域的影响，但总的说焊接部位仍是大大影响起落架寿命的裂纹敏感部位。为了提高起落架寿命，目前国外已广泛采用整体锻件，如将受力支柱与轮轴、法兰盘都锻成一个整体。虽然形状复杂，但由于工艺制造技术的大大提高，已经可以付诸实施。

铝合金主要用于小型民用飞机的起落架上。钛合金的性能虽有很多优点，但因材料及其加工费用高，故用得不广泛。碳/环氧、硼/环氧复合材料目前已有在起落架上使用，如可制造机轮。试验还表明纤维缠绕复合材料构件(特别是筒形件)是可靠的,而且采用复合材料确实可大大减轻重量。但总的说复合材料目前成本高,在零件的制造、分析和设计等方面还有很多工作要做。

2. 接头设计

起落架上各种连接接头很多,而接头往往是疲劳设计的关键件。为避免应力集中,要精心设计接头耳片的细节形状和尺寸。为避免磨损,活动部位应使用青铜衬套和镀铬的轴销,在应力较高处也可采用不锈钢衬套。活动部分要有润滑措施。

3. 减少应力集中

设计中尽量减小孔的应力集中,零件剖面和形状力求平滑变化,不要有尖角,拐角处应有较大的圆角半径。

4. 表面保护

要有适当的表面保护措施以防止腐蚀,如电镀、涂漆等。有的接头处在必要时可用带有筒边凸缘的衬套加以保护。

二、起落架的试验

在起落架设计期间和设计阶段之后,须要通过各种试验来验证它的强度、寿命和性能。

1. 结构试验

(1)应力和强度测试与验证。主要对复杂构件的过渡区域的应力水平和应力方向(如可用光测技术)进行测试。某些不规则的零构件和某些典型的销,特别是保险销,一般均要经过试验验证。

(2)疲劳试验。用以验证起落架的寿命能否达到规定的要求。

2. 系统试验

(1)落震试验。用以得到减震器吸收撞击能的特性以及起落架结构承受过载的能力,并可获得疲劳分析所需的数据。

(2)收放试验。

(3)前轮摆振试验。

(4)机轮和刹车系统的试验。

经各种试验证明满足要求后,起落架才能正式装机使用。

思 考 题

1. 减震器的功用是什么?有哪些型式?

2. 为了增大油气式减震器的效率系数 η 和热耗系数 χ(滞后系数),以及为保证减震器的自由行程,从减震器的构造设计上可采取些什么措施?

3. 对摇臂支柱式、简单支柱式和撑杆支柱式起落架做一比较,分析它们各自的优、缺点。它们各自较适用于何种情况?为什么?

4. 多轮式起落架一般用在什么飞机上?为使各个机轮载荷均衡,可以采取哪些措施?

5. 前轮摆振的物理现象和产生原因是什么?可采用什么预防措施?

6. 为什么要采用前轮纠偏装置?

7. 掌握简单支柱式、摇臂支柱式的受力分析。画出扭力臂、轮叉的内力图。

8. 为了增加飞机的漂浮性，在减震器和轮胎选择上可以采取些什么措施？

9. 为何起落架结构目前一般按安全寿命设计，而不按损伤容限设计？起落架疲劳设计一般采取哪些措施？

10. 起落架一般应进行哪些试验？它们的目的何在？

第九章 现代飞行操纵系统设计与分析概论

9.1 概　　述

自飞机诞生以来，飞行操纵系统的发展大约经历了如下四个阶段：简单机械操纵系统、不可逆助力操纵系统、增稳和控制增稳系统以及电传操纵系统(FBW)阶段。

第一阶段：20 世纪 50 年代以前。由于当时飞机飞行速度不高，舵面气动载荷不大，操纵系统只是由简单的一杆三舵和机械传动杆系构成。

第二阶段：20 世纪 50 年代初期至中期。随着飞机性能的提高，速度增加，作用在舵面上的气动载荷急剧增加，单凭驾驶员体力难以操纵飞机，不可逆助力操纵系统孕育而生。不可逆助力操纵系统一般由简单机械操纵系统、无回力液压助力器、载荷感觉器、力臂调节器、调效机构等组成。

第三阶段：20 世纪 50 年代中期到 60 年代。随着飞机向高空高速方向发展，歼击机外形具有大后掠角、薄翼、机身细长等特点，为了解决此时飞机自身稳定性不足的缺点，在不可逆助力操纵系统中，引入了特征飞行参数反馈，构成增稳操纵系统。然而增稳操纵系统虽然增加了飞机稳定性，但同时降低了飞机的操纵性，为有效解决稳定性与操纵性的矛盾，在增稳系统基础上，发展成了控制增稳系统。该系统是在增稳系统基础上增加一个杆力传感器和一个指令模型构成的。系统由机械通道、电气通道和增稳回路组成。

第四阶段：20 世纪 60 年代至今。虽然控制增稳系统能兼顾飞机稳定性和操纵性的要求，但是电气通道的操纵权限不是全权限的，也没有可靠的安全措施；另一方面，这种系统是在不可逆助力机械操纵系统基础上发展起来的，本质上仍属机械式操纵，其中驾驶杆到助力器间的复杂机械杆系存在很多弱点，如占空间大、重量重、战伤生存能力低等。随着飞行控制技术、计算机技术的迅速发展，模拟式和数字式电传飞行控制系统(FBW)诞生了，由于在系统中取消了庞大的机械杆系操纵系统，大大提高了系统的操纵精度，另外系统采用了余度技术，使得其具有更高的安全可靠性和较低的故障率(四余度 FBW 故障概率可达 10^{-8} 次/飞行小时)。

20 世纪 70 年代以来，主动控制技术在飞机设计中逐步得到应用，飞机设计概念也发生了质的变化，在飞机设计过程中，飞行控制系统的设计已由过去的被动过程转变为主动过程，新设计概念下的飞行器称为随控布局飞行器(Control Configured Vehicle，简称 CCV)。CCV 为了完成非常规机动，通常需要进行多操纵面的协调控制，这种复杂控制只能由电传操纵系统来完成。

本章主要按照飞行操纵系统的以上发展演变过程，概要地介绍各类操纵系统的组成与工作原理。

9.2 简单机械操纵系统

简单机械操纵系统是一种人力操纵系统。由于其构造简单，工作可靠，使用了30余年，才出现助力操纵系统。现仍广泛地用于低速飞机和一些运输机上。其中央操纵机构和部分传动机构则仍被现代歼击机采用，机械传动系统则普遍用于辅助操纵系统。

一、对飞机主操纵系统的要求

飞机主操纵系统除了应具有足够的强度和刚度、重量轻、制造简单、维修方便、生存性好等一般要求之外，还应满足一些特殊的要求，其中主要有：

(1)保证驾驶员手、脚的操纵动作与人类运动本能反应相一致。这样就可避免发生错误的操纵动作和分散驾驶员的注意力，并且可以缩短训练驾驶员的时间。正确的操纵动作应当是：

驾驶杆(或驾驶盘)前推，机头应下俯，飞机下降；驾驶杆后拉，机头应上仰，飞机上升。

向左压杆，飞机应向左倾斜；向右压杆，飞机应向右倾斜。

蹬右脚，机头应向右偏转，蹬左脚，机头应向左偏转。脚操纵动作与人的本能反应稍有不同，但经过一股时间的训练，也就能适应，没有发生过错误操纵，因而沿袭到现今。

(2)由于驾驶杆既可操纵升降舵，又可操纵副翼，也可同时操纵两者，为了简化操纵技术，要求在纵向操纵或横向操纵时互不干扰。

在驾驶舱里的脚操纵机械应该能够按驾驶员的身材来调节。

(3)驾驶员是凭感觉来操纵飞机的，除去感受过载大小之外，还要有合适的杆力和杆位移的感觉，其中杆力更为重要。脚蹬力和脚位移也是如此。

1) 飞机的纵向和横向同时操纵时，纵向操纵杆力与横向操纵杆力之间必须有一个合适的比值，才能使驾驶员满意。如果横向操纵杆力为零或大于纵向操纵杆力时，就很难做出侧向精确操纵的动作。升降舵(或全动平尾)的纵向操纵力 F_z 与副翼的横向操纵力 F_x 的最佳比值为

$$F_z/F_x=2$$

同样，杆力和脚蹬力也要有一定的比值。脚蹬上的力 F_y 对横向操纵杆力 F_z。的比值为

$$F_y/F_x=5\sim 8$$

上述数值是指驾驶杆偏转到1/4的行程时的杆力数值。

驾驶杆(或脚蹬)从配平位置偏转时，所需的操纵力应该均匀增长，并且力的指向总是与偏转方向相反，这样，驾驶杆(或脚蹬)就有自动回中(即回到配平位置)的趋势。

2)驾驶杆(或脚蹬)力应该随飞行速度增加而增大，并随舵面偏转角度增大而增大。

3)为了防止驾驶员无意识动杆和减轻驾驶的疲劳，操纵系统的启动力应该在适合范围之内。所谓启动力是指飞机在飞行中舵面开始运动时所需的操纵力。启动力包括操纵系统中的摩擦(其中包括助力器分油活门的摩擦)、预加载荷等。

(4)操纵系统的间隙和系统的弹性变形会产生操纵延迟现象。所谓操纵延迟是指在驾驶杆上用力之后到舵面开始转动这一段所需的时间。在操纵飞机时，特别在接近地面时，若操纵延迟达到0.25 s就很危险，因为可能由于压杆过量而使飞机翻转。在恶劣气流中飞行时，操纵延迟也是很危险的。一般规定，操纵延迟不应超过人的反应速度的数值(1/7 s)。因此，为了使操纵反应快、死区小，就必须使机械操纵系统中的环节和接头的数量最少，接头处的活动

间隙最小和系统应有足够的刚度。

(5)在中央操纵机构附近应该有极限偏转角度的止动器,以防止驾驶员用力太猛,操纵过量,而使系统中的某些部件或机体结构遭到损坏。如果舵面超过极限偏度会发生危险,则在舵面附近也应有可调的舵面止动装置。在助力操纵系统中,可以在助力器内设置止动块以代替舵面止动装置。

(6)飞机停在地面上时,为了防止舵面被暴风吹坏,所有舵面应有“锁”来固定。舵面的锁紧系统应在飞机内部,不应该采用外部锁紧装置。内部锁紧装置应该直接与舵面连接。为了防止在起飞功率下,舵面仍处于锁定状态,开锁顺序必须是所有舵面都开锁后,油门才能打开。

二、飞机主操纵系统的组成和工作原理

飞机主操纵系统通常分为两个部分。由驾驶员的手、脚直接操纵的部分,叫做中央操纵机构或称座舱操纵机构,它由手操纵机构(驾驶杆或驾驶盘)和脚操纵机构(脚蹬)组成。把中央操纵机构的动作传到舵面的那部分,叫做传动机构或传动装置。简单机械操纵系统的传动机构是由拉杆、摇臂、钢索、滑轮等组成。对于常规操纵来说,手操纵机构是用来操纵升降舵和副翼的,脚操纵机构是用来操纵方向舵的(见图 9.1)。

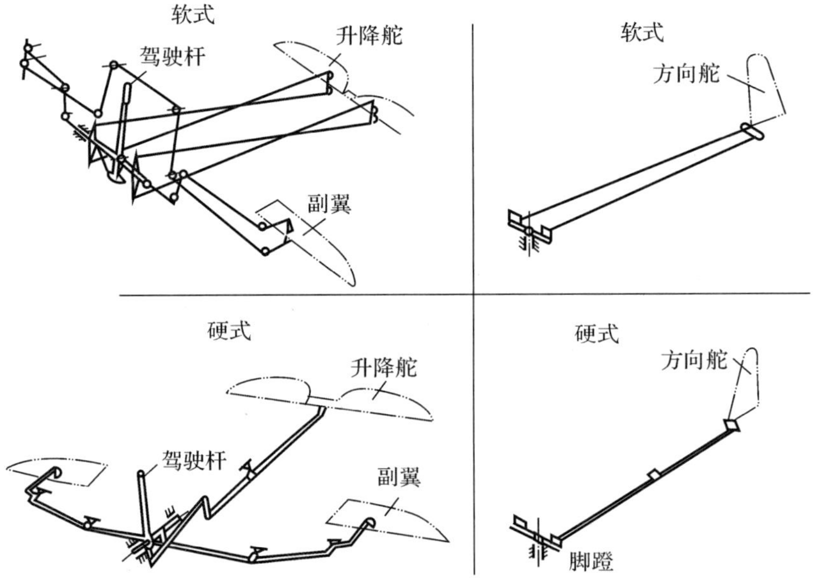

图 9.1　飞机主操纵系统

1. 中央操纵机构的构造和工作原理

(1)手操纵机构。常规的手操纵机构有驾驶杆式(简称杆式)和驾驶盘式(简称盘式)两种。不论哪一种型式都要操纵两个操纵面(简称舵面)——纵向操纵面(如升降舵)和横向操纵面(如副翼)。因此,在构造上要求保证飞机的纵向和横向操纵的“独立性”。这就是说,单独操纵升降舵时,副翼应不会偏转;单独操纵副翼时,升降舵也应不会偏转。

图 9.2 是一种驾驶杆式的手操纵机构。推杆或拉杆时,驾驶杆绕轴线 $a—a$ 转动,经传动杆 1 和摇臂 1 等传动件的传动,即可操纵升降舵。左右压杆时,驾驶杆绕轴线 $b—b$ 转动,这时扭力管和摇臂 2 均随之转动,经传动杆 2 等传动件传动,便可操纵副翼。

现在分析它们操纵的“独立性”。从图 9.2 可见，当驾驶杆前后移动时，扭力管并不转动，因而副翼不会动。驾驶杆左右摆时，除了扭力管转动外，还要带着驾驶杆下端的传动杆 1 左右摆动。这时，如果摇臂 1 不动，则升降舵也就不会动了。在构造上如何才能使摇臂 1 不动？传动杆 1 与摇臂 1 的连接点 c 若位于轴线 b—b 上，驾驶杆左右摆动时，传动杆 1 则以 b—b 线为中心轴，以 c 点为顶点作锥面运动(见图 9.2)。c 点不动，摇臂 1 也就不会绕其支点前后转动，因而升降舵也就不会偏转了。传动杆 1 两端的接头也应不会妨碍驾驶杆左右摆动，所以其一端应采用可以旋转的接头。

图 9.3 表示一种驾驶盘式的手操纵机构。前推或后拉驾驶盘时，支柱绕轴线 a—a 转动，经摇臂、钢索等传动，即可操纵升降舵。这种盘式手操纵机构也能保证两种操纵互不干扰。左右转动驾驶盘时，支柱不动，则升降舵不会偏转。前后推动驾驶盘时，由于穿过横管中的那段钢索与轴线 a—a 重合，钢索不会绷紧或放松，所以不会使副翼偏转，也不会影响驾驶盘和支柱前后移动。

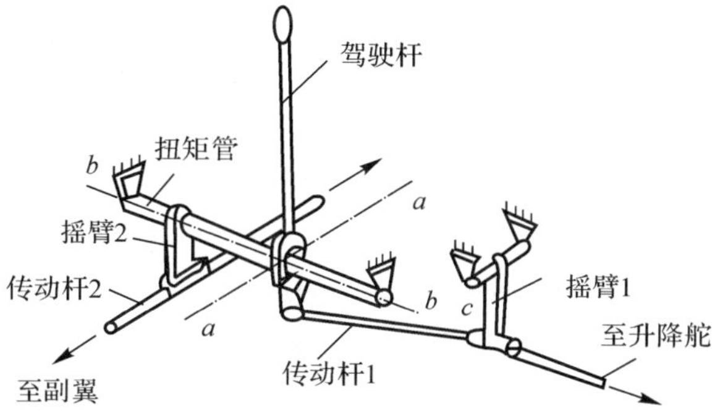

图 9.2　驾驶杆式手操纵机构图

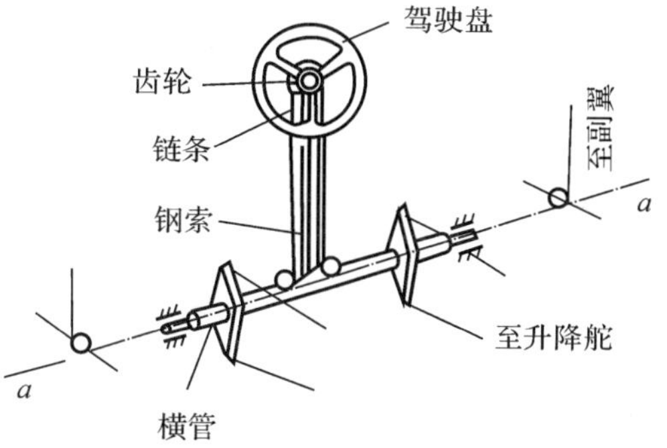

图 9.3　驾驶盘式手操纵机构

上述两种手操纵机构相比，杆式的构造较简单，适合于驾驶员一只手操纵驾驶杆，另一只手操纵油门手柄。但是，由于驾驶杆的左右倾斜角受到驾驶员两腿间的距离限制，因此不能用增大驾驶杆倾斜角的办法来减小操纵副翼时的杆力。驾驶盘式的构造较复杂，但可通过增大驾驶盘的转角使操纵副翼省力，当然，这时使副翼偏转到一定角度所需的时间要相应增长。因此，前者多用于机动性较好而操纵时费力小(或有助力器)的飞机，后者多用于手操纵费力较大而机动性要求较低的中型和大型飞机。此外，杆式操纵能保证操纵精确度(相对于盘式而言)，因为用杆式操纵时，驾驶员的前臂可以部分地支撑在他的大腿上，可以进行微动操纵，而盘式操纵则没有这个有利的条件。

70 年代所研制的歼击机都把高机动性作为突出的设计要求。高机动性就须高过载。通常歼击机的最大使用法向过载为 7～8，驾驶员座椅的后倾为 16°～18°，若过载增大到 9，座椅的后倾角必须增大到 30°，驾驶员才能承受这样大的过载。为了配合大后倾角的座椅，采用了安装在座椅右侧前方的力敏感驾驶手柄，代替原来的中央驾驶杆。这种侧置驾驶手柄是一种无位移(或位移很小)而只有力感觉的手操纵。驾驶员完全依靠力的感觉来操纵飞机。手臂以座椅扶手为依靠，不需要大幅度的运动。而且手的生理坐标与操纵坐标完全一致(见图9.4)，因而便于实现精微、准确的操纵，这是侧置驾驶手柄的优点之一。据报道，驾驶员对于这种新的座舱操纵机构能很快适应，已在一些电传操纵的飞机上采用。

一般规定：凡是不同于常规的中央操纵机构，首先要证明它是安全可靠的、适用的，还需要安装在飞行模拟器上，或在教练机的第二座舱里，或在这两者上都进行验证。当然，要使驾驶员改变使用驾驶杆的习惯，也需要他坐在飞行模拟器里作较长时间的练习，使他习惯于新的操纵装置。试飞员在新机试飞之前也需要坐在样机的座舱里，熟悉新机座舱里的一切布置。

(2)脚操纵机构。脚操纵机构有脚蹬平放式和脚蹬立放式两种。脚蹬平放式脚操纵机构如图 9.5 所示。脚蹬安装在由两根横杆和两根脚蹬杆组成的平行四边形机构上。飞行员蹬脚蹬时，两根横杆分别绕转轴 O 和 O' 转动，转轴是固定在座舱地板上的。经钢索(或传动杆)等传动，使方向舵偏转。

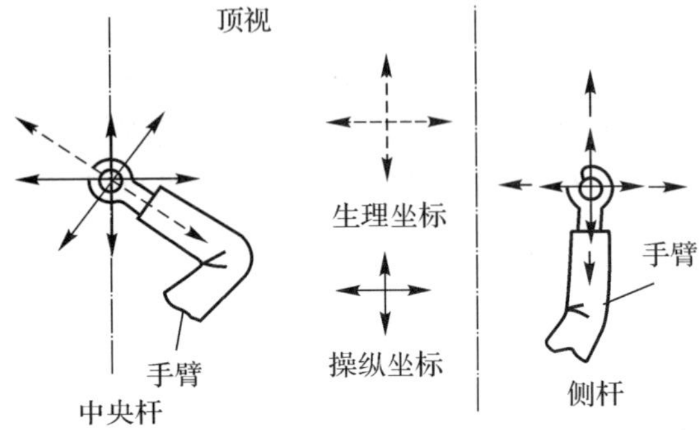

图 9.4　中央驾驶杆与侧置驾驶手柄的操纵比较

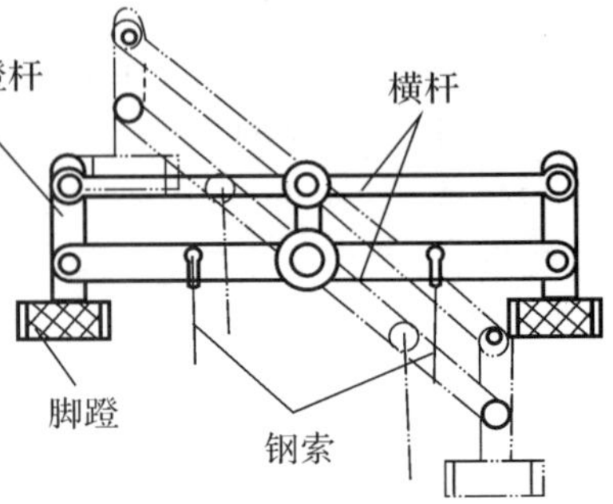

图 9.5　平放式脚蹬操纵机构

平行四边形机构的作用是保证在操纵方向舵时，脚蹬只作平移而不转动(如图中双点画线所示)，便于驾驶员操纵。

图 9.6(a)和(b)表示两种立放式脚蹬，前者的转轴 $a—a$ 在脚蹬之上，后者的转轴 $a—a$ 和 $b—b$ 在脚蹬之下。从图中可见，蹬脚蹬时，它们都是通过传动杆和摇臂等构件的传动而使方向舵偏转的。同时，由于传动杆和摇臂等的连接方式如图 9.6 所示，左右脚蹬的动作总是协调的，即一个脚蹬向前时，另一个脚蹬向后。

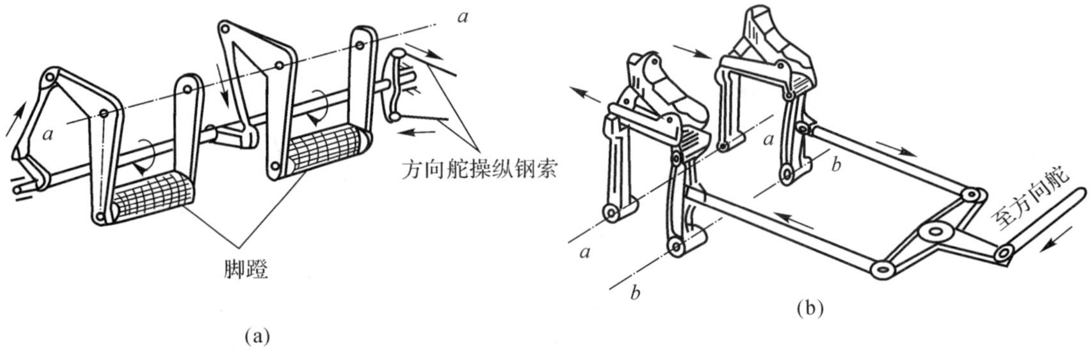

图 9.6　立放式脚蹬操纵机构

上述两种脚蹬操纵机构相比，平放式脚蹬操纵机构，为了操纵省力应有较大的力臂，即两个脚蹬之间的距离要取得大一些；立放式脚蹬操纵机构，是通过增长与脚蹬连接的摇臂来获得足够的操纵力臂的，因此，两个脚蹬之间的距离可以做得小一些。所以，前者多与左右倾斜较大的驾驶杆式手操纵机构组合；后者则多与驾驶盘式手操纵机构组合。

驾驶杆(盘)和脚蹬应有限动装置，限制驾驶杆和脚蹬的最大活动范围，从而限制舵面的最大偏转角以符合规定。凡是可以调整的限动装置应在调整好的位置上保证确实锁紧,或用锁紧钢丝保险。为了防止可能因错误调整或错误装配而使舵面的偏转角超过规定而产生的危险,则在舵面附近也应有可以调整的限动装置,装配时可以互相查对。

有些采用驾驶盘式手操纵机构的飞机,为了使驾驶盘不妨碍驾驶员的弹射跳伞,还装有驾驶盘前倾机构。当驾驶员抛掉座舱盖时,该机构便使支柱和驾驶盘向前倾斜。

2. 传动机构的构造和工作原理

传动机构是对简单机械操纵系统而言,传动装置是对助力机械操纵系统和电传操纵系统而言。后两种操纵系统的传动装置将在有关章节中介绍。此节仅介绍简单机械操纵系统的传动机构。

简单机械操纵系统的传动机构通常分为软式、硬式、混合式三种。软式传动机构主要由钢索和滑轮等构件所组成;硬式传动机构主要由传动杆和摇臂等构件所组成(见图 9.1 所示);混合式传动机构则由软式和硬式传动机构混合组成。

在硬式传动机构中,操纵力是由传动杆传递的。传动杆可以承受拉力或压力。传动杆是由铝管或钢管制成的。它的工作应力较小,因而变形也较小,即刚度较大,因而在飞机中机翼和尾翼不易产生自激振动。传动机构中的铰接点都可以用滚珠轴承。滚珠轴承可以减小摩擦力和间隙。因此,硬式传动系统具有较佳的操纵灵敏性。此外,它的生存力也较好一些,尤其是副翼操纵,如一边的传动杆损坏,仍可用另一边的副翼来进行横向操纵。硬式传动机构的缺点是需要布置较多的铰接点,使构造复杂,并使重量加大,而且不像钢索可以"绕过"飞机内部的设备和装置。此外还必须使传动杆避免与发动机的使用转速发生共振。

在软式传动机构中,操纵力只能依靠钢索的张力传递。因此,必须有两根钢索构成回路,轮流起作用,即一根传动,另一根被动。这种软式传动的优点是构造简单,尺寸较小,重量较轻,比较容易"绕过"机内设备与装置。其缺点是钢索的刚度较小,受力后容易被拉长,使操纵灵敏度变差,并且机翼和尾翼容易发生自激振动。钢索在转弯处绕过滑轮,产生较大的摩擦力,并容易磨损,其生存力也较差。

混合式传动机构兼有硬式和软式的优点和缺点。

由上述可知,三种传动形式各有特点,不能说其中哪一种是"过时了"的。在飞机上究竟应该采用哪一种传动形式,应该根据对飞机操纵性的要求和其他具体情况来决定。一般对于舵面上空气动力较小的低速飞机和对机动性要求较低的运输机,多采用软式传动或混合式传动机构。现代歼击机和要求操纵灵敏度较高的一些飞机,多采用硬式传动机构。

三、操纵系统的传动系数和传动比

操纵系统的传动系数和传动比是操纵系统的两个重要的构造参数。它直接或间接表示了驾驶杆(或脚蹬,下同)位移和舵面角位移之间的关系、杆力和舵面铰链力矩之间的关系。

1. 操纵系统的传动系数

飞机俯仰、滚转和偏航三个操纵系统各有各自的传动系数和传动比。现以俯仰操纵系统为例来说明操纵系统的传动系数的含意。

驾驶杆移动的距离简称杆位移,又称为杆行程。它与舵面的偏转角(角位移)应有一定的对应关系,这个对应关系是用传动系数 K_z 来表示的。所谓传动系数是指舵面角位移(输出位移)$d\delta_z$ 与杆位移(输入位移)dW_z 的比值,即

$$K_z = \frac{d\delta_z}{dW_z}$$

根据图 9.7 中符号的正负规定，传动系数 K_z 始终为正值。驾驶杆力 F_z 与舵面的铰链力矩 M_j 也有一定的对应关系。若不考虑操纵系统的摩擦力，驾驶员操纵驾驶杆所做的功应等于克服铰链力矩使舵面偏转所做的功(见图 9.7)，即

$$F_z dW_z = -M_j d\delta_z$$

其中铰链力矩 M_j 的符号规定为：使升降舵向下偏转的铰链力矩为正，反之为负。杆力，前推为正，后拉为负。由此可得传动系数的另一表示式为

$$K_z = -\frac{F_z}{M_j} \tag{9.1}$$

当杆力的单位为 N，铰链力矩的单位为 N·m 时，传动系数的单位为 1 m^{-1}。

从以上两个公式可以得知：传动系数一方面表示单位杆位移时舵偏角的偏转量；另一方面又表示克服单位铰链力矩时所需的杆力大小。显然，操纵系统的传动系数越小，驾驶杆移动一定行程时，舵偏角的偏转量就越小，克服单位铰链力矩所需的杆力也越小。从克服舵面铰链力矩来看，则希望传动系数越小越好，这样就可以用较小的杆力来克服较大的铰链力矩。但是，传动系数不是根据最大铰链力矩和杆力来确定的，而是根据规定的最大舵偏角和最大杆位移来确定的，并在最大杆位移的情况下保证最大舵偏角符合规定的要求。

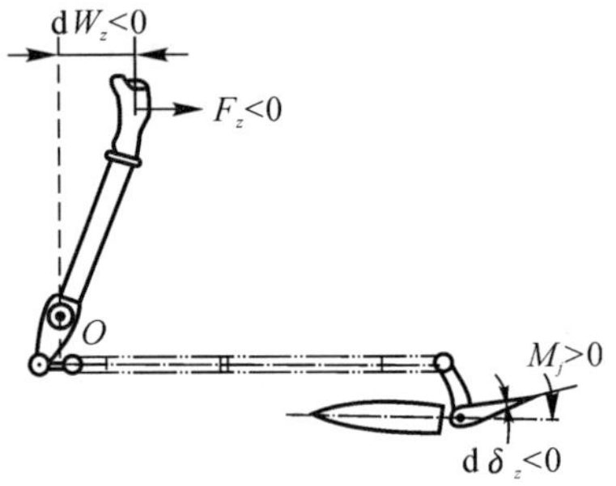

图 9.7　传动系数 $K_z = \frac{d\delta_z}{dW_z} = -\frac{F_z}{M_j}$

下面我们将估计一下 K_z 值，然后计算一下亚声速歼击机人力操纵时，驾驶员能克服多大的升降舵铰链力矩。根据统计可得表 9.1 中的数据。

表 9.1　纵向操纵系统的传动系数的统计值

歼击机速度	操纵面	操纵面角位移			杆位移			K_z/m^{-1}
		向上	向下	总和 rad	向前 mm	向后 mm	总和 m	
低速	升降舵	30°	17°	0.82	100	220	0.32	2.56
超声速	全动平尾（大力臂）	28°	16°	0.77				2.40

从表 9.1 可见，不论低速歼击机还是超声速歼击机，其杆位移是相同的，因为驾驶员的标准身高均为 1.7 m。两者操纵面的角位移也相差不多，低速的略大一些。

顺便指出，在下一节将要讲到的不可逆助力机械操纵系统中，力臂自动调节器的大力臂状态就是上述情况，而小力臂状态则是特殊情况。

若已知升降舵的传动系数 $K_z = 2.56\ m^{-1}$，最大杆力为 300 N，不难求出对应于最大杆力的最大铰链力矩为

$$M_j = -\frac{F_z}{K_z} = \frac{300}{2.56} = 117\ N \cdot m$$

由此可知，对于人力操纵的歼击机，其升降舵的最大铰链力矩不能超过 117 N·m 左右。为了减小铰链力矩曾做了许多研究工作，如气动力补偿的方法等。

2. 操纵系统的传动比

在这一节中我们将研究摇臂的力传动比 n_i 和整个系统传动比 n 之间的关系。应用式(9.1) 和力矩平衡关系，还可得到研究系统的传动系数 K 和传动比 n 成正比的关系，读者可自行推导。

根据升降舵的传动图(见图 9.8) 可计算出各个摇臂的传动比 n_i(第 i 级摇臂的从动臂的有效半径与主动臂的有效半径之比)，然后便可计算出整个系统的传动比 n。

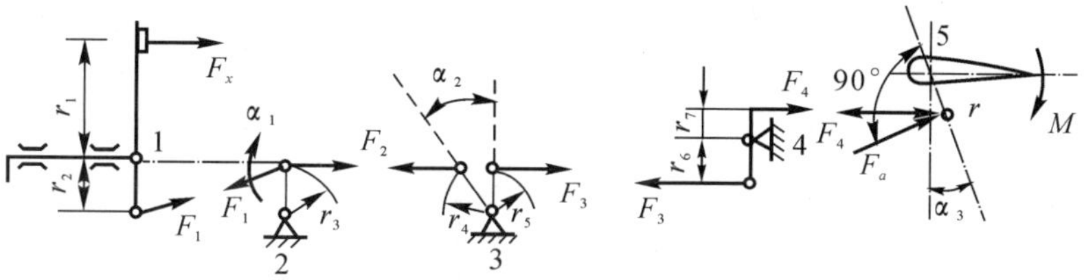

图 9.8　操纵系统的传动图

$$n = n_1 n_2 n_3 n_4 n_5 = \frac{r_2 \cos\alpha_1}{r_1} \frac{r_3}{r_3 \cos\alpha_1} \frac{r_5}{r_4 \cos\alpha_2} \frac{r_7}{r_6} \frac{r}{r \cos\alpha_3} \tag{9.2}$$

值得注意：

(1) 其中 α_2 和 α_3 是为了使升降舵偏转产生差动而选择的。

(2) 上式为操纵系统在中立位置时的传动比。如果驾驶杆位置发生变化，各个摇臂的有效半径都会发生变化，因此，传动比 n 是一个变量，是驾驶杆位移的函数。

四、飞机操纵系统的强度和刚度

1. 飞机操纵系统的强度

操纵系统中各个构件的载荷是根据驾驶杆(或脚蹬)的设计载荷按力传动比计算而得。

根据 1971 年三机部制订的《强度规范(试用本)》，对于人力操纵的飞机，操纵载荷值为：

驾驶杆力(纵向)980 N；

驾驶杆力(横向)490 N；

脚蹬力 1 280 N，还应考虑双脚同时加载 1 280 N 的情况。

对于不可逆助力机械操纵系统来说，在助力器以前的载荷与上述相同；助力器以后的载荷则按助力器的最大输出力计算，安全系数 $f=2$(只限于助力器后)。

驾驶杆的中立位置和前后极限位置是操纵系统的设计情况。在设计载荷作用下，各构件应没有损坏、结构失稳或其他形式的永久变形。

2. 飞机操纵系统的刚度

飞机的操纵系统，不论过去和现在，实质上都是按刚度要求来进行设计的。因为如果操纵系统的刚度不满足要求，就会出现操纵延迟，跟随性差，舵面效率下降，颤振临界速度降低等现象，这是绝对不允许的。

由于强度计算较刚度计算简单方便，因此一般把刚度计算问题转换为强度计算。如强度规范所给的驾驶杆力和脚蹬力都大于驾驶员所能施加的力；又规定在设计载荷作用下，操纵系统不允许有永久变形，这样就把设计应力水平限制在材料的弹性范围之内。根据经验又可把计算的剩余强度适当加大，因此由强度计算所得的各构件尺寸大小一般都能满足刚度要求。但最后还需通过刚度试验来测定。如不满足刚度要求，需局部更改构件的尺寸。

飞机操纵系统的刚度要求：在舵面固定的情况下，在驾驶杆上施加向前、向后 390 N，侧向 250 N，在脚蹬上施加 785 N 的载荷，都不应出现大于 5°的弹性变形。

9.3 不可逆助力操纵系统

现代高速飞机和重型飞机由于飞行速度和飞机尺寸显著增大，因而舵面铰链力矩很大，如果只依靠减小操纵系统的传动系数和增大空气动力补偿面的办法来减小驾驶杆力(或脚蹬力)，是十分困难的。因为减小传动系数，受到座舱空间等条件限制；而气动补偿面过大，不仅会影响舵面的最大偏角，而且还容易因制造上的误差而引起过补偿。因此现代高速和重型飞机的操纵系统广泛采用了助力器，利用液压或电力来带动舵面，以减小或消除驾驶杆力，改善飞机的操纵性。目前飞机上采用的主要是液压助力器，而电动助力器一般只用来做应急操纵。

所谓不可逆助力操纵系统，是指驾驶员通过机械传动机构或其他方法操纵助力器，由助力器操纵舵面，因此舵面上的气动载荷不能反传到中央操纵机构上去，驾驶员感受到的杆力，是由载荷感觉器传来的。

不可逆助力操纵系统比较复杂，在系统中除有助力器和载荷感觉器外，还有调整片效应机构和力臂调节器等。对于变后掠飞机的操纵系统，为了满足气动特性和设计要求，还设置有差动机构、单向变偏角机构等特殊装置，现分述如下。

一、液压助力器

1. 液压助力器的工作原理

图 9.9 所示为一种典型的液压助力器原理图，助力器由滑阀 3、活塞 8 及作动筒 7、*AOB* 摇臂等组成。滑阀呈“哑铃”型，带有两个圆柱形凸肩的轴，而凸肩的宽度几乎与阀套上的环槽宽度一样，活塞 8 与活塞杆头部 5 连成一体，所以活塞杆运动时头部亦动。*AOB* 摇臂铰支于头部 *O* 的支座上，它的一端 *B* 通过拉杆 4 与驾驶杆连接，这样，驾驶杆偏转时，助力器的输入量是 *B* 点的位移 x_i，输出量是带动舵面偏转的活塞杆位移 x_t。

中立位置时，*AOB* 摇臂处于垂直状态，阀芯两凸肩分别遮住 1，2 腔的油路，于是外筒的两腔都不与进回油路相通，助力器处于静止状态。

当拉杆 4 向右运动，头部不动，那么摇臂 *AOB* 只能绕 *O* 点沿逆时针方向转动一个角度。于是滑阀阀芯被向左拉动到一定位置，便打开了通向外筒两腔油路。进油路与外筒 2 腔相通，回油路与 1 腔相通，从而活塞两边的压力差迫使活塞向右运动；此时固定在头部 5 的 *O* 点亦向右运动，有趋势拉动 *AOB* 绕 *B* 点顺时针转动。如果这时输入杆停止不动，则当头部拉动 *AOB* 顺时针方向重新转到垂直位置，阀芯凸肩重新把 1，2 油路遮盖，不再进油和回油时，活塞也停止不动，所以助力器可以保证活塞杆位置(包括位移、方向和速度)与前面输入杆相对应。

因为进油压力 p_s 很高，作用在作动筒 1，2 腔的压力形成的压差通过活塞杆带动舵面偏转。同时此压差作用在外筒上，经外筒上的安装支点 6 传到机体结构，并不传到前面的操纵系统中去，故驾驶员在操纵时，实际上只需要克服很小的滑阀摩擦力。

显然，要使活塞运动，则必须使阀芯偏离中立位置，打开油门。由于活塞杆的运动，必然落后于输入杆的运动，通常把这一差值叫作助力器的跟随误差。误差愈小，助力器跟随性愈好，但这个差值又是助力器工作所必需的。

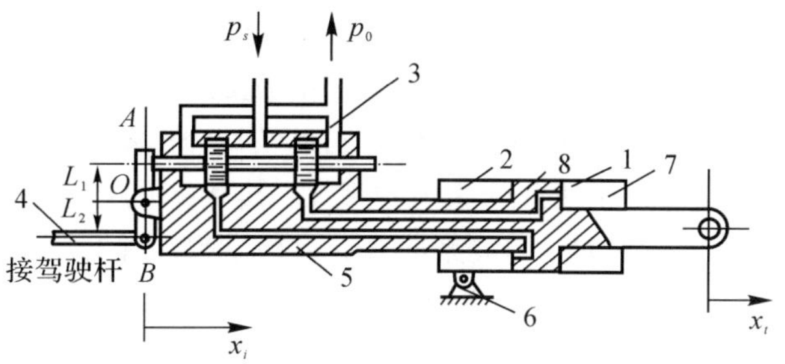

图 9.9　液压助力器工作原理图

1，2—作动筒内腔；　3—滑阀；　4—拉杆；
5—活塞杆头部；　6—支座；　7—作动筒；　8—活塞

综上所述，为保证液压助力器工作，必须有以下几个组成部分。

(1)分配机构(滑阀)。起分配油路和改变滑阀开度作用，从而改变活塞运动方向和活塞运动速度。此外还起功率放大作用，只要阀门很小的开启就能引入油流使活塞两腔产生很大的压差。

(2)执行机构(活塞、活塞杆及头部)。该机构将液压能转换为机械能带动负载运动。

(3)反馈机构(AOB 摇臂)。正是由于 AOB 与头部相连，使活塞运动的同时反回去减少阀门的开度，使舵面随输入杆停止在所需位置上(这种输出量返回到输入中去的作用称反馈)。AOB 既起操纵作用又起反馈作用，叫操纵反馈摇臂。

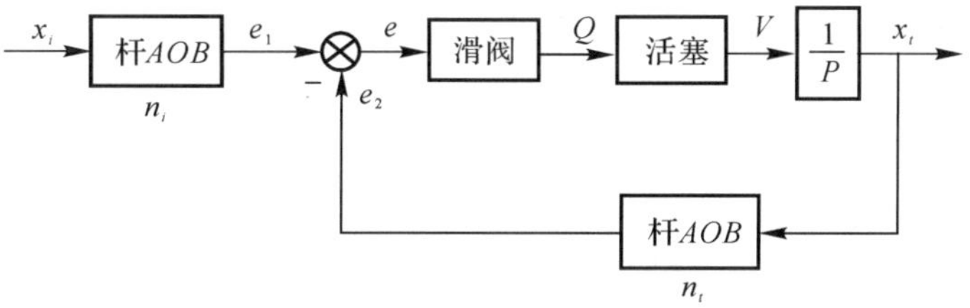

图 9.10　液压助力器方块图

x_i—输入端位移；　x_t—输出端位移；　e—滑阀打开的开度；　Q—油液流量；　e_1—输出端不动，滑阀的开度；
V—活塞运动速度；　$1/P$—积分算子；　n_i—输入比；　n_t—反馈比；　e_2—滑阀反向开度

为了求此液压助力器的传动比，进一步分析滑阀的运动，可画出方块图 9.10，并定义：

在输出端不动情况下，滑阀打开的开度 e_1 与输入端位移之比为输入比，即

$$n_i = e_1/x_i = L_1/L_2$$

在输入端不动情况下，滑阀反向开度 e_2 与输出端位移之比为反馈比，即

$$n_t = e_2/x_t$$

由图 9.9 可知，滑阀反向开度 e_2 等于活塞杆带动滑阀反向运动所移动的距离 e 和活塞杆移动距离(即 x_t)之差，故 $e_2 = e' - x_t$，代入上式

$$n_t = (e' - x_t)/x_t = e'/x_t - 1 = (L_1 + L_2)/L_2 - 1 = L_1/L_2$$

可见此种形式助力器的输入比等于反馈比。而在助力器方块图的误差比较点上有

$$e = e_1 - e_2 = n_i x_i - n_t x_t$$

当助力器消除误差，在新的平衡位置上时，就有 $e = 0$，即得

$$x_i n_i = n_t x_t$$

亦即输出端位移的大小、方向和输入端的位移是相同的。

2. *液压助力器的静态特性*

所谓静态特性，是指助力器在稳定状态下工作的特性。助力器的静态特性包括：助力器的

最大输出力，空载时助力器最大输出速度，助力器的最大输出位移。

助力器的静态特性由它的性能曲线表示。图9.11表示在来油压力 p_s 不同的情况下，某型液压助力器在通油孔开到最大位置时，其活塞的运动速度 V_w 与载荷 P_H 的关系曲线。由图可见，当来油压力一定时，载荷 P_H 减小，活塞运动速度则增加。当来油压力降低时，曲线的位置下降，因而在同样大小的载荷下，活塞运动速度要减小。

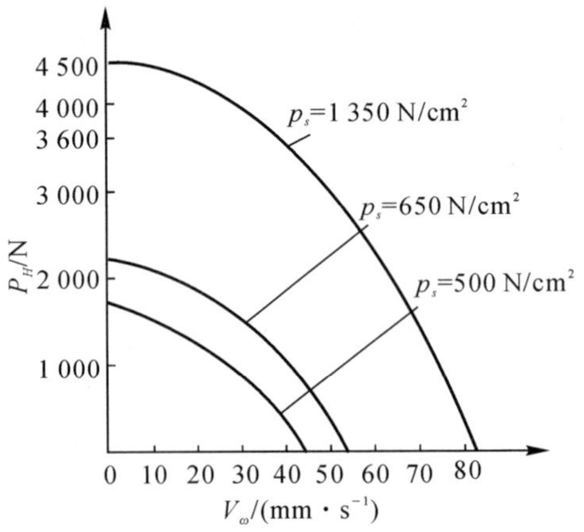

图 9.11　液压助力器的性能曲线

各曲线与横坐标轴的交点表示在不同来油压力的条件下，活塞不承受载荷（即空载）时的运动速度。来油压力最大时的曲线与横坐标轴的交点，就是活塞的最大运动速度，也就是助力器静态特性之一的空载时助力器的最大输出速度。

各曲线与纵坐标轴的交点，表示在不同来油压力的条件下，助力器所能克服的最大载荷。当来油压力最大时的最大载荷，叫做助力器的最大输出力 $P_{H\max}$，是助力器另一个静态性能数据。

不同类型的助力器，给出了不同的静态性能数据。

3. 助力器的选择

选择助力器需要考虑的问题是多方面的，例如助力器的工作可靠性、助力器及其供压系统出现故障应采取的措施。此外还需考虑助力器安装的空间协调问题，以及固定结构的强度和刚度问题。下面仅介绍用一种近似估算的方法，讨论在选择助力器时其静态特性应满足哪些要求，以及助力器的匹配问题。

(1) 要求助力器的最大输出力必须克服平尾上的最大气动铰链力矩 $M_{j\max}$。假定助力器直接连接在乎尾的摇臂上，而且助力器的轴线和舵面操纵摇臂位于同一平面内（见图 9.12）。另外还近似认为助力器的活塞杆和舵面操纵摇臂是相互垂直的。在这些条件下，需要助力器提供的最大力为

$$P'_{H\max} = M_{j\max}/r_n$$

式中　r_n—— 平尾操纵摇臂的半径。

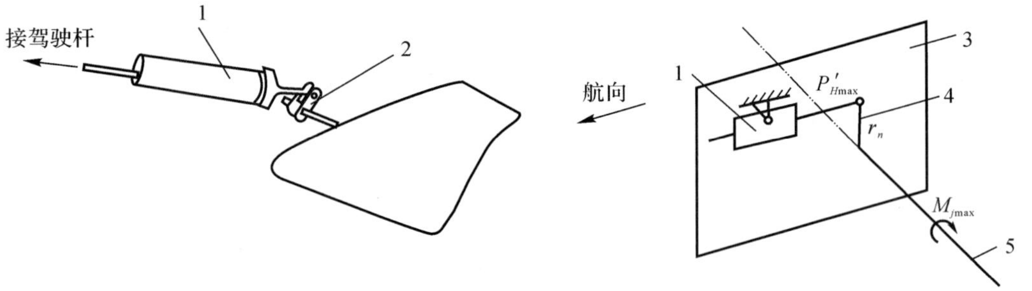

图 9.12　助力器与平尾的连接

1— 液压助力器； 2,4— 舵面操纵摇臂； 3— 垂直于平尾转轴的平面； 4— 操纵摇臂； 5— 平尾转轴

但是 $P'_{H\max}$ 还不能作为克服平尾最大气动铰链力矩所需的助力器最大输出力，因为当平尾

偏转后，活塞杆和舵面操纵摇臂是不垂直的。图 9.13 中虚线表示平尾偏转后的情况，明显地看出，操纵平尾的有效力臂减小了。用 $P''_{H\max}$ 表示此时助力器的最大输出力，则有效分力为

$$P'_{H\max} = P''_{H\max}\cos\theta$$

在一般情况下，$P'_{H\max}$ 和 $P''_{H\max}$ 的夹角 $\theta \approx 15° \sim 20°$。

代入上式得

$$P''_{H\max} = P'_{H\max}/0.95 \approx 1.05P'_{H\max}$$

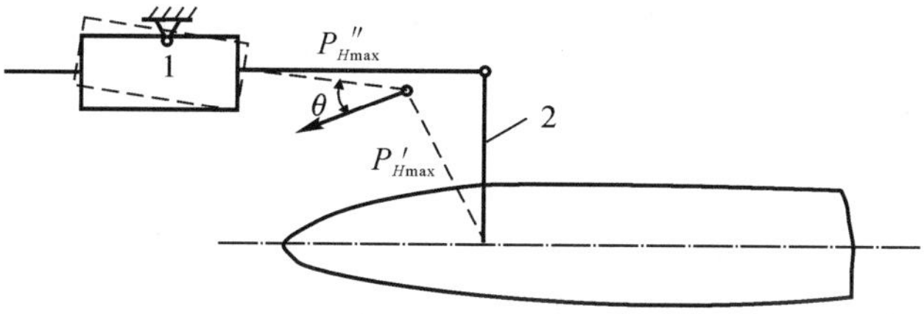

图 9.13　平尾偏转后，摇臂与助力器轴线不垂直

1— 助力器；　2— 舵面操纵摇臂

另外，由图 9.11 助力器性能曲线可以看出，当助力器输出力达到最大时，助力器活塞杆的运动速度将趋近于零，这样平尾虽能偏转，但偏转的角速度极小，偏转到平尾所需偏度的时间就很大，从而大大降低了平尾的跟随性，这是操纵品质所不允许的。为此，目前在初步选择助力器时，根据经验将上面算得的 $P''_{H\max}$ 再放大 15% ～ 20%。这样助力器需要输出的最大力应为

$$P_{H\max} = (1.15 \sim 1.12)P''_{H\max} = 1.05(1.15 \sim 1.2)P'_{H\max} = (1.2 \sim 1.25)N_{j\max}/r_n$$

例　$M_{\max} = 3\ 600\ \text{N} \cdot \text{m}$，$r_n = 177\ \text{mm}$，则

$$P_{H\max} = (1.2 \sim 1.25)3\ 600/0.177 = 24\ 400 \sim 25\ 400\ N$$

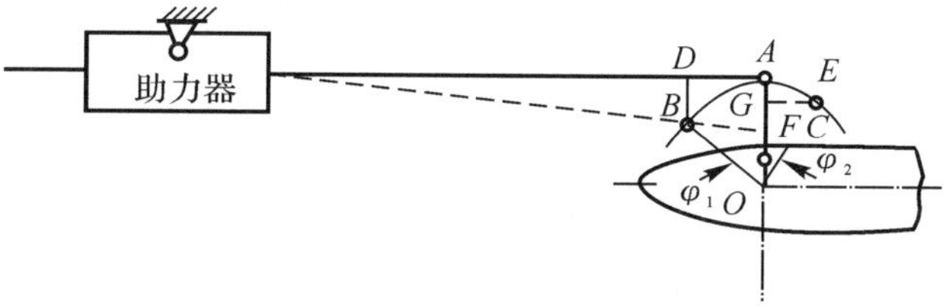

图 9.14　助力器带动平尾偏转

(2) 要求助力器活塞杆的工作行程必须保证平尾的极限偏度，否则就不能保证飞机在所有飞行状态下飞行。在讨论此问题时，助力器与平尾的连接情况与上述相同。当助力器活塞杆收缩时，平尾前缘向下偏转(见图 9.14)，操纵摇臂 OA 偏转到 OB；活塞杆伸出时，平尾前缘向上偏转，OA 偏转到 OC。为了得到活塞杆行程和舵面偏角的关系，过点 B 和点 C 分别作活塞杆原始位置的垂线 BD 和 CE，并作 BF 垂直 OA，CG 垂直 OA，则

$$AD \approx BF = r_n \sin\varphi_1$$

$$AE \approx CG = r_n \sin\varphi_2$$

AD 可近似看作是平尾偏转到负极限偏度 $\varphi_{1\max}$ 时所需要的助力器行程，AE 可近似地看做是平尾偏转到正极限偏度 $\varphi_{2\max}$ 时所需要的助力器行程。

例　已知 $\varphi_{1\max} = 26°30'$，$\varphi_{2\max} = 11°30'$，$r_n = 177\ \text{mm}$

估算出助力器活塞杆的工作行程为

$$S \approx r_n(\sin\varphi_{1\max} + \sin\varphi_{2\max}) \approx 114 \text{ mm}$$

(3) 要求助力器活塞杆的平均速度必须满足舵面平均偏转角速度 ω。

由图 9.12 可见

$$V_\omega = r_n \omega$$

式中 V_ω—— 助力器活塞杆的平均运动速度；

ω—— 平尾绕转轴的平均偏转角速度。

ω 是根据平尾偏转一周所需的时间与驾驶员以通常速度操纵驾驶杆来回一周所需的时间相同统计而得出。

紧急操纵时 $\omega = 0.471 \sim 0.558 \text{ s}^{-1}$。

为保险起见，将由上式算得的 V_ω 放大 5%。

例 当紧急操纵，$r_n = 177$ mm 时，$V_\omega = 1.05(0.471 \sim 0.558)177 = 88 \sim 104$ mm/s。

(4) 助力器的匹配问题。所选取的助力器，它的几项主要特性往往不能同时满足平尾操纵的几项主要技术要求，这就存在着两者的匹配问题。现将前面所举算例和所选的助力器特性给出的数据列于表 9.2。

表 9.2

助力器性能参数 \ 计算结果	(1) 由平尾操纵的技术要求所算得的结果	(2) 助力器特性给出的结果	(1) 和(2) 对比
最大输出力 $P_{H\max}$/N	25 420	46 000	$\frac{46\ 000}{25\ 420} = 1.81$(富裕度)
传动活塞杆行程 S/mm	114	80	$\frac{114}{80} = 1.43$(不足度)
活塞平均运动速度 V_ω/(mm·s^{-1})	88 ~ 104	50	$\frac{88}{50} \sim \frac{104}{50} = 1.76 \sim 2.0$(不足度)

从表 9.2 看出，所选择的液压助力器其最大输出力是富裕的，而其他两项是不足的，这就需要在助力器和平尾之间布置一个摇臂，使它具有缩小力的作用和放大位移及运动速度的作用，显然此摇臂的传动比 n_F(等于从动臂半径与主动臂半径之比) 必须大于 1。若使 $n_F = 1.76 \sim 1.81$，则这种形式的助力器三种特性均可满足要求。

4. 无回力液压助力器

有回力与无回力助力操纵系统不同之点在于助力器与操纵系统中拉杆、摇臂的连接关系不同。由图 9.15 可见，舵面传来的载荷 P_m 传到摇臂 CD 以后，在 D 端把一部分分力 P_2 传给液压助力器，在 C 端则将一部分分力 P_1 通过回力连杆 CC' 以及其他传动机构传给驾驶杆。摇臂 CD 上的 E 点若靠近 D，助力器受力大而回力杆传递力小，若 E 点和 D 点相重合，回力杆不起作用，这样，助力系统就变成无回力的了。

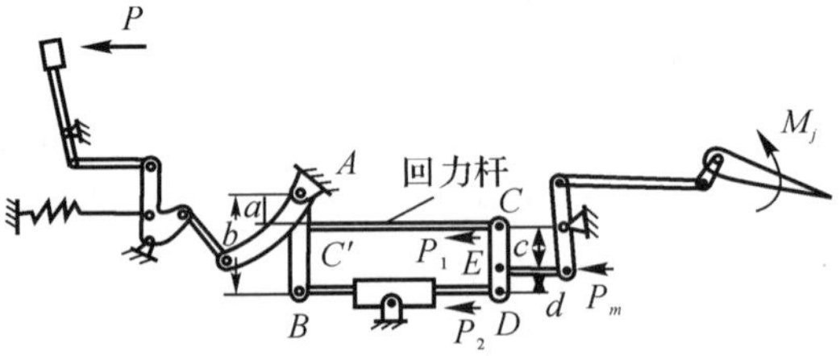

图 9.15 有回力助力操纵原理图

高速飞机采用无回力助力操纵，主要是因为超声速飞机上，大都采用了全动尾面。由于全动尾面构造上和助力器功率上的考虑，一般都将转轴布置在亚声速和超声速焦点之间，此时如仍采用有回力助力操纵，则不能保证驾驶员获得与生活习惯相一致的操纵力感觉，从而引起操纵失误。因为在此情况下，当全动尾面的偏角一定，飞机由亚声速过渡到超声速飞行时，由于尾面焦点由转轴前移到转轴后，铰链力矩的方向变了，从而杆力亦改变了方向。为了不使尾面铰链力矩传给驾驶杆，必须采用无回力助力操纵。

装有无回力操纵系统的飞机，飞行中即使放松驾驶杆，舵面在气动力作用下，也不能自由偏转。因此，只要将液压助力器安装在舵面附近，且减少助力器以后传动机构的连接点，就可减小舵面的活动间隙，从而有效地防止尾翼抖动。

5. 液压助力器的安装

助力器的位置要求尽量接近平尾，而且应固定在沿其输出力方向具有足够刚度的部位。因为助力器至平尾这一段操纵系统的刚度（包括摇臂、拉杆、支座的刚度和助力器支座的刚度）和支撑结构沿助力器输出力方向的变形大小直接影响到防止平尾颤振和抖动是否有利；此段传动线路愈短，刚度就愈好。图 9.16 所示为某机助力器固定在后机身加强构件的布置及其传力。助力器通过它的支座用四个螺栓 A，B，C，D 固定在斜加强支座上，为了传递助力器给支座的力 P，机身上布置了加强框和纵向加强型材（与斜加强支座用螺栓 E、F 连接）。这样，图示力 P（或反向）将通过螺栓 A，B，C，D 及 E，F 转化为沿机身纵向及其垂直方向的力 P_x 和 P_y 传给机身。因此加强框与纵向加强型材将载荷化为沿机身纵向及其垂直方向的力 P_x 和 P_y 传给机身。因此加强框与纵向加强型材应具有足够刚度。

二、载荷感觉器

由于在超声速飞机上装了无回力助力操纵系统，驾驶员操纵的是助力器的分油活门，因而感受到的只有很小的摩擦力。如果驾驶员没有力的感觉，就不能掌握用杆量的大小，也就不能正确地操纵飞机。为此在操纵系统中安装了载荷感觉器，使驾驶员从驾驶杆上间接地感受模拟空气动力的作用和变化。

对载荷感觉器的基本要求是：载荷感觉器加于驾驶杆的力应与舵偏角（或杆位移）分段成正比，当驾驶杆和舵面在中立位置时，拉力应为零。同时还应保证当放松驾驶杆时，驾驶杆能自动回到配平位置。

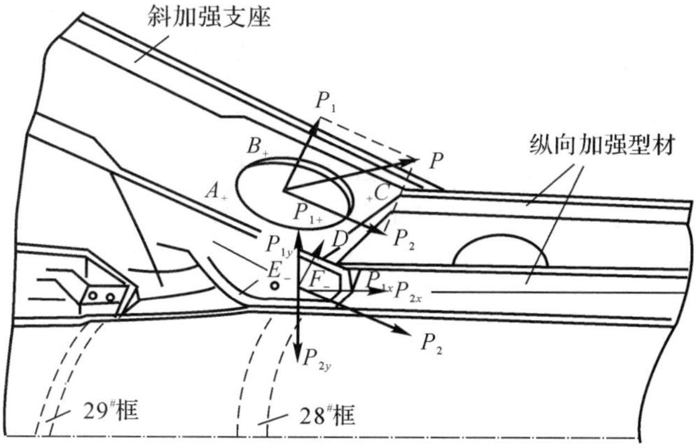

图 9.16　某机助力器的安装

由于弹簧在外力 P 作用下产生的位移 S 与外力成正比，而且由图 9.17 可看出，随着弹簧刚度的不同，可得到一组不同的弹簧特性曲线。

载荷感觉器实质上是一组弹簧，通过弹簧的压缩来产生杆力。由于要求杆力的变化规律在不同的位移上是不同的，因此用一个弹簧不能满足杆力和杆位移的要求。如弹簧刚度比较小，当杆位移小时，则太小的杆力使得操纵感觉不灵敏，容易发生操纵过猛的现象；或者当驾驶杆偏离了中立位置，飞行状态有了改变，而驾驶员凭杆力觉察不到。若用刚度较大的弹簧来模拟大的杆力增量，则杆位移大时，太大的杆力又会使杆力太重，操纵疲劳，希望采用刚度小的弹簧使杆力增长缓慢些。为了避免用一个弹簧产生顾此失彼现象，载荷感觉器必须选择一组不同刚度的弹簧进行组合，才能形成图 9.18 所示的杆力特性曲线，以满足驾驶员对杆力特性的要求。

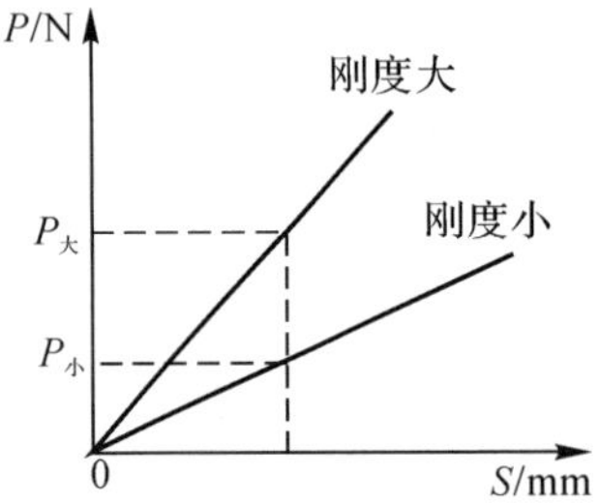

图 9.17　弹簧特性曲线

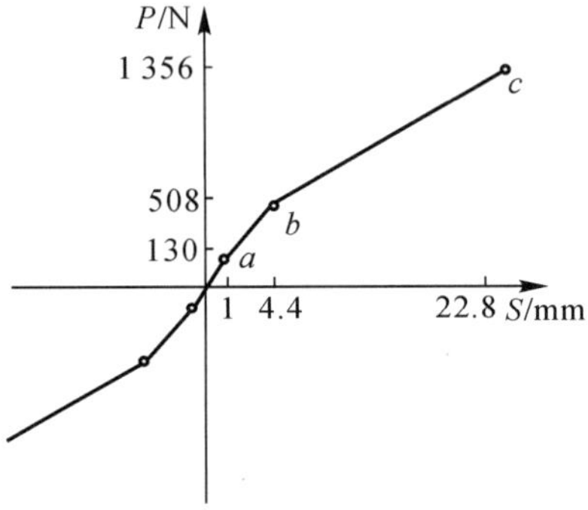

图 9.18　载荷感觉器特性曲线

图 9.19 为一种载荷感觉器，采用了刚度不同的两个大小弹簧，中间两个大弹簧刚度小，但预紧力大；两边两个小弹簧刚度大，但预紧力小。当驾驶杆在中立位置时，活动杆 1 行程为零，两个大弹簧张力作用在外筒 4 和中间隔板 5 上，两个小弹簧张力在活动杆上互相平衡。当活动杆向左移动时，由于大弹簧预紧力大，暂不受压缩，而压缩右边小弹簧，左边小弹簧则放松；当右小弹簧被压缩 1 mm 时，右边大、小弹簧座 2，3 相接触，且压力正好等于大弹簧的预紧力，此时右边小弹簧长度不再变化。当活动杆继续向左移动时，它带动大弹簧座压缩右大弹簧，而左边小弹簧继续放松，直至完全放松为止。若活动杆继续向左移动，这时只有右边大弹簧受压缩，左边活动杆在小弹簧座中运动，因此弹簧力随杆位移的增长逐渐变慢，这就形成了图 9.18 的弹簧特性曲线。

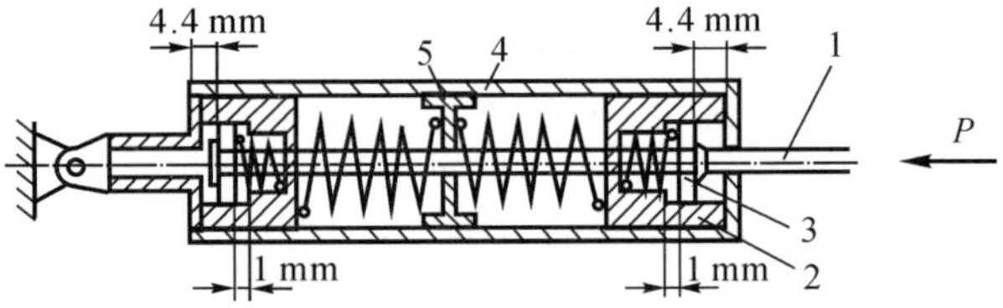

图 9.19　载荷感觉器原理图

1— 活动杆；　2— 大弹簧座；　3— 小弹簧座

4— 外筒；　5— 中间隔板

现将大小弹簧刚度 $J_{大}$，$J_{小}$ 和大小弹簧预紧力 $P_{0大}$，$P_{0小}$ 的数据代入，计算载荷感觉器三个工作阶段所对应杆力的变化。

例　已知 $J_{大}=46.1\ \text{N/mm}$

$P_{0大}=351\ \text{N}$

$J_{小}=65\ \text{N/mm}$

$P_{0小}=296\ \text{N}$

第一阶段右边小弹簧被压缩 1 mm，张力则由初始张力 $P_{0小}$ 变为 $P_{0小}+\Delta P_{右小}$。与此同时，左边小弹簧被放松，它的压缩量减小了 1 mm，张力则由 $P_{0小}$ 变为 $P_{0小}-\Delta P_{左小}$。取活动杆为分离体，就可得曲线 a 点的载荷：

$$P_a = P_{右小} - P_{左小} = (P_{0小} + J_{小}\,S_a) - (P_{0小} - J_{小}\,S_a) = 2J_{小}\,S_a = 2\times 65\times 1 = 130\ \text{N}$$

第二阶段右边大弹簧被压缩、左边小弹簧继续放松，同理可得曲线凸点的载荷：

$$P_b = P_{右大} - P_{左小} = [P_{0大} + J_{大}(S_b - 1)] - (P_{0小} - J_{小}\,S_b) = (351 + 46.1\times 3.4) - (286 - 65\times 4.4) = 508\ \text{N}$$

第三阶段右边大弹簧继续受压缩，由于左边小弹簧空套在活动杆上，此时已全部卸载，得曲线 c 点载荷：

$$P_c = P_{0大} + J_{大}(S_c - 1) = 351 + 46.1\times 21.8 = 1\ 365\ \text{N}$$

计算结果的数值表示在图 9.18 中。

有了载荷感觉器的特性曲线后，考虑到操纵系统的传动比和系统中间隙和摩擦的影响，即可得到驾驶杆和杆位移的特性曲线。

三、调整片效应机构

飞机上的调整片是用来帮助驾驶员在长途飞行中平衡舵面气动载荷，从而卸除杆力以减轻驾驶员的疲劳的。采用了无回力助力系统后，舵面上的气动载荷全部由助力器平衡。因此驾驶杆力并不来自舵面而来自载荷感觉器，要卸除杆力，必须卸除载荷感觉器中的弹簧张力，亦即卸除弹簧被压缩的位移。

图 9.20 所示为调整片效应机构在系统中的连接。它本身是一个能双向转动的电动机构，其活动杆可以在外筒内伸缩活动，活动杆的一端通过摇臂、转轴与载荷感觉器的外筒相连。

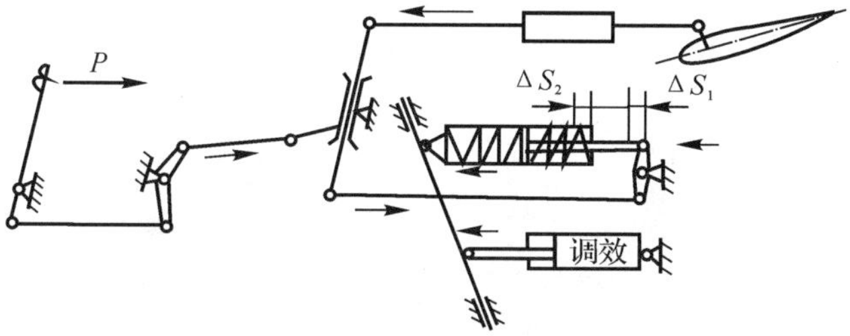

图 9.20　调整片效应机构工作原理图

当驾驶员长时期拉杆飞行时，载荷感觉器的弹簧将被压缩 ΔS_1，若要消除杆力，只要按动驾驶杆上的操纵电门，使电机转动带动活动杆伸出，从而使转轴逆时针转动，带动载荷感觉器的外筒向左运动。当外筒的位移量 ΔS_2 等于 ΔS_1 时，杆力便全部卸除。此时驾驶员不需用力，就可使驾驶杆和舵面保持在要求的位置上。

调整片效应机构亦可用来操纵平尾。例如当松杆飞行时，操纵电门，活动杆移动将带着载荷感觉器、力臂调节器和助力器使平尾偏转，这时载荷机构只起传动杆的作用。驾驶杆跟平尾一起活动而感觉不到有杆力。

四、力臂调节器

1. 采用力臂调节器的原因

我们知道，在不同的高度和速度下，飞机平尾偏角随纵向过载的变化率 $d\varphi/dn$ 变化很大，图 9.21 的曲线，表示 $d\varphi/dn$ 随动压 q，高度 H 变化的规律。而平尾偏角 φ 与驾驶杆位移 x 之间的关系，由于助力器的跟随性，它们仍然存在着直接联系，而且是成比例的。

在纵向操纵系统中存在下列关系式：

$$dx/dn = \frac{dx}{d\varphi}\frac{d\varphi}{dn} = \frac{1}{K}\frac{d\varphi}{dn} \tag{9.3}$$

式中 dx/dn—— 产生单位法向过载所需要的驾驶杆位移；

$d\varphi/dn$—— 产生单位法向过载所需要的平尾偏角；

$dx/d\varphi = 1/K$—— 操纵系统传动系数的倒数。

由上式看出，如果系统总传动系数 K 在飞行中是常值，则要求 dx/dn 亦按图 9.21 的曲线变化。例如某歼击机以表速 855 km/h 飞行，在海平面（$H=0$）处获得一个法向过载需拉杆 15 mm；而在 $H=10$ km 处，获得同样的过载就需拉杆 90 mm。这样就给驾驶员操纵飞机带来极大困难。因此为保证驾驶员在各种飞行情况下产生单位法向过载所需的驾驶杆位移量是一个常数，或在预定的数值范围内变化，这就必须采用力臂调节器。另外，系统中虽设置了载荷感觉器，但杆力只随驾驶杆位移而变，采用了力臂调节器，使杆力也随着高度、速度而变化。

由式(9.3)可见，欲使 dx/dn 保持常数，除非系统的传动系数 K 亦随着动压 q，高度 H 按图 9.21 的曲线规律变化。如 $d\varphi/dn$ 大，希望 K 值也大；若 $d\varphi/dn$ 小，K 也小。因为从式(9.3)可看出，K 值大，则 $1/K$ 小（此时 $d\varphi/dn$ 大），从而 dx/dn 保持不变。

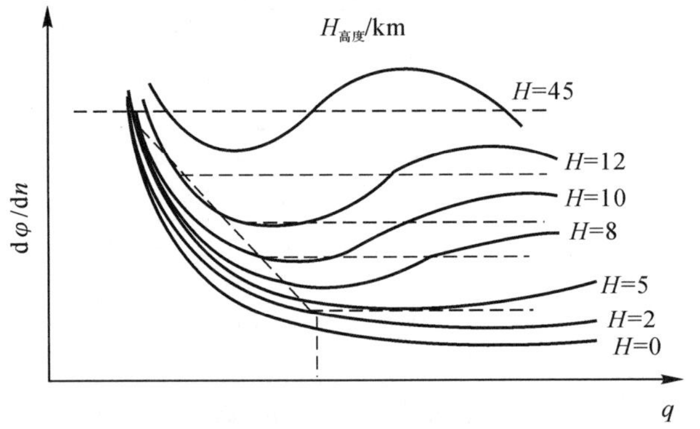

图 9.21 $d\varphi/dn$ 随 q，H 的变化曲线

前面谈到，系统总传动比和传动系数成正比，而总传动比是摇臂、驾驶杆等操纵环节传动比的乘积，如果在系统中只要使某一级摇臂的传动比随着 H，q 按预定的规律改变，就可满足在任何飞行状态下，驾驶员都可得到合适的杆位移。力臂调节器就是用来调节这一级摇臂的传动比。

2. 力臂调节器的工作原理

图 9.22 是力臂调节器的工作原理图，其壳体的固定轴 A 连接于机身上，壳体接耳 B 通过

线系和驾驶杆相连，AB 即为其主动臂的半径。活动臂 CD 在壳体内可以上下移动，上端 C 与通向舵面的拉杆连接，下端 D 与载荷机构的活动杆相连，AC 即为它的从动臂半径。活动臂 CD 的移动是由电动机构操纵的，而电动机的正反转向(相应 CD 上下移动)是由感受飞机速压和静压变化的膜盒来控制的。活动臂伸出到最大位置时，臂值 AC 最长，系统传动比最大，此为大力臂状态；当活动臂缩到最小位置时，臂值 AC 最小，系统传动比最小，此为小力臂状态。

由图 9.22(b) 可看出，在同样杆位移 Δx 下，大力臂时，AC 长，传动系数 K 大，舵偏角 $\Delta\varphi_1$ 大，而臂值 AD 小(因 CD 总长不变)，弹簧压缩量 ΔS_1 小，杆力小。力臂调节器的这种工作状态，和飞机在高空或小表速的飞行状态相匹配。因为在这种飞行状态下，所需 $\mathrm{d}\varphi/\mathrm{d}n$ 大，铰链力矩小，杆力小，力臂调节器满足了这一要求。

同样，由图 9.22(a) 可见，在低空或大表速飞行时，所需 $\mathrm{d}\varphi/\mathrm{d}n$ 小，而希望模拟的杆力大。使力臂调节器处于小力臂状态，则 AC' 短，平尾偏角 $\Delta\varphi_2$ 小；而 AD' 长，弹簧压缩量 ΔS_2 大，杆力大，恰好满足要求。而且可以推导出产生单位法向过载所需的杆力 $\dfrac{\mathrm{d}P}{\mathrm{d}n}$ 与 AD 长度 h_2 的平方成正比。

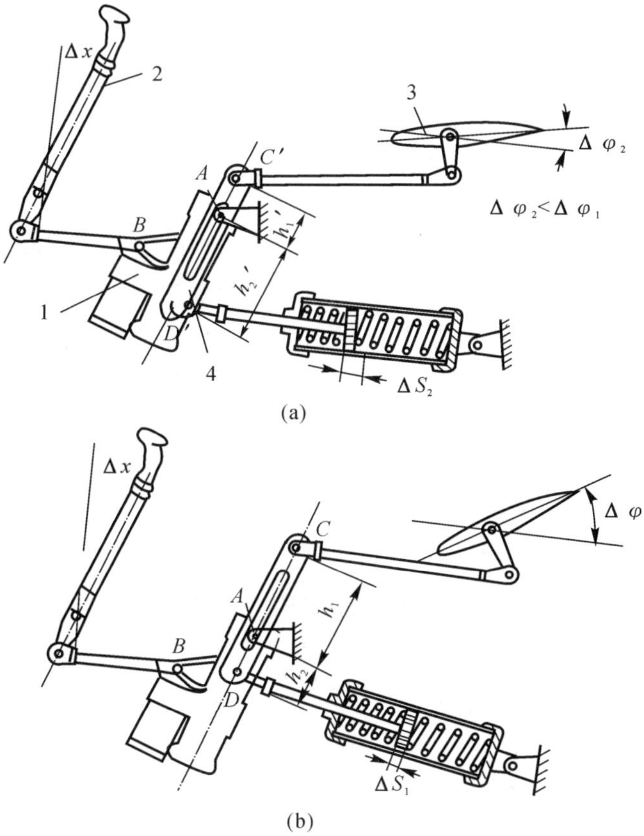

图 9.22　力臂调节器的工作原理

(a) 小力臂位置；(b) 大力臂位置

1— 力臂调节器；2— 驾驶杆；3— 水平尾翼；4— 活动臂

3. 力臂调节器的调节规律

如上所述,力臂调节器实质上是一个从动臂半径可以自动随动压 q,高度 H 大幅度变化的摇臂。而它的变化规律应与 $\mathrm{d}\varphi/\mathrm{d}n$ 随 q,H 的变化规律相对应。但由图 9.21 看出,$\mathrm{d}\varphi/\mathrm{d}n$ 随 q,H 的变化规律是很复杂的,力臂调节器在构造上不可能实现这种调节规律,若把图 9.21 所示的曲线简化为折线(虚线所示)后,则可实现。

图 9.23 所示为某机力臂调节器的从动臂 $AC(h)$ 随速度、高度的调节规律。图中力臂按表速 v_p 的调节规律在各个高度上不完全一样,现以 $H=5\ 000$ m(折线 $abcc'$)为例加以说明。

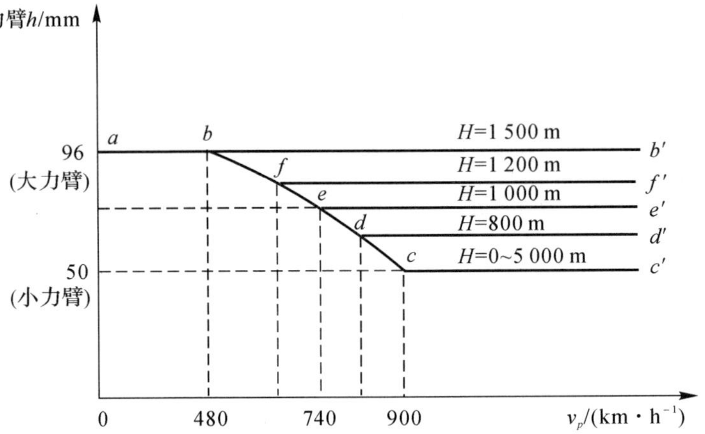

图 9.23　某机力臂调节器调节规律

表速在 480 km/h 以下时,由于速压较小,为保证飞机在低速飞行和起飞着陆时,平尾有足够的偏角,要求传动系数大,力臂保持在大臂位置。飞行表速在 480 ~ 900 km/h 时,随着表速增加,速压也增大,作同样飞行,需要平尾偏角减小,力臂就逐渐变小。当飞行表速达到 900 km/h 时,其 Ma 已接近 1,如果表速再增加,需将力臂再减小,但由于超声速后 $\mathrm{d}\varphi/\mathrm{d}n$ 基本不变,因此表速增大到 900 km/h 以后,力臂就保持在最小臂位置。

图中还可看出飞行高度对力臂调节规律的影响。当飞行高度增加时,空气的密度和声速要减小,因此当 $Ma\approx 1$ 时的表速要随之减小。图中 $bfedc$ 斜线上各交点,均表示某高度上 Ma 约等于 1 的表速 v_p。例如 $H=5\ 000$ m,$v_p=900$ km/h 时,Ma 已接近 1,因此小于此表速力臂按表速调节(即图中 $a\ b\ c$),若大于此表速,力臂保持在最小臂值。又如当 $H=10\ 000$ m,$v_p=v_e$ 时,Ma 就已接近 1,因此若 $v_p<v_e$,力臂按 ae 折线调节;当 $v_p>v_e$,力臂保持在 v_e 时的力臂值(即图中 h_2)不变。为不使力臂调节器构造过于复杂,高度在 5 000 m 以下,力臂随 v_p 的调节规律和 5 000 m 高度的相同,即当 $v_p>900$ km/h,力臂一直保持在最小值不变。

4. 采用力臂调节器改善飞机纵向操纵性能

当飞机在跨声速 $Ma=0.9\sim 0.98$ 飞行时,由于机翼压力中心后移,飞机会产生自动下俯现象引起杆力(位移)反向,即在图 9.24 所示平尾偏度平衡曲线(或杆位移平衡曲线)出现凹勺区域。这种速度不稳定即所谓反操纵现象,在跨声速阶段是必然出现的。飞机在正常状态飞行,如欲水平加速,则必须推杆,使平尾后缘下偏;但在跨声速阶段凹勺区域前部的曲线反向部分飞行,水平加速,杆使平尾后缘上偏,这种不符合驾驶员操纵习惯的反常现象会给操纵带来极大困难，稍不留意引起操纵失误，后果不堪设想。

为了消除反操纵现象，必须设法消除图 9.24 中 $\varphi=f(Ma)$ 曲线上的凹勺区域，由于系统的传动系数可近似认为是常数，因此 $\varphi=f(Ma)$ 曲线可看作仅是纵坐标比例不同的 $x=f(Ma)$ 曲线。

如果设法在操纵系统中保持 $\varphi=f(Ma)$ 不变，而使杆位移平衡曲线 $x=f(Ma)$ 沿着虚线即曲线 $x=f(Ma)$ 变化，反常操纵现象即能消除。也就是说，只要在跨声速到超声速阶段，能在保证气动要求所必需的平尾偏度 φ 下，例如 $Ma=Ma_1$ 时要求 $\varphi=\varphi_1$，使杆位移由原来的 x_1 值减小到 x_2 值，便能消除反操纵现象。

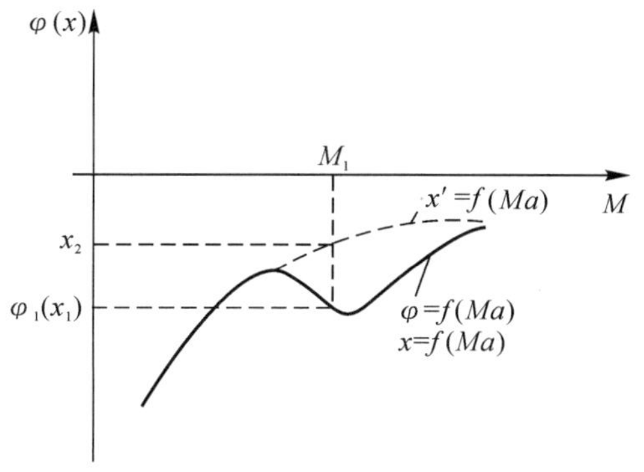

图 9.24　某高度平尾偏度平衡曲线

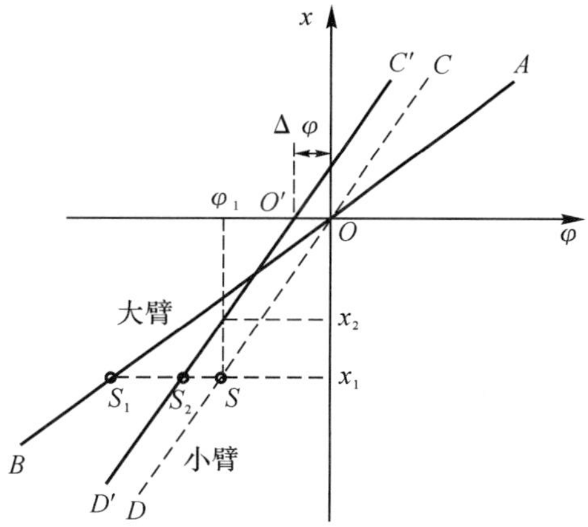

图 9.25　大小臂状态下 $x=f(\varphi)$ 曲线

图 9.25 中，AB 和 CD 分别表示为在大力臂和小力臂状态下，平尾偏度 φ 和驾驶杆行程 x 之间的关系曲线。设飞机在某一高度下水平加速至 Ma_1，根据凹勺段情况，这时平尾偏度应为 φ_1，对应的杆位移为 x_1。由于 Ma_1 所对应的飞行 Ma 已接近 1，因此杆位移 x_1 处于小臂状态，即在图 9.25 中对应于小臂状态下 $x=f(\varphi)$ 曲线上（COD 曲线）的 S 点，如设法将 COD 曲线向左移动到 $C'O'D'$，那么对应于 φ_1 的杆位移应为 x_2，因为 $x_2<x_1$，则达到了预定的目的。

从另一角度来看，把小力臂状态的曲线 COD 移到 $C'O'D'$，可看作在驾驶杆不动的情况下，当大臂自动变到小臂时，除了由于系统传动比减小而使舵偏角变小（S_1 点 → S 点）外，还产生一个使舵偏角向负偏度方向增大的附加偏度 $\Delta\varphi$，此时 S 点变到了 S_2 点。

为了获得驾驶杆不动情况下大臂变到小臂时，舵面能向负偏度方向加大偏角 $\Delta\varphi$，结构上必须安排好在大力臂状态下，变臂机构轴线与其后第一根拉杆之间的夹角 β 值。图 9.26 所示为在不同的变臂机构轴线布置的三种情况下，β 角与 $\Delta\varphi$ 角的关系。图中 Pm 表示变臂机构处于大臂状态时拉杆的长度，Pm' 表示处于小臂状态时拉杆的长度，Pn 是 P 点向变臂机构轴线作的垂线。明显看出，图 9.26(a)，(c) 的安排是不能产生负的舵偏角增量 $\Delta\varphi$ 的，而图 9.26(b) 却能做到。亦即在驾驶杆不动的情况下，在大臂向小臂位置变臂过程中，此系统要得到一个负的附加偏角 $\Delta\varphi$，应使力臂调节器的轴线前倾一个角度，使 $\beta<0$。我们称 $\Delta\varphi$ 为变臂偏度，或称引动偏差。

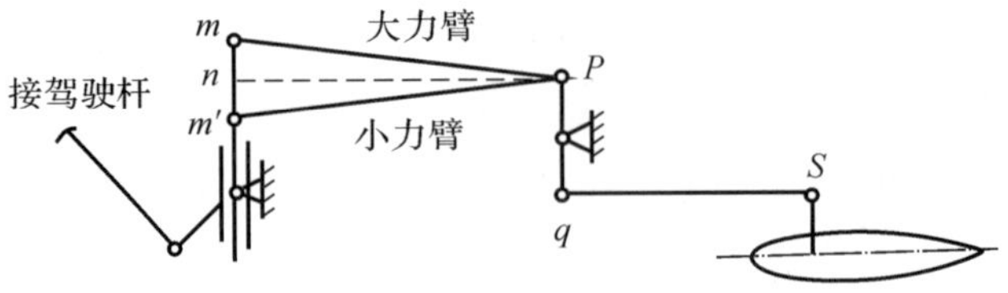

(a)

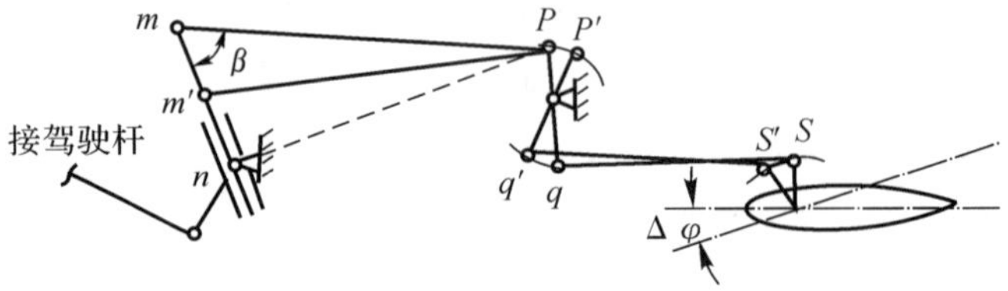

(b)

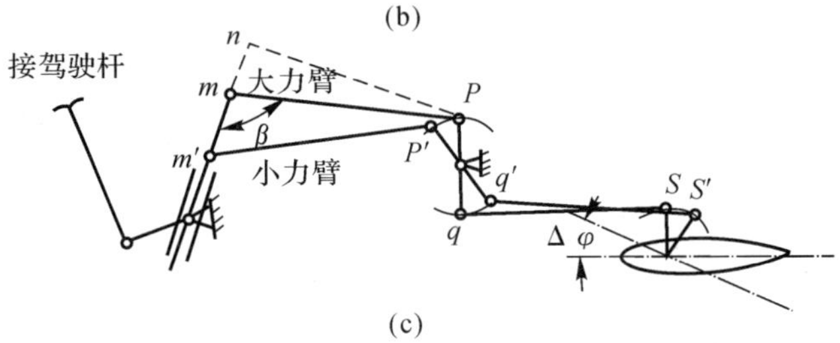

(c)

图 9.26　β 与 $\Delta\varphi$ 的关系

五、非线性机构

在高速飞机飞行中，飞行速度和高度的变化范围很大。如果传动系数为常数，始终保持在大值，如图 9.27 直线 1，当飞机在低空高速（$Ma<1$）飞行时，动压大，只需舵面偏转很小的角度 φ_1，此时对应的杆位移 x_1 就太小，使操纵感觉过于灵敏；如果采用直线 2，上述缺点虽可克服，但当低速飞行或高空超声速飞行由于舵面效率显著降低需要舵偏角较大时（如 φ_2），对应杆位移 x_2 又会过大，使操纵感觉过于迟钝。因此采用杆位移与舵偏角呈非线性变化规律如曲线 3，就可以解决以上矛盾。在超声速飞机上纵向线系中安装了力臂调节器，正是为了使传动系数呈非线性变化。在横向或航向线系中采用的非线性机构有连杆式和齿轮式。图 9.28 所示为某机横向操纵系统中带三角形摇臂的连杆式非线性机构，它由输入摇臂 1，三角摇臂 3，输出杆 4 及支座 5 组成。输入摇臂 1 由中立位置向右运动时，由于摇臂 2 的作用，迫使三角摇臂逆时针方向转动，使输出杆 4 产生向左的附加运动，减小了它向右的实际运动量，从而使副翼偏角增量减小。当驾驶杆继续偏转到一定位置时，由于摇臂 2 的作用，迫使三角摇臂顺时针方向转动，使输出杆产生向右的实际运动量。把此机构的输入杆（连驾驶杆）和输出杆（连副翼）的位移关系画成曲线即图 9.27 中的非线性曲线，满足了操纵要求。连杆式非线性机构虽然构造复杂，但加工方便，

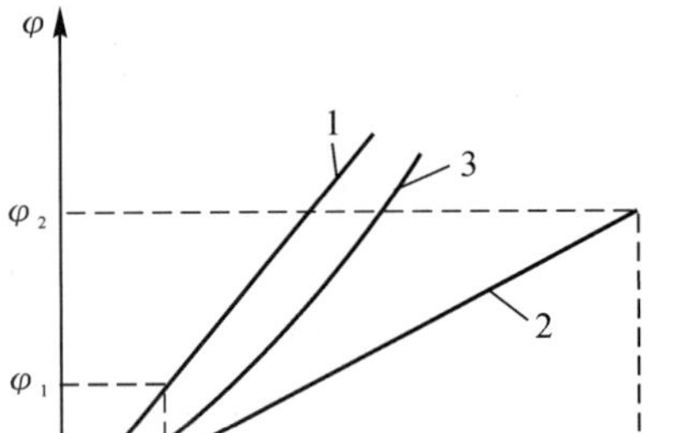

图 9.27　杆位移和舵偏角的关系
1— 大传动系数；2— 小传动系数；
3— 传动系数是可变的

间隙小，适用于对系统间隙要求严格的助力操纵系统中。

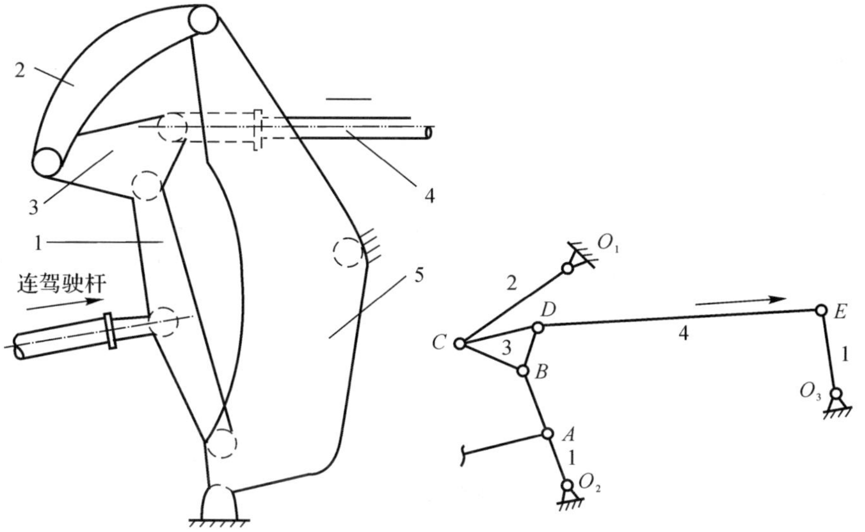

图 9.28 带三角摇臂连杆式非线性机构

1— 输入摇臂； 2— 摇臂； 3— 三角摇臂； 4— 输出杆； 5— 支座

9.4 增稳操纵系统

20 世纪 50 年代，随着飞机向高空高速方向发展，飞机纵向运动中出现高频不衰减的“低头”现象。通常仅靠改变机械操纵系统的结构和飞机外形布局，很难在飞行包线范围内都得到满意的操稳特性。为此，发展了一种以改善飞机的操稳特性和提高飞行安全为目的的自动增稳系统。通过复合摇臂并入不可逆助力操纵系统中，而构成增稳操纵系统。驾驶员借助它的帮助，则能驾驶飞机顺利地完成各种飞行任务。

本节主要讨论纵向增稳操纵系统的组成、工作原理以及对飞机稳定性和操纵品质所起的作用，对于横侧增稳操纵系统，由于其结构原理与纵向增稳操纵系统类似，故不做详细介绍。

一、概述

众所周知，飞机的稳定性、操纵性与其外形结构和飞行状态有关。现代超声速歼击机外形特点一般为：大后掠角或三角形机翼、机身长细比大、翼型相对厚度小。这种构型使得飞机在操纵稳定性方面存在严重缺陷。如国产超声速歼击机——歼-7 就存在以下主要问题：高空高速飞行时飞机动稳定性不足；高空超声速飞行时，飞机操纵性降低、荷兰滚运动模态和纵航向惯性交感严重。

为了解决以上问题，飞机设计师曾尝试过许多设计措施，如为了保证飞机高空高速时有良好的操纵性，采取了增加水平尾翼面积的设计思想，这虽然解决了高空高速飞行时的操纵性问题，但在接近地面时，驾驶杆小的位移即会形成很大的过载，飞机很容易陷入纵向“飘摆”状态，使飞机的操纵变得十分困难。为了解决荷兰滚问题，常采用加大立尾和在飞机腹部安装腹鳍等措施，这些方法虽能一定程度地抑制荷兰滚模态，但它们不仅不能从根本上解决问题，反而会大大增加飞机起飞重量和飞行阻力，严重影响其他飞行性能。

目前，解决上述问题的最行之有效的办法之一，就是在机械操纵系统中加装自动增稳系统（自动增稳器），从而构成增稳操纵系统。

二、具有纵向阻尼器的操纵系统

1. 具有纵向阻尼器的操纵系统的组成

图 9.29 所示为具有纵向阻尼器的操纵系统组成方块图，该系统在机械操纵系统中引入飞机俯仰速率作为反馈信号，增加飞机短周期模态的动稳定性，以抑制高频不衰减的“低头”现象，起到稳定俯仰速率的作用。图中虚线所框的方块为纵向阻尼器，它由敏感元件（速率陀螺、速压传感器）、放大器和舵回路等三个主要部件组成。下面对这些部件做简要说明。

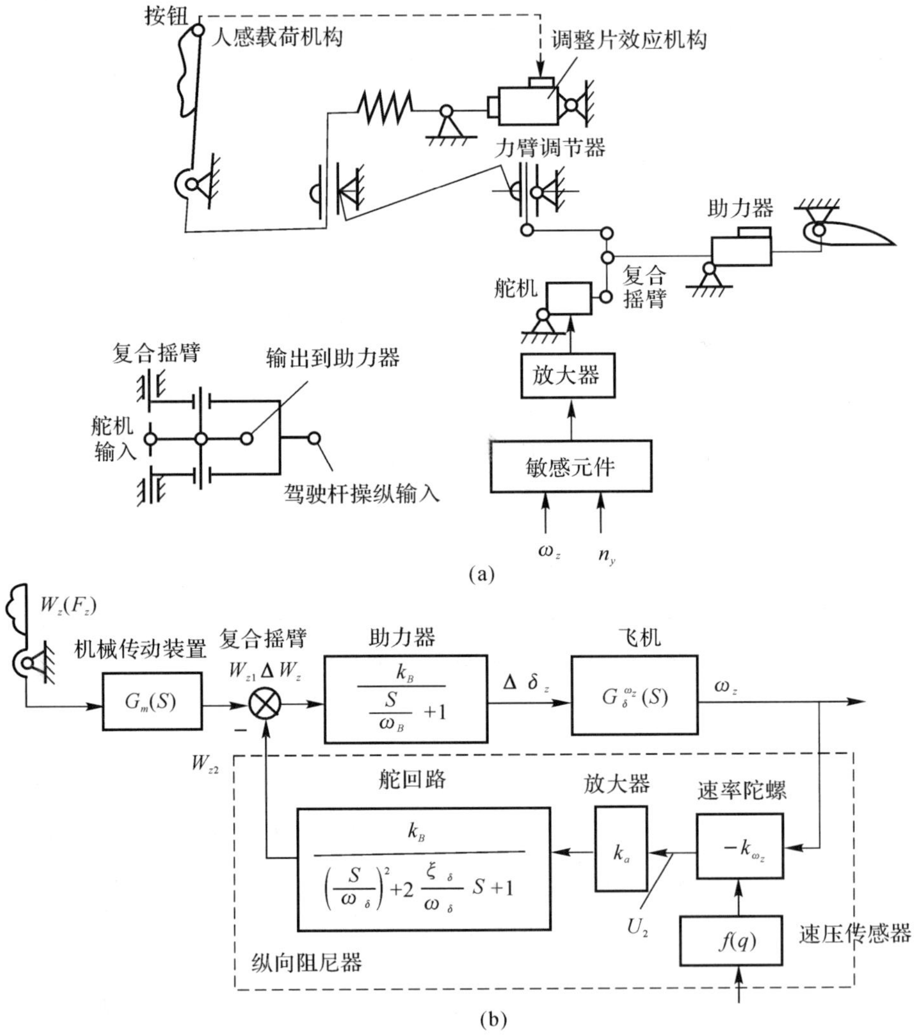

图 9.29 具有纵向阻尼器的操纵系统方块图

(a) 结构原理图；(b) 与(a) 图相应的传函方块图

(1) 敏感元件。敏感元件的作用是感受或测量飞机对预定状态的偏差,并根据这个偏差的方向和大小,输出一个相应的电信号。最常用的敏感元件是双自由度陀螺仪(姿态陀螺仪)、单自由度陀螺仪(速率陀螺仪)和高度表等。

(2) 放大元件。放大元件又称变换放大元件,简称放大器。从敏感元件输出的电信号一般都是很微弱的。为了使执行元件能够工作,必须将此信号加以放大和变换,使它具有足够的功率。

(3) 执行元件(又称舵机或舵回路)。舵机与助力器一样也是操纵舵面的一种机构。其主要功用是产生较大的力,以克服作用于舵面上的气动力或滑阀上的摩接力,并根据敏感元件输出的电信号极性和大小直接带动舵面偏转或驱动助力器的滑阀。

由图 9.29 可知:阻尼器通过复合摇臂与飞机(含助力器)组成一个闭环自动控制系统,这种系统称为飞机阻尼系统。它可以在没有驾驶员的参与下自动工作,阻尼器靠复合摇臂并入不可逆助力操纵系统中,从而构成具有阻尼器的操纵系统。

复合摇臂在图 9.29 中用综合点“⊗”表示。它起加法机构作用,其工作原理图如图 9.30 所示。由图可知,它由基本摇臂和附加摇臂组成。它们可分别绕 Ⅰ—Ⅰ,Ⅱ—Ⅱ 轴转动,且附加摇臂接舵机端的孔之轴线与 Ⅰ—Ⅰ 轴重合,以便附加摇臂有可能随基本摇臂绕 Ⅰ—Ⅰ 轴转动。当驾驶员推拉驾驶杆时,其输入量为 W_{z1}。由于此时设舵机不动。只能使附加摇臂随基本摇臂绕 Ⅰ—Ⅰ 轴转动,使附加摇臂接助力器端有一个输出量 $\overline{W}_{z1}$。同理,当阻尼器通过舵机推拉附加摇臂时,其输入量为 W_{z2}。由于此时设驾驶杆不动,使附加摇臂绕 Ⅱ—Ⅱ 轴转动,也使其接助力器端有一个输出量 $\overline{W}_{z2}$,即它们之间相互不干扰,当驾驶杆、阻尼器同时工作时,则它们各自的输出量同时输入复合摇臂,此时复合摇臂综合这两个信号,其输出量为 $\Delta W_z = \overline{W}_{z1} - \overline{W}_{z2}$。这里负号表示阻尼器来的信号与驾驶杆输入信号相反,即负反馈。由此可见,复合摇臂不仅起加法机构作用,而且还使阻尼器重叠在不可逆助力操纵系统之上,从而构成具有纵向阻尼器的操纵系统。但必须指出,此时舵机与助力器的联接方式是并联的(见图 9.29),相应的舵机称为并联舵机。

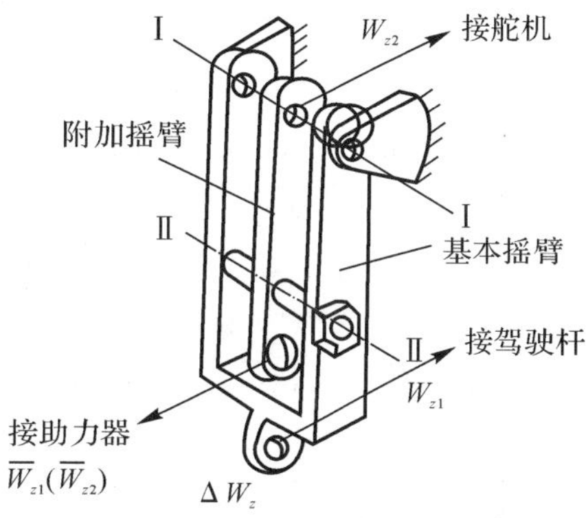

图 9.30　复合摇臂工作原理图

图 9.31 表示阻尼器的舵机通过联杆直接串入不可逆助力操纵系统之中。这种联接方式称串联,相应的舵机称为串联舵机。由于舵机是串联在杆系和助力器的传动杆之间,若阻尼器无输出信号时,则舵机不工作,舵机拉杆被制动。此时舵机相当系统中一个拉杆,只起传动杆作用,这样驾驶员可通过操纵系统操纵飞机;当阻尼器工作,而驾驶员不扳动驾驶杆时,则阻尼器的输出信号通过串联舵机、助力器使舵面偏转,以达到增加附加阻尼力矩的目的;当驾驶杆、阻尼器同时工作时,则它们各自的输出量同时输入串联舵机,此时它综合这两个信号。

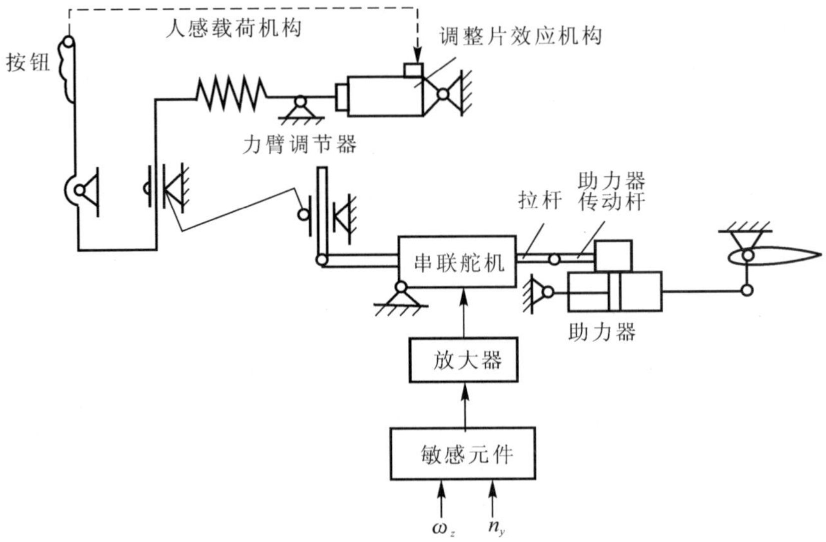

图 9.31　舵机与不可逆助力操纵系统串联

无论舵机与助力器是串联还是并联联接，不可逆助力操纵系统与阻尼器（或增稳系统）间都有一个操纵权限分配问题。所谓操纵权限是指能操纵舵面偏转角有多少度的范围（或助力器行程大小）。对于确定的飞机，舵面最大偏角是一定的，如果阻尼器的舵机能操纵舵面在最大偏角内转动（含最大偏角），则称为全权限；若只能使舵面作部分偏转，则称为有限权限。为了避免因阻尼器出现故障而使驾驶杆的位移量与舵面偏角失调，导致驾驶员无法操纵飞机，一般分配给阻尼器的操纵权限是有限的。通常只有最大舵偏角的（5% ～ 10%），有时甚至更小；这种小权限，一旦阻尼器有故障，飞机仍是安全的，此时系统可做成单通道系统。

2. 工作原理

当飞机在预定的航向上作等速平飞时，敏感元件无输出信号，放大器也无输出，舵机不动，故舵面处于某一平衡位置。当飞机受到某种扰动，例如在扰动脉冲力矩作用下，使飞机刚开始绕横轴（Oz 轴）有一个抬头的旋转角速度（＞ 0）时，就被阻尼器中速率陀螺感受，并输出一个相应的电压 $U1$，此电压既反映 ω_z 的极性和大小，也反映当时的飞行高度和速度，再经放大器、舵回路输出一个位移至附加摇臂，通过它使助力器带动舵面向下偏转某个角度（＞ 0），由此产生低头力矩来阻碍飞机抬头转动。与此同时，通过舵回路中位移传感器产生一个负反馈信号，使舵面固定在所需要的位置上。由于该力矩与飞机本身产生的阻尼力矩是同方向的，所以飞机的纵向阻尼力矩增加了，从而使飞机的阻尼比 ζ 也增大了。

由上可知，阻尼器的作用是通过一套自动装置使操纵面偏转 $\Delta\delta_z$，以增加飞机的纵向阻尼力矩系数 $m_z^{\omega_z}$，从而增大了飞机的动稳定性。因此，凡是能增加飞机短周期运动动稳定性的系统称为阻尼器。无论在操纵和外扰情况下，它都能使飞机角速度振荡迅速地衰减。众所周知，飞机绕其质心的运动通常分为绕三个轴的角运动，因而阻尼器也相应地分为纵向、横向和航向阻尼器。阻尼器与飞机（含助力器）组成一个闭环系统，它是一种自动飞行控制系统。在每一种系统中只具有一个角速率反馈信号。当阻尼器通过复合摇臂并入不可逆助力操纵系统后，可构成具有各种阻尼器的操纵系统。

由以上可知，阻尼器（或增稳系统）是目前增加飞机短周期动稳定性最行之有效的方法之一。因此，在现代超声速飞机上，在不可逆助力操纵系统中均广泛地加装自动增稳器，从而构成近代有人驾驶飞机的飞行操纵系统。

3. 对飞机稳定性和操纵品质的作用

(1) 增加飞机纵向短周期模态的动稳定性。

经对系统进行传递函数分析可知，纵向阻尼器系统增加了飞机系统阻尼比，但降低了飞机系统的纵向静操纵性。

为了维持原操纵性，最简单的方法是增大驾驶杆到舵面间的传动比，使系统的总传递系数等于原来值。但这种做法较难实现。因此，目前常用的方法是在系统中引入清洗网络，通常接在速率陀螺与舵回路之间。

引入清洗网络的基本思想是：当飞机出现短周期振荡时阻尼器起增加阻尼作用，在驾驶员作正常的机动操纵时阻尼器不起作用。鉴于前者是高频信号，后者是低频信号。所以，一般选择一个高通滤波器作为清洗网络（如$\frac{\tau S}{\tau S+1}$）以阻塞俯仰速率稳态值。值得指出的是，清洗网络也能改善飞机转弯时的操纵性。

(2) 改善低空大速度飞行时出现的过载梯度过小现象。

(3) 能改善静稳定度 $m_z^{C_y} \approx 0$ 时飞机的不易操纵问题。

三、具有法向过载(或迎角)稳定器的操纵系统

1. 组成方块图

图 9.32 为具有法向过载稳定器的操纵系统组成方块图。图中虚线所框的方块为法向过载稳定器，它由敏感元件（法向加速度计、速压传感器）、放大器和舵回路等三个主要部件组成。法向过载稳定器通过复合摇臂与飞机（含助力器）组成一个闭环自动控制系统，这种系统称为飞机-过载系统。它可以在没有驾驶员的参与下自动地进行工作，过载稳定器靠复合摇臂并入不可逆助力操纵系统中，从而构成具有法向过载稳定器的操纵系统。

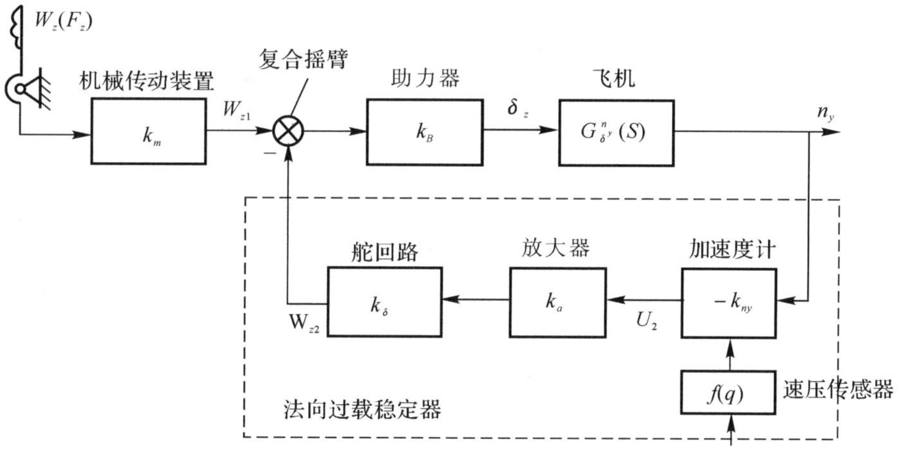

图 9.32　具有法向过载稳定器的操纵系统方块图

法向过载稳定器操纵系统的基本工作原理与纵向阻尼器操纵系统类似，在此不再赘述。

因迎角与法向过载之间有一定关系。所以它们可以互相取代，并由此构成的操纵系统与

图 9.32 相仿，只不过图中法向加速度计被迎角传感器取代了。此时虚线所框方块称为迎角稳定器。显然，它们的工作原理以及对飞机稳定性、操纵品质所起作用基本上相同。

2. 对飞机稳定性和操纵品质的作用

(1) 增大静稳定性和短周期固有频率。根据系统工作原理及系统传递函数分析，可知加装法向过载稳定器之后，能够显著地增加静稳定性、飞机短周期的固有频率和杆力(或杆位移)梯度。但同时降低了飞机的阻尼比，而且随固有频率增加而变小，这是不希望的。

(2) 改善操纵系统的杆力特性。对于加装过载阻尼器后的不可逆机械操纵系统，当 $K_{z}^{n_y}=k_B\cdot k_\delta\cdot k_a\cdot k_{n_y}$ 取得足够大时，能够使杆力梯度为常数，这样无论在低空还是高空飞行，驾驶员均可获得与杆力成比例的过载增量，改善了飞机操纵性。

此外，可根据容许的过载和迎角极限来限制操纵信号输出，以达到限制过载和迎角值的作用，从而保证飞机作大机动飞行时的安全。

(3) 对反操纵现象起改善作用。

四、纵向增稳操纵系统

1. 组成方块图

如果在不可逆助力操纵系统中同时加入俯仰速率、法向过载(或迎角) 反馈信号，即构成纵向增稳操纵系统。

图 9.33 为纵向增稳操纵系统组成方块图，图中虚线所框的方块为纵向增稳系统。它由速率陀螺作为内回路、加速度计作为外回路组成的，通过复合摇臂与飞机(含助力器) 组成一个闭环自动控制系统，即飞机-增稳系统。增稳系统靠复合摇臂并入不可逆助力操纵系统中，从而构成增稳操纵系统。

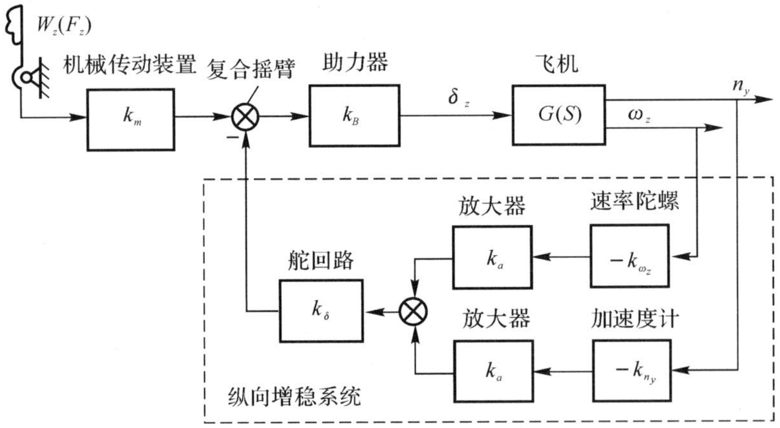

图 9.33 纵向增稳操纵系统方块图

2. 工作原理

由于增稳系统是以阻尼器、法向过载稳定器作为内外回路，通过复合摇臂重迭在不可逆助力操纵系统之上。所以，这种操纵系统的工作原理就是这两个内外回路的综合。

3. 对系统稳定性和操纵品质的影响

由于增稳操纵系统的控制规律是阻尼器操纵系统和过载稳定器操纵系统控制规律的线性组合，故这种系统对飞机稳定性和操纵品质所起作用是上述两个系统的综合，即：

(1) 增加飞机高空高速飞行纵向短周期模态的动稳定性；

(2) 增大飞机静稳定性和固有频率；

(3) 改善操纵系统的杆力特性；

(4) 改善飞机的反操纵现象；

(5) 改善静稳定度值较小飞机的不易操纵性；

(6) 改善低空大速度飞行时出现的杆位移梯度过小现象。

9.5 控制增稳操纵系统

增稳系统能改变飞机系统闭环特征根在复域平面中的分布位置，以改善飞机稳定性，使飞机操纵品质符合规范要求。但同时也使相应的操纵系统的操纵品质变坏，如静操纵性下降、单位过载所需杆力变重、飞机对驾驶员操纵指令响应变慢等。这些情况说明该系统的稳定性与操纵性是相互矛盾的。若在设计中采用折中方法，显然不能充分发挥飞机潜在的机动性，从而影响飞机作战性能。所以，在增稳操纵系统的基础上发展成控制增稳操纵系统，以克服以上缺点。

一、控制增稳操纵系统的组成、工作原理

图 9.34 所示为典型的纵向控制增稳操纵系统示意图，其中(b) 为(a) 的一般方块图。

比较图 9.29 或图 9.33 和图 9.34 可知，控制增稳操纵系统是在增稳操纵系统的基础上添加一个杆力传感器 k_F 和一个指令模型 $M(S)$ 而构成的，或者说它由机械通道(机械链)、电气通道(电气链) 和增稳回路组成的。其操纵过程是这样的，驾驶员的操纵信号可分两路输出：一路是通过机械链(不可逆助力操纵系统) 使舵面偏转；另一路是通过电气链，由杆力(位移) 传感器产生电气指令信号输至指令模型，并在其中形成满足操纵特性要求的电信号，直接与来自增稳器的反馈信号在校正网络输入端相加，以差值去控制舵面偏转。显然，电气指令信号的极性与机械链来的操纵信号是同相的，其值与杆(位移) 力成正比，所以它俩是并联的。

系统的工作原理可作如下简要描述：首先假设飞机作平直飞行时，驾驶杆的指令信号为零。此时控制增稳操纵系统实际上相当飞机-增稳系统，故起增稳作用。但与一般的增稳操纵系统不同，因这种系统中的反馈增益值较大。因此，飞机对外界任何扰动的稳定性比一般增稳操纵系统好；然后再假设没有外界扰动情况下，当飞机作机动飞行时，驾驶员操纵信号一方面通过机械链使舵面偏转某角度 δ_{zm}，另一方面又通过杆力传感器输出一个指令信号，经指令模型与反馈信号综合，由于它俩的极性相反，故可抵消部分反馈信号，以差值去控制舵面偏转某个角度 δ_{zM}，此时总的舵偏转角 $\delta_z=\delta_{zm}+\delta_{zM}$。由此可知，电气指令信号是起增强操纵量的作用。这样不仅加大了飞机作机动飞行的能力，而且使飞机按杆力信号动作。为此，人们将能增强操纵量的通道又称为增控通道。

显然，控制增稳操纵系统的工作原理，就是上述两种情况的综合，即兼顾了稳定性和操纵性这两方面的要求。

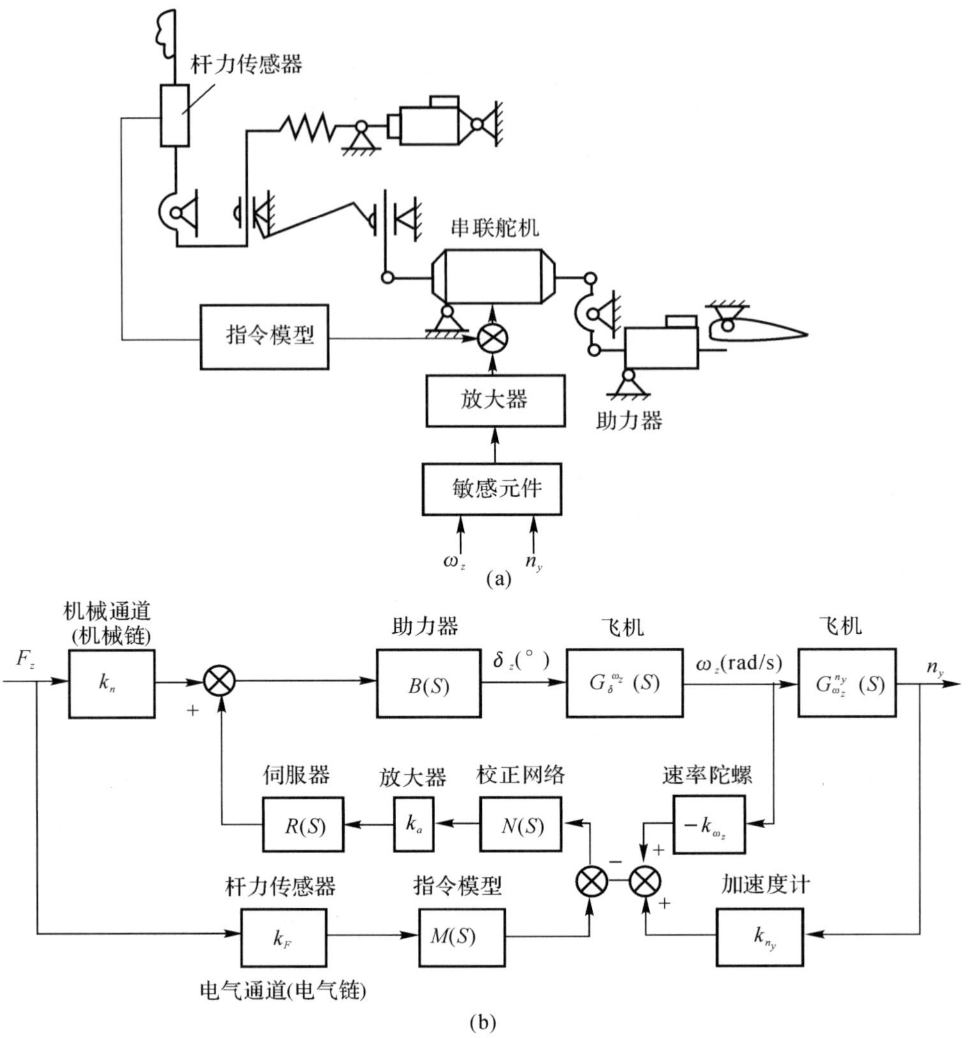

图 9.34　纵向控制增稳操纵系统

(a) 示意图；(b) 方块图

二、控制增稳操纵系统对飞机稳定性和操纵品质的作用

根据控制增稳操纵系统的原理图、方块图及工作原理，经传递函数分析可知，控制增稳操纵系统对飞机稳定性和操纵品质起以下主要作用：

(1) 增加杆力灵敏度值，使系统在单位阶跃杆力作用下的初始俯仰角加速度大于不可逆助力操纵系统和增稳操纵系统，提高了飞机的操纵性；

(2) 改善操纵系统的杆力特性；

(3) 增加静操纵性系数。

三、控制增稳操纵系统的优缺点

归纳起来，控制增稳操纵系统有如下主要优点。

(1) 较好地解决了飞机稳定性与操纵性之间的矛盾,克服了增稳操纵系统的主要缺点。

(2) 能够实现杆指令与飞机响应之间的任何静动态关系,也能实现驾驶杆的任何启动力要求。

(3) 这种系统中的机械杆系可设计得简单一些,只要保证飞行安全即可,

(4) 由于驾驶员的操纵信号可通过两个通道输至舵面,这样在系统设计和调整中提供了操纵信号分配的灵活性。考虑到理想的操纵系统特性,不依赖于机械杆系本身的特性,通常只要改变电气部件的增益和时间常数,就能容易地变化操纵系统的特性。

(5) 为提高飞机机动性、放宽静稳定度要求、设计新型的高性能飞机提供了可能性。

由于控制增稳操纵系统具有上述主要优点。所以,在高性能歼击机上广泛采用这种操纵系统。

正因为控制增稳操纵系统中有机械通道,由此带来一些不可克服的缺点。如机械通道中有许多相当重的连杆、摇臂以及变臂机构和其他联动装置,其重量约 2 000 N 左右,这是相当大的数,且占据空间大。由于机械杆系存在非线性(间隙、摩擦) 和弹性变形,这样很难实现传递微小精确的操纵信号。如果再考虑到电气通道中增益不是相当大,控制增稳系统的操纵权限不是全权限,故该系统对飞机稳定性和操纵品质的改善是有限的。这些缺点将严重地影响飞机性能的继续提高,为此,人们在该系统基础上又发展了电传操纵系统。

9.6 电传操纵系统

控制增稳操纵系统能兼顾飞机稳定性和操纵性的要求,从而能较好地发挥正常型(静稳定的) 飞机潜在的机动性。但因该系统的增益不是相当大,电气通道的操纵权限不是全权限,而且没有可靠的安全措施,故对飞机稳定性和操纵品质的改善是有限的。再考虑到控制增稳操纵系统(包括增稳操纵系统) 是在不可逆助力机械操纵系统基础上发展而来的,这种系统的驾驶杆与助力器间存在一套相当复杂的机械杆系,由此带来一些不可逾越的缺点,如占据空间大等等。显然,这些缺点会限制设计师根据飞行任务需要设计出最佳的气动布局,以提高飞机的性能。为此,电传操纵系统得到了发展。

本节以一个典型的纵向模拟式电传操纵系统作为例子,介绍电传操纵系统的组成及其对飞机稳定性和操纵品质的作用。也简单地介绍了电传操纵系统中的安全可靠性与余度技术。最后叙述了电传操纵系统的优缺点。

一、电传操纵系统的提出

控制增稳操纵系统的主要优点是能兼顾驾驶员对飞机稳定性和操纵性的要求。解决了飞机在向高速、高空、高性能发展中稳定性和操纵性间的矛盾,使飞机的性能有很大提高。但它仍然存在以下问题。

(1) 控制增稳操纵系统是在不可逆助力操纵系统基础上,通过复合摇臂迭加电气通道而组成的,在重量和结构复杂程度上均比不可逆助力操纵系统高,这会对飞机设计造成很大困难,且也影响其性能提高。

(2) 控制增稳系统对舵面的操纵权限是有限的。

(3) 系统会产生力反传。

(4) 战伤生存力低。

20世纪60年代中期，计算机和微处理器小型化为解决上述问题创造了有利条件，与此同时现代控制理论和余度技术日趋成熟，使得去掉控制增稳操纵系统中的机械杆系、增大增益、将操纵权限扩展为全权限，从而构成电传操纵系统成为可能。

二、电传操纵系统中可靠性与余度技术

实现电传操纵的关键在于安全可靠性，过去对安全可靠性没有量的概念，只有在可靠性理论发展之后，才有定量的可能。那么现今所采用的不可逆助力操纵系统的安全可靠性指标是多少呢？

显然，可靠性指标只能来自实践。据美国空军11年期间(1968—1978年)的外场安全数据统计与分析可知，作为Ⅰ,Ⅱ,Ⅳ类飞机的代表F-4飞机，由于操纵系统故障引起的飞机损失率为0.546架/100 000次飞行，由于液压系统故障引起的飞机损失率为0.35架/100 000次飞行，二者损失率为0.89架/100 000次飞行。

B-52,C-135和C-141等Ⅲ类飞机在十年间没有因为操纵系统或液压系统的故障造成飞机的损失，但造成过事故，其事故率分别为0.055架/100 000次飞行和0.008架/100 000次飞行。可以看出这类飞机的可靠性是比较高的，这是因为在这些飞机上空勤人员的救生措施与歼击机相比较为薄弱，此外可能携带核武器，一旦飞机失事可能产生灾难性的后果。所以，必须保证这类飞机有较高的可靠性。

此外，还对飞机未完成规定任务的概率进行了统计。对全机来说由于各组成部分的故障，使飞行任务失败的概率为0.01/每次飞行。其中，由于操纵系统的重大故障而中断飞行任务的仅占十分之一。所以，因操纵系统故障而使飞机中断任务的概率为0.001/每次飞行。

通常，用飞机损失(即指操纵系统处于Ⅴ级工作状态)概率来表示飞行安全可靠性指标。若以美国军用规范MIL-F-9490D为例，由操纵系统故障引起的飞机最大损失概率Q应为：

对Ⅲ类飞机　$Q < 5 \times 10^{-7}$/每次飞行

对Ⅰ,Ⅱ,Ⅳ类飞机　$Q < 100 \times 10^{-7}$/每次飞行

飞行安全可靠性指标通常是以飞行小时为单位来计算的。美国空军十年的统计资料表明，Ⅲ类飞机每次飞行的时间约为6.7 h；Ⅳ类飞机(F-4)每次飞行时间约为1.6 h，由此可得

对Ⅲ类飞机　$Q < 0.87 \times 10^{-7}$/飞行小时

对Ⅰ,Ⅱ,Ⅳ类飞机　$Q < 62.5 \times 10^{-7}$/飞行小时

对电传操纵系统安全可靠性提出的指标，一般在$(1.0 \times 10^{-7} \sim 1.0 \times 10^{-9})$/飞行小时范围内。

所以，目前世界各国均定1.0×10^{-7}/飞行小时作为电传操纵系统的可靠性指标。但单通道电传操纵系统的故障率只有1.0×10^{-3}/飞行小时。为了保证电传操纵系统的可靠性至少不低于机械操纵系统。所以，需要采用余度技术，即引入多重系统。

据可靠性理论计算，系统的多余度数目n与最大损失率Q间的关系，如图9.35所示。

由图可知，若电传操纵系统具有四余度，则故障率可满足要求。正因为它的可靠性不低于不可逆助力操纵系统，所以电传操纵系统得到迅速发展。

所谓采用余度技术就是引入多重(套)系统来执行同一指令，完成同一项工作任务。多重系统也称余度系统。图9.36所示是四余度系统简图。由图可知，杆力传感器、速率陀螺、加速

度计和计算机均有四套。此外，这种系统应满足如下三个条件：

(1)对组成系统的各个部分具有故障监控、信号表决的能力。

(2)一旦系统或系统中某部分出现故障后，必须具有故障隔离的能力。

(3)当系统中出现一个或数个故障时，它具有重新组织余下的完好部分，使系统具有故障安全或双故障安全的能力，即在性能指标稍有降低的情况下，系统仍能继续承担任务。

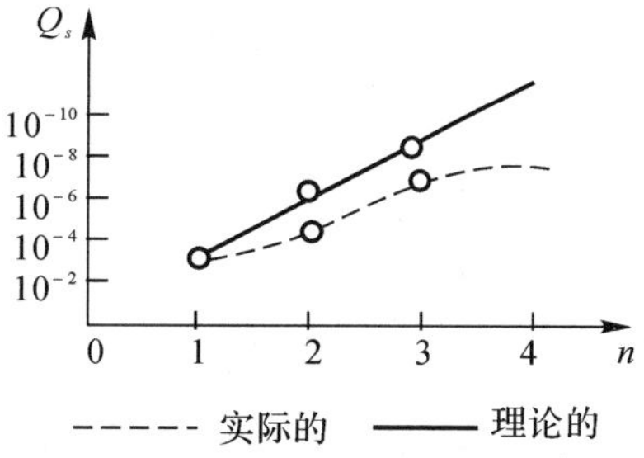

图 9.35　多余度数目与最大损失率间关系图

同时满足上述三个条件的多重系统称为余度系统。采用余度系统的目的是为了增加系统的可靠性，其实质是通过消耗更多的能源来换取高的可靠性。

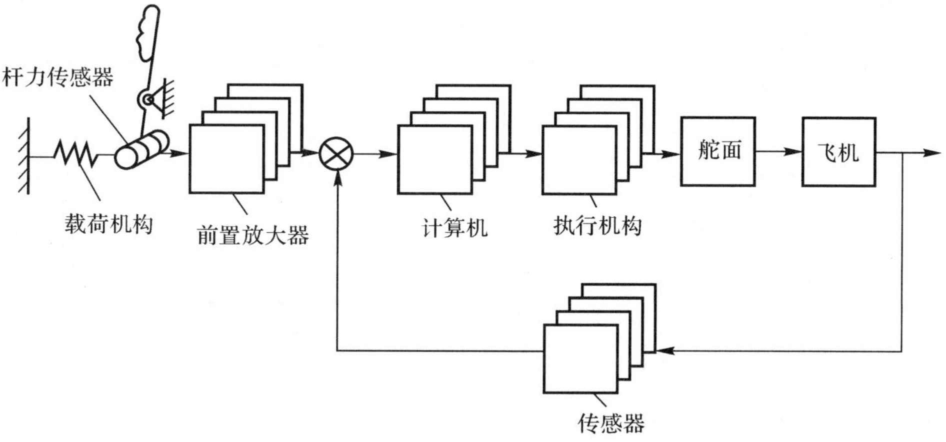

图 9.36　四余度电传操纵系统简图

三、电传操纵系统的组成

电传操纵系统可分为模拟式和数字式两种，而数字式电传操纵系统是飞行控制系统的主要发展方向。这是因为后者相对前者有以下优点：具有高度的灵活性，易实现多种逻辑运算和电子综合化；能够实施复杂控制律，修改控制律也方便；容易与自动驾驶仪、火力控制系统、导航系统等交联。

F－16 飞机是世界上第一架现役的电传操纵系统飞机。图 9.37 所示为 F－6A 飞机的电传操纵系统原理图。该系统是在 YF－16 飞机基础上研制而成的，是模拟式四余度电传操纵系统，无机械备份系统。F－16 飞机电传操纵系统具有如下特点：

(1)纵向放宽静稳定度。以提高飞机的机动性；

(2)三轴控制增稳可提供精确的控制和极好的操纵品质；

(2)具有双故障安全故障等级，以提供高度的安全性和任务的成功概率；

(4)全电传操纵系统为改善操纵品质提供于很大的灵活性；

(5)能够自动限制迎角，这样允许飞行员无顾虑地发挥飞机的最大能力，不必担心由于疏忽造成的失控；

(6)机内具有自检能力，以最短的停飞维护时间保证电传操纵系统处于良好的飞行准备状态。

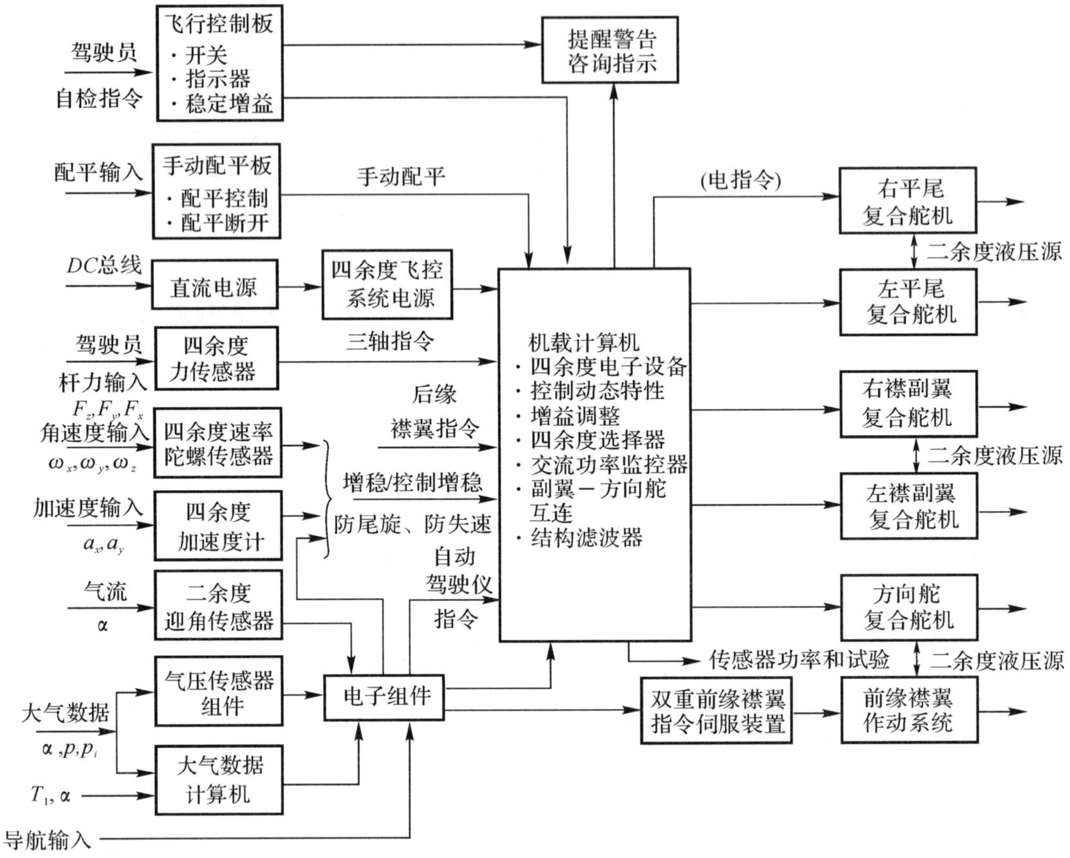

图 9.37　F－16A 飞机电传操纵系统原理图

由图 9.36 可知，电传操纵系统主要由驾驶杆或侧杆(含杆力传感器)、前置放大器(含指令模型)、传感器、机载计算机和执行机构等组成。四余度电传操纵系统实质上是由四套完全相同的单通道系统，按一定的关系组合而成。图 9.38 为四余度模拟式电传操纵系统原理图。它由 A,B,C,D 四套完全相同的单通道电传操纵系统按一定关系组合而成。图中表决器/监控器是用来监视、判别四个输入信号中有无故障信号，并输出一个从中选择的正确的无故障信号。如果四个输入中任何一个被检测出故障信号后，系统自动隔离这个故障信号，不使它再输入到后面的舵回路中去，当四套系统都正常工作时，驾驶员操纵杆经传感器 A,B,C,D 产生四个相同的电指令信号，分别输入到相应的综合器/补偿器、表决器/监控器中，通过四个表决器/监控器的作用，分别输出一个正确的无故障信号加到相应的舵回路，四个舵回路的输出通过机械装置共同操纵一个助力器，使舵面偏转，以操纵飞机作相应的运动，如果某一个通道中的杆力传感器或其他部件出现故障，则输入到每个表决器/监控器的四个输入信号中有一个是故障信号，此时由于表决器/监控器的作用，将隔离这个故障信号。因此每个表决器/监控器按规定的表决方式选出工作信号，并将其输至舵回路。于是飞机仍按驾驶员的操纵意图作相应运动。如果某一通道的舵回路出现故障后，它本身能自动切断与助力器的联系(因舵回路是采用余度舵机)，这样到助力器仍是一个正确的无故障信号。同样，如果系统中某一通道再出现故障，电传操纵系统仍能正常工作，而且不会降低系统的性能。由此可见四余度电传操纵系统具有双故障工作等级，故它又称为双故障/工作电传操纵系统。

综上所述。电传操纵系统可定义为：驾驶员的操纵指令信号，只通过导线(或总线)传给计算机，经其计算按预定的规律产生输出指令，操纵舵面偏转，以实现对飞机的操纵。显然它是一种人工操纵系统，其安全可靠性是由余度技术来保证的。

四、电传操纵系统对飞机稳定性和操纵品质的作用

(1)提高飞机的飞行性能和机动性。

(2)提供大迎角和大过载条件下的好的操纵稳定性。

(3)提供满意的杆力特性。

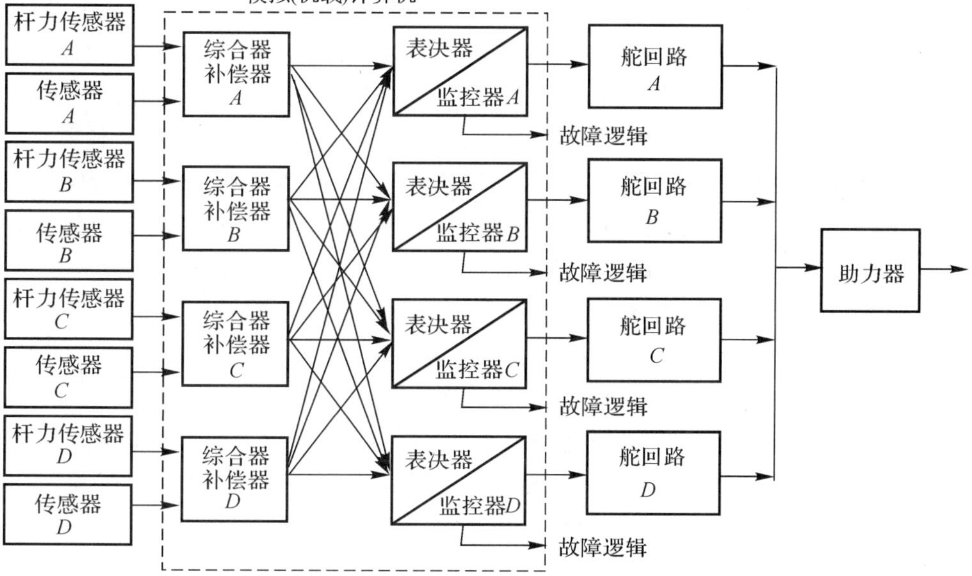

图 9.38　四余度模拟式电传操纵系统原理图

五、电传操纵系统的优点及存在的问题

1. 电传操纵系统的优点

(1)减轻了操纵系统的重量。

(2)减少体积。

(3)节省设计和安装时间。

(4)提高战伤生存力。

(5)消除了机械操纵系统中的摩擦、间隙、非线性因素以及飞机结构变形的影响。消除机械操纵系统中的摩擦、间隙和非线性因素的作用是不言而喻的，它从根本上改善了精微操纵信号的传递。

(6)简化了主操纵系统与自动驾驶仪的组合。

(7)可采用小侧杆操纵机构。

(8)飞机操稳特性不仅得到根本改善，而且可以发生质的变化。

2. 电传操纵系统存在的问题

(1)单通道电传操纵系统的可靠性不够高。

(2)电传操纵系统的成本较高。

(3)系统易受雷击和电磁脉冲波的干扰。

(4)尚无一套系统完善的品质规范可循。

9.7 随控布局飞行操纵系统简介

一、引言

在20世纪70年代初，当模拟式四余度电传飞行操纵系统作为飞机主操纵系统代替不可逆的助力机械操纵系统时，出现了一种用附加在电传(主)操纵系统上的某些飞行控制系统来提高飞行品质的飞机，称之为随控布局飞机(CCV)。这种飞机在它设计的开始阶段就主动地考虑自动控制系统的作用，飞机可以设计成静不稳定的，而借助自动控制系统使其稳定，这样可使飞机的气动布局在各种飞行状态下有最佳气动构形，从而使飞机的性能得到显著的提高。因为在设计飞机的初期就主动地应用了自动控制技术，所以称之为主动控制技术(简写为ACT)。ACT实现的关键在于在设计飞机的初期就充分考虑了电传操纵系统的潜力。

在随控布局技术的项目中，已经在飞机上应用的有：放宽静稳定性、机动载荷控制和飞行边界控制等，已经进行飞行试验的有：直接力控制、阵风减载、乘坐品质控制和机动增强等。仍在研究中的有：颤振主动抑制，放宽静稳定性要求等。

除直接力控制(力控制需要驾驶员转动状态转换开关，并通过力按钮对有关的操纵面进行操纵)外，其他各个项目都是用机载计算机根据传感器测出的飞行状态参数，按预定程序主动地(不需要驾驶员干预)操纵有关的操纵面。因此，除直接力控制外，其他各项均属于“主动控制技术(ACT)”。

二、放宽静稳定性要求及飞行边界控制

放宽静稳定性要求及飞行边界控制是两项最基本的随控布局技术。为什么在这十余年中只有超声速巡航的旅客机，而没有超声速巡航的歼击机？其原因是很多的，但关键问题是：现有的歼击机在超声速飞行时飞行的阻力太大，具体地说，飞机的配平阻力太大。这是由于飞机超声速飞行时飞机的焦点大幅度后移。纵向稳定力矩剧增，需要全动平尾向上偏转角度太大，因而产生较大的配平阻力，同时飞机的升力系数值下降，使飞机的升阻比减小。例如某歼击机的最大升阻比在$Ma=0.7$时为8.6，而在$Ma=2.0$时仅为4,8，升阻比下降了44%。“协和”超声速旅客机在超声速巡航时其最大升阻比约为8.0。“协和”超声速客机，由于采用“移动重心法”降低了配平阻力，因而获得了较大的升阻比。该机在机身前后备有一个平衡油箱。在加速到超声速飞行时，随着飞机焦点后移而向后油箱输油，使飞机重心也向后移动；当飞机由超声速减速到亚声速飞行时，又随着飞机焦点前移又向前油箱输油，使飞机重心也向前移。但对于高机动性的歼击机只有在“放宽静稳定性要求”实现之后才可解决这个问题。

三、机动载荷控制

机动载荷控制的目的,对于大型(轰炸、运输)飞机和歼击机是不同的。对于大型飞机是提高其巡航经济性,对于歼击机则是提高其机动性。

以 NB-52E 轰炸机为例,它用机动载荷控制减小机翼根部弯矩的方法是:把内襟翼换成快速动作的机动襟翼,又在原有副翼外侧增加一对可以同时对称偏转的外侧襟副翼。当作机动飞行时,左右内侧机动襟翼下偏,使机翼内段升力增加,而左右外侧襟副翼同时上偏,使机翼外段升力减小,并保持净增加的升力能满足机动飞行的要求。由于机翼压力中心向内翼段移动,翼根的弯矩就可以减小。据计算,翼根弯矩可减小 10%～15%,机翼结构重量至少减轻 5%,可使航程约增加 3%。其内侧机动襟翼和外侧襟翼都是由机动载荷控制系统主动控制的。

歼击机的机动载荷控制,目的在于提高飞机的机动性。飞机机动性的指标,一是沿飞行航迹的加速性能和减速性能。改善减速性能主要是靠增加飞机的阻力来实现,因此在飞机上设置减速板;提高加速性能主要靠减小飞机的阻力和增大发动机的功率来实现,最经济的方法是减小阻力。机动载荷控制是要在飞机机动飞行时,使机翼升力呈椭圆形分布(见图 9.39),以减小机翼的诱导阻力。

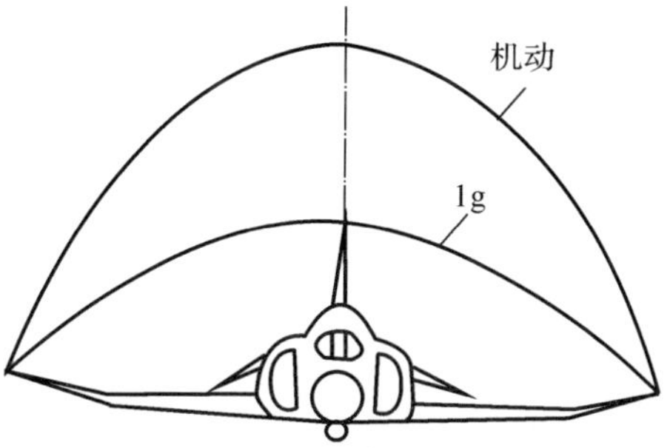

图 9.39　F-4 飞机使用机动载荷控制,控制前缘襟翼使机翼的机动载荷呈椭圆形分布,以降低阻力,并控制气流在机翼前缘的分离以推迟抖振,提高法向过载

飞机机动性的另一指标是飞机的最大法向过载 $n_{ymax}=Y_{max}/G$。在亚声速时,它取决于抖振迎角时的抖振升力系数;在超声速时,则取决于飞机纵向静稳定余量和水平尾翼的效率。因此,亚声速时的机动载荷控制就是要在飞机机动飞行时,延缓机翼上的气流分离,从而提高抖振升力系数。可以利用控制有关操纵面,如前缘襟翼(或多个操纵面)的办法,前缘襟翼最有利的偏转规律可从风洞试验中得出。

四、直接力操纵

直接力操纵就是在不改变飞机飞行姿态的条件下,通过操纵一些操纵面直接提供附加升力或侧力,使飞机作垂直方向或侧向的平移运动来改变飞机的航迹,即所谓作“非常规机动”飞行。对于运输机和轰炸机来说,可以保持正确的着陆航迹,或提高侧风着陆的能力;对于歼击机来说,可以提高机动性,或提高航向的精度和投放空地武器的命中率。直接力操纵一般分为直接升力操纵和直接侧力操纵,以下主要介绍直接升力操纵。

在常规飞机上,驾驶员要改变飞机在其对称平面内的航迹时,所需升力的大小是靠改变机翼的迎角而得到的。例如对前上方目标进行跟踪时,用常规操纵的方法是这样的:驾驶员除加大油门外,还须向后拉驾驶杆,使平尾后缘向上偏转一个角度(因而在平尾上产生一个向下的气动力增量),在这瞬间飞机就下沉,飞机损失了高度。同时,这个气动力增量对飞机重心的力矩使飞机抬头,加大了迎角,产生了升力增量,当飞机迎角加大到一定程度时飞机才开始上升,并继续转动，改变了飞机的俯仰角。由此可见，飞机对于驾驶员的操纵反应有一定的时间滞后，并且先掉高度然后上升，而且由于迎角增大，阻力增加，飞行速度必然下降。

随控布局飞机的直接升力操纵与常规的间接升力操纵大不相同。下面将以 YF－16CCV 为例来介绍直接力操纵的基本原理和控制方式。

直接升力操纵系统可以组成三种纵向运动状态（见图 9.40），即

A_n——直接升力运动状态；

a_1——俯仰指向运动状态；

a_2——垂直平移动运动状态。

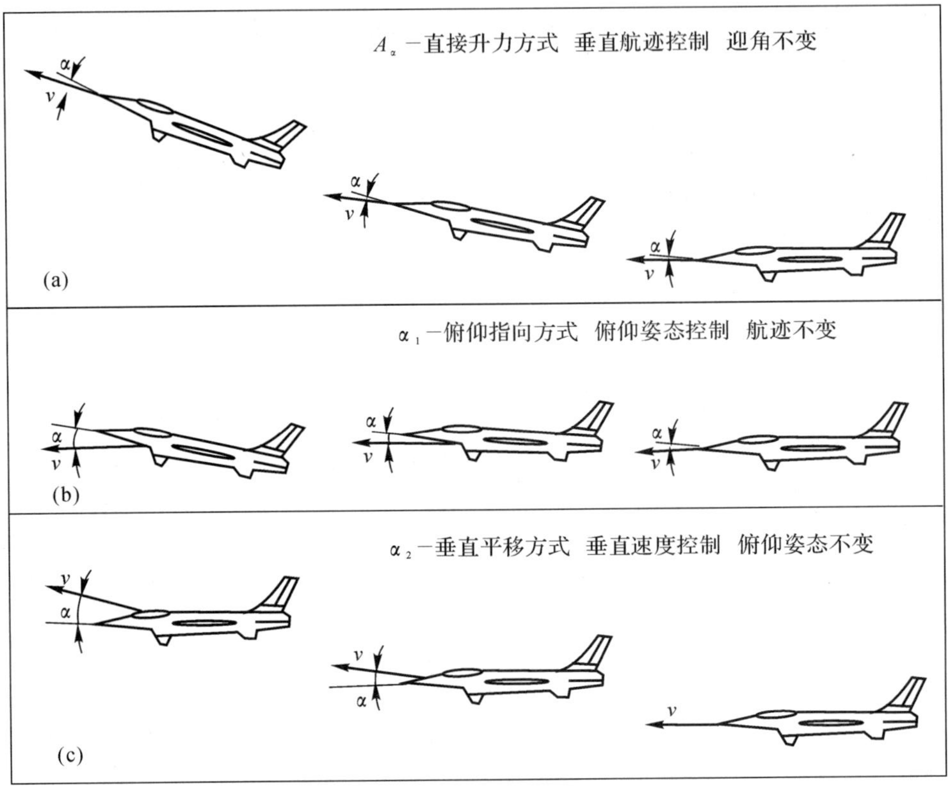

图 9.40 三种纵向运动

运动的选择开关位于专为直接力操纵而设置的操纵台上。直接力操纵的力按钮位于侧置驾驶手柄的顶端（见图 9.41）。当需要进行哪一种运动状态时，即把选择开关转到那种运动状态，然后推动力按钮。前后推动力按钮，发出指令，驱动襟副翼对称偏传；左右推动力按钮，发出指令，驱动垂直鸭翼偏转（也可由脚蹬来实现这种操纵）。

直接升力运动状态特点是在迎角不变的情况下，控制直接升力系数，因而直接而且迅速地控制飞机的垂直航迹（见图 9.40(a)）。这种运动方式适用于投射空对地武器后的快速拉起，或在空战中，在不增大迎角的拉起中，可达到较大的加速度。这是最受重视的一种纵向非常规机动的飞行状态。

要想产生直接升力使飞机上升，首先把状态选择开关指向 A_n 状态，向后扳动驾驶手柄上的力按钮，可以输出指令驱动左右襟副翼对称向下偏转，产生向上直接升力和低头俯仰力矩，

同时产生一个辅助信号使平尾自动协调向上偏转，产生向下附加升力和上仰俯仰力矩，在这两种力矩互相平衡的情况下，飞机可以保持原有的姿态，并在净余的直接升力作用下，飞机作上升过载曲线运动。与常规纵向操纵相比，它没有高度损失，没有滞后，也不降低飞行速度。

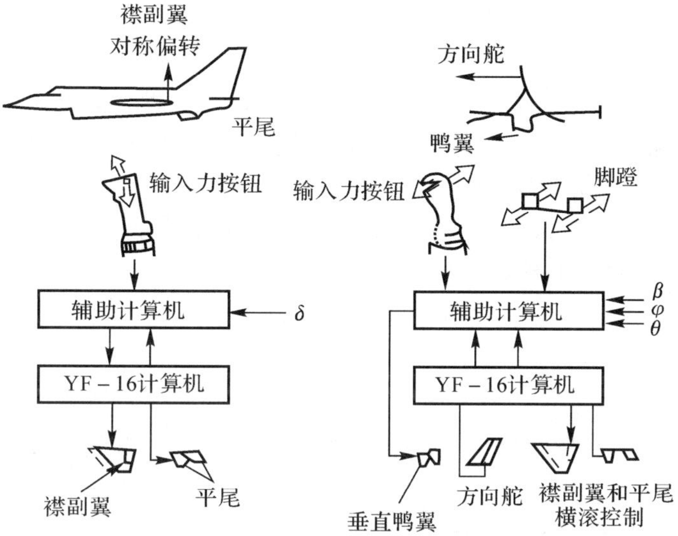

图 9.41　直接力操纵装置的示意图

(a)直接升力控制；(b)直接侧力控制

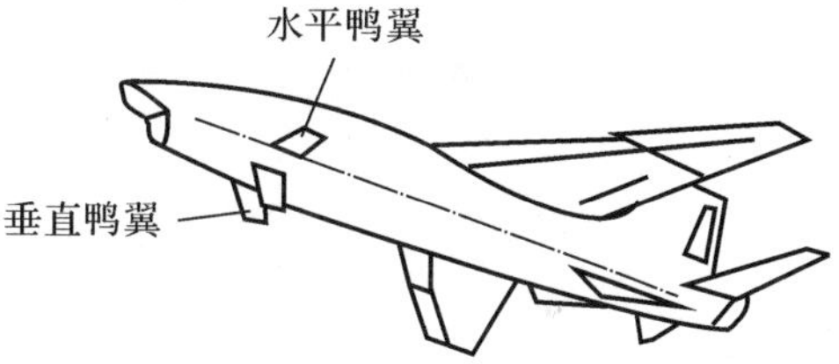

图 9.42　安装在机头部位的前置水平和垂直鸭翼

俯仰指向运动状态的特点是在法向过载增量和法向加速度为零的条件下即不改变飞机航迹角的情况下，控制飞机的俯仰姿态(见图 9.40(b))，这种运动方式能迅速构成导弹和航炮的射击条件，在战术攻击方面具有广阔应用前景。

垂直平移运动状态的特点是在不改变飞机俯仰姿态，即俯仰角为常数的情况下，控制飞机的垂直速度。这种运动方式适用于微小的垂直位置的修正。例如在编队飞行或滑翔时，对航迹进行调整的过程中常采用这种操纵方式。

随控布局飞机的直接侧力可以由推力转向产生；最有效的方法是在机头腹部安装两个并列的垂直鸭翼(见图 9.42)。当垂直鸭翼与方向舵协调偏转时就可以直接产生侧力。

五、阵风减载与乘感控制

阵风减载实际上就是直接力控制在扰动运动中的应用。采用的面所述的产生直接力的操纵面(机动襟翼、水平鸭翼等)及其与基本舵面之间的协调控制方法，有效地衰减阵风引起的过载增量或法向加速度。

乘感控制又称乘坐品质控制。对于机身细长而挠性大的高速飞机，若遇到周期性的阵风，机身发生弹性振动时，不仅乘员感到不舒服，甚至影响驾驶员完成任务的效能，这是所谓乘坐品质问题。

为了实现乘感控制，B-1 飞机在驾驶舱下方的机身上增加了一对下反角为 30°的前置鸭翼，偏转角可达±20°。当它们对称偏转时，气动力的水平分量互相抵消而形成垂直控制力；当差动偏转时，垂直分量互相抵消而形成水平控制力。这两种操纵方式可分别抑制机身的垂直和侧向的弹性振动。

六、颤振主动抑制

颤振主动抑制是CCV功能中难度最大的一项功能。所谓颤振主动抑制是相对于颤振被动抑制来说的。颤振主动抑制的原理是，用传感器感受所要控制的翼面的扭转和(或)弯曲振动，把信号按选定的控制规律加以放大，并进行相位补偿，通过舵机去偏转一个或几个操纵面，使之产生有利于抑制翼面颤振的空气动力，达到抑制颤振的目的。因此，它的主要工作内容是颤振模态的测量、控制规律的确定和控制力的产生。

思　考　题

1. 观察两架飞机的中央操纵机构，注意了解在构造上是如何解决副翼和升降舵操纵互不干扰问题的。

2. 不可逆助力机械操纵系统是在什么背景下出现的？

3. 控制增稳操纵系统在构造上与增稳操纵系统有哪些不同？

4. 控制增稳操纵系统有哪些优缺点？

5. 电传操纵系统一般有哪些主要模块组成？它的优缺点有哪些？

6. 直接升力控制和机动载荷控制的基本原理是什么？

第十章 现代飞机结构先进设计技术的发展及展望

近年来，飞机设计技术广泛吸纳了数学、物理、材料等基础科学及相关工程领域里的众多科研成果，特别是计算机硬件技术的提高、大型高度集成化软件平台在飞机设计技术中的深入应用，给飞机设计领域带来了一场新的变革，也为飞机结构设计技术增添了新的活力，提出了新的课题。本章将围绕智能化技术、隐身技术、多目标综合优化设计以及计算机辅助设计技术，简单介绍它们的理论概念、基本方法以及在飞机结构设计中的应用前景与未来发展，以期使读者对飞机结构设计的先进技术有一初步了解，并对其发展给以不断的关注和积极的参与。

10.1 飞机结构的多目标综合优化设计

为使设计生产的飞机具有良好的飞行品质、优秀的技术性能、可靠的工作质量以及合理的设计生产周期与成本，离不开对设计生产活动中各工作环节乃至整个过程的合理配置与综合优化。作为飞机设计更是把这些优异的技术指标作为自身活动所追求的目标，由此，优化设计作为一门学科分支和实用设计技术在飞机设计工程中得到了蓬勃发展，飞机结构优化设计则为其重要的组成部分。

早期狭义的飞机结构优化设计概念，是在依据结构功能要求和客观条件决定了结构类型、结构拓扑（结构外形及各部件间的连接形式以及采用哪些类型的构件等）及所用的结构材料之后，利用优化技术求得材料最省（重量最轻），造价最低或某种性能最佳的设计方案。近来随着计算机技术的发展，结构分析能力和手段（如有限元法）的不断完善以及数学寻优技术的提高，结构优化设计方法也得到了迅速发展。

然而从现代飞机设计的并行工程概念上看，应当将飞机生产/使用/保障等全寿命周期行为纳入到设计思维及设计工作中，也就是说设计过程要计入飞机全寿命周期的综合因素。因此，广义的飞机结构优化设计应当追求对各类综合设计要求的寻优，如长寿命、可靠性高、经济性好、工艺性以及维修性好等。从这个意义上说，飞机结构的优化设计是一个多目标的综合优化设计过程。另一方面从飞机设计的多目标构成性质来看，目标要求间不尽是协调相容的，而更多的是互为矛盾方面，例如，在规定的载荷作用下，飞机结构既要有足够的强度、刚度、可靠性和使用寿命，又要具有尽可能轻的重量或低的成本，这两方面的基本要求通常就是矛盾的。再者，从寻优方法论上讲，满足多目标优化设计的最优解可能是不存在的；即使存在，也难以找到。这样，就需要对多个目标进行折中评估，依据其重要性在寻优中适当放宽要求。而折中评估又往往带有经验性和模糊性，这就使得现代飞机结构优化设计具有了在模糊折中决策支持意义下实施多目标综合优化的特征。

从工程应用角度，一个寻优方法获得的优化设计方案还要根据工程实际经验进行必要的校核与修改，制定出相应的工艺流程方能投入施工。特别在多目标综合优化设计中，还可能存在着诸多目标要求在数学上难以严谨表达的问题。因此，可以说多目标综合优化设计在工程应用领域中，更多地还是依靠工程设计人员的经验和创造性思维来解决。当然随着计算机软件学技术的发展，研究人员又把设计专家们的这些经验和思维纳入到工程设计程序当中，构成了现代的重要优化设计方法和软件系统，即专家决策支持下的多目标优化设计方法，以及相应的人工智能方法和专家系统。可以预计，只有把严密的数学寻优方法、专家经验与创造性思维以及高效率的计算机性能有机地结合在一起，才可能实现真正意义上的多目标综合优化设计。

虑及本教材的基础教育意义，本节重点介绍结构优化设计的基本概念与方法，多目标优化设计描述与主要数学寻优方法思路以及模糊设计概念等。读者在掌握基本概念、基本方法的同时，还应当注重对一种设计思想的全盘了解。

一、单一目标函数的结构优化设计方法

1.结构优化的数学模型

(1)设计变量、设计向量和设计空间。任何一个结构的设计方案，总是可以用若干个参量来表征，在这些参数中，有些是根据工程要求事先给定的，另一些则随设计方案的变更而改变，例如机翼中各构件的尺寸、加强壁板结构的截面参数等。这些代表了设计方案，而在设计中可调整变化的基本参数称为设计变量。

如果结构的布局(结构类型、各节点的位置和构件的外形等)和各构件所用材料已经确定，那么设计变量就是各构件截面的几何参数，例如杆件的截面面积、惯性矩、板的厚度等。当布局可以调整或部分可调时，设计变量中将包括节点坐标或某些节点间的距离等参数。如果各构件所用材料也可选择时，各构件材料的有关参数也将成为设计变量。

设决定整个结构的设计方案的设计变量共有 n 个($x_1, x_2, \cdots, x_n$)，则称列阵 $\boldsymbol{X}=(x_1\quad x_2\quad \cdots\quad x_n)^{\mathrm{T}}$ 为设计向量，n 为设计变量的个数。n 维向量 $\boldsymbol{X}$ 可以用 n 维空间的一个点来表示，记作 $\boldsymbol{X}\in R^n$。n 维空间的一个点实际上是代表一个可能的设计方案(不管其是否可行)，代表所有可能设计方案的点构成的区域叫作设计空间，而该空间的每一个点称为一个设计点。

这样，设计变量从性质上可分为如下三种类型。

1)拓扑变量。包括元件、连接点及支持条件的数目及空间排列秩序等。该类变量描述了结构的构造模式。

2)外形变量。该类变量描述了结构的几何外形，通常是节点坐标。

3)尺寸变量。该类变量描述了组成结构元件的截面尺寸，如杆元件的截面面积、板元的厚度、受弯元件的截面惯性矩等。

对应上述三类变量的优化分别称为结构拓扑优化、结构外形优化和结构尺寸优化。拓扑和外形变量一般定义了结构的布局，同时包括拓扑和外形的优化就是结构布局优化。目前对于复杂结构，还没有有效的方法来解决拓扑优化问题。对于外形优化问题，虽然有不少的优化方法可以处理，但计算工作量极大。因此，结构的拓扑和外形参数多是预先给定的，或者是通过对有限个预先给定的拓扑和外形参数的方案进行比较来实现“优化”的。因此，目前主要处理的优化问题是结构尺寸优化。

(2)约束、可行域、目标函数。结构在外力作用下的响应必须满足一系列条件，如力的平衡

方程，变形协调方程等，这类方程在结构优化设计中称为等式约束，可以与为：

$$h_e(\boldsymbol{X})=0 \quad (e=1,2,\cdots,E) \tag{10.1}$$

结构在外力作用下的响应由结构分析(如有限元分析)得到。描述结构响应的参数，如内力、位移、振动频率等称为性状参数。从保证结构具有足够的强度，刚度以及工艺和使用寿命方面的考虑，对性状参数和几何参数都要加以限制，这类限制称为不等式约束，可以写为：

$$g_i(\boldsymbol{X})\leqslant 0 \quad (j=1,2,\cdots,J) \tag{10.2}$$

当约束关系式是等式是(例如式(10.1))，相当于在设计空间中定义了一个超曲面，该超曲面称为约束边界面。

在设计空间中，所有的约束边界面将设计空间划分为两个区域，一个是满足所有约束的设计点所组成的区域，称为可行域，即该区域中的每一点都代表着一个可行的方案；另一个区域是由不满足所有的约束点所组成的区域，称为不可行域，即该区域内每一个点代表一个不可行的方案。关于约束和可行域的概念可借助图10.1来理解。至此，我们面临的问题是在所有的可行方案中找出最佳方案，也就是在可行域中找出最优点。

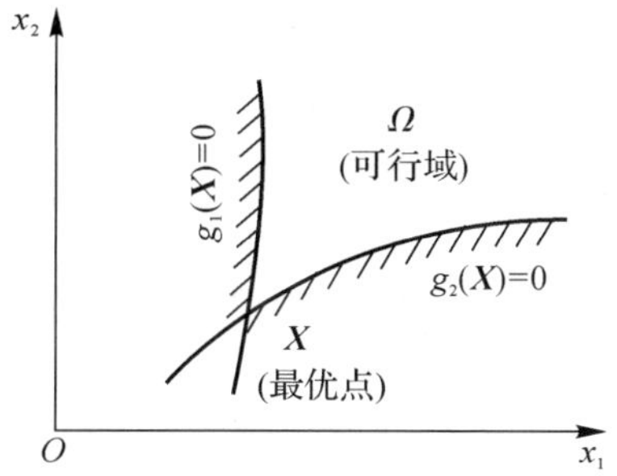

图 10.1　约束、可行域示意图

在评比方案的优劣时，必须有一个评比的标准，这就是在满足所有的约束条件下，要求最佳方案能使结构的某种属性为最佳，这个目标可以是结构总重量最轻，或造价最小，或承载能力最好，或自振周期最大，或可靠度最高等。显然，这个约定的广义性能指标当然是设计变量的函数，因而称为目标函数或评价函数，以 $f(\boldsymbol{X})$ 表示。

对于飞机结构，通常情况下以结构重量最轻为目标。通常，机体重量在军机和民机中都是非常重要的指标，对于战斗机，机体重量的减轻意味该飞机作战性能的提高，因而在现代战斗机的设计要求中，机体重量占全机重量的比重一直呈下降趋势，因此重量一直是战斗机结构设计师们面临的主要问题；对于民机，减轻机体的重量等于提高了飞机的装载能力或燃油重量，这对提高飞机的营运效益是非常重要的。

对于薄板和杆件组成的薄壁结构，其总重量可以表示为

$$f(\boldsymbol{X})=\sum_{i=1}^{n}\gamma_i L_i x_i \tag{10.3}$$

式中　γ—— 构件 i 的重量(单位体积的重量)；

L_i—— 杆件的长度或板的面积；

x_i—— 杆件的横截面积或板的厚度(通常是设计变量)。

综上所述，我们可以建立结构优化问题的数学模型，以飞机薄壁结构最轻重量设计为例可以写为

$$\left.\begin{array}{l}\min f(\boldsymbol{X})=\sum\limits_{i=1}^{n}\gamma_i L_i x_i \\ \text{使得满足(subjected to)}\, g_j(\boldsymbol{X})\leqslant 0,\ j=1,2,\cdots,J\end{array}\right\} \tag{10.4}$$

$g_j(\boldsymbol{X})$ 一般为如下约束条件。

1) 平衡方程和变形协调方程(等式约束，这类约束用有限元分析结构时已自动满足，故可不明确写出)。

2) 几何约束：$x_i - x_{i\max} \leqslant 0 \quad (i=1,2,\cdots,n)$

$x_{i\min} - x_i \leqslant 0$

3) 应力约束：$\sigma_{ik} - [\sigma_{ik}] \leqslant 0 \quad (i=1,2,\cdots,n,k=1,2,\cdots,K)$

4) 位移约束：$u_{lk} - [u_{lk}] \leqslant 0 \quad (l=1,2,\cdots,L,k=1,2,\cdots,K)$

以上诸式中，$x_{i\max}$ 和 $x_{i\min}$ 分别为第 i 杆或板的截面面积或厚度的最大许用值和最小许用值；$[\sigma_{ik}]$ 是第 i 杆或板在大载荷情况下的许用应力值；$[u_{lk}]$ 为第 l 个自由度方向在 k 载荷情况下的许用位移值。

根据设计要求的不同，结构优化设计问题是多样的，例如约束条件除考虑最基本的几何、应力、位移外，还可考虑稳定性、动力特性等。随着飞机结构设计新概念如可靠性设计、损伤容限设计等的出现，相应的优化模型也已提出。另外，正如本节开始所言，优化设计的目标函数可以是多目标的，当然处于设计分析诸方面的考虑，目标函数与约束条件间也是可以互换的。

2. 结构优化设计方法

在 n 维设计空间中，如果对于某一设计点 $\boldsymbol{X}^{(0)}=(x_1^{(0)} \quad x_2^{(0)} \quad \cdots \quad x_n^{(0)})^{\mathrm{T}}$，经过结构分析和约束判别，发现需要调整设计变量，以便得到一个新的设计点 $\boldsymbol{X}^{(1)}=(x_1^{(1)} \quad x_2^{(1)} \quad \cdots \quad x_n^{(1)})^{\mathrm{T}}$，则这两个设计点间的关系可以表示为

$$\boldsymbol{X}^{(1)} = \boldsymbol{X}^{(0)} + \alpha \cdot \boldsymbol{S} \tag{10.5}$$

式(10.5)称为设计迭代式。其中，α 为一系数，称为步长；$\boldsymbol{S}=(s_1 \quad s_2 \quad \cdots \quad s_n)^{\mathrm{T}}$ 为方向向量。图 10.2 表示了一个简单的二维设计空间情况。

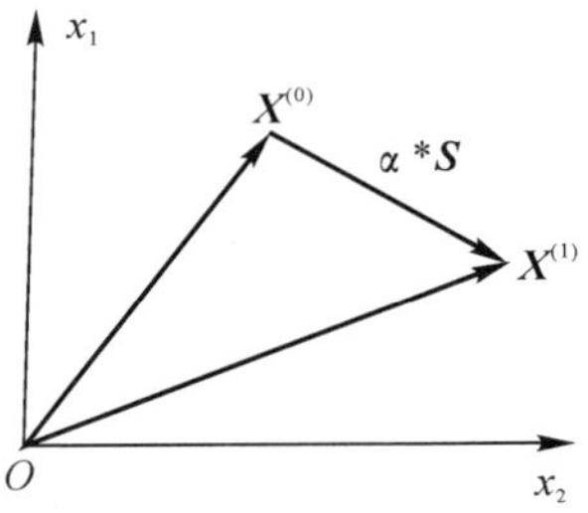

图 10.2　设计迭代示意图

由式(10.5)可见，如果能给定某一方向向量 S 和步长 α，就可对原设计修改而获得一个新设计。各种不同优化方法的本质差异就在于确定 S 的方法不同。

典型常用的结构优化设计方法可以分成两大类，即力学准则法和数学规划法。通常，根据具体问题所涉及的力学和数学方法的特点，结构优化设计方法可以进一步分为五类：力学准则法、直接搜索法、解析搜索法、序列逼近法和特种规划法。下面分别简单介绍以上五类方法的主要特点。

1) 力学准则法。这类方法利用某些准则来求式(10.4)的精确解或近似解，不直接涉及目标函数，目前常用的准则可分为满应力准则和能量准则。力学准则法的基本思想是充分发挥材料的强度潜力或贮能(应变能)能力，实现等强度或等应变能密度状态，以达到使结构最轻的目标。这是传统的设计思想，容易被人接受，而且算法简单，收敛较快，是一类受欢迎的优化设计方法。其缺点是难于用于多种不同的约束条件下，而且常常只能得到近似解。

2) 直接搜索法。直接搜索法是指数学规划法中不要求目标函数和约束函数的导数的那些算法。这些算法只利用各设计点的目标函数和约束函数本身的数值进行搜索，通过直接比较若干被选用的可行点的目标函数值来搜索最优点。这类方法特别适用于计算函数导数比较困难或不可能的那些问题。这类方法的另一个优点是方法的逻辑结构简单，直观性强，易于程序化并且应用时准备工作少，减少了出错机会。但是，由于没有利用目标函数和约束函数的导数，一般迭代收敛速度慢，且当变量较多时，计算工作量大。该类方法最为典型的方法是直接实验法和复形法，具体算法介绍请读者阅读有关著作和文献。

3) 解析搜索法。解析搜索法是利用目标函数和约束函数导数来指导搜索方向的数学规划法，例如可行方向及各种梯度法等。

4) 序列逼近法。这类方法把复杂的规划问题用一系列较为简单的线性规划问题来逼近，主要方法有用线性规划法逐次逼近非线性规划的序列线性规划法、序列二次规划、序列凸规划及转换为无约束问题的序列无约束规划法，这些方法是目前研究和应用得较多的方法。

5) 特种规划法。特种规划法是指可用于特种规划问题的方法，例如几何规划、动态规划等。其应用方法及范围请读者参考有关文献。

需要说明的是，无论是各种数学规划法还是力学优化准则法，只能找到局部最优解，即该优化方案比邻近的可能方案好，但就全局而言不一定就是最优的。为了得到“全局”最优方案，可以从几个不同的初始设计出发，分别得到相应的优化方案，然后从中挑出一个最好的。如果由不同的初始设计出发，得到的是同样的优化结果，那么此方案可能就是全面最优的。

另一个需要说明的问题是，绝大多数优化方案处理的设计空间为连续空间。但在许多情况下，设计空间常用离散子集。离散化往往只是标准化的结果，例如机翼蒙皮的厚度只能从一组标准值中挑选。在这种情况下，优化时可以先将离散变量当作连续变量处理，一旦从连续空间挑选到最优解，然后就近取整到标准值。由于优化解附近是比较平缓的，在偏离优化点不大时，对目标函数的影响也不显著。

除了前面介绍的两类传统的优化方法外，还有其他的优化方法，例如遗传算法和神经网络法。遗传算法较传统方法有显著优点：① 它将设计变量用一定长度的编码表示，处理的是这些编码而非设计变量本身，不仅适用于连续变量，而且特别适用于离散的和整型变量。② 在确定搜索方向时，仅需利用函数值信息，不需要导数信息，因此特别适用于不存在解析表达式的情形。③ 遗传算法是从一组设计到另一组设计，比一步一步搜索、从一个设计到另一个设计的传统方法更有可能达到全局最优解。理论上讲，遗传算法依概率 1 收敛于全局最优解。神经网络法用于结构优化设计也可考虑多种类型的设计变量，通过网络自身的学习，可以得到给定设计要求下优化的设计方案。神经网络法如果和模拟退火法结合使用，则可以得到全局最优解。可以看出，遗传算法和神经网络法很适合于结构布局优化问题，具有广阔的应用前景，但目前尚未发展成熟，对于复杂结构的优化设计问题还不能有效解决，需要进一步研究。

以上简要介绍了几种优化方法的特点，读者可通过有关的专著进一步了解这些方法。每种方法都有各自的优点和局限性，设计人员要根据具体的优化问题的特点采用合适的方法。其中设计变量的多寡对优化方法的选择有重大影响。一般认为十多个变量是小规模问题，几十个变量是中规模问题，上百个变量是大规模问题，通用性较强的数学规划法只能解决中小规模问题，大规模问题需要对具体问题进行专门研究，采取专门的优化策略才能有效解决。

二、基于可靠性、模糊性的结构优化设计

正如第四章“可靠性设计”一节中所讲，结构中诸多因素（如强度、应力、使用寿命等）具有随机性，结构设计者通过优化设计获得了结构减重效益，但是否同时能保证最轻结构又有所希望的结构可靠度呢？显然，在前小节中的结构优化设计问题中，没有结构可靠度约束，未必优化结构就有应有的可靠度。不幸的是，实践证明传统的优化设计（指以重量为目标函数、元件强度和结构变形及元件最小几何尺寸等为约束的优化设计）往往会导致对结构可靠性不利的设计。例如，结构的满应力设计会导致结构的主要失效模式增多，从而使结构的可靠性下降。由此，考

虑到结构中诸多的随机因素，就必须在结构优化中引入结构的可靠性约束条件。当然，结构工程设计中，不仅存在着随机信息，还存在着许多“说不清”的因素，即信息的模糊性。

1. 基于可靠性约束的结构优化设计

基于可靠性的优化设计数学模型可表示为

$$\left.\begin{aligned} \min \quad & f(\boldsymbol{X}) \\ \text{s. t.} \quad & P\{g_j(\boldsymbol{X},\boldsymbol{V}) \leqslant 0\} \leqslant P_j \\ & j=1,2,\cdots,m \end{aligned}\right\} \tag{10.6}$$

式中 $\boldsymbol{X}$—— 设计变量；

$\boldsymbol{V}$—— 随机变量；

$g_j(\boldsymbol{X},\boldsymbol{V})$—— 第 i 个失效模式的安全余量函数。

若 $g_j(\boldsymbol{X},\boldsymbol{V}) > 0$，则表示该失效模式是安全的；反之，则表示该失效模式失效。$P\{g_j(\boldsymbol{X},\boldsymbol{V}) \leqslant 0\}$ 表示第 i 个失效模式的失效概率，P_j 是第 j 个失效模式失效概率的允许值，是给定值。

显然，模型(10.6) 是一个典型的约束规划问题，我们可以将它看成和传统结构优化模型一样来求解。

还需要对约束梯度在一般结构优化设计中的重要作用给予简要说明。在力学准则法中，常常不涉及约束的梯度问题，但是在几乎所有收敛较快的数学规划法中都会涉及到这一问题。因为人们往往是通过当前点的约束梯度和目标函数的梯度所提供的信息来构造一个较为有利的搜索方向。在最轻重量结构设计中，由于结构重量常常是设计变量的线性函数，有时也可能是形式简单的非线性函数，因此这些目标函数的梯度求解并不十分困难。但是对于约束条件而言，由于它们常常是非线性的，而且形式千变万化，约束梯度的求解往往是较为困难的。可以毫不夸张地说，一个结构优化问题的难易和其计算量的大小往往取决于约束梯度的求解，因此敏度分析(包括目标函数和约束条件对设计变量的导数) 在结构优化设计中占非常重要的地位。一个优化问题若不能进行敏度分析，则意味着必须用有限差分来代替梯度，这对多变量多约束的结构优化设计而言往往是最后的选择。

2. 基于模糊性约束条件下的结构优化设计

(1) 结构优化设计中的模糊概念。在前一节的基于可靠性的结构优化设计中，我们充分考虑了结构设计中的随机信息。但是，在工程设计中，还存在着另一类非常重要的信息 —— 模糊信息。模糊性是 L. A. Zadeh 于 1965 年首次提出模糊集合以至产生模糊数学的近几十年中才掀起研究探索的热潮。工程设计中的模糊性是指我们不可能给出某些概念以明晰的定义和评价标准。例如在结构优化设计中“最优解” 的概念。一个满足所有约束条件(包括可靠度约束条件) 且重量最轻的设计是我们从前建立的所谓“最优解”。但是，在工程实际中这种“最优解” 方案是不是确实最优？显然并不一定。因为在工程实际中，除重量要求外，还可能含有一些其他要求，例如维修性、工艺性等等。另外，这种“最优解” 是人们通过建立了一系列力学和数学模型之后，应用一定的数学方法求得的。在建立力学和数学模型的过程中，必须要进行许多假设和简化(例如，若结构中的应力和应变需要用有限元素法来求解，首先必须在一些假设的基础上建立有限元计算模型等)，而求解这些模型的方法也大多具有近似性。因此，“最优解” 的概念在工程设计中实质上是没有意义的。美国的 H. Simon 在 1978 年提出了在工程设计中应以追求“满意解” 来替代“最优解” 的思想，而所谓“满意解” 实质上是一个模糊概念，因为它并没有一个明晰的定义。

同理，优化设计中的其他约束，如位移约束、可靠度约束等都应当是一个模糊约束。下面两个基本概念在模糊分析中是重要的。

1）模糊集合。具有模糊边界的集合。一般用下带波浪号的字母表示，如 $\underset{\sim}{A}$，$\underset{\sim}{B}$ 等。

集合 $A=[100\ \text{MPa},110\ \text{MPa}]$ 与集合 $\underset{\sim}{A}=[100\ \text{MPa},110\ \text{MPa}]$ 的区别在于：在 A 中的所有元素都是 100% 的属于 A，而 $\underset{\sim}{A}$ 中的元素中是“在一定程度上”属于 $\underset{\sim}{A}$。

2）隶属度。L. A. Zadeh 于 1965 年提出，对研究域上的每一个元素 u_i，在闭区间[0，1]中为它选一个数学指标，来表明 u_i 对模糊集合 $\underset{\sim}{A}$ 的隶属程度。这个数学指标用 $\mu_A(u_i)$ 表示，并称其为元素 u_i 对模糊集合的隶属度。所有隶属度均应满足

$$0 \leqslant \mu_A(u_i) \leqslant 1 \tag{10.7}$$

（2）单目标模糊优化设计的数学模型。在采用了“满意解”及模糊约束的概念之后，结构最轻重量设计的数学模型如下式所示

$$\left.\begin{aligned} &\min \quad f(\bar{x}) \\ &\text{s.t.} \quad g_j(\bar{x}) \leqslant G_j \\ &\qquad\ \ j=1,2,\cdots,m \end{aligned}\right\} \tag{10.8}$$

式中的符号“≤”表示“模糊小于”，G_j 是第 j 个约束的模糊允许区间。

首先需要给出目标函数和约束条件的隶属度函数

$$\mu_{\underset{\sim}{f}}(f)=\begin{cases} 0 & \text{当 } f(\bar{x}) \geqslant f_{\max} \\ 1-\dfrac{f(\bar{x})-f_{\min}}{f_{\max}-f_{\min}} & \\ 1 & \text{当 } f(\bar{x}) \leqslant f_{\min} \end{cases} \tag{10.9}$$

式中　$f_{\min}$—— 设计者感到完全满意的目标函数值；

　　　$f_{\max}$—— 设计者认为无法接受的目标函数值。

显然，$f_{\min}$，$f_{\max}$ 是设计者根据上层设计的要求而事先给定的，它实质上反映了设计者对“满意解”的看法。式(10.9)所给出的目标函数隶属度函数可用如图 10.3 所示的图形表示：

对于约束条件，我们仅以第 j 个为例且假定 $\underset{\sim}{G_j}$ 的论域为$[a,b]$。其隶属度函数如下

$$\mu_{\underset{\sim}{G}}(g_j)=\begin{cases} 1 & \text{当 } g_j(\bar{x}) \leqslant a \\ \dfrac{g_j(\bar{x}-a)}{b-a} & \text{当 } a < g_j(\bar{x}) < b \\ 0 & \text{当 } g_j(\bar{x}) \geqslant b \end{cases} \tag{10.10}$$

其图形如图 10.4 所示。

假定“满意解”对目标函数和约束条件的要求是等同的，则可以用下面规划模型来替代式(10.8)

$$\left.\begin{aligned} &\max \quad \lambda \\ &\lambda \leqslant \mu_{\underset{\sim}{f}}[f(\bar{x})] \\ &\lambda \leqslant \mu_{\underset{\sim}{G}}[g_j(\bar{x})] \end{aligned}\right\} \tag{10.11}$$

上式就是所谓“对称型”结构模糊优化设计的模型，“对称型”指的是在这样的优化模型中目标函数和约束条件是等同的，是可以互换的。

应用约束规划问题的一般求解方法，我们就可以得到该结构优化设计问题的“满意解”。

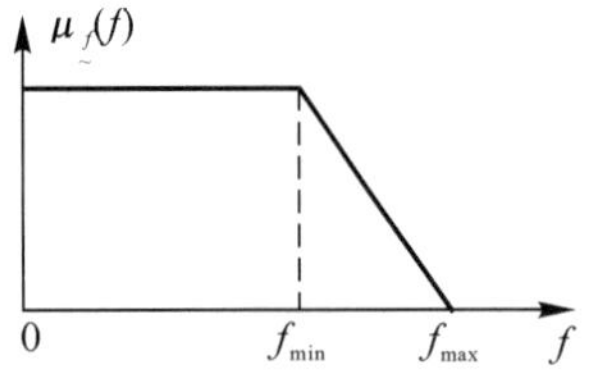

图 10.3　式(10.9)表示的隶属度函数图

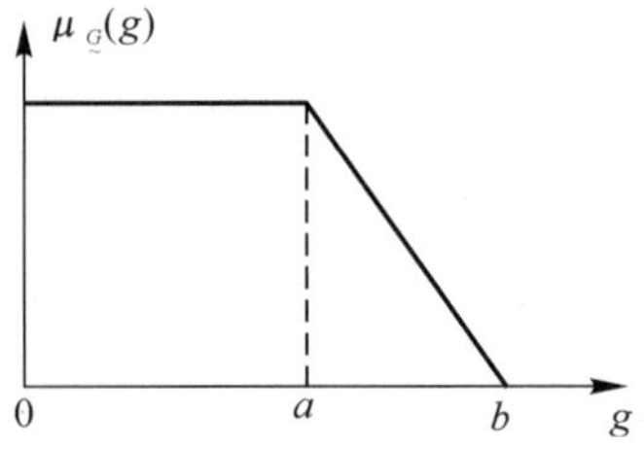

图 10.4　式(10.10)表示的隶属度函数图

三、多目标综合结构优化设计

1. 多目标优化数学模型与解的性质

我们知道，飞机结构作为飞机的最基本载体应当满足使用条件的各方面要求，除静动强度、刚度要求外，还希望满足安全程度大、结构重量轻、使用寿命长、生产质量好、经济成本低等各项技术指标。用优化设计语言来讲，就是多目标函数最优化问题。多目标函数最优化问题的数学模型一般表示为下面的多目标数学规划：

$$\left.\begin{array}{ll} \min & f_1(\boldsymbol{X}) \\ \min & f_2(\boldsymbol{X}) \\ & \vdots \\ \min & f_p(\boldsymbol{X}) \\ \text{s. t.} & g_i(\boldsymbol{X}) \leqslant 0 \quad i=1,\cdots,l \\ & h_j(\boldsymbol{X})=0 \quad j=1,\cdots,m \end{array}\right\} \tag{10.12a}$$

引进向量函数，$f(\boldsymbol{X})=[f_1(\boldsymbol{X}) \quad f_2(\boldsymbol{X}) \quad \cdots \quad f_p(\boldsymbol{X})]^{\mathrm{T}}$，并将可行域改写为

$$S=\{\boldsymbol{X} \mid g_j(\boldsymbol{X}) \leqslant 0, i=1,\cdots,l; h_j(\boldsymbol{X})=0, j=1,\cdots,m\}$$

则式(10.12a)为

$$\left.\begin{array}{l} V-\min f(\boldsymbol{X}) \\ \boldsymbol{X} \in S \end{array}\right\} \tag{10.12b}$$

式中，$V-\min f(\boldsymbol{X})$ 表示求向量函数 $f(\boldsymbol{X})$ 的最优，即求多目标最优。

在式(10.12)中，各目标函数 $f_1(\boldsymbol{X}),\cdots,f_p(\boldsymbol{X})$ 之间往往是互相影响，互相制约，有时是互相矛盾的，不能同时达到最优解，甚至某一可行点(即一个可行的设计方案)对一个目标函数是最优点，对另一个目标函数却是劣点。这就需要在各种目标的最优解之间进行协调，相互作出适当“让步”，以便取得整体的最优方案。尽管多目标问题比单目标问题要复杂难解得多，但由于工程技术等方面的实际需要，产生了强大的推动力，得到了很大发展，提出了不少的解法。当然由于目标问题的复杂性，已有的一些解法还不十分理想，还难于在飞机结构工程设计中使用，有待进一步研究探讨以及对计算软件的开发。

多目标问题与单目标问题的一个重要区别是：单目标问题的任意两个可行解都是可比较其优劣的；但对多目标问题，由于目标函数间的相互影响关系复杂，它的两个可行解不一定能进行优劣性的比较。例如考虑两个目标函数的优化问题：

$$\left.\begin{array}{ll} \min & f_1(\boldsymbol{X}) \\ \min & f_2(\boldsymbol{X}) \\ \text{s. t.} & \boldsymbol{X} \geqslant 0 \end{array}\right\} \tag{10.13}$$

假设该两目标函数优化问题有8个如图10.5所示的可行解。对 f_1 而言①比②优，可是对 f_2 而言，②比①优，故比不出①和②谁优谁劣。但是它们都比③，⑤劣，而③和⑤之间又无法比出优劣。图中8个点，除③，④，⑤之外，其他的点都可找到另一点比它优，例如点③比⑧，①，②，⑦，⑥都优，可是③，④，⑤之间却无法比优劣，且也没有别的点比它们中任一个更优，这种点称为非劣点，或称非劣解。

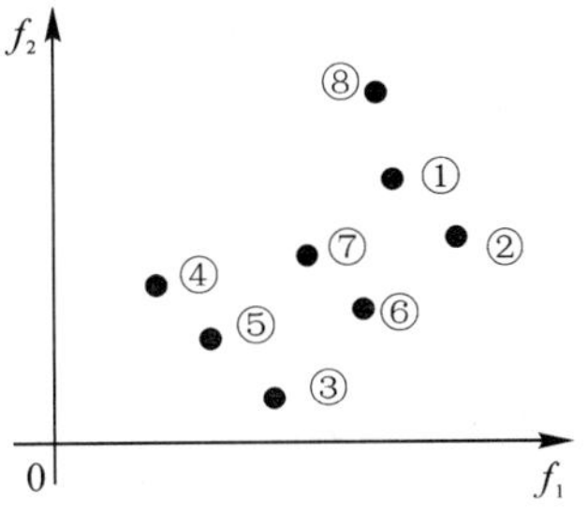

图 10.5　多目标解的性质举例

对上述非劣解的讨论，从数学上可严格定义如下：

1) 设 $X^* \in S$，若不存在 $X \in S$ 使得 $f(X) \leqslant f(X^*)$（"$\leqslant$"表示至少有一个分量要严格小于），则称 X^* 为问题(10.12)的非劣解或有效解或称 Pareto 解。

2) 设 $X^* \in S$，若不存在 $X \in S$ 使 $f(X) < f(X^*)$，则称 X^* 为问题(10.12)的弱非劣解或弱有效解或弱 Pareto 解。

在解多目标最优化问题时，最理想的当然是找到绝对最优解，然而这种解是很难求得的，有些问题根本没有这种解，所以通常是求出问题的非劣解。非劣解往往很多，甚至是无穷个，而最终付诸实施的一般只是其中一个解。如何决策这一最终非劣解？通常人们把多目标最优化问题的整个求解过程分为分析与决策两个部分。称找出非劣解的人为分析者；称最终决定采用哪一个非劣解的人为决策者。按分析者与决策者之间的配合关系，可把获得最后实施解的方式分为下列三种情况：

1) 决策者与分析者事先商定好一种方法，直接求出满足决策者偏好的最终实施解；

2) 分析者只管提非劣解，由决策者从中自行选出一个最终实施解；

3) 决策者与分析者之间在解题的各个阶段不断地进行"对话"，交换对已得结果和最终实施解的看法，逐步改进非劣解，直至找出决策者满意的最终实施解。

近年来，第三种对话求解方式逐渐引起重视。

2. 多目标优化数学方法

多目标优化的数学方法很多，大致可分为三类，即把多目标问题转化为一个或一系列单目标问题，直接求解非劣解方法和其他类型算法。以下简要说明常见的若干多目标优化方法。

(1) 主要目标法。基本思想是考虑到各个目标的重要程度不一样，首先抓住主要矛盾，同时兼顾次要目标。这样，选择一个目标函数作为主要目标，而让其他目标满足一定要求即可，于是将这些目标转换成约束条件。如在问题(10.12)中，选 $f_1(\boldsymbol{X})$ 为主要目标函数，则按主要目标法转换问题为：

$$\left.\begin{array}{l}\min f_1(\boldsymbol{X}) \\ \boldsymbol{X} \in S_1 = \{\boldsymbol{X}' \mid f_j' \leqslant f_j(\boldsymbol{X}) \leqslant f_j'', j=1,\cdots,p, \boldsymbol{X} \in S\}\end{array}\right\} \tag{10.14}$$

式中，f_j' 和 f''_j 分别为 $f_j(\boldsymbol{X})$ 的上、下限。

(2) 评价函数法。基本思想是构造一个称为评价函数的新目标函数 $h(f(\boldsymbol{X}))$，然后求解单目标函数问题：

$$\left.\begin{array}{l}\min \quad h(f(\boldsymbol{X})) \\ \boldsymbol{X} \in S\end{array}\right\} \tag{10.15}$$

用问题(10.15)的最优解作为问题(10.12)的近似最优解。

由于可用不同的方法构造评价函数，故有各种不同的评价函数法，例如理想点法，是对各个单目标问题：

$$\left.\begin{array}{l}\min f_i(\boldsymbol{X}) \\ \boldsymbol{X} \in S\end{array}\right\}$$

求出最优值

$$f_i^* = \min f_i(\boldsymbol{X}) \quad i=1,\cdots,p$$

然后构造评价函数

$$h(f(\boldsymbol{X})) = \left[\sum_{i=1}^{p}(f_i(\boldsymbol{X}) - f_1^*)^2\right]^{\frac{1}{2}} \tag{10.16}$$

再求解问题(10.15)的最优解即可。

(3) 分层序列法。基本思想是把 p 个目标函数按其重要程度排一次序，例如已排成 $f_1(\boldsymbol{X})$ 最重要，$f_2(\boldsymbol{X})$ 次之，…，$f_p(\boldsymbol{X})$ 最不重要。然后依次在前一个目标函数最优解的集合域内，逐个地求下一个目标函数的最优解。具体地说，先解问题

$$\left.\begin{array}{l}\min f_1(\boldsymbol{X}) \\ \boldsymbol{X} \in S\end{array}\right\} \tag{10.17}$$

得最优解 f_1^*。记问题(10.17)的最优解集合为 S_1，即

$$S_1 = \{\boldsymbol{X} \mid f_1(\boldsymbol{X}) = f_1^*, \boldsymbol{X} \in S\}$$

再解问题

$$\left.\begin{array}{l}\min f_2(\boldsymbol{X}) \\ \boldsymbol{X} \in S_1\end{array}\right\} \tag{10.18}$$

得最优解 f_2^*，记问题(10.18)的最优解集合为 S_2，即

$$S_2 = \{\boldsymbol{X} \mid f_2(\boldsymbol{X}) = f_2^*, \boldsymbol{X} \in S_1\}$$

$$\vdots$$

如此继续下去，直至求出第 p 个问题

$$\left.\begin{array}{l}\min f_p(\boldsymbol{X}) \\ \boldsymbol{X} \in S_{p-1}\end{array}\right\} \tag{10.19}$$

这个方法有解的前提为 $S_1,\cdots,S_{p-1}$ 均不为空集，同时若某个 S_i 只含有一个解时，再往下求余下各目标函数的最优解已无意义。基于工程中宽容的考虑，可以将上面的分层序列法加以修改，变为较宽容意义下的分层序列法，使得后续目标函数的最优解不是在前面目标的最优解集中寻找，而是在前面目标最优集的一个扩张集合上寻找。

(4) 逐步法。该方法是一种分析者与决策者相互进行对话的迭代法，主要用于解多目标线性规划。基本思想是在求解过程中的每一步，分析者把已得计算结果告诉决策者，决策者对此作出评价，若认为满意，则迭代终止，否则分析者按决策的意见构成新问题，重新计算提供新的计算结果，直到求得满意解为止。

设求解的多目标线性规则为

$$\left.\begin{array}{ll}\boldsymbol{V} - \min f(\boldsymbol{X}) = [f_1(\boldsymbol{X})\cdots f_p(\boldsymbol{X})]^{\mathrm{T}} & \\ \text{s.t.} \quad \boldsymbol{AX} \leqslant \boldsymbol{b} & \\ \qquad \boldsymbol{X} \geqslant 0 & \end{array}\right\} \tag{10.20}$$

其中

$$f_i(\boldsymbol{X}) \sum_{j=1}^{n} C_{ij} x_j, \quad i=1,\cdots,p$$

$$\boldsymbol{A}=(a_{ij})_{m\times n},\quad \boldsymbol{b}=[b\quad\cdots\quad b_n]^{\mathrm{T}}$$

记问题(10.20)的可行域为 S,则逐步法的计算步骤如下：

1)分别求解 p 个单目标问题：

$$\begin{cases}\min f_i(\boldsymbol{X})=\sum\limits_{j=1}^{n}C_{ij}x_j & i=1,\cdots,p\\ \boldsymbol{X}\in S\end{cases}$$

设所得最优解 $\boldsymbol{X}^{(i)}(i=1,\cdots,p)$,最优值为 $\boldsymbol{f}_1^*(i=1,\cdots,p)$,并令

$$f_i^M=\max f_i(x^{(j)})$$

2)计算规范化的权因子 α_i(其值越大,表明 f_i 对 X 的变化敏感,作为权因子也就越突出了目标 f_i 的作用)：

$$\alpha_i=\begin{cases}(f_i^M-f_i^*)/f_1^*\quad\left(\sum\limits_{j=1}^{n}C_{ij}^2\right)^{\frac{1}{2}} & 若\ f_i^*>0\\ (f_i^*-f_i^M)/f_i^*\quad\left(\sum\limits_{j=1}^{n}C_{ij}^2\right)^{\frac{1}{2}} & 若\ f_i^*>0\end{cases}\tag{10.21}$$

取

$$\pi_i=\alpha_i\Big/\sum_{j=1}^{p}\alpha_j\quad i=1,\cdots,p\tag{10.22}$$

显然,$0\leqslant\pi_i\leqslant1,\quad\sum\limits_{i=1}^{p}\pi_j=1$

3)求解新线性规划问题

$$\left.\begin{array}{l}\min\quad\lambda\\ \mathrm{s.t.}\ (f_i(\boldsymbol{X})-f_i^*)\pi_i\leqslant\lambda\quad i=1,\cdots,p\\ \boldsymbol{X}\in S,\lambda\leqslant0\end{array}\right\}\tag{10.23}$$

4)决策:设3)中的最优解为 $\bar{\boldsymbol{X}}^{(1)}$,最优值为 $\boldsymbol{f}^*=[f_1(\bar{\boldsymbol{X}}^{(1)})\cdots f_p(\bar{\boldsymbol{X}}^{(1)})]^{\mathrm{T}}$。把3)的最优解及最优值告知决策者,若决策者认为满意,则停止计算;否则由决策者把已求得的这组目标值 $\boldsymbol{f}^*=[f_1(\bar{\boldsymbol{X}}^{(1)})\quad\cdots\quad f_p(\bar{\boldsymbol{X}}^{(1)})]^{\mathrm{T}}$ 与理想值 $f_1^*,\cdots,f_p^*$ 作比较,为了有可能给那些相差太远的目标值提供改进的机会,决策者要对某个相差不远(或认为比较满意的)目标,例如 f_j,提出一个宽容值 Δf_j,把它提高到 $f_j(\bar{\boldsymbol{X}}^{(1)})+\Delta f_j$,使下轮计算时只要 $f_j(\boldsymbol{X})$ 的值不大于 $f_j(\bar{\boldsymbol{X}}^{(1)})+\Delta f_j$ 就行。于是式(10.23)中的约束集应修改为 $S^{(1)}$

$$\begin{aligned}S^{(1)}=\{\boldsymbol{X}\mid\boldsymbol{X}\in S,f_j(\boldsymbol{X})\leqslant f_j(\bar{\boldsymbol{X}}^{(1)})+\Delta f_j,\\ f_j(\boldsymbol{X})\leqslant f_j(\bar{\boldsymbol{X}}^{(1)}),\quad i=1,\cdots,p,i\neq j\}\end{aligned}\tag{10.24}$$

令 $S=S^{(1)}$,及 $\pi_j=0$,再求问题(10.23),得到新解。这样继续下去,直到求得一组决策者满意的解为止。

四、大型结构优化设计程序系统

结构优化方法必须在计算机上实施才能用于实际设计。目前已开发出许多结构优化设计程序系统,如 CENESIS, ASTROS, STAR, CATIA - ELFINI, ACCESS 等。早期的 ACCESS-3系统就可处理1 000个有限元,600个自由度,200个设计变量和20种载荷情况的优化问题。一些大的商用有限元软件如 MSC/NASTRAN 也包含有结构优化设计功能,我国航空工业部门也开发出了对于复杂飞机结构优化设计系统 COMPASS。

仅用数值方法很难解决结构优化的全部问题，还需要设计人员的分析和判断，尤其是在某些设计阶段，如概念设计、结构布局设计和初始设计。另外，结构优化过程要求建立优化数学模型（包括设计变量、约束条件和目标函数的合理定义）和结构分析模型（如有限元分析模型），选择合适的优化方法和参数，优化结果的质量取决于设计人员对上述几个方面的处理能力。

现代飞机结构是极其复杂的，优化设计的范围从单个元件到整个部件甚至整架飞机，设计要求也是多样的。因此，具体优化问题的设计变量、目标函数和约束条件的类型、规模、性质必然也是多种多样的。一个实用性强的结构优化设计系统，必须拥有完整的分析能力和多种可以选择的优化方法，才能处理各种不同优化问题。这样的系统要为一般的设计人员有效利用，必须拥有一个具备足够知识的知识库，知识库中不仅包含结构设计本身的专业知识，还要包含有限元建模、优化问题建模、优化方法选择和参数选择等的专家知识，系统利用这些知识指导用户定义优化模型，建议适当的优化方法。

结构优化设计系统，即使具有很高程度的智能，并不能取代人在设计中的作用，只能改变设计人员的工作内容、工作方式和组织形式，而他们的主动性和创造性是不会被取代的。就当前情况来说，飞机结构布局优化设计工作困难较多，很难用现有的数学方法有效处理，因而结构布局优化设计需要设计人员更大程度的参与，相应的程序系统要有很强的人机交互图形显示功能，以便能利用设计人员的经验和创造性，又能利用系统的高质量和高效率的性能。

10.2　飞机隐身技术及其一体化综合设计

"隐身"的含义在于隐蔽和掩护自身，从而提高自身的生存能力达到有效打击敌方的目的。自然界中有许多动植物即利用自身颜色与背景的协调融合借以隐蔽自已。人类早期应用于军事的隐身技术方法即是从自然界中得到的启迪，利用光学伪装和诱骗方法使得对方难以识别与探测。例如，利用地形、地貌及能见度不良等天然条件，隐蔽目标或降低目标的显著性；再如，设置人工遮障、利用迷彩伪装、烟幕伪装以及设置假目标等。

军用飞机作为有效的军事武器，为了提高其生存力和战斗力而采用"隐身技术"亦就应运而生。但随着航空电子技术的迅猛发展，各种新型雷达、先进探测器以及精确制导武器的问世，"隐身技术"也愈来愈向着高技术、跨学科的复杂综合方向发展。它涉及电磁原理、材料、能量转化、信息处理以及大量高难度动态测试等方面的问题。需要各专业之间的密切协作与技术的综合应用。这就要运用系统工程设计方法，并在设计初期把"隐身"作为一项重要的技术指标，综合应用技术兵器、动力装置和电子对抗等技术，统筹协调有关专业间的关系，谋求性能的最佳化。隐身技术的成就不在于单项技术的突破，而在于技术的综合效果——使隐身武器的总体综合性能超过简单堆砌的局部性能之和。

一、飞机上能被探测到的信息

隐身技术又称低可见度技术，即将飞机上的可见信息减弱或隐匿起来。"可见信息"一词在技术上是广义的，泛指利用雷达、红外探测器等电子设施可探测到的信号，当然也包括飞机上的声响信号和视觉信号等。以下介绍飞机上的若干能被探测到的信息及其基本概念。

1. 雷达散射截面(RCS)

雷达是利用无线电波的传播规律，接收回波信号发现目标并测定其位置的设备。电磁波在自由空间传播。遇到飞机这样的障碍物，将产生反射和绕射（常把反射和绕射统称为散射）。雷达接收这些散射返回的信号，即可发现飞机目标。因此，飞机相对于雷达发射的电磁波是一个散射源，一般来说，飞机上的强散射源主要有以下几个方面：

1）能产生镜面反射的表面；

2）产生角反射器效应的部位；

3）飞机各部件的边缘和尖端；

4）机体上的凸出物和外挂物；

5）发动机的进气道和尾喷口。

除上述外，像一般机载雷达的天线、飞机表面的缝隙和开口、金属和非金属表面的交接处，甚至机体的内部结构等也都会形成一定强度的散射源。隐身技术即是要使飞机上的主要强散射源减少到最低限度。

飞机的外形一般比较复杂，而对于形状复杂的物体，从理论分析和实际测试中均可以得到其总的电磁散射场强度。把这个总的电磁散射场强度与一个标准的散射表面的场强对照，就可类比形状复杂散射源的大小。这个当量的散射表面常称为雷达散射截面（Radar Cross - Section），简写为 RCS。因此，一架飞机的 RCS 数值，反映了它被特定雷达看到或发现的程度，也决定了飞机与雷达之间的距离。

RCS 从性质上讲，是对入射波返回的功率的度量，故它是入射波方位角、频率、散射体形状、发射和接收天线极化特性的函数。从本质上讲，RCS 所量度的散射场是由入射波在散射体上感应出的电流的再辐射引起的。

在现代战争中，雷达是探测飞机的最可靠方法，减弱飞机的雷达反射信息，降低 RCS 数值，成为隐身技术应用中最关键、最重要的因素。表 10.1 列出了若干飞机的 RCS 数值，以比较在这方面的先进程度。可见老一代的飞机因缺乏隐身设计概念，其 RCS 数值相当的大。从飞机结构外形设计和在机体表面上选用雷达波吸收材料是降低飞机 RCS 的两个重要条件，但真正把一个 RCS 很低的飞机送上空中，还需要复杂的综合设计技术，这将在后续内容中有较细致的论述。

表 10.1　一些军用飞机的 RCS 比较

飞机型号	F - 117A	B - 2	B - 1B	Ralale - D	米格-29	米格-21	F - 4	FB - 111	Black jack	B - 52
RCS/m^2	0.025	0.1	0.75	2	3	4	6	7	15	100

2. 红外辐射信息

由于物质内部原子和分子的热运动，所有物质都发射电磁辐射，辐射的波长分布和辐射强度取决于物体的温度和发射率。红外电磁辐射即是一定强度的热源发射出波长在 0.7～1 000 μm 波段范围内的电磁波。

一般来说，在军用喷气飞机上存在以下四种较强的红外辐射源：

1）发动机的尾喷口及其热部件；

2）发动机的热尾喷流；

3）飞机蒙皮由于气动加热而引起的红外辐射；

4）飞机受阳光照射后所产生的红外辐射。

飞机发动机尾喷口处的温度很高，一般在 900～950 K 左右，而发动机部位的蒙皮局部温度也可达 500～700 K，是飞机上最强的红外辐射源之一，也就成了第一代对空红外制导导弹所追逐的主要目标。

发动机喷流是高温的燃气，其主要成分是二氧化碳和水蒸气，故尾喷流的辐射是分子辐射，其辐射波段为 2～3 μm 和 4～5 μm，波段较窄。其中二氧化碳在波长 4.3 μm 微米处有一强烈的窄带辐射，这是第二代对空红外制导导弹所追逐的目标。如果红外探测器从飞机的前半球方向观察时，因看不到尾喷口，这时尾喷流则成为很重要的红外辐射源。

气动加热引起的辐射主要是因为在高速飞行时，受空气动力加热使飞机蒙皮温度升高而产生红外辐射。随着速度加快红外辐射强度也随之增加，这样，在飞机总辐射中所占的比例也将大为增加，当速度在 $Ma=2$ 以上时，蒙皮温度可达 500 K 以上，其红外辐射峰值分别处于 8～14 μm和 3～5 μm 波长段。这成为现代近距格斗型红外制导导弹追逐的目标。

另外，飞行器在阳光照射下引起机体蒙皮增温和发动机部位外表蒙皮温度的升高，也会增加整机的红外辐射强度。

飞机的红外辐射信号可被多种探测仪器探测到，如毫米波辐射测量器、红外成像探测器、热成像探测器及射频探测器等。因此，红外辐射的隐身技术成为继雷达散射波之后的又一重要因素。从理论上讲，红外隐身技术隐蔽的信号是飞行器的相对辐射能级与红外辐射特征，技术的实质是改变辐射强度和辐射波段。尽管各种技术措施十分复杂，但从理论上，大致可概括为三个方面。

1）改变辐射特征。主要是改变红外辐射波段，使飞机辐射波段处于红外制导导弹的响应波段之外，从而使对方红外探测器失效以达到隐身的目的。目前一般采用新的复合材料制作有关的结构件；也可用在燃油中加入某些添加剂等技术措施，以改变飞机的红外辐射特征。

2）降低辐射强度。主要是通过降低辐射体的温度以及采用有效的涂料来达到目的。其方法有：改善气动力特性，减少气动摩擦生热；采用推力偏转旋流二元喷管，以及在整机布局上考虑屏蔽等。

3）调节红外辐射的传输过程以降低辐射强度或改变辐射特征。多在武装直升机上采用。

3.视觉信号

飞机机体的颜色以及表面的反光都是视觉信号，此外，由发动机喷出的尾迹（拉烟）和冒烟是另一种视觉信号，它可以显示飞机的航迹。

对于视觉信号的隐身、伪装或称视觉迷惑是最常用的方法。正确的应用伪装色以适合飞机活动地区的颜色，使飞机更好地与背景相融合。美国陆军研制出了一种较为成功的涂料，除反射红外辐射以降低红外信号之外，质地粗糙的颜料结合特殊的颜色可扩散太阳光，有助于飞机融入背景之中。此外，还研制出了适合夜间和恶劣气候条件下的伪装方案和针对激光探测的特殊涂料。

在设计隐身飞机的低 RCS 外形时也力求减弱视觉信号，一架有效的隐身飞机具有低座舱和翼身融合体，看起来像一个由连续曲线连接起来的平滑形状，而完全不像是一个具有威胁性的飞机。

对飞机座舱盖的反光，可采用轻微的着色与偏振叠层膜的正确组合，使舱盖表面的光反射大为减少，近年来服役的 F-15 和 F-16 战斗机已经应用了这种技术。

4. 声响信号

飞机发动机和螺旋桨叶、直升机的旋翼叶片均有很大噪声。如果一架隐身飞机不能被雷达或红外跟踪系统发现或被眼睛看到,但却有可能被对方听见。

降低飞机的噪声显然要从发动机及其相关结构上采用声学设计方法来削弱声响信号。美国的 Page Avjet 公司研制,采用两种方法来降低发动机短舱噪声:一种是吸收从初级风扇喷管排出的高速气流所产生的高频谐振;另一种方法是抑制发动机转子产生的噪声,安装了经声学处理过的发动机进气道、中心体和分叉导管。这些结构部分一般采用吸音材料制成,或衬有蜂窝状材料和碳纤维的衬里,蜂窝状材料夹在碳素纤维和玻璃纤维层中间。另外钻孔铝板也被用于不同的结构部位,钻孔的样式、孔的尺寸以及材料层次的安排取决于所吸收的谐波频率和每个部件的结构要求。在加力燃烧室内采用消声衬垫和带有尖端向内的角锥形结构的夹层组合蒙皮也有助于减少发动机的噪声。

5. 无线电波的发射和泄漏

由机载电子系统发射和泄漏出去的无线电电波也可使隐身飞机轻易地成为目标。将雷达吸波材料用在电子舱的周围以屏蔽泄漏的电磁波,可减少或消散发射和泄漏的无线电频率。硼型复合材料和铁氧体涂层是最好的防止无线电频率泄漏的材料,同时也可用来防护航空电子系统免受敌方电磁干扰。

二、隐身技术的一体化综合设计

隐身技术是一门多学科综合性很强的设计技术,需要从结构型式(包括飞机外形)、结构材料(包括涂层材料)、电子对抗设备诸方面进行一体化综合设计,才能有效减小雷达散射截面(RCS)、降低红外辐射等,实现军用飞机的低可见度。本节以美国典型现代军用飞机;的隐身设计技术为例,介绍先进的一体化隐身设计,使读者有一个概貌的了解与认识。关于材料隐身原理与设计将在下节介绍。

1. B-1B 战略轰炸机

B-1B 是美国空军研制的变后掠翼远程多用途战略轰炸机,飞机的三面图见图 10.6,该机在 B-1 基础上改型时,在一定程度上应用了隐身技术,能突防敌方 20 世纪 90 年代的复杂防御体系。

B-1B 为下单翼翼身融合结构,翼身融合体设计可减小雷达散射截面。发动机进气道及其内部的改变是 B-1B 减小雷达散射截面的最大措施之一。B-1B 的进气道是"蛇"形进气道,内装两个加热导流片。当飞机接近轰炸目标时,对迎面雷达波反射的强度是很重要的,这种"蛇"形进气道和两级导流片可使雷达波很难从进气道口反射出去。同时,在机身、高升力装置、尾翼和进气道壁面上还涂有雷达吸波材料。

B-1B 的电子对抗系统(即防御电子系统)可确定敌方雷达的位置,确定需优先对付的雷达,并实施干扰或欺骗。

2. B-2 战略轰炸机

B-2 是一种双座(或三座)、四发动机的亚声速隐身轰炸机。为实现下一代战略轰炸机必须具有的良好隐身能力,以完成预定的空防任务,B-2 改变了传统的设计模式,采用了新的飞翼气动外形，如图 10.7 所示。

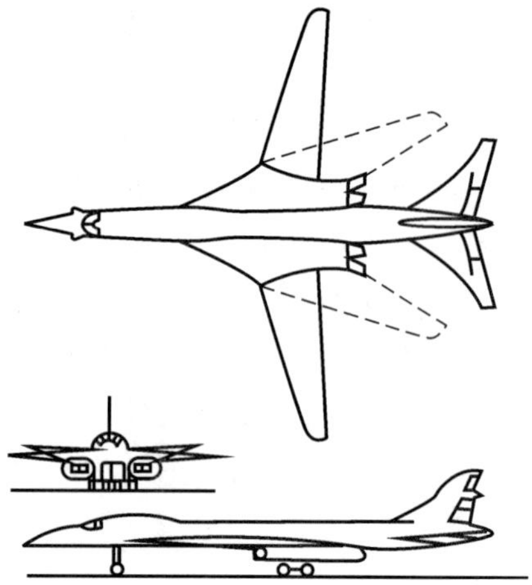

图 10.6 B-1B 飞机三面图

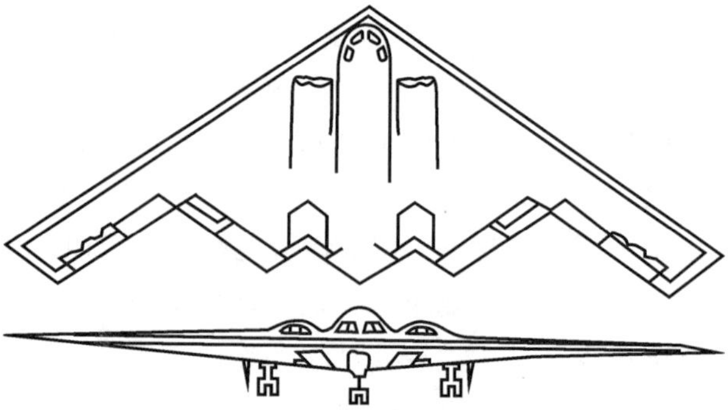

图 10.7 B-2 飞机两面图

飞翼是一种没有平尾、翼身融合的布局形式，B-2 飞机也没有立尾，整个外形呈光滑曲线。已经实验研究表明，除圆盘外，这种形体的隐身效果较佳。在机体上有三个隆起的鼓包。中间的那个大鼓包是座舱，机组人员通过前起落架轮舱后面的舱口进入座舱。舱内的电子系统可显示飞行、发动机、传感器和系统的信号。B-2 还采用了电传操纵系统和一个高效增稳系统，并至少一半飞行控制传感器系统采用光导纤维传输。

座舱两侧的稍小鼓包是发动机短舱，四台通用电气公司的 F118-GE-100 型无加力涡扇发动机。涡喷与涡扇发动机相比，往往在推力相同和尺寸相近的情况下，前者的排气温度却可能大很多。从红外隐身的角度看，采用涡扇为好，而且涵道比越大越有利。B-2 的进气道为 S 型，前后端均呈扇贝状。发动机排出的燃气通过扇形二元喷管，从机翼上表面与后缘齿口的交汇处排出。采取如此复杂的设计都是为了减小电磁波的反射强度和红外信息。

为了尽量减小阻力和雷达散射截面 RCS，B-2 隐身轰炸机的武器装备和燃料全部在机体内。武器舱位于座舱后的机体内，据称一架 B-2 机可携带导弹和炸弹的总数不超过 17 枚，每枚可带一个核弹头。此外，为最大限度地提高 B-2 的隐身能力，除了采用上述独特设计外，还大量使用了隐身材料，该机的表面蒙皮采用了石墨片或蜂窝夹层等吸波材料，机翼壁板采用碳纤维复合材料，机体表向可能使用有玻璃纤维板（透波材料），有些地方还涂了吸波材料（如机翼前缘）。图 10.8 显示了 B-2 飞机的部分隐身设计。

除上述外，B-2 飞机还装备了多波型雷达。这种雷达具有独到的特点和性能，可以加强 B-2 飞机的隐身能力。

3. F-117A 战斗轰炸机

F-117A 飞机是 1978 年美国卡特政府批准研制的隐身战斗机，外界曾称之为 F-19 飞机，1983 年 10 月生产型飞机开始交付部队使用。

从 F-117A 飞机的分析可以看出，它主要采用了外形隐身技术、材料隐身技术和红外隐身技术等。

从外形布局看，F-117A 飞机为独特的三角形飞翼式前三点起落架布局（见图 1.1），机翼下表面与机身上表面由许多块小平面组成一体的三面角锥（前锥、上锥、后锥），机翼的前缘就是机身前缘线的延伸。垂尾采用V字形双垂尾。这种外形布局与隐身材料的综合应用能达到很好的隐身效果。F-117A的结构采用了大量各种类型的复合材料。机翼采用了吸波复合材料结构，机身下表面也是吸波复合材料（或涂层吸波材料）。采用这种结构型式的优点是：地面雷达不管从飞机哪个方向照射，雷达波都会被飞机下表面吸收，机身与发动机系统被机翼遮挡着，不管是单基地雷达还是多基地雷达，都很难捕捉到它。机身上表面由许多平面组成多面锥，它反射的雷达波以各种角度向飞机上半球的天空散射，使地面雷达很难接收到这些反射信号。若从预警机雷达下视照射方向来看，也只是一个很小的反射面积，而且只有近距离才有可能被发现。因此，F-117A的雷达散射截面很小（沿方位RCS平均值约为0.1～0.01平方米）。从F-117A和B-2飞机的飞翼式布局看，它们遵循了“下吸上散”的设计原则，这可大大减少RCS值。

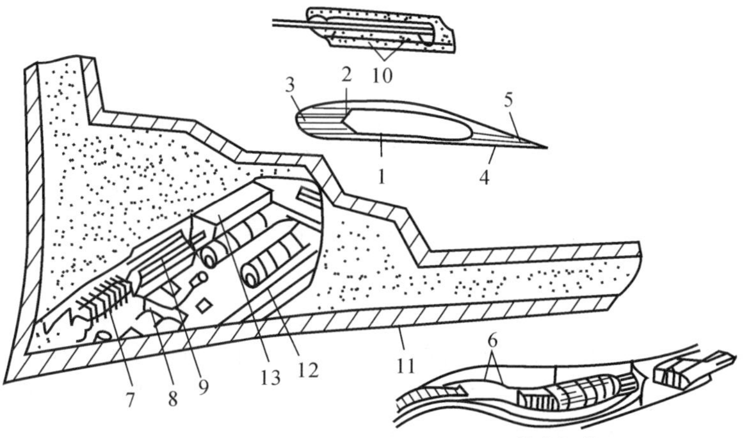

图10.8　B-2雷达吸波材料部位及内部结构示意图

1—飞翼内部连接翼身的金属框架；　2—六角形蜂窝夹芯；　3—吸波波纹板
4—多层吸波蒙皮；　5—磁损耗和电损耗吸波涂层；　6—雷达波吸收衬里；　7—乘务员舱；
8—屏蔽电子设备；　9—轰炸机导弹舱；　10—六角形蜂窝网格填充有磁损耗雷达吸波材料
11—飞翼表面雷达吸波层；　12—深埋在翼内喷气发动机；　13—机身燃油箱

在外形设计上，F-117A还有以下特点：

F-117A的飞机前、后缘、机身表面和转折处的设计，使反射波集中于水平面内的几个窄波束，这样能使两个波束间的“微弱信号”与背景噪声难以区别，以致使雷达不能够得到充足的连续回波信号，而难以确定其是一个实在目标，或仅是一种瞬变噪声。在飞机的一些不连续处，如座舱盖接缝线，起落架舱门都有在边缘设计成锯齿状嵌板，这种锯齿边缘与波束方向一致。发动机进气口和机身顶部边缘与机翼前缘平行；尾喷口边缘与机翼外侧后缘平行；机身边缘与发动机短舱边缘平行。这样可尽量避免波束的直接向前反射。

F-117A采用大后掠角机翼，展弦比$\lambda \approx 1.9$，在亚声速战斗机上机翼前沿后掠约66°左右，可谓是个先例。这对飞机的气动效率不利，但有以下几点好处：①机身截面最小。从正面看，机翼也很短。②在一定翼展下，大后掠角可使机翼面积较大，同时机身后沿设计成燕尾形，增大了机翼总面积，降低了翼载荷，改善了飞机的失速特性和机动性；③减小高亚声速飞行时的阻力；加上双发动机提供的足够动力，从而解决了因隐身要求的非流线型与气动效率间的矛盾，又降低了整机雷达散射面积。

F-117A为了隐身的需要，不设挂架，也不挂副油箱，武器全部装在机身内部，导弹的发射只能采用弹射发射方式。

F-117A的发动机也采用涡扇发动机，以降低红外辐射信号，除此而外，还重点对进气口进行了特殊设计。进气口用相距1.5 cm的吸波复合材料网状格栅屏蔽起来，这种屏蔽面保证了进气口对波长10 cm或更长的雷达几乎是不可见的。进气口高约0.6 m，宽约1.5 m，这样超大尺寸的进气口势必有大量冷空气从旁路通过，可用于降低排气温度。同时在外形上设计有遮挡物，把红外和雷达信号抑制在窄方位范围内，达到隐身的目的。

座舱玻璃是用特殊导电膜涂层处理的，以防止雷达波束进入驾驶舱。

以上介绍了三种当代先进的隐身飞机，虽然F-117A，B-2均属第一代隐身飞机，隐身技术尚不完善，但从以上介绍可知，隐身飞机只有通过一体化综合设计，才能得以实现隐身的目的。

三、隐身材料

从上一小节的先进隐身飞机设计来看，它们都采用了隐身材料或隐身涂层。实际上材料是隐身的关键因素之一，随着复合材料的迅速发展，使隐身技术的实现变得更加可行。选择恰当的隐身材料，可以有效地减弱、吸收、耗散和散射各种类型的电磁辐射。本节介绍隐身材料的吸波机理以及当今使用的各种隐身复合材料。

1.吸波材料机理

所谓吸波材料，即当电磁波穿过材料时，电磁波能被其吸收，并将电磁能量转换为热能而耗散。这就是说，凡能使电磁波穿过其表面，并对电磁波的能量具有高耗损特性的材料，就能吸收雷达波，简称之吸波材料。飞行器对吸波材料要求很高，即吸收率要高，频带要宽，还要求重量轻，并能承受高速飞行时的各种气动力影响。因此，吸波材料是集功能与承载于一身的材料。

按吸波材料的吸收原理，可分为吸收型与干涉(谐振)型两类。

吸收型吸波材料对某一频率的电磁波具有20 dB以上的能量衰减，此类材料一般较厚。谐振型吸波材料的干涉作用是将入射的电磁波分成两部分，一部分从吸波层表面反射，另一部分透过吸波层后，经底层反射再穿过吸波层反射出来，若底层反射波与表面反射波相位正好相反，这两部分波通过叠加发生干涉而减弱。这类材料的吸收特性与材料厚度、施工精度和成型结构等因素密切相关，一般单一材料吸收频带较窄，难于胜任一定工作频带的要求。

从雷达波吸收机理看，目前多以干涉作用为依据来设计和研制材料，尤其是薄型吸波材料的研制。在设计和研制雷达吸波材料时，关键的工作是选择和调整吸波材料的介质参数，以满足吸波材料要求的电特性，如工作频段，反射系数(或回波衰减分贝)、频带等。以蜂窝芯为基材制作结构型雷达吸收材料，具有高吸收、低比重等优良性能，有着良好的应用前景，受到研究与设计部门的重视。

材料吸收电磁波的基本条件是：①电磁波入射到材料上时，它能最大限度地进入材料内部(匹配特性)；②进入材料内部的电磁波能迅速地几乎全部衰减掉(衰减特性)。实现第一个条件的方法是通过采用特殊的边界条件等来达到；而第二个条件则要求材料具有很高的电磁损耗。

各种材料反射雷达波的能力不尽相同，金属材料反射较强、非金属材料反射较弱。当表面材料的种类相同时，表面的粗糙状态也影响回波的强弱。光滑面对入射的电磁波产生镜面反射。粗糙面对入射的电磁波产生漫反射，即将入射的电磁波向四面八方反射出去。从任何方向入射对其回波均能为雷达所接收，所以在雷达上反映的信号(除垂直入射外)一般要比光滑面亮。见图10.9所示原理。

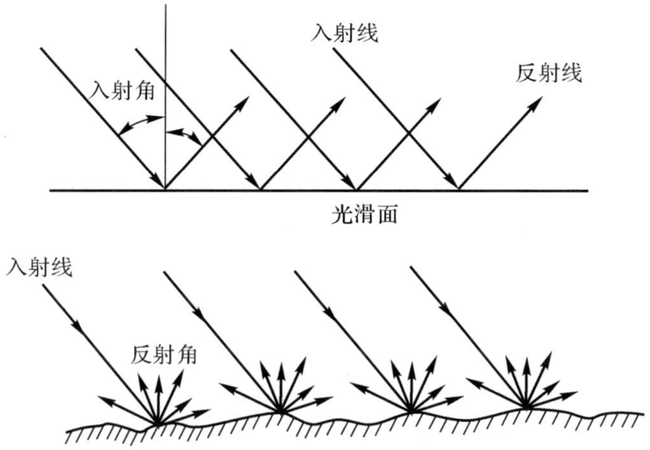

图10.9 光滑面的镜面反射与粗糙面的漫反射

吸波材料按其成型工艺和承载能力，分为两种类型，即涂敷(寄生)型吸波材料和结构(整体)型吸波材料。

(1)涂敷型吸波材料要求薄(厚度)、轻(重量)、宽(频带)。一般来说制备薄而轻的吸波材料在技术上不难实现，但同时要获得宽频特性则很困难。涂敷型材料主要有以下几种：

1)铁氧体系列吸波材料：Ni－Zn，Ni－Mg－Zn，Mn－Zn，Co－Ni－Zn，Mg－Cu－Zn，Li－Cd等。它们按一定的比例混合并分散在各种有机高分子材料的粘结剂中，同时还加有一些其他附加物。

2)利用多级干涉机制来衰减雷达波的吸波体。这种材料的成型结构一般分三层：最外层是无损耗材料；中间层是嵌有增加相对透磁率的陶瓷磁性材料，里层则是反射层(底层)。

3)将粒度为0.5～20 μm的磁化粒子分散在热固性粘结剂中。这种材料不仅可以涂敷，而且还可与纤维混合做成结构型吸波材料。

4)用导电纤维与高损耗物(如炭黑、陶瓷或黏土)和树脂组成的一种吸波涂层。

5)宽频高效吸波材料。它是由铁氧体，导电纤维与高分子化合物构成“变换层”与“吸收层”组成的双层结构。

6)利用放射性同位素产生的等离子体来吸收电磁波的能量。放射性同位素可放射 α，β，γ 射线，其中如钋210，锶90等。

稀土元素、高分子导电体等微波吸收材料的涂料研制也已取得一定的进展和部分应用。

(2)结构型吸波材料是一种可同时兼顾吸波与承受载荷的材料。这种材料既能保证200～300℃温度下，结构与吸波性能稳定，而且还能减轻飞行器的重量。当然，也有一种由涂层与结构层混合模式的吸波体。

吸波结构材料可用下列方式制备：一种是微波吸收剂分散在层状结构材料中；一种是分别制备片状吸收剂与透波层复合体；另一种是用透波性能好，强度高的高聚物复合材料(如玻璃钢、芳纶纤维复合材料)作面板,夹芯采用蜂窝体、波纹体和角锥体的夹芯结构(如B-2飞机的机翼前缘)。芯层中还可填充轻质吸波材料在其壁面上喷涂吸波涂料。采用这种结构可以提高吸收效果并使材料具有较高的刚性。

2.复合材料

复合材料越来越多地应用于飞机结构中,使机体结构更轻更坚固。它的另一个优点是可以大大减小飞机的雷达散射截面(RCS)以及红外、音响信号。隐身飞机上使用的材料主要利用其吸收、散射雷达波或红外辐射的特性。碳、硼、硅的复合物以及陶瓷、超级塑料等材料都是很好的雷达吸波材料。

为了使材料能吸收雷达波,通常包括一个透波的复合材料层。在该层复合材料下面,有个金属层或是金属与复合材料基体,来减弱或散射雷达波,以使雷达波不会从飞机上反射回去,从而不至于暴露飞机的位置。但任何吸波材料或物质在吸收雷达波后都会升高温度。以下介绍几种常用的隐身复合材料。

碳-碳复合材料。适用于高温部件,能很好地抑制红外辐射并吸收雷达波。在发动机部位用致密碳粒和超致密碳泡沫来吸收发动机排气的热辐射。它可制成机翼前缘、机头及机尾部。

玻塑材料。这种材料是在塑料中加入玻璃纤维制成。据报道,这种材料较坚硬,可作为飞机蒙皮和一些内部构件,而无需金属加强筋。这种黑色的玻塑材料已被洛克希德公司用于F-117A的主要结构材料,具有较好的雷达波吸收特性。

玻璃纤维环氧树脂复合材料也是一种简单的雷达透波材料,已用于一些隐身飞机和许多民用飞机上。

凯芙拉(Kevlar)-49。杜邦公司产品,可以替代碳纤维复合材料用于某些结构件,它是一种以芳纶纤维为基体的复合材料,比有些金属更坚硬、更轻,是一种极好的雷达吸波材料,并能抗冲击损坏。

碳化硅纤维。这种复合材料能有效地减弱隐身飞机发动机的红外信号,类似于航天飞机再入大气层时用于机身腹部和机翼前沿的热防护瓦。碳化硅纤维也用于金属基复合材料。

超级塑料。这种材料是由美空军材料实验室与商业公司研制的一种热塑性材料,比钢和钛更轻、更坚实且不反射雷达波。据说这种热塑性材料作为黑色石墨增强纤维蒙皮,已用于B-2的机翼前缘。

从工艺上看,复合材料可分成热塑性和热固性材料。从使用角度看,热塑性复合材料有着更多的优点,是复合材料研制的方向之一。热塑性复合材料用石墨增强,波音公司已用此材料制造了一个全尺寸、耐高温的石墨纤维增强的热塑性材料机翼,用于验证在YF-22飞机上的使用。在该型飞机上使用了占26%重量的复合材料,使结构减重达20%以上。

尽管材料隐身技术以及材料的研制已取得了可喜进展和部分应用。但要想获得一种理想的隐身材料,仍需作出更大的努力才能取得根本突破。据称纳米隐身材料在隐身技术上将带来新的革命。

目前隐身技术正得到很多关注,在不断发展之中。F-117A和B-2等第一代隐身飞机均为亚声速飞机,使用的是早期隐身技术。目前正在发展中的第四代战斗机更全面强调同时具备隐身、超声速巡航、超机动能力和近距起落等多种高性能。符合这些要求的新一代隐身飞机——美国的F-22、俄罗斯的C-37等均已问世。有资料介绍,俄罗斯还提出于一种新的高度隐身的隐身技术,即在不影响飞机各种技术参数的情况下,围绕飞机产生一个特殊的人造等离子云团，并已经地面模拟和空中试验。此外如激光技术的应用，已投入使用的军用激光装备有激光雷达、激光瞄准具、激光制导武器、激光陀螺、激光通信、激光扫描等，向隐身技术提出了更新更高的课题，在隐身技术中激光对抗与反对抗技术也日益受到重视。激光等强辐射直接毁伤敌方的激光系统，诱饵欺骗敌方的激光导引；施放气溶胶、烟雾等阻断激光束等防护激光技术也日趋向实用化发展。在隐身技术的发展中，隐身与反隐身技术，对抗与反对抗技术都在矛盾对立之中不断发展和完善自身，使得向更高阶段、更深层次推进。

10.3 计算机辅助设计与信息化发展

计算机辅助设计(Computer Aided Design，CAD)，是指利用计算机及其外围设备和图形输入、输出设备等硬件环境，在软件支持下解决工程设计问题的一种现代设计技术，广义上说，指通过对计算机内部生成的产品形状及其属性数据组成模型进行分析处理，来辅助人们完成设计任务的技术。

随着计算机技术的发展，计算机从早期应用于对某些单项课题作计算分析(如飞机气动计算分析、结构有限元分析、结构优化设计等，这些一般称为计算机辅助工程，英文缩写 CAE)，发展到现代对设计过程中各个专业、各个阶段的设计活动的辅助，并使这些活动相互协调，有机地组合成一个整体，进一步又使设计与制造过程集成，产生与发展了许多大规模集成化的 CAD 系统和 CAD/CAM(Computer Aided Manufacture)集成系统。

现代 CAD 技术已成为飞机设计不可缺少的得力手段，很难想象，没有计算机的辅助如何能设计出一架先进的现代飞机。CAD 的应用使飞机的总体设计、气动设计、结构设计、工艺设计等紧密融合在一起，已经很难将结构设计从中割裂开来，仅仅讨论计算机辅助结构设计，不足以反映 CAD 在现代飞机设计领域的应用全貌和由此引起的深远变革。因此，本节将针对飞机设计而不仅仅是其中的结构设计，介绍 CAD。

一、CAD 技术概述

随着科学技术的进步，人们对 CAD 技术的工作范畴与内容的认识也在不断深化。就现代的理解，CAD 是以计算机图学为基础，利用由计算机硬软件所构成的系统来辅助人们完成设计任务的一种综合性技术科学，它的应用范围覆盖了产品设计的全过程。

应当强调的是，计算机图形技术仅仅是 CAD 的最重要支撑技术之一，而 CAD 的含义要广泛得多，例如合理建模、创新构思、工程分析、性能仿真等，这都将使设计质量与设计效率发生质的飞跃。因此，CAD 包含了使用计算机对设计进行开发、分析、优化和评估修正诸方面的各种应用，典型的 CAD 工作范畴如图 10.10 所示。

CAD 应用主要分为两大类，即计算机辅助模型设计和计算机辅助工程，对飞机而言，它们所包含的内容如下。

计算机辅助模型设计，即建立设计对象的计算机内部表示。在诸多性质的模型中，应用面最广，最基本的是几何模型，需要由几何造型来实现。在飞机设计中，计算机辅助几何造型设计(CAGD)包括曲线曲面的形状定义与描述，飞机外形设计，零构件设计，结构布置，运动机构设计，电器安装及电缆铺设，绘图及图纸发放等。

计算机辅助工程(CAE)在飞机设计中，主要包括飞机性能计算及参数选择，总体方案优化，气动载荷计算，重量、重心及惯性矩计算，有限元结构分析，振动及颤振分析，结构（金属结构和复合材料结构）优化，飞机操纵性能分析等。分析工作与图形技术相结合，又构成计算机的仿真与数字模拟。仿真就是在计算机上构造与实际系统相一致的模型进行试验和研究，以检验设计的合理性。通过仿真可以修改设计参数和系统方案，从而减少样机试制和试验次数。在飞机设计中，主要的仿真工作包括飞行效能仿真、飞行控制仿真、运动机构仿真等。

细致来讲，CAD 在飞机设计中的作用可以概括为：几何造型、工程分析与仿真、设计审查和评价、绘图及技术文档生成四个方面。

1. 几何造型

在 CAD 中，几何造型涉及设计对象几何图形的数学描述，并使数学描述在图形终端上进行显示和处理。显然，要解决计算机几何造型问题，在软件上要有计算几何的数值算法和计算机图形的描述算法，在硬件上需要图形显示设备支持。在计算机图形学上描述物体最先进的几何造型方法是三维实体造型。

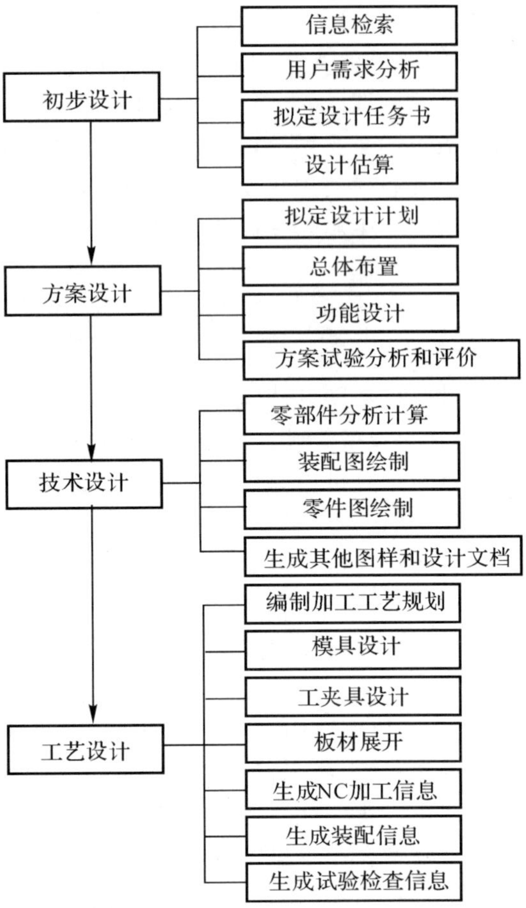

图 10.10　CAD 在设计中的应用范围

2. 工程分析

其内容也就是我们在前面所讨论的 CAE。

3. 设计的审查和评价

可以很方便地在图形终端上校核设计的精确度。设计人员可以在图形显示屏幕上对设计图的细节开窗口，并将图形放大，以便仔细观察。可以对用户指定的部分自动标注尺寸和公差，有助于减少尺寸标注错误的可能性。还可以对设计进行干涉校核，排除装配零件可能占据同一空间的危险，对运动机构和内部布置进行协调。

4. 绘图及技术文档生成

绘图及技术文档生成包括绘制工程图（零件图、部件图及总装配图），机械特性图以及生成零件清单，设计说明书等各种技术文件。还可以完成图形的复制、放大、缩小、删改、旋转及平移。

由上述我们可以看到，在计算机辅助设计过程中，人们充分利用了计算机存储信息量大，能永久记忆、运算速度快等长处，可快速高效地进行大量的数据处理、图形处理、数值运算以及文档编制工作，使设计者能从事务性的重复工作中解脱出来。但也必须强调，设计者在 CAD 活动中，自始至终起着主导作用，能有效地控制信息流，掌握设计的进程，并充分发挥思维创新能力强的优势，从事方案构思和设计决策等智能性的工作。由此，CAD 获得的效益是巨大的。

发达国家的经验表明,应用CAD技术可以取得如下效益。

(1)增强企业的产品开发和设计能力。由于受计算能力的限制,因而,所设计的产品存在着材料消耗过多,结构布置不合理等弊病。采用CAD系统后,设计师们就可利用强有力的工具,应用有限元法、最优化设计等方法改进设计,从而可对过去许多只能定性判断的内容作出精确的定量分析。一些高性能且结构复杂的产品,例如超大规模集成电路、复杂空间机构等,依靠人力已很难或简直无法完成,只有借助CAD才能进行设计。

(2)提高产品设计质量,缩短产品研制周期。据调查,在一般的机械工业企业中,设计人员占全体人员总数的(10～15)%,而设计工作中的(30～50)%是绘图。CAD的最大特点是使设计师在CAD辅助下,可以充分发挥自己的联想和创造力,集中精力提高设计质量。当产品设计完成后,又由CAD系统自动输出各类图纸、文件。因此,采用CAD技术不仅提高了设计质量,而且大大缩短了产品设计周期,从而能更好地适应市场变化并赢得用户,提高了产品的竞争能力。据统计,CAD可使机械产品的设计周期缩短(65～80)%,工艺设计周期缩短(80～90)%,降低基建费用(10～30)%,改善经济技术指标(10～25)%。因此人们认为CAD/CAM技术是一项自电子技术发明以来,比其他技术更有潜力,又能更快地提高生产率的技术。

(3)有利于实现产品标准化、系列化、通用化。一些国家标准,由于向国际标准靠拢,考虑的影响因素比较全面。设计计算的工作量较大,如不采用CAD则很难贯彻。有了相应的软件,只要根据屏幕提示输入有关信息,就能获得符合标准要求的设计结果,因而推广起来就比较容易。由于计算机对设计信息实行统一管理,因而也有利于推进产品系列化和通用化。

(4)加强现代化管理。几乎所有的工业技术,目前所有技术文件的产生、修改、管理、存储以及随机检索已成为企业技术管理中占极大工作量的突出问题。单凭人工管理的方法是难以满足现代企业对管理的需要。采用CAD技术,并建立功能完善的信息管理机制,就可以实现从市场信息、经营管理信息及设计师的原始构思数据到各种图纸、技术文件、工艺资料、外购件清单等全部由计算机系统统一处理和存储,并可供企业各部门共同分享。电子计算机具有强大的信息处理和自动化控制能力,利用它可大大提高各项工程管理的效率,提高经营决策的质量与速度,从而更好地适应参与全球市场竞争的需要。

(5)提高企业的经济效益。在设计阶段引入CAD系统可大大提高设计人员的工作效率,节约手工设计所需的大量工时和开销,并使过去积累的设计资源得到复用,从而降低设计成本。

此外,由于设计阶段所做的决定对产品总成本有很大影响,所以通过CAD所作的设计优化可以较大幅度地降低产品成本。一般估计降低幅度为10%左右。

总之,CAD技术带来了设计概念、设计思维以及设计工作方式诸方面的深刻变革,在分布式工具、并行可视化工具、参数优化设计工具等CAD技术的强有力支撑下,在新世纪开创了一个虚拟产品设计,虚拟产品制造的崭新时代。

二、CAD系统的构成

CAD系统由完成特定用户设计功能的软/硬件组成。硬件系统包括计算机主机及各类外围设备和图纸输入、输出设备,如图10.11所示。

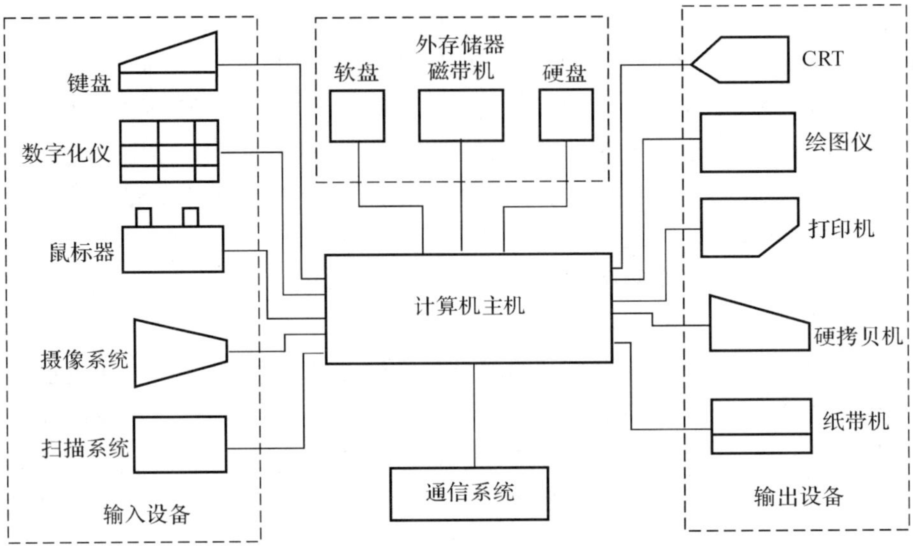

图 10.11　CAD 系统硬件配置

CAD 软件系统可分为如下三个层次。

1. 系统软件

主要用于计算机的管理、维护、控制及运行，以及计算机程序的翻译、装入、管理、控制和运行。系统软件包括：

(1)操纵系统。如 DOS 操作系统，Unix 操作系统，X-Window 和 Windows/NT 窗口系统等。

(2)编译系统。如 FORTRAN，BASIC，PASCAL，C 语言编译系统，用于将高级语言编写的程序翻译成机器指令。

(3)数据库管理系统。如 dBASEⅢ，FOXPRO，ORACLE 等.用于对庞大的数据进行管理、维护和使用。

(4)通信软件。如 TCP/IP 网络协议等，用于对计算机、工作站或终端之间的通信进行管理和控制，实现资源共享。

2. 通用支撑软件

其内容包括二维绘图、三维线框、曲面和实体造型、真实感显示、特征设计、有限元前后置处理、运动机构造型、几何特性计算、工程数据管理和技术文件签发等。目前市场上供应的商品化 CAD 系统和 UGS，I-deas 等都属于这种类型。

一个良好的通用支撑软件系统需要满足以下要求。

(1)实现与计算机硬件的接口。

(2)创造人机交互的工作环境。

(3)提供实现计算机图学某些基本算法的程序，如消去隐线等。

(4)建立图形数据库。

(5)提供方便的用户接口。

(6)注意采用国家标准。国际上目前比较流行的图形标准有 GKS，PHIGS 等。

3. 应用软件

它在不同的专业领域有不同的内容，像飞机设计包括了总体方案、重量计算、空气动力计算、载荷分析、结构分析、结构优化、动力颤振分析、疲劳断裂计算、起落架设计、飞行控制、航空电子、电气系统、液压系统、机构设计、可靠性设计、弹射座椅、火力控制、隐身设计等等。这些软件必须由各专业各单位自行开发。上述专业类型的应用软件系统主要是各专业问题的算法程序包，与通用图形支撑软件协调使用，能建立起 CAD 的重要技术特征之一，即可视化分析。除算法类软件系统外，数据库及其管理系统也已成为应用软件系统极为重要的组成部分。随着 CAD 系统的应用日趋广泛，需要处理的数据量也日益增多，例如在用 CAD 进行设计时，需要将许多手册和资料中的数表、线图数据预先存放起来供随时调用。为了存放设计时用到的数据，必须建立一个庞大的数据仓库，即通常所说的数据库。

由此可见，数据库是存储在计算机系统里由数据库系统统一管理的数据集合，它可以为多个用户使用。

建立数据库的目的和要求是：

(1)独立性：用户所使用的数据库的数据具有独立性。

(2)共享性：不同系统的各用户可以使用相同的数据资源。

(3)可靠性：保证数据库中的数据正确无误、有效和相容。

(4)保密性：保障数据存储的安全，防止无关人员随意调度使用。

CAD 系统的配置有四种基本构型：①中心主机系统，通常由大型或中型计算机连接多个图形显示终端构成。②多主机系统，由几个小型机组成，每个小型机上带有几台图形终端。小型机之间用局部网络系统相连。③分布式系统，由许多工作站组成，每个工作站都有配套的计算机和图形显示终端。工作站之间通过局部网络连成一集成系统，其计算机可为小型机，也可为微型机。④单机系统，由一台小型机或微型机带一台图形显示终端构成。比较而言，分布式系统具有最大的灵活性，而且由于工作站和微型机性能的提高及价格的下降，分布式系统将会具有更广阔的应用前景。

建立一个 CAD 系统，首先应该理解为建立一种新的设计和生产管理体制。有了这样的新体制，就可方便地完成以下任务。

(1)组织并行作业，各个部件设计组、系统组、专业分析组、试验组、生产准备组都可以及时从屏幕上看到产品的总体布置，及早进行各专业协调。

(2)在设计阶段用三维几何模型模拟零件、部件、设备的装配和安装，及早发现结构布局和系统安装的空间干涉。

(3)组织迅速有效的发图更改。德国 MBB 飞机公司与英国、意大利合作研制“狂风”战斗机，1983 年在型号管理数据库存储了 7 500 项用户提出的各种设计更改要求，18 000 个工厂内部的更改单，8 000 个三国协作的各种更改通知，95 000 个图纸更改单，16 000 个生产更改单。日本从波音飞机公司转包生产波音-777 客机，在名古屋建立数据中心，与波音的西雅图总部联网，将波音-777 的图纸和生产要求转送富士、川崎、三菱三家公司。

近年来，世界各国都在积极开发具有各种功能的计算机辅助设计系统，其中不少系统已投入实际使用。这些系统可根据运行时设计人员的介入程度和解决实际问题的方式划分为信息检索型、人机交互型及智能型等几种常见类别。需要指出的是：在这些类别之间并无决然的鲜明界线，划分的目的在于突出系统的某些特性，便于用户确定自己的辅助设计方法。

1. 信息检索型 CAD 系统

主要用于设计已定型的标准化和系列化程度很高的产品，例如电机、油泵、减速器等成型产品。其工作原理是将已定型的产品的标准化图纸变成图形信息存入计算机。设计时根据订货要求输入必要信息，在计算机进行必要的计算以后，自动检索出最佳的标准图形。

2. 人机交互型 CAD 系统

工作原理大体如下：由设计者描述出设计模型，再由计算机对有关产品的大量资料进行检索，并对有关数据和公式进行高速运算；通过草图和标准图的显示，设计者运用长期工作中积累的经验对其进行分析，用光笔或键盘等输入装置，人机对话式地直接对图形中不满意之处进行实时修改；计算机根据修改指令作出响应，重新组织显示，反复循环，使之完善。该系统的基本构成如图 10.12 所示。

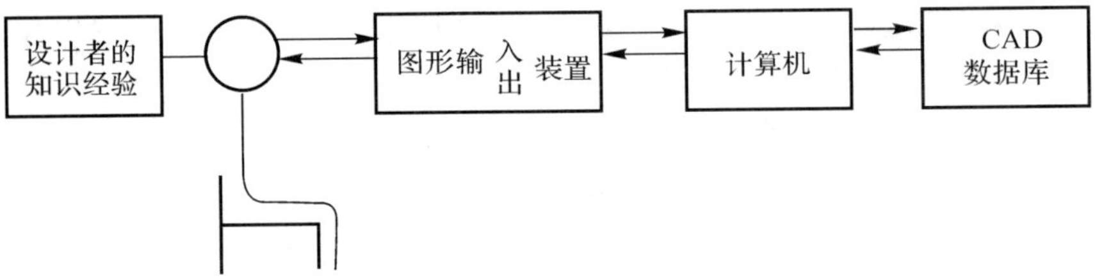

图 10.12　人机交互型 CAD

人机交互型与信息检索型的主要区别在于：人机交互型 CAD 系统在应用软件运行时主动权掌握在设计者的手中，是一种以设计者为中心的系统，它依靠充分发挥设计人员的聪明才智和计算机储存信息及快速运算的特点，来寻找满足设计要求的最佳方案，具有高度的灵活性和普遍的实用价值，适宜于解决工矿企业中遇到的各类设计问题，特别是新产品开发，以及许多设计目标难以用目标函数来定量描述的问题。例如像汽车车身之类的设计，要使设计目标用明确的函数形式来表达是非常困难的，但是经验丰富的设计人员只要一看草图或配置图就能判断在什么地方进行什么样的修改可以更好地满足要求。

3. 智能型 CAD 系统

在产品设计过程中，需要解决大量的分析计算和图形绘制工作，在上述两种类型的 CAD 中，这些工作主要是用建立数学模型并用数值计算的方法加以解决的，但是很多设计中遇到的问题，如设计方案的拟定、工艺过程及参数的设计、材料类型及热处理规范的选择，零部件结构设计等等，均难以用数学方法来描绘，属非数值计算性的内容，必须运用设计者所具备的知识和经验，通过思考推理和判断来解决。为了解决上述问题，近年来出现了一种新型的 CAD 系统，即智能型 CAD。在现阶段，人工智能的应用主要是以专家系统的方式来体现的，即把专家系统和原 CAD 系统有机结合起来。专家系统是一种使计算机能够在专家级水平上工作的计算机程序，这种系统能运用人类专家的专门知识和推理能力，来解决人类难以妥善解决的问题。在智能型 CAD 中，专家系统承担需要依靠知识和经验作出推理和判断的工作，主要有设计过程决策(解决设计路线问题)、设计技术决策(解决设计中遇到的具体技术问题的决策)和各种结果评价等。而一些可以用数学模型来描述的工作则由通常的 CAD 系统来承担。

一个专家系统的基本结构如图 10.13 所示。由图可知它与一般计算软件的根本区别在于：一是储存了大量的专家的知识和经验，形成系统的知识库；二是设置推理机构，能模仿专家决策的思维过程来分析问题。由于上述两大特点，故专家系统能根据用户提供的事实和数据，运用系统中的专家知识，作出解决问题的合理决策。

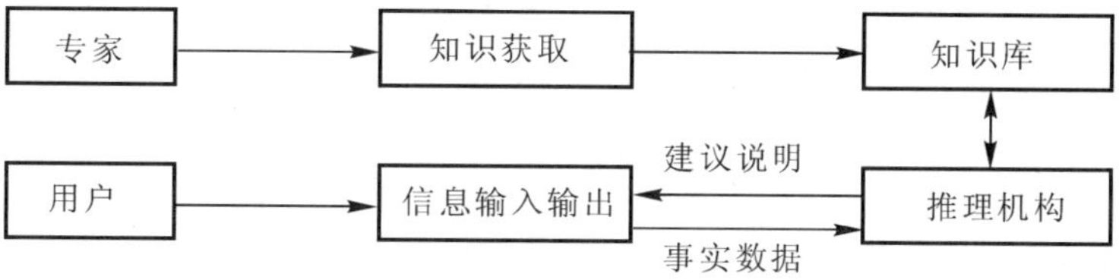

图 10.13　智能型 CAD

具有专家系统的智能型 CAD 已在机械设计中发挥了巨大作用，如美国 DEC 数字设备公司的 R1 系统，运用产生式专家系统，出色地解决了 VAX 计算机的外形与结构设计任务，成功率达 99%以上，大大超过了制造专家所达到的水平，为 DEC 公司创造了极为可观的经验效益。

需要指出的是，CAD 智能化目前仍面临许多亟待解决的问题，如决策空间大，知识类型复杂，多目标和多重约束，模糊性或不确定性等，只有这些问题妥善解决，它才能真正进入实用阶段。今后人们将加强知识库建立、推理机设计和知识获取等方面的基础研究，进而使专家系统与原有 CAD 系统有效地集成。

三、计算机辅助飞机设计与制造系统

CAD 系统只能产生工程图纸及有关的技术说明，只有把 CAD 和生产制造结合成一体，才能进一步提高生产力和加工精度。CAM 是指利用计算机对制造过程进行规划、管理和控制，把 CAD 和 CAM 技术及其相辅相成的能力结合在一起，就是 CAD/CAM 集成系统。CAD 与 CAM 的集成，可以通过一个公共的数据库来实现。在设计过程中生成的飞机外形数据、零件的尺寸数据、材料规格和加工要求等存放在公共数据库中。凡是与飞机外形有关的吹风模型加工、模线绘制、工艺装备元件（如钣金模具、标准样件的型面部分和定位基准等）和零件加工都从公共数据库中提取有关的数据，再用计算机通过数控加工或绘图软件系统进行处理，用数控机床或绘图机加工出零件或绘制出模线。这样，飞机的设计和制造过程就紧密衔接起来，统一于公共数据库，如图 10.14 所示。

CAD/CAM 广泛应用的必然结果是更大规模的集成化。即在设计、制造、生产管理、售后服务等环节中采用统一的产品信息模型，通过数据库和网络技术在组织内部以至协作单位的国际范围内建立畅通的信息流。同时提高各个环节的自动化程度，例如由设计部门发出的零件图可以送入计算机工艺规划（CAPP）和加工编程系统，自动生成零件的加工工艺规程、数控加工指令和数控测量指令，实现 CAD/CAPP/CAM 的直接衔接；在物料处理中建立各种立体仓库，用以存放半成品和工艺装备，利用各种自动存取机构和运输系统实现高效的物流控制；采用成组技术将工艺流程相近的零件集中起来，组成柔性生产线，实现多品种、少批量的高效生产；引进制造资源计划系统统一管理产品的图纸组成、生产计划、材料需求计划、能力需求计划、备件需求预测、车间生产计划和监控、库存控制、产品成本核算、生产效益分析等，实现工厂计划管理的自动化。将以上种种措施集成一起，构成统一控制的大系统，就称为计算机集成制造系统，简称 CIMS。

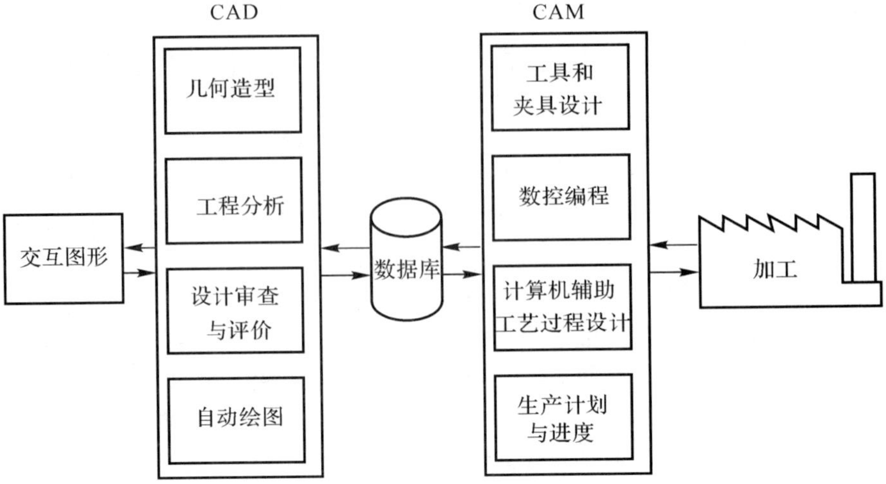

图 10.14　CAD/CAM 的集成

在飞机设计、制造中广泛采用 CAD/CAM 是各大飞机公司长期以来的主要奋斗目标。经过不断提高完善，CAD/CAM 技术至今已比较成熟，取得了显著的效益，并且还在深化发展中。

波音公司的 CAD/CAM 技术在国际上处于领先地位。由于成功地在波音-727，737 至 777 等型号上推广应用 CAD/CAM，使波音公司的新型客机较早投放市场。例如波音-727 迟于“三叉戟”飞机一年设计，采用了 CAD/CAM，却提前一年投入试飞。在波音-767 设计中全面应用了 CAD/CAM，全机的几何外形尺寸数据全部存储在计算机内，约 1/3 的图纸(约6 000张)、相当于飞机结构重量 80%～90%的图纸是由 CAD 得到的。全机设计的 5%直接由 CAD 把数据传递给数控加工。波音-767 的设计部门配有 30 台小型计算机，每台计算机配有 4 个图形终端，构成 CAD 交互式系统，可以满足大约 600 名设计人员使用。小型计算机的输出均存储在数据管理系统中，可以通过静电绘图机绘制检验图板，也可以用大型Gerber绘图机绘制明胶板模线。还可以通过集成信息网络 CIIN 提取诸如铆钉孔位和尺寸之类的数据，自动编制钻孔和铆接用的控带。目前波音公司已组成以超级计算机为后盾的分布式工作站配置结构来进行 CAD/CAM 和计算机辅助管理工作。在 200 多台与主机相连的 IBM5080 图形终端上使用 CATIA 软件进行三维设计，同时使用 CV，APOLLO 等工作站、小型成套系统进行绘图等工作。各级计算机间实现网络连接，可以方便地进行信息交流。

我国在飞机设计中应用 CAD 始于 20 世纪 60 年代，从集成技术观点看迄今大致经历了 3 个阶段。①单个程序阶段。1975 年以前所开发的应用软件，大都只满足单一功能需求，用于某一方面强度、气动力计算的程序就是这类软件的代表。②程序包阶段。从 20 世纪 70 年代中期开始了满足某一专业领域的多功能大型软件包的开发，如强度专业的 HAJIF-1(航空结构静力分析系统)等。③集成系统阶段。自 20 世纪 80 年代初开始，应用集成技术把各个单独的应用程序、程序包、图形软件等按照飞机设计要求集成起来，形成多功能、自动化的程序流程。其中，7760 CAD/CAM，CIMS，CADISEN，CAADMM，CADEMAS 等系统就是这一阶段的代表。

CAADMM 是于 20 世纪 80 年代初开发的飞机设计集成系统，它由飞机总体设计、几何外形设计、气动分析、结构设计、结构分析、数控编程、生产作业计划管理 7 个应用子系统，和执行控制、数据库、图形显示、软件工具 4 个功能子系统组成。CADEMAS 是与德国 MBB 公司从 1984 年起合作开发的计算机辅助工程开发、制造和支持系统，该系统将通过主数据库和数据总线把已经使用的 6 个子系统集成在一起。这 6 个子系统是：①计算机辅助设计 CAD，包括二维绘图、曲面造型、实体造型等新开发的功能和已有的 CATIA 等商品软件。②计算机辅助工程 CAE，对于飞机设计主要涉及空气动力、结构强度、温度场、颤振、总体参数优化等程序，其中既有自行开发的软件，也有现成的 NASTRAN，SAB 等商品软件。③计算机辅助制造 CAM，包括自行开发的 $2\frac{1}{2}$D 数控加工编程系统，基于 APT 的曲面加工系统、多座标编程系统等。④计算机辅助型号管理 CAPM，统一控制各种设计更改和生产更改，使得设计图纸和生产文件的更改严格遵守统一的审批、发放、归档制度。⑤计算机辅助文档服务 CADS，编辑出版技术说明、使用手册、维护手册、备件目录等。软件工具有图像扫描输入的数字化处理和数据压缩、图文编辑、激光排版系统等。⑥计算机辅助供应 CAS，包括生成全机的材料清单，组织原材料、零部件、成件的订货、跟踪和入库，提供各种统计分析报表。CADEMAS 的部分成果已经投入使用。

CIMS 是在 CAADMM 基础上正在开发的一个集成化程度更高、更为先进的交互式飞机设计集成系统。CIMS 以集成核心或集成框架的模式实现集成，首先形成用于数据交换管理的集成核心，然后每个应用程序通过标准接口或专用接口与其联结，从而实现各应用程序间的数据交换，用户可按照需求任意组织序流。CIMS 的集成方案如图 10.15 所示。图 10.15 中，CIMS 集成采用了统一的数据管理方案。数据流中的各种数据可归纳为两种：一种是“共享”数据，一般分布在如气动、强度、质量各专业内部，专业内的数据共享程度高，而各专业间只有少数共享数据；另一种是“非共享”数据，即在设计中只被一两次使用的数据。CIMS 应用程序之间在程序流中进行数据交换，均按统一定义的通用数据文件格式(称为 U.F 格式)实施。CIMS 系统已在型号设计中得到应用，目前正在朝工程化、实用化方向进一步发展。

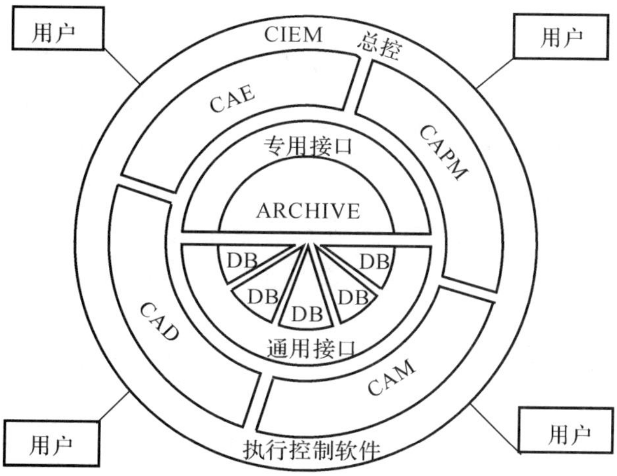

图 10.15　CIMS 集成系统方案

四、并行工程与信息集成化发展

飞机的研制是一项复杂的、高技术的系统工程。一架新飞机的诞生，是系统工程各工程环节综合效应所产生的结果，为了保证新机研制成功，必须采用系统工程方法。随着计算机技术的发展，在 20 世纪 80 年代中期出现了并行工程方法，并行工程是系统工程原理和管理方法的新发展，是在集成的计算机环境下实施的系统工程。有关并行工程的基本原理与实施要素已在 1.5 节中作了介绍。

由 1.5 节介绍可知现代飞机设计的并行工程必须建立集成化的计算机环境，以实现不同专业和技术的集成，各处计算机辅助工具的集成，各种信息的集成，最终实现人与计算机的集成，集成的计算机环境为产品的开发提供了一个集成的开发管理环境，它具有如下三个功能：①组织和表达各种设计信息，便于开发人员理解和交流。②协调集体解决问题的行为，支持成员之间同时和不同时的交互，局部和远程交互；管理设计决策，记录决策历程和原理阐述，促进冲突管理和决策的早期评价。③维护产品信息模型的一致性。

并行工程的实施没有固定模式，一般其体系结构如图 10.16 所示，其中包括：

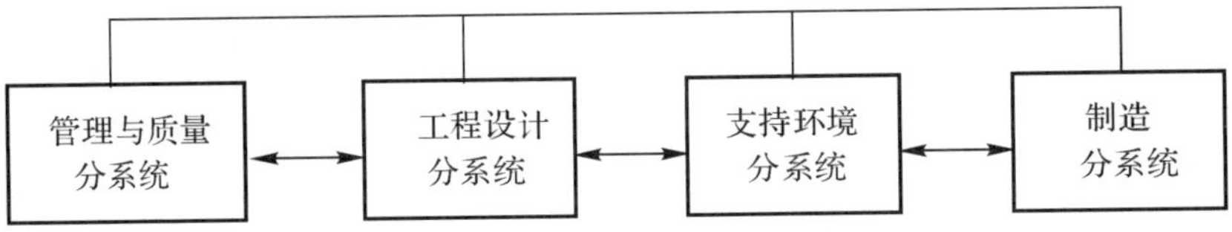

图 10.16　并行工程体系结构

(1)管理与质量分系统。分析某产品现有的产品开发流程，提出改进的产品开发过程，运用计算机对综合产品开发队伍和产品开发过程进行管理与控制；通过质量功能配置(QFD)的方法保证用户需求在产品开发阶段得到满足。

(2)工程设计分系统。以 CIMS 信息集成和 CAE/CAD/CAPP/CAM 为基础，扩展面向装配的设计(DFA)和面向制造的设计(DFM)功能，实现基于产品数据管理系统(PDM)的并行设计和产品全寿命周期的数字定义。并行工程要求大量采用 CAD/CAE/CAPP(计算机辅助工艺设计)/CAM 集成技术，并不断加强各个 CAX 系统间的集成度；运用变量化和参数化设计方法使 CAD 产品模型便于修改，有更大的灵活性。在系统结构中加强设计变量的关系，使得 CAX 系统一个环节的修改可以带动其他有关环节的相应自动修改，例如装配图的修改可以自动反映到零件图；上数控加工编程中为了提高加工效率而建议修改零件局部结构时，同样可以自动传递到所有其他技术文档。同时还要加强系统仿真功能的建设，及早准确了解产品设计方案的各种性能和投产效果。

(3)支持环境分系统。通过构造 Client/Server 结构的计算机系统和广域的网络平台，使异地分布的产品开发队伍能够协同工作。

(4)制造分系统。并行工程项目的研究开发内容最终将在实际企业中得到应用或验证。加工出合格的机械结构件。

随着计算机和信息技术的发展，用于并行工程产品开发的有关技术也在不断发展，如网络上的协同设计、决策支持技术、通信技术、知识处理和人工智能技术、组织技术等。应该说，一切利于在产品开发早期进行综合评估，可缩短产品开发周期，提高产品质量，降低成本的技术都可以用于并行工程。

10.4 智能材料结构

一、智能材料结构的概念

1.智能材料结构定义

智能材料结构是一门新兴的多学科交叉的综合科学。20世纪80年代末,随着材料技术和大规模集成电路技术的进步,提出了智能材料与结构的设想和概念,随后展开了大规模的研究。从工程的角度来说,智能材料结构是将仿生命功能的材料融合于基体中,使制成的构件具有人们期望的智能功能。

航空、航天等领域的特殊应用环境,对结构的可靠性、安全性等提出了更高的要求。如期望结构在受到损伤时具有自检测、自诊断进而自响应的功能。自检测(自感知)功能实际上是传感器功能,是指结构对超出某强度值的刺激因素(温度、应力、电磁场等)的敏感性。自诊断功能相当于逻辑处理器的功能。自响应功能是指结构在受到刺激后做出响应的能力,相当于驱动器功能。

自响应功能又可分为自预警、自适应和自执行三种类型。①自预警功能即信号功能,当结构材料有损伤或外界刺激因素的强度超过某阀值时,材料会发出诸如变色、发热、声波、电磁异常等信号。②自适应功能,指结构可通过自身内部结构的调整来适应刺激因素的变化。如自修复就是一种自适应功能。比如当结构产生裂缝时,其内部可渗出某种物质填充裂缝并固化,从而抑制结构损伤的进一步发展。③自执行功能,指结构受刺激因素作用后可完成一定的机械动作等。

智能材料结构是具有自检测、自诊断、自修复、自适应等功能的仿生结构。可以把智能材料结构想象成模仿人类的生物系统,智能材料结构相当于由神经(传感元件)、肌肉(驱动元件)、大脑(控制系统)和骨骼(基本结构)组成的系统。它根据从传感元件得到的信息,经分析判断后指挥驱动元件动作,实现自诊断、自修复、自适应等功能。

智能材料结构的确切定义是:将驱动件和传感件紧密融合在结构中,同时也将控制电路、逻辑电路、信号处理器、功率放大器等集成在结构中,通过机械、热、光、化学、电、磁等激励和控制,使结构不仅具有承受载荷的能力,还具有识别、分析、处理及控制等多种功能,并能进行数据的传输和多种参数的检测,包括应变、损伤、温度、压力、声音、光波等,而且还能够动作,具有改变结构的应力分布、强度、刚度、形状、电磁场、光学性能、化学性能及透气性等多种功能,从而使结构材料本身具有自诊断、自适应、自学习、自修复、自增值、自衰减等能力。

2.智能材料结构发展基础

随着科学技术的发展和需要,智能材料结构的诞生主要有三方面因素。

(1)复合材料的普遍使用,迫切需要解决它的强度诊断和刚度变化等问题,而且它使得驱动件和传感件很容易融合进入材料,组成整体,从而具有人们期望的多种用途,同时驱动件和传感件材料的发展以及材料集成技术上的突破,也使得智能材料结构的出现成为可能。

(2)对材料的机械、电子、化学、物理、热等多方面的耦合技术探索取得成绩,以往对结构材料仅研究它的机械性能,对电学材料感兴趣的是电学性能,对动作材料仅注意它的激励方法和驱动性能，材料科学的发展，使得人们对机械、电子、动作等材料的多方面性能的耦合进行研究。

(3)微电子技术、总线技术及计算机技术的飞速发展，解决了信息处理和快速控制方面的难题，为智能材料结构的智能化提供条件。

二、智能材料结构设计特点

1.传统的结构件设计方法

智能材料结构的设计特点是材料设计与结构设计制造一体化。传统情况下，设计结构件时，根据使用要求，从设计手册中选择材料(铝合金或合金钢等)，进行力学分析(静、动力学分析和应力分析等)，以确定尺寸、完成最终设计，然后选择相应的加工方法制造出结构件。图 10.17 是传统结构件的设计和制造过程，它的材料选择与结构设计、制造是分开进行的。

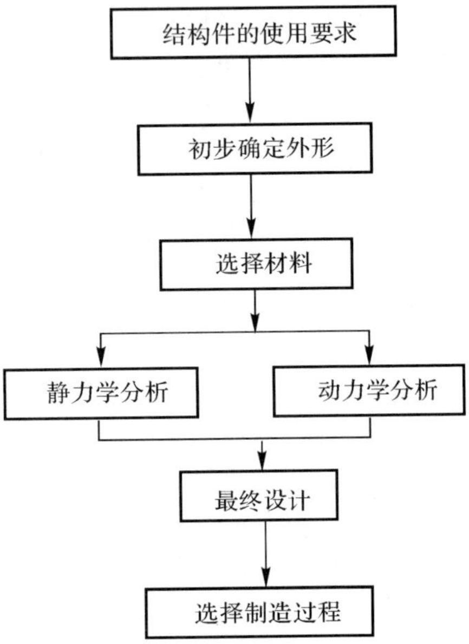

图 10.17　传统的结构件设计步骤

2.智能材料结构设计特点

为了确保飞机长期飞行安全可靠，应使飞机智能化、结构自适应化或结构灵巧化。在设计时，可在飞机的机身、机翼和发动机部件内安装超小型轻量的传感器和执行元件，以便能实时地采集飞机在飞行过程中的动态载荷数据，及时探测飞机损伤的位置和程度，采取应急措施。灵巧结构飞机通常采用的是碳纤维复合材料层压板构件，这便于使结构具有整体性；便于预埋超小型传感器与执行元件，使飞机具有如“神经细胞与肌肉组织”那样的敏感结构。智能复合材料结构由基体、增强材料、埋入的传感元件网络、埋入的驱动元件、埋入的测控硬件以及相应软件组成。它不仅具有承载能力，还具有人们期望的多种功能。设计时根据使用要求确定出结构件的外形，然后根据人们期望的功能选定基体增强材料，例如要求结构的形状能够改变，就要求基体材料能够产生大变形，并能回复，还不发生疲劳破坏。然后选择能产生动作的驱动件，对于要求形状快速变化的，可选用压电或电流变材料；要求形状缓慢变化的，可选用形状记忆合金等。同时要确定传感元件的种类和网络的合理布置方案，例如对于形状改变的结构件，传感元件网络要布置在能正确反映形状变化的区域；对于损伤评估的情况，传感元件的布置就和增强纤维材料的方向有关，因此传感元件网络是根据合成材料情况和使用要求来确定的。对于测控硬件应根据环境温度和湿度以及元器件的发热量来确定集成电路的材料，将多种材料融合在一起后应满足多种智能功能并对结构件强度进行分析，分析后进一步调整混合材料及其布置方案，进一步进行智能功能的计算及进行结构件的静、动强度分析，同时完成智能材料结构运行的软件设计。如果计算结果是结构件的性能符合技术指标，则进入结构件的制造，并进行智能功能试验，试验后性能应符合要求，否则重新设计。详细的运行路线见图 10.18。

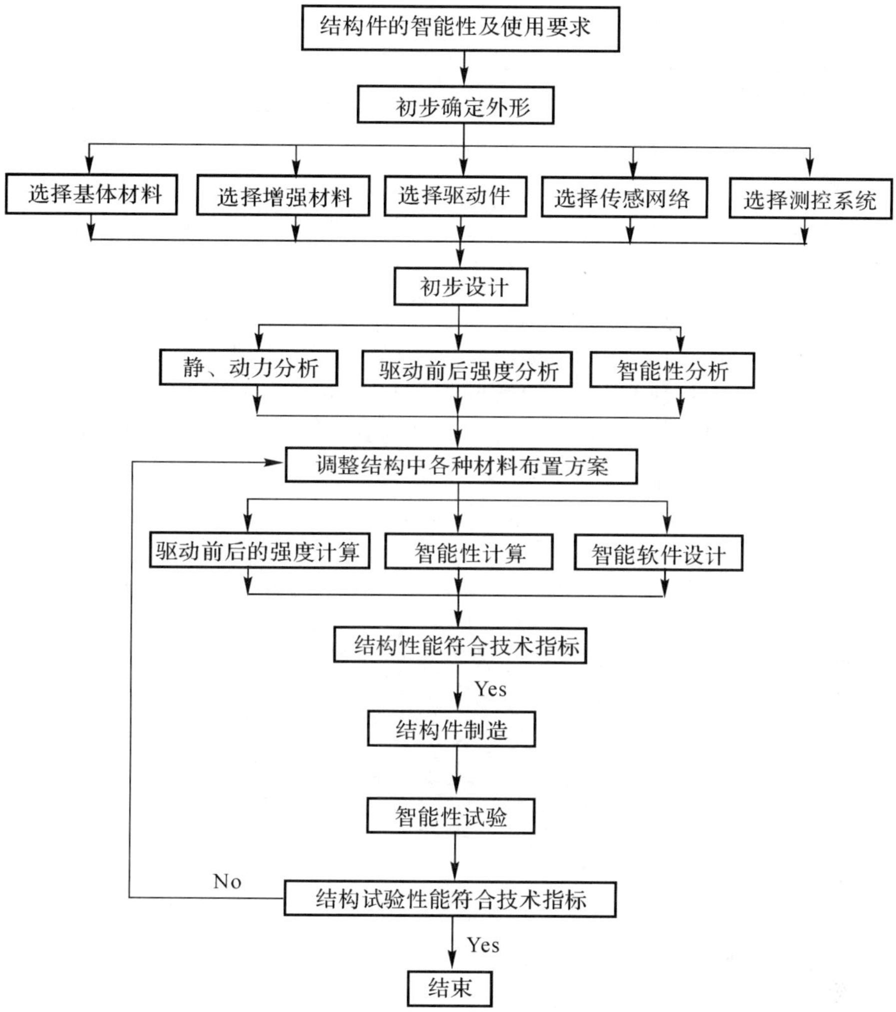

图 10.18　智能复合材料结构设计步骤

三、智能材料结构在先进飞机上的应用

智能材料结构在先进飞机上的应用范围很广，其中包括：

1)控制气动外形(例如自适应机翼)；

2)结构减振和调谐(例如旋翼机叶片减震)；

3)噪声控制，包括发动机噪声及内部的座舱和驾驶舱噪声；

4)自诊断能力；

5)自动控制飞行；

6)嵌入的电子设备；

7)气动表面去冰。

下面就飞机智能表层，结构强度自诊断，形状自适应机翼三方面的应用前景做一概述。

1. 飞机智能表层

军用飞机自诞生以来，一直在高速发展，现代军用飞机的功能比六七十年代增加了很多，如 60 年代军用飞机的功能为：导航；武器发射；单目标跟踪。70 年代发展为：导航；武器发射；多目标跟踪；显示控制；通讯监控；内部测试等。当前飞机的功能更多了，已发展为：优化导航；武器发射；多目标跟踪；多传感器信号处理；图像显示、增强及控制；通信、导航及识别；电子对抗；系统监测及结构变形监测；地形跟踪/地形回避/故障排除；飞行/动力控制；能量控制；信号修正；操作控制；动态执行。

在传统设计方法中，飞机设计师首先考虑飞机气动外形、操纵性、稳定性和结构形式，先设计飞机外形，然后考虑电子设备的安装。各系统的设计均是独立进行，它们都在争夺飞机的空间和可以承受的重量。目前，飞机结构 2/3 的重量用于安装电子设备需要加强的结构件和导线的铺设。随着飞机功能的增加，原来的设计方法已不能适应，为此提出智能表层项目。

智能表层就是将结构材料与传感元件、驱动元件及电子系统集成在一起。智能表层功能之一是能够自动检测出周围环境的变化，并自动适应环境，一般飞机上检测环境的传感器如图 10.19 所示。它们应和结构材料融合成整体。

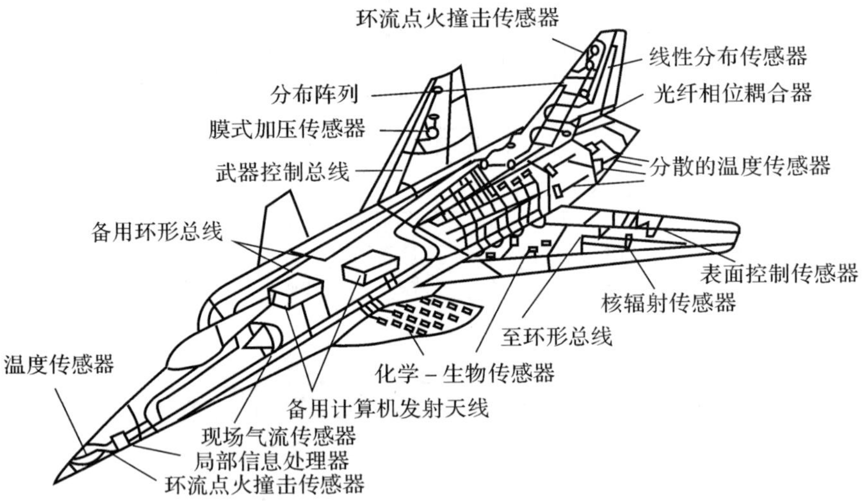

图 10.19　飞机表层中的传感器

智能表层的另一功能是适合于当前的电子战，即具有电子保障、侦察、隐蔽、通信、识别、干扰等多种功能，如图 10.20 所示。

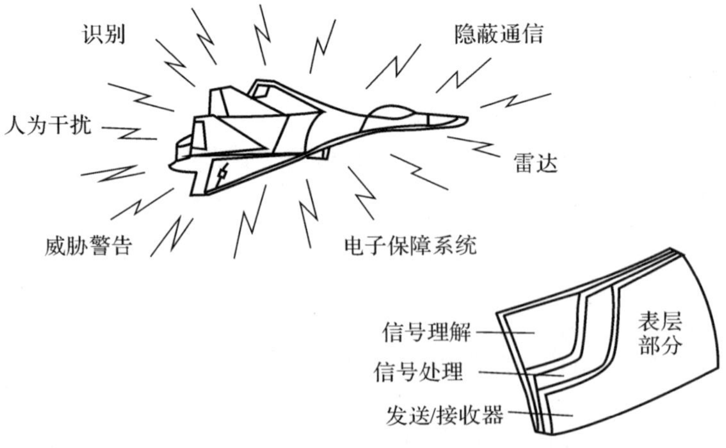

图 10.20　飞机智能表层的电子对抗功能

对于结构件来说，智能表层能够判断材料损伤、裂缝及传感元器件的损坏，能够进行自诊断、自修复、自适应；还能够抑制噪声和振动；对于航空和航天飞行器座舱能够自动通风、保暖和冷却。智能表层采用结构设计与电子设计一体化技术，即通过飞机表层结构内的公用传感元件和信号处理器来实现飞行控制系统、通信、导航、电子战、雷达和光电子系统等功能。

上述智能表层的主要特点是：

1）由分散变为集成，可使飞机结构重量减轻；

2）将传感元件和信号处理器集成在结构中，工作可靠性高，易于采用多余度测控，失效后可重新组合；

3）飞机表层功能可不断增强或扩大，如侦察、电子战、通信系统；

4）结构具有损伤自诊断和预报寿命功能，飞机的存活率高、寿命长。

飞机设计的变革，必然对材料、结构和工艺提出新的要求。智能表层结构必须选用新的合成材料和工艺，要采用溅射、喷涂、半导体集成工艺，直接在材料中实现电集成、光集成，并且随材料一起进行工艺处理，即要求电集成、光集成材料能够耐受使用和工艺过程中的高温和压力，这种集成工艺不能影响材料的强度。

图 10.21 是智能表层所具有的功能和对材料的要求，其中第二部分为智能表层的功能，包括电子战、侦察、通信、飞行控制、损伤自诊断和预报疲劳寿命系统；第三部分为上述功能的具体内容；第四部分是为实现上述功能所需研究的材料；第五部分为材料集成后成为智能表层。

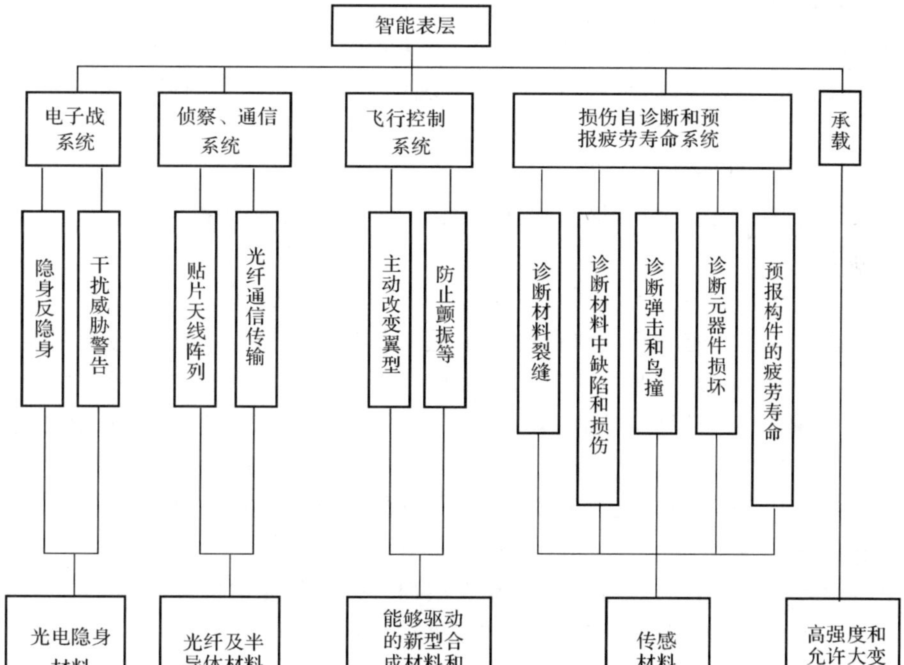

图 10.21　智能表层功能及材料

2. 结构的强度自诊断

对于重要的结构都有结构完整性的要求，即要求在使用过程中能对结构材料内部的情况进行损伤评估。对于飞机等运载工具更有严格的要求，如美国空军制定了飞机结构完整性规划，要求对使用中的飞机进行连续监测，根据监测信息制定飞机结构的无损评估的条例，以保证没有明显的损伤存在。我国民用航空条例中也规定了“结构必须尽可能地设计成避免在正常服役中出现变幅应力超过应力集中点的疲劳极限应力，同时能够进行疲劳损伤的安全检查，以保证飞机安全可靠”。材料科学的飞速发展，出现了很多种高强度复合材料，它的强度重量比大，可以减轻飞行器的重量，当前，在飞机和其他运载工具上使用复合材料约7%～9%，2000年在旅客机上使用的复合材料达到15%～20%，军用机上达到35%。使用复合材料制造飞机上的机翼、垂直尾翼、水平尾翼、襟翼、副翼、整流罩、承载舱门等。但是复合材料在生产过程中的工艺性不稳定，内部会存在缺陷；并且在承受冲击载荷后，复合材料的外表面可能是正常的，但内部会存在脱层，纤维断裂等损伤现象，如果能够快速超前预报损伤的地点和损伤程度，及时发现并处理，复合材料将可以大范围地在飞机上使用。智能复合材料结构的自诊断功能是将传感元件埋入基体材料中，采集结构中的信息（应变、振动等），利用现代数据处理方法，自诊断损伤的位置、类型、程度。例如飞机上重要结构的自诊断构件应具有下列功能。

1）飞机起飞前，该系统能够无损检测出结构是否存在缺陷，判断飞机是否能飞行；

2）对于飞行中的意外损伤（如鸟撞/弹击损伤等）能够诊断出损伤的区域和程度，并采取措施防止损伤的扩展；

3）在飞机的飞行过程中，能够不断地检测出裂纹的产生，裂纹的扩展，计算出剩余强度，并向飞行员提供飞行的极限参数，然后通过专家系统或人工智能确定出新的最大油门位置及加速线等；

4）能够指示出连接件的松动情况及连接处的损伤情况；

5）在飞机降落并关闭动力后，该系统能向地面人员提供结构完整性的信息，并请示修理及指导维修人员工作。

3. 自适应智能材料结构

自适应智能结构是智能材料与结构的一个重要部分。自适应结构指的是基体材料、传感和驱动材料以及微电子处理控制系统集成或融合在一起的一个整体。这个整体不仅具有承受载荷、传递运动的能力，而且具有检测（应力、应变、损伤、温度、压力等）、动作（改变结构内部应力应变分布、改变结构外形和位置）、改变结构的特性（阻尼、自振频率、光学特性、周围磁场分布）等功能。即结构根据不断变化着的外界环境和自身状况，在自诊断的基础上自适应地调整，而始终处于最佳工作状态。

先进复合材料（层压结构、二维及三维编织结构）的出现，使结构设计和制造技术突破了传统的观念并发生了飞跃，人们可以将传感元件、驱动元件和控制元件等植入复合材料结构中，使得自适应结构的基本元件与结构基体的融合或集成成为可能。另一方面，对功能材料基本特性的综合探索和研究（如材料的机电耦合特性、热机耦合特性等），以及微电子技术和计算机技术的飞速发展，为自适应结构所涉及的材料耦合特性利用、信息处理和控制系统奠定了基础。

自适应结构采用的传感元件有光导纤维、压电材料（压电陶瓷和压电薄膜）、电阻应变丝等。采用的驱动元件有形状记忆合金、压电材料和电流变体等。前面介绍的强度自诊断智能结构是利用埋入式传感元件确定结构中的应力状态、损伤位置和程度的结构。而自适应结构包括强度自适应智能结构和形状自适应智能结构。强度自适应智能结构就是在强度自诊断的基础上，通过正确的逻辑控制，指挥驱动元件动作，以改善结构中的应力应变状态，降低最大应力，防止损伤的扩展；形状自适应智能结构是根据环境的变化和任务的需要自适应地触发驱动件，改变结构的外形，并通过传感元件反馈形成闭环控制。目前正在研究的典型的形状自适应结构包括：自适应机翼、自适应旋翼。下面对自适应机翼做一简单介绍。

莱特兄弟制造的第一架飞机是借助机械连接和滑轮使翼面变形以控制飞机升力的。那时飞机的速度很低，机翼蒙皮材料多为布等编织物。随着飞行速度的提高和飞行任务的复杂化，可变形操纵面被舵面所取代。时至今日舵面操纵也面临着难以适应某些飞行状态的困难。舵面操纵由于采用较为复杂的铰链系统，不仅增加了飞机的重量，操纵时易引起振动、噪声以及结构的疲劳破坏，而且还存在着升阻比小的缺点，即升力增加的同时阻力也增大，使飞机的操纵性和机动性受到了限制。

如今，用于飞机设计和制造的设备日益先进，可供使用的材料也越来越多，尤其像形状记忆合金(SMA)这样可用作驱动元件的材料的不断涌现和它们性能的不断提高，使利用操纵面变形来控制飞行的方案重新获得了重视并有可能成为现实。自适应机翼是在翼面中埋入传感元件和驱动元件，利用驱动元件改变机翼翼面下表面的弯度，就可以使机翼具有足够的升力，并且不增大阻力。也可以利用驱动元件改变机翼前缘和后缘的角度等，传感元件监测动作的情况和程度，以达到自适应气动弹性控制。自适应机翼不采用铰链结构，在飞行中根据飞行状况和结构承受的载荷，依靠机翼自身的扭转、弯曲等变形形式，改变翼型和攻角，从而得到最佳的气动特性。和常规的操纵面相比，自适应机翼在减轻重量、降低临界载荷、改善雷达散射截面以及尽可能增大升阻比等方面都存在着很大的优势。

美国的 AFTI/F－111 飞机的机翼是采用柔性复合材料表层、数字飞行控制系统和液压系统制造的自适应机翼。这种自适应机翼无铰链、无前后缘缝隙，机翼上表面保持连续和光滑变化，利用机翼内部的液压驱动机构调节前后缘曲度以获得最大的空气动力效率。机翼前后缘允许变动量见图 10.22。

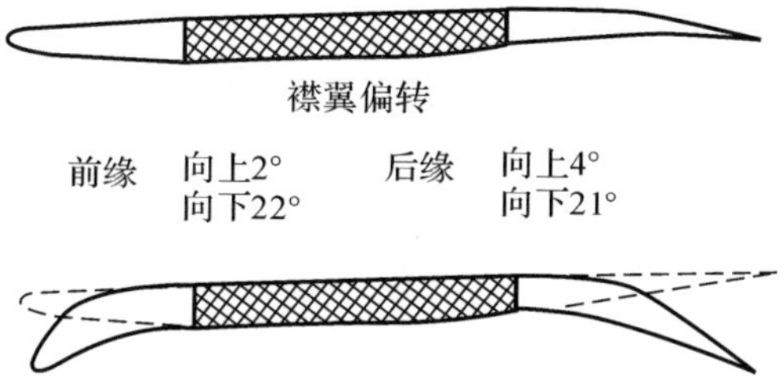

图 10.22　前后缘曲度可变的翼型

自适应机翼可连续改变机翼的弯度，从而获得最佳的气动性能。AFTI/F－111 飞机试飞结果表明：自适应改变翼型的无舵面飞机能提高升阻比，其操纵性也大大优于有舵面飞机，采用自适应机翼能减小转弯半径、提高飞行速度、增强承载能力和降低干扰的影响，图 10.23 是 AFTI/F－111 飞机的外形及改装部分，机翼前缘为一整体可变弯度前缘，机翼后缘为三片与箱式机翼相连的可独立变形的弹性结构。

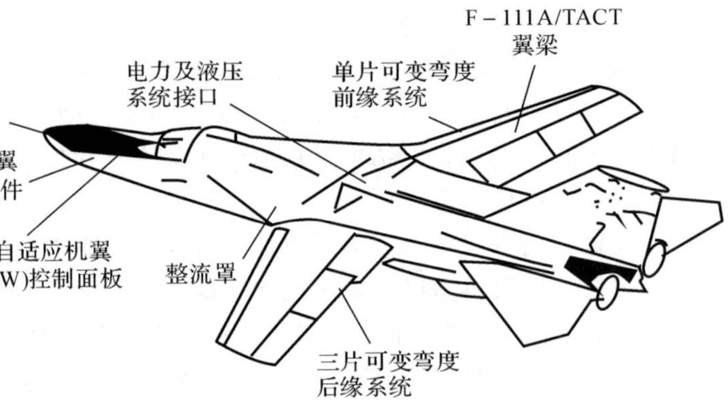

图 10.23　AFTI/F－111 飞机的外形及改装部分

目前正在研究应用驱动器改变机翼的剖面形状，使得飞机升力能随高度和速度作最佳的变化。如果能研制出可变翼剖面的智能机翼，就可以提高升阻比，降低燃料的损耗，一架装有智能可变机翼的大型民航机，在燃料不变的情况下能多运载 10％以上的旅客。对于歼击机已有飞行试验证明能提高机动性和速度。

参考文献

［1］ 国防科学技术工业委员会. 军用飞机强度和刚度规范使用说明. 北京：国防工业出版社，1986.

［2］ 中国航空研究院. 军用飞机疲劳、损伤容限、耐久性设计手册. 北京：航空工业出版社，1994.

［3］ 卢京明，张玉麟. 波音公司民机新研制模式综述. 飞机工程，1998(2)：71－74.

［4］ 韩庆，等. 军用飞机生存性、可用性、可信性与效能费用关系. 飞机工程，1998(5)：7－13.

［5］ Suresh S. 材料的疲劳. 王中光，等，译. 北京：国防工业出版社，1993.

［6］ 陆毅中. 工程断裂力学. 西安：西安交通大学出版社，1986.

［7］ 杜洪增. 飞机结构疲劳强度与断裂分析. 北京：中国民航出版社，1996.

［8］ 胡云昌，郭振邦. 结构系统可靠性分析原理及应用. 天津：天津大学出版社，1992.

［9］ 姚卫星，顾怡. 结构可靠性分析与设计. 北京：航空工业出版社，1998.

［10］ 牛春匀. 实用飞机结构设计. 北京：国防工业出版社，1983(上册)，1991(下册).

［11］ Житомирский Г И. Конструкця Самолётов. МАШИНОСТРОЕНИЕ，1995.

［12］ Michael C Y Niu. Airframe Structural Design，Lookheed Aeronautical Systems Company：CONMILIT PRESS LTD，1988.

［13］ Войт Е С. Проектнрование Конструкций Самолётов. МАШИНОСТРОЕНИЕ，1987.

［14］ 美国先进民用飞机新材料专业委员会，航空航天工程局，国家研究委员会，等. 用于下一代民用运输机的新材料. 中国航空工业集团公司，译. 北京：中国航空工业集团公司，1996.

［15］ 中国民用航空总局. 中国民用航空规章：第25部. 北京：中国民用航空总局，1985.

［16］ 陶梅贞，等. 现代飞机结构设计. 西安：西北工业大学出版社，1997.

［17］ Гребенвков О А. Конструкция Самолётов. МАШИНОСТРОЕНИЕ，1984.

［18］ 航空航天部科学技术研究院. 复合材料设计手册. 北京：航空工业出版社，1990.

［19］ Michael C Y Niu. 飞机复合材料结构设计与制造. 西安飞机工业公司，译. 西安：西北工业大学出版社，1995.

［20］ 李顺林，等. 复合材料工作手册. 北京：航空工业出版社，1988.

［21］ Tsai S W. Composites Design. THINK COMPOSETES，1988.

［22］ 中国航空研究院. 复合材料损伤容限设计指南. 北京：航空工业出版社，1996.

［23］ 张志民，等. 复合材料结构力学. 北京：北京航空航天大学出版社，1993.

［24］ 张延辉，李为吉. 一种机翼模糊重要度的多目标优化设计方法. 航空学报，1999，20(4)：355－357.

［25］ 张延辉. 复合材料层板的损伤容限及模糊多目标优化设计. 西安：西北工业大学，1998.

[26] 中国航空研究院.复合材料连接手册.北京:航空工业出版社,1994.
[27] 诺曼·斯·柯里.飞机起落架设计原理和实践.方宝瑞、郑作棣,等译.北京:航空工业出版社,1990.
[28] 智维列夫 И И,科柯宁 С С.航空机轮和刹车系统设计.邓启明,陈金祥,等译校.北京:国防工业出版社,1980.
[29] 叶格尔 C M.飞机设计.杨景佐,等译.北京:航空工业出版社,1986.
[30] 徐鑫福,冯亚昌.飞机飞行操纵系统.北京:北京航空航天大学出版社,1989.
[31] 李学国.主动控制技术在飞机设计中的应用.北京:航空工业出版社,1985.
[32] 胡兆丰,何植岱,等.飞行动力学.北京:国防工业出版社,1985.
[33] 张明廉.飞行控制系统.北京:航空工业出版社,1994.
[34] 胡达.实用多目标最优化.上海:上海科技出版社,1990.
[35] Lee S M. 决策分析的目标规划.宣家冀,卢开,译.北京:清华大学出版社,1986.
[36] 琼斯 J.隐身技术——黑色魔力的艺术.洪旗,魏海滨,编译.北京:航空空工业出版社,1991.
[37] 孔庆复.计算机辅助设计与制造.哈尔滨:哈尔滨工业大学出版社,1994.
[38] 陶宝祺,等.智能材料结构.北京:国防工业出版社,1997.
[39] 姚康德,等.智能材料.天津:天津大学出版社,1996.
[40] 曹茂盛,等.功能材料概论.哈尔滨:哈尔滨工业大学出版社,1999.